中 国 国 家 标 准 汇 编

2008 年修订-112

中国标准出版社　编

中 国 标 准 出 版 社
北　京

图书在版编目（CIP）数据

中国国家标准汇编：2008 年修订 . 112/中国标准出版社编 . —北京：中国标准出版社，2010

ISBN 978-7-5066-5656-6

Ⅰ. 中…　Ⅱ. 中…　Ⅲ. 国家标准-汇编-中国-2008 Ⅳ. T-652.1

中国版本图书馆 CIP 数据核字（2009）第 224873 号

中 国 标 准 出 版 社 出 版 发 行
北京复兴门外三里河北街 16 号
邮政编码：100045
网址 www.spc.net.cn
电话：68523946　68517548
中国标准出版社秦皇岛印刷厂印刷
各地新华书店经销

*

开本 880×1230　1/16　印张 36　字数 1 088 千字
2010 年 1 月第一版　2010 年 1 月第一次印刷

*

定价 200.00 元

ISBN 978-7-5066-5656-6

出 版 说 明

1.《中国国家标准汇编》是一部大型综合性国家标准全集。自1983年起，按国家标准顺序号以精装本、平装本两种装帧形式陆续分册汇编出版。它在一定程度上反映了我国建国以来标准化事业发展的基本情况和主要成就，是各级标准化管理机构，工矿企事业单位，农林牧副渔系统，科研、设计、教学等部门必不可少的工具书。

2.《中国国家标准汇编》收入我国每年正式发布的全部国家标准，分为"制定"卷和"修订"卷两种编辑版本。

"制定"卷收入上年度我国发布的、新制定的国家标准，顺延前年度标准编号分成若干分册，封面和书脊上注明"20××年制定"字样及分册号，分册号一直连续。各分册中的标准是按照标准编号顺序连续排列的，如有标准顺序号缺号的，除特殊情况注明外，暂为空号。

"修订"卷收入上年度我国发布的、被修订的国家标准，视篇幅分设若干分册，但与"制定"卷分册号无关联，仅在封面和书脊上注明"20××年修订-1,-2,-3,……"字样。"修订"卷各分册中的标准，仍按标准编号顺序排列（但不连续）；如有遗漏的，均在当年最后一分册中补齐。需提请读者注意的是，个别非顺延前年度标准编号的新制定的国家标准没有收入在"制定"卷中，而是收入在"修订"卷中。

读者配套购买《中国国家标准汇编》"制定"卷和"修订"卷则可收齐上一年度我国制定和修订的全部国家标准。

3. 由于读者需求的变化，自1996年起，《中国国家标准汇编》仅出版精装本。

4. 2008年制修订国家标准共5946项。本分册为"2008年修订-112"，收入新制修订的国家标准19项。

中国标准出版社

2009年10月

目　　录

ICS 67.050
X 04

GB

中华人民共和国国家标准

GB/T 20769—2008
代替 GB/T 20769—2006

水果和蔬菜中450种农药及相关化学品残留量的测定　液相色谱-串联质谱法

Determination of 450 pesticides and related chemicals residues in fruits and vegetables—LC-MS-MS method

2008-12-31 发布　　2009-05-01 实施

中华人民共和国国家质量监督检验检疫总局
中国国家标准化管理委员会　发布

前言

本标准代替 GB/T 20769—2006《水果和蔬菜中 405 种农药及相关化学品残留量的测定　液相色谱-串联质谱法》。

本标准与 GB/T 20769—2006 相比，主要变化如下：

——可测定的农药品种由 405 种增加到 450 种，增加了 ESI 负源检测的农药品种；

——增加了 ESI 负源测试条件。

本标准的附录 A、附录 B、附录 C、附录 D、附录 E 为资料性附录。

本标准由中华人民共和国国家质量监督检验检疫总局提出并归口。

本标准起草单位：中华人民共和国秦皇岛出入境检验检疫局、山东农业大学。

本标准主要起草人：庞国芳、李岩、范春林、连玉晶、曹静、王雯雯、郑军红、刘永明、曹彦忠、张进杰、李学民。

本标准于 2006 年首次发布。

水果和蔬菜中450种农药及相关化学品残留量的测定　液相色谱-串联质谱法

1　范围

本标准规定了苹果、橙子、洋白菜、芹菜、西红柿中450种农药及相关化学品(参见附录A和附录E)残留量液相色谱-串联质谱测定方法。

本标准适用于苹果、橙子、洋白菜、芹菜、西红柿中450种农药及相关化学品残留的定性鉴别，381种农药及相关化学品残留量的定量测定。

本标准定量测定的381种农药及相关化学品方法检出限为0.01 μg/kg～0.606 mg/kg(参见附录A)。

2　规范性引用文件

下列文件中的条款通过本标准的引用而成为本标准的条款。凡是注日期的引用文件，其随后所有的修改单(不包括勘误的内容)或修订版均不适用于本标准，然而，鼓励根据本标准达成协议的各方研究是否可使用这些文件的最新版本。凡是不注日期的引用文件，其最新版本适用于本标准。

GB/T 6379.1　测量方法与结果的准确度(正确度与精密度)　第1部分：总则与定义(GB/T 6379.1—2004，ISO 5725-1：1994，IDT)

GB/T 6379.2　测量方法与结果的准确度(正确度与精密度)　第2部分：确定标准测量方法重复性与再现性的基本方法(GB/T 6379.2—2004，ISO 5725-2：1994，IDT)

GB/T 6682　分析实验室用水规格和试验方法(GB/T 6682—2008，ISO 3696：1987，MOD)

GB/T 8855　新鲜水果和蔬菜取样方法(GB/T 8855—2008，ISO 874：1980，IDT)

3　原理

试样用乙腈匀浆提取，盐析离心，Sep-Pak Vac柱[1)]净化，用乙腈＋甲苯(3＋1)洗脱农药及相关化学品，液相色谱-串联质谱仪测定，外标法定量。

4　试剂和材料

水为GB/T 6682规定的一级水。

4.1　乙腈：色谱纯。

4.2　正己烷：色谱纯。

4.3　异辛烷：色谱纯。

4.4　甲苯：优级纯。

4.5　丙酮：色谱纯。

4.6　二氯甲烷：色谱纯。

4.7　甲醇：色谱纯。

4.8　微孔过滤膜(尼龙)：13 mm×0.2 μm。

4.9　Sep-Pak Vac[1)]氨基固相萃取柱：1 g，6 mL或相当者。

1)　Sep-Pak Vac柱是SUPELCO公司产品的商品名称，给出这一信息是为了方便本标准的使用者，并不是表示对该产品的认可。如果其他等效产品具有相同的效果，则可使用这些等效产品。

4.10　乙腈+甲苯(3+1,体积比)。

4.11　乙腈+水(3+2,体积比)。

4.12　0.05%甲酸溶液(体积分数)。

4.13　5 mmol/L 乙酸铵溶液:称取 0.375 g 乙酸铵加水稀释至 1 000 mL。

4.14　无水硫酸钠:分析纯。用前在 650 ℃灼烧 4 h,贮于干燥器中,冷却后备用。

4.15　氯化钠:优级纯。

4.16　农药及相关化学品标准物质:纯度≥95%,参见附录 A。

4.17　农药及相关化学品标准溶液

4.17.1　标准储备溶液

分别称取 5 mg～10 mg(精确至 0.1 mg)农药及相关化学品标准物于 10 mL 容量瓶中,根据标准物的溶解度选甲醇、甲苯、丙酮、乙腈或异辛烷等溶剂溶解并定容至刻度,溶剂选择参见附录 A。标准储备溶液避光 0 ℃～4 ℃保存,可使用一年。

4.17.2　混合标准溶液(混合标准溶液 A、B、C、D、E、F 和 G)

按照农药及相关化学品的性质和保留时间,将 450 种农药及相关化学品分成 A、B、C、D、E、F 和 G 七个组,并根据每种农药及相关化学品在仪器上的响应灵敏度,确定其在混合标准溶液中的浓度。本标准对 450 种农药及相关化学品的分组及其混合标准溶液浓度参见附录 A。

依据每种农药及相关化学品的分组、混合标准溶液浓度及其标准储备液的浓度,移取一定量的单个农药及相关化学品标准储备溶液于 100 mL 容量瓶中,用甲醇定容至刻度。混合标准溶液避光 0 ℃～4 ℃保存,可使用一个月。

4.17.3　基质混合标准工作溶液

农药及相关化学品基质混合标准工作溶液是用空白样品基质溶液配成不同浓度的基质混合标准工作溶液 A、B、C、D、E、F 和 G,用于做标准工作曲线。

基质混合标准工作溶液应现用现配。

5　仪器

5.1　液相色谱-串联质谱仪:配有电喷雾离子源(ESI)。

5.2　分析天平:感量 0.1 mg 和 0.01 g。

5.3　高速组织捣碎机:转速不低于 20 000 r/min。

5.4　离心管:80 mL。

5.5　离心机:最大转速为 4 200 r/min。

5.6　旋转蒸发仪。

5.7　鸡心瓶:200 mL。

5.8　移液器:1 mL。

5.9　样品瓶:2 mL,带聚四氟乙烯旋盖。

5.10　氮气吹干仪。

6　试样制备与保存

6.1　试样的制备

按 GB/T 8855 抽取的水果、蔬菜样品取可食部分切碎,混匀,密封,作为试样,标明标记。

6.2　试样的保存

将试样置于 0 ℃～4 ℃冷藏保存。

7 测定步骤

7.1 提取

称取 20 g 试样(精确至 0.01 g)于 80 mL 离心管中,加入 40 mL 乙腈,用高速组织捣碎机在 15 000 r/min,匀浆提取 1 min,加入 5 g 氯化钠,再匀浆提取 1 min,在 3 800 r/min 离心 5 min,取上清液 20 mL(相当于 10 g 试样量),在 40 ℃水浴中旋转浓缩至约 1 mL,待净化。

7.2 净化

在 Sep-Pak Vac 柱中加入约 2 cm 高无水硫酸钠,并放入下接鸡心瓶的固定架上。加样前先用 4 mL乙腈+甲苯(3+1)预洗柱,当液面到达硫酸钠的顶部时,迅速将样品浓缩液转移至净化柱上,并更换新鸡心瓶接收。再每次用 2 mL 乙腈+甲苯(3+1)洗涤样液瓶三次,并将洗涤液移入柱中。在柱上加上 50 mL 贮液器,用 25 mL 乙腈+甲苯(3+1)洗脱农药及相关化学品,合并于鸡心瓶中,并在 40 ℃水浴中旋转浓缩至约 0.5 mL。将浓缩液置于氮气吹干仪上吹干,迅速加入 1 mL 的乙腈+水(3+2),混匀,经 0.2 μm 滤膜过滤后进行液相色谱-串联质谱测定。

7.3 液相色谱-串联质谱测定

7.3.1 条件

7.3.1.1 A、B、C、D、E、F 组液相色谱-串联质谱测定条件

a) 色谱柱:Atlantis T3,3 μm,150 mm ×2.1 mm(内径)或相当者;

b) 流动相及梯度洗脱条件见表 1;

表 1 流动相及梯度洗脱条件

时间/min	流速/(μL/min)	流动相 A(0.05%甲酸水)/%	流动相 B(乙腈)/%
0.00	200	90.0	10.0
4.00	200	50.0	50.0
15.00	200	40.0	60.0
23.00	200	20.0	80.0
30.00	200	5.0	95.0
35.00	200	5.0	95.0
35.01	200	90.0	10.0
50.00	200	90.0	10.0

c) 柱温:40 ℃;

d) 进样量:20 μL;

e) 离子源:ESI;

f) 扫描方式:正离子扫描;

g) 检测方式:多反应监测;

h) 电喷雾电压:5 000 V;

i) 雾化气压力:0.483 MPa;

j) 气帘气压力:0.138 MPa;

k) 辅助加热气:0.379 MPa;

l) 离子源温度:725 ℃;

m) 监测离子对、碰撞气能量和去簇电压参见附录 B。

7.3.1.2 G 组液相色谱-串联质谱测定条件

a) 色谱柱:Inertsil C8,5 μm,150 mm×2.1 mm(内径)或相当者;

b) 流动相及梯度洗脱条件见表2；

表2 流动相及梯度洗脱条件

时间/min	流速/(μL/min)	流动相A(5 mmol/L乙酸铵水)/%	流动相B(乙腈)/%
0.00	200	90.0	10.0
4.00	200	50.0	50.0
15.00	200	40.0	60.0
20.00	200	20.0	80.0
25.00	200	5.0	95.0
32.00	200	5.0	95.0
32.01	200	90.0	10.0
40.00	200	90.0	10.0

c) 柱温：40 ℃；

d) 进样量：20 μL；

e) 离子源：ESI；

f) 扫描方式：负离子扫描；

g) 检测方式：多反应监测；

h) 电喷雾电压：−4 200 V；

i) 雾化气压力：0.42 MPa；

j) 气帘气压力：0.32 MPa；

k) 辅助加热气：0.35 MPa；

l) 离子源温度：700 ℃；

m) 监测离子对、碰撞气能量和去簇电压参见附录B。

7.3.2 定性测定

在相同实验条件下进行样品测定时，如果检出的色谱峰的保留时间与标准样品相一致，并且在扣除背景后的样品质谱图中，所选择的离子均出现，而且所选择的离子丰度比与标准样品的离子丰度比相一致(相对丰度＞50%，允许±20%偏差；相对丰度＞20%～50%，允许±25%偏差；相对丰度＞10%～20%，允许±30%偏差；相对丰度≤10%，允许±50%偏差)，则可判断样品中存在这种农药或相关化学品。

7.3.3 定量测定

本标准中液相色谱-串联质谱采用外标-校准曲线法定量测定。为减少基质对定量测定的影响，定量用标准溶液应采用基质混合标准工作溶液绘制标准曲线，并且保证所测样品中农药及相关化学品的响应值均在仪器的线性范围内。450种农药及相关化学品多反应监测(MRM)色谱图参见附录C。

7.4 平行试验

按以上步骤对同一试样进行平行试验。

7.5 空白试验

除不称取试样外，均按上述步骤进行。

8 结果计算

液相色谱-串联质谱测定采用标准曲线法定量，标准曲线法定量结果按式(1)计算：

$$X_i = c_i \times \frac{V}{m} \times \frac{1\,000}{1\,000} \qquad \cdots\cdots(1)$$

式中：

X_i——试样中被测组分含量，单位为毫克每千克(mg/kg)；

c_i——从标准工作曲线得到的试样溶液中被测组分的浓度，单位为微克每毫升(μg /mL)；

V——试样溶液定容体积，单位为毫升(mL)；

m——样品溶液所代表试样的质量，单位为克(g)。

计算结果应扣除空白值。

9 精密度

本标准精密度数据是按照 GB/T 6379.1 和 GB/T 6379.2 的规定确定的，获得重复性和再现性的值是以 95%的可信度来计算。本标准方法的精密度数据参见附录 D。

附 录 A
（资料性附录）
450 种农药及相关化学品中英文名称、方法检出限、分组、溶剂选择和混合标准溶液浓度表

450 种农药及相关化学品中英文名称、方法检出限、分组、溶剂选择和混合标准溶液浓度表见表 A.1。

表 A.1 450 种农药及相关化学品中英文名称、方法检出限、分组、溶剂选择和混合标准溶液浓度表

序号	中文名称	英文名称	检出限/(μg/kg)	溶剂	混合标准溶液浓度/(μg/mL)
A 组					
1	异丙威	isoprocarb	0.58	甲醇	0.23
2	3,4,5-混杀威	3,4,5-trimethacarb	0.09	甲醇	0.03
3	环莠隆	cycluron	0.05	甲醇	0.02
4	甲萘威	carbaryl	2.58	甲醇	1.03
5	毒草胺	propachlor	0.07	甲醇	0.03
6	吡咪唑	rabenzazole	0.33	甲醇	0.13
7	西草净	simetryn	0.03	甲醇	0.01
8	绿谷隆	monolinuron	0.89	甲醇	0.36
9	速灭磷	mevinphos	0.39	甲醇	0.16
10	叠氮津	aziprotryne	0.35	甲醇	0.14
11	密草通	secbumeton	0.02	甲醇	0.01
12	嘧菌磺胺	cyprodinil	0.18	甲醇	0.07
13	播土隆	buturon	2.24	甲醇	0.90
14	双酰草胺	carbetamide	0.91	甲醇	0.36
15	抗蚜威	pirimicarb	0.04	甲醇	0.02
16	异噁草松	clomazone dimethazone	0.11	甲醇	0.04
17	氰草津	cyanazine	0.04	甲醇	0.02
18	扑草净	prometryne	0.04	甲醇	0.02
19	甲基对氧磷[a]	paraoxon methyl	0.19	甲醇	0.08
20	4,4′-二氯二苯甲酮	4,4′-dichlorobenzophenone	3.40	甲醇	1.36
21	噻虫啉	thiacloprid	0.09	甲醇	0.04
22	吡虫啉	imidacloprid	5.50	甲醇	2.20
23	磺噻隆	ethidimuron	0.38	甲醇	0.15
24	丁嗪草酮	isomethiozin	0.27	甲醇	0.11
25	燕麦敌	diallate	22.30	甲醇	8.92
26	乙草胺	acetochlor	11.85	甲醇	4.74
27	烯啶虫胺[a]	nitenpyram	4.28	甲醇	1.71

表 A.1（续）

序号	中文名称	英文名称	检出限/(μg/kg)	溶剂	混合标准溶液浓度/(μg/mL)
28	盖草津	methoprotryne	0.06	甲醇	0.02
29	二甲酚草胺	dimethenamid	1.08	甲醇	0.43
30	特草灵	terrbucarb	0.53	甲醇	0.21
31	戊菌唑	penconazole	0.50	甲醇	0.20
32	腈菌唑	myclobutanil	0.25	甲醇	0.10
33	多效唑	paclobutrazol	0.14	甲醇	0.06
34	倍硫磷亚砜	fenthion sulfoxide	0.08	甲醇	0.03
35	三唑醇	triadimenol	2.64	甲醇	1.06
36	仲丁灵	butralin	0.48	甲醇	0.19
37	螺噁茂胺	spiroxamine	0.01	甲醇	0.01
38	甲基立枯磷	tolclofos methyl	16.64	甲醇	6.66
39	甜菜胺[a]	desmedipham	1.01	甲醇	0.40
40	杀扑磷	methidathion	2.67	甲醇	1.07
41	烯丙菊酯	allethrin	15.10	甲醇	6.04
42	野麦畏	triallate	5.05	甲醇	2.02
43	二嗪磷	diazinon	0.18	甲苯	0.07
44	敌瘟磷	edifenphos	0.19	甲醇	0.08
45	丙草胺	pretilachlor	0.08	甲醇	0.03
46	氟硅唑	flusilazole	0.15	甲醇	0.06
47	丙森锌	iprovalicarb	0.58	甲醇	0.23
48	麦锈灵	benodanil	0.87	甲醇	0.35
49	氟酰胺	flutolanil	0.29	甲醇	0.11
50	氨磺磷	famphur	0.90	甲醇	0.36
51	苯霜灵	benalyxyl	0.31	甲醇	0.12
52	苄氯三唑醇	diclobutrazole	0.12	甲醇	0.05
53	乙环唑	etaconazole	0.45	甲醇	0.18
54	氯苯嘧啶醇	fenarimol	0.15	甲醇	0.06
55	邻苯二甲酸二环己酯	phthalic acid, dicyclobexyl ester	0.50	甲醇	0.20
56	胺菊酯	tetramethirn	0.46	甲醇	0.18
57	抑菌灵[a]	dichlofluanid	0.65	甲苯	0.26
58	解草酯	cloquintocet mexyl	0.47	甲醇	0.19
59	联苯三唑醇	bitertanol	8.35	甲醇	3.34
60	益棉磷	azinphos ethyl	27.23	甲醇	10.89
61	炔草酯	clodinafop propargyl	0.61	甲醇	0.24

表 A.1（续）

序号	中文名称	英文名称	检出限/(μg/kg)	溶剂	混合标准溶液浓度/(μg/mL)
62	杀铃脲	triflumuron	0.98	甲醇	0.39
63	异噁氟草	isoxaflutole	0.98	甲醇	0.39
64	莎稗磷	anilofos	0.18	甲醇	0.07
65	喹禾灵	quizalofop-ethyl	0.17	甲醇	0.07
66	精氟吡甲禾灵	haloxyfop-methyl	0.66	甲醇	0.26
67	吡氟禾草灵	fluazifop butyl	0.07	甲醇	0.03
68	乙基溴硫磷	bromophos-ethyl	141.92	甲醇	56.77
69	燕麦敌[a]	dialifos	15.00	甲醇	6.00
70	地散磷	bensulide	8.55	甲醇	3.42
71	醚苯磺隆	triasulfuron	0.40	甲醇	0.16
72	溴苯烯磷	bromfenvinfos	0.76	甲醇	0.30
73	吡菌磷	pyrazophos	0.41	甲醇	0.16
74	氟虫脲	flufenoxuron	0.79	甲醇	0.32
75	茚虫威	indoxacarb	1.89	甲醇	0.75
76	甲氨基阿维菌素苯甲酸盐	emamectin benzoate	0.08	甲醇	0.03
		B组			
77	乙撑硫脲[a]	ethylene thiourea	13.05	甲醇	5.22
78	棉隆[a]	dazomet	31.75	甲醇	12.7
79	烟碱[a]	nicotine	0.55	甲醇	0.22
80	非草隆	fenuron	0.26	甲醇	0.10
81	灭蝇胺[a]	cyromazine	1.81	甲醇	0.72
82	鼠立克	crimidine	0.39	甲醇	0.16
83	禾草敌	molinate	0.53	甲醇	0.21
84	多菌灵	carbendazim	0.12	甲醇	0.05
85	残杀威	propoxur	6.10	甲醇	2.44
86	异唑隆	isouron	0.10	甲醇	0.04
87	绿麦隆	chlorotoluron	0.16	甲醇	0.06
88	久效威	thiofanox	39.25	甲醇	15.70
89	氯草灵	chlorbufam	45.75	甲醇	18.30
90	噁虫威	bendiocarb	0.80	甲醇	0.32
91	扑灭津	propazine	0.08	甲醇	0.03
92	特丁津	terbuthylazine	0.12	甲醇	0.05
93	敌草隆	diuron	0.39	甲醇	0.16
94	氯甲硫磷	chlormephos	112.00	甲醇	44.80

表 A.1(续)

序号	中文名称	英文名称	检出限/(μg/kg)	溶剂	混合标准溶液浓度/(μg/mL)
95	萎锈灵	carboxin	0.14	甲醇	0.06
96	野燕枯	difenzoquat-methyl sulfate	0.20	甲醇	0.08
97	噻虫胺[a]	clothianidin	15.75	甲醇	6.30
98	拿草特	pronamide	3.85	甲醇	1.54
99	二甲草胺	dimethachloro	0.48	甲醇	0.19
100	溴谷隆	methobromuron	4.21	甲醇	1.68
101	甲拌磷	phorate	78.50	甲醇	31.40
102	苯草醚	aclonifen	6.05	甲醇	2.42
103	地安磷	mephosfolan	0.58	甲醇	0.23
104	脱苯甲基亚胺唑	imibenzonazole-des-benzyl	1.56	甲醇	0.62
105	草不隆	neburon	1.78	甲醇	0.71
106	精甲霜灵	mefenoxam	0.38	甲醇	0.15
107	发硫磷	prothoate	0.62	甲醇	0.25
108	乙氧呋草黄	ethofume sate	93.00	甲醇	37.20
109	异稻瘟净[a]	iprobenfos	2.07	甲醇	0.83
110	特普[a]	TEPP	2.60	甲醇	1.04
111	环丙唑醇	cyproconazole	0.18	甲醇	0.07
112	噻虫嗪	thiamethoxam	8.25	甲醇	3.30
113	育畜磷	crufomate	0.13	甲醇	0.05
114	乙嘧硫磷	etrimfos	4.69	甲醇	1.88
115	赛灭磷	cythioate	20.00	甲醇	8.00
116	磷胺	phosphamidon	0.97	甲醇	0.39
117	甜菜宁[a]	phenmedipham	1.12	甲醇	0.45
118	联苯井酯[a]	bifenazate	5.70	甲醇	2.28
119	粉唑醇	flutriafol	2.15	甲醇	0.86
120	抑菌丙胺酯	furalaxyl	0.19	甲醇	0.08
121	生物丙烯菊酯	bioallethrin	49.50	甲醇	19.80
122	苯腈磷	cyanofenphos	5.20	甲醇	2.08
123	甲基嘧啶磷	pirimiphos methyl	0.05	甲醇	0.02
124	噻嗪酮	buprofezin	0.22	甲醇	0.09
125	乙拌磷砜	disulfoton sulfone	0.62	甲醇	0.25
126	喹螨醚	fenazaquin	0.08	甲醇	0.03
127	三唑磷	triazophos	0.17	甲醇	0.07
128	脱叶磷	DEF	0.40	甲醇	0.16
129	环酯草醚	pyriftalid	0.16	甲醇	0.06

表 A.1（续）

序号	中文名称	英文名称	检出限/(μg/kg)	溶剂	混合标准溶液浓度/(μg/mL)
130	叶菌唑	metconazole	0.33	甲醇	0.13
131	蚊蝇醚	pyriproxyfen	0.11	甲醇	0.04
132	异噁酰草胺	isoxaben	0.05	甲醇	0.02
133	呋草酮	flurtamone	0.11	甲醇	0.04
134	氟乐灵	trifluralin	130.50	甲苯	33.48
135	甲基麦草氟异丙酯	flamprop methyl	5.05	甲醇	2.02
136	生物苄呋菊酯[a]	bioresmethrin	1.86	甲醇	0.74
137	丙环唑	propiconazole	0.44	甲醇	0.18
138	毒死蜱	chlorpyrifos	13.45	甲醇	5.38
139	氯乙氟灵	fluchloralin	122.00	甲醇	48.80
140	氯磺隆	chlorsulfuron	0.69	甲醇	0.27
141	杀虫畏	tetrachlorvinphos	0.56	甲醇	0.22
142	炔螨特	propargite	17.15	甲醇	6.86
143	糠菌唑	bromuconazole	0.79	甲醇	0.31
144	氟吡酰草胺	picolinafen	0.18	甲醇	0.07
145	氟噻乙草酯	fluthiacet methyl	1.33	甲醇	0.53
146	肟菌酯	trifloxystrobin	0.50	甲醇	0.20
147	氟铃脲	hexaflumuron	6.30	甲醇	2.52
148	双苯氟脲	novaluron	2.01	甲醇	0.80
149	啶蜱脲	flurazuron	6.70	甲醇	2.68
C组					
150	甲胺磷[a]	methamidophos	1.23	甲醇	0.49
151	茵草敌	EPTC	9.33	甲醇	3.73
152	避蚊胺	diethyltoluamide	0.14	甲醇	0.06
153	灭草隆	monuron	8.68	甲醇	3.47
154	嘧霉胺	pyrimethanil	0.17	甲醇	0.07
155	黑穗胺[a]	fenfuram	0.20	甲醇	0.08
156	灭藻醌	quinoclamine	1.98	甲醇	0.79
157	仲丁威[a]	fenobucarb	1.48	甲醇	0.59
158	乙菌定	ethirimol	0.14	甲醇	0.06
159	敌稗	propanil	5.40	甲醇	2.16
160	克百威	carbofuran	3.27	甲醇	1.31
161	啶虫脒	acetamiprid	0.36	甲醇	0.14
162	嘧菌胺	mepanipyrim	0.08	甲醇	0.03

表 A.1(续)

序号	中文名称	英文名称	检出限/(μg/kg)	溶剂	混合标准溶液浓度/(μg/mL)
163	扑灭通	prometon	0.03	甲醇	0.01
164	甲氧隆	metoxuron	0.16	甲醇	0.06
165	乐果	dimethoate	1.90	甲醇	0.76
166	伏草隆	fluometuron	0.23	甲醇	0.09
167	百治磷	dicrotophos	0.29	甲醇	0.11
168	庚酰草胺	monalide	0.30	甲醇	0.12
169	双苯酰草胺	diphenamid	0.04	甲醇	0.01
170	灭线磷	ethoprophos	0.69	甲醇	0.28
171	地虫硫磷	fonofos	1.86	甲醇	0.75
172	拌种胺[a]	furmecyclox	0.21	甲醇	0.08
173	环嗪酮	hexazinone	0.03	甲醇	0.01
174	阔草净	dimethametryn	0.03	甲醇	0.01
175	敌百虫[a]	trichlorphon	0.28	甲醇	0.11
176	内吸磷	demeton(*o*+*s*)	1.69	甲醇	0.68
177	解草酮	benoxacor	1.73	甲醇	0.69
178	除草定	bromacil	5.90	甲醇	2.36
179	甲拌磷亚砜	phorate sulfoxide	92.07	甲醇	34.65
180	溴莠敏	brompyrazon	0.90	甲醇	0.36
181	氧化萎锈灵	oxycarboxin	0.22	甲醇	0.09
182	灭锈胺	mepronil	0.09	甲醇	0.04
183	乙拌磷[a]	disulfoton	117.42	甲醇	46.97
184	倍硫磷	fenthion	13.00	甲醇	5.20
185	甲霜灵	metalaxyl	0.13	甲醇	0.05
186	甲呋酰胺	ofurace	0.25	甲醇	0.10
187	吗菌灵	dodemorph	0.10	甲醇	0.04
188	噻唑硫磷	fosthiazate	0.14	甲醇	0.01
189	甲基咪草酯	imazamethabenz-methyl	0.04	甲醇	0.02
190	乙拌磷亚砜[a]	disulfoton-sulfoxide	0.71	甲醇	0.28
191	稻瘟灵	isoprothiolane	0.46	甲醇	0.18
192	抑霉唑	imazalil	0.50	甲醇	0.20
193	辛硫磷	phoxim	20.70	甲醇	8.28
194	喹硫磷	quinalphos	0.50	甲醇	0.20
195	灭菌磷	ditalimfos	16.80	甲醇	6.72
196	苯氧威	fenoxycarb	4.57	甲醇	1.83
197	嘧啶磷	pyrimitate	0.04	甲醇	0.02

表 A.1（续）

序号	中文名称	英文名称	检出限/(μg/kg)	溶剂	混合标准溶液浓度/(μg/mL)
198	丰索磷	fensulfothin	0.50	甲醇	0.20
199	氟咯草酮	fluorochloridone	3.45	甲醇	1.38
200	丁草胺	butachlor	5.02	甲醇	2.01
201	亚胺菌	kresoxim-methyl	25.15	甲醇	10.06
202	戊叉菌唑	triticonazole	0.76	异辛烷	0.30
203	苯线磷亚砜	fenamiphos sulfoxide	0.18	甲醇	0.07
204	噻吩草胺	thenylchlor	6.04	甲醇	2.41
205	除虫菊素	pyrethrin	88.16	甲醇	35.26
206	氰菌胺	fenoxanil	9.85	甲醇	3.94
207	杀草吡啶	fluridone	0.05	甲醇	0.02
208	氟环唑	epoxiconazole	1.01	甲醇	0.41
209	氯辛硫磷	chlorphoxim	19.39	甲醇	7.76
210	苯线磷砜	fenamiphos sulfone	0.11	甲醇	0.04
211	腈苯唑	fenbuconazole	0.41	甲醇	0.16
212	异柳磷	isofenphos	54.67	甲醇	21.87
213	苯醚菊酯	phenothrin	84.80	甲醇	33.92
214	氯化薯瘟锡	fentin-chloride	4.31	甲醇	1.73
215	哌草磷	piperophos	2.31	甲醇	0.92
216	增效醚	piperonyl butoxide	0.28	甲醇	0.11
217	乙氧氟草醚	oxyflurofen	14.64	甲醇	5.85
218	蝇毒磷	coumaphos	0.53	甲醇	0.21
219	氟噻草胺	flufenacet	1.33	甲醇	0.53
220	伏杀硫磷	phosalone	12.01	甲醇	4.80
221	甲氧虫酰肼	methoxyfenozide	0.93	甲醇	0.37
222	咪鲜胺	prochloraz	0.52	甲醇	0.21
223	丙硫特普	aspon	0.43	甲醇	0.17
224	乙硫磷	ethion	0.74	甲醇	0.30
225	氟硫草定	dithiopyr	2.60	甲醇	1.04
226	螺螨酯[a]	spirodiclofen	2.48	甲醇	0.99
227	唑螨酯	fenpyroximate	0.34	甲醇	0.14
228	胺氟草酯	flumiclorac-pentyl	2.65	甲醇	1.06
229	双硫磷	temephos	0.30	甲醇	0.12
230	氟丙嘧草酯	butafenacil	2.38	甲醇	0.95

表 A.1（续）

序号	中文名称	英文名称	检出限/(μg/kg)	溶剂	混合标准溶液浓度/(μg/mL)
231	多杀菌素	spinosad	0.14	甲醇	0.06
D组					
232	甲哌金翁[a]	mepiquat chloride	0.23	甲醇	0.09
233	二丙烯草胺[a]	allidochlor	10.26	甲醇	4.10
234	霜霉威[a]	propamocarb	0.02	甲醇	0.01
235	三环唑	tricyclazole	0.31	甲醇	0.01
236	噻菌灵[a]	thiabendazole	0.12	甲醇	0.05
237	苯嗪草酮	metamitron	1.59	甲醇	0.64
238	异丙隆	isoproturon	0.03	甲醇	0.01
239	莠去通	atratone	0.05	甲醇	0.02
240	敌草净	oesmetryn	0.04	甲醇	0.02
241	赛克津	metribuzin	0.14	甲苯	0.05
242	—	DMST	10.00	甲醇	4.00
243	环草敌	cycloate	1.11	甲醇	0.44
244	阿特拉津	atrazine	0.09	甲醇	0.04
245	丁草敌[a]	butylate	75.50	甲醇	30.20
246	氯草敏	chloridazon	0.58	甲醇	0.23
247	菜草畏	sulfallate	51.80	甲醇	20.72
248	乙硫苯威	ethiofencarb	1.23	甲醇	0.49
249	特丁通	terbumeton	0.02	甲醇	0.01
250	环丙津	cyprazine	0.01	甲醇	0.01
251	阔草净	ametryn	0.24	甲醇	0.10
252	木草隆	tebuthiuron	0.05	甲醇	0.02
253	草达津	trietazine	0.15	甲醇	0.06
254	另丁津	sebutylazine	0.08	甲醇	0.03
255	畜虫避[a]	dibutyl succinate	55.60	甲醇	22.24
256	牧草胺	tebutam	0.03	甲醇	0.01
257	久效威亚砜	thiofanox-sulfoxide	2.07	甲醇	0.83
258	杀螟丹	cartap hydrochloride	520.00	甲醇	208.00
259	虫螨畏	methacrifos	605.92	甲醇	242.37
260	特丁净	terbutryn	5.72	甲醇	2.27
261	唑菌嗪[a]	triazoxide	2.00	甲醇	0.80
262	虫线磷	thionazin	5.67	甲醇	2.27

表 A.1（续）

序号	中文名称	英文名称	检出限/(μg/kg)	溶剂	混合标准溶液浓度/(μg/mL)
263	利谷隆	linuron	2.91	甲醇	1.16
264	庚虫磷	heptanophos	1.46	甲醇	0.58
265	苄草丹	prosulfocarb	0.09	甲醇	0.04
266	炔苯烯草胺	propyzamide	1.74	甲醇	0.70
267	杀草净	dipropetryn	0.07	甲醇	0.03
268	禾草丹	thiobencarb	0.83	甲醇	0.33
269	三异丁基磷酸盐	tri-*iso*-butyl phosphate	0.89	甲醇	0.40
270	三正丁基磷酸盐	tri-*n*-butyl phosphate	0.09	甲醇	0.04
271	乙霉威[a]	diethofencarb	0.50	甲醇	0.20
272	甲草胺	alachlor	1.85	甲醇	0.74
273	硫线磷	cadusafos	0.29	甲醇	0.12
274	吡唑草胺	metazachlor	0.25	甲醇	0.10
275	胺丙畏	propetamphos	13.50	甲醇	5.40
276	特丁硫磷[a]	terbufos	560.00	甲醇	224.00
277	硅氟唑	simeconazole	0.74	甲醇	0.29
278	三唑酮[a]	triadimefon	1.97	甲醇	0.79
279	甲拌磷砜	phorate sulfone	10.50	甲醇	4.20
280	十三吗啉	tridemorph	0.65	甲醇	0.26
281	苯噻酰草胺	mefenacet	0.55	甲醇	0.22
282	戊环唑	azaconazole	0.20	甲醇	0.08
283	苯线磷	fenamiphos	0.05	甲醇	0.02
284	丁苯吗琳	fenpropimorph	0.05	甲醇	0.02
285	戊唑醇	tebuconazole	0.56	甲醇	0.22
286	异丙乐灵[a]	isopropalin	7.50	甲醇	3.00
287	氟苯嘧啶醇	nuarimol	0.25	甲醇	0.10
288	乙嘧酚磺酸酯	bupirimate	0.18	甲醇	0.07
289	保棉磷	azinphos-methyl	276.08	甲醇	110.43
290	丁基嘧啶磷	tebupirimfos	0.03	甲醇	0.01
291	稻丰散[a]	phenthoate	23.09	甲醇	9.24
292	治螟磷	sulfotep	0.65	甲醇	0.26
293	硫丙磷	sulprofos	1.46	甲醇	0.58
294	苯硫磷	EPN	8.25	甲醇	3.30
295	甲基吡噁磷	azamethiphos	0.20	甲醇	0.08

表 A.1（续）

序号	中文名称	英文名称	检出限/(μg/kg)	溶剂	混合标准溶液浓度/(μg/mL)
296	烯唑醇	diniconazole	0.34	甲醇	0.13
297	纹枯脲	pencycuron	0.07	甲醇	0.03
298	灭蚜磷	mecarbam	4.90	甲醇	1.96
299	苯草酮[a]	tralkoxydim	0.08	甲醇	0.03
300	马拉硫磷	malathion	1.41	甲醇	0.56
301	稗草畏	pyributicarb	0.08	甲醇	0.03
302	哒嗪硫磷	pyridaphenthion	0.22	甲醇	0.09
303	嘧啶磷	pirimiphos-ethyl	0.01	甲醇	0.01
304	吡唑硫磷	pyraclofos	0.25	甲醇	0.10
305	啶氧菌酯	picoxystrobin	2.11	甲醇	0.84
306	四氟醚唑	tetraconazole	0.43	甲醇	0.17
307	吡唑解草酯	mefenpyr-diethyl	3.14	甲醇	1.26
308	丙溴磷	profenefos	0.50	甲醇	0.20
309	百克敏	pyraclostrobin	0.13	甲醇	0.05
310	烯酰吗啉	dimethomorph	0.09	甲醇	0.04
311	噻嗯菊酯[a]	kadethrin	0.83	甲醇	0.33
312	噻唑烟酸	thiazopyr	0.49	甲醇	0.20
313	氟啶脲	chlorfluazuron	2.17	甲醇	0.87
E组					
314	矮壮素[a]	chlormequat	0.03	甲醇	0.01
315	灭多威[a]	methomyl	2.39	甲醇	0.96
316	咯喹酮	pyroquilon	0.87	甲醇	0.35
317	麦穗灵	fuberidazole	0.47	甲醇	0.19
318	杀虫脒	chlordimeform	0.33	甲醇	0.13
319	霜脲氰	cymoxanil	13.90	甲醇	5.56
320	灭草敌	vernolate	0.06	甲醇	0.03
321	猛杀威	promecarb	2.14	甲醇	0.86
322	灭害威	aminocarb	4.11	甲醇	1.64
323	甲菌定	dimethirimol	0.03	甲醇	0.01
324	绿麦隆	chlortoluron	0.09	甲醇	0.03
325	氧乐果[a]	omethoate	2.41	甲醇	0.97
326	敌敌畏[a]	dichlorvos	0.14	甲醇	0.05
327	涕灭威砜[a]	aldicarb sulfone	5.35	甲醇	2.14

表 A.1（续）

序号	中文名称	英文名称	检出限/(μg/kg)	溶剂	混合标准溶液浓度/(μg/mL)
328	二氧威[a]	dioxacarb	0.84	甲醇	0.34
329	苄基腺嘌呤[a]	benzyladenine	17.7	甲醇	7.08
330	解草腈	oxabetrinil	10.00	甲醇	4.00
331	乙硫苯威亚砜	ethiofencarb-sulfoxide	56.00	甲醇	22.4
332	杀螟腈	cyanophos	2.53	甲醇	1.01
333	土菌灵[a]	etridiazole	0.26	甲醇	0.10
334	甲基乙拌磷[a]	thiometon	144.5	甲醇	57.8
335	灭菌丹[a]	folpet	34.65	甲醇	13.86
336	砜吸磷	demeton-*s*-methyl sulfone	4.94	甲醇	1.98
337	苯锈定	fenpropidin	0.05	甲醇	0.02
338	甲基对氧磷	paraoxon-ethyl	0.12	甲醇	0.05
339	4-十二烷基-2,6-二甲基吗啉	aldimorph	0.79	甲醇	0.32
340	烯效唑	uniconazole	0.60	甲醇	0.24
341	啶斑肟	pyrifenox	0.07	甲醇	0.03
342	氯硫磷	chlorthion	33.40	甲醇	13.36
343	异氯磷	dicapthon	0.06	甲醇	0.02
344	四螨嗪	clofentezine	0.19	甲醇	0.08
345	氟草敏	norflurazon	0.06	甲醇	0.03
346	苯氧喹啉	quinoxyphen	38.35	甲醇	15.34
347	倍硫磷砜	fenthion sulfone	4.37	甲醇	1.75
348	烯虫酯	methoprene	1.31	甲醇	0.52
349	氟咯草酮	flurochloridone	0.32	甲醇	0.13
350	酞酸苯甲基丁酯[a]	phthalic acid, benzyl butyl ester	158.00	甲醇	63.2
351	氯唑磷	isazofos	0.04	甲醇	0.02
352	除线磷	dichlofenthion	7.55	甲醇	3.02
353	蚜灭多砜	vamidothion sulfone	119.00	甲醇	47.60
354	特丁硫磷砜	terbufos sulfone	22.15	甲醇	8.86
355	敌乐胺	dinitramine	0.45	甲醇	0.18
356	毒壤磷[a]	trichloronat	16.70	甲醇	6.68
357	苄呋菊酯[a]	resmethrin-2	0.08	甲醇	0.03
358	啶酰菌胺	boscalid	1.19	甲醇	0.48

表 A.1（续）

序号	中文名称	英文名称	检出限/(μg/kg)	溶剂	混合标准溶液浓度/(μg/mL)
359	甲磺乐灵	nitralin	8.60	甲醇	3.44
360	噻螨酮	hexythiazox	5.90	甲醇	2.36
361	双氟磺草胺[a]	florasulam	4.35	乙腈	1.74
362	苯满特[a]	benzoximate	4.92	甲醇	1.97
363	哒螨灵	pyridaben	3.04	甲醇	1.22
364	新燕灵	benzoylprop-ethyl	77.00	甲醇	30.80
365	嘧螨醚	pyrimidifen	3.50	甲醇	1.40
366	哒草特	pyridate	19.95	甲醇	7.98
367	反式氯菊酯[a]	*trans*-permethin	1.20	甲醇	0.48
368	苄草唑	pyrazoxyfen	0.08	甲醇	0.03
369	嘧唑螨[a]	flubenzimine	1.95	甲醇	0.78
370	*Z*-氯氰菊酯[a]	*zeta* cypermethrin	0.17	甲醇	0.07
371	吡氟甲禾灵	haloxyfop-2-ethoxyethyl	0.63	甲醇	0.25
F组					
372	丙烯酰胺[a]	acrylamide	4.45	甲醇	1.78
373	特丁胺[a]	*tert*-butylamine	9.74	甲醇	3.90
374	矮壮素氯化物[a]	chlormequat chloride	0.18	甲醇	0.07
375	邻苯二甲酰亚胺	phthalimide	10.75	甲醇	4.30
376	甲氟磷	dimefox	17.05	甲醇	6.82
377	速灭威	metolcarb	6.35	甲醇	2.54
378	二苯胺	diphenylamin	0.10	甲醇	0.04
379	萘乙酰胺	1-naphthy acetamide	0.20	甲醇	0.08
380	脱乙基莠去津	atrazine-desethyl	0.16	甲醇	0.06
381	2,6-二氯苯甲酰胺	2,6-dichlorobenzamide	1.13	甲醇	0.45
382	邻苯二甲酸二甲酯	dimethyl phthalate	3.30	甲醇	1.32
383	杀虫脒	chlordimeform hydrochloride	0.66	甲醇	0.26
384	西玛通	simeton	0.28	甲醇	0.11
385	丁诺特呋喃	dinotefuran	2.55	甲醇	1.02
386	克草敌	pebulate	0.85	甲醇	0.34
387	活化酯	acibenzolar-*s*-methyl	0.77	甲醇	0.31
388	蔬果磷	dioxabenzofos	3.46	甲醇	1.38

表 A.1（续）

序号	中文名称	英文名称	检出限/(μg/kg)	溶剂	混合标准溶液浓度/(μg/mL)
389	甲基苯噻隆	methabenzthiazuron	0.02	甲醇	0.01
390	丁酮砜威[a]	butoxycarboxim	6.65	甲醇	2.66
391	自克威	mexacarbate	0.24	甲醇	0.09
392	砜吸磷	demeton-*s*-methyl sulfoxide	0.98	甲醇	0.39
393	久效威砜[a]	thiofanox sulfone	6.02	甲醇	2.41
394	硫环磷	phosfolan	0.12	环己烷	0.05
395	绿草定	triclopyr	0.05	甲醇	0.02
396	硫赶内吸磷	demeton-*s*	20.00	甲醇	8.00
397	咪唑烟酸	imazapyr	2.57	甲醇	1.03
398	萘丙胺	napropamide	0.32	甲醇	0.13
399	杀螟硫磷[a]	fenitrothion	6.70	甲醇	2.68
400	酞酸二丁酯[a]	phthalic acid, dibutyl ester	9.90	甲醇	3.96
401	丙草胺	metolachlor	0.10	甲醇	0.04
402	腐霉利	procymidone	21.65	甲醇	8.66
403	蚜灭磷	vamidothion	1.14	甲醇	0.46
404	枯草隆	chloroxuron	0.11	甲醇	0.04
405	威菌磷	triamiphos	1.15	甲醇	0.46
406	二噻农[a]	dithianon	2.14	甲醇	0.85
407	右旋炔丙菊酯	prallethrin	14.70	甲醇	5.88
408	可灭隆	cumyluron	0.33	甲醇	0.13
409	亚胺硫磷	phosmet	4.43	甲醇	1.77
410	皮蝇磷	ronnel	3.28	甲醇	1.31
411	酞酸二环己酯	phthalic acid, biscyclohexyl ester	0.17	甲醇	0.07
412	环丙酰菌胺	carpropamid	1.30	甲醇	0.52
413	吡螨胺	tebufenpyrad	0.06	甲醇	0.03
414	苯酰草胺	zoxamide	1.12	甲醇	0.45
415	虫酰肼	tebufenozide	6.95	甲醇	2.78
416	虫螨磷	chlorthiophos	7.95	甲醇	3.18
417	二溴磷	naled	37.05	甲醇	14.82
418	唑虫酰胺	tolfenpyrad	0.02	甲醇	0.008
419	三氯杀螨醇[a]	dicofol	0.45	甲醇	0.18
420	吲哚酮草酯	cinidon-ethyl	3.65	甲醇	1.46

表 A.1（续）

序号	中文名称	英文名称	检出限/(μg/kg)	溶剂	混合标准溶液浓度/(μg/mL)
421	鱼藤酮	rotenone	0.58	甲醇	0.23
422	噁草酸	propaquiafop	0.31	甲醇	0.12
423	乳氟禾草灵	lactofen	15.50	甲醇	6.20
G 组					
424	茅草枯	dalapon	57.69	甲醇	23.07
425	2-苯基苯酚	2-phenylphenol	42.47	甲醇	16.99
426	3-苯基苯酚	3-phenylphenol	1.00	甲醇	0.40
427	4,6-二硝基邻甲酚	DNOC	0.65	甲醇	0.26
428	氯硝胺	dicloran	12.14	甲醇	4.86
429	氯苯胺灵	chlorpropham	3.94	甲醇	1.58
430	特草定	terbacil	0.22	甲醇	0.09
431	麦草畏[a]	dicamba	316.48	甲醇	126.59
432	灭草松	bentazone	0.26	甲醇	0.10
433	地乐酚	dinoseb	0.10	甲醇	0.04
434	草消酚	dinoterb	0.06	甲醇	0.02
435	2,4-D 丁酸	2,4-DB	534.94	甲醇	213.98
436	咯菌腈	fludioxonil	15.54	甲醇	6.22
437	抗倒酯[a]	trinexapac-ethyl	17.67	甲醇	7.07
438	杀螨醇[a]	chlorfenethol	41.08	甲醇	16.43
439	灭幼脲	chlorobenzuron	5.10	甲醇	2.04
440	氯霉素	chloramphenicolum	0.97	甲醇	0.39
441	乙酰磺胺对硝基苯[a]	sulfanitran	0.76	甲醇	0.30
442	甲基磺草酮[a]	mesotrion	575.14	甲醇	230.06
443	安磺灵	oryzalin	1.23	甲醇	0.49
444	碘苯腈[a]	ioxynil	0.15	甲醇	0.06
445	噁唑菌酮	famoxadone	11.32	甲醇	4.53
446	吡氟酰草胺	diflufenican	7.07	甲醇	2.83
447	乙虫清	ethiprole	9.96	甲醇	3.99
448	磺菌胺	flusulfamide	0.10	甲醇	0.04
449	氟磺胺草醚	fomesafen	0.51	甲醇	0.20
450	虱螨脲	lufenuron	0.01	甲醇	0.002

a 为定性鉴别的农药及相关化学品。

附 录 B
（资料性附录）
450 种农药及相关化学品监测离子对、碰撞气能量、去簇电压和保留时间

450 种农药及相关化学品监测离子对、碰撞气能量、去簇电压和保留时间见表 B.1。

表 B.1　450 种农药及相关化学品监测离子对、碰撞气能量、去簇电压、保留时间

序号	中文名称	英文名称	保留时间/min	定量离子	定性离子	去簇电压/V	碰撞气能量/V	碰撞室出口电压/V
A 组								
1	异丙威	isoprocarb	14.90	194.1/95.0	194.1/95.0;194.1/137.1	27	25;13	2;3
2	3,4,5-混杀威	3,4,5-trimethacarb	15.00	194.2/137.2	194.2/137.2;194.2/122.2	18	16;37	2;4
3	环莠隆	cycluron	13.40	199.2/89.0	199.2/89.0;199.2/72.0	43	20;30	2;2
4	甲萘威	carbaryl	13.70	202.1/145.1	202.1/145.1;202.1/127.1	20	15;40	2;2
5	毒草胺	propachlor	15.40	212.1/170.1	212.1/170.1;212.1/94.1	31	19;38	2;2
6	吡咪唑	rabenzazole	14.10	213.2/118.0	213.2/118.0;213.2/157.1	40	50;40	3;2
7	西草净	simetryn	11.00	214.2/124.1	214.2/124.1;214.2/96.1	39	27;34	2;2
8	绿谷隆	monolinuron	14.30	215.1/126.0	215.1/126.0;215.1/148.1	31	25;20	3;2
9	速灭磷	mevinphos	10.70	225.0/127.0	225.0/127.0;225.0/127.0	18	9;23	2;3
10	叠氮津	aziprotryne	18.50	226.1/156.1	226.1/156.1;226.1/198.1	20	19;13	3;2
11	密草通	secbumeton	10.60	226.2/170.1	226.2/170.1;226.2/142.1	28	25;32	6;6
12	嘧菌磺胺	cyprodinil	17.60	226.2/93.0	226.2/93.0;226.2/118.0	56	52;46	2;2
13	播土隆	buturon	15.90	237.1/84.1	237.1/84.1;237.1/126.1	39	24;40	2;2
14	双酰草胺	carbetamide	11.40	237.1/192.1	237.1/192.1;237.1/118.1	18	11;18	2;4
15	抗蚜威	pirimicarb	9.86	239.2/72.0	239.2/72.0;239.2/182.2	36	35;22	2;2
16	异噁草松	clomazone dimethazone	16.00	240.1/125.0	240.1/125.0;240.1/89.1	39	28;61	3;2
17	氰草津	cyanazine	12.30	241.1/214.1	241.1/214.1;241.1/104.0	33	22;44	2;2
18	扑草净	prometryne	14.40	242.2/158.1	242.2/158.1;242.2/200.2	48	33;25	2;2
19	甲基对氧磷	paraoxon methyl	11.20	248.0/202.1	248.0/202.1;248.0/90.0	37	25;35	2;2
20	4,4′-二氯二苯甲酮	4,4′-dichlorobenzophenone	27.10	251.1/139.0	251.1/139.0;251.1/111.1	32	25;52	2;4
21	噻虫啉	thiacloprid	11.30	253.1/126.1	253.1/126.1;253.1/186.1	52	27;18	2.5;2.5
22	吡虫啉	imidacloprid	10.20	256.1/175.1	256.1/175.1;256.1/209.1	25	26;24	6;5
23	磺噻隆	ethidimuron	10.10	265.1/208.1	265.1/208.1;265.1/162.1	50	17;30	3;3
24	丁嗪草酮	isomethiozin	23.30	269.1/200.0	269.1/200.0;269.1/172.1	33	20;30	2;3
25	燕麦敌	diallate	28.10	270.0/109.0	270.0/109.0;270.0/228.0	30	39;17	2;2
26	乙草胺	acetochlor	21.80	270.2/148.2	270.2/148.2;270.2/133.1	24	29;45	2;2

表 B.1（续）

序号	中文名称	英文名称	保留时间/min	定量离子	定性离子	去簇电压/V	碰撞气能量/V	碰撞室出口电压/V
27	烯啶虫胺	nitenpyram	8.34	271.1/224.1	271.1/224.1;271.1/237.1	24	21;24	3;2
28	盖草津	methoprotryne	12.30	272.2/198.2	272.2/198.2;272.2/170.1	42	30;24	6;5
29	二甲酚草胺	dimethenamid	18.20	276.1/244.1	276.1/244.1;276.1/168.1	22	25;22	2;2
30	特草灵	terbucarb	26.70	278.2/166.1	278.2/166.1;278.2/222.1	32	19;11	2;3
31	戊菌唑	penconazole	20.40	284.1/159.0	284.1/159.0;284.1/70.0	35	38;37	2;2
32	腈菌唑	myclobutanil	18.60	289.1/70.0	289.1/70.0;289.1/125.0	33	38;45	2;2
33	多效唑	paclobutrazol	16.30	294.2/70.0	294.2/70.0;294.2/125.0	34	49;50	2;4
34	倍硫磷亚砜	fenthion sulfoxide	12.70	295.1/280.0	295.1/280.0;295.1/127.0	37	23;40	5;2
35	三唑醇	triadimenol	16.10	296.1/70.0	296.1/70.0;296.1/99.1	22	30;21	3;3
36	仲丁灵	butralin	31.50	296.1/240.1	296.1/240.1;296.1/222.1	20	19;30	4;4
37	螺噁茂胺	spiroxamine	11.50	298.2/144.2	298.2/144.2;298.2/100.1	38	30;45	2;2
38	甲基立枯磷	tolclofos methyl	26.30	301.2/175.1	301.2/175.1;301.2/125.2	33	35;25	7;4
39	甜菜胺	desmedipham	16.90	301.2/182.1	301.2/182.1;301.2/136.1	27	12;31	2;2
40	杀扑磷	methidathion	17.50	303.0/145.1	303.0/145.1;303.0/85.0	18	12;29	4;2
41	烯丙菊酯	allethrin	29.60	303.2/135.1	303.2/135.1;303.2/123.2	40	15;19	2;2
42	野麦畏	triallate	31.50	304.0/143.0	304.0/143.0;304.0/86.0	50	39;24	2;2
43	二嗪磷	diazinon	25.40	305.1/169.1	305.1/169.1;305.1/153.2	31	30;29	2;2
44	敌瘟磷	edifenphos	22.70	311.1/283.0	311.1/283.0;311.1/109.0	40	17;47	3;3
45	丙草胺	pretilachlor	27.50	312.1/252.1	312.1/252.1;312.1/176.2	50	24;39	3;2
46	氟硅唑	flusilazole	19.80	316.1/247.1	316.1/247.1;316.1/165.1	31	23;40	8;5
47	丙森锌	iprovalicarb	18.00	321.1/119.0	321.1/119.0;321.1/203.2	57	32;12	3;2
48	麦锈灵	benodanil	16.40	324.1/231.0	324.1/231.0;324.1/203.0	50	30;47	6;2
49	氟酰胺	flutolanil	21.30	324.2/262.1	324.2/262.1;324.2/282.1	30	25;17	3;3
50	氨磺磷	famphur	17.00	326.0/93.0	326.0/93.0;326.0/217.0	42	45;30	2;2
51	苯霜灵	benalyxyl	23.80	326.2/208.2	326.2/208.2;326.2/148.1	28	20;32	6;3
52	苄氯三唑醇	diclobutrazole	19.50	328.0/70.0	328.0/70.0;328.0/159.0	35	60;54	2;2
53	乙环唑	etaconazole	18.30	328.1/159.1	328.1/159.1;328.1/205.1	48	42;20	2;2
54	氯苯嘧啶醇	fenarimol	17.50	331.0/268.1	331.0/268.1;331.0/259.1	43	30;31	9;3
55	邻苯二甲酸二环己酯	phthalic acid, dicyclohexyl ester	33.30	331.2/167.0	331.2/167.0;331.2/149.1	20	18;36	2;2
56	胺菊酯	tetramethirn	29.20	332.2/164.1	332.2/164.1;332.2/135.1	18	30;23	2;2
57	抑菌灵	dichlofluanid	23.60	332.8/224.0	332.8/224.0;332.8/123.0	37	16;34	2;2
58	解草酯	cloquintocet mexyl	27.70	336.1/238.1	336.1/238.1;336.1/192.1	29	21;39	3;3

表 B.1（续）

序号	中文名称	英文名称	保留时间/min	定量离子	定性离子	去簇电压/V	碰撞气能量/V	碰撞室出口电压/V
59	联苯三唑醇	bitertanol	20.50	338.2/269.2	338.2/269.2;338.2/99.1	38	12;21	4;3
60	益棉磷	azinphos ethyl	22.20	346.0/261.1	346.0/261.1;346.0/233.0	19	12;18	4;5
61	炔草酯	clodinafop propargyl	24.80	350.1/266.1	350.1/266.1;350.1/238.1	36	21;32	4;2
62	杀铃脲	triflumuron	24.10	359.0/156.1	359.0/156.1;359.0/139.0	24	25;47	5;2
63	异噁氟草	isoxaflutole	18.30	360.0/251.1	360.0/251.1;360.0/220.1	38	22;51	2;2
64	莎稗磷	anilofos	24.60	368.0/199.0	368.0/199.0;368.0/125.0	27	20;45	3;3
65	喹禾灵	quizalofop-ethyl	27.90	373.0/299.1	373.0/299.1;373.0/271.0	50	25;35	2;2
66	精氟吡甲禾灵	haloxyfop-methyl	27.00	376.0/316.0	376.0/316.0;376.0/288.0	45	24;35	5;2
67	吡氟禾草灵	fluazifop butyl	30.00	384.1/282.1	384.1/282.1;384.1/328.1	43	28;22	11;5
68	乙基溴硫磷	bromophos-ethyl	33.20	393.0/337.0	393.0/337.0;393.0/162.1	35	25;52	3;2
69	燕麦敌	dialifos	27.50	394.0/208.2	394.0/208.2;394.0/181.0	35	25;43	2;2
70	地散磷	bensulide	24.90	398.0/314.0	398.0/314.0;398.0/158.1	21	14;33	5;2
71	醚苯磺隆	triasulfuron	12.90	402.1/167.1	402.1/167.1;402.1/141.1	32	26;30	4;2
72	溴苯烯磷	bromfenvinfos	23.60	402.9/155.0	402.9/155.0;402.9/170.0	26	17;55	2;2
73	吡菌磷	pyrazophos	24.80	413.0/339.0	413.0/339.0;413.0/289.1	59	28;41	4;4
74	氟虫脲	flufenoxuron	30.30	489.0/158.1	489.0/158.1;489.0/141.1	43	30;69	5;2
75	茚虫威	indoxacarb	27.30	528.0/249.0	528.0/249.0;528.0/218.0	45	24;32	4;2
76	甲氨基阿维菌素苯甲酸盐	emamectin benzoate	15.90	886.2/158.2	886.2/158.2;886.2/126.1	80	50;62	4;2
B组								
77	乙撑硫脲	ethylene thiourea	2.13	103.0/86.0	103.0/86.0;103.0/60.0	34	28;46	2;2
78	棉隆	dazomet	1.69	163.1/120.0	163.1/120.0;163.1/90.0	27	15;12	3;3
79	烟碱	nicotine	1.68	163.2/130.1	163.2/130.1;163.2/117.1	25	30;37	2;4
80	非草隆	fenuron	10.20	165.1/72.0	165.1/72.0;165.1/120.0	31	31;24	2;2
81	灭蝇胺	cyromazine	2.05	167.0/125.0	167.0/125.0;167.0/108.0	46	25;29	6;6
82	鼠立克	crimidine	10.40	172.1/136.2	172.1/136.2;172.1/107.1	37	27;30	4;5
83	禾草敌	molinate	18.80	188.1/126.1	188.1/126.1;188.1/98.1	25	19;26	2;3
84	多菌灵	carbendazim	2.14	192.1/160.1	192.1/160.1;192.1/132.1	27	25;41	2;2
85	残杀威	propoxur	13.10	210.1/168.1	210.1/168.1;210.1/111.0	21	10;21	4;4
86	异唑隆	isouron	12.00	212.2/72.0	212.2/72.0;212.2/167.1	28	40;22	2;3
87	绿麦隆	chlorotoluron	13.40	213.1/72.0	213.1/72.0;213.1/140.1	29	38;33	3;3

表 B.1（续）

序号	中文名称	英文名称	保留时间/min	定量离子	定性离子	去簇电压/V	碰撞气能量/V	碰撞室出口电压/V
88	久效威	thiofanox	13.90	219.3/57.1	219.3/57.1;219.3/76.1	24	16;16	3;3
89	氯草灵	chlorbufam	19.00	224.1/172.1	224.1/172.1;224.1/154.1	16	12;24	3;5
90	噁虫威	bendiocarb	13.10	224.1/167.1	224.1/167.1;224.1/109.0	20	12;25	5;3
91	扑灭津	propazine	16.50	230.1/188.1	230.1/188.1;230.1/146.1	40	23;30	2;6
92	特丁津	terbuthylazine	17.20	230.1/174.1	230.1/174.1;230.1/110.0	34	21;42	2;2
93	敌草隆	diuron	14.20	233.1/72.0	233.1/72.0;233.1/160.1	32	39;35	3;2
94	氯甲硫磷	chlormephos	23.20	235.0/153.0	235.0/153.0;235/125.0	27	15;20	5;2
95	萎锈灵	carboxin	14.20	236.1/143.1	236.1/143.1;236.1/124.0	37	22;31	2;2
96	野燕枯	difenzoquat-methyl sulfate	9.92	249.1/130.0	249.1/130.0;249.1/193.1	52	55;39	3;2
97	噻虫胺	clothianidin	9.99	250.2/132.0	250.2/132.0;250.2/169.1	35	26;19	3;3
98	拿草特	pronamide	19.50	256.1/190.1	256.1/190.1;256.1/173.0	40	20;28	2;7
99	二甲草胺	dimethachloro	15.70	256.1/224.2	256.1/224.2;256.1/148.2	27	18;35	4;2
100	溴谷隆	methobromuron	14.90	259.0/170.1	259.0/170.1;259.0/148.0	32	25;19	4;2
101	甲拌磷	phorate	26.40	261.0/75.0	261.0/75.0;261.0/143.0	21	22;25	2;2
102	苯草醚	aclonifen	23.00	265.1/248.0	265.1/248.0;265.1/182.1	43	25;40	4;2
103	地安磷	mephosfolan	11.70	270.1/140.1	270.1/140.1;270.1/168.1	40	36;26	2;5
104	脱苯甲基亚胺唑	imibenconazole-des-benzyl	11.60	271.0/174.0	271.0/174.0;271.0/70.0	55	38;39	2;3
105	草不隆	neburon	22.30	275.1/88.1	275.1/88.1;275.1/160.1	33	23;41	2;2
106	精甲霜灵	mefenoxam	14.20	280.1/220.0	280.1/220.0;280.1/192.1	40	18;24	2;2
107	发硫磷	prothoate	15.70	286.1/227.1	286.1/227.1;286.1/199.0	23	14;21	3;3
108	乙氧呋草黄	ethofume sate	20.00	287.0/259.0	287.0/259.0;287.0/121.0	50	15;22	2;2
109	异稻瘟净	iprobenfos	20.80	289.1/205.1	289.1/205.1;289.1/91.0	20	12;39	2;3
110	特普	TEPP	11.20	291.1/179.0	291.1/179.0;291.1/207.0	23	30;20	2;2
111	环丙唑醇	cyproconazole	16.90	292.1/70.0	292.1/70.0;292.1/125.0	38	45;42	2;4
112	噻虫嗪	thiamethoxam	9.40	292.1/211.2	292.1/211.2;292.1/181.1	26	16;28	3;3
113	育畜磷	crufomate	18.20	292.1/236.0	292.1/236.0;292.1/108.1	46	24;40	4;4
114	乙嘧硫磷	etrimfos	16.90	293.1/125.0	293.1/125.0;293.1/265.1	29	35;21	2;4
115	赛灭磷	cythioate	12.50	298.0/125.0	298.0/125.0;298/217.1	58	33;24	2;5
116	磷胺	phosphamidon	11.30	300.1/127.0	300.1/127.0;300.1/174.1	27	31;18	2;3
117	甜菜宁	phenmedipham	16.80	301.1/168.1	301.1/168.1;301.1/136.0	30	11;27	6;3

表 B.1（续）

序号	中文名称	英文名称	保留时间/min	定量离子	定性离子	去簇电压/V	碰撞气能量/V	碰撞室出口电压/V
118	联苯井酯	bifenazate	20.10	301.2/198.1	301.2/198.1;301.2/170.1	25	14;28	6;3
119	粉唑醇	flutriafol	13.30	302.1/123.0	302.1/123.0;302.1/109.0	33	41;49	2;3
120	抑菌丙胺酯	furalaxyl	17.20	302.2/242.2	302.2/242.2;302.2/270.2	31	21;15	4;4
121	生物丙烯菊酯	bioallethrin	29.70	303.1/135.1	303.1/135.1;303.1/123.1	35	20;25	2;2
122	苯腈磷	cyanofenphos	25.70	304.0/157.0	304.0/157.0;304.0/276.0	38	30;16	2;2
123	甲基嘧啶磷	pirimiphos methyl	26.10	306.2/108.1	306.2/108.1;306.2/95.0	42	42;50	3;3
124	噻嗪酮	buprofezin	26.60	306.2/116.1	306.2/116.1;306.2/106.1	18	21;41	2;3
125	乙拌磷砜	disulfoton sulfone	16.40	307.0/97.0	307.0/97.0;307.0/115.0	28	56;43	2;3
126	喹螨醚	fenazaquin	30.20	307.2/161.2	307.2/161.2;307.2/147.1	37	24;29	2;2
127	三唑磷	triazophos	21.30	314.1/162.1	314.1/162.1;314.1/119.1	42	27;48	4;4
128	脱叶磷	DEF	33.60	315.1/169.0	315.1/169.0;315.1/113.0	50	21;34	2;2
129	环酯草醚	pyriftalid	18.80	319.0/139.1	319.0/139.1;319/157.2	56	40;34	4;4
130	叶菌唑	metconazole	20.90	320.2/70.0	320.2/70.0;320.2/125.0	37	50;55	2;2
131	蚊蝇醚	pyriproxyfen	29.70	322.1/96.0	322.1/96.0;322.1/227.1	25	25;18	2;3
132	异噁酰草胺	isoxaben	19.90	333.1/165.0	333.1/165.0;333.1/150.1	43	29;55	2;2
133	呋草酮	flurtamone	17.30	334.1/247.1	334.1/247.1;334.1/105.1	55	37;45	3;2
134	氟乐灵	trifluralin	30.90	336.0/252.1	336.0/252.1;336/294.1	48	27;18	2;3
135	甲基麦草氟异丙酯	flamprop methyl	20.20	336.1/77.0	336.1/77.0;336.1/105.1	22	73;25	3;2
136	生物苄呋菊酯	bioresmethrin	34.00	339.2/171.1	339.2/171.1;339.2/143.1	33	21;35	2;2
137	丙环唑	propiconazole	21.60	342.1/159.1	342.1/159.1;342.1/205.1	52	38;20	6;2
138	毒死蜱	chlorpyrifos	30.40	350.0/97.0	350.0/97.0;350.0/198.0	31	46;28	2;3
139	氯乙氟灵	fluchloralin	28.40	356.0/314.1	356.0/314.1;356.0/236.0	31	17;23	4;2
140	氯磺隆	chlorsulfuron	13.20	358.0/141.1	358.0/141.1;358.0/167.0	23	28;27	2;3
141	杀虫畏	tetrachlorvinphos	21.20	365.0/127.0	365.0/127.0;365.0/204.0	32	18;51	5;8
142	炔螨特	propargite	31.80	368.1/175.1	368.1/175.1;368.1/81.0	33	23;46	2;2
143	糠菌唑	bromuconazole	17.80	376.0/159.0	376.0/159.0;376.0/173.0	37	38;42	2;2
144	氟吡酰草胺	picolinafen	28.60	377.0/238.0	377.0/238.0;377.0/145.0	56	35;69	8;6
145	氟噻乙草酯	fluthiacet methyl	23.00	404.0/274.0	404.0/274.0;404.0/215.0	64	40;55	2;2
146	肟菌酯	trifloxystrobin	27.70	409.3/206.2	409.3/206.2;409.3/186.1	35	18;25	3;3
147	氟铃脲	hexaflumuron	26.50	461.0/158.1	461.0/158.1;461/141.1	49	21;60	2;5

表 B.1（续）

序号	中文名称	英文名称	保留时间/min	定量离子	定性离子	去簇电压/V	碰撞气能量/V	碰撞室出口电压/V
148	双苯氟脲	novaluron	27.60	493.0/158.0	493.0/158.0;493/141.1	37	29;68	2;4
149	啶蜱脲	fluazuron	29.20	506.0/141.1	506.0/141.1;506.0/158.1	42	70;32	2;2
C组								
150	甲胺磷	methamidophos	2.14	142.1/94.0	142.1/94.0;142.1/112.0	25	19;19	2;4
151	茵草敌	EPTC	22.80	190.2/128.1	190.2/128.1;190.2/86.0	20	15;18	3;3
152	避蚊胺	diethyltoluamide	14.20	192.2/119.0	192.2/119.0;192.2/91.0	28	25;42	4;2
153	灭草隆	monuron	12.00	199.0/126.0	199.0/126.0;199.0/99.0	25	39;55	2;2
154	嘧霉胺	pyrimethanil	14.30	200.2/107.0	200.2/107.0;200.2/168.1	41	34;40	2;2
155	黑穗胺	fenfuram	14.50	202.1/109.0	202.1/109.0;202.1/120.0	38	31;21	2;2
156	灭藻醌	quinoclamine	12.30	208.1/105.0	208.1/105.0;208.1/154.1	49	36;35	3;2
157	仲丁威	fenobucarb	17.10	208.2/95.0	208.2/95.0;208.2/152.1	36	26;12	2;2
158	乙菌定	ethirimol	9.17	210.2/140.1	210.2/140.1;210.2/98.0	46	30;39	2;2
159	敌稗	propanil	16.20	218.0/162.1	218.0/162.1;218.0/127.0	45	23;41	2;2
160	克百威	carbofuran	13.20	222.3/165.1	222.3/165.1;222.3/123.1	44	16;30	2;3
161	啶虫脒	acetamiprid	10.50	223.2/126.0	223.2/126.0;223.2/90.0	28	30;48	2;3
162	嘧菌胺	mepanipyrim	19.90	224.2/77.0	224.2/77.0;224.2/106.0	40	55;36	2;2
163	扑灭通	prometon	10.60	226.2/184.1	226.2/184.1;226.2/142.0	35	25;31	2;2
164	甲氧隆	metoxuron	11.50	229.1/72.0	229.1/72.0;229.1/156.1	41	39;34	2;2
165	乐果	dimethoate	10.40	230.0/199.0	230.0/199.0;230.0/125.0	16	11;28	3;1.5
166	伏草隆	fluometuron	13.70	233.1/72.0	233.1/72.0;233.1/160.0	29	40;39	2;4
167	百治磷	dicrotophos	9.10	238.1/112.1	238.1/112.1;238.1/127.0	18	18;24	2;2
168	庚酰草胺	monalide	23.30	240.1/85.1	240.1/85.1;240.1/93.0	39	27;53	2;3
169	双苯酰草胺	diphenamid	15.70	240.1/134.1	240.1/134.1;240.1/167.1	35	32;31	2;6
170	灭线磷	ethoprophos	19.20	243.1/131.0	243.1/131.0;243.1/97.0	33	27;46	3;3
171	地虫硫磷	fonofos	25.80	247.1/109.0	247.1/109.0;247.1/137.1	15	28;15	2;4
172	拌种胺	furmecyclox	22.50	252.2/170.1	252.2/170.1;252.2/110.1	23	17;31	3;2
173	环嗪酮	hexazinone	11.40	253.2/171.1	253.2/171.1;253.2/85.1	32	23;45	3;3
174	阔草净	dimethametryn	16.10	256.2/186.1	256.2/186.1;256.2/96.1	36	28;40	2;2
175	敌百虫	trichlorphon	9.72	257.0/109.0	257.0/109.0;257.0/127.1	28	25;23	2;2
176	内吸磷	demeton(*o*+*s*)	15.30	259.1/89.0	259.1/89.0;259.1/61.0	14	26;30	2;3
177	解草酮	benoxacor	18.20	260.0/149.2	260.0/149.2;260.0/134.1	40	23;41	4;2
178	除草定	bromacil	11.80	261.0/205.0	261.0/205.0;261.0/188.0	30	23;39	2;6
179	甲拌磷亚砜	phorate sulfoxide	9.73	261.1/111.0	261.1/111.0;261.1/129.0	27	34;27	3;2

表 B.1（续）

序号	中文名称	英文名称	保留时间/min	定量离子	定性离子	去簇电压/V	碰撞气能量/V	碰撞室出口电压/V
180	溴莠敏	brompyrazon	10.40	266.0/92.0	266.0/92.0;266.0/104.0	46	41;35	3;3
181	氧化萎锈灵	oxycarboxin	11.30	268.0/175.0	268.0/175.0;268.0/147.1	35	21;32	2;2
182	灭锈胺	mepronil	20.70	270.2/119.1	270.2/119.1;270.2/228.2	28	31;20	2;3
183	乙拌磷	disulfoton	31.30	275.0/89.0	275.0/89.0;275.0/61.0	11	20;50	2;2
184	倍硫磷	fenthion	24.50	279.0/169.1	279.0/169.1;279.0/105.1	30	24;36	3;4
185	甲霜灵	metalaxyl	14.20	280.1/220.2	280.1/220.2;280.1/192.2	35	19;25	2;2
186	甲呋酰胺	ofurace	14.20	282.1/254.2	282.1/254.2;282.1/160.2	26	15;31	3;2
187	吗菌灵	dodemorph	11.10	282.3/116.1	282.3/116.1;282.3/98.1	29	30;40	2;2
188	噻唑硫磷	fosthiazate	13.80	284.1/228.1	284.1/228.1;284.1/104.0	22	13;34	3;2
189	甲基咪草酯	imazamethabenz-methyl	10.90	289.1/86.0	289.1/86.0;289.1/229.0	33	35;25	3;1
190	乙拌磷-亚砜	disulfoton-sulfoxide	13.30	291.0/97.0	291.0/97.0;291.0/129.0	34	49;41	2;2
191	稻瘟灵	isoprothiolane	21.10	291.1/231.1	291.1/231.1;291.1/189.1	13	15;28	3;2
192	抑霉唑	imazalil	10.50	297.0/159.0	297.0/159.0;297.0/255.0	45	36;25	2;3
193	辛硫磷	phoxim	23.70	299.0/97.0	299.0/97.0;299.0/129.0	36	35;18	2;3
194	喹硫磷	quinalphos	23.70	299.1/163.1	299.1/163.1;299.1/147.1	34	33;31	2;2
195	灭菌磷	ditalimfos	15.10	300.0/130.1	300.0/130.1;300.0/148.1	40	42;19	2;2
196	双氧威	fenoxycarb	21.10	302.1/116.0	302.1/116.0;302.1/88.0	26	17;31	2;2
197	嘧啶磷	pyrimitate	24.00	306.1/170.2	306.1/170.2;306.1/154.2	35	27;28	3;2
198	丰索磷	fensulfothin	14.30	309.0/157.1	309.0/157.1;309.0/173.0	35	33;31	3;2
199	氯咯草酮	fluorochloridone	21.80	312.1/292.1	312.1/292.1;312.1/212.2	49	28;43	5;3
200	丁草胺	butachlor	30.00	312.2/238.1	312.2/238.1;312.2/147.2	22	13;46	2;2
201	亚胺菌	kresoxim-methyl	23.70	314.1/235.1	314.1/235.1;314.1/222.2	15	20;18	3;2
202	戊叉菌唑	triticonazole	16.90	318.2/70.0	318.2/70.0;318.2/125.1	28	42;50	2;3
203	苯线磷亚砜	fenamiphos sulfoxide	10.90	320.1/292.1	320.1/292.1;320.1/171.1	37	20;30	3;5
204	噻吩草胺	thenylchlor	21.70	324.1/127.0	324.1/127.0;324.1/99.0	30	24;45	2;2
205	除虫菊素	pyrethrin	31.90	329.1/133.1	329.1/133.1;329.1/143.1	39	25;26	2;5
206	氰菌胺	fenoxanil	23.40	329.1/302.0	329.1/302.0;329.1/189.1	38	16;35	3;2
207	杀草吡啶	fluridone	16.80	330.1/309.1	330.1/309.1;330.1/259.2	54	47;61	3;5
208	氟环唑	epoxiconazole	18.60	330.1/121.1	330.1/121.1;330.1/141.1	32	32;25	2;2
209	氯辛硫磷	chlorphoxim	27.20	333.0/97.0	333.0/97.0;333/163.1	22	34;20	2;2
210	苯线磷砜	fenamiphos sulfone	12.30	336.1/266.2	336.1/266.2;336.1/188.2	45	26;36	4;2
211	腈苯唑	fenbuconazole	20.10	337.1/125.0	337.1/125.0;337.1/70.0	36	45;43	2;3
212	异柳磷	isofenphos	27.80	346.1/121.0	346.1/121.0;346.1/245.0	18	54;18	2;3

表 B.1（续）

序号	中文名称	英文名称	保留时间/min	定量离子	定性离子	去簇电压/V	碰撞气能量/V	碰撞室出口电压/V
213	苯醚菊酯	phenothrin	35.10	351.1/183.2	351.1/183.2;351.1/333.2	45	30;14	3;5
214	氯化薯瘟锡	fentin-chloride	11.70	351.1/197.1	351.1/197.1;351.1/120.0	116	34;42	5;2
215	哌草磷	piperophos	27.20	354.1/143.0	354.1/143.0;354.1/171.0	26	43;30	2;3
216	增效醚	piperonyl butoxide	29.10	356.2/177.1	356.2/177.1;356.2/119.0	15	19;50	2;2
217	乙氧氟草醚	oxyflurofen	29.60	362.0/316.1	362.0/316.1;362/237.1	32	18;30	5;2
218	蝇毒磷	coumaphos	25.80	363.1/227.2	363.1/227.2;363.1/307.1	63	34;25	4;4
219	氟噻草胺	flufenacet	22.00	364.0/194.0	364.0/194.0;364.0/152.0	11	17;27	7;6
220	伏杀硫磷	phosalone	26.60	368.1/182.0	368.1/182.0;368.1/111.0	31	23;59	2;2
221	甲氧虫酰肼	methoxyfenozide	20.40	369.2/149.1	369.2/149.1;369.2/313.1	19	25;10	5;5
222	咪鲜胺	prochloraz	17.50	376.1/308.0	376.1/308.0;376.1/266.0	31	17;22	5;4
223	丙硫特普	aspon	33.60	379.1/115.0	379.1/115.0;379.1/97.0	27	46;82	4;2
224	乙硫磷	ethion	30.90	385.0/199.1	385.0/199.1;385.0/143.0	19	12;35	2;3
225	氟硫草定	dithiopyr	28.90	402.0/354.0	402.0/354.0;402.0/296.0	38	24;35	5;2
226	螺螨酯	spirodiclofen	33.90	411.1/71.0	411.1/71.0;411.1/313.1	48	29;17	2;5
227	唑螨酯	fenpyroximate	31.10	422.2/366.2	422.2/366.2;422.2/214.2	33	23;38	6;5
228	胺氟草酯	flumiclorac-pentyl	29.50	441.1/308.0	441.1/308.0;441.1/252.1	45	36;51	3;3
229	双硫磷	temephos	30.10	467.0/419.0	467.0/419.0;467.0/341.0	40	27;41	5;4
230	氟丙嘧草酯	butafenacil	23.10	475.0/331.0	475.0/331.0;475.0/349.0	50	27;14	4;7
231	多杀菌素	spinosad	13.40	732.4/142.2	732.4/142.2;732.4/98.1	48	45;96	2;2
D组								
232	甲哌金翁	mepiquat chloride	1.90	114.1/98.1	114.1/98.1;114.1/84.1	38	37;39	2;2
233	二丙烯草胺	allidochlor	12.40	174.1/98.1	174.1/98.1;174.1/106.0	27	14;15	3;2
234	霜霉威	propamocarb	2.36	189.2/102.1	189.2/102.1;189.2/144.2	22	24;17	3;5
235	三环唑	tricyclazole	10.70	190.1/163.1	190.1/163.1;190.1/136.1	42	31;38	2;2
236	噻菌灵	thiabendazole	2.35	202.1/175.1	202.1/175.1;202.1/131.1	43	35;45	3;2
237	苯嗪草酮	metamitron	10.10	203.1/175.1	203.1/175.1;203.1/104.0	33	22;35	5;3
238	异丙隆	isoproturon	14.30	207.2/72.0	207.2/72.0;207.2/165.1	27	35;19	2;2
239	莠去通	atratone	10.10	212.2/170.2	212.2/170.2;212.2/100.1	30	28;36	6;2
240	敌草净	desmetryn	11.20	214.1/172.1	214.1/172.1;214.1/82.1	48	23;45	4;3
241	赛克津	metribuzin	12.90	215.1/187.2	215.1/187.2;215.1/171.1	37	23;27	3;5
242	—	DMST	14.00	215.3/106.1	215.3/106.1;215.3/151.2	35	19;11	3;3
243	环草敌	cycloate	26.60	216.2/83.0	216.2/83.0;216.2/134.1	28	24;18	2;2
244	阿特拉津	atrazine	14.30	216.2/174.2	216.2/174.2;216.2/104.0	33	24;40	2;3

表 B.1（续）

序号	中文名称	英文名称	保留时间/min	定量离子	定性离子	去簇电压/V	碰撞气能量/V	碰撞室出口电压/V
245	丁草敌	butylate	28.80	218.1/57.0	218.1/57.0;218.1/190.1	26	30;12	2;2
246	氯草敏	chloridazon	10.40	222.1/104.0	222.1/104.0;222.1/92.0	43	31;37	2;3
247	菜草畏	sulfallate	25.20	224.1/88.2	224.1/88.2;224.1/116.1	25	30;17	2;1.5
248	乙硫苯威	ethiofencarb	27.20	226.2/107.0	226.2/107.0;226.2/164.1	15	25;10	2;2
249	特丁通	terbumeton	10.90	226.2/170.1	226.2/170.1;226.2/114.0	34	25;34	3;4
250	环丙津	cyprazine	12.60	228.2/186.1	228.2/186.1;228.2/108.1	48	24;37	2;3
251	阔草净	ametryn	12.60	228.2/96.1	228.2/96.1;228.2/158.1	35	36;32	2;5
252	木草隆	tebuthiuron	11.50	229.2/172.2	229.2/172.2;229.2/116.0	37	25;37	2;3
253	草达津	trietazine	20.60	230.1/99.1	230.1/99.1;230.1/132.1	40	32;30	3;2
254	另丁津	sebutylazine	16.40	230.1/174.1	230.1/174.1;230.1/104.0	37	25;42	2;2
255	畜虫避	dibutyl succinate	24.40	231.1/157.1	231.1/157.1;231.1/101.0	25	10;21	2;2
256	牧草胺	tebutam	21.70	234.2/91.1	234.2/91.1;234.2/192.2	54	40;21	1.5;3
257	久效威亚砜	thiofanox-sulfoxide	9.64	235.1/104.0	235.1/104.0;235.1/178.2	16	13;9	3;2
258	杀螟丹	cartap hydrochloride	21.90	238.0/117.0	238.0/117.0;238.0/210.1	30	30;25	3;2
259	虫螨畏	methacrifos	9.50	241.0/125.0	241.0/125.0;241.0/209.0	20	27;12	2;2
260	特丁净	terbutryn	14.80	242.2/186.1	242.2/186.1;242.2/91.0	35	25;37	2;2
261	唑菌嗪	triazoxide	11.90	248.0/150.1	248.0/150.1;248.0/124.0	47	48;45	2;2
262	虫线磷	thionazin	16.40	249.1/97.0	249.1/97.0;249.1/221.2	22	43;12	3;2
263	利谷隆	linuron	17.70	249.0/160.1	249.0/160.1;249.0/182.1	32	25;21	2;2
264	庚虫磷	heptanophos	14.90	251.0/127.0	251.0/127.0;251.0/89.0	30	20;49	2;2
265	苄草丹	prosulfocarb	28.10	252.1/91.0	252.1/91.0;252.1/128.1	29	38;15	2;2
266	炔苯烯草胺	propyzamide	19.70	256.0/190.0	256.0/190.0;256/173.0	36	20;32	2;2
267	杀草净	dipropetryn	16.70	256.1/144.1	256.1/144.1;256.1/172.1	39	37;30	4;2
268	禾草丹	thiobencarb	25.90	258.1/125.0	258.1/125.0;258.1/89.0	31	31;71	3;2
269	三异丁基磷酸盐	tri-*iso*-butyl phosphate	24.90	267.1/155.1	267.1/155.1;267.1/211.2	24	12;9	2;2
270	三正丁基磷酸盐	tri-*n*-butyl phosphate	24.90	267.2/99.0	267.2/99.0;267.2/155.1	41	24;14	3;2
271	乙霉威	diethofencarb	17.90	268.1/152.1	268.1/152.1;268.1/180.2	17	29;22	3;3
272	甲草胺	alachlor	21.80	270.2/238.2	270.2/238.2;270.2/162.2	29	14;25	3;2
273	硫线磷	cadusafos	25.30	271.1/159.1	271.1/159.1;271.1/97.0	27	14;36	2;3
274	吡唑草胺	metazachlor	15.70	278.1/210.1	278.1/210.1;278.1/134.1	15	14;21	2;3
275	胺丙畏	propetamphos	20.00	282.1/110.0	282.1/110.0;282.1/156.1	30	40;15	3;2

表 B.1（续）

序号	中文名称	英文名称	保留时间/min	定量离子	定性离子	去簇电压/V	碰撞气能量/V	碰撞室出口电压/V
276	特丁硫磷	terbufos	30.10	289.0/103.1	289.0/103.1;289.0/187.0	20	14;19	4;2
277	硅氟唑	simeconazole	18.00	294.2/70.1	294.2/70.1;294.2/135.1	59	39;30	2;4
278	三唑酮	triadimefon	19.00	294.2/197.1	294.2/197.1;294.2/225.2	29	20;17	2;2
279	甲拌磷砜	phorate sulfone	16.90	293.0/171.0	293.0/171.0;293/143.1	31	14;24	4;2
280	十三吗啉	tridemorph	13.80	298.3/130.1	298.3/130.1;298.3/98.1	45	35;40	1.5;1.5
281	苯噻酰草胺	mefenacet	19.00	299.1/120.1	299.1/120.1;299.1/148.1	23	36;23	2;2
282	戊环唑	azaconazole	14.00	300.1/159.0	300.1/159.0;300.1/231.1	35	40;23	2;4
283	苯线磷	fenamiphos	18.20	304.1/217.1	304.1/217.1;304.1/202.0	30	29;46	7;2
284	丁苯吗啉	fenpropimorph	11.70	304.3/147.2	304.3/147.2;304.3/119.1	45	39;53	2;2
285	戊唑醇	tebuconazole	19.70	308.2/70.0	308.2/70.0;308.2/125.0	57	45;55	2;3
286	异丙乐灵	isopropalin	33.40	310.2/226.0	310.2/226.0;310.2/208.1	30	27;31	2;2
287	氟苯嘧啶醇	nuarimol	15.40	315.1/252.1	315.1/252.1;315.1/81.0	50	31;47	3;2
288	乙嘧酚磺酸酯	bupirimate	17.90	317.2/108.0	317.2/108.0;317.2/210.2	37	36;30	4;2
289	保棉磷	azinphos-methyl	17.60	318.1/132.1	318.1/132.1;318.1/261.1	19	21;10	2;10
290	丁基嘧啶磷	tebupirimfos	30.60	319.1/277.1	319.1/277.1;319.1/153.2	34	20;42	4;1.5
291	稻丰散	phenthoate	25.20	321.1/163.1	321.1/163.1;321.1/135.1	20	15;26	2;2
292	治螟磷	sulfotep	26.50	323.0/115.0	323.0/115.0;323/171.1	25	41;20	2;2
293	硫丙磷	sulprofos	31.20	323.0/219.1	323.0/219.1;323.0/155.0	42	24;32	2;1.5
294	苯硫磷	EPN	27.70	324.0/157.1	324.0/157.1;324.0/296.0	41	34;19	4;2
295	甲基吡噁磷	azamethiphos	12.50	325.0/183.0	325.0/183.0;325.0/112.0	26	21;51	3;2
296	烯唑醇	diniconazole	21.70	326.1/70.0	326.1/70.0;326.1/159.0	34	50;45	3;3
297	纹枯脲	pencycuron	26.30	329.2/125.0	329.2/125.0;329.2/218.1	35	40;20	1.5;3
298	灭蚜磷	mecarbam	23.30	330.0/199.0	330.0/199.0;330.0/171.0	19	20;24	7;7
299	苯草酮	tralkoxydim	30.70	330.2 /284.2	330.2 /284.2;330.2/138.1	38	15;28	9;5
300	马拉硫磷	malathion	21.30	331.0/127.1	331.0/127.1;331.0/99.0	30	18;35	2;2
301	稗草畏	pyributicarb	30.70	331.1/181.1	331.1/181.1;331.1/190.1	40	23;24	2;2
302	哒嗪硫磷	pyridaphenthion	19.40	341.1/189.2	341.1/189.2;341.1/205.2	46	28;26	2;3
303	嘧啶磷	pirimiphos-ethyl	30.50	334.2/198.2	334.2/198.2;334.2/182.2	35	31;31	2;3
304	吡唑硫磷	pyraclofos	24.60	361.1/257.0	361.1/257.0;361.1/275.0	43	30;28	5;2
305	啶氧菌酯	picoxystrobin	24.40	368.2/145.1	368.2/145.1;368.2/205.2	21	27;12	3;3
306	四氟醚唑	tetraconazole	19.30	372.0/159.0	372.0/159.0;372.0/150.1	41	44;46	6;4
307	吡唑解草酯	mefenpyr-diethyl	26.30	373.0/160.0	373.0/160.0;373.0/186.0	25	45;50	3;1.5

表 B.1（续）

序号	中文名称	英文名称	保留时间/min	定量离子	定性离子	去簇电压/V	碰撞气能量/V	碰撞室出口电压/V
308	丙溴磷	profenefos	27.40	373.0/302.9	373.0/302.9;373.0/345.0	34	24;17	3;5
309	百克敏	pyraclostrobin	25.70	388.0/194.0	388.0/194.0;388.0/163.0	6	19;29	7;7
310	烯酰吗啉	dimethomorph	16.20	388.1/301.1	388.1/301.1;388.1/165.1	40	28;45	3;2
311	噻嗯菊酯	kadethrin	29.40	397.1/171.1	397.1/171.1;397.1/143.1	33	19;35	3;1.5
312	噻唑烟酸	thiazopyr	26.10	397.1/335.1	397.1/335.1;397.1/275.1	48	42;51	5;9
313	氟啶脲	chlorfluazuron	31.60	540.0/383.0	540.0/383.0;540.0/158.2	44	31;30	15;5
				E组				
314	矮壮素	chlormequat	1.84	122.1/58.1	122.1/58.1;122.1/63.1	20	41;29	1.5;2.0
315	灭多威	methomyl	9.03	163.2/88.1	163.2/88.1;163.2/106.1	28	15;14	2.4;2.0
316	咯喹酮	pyroquilon	11.50	174.1/117.1	174.1/117.1;174.1/132.2	55	45;33	1.5;1.5
317	麦穗灵	fuberidazole	10.20	186.2/87.1	186.2/87.1;186.2/130.1	35	24;17	2.0;1.5
318	杀虫脒	chlordimeform	10.60	197.2/117.1	197.2/117.1;197.2/125.1	39	39;45	2.5;2.0
319	霜脲氰	cymoxanil	11.30	199.1/128.1	199.1/128.1;199.1/111.1	20	12;24	1.5;2.5
320	灭草敌	vernolate	26.50	204.2/128.2	204.2/128.2;204.2/86.1	35	15;19	2.0;2.0
321	猛杀威	promecarb	18.10	208.2/151.1	208.2/151.1;208.2/109.1	38	12;23	1.5;2.0
322	灭害威	aminocarb	2.35	209.3/137.1	209.3/137.1;209.3/152.1	37	33;19	2.0;2.0
323	甲菌定	dimethirimol	9.31	210.2/71.1	210.2/71.1;210.2/98.1	60	50;36	2.0;1.5
324	绿麦隆	chlortoluron	13.60	213.1/72.1	213.1/72.1;213.1/140.0	45	37;32	2.3;2.0
325	氧乐果	omethoate	2.34	214.1/143.0	214.1/143.0;214.1/155.0	30	20;24	2.0;2.5
326	敌敌畏	dichlorvos	9.93	221.0/109.0	221.0/109.0;221.0/127.1	45	25;24	1.5;1.5
327	涕灭威砜	aldicarb sulfone	8.60	223.1/86.1	223.1/86.1;223.1/148.0	42	21;12	2.0;3.0
328	二氧威	dioxacarb	14.95	224.1/167.1	224.1/167.1;224.1/123.1	30	11;22	3.0;1.5
329	苄基腺嘌呤	benzyladenine	9.47	226.1/91.1	226.1/91.1;226.1/148.0	50	39;25	2.0;2.5
330	解草腈	oxabetrinil	18.20	233.2/147.1	233.2/147.1;233.2/87.1	37	14;19	2.5;2.5
331	乙硫苯威亚砜	ethiofencarb-sulfoxide	9.55	242.2/107.1	242.2/107.1;242.2/185.1	28	28;11	2.5;2.0
332	杀螟腈	cyanophos	17.50	244.2/125.0	244.2/125.0;244.2/180.0	38	24;32	3.0;2.5
333	土菌灵	etridiazole	23.10	247.1/183.0	247.1/183.0;247.1/219.0	30	26;16	2.0;2.0
334	甲基乙拌磷	thiometon	14.00	247.1/89.1	247.1/89.1;247.1/61.0	13	18;43	2.0;2.0
335	灭菌丹	folpet	20.70	260.0/130.0	260.0/130.0;260.0/231.9	33	36;36	2.0;2.0
336	磺吸磷	demeton-*s*-methyl sulfone	9.45	263.1/169.1	263.1/169.1;263.1/127.1	41	22;38	2.0;2.0

表 B.1(续)

序号	中文名称	英文名称	保留时间/min	定量离子	定性离子	去簇电压/V	碰撞气能量/V	碰撞室出口电压/V
337	苯锈定	fenpropidin	11.50	274.0/147.1	274.0/147.1;274.0/86.1	18	39;39	2.0;1.5
338	甲基对氧磷	paraoxon-ethyl	14.80	276.2/220.1	276.2/220.1;276.2/238.1	52	20;19	2.7;2.0
339	4-十二烷基-2,6-二甲基吗啉	aldimorph	14.00	284.4/98.1	284.4/98.1;284.4/57.2	60	50;39	2.0;2.0
340	烯效唑	uniconazole	18.30	292.1/70.1	292.1/70.1;292.1/125.1	47	45;45	2.2;1.5
341	啶斑肟	pyrifenox	13.70	295.0/93.1	295.0/93.1;295.0/263.0	45	42;24	2.0;2.5
342	氯硫磷	chlorthion	23.00	298.0/125.0	298.0/125.0;298.0/143.0	52	30;30	2.0;1.5
343	异氯磷	dicapthon	22.90	298.0/266.1	298.0/266.1;298.0/284.0	46	23;22	3.0;4.0
344	四螨嗪	clofentezine	25.90	303.0/138.0	303.0/138.0;303.0/156.0	48	24;23	2.0;1.0
345	氟草敏	norflurazon	14.90	304.0/160.1	304.0/160.1;304.0/140.1	68	41;50	1.5;2.0
346	苯氧喹啉	quinoxyphen	27.80	308.0/197.0	308.0/197.0;308.0/214.0	68	45;47	2.0;2.0
347	倍硫磷砜	fenthion sulfone	15.50	311.1/125.0	311.1/125.0;311.1/127.1	58	30;37	1.5;1.5
348	烯虫酯	methoprene	15.32	311.3/279.2	311.3/279.2;311.3/191.2	35	9;16	2.5;2.5
349	氟咯草酮	flurochloridone	22.00	312.2/53.1	312.2/53.1;312.2/212.2	59	55;41	2.0;2.5
350	酞酸苯甲基丁酯	phthalic acid, benzyl butyl ester	28.00	313.2/91.1	313.2/91.1;313.2/149.0	42	36;18	2.0;2.0
351	氯唑磷	isazofos	23.40	314.1/162.1	314.1/162.1;314.1/120.0	47	21;41	2.0;1.5
352	除线磷	dichlofenthion	30.30	315.0/259.0	315.0/259.0;315/287.0	40	21;14	3.5;3.0
353	蚜灭多砜	vamidothion sulfone	9.11	320.2/178.1	320.2/178.1;320.2/169.1	47	21;27	2.0;2.0
354	特丁硫磷砜	terbufos sulfone	20.10	321.2/171.1	321.2/171.1;321.2/143.0	49	17;28	2.0;2.0
355	敌乐胺	dinitramine	25.30	323.1/305.0	323.1/305.0;323.1/247.0	35	21;27	3;2
356	毒壤磷	trichloronat	33.10	333.1/304.9	333.1/304.9;333.1/196.9	40	19;33	2.5;2.5
357	苄呋菊酯	resmethrin-2	34.20	339.2/171.1	339.2/171.1;339.2/143.1	46	19;33	2.0;2.0
358	啶酰菌胺	boscalid	19.30	343.2/307.2	343.2/307.2;343.2/140.1	53	29;31	3.0;2.0
359	甲磺乐灵	nitralin	23.80	346.1/304.1	346.1/304.1;346.1/262.1	63	20;26	3.0;3.0
360	噻螨酮	hexythiazox	30.70	353.1/228.1	353.1/228.1;353.1/168.1	50	21;35	2.5;1.8
361	双氟磺草胺	florasulam	13.20	360.2/129.1	360.2/129.1;360.2/144.1	65	40;40	2.0;2.0
362	苯满特	benzoximate	27.40	364.2/105.1	364.2/105.1;364.2/199.1	34	19;35	2.0;2.5
363	哒螨灵	pyridaben	33.40	365.1/309.1	365.1/309.1;365.1/147.1	65	16;34	3.0;2.0
364	新燕灵	benzoylprop-ethyl	25.50	366.1/105.0	366.1/105.0;366.1/320.1	50	30;12	2.0;2.0
365	嘧螨醚	pyrimidifen	21.40	378.2/184.1	378.2/184.1;378.2/150.2	45	33;50	2.5;1.5
366	哒草特	pyridate	29.60	383.3/195.1	383.3/195.1;383.3/252.1	54	27;17	2.0;2.2

表 B.1（续）

序号	中文名称	英文名称	保留时间/min	定量离子	定性离子	去簇电压/V	碰撞气能量/V	碰撞室出口电压/V
367	反式氯菊酯	*trans*-permethin	29.00	391.3/149.1	391.3/149.1;391.3/167.1	45	37;18	2.0;2.0
368	苄草唑	pyrazoxyfen	23.00	403.2/91.1	403.2/91.1;403.2/105.1	47	63;29	2.0;2.0
369	嘧唑螨	flubenzimine	39.00	417.0/187.0	417.0/187.0;417.0/167.1	47	40;35	1.5;2.0
370	Z-氯氰菊酯	*zeta* cypermethrin	8.92	433.3/416.2	433.3/416.2;433.3/191.2	28	12;23	4.0;3.0
371	吡氟甲禾灵	haloxyfop-2-ethoxy-ethyl	28.90	434.1/316.0	434.1/316.0;434.1/288.0	55	27;41	3.9;3.9
F组								
372	丙烯酰胺	acrylamide	2.13	72.0/54.6	72.0/54.6;72.0/43.5	27	16;28	5.5;4.0
373	特丁胺	*tert*-butylamine	2.14	74.1/56.8	74.1/56.8;74.1/45.7	46	14;20	2.2;1.7
374	矮壮素氯化物	chlormequat chloride	1.63	122.1/58.1	122.1/58.1;122.1/63.0	37	42;30	2.1;2.1
375	邻苯二甲酰亚胺	phthalimide	10.50	148.2/130.1	148.2/130.1;148.2/102.0	66	26;40	2.2;2.2
376	甲氟磷	dimefox	9.19	155.1/110.1	155.1/110.1;155.1/128.1	50	28;26	2.0;1.7
377	速灭威	metolcarb	12.20	166.2/109.0	166.2/109.0;166.2/107.1	34	18;35	1.5;2.0
378	二苯胺	diphenylamin	21.10	170.2/93.1	170.2/93.1;170.2/65.1	37	39;61	3.0;2.5
379	萘乙酰胺	1-naphthyl acetamide	11.10	186.2/141.1	186.2/141.1;186.2/169.1	40	26;14	1.5;2.0
380	脱乙基莠去津	atrazine-desethyl	10.30	188.2/146.1	188.2/146.1;188.2/104.1	42	24;36	2.2;2.5
381	2,6-二氯苯甲酰胺	2,6-dichlorobenzamide	9.58	190.1/173.0	190.1/173.0;190.1/145.0	48	25;40	2.0;3.0
382	邻苯二甲酸二甲酯	dimethyl phthalate	12.90	195.2/163.1	195.2/163.1;195.2/133.1	23	17;31	2.0;2.0
383	杀虫脒	chlordimeform hydrochloride	10.40	197.2/117.1	197.2/117.1;197.2/125.1	40	37;44	2.0;2.0
384	西玛通	simeton	9.11	198.2/100.1	198.2/100.1;198.2/128.2	20	35;28	1.5;1.7
385	丁诺特呋喃	dinotefuran	2.21	203.3/129.2	203.3/129.2;203.3/87.1	33	16;22	2.8;2.5
386	克草敌	pebulate	26.30	204.2/57.2	204.2/57.2;204.2/72.1	36	27;20	2.0;2.0
387	活化酯	acibenzolar-*s*-methyl	17.80	211.1/136.0	211.1/136.0;211.1/140.0	48	41;34	2.0;1.7
388	蔬果磷	dioxabenzofos	17.50	217.0/107.1	217.0/107.1;217.0/123.1	40	30;24	1.5;2.0
389	甲基苯噻隆	methabenzthiazuron	13.20	222.2/165.1	222.2/165.1;222.2/150.1	28	25;45	2.0;2.5
390	丁酮砜威	butoxycarboxim	8.02	223.2/106.1	223.2/106.1;223.2/63.0	36	13;23	2.7;2.3
391	自克威	mexacarbate	8.62	223.3/151.2	223.3/151.2;223.3/166.2	40	32;20	2.0;2.0

表 B.1(续)

序号	中文名称	英文名称	保留时间/min	定量离子	定性离子	去簇电压/V	碰撞气能量/V	碰撞室出口电压/V
392	砜吸磷	demeton-*s*-methyl sulfoxide	2.15	247.1/169.1	247.1/169.1;247.1/105.1	31	19;18	3;2.5
393	久效威砜	thiofanox-sulfone	10.50	251.1/57.2	251.1/57.2;251.1/76.1	25	22;16	2.0;2.0
394	硫环磷	phosfolan	10.80	256.2/140.0	256.2/140.0;256.2/168.0	56	39;22	2.0;2.0
395	绿草定	triclopyr	10.80	256.2/140.0	256.2/140.0;256.2/168.0	42	35;21	2.0;2.0
396	硫赶内吸磷	demeton-*s*	15.30	259.1/89.1	259.1/89.1;259.1/61.0	25	19;45	3.0;2.0
397	咪唑烟酸	imazapyr	14.60	263.2/216.1	263.2/216.1;263.2/231.1	63	30;21	2.5;3.0
398	萘丙胺	napropamide	19.70	272.2/129.2	272.2/129.2;272.2/171.1	43	21;26	1.5;2.0
399	杀螟硫磷	fenitrothion	21.40	278.1/125.0	278.1/125.0;278.1/143.0	45	30;30	2.3;1.5
400	酞酸二丁酯	phthalic acid, dibutyl ester	28.00	279.2/149.0	279.2/149.0;279.2/205.1	37	25;10	2.0;2.5
401	丙草胺	metolachlor	21.50	284.1/252.2	284.1/252.2;284.1/176.2	49	20;34	2.5;2.0
402	腐霉利	procymidone	21.50	284.1/95.1	284.1/95.1;284.1/67.1	65	31;47	1.5;2.0
403	蚜灭磷	vamidothion	9.64	288.2/146.1	288.2/146.1;288.2/118.1	39	18;32	2.0;2.1
404	枯草隆	chloroxuron	17.50	291.2/72.1	291.2/72.1;291.2/218.1	64	47;34	2.2;2.2
405	威菌磷	triamiphos	11.90	295.2/135.1	295.2/135.1;295.2/153.2	56	33;33	2.0;2.0
406	二嗪农	dithianon	22.90	297.1/105.1	297.1/105.1;297.1/214.1	104	47;39	2.0;2.0
407	右旋炔丙菊酯	prallethrin	27.10	301.2/105.1	301.2/105.1;301.2/123.2	47	30;25	2.0;2.0
408	可灭隆	cumyluron	18.30	303.3/185.1	303.3/185.1;303.3/119.1	45	18;30	2.0;1.7
409	亚胺硫磷	phosmet	18.20	318.0/160.1	318.0/160.1;318.0/286.0	32	24;10	2.0;3.0
410	皮蝇磷	ronnel	28.90	321.1/125.0	321.1/125.0;321.1/88.0	40	28;25	2.0;2.0
411	酞酸二环己酯	phthalic acid,biscyclohexyl ester	33.20	331.3/149.1	331.3/149.1;331.3/167.1	43	37;18	2.3;2.3
412	环丙酰菌胺	carpropamid	24.40	334.2/139.1	334.2/139.1;334.2/196.1	51	29;17	2.0;2.2
413	吡螨胺	tebufenpyrad	27.80	334.3/117.1	334.3/117.1;334.3/145.1	76	51;38	3.0;2.5
414	苯酰草胺	zoxamide	25.10	336.2/187.1	336.2/187.1;336.2/204.1	55	32;23	2.2;2.5
415	虫酰肼	tebufenozide	22.90	353.3/133.1	353.3/133.1;353.3/297.2	28	28;11	1.5;3.5
416	虫螨磷	chlorthiophos	31.50	361.0/305.0	361.0/305.0;361.0/225.0	45	22;30	4.5;2.0
417	二溴磷	naled	15.30	378.8/127.1	378.8/127.1;378.8/253.0	35	25;24	2.0;4.0
418	唑虫酰胺	tolfenpyrad	28.10	384.1/197.1	384.1/197.1;384.1/145.1	72	37;37	2.0;2.1
419	三氯杀螨醇	dicofol	28.10	391.4/149.1	391.4/149.1;391.4/167.1	38	34;19	2.0;2.0
420	吲哚酮草酯	cinidon-ethyl	28.60	394.2/348.1	394.2/348.1;394.2/107.1	65	25;44	4.5;2.2

表 B.1（续）

序号	中文名称	英文名称	保留时间/min	定量离子	定性离子	去簇电压/V	碰撞气能量/V	碰撞室出口电压/V
421	鱼藤酮	rotenone	21.60	395.3/213.2	395.3/213.2;395.3/192.2	80	33;34	2.2;2.0
422	噁草酸	propaquizafop	28.40	444.2/100.1	444.2/100.1;444.2/299.1	50	31;30	2.5;3.5
423	乳氟禾草灵	lactofen	30.10	479.1/344.0	479.1/344.0;479.1/462.0	35	21;11	3.0;4.5
G组								
424	茅草枯	dalapon	1.87	140.9/97.0	140.9/97.0;140.9/60.9	−20	−13;−19	−1.0;−1.0
425	2-苯基苯酚	2-phenylphenol	15.40	169.0/93.0	169.0/93.0;169.0/115.0	−61	−45;−40	−3.0;−1.0
426	3-苯基苯酚	3-phenylphenol	15.40	169.0/141.1	169.0/141.1;169.0/101.0	−55	−34;−44	−1.5;−1.5
427	4,6-二硝基邻甲酚	DNOC	11.90	197.0/109.0	197.0/109.0;197.0/122.0	−65	−34;−39	−1.0;−1.0
428	氯硝胺	dicloran	14.90	204.9/123.0	204.9/123.0;204.9/139.0	−45	−39;−34	−1.0;−1.0
429	氯苯胺灵	chlorpropham	18.10	212.0/152.0	212.0/152.0;212.0/59.0	−33	−17;−27	−2.0;−2.0
430	特草定	terbacil	11.40	215.0/158.9	215.0/158.9;215.0/116.0	−46	−25;−32	−1.0;−1.0
431	麦草畏	dicamba	8.33	219.0/175.0	219.0/175.0;219.0/144.9	−7	−11;−16	−1.0;−1.0
432	灭草松	bentazone	10.30	239.0/132.0	239.0/132.0;239.0/197.0	−40	−40;−30	−1.0;−1.5
433	地乐酚	dinoseb	17.70	239.0/193.0	239.0/193.0;239.0/163.0	−45	−36;−44	−2.0;−1.0
434	草消酚	dinoterb	19.50	239.2/206.9	239.2/206.9;239.2/176.0	−50	−37;−54	−1.5;−1.0
435	2,4-D丁酸	2,4-DB	12.10	246.9/160.9	246.9/160.9;246.9/125.0	−32	−20;−38	−1.0;−1.0
436	咯菌腈	fludioxonil	16.30	247.0/180.0	247.0/180.0;247.0/126.0	−60	−42;−44	−1.0;−1.0
437	抗倒酯	trinexapac-ethyl	9.06	251.1/137.1	251.1/137.1;251.1/177.1	−40	−31;−32	−1.5;−1.5
438	杀螨醇	chlorfenethol	21.80	265.0/153.0	265.0/153.0;265.0/110.0	−35	−20;−30	−1.0;−3.0
439	灭幼脲	chlorobenzuron	18.80	307.0/154.0	307.0/154.0;307.0/126.0	−28	−17;−36	−1.0;−1.5

表 B.1（续）

序号	中文名称	英文名称	保留时间/min	定量离子	定性离子	去簇电压/V	碰撞气能量/V	碰撞室出口电压/V
440	氯霉素	chloramphenicolum	10.40	321.1/152.1	321.1/152.1;321.1/121.0	−42	−25; −46	−1.5; −1.5
441	乙酰磺胺对硝基苯	sulfanitran	11.60	334.0/137.0	334.0/137.0;334.0/197	−68	−49; −46	−1.0; −1.0
442	甲基磺草酮	mesotrion	7.81	338.0/212.0	338.0/212.0;338.0/290.4	−14	−45; −18	−1.5; −1.5
443	安磺灵	oryzalin	18.7	345.0/77.9	345.0/77.9;345.0/147.0	−60	−65; −40	−1.3; −1.0
444	碘苯腈	ioxynil	13.40	369.8/126.8	369.8/126.8;369.8/214.8	−45	−42; −43	−2.0; −1.5
445	噁唑菌酮	famoxadone	22.70	373.1/282.0	373.1/282.0;373.1/329.1	−43	−28; −24	−2.0; −2.0
446	吡氟酰草胺	diflufenican	24.00	393.2/272.1	393.2/272.1;393.2/329.1	−41	−31; −24	−1.0; −1.0
447	乙虫清	ethiprole	15.30	395.0/330.0	395.0/330.0;395.0/250.0	−62	−22; −36	−2.0; −1.5
448	磺菌胺	flusulfamide	28.30	413.0/171.0	413.0/171.0;413.0/349.0	−58	−53; −36	−1.0; −2.0
449	氟磺胺草醚	fomesafen	18.50	437.0/194.9	437.0/194.9;437.0/222.0	−50	−53; −46	−1.3; −1.5
450	虱螨脲	lufenuron	25.70	509.0/325.9	509.0/325.9;509.0/338.9	−41	−27; −20	−2.0; −2.5

附 录 C
（资料性附录）
450 种农药及相关化学品多反应监测(MRM)色谱图

A、B、C、D、E、F 和 G 七组农药及相关化学品多反应监测(MRM)色谱图如下：

A 组

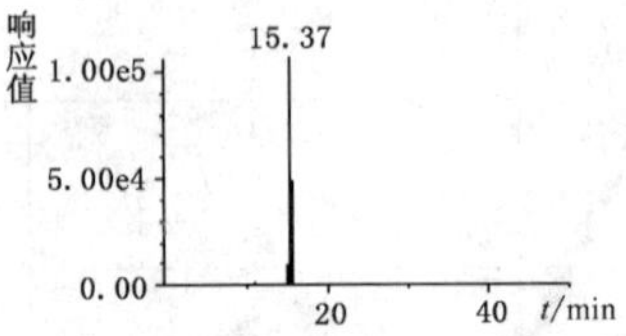

1. 异丙威
(isoprocarb)

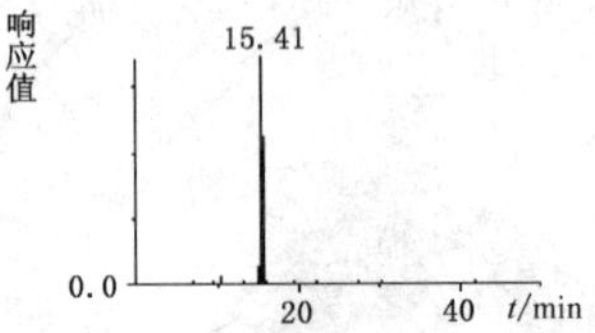

2. 3,4,5-混杀威
(3,4,5-trimethacarb)

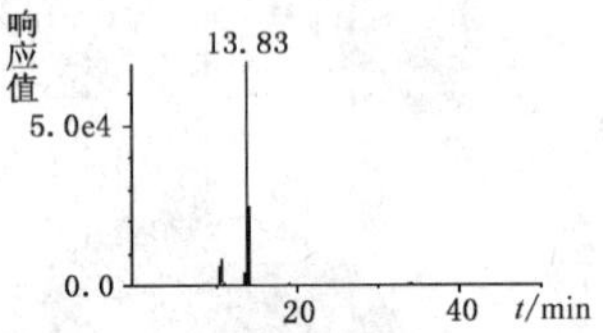

3. 环莠隆
(cycluron)

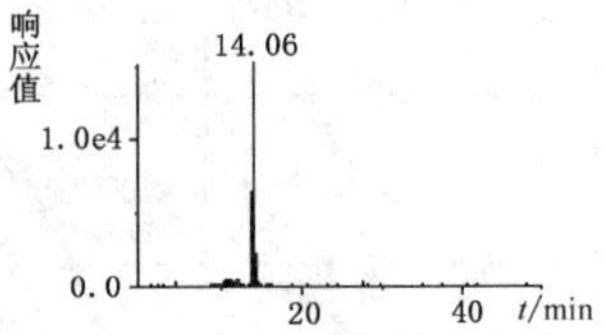

4. 甲萘威
(carbaryl)

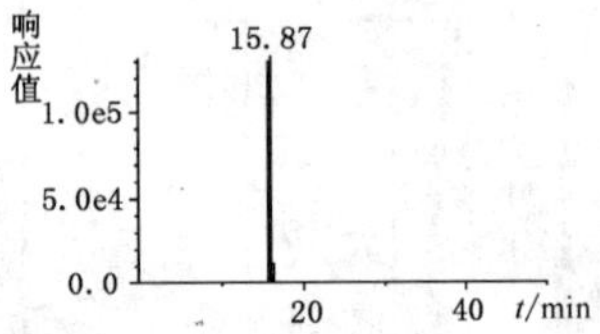

5. 毒草胺
(propachlor)

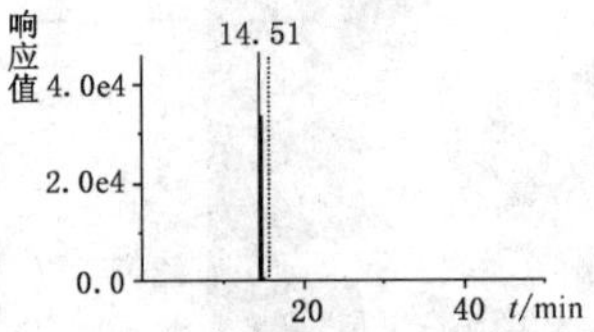

6. 吡咪唑
(rabenzazole)

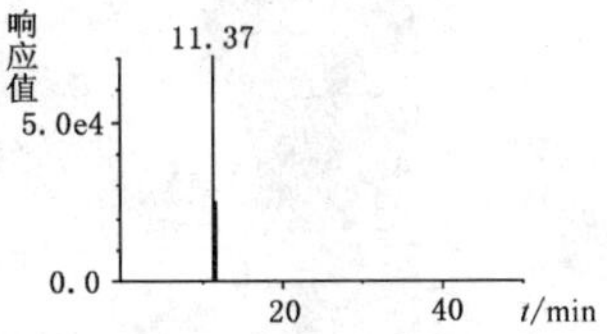

7. 西草净
(simetryn)

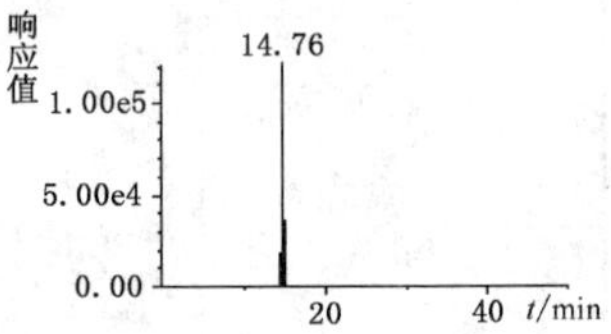

8. 绿谷隆
(monolinuron)

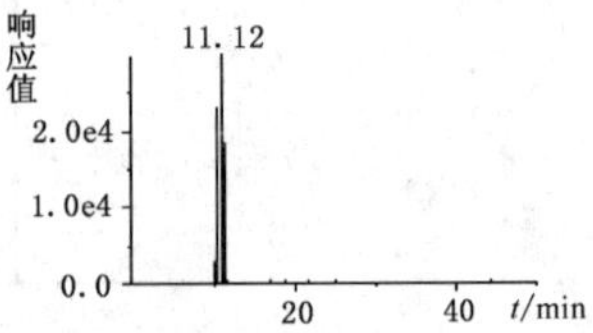

9. 速灭磷
(mevinphos)

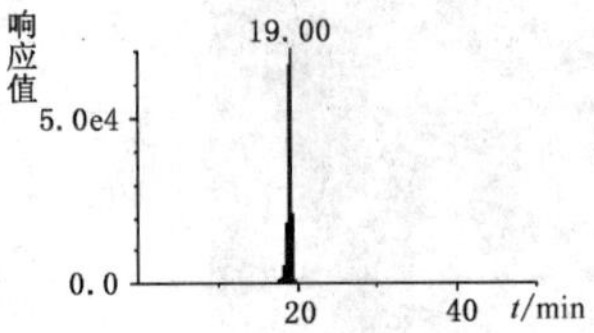

10. 叠氮津
(aziprotryne)

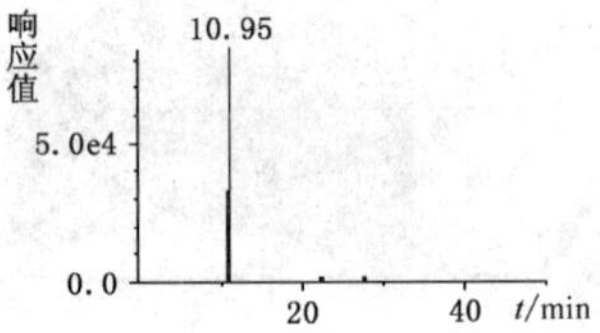

11. 密草通
(secbumeton)

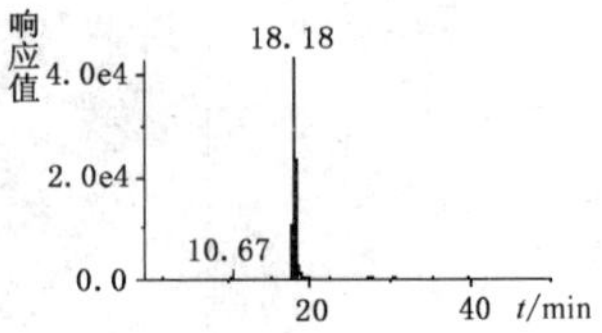

12. 嘧菌磺胺
(cyprodinil)

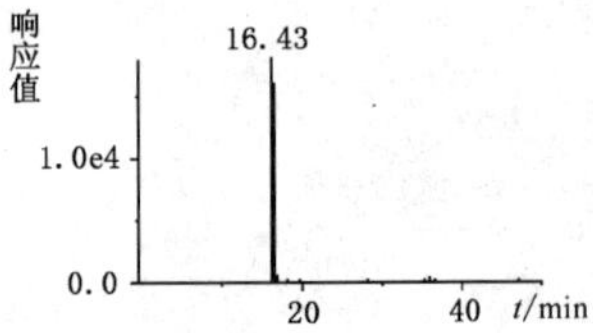

13. 播土隆
(buturon)

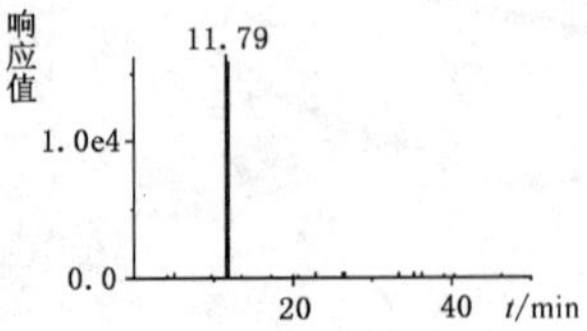

14. 双酰草胺
(carbetamide)

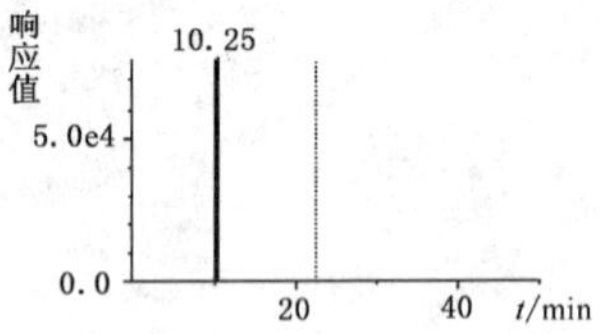

15. 抗蚜威
(pirimicarb)

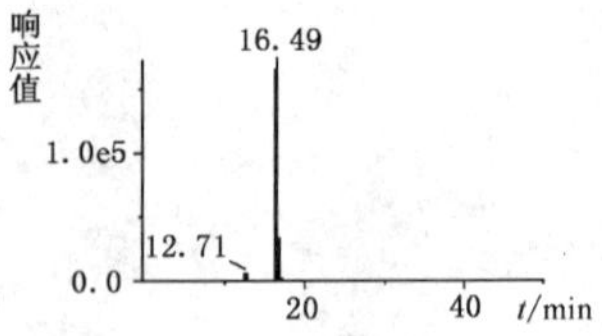

16. 异噁草松
(clomazone dimethazone)

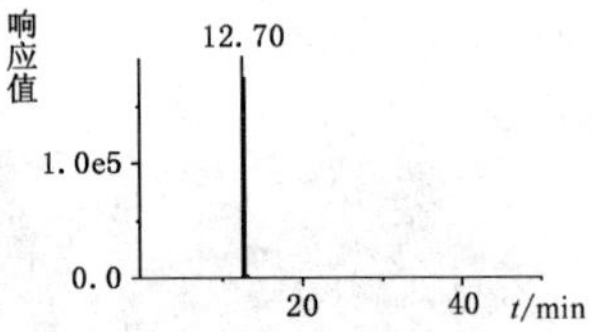

17. 氰草津
(cyanazine)

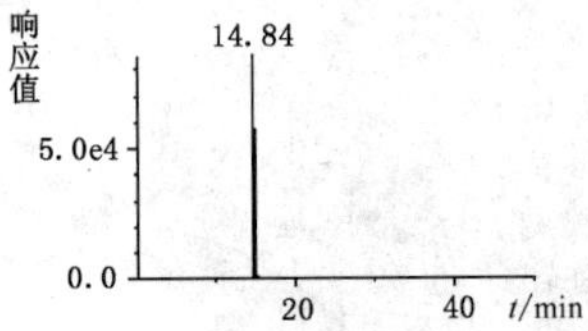

18. 扑草净
(prometryne)

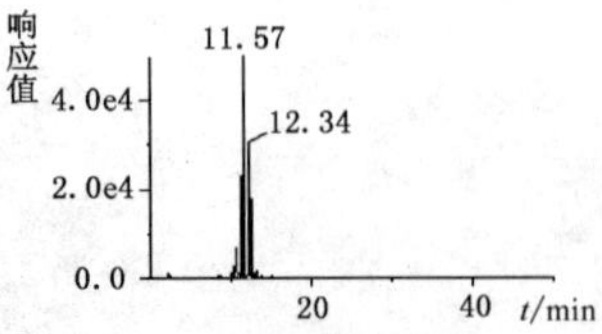

19. 甲基对氧磷
(paraoxon methyl)

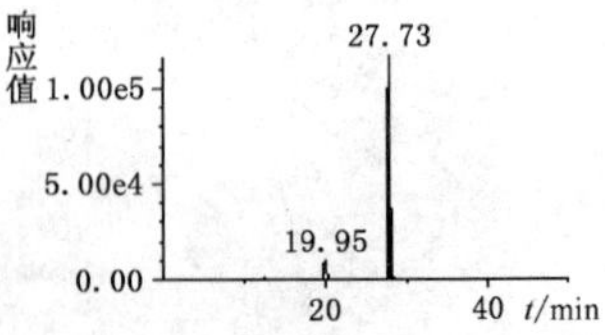

20. 4,4′-二氯二苯甲酮
(4,4′-dichlorobenzophenone)

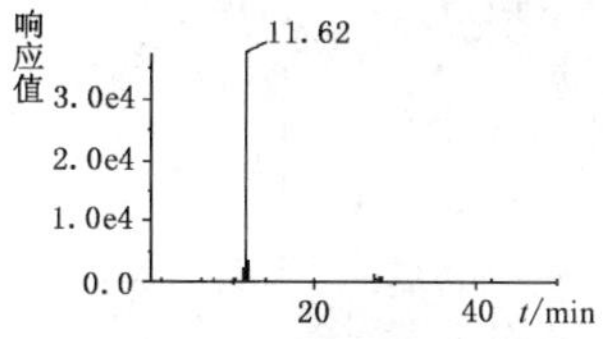

21. 噻虫啉
(thiacloprid)

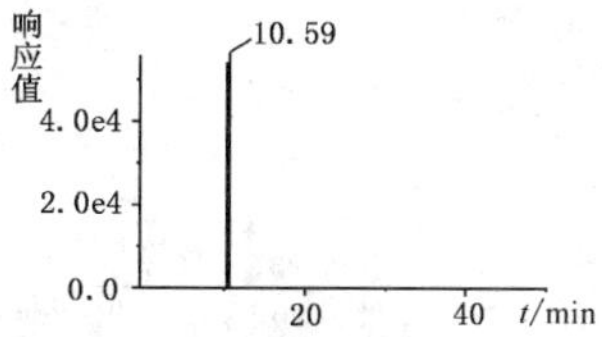

22. 吡虫啉
(imidacloprid)

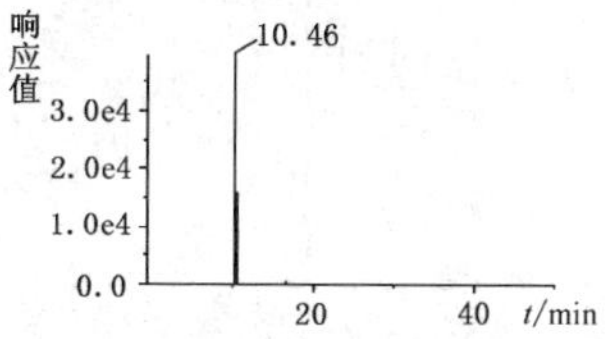

23. 磺噻隆
(ethidimuron)

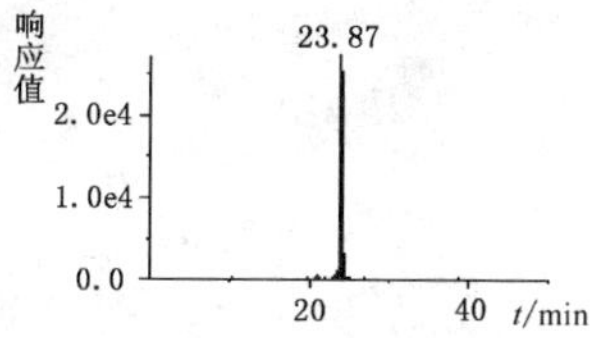

24. 丁嗪草酮
(isomethiozin)

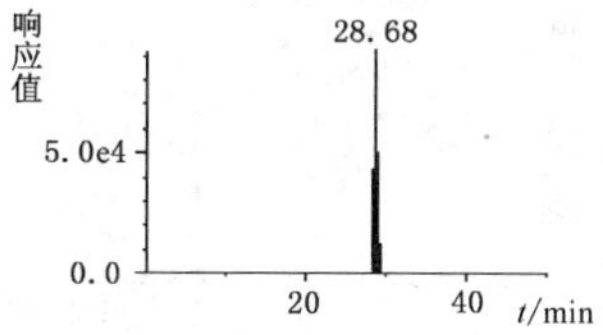

25. 燕麦敌
(diallate)

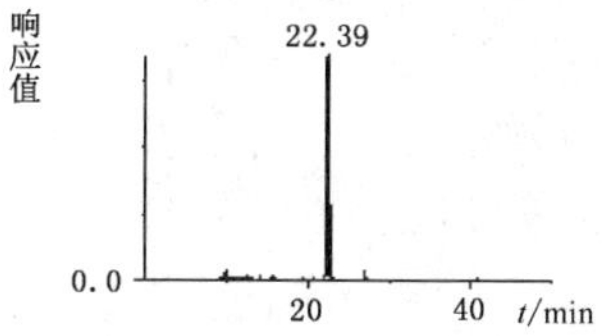

26. 乙草胺
(acetochlor)

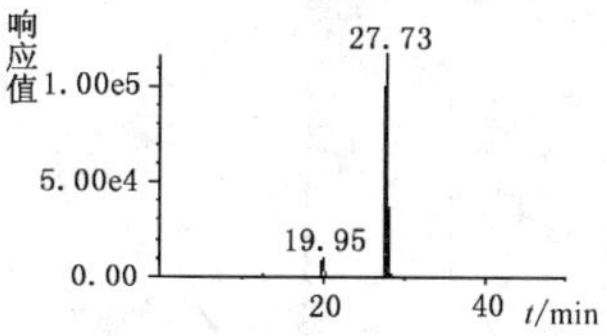

27. 烯啶虫胺
(nitenpyram)

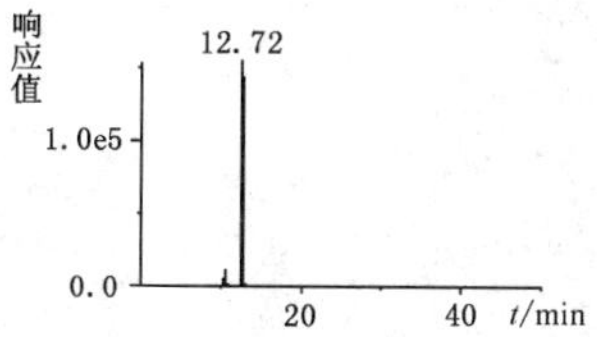

28. 盖草津
(methoprotryne)

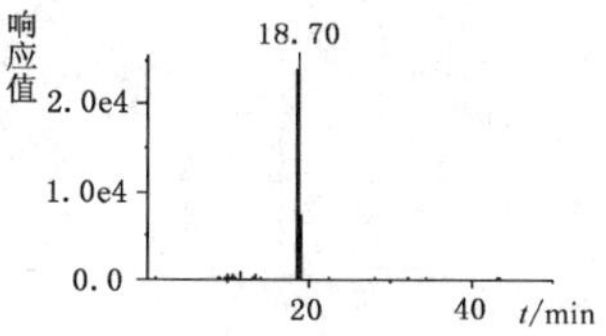

29. 二甲酚草胺
(dimethenamid)

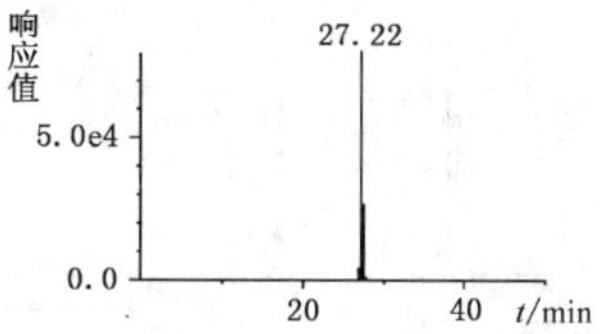

30. 特草灵
(terbucarb)

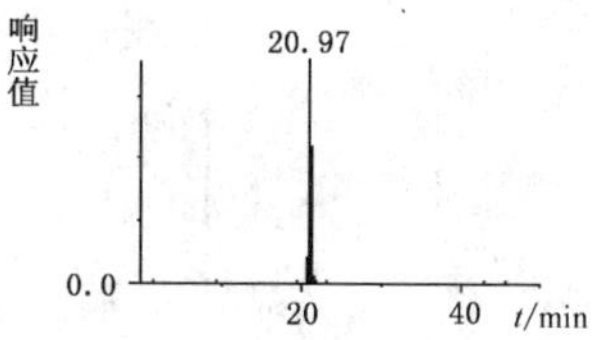

31. 戊菌唑
(penconazole)

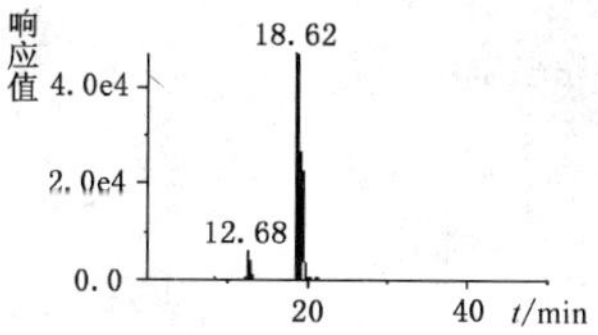

32. 腈菌唑
(myclobutanil)

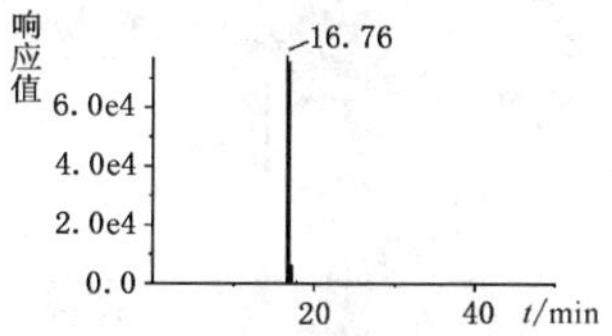

33. 多效唑
(paclobutrazol)

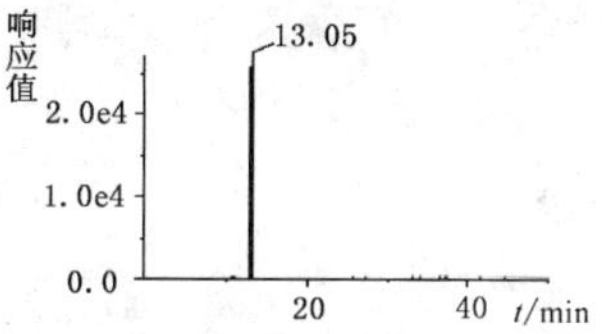

34. 倍硫磷亚砜
(fenthion sulfoxide)

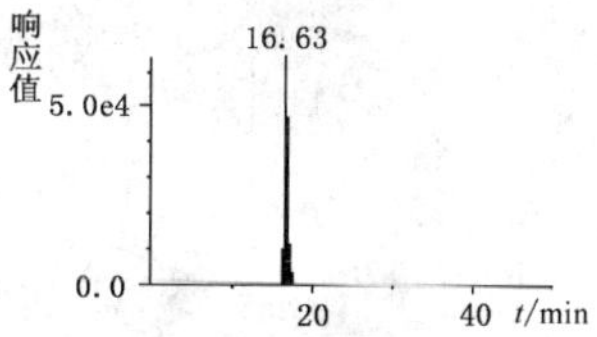

35. 三唑醇
(triadimenol)

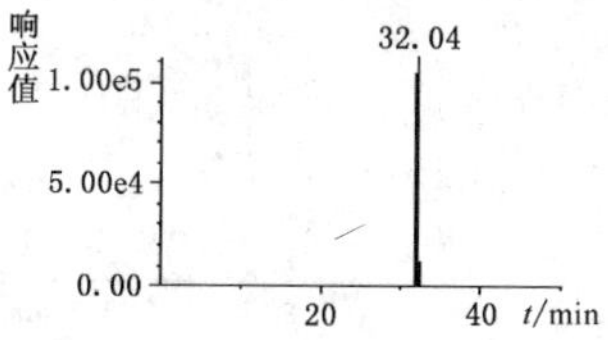

36. 仲丁灵
(butralin)

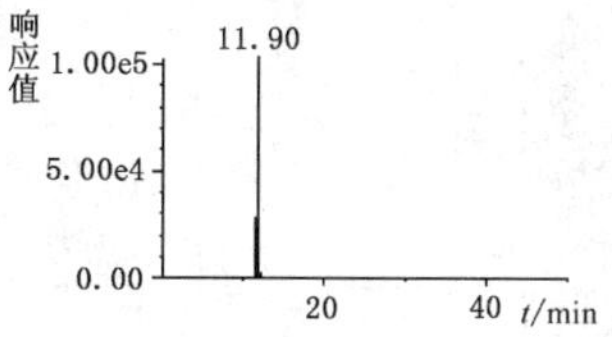

37. 螺噁茂胺
(spiroxamine)

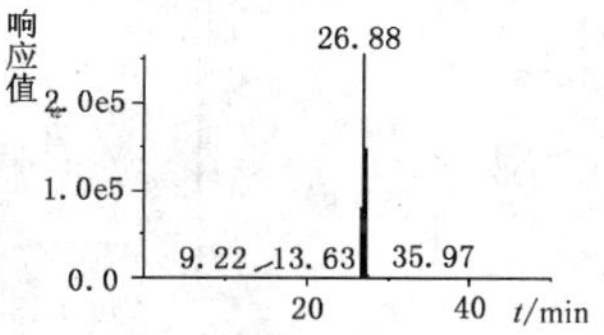

38. 甲基立枯磷
(tolclofos methyl)

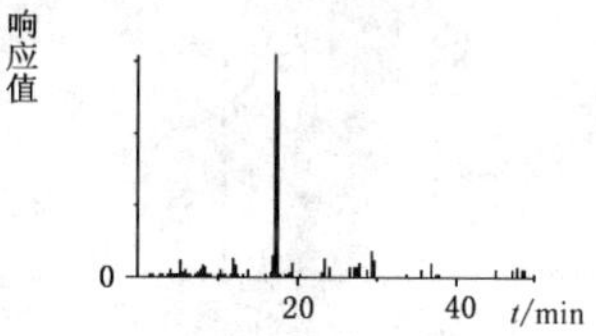

39. 甜菜胺
(desmedipham)

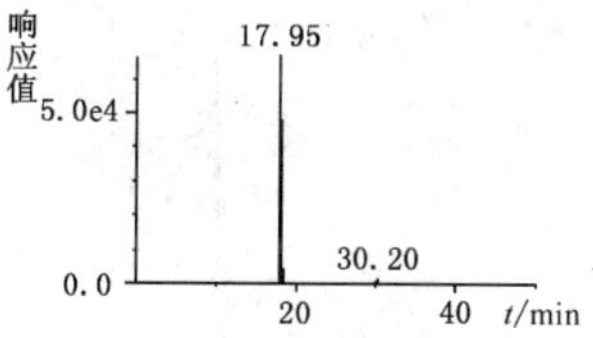

40. 杀扑磷
(methidathion)

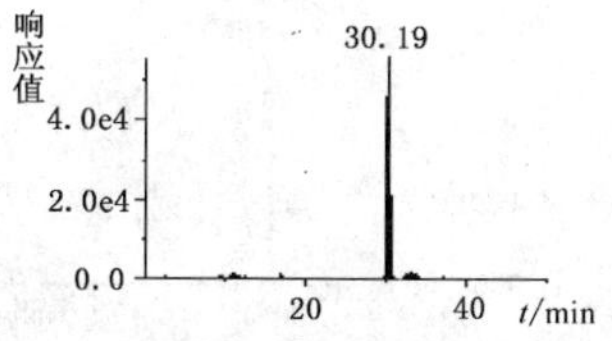

41. 烯丙菊酯
(allethrin)

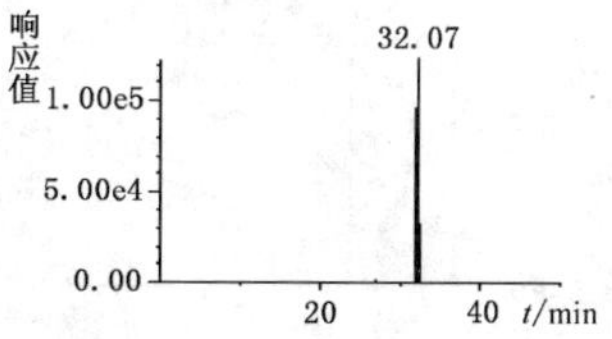

42. 野麦畏
(triallate)

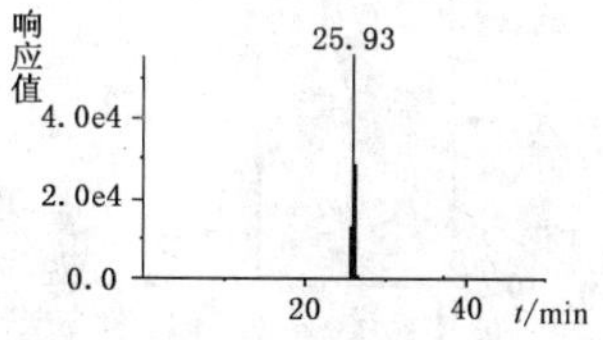

43. 二嗪磷
(diazinon)

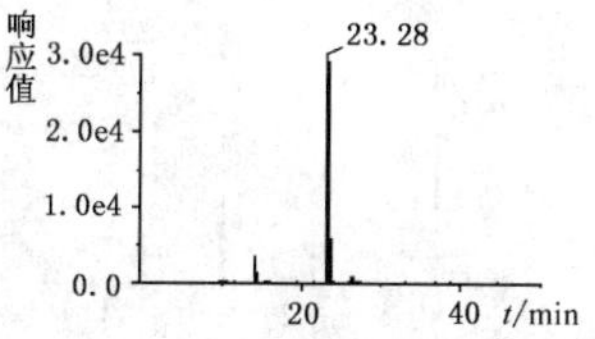

44. 敌瘟磷
(edifenphos)

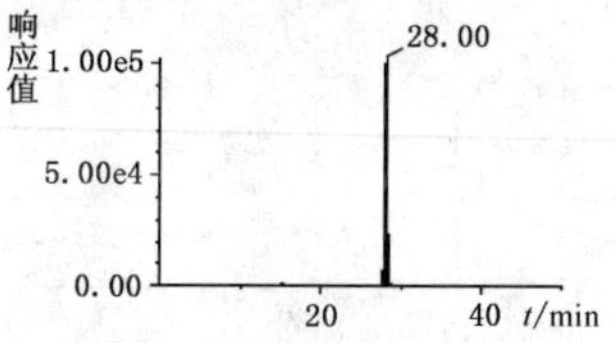

45. 丙草胺
(pretilachlor)

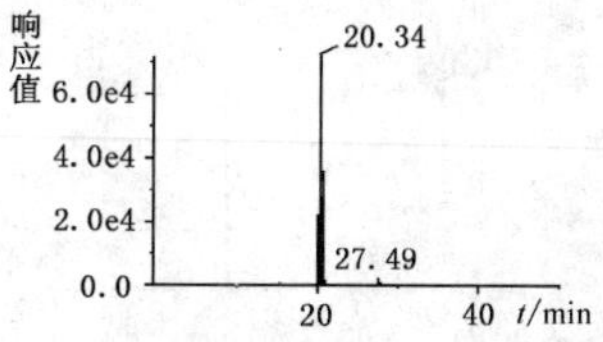

46. 氟硅唑
(flusilazole)

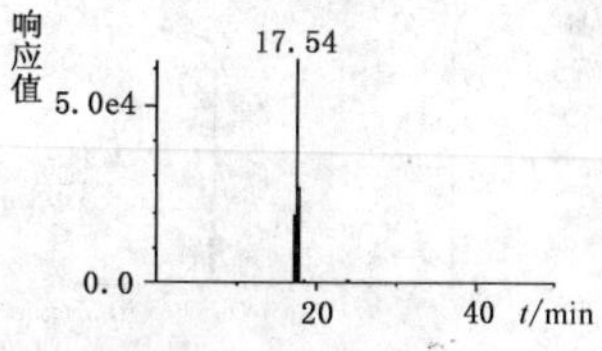

47. 丙森锌
(iprovalicarb)

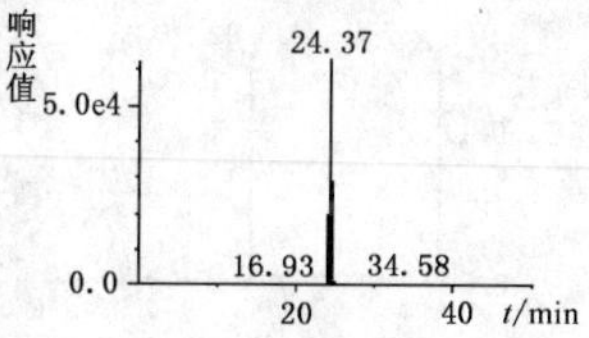

48. 麦锈灵
(benodanil)

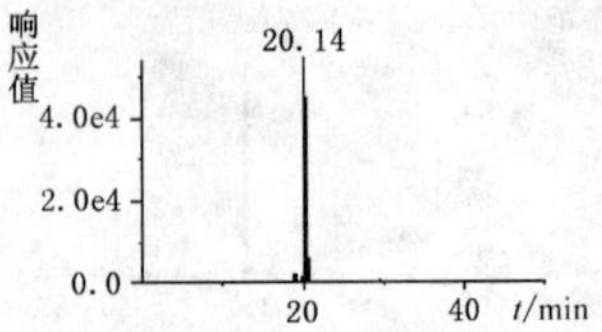

49. 氟酰胺

(flutolanil)

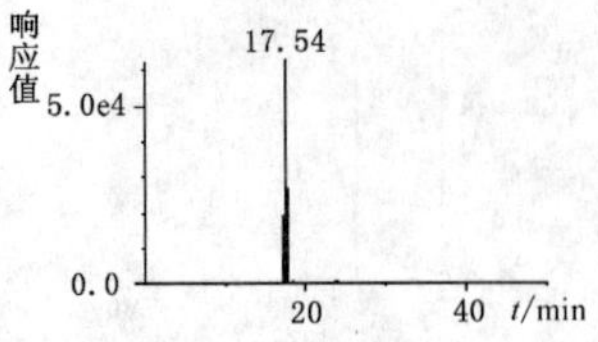

50. 氨磺磷

(famphur)

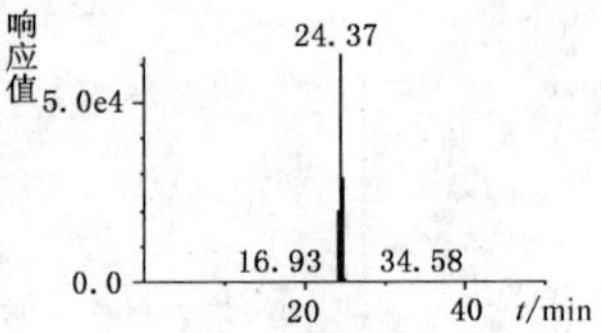

51. 苯霜灵

(benalyxyl)

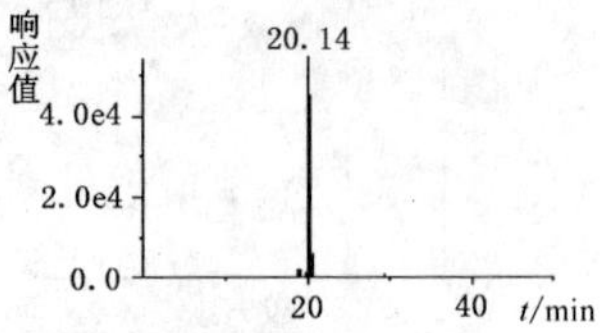

52. 苄氯三唑醇

(diclobutrazole)

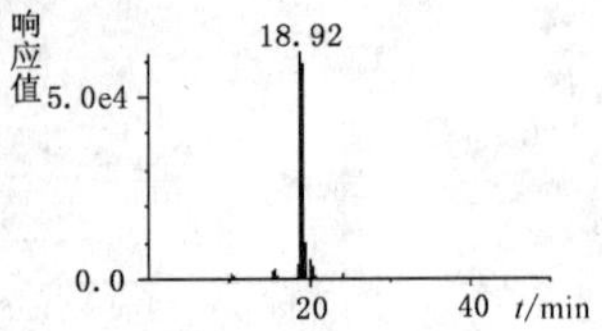

53. 乙环唑

(etaconazole)

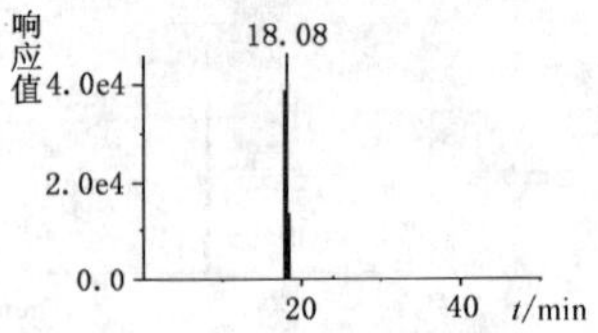

54. 氯苯嘧啶醇

(fenarimol)

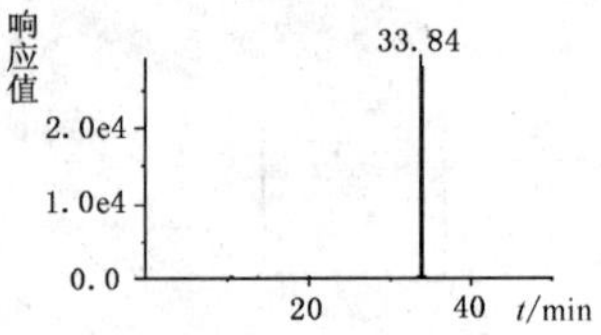

55. 邻苯二甲酸二环己酯

(phthalic acid, dicyclohexyl ester)

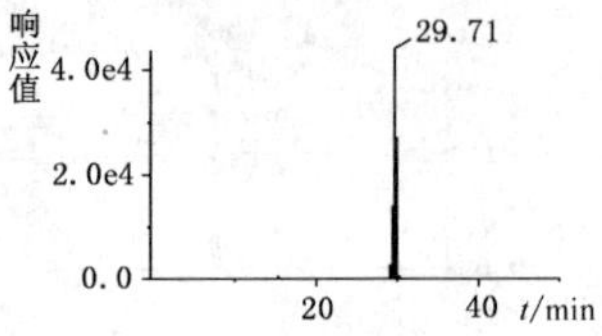

56. 胺菊酯

(tetramethirn)

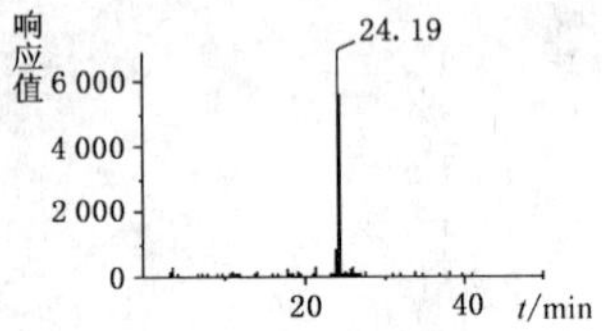

57. 抑菌灵

(dichlofluanid)

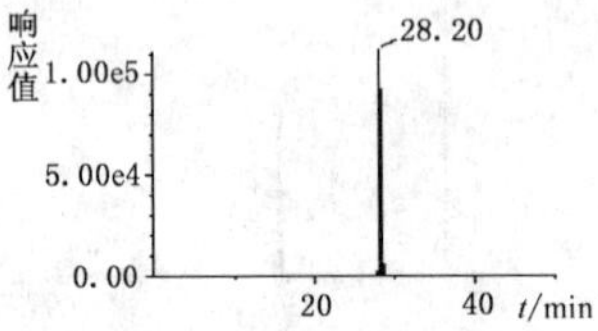

58. 解草酯

(cloquintocet mexyl)

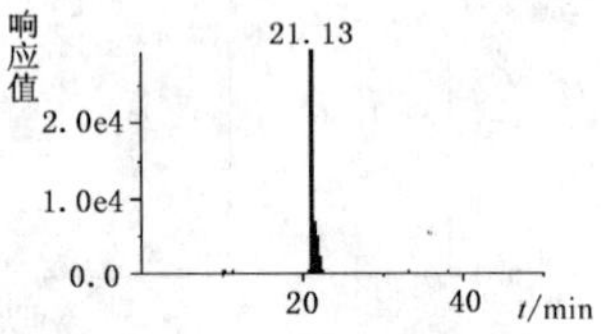

59. 联苯三唑醇

(bitertanol)

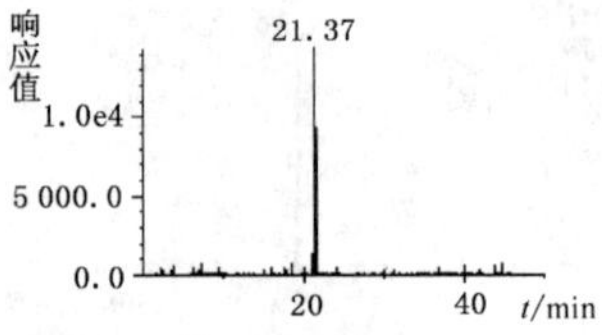

60. 益棉磷

(azinphos ethyl)

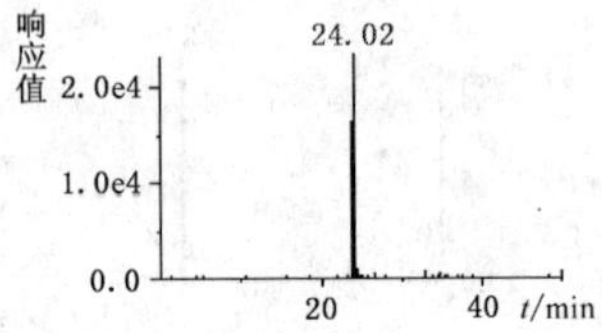

61. 炔草酯

(clodinafop propargyl)

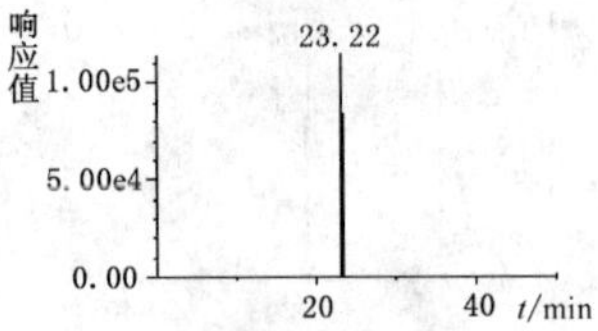

62. 杀铃脲

(triflumuron)

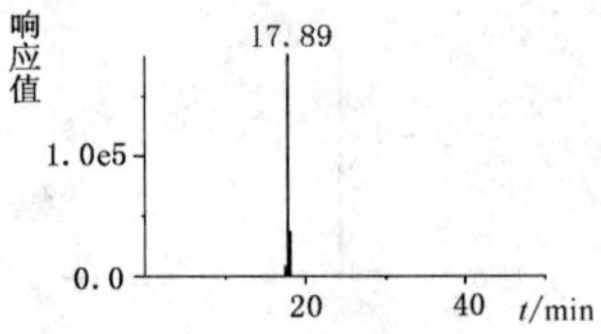

63. 异噁氟草

(isoxaflutole)

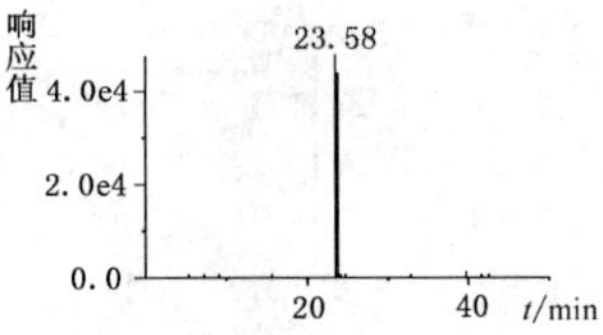

64. 莎稗磷

(anilofos)

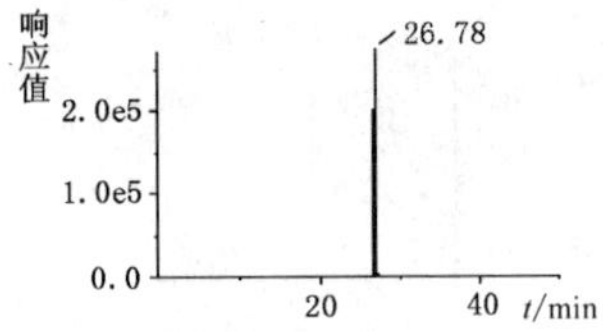

65. 喹禾灵

(quizalofop-ethyl)

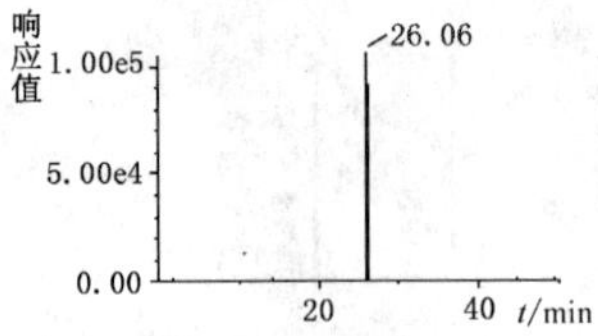

66. 精氟吡甲禾灵

(haloxyfop-methyl)

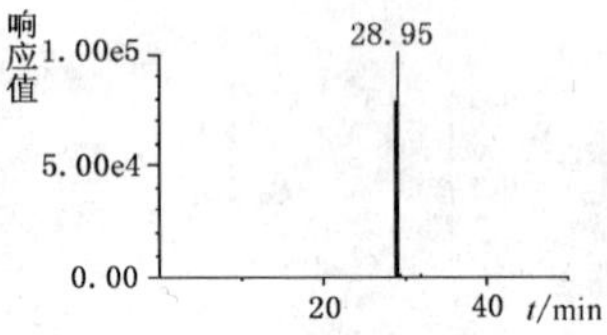

67. 吡氟禾草灵

(fluazifop butyl)

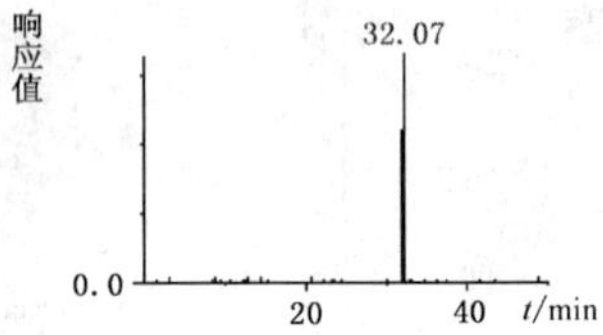

68. 乙基溴硫磷

(bromophos-ethyl)

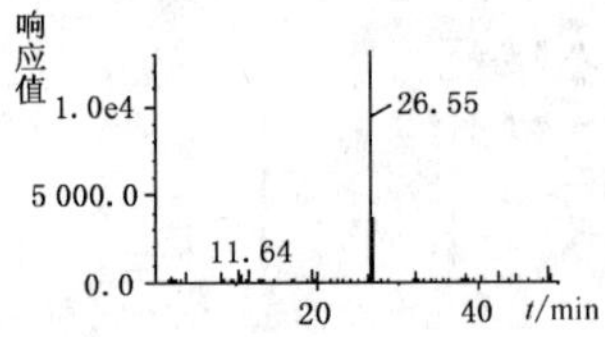

69. 燕麦敌

(dialifos)

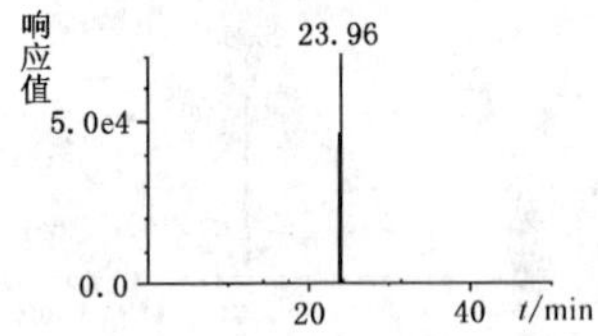

70. 地散磷

(bensulide)

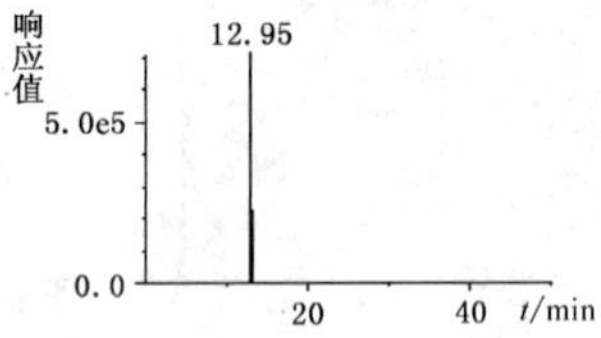

71. 醚苯磺隆

(triasulfuron)

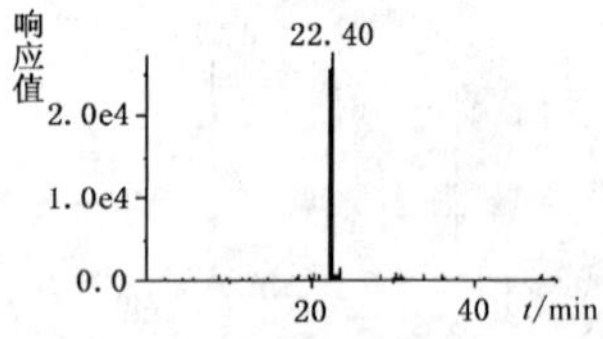

72. 溴苯烯磷

(bromfenvinfos)

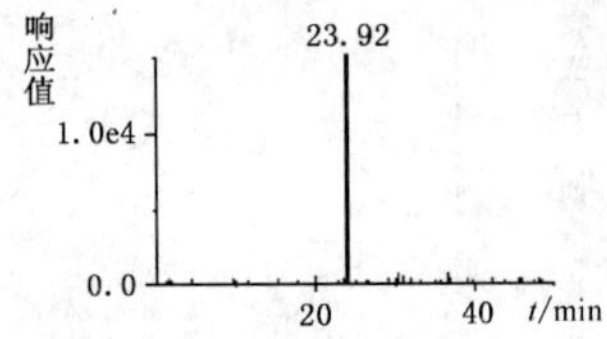

73. 吡菌磷

(pyrazophos)

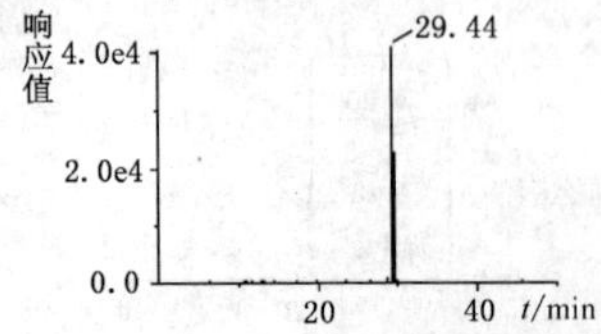

74. 氟虫脲

(flufenoxuron)

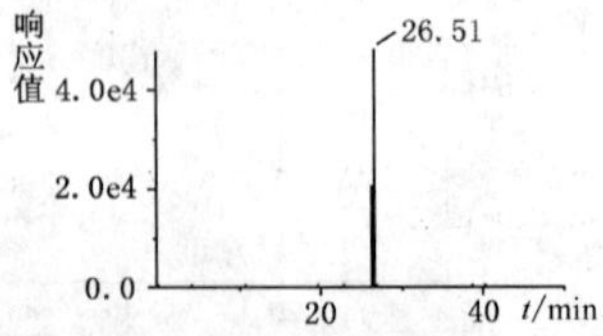

75. 茚虫威

(indoxacarb)

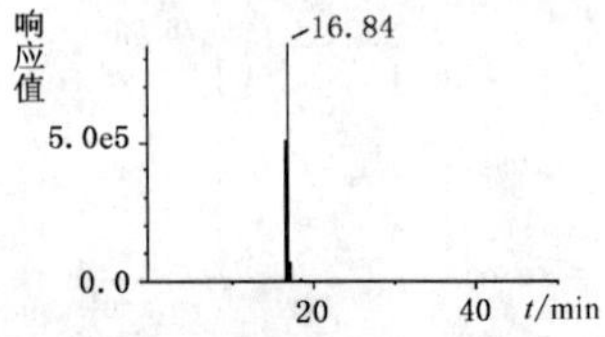

76. 甲氨基阿维菌素苯甲酸盐

(emamectin benzoate)

B 组

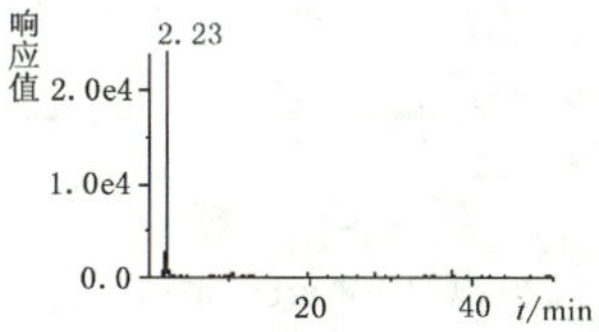

77. 乙撑硫脲 (ethylene thiourea)

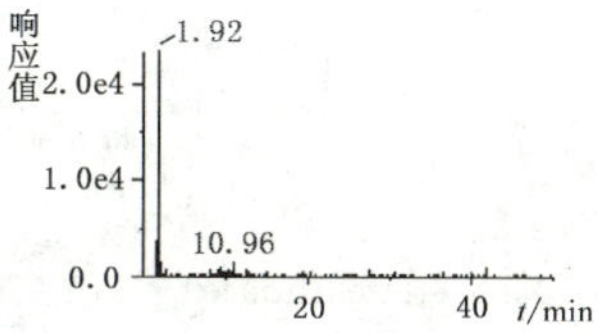

78. 棉隆 (dazomet)

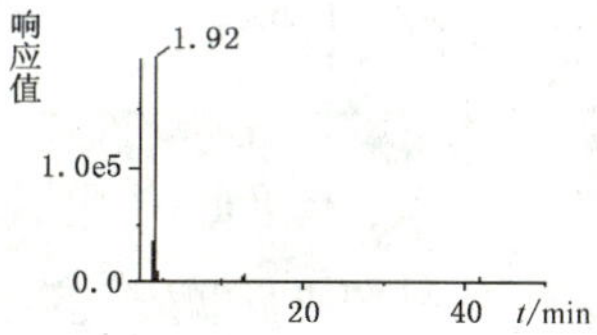

79. 烟碱 (nicotine)

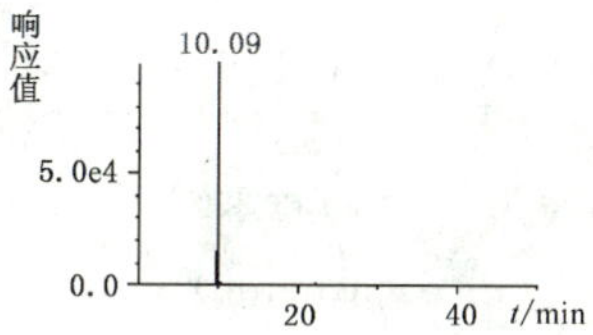

80. 非草隆 (fenuron)

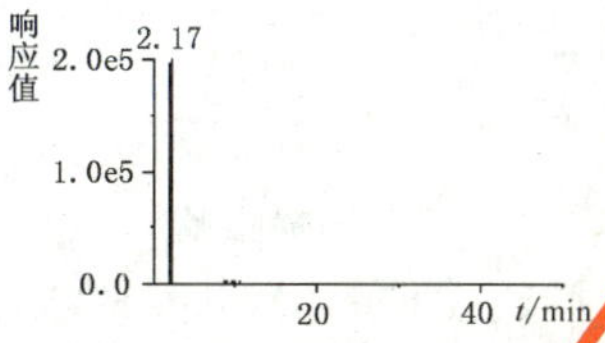

81. 灭蝇胺 (cyromazine)

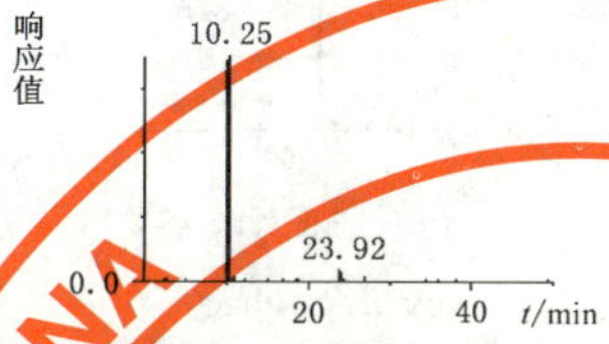

82. 鼠立克 (crimidine)

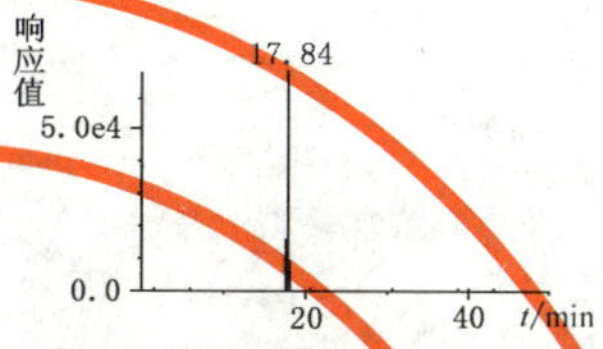

83. 禾草敌 (molinate)

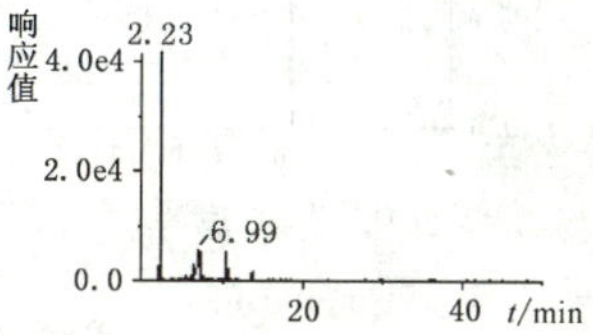

84. 多菌灵 (carbendazim)

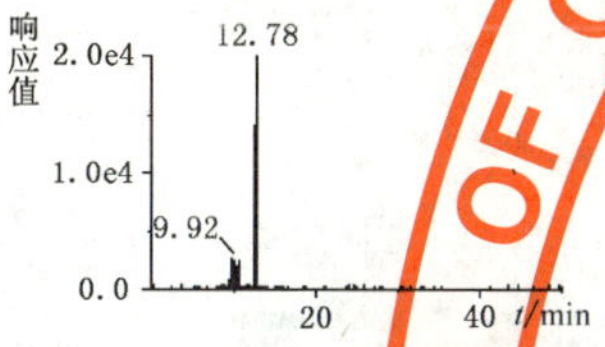

85. 残杀威 (propoxur)

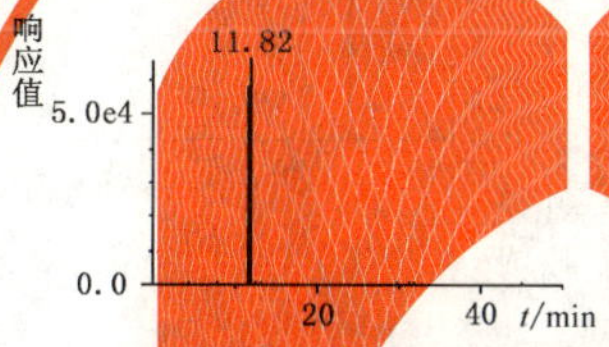

86. 异唑隆 (isouron)

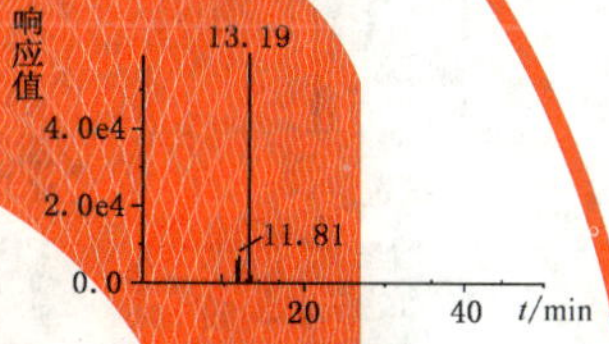

87. 绿麦隆 (chlrotoluron)

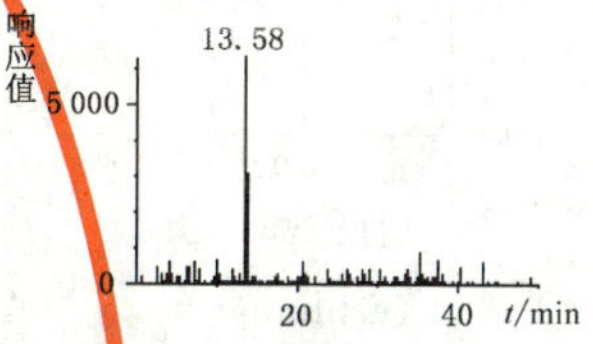

88. 久效威 (thiofanox)

89. 氯草灵 (chlorbufam)

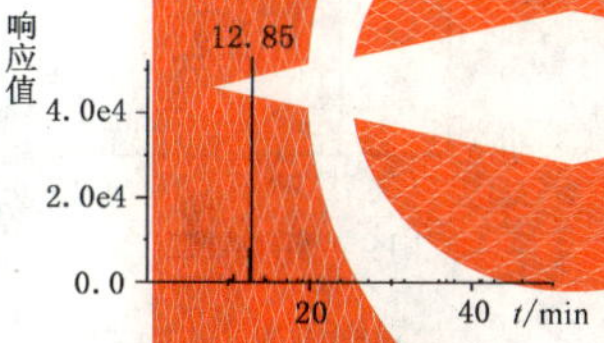

90. 噁虫威 (bendiocarb)

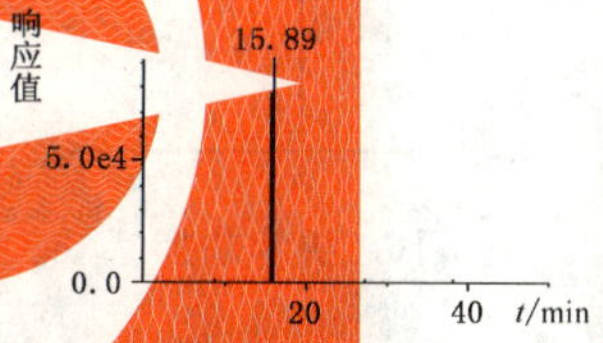

91. 扑灭津 (propazine)

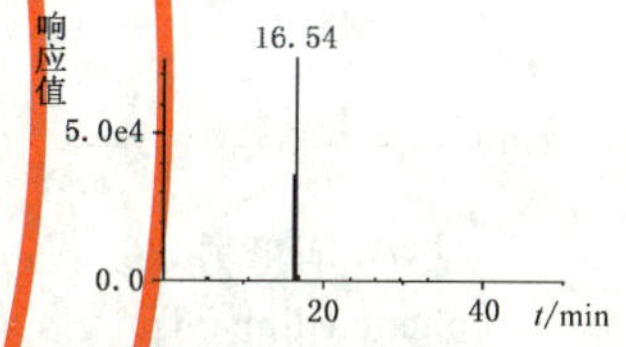

92. 特丁津 (terbuthylazine)

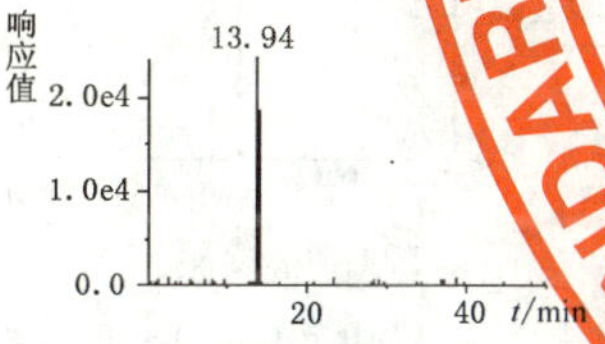

93. 敌草隆 (diuron)

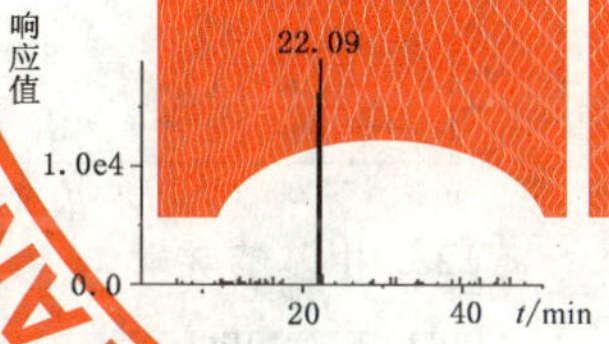

94. 氯甲硫磷 (chlormephos)

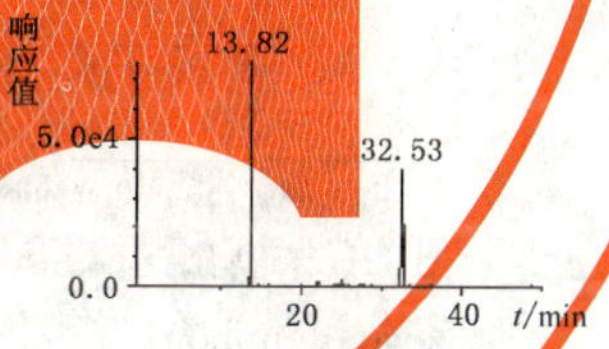

95. 萎锈灵 (carboxin)

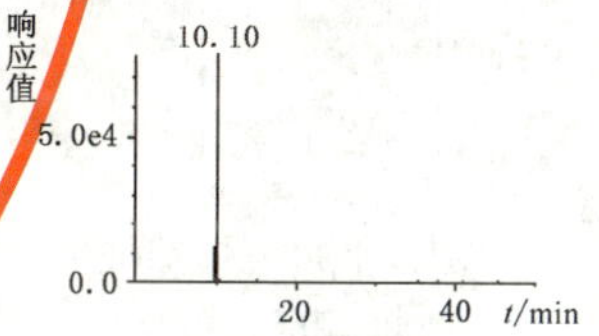

96. 野燕枯 (difenzoquat-methyl sulfate)

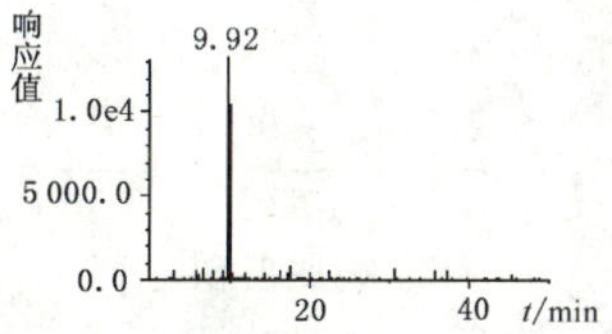

97. 噻虫胺 (clothianidin)

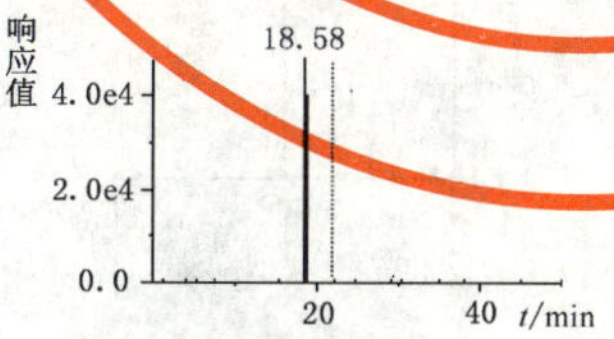

98. 拿草特 (pronamide)

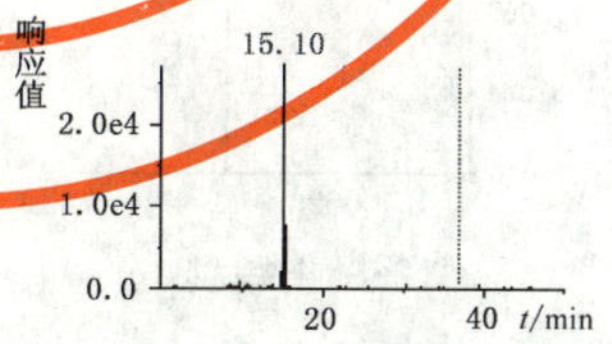

99. 二甲草胺 (dimethachloro)

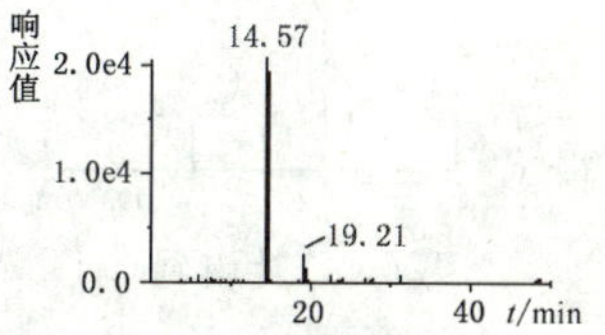

100. 溴谷隆 (methobromuron)

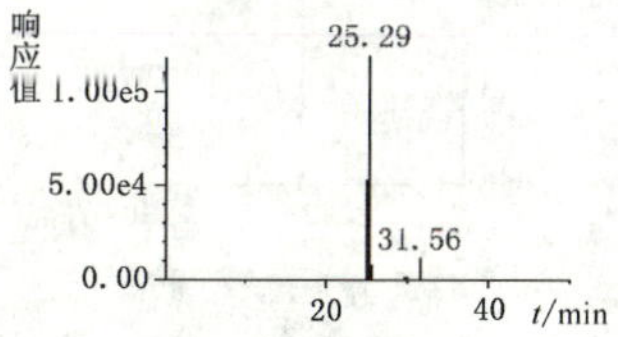

101. 甲拌磷 (phorate)

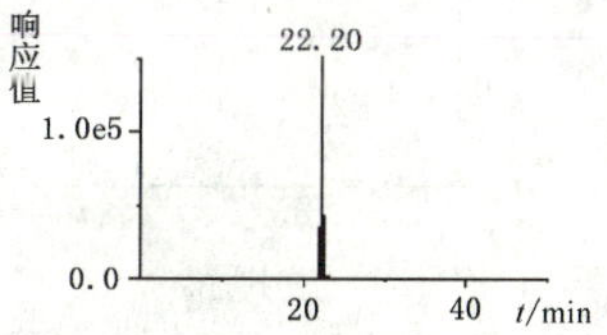

102. 苯草醚 (aclonifen)

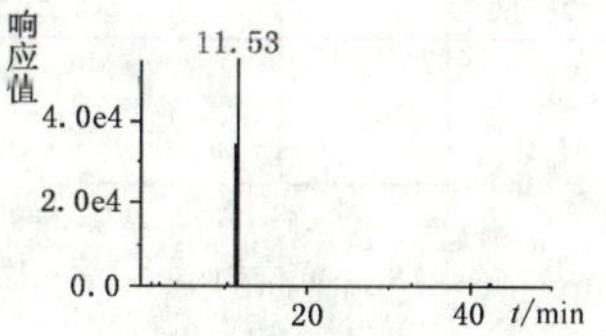

103. 地安磷 (mephosfolan)

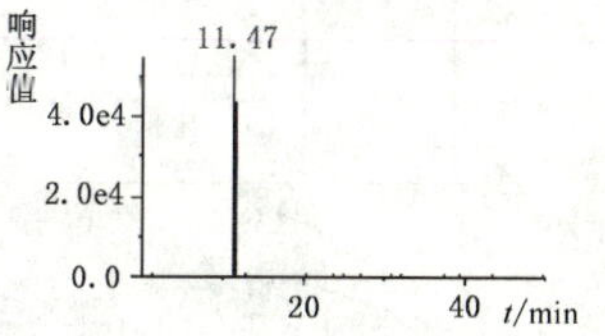

104. 脱苯甲基亚胺唑 (imibenconazole-des-benzyl)

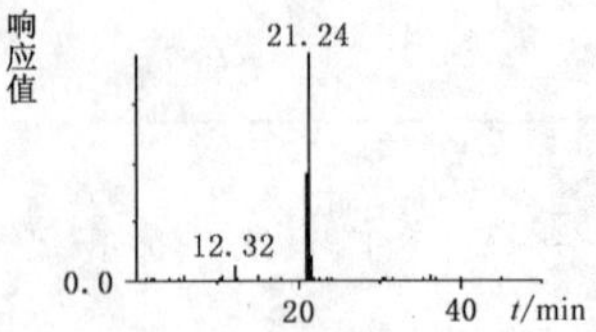

105. 草不隆
(neburon)

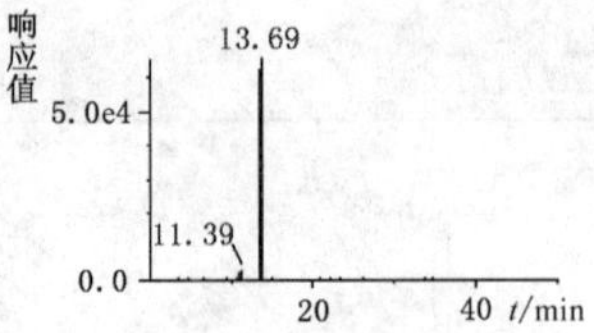

106. 精甲霜灵
(mefenoxam)

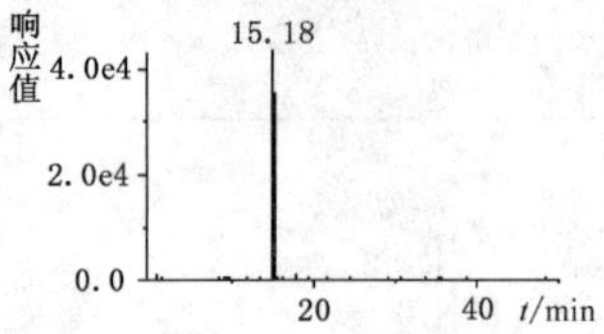

107. 发硫磷
(prothoate)

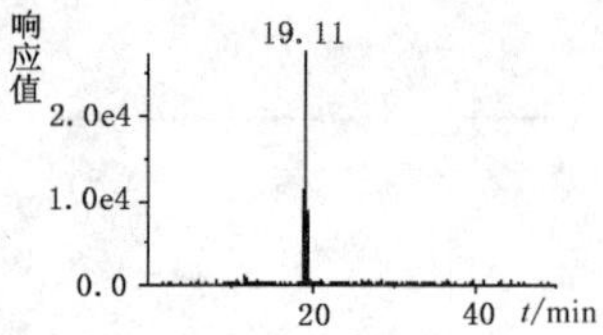

108. 乙氧呋草黄
(ethofume sate)

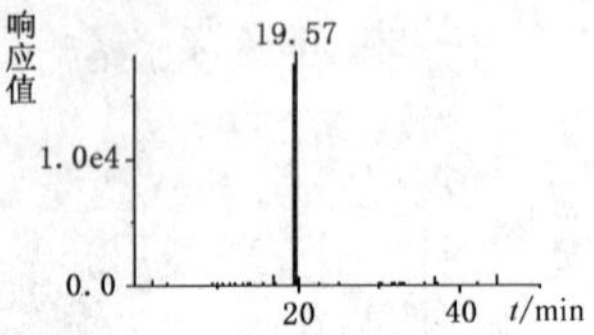

109. 异稻瘟净
(iprobenfos)

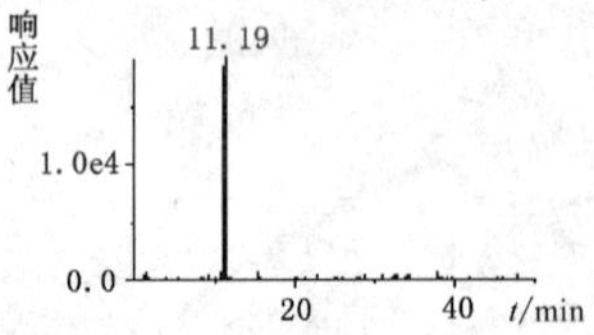

110. 特普
(TEPP)

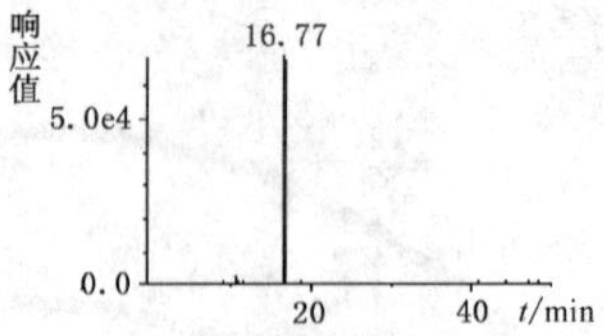

111. 环丙唑醇
(cyproconazole)

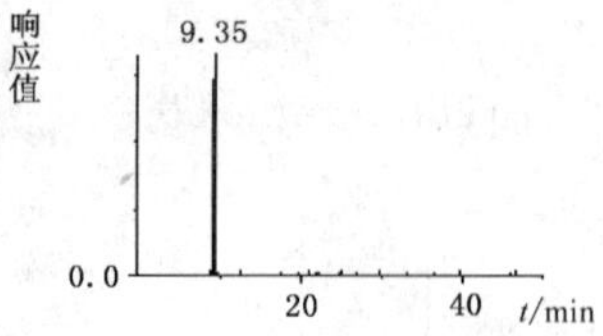

112. 噻虫嗪
(thiamethoxam)

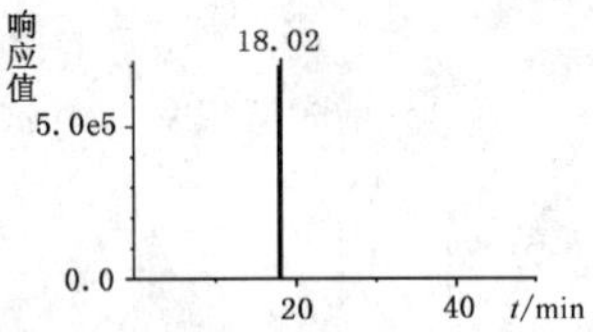

113. 育畜磷
(crufomate)

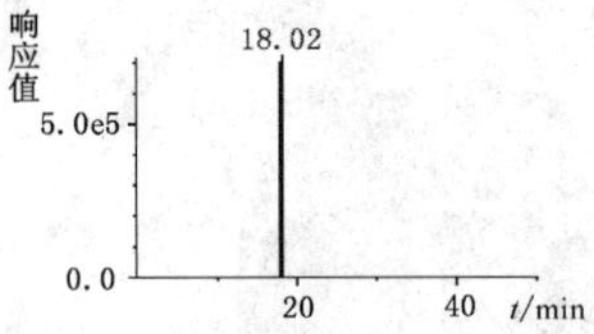

114. 乙嘧硫磷
(etrimfos)

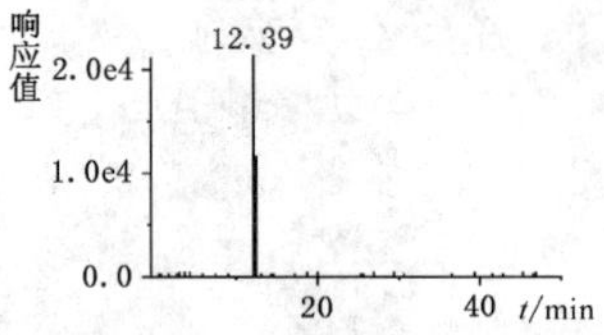

115. 赛灭磷
(cythioate)

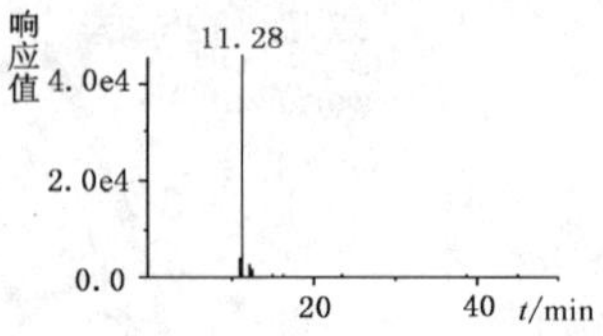

116. 磷胺
(phosphamidon)

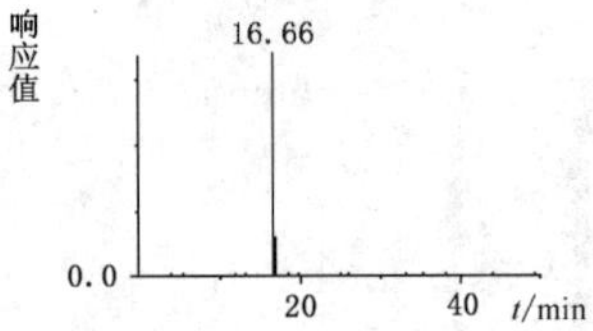

117. 甜菜宁
(phenmedipham)

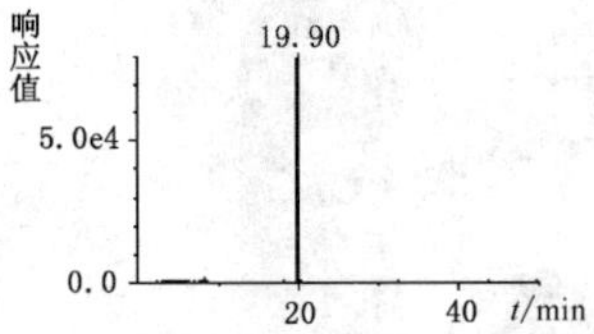

118. 联苯井酯
(bifenazate)

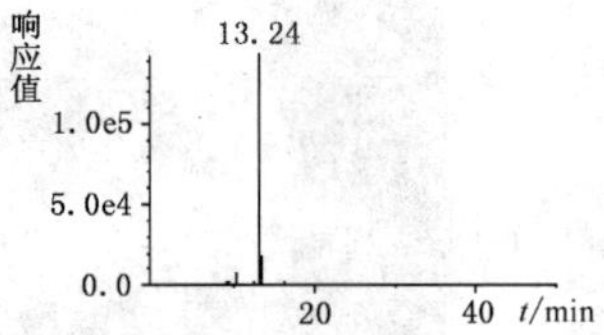

119. 粉唑醇
(flutriafol)

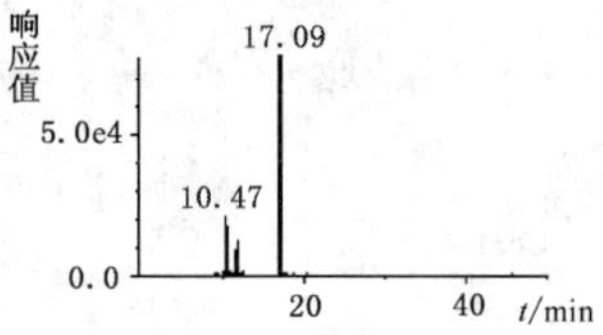

120. 抑菌丙胺酯
(furalaxyl)

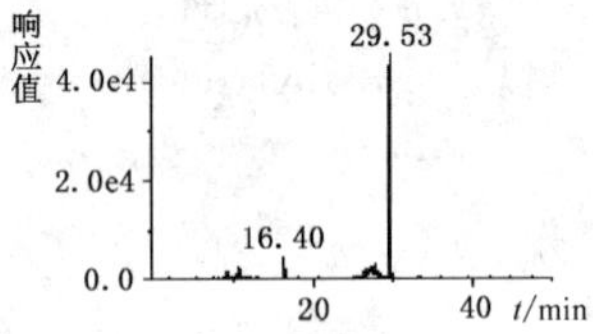

121. 生物丙烯菊酯
(bioallethrin)

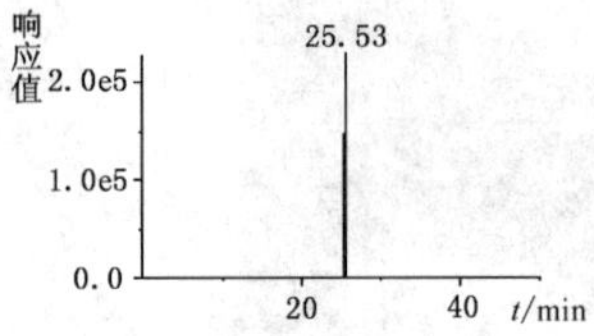

122. 苯腈磷
(cyanofenphos)

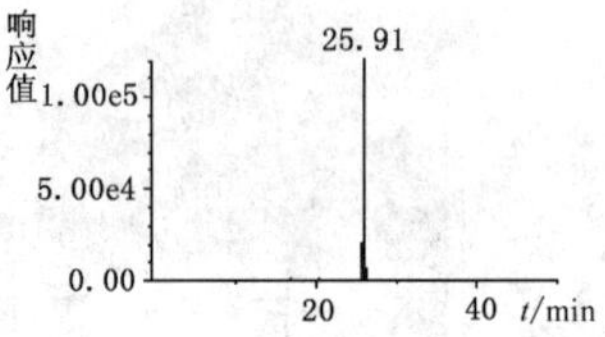

123. 甲基嘧啶磷
(pirimiphos methyl)

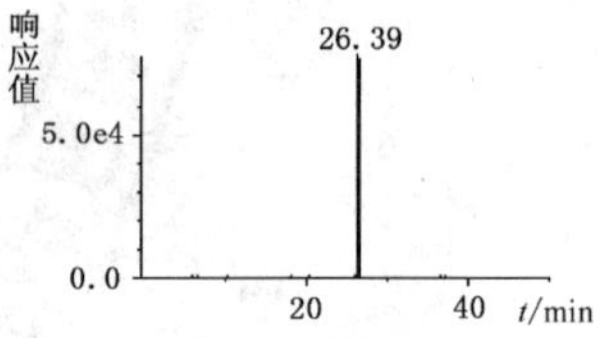

124. 噻嗪酮
(buprofezin)

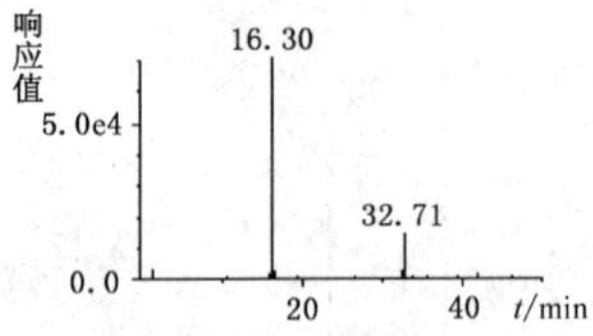

125. 乙拌磷砜
(disulfoton sulfone)

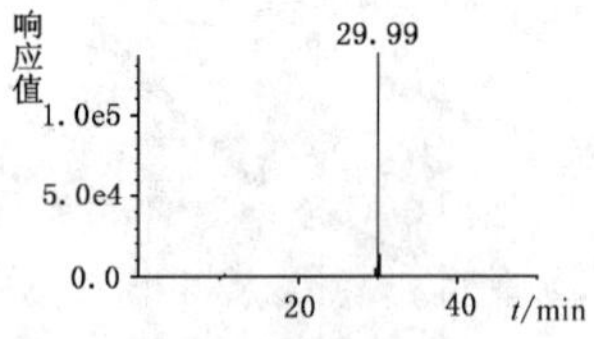

126. 喹螨醚
(fenazaquin)

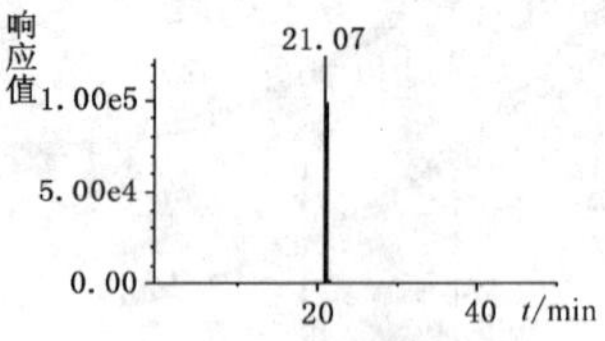

127. 三唑磷
(triazophos)

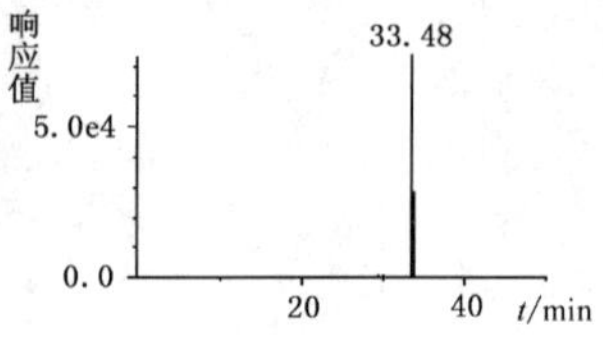

128. 脱叶磷
(DEF)

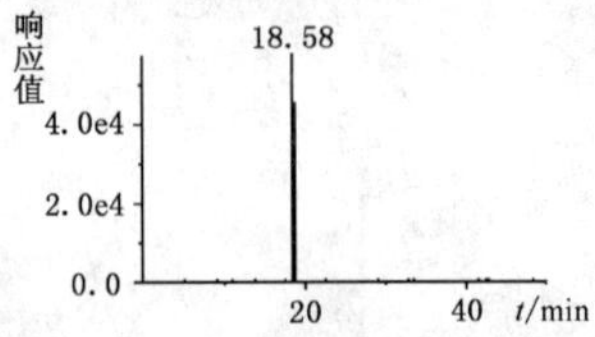

129. 环酯草醚
(pyriftalid)

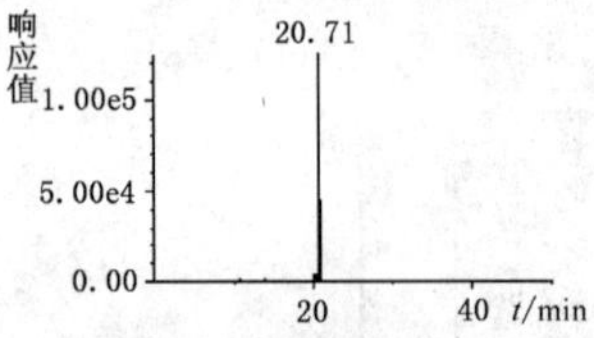

130. 叶菌唑
(metconazole)

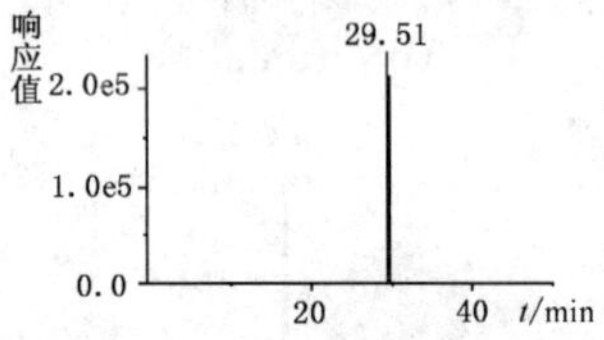

131. 蚊蝇醚
(pyriproxyfen)

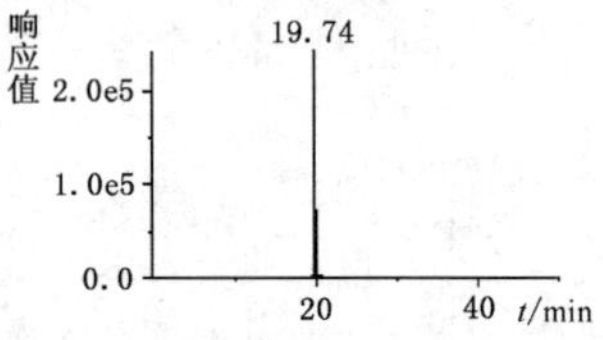

132. 异噁酰草胺
(isoxaben)

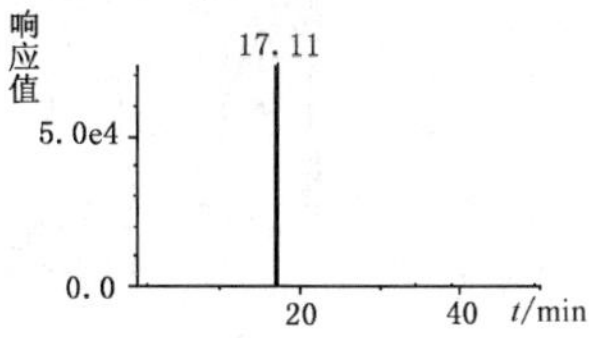

133. 呋草酮

(flurtamone)

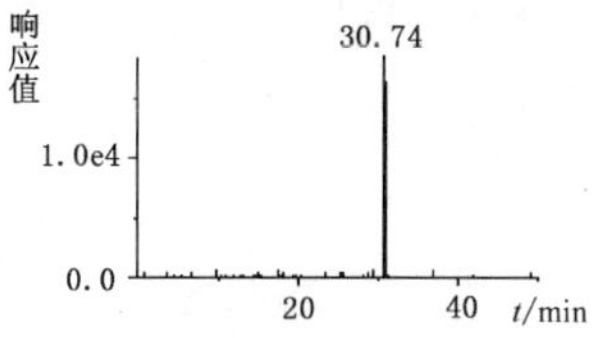

134. 氟乐灵

(trifluralin)

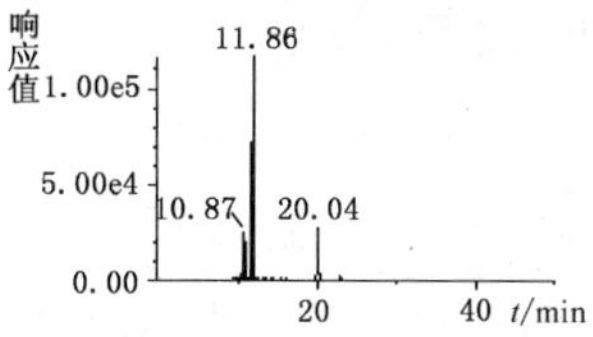

135. 甲基麦草氟异丙酯

(flamprop methyl)

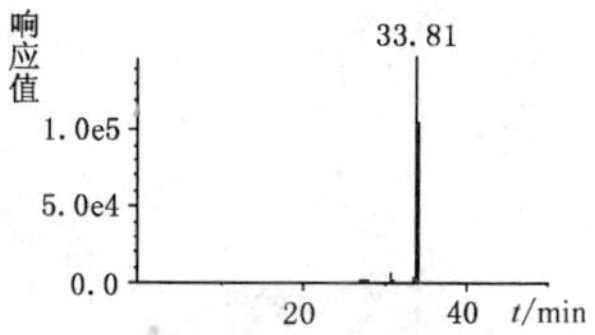

136. 生物苄呋菊酯

(bioresmethrin)

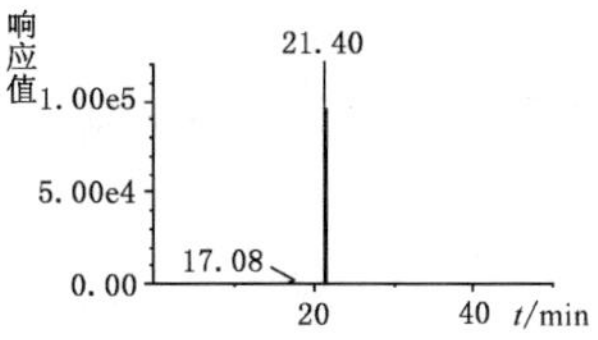

137. 丙环唑

(propiconazole)

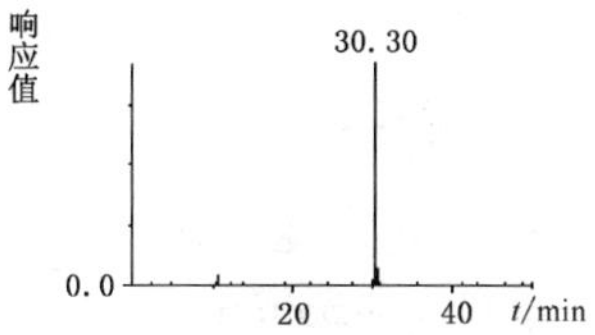

138. 毒死蜱

(chlorpyrifos)

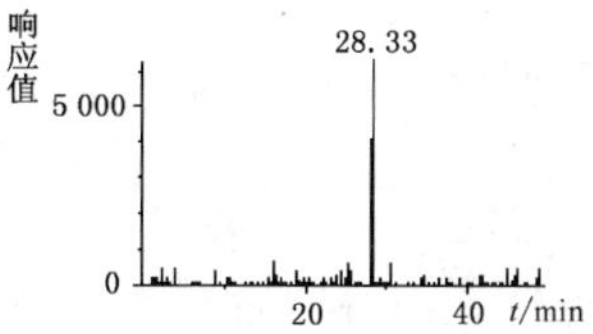

139. 氯乙氟灵

(fluchloralin)

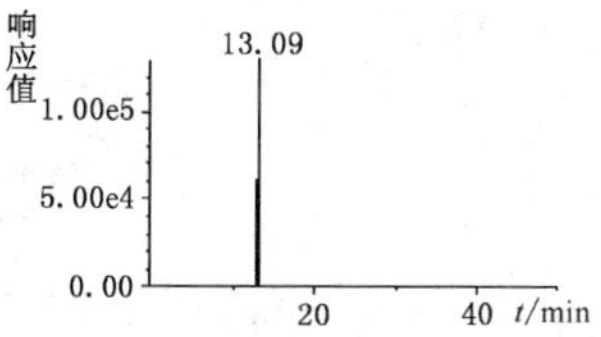

140. 氯磺隆

(chlorsulfuron)

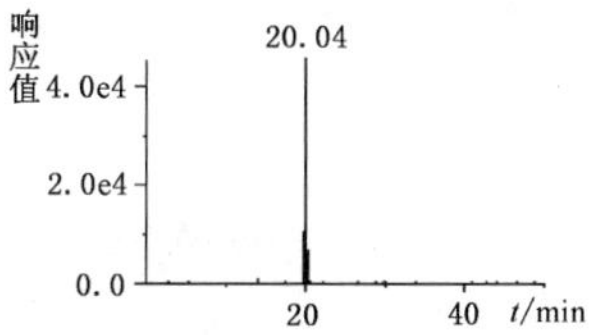

141. 杀虫畏

(tetrachlorvinphos)

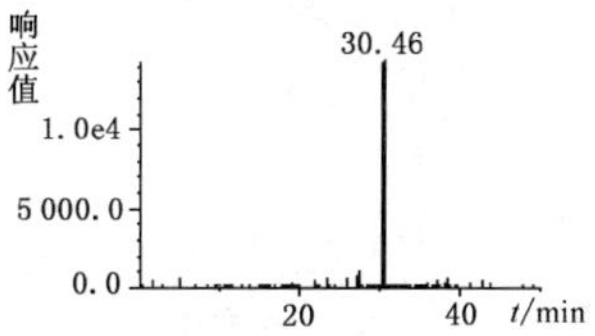

142. 炔螨特

(propargite)

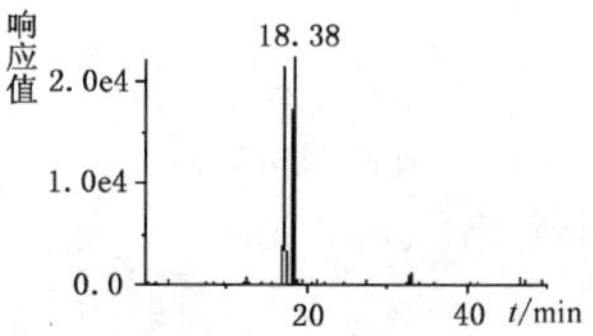

143. 糠菌唑

(bromuconazole)

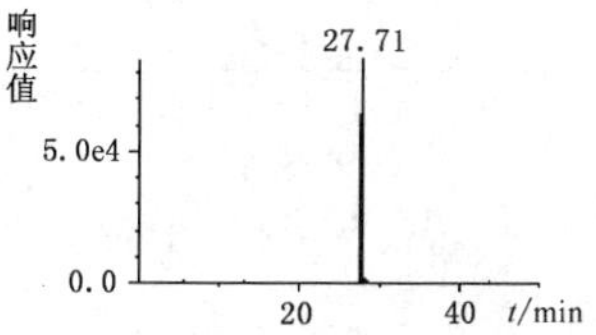

144. 氟吡酰草胺

(picolinafen)

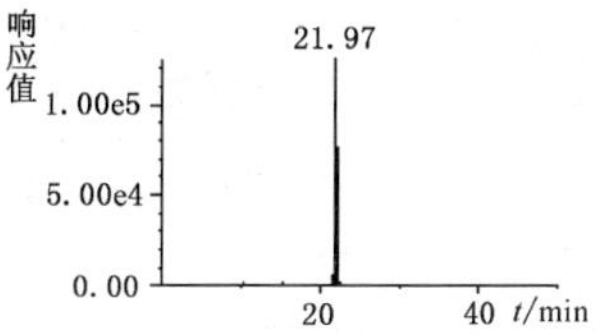

145. 氟噻乙草酯

(fluthiacet methyl)

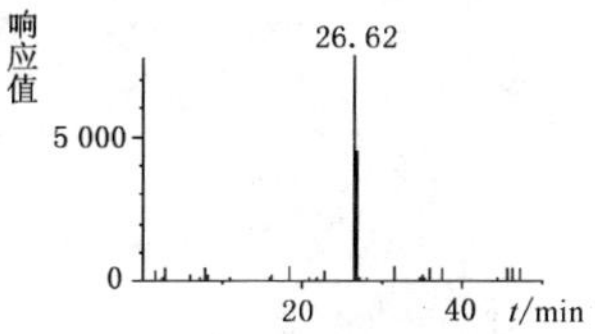

146. 肟菌酯

(trifloxystrobin)

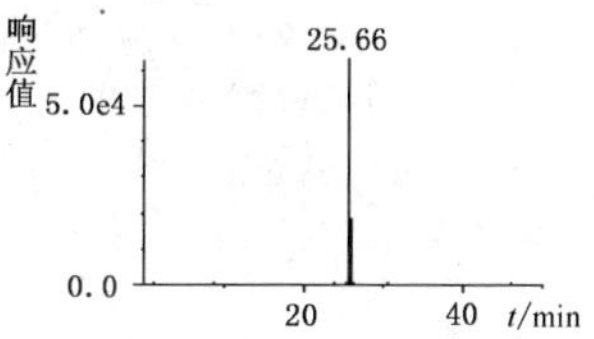

147. 氟铃脲

(hexaflumuron)

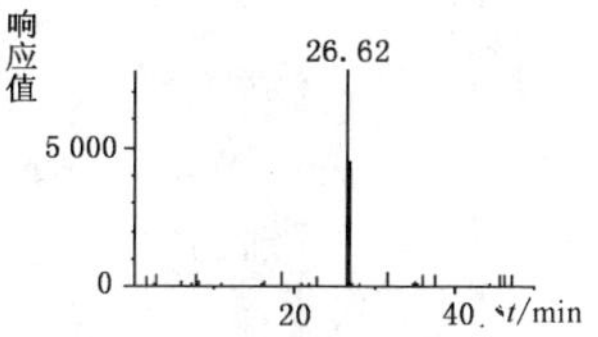

148. 双苯氟脲

(novaluron)

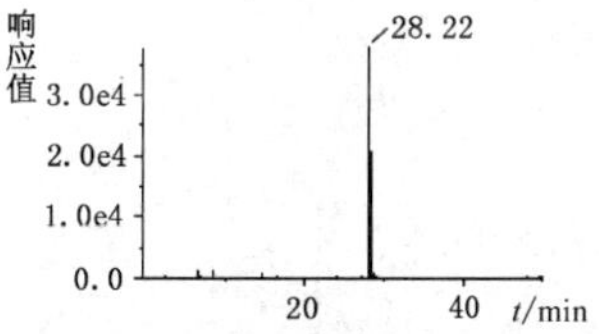

149. 啶蜱脲

(fluazuron)

C 组

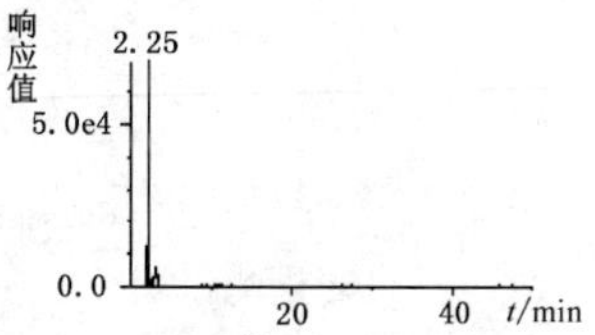

150. 甲胺磷

(methamidophos)

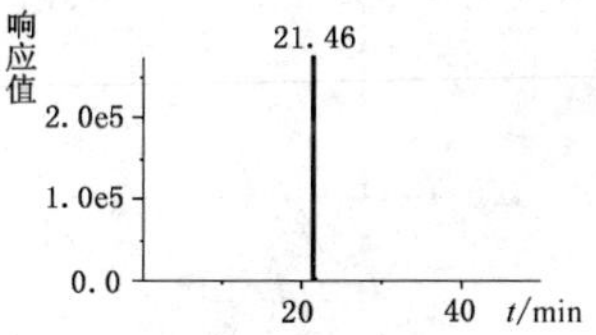

151. 茵草敌

(EPTC)

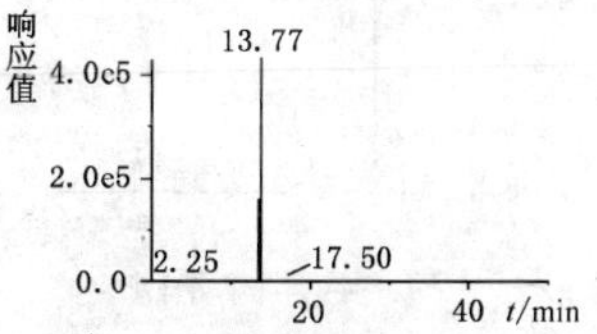

152. 避蚊胺

(diethyltoluamide)

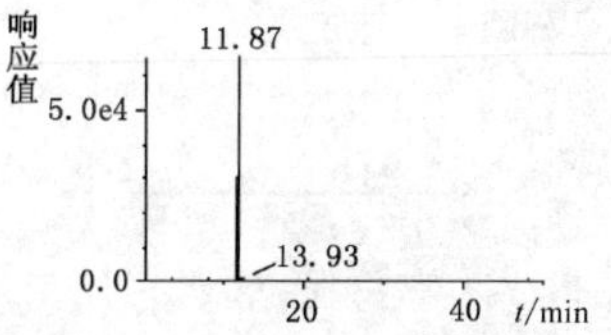

153. 灭草隆

(monuron)

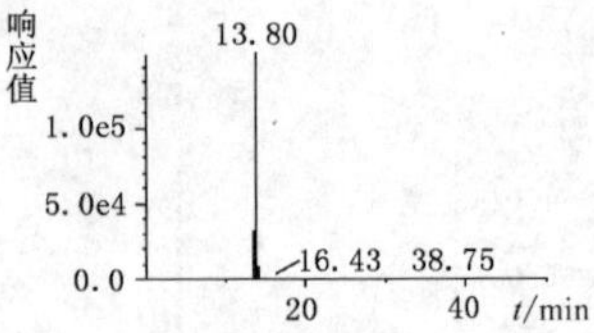

154. 嘧霉胺

(pyrimethanil)

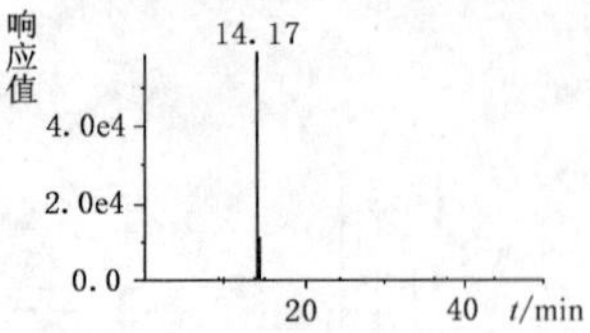

155. 黑穗胺

(fenfuram)

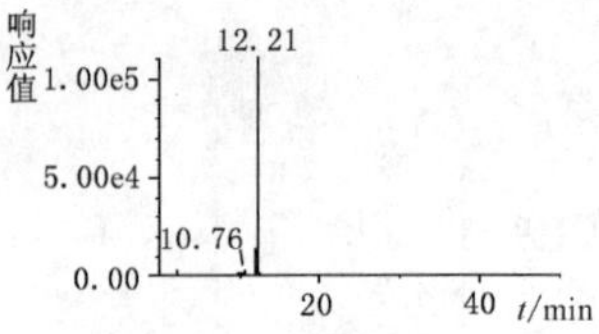

156. 灭藻醌

(quinoclamine)

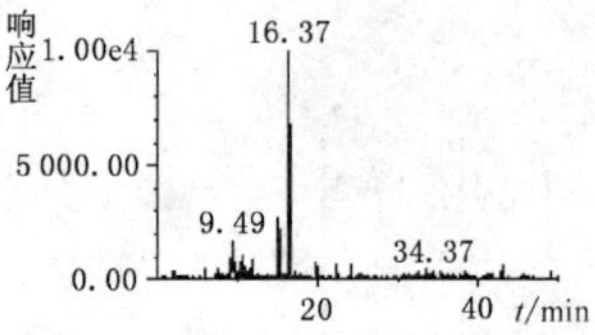

157. 仲丁威

(fenobucarb)

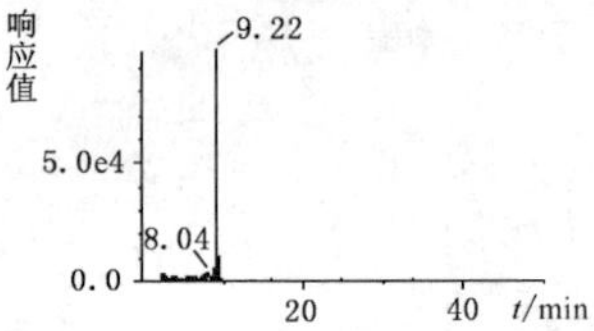

158. 乙菌定

(ethirimol)

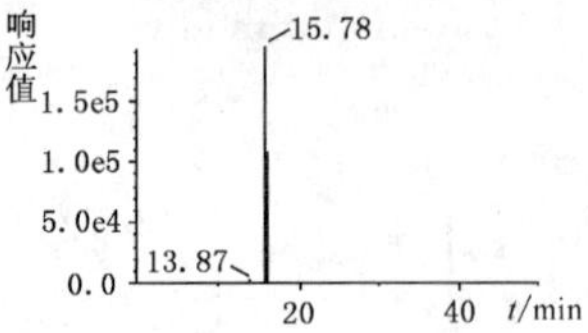

159. 敌稗

(propanil)

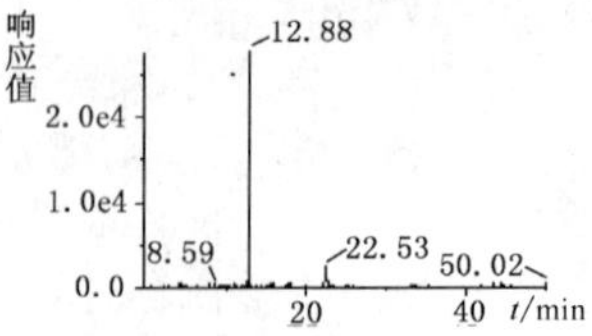

160. 克百威

(carbofuran)

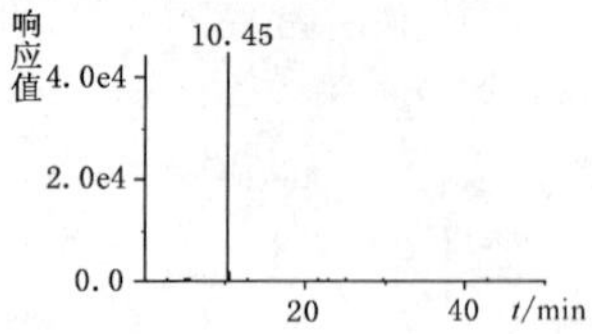

161. 啶虫脒

(acetamiprid)

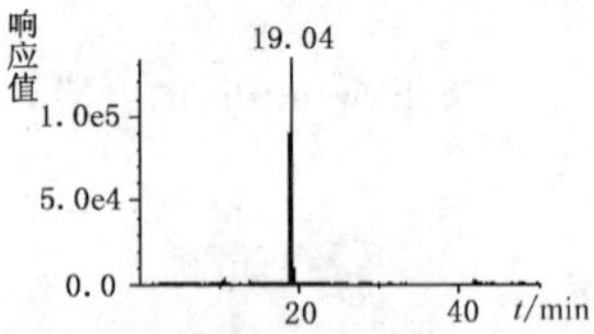

162. 嘧菌胺

(mepanipyrim)

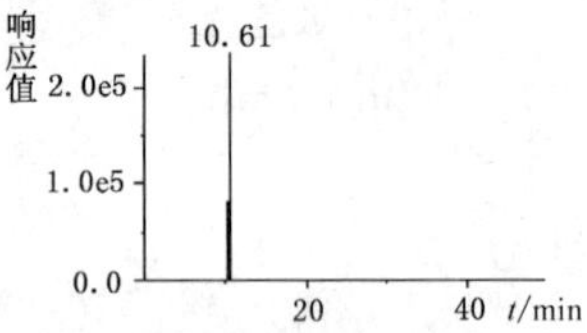

163. 扑灭通

(prometon)

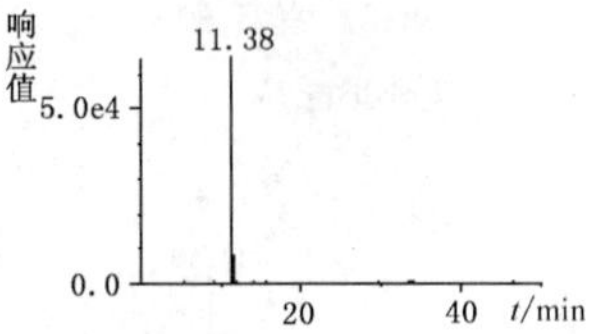

164. 甲氧隆

(metoxuron)

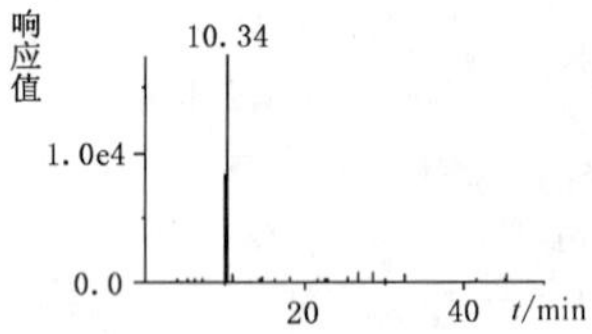

165. 乐果

(dimethoate)

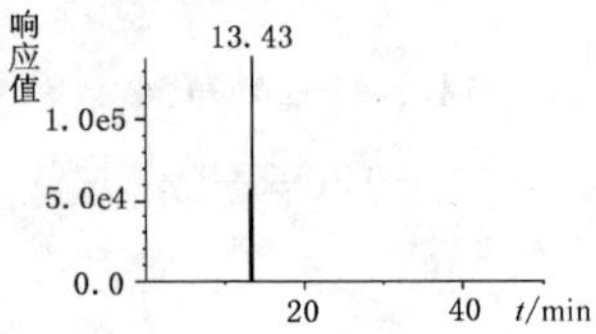

166. 伏草隆

(fluometuron)

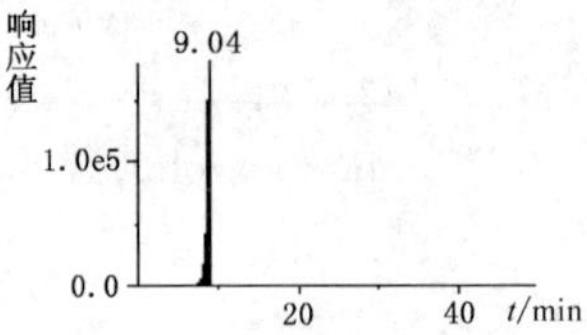

167. 百治磷

(dicrotophos)

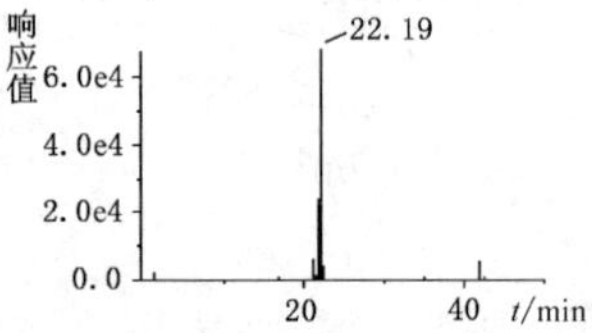

168. 庚酰草胺

(monalide)

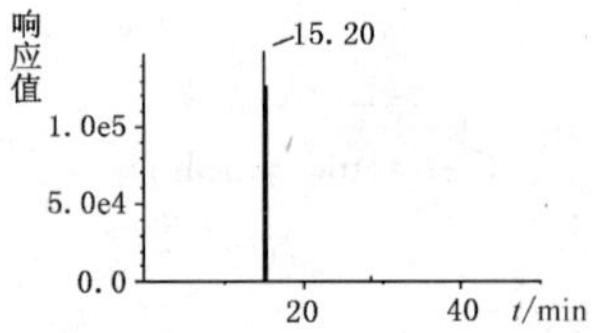

169. 双苯酰草胺

(diphenamid)

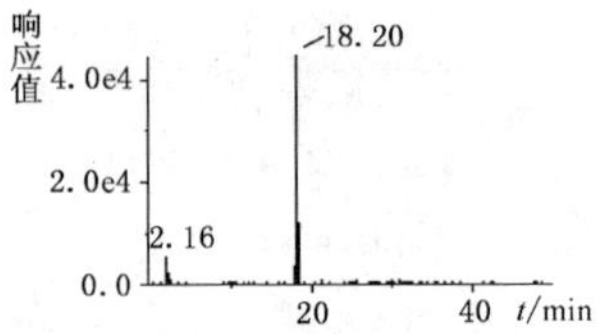

170. 灭线磷

(ethoprophos)

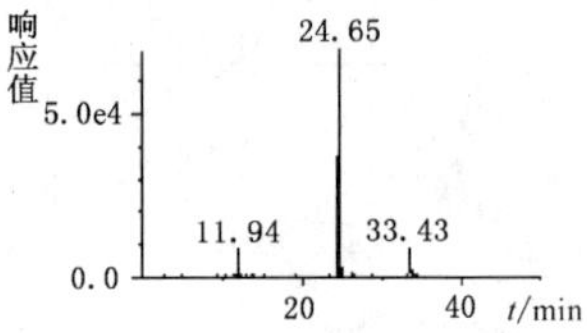

171. 地虫硫磷

(fonofos)

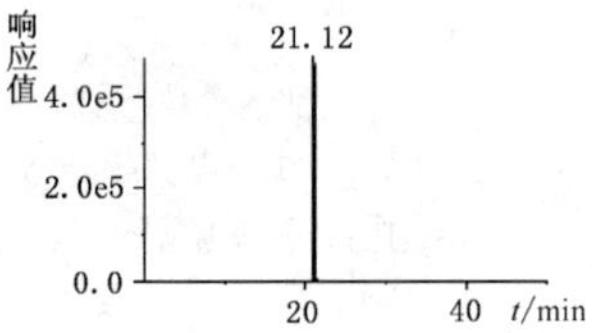

172. 拌种胺

(furmecyclox)

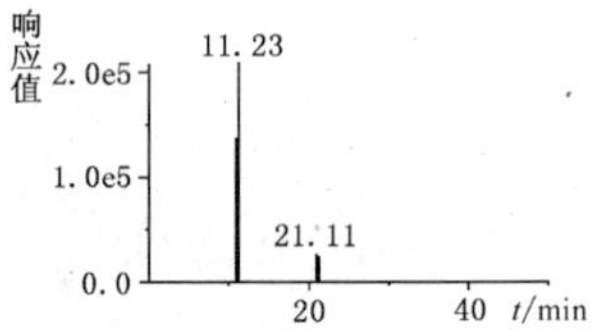

173. 环嗪酮

(hexazinone)

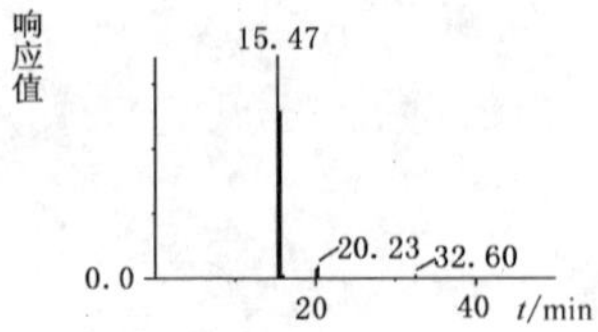

174. 阔草净

(dimethametryn)

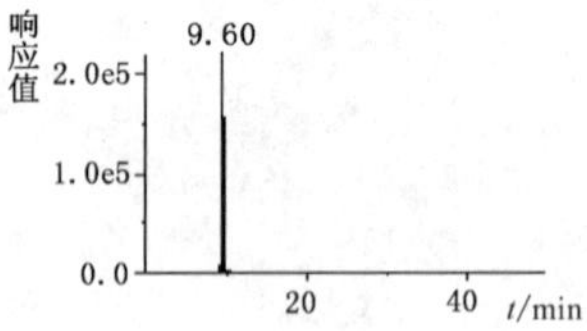

175. 敌百虫

(trichlorphon)

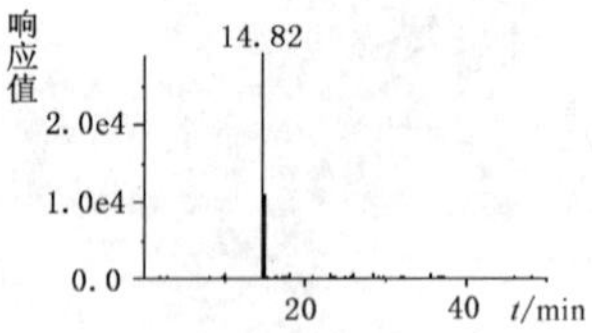

176. 内吸磷

[demeton($o+s$)]

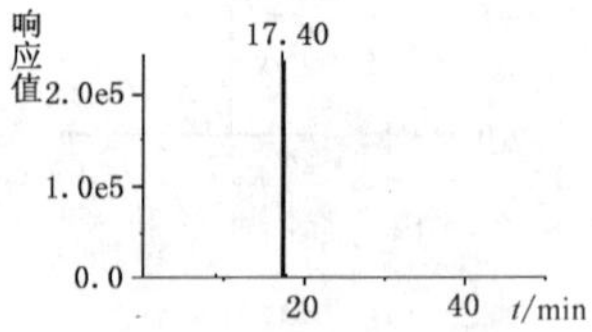

177. 解草酮

(benoxacor)

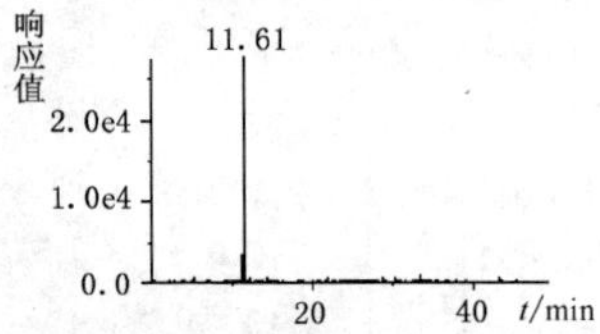

178. 除草定

(bromacil)

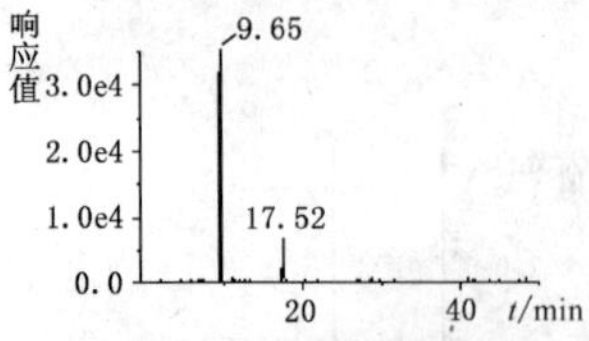

179. 甲拌磷亚砜

(phorate sulfoxide)

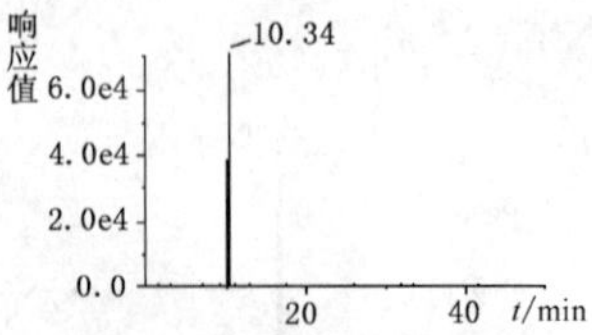

180. 溴莠敏

(brompyrazon)

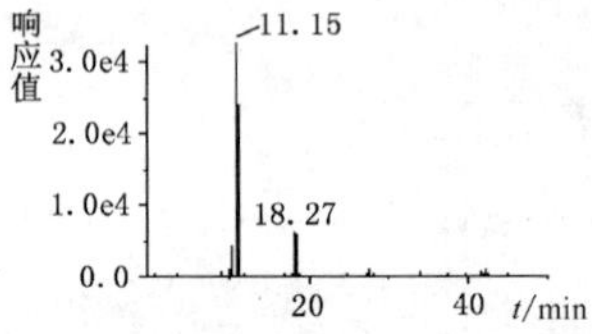

181. 氧化萎锈灵

(oxycarboxin)

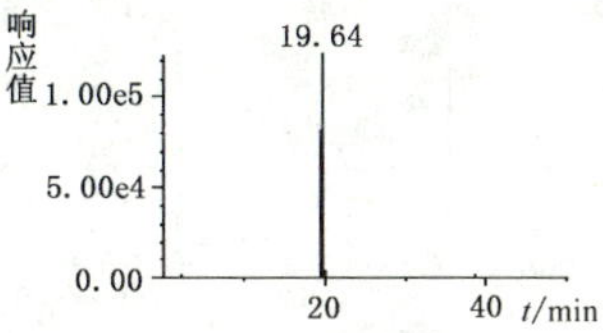

182. 灭锈胺
(mepronil)

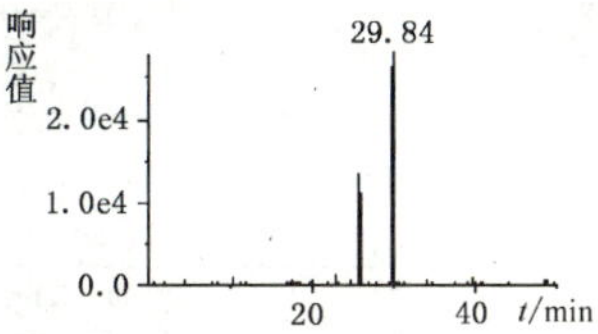

183. 乙拌磷
(disulfoton)

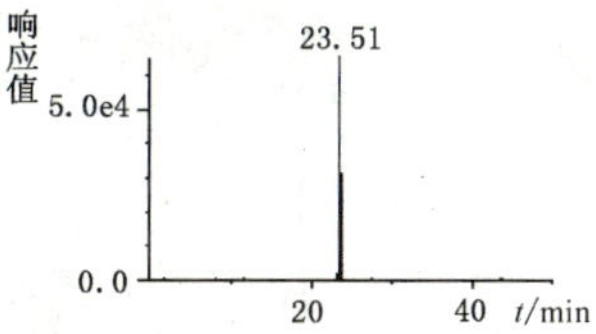

184. 倍硫磷
(fenthion)

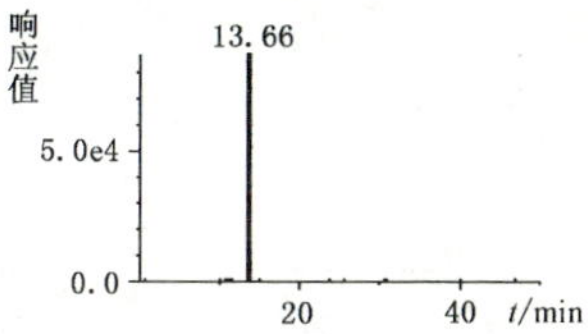

185. 甲霜灵
(metalaxyl)

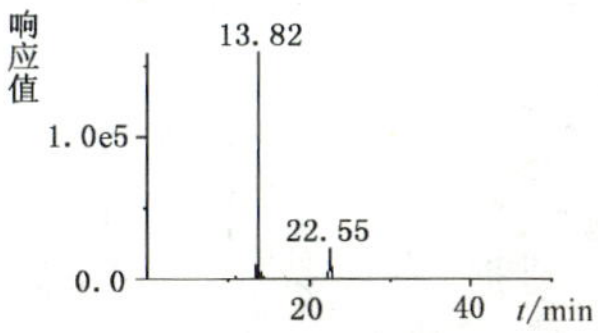

186. 甲呋酰胺
(ofurace)

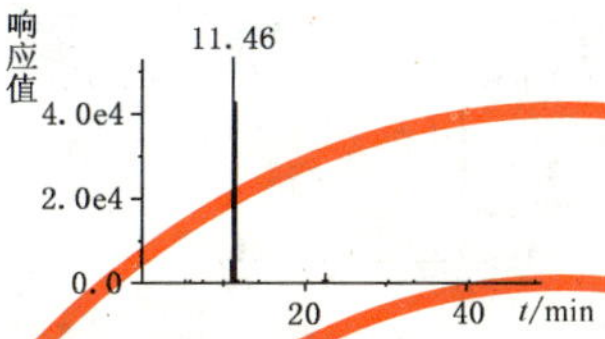

187. 吗菌灵
(dodemorph)

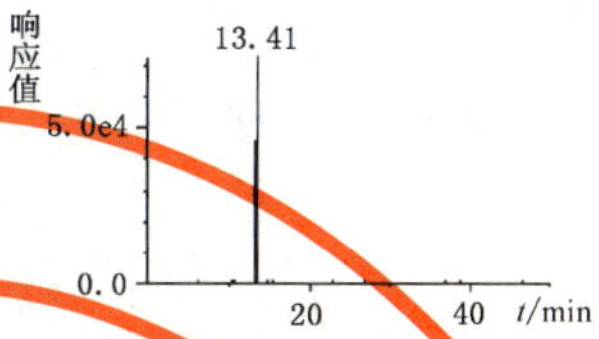

188. 噻唑硫磷
(fosthiazate)

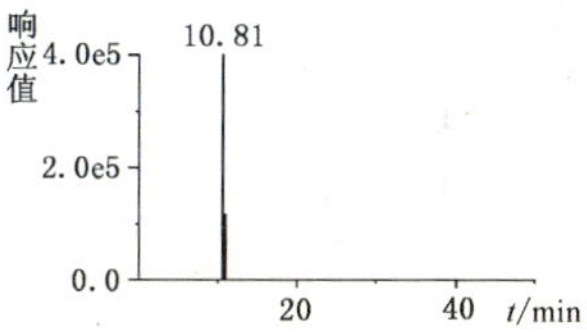

189. 甲基咪草酯
(imazamethabenz-methyl)

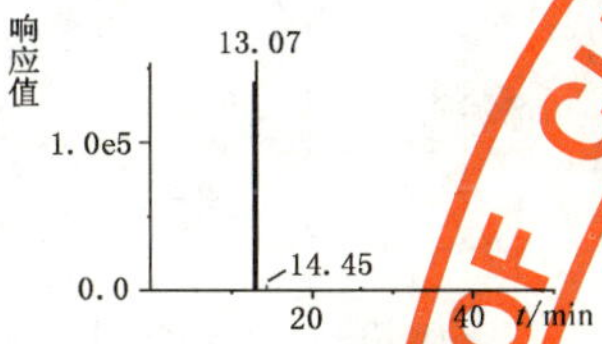

190. 乙拌磷-亚砜
(disulfoton-sulfoxide)

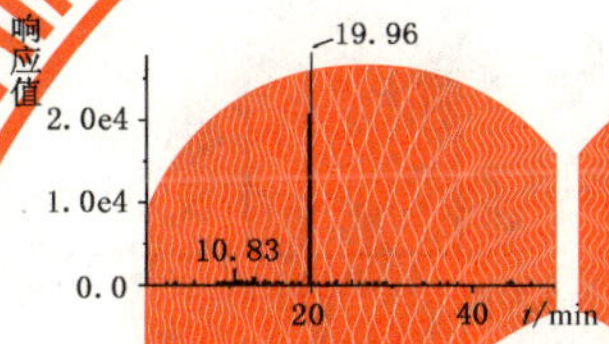

191. 稻瘟灵
(isoprothiolane)

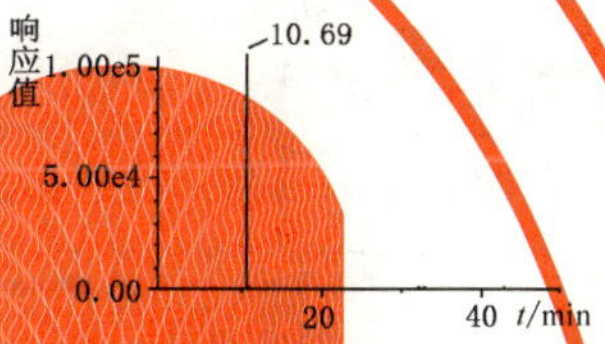

192. 抑霉唑
(imazalil)

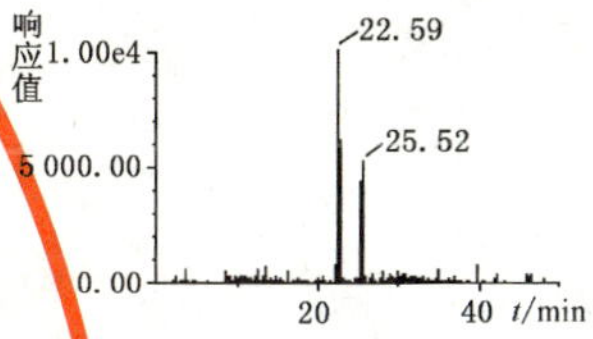

193. 辛硫磷
(phoxim)

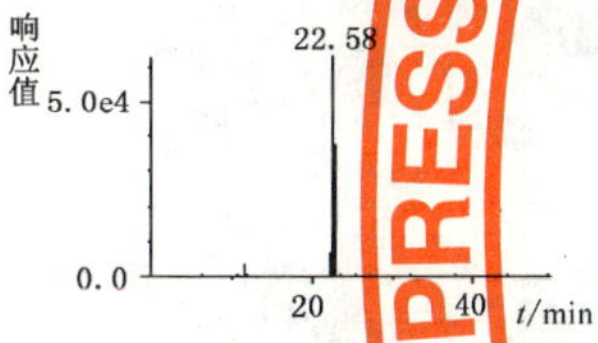

194. 喹硫磷
(quinalphos)

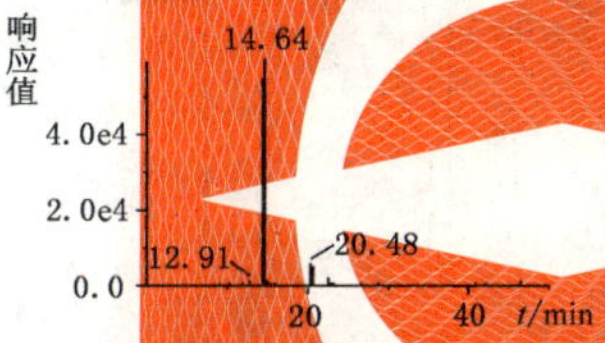

195. 灭菌磷
(ditalimfos)

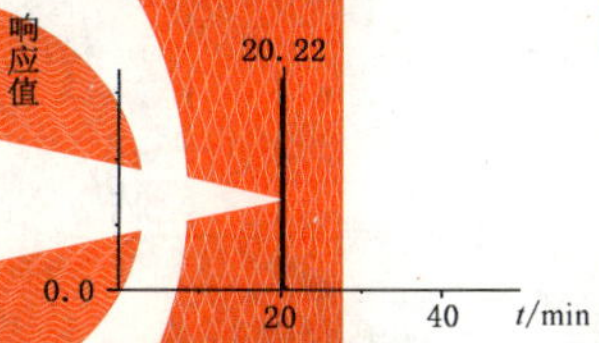

196. 双氧威
(fenoxycarb)

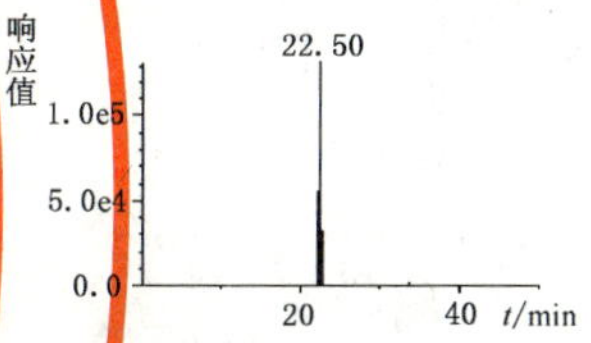

197. 嘧啶磷
(pyrimitate)

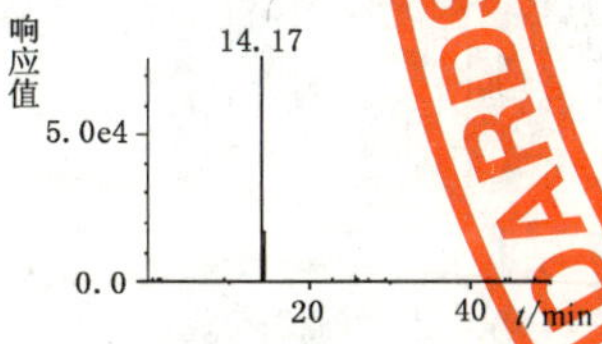

198. 丰索磷
(fensulfothin)

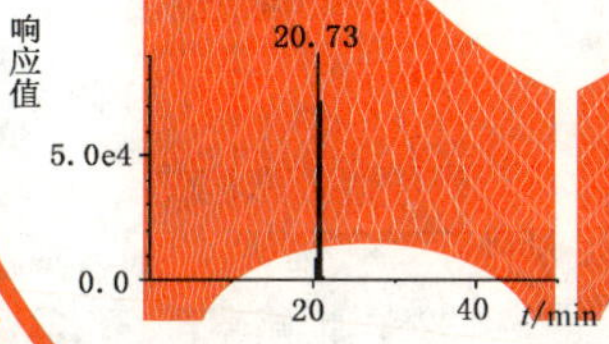

199. 氯咯草酮
(fluorochloridone)

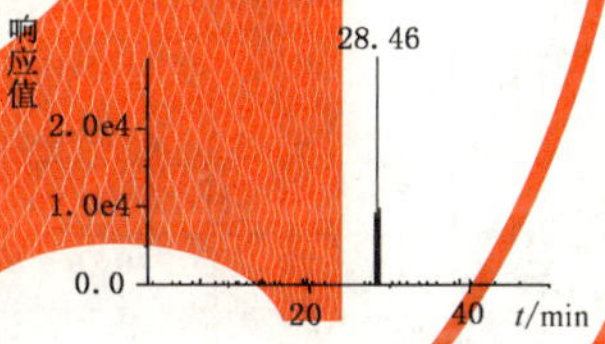

200. 丁草胺
(butachl)

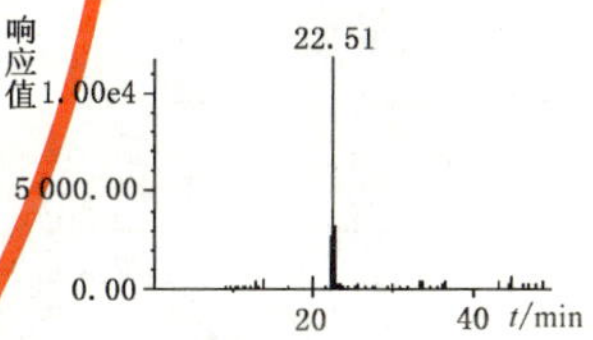

201. 亚胺菌
(kresoxim-methyl)

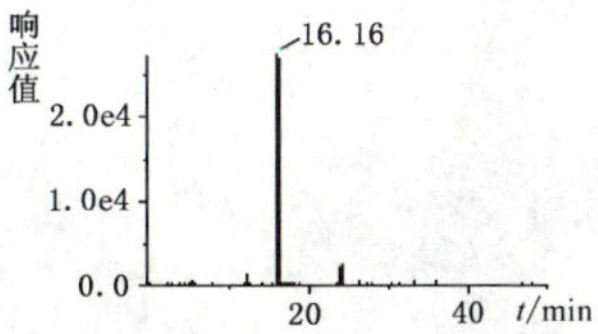

202. 戊叉菌唑
(triticonazole)

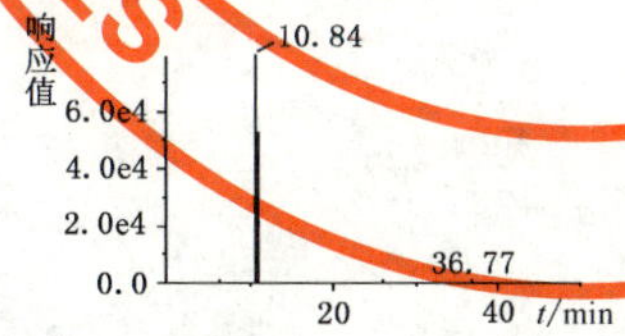

203. 苯线磷亚砜
(fenamiphos sulfoxide)

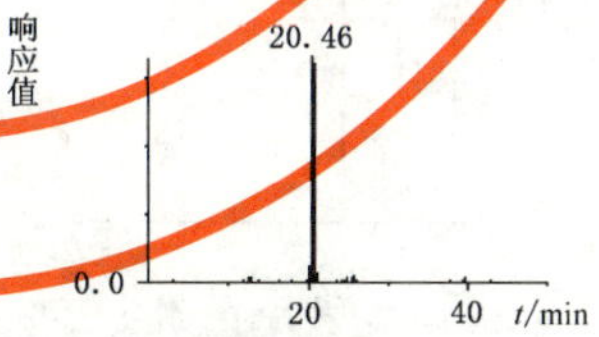

204. 噻吩草胺
(thenylchlor)

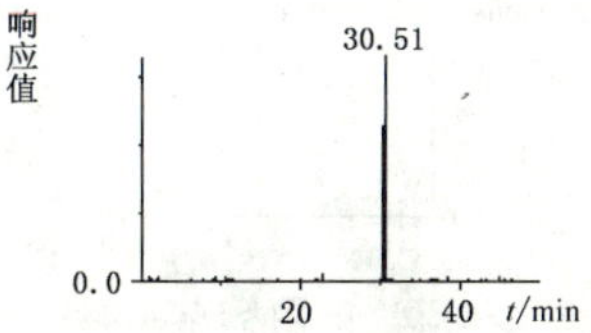

205. 除虫菊素
(pyrethrin)

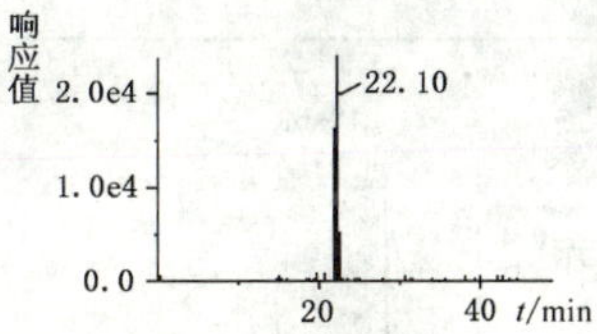

206. 氰菌胺
(fenoxanil)

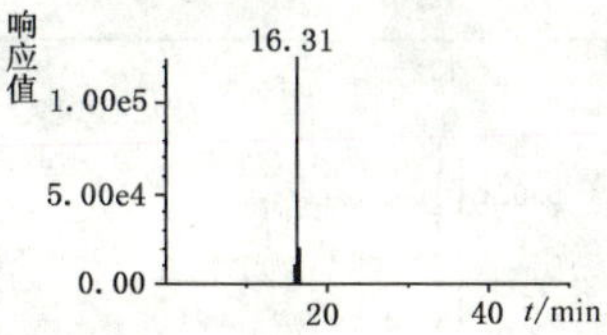

207. 杀草吡啶
(fluridone)

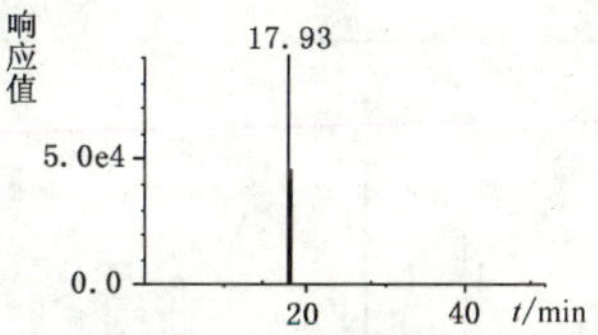

208. 氟环唑
(epoxiconazole)

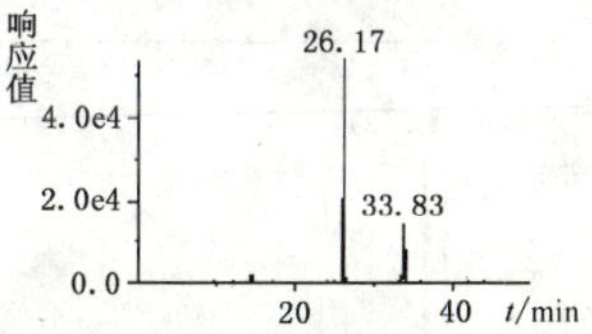

209. 氯辛硫磷
(chlorphoxim)

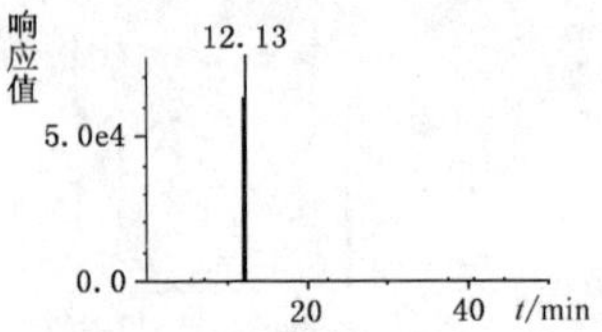

210. 苯线磷砜

(fenamiphos sulfone)

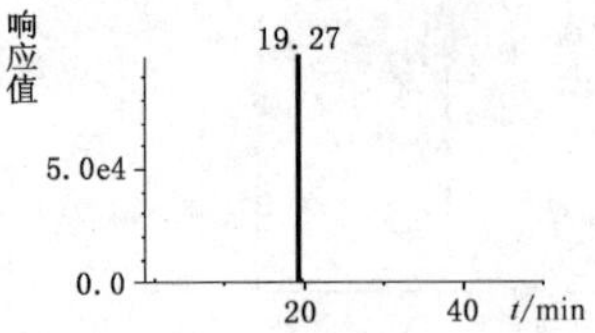

211. 腈苯唑

(fenbuconazole)

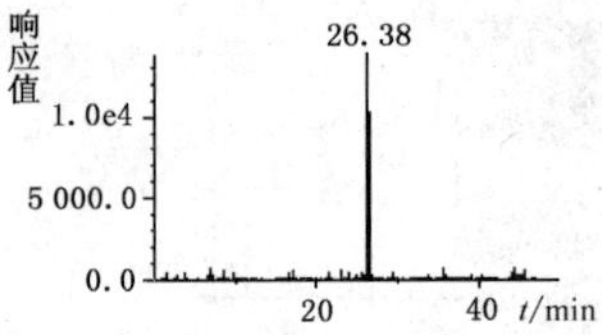

212. 异柳磷

(isofenphos)

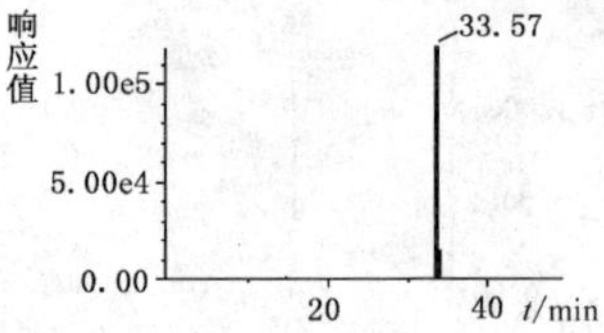

213. 苯醚菊酯

(phenothrin)

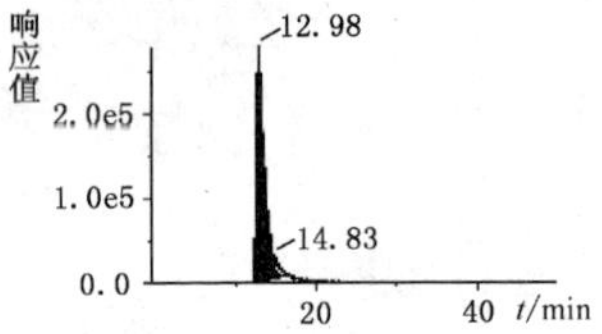

214. 氯化薯瘟锡

(fentin-chloride)

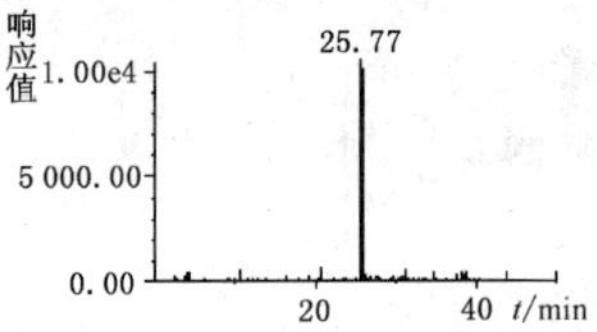

215. 哌草磷

(piperophos)

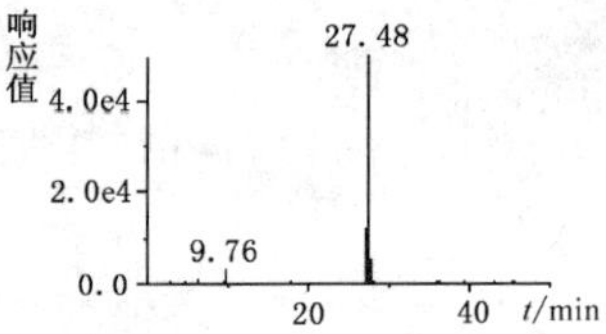

216. 增效醚

(piperonyl butoxide)

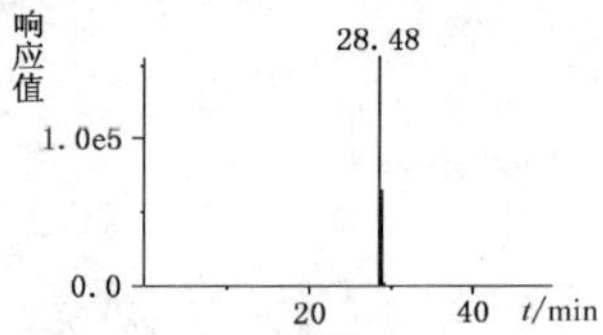

217. 乙氧氟草醚

(oxyflurofen)

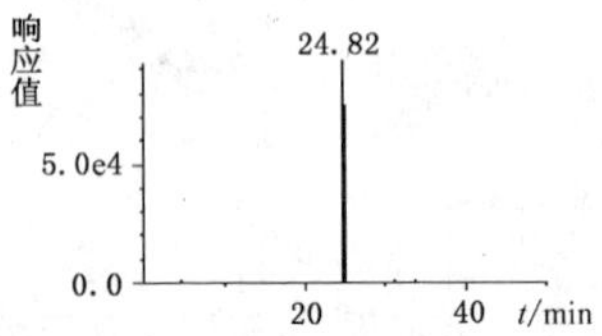

218. 蝇毒磷

(coumaphos)

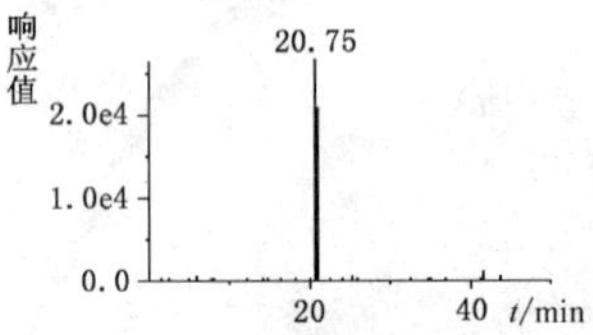

219. 氟噻草胺

(flufenacet)

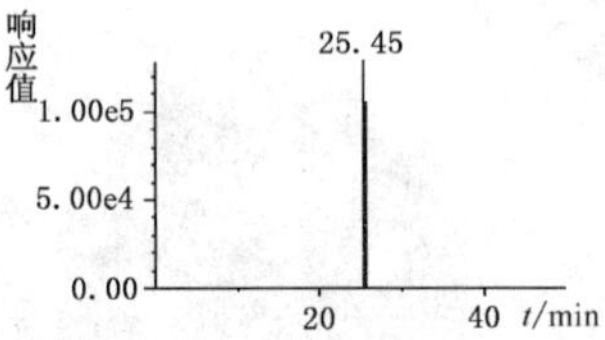

220. 伏杀硫磷

(phosalone)

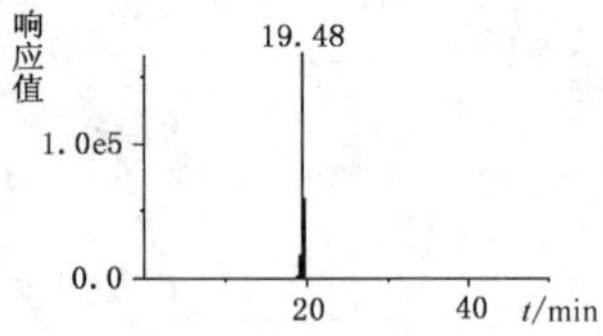

221. 甲氧虫酰肼

(methoxyfenozide)

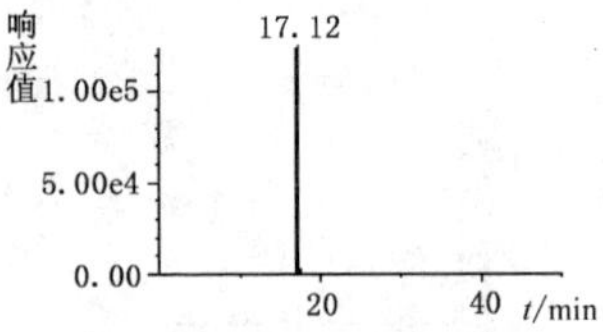

222. 咪鲜胺

(prochloraz)

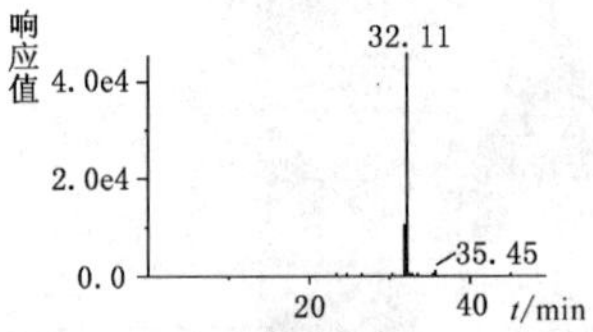

223. 丙硫特普

(aspon)

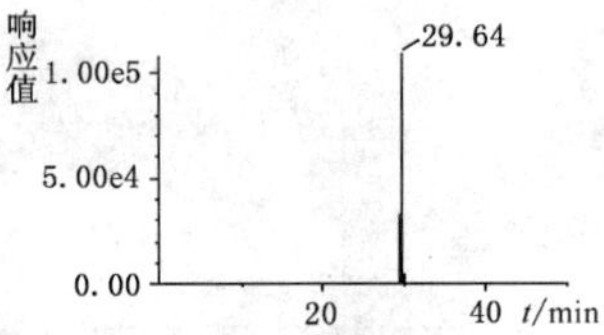

224. 乙硫磷

(ethion)

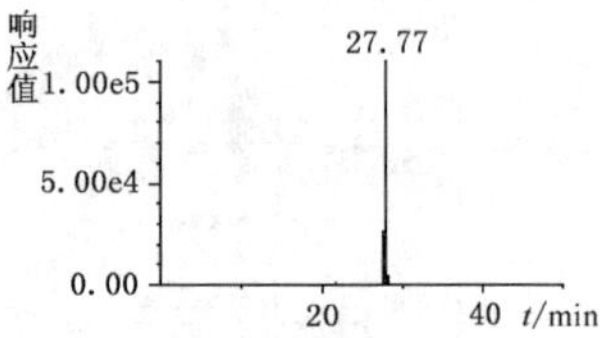

225. 氟硫草定

(dithiopyr)

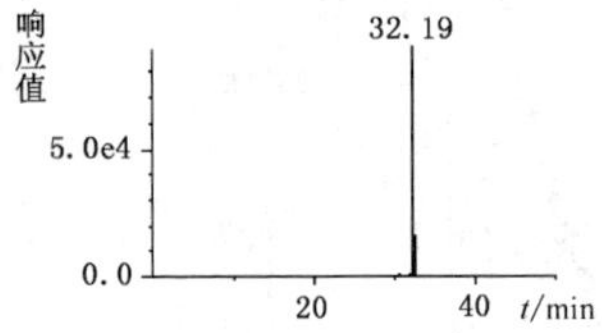

226. 螺螨酯

(spirodiclofen)

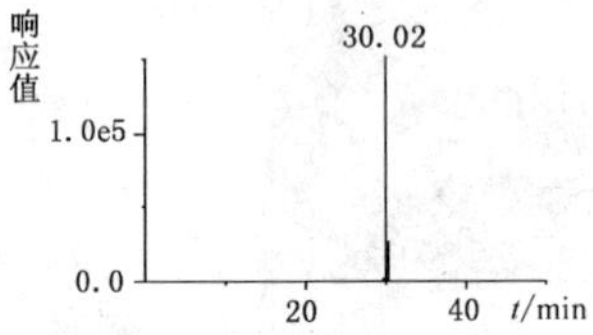

227. 唑螨酯

(fenpyroximate)

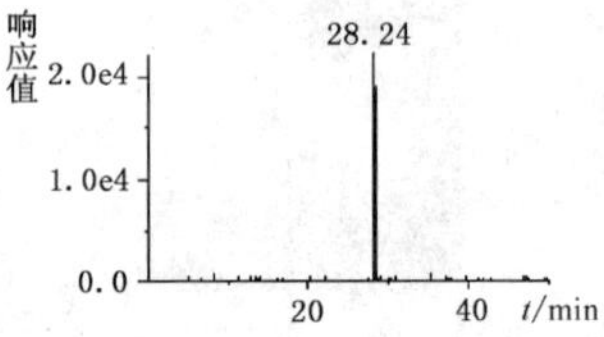

228. 胺氟草酯

(flumiclorac-pentyl)

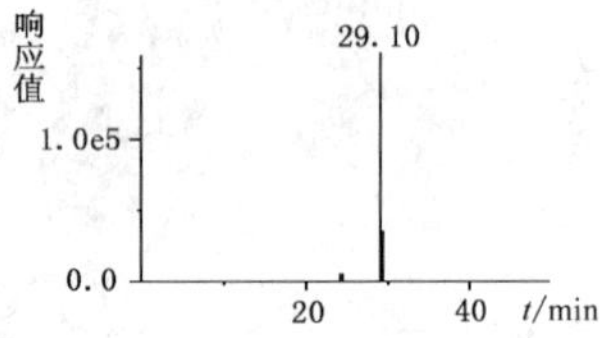

229. 双硫磷

(temephos)

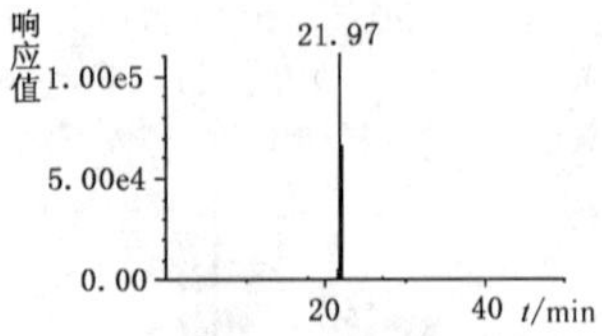

230. 氟丙嘧草酯

(butafenacil)

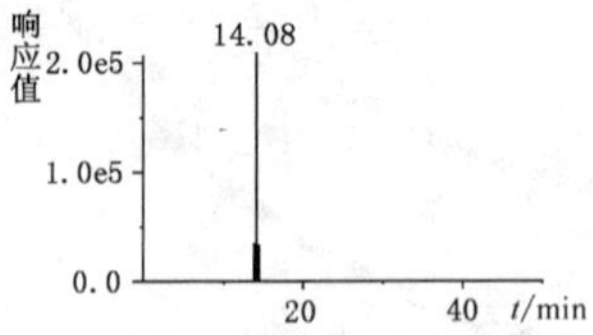

231. 多杀菌素

(spinosad)

D 组

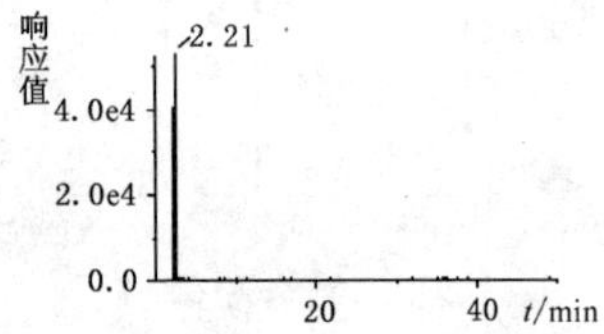

232. 甲哌金翁

(mepiquat chloride)

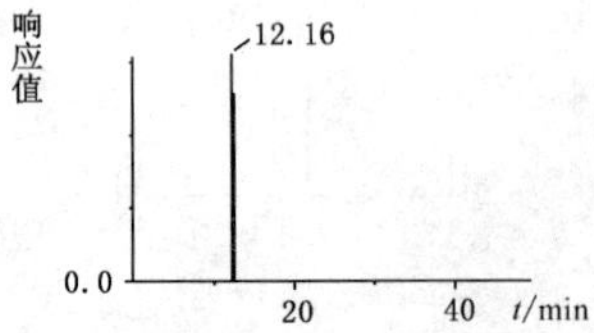

233. 二丙烯草胺

(allidochlor)

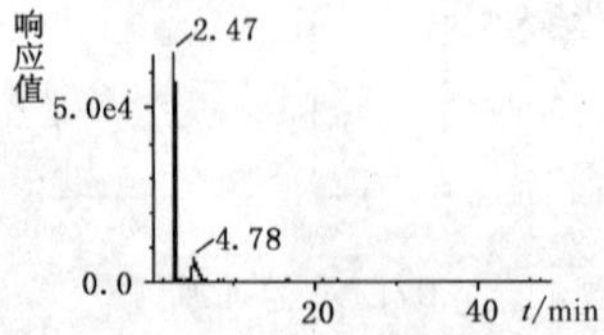

234. 霜霉威

(propamocarb)

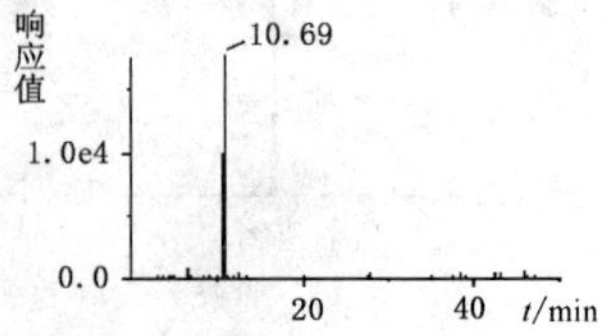

235. 三环唑

(tricyclazole)

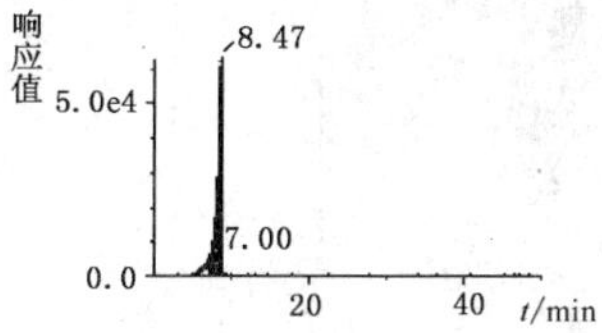

236. 噻菌灵

(thiabendazole)

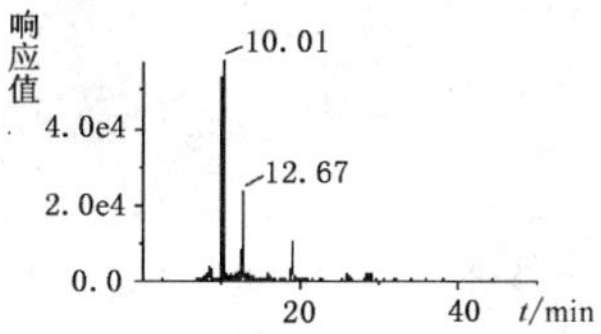

237. 苯嗪草酮

(metamitron)

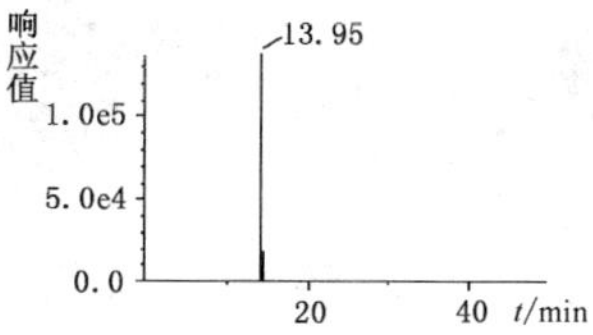

238. 异丙隆

(isoproturon)

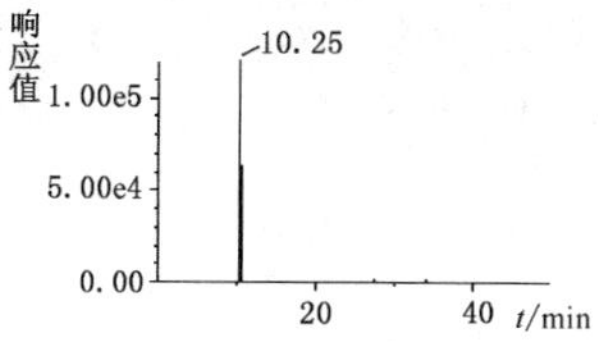

239. 莠去通

(atratone)

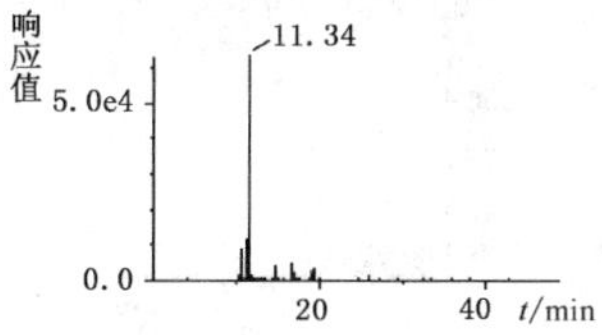

240. 敌草净

(desmetryn)

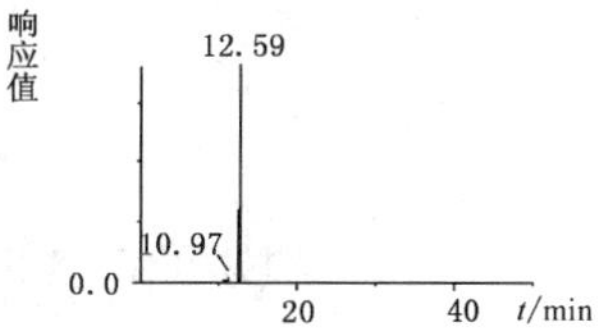

241. 赛克津

(metribuzin)

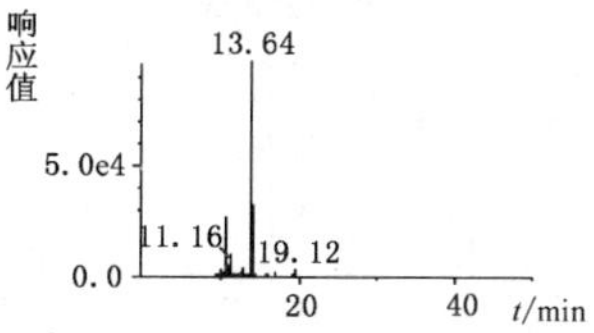

242. (DMST)

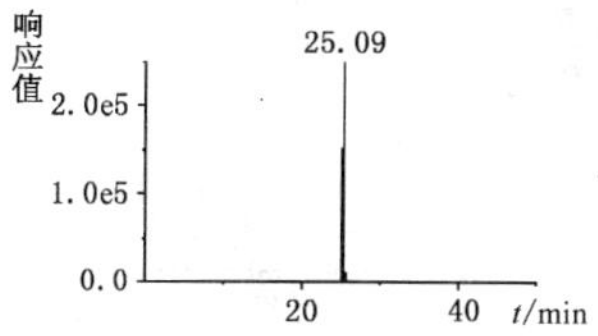

243. 环草敌

(cycloate)

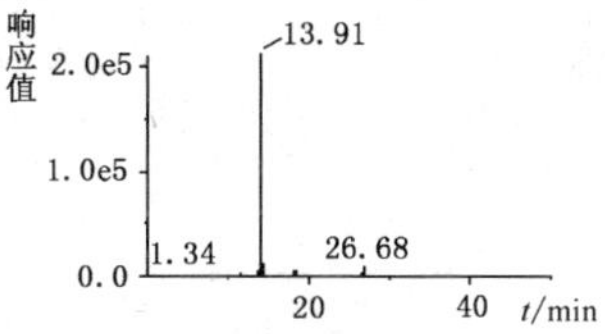

244. 阿特拉津

(atrazine)

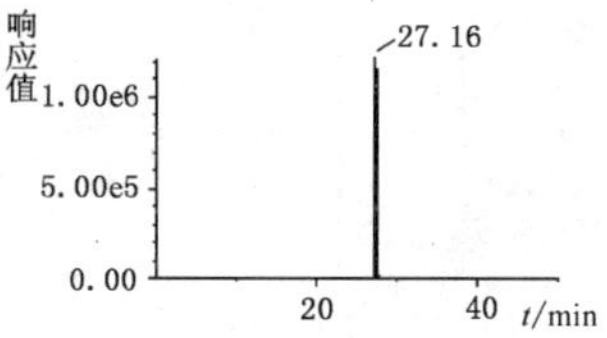

245. 丁草敌

(butylate)

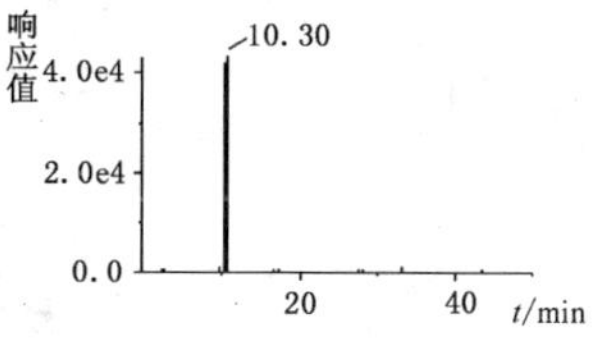

246. 氯草敏

(chloridazon)

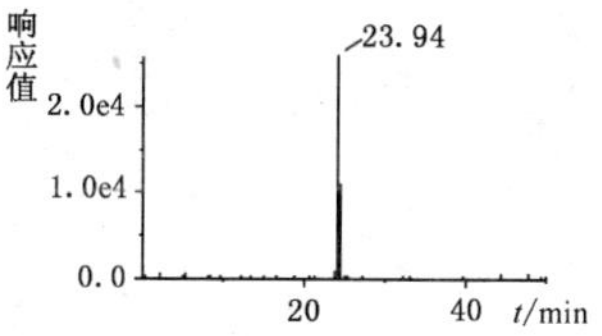

247. 菜草畏

(sulfallate)

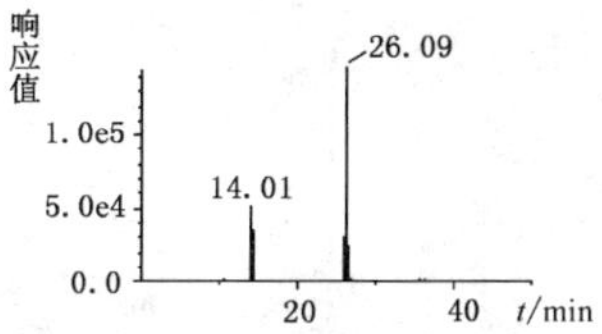

248. 乙硫苯威

(ethiofencarb)

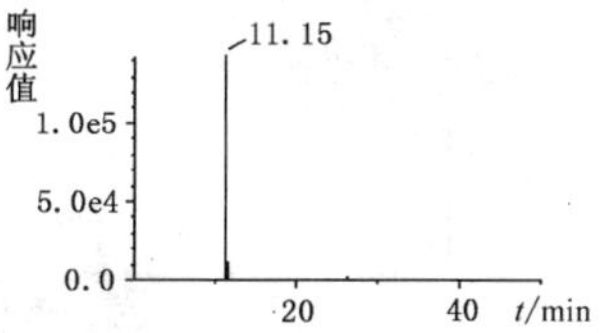

249. 特丁通

(terbumeton)

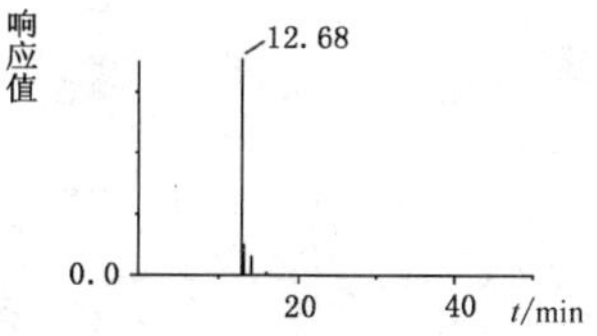

250. 环丙津

(cyprazine)

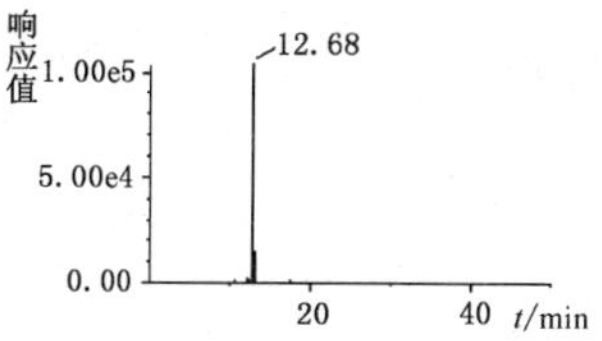

251. 阔草净

(ametryn)

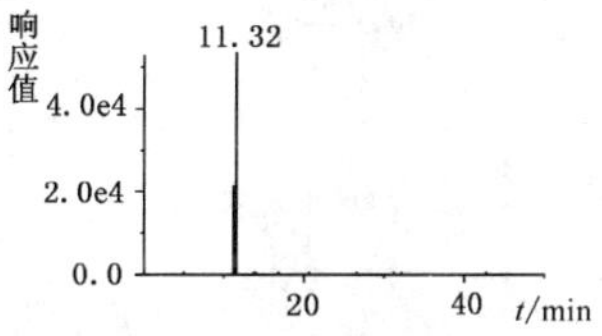

252. 木草隆

(tebuthiuron)

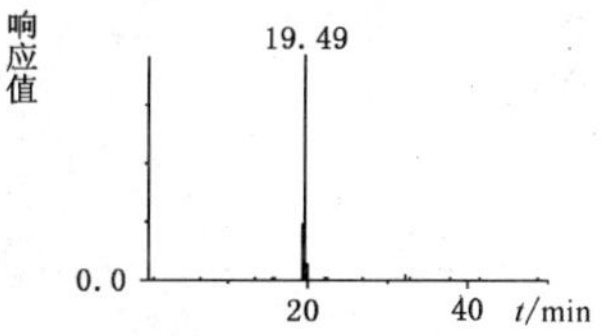

253. 草达津

(trietazine)

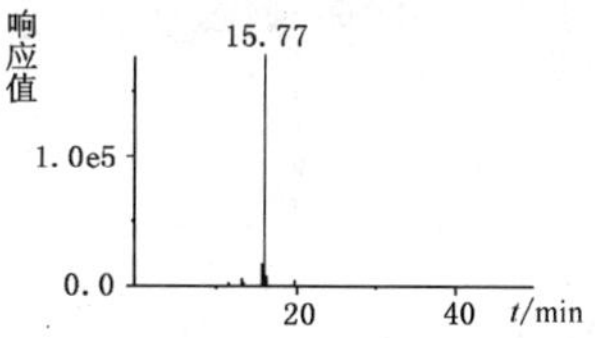

254. 另丁津

(sebutylazine)

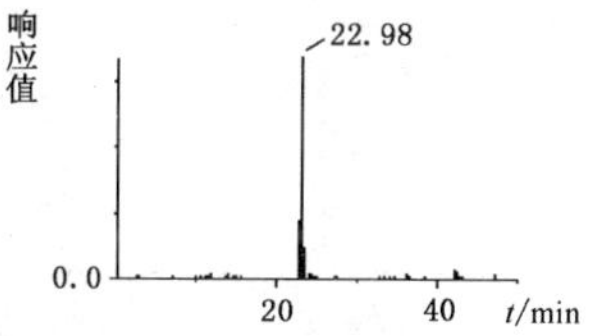

255. 畜虫避

(dibutyl succinate)

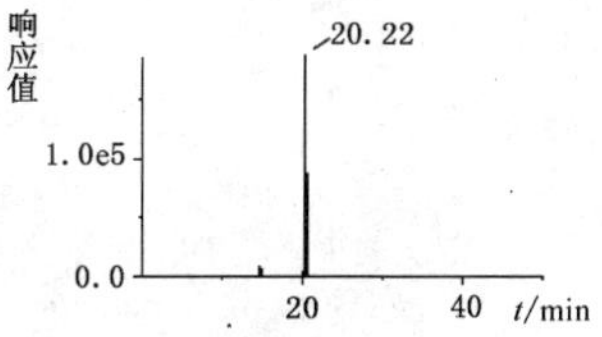

256. 牧草胺

(tebutam)

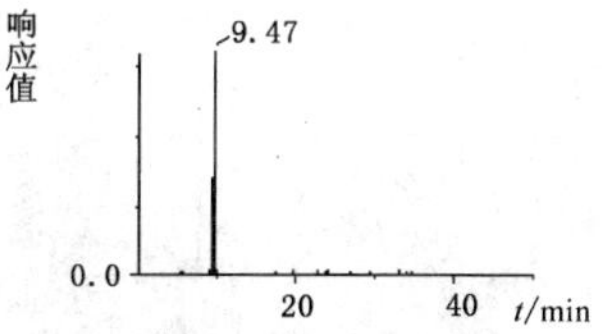

257. 久效威亚砜

(thiofanox-sulfoxide)

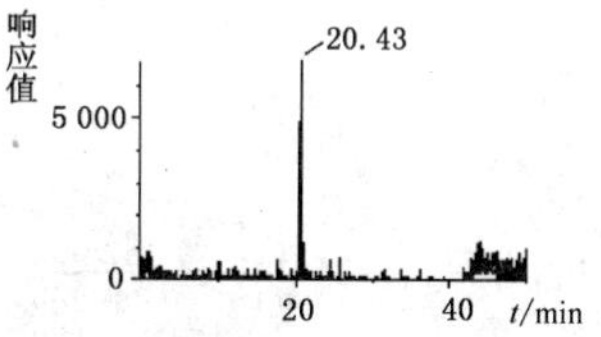

258. 杀螟丹

(cartap hydrochloride)

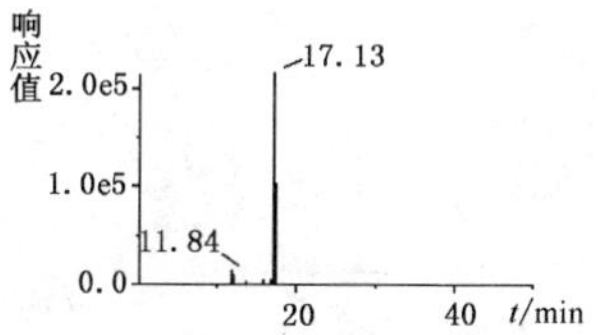

259. 虫螨畏

(methacrifos)

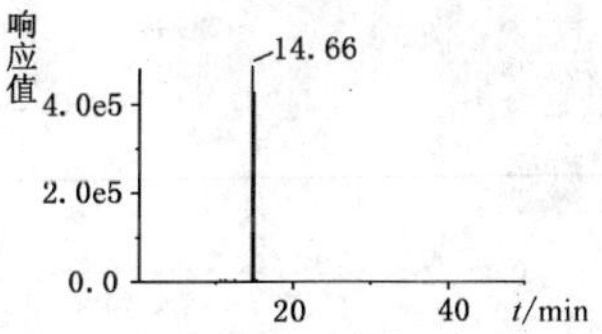

260. 特丁净

(terbutryn)

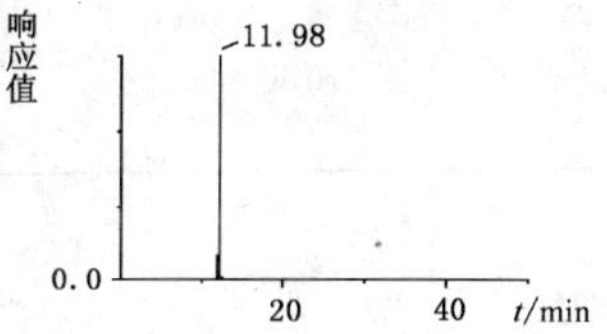

261. 唑菌嗪

(triazoxide)

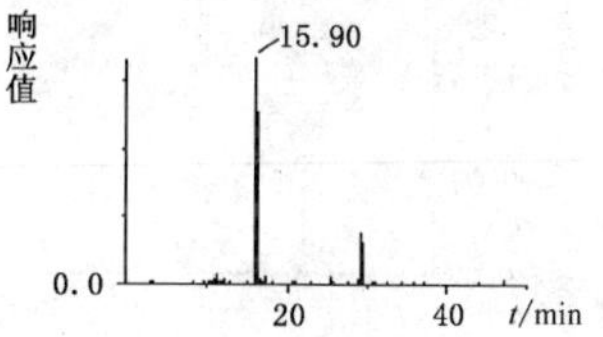

262. 虫线磷

(thionazin)

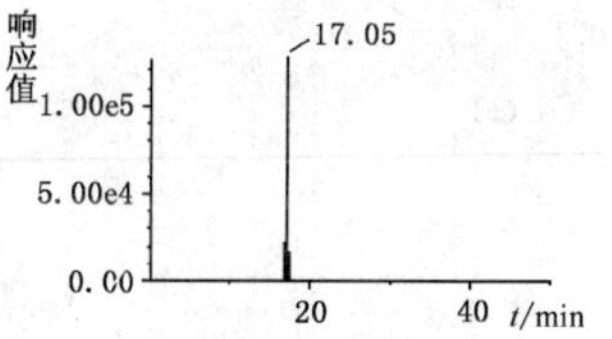

263. 利谷隆

(linuron)

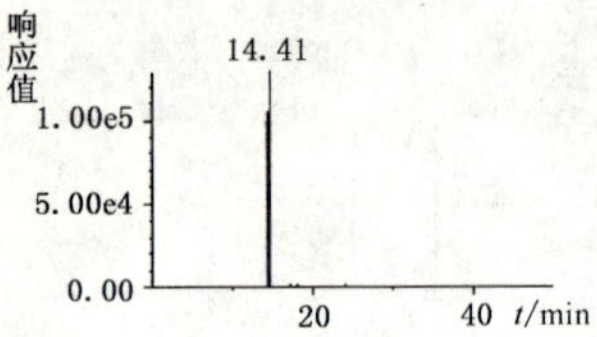

264. 庚虫磷

(heptanophos)

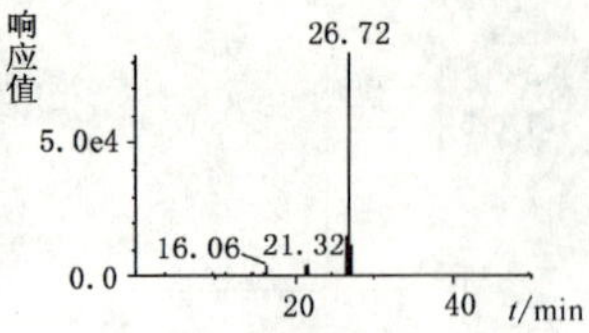

265. 苄草丹

(prosulfocarb)

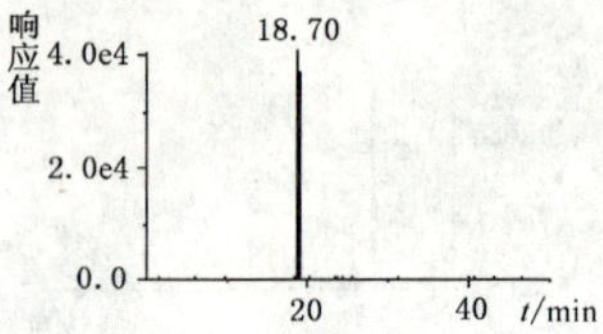

266. 炔苯烯草胺

(propyzamide)

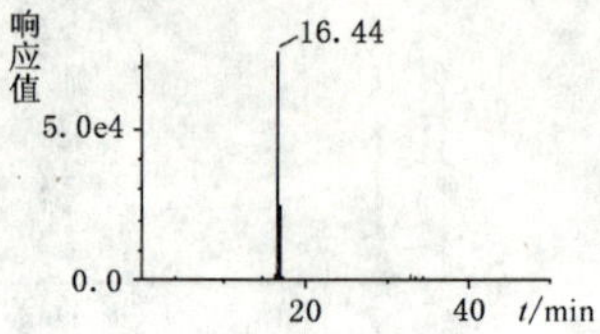

267. 杀草净

(dipropetryn)

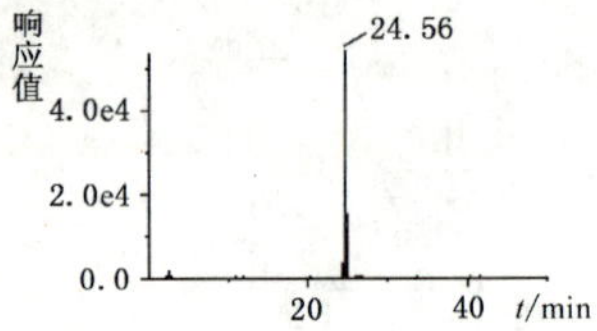

268. 禾草丹

(thiobencarb)

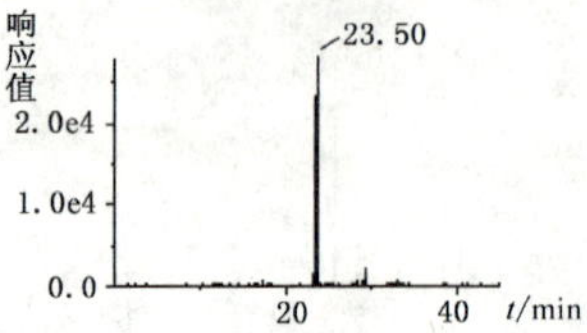

269. 三异丁基磷酸盐

(tri-*iso*-butyl phosphate)

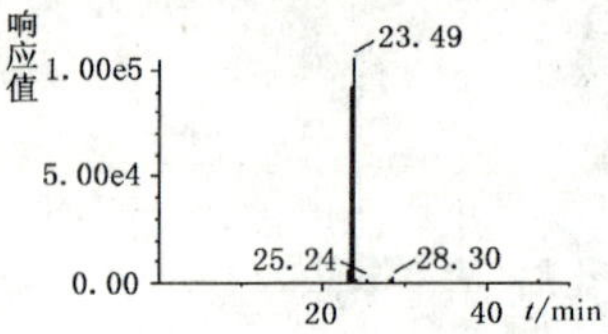

270. 三正丁基磷酸盐

(tri-*n*-butyl phosphate)

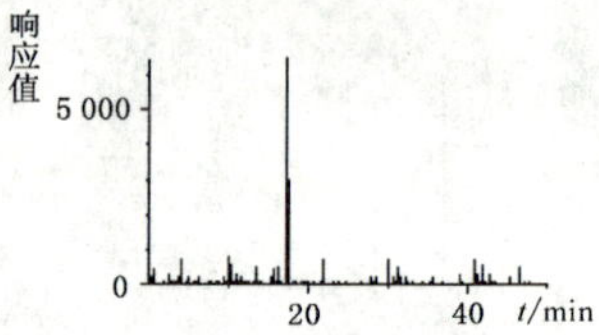

271. 乙霉威

(diethofencarb)

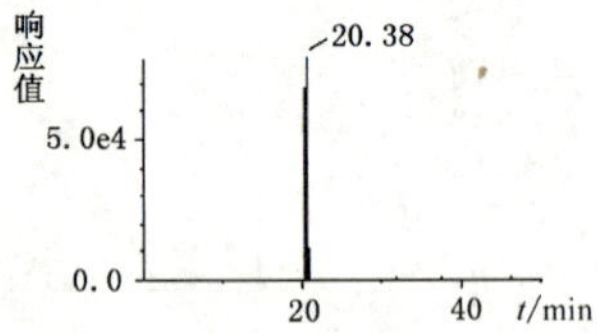

272. 甲草胺

(alachlor)

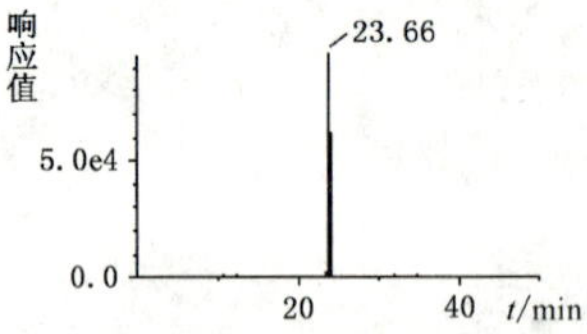

273. 硫线磷

(cadusafos)

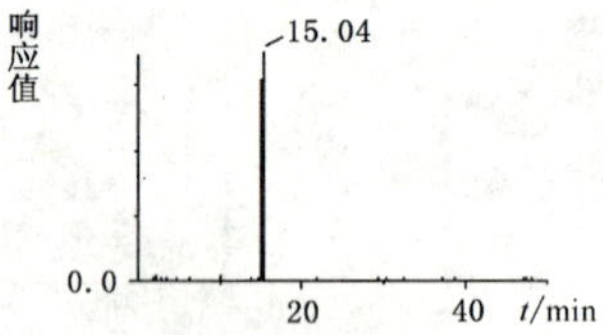

274. 吡唑草胺

(metazachlor)

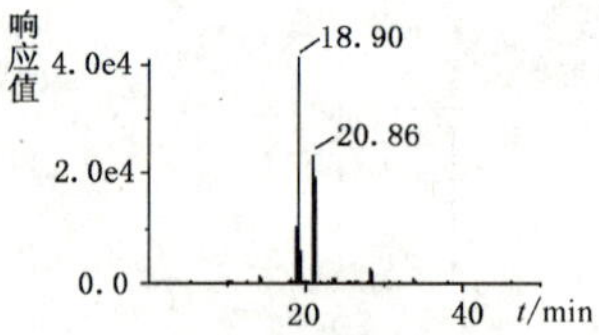

275. 胺丙畏

(propetamphos)

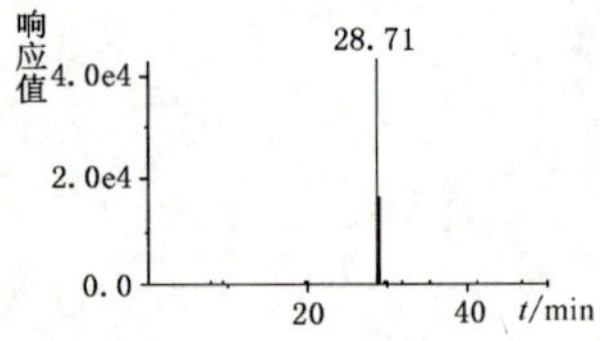

276. 特丁硫磷

(terbufos)

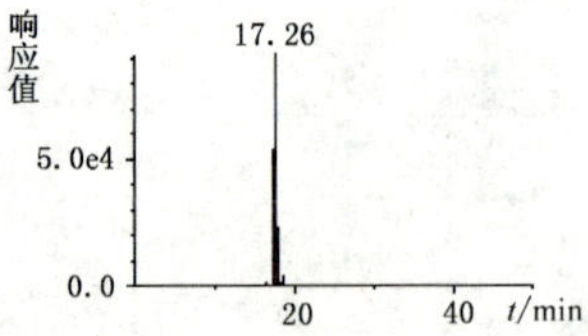

277. 硅氟唑

(simeconazole)

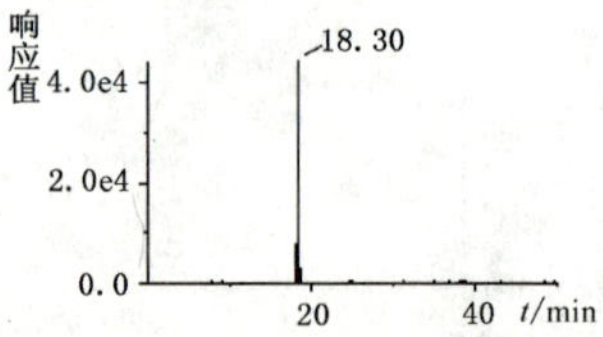

278. 三唑酮

(triadimefon)

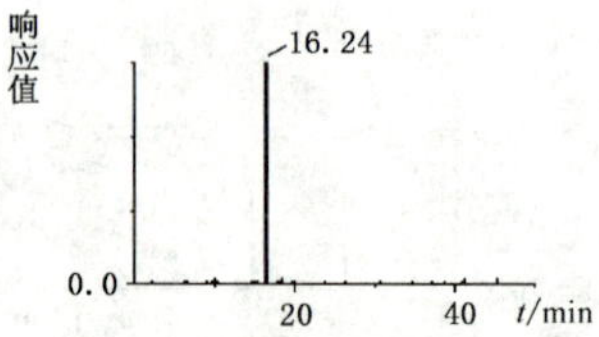

279. 甲拌磷砜

(phorate sulfone)

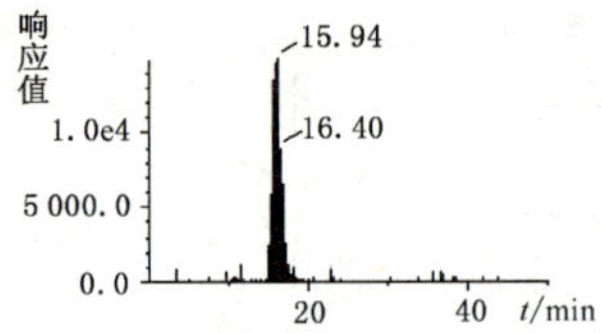

280. 十三吗啉

(tridemorph)

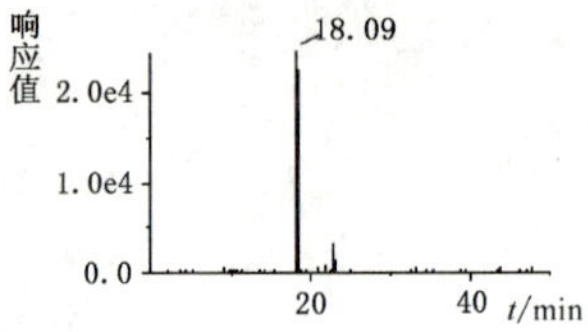

281. 苯噻酰草胺

(mefenacet)

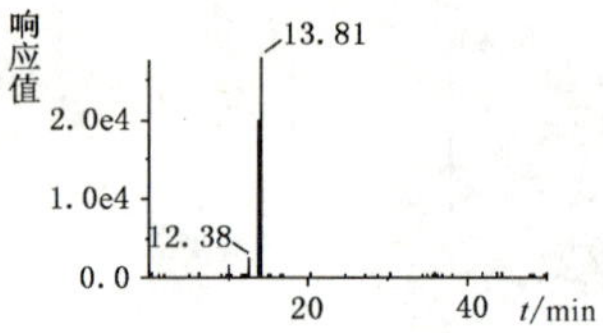

282. 戊环唑

(azaconazole)

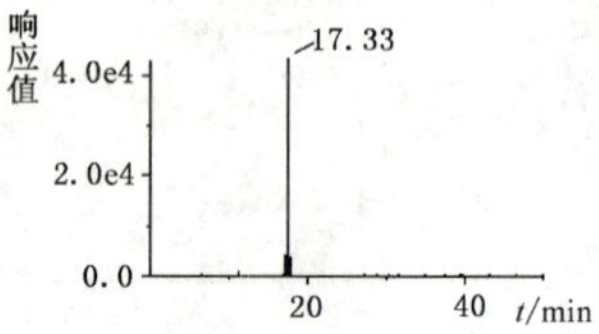

283. 苯线磷

(fenamiphos)

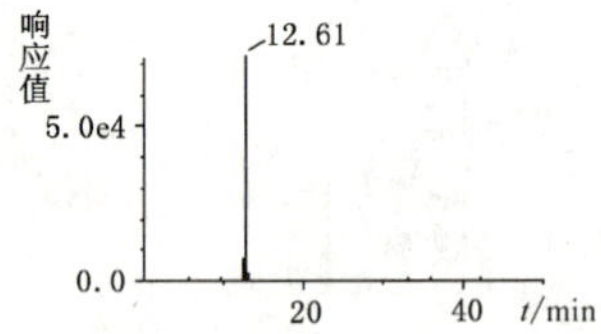

284. 丁苯吗啉

(fenpropimorph)

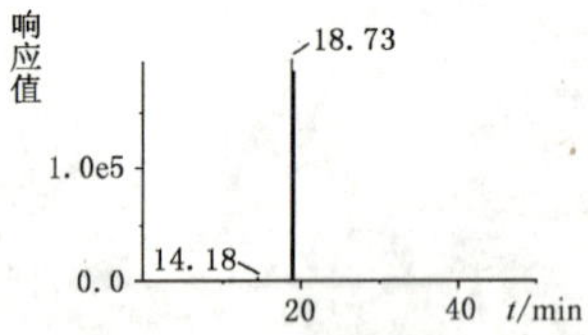

285. 戊唑醇

(tebuconazole)

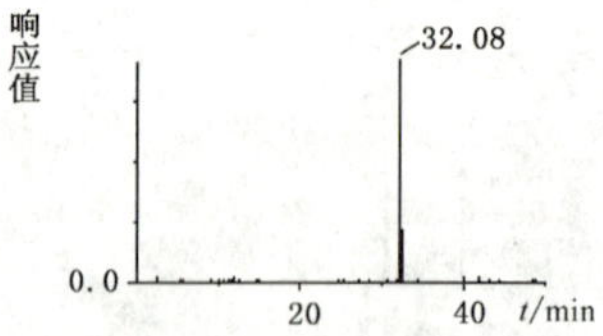

286. 异丙乐灵

(isopropalin)

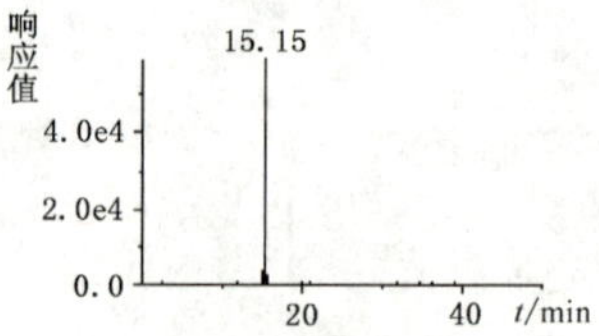

287. 氟苯嘧啶醇

(nuarimol)

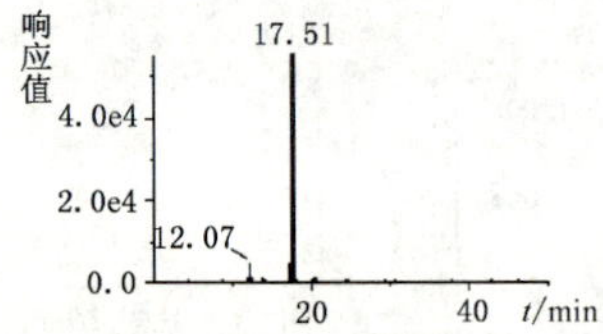

288. 乙嘧酚磺酸酯

(bupirimate)

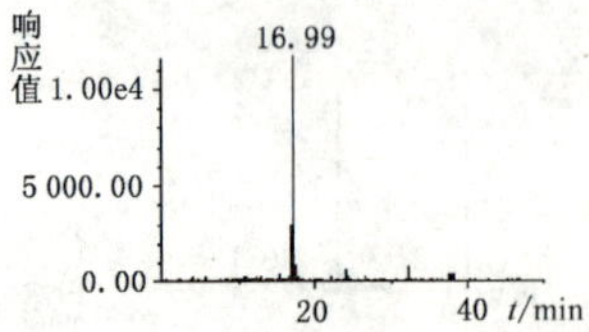

289. 保棉磷

(azinphos-methyl)

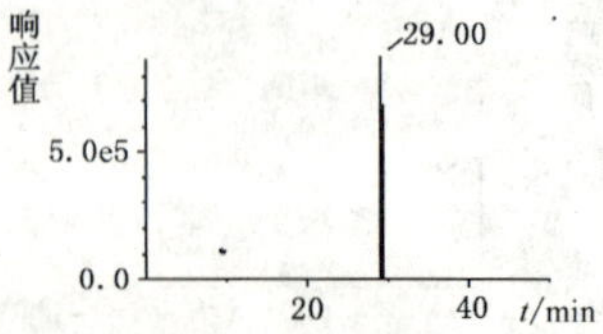

290. 丁基嘧啶磷

(tebupirimfos)

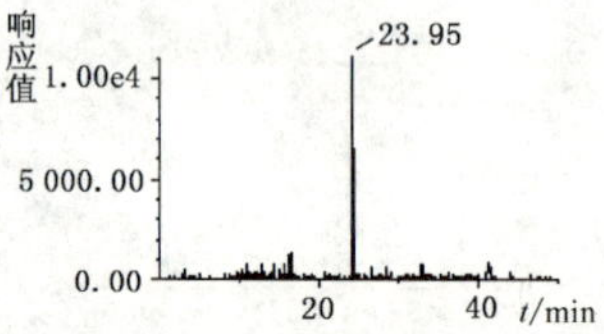

291. 稻丰散

(phenthoate)

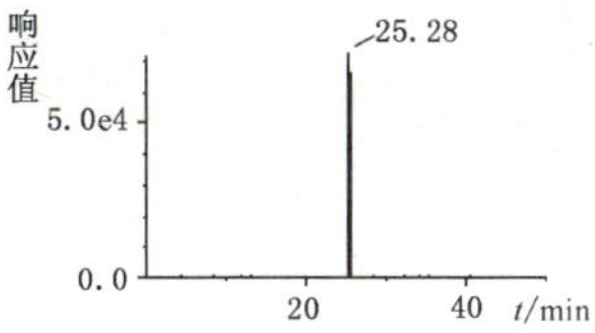

292. 治螟磷
(sulfotep)

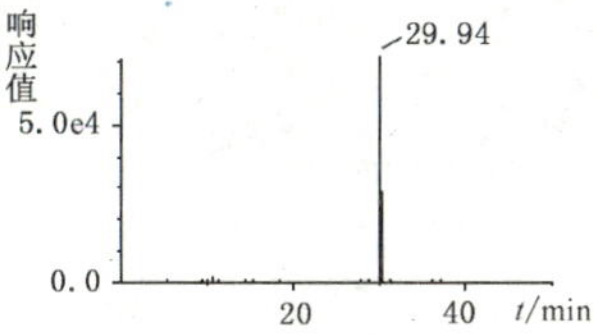

293. 硫丙磷
(sulprofos)

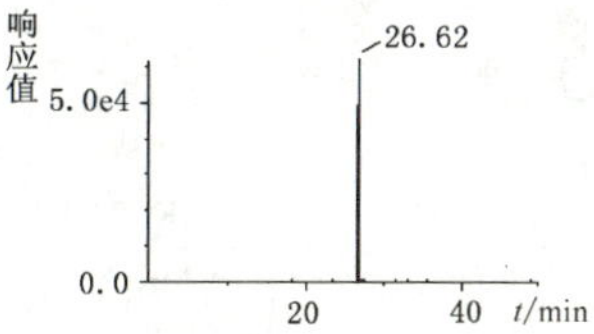

294. 苯硫磷
(EPN)

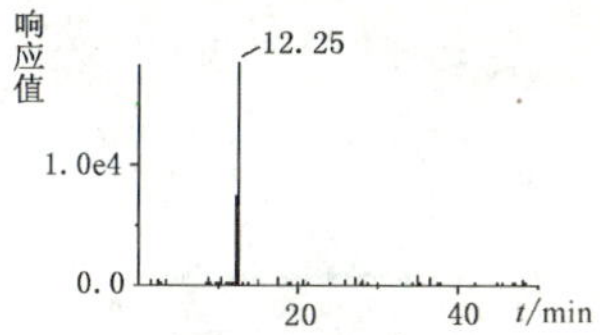

295. 甲基吡噁磷
(azamethiphos)

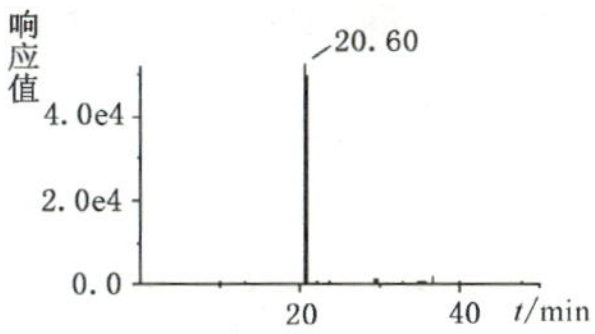

296. 烯唑醇
(diniconazole)

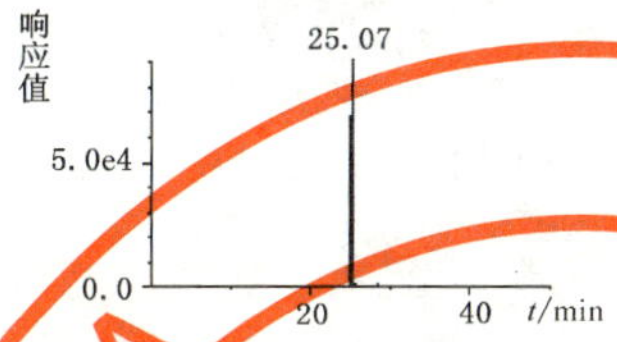

297. 纹枯脲
(pencycuron)

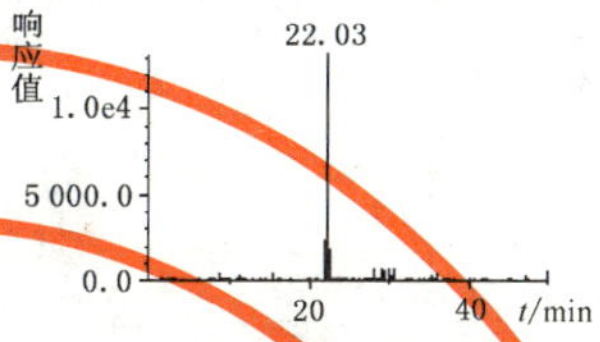

298. 灭蚜磷
(mecarbam)

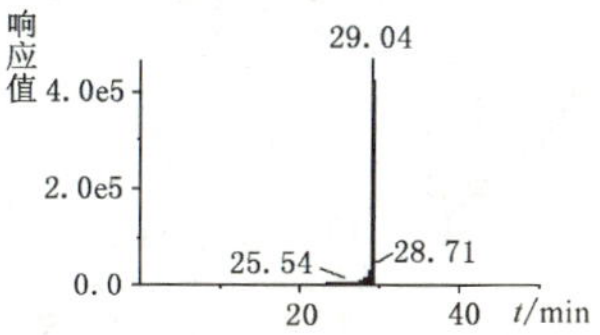

299. 苯草酮
(tralkoxydim)

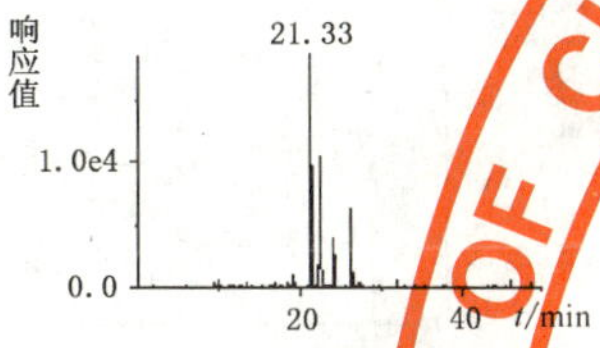

300. 马拉硫磷
(malathion)

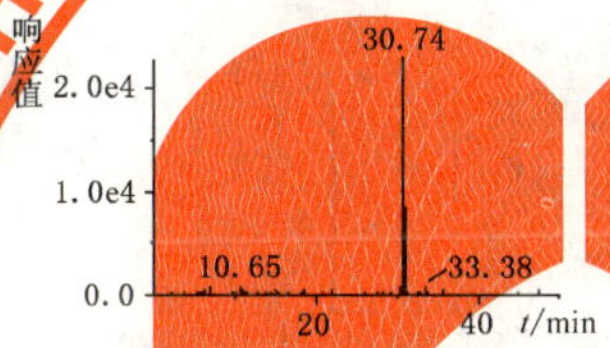

301. 稗草畏
(pyributicarb)

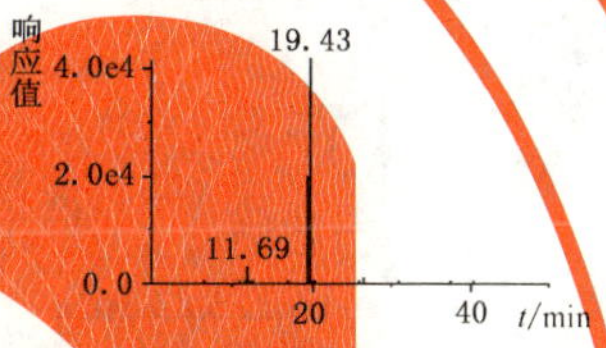

302. 哒嗪硫磷
(pyridaphenthion)

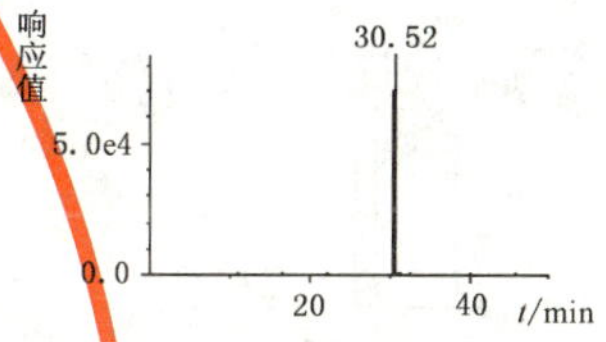

303. 嘧啶磷
(pirimiphos-ethyl)

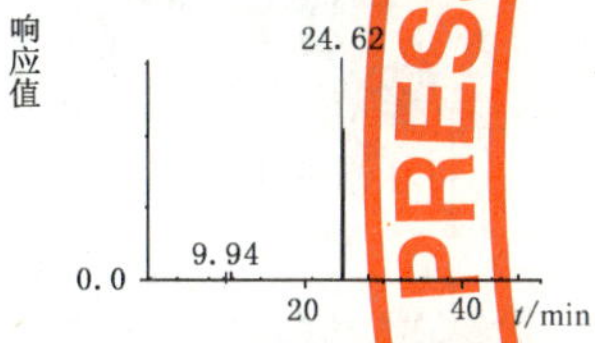

304. 吡唑硫磷
(pyraclofos)

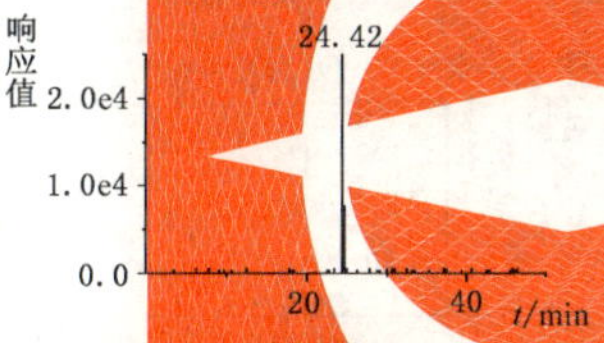

305. 啶氧菌酯
(picoxystrobin)

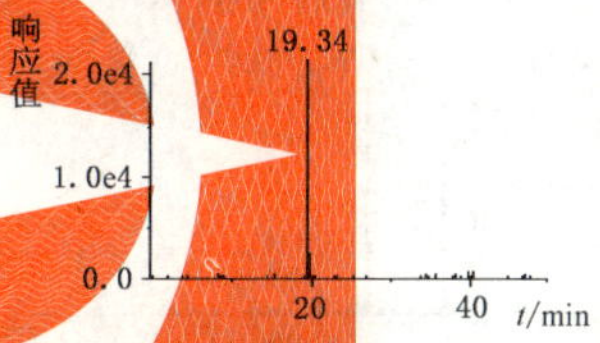

306. 四氟醚唑
(tetraconazole)

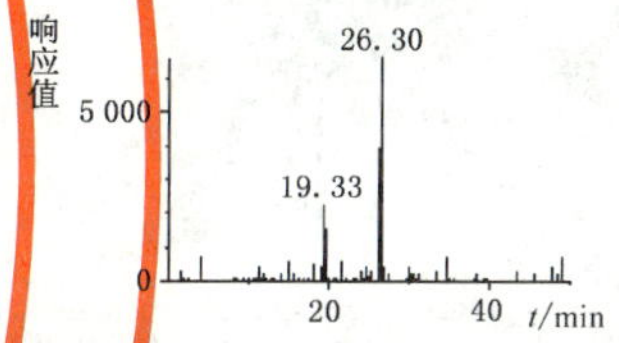

307. 吡唑解草酯
(mefenpyr-diethyl)

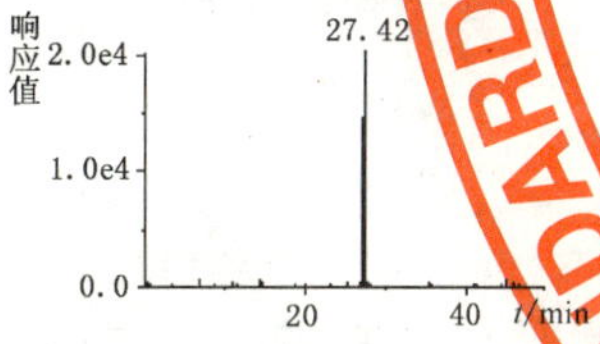

308. 丙溴磷
(profenefos)

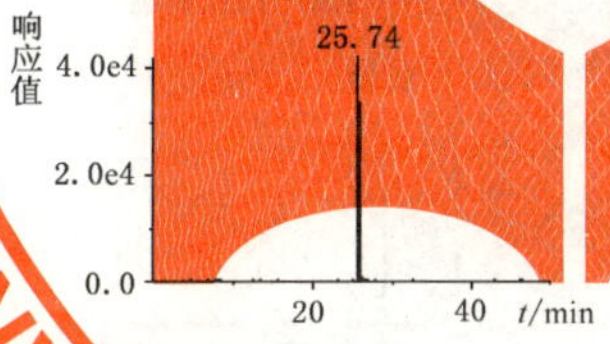

309. 百克敏
(pyraclostrobin)

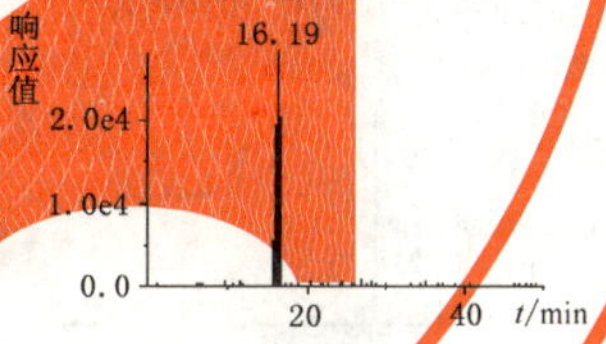

310. 烯酰吗啉
(dimethomorph)

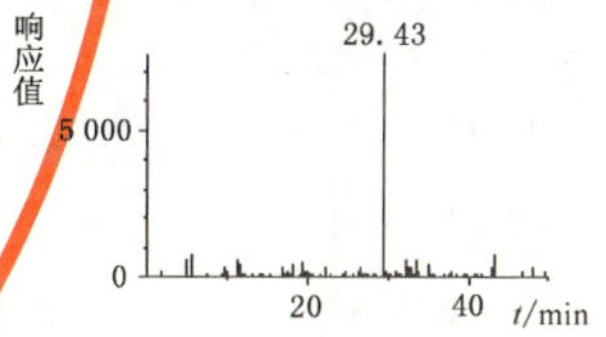

311. 噻嗯菊酯
(kadethrin)

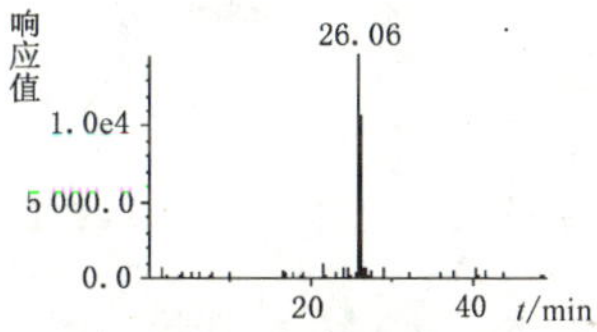

312. 噻唑烟酸
(thiazopyr)

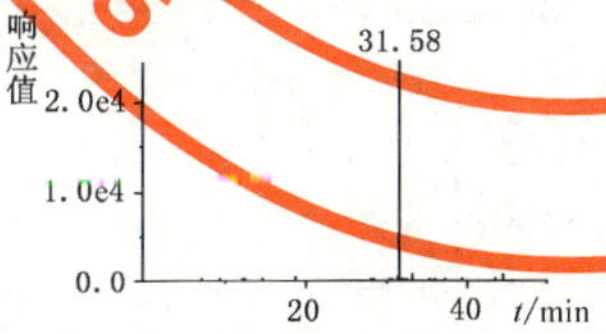

313. 氟啶脲
(chlorfluazuron)

E 组

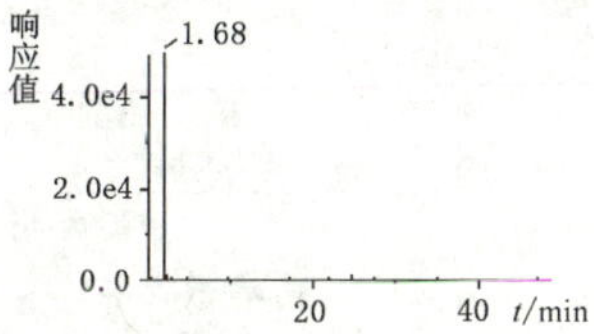

314. 矮壮素
(chlormequat)

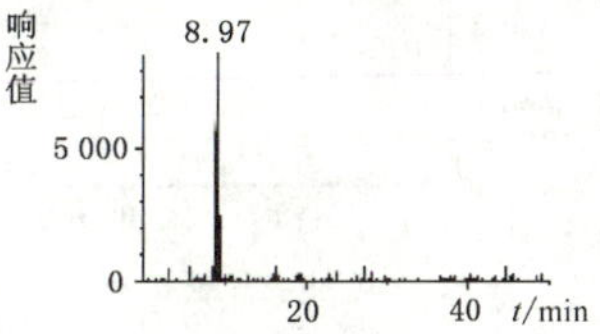

315. 灭多威
(methomyl)

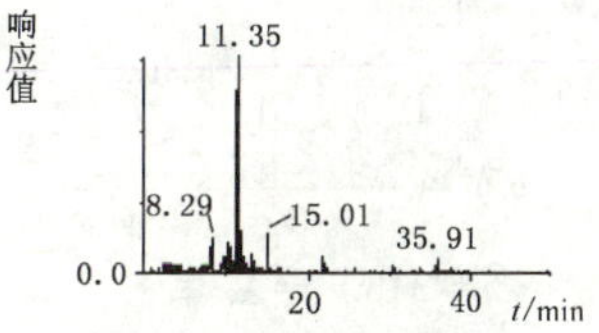

316. 咯喹酮
(pyroquilon)

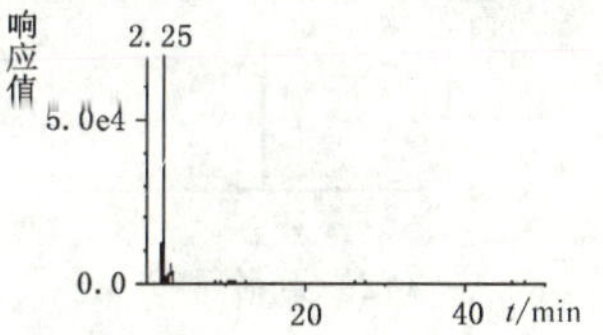

317. 麦穗灵
(fuberidazole)

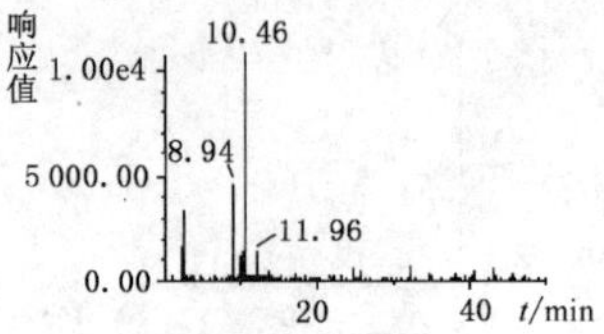

318. 杀虫脒
(chlordimeform)

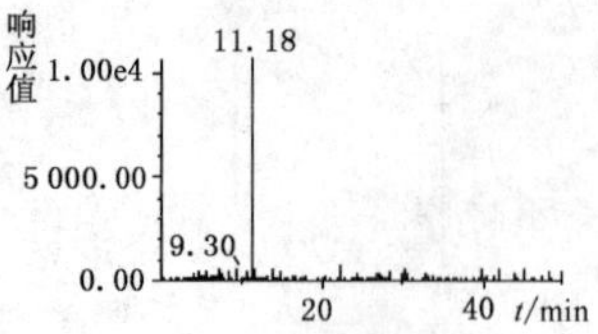

319. 霜脲氰
(cymoxanil)

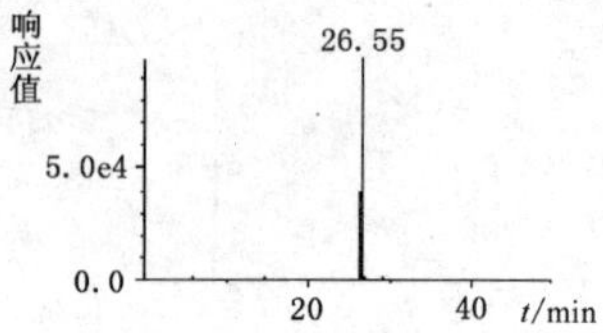

320. 灭草敌
(vernolate)

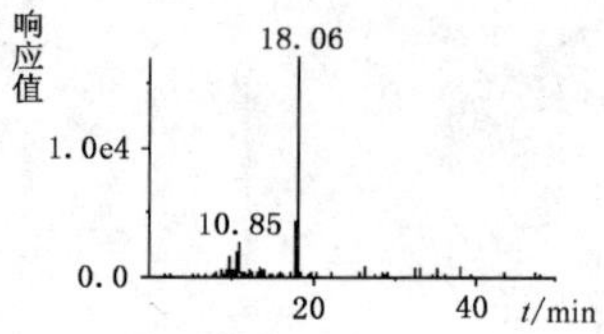

321. 猛杀威
(promecarb)

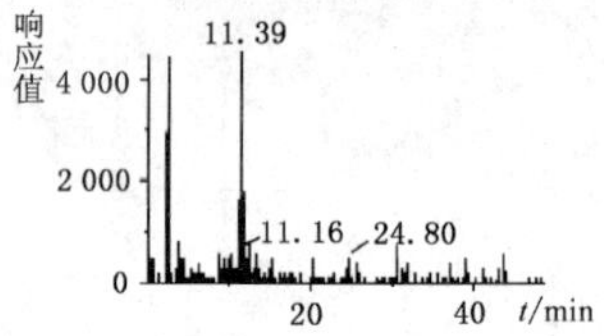

322. 灭害威
(aminocarb)

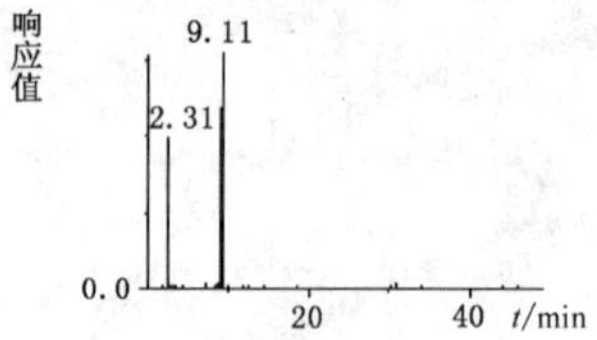

323. 甲菌定
(dimethirimol)

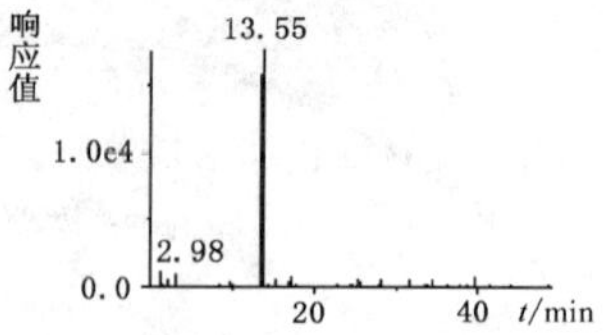

324. 绿麦隆
(chlortoluron)

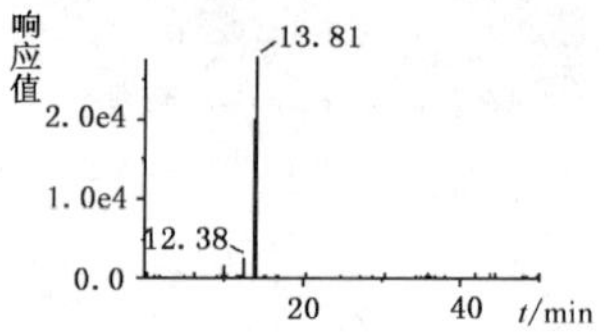

325. 氧乐果
(omethoate)

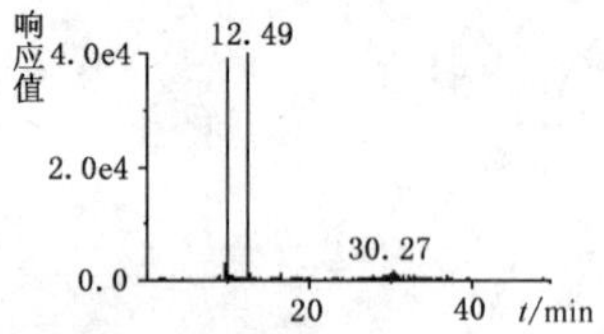

326. 敌敌畏
(dichlorvos)

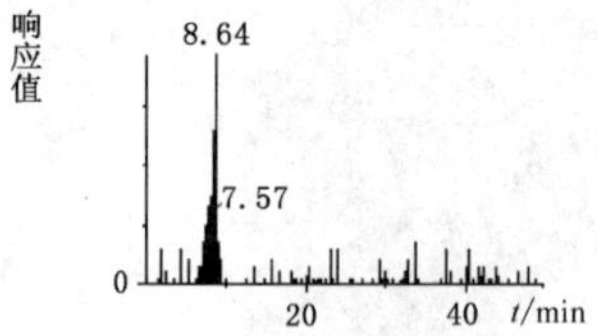

327. 涕灭威砜
(aldicarb sulfone)

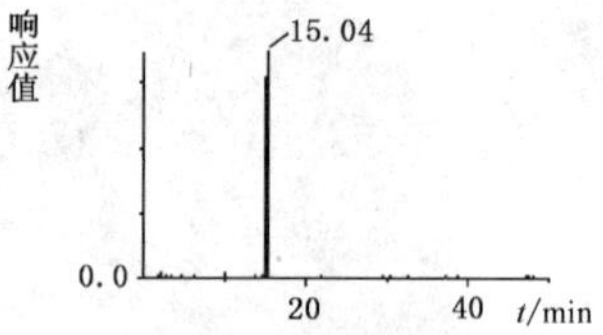

328. 二氧威
(dioxacarb)

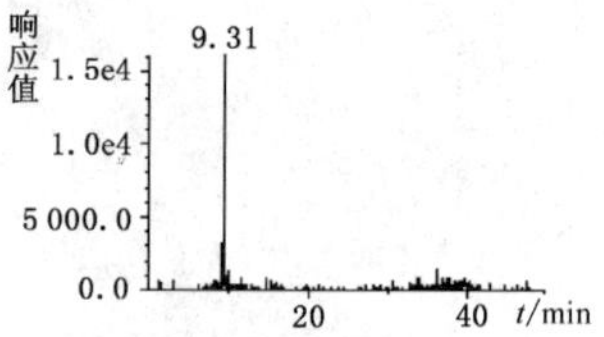

329. 苄基腺嘌呤
(benzyladenine)

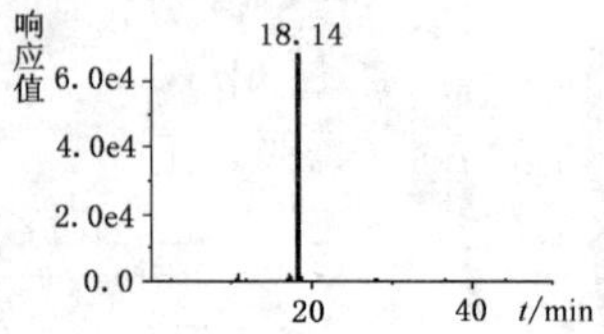

330. 解草腈
(oxabetrinil)

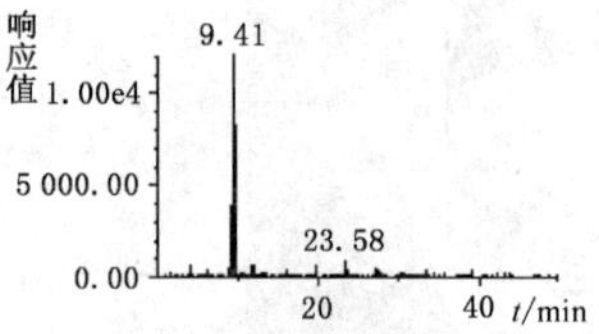

331. 乙硫苯威亚砜
(ethiofencarb-sulfoxide)

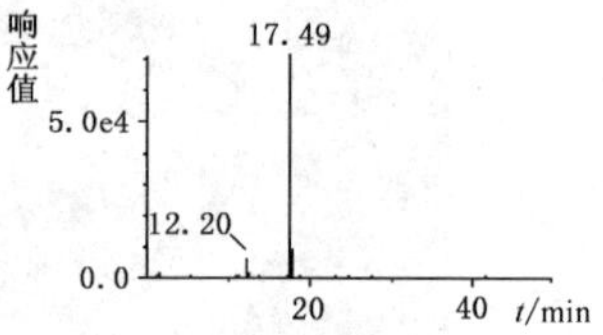

332. 杀螟腈
(cyanophos)

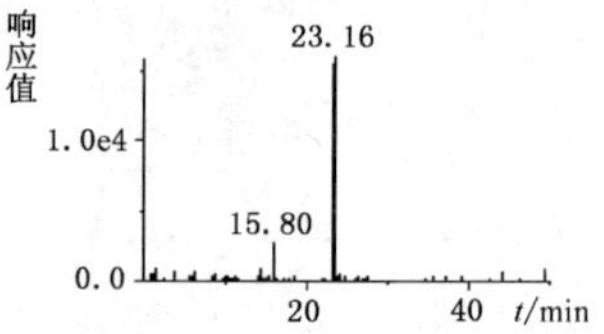

333. 土菌灵
(etridiazole)

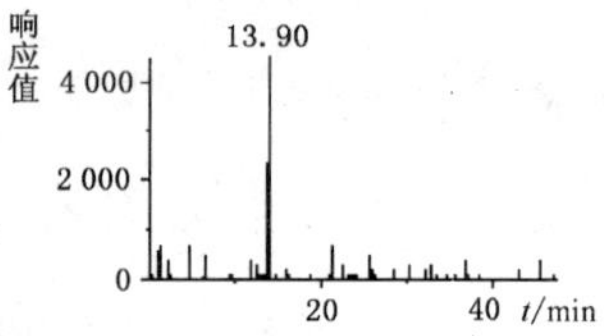

334. 甲基乙拌磷
(thiometon)

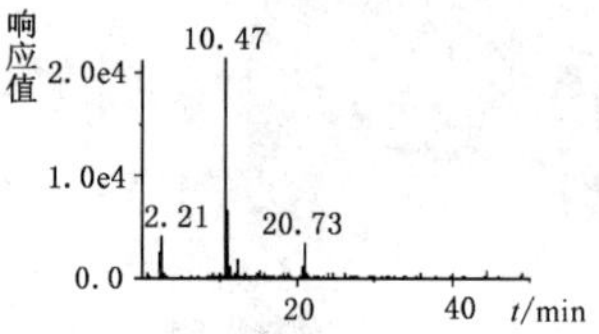

335. 灭菌丹
(folpet)

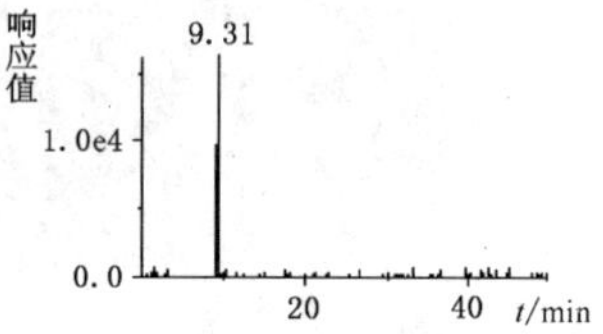

336. 磺吸磷
(demeton-*s*-methyl sulfone)

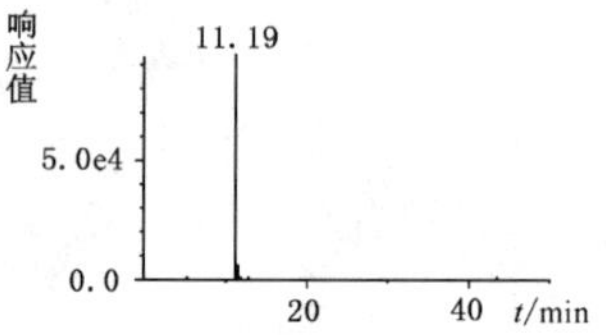

337. 苯锈定
(fenpropidin)

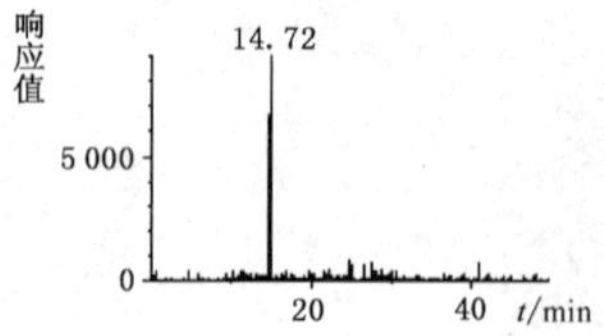

338. 甲基对氧磷
(paraoxon-ethyl)

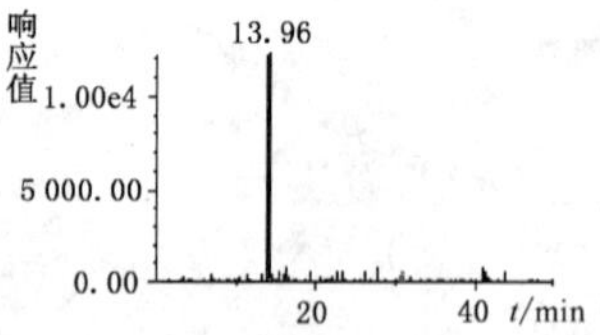

339. 4-十二烷基-2,6-二甲基吗啉
(aldimorph)

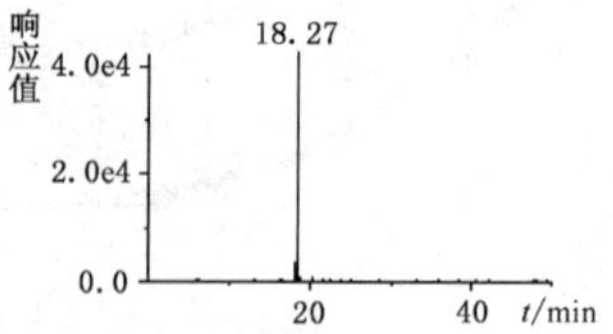

340. 烯效唑
(uniconazole)

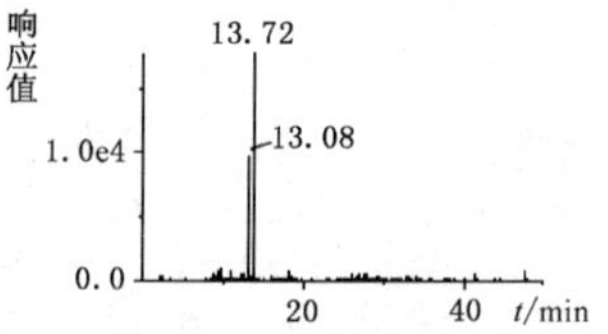

341. 啶斑肟
(pyrifenox)

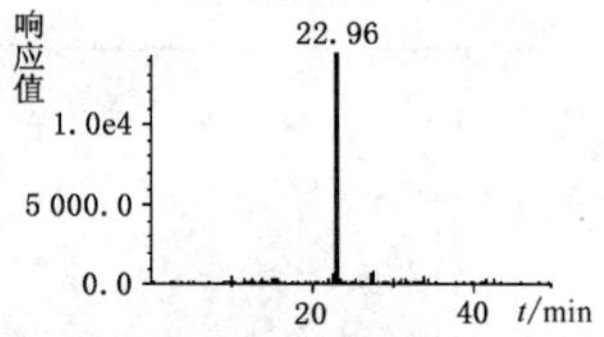

342. 氯硫磷
(chlorthion)

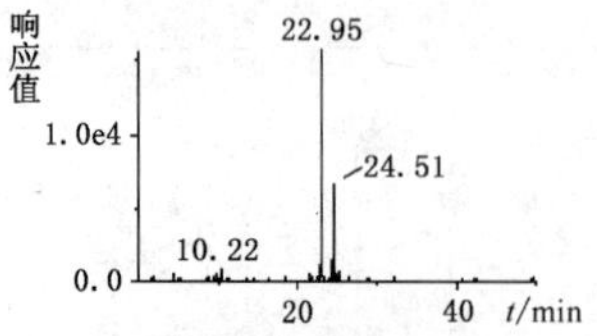

343. 异氯磷
(dicapthon)

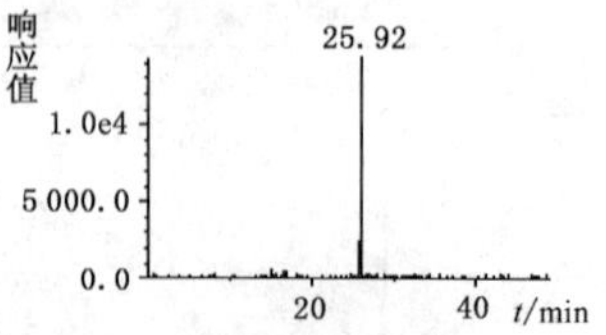

344. 四螨嗪
(clofentezine)

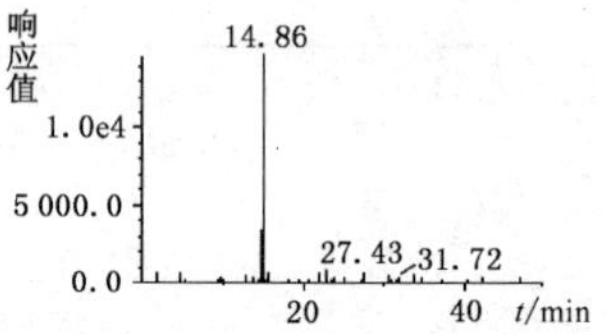

345. 氟草敏
(norflurazon)

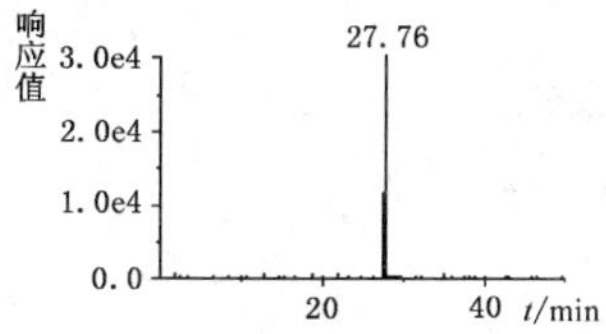

346. 苯氧喹啉

(quinoxyphen)

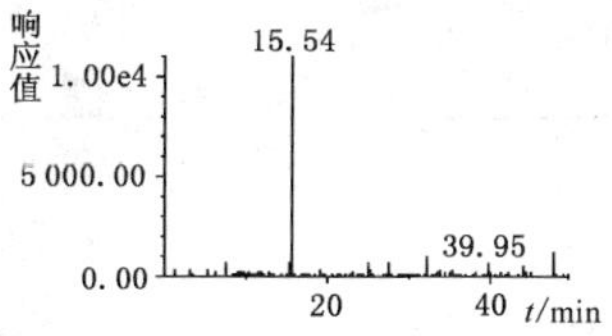

347. 倍硫磷砜

(fenthion sulfone)

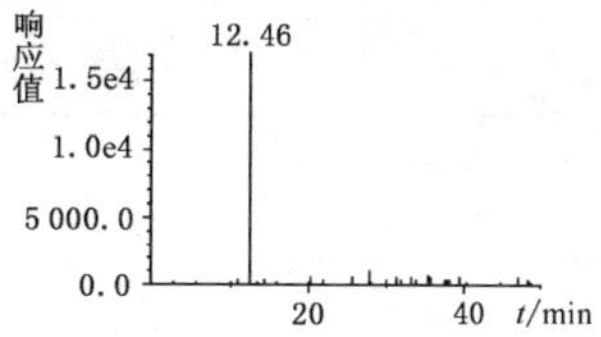

348. 烯虫酯

(methoprene)

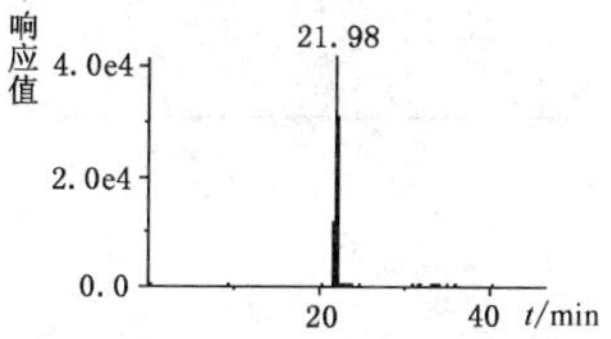

349. 氟咯草酮

(flurochloridone)

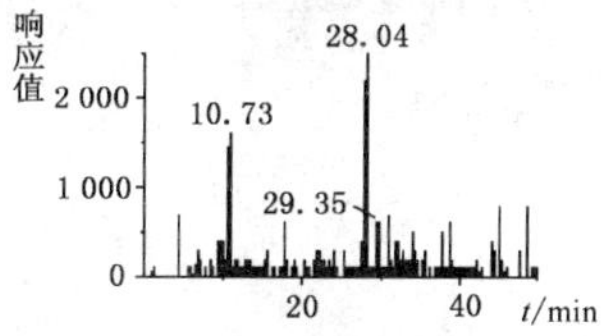

350. 酞酸苯甲基丁酯

(phthalic acid, benzyl butyl ester)

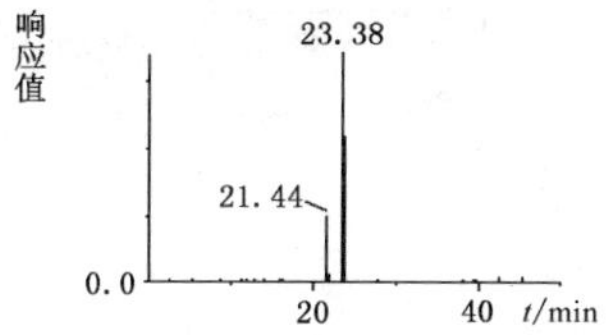

351. 氯唑磷

(isazofos)

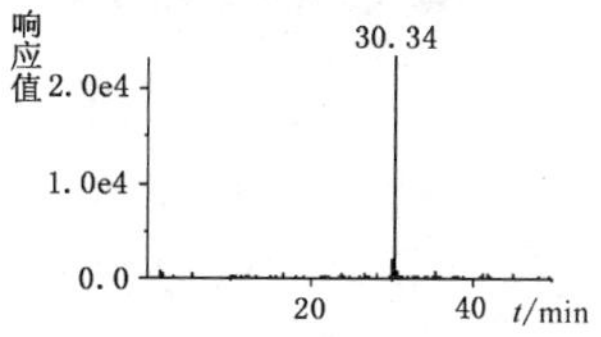

352. 除线磷

(dichlofenthion)

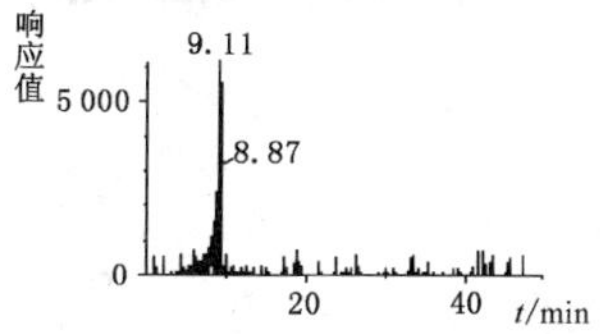

353. 蚜灭多砜

(vamidothion sulfone)

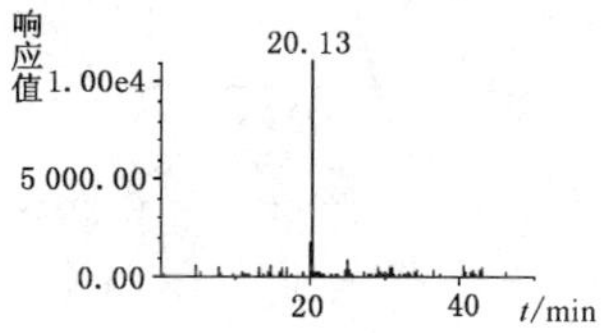

354. 特丁硫磷砜

(terbufos sulfone)

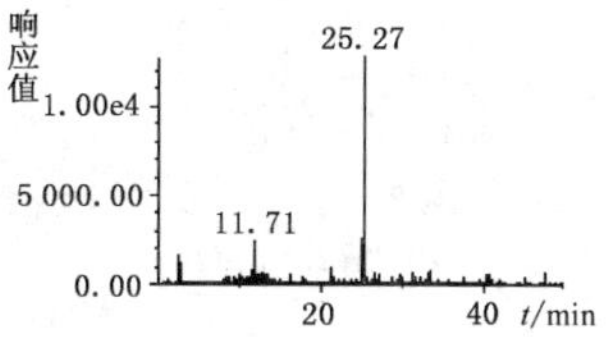

355. 敌乐胺

(dinitramine)

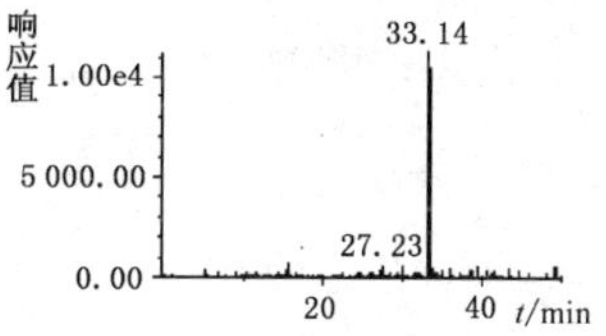

356. 毒壤膦

(trichloronat)

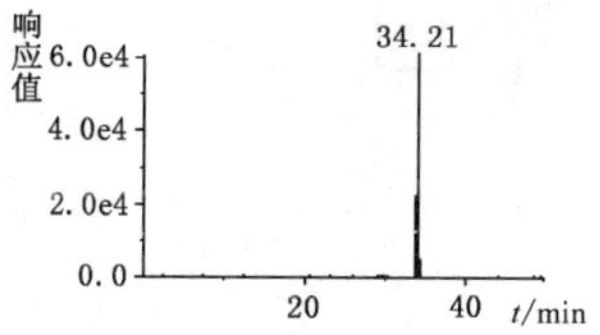

357. 苄呋菊酯

(resmethrin-2)

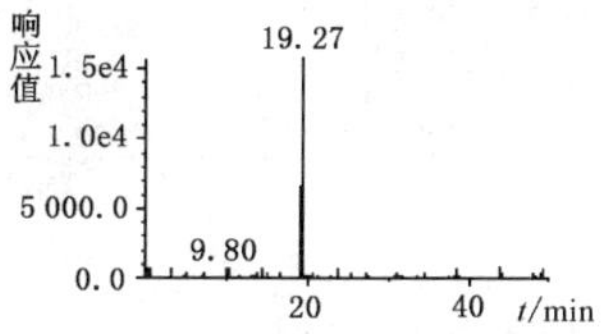

358. 啶酰菌胺

(boscalid)

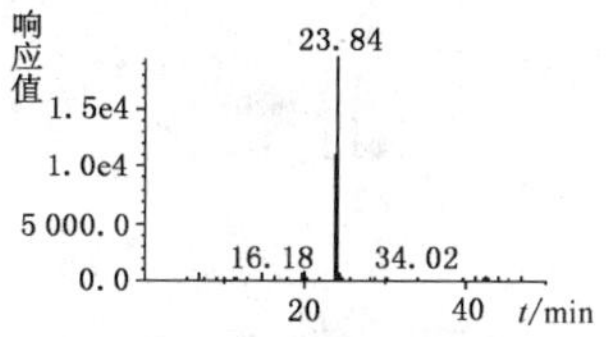

359. 甲磺乐灵

(nitralin)

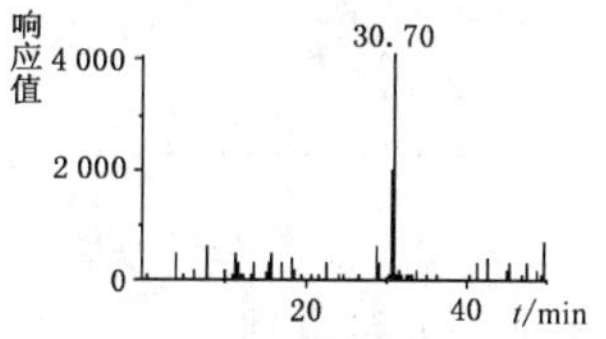

360. 噻螨酮

(hexythiazox)

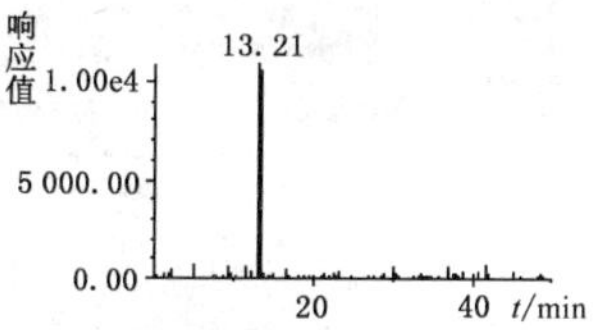

361. 双氟磺草胺

(florasulam)

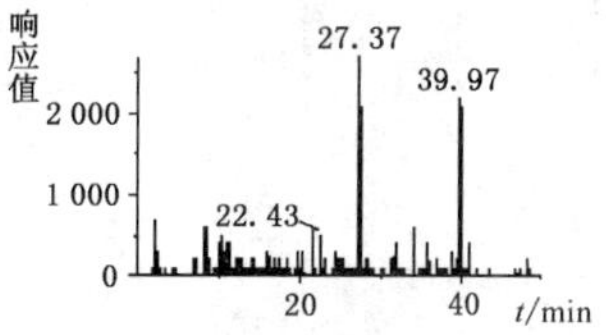

362. 苯满特

(benzoximate)

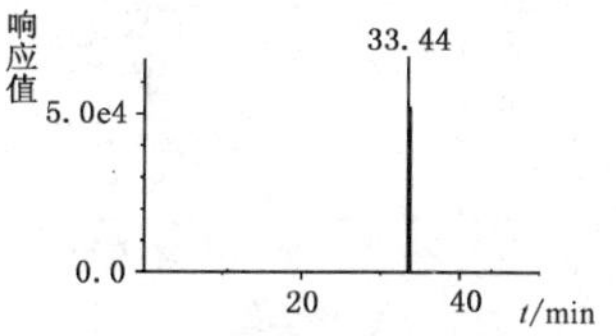

363. 哒螨灵

(pyridaben)

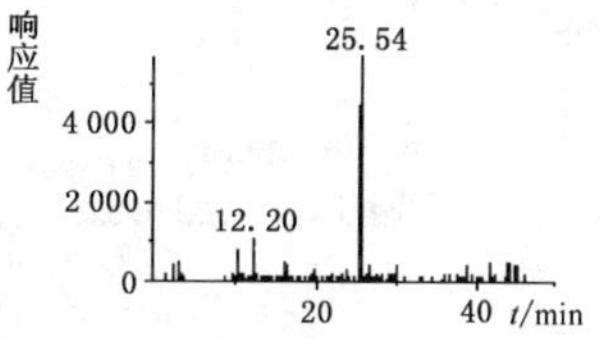

364. 新燕灵

(benzoylprop-ethyl)

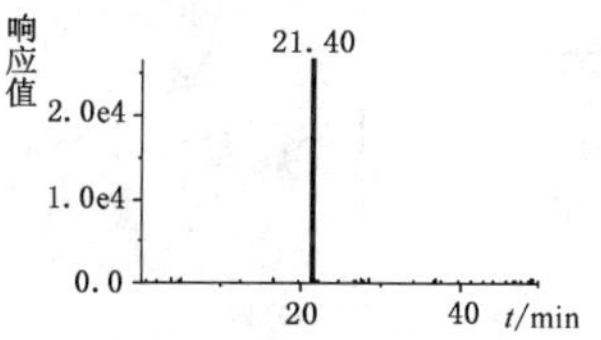

365. 嘧螨醚

(pyrimidifen)

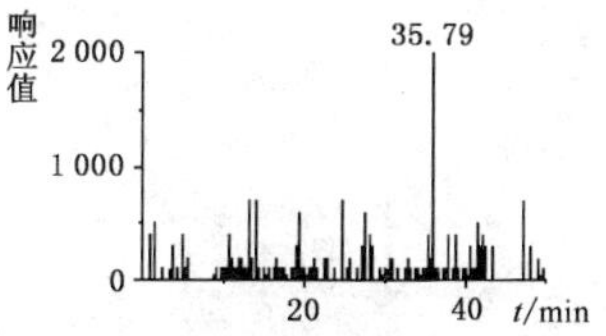

366. 哒草特

(pyridate)

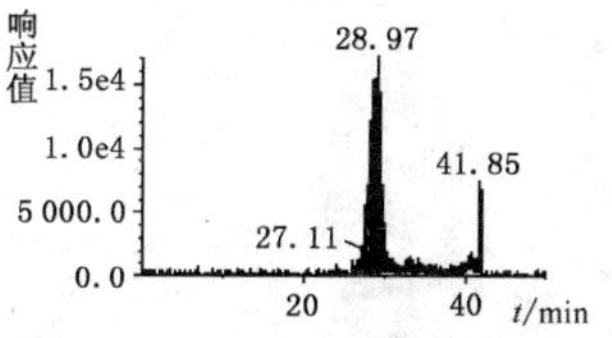

367. 反式氯菊酯

(*trans*-permethin)

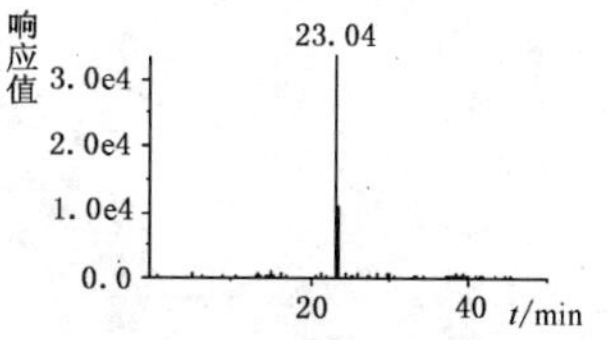

368. 苄草唑

(pyrazoxyfen)

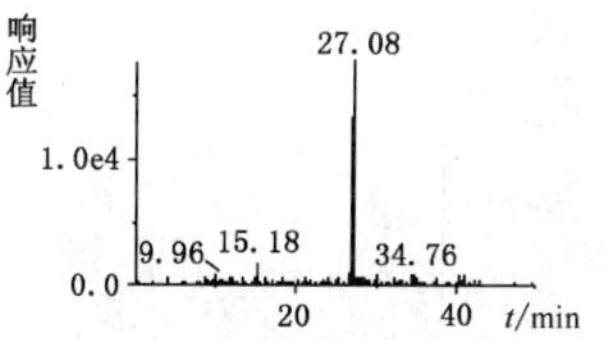

369. 嘧唑螨

(flubenzimine)

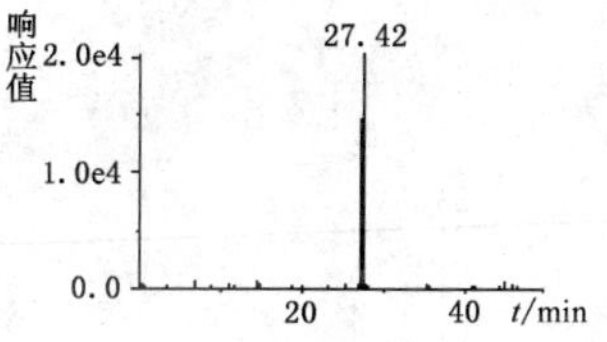

370. *Z*-氯氰菊酯

(*zeta* cypermethrin)

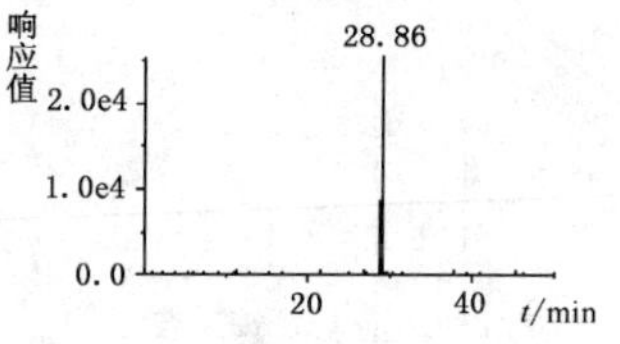

371. 吡氟甲禾灵

(haloxyfop-2-ethoxyethyl)

F 组

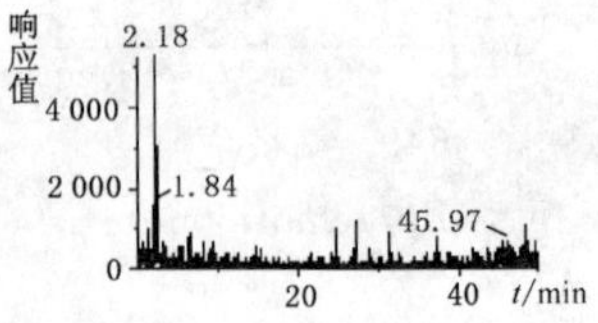

372. 丙烯酰胺
(acrylamide)

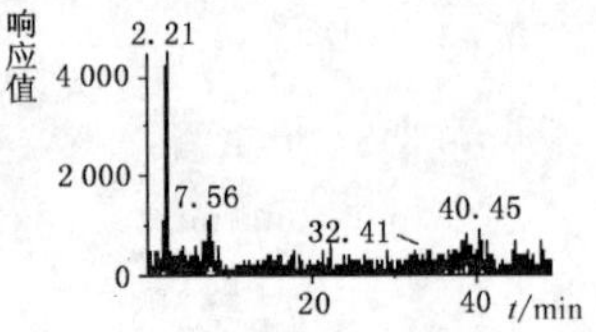

373. 特丁胺
(*tert*-butylamine)

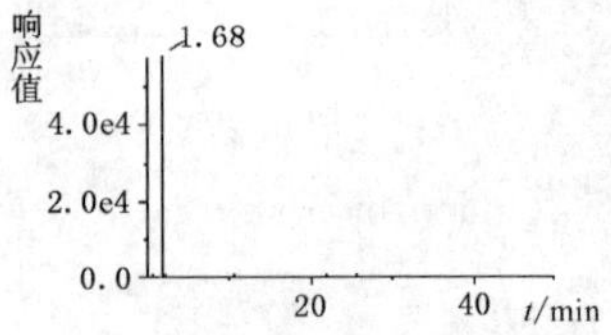

374. 矮壮素氯化物
(chlormequat chloride)

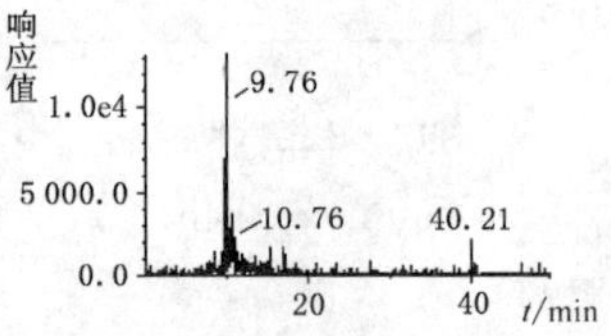

375. 邻苯二甲酰亚胺
(phthalimide)

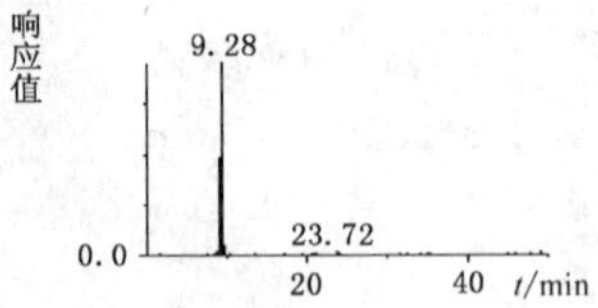

376. 甲氟磷
(dimefox)

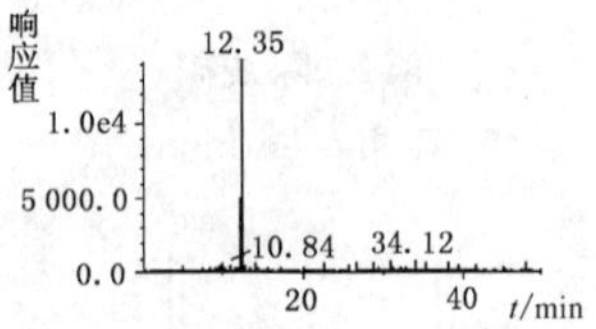

377. 速灭威
(metolcarb)

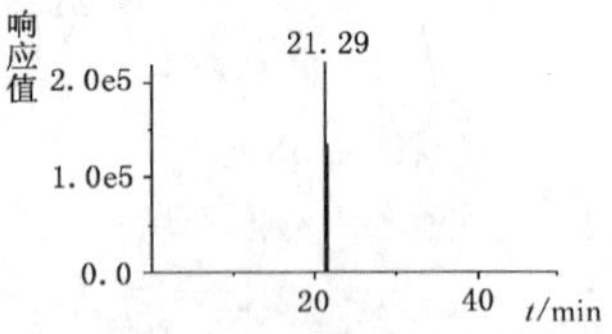

378. 二苯胺
(diphenylamin)

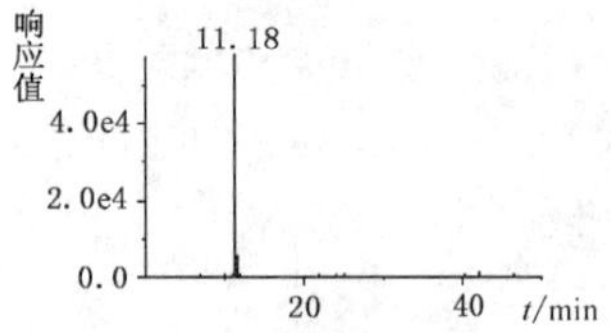

379. 萘乙酰胺
(1-naphthyl acetamide)

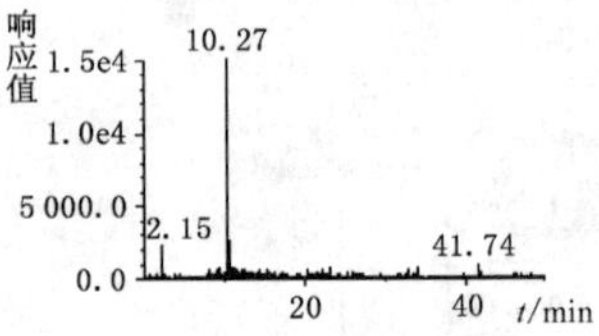

380. 脱乙基莠去津
(atrazine-desethyl)

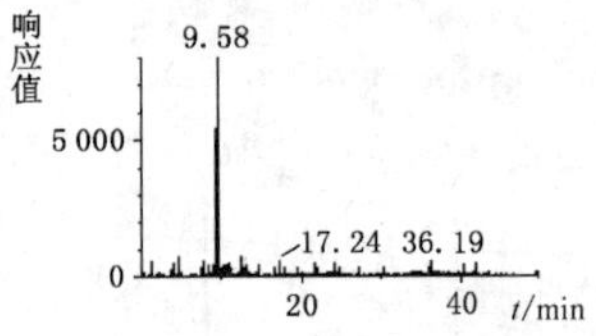

381. 2,6-二氯苯甲酰胺
(2,6-dichlorobenzamide)

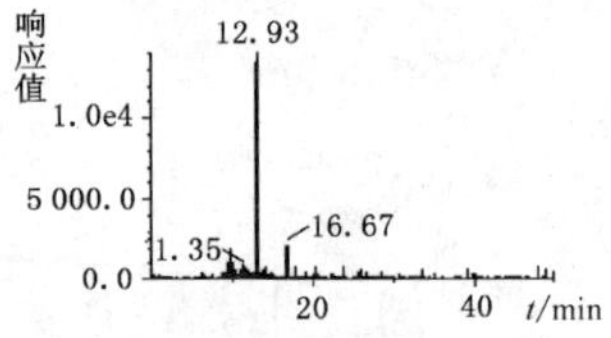

382. 邻苯二甲酸二甲酯
(dimethyl phthalate)

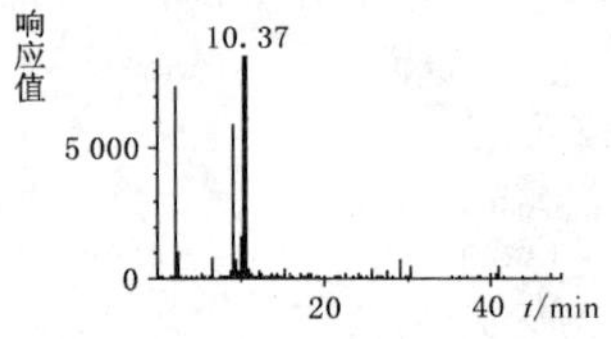

383. 杀虫脒
(chlordimeform hydrochloride)

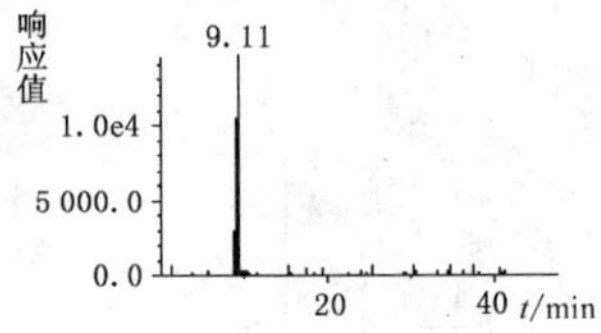

384. 西玛通
(simeton)

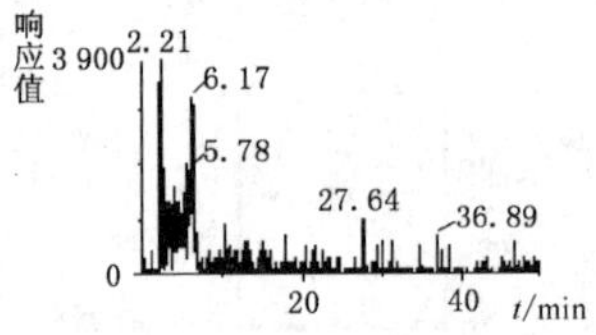

385. 丁诺特呋喃
(dinotefuran)

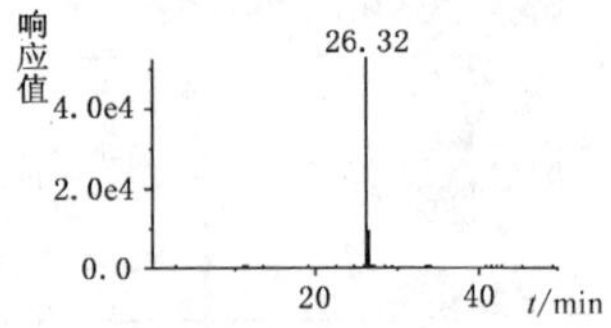

386. 克草敌
(pebulate)

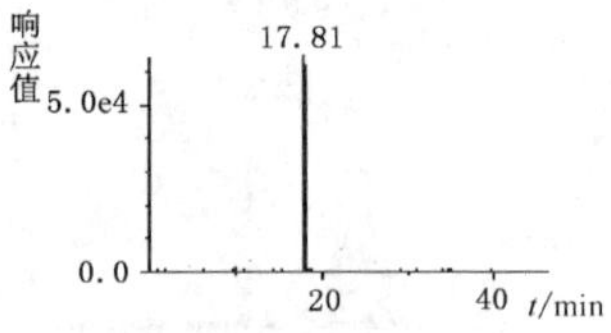

387. 活化酯
(acibenzolar-*s*-methyl)

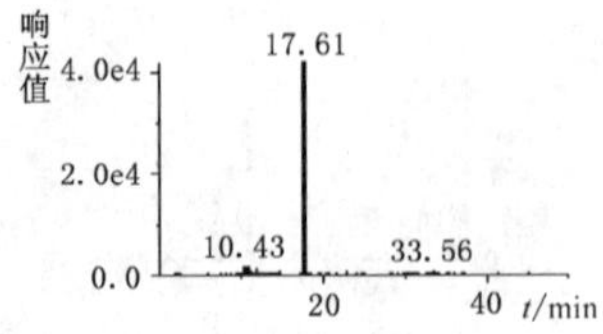

388. 蔬果磷
(dioxabenzofos)

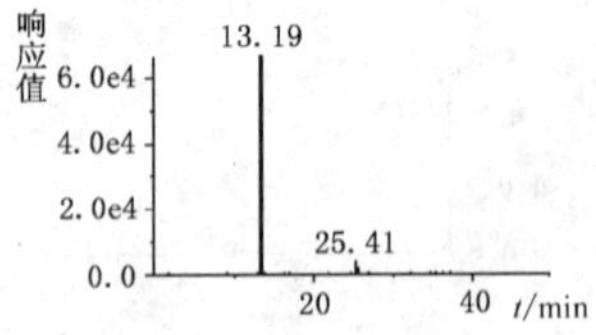

389. 甲基苯噻隆
(methabenzthiazuron)

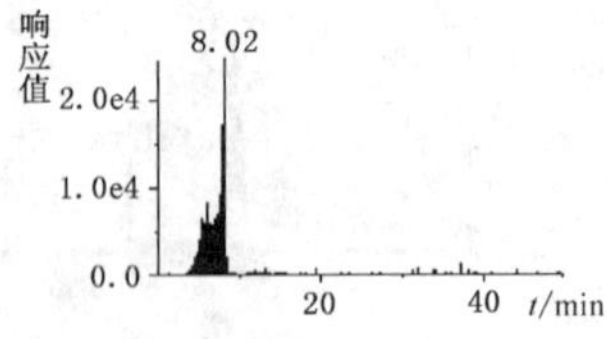

390. 丁酮砜威
(butoxycarboxim)

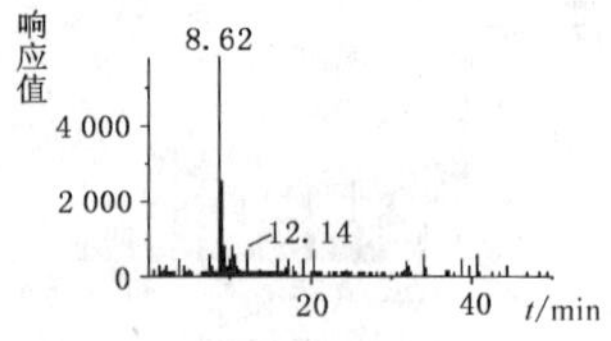

391. 自克威
(mexacarbate)

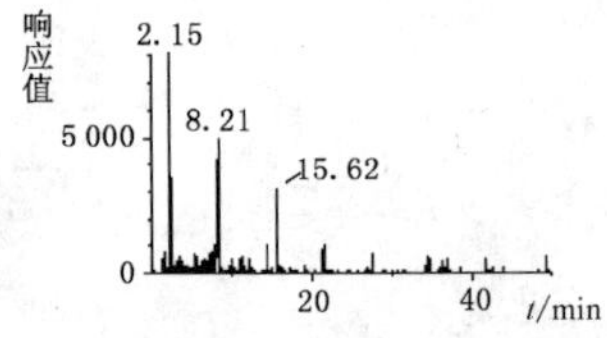

392. 砜吸磷
(demeton-*s*-methyl sulfoxide)

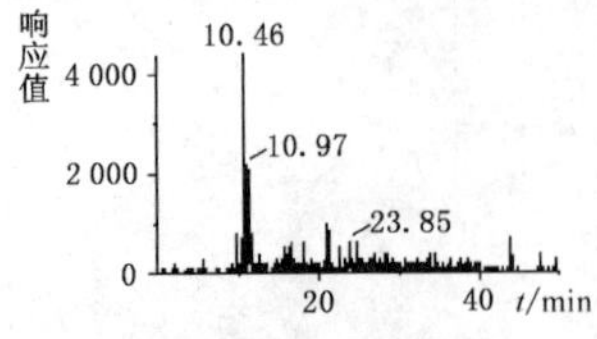

393. 久效威砜
(thiofanox-sulfone)

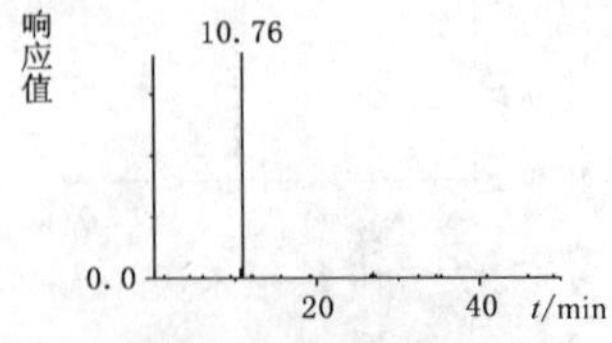

394. 硫环磷
(phosfolan)

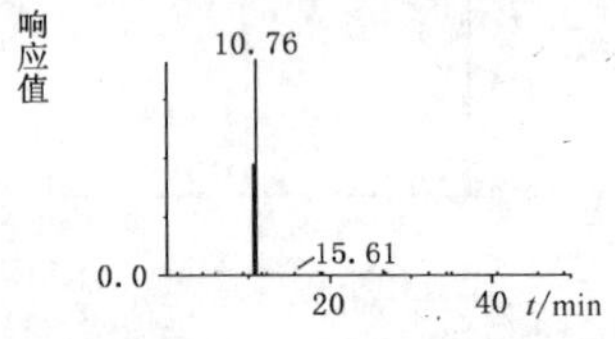

395. 绿草定
(triclopyr)

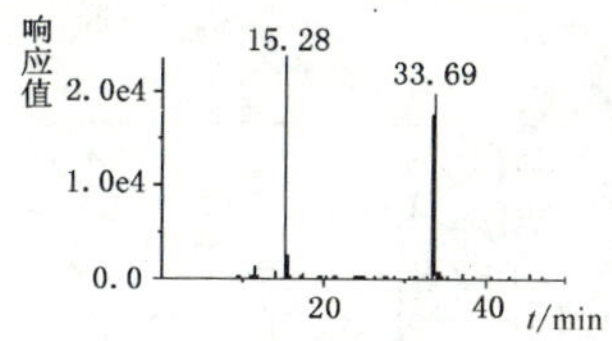

396. 硫赶内吸磷

(demeton-*s*)

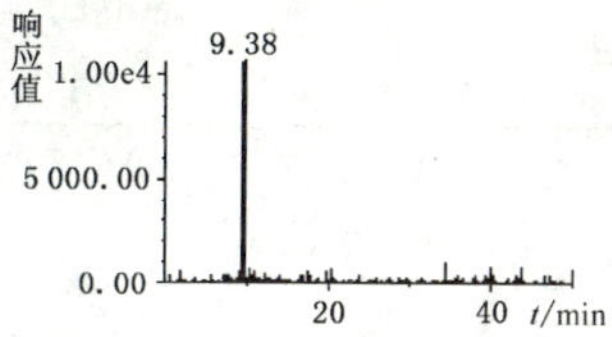

397. 咪唑烟酸

(imazapyr)

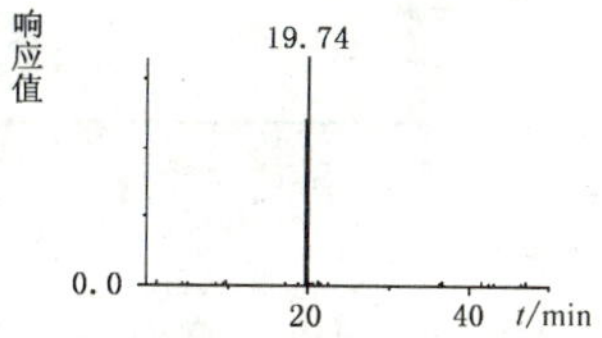

398. 萘丙胺

(napropamide)

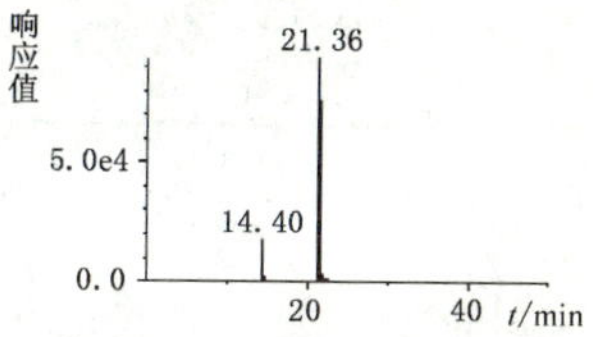

399. 杀螟硫磷

(fenitrothion)

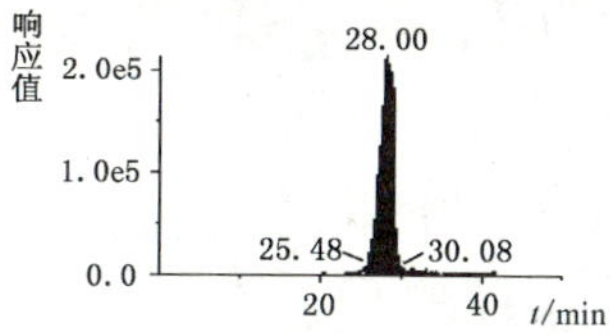

400. 酞酸二丁酯

(phthalic acid, dibutyl ester)

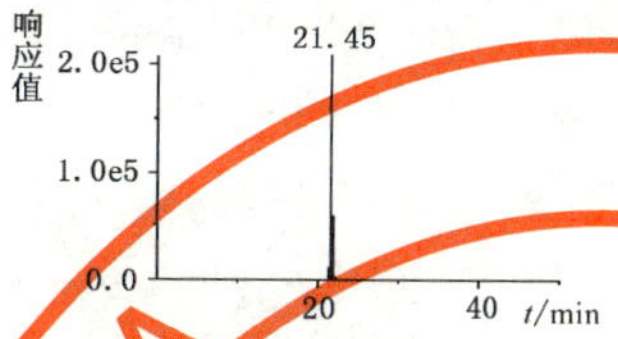

401. 丙草胺

(metolachlor)

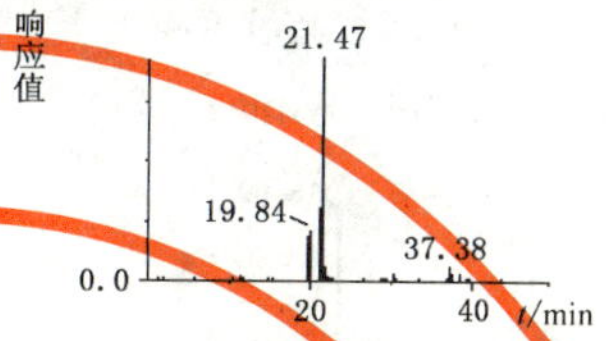

402. 腐霉利

(procymidone)

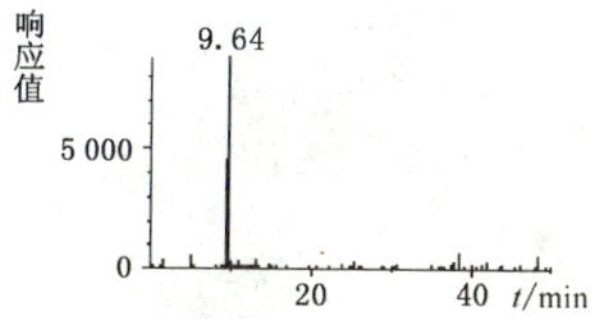

403. 蚜灭磷

(vamidothion)

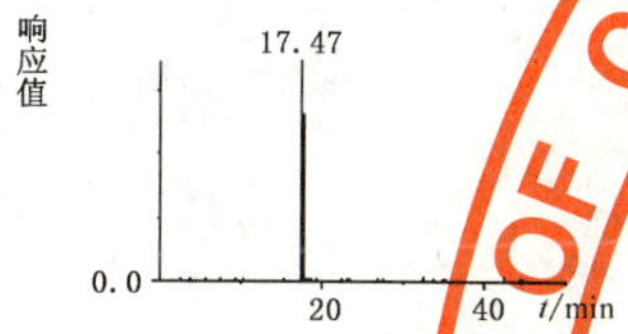

404. 枯草隆

(chloroxuron)

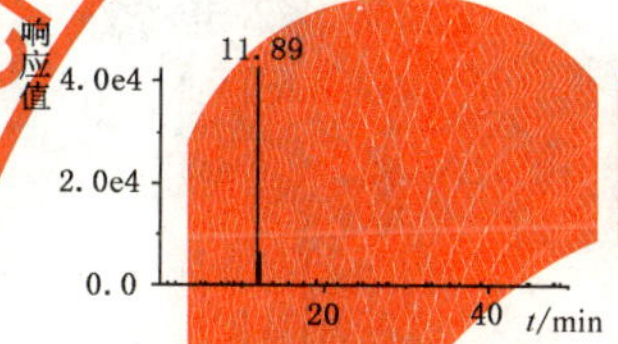

405. 威菌磷

(triamiphos)

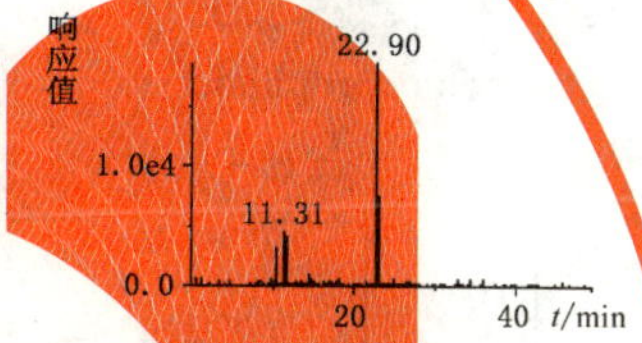

406. 二嗪农

(dithianon)

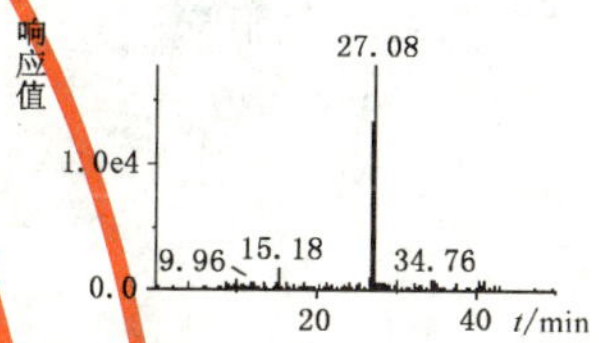

407. 右旋炔丙菊酯

(prallethrin)

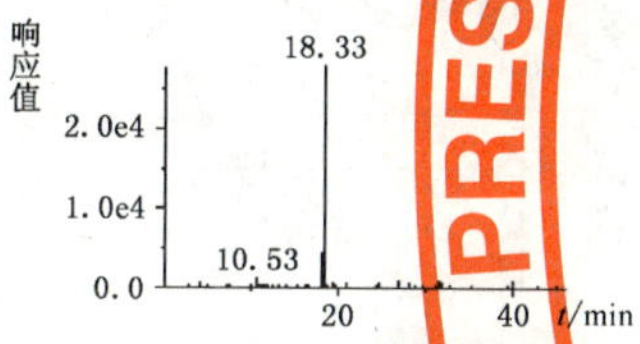

408. 可灭隆

(cumyluron)

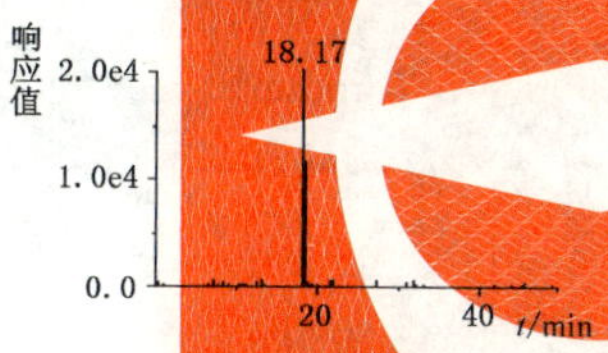

409. 亚胺硫磷

(phosmet)

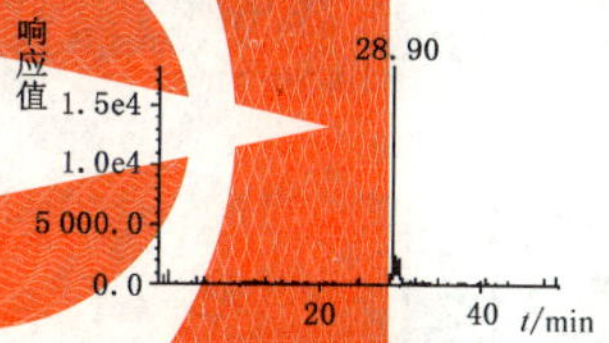

410. 皮蝇磷

(ronnel)

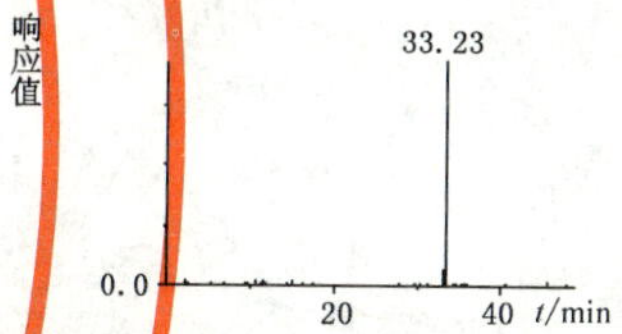

411. 酞酸二环己酯

(phthalic acid, biscyclohexyl ester)

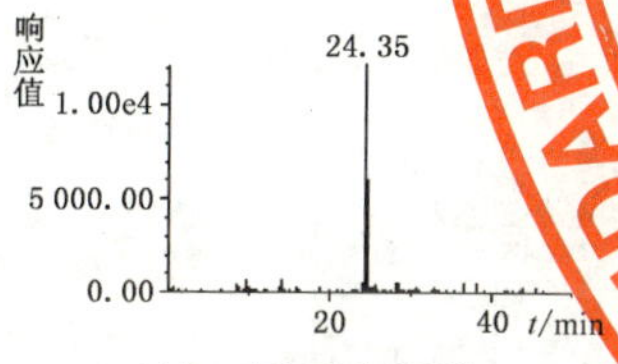

412. 环丙酰菌胺

(carpropamid)

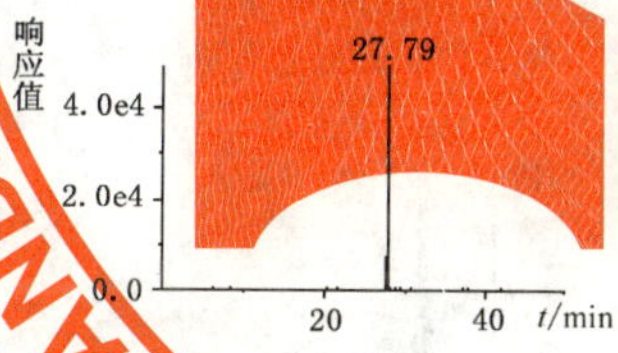

413. 吡螨胺

(tebufenpyrad)

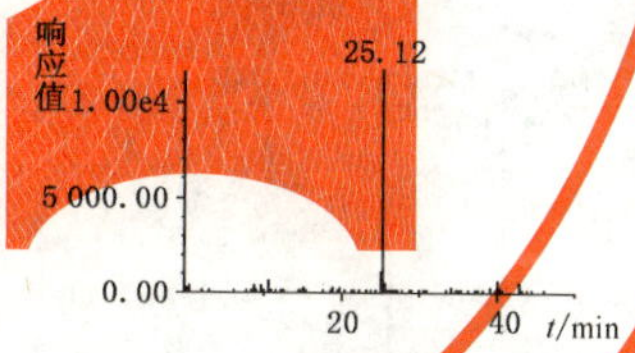

414. 苯酰草胺

(zoxamide)

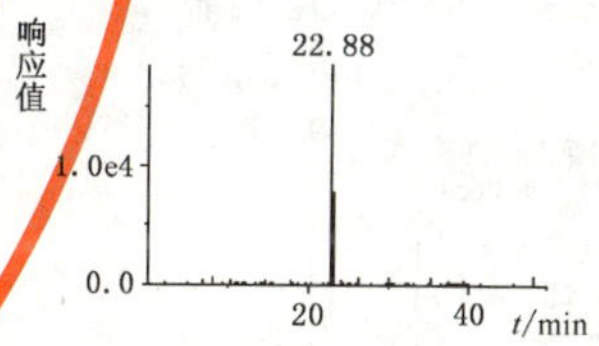

415. 虫酰肼

(tebufenozide)

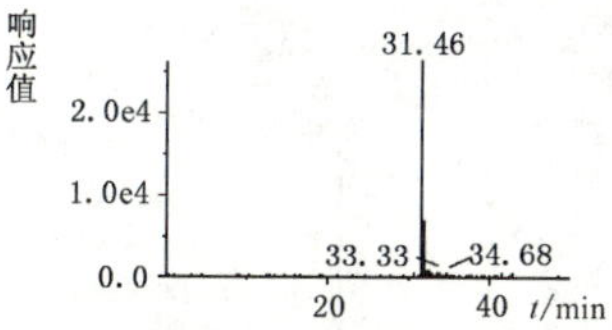

416. 虫螨磷

(chlorthiophos)

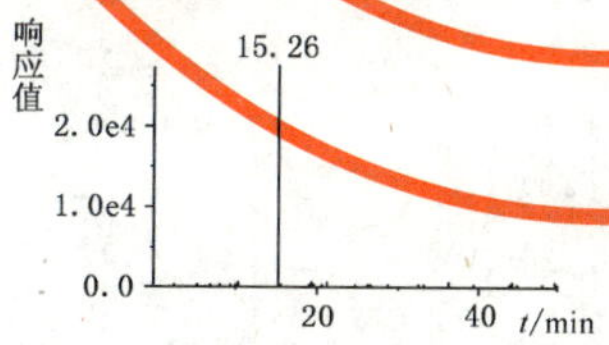

417. 二溴磷

(naled)

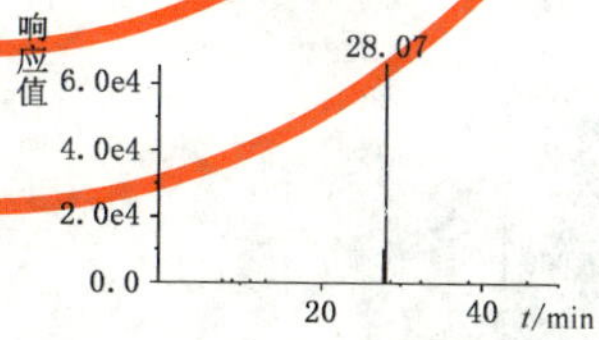

418. 唑虫酰胺

(tolfenpyrad)

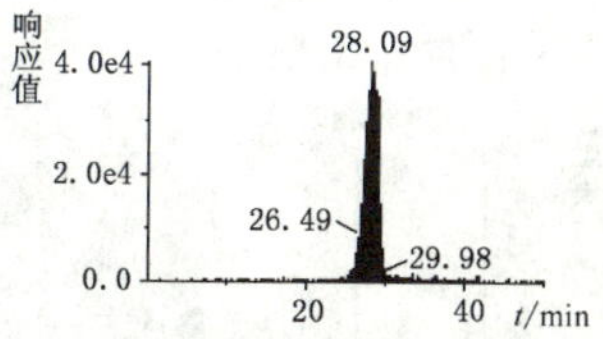

419. 三氯杀螨醇

(dicofol)

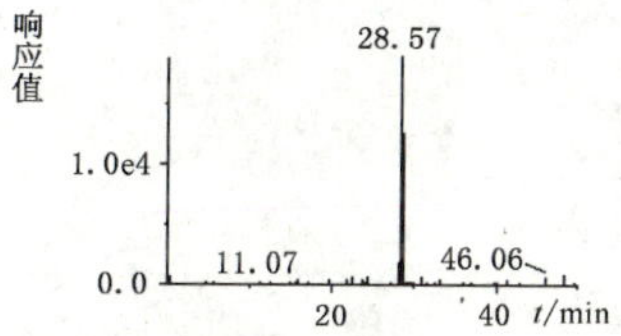

420. 吲哚酮草酯

(cinidon-ethyl)

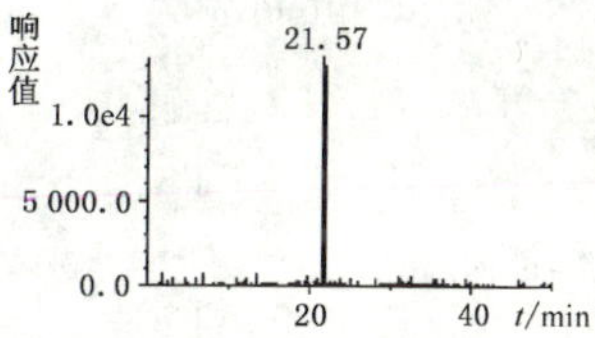

421. 鱼藤酮

(rotenone)

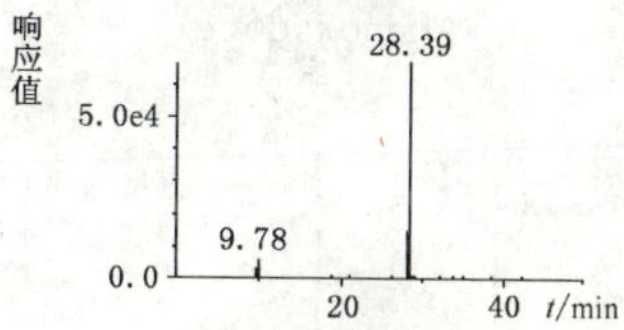

422. 噁草酸

(propaquizafop)

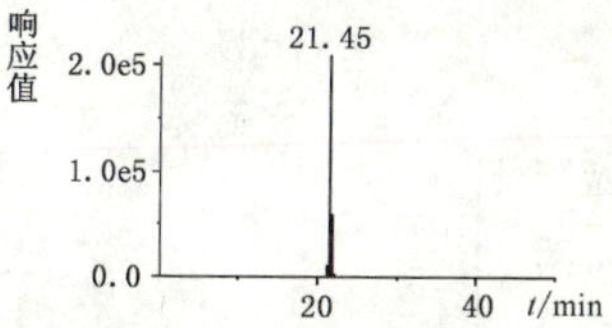

423. 乳氟禾草灵

(lactofen)

G 组

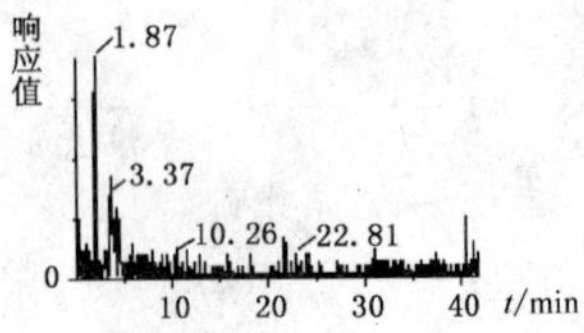

424. 茅草枯
(dalapon)

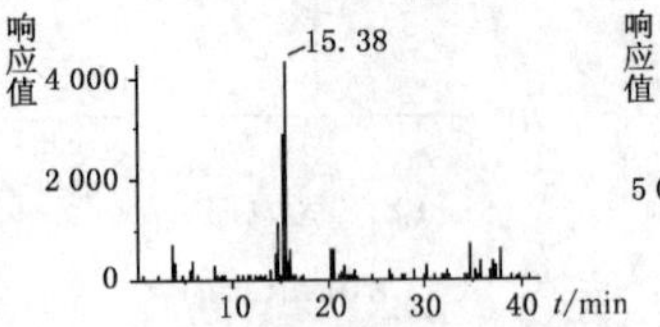

425. 2-苯基苯酚
(2-phenylphenol)

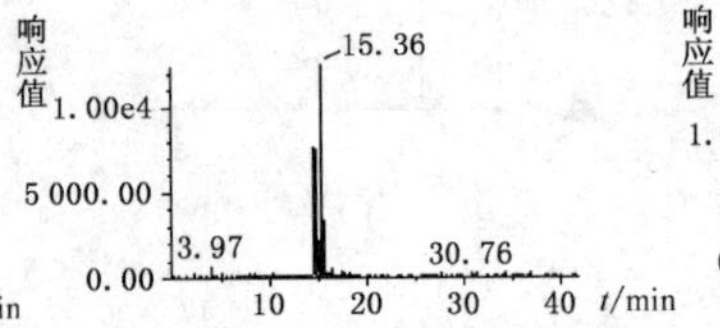

426. 3-苯基苯酚
(3-phenylphenol)

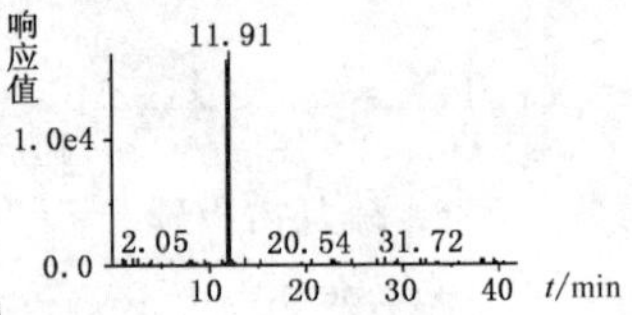

427. 4,6-二硝基邻甲酚
(DNOC)

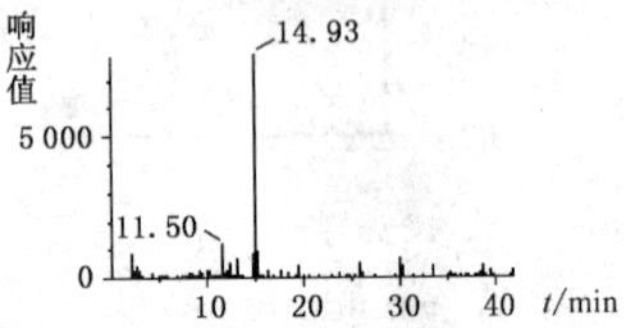

428. 氯硝胺
(dicloran)

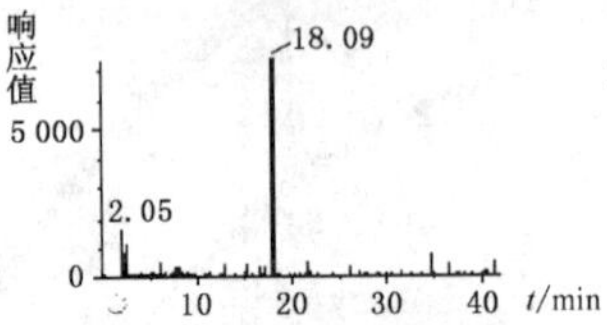

429. 氯苯胺灵
(chlorpropham)

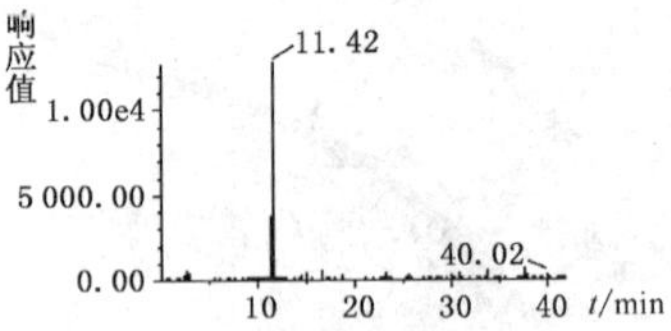

430. 特草定
(terbacil)

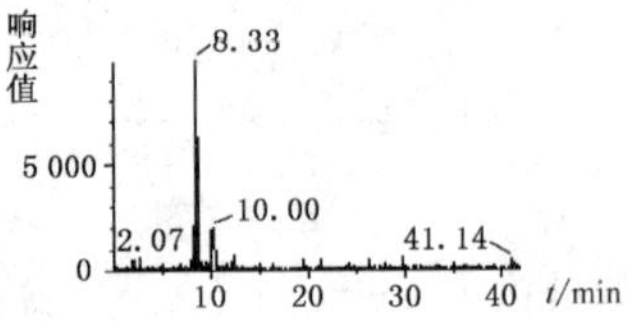

431. 麦草畏
(dicamba)

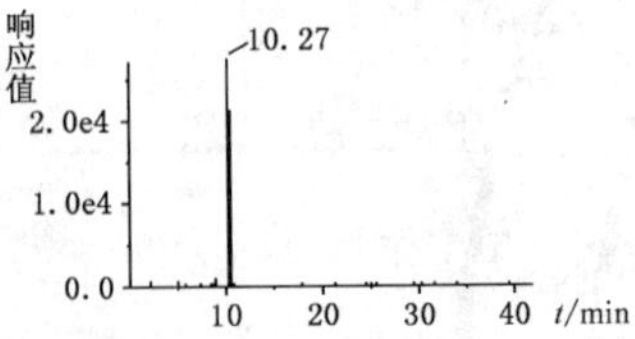

432. 灭草松
(bentazone)

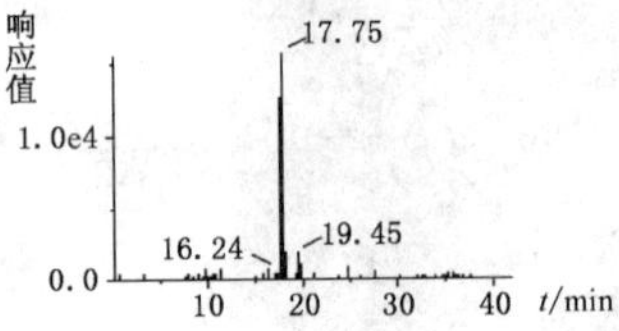

433. 地乐酚
(dinoseb)

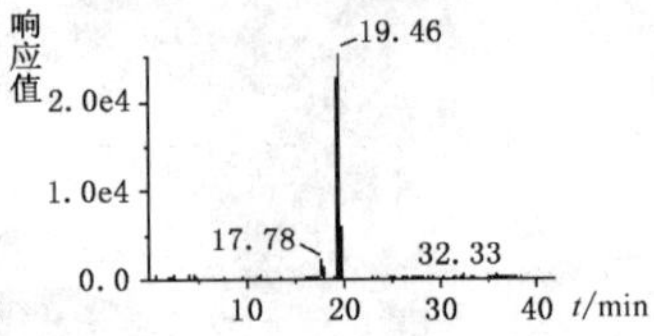

434. 草消酚
(dinoterb)

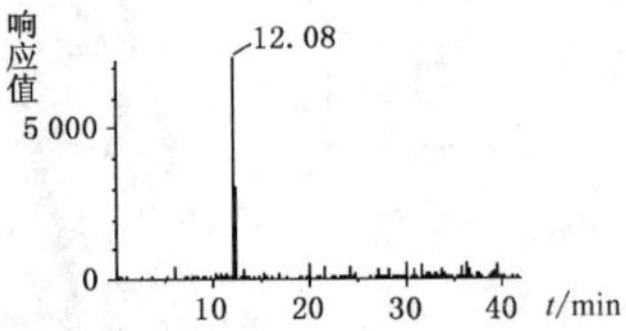

435. 2,4-D 丁酸
(2,4-DB)

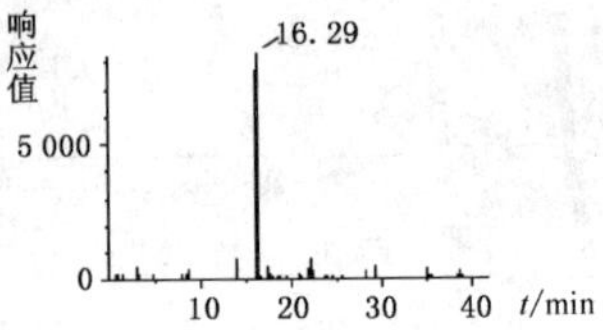

436. 咯菌腈
(fludioxonil)

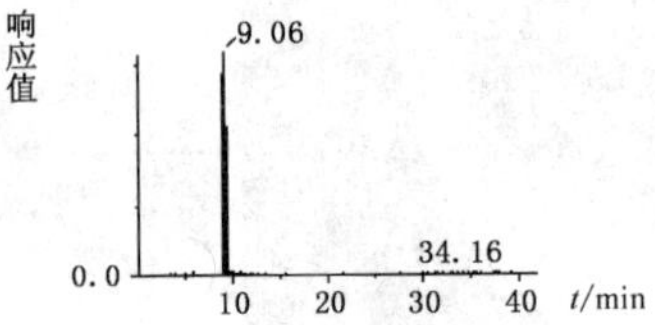

437. 抗倒酯
(trinexapac-ethyl)

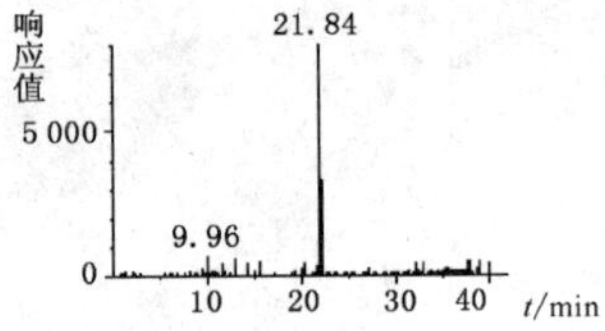

438. 杀螨醇
(chlorfenethol)

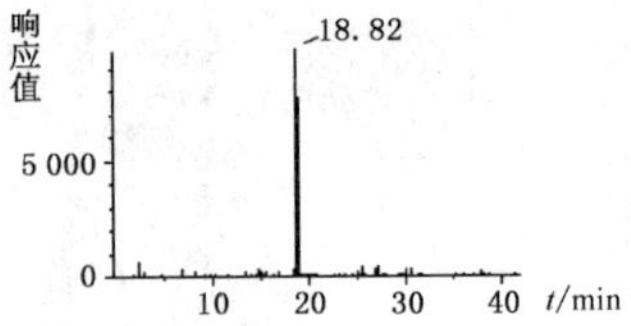

439. 灭幼脲
(chlorobenzuron)

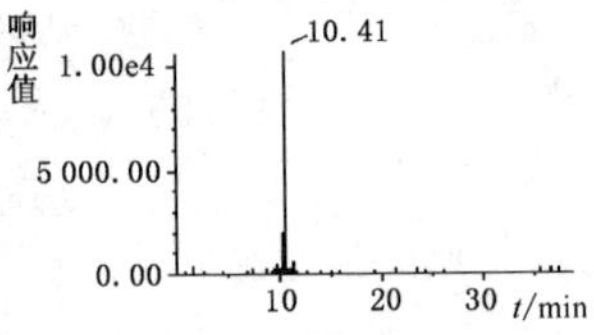

440. 氯霉素
(chloramphenicolum)

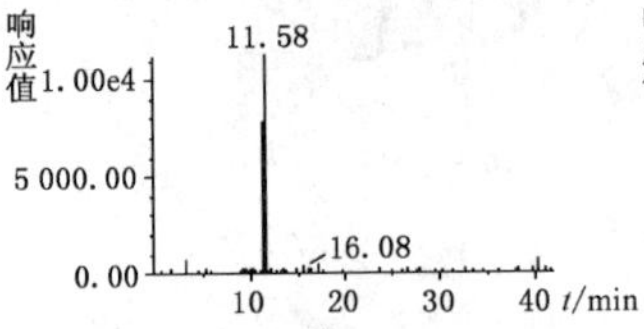

441. 乙酰磺胺对硝基苯
(sulfanitran)

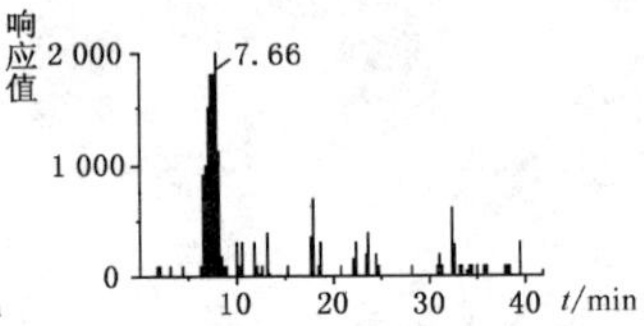

442. 甲基磺草酮
(mesotrion)

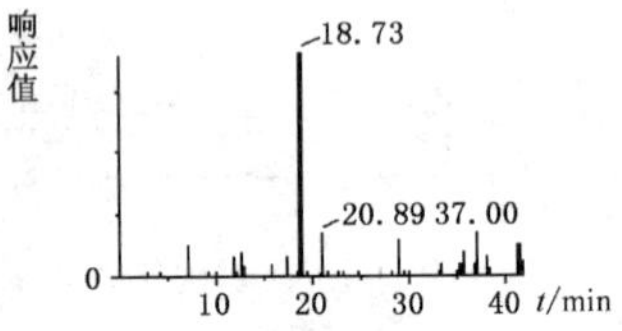

443. 安磺灵
(oryzalin)

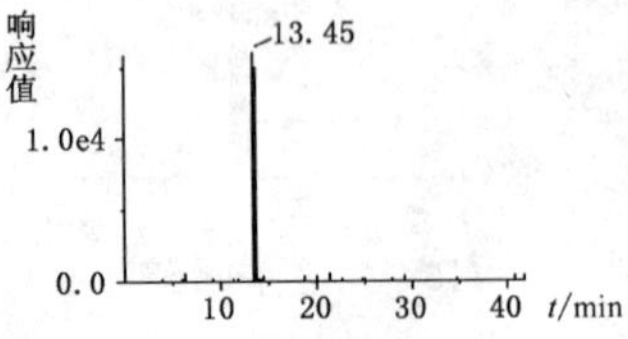

444. 碘苯腈
(ioxynil)

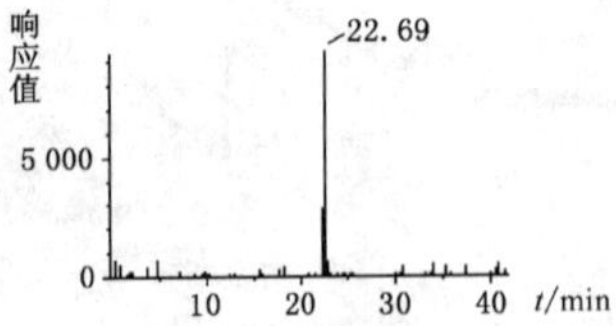

445. 噁唑菌酮
(famoxadone)

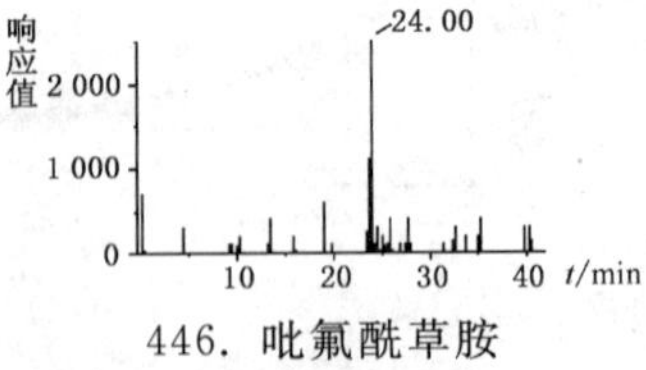

446. 吡氟酰草胺
(diflufenican)

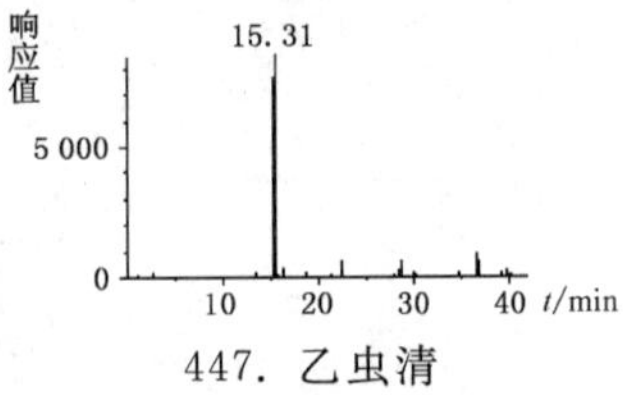

447. 乙虫清
(ethiprole)

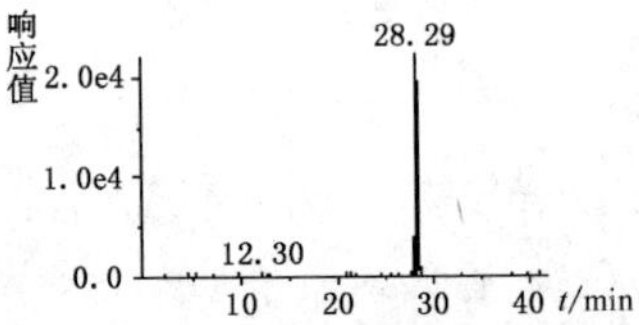

448. 磺菌胺
(flusulfamide)

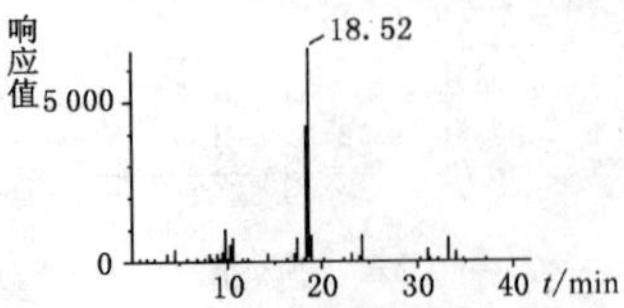

449. 氟磺胺草醚
(fomesafen)

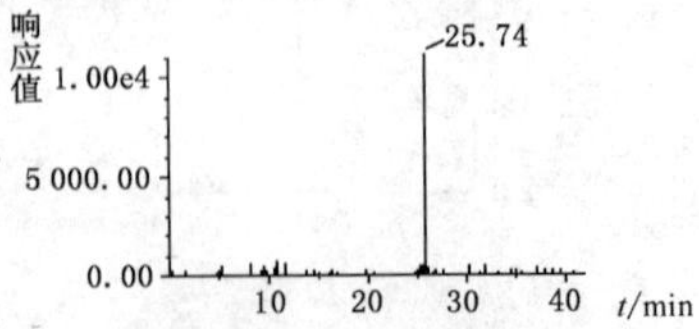

450. 虱螨脲
(lufenuron)

附 录 D
（资料性附录）
450 种农药及相关化学品精密度数据表

450 种农药及相关化学品精密度数据表见表 D.1。

表 D.1 450 种农药及相关化学品精密度数据表

序号	名称	含量/(μg/kg)	重复性限 r	再现性限 R	含量/(μg/kg)	重复性限 r	再现性限 R
A组							
1	异丙威	2.00	1.84	2.07	10.00	1.52	0.73
2	3,4,5-混杀威	0.10	0.07	0.03	0.50	0.16	0.15
3	环莠隆	0.20	0.09	0.11	1.00	0.24	0.21
4	甲萘威	1.00	1.42	2.14	5.00	1.03	1.09
5	毒草胺	0.20	1.14	1.00	1.00	0.30	0.19
6	吡咪唑	0.10	0.02	0.05	0.50	0.13	0.08
7	西草净	0.20	0.12	0.11	1.00	0.29	0.29
8	绿谷隆	4.00	1.00	1.65	20.00	4.67	3.59
9	速灭磷	4.00	7.59	9.09	20.00	8.44	4.64
10	叠氮津	0.20	0.17	0.11	1.00	0.65	0.44
11	密草通	0.10	0.05	0.05	0.50	0.18	0.14
12	嘧菌磺胺	0.20	0.09	0.09	1.00	0.38	0.27
13	播土隆	0.60	0.28	0.17	3.00	1.28	1.67
14	双酰草胺	0.80	0.48	0.47	4.00	1.50	1.37
15	抗蚜威	0.20	0.04	0.15	1.00	0.20	0.16
16	异噁草松	0.60	0.33	0.34	3.00	0.29	0.33
17	氰草津	0.60	0.20	0.22	3.00	0.75	0.57
18	扑草净	0.10	0.03	0.06	0.50	0.12	0.10
19	对氧磷	1.00	0.21	0.32	5.00	1.97	1.30
20	4,4′-二氯二苯甲酮	0.40	0.77	2.56	2.00	3.10	2.63
21	噻虫啉	0.40	0.24	0.27	2.00	0.87	0.54
22	吡虫啉	20.00	6.92	6.90	100.00	22.91	15.36
23	磺噻隆	4.00	1.38	1.23	20.00	6.95	4.59
24	丁嗪草酮	0.12	0.03	0.06	0.60	0.17	0.11
25	燕麦敌	12.00			60.00	14.82	11.23
26	乙草胺	20.00	7.68	10.41	100.00	15.85	14.51
27	烯啶虫胺	4.00			20.00	5.45	5.61
28	盖草津	2.00	0.47	0.69	10.00	2.88	1.90
29	二甲酚草胺	0.20	0.08	0.18	1.00	0.23	0.18

表 D.1（续）

序号	名称	含量/(μg/kg)	重复性限 r	再现性限 R	含量/(μg/kg)	重复性限 r	再现性限 R
30	特草灵	0.13	7.36	5.87	0.65	0.10	0.10
31	戊菌唑	0.12	0.07	0.03	0.60	0.15	0.17
32	腈菌唑	0.60	0.34	0.28	3.00	0.72	0.64
33	多效唑	0.10	0.03	0.06	0.50	0.12	0.12
34	倍硫磷亚砜	0.20	0.06	0.06	1.00	0.26	0.17
35	三唑醇	2.00	0.72	0.76	10.00	2.77	2.40
36	仲丁灵	0.20	0.07	0.10	1.00	0.37	0.36
37	螺噁茂胺	0.04			0.20	0.04	0.03
38	甲基立枯磷	60.00	29.10	29.19	300.00	53.71	45.22
39	甜菜胺	1.00	0.23	0.63	5.00	1.05	0.84
40	杀扑磷	3.00	1.04	1.28	15.00	5.57	4.79
41	烯丙菊酯	6.00	1.59	3.53	30.00	4.78	4.17
42	野麦畏	20.00	14.49	8.69	100.00	24.11	17.78
43	二嗪磷	0.12	0.08	0.07	0.60	0.08	0.12
44	敌瘟磷	0.40	0.05	0.19	2.00	0.70	0.53
45	丙草胺	0.40	0.27	0.13	2.00	1.15	1.29
46	氟硅唑	0.20	0.11	0.09	1.00	0.23	0.20
47	丙森锌	0.40	0.09	0.16	2.00	0.57	0.38
48	麦锈灵	0.80	0.08	0.10	1.00	0.22	0.33
49	氟酰胺	0.20	0.07	0.11	1.00	0.40	0.40
50	氨磺磷	1.20	0.35	0.17	6.00	1.56	1.05
51	苯霜灵	0.12	0.01	0.06	0.60	0.10	0.28
52	苄氯三唑醇	0.12	0.02	0.07	0.60	0.11	0.07
53	乙环唑	0.20	0.06	0.13	1.00	0.26	0.18
54	氯苯嘧啶醇	1.20	0.42	0.38	6.00	2.48	1.81
55	邻苯二甲酸二环己酯	1.20	0.58	0.55	6.00	2.81	2.41
56	胺菊酯	1.20	0.22	0.71	6.00	2.20	1.76
57	抑菌灵	20.00			100.00	16.65	22.18
58	解草酯	0.12	0.11	0.07	0.60	0.20	0.17
59	联苯三唑醇	2.00	0.98	1.44	10.00	4.54	3.19
60	益棉磷	20.00	9.30	12.04	100.00	38.44	33.46
61	炔草酯	0.40	0.13	0.22	2.00	0.74	0.44
62	杀铃脲	1.20	0.50	0.59	6.00	3.10	1.99
63	异噁氟草	20.00	11.08	5.91	100.00	23.73	19.45
64	莎稗磷	0.20	0.08	0.11	1.00	0.23	0.22

表 D.1（续）

序号	名称	含量/(μg/kg)	重复性限 r	再现性限 R	含量/(μg/kg)	重复性限 r	再现性限 R
65	喹禾灵	0.60	0.24	0.33	3.00	1.33	0.87
66	精氟吡甲禾灵	0.06	0.07	0.08	0.30	0.10	0.09
67	吡氟禾草灵	0.20	0.05	0.07	1.00	0.42	0.31
68	乙基溴硫磷	5.00	1.33	4.46	25.00	11.23	7.76
69	燕麦敌	4.00			20.00	11.18	12.64
70	地散磷	5.00	2.06	2.69	25.00	8.18	6.88
71	溴苯烯磷	0.80	0.69	0.83	4.00	1.12	1.63
72	嘧菌酯	0.10	0.04	0.09	0.50	0.14	0.09
73	吡菌磷	0.08	0.05	0.08	0.40	0.16	0.11
74	氟虫脲	0.60	0.62	0.74	3.00	0.91	1.33
75	茚虫威	1.20	1.04	0.65	6.00	2.92	2.27
76	甲氨基阿维菌素苯甲酸盐	1.20	0.05	0.02	0.50	0.14	0.17
B组							
77	乙撑硫脲	26.10	2.36	3.58	104.40	0.08	0.25
78	棉隆	80.00	360.48	347.78	400.00	133.45	287.16
79	烟碱	4.00	1.39	0.82	20.00	8.08	8.49
80	非草隆	2.00	0.64	0.80	10.00	3.14	3.34
81	灭蝇胺	20.00	2.72	6.62	10.00	3.77	6.57
82	鼠立克	0.60	1.97	1.47	3.00	2.63	1.89
83	禾草敌	1.00	51.94	51.86	5.00	9.24	9.20
84	多菌灵	0.10	0.04	0.06	0.50	0.14	0.15
85	残杀威	2.00	0.38	0.68	10.00	5.29	5.60
86	异唑隆	0.20	0.07	0.08	1.00	0.37	0.46
87	绿麦隆	0.20	0.16	0.16	1.00	0.23	0.18
88	久效威	60.00	18.01	17.68	300.00	138.26	176.84
89	氯草灵	40.00	7.20	7.21	200.00	83.74	63.60
90	噁虫威	0.40	0.12	0.14	2.00	0.82	0.45
91	扑灭津	0.20	0.03	0.03	1.00	0.12	0.33
92	特丁津	0.10	0.02	0.02	0.50	0.09	0.13
93	敌草隆	0.10	0.05	0.09	0.50	0.19	0.21
94	氯甲硫磷	600.00	195.50	306.01	3000.00	1085.84	1058.17
95	萎锈灵	0.20	0.11	0.08	1.00	0.32	0.34
96	野燕枯	0.40	0.10	0.11	2.00	1.43	1.50
97	噻虫胺	12.00	1.90	0.68	60.00	25.29	11.35

表 D.1（续）

序号	名称	含量/(μg/kg)	重复性限 r	再现性限 R	含量/(μg/kg)	重复性限 r	再现性限 R
98	拿草特	0.60	0.37	0.21	3.00	0.94	0.91
99	二甲草胺	0.20	0.07	0.05	1.00	0.31	0.22
100	溴谷隆	0.80	0.50	0.63	4.00	1.81	1.46
101	甲拌磷	16.00	6.31	6.84	80.00	49.51	46.31
102	苯草醚	2.00	0.55	1.34	10.00	4.27	1.81
103	地安磷	0.20	0.06	0.07	1.00	0.34	0.65
104	脱苯甲基亚胺唑	1.00	0.50	0.55	5.00	2.98	3.61
105	草不隆	0.60	0.10	0.36	3.00	1.42	1.60
106	精甲霜灵	0.10	0.04	0.05	0.50	0.28	0.28
107	发硫磷	0.40	0.11	0.35	2.00	0.70	1.06
108	乙氧呋草黄	160.00	48.47	96.94	800.00	174.43	262.25
109	异稻瘟净	6.00	3.38	3.60	30.00	12.83	16.55
110	特普	2.00	0.62	0.56	10.00	2.97	3.04
111	环丙唑醇	0.16	0.07	0.09	0.80	0.12	0.20
112	噻虫嗪	20.00	11.47	12.27	100.00	46.79	83.98
113	育畜磷	16.00	4.57	6.05	80.00	22.05	23.68
114	乙嘧硫磷	0.20	0.15	0.15	1.00	0.35	0.50
115	赛灭磷	12.00	2.00	5.11	60.00	23.22	44.94
116	磷胺	0.60	0.13	0.22	3.00	1.69	1.42
117	甜菜宁	1.00	0.66	0.56	5.00	1.74	1.61
118	联苯井酯	3.00	0.79	0.83	15.00	4.53	4.24
119	粉唑醇	0.60	0.31	0.15	3.00	1.45	0.99
120	抑菌丙胺酯	0.40	0.07	0.06	2.00	0.34	0.16
121	生物丙烯菊酯	2.00	0.79	0.90	10.00	3.19	6.02
122	苯腈磷	1.00	0.43	0.62	5.00	2.07	3.55
123	甲基嘧啶磷	0.10	0.04	0.03	0.50	0.16	0.15
124	噻嗪酮	0.10	0.05	0.04	0.50	0.19	0.15
125	乙拌磷砜	0.60	0.27	0.27	3.00	1.38	0.95
126	喹螨醚	0.10	0.05	0.09	0.50	0.16	0.35
127	醚苯磺隆	0.10	0.04	0.06	0.50	0.27	0.23
128	脱叶磷	0.20	0.05	0.07	1.00	0.50	0.38
129	环酯草醚	0.10	0.03	0.06	0.50	0.78	0.70
130	叶菌唑	0.20	0.05	0.10	1.00	0.49	0.28
131	蚊蝇醚	0.10	0.05	0.03	0.50	0.19	0.38
132	异噁酰草胺	0.10	0.03	0.02	0.50	0.27	0.26

表 D.1（续）

序号	名称	含量/(μg/kg)	重复性限 r	再现性限 R	含量/(μg/kg)	重复性限 r	再现性限 R
133	呋草酮	0.20	0.06	0.07	1.00	0.31	0.30
134	氟乐灵	100.00	31.74	28.31	500.00	184.34	292.28
135	甲基 麦草氟异丙酯	1.00	0.27	0.28	5.00	1.85	1.30
136	生物苄呋菊酯	2.00	0.45	0.52	10.00	2.75	6.95
137	丙环唑	0.20	0.07	0.16	1.00	0.46	0.23
138	毒死蜱	0.60	0.22	0.34	3.00	0.70	1.09
139	氯乙氟灵	40.00	12.84	25.91	200.00	96.75	91.05
140	麦草氟异丙酯	0.20	0.12	0.08	1.00	0.44	0.43
141	杀虫畏	0.60	0.18	0.41	3.00	1.26	1.05
142	炔螨特	4.00	1.18	3.01	20.00	8.40	9.25
143	糠菌唑	0.40	0.13	0.25	2.00	1.10	1.05
144	氟吡酰草胺	0.20	0.06	0.14	1.00	0.52	0.63
145	氟噻乙草酯	0.60	0.51	0.22	3.00	1.15	1.38
146	肟菌酯	0.10	0.07	0.08	0.50	0.23	0.44
147	氟铃脲	0.60	0.09	0.39	3.00	1.80	1.21
148	双苯氟脲	0.20	0.08	0.13	1.00	0.40	0.42
149	啶蜱脲	0.50	0.19	0.20	2.50	0.41	0.27
C组							
150	甲胺磷	10.00	2.71	2.20	50.00	18.37	14.21
151	茵草敌	60.00			300.00	154.54	138.34
152	避蚊胺	0.10	0.04	0.04	0.50	0.26	0.28
153	灭草隆	4.00	2.10	1.53	20.00	8.88	6.61
154	嘧霉胺	0.40	0.17	0.20	2.00	0.97	1.46
155	黑穗胺	1.00	0.03	0.08	1.00	0.36	0.36
156	灭藻醌	2.00	1.11	0.56	10.00	4.09	4.05
157	仲丁威	0.40	0.19	0.27	2.00	0.96	0.67
158	乙菌定	0.40	0.14	0.33	2.00	0.27	0.30
159	敌稗	0.80	0.44	0.34	4.00	1.36	0.94
160	克百威	0.43	3.06	1.57	2.25	8.82	7.89
161	啶虫清	0.60	0.14	0.16	3.00	0.87	0.91
162	嘧菌胺	0.20	0.09	0.04	1.00	0.48	0.58
163	扑灭通	0.10	0.08	0.08	0.50	0.18	0.18
164	甲氧隆	0.40	0.09	0.16	2.00	0.77	0.74
165	乐果	0.80	0.25	0.47	4.00	1.06	1.43
166	伏草隆	3.00	0.82	1.19	15.00	4.96	3.86

表 D.1（续）

序号	名称	含量/(μg/kg)	重复性限 r	再现性限 R	含量/(μg/kg)	重复性限 r	再现性限 R
167	百治磷	2.80	1.65	0.85	14.00	4.35	10.60
168	庚酰草胺	0.20	0.19	0.17	1.00	0.48	0.39
169	双苯酰草胺	0.10	0.07	0.03	0.50	0.14	0.12
170	灭线磷	0.40	0.36	0.59	2.00	0.91	0.61
171	地虫硫磷	0.60	0.28	0.27	3.00	1.28	1.27
172	拌种胺	20.00	2.32	2.95	100.00	18.84	26.62
173	环嗪酮	0.20	0.14	0.08	1.00	0.26	0.28
174	阔草净	0.10	0.04	0.05	0.50	0.20	0.20
175	敌百虫	6.00	5.18	5.18	30.00	12.69	10.46
176	内吸磷	0.80	1.85	1.40	4.00	1.10	2.09
177	解草酮	1.00	0.32	0.32	5.00	2.88	2.18
178	除草定	1.00	0.60	0.29	5.00	2.16	2.12
179	甲拌磷亚砜	60.00	42.04	61.51	300.00	88.74	102.21
180	溴莠敏	3.00	1.23	1.43	15.00	5.45	5.49
181	氧化萎锈灵	0.40	0.14	0.17	2.00	0.50	0.55
182	灭锈胺	0.20	0.10	0.10	1.00	0.39	0.35
183	乙拌磷	20.00	67.68	85.87	100.00	174.88	206.74
184	倍硫磷	1.00	0.24	0.25	5.00	2.82	2.05
185	甲霜灵	0.20	0.10	0.11	1.00	0.34	0.29
186	甲呋酰胺	0.60	0.30	0.27	3.00	1.09	1.16
187	吗菌灵	0.10	0.11	0.12	0.50	0.12	0.08
188	噻唑硫磷	4 000.00	0.24	0.19	20 000.00	0.64	0.55
189	甲基咪草酯	0.60	0.23	0.24	3.00	1.19	1.59
190	乙拌磷亚砜	0.40	0.05	0.14	2.00	0.63	1.02
191	稻瘟灵	0.20	0.11	0.11	1.00	0.40	0.32
192	抑霉唑	0.60	0.47	0.28	3.00	0.46	0.50
193	辛硫磷	4.00	2.55	1.41	20.00	9.42	6.50
194	喹硫磷	0.40	0.17	0.14	2.00	0.61	0.56
195	灭菌磷	20.00	9.05	9.57	100.00	38.65	41.00
196	苯氧威	0.40	0.15	0.14	2.00	0.64	0.68
197	嘧啶磷	0.10	0.04	0.05	0.50	0.20	0.25
198	丰索磷	0.40	0.23	0.29	2.00	0.70	0.70
199	氯咯草酮	1.20	0.50	0.66	6.00	3.97	3.33
200	丁草胺	2.00	1.21	1.30	10.00	4.06	2.40
201	亚胺菌	20.00	8.51	5.10	100.00	33.56	27.67

表 D.1（续）

序号	名称	含量/(μg/kg)	重复性限 r	再现性限 R	含量/(μg/kg)	重复性限 r	再现性限 R
202	戊叉菌唑	0.40	0.07	0.12	2.00	0.82	0.89
203	苯线磷亚砜	0.40	0.05	0.14	2.00	0.60	0.66
204	噻吩草胺	0.80	0.33	0.46	4.00	0.57	2.72
205	除虫菊素	40.00	21.94	12.01	200.00	101.09	42.13
206	氰菌胺				3.00	0.97	1.12
207	杀草吡啶	0.20	0.13	0.10	1.00	0.41	0.38
208	氟环唑	20.00	8.29	9.99	100.00	43.30	47.69
209	氯辛硫磷	20.00	4.35	7.82	100.00	28.40	54.16
210	苯线磷砜	0.20	0.13	0.10	1.00	0.36	0.44
211	腈苯唑	0.10	0.07	0.08	0.50	0.22	0.25
212	异柳磷	40.00	13.19	26.16	200.00	111.40	58.33
213	氨磺乐灵	10.00	5.31	4.90	50.00	20.46	32.95
214	苯醚菊酯	20.00	12.23	15.97	100.00	50.43	56.52
215	哌草磷	0.10	0.06	0.06	0.50	0.35	0.21
216	增效醚	0.20	0.09	0.15	1.00	0.76	0.55
217	乙氧氟草醚	4.00	4.02	10.02	20.00	14.51	14.29
218	蝇毒磷	0.20	0.11	0.09	1.00	0.42	0.62
219	氟噻草胺	0.20	0.09	0.14	1.00	0.16	0.13
220	伏杀硫磷	4.00	1.26	0.67	20.00	8.22	6.45
221	甲氧虫酰肼	4.00	1.95	1.06	20.00	5.21	11.35
222	咪鲜胺	0.40	0.30	0.31	2.00	0.60	0.81
223	丙硫特普	0.40	0.30	0.14	2.00	0.82	0.66
224	乙硫磷	0.80	0.65	0.58	4.00	1.11	1.19
225	氟硫草定	0.60	0.33	0.23	3.00	1.72	2.38
226	螺螨酯	2.00	0.82	1.70	10.00	2.69	3.87
227	唑螨酯	0.20	0.11	0.10	1.00	0.40	0.33
228	胺氟草酯	1.00	0.32	0.47	5.00	1.69	2.03
229	双硫磷	2.00	0.91	0.77	10.00	2.71	3.87
230	氟丙嘧草酯	1.00	0.44	0.34	5.00	1.43	3.83
231	多杀菌素				0.50	0.11	0.30
D组							
232	甲哌金翁	0.60	0.21	0.22	3.00	1.08	0.93
233	二丙烯草胺	20.00	73.77	106.31	100.00	367.74	283.80
234	霜霉威	1.00	0.32	0.24	5.00	1.80	1.46
235	三环唑	0.20	0.04	0.08	1.00	0.22	0.10

表 D.1（续）

序号	名称	含量/(μg/kg)	重复性限 r	再现性限 R	含量/(μg/kg)	重复性限 r	再现性限 R
236	噻菌灵	0.60	0.48	0.44	3.00	0.25	0.92
237	苯噻草酮	0.20	0.08	0.11	1.00	0.39	0.28
238	异丙隆	0.20	0.09	0.07	1.00	0.38	0.23
239	莠去通	0.10	0.04	0.05	0.50	0.05	0.12
240	敌草净	0.10	0.04	0.06	0.50	0.17	0.13
241	赛克津	0.60	0.32	0.25	3.00	1.14	1.92
242	DMST	1.20	0.64	0.75	6.00	3.27	3.07
243	环草敌	1.00	0.41	0.35	5.00	3.26	1.96
244	阿特拉津	0.06	0.03	0.05	0.30	0.05	0.15
245	丁草敌	120.00	207.87	252.39	600.00	1 601.33	912.35
246	氯草敏	2.00	1.28	0.84	10.00	5.76	4.32
247	菜草畏	12.00	8.93	10.61	60.00	39.92	26.64
248	乙硫苯威	1.00	0.53	0.66	5.00	1.91	3.25
249	特丁通	0.10	0.04	0.06	0.50	0.16	0.11
250	环丙津	0.06	0.07	0.03	0.30	0.16	0.11
251	阔草净	0.20	0.10	0.10	1.00	0.24	0.44
252	木草隆	0.10	0.03	0.04	0.50	0.13	0.16
253	草达津	0.20	0.09	0.07	1.00	0.39	0.39
254	另丁津	0.10	0.06	0.04	0.50	0.16	0.21
255	畜虫避	8.00	3.43	2.76	40.00	26.75	29.74
256	牧草胺	0.10	0.07	0.12	0.50	0.19	0.16
257	久效威亚砜	12.00	5.53	6.58	60.00	42.62	27.44
258	杀螟丹	20.00	7.03	4.96	100.00	38.04	40.12
259	虫螨畏	20.00			100.00	1 190.04	1 126.71
260	特丁净	0.08	0.04	0.03	0.40	0.08	0.20
261	唑菌嗪	0.60	2.056	6.523	3.00	5.82	1.254
262	虫线磷	2.00	1.70	3.58	10.00	9.98	6.13
263	利谷隆	2.00	1.48	1.43	10.00	3.51	4.56
264	庚虫磷	2.00	1.16	0.53	10.00	5.27	4.52
265	苄草丹	0.10	0.03	0.06	0.50	0.42	0.66
266	炔苯烯草胺	0.40	0.27	0.27	2.00	0.43	1.01
267	杀草净	0.06	0.03	0.03	0.30	0.04	0.16
268	禾草丹	0.20	0.08	0.08	1.00	0.19	0.12
269	三异丁基磷酸盐	0.10	0.11	0.09	0.50	0.15	0.14
270	三正丁基磷酸盐	0.10	0.04	0.03	0.50	0.26	0.12

表 D.1（续）

序号	名称	含量/(μg/kg)	重复性限 r	再现性限 R	含量/(μg/kg)	重复性限 r	再现性限 R
271	乙霉威	0.80	0.45	0.67	4.00	0.77	0.98
272	甲草胺	4.00	1.41	0.64	20.00	8.09	8.35
273	硫线磷	0.40	0.18	0.14	2.00	0.98	1.00
274	吡唑草胺	0.20	0.06	0.15	1.00	0.41	0.75
275	胺丙畏	16.00	10.45	13.88	80.00	30.97	36.88
276	特丁硫磷	36.00	0.62	1.26	180.00	3.91	5.23
277	硅氟唑	0.20	0.11	0.06	1.00	0.35	0.33
278	三唑酮	1.00	0.34	0.27	5.00	0.85	1.23
279	甲拌磷砜	0.12	0.24	0.29	4.00	2.53	3.29
280	十三吗啉	2.00	30.37	19.45	10.00	1.25	0.69
281	苯噻酰草胺	0.20	0.07	0.09	1.00	0.62	0.38
282	戊环唑	0.10	0.03	0.06	0.50	1.11	1.17
283	苯线磷	0.08	19.43	0.06	0.40	0.12	0.10
284	丁苯吗琳	0.08	0.05	0.07	0.40	0.11	0.14
285	戊唑醇	0.10	0.03	0.06	0.50	0.04	0.19
286	异丙乐灵	2.00	0.71	0.93	10.00	32.08	33.58
287	氟苯嘧啶醇	1.00	0.38	0.36	5.00	1.00	0.65
288	乙嘧酚磺酸酯				1.00	0.29	0.52
289	保棉磷	20.00	13.47	11.25	100.00	55.91	72.05
290	丁基嘧啶磷	20.00	22.22	24.95	100.00	22.24	21.29
291	稻丰散	2.00	1.08	1.30	10.00	5.04	4.01
292	治螟磷	0.40	0.77	1.34	2.00	1.62	1.24
293	硫丙磷	0.80	0.25	0.31	4.00	1.25	1.62
294	苯硫磷	1.00	0.76	0.42	5.00	2.18	1.53
295	甲基吡噁磷	0.20	0.07	0.13	1.00	0.43	0.55
296	烯唑醇	0.20	0.17	0.15	1.00	0.68	0.66
297	纹枯脲	0.10	0.07	0.05	0.50	0.18	0.25
298	灭蚜磷	2.00	1.06	0.77	10.00	3.85	3.23
299	苯草酮	1.00	0.21	0.29	5.00	0.87	0.50
300	马拉硫磷	0.60	0.35	0.46	30.00	1.16	1.32
301	稗草畏	0.20	0.07	0.06	1.00	0.83	0.25
302	哒嗪硫磷	0.40	0.16	0.17	2.00	0.36	0.43
303	嘧啶磷	0.06	0.02	0.02	0.30	0.08	0.12
304	吡唑硫磷	0.60	0.43	0.30	3.00	1.08	1.07
305	啶氧菌酯	20.00	10.68	10.92	100.00	71.26	46.29

表 D.1（续）

序号	名称	含量/(μg/kg)	重复性限 r	再现性限 R	含量/(μg/kg)	重复性限 r	再现性限 R
306	四氟醚唑	0.20	0.12	0.14	1.00	0.73	0.60
307	吡唑解草酯	0.75	0.12	0.16	3.75	1.01	0.95
308	丙溴磷	0.40	0.16	0.19	2.00	0.64	0.44
309	百克敏	0.40	0.25	0.24	2.00	0.51	0.64
310	烯酰吗啉	0.20	0.15	0.17	1.00	0.68	0.90
311	噻嗯菊酯	0.40	0.21	0.20	2.00	0.43	1.21
312	噻唑烟酸	0.60	0.30	0.42	3.00	1.64	1.15
313	氟啶脲				10.00	4.80	5.27
E组							
314	矮壮素	0.06	0.00	0.01	0.24	0.03	0.12
315	灭多威	4.78	0.26	0.78	19.12	5.02	7.24
316	咯喹酮	1.74	0.15	0.30	6.96	0.64	0.92
317	麦穗灵	0.85	0.05	0.18	3.40	0.34	0.61
318	杀虫脒	0.67	0.19	0.13	2.66	0.73	0.75
319	霜脲氰	27.80	1.52	5.93	111.20	91.48	210.56
320	灭草敌	0.13	0.09	0.21	0.52	0.04	0.37
321	猛杀威	4.28	0.58	1.10	17.12	3.06	2.75
322	灭害威	8.21	0.21	2.16	32.84	4.12	11.00
323	甲菌定	0.06	0.00	0.01	0.25	0.05	0.05
324	绿麦隆	0.17	0.01	0.03	0.70	0.19	0.36
325	氧乐果	4.83	0.65	0.76	19.30	4.72	3.43
326	敌敌畏	0.27	0.03	0.64	1.10	0.07	0.26
327	涕灭威砜	10.70	2.10	2.91	42.80	2.20	12.25
328	二氧威	1.68	0.18	0.44	6.72	1.05	5.52
329	苄基腺嘌呤	35.40	0.20	16.36	141.60	4.69	200.64
330	解草腈	0.01	0.00	0.00	0.04	0.01	0.01
331	乙硫苯威亚砜	112.00	10.67	30.15	448.00	64.64	391.00
332	杀螟腈	5.06	10.79	57.70	20.24	6.52	11.48
333	土菌灵	0.52	0.19	0.37	2.06	0.88	1.32
334	甲基乙拌磷	289.00	48.83	50.27	1 156.00	617.18	835.84
335	灭菌丹	69.30	8.67	12.17	277.20	25.43	66.93
336	磺吸磷	9.88	0.61	1.14	39.52	3.02	10.07
337	苯锈定	0.09	0.09	0.14	0.37	0.09	0.23
338	甲基对氧磷	0.24	0.15	0.19	0.95	0.84	2.63

表 D.1（续）

序号	名称	含量/(μg/kg)	重复性限 r	再现性限 R	含量/(μg/kg)	重复性限 r	再现性限 R
339	4-十二烷基-2,6-二甲基吗啉	1.58	0.15	1.22	6.32	2.43	5.10
340	烯效唑	1.20	0.72	0.80	4.80	0.48	7.35
341	啶斑肟	0.13	0.03	0.10	0.53	0.23	0.25
342	氯硫磷	66.80	11.80	28.08	267.20	63.26	65.42
343	异氯磷	0.12	0.02	0.16	0.48	0.21	0.30
344	四螨嗪	0.38	0.07	0.27	1.53	0.11	0.74
345	氟草敏	0.13	0.09	0.10	0.52	0.84	0.77
346	苯氧喹啉	76.70	4.79	13.67	306.80	24.09	68.05
347	倍硫磷砜	8.73	1.20	2.14	34.92	12.34	13.50
348	烯虫酯	2.61	0.27	0.33	10.44	2.33	3.48
349	氟咯草酮	0.65	0.08	0.18	2.58	0.69	0.71
350	酞酸苯甲基丁酯	316.00	37.90	172.20	1 264.00	243.77	1 497.72
351	氯唑磷	0.09	0.01	0.01	0.36	0.04	0.33
352	除线磷	15.10	0.87	2.02	60.40	14.08	16.51
353	蚜灭多砜	238.00	58.32	179.28	952.00	147.02	848.72
354	特丁硫磷砜	44.30	9.59	11.26	177.20	32.30	263.13
355	敌乐胺	0.90	0.23	0.28	3.58	0.73	1.45
356	毒壤磷	33.40	4.66	12.83	133.60	15.19	73.26
357	苄呋菊酯	0.15	0.04	0.04	0.60	0.09	0.92
358	啶酰菌胺	2.38	1.26	1.10	9.52	0.93	3.67
359	甲磺乐灵	17.20	1.20	5.03	68.80	9.00	29.84
360	噻螨酮	11.80	0.57	2.23	47.20	3.93	13.35
361	双氟磺草胺	8.70	3.03	5.30	34.80	6.71	27.29
362	苯满特	9.83	16.56	57.40	39.32	3.59	20.68
363	哒螨灵	6.08	1.24	0.57	24.32	9.03	6.79
364	新燕灵	154.00	6.80	28.98	616.00	61.52	148.34
365	嘧螨醚	7.00	5.16	7.25	28.00	7.28	20.49
366	哒草特	0.96	0.06	0.21	3.84	0.56	5.60
367	反式氯菊酯	2.40	0.54	4.40	9.60	2.82	8.54
368	苄草唑	0.16	0.07	0.23	0.65	0.11	0.85
369	嘧唑螨	3.89	3.69	3.85	15.56	6.88	5.76
370	*Z*-氯氰菊酯	0.34	0.24	2.02	1.36	0.76	0.64

表 D.1（续）

序号	名称	含量/(μg/kg)	重复性限 r	再现性限 R	含量/(μg/kg)	重复性限 r	再现性限 R
371	吡氟甲禾灵	1.25	0.28	0.71	5.00	0.80	2.38
	F组						
372	丙烯酰胺	8.90	1.53	12.10	35.60	12.16	15.13
373	特丁胺	19.48	8.75	14.48	77.90	26.01	64.62
374	矮壮素氯化物	0.35	0.28	0.58	1.41	0.50	1.30
375	邻苯二甲酰亚胺	21.50	4.95	9.08	86.00	4.22	12.32
376	甲氟磷	34.10	37.79	63.89	136.40	56.24	687.07
377	速灭威	12.70	1.55	1.80	50.80	8.44	11.37
378	二苯胺	0.21	0.03	0.32	0.83	0.14	0.32
379	萘乙酰胺	0.41	0.08	0.25	1.62	0.13	0.41
380	脱乙基莠去津	0.31	0.03	0.11	1.24	0.15	0.13
381	2,6-二氯苯甲酰胺	2.25	0.39	1.34	9.00	0.60	1.18
382	邻苯二甲酸二甲酯	6.60	1.27	5.59	26.40	23.09	46.66
383	杀虫脒	1.32	0.45	0.78	5.28	2.26	2.36
384	西玛通	0.55	0.16	0.23	2.21	0.13	0.08
385	丁诺特呋喃	5.09	1.52	8.64	20.36	4.11	6.84
386	克草敌	1.70	0.36	0.89	6.80	1.32	3.25
387	活化酯	1.54	0.67	0.65	6.16	1.23	2.12
388	蔬果磷	6.92	1.62	7.47	27.68	40.49	115.55
389	甲基苯噻隆	0.04	0.01	0.01	0.15	0.01	0.03
390	丁酮砜威	13.30	2.60	3.81	53.20	6.73	9.53
391	自克威	0.47	0.11	0.49	1.88	1.55	3.35
392	砜吸磷	1.96	0.51	0.90	7.84	0.90	1.26
393	久效威砜	12.04	2.53	8.18	48.16	4.46	6.13
394	硫环磷	0.24	0.03	0.04	0.97	0.17	1.46
395	绿草定	0.10	0.06	0.12	0.40	0.13	0.22
396	硫赶内吸磷	40.00	16.10	12.21	160.00	82.21	153.05
397	咪唑烟酸	0.59	0.08	0.22	2.38	0.58	0.67
398	萘丙胺	0.64	0.17	0.43	2.55	0.12	0.56
399	杀螟硫磷	13.40	1.24	11.29	53.60	1.86	8.68
400	酞酸二丁酯	19.80	5.31	14.87	79.20	12.83	21.15
401	丙草胺	0.20	0.03	0.04	0.78	0.15	0.13
402	腐霉利	43.30	5.01	7.79	173.20	9.03	25.43
403	蚜灭磷	2.28	0.39	0.89	9.12	0.73	0.86
404	枯草隆	0.22	0.44	0.81	0.89	0.45	0.34

表 D.1（续）

序号	名称	含量/(μg/kg)	重复性限 r	再现性限 R	含量/(μg/kg)	重复性限 r	再现性限 R
405	威菌磷	0.01	0.00	0.00	0.02	0.00	0.00
406	二嗪农	4.27	1.83	2.12	17.08	0.95	3.93
407	右旋炔丙菊酯	29.40	14.96	20.60	117.60	108.17	129.31
408	可灭隆	0.66	0.12	0.45	2.64	0.13	0.39
409	亚胺硫磷	8.86	1.27	6.44	35.44	2.79	12.42
410	皮蝇磷	6.57	2.66	2.98	26.26	6.23	11.70
411	酞酸二环己酯	0.34	0.04	0.14	1.36	0.24	0.41
412	环丙酰菌胺	2.60	0.97	2.25	10.40	4.62	4.48
413	吡螨胺	0.13	0.02	0.04	0.51	0.03	0.09
414	苯酰草胺	2.23	0.44	0.70	8.92	0.61	1.15
415	虫酰肼	13.90	16.69	62.36	55.60	38.79	115.88
416	虫螨磷	15.90	2.85	9.61	63.60	12.78	17.85
417	二溴磷	74.10	46.02	67.51	296.40	69.47	94.81
418	唑虫酰胺	0.04	0.01	0.02	0.16	0.03	0.03
419	三氯杀螨醇	0.90	0.00	0.00	3.60	0.00	0.00
420	吲哚酮草酯	7.29	3.80	5.58	29.16	8.54	23.89
421	鱼滕酮	1.16	0.25	0.47	4.64	0.46	1.18
422	噁草酸	0.62	0.11	0.33	2.47	0.20	0.52
423	乳氟禾草灵	31.00	7.09	18.00	124.00	22.04	28.22
	G组						
424	茅草枯	115.37	8.38	185.60	461.48	58.66	567.30
425	2-苯基苯酚	84.94	4.98	11.23	339.76	16.92	73.41
426	3-苯基苯酚	2.00	0.12	0.26	8.01	0.40	1.73
427	4,6-二硝基邻甲酚	1.30	0.71	1.07	5.20	0.08	3.18
428	氯硝胺	24.28	1.51	9.03	97.11	10.66	24.28
429	氯苯胺灵	7.88	0.45	1.26	31.54	0.84	2.16
430	特草定	0.44	0.07	0.15	1.76	0.09	0.68
431	麦草畏	632.96	52.32	129.29	2 531.84	1 189.76	1 439.71
432	灭草松	0.52	0.03	0.17	2.07	1.18	2.60
433	地乐酚	0.20	0.04	0.21	0.79	0.07	0.21
434	草消酚	0.12	0.03	0.05	0.48	0.05	0.15
435	2,4-D 丁酸	1 069.89	216.65	216.65	4 279.55	2 218.87	7 408.39
436	咯菌腈	31.08	5.58	14.66	124.32	21.36	86.25
437	抗倒酯	35.34	10.32	9.41	141.37	241.95	356.03
438	杀螨醇	82.15	10.95	24.09	328.60	1 107.95	3 045.45

表 D.1（续）

序号	名称	含量/(μg/kg)	重复性限 r	再现性限 R	含量/(μg/kg)	重复性限 r	再现性限 R
439	灭幼脲	10.20	1.59	15.43	40.80	3.77	63.87
440	氯霉素	1.94	0.40	0.63	7.76	0.69	1.32
441	乙酰磺胺对硝基苯	1.52	0.75	0.31	6.08	0.85	2.59
442	甲基磺草酮	1 150.28	890.20	1 319.16	4 601.12	205.94	5 931.23
443	安磺灵	2.46	0.88	5.87	9.84	0.44	3.82
444	碘苯腈	0.31	0.24	0.14	1.23	0.38	0.27
445	噁唑菌酮	22.64	2.25	2.54	90.58	2.19	12.42
446	吡氟酰草胺	14.14	1.08	4.87	56.54	2.01	22.10
447	乙虫清	19.93	0.57	3.35	79.70	0.47	5.81
448	磺菌胺	0.21	0.08	0.23	0.83	0.07	0.12
449	氟磺胺草醚	1.01	0.54	0.69	4.04	0.61	0.14
450	虱螨脲	0.01	0.01	1.45	0.04	0.01	0.01

附 录 E
（资料性附录）
450 种农药及相关化学品英文中文名称对照索引（按英文字母顺序）

450 种农药及相关化学品英文中文名称对照索引（按英文字母顺序）见表 E.1。

表 E.1 450 种农药及相关化学品英文中文名称对照索引（按英文字母顺序）

序号	英文名称	中文名称	附录 A 中序号	序号	英文名称	中文名称	附录 A 中序号
1	1-naphthyl acetamide	萘乙酰胺	379	29	aziprotryne	叠氮津	10
2	2,4-DB	2,4-D 丁酸	435	30	benalyxyl	苯霜灵	51
3	2,6-dichlorobenzamide	2,6-二氯苯甲酰胺	381	31	bendiocarb	噁虫威	90
4	2-phenylphenol	2-苯基苯酚	425	32	benodanil	麦锈灵	48
5	3,4,5-trimethacarb	3,4,5-混杀威	2	33	benoxacor	解草酮	177
6	3-phenylphenol	3-苯基苯酚	426	34	bensulide	地散磷	70
7	4，4′-dichlorobenzophenone	4，4′-二氯二苯甲酮	20	35	bentazone	灭草松	432
				36	benzoximate	苯满特	362
8	acetamiprid	啶虫脒	161	37	benzoylprop-ethyl	新燕灵	364
9	acetochlor	乙草胺	26	38	benzyladenine	苄基腺嘌呤	329
10	acibenzolar-s-methyl	活化酯	387	40	bioallethrin	生物丙烯菊酯	121
11	aclonifen	苯草醚	102	41	bioresmethrin	生物苄呋菊酯	136
12	acrylamide	丙烯酰胺	372	42	bitertanol	联苯三唑醇	59
13	alachlor	甲草胺	272	43	boscalid	啶酰菌胺	358
14	aldicarb sulfone	涕灭威砜	327	44	bromacil	除草定	178
15	aldimorph	4-十二烷基-2，6-二甲基吗啉	339	45	bromfenvinfos	溴苯烯磷	72
				46	bromophos-ethyl	乙基溴硫磷	68
16	allethrin	烯丙菊酯	41	47	brompyrazon	溴莠敏	180
17	allidochlor	二丙烯草胺	233	48	bromuconazole	糠菌唑	143
18	ametryn	阔草净	251	49	bupirimate	乙嘧酚磺酸酯	288
19	aminocarb	灭害威	322	50	buprofezin	噻嗪酮	124
20	anilofos	莎稗磷	64	51	butachlor	丁草胺	200
21	aspon	丙硫特普	223	52	butafenacil	氟丙嘧草酯	230
22	atratone	莠去通	239	53	butoxycarboxim	丁酮砜威	390
23	atrazine	阿特拉津	244	54	butralin	仲丁灵	36
24	atrazine-desethyl	脱乙基莠去津	380	55	buturon	播土隆	13
25	azaconazole	戊环唑	282	56	butylate	丁草敌	245
26	azamethiphos	甲基吡噁磷	295	57	cadusafos	硫线磷	273
27	azinphos ethyl	益棉磷	60	58	carbaryl	甲萘威	4
28	azinphos-methyl	保棉磷	289	59	carbendazim	多菌灵	84

表 E.1（续）

序号	英文名称	中文名称	附录 A 中序号	序号	英文名称	中文名称	附录 A 中序号
60	carbetamide	双酰草胺	14	93	crufomate	育畜磷	113
61	carbofuran	克百威	160	94	cumyluron	可灭隆	408
62	carboxin	萎锈灵	95	95	cyanazine	氰草津	17
63	carpropamid	环丙酰菌胺	412	96	cyanofenphos	苯腈磷	122
64	cartap hydrochloride	杀螟丹	258	97	cyanophos	杀螟腈	332
65	chloramphenicolum	氯霉素	440	98	cycloate	环草敌	243
66	chlorbufam	氯草灵	89	99	cycluron	环莠隆	3
67	chlordimeform	杀虫脒	318	100	cymoxanil	霜脲氰	319
68	chlordimeform hydrochloride	杀虫脒	383	101	cyprazine	环丙津	250
				102	cyproconazole	环丙唑醇	111
69	chlorfenethol	杀螨醇	438	103	cyprodinil	嘧菌磺胺	12
70	chlorfluazuron	氟啶脲	313	104	cyromazine	灭蝇胺	81
71	chloridazon	氯草敏	246	105	cythioate	赛灭磷	115
72	chlormephos	氯甲硫磷	94	106	dalapon	茅草枯	424
73	chlormequat	矮壮素	314	107	dazomet	棉隆	78
74	chlormequat chloride	矮壮素氯化物	374	108	DEF	脱叶磷	128
75	chlorobenzuron	灭幼脲	439	109	demeton(*o*+*s*)	内吸磷	176
76	chlorotoluron	绿麦隆	87	110	demeton-*s*	硫赶内吸磷	396
77	chloroxuron	枯草隆	404	111	demeton-*s*-methyl sulfone	砜吸磷	336
78	chlorphoxim	氯辛硫磷	209				
79	chlorpropham	氯苯胺灵	429	112	demeton-*s*-methyl sulfoxide	砜吸磷	392
80	chlorpyrifos	毒死蜱	138				
81	chlorsulfuron	氯磺隆	140	113	desmedipham	甜菜胺	39
82	chlorthion	氯硫磷	342	114	desmetryn	敌草净	240
83	chlorthiophos	虫螨磷	416	115	dialifos	燕麦敌	69
84	chlortoluron	绿麦隆	324	116	diallate	燕麦敌	25
85	cinidon-ethyl	吲哚酮草酯	420	117	diazinon	二嗪磷	43
86	clodinafop propargyl	炔草酯	61	118	dibutyl succinate	畜虫避	255
87	clofentezine	四螨嗪	344	119	dicamba	麦草畏	431
88	clomazone dimethazone	异噁草松	16	120	dicapthon	异氯磷	343
89	cloquintocet mexyl	解草酯	58	121	dichlofenthion	除线磷	352
90	clothianidin	噻虫胺	97	122	dichlofluanid	抑菌灵	57
91	coumaphos	蝇毒磷	218	123	dichlorvos	敌敌畏	326
92	crimidine	鼠立克	82	124	diclobutrazole	苄氯三唑醇	52

表 E.1（续）

序号	英文名称	中文名称	附录 A 中序号	序号	英文名称	中文名称	附录 A 中序号
125	dicloran	氯硝胺	428	158	dnoc pestanal	4,6-二硝基邻甲酚	427
126	dicofol	三氯杀螨醇	419	159	dodemorph	吗菌灵	187
127	dicrotophos	百治磷	167	160	edifenphos	敌瘟磷	44
128	diethofencarb	乙霉威	271	161	emamectin benzoate	甲氨基阿维菌素苯甲酸盐	76
129	diethyltoluamide	避蚊胺	152				
130	difenzoquat-methyl sulfate	野燕枯	96	162	EPN	苯硫磷	294
				163	epoxiconazole	氟环唑	208
131	diflufenican	吡氟酰草胺	446	164	EPTC	茵草敌	151
132	dimefox	甲氟磷	376	165	etaconazole	乙环唑	53
133	dimethachloro	二甲草胺	99	166	ethidimuron	磺噻隆	23
134	dimethametryn	阔草净	174	167	ethiofencarb	乙硫苯威	248
135	dimethenamid	二甲酚草胺	29	168	ethiofencarb-sulfoxide	乙硫苯威亚砜	331
136	dimethirimol	甲菌定	323	169	ethion	乙硫磷	224
137	dimethoate	乐果	165	170	ethiprole	乙虫清	447
138	dimethomorph	烯酰吗啉	310	171	ethirimol	乙菌定	158
139	dimethyl phthalate	邻苯二甲酸二甲酯	382	172	ethofume sate	乙氧呋草黄	108
140	diniconazole	烯唑醇	296	173	ethoprophos	灭线磷	170
141	dinitramine	敌乐胺	355	174	ethylene thiourea	乙撑硫脲	77
142	dinoseb	地乐酚	433	175	etridiazole	土菌灵	333
143	dinotefuran	丁诺特呋喃	385	176	etrimfos	乙嘧硫磷	114
144	dinoterb	草消酚	434	177	famoxadone	噁唑菌酮	445
145	dioxabenzofos	蔬果磷	388	178	famphur	氨磺磷	50
146	dioxacarb	二氧威	328	179	fenamiphos	苯线磷	283
147	diphenamid	双苯酰草胺	169	180	fenamiphos sulfone	苯线磷砜	210
148	diphenylamin	二苯胺	378	181	fenamiphos sulfoxide	苯线磷亚砜	203
149	dipropetryn	杀草净	267	182	fenarimol	氯苯嘧啶醇	54
150	disulfoton	乙拌磷	183	183	fenazaquin	喹螨醚	126
151	disulfoton sulfone	乙拌磷砜	125	184	fenbuconazole	腈苯唑	211
152	disulfoton-sulfoxide	乙拌磷-亚砜	190	185	fenfuram	黑穗胺	155
153	ditalimfos	灭菌磷	195	186	fenitrothion	杀螟硫磷	399
154	dithianon	二噻农	406	187	fenobucarb	仲丁威	157
155	dithiopyr	氟硫草定	225	188	fenoxanil	氰菌胺	206
156	diuron	敌草隆	93	189	fenoxycarb	双氧威	196
157	DMST	—	242	190	fenpropidin	苯锈定	337

表 E.1（续）

序号	英文名称	中文名称	附录A中序号
191	fenpropimorph	丁苯吗啉	284
192	fenpyroximate	唑螨酯	227
193	fensulfothin	丰索磷	198
194	fenthion	倍硫磷	184
195	fenthion sulfone	倍硫磷砜	347
196	fenthion sulfoxide	倍硫磷亚砜	34
197	fentin-chloride	氯化薯瘟锡	214
198	fenuron	非草隆	80
299	flamprop methyl	甲基麦草氟异丙酯	135
200	florasulam	双氟磺草胺	361
201	fluazifop butyl	吡氟禾草灵	67
202	fluazuron	啶蜱脲	149
203	flubenzimine	嘧唑螨	369
204	fluchloralin	氯乙氟灵	139
205	fludioxonil	咯菌腈	436
206	flufenacet	氟噻草胺	219
207	flufenoxuron	氟虫脲	74
208	flumiclorac-pentyl	胺氟草酯	228
209	fluometuron	伏草隆	166
210	fluorochloridone	氯咯草酮	199
211	fluridone	杀草吡啶	207
212	flurochloridone	氟咯草酮	349
213	flurtamone	呋草酮	133
214	flusilazole	氟硅唑	46
215	flusulfamide	磺菌胺	448
216	fluthiacet methyl	氟噻乙草酯	145
217	flutolanil	氟酰胺	49
218	flutriafol	粉唑醇	119
219	folpet	灭菌丹	335
220	fomesafen	氟磺胺草醚	449
221	fonofos	地虫硫磷	171
222	fosthiazate	噻唑硫磷	188
223	fuberidazole	麦穗灵	317
224	furalaxyl	抑菌丙胺酯	120

序号	英文名称	中文名称	附录A中序号
225	furmecyclox	拌种胺	172
226	haloxyfop-2-ethoxyethyl	吡氟甲禾灵	371
227	haloxyfop-methyl	精氟吡甲禾灵	66
228	heptanophos	庚虫磷	264
229	hexaflumuron	氟铃脲	147
230	hexazinone	环嗪酮	173
231	hexythiazox	噻螨酮	360
232	imazalil	抑霉唑	192
233	imazamethabenz-methyl	甲基咪草酯	189
234	imazapyr	咪唑烟酸	397
235	imibenconazole-des-benzyl	脱苯基亚胺唑	104
236	imidacloprid	吡虫啉	22
237	indoxacarb	茚虫威	75
238	ioxynil	碘苯腈	444
239	iprobenfos	异稻瘟净	109
240	iprovalicarb	丙森锌	47
241	isazofos	氯唑磷	351
242	isofenphos	异柳磷	212
243	isomethiozin	丁嗪草酮	24
244	isoprocarb	异丙威	1
245	isopropalin	异丙乐灵	286
246	isoprothiolane	稻瘟灵	191
247	isoproturon	异丙隆	238
248	isouron	异唑隆	86
249	isoxaben	异噁酰草胺	132
250	isoxaflutole	异噁氟草	63
251	kadethrin	噻嗯菊酯	311
252	kresoxim-methyl	亚胺菌	201
253	lactofen	乳氟禾草灵	423
254	linuron	利谷隆	263
255	lufenuron	虱螨脲	450
256	malathion	马拉硫磷	300

表 E.1（续）

序号	英文名称	中文名称	附录 A 中序号	序号	英文名称	中文名称	附录 A 中序号
257	mecarbam	灭蚜磷	298	291	napropamide	萘丙胺	398
258	mefenacet	苯噻酰草胺	281	292	neburon	草不隆	105
259	mefenoxam	精甲霜灵	106	293	nicotine	烟碱	79
260	mefenpyr-diethyl	吡唑解草酯	307	294	nitenpyram	烯啶虫胺	27
261	mepanipyrim	嘧菌胺	162	295	nitralin	甲磺乐灵	359
262	mephosfolan	地安磷	103	296	norflurazon	氟草敏	345
263	mepiquat chloride	甲哌金鎓	232	297	novaluron	双苯氟脲	148
264	mepronil	灭锈胺	182	298	nuarimol	氟苯嘧啶醇	287
265	mesotrion	甲基磺草酮	442	399	ofurace	甲呋酰胺	186
266	metalaxyl	甲霜灵	185	300	omethoate	氧乐果	325
267	metamitron	苯嗪草酮	237	301	oryzalin	安磺灵	443
268	metazachlor	灭草胺	274	302	oxabetrinil	解草腈	330
269	metconazole	叶菌唑	130	303	oxycarboxin	氧化萎锈灵	181
270	methabenzthiazuron	甲基苯噻隆	389	304	oxyflurofen	乙氧氟草醚	217
271	methacrifos	虫螨畏	259	305	paclobutrazol	多效唑	33
272	methamidophos	甲胺磷	150	306	paraoxon methyl	甲基对氧磷	19
273	methidathion	杀扑磷	40	307	paraoxon-ethyl	乙基对氧磷	338
274	methobromuron	溴谷隆	100	308	pebulate	克草敌	386
275	methomyl	灭多威	315	309	penconazole	戊菌唑	31
276	methoprene	烯虫酯	348	310	pencycuron	纹枯脲	297
277	methoprotryne	盖草津	28	311	phenmedipham	甜菜宁	117
278	methoxyfenozide	甲氧虫酰肼	221	312	phenothrin	苯醚菊酯	213
279	metolachlor	丙草胺	401	313	phenthoate	稻丰散	291
280	metolcarb	速灭威	377	314	phorate	甲拌磷	101
281	metoxuron	甲氧隆	164	315	phorate sulfone	甲拌磷砜	279
282	metribuzin	赛克津	241	316	phorate sulfoxide	甲拌磷亚砜	179
283	mevinphos	速灭磷	9	317	phosalone	伏杀硫磷	220
284	mexacarbate	自克威	391	318	phosfolan	硫环磷	394
285	molinate	禾草敌	83	319	phosmet	亚胺硫磷	409
286	monalide	庚酰草胺	168	320	phosphamidon	磷胺	116
287	monolinuron	绿谷隆	8	321	phoxim	辛硫磷	193
288	monuron	灭草隆	153	322	phthalic acid, biscyclohexyl ester	酞酸二环己酯	411
289	myclobutanil	腈菌唑	32				
290	naled	二溴磷	417	323	phthalic acid, dibutyl ester	酞酸二丁酯	400

表 E.1（续）

序号	英文名称	中文名称	附录 A 中序号	序号	英文名称	中文名称	附录 A 中序号
324	phthalic acid，dicyclohexyl ester	邻苯二甲酸二环己酯	55	356	pyraclostrobin	百克敏	309
				357	pyrazophos	吡菌磷	73
325	phthalic acid，benzyl butyl ester	酞酸苯甲基丁酯	350	358	pyrazoxyfen	苄草唑	368
				359	pyrethrin	除虫菊素	205
326	phthalimide	邻苯二甲酰亚胺	375	360	pyributicarb	稗草畏	301
327	picolinafen	氟吡酰草胺	144	361	pyridaben	哒螨灵	363
328	picoxystrobin	啶氧菌酯	305	362	pyridaphenthion	哒嗪硫磷	302
329	piperonyl butoxide	增效醚	216	363	pyridate	哒草特	366
330	piperophos	哌草磷	215	364	pyrifenox	啶斑肟	341
331	pirimicarb	抗蚜威	15	365	pyriftalid	环酯草醚	129
332	pirimiphos methyl	甲基嘧啶磷	123	366	pyrimethanil	嘧霉胺	154
333	pirimiphos-ethyl	嘧啶磷	303	367	pyrimidifen	嘧螨醚	365
334	prallethrin	右旋炔丙菊酯	407	368	pyrimitate	嘧啶磷	197
335	pretilachlor	丙草胺	45	369	pyriproxyfen	蚊蝇醚	131
336	prochloraz	咪鲜胺	222	370	pyroquilon	咯喹酮	316
337	procymidone	腐霉利	402	371	quinalphos	喹硫磷	194
338	profenefos	丙溴磷	308	372	quinoclamine	灭藻醌	156
339	promecarb	猛杀威	321	373	quinoxyphen	苯氧喹啉	346
340	prometon	扑灭通	163	374	quizalofop-ethyl	喹禾灵	65
341	prometryne	扑草净	18	375	rabenzazole	吡咪唑	6
342	pronamide	拿草特	98	376	resmethrin-2	苄呋菊酯	357
343	propachlor	毒草胺	5	377	ronnel	皮蝇磷	410
344	propamocarb	霜霉威	234	378	rotenone	鱼藤酮	421
345	propanil	敌稗	159	379	sebutylazine	另丁津	254
346	propaquizafop	噁草酸	422	380	secbumeton	密草通	11
347	propargite	炔螨特	142	381	simeconazole	硅氟唑	277
348	propazine	扑灭津	91	382	simeton	西玛通	384
349	propetamphos	胺丙畏	275	383	simetryn	西草净	7
350	propiconazole	丙环唑	137	384	spinosad	多杀菌素	231
351	propoxur	残杀威	85	385	spirodiclofen	螺螨酯	226
352	propyzamide	炔苯烯草胺	266	386	spiroxamine	螺噁茂胺	37
353	prosulfocarb	苄草丹	265	387	sulfallate	菜草畏	247
354	prothoate	发硫磷	107	388	sulfanitran	乙酰磺胺对硝基苯	441
355	pyraclofos	吡唑硫磷	304	389	sulfotep	治螟磷	292

表 E.1（续）

序号	英文名称	中文名称	附录 A 中序号	序号	英文名称	中文名称	附录 A 中序号
390	sulprofos	硫丙磷	293	421	tolclofos methyl	甲基立枯磷	38
391	tebuconazole	戊唑醇	285	422	tolfenpyrad	唑虫酰胺	418
392	tebufenozide	虫酰肼	415	423	tralkoxydim	苯草酮	299
393	tebufenpyrad	吡螨胺	413	424	*trans*-permethin	反式氯菊酯	367
394	tebupirimfos	丁基嘧啶磷	290	425	triadimefon	三唑酮	278
395	tebutam	牧草胺	256	426	triadimenol	三唑醇	35
396	tebuthiuron	木草隆	252	427	triallate	野麦畏	42
397	temephos	双硫磷	229	428	triamiphos	威菌磷	405
398	TEPP	特普	110	429	triasulfuron	醚苯磺隆	71
399	terbacil	特草定	430	430	triazophos	三唑磷	127
400	terbucarb	特草灵	30	431	triazoxide	唑菌嗪	261
401	terbufos	特丁硫磷	276	432	trichloronat	毒壤膦	356
402	terbufos sulfone	特丁硫磷砜	354	433	trichlorphon	敌百虫	175
403	terbumeton	特丁通	249	434	triclopyr	绿草定	395
404	terbuthylazine	特丁津	92	435	tricyclazole	三环唑	235
405	terbutryn	特丁净	260	436	tridemorph	十三吗啉	280
406	*tert*-butylamine	特丁胺	373	437	trietazine	草达津	253
407	tetrachlorvinphos	杀虫畏	141	438	trifloxystrobin	肟菌酯	146
408	tetraconazole	四氟醚唑	306	439	triflumuron	杀铃脲	62
409	tetramethirn	胺菊酯	56	440	trifluralin	氟乐灵	134
410	thenylchlor	噻吩草胺	204	441	tri-*iso*-butyl phosphate	三异丁基磷酸盐	269
411	thiabendazole	噻菌灵	236	442	tri-*n*-butyl phosphate	三正丁基磷酸盐	270
412	thiacloprid	噻虫啉	21	443	trinexapac-ethyl	抗倒酯	437
413	thiamethoxam	噻虫嗪	112	444	triticonazole	戊叉菌唑	202
414	thiazopyr	噻唑烟酸	312	445	uniconazole	烯效唑	340
415	thiobencarb	禾草丹	268	446	vamidothion	蚜灭磷	403
416	thiofanox	久效威	88	447	vamidothion sulfone	蚜灭多砜	353
417	thiofanox-sulfone	久效威砜	393	448	vernolate	灭草敌	320
418	thiofanox-sulfoxide	久效威亚砜	257	449	*zeta* cypermethrin	*Z*-氯氰菊酯	370
419	thiometon	甲基乙拌磷	334	450	zoxamide	苯酰草胺	414
420	thionazin	虫线磷	262				

ICS 67.050
X 04

中华人民共和国国家标准

GB/T 20770—2008
代替 GB/T 20770—2006

粮谷中486种农药及相关化学品残留量的测定 液相色谱-串联质谱法

Determination of 486 pesticides and related chemicals residues in grains—LC-MS-MS method

2008-12-31 发布 2009-05-01 实施

中华人民共和国国家质量监督检验检疫总局
中国国家标准化管理委员会 发布

前 言

本标准代替 GB/T 20770—2006《粮谷中 372 种农药及相关化学品多残留测定方法 液相色谱-质谱和液相色谱-串联质谱法》。

本标准与 GB/T 20770—2006 相比，主要变化如下：

——可测定的农药品种由 372 种扩大为 486 种，增加了 ESI 负源检测的农药品种；

——改变了前处理方法，选择了新的测试仪器和测试条件。

本标准的附录 A、附录 B、附录 C、附录 D、附录 E 为资料性附录。

本标准由中华人民共和国国家质量监督检验检疫总局提出并归口。

本标准起草单位：中华人民共和国秦皇岛出入境检验检疫局、山东农业大学。

本标准主要起草人：庞国芳、刘永明、范春林、曹彦忠、曹静、郑锋、连玉晶、贾光群、张进杰、李学民、吴艳萍、李金。

本标准于 2006 年首次发布。

粮谷中486种农药及相关化学品残留量的测定 液相色谱-串联质谱法

1 范围

本标准规定了大麦、小麦、燕麦、大米、玉米中486种农药及相关化学品(参见附录A和附录E)残留量液相色谱-串联质谱测定方法。

本标准适用于大麦、小麦、燕麦、大米、玉米中486种农药及相关化学品残留的定性鉴别,376种农药及相关化学品残留量的定量测定。

本标准定量测定的376种农药及相关化学品方法检出限为0.02 μg/kg~0.96 mg/kg(参见附录A)。

2 规范性引用文件

下列文件中的条款通过本标准的引用而成为本标准的条款。凡是注日期的引用文件,其随后所有的修改单(不包括勘误的内容)或修订版均不适用于本标准,然而,鼓励根据本标准达成协议的各方研究是否可使用这些文件的最新版本。凡是不注日期的引用文件,其最新版本适用于本标准。

GB 5491 粮食、油料检验 扦样、分样法

GB/T 6379.1 测量方法与结果的准确度(正确度与精密度) 第1部分:总则与定义(GB/T 6379.1—2004,ISO 5725-1:1994,IDT)

GB/T 6379.2 测量方法与结果的准确度(正确度与精密度) 第2部分:确定标准测量方法重复性与再现性的基本方法(GB/T 6379.2—2004,ISO 5725-2:1994,IDT)

GB/T 6682 分析实验室用水规格和试验方法(GB/T 6682—2008,ISO 3696:1987,MOD)

3 原理

用乙腈均质法提取试样中的农药及相关化学品,凝胶渗透色谱净化,液相色谱-串联质谱仪测定,外标法定量。

4 试剂和材料

水为GB/T 6682规定的一级水。

4.1 乙腈:色谱纯。

4.2 甲醇:色谱纯。

4.3 环己烷:色谱纯。

4.4 乙酸乙酯:色谱纯。

4.5 正己烷:色谱纯。

4.6 甲苯:优级纯。

4.7 丙酮:色谱纯。

4.8 异辛烷:色谱纯。

4.9 0.1%甲酸溶液(体积分数)。

4.10 5 mmol/L乙酸铵溶液:称取0.375 g乙酸铵加水稀释至1 000 mL。

4.11 乙腈+甲苯(3+1,体积比)。

4.12 乙腈+水(3+2,体积比)。

4.13　乙酸乙酯+环己烷(1+1,体积比)。

4.14　无水硫酸钠:分析纯。用前在 650 ℃灼烧 4 h,贮于干燥器中,冷却后备用。

4.15　微孔过滤膜(尼龙):13 mm×0.2 μm 和 13 mm×0.45 μm。

4.16　农药及相关化学品标准物质:纯度≥95%。

4.17　农药及相关化学品标准溶液

4.17.1　标准储备溶液

准确称取 5 mg~10 mg(精确至 0.1 mg)农药及相关化学品各标准物分别于 10 mL 容量瓶中,根据标准物的溶解度和测定的需要选甲醇、乙腈、甲苯、甲苯+丙酮混合液、异辛烷等溶剂溶解并定容至刻度,溶剂选择参见附录 A。标准储备溶液避光 0 ℃~4 ℃保存,可使用一年。

4.17.2　混合标准溶液(混合标准溶液 A、B、C、D、E、F 和 G)

按照农药及相关化学品的性质和保留时间,将 486 种农药及相关化学品分成 A、B、C、D、E、F 和 G 七个组,并根据每种农药及相关化学品在仪器上的响应灵敏度,确定其在混合标准溶液中的浓度。本标准对 486 种农药及相关化学品的分组及其混合标准溶液浓度参见附录 A。

依据每种农药及相关化学品的分组、混合标准溶液浓度及其标准储备液的浓度,移取一定量的单个农药及相关化学品标准储备溶液于 100 mL 容量瓶中,用甲醇定容至刻度。混合标准溶液避光 0 ℃~4 ℃保存,可使用一个月。

4.17.3　基质混合标准工作溶液

农药及相关化学品基质混合标准工作溶液是用空白样品基质溶液配成不同浓度的基质混合标准工作溶液 A、B、C、D、E、F 和 G,用于做标准工作曲线。

基质混合标准工作溶液应现用现配。

5　仪器

5.1　液相色谱-串联质谱仪:配有电喷雾离子源(ESI)。

5.2　凝胶渗透色谱仪:配有 400 mm×25 mm(内径),内装 BIO-Beads S-X3 填料或相当的净化柱。

5.3　分析天平:感量为 0.1 mg 和 0.01 g。

5.4　均质器:最大转速为 24 000 r/min。

5.5　梨形瓶:150 mL 和 250 mL。

5.6　氮气吹干仪。

5.7　离心管:80 mL。

5.8　移液器:1 mL。

5.9　样品瓶:2 mL,带聚四氟乙烯旋盖。

5.10　离心机:最大转速为 4 200 r/min。

5.11　旋转蒸发器。

6　试样制备与保存

6.1　试样的制备

按 GB 5491 扦取的粮谷样品经粉碎机粉碎,过 20 目筛,混匀,密封,作为试样,标明标记。

6.2　试样的保存

试样于常温下保存。

7　测定步骤

7.1　提取

称取 10 g 试样(精确至 0.01 g),放入盛有 15 g 无水硫酸钠的具塞离心管中,加 35 mL 乙腈,均质提取 1 min,3 800 r/min 离心 5 min,上清液通过装有无水硫酸钠的筒形漏斗,收集于梨形瓶中,残渣再用 30 mL 乙腈提取一次,合并提取液,将提取液用旋转蒸发器于 40 ℃水浴蒸发浓缩至约 0.5 mL,加入 5 mL 乙酸乙酯+环己烷(1+1)进行溶剂交换,重复两次,最后使样液体积约为 5 mL,待净化。

7.2 凝胶渗透色谱净化

7.2.1 条件

a) 净化柱:400 mm×25 mm(内径),内装 BIO-Beads S-X3 填料或相当者;

b) 检测波长:254 nm;

c) 流动相:乙酸乙酯+环己烷(1+1,体积比);

d) 流速:5 mL/min;

e) 进样量:5 mL;

f) 开始收集时间:22 min;

g) 结束收集时间:40 min。

7.2.2 净化

将上述提取液转移至 10 mL 容量瓶中,用 5 mL 乙酸乙酯+环己烷(1+1)分两次洗涤梨形瓶,并转移至上述 10 mL 容量瓶中,定容至刻度,摇匀。将样液过 0.45 μm 微孔滤膜滤入 10 mL 试管中,供凝胶渗透色谱仪净化,收集 22 min~40 min 的馏分于 200 mL 梨形瓶中,并在 40 ℃水浴旋转蒸发至 0.5 mL。将浓缩液置于氮气吹干仪上吹干,迅速加入 1 mL 的乙腈+水(3+2)溶解残渣,混匀,经 0.2 μm 滤膜过滤,供液相色谱-串联质谱测定。

7.3 液相色谱-串联质谱测定

7.3.1 条件

7.3.1.1 A、B、C、D、E、F 组液相色谱-串联质谱测定条件(ESI 正离子源)

a) 色谱柱:ZORBOX SB-C_{18},3.5 μm,100 mm × 2.1 mm(内径)或相当者;

b) 流动相及梯度洗脱条件见表 1;

表 1 流动相及梯度洗脱条件

步骤	总时间/min	流速/(μL/min)	流动相 A(0.1%甲酸水)/%	流动相 B(乙腈)/%
0	0.00	400	99.0	1.0
1	3.00	400	70.0	30.0
2	6.00	400	60.0	40.0
3	9.00	400	60.0	40.0
4	15.00	400	40.0	60.0
5	19.00	400	1.0	99.0
6	23.00	400	1.0	99.0
7	23.01	400	99.0	1.0

c) 柱温:40 ℃;

d) 进样量:10 μL;

e) 电离源模式:电喷雾离子化;

f) 电离源极性:正模式;

g) 雾化气:氮气;

h) 雾化气压力:0.28 MPa;

i) 离子喷雾电压:4 000 V;

j) 干燥气温度:350 ℃;

k) 干燥气流速:10 L/min;

l) 监测离子对、碰撞气能量和源内碎裂电压参见附录 B。

7.3.1.2 **G 组液相色谱-串联质谱测定条件(ESI 负离子源)**

a) 色谱柱:ZORBOX SB-C_{18},3.5 μm,100 mm×2.1 mm(内径)或相当者;

b) 流动相及梯度洗脱条件见表 2;

表 2 流动相及梯度洗脱条件

步骤	总时间/min	流速/(μL/min)	流动相 A(5 mmol/L 乙酸铵水)/%	流动相 B(乙腈)/%
0	0.00	400	99.0	1.0
1	3.00	400	70.0	30.0
2	6.00	400	60.0	40.0
3	9.00	400	60.0	40.0
4	15.00	400	40.0	60.0
5	19.00	400	1.0	99.0
6	23.00	400	1.0	99.0
7	23.01	400	99.0	1.0

c) 柱温:40 ℃;

d) 进样量:10 μL;

e) 电离源模式:电喷雾离子化;

f) 电离源极性:负模式;

g) 雾化气:氮气;

h) 雾化气压力:0.28 MPa;

i) 离子喷雾电压:4 000 V;

j) 干燥气温度:350 ℃;

k) 干燥气流速:10 L/min;

l) 监测离子对、碰撞气能量和源内碎裂电压参见附录 B。

7.3.2 **定性测定**

在相同实验条件下进行样品测定时,如果检出的色谱峰的保留时间与标准样品相一致,并且在扣除背景后的样品质谱图中,所选择的离子均出现,而且所选择的离子丰度比与标准样品的离子丰度比相一致(相对丰度>50%,允许±20%偏差;相对丰度>20%~50%,允许±25%偏差;相对丰度>10%~20%,允许±30%偏差;相对丰度≤10%,允许±50%偏差),则可判断样品中存在这种农药或相关化学品。

7.3.3 **定量测定**

本标准中液相色谱-串联质谱采用外标校准曲线法定量测定。为减少基质对定量测定的影响,需用空白样品提取液来配制所使用的一系列基质标准工作溶液,用基质标准工作溶液分别进样来绘制标准曲线。并且保证所测样品中农药及相关化学品的响应值均在仪器的线性范围内。486 种农药及相关化学品多反应监测(MRM)色谱图参见附录 C。

7.4 **平行试验**

按以上步骤对同一试样进行平行试验测定。

7.5 空白试验

除不称取试样外，均按上述步骤进行。

8 结果计算

液相色谱-串联质谱测定采用标准曲线法定量，标准曲线法定量结果按式(1)计算：

$$X_i = c_i \times \frac{V}{m} \times \frac{1\ 000}{1\ 000} \quad \cdots\cdots (1)$$

式中：

X_i——试样中被测组分含量，单位为毫克每千克(mg/kg)；

c_i——从标准工作曲线得到的试样溶液中被测组分的浓度，单位为微克每毫升(μg/mL)；

V——试样溶液定容体积，单位为毫升(mL)；

m——样品溶液所代表试样的质量，单位为克(g)。

计算结果应扣除空白值。

9 精密度

本标准精密度数据是按照 GB/T 6379.1 和 GB/T 6379.2 的规定确定的，获得重复性和再现性的值是以 95%的可信度来计算。本标准方法的精密度数据参见附录 D。

附 录 A
（资料性附录）
486 种农药及相关化学品中文与英文名称、方法检出限、分组、溶剂选择和混合标准溶液浓度表

486 种农药及相关化学品中文与英文名称、方法检出限、分组、溶剂选择和混合标准溶液浓度表见表 A.1。

表 A.1　486 种农药及相关化学品中文与英文名称、方法检出限、分组、溶剂选择和混合标准溶液浓度表

序号	中文名称	英文名称	检出限/(μg/kg)	溶剂	混合标准溶液浓度/(μg/mL)
A 组					
1	苯胺灵	propham	55.00	甲苯	11.00
2	异丙威	isoprocarb	1.15	甲醇	0.23
3	3,4,5-混杀威	3,4,5-trimethacarb	0.17	甲醇	0.03
4	环莠隆	cycluron	0.10	甲醇	0.02
5	甲萘威	carbaryl	5.16	甲醇	1.03
6	毒草胺	propachlor	0.14	甲醇	0.03
7	吡咪唑	rabenzazole	0.67	甲醇	0.13
8	西草净	simetryn	0.07	甲醇	0.01
9	绿谷隆	monolinuron	1.78	甲醇	0.36
10	速灭磷	mevinphos	0.78	甲醇	0.16
11	叠氮津	aziprotryne	0.69	甲醇	0.14
12	密草通	secbumeton	0.04	甲醇	0.01
13	嘧菌磺胺[a]	cyprodinil	0.37	甲醇	0.07
14	播土隆	buturon	4.48	甲醇	0.90
15	双酰草胺	carbetamide	1.82	甲醇	0.36
16	抗蚜威	pirimicarb	0.08	甲醇	0.02
17	异噁草松	clomazone dimethazone	0.21	甲醇	0.04
18	氰草津	cyanazine	0.08	甲醇	0.02
19	扑草净	prometryne	0.08	甲醇	0.02
20	对氧磷	paraoxon methyl	0.38	甲醇	0.08
21	4,4′-二氯二苯甲酮[a]	4,4′-dichlorobenzophenone	6.80	甲醇	1.36
22	噻虫啉	thiacloprid	0.19	甲醇	0.04
23	吡虫啉	imidacloprid	11.00	甲醇	2.20
24	磺噻隆	ethidimuron	0.75	甲醇	0.15
25	丁嗪草酮	isomethiozin	0.53	甲醇	0.11
26	燕麦敌	diallate	44.60	甲醇	8.92
27	乙草胺	acetochlor	23.70	甲醇	4.74

表 A.1（续）

序号	中文名称	英文名称	检出限/(μg/kg)	溶剂	混合标准溶液浓度/(μg/mL)
28	烯啶虫胺[a]	nitenpyram	8.56	甲醇	1.71
29	盖草津[a]	methoprotryne	0.12	甲醇	0.02
30	二甲酚草胺	dimethenamid	2.15	甲醇	0.43
31	特草灵	terrbucarb	1.05	甲醇	0.21
32	戊菌唑	penconazole	1.00	甲醇	0.20
33	腈菌唑	myclobutanil	0.50	甲醇	0.10
34	咪唑乙烟酸[a]	imazethapyr	0.56	甲醇	0.11
35	多效唑	paclobutrazol	0.29	甲醇	0.06
36	倍硫磷亚砜	fenthion sulfoxide	0.16	甲醇	0.03
37	三唑醇[a]	triadimenol	5.28	甲醇	1.06
38	仲丁灵[a]	butralin	0.95	甲醇	0.19
39	螺噁茂胺[a]	spiroxamine	0.03	甲醇	0.01
40	甲基立枯磷	tolclofos methyl	33.28	甲醇	6.66
41	甜菜胺	desmedipham	2.01	甲醇	0.40
42	杀扑磷	methidathion	5.33	甲醇	1.07
43	烯丙菊酯	allethrin	30.20	甲醇	6.04
44	敌瘟磷	edifenphos	0.38	甲醇	0.08
45	丙草胺	pretilachlor	0.17	甲醇	0.03
46	二嗪磷	diazinon	0.36	甲苯	0.07
47	氟硅唑	flusilazole	0.29	甲醇	0.06
48	丙森锌	iprovalicarb	1.16	甲醇	0.23
49	麦锈灵	benodanil	1.74	甲醇	0.35
50	氟酰胺	flutolanil	0.57	甲醇	0.11
51	氨磺磷	famphur	1.80	甲醇	0.36
52	苯霜灵	benalyxyl	0.62	甲醇	0.12
53	苄氯三唑醇	diclobutrazole	0.23	甲醇	0.05
54	乙环唑	etaconazole	0.89	甲醇	0.18
55	氯苯嘧啶醇	fenarimol	0.30	甲醇	0.06
56	胺菊酯	tetramethirn	0.91	甲醇	0.18
57	解草酯	cloquintocet mexyl	0.94	甲醇	0.19
58	联苯三唑醇	bitertanol	16.70	甲醇	3.34
59	吡喃草酮	tepraloxydim	6.10	甲醇	1.22
60	甲基硫菌灵[a]	thiophanate methyl	10.00	甲醇	2.00
61	益棉磷	azinphos ethyl	54.46	甲醇	10.89

表 A.1（续）

序号	中文名称	英文名称	检出限/(μg/kg)	溶剂	混合标准溶液浓度/(μg/mL)
62	杀铃脲	triflumuron	1.96	甲醇	0.39
63	异噁氟草	isoxaflutole	1.95	甲醇	0.39
64	莎稗磷	anilofos	0.36	甲醇	0.07
65	硫菌灵[a]	thiophanat ethyl	10.08	甲醇	2.02
66	喹禾灵	quizalofop-ethyl	0.34	甲醇	0.07
67	精氟吡甲禾灵	haloxyfop-methyl	1.32	甲醇	0.26
68	吡氟禾草灵	fluazifop butyl	0.13	甲醇	0.03
69	乙基溴硫磷[a]	bromophos-ethyl	283.85	甲醇	56.77
70	地散磷	bensulide	17.10	甲醇	3.42
71	醚苯磺隆[a]	triasulfuron	0.80	甲醇	0.16
72	溴苯烯磷	bromfenvinfos	1.51	甲醇	0.30
73	嘧菌酯	azoxystrobin	0.23	甲醇	0.05
74	茚虫威	indoxacarb	3.77	甲醇	0.75
		B组			
75	棉隆	dazomet	63.50	甲醇	12.70
76	烟碱	nicotine	1.10	甲醇	0.22
77	非草隆	fenuron	0.52	甲醇	0.10
78	鼠立克	crimidine	0.78	甲醇	0.16
79	乙酰甲胺磷[a]	acephate	6.67	甲醇	1.33
80	禾草敌	molinate	1.05	甲醇	0.21
81	多菌灵	carbendazim	0.23	甲醇	0.05
82	6-氯-4-羟基-3-苯基哒嗪	6-chloro-4-hydroxy-3-phenyl-pyridazin	0.83	甲醇	0.17
83	残杀威	propoxur	12.20	甲醇	2.44
84	异唑隆	isouron	0.20	甲醇	0.04
85	绿麦隆	chlorotoluron	0.31	甲醇	0.06
86	久效威[a]	thiofanox	78.50	甲醇	15.70
87	氯草灵	chlorbufam	91.50	甲醇	18.30
88	噁虫威	bendiocarb	1.59	甲醇	0.32
89	扑灭津	propazine	0.16	甲醇	0.03
90	特丁津	terbuthylazine	0.23	甲醇	0.05
91	敌草隆	diuron	0.78	甲醇	0.16
92	氯甲硫磷	chlormephos	224.00	甲醇	44.80
93	噻虫胺[a]	clothianidin	31.50	甲醇	6.30
94	拿草特	pronamide	7.69	甲醇	1.54

表 A.1(续)

序号	中文名称	英文名称	检出限/(μg/kg)	溶剂	混合标准溶液浓度/(μg/mL)
95	二甲草胺	dimethachloro	0.95	甲醇	0.19
96	溴谷隆	methobromuron	8.42	甲醇	1.68
97	甲拌磷	phorate	157.00	甲醇	31.40
98	苯草醚	aclonifen	12.10	甲醇	2.42
99	地安磷	mephosfolan	1.16	甲醇	0.23
100	脱苯甲基亚胺唑	imibenzonazole-des-benzyl	3.11	甲醇	0.62
101	草不隆	neburon	3.55	甲醇	0.71
102	精甲霜灵	mefenoxam	0.77	甲醇	0.15
103	发硫磷[a]	prothoate	1.23	甲醇	0.25
104	乙氧呋草黄	ethofume sate	186.00	甲醇	37.20
105	异稻瘟净	iprobenfos	4.14	甲醇	0.83
106	特普	TEPP	5.20	甲醇	1.04
107	环丙唑醇	cyproconazole	0.37	甲醇	0.07
108	噻虫嗪[a]	thiamethoxam	16.50	甲醇	3.30
109	育畜磷	crufomate	0.26	甲醇	0.05
110	乙嘧硫磷	etrimfos	9.38	甲醇	1.88
111	杀鼠醚	coumatetralyl	0.68	甲醇	0.14
112	赛灭磷	cythioate	40.00	甲醇	8.00
113	磷胺	phosphamidon	1.94	甲醇	0.39
114	甜菜宁	phenmedipham	2.24	甲醇	0.45
115	环酰菌胺[a]	fenhexamid	0.47	甲醇	0.09
116	粉唑醇	flutriafol	4.29	甲醇	0.86
117	抑菌丙胺酯	furalaxyl	0.39	甲醇	0.08
118	生物丙烯菊酯	bioallethrin	99.00	甲醇	19.80
119	苯腈磷	cyanofenphos	10.40	甲醇	2.08
120	甲基嘧啶磷	pirimiphos methyl	0.10	甲醇	0.02
121	噻嗪酮	buprofezin	0.44	甲醇	0.09
122	乙拌磷砜	disulfoton sulfone	1.23	甲醇	0.25
123	喹螨醚	fenazaquin	0.16	甲醇	0.03
124	三唑磷	triazophos	0.34	甲醇	0.07
125	脱叶磷	DEF	0.81	甲醇	0.16
126	环酯草醚	pyriftalid	0.31	甲醇	0.06
127	叶菌唑	metconazole	0.66	甲醇	0.13
128	蚊蝇醚	pyriproxyfen	0.22	甲醇	0.04

表 A.1(续)

序号	中文名称	英文名称	检出限/(μg/kg)	溶剂	混合标准溶液浓度/(μg/mL)
129	噻草酮[a]	cycloxydim	1.27	甲醇	0.25
130	异噁酰草胺	isoxaben	0.09	甲醇	0.02
131	呋草酮	flurtamone	0.22	甲醇	0.04
132	氟乐灵	trifluralin	167.40	甲苯	33.48
133	甲基麦草氟异丙酯	flamprop methyl	10.10	甲醇	2.02
134	生物苄呋菊酯	bioresmethrin	3.71	甲醇	0.74
135	丙环唑	propiconazole	0.88	甲醇	0.18
136	毒死蜱	chlorpyrifos	26.90	甲醇	5.38
137	氯乙氟灵[a]	fluchloralin	244.00	甲醇	48.80
138	烯草酮[a]	clethodim	1.04	甲醇	0.21
139	麦草氟异丙酯[a]	flamprop isopropyl	0.22	甲醇	0.04
140	杀虫畏	tetrachlorvinphos	1.11	甲醇	0.22
141	炔螨特	propargite	34.30	甲醇	6.86
142	糠菌唑	bromuconazole	1.57	甲醇	0.31
143	氟吡酰草胺	picolinafen	0.36	甲醇	0.07
144	氟噻乙草酯	fluthiacet methyl	2.65	甲醇	0.53
145	肟菌酯	trifloxystrobin	1.00	甲醇	0.20
146	氯嘧磺隆	chlorimuron ethyl	15.20	甲醇	3.04
C组					
147	甲胺磷	methamidophos	2.47	甲醇	0.49
148	茵草敌	EPTC	18.67	甲醇	3.73
149	避蚊胺	diethyltoluamide	0.28	甲醇	0.06
150	灭草隆	monuron	17.37	甲醇	3.47
151	嘧霉胺	pyrimethanil	0.34	甲醇	0.07
152	黑穗胺	fenfuram	0.39	甲醇	0.08
153	灭藻醌	quinoclamine	3.96	甲醇	0.79
154	仲丁威	fenobucarb	2.95	甲醇	0.59
155	敌稗	propanil	10.80	甲醇	2.16
156	克百威	carbofuran	6.53	甲醇	1.31
157	啶虫脒	acetamiprid	0.72	甲醇	0.14
158	嘧菌胺	mepanipyrim	0.16	甲醇	0.03
159	扑灭通	prometon	0.07	甲醇	0.01
160	甲硫威	methiocarb	20.60	甲醇	4.12
161	甲氧隆	metoxuron	0.32	甲醇	0.06

表 A.1（续）

序号	中文名称	英文名称	检出限/(μg/kg)	溶剂	混合标准溶液浓度/(μg/mL)
162	乐果	dimethoate	3.80	甲醇	0.76
163	呋菌胺[a]	methfuroxam	0.14	甲醇	0.03
164	伏草隆[a]	fluometuron	0.46	甲醇	0.09
165	百治磷	dicrotophos	0.57	甲醇	0.11
166	庚酰草胺[a]	monalide	0.60	甲醇	0.12
167	双苯酰草胺	diphenamid	0.07	甲醇	0.01
168	灭线磷	ethoprophos	1.38	甲醇	0.28
169	地虫硫磷	fonofos	3.73	甲醇	0.75
170	土菌灵[a]	etridiazol	50.21	甲醇	10.04
171	环嗪酮	hexazinone	0.06	甲醇	0.01
172	阔草净[a]	dimethametryn	0.06	甲醇	0.01
173	敌百虫	trichlorphon	0.56	甲醇	0.11
174	内吸磷[a]	demeton($o+s$)	3.39	甲醇	0.68
175	解草酮	benoxacor	3.45	甲醇	0.69
176	除草定	bromacil	11.80	甲醇	2.36
177	甲拌磷亚砜	phorate sulfoxide	184.14	甲醇	34.65
178	溴莠敏	brompyrazon	1.80	甲醇	0.36
179	氧化萎锈灵	oxycarboxin	0.45	甲醇	0.09
180	灭锈胺	mepronil	0.19	甲醇	0.04
181	乙拌磷	disulfoton	234.85	甲醇	46.97
182	倍硫磷[a]	fenthion	26.00	甲醇	5.20
183	甲霜灵	metalaxyl	0.25	甲醇	0.05
184	甲呋酰胺	ofurace	0.50	甲醇	0.10
185	吗菌灵	dodemorph	0.20	甲醇	0.04
186	甲基咪草酯	imazamethabenz-methyl	0.08	甲醇	0.02
187	乙拌磷亚砜[a]	disulfoton-sulfoxide	1.42	甲醇	0.28
188	稻瘟灵	isoprothiolane	0.92	甲醇	0.18
189	抑霉唑	imazalil	1.00	甲醇	0.20
190	辛硫磷	phoxim	41.40	甲醇	8.28
191	喹硫磷	quinalphos	1.00	甲醇	0.20
192	灭菌磷	ditalimfos	33.61	甲醇	6.72
193	苯氧威[a]	fenoxycarb	9.14	甲醇	1.83
194	嘧啶磷	pyrimitate	0.09	甲醇	0.02
195	丰索磷	fensulfothin	1.00	甲醇	0.20

表 A.1（续）

序号	中文名称	英文名称	检出限/(μg/kg)	溶剂	混合标准溶液浓度/(μg/mL)
196	氟咯草酮[a]	fluorochloridone	6.89	甲醇	1.38
197	丁草胺	butachlor	10.03	甲醇	2.01
198	亚胺菌	kresoxim-methyl	50.29	甲醇	10.06
199	戊叉菌唑	triticonazole	1.51	异辛烷	0.30
200	苯线磷亚砜	fenamiphos sulfoxide	0.37	甲醇	0.07
201	噻吩草胺	thenylchlor	12.07	甲醇	2.41
202	氰菌胺	fenoxanil	19.70	甲醇	3.94
203	杀草吡啶	fluridone	0.09	甲醇	0.02
204	氟环唑	epoxiconazole	2.03	甲醇	0.41
205	氯辛硫磷	chlorphoxim	38.79	甲醇	7.76
206	苯线磷砜	fenamiphos sulfone	0.22	甲醇	0.04
207	腈苯唑	fenbuconazole	0.82	甲醇	0.16
208	异柳磷[a]	isofenphos	109.34	甲醇	21.87
209	苯醚菊酯	phenothrin	169.60	甲醇	33.92
210	哌草磷	piperophos	4.62	甲醇	0.92
211	增效醚	piperonyl butoxide	0.57	甲醇	0.11
212	乙氧氟草醚[a]	oxyflurofen	29.27	甲醇	5.85
213	蝇毒磷	coumaphos	1.05	甲醇	0.21
214	氟噻草胺[a]	flufenacet	2.65	甲醇	0.53
215	伏杀硫磷	phosalone	24.02	甲醇	4.80
216	甲氧虫酰肼	methoxyfenozide	1.85	甲醇	0.37
217	咪鲜胺	prochloraz	1.03	甲醇	0.21
218	丙硫特普	aspon	0.87	甲醇	0.17
219	乙硫磷	ethion	1.48	甲醇	0.30
220	杀螨隆[a]	diafenthiuron	0.14	甲醇	0.03
221	噻吩磺隆	thifensulfuron-methyl	10.70	甲醇	2.14
222	乙氧嘧磺隆	ethoxysulfuron	2.29	甲醇	0.46
223	氟硫草定[a]	dithiopyr	5.20	甲醇	1.04
224	螺螨酯	spirodiclofen	4.95	甲醇	0.99
225	唑螨酯	fenpyroximate	0.68	甲醇	0.14
226	胺氟草酯	flumiclorac-pentyl	5.30	甲醇	1.06
227	双硫磷	temephos (abate)	0.61	甲醇	0.12
228	氟丙嘧草酯[a]	butafenacil	4.75	甲醇	0.95

表 A.1（续）

序号	中文名称	英文名称	检出限/(μg/kg)	溶剂	混合标准溶液浓度/(μg/mL)
		D组			
229	甲哌金翁[a]	mepiquat chloride	0.45	甲醇	0.09
230	二丙烯草胺	allidochlor	20.52	甲醇	4.10
231	霜霉威[a]	propamocarb	0.04	甲醇	0.01
232	三环唑	tricyclazole	0.62	甲醇	0.13
233	噻菌灵	thiabendazole	0.24	甲醇	0.05
234	苯嗪草酮	metamitron	3.18	甲醇	0.64
235	异丙隆	isoproturon	0.07	甲醇	0.01
236	莠去通	atratone	0.09	甲醇	0.02
237	敌草净	oesmetryn	0.09	甲醇	0.02
238	赛克津	metribuzin	0.27	甲苯	0.05
239	—	DMST	20.00	甲醇	4.00
240	环草敌	cycloate	2.22	甲醇	0.44
241	莠去津	atrazine	0.18	甲醇	0.04
242	丁草敌	butylate	151.00	甲醇	30.2
243	吡蚜酮	pymetrozin	17.14	甲醇	3.43
244	氯草敏	chloridazon	1.16	甲醇	0.23
245	菜草畏	sulfallate	103.60	甲醇	20.72
246	乙硫苯威	ethiofencarb	2.46	甲醇	0.49
247	特丁通	terbumeton	0.05	甲醇	0.01
248	环丙津	cyprazine	0.05	甲醇	0.01
249	阔草净	ametryn	0.48	甲醇	0.10
250	木草隆	tebuthiuron	0.11	甲醇	0.02
251	草达津	trietazine	0.30	甲醇	0.06
252	另丁津	sebutylazine	0.16	甲醇	0.03
253	畜虫避	dibutyl succinate	111.20	甲醇	22.24
254	牧草胺	tebutam	0.07	甲醇	0.01
255	久效威亚砜	thiofanox-sulfoxide	4.15	甲醇	0.83
256	杀螟丹[a]	cartap hydrochloride	1 040.00	甲醇	208.00
257	虫螨畏	methacrifos	242.37	甲醇	242.37
258	特丁净[a]	terbutryn	11.35	甲醇	2.27
259	咪唑嗪	triazoxide	4.00	甲醇	0.80
260	虫线磷	thionazin	11.34	甲醇	2.27
261	利谷隆	linuron	5.82	甲醇	1.16

表 A.1（续）

序号	中文名称	英文名称	检出限/(μg/kg)	溶剂	混合标准溶液浓度/(μg/mL)
262	庚虫磷	heptanophos	2.92	甲醇	0.58
263	苄草丹	prosulfocarb	0.18	甲醇	0.04
264	杀草净	dipropetryn	0.14	甲醇	0.03
265	禾草丹	thiobencarb	1.65	甲醇	0.33
266	三异丁基磷酸盐	tri-*iso*-butyl phosphate	1.79	甲醇	0.40
267	三正丁基磷酸盐	tri-*n*-butyl phosphate	0.19	甲醇	0.04
268	乙霉威	diethofencarb	1.00	甲醇	0.20
269	甲草胺	alachlor	3.70	甲醇	0.74
270	硫线磷	cadusafos	0.58	甲醇	0.12
271	吡唑草胺	metazachlor	0.49	甲醇	0.10
272	胺丙畏	propetamphos	27.00	甲醇	5.40
273	特丁硫磷[a]	terbufos	1 120.00	甲醇	224.00
274	硅氟唑	simeconazole	1.47	甲醇	0.29
275	三唑酮	triadimefon	3.94	甲醇	0.79
276	甲拌磷砜	phorate sulfone	21.00	甲醇	4.20
277	十三吗啉[a]	tridemorph	1.30	甲醇	0.26
278	苯噻酰草胺	mefenacet	1.10	甲醇	0.22
279	戊环唑	azaconazole	0.40	甲醇	0.08
280	苯线磷[a]	fenamiphos	0.10	甲醇	0.02
281	丁苯吗啉	fenpropimorph	0.09	甲醇	0.02
282	戊唑醇	tebuconazole	1.12	甲醇	0.22
283	异丙乐灵	isopropalin	15.00	甲醇	3.00
284	氟苯嘧啶醇[a]	nuarimol	0.50	甲醇	0.10
285	乙嘧酚磺酸酯	bupirimate	0.35	甲醇	0.07
286	保棉磷	azinphos-methyl	552.17	甲醇	110.43
287	丁基嘧啶磷	tebupirimfos	0.06	甲醇	0.01
288	稻丰散	phenthoate	46.18	甲醇	9.24
289	治螟磷	sulfotep	1.30	甲醇	0.26
290	硫丙磷	sulprofos	2.92	甲醇	0.58
291	苯硫磷	EPN	16.50	甲醇	3.30
292	甲基吡噁磷	azamethiphos	0.40	甲醇	0.08
293	烯唑醇	diniconazole	0.67	甲醇	0.13
294	唑嘧磺草胺	flumetsulam	0.15	甲醇	0.03
295	稀禾啶	sethoxydim	44.80	甲醇	9.96

表 A.1（续）

序号	中文名称	英文名称	检出限/(μg/kg)	溶剂	混合标准溶液浓度/(μg/mL)
296	纹枯脲	pencycuron	0.14	甲醇	0.03
297	灭蚜磷	mecarbam	9.80	甲醇	1.96
298	苯草酮	tralkoxydim	0.16	甲醇	0.03
299	马拉硫磷	malathion	2.82	甲醇	0.56
300	稗草畏	pyributicarb	0.17	甲醇	0.03
301	哒嗪硫磷	pyridaphenthion	0.44	甲醇	0.09
302	嘧啶磷	pirimiphos-ethyl	0.05	甲醇	0.01
303	硫双威[a]	thiodicarb	19.68	甲醇	3.94
304	吡唑硫磷	pyraclofos	0.50	甲醇	0.10
305	啶氧菌酯	picoxystrobin	4.22	甲醇	0.84
306	四氟醚唑	tetraconazole	0.86	甲醇	0.17
307	吡唑解草酯	mefenpyr-diethyl	6.28	甲醇	1.26
308	丙溴磷	profenefos	1.01	甲醇	0.20
309	百克敏	pyraclostrobin	0.25	甲醇	0.05
310	烯酰吗啉	dimethomorph	0.18	甲醇	0.04
311	噻嗯菊酯	kadethrin	1.66	甲醇	0.33
312	噻唑烟酸	thiazopyr	0.98	甲醇	0.20
313	甲基丙硫克百威	benfuracarb-methyl	8.19	甲醇	1.64
314	醚黄隆	cinosulfuron	0.56	甲醇	0.11
315	吡嘧磺隆	pyrazosulfuron-ethyl	3.42	甲醇	0.68
316	磺草胺唑	metosulam	2.20	甲醇	0.44
E组					
317	4-氨基吡啶[a]	4-aminopyridine	0.43	甲醇	0.09
318	灭多威	methomyl	4.78	甲醇	0.96
319	咯喹酮[a]	pyroquilon	1.74	甲醇	0.35
320	麦穗灵	fuberidazole	0.95	甲醇	0.19
321	丁脒酰胺	isocarbamid	0.85	甲醇	0.17
322	丁酮威	butocarboxim	0.79	甲醇	0.16
323	杀虫脒	chlordimeform	0.67	甲醇	0.13
324	霜脲氰[a]	cymoxanil	27.80	甲醇	5.56
325	灭草敌	vernolate	0.13	甲醇	0.03
326	氯硫酰草胺[a]	chlorthiamid	4.41	甲醇	0.88
327	灭害威	aminocarb	8.21	甲醇	1.64
328	甲菌定[a]	dimethirimol	0.06	甲醇	0.01

表 A.1(续)

序号	中文名称	英文名称	检出限/(μg/kg)	溶剂	混合标准溶液浓度/(μg/mL)
329	氧乐果	omethoate	4.83	甲醇	0.97
330	乙氧呋啉[a]	ethoxyquin	1.76	甲醇	0.35
331	敌敌畏	dichlorvos	0.27	甲醇	0.05
332	涕灭威砜	aldicarb sulfone	10.70	甲醇	2.14
333	二氧威	dioxacarb	1.68	甲醇	0.34
334	苄腺嘌呤	benzyladenine	35.40	甲醇	7.08
335	甲基内吸磷[a]	demeton-*s*-methyl	2.65	甲醇	0.53
336	杀虫丹亚砜	ethiofencarb-sulfoxide	112.00	甲醇	22.40
337	杀螟腈[a]	cyanohos	5.06	甲醇	1.01
338	甲基乙拌磷	thiometon	289.00	甲醇	57.80
339	灭菌丹[a]	folpet	69.30	甲醇	13.86
340	哌草丹[a]	dimepiperate	1 890.00	甲醇	378.00
341	苯锈定	fenpropidin	0.09	甲醇	0.02
342	赛硫磷	amidithion	329.00	甲醇	65.80
343	甲咪唑烟酸	imazapic	2.95	甲醇	0.59
344	甲基对氧磷	paraoxon-ethyl	0.24	甲醇	0.05
345	4-十二烷基-2,6-二甲基吗啉	aldimorph	1.58	甲醇	0.32
346	乙烯菌核利	vinclozolin	1.27	甲醇	0.25
347	烯效唑	uniconazole	1.20	甲醇	0.24
348	啶斑肟	pyrifenox	0.13	甲醇	0.03
349	氯硫磷	chlorthion	66.80	甲醇	13.36
350	异氯磷	dicapthon	0.12	甲醇	0.02
351	四螨嗪	clofentezine	0.38	甲醇	0.08
352	氟草敏	norflurazon	0.13	甲醇	0.03
353	野麦畏	triallate	23.10	甲醇	4.62
354	苯氧喹啉	quinoxyphen	76.70	甲醇	15.34
355	倍硫磷砜	fenthion sulfone	8.73	甲醇	1.75
356	氟咯草酮	flurochloridone	0.65	甲醇	0.13
357	酞酸苯甲基丁酯	phthalic acid,benzyl butyl ester	316.00	甲醇	63.20
358	氯唑磷	isazofos	0.09	甲醇	0.02
359	除线磷	dichlofenthion	15.10	甲醇	3.02
360	蚜灭多砜	vamidothion sulfone	238.00	甲醇	47.60
361	特丁硫磷砜	terbufos sulfone	44.30	甲醇	8.86
362	敌乐胺[a]	dinitramine	0.90	甲苯	0.18

表 A.1(续)

序号	中文名称	英文名称	检出限/(μg/kg)	溶剂	混合标准溶液浓度/(μg/mL)
363	氰霜唑[a]	cyazofamid	2.25	乙腈	0.45
364	毒壤磷	trichloronat	33.40	甲醇	6.68
365	苄呋菊酯	resmethrin-2	0.15	甲醇	0.03
366	啶酰菌胺	boscalid	2.38	甲醇	0.48
367	甲磺乐灵	nitralin	17.20	甲醇	3.44
368	甲氰菊酯	fenpropathrin	122.50	甲醇	24.50
369	噻螨酮	hexythiazox	11.80	甲醇	2.36
370	双氟磺草胺[a]	florasulam	8.70	乙腈	1.74
371	苯螨特	benzoximate	9.83	甲醇	1.97
372	新燕灵	benzoylprop-ethyl	154.00	甲醇	30.80
373	呋草唑	pyrimidifen	7.00	甲醇	1.40
374	呋线威	furathiocarb	0.96	甲醇	0.19
375	反式氯菊酯	*trans*-permethin	2.40	甲醇	0.48
376	醚菊酯	etofenprox	114.00	甲醇	228.00
377	苄草唑[a]	pyrazoxyfen	0.16	甲醇	0.03
378	嘧唑螨[a]	flubenzimine	3.89	甲醇	0.78
379	*Z*-氯氰菊酯[a]	*zeta* cypermethrin	0.34	甲醇	0.07
380	氟吡乙禾灵	haloxyfop-2-ethoxyethyl	1.25	甲醇	0.25
381	*S*-氰戊菊酯[a]	esfenvalerate	208.00	甲醇	41.60
382	乙羧氟草醚[a]	fluoroglycofen-ethyl	2.50	甲醇	0.50
F组					
383	丙烯酰胺[a]	acrylamide	8.90	甲醇	1.78
384	叔丁基胺[a]	*tert*-butylamine	19.48	甲醇	3.90
385	噁霉灵	hymexazol	112.07	甲醇	22.41
386	邻苯二甲酰亚胺	phthalimide	21.50	甲醇	4.30
387	甲氟磷[a]	dimefox	34.10	甲醇	6.82
388	速灭威	metolcarb	12.70	甲醇	2.54
389	二苯胺	diphenylamin	0.21	甲醇	0.04
390	萘乙酸基乙酰亚胺	1-naphthy acetamide	0.41	甲醇	0.08
391	乙基-阿特拉津[a]	atrazine-desethyl	0.31	甲醇	0.06
392	2,6-二氯苯甲酰胺	2,6-dichlorobenzamide	2.25	甲醇	0.45
393	涕灭威	aldicarb	130.50	甲醇	26.10
394	酞酸二甲酯[a]	dimethyl phthalate	6.60	甲醇	1.32
395	杀虫脒盐酸盐	chlordimeform hydrochloride	1.32	甲醇	0.26

表 A.1（续）

序号	中文名称	英文名称	检出限/(μg/kg)	溶剂	混合标准溶液浓度/(μg/mL)
396	西玛通	simeton	0.55	甲醇	0.11
397	呋虫胺	dinotefuran	5.09	甲醇	1.02
398	克草敌	pebulate	1.70	甲醇	0.34
399	活化酯	acibenzolar-*s*-methyl	1.54	甲醇	0.31
400	蔬果磷	dioxabenzofos	6.92	甲醇	1.38
401	杀线威	oxamyl	274.03	甲醇	54.81
402	赛苯隆[a]	thidiazuron pestanal	0.15	甲醇	0.03
403	甲基苯噻隆	methabenzthiazuron	0.04	甲醇	0.01
404	丁酮砜威	butoxycarboxim	13.30	甲醇	2.66
405	砜吸磷	demeton-*s*-methyl sulfoxide	1.96	甲醇	0.39
406	久效威砜[a]	thiofanox sulfone	12.04	甲醇	2.41
407	硫环磷	phosfolan	0.24	环己烷	0.05
408	硫赶内吸磷[a]	demeton-*s*	40.00	甲醇	8.00
409	氧倍硫磷	fenthion oxon	0.59	甲醇	0.12
410	萘丙胺	napropamide	0.64	甲醇	0.13
411	杀螟硫磷	fenitrothion	13.40	甲醇	2.68
412	酞酸二丁酯[a]	phthalic acid,dibutyl ester	19.80	甲醇	3.96
413	丙草胺	metolachlor	0.20	甲醇	0.04
414	腐霉利	procymidone	43.30	甲醇	8.66
415	蚜灭磷[a]	vamidothion	2.28	甲醇	0.46
416	枯草隆[a]	chloroxuron	0.22	甲醇	0.04
417	威菌磷	triamiphos	2.30	甲醇	0.46
418	右旋炔丙菊酯[a]	prallethrin	0.65	甲醇	0.13
419	可灭隆	cumyluron	0.66	甲醇	0.13
420	甲氧咪草烟[a]	imazamox	0.90	甲醇	0.18
421	杀鼠灵[a]	warfarin	1.34	甲醇	0.27
422	亚胺硫磷	phosmet	8.86	甲醇	1.77
423	皮蝇磷	ronnel	6.57	甲醇	1.31
424	酞酸二环己酯[a]	phthalic acid,biscyclohexyl ester	0.34	甲醇	0.07
425	环丙酰胺[a]	carpropamid	2.60	甲醇	0.52
426	吡螨胺	tebufenpyrad	0.13	甲醇	0.03
427	虫酰肼[a]	tebufenozide	13.90	甲醇	2.78
428	虫螨磷	chlorthiophos	15.90	甲醇	3.18
429	毒壤磷	dialifos	78.50	甲醇	15.70

表 A.1（续）

序号	中文名称	英文名称	检出限/(μg/kg)	溶剂	混合标准溶液浓度/(μg/mL)
430	吲哚酮草酯[a]	cinidon-ethyl	7.29	甲醇	1.46
431	鱼滕酮	rotenone	1.16	甲醇	0.23
432	亚胺唑	imibenconazole	5.13	甲醇	1.03
433	噁草酸	propaquiafop	0.62	甲醇	0.12
434	2,3,4,5-四氯苯胺[a]	2,3,4,5-tetrachloroaniline	26.80	甲醇	5.36
435	吡草酮	benzofenap	0.04	甲醇	0.01
436	地乐酯[a]	dinoseb acetate	20.64	甲醇	4.13
437	异丙草胺	propisochlor	0.40	甲醇	0.08
438	氟硅菊酯[a]	silafluofen	304.00	甲醇	60.8
439	乙氧苯草胺	etobenzanid	0.40	甲醇	0.08
440	四唑酰草胺	fentrazamide	6.20	甲醇	1.24
441	五氯苯胺[a]	pentachloroaniline	1.87	甲醇	0.37
442	苯醚氰菊酯	cyphenothrin	8.40	甲醇	1.68
443	狄氏剂[a]	dieldrin	80.80	甲醇	16.16
444	乙螨唑[a]	etoxazole	0.44	甲醇	0.09
445	马拉氧磷[a]	malaoxon	2.34	甲醇	0.47
446	多果定[a]	dodine	4.00	甲醇	0.80
G 组					
447	茅草枯[a]	dalapon	115.37	甲醇	23.07
448	四氟丙酸[a]	flupropanate	11.49	甲醇	2.30
449	2.6-二氟苯甲酸[a]	2,6-difluorobenzoic acid	852.04	甲醇	170.41
450	三氯乙酸钠[a]	trichloroacetic acid sodium salt	140.79	甲醇	28.16
451	2-苯基苯酚	2-phenylphenol	84.94	甲醇	16.99
452	3-苯基苯酚	3-phenylphenol	2.00	甲醇	0.40
453	二氯吡啶酸[a]	clopyralld	140.00	甲醇	28.00
454	4,6-二硝基邻甲酚	DNOC	1.30	甲醇	0.26
455	调果酸	cloprop	5.70	甲醇	1.14
456	氯硝胺	dicloran	24.28	甲醇	4.86
457	氯苯胺灵	chlorpropham	7.88	甲醇	1.58
458	2-甲-4-氯丙酸[a]	mecoprop	2.45	甲醇	0.49
459	特草定	terbacil	0.44	甲醇	0.09
460	麦草畏[a]	dicamba	632.96	甲醇	126.59
461	二甲四氯丁酸	MCPB	7.09	甲醇	1.42
462	灭草松	bentazone	0.52	甲醇	0.10

表 A.1（续）

序号	中文名称	英文名称	检出限/(μg/kg)	溶剂	混合标准溶液浓度/(μg/mL)
463	地乐酚	dinoseb	0.20	甲醇	0.04
464	草消酚	dinoterb	0.12	甲醇	0.02
465	氯吡脲	forchlorfenuron	5.70	甲醇	1.14
466	咯菌腈	fludioxonil	31.08	甲醇	6.22
467	氟草烟	fluroxypyr	96.03	甲醇	19.21
468	杀螨醇[a]	chlorfenethol	82.15	甲醇	16.43
469	溴苯腈	bromoxynil	0.90	甲醇	0.18
470	灭幼脲	chlorobenzuron	10.20	甲醇	2.04
471	氯霉素[a]	chloramphenicolum	1.94	甲醇	0.39
472	禾草灭[a]	alloxydim-sodium	0.10	甲醇	0.02
473	乙酰磺胺对硝基苯[a]	sulfanitran	1.52	甲醇	0.30
474	甲基磺草酮[a]	mesotrion	1 150.28	甲醇	230.06
475	安磺灵[a]	oryzalin	2.46	甲醇	0.49
476	三氟羧草醚[a]	acifluorfen	59.00	甲醇	11.80
477	碘苯腈[a]	ioxynil	0.31	甲醇	0.06
478	噁唑菌酮	famoxadone	22.64	甲醇	4.53
479	吡氟酰草胺	diflufenican	14.14	甲醇	2.83
480	乙虫清[a]	ethiprole	19.93	甲醇	3.99
481	磺菌胺	flusulfamide	0.21	甲醇	0.04
482	环丙嘧磺隆[a]	cyclosulfamuron	171.84	甲醇	34.37
483	氟磺胺草醚[a]	fomesafen	1.01	甲醇	0.20
484	碘甲磺隆钠[a]	iodosulfuron-methyl sodium	10.60	甲醇	2.12
485	克来范	kelevan	964.00	甲醇	964.00
486	甲基碘磺隆	iodosulfuron-methyl	33.30	甲醇	6.66

[a] 为定性鉴别的农药及相关化学品。

附　录　B
（资料性附录）
486 种农药及相关化学品监测离子对、碰撞气能量、源内碎裂电压和保留时间

486 种农药及相关化学品监测离子对、碰撞气能量、源内碎裂电压和保留时间见表 B.1。

表 B.1　486 种农药及相关化学品监测离子对、碰撞气能量、源内碎裂电压和保留时间

序号	中文名称	英文名称	保留时间/min	定量离子	定性离子	源内碎裂电压/V	碰撞气能量/V
A 组							
1	苯胺灵	propham	8.80	180.1/138.0	180.1/138.0;180.1/120.0	80	5;15
2	异丙威	isoprocarb	8.38	194.1/95.0	194.1/95.0;194.1/137.1	80	20;5
3	3,4,5-混杀威	3,4,5-trimethacarb	8.38	194.2/137.2	194.2/137.2;194.2/122.2	80	5;20
4	环莠隆	cycluron	7.73	199.4/72.0	199.4/72.0;199.4/89.0	120	25;15
5	甲萘威	carbaryl	7.45	202.1/145.1	202.1/145.1;202.1/127.1	80	10;5
6	毒草胺	propachlor	8.75	212.1/170.1	212.1/170.1;212.1/94.1	100	10;30
7	吡咪唑	rabenzazole	7.54	213.2/172.0	213.2/172.0;213.2/118.0	120	25;25
8	西草净	simetryn	5.32	214.2/124.1	214.2/124.1;214.2/96.1	120	20;25
9	绿谷隆	monolinuron	7.82	215.1/126.0	215.1/126.0;215.1/148.1	100	15;10
10	速灭磷	mevinphos	5.17	225.0/127.0	225.0/127.0;225.0/193.0	80	15;1
11	叠氮津	aziprotryne	10.40	226.1/156.1	226.1/156.1;226.1/198.1	100	10;10
12	密草通	secbumeton	5.56	226.2/170.1	226.2/170.1;226.2/142.1	120	20;25
13	嘧菌磺胺	cyprodinil	9.24	226.0/93.0	226.0/93.0;226.0/ 108.0	120	40;30
14	播土隆	buturon	9.38	237.1/84.1	237.1/84.1;237.1/126.1	120	30;15
15	双酰草胺	carbetamide	5.80	237.1/192.1	237.1/192.1;237.1/118.1	80	5;10
16	抗蚜威	pirimicarb	4.20	239.2/72.0	239.2/72.0;239.2/182.2	120	20;15
17	异噁草松	clomazone	9.36	240.1/125.0	240.1/125.0;240.1/89.1	100	20;50
18	氰草津	cyanazine	6.38	241.1/214.1	241.1/214.1;241.1/174.0	120	15;15
19	扑草净	prometryne	7.66	242.2/158.1	242.2/158.1;242.2/200.2	120	20;20
20	对氧磷	paraoxon methyl	6.20	248.0/202.1	248.0/202.1;248.0/90.0	120	20;30
21	4,4′-二氯二苯甲酮	4,4′-dichlorobenzophenone	12.00	251.1/111.1	251.1/111.1;251.1/139.0	100	35;20
22	噻虫啉	thiacloprid	5.65	253.1/126.1	253.1/126.1;253.1/186.1	120	20;10
23	吡虫啉	imidacloprid	4.73	256.1/209.1	256.1/209.1;256.1/175.1	80	10;10
24	磺噻隆	ethidimuron	4.62	265.1/208.1	265.1/208.1;265.1/162.1	80	10;25
25	丁嗪草酮	isomethiozin	14.20	269.1/200.0	269.1/200.0;269.1/172.1	120	15;25
26	燕麦敌	diallate	17.40	270.0/86.0	270.0/86.0;270.0/109.0	100	15;35

表 B.1(续)

序号	中文名称	英文名称	保留时间/min	定量离子	定性离子	源内碎裂电压/V	碰撞气能量/V
27	乙草胺	acetochlor	13.70	270.2/224.0	270.2/224.0;270.2/148.2	80	5;20
28	烯啶虫胺	nitenpyram	3.87	271.1/224.1	271.1/224.1;271.1/237.1	100	15;15
29	盖草津	methoprotryne	6.47	272.2/198.2	272.2/198.2;272.2/170.1	140	25;30
30	二甲酚草胺	dimethenamid	10.50	276.1/244.1	276.1/244.1;276.1/168.1	120	10;15
31	特草灵	terrbucarb	16.50	278.2/166.1	278.2/166.1;278.2/109.0	80	15;30
32	戊菌唑	penconazole	13.70	284.1/70.0	284.1/70.0;284.1/159.0	120	15;20
33	腈菌唑	myclobutanil	12.10	289.1/125.0	289.1/125.0;289.1/70.0	120	20;15
34	咪唑乙烟酸	imazethapyr	5.60	290.2/177.1	290.2/177.1;290.2/245.2	120	25;20
35	多效唑	paclobutrazol	10.32	294.2/70.0	294.2/70.0;294.2/125.0	100	15;25
36	倍硫磷亚砜	fenthion sulfoxide	7.31	295.1/109.0	295.1/109.0;295.1/280.0	140	35;20
37	三唑醇	triadimenol	10.15	296.1/70.0	296.1/70.0;296.1/99.1	80	10;10
38	仲丁灵	butralin	18.60	296.1/240.1	296.1/240.1;296.1/222.1	100	10;20
39	螺噁茂胺	spiroxamine	9.90	298.2/144.2	298.2/144.2;298.2/100.1	120	20;35
40	甲基立枯磷	tolclofos methyl	16.60	301.2/269.0	301.2 /269.0;301.2/125.2	120	15;20
41	甜菜胺	desmedipham	10.65	301.2/182.1	301.2/182.1;301.2/136.1	80	5;20
42	杀扑磷	methidathion	10.69	303.0/145.1	303.0/145.1;303.0/85.0	80	5;10
43	烯丙菊酯	allethrin	18.10	303.2/135.1	303.2/135.1;303.2/123.2	60	10;20
44	二嗪磷	diazinon	15.95	305.0/169.1	305.0/169.1;305.0/153.2	160	20;20
45	敌瘟磷	edifenphos	3.00	311.1/283.0	311.1/283.0;311.1/109.0	100	10;35
46	丙草胺	pretilachlor	17.15	312.1/252.1	312.1/252.1;312.1/176.2	100	15;30
47	氟硅唑	flusilazole	13.60	316.1/247.1	316.1/247.1;316.1/165.1	120	15;20
48	丙森锌	iprovalicarb	12.00	321.1/119.0	321.1/119.0;321.1/203.2	100	25;5
49	麦锈灵	benodanil	9.80	324.1/203.0	324.1/203.0;324.1/231.0	120	25;40
50	氟酰胺	flutolanil	14.00	324.2/262.1	324.2/262.1;324.2/282.1	120	20;10
51	氨磺磷	famphur	10.30	326.0/217.0	326.0/217;326.0/281.0	100	20;10
52	苯霜灵	benalyxyl	15.19	326.2/148.1	326.2/148.1;326.2/294.0	120	1;5
53	苄氯三唑醇	diclobutrazole	12.20	328.0/159.0	328.0/159.0;328.0/70.0	120	35;30
54	乙环唑	etaconazole	11.75	328.1/159.1	328.1/159.1;328.1/205.1	80	25;20
55	氯苯嘧啶醇	fenarimol	12.20	331.0/268.1	331.0/268.1;331.0/81.0	120	25;30
56	胺菊酯	tetramethirn	17.85	332.2/164.1	332.2/164.1;332.2/135.1	100	15;15
57	解草酯	cloquintocet mexyl	17.36	336.1/238.1	336.1/238.1;336.1/192.1	120	15;20
58	联苯三唑醇	bitertanol	13.90	338.2/70.0	338.2/70.0;338.2/269.2	60	5;1
59	吡喃草酮	tepraloxydim	12.73	342.2/250.2	342.2/250.2;342.2/166.1	120	10;25

表 B.1（续）

序号	中文名称	英文名称	保留时间/min	定量离子	定性离子	源内碎裂电压/V	碰撞气能量/V
60	甲基硫菌灵	thiophanate methyl	6.28	343.1/151.1	343.1/151.1;343.1/311.1	120	20;10
61	益棉磷	azinphos ethyl	14.00	346.0/233.0	346.0/233.0;346.0/261.1	120	10;5
62	杀铃脲	triflumuron	15.59	359.0/156.1	359.0/156.1;359.0/139.0	120	15;30
63	异噁氟草	isoxaflutole	12.00	360.0/251.1	360.0/251.1;360.0/220.1	120	10;45
64	莎稗磷	anilofos	17.35	367.9/145.2	367.9/145.2;367.9/205.0	120	20;5
65	硫菌灵	thiophanat ethyl	9.32	371.1/151.1	371.1/151.1;371.1/325.0	120	15;10
66	喹禾灵	quizalofop-ethyl	17.40	373.0/299.1	373.0/299.1;373.0/91.0	140	15;30
67	精氟吡甲禾灵	haloxyfop-methyl	17.11	376.0/316.0	376.0/316.0;376.0/288.0	120	15;20
68	吡氟禾草灵	fluazifop butyl	18.24	384.1/282.1	384.1/282.1;384.1/328.1	120	20;15
69	乙基溴硫磷	bromophos-ethyl	19.15	393.0/337.0	393.0/337.0;393.0/162.1	100	20;30
70	地散磷	bensulide	16.18	398.0/158.1	398.0/158.1;398.0/314.0	80	20;5
71	醚苯磺隆	triasulfuron	7.27	402.1/167.1	402.1/167.1;402.1/141.1	120	15;20
72	溴苯烯磷	bromfenvinfos	15.22	402.9/170.0	402.9/170.0;402.9/127.0	100	35;20
73	嘧菌酯	azoxystrobin	12.50	404.0/372.0	404.0/372.0;404.0/344.1	120	10;15
74	茚虫威	indoxacarb	17.43	528.0/150.0	528.0/150.0;528.0/218.0	120	20;20
B组							
75	棉隆	dazomet	3.80	163.1/120.0	163.1/120.0;163.1/77.0	80	10;35
76	烟碱	nicotine	0.74	163.2/130.1	163.2/130.1;163.2/117.1	100	25;30
77	非草隆	fenuron	4.50	165.1/72.0	165.1/72.0;165.1/120.0	120	15;15
78	鼠立克	crimidine	4.47	172.1/107.1	172.1/107.1;172.1/136.2	120	30;25
79	乙酰甲胺磷	acephate	0.74	184.1/143.0	184.1/143.0;184.1/95.0	60	5;20
80	禾草敌	molinate	11.30	188.1/126.1	188.1/126.1;188.1/83.0	120	10;15
81	多菌灵	carbendazim	3.30	192.1/160.1	192.1/160.1;192.1/132.1	80	15;20
82	6-氯-4-羟基-3-苯基哒嗪	6-chloro-4-hydroxy-3-phenyl-pyridazin	12.86	207.1/77.0	207.1/77.0;207.1/104.0	120	25;35
83	残杀威	propoxur	6.79	210.1/111.0	210.1/111.0;210.1/168.1	80	10;5
84	异唑隆	isouron	6.11	212.2/167.1	212.2/167.1;212.2/72.0	120	15;25
85	绿麦隆	chlorotoluron	7.23	213.1/72.0	213.1/72.0;213.1/140.1	80	25;25
86	久效威	thiofanox	1.00	241.0/184.0	241.0/184.0;241.0/57.1	120	15;5
87	氯草灵	chlorbufam	11.67	224.1/172.1	224.1/172.1;224.1/154.1	120	5;15
88	噁虫威	bendiocarb	6.87	224.1/109.0	224.1/109.0;224.1/167.1	80	5;10
89	扑灭津	propazine	9.37	229.9/146.1	229.9/146.1;229.9/188.1	120	20;15
90	特丁津	terbuthylazine	10.15	230.1/174.1	230.1/174.1;230.1/132.0	120	15;20

表 B.1（续）

序号	中文名称	英文名称	保留时间/min	定量离子	定性离子	源内碎裂电压/V	碰撞气能量/V
91	敌草隆	diuron	7.82	233.1/72.0	233.1/72.0;233.1/160.1	120	20;20
92	氯甲硫磷	chlormephos	13.70	235.0/125.0	235.0/125.0;235.0/75.0	100	10;10
93	噻虫胺	clothianidin	4.40	250.2/169.1	250.2/169.1;250.2/132.0	80	10;15
94	拿草特	pronamide	11.81	256.1/190.1	256.1/190.1;256.1/173.0	80	10;20
95	二甲草胺	dimethachloro	8.96	256.1/224.2	256.1/224.2;256.1/148.2	120	10;20
96	溴谷隆	methobromuron	8.25	259.0/170.1	259.0/170.1;259.0/148.0	80	15;15
97	甲拌磷	phorate	16.55	261.0/75.0	261.0/75.0;261.0/199.0	80	10;5
98	苯草醚	aclonifen	14.70	265.1/248.0	265.1/248.0;265.1/193.0	120	15;15
99	地安磷	mephosfolan	5.97	270.1/140.1	270.1/140.1;270.1/168.1	100	25;15
100	脱苯甲基亚胺唑	imibenzonazole-des-benzyl	5.96	271.0/174.0	271.0/174.0;271.0/70.0	120	25;25
101	草不隆	neburon	14.17	275.1/57.0	275.1/57.0;275.1/88.1	120	20;15
102	精甲霜灵	mefenoxam	7.92	280.1/192.1	280.1/192.1;280.1/220.0	100	15;10
103	发硫磷	prothoate	4.78	286.1/227.1	286.1/227.1;286.1/199.0	100	5;15
104	乙氧呋草黄	ethofume sate	12.86	287.0/121.0	287.0/121.0;287.0/161.0	80	10;20
105	异稻瘟净	iprobenfos	13.50	289.1/91.0	289.1/91.0;289.1/205.1	80	25;5
106	特普	TEPP	5.64	291.1/179.0	291.1/179.0;291.1/99.0	100	20;35
107	环丙唑醇	cyproconazole	10.59	292.1/70.0	292.1/70.0;292.1/125.0	120	15;15
108	噻虫嗪	thiamethoxam	4.05	292.1/211.2	292.1/211.2;292.1/181.1	80	10;20
109	育畜磷	crufomate	11.56	292.1/236.0	292.1/236.0;292.1/108.1	120	20;30
110	乙嘧硫磷	etrimfos	6.16	293.1/125.0	293.1/125.0;293.1/265.1	80	20;15
111	杀鼠醚	coumatetralyl	4.68	293.2/107.0	293.2/107.0;293.2/175.1	140	35;25
112	赛灭磷	cythioate	6.59	298.0/217.1	298/217.1;298.0/125.0	100	15;25
113	磷胺	phosphamidon	5.77	300.1/174.1	300.1/174.1;300.1/127.0	120	10;20
114	甜菜宁	phenmedipham	10.69	301.1/168.1	301.1/168.1;301.1/136.0	80	5;20
115	环酰菌胺	fenhexamid	12.33	302.0/97.1	302.0/97.1;302.0/55.0	80	30;25
116	粉唑醇	flutriafol	7.55	302.1/70.0	302.1/70.0;302.1/123.0	120	15;20
117	抑菌丙胺酯	furalaxyl	10.77	302.2/242.2	302.2/242.2;302.2/270.2	100	15;5
118	生物丙烯菊酯	bioallethrin	18.00	303.1/135.1	303.1/135.1;303.1/107.0	80	10;20
119	苯腈磷	cyanofenphos	16.44	304.0/157.0	304.0/157.0;304.0/276.0	100	20;10
120	甲基嘧啶磷	pirimiphos methyl	15.50	306.2/164.0	306.2/164.0;306.2/108.1	120	20;30
121	噻嗪酮	buprofezin	13.34	306.2/201.0	306.2/201.0;306.2/116.1	120	15;10
122	乙拌磷砜	disulfoton sulfone	9.79	307.0/97.0	307.0/97.0;307.0/125.0	100	30;10

表 B.1（续）

序号	中文名称	英文名称	保留时间/min	定量离子	定性离子	源内碎裂电压/V	碰撞气能量/V
123	喹螨醚	fenazaquin	18.80	307.2/57.1	307.2/57.1;307.2/161.2	120	20;15
124	三唑磷	triazophos	13.80	314.1/162.1	314.1/162.1;314.1/286.0	120	20;10
125	脱叶磷	DEF	19.21	315.1/169.0	315.1/169.0;315.1/113.0	100	10;20
126	环酯草醚	pyriftalid	12.00	319.0/139.1	319.0/139.1;319.0/179.0	140	35;35
127	叶菌唑	metconazole	13.77	320.2/70.0	320.2/70.0;320.2/125.0	140	35;55
128	蚊蝇醚	pyriproxyfen	18.00	322.1/96.0	322.1/96.0;322.1/227.1	120	15;10
129	噻草酮	cycloxydim	17.00	326.2/280.2	326.2/280.2;326.2/180.2	120	10;15
130	异噁酰草胺	isoxaben	13.21	333.1/165.0	333.1/165.0;333.1/150.1	120	15;50
131	呋草酮	flurtamone	11.25	334.1/247.1	334.1/247.1;334.1/303.0	120	30;20
132	氟乐灵	trifluralin	12.86	336.0/138.9	336.0/138.9;336.0/103.0	120	20;45
133	甲基麦草氟异丙酯	flamprop methyl	13.20	336.1/105.1	336.1/105.1;336.1/304.0	80	20;5
134	生物苄呋菊酯	bioresmethrin	19.39	339.2/171.1	339.2/171.1;339.2/143.1	100	15;25
135	丙环唑	propiconazole	14.29	342.1/159.1	342.1/159.1;342.1/69.0	120	20;20
136	毒死蜱	chlorpyrifos	18.29	350.0/198.0	350.0/198.0;350.0/79.0	100	20;35
137	氯乙氟灵	fluchloralin	17.68	356.0/186.0	356.0 /314.1;356.0/63.0	80	15;30
138	烯草酮	clethodim	17.60	360.1/164.1	360.1/164.1;360.1/268.0	120	20;10
139	麦草氟异丙酯	flamprop isopropyl	16.00	364.1/105.1	364.1/105.1;364.1/304.1	80	20;5
140	杀虫畏	tetrachlorvinphos	13.70	365.0/127.0	365.0/127.0;365/239	120	15;15
141	炔螨特	propargite	18.77	368.1/231	368.1/231;368.1/175.1	100	5;15
142	糠菌唑	bromuconazole	12.70	376.0/159.0	376.0/159.0;376/70	80	20;20
143	氟吡酰草胺	picolinafen	17.74	377.0/238.0	377.0/238.0;377/359	120	20;20
144	氟噻乙草酯	fluthiacet methyl	14.80	404/215	404/215;404.0/274.0	180	50;10
145	肟菌酯	trifloxystrobin	17.44	409.3/186.1	409.3/186.1;409.3/206.2	120	15;10
146	氯嘧磺隆	chlorimuron ethyl	11.59	415.0/186.1	415.0/186.1;415/213.1	120	10;10
C 组							
147	甲胺磷	methamidophos	0.74	142.1/94.0	142.1/94.0;142.1/125	80.00	15;10
148	茵草敌	EPTC	14.00	190.2/86	190.2/86;190.2/128.1	100.00	10;10
149	避蚊胺	diethyltoluamide	7.70	192.2/119.0	192.2/119.0;192.2/91	100.00	15;30
150	灭草隆	monuron	5.94	199/72	199/72;199.0/126.0	120.00	15;15
151	嘧霉胺	pyrimethanil	6.70	200.2/107.0	200.2/107.0;200.2/183.1	120.00	25;25
152	黑穗胺	fenfuram	7.48	202.1/109.0	202.1/109.0;202.1/83	120.00	20;20
153	灭藻醌	quinoclamine	6.09	208.1/105.0	208.1/105.0;208.1/154.1	120.00	30;20

表 B.1（续）

序号	中文名称	英文名称	保留时间/min	定量离子	定性离子	源内碎裂电压/V	碰撞气能量/V
154	仲丁威	fenobucarb	9.92	208.2/95.0	208.2/95.0;208.2/152.1	80.00	10;5
155	敌稗	propanil	9.09	218.0/162.1	218.0/162.1;218/127	120.00	15;20
156	克百威	carbofuran	6.81	222.3/165.1	222.3/165.1;222.3/123.1	120.00	5;20
157	啶虫脒	acetamiprid	4.86	223.2/126.0	223.2/126.0;223.2/56	120.00	15;15
158	嘧菌胺	mepanipyrim	12.23	224.2/77.0	224.2/77.0;224.2/106	120.00	30;25
159	扑灭通	prometon	5.40	226.2/142	226.2/142;226.2/184.1	120.00	20;20
160	甲硫威	methiocarb	4.51	226.2/121.1	226.2/121.1;226.2/169.1	80.00	10;5
161	甲氧隆	metoxuron	5.59	229.1/72.0	229.1/72.0;229.1/156.1	120.00	20;20
162	乐果	dimethoate	4.88	230.0/199.0	230.0/199.0;230/171	80.00	5;10
163	呋菌胺	methfuroxam	10.42	230.2/137.1	230.2/137.1;230.2/111.1	120.00	20;15
164	伏草隆	fluometuron	7.27	233.1/72.0	233.1/72.0;233.1/160	120.00	20;20
165	百治磷	dicrotophos	3.97	238.1/112.1	238.1/112.1;238.1/193	80.00	10;5
166	庚酰草胺	monalide	14.50	240.1/85.1	240.1/85.1;240.1/57	120.00	15;35
167	双苯酰草胺	diphenamid	9.00	240.1/134.1	240.1/134.1;240.1/167.1	120.00	20;25
168	灭线磷	ethoprophos	11.98	243.1/173	243.1/173;243.1 /215.0	120.00	10;10
169	地虫硫磷	fonofos	16.10	247.1/109.0	247.1/109.0;247.1/137.1	80.00	15;5
170	土菌灵	etridiazol	17.20	247.1/183.1	247.1/183.1;247.1/132.0	120.00	15;15
171	环嗪酮	hexazinone	5.66	253.2/171.1	253.2/171.1;253.2/71	120.00	15;20
172	阔草净	dimethametryn	8.79	256.2/186.1	256.2/186.1;256.2/96.1	140.00	20;35
173	敌百虫	trichlorphon	4.21	257/221	257/221;257.0/109.0	120.00	10;20
174	内吸磷	demeton(*o*+*s*)	8.59	259.1/89.0	259.1/89.0;259.1/61	60.00	10;35
175	解草酮	benoxacor	10.83	260.0/149.2	260.0/149.2;260/134.1	120.00	15;20
176	除草定	bromacil	5.78	261.0/205.0	261.0/205.0;261/188	80.00	10;20
177	甲拌磷亚砜	phorate sulfoxide	7.34	277/143	277/143;277/199	100.00	15;5
178	溴莠敏	brompyrazon	4.69	266.0/92.0	266.0/92.0;266/104	120.00	30;30
179	氧化萎锈灵	oxycarboxin	5.38	268.0/175.0	268.0/175.0;268/147.1	100.00	10;20
180	灭锈胺	mepronil	13.15	270.2/119.1	270.2/119.1;270.2/228.2	100.00	30;15
181	乙拌磷	disulfoton	16.80	275.0/89.0	275.0/89.0;275/61	80.00	5;20
182	倍硫磷	fenthion	15.54	279.0/169.1	279.0/169.1;279/247	120.00	15;10
183	甲霜灵	metalaxyl	7.75	280.1/192.2	280.1/192.2;280.1/220.2	120.00	15;20
184	甲呋酰胺	ofurace	7.65	282.1/160.2	282.1/160.2;282.1/254.2	120.00	20.1
185	吗菌灵	dodemorph	8.45	282.3/116.1	282.3/116.1;282.3/98.1	120.00	20;30
186	甲基咪草酯	imazamethabenz-methyl	5.33	289.1/229	289.1/229;289.1/86.0	120.00	15;25

表 B.1（续）

序号	中文名称	英文名称	保留时间/min	定量离子	定性离子	源内碎裂电压/V	碰撞气能量/V
187	乙拌磷亚砜	disulfoton-sulfoxide	7.38	291.0/185	291.0/185;291/157	80.00	10;20
188	稻瘟灵	isoprothiolane	13.17	291.1/189.1	291.1/189.1;291.1/231.1	80.00	20;5
189	抑霉唑	imazalil	6.86	297.0/159.0	297.0/159.0;297/255	120.00	20;20
190	辛硫磷	phoxim	16.80	299.0/77.0	299.0/77.0;299/129	80.00	20;10
191	喹硫磷	quinalphos	14.80	299.1/147.1	299.1/147.1;299.1/163.1	120.00	20;20
192	灭菌磷	ditalimfos	13.53	300/148.1	300/148.1;300.0/244	80.00	15;10
193	苯氧威	fenoxycarb	18.10	362.1 /288.0	362.1 /288.0;362.1/244	120.00	20;20
194	嘧啶磷	pyrimitate	14.00	306.1/170.2	306.1/170.2;306.1/154.2	120.00	20;20
195	丰索磷	fensulfothin	8.55	309.0/157.1	309.0/157.1;309/253	120.00	25;15
196	氯咯草酮	fluorochloridone	13.80	312.1/292.1	312.1/292.1;312.1/89	100.00	25;25
197	丁草胺	butachlor	18.00	312.2/238.1	312.2/238.1;312.2/162	80.00	10;20
198	亚胺菌	kresoxim-methyl	15.20	314.1/267	314.1/267;314.1/206	80.00	5;5
199	戊叉菌唑	triticonazole	10.55	318.2/70.0	318.2/70.0;318.2/125.1	120.00	15;35
200	苯线磷亚砜	fenamiphos sulfoxide	5.87	320.1/171.1	320.1/171.1;320.1/292.1	140.00	25;15
201	噻吩草胺	thenylchlor	14.00	324.1/127.0	324.1/127.0;324.1/59	80.00	10;45
202	氰菌胺	fenoxanil	18.81	329.1/302.0	329.1/302.0;329.1/189.1	80.00	5;30
203	杀草吡啶	fluridone	10.30	330.1/309.1	330.1/309.1;330.1/259.2	160.00	40;55
204	氟环唑	epoxiconazole	18.81	330.1/141.1	330.1/141.1;330.1/121.1	120.00	20;20
205	氯辛硫磷	chlorphoxim	17.15	333.0/125.0	333.0/125.0;333/163.1	80.00	5;5
206	苯线磷砜	fenamiphos sulfone	6.63	336.1/188.2	336.1/188.2;336.1/266.2	120.00	30;20
207	腈苯唑	fenbuconazole	13.40	337.1/70	337.1/70;337.1/125.0	120.00	20;20
208	异柳磷	isofenphos	17.25	346.1/217.0	346.1/217.0;346.1/245	80.00	20;10
209	苯醚菊酯	phenothrin	19.70	351.1/183.2	351.1/183.2;351.1/237	100.00	15;5
210	哌草磷	piperophos	17.00	354.1/171	354.1/171;354.1/143.0	100.00	20;30
211	增效醚	piperonyl butoxide	17.75	356.2/177.1	356.2/177.1;356.2/119	100.00	10;35
212	乙氧氟草醚	oxyflurofen	18.00	362.0/316.1	362.0/316.1;362/237.1	120.00	10;25
213	蝇毒磷	coumaphos	16.42	363.1/227.2	363.1/227.2;363.1/307.1	120.00	20;15
214	氟噻草胺	flufenacet	14.00	364.0/194.0	364.0/194.0;364/152	80.00	5;10
215	伏杀硫磷	phosalone	16.79	368.1/182.0	368.1/182.0;368.1/322	80.00	10;5
216	甲氧虫酰肼	methoxyfenozide	13.41	313/149	313/149;313/91	100.00	10;35
217	咪鲜胺	prochloraz	11.79	376.1/308.0	376.1/308.0;376.1/266	80.00	10;10
218	丙硫特普	aspon	19.22	379.1/115.0	379.1/115.0;379.1/210	80.00	30;15
219	乙硫磷	ethion	18.46	385.0/199.1	385.0/199.1;385/171	80.00	5;15

表 B.1（续）

序号	中文名称	英文名称	保留时间/min	定量离子	定性离子	源内碎裂电压/V	碰撞气能量/V
220	杀螨隆	diafenthiuron	18.90	385.0/329.2	385.0/329.2;385.0/278.2	140.00	15;35
221	噻吩磺隆	thifensulfuron-methyl	6.40	388.1/167	388.1/167;388.1/141.1	120.00	10;10
222	乙氧嘧磺隆	ethoxysulfuron	11.86	399.2/261.1	399.2/261.1;399.2/218.1	120.00	25;25
223	氟硫草定	dithiopyr	17.81	402.0/354.0	402.0/354.0;402/272	120.00	20;30
224	螺螨酯	spirodiclofen	19.28	411.1/71.0	411.1/71.0;411.1/313.1	100.00	10;5
225	唑螨酯	fenpyroximate	18.66	422.2/366.2	422.2/366.2;422.2/135	120.00	10;35
226	胺氟草酯	flumiclorac-pentyl	18.00	441.1/308.0	441.1/308.0;441.1/354	100.00	25;10
227	双硫磷	temephos	18.30	467.0/125.0	467.0/125.0;467.0/155.0	100.00	30;30
228	氟丙嘧草酯	butafenacil	15.00	492.0/180.0	492.0/180.0;492.0/331.0	120.00	35;25
D组							
229	甲哌金翁	mepiquat chloride	0.71	114.1/98.1	114.1/98.1;114.1/58	140.00	30;30
230	二丙烯草胺	allidochlor	5.78	174.1/98.1	174.1/98.1;174.1/81	100.00	10;15
231	霜霉威	propamocarb	2.84	190.1/102.1	190.1/102.1;190.1/74.1	110.00	20;30
232	三环唑	tricyclazole	5.06	190.1/136.1	190.1/136.1;190.1/163.1	120.00	30;25
233	噻菌灵	thiabendazole	3.32	202.1/175.1	202.1/175.1;202.1/131.1	120.00	30;30
234	苯嗪草酮	metamitron	4.18	203.1/175.1	203.1/175.1;203.1/104	120.00	15;20
235	异丙隆	isoproturon	7.44	207.2/72.0	207.2/72.0;207.2/165.1	120.00	15;15
236	莠去通	atratone	4.46	212.2/170.2	212.2/170.2;212.2/100.1	120.00	15;30
237	敌草净	oesmetryn	4.92	214.1/172.1	214.1/172.1;214.1/82.1	120.00	15;25
238	赛克津	metribuzin	7.16	215.1/187.2	215.1/187.2;215.1/131.1	120.00	15;20
239	—	DMST	7.06	215.3/106.1	215.3/106.1;215.3/151.2	80.00	10;5
240	环草敌	cycloate	15.95	216.2/83.0	216.2/83.0;216.2/154.1	120.00	15;10
241	莠去津	atrazine	7.20	216.0/174.2	216.0/174.2;216.0/132	120.00	15;20
242	丁草敌	butylate	17.20	218.1/57.0	218.1/57.0;218.1/156.2	80.00	10;5
243	吡蚜酮	pymetrozin	0.73	218.1/105.1	218.1/105.1;218.1/78	100.00	20;40
244	氯草敏	chloridazon	4.35	222.1/104.0	222.1/104.0;222.1/92	120.00	25;35
245	菜草畏	sulfallate	15.25	224.1/116.1	224.1/116.1;224.1/88.2	100.00	10;20
246	乙硫苯威	ethiofencarb	4.48	227/107	227/107;227/164	80.00	5;5
247	特丁通	terbumeton	5.25	226.2/170.1	226.2/170.1;226.2/114	120.00	15;20
248	环丙津	cyprazine	7.15	228.2/186.1	228.2/186.1;228.2/108.1	120.00	15;25
249	阔草净	ametryn	5.85	228.2/186.0	228.2/186.0;228.2/68.0	120.00	20;35
250	木草隆	tebuthiuron	5.30	229.2/172.2	229.2/172.2;229.2/116.0	120.00	15;20
251	草达津	trietazine	12.00	230.1/202.0	230.1/202.0;230.1/132.1	160.00	20;20

表 B.1（续）

序号	中文名称	英文名称	保留时间/min	定量离子	定性离子	源内碎裂电压/V	碰撞气能量/V
252	另丁津	sebutylazine	8.65	230.1/174.1	230.1/174.1;230.1/104	120.00	15;30
253	畜虫避	dibutyl succinate	14.80	231.1/101.0	231.1/101;231.1/157.1	60.00	1;10
254	牧草胺	tebutam	13.04	234.2/91.1	234.2/91.1;234.2/192.2	120.00	20;15
255	久效威亚砜	thiofanox-sulfoxide	4.08	235.1/104.0	235.1/104.0;235.1/57.0	60.00	5;20
256	杀螟丹	cartap hydrochloride	5.90	238.0/73.0	238.0/73.0;238.0/150.0	100.00	30;10
257	虫螨畏	methacrifos	10.03	241.0/209.0	241.0/209.0;241.0/125.0	60.00	5;20
258	特丁净	terbutryn	7.44	242.2/186.1	242.2/186.1;242.2/71	120.00	15;20
259	咪唑嗪	triazoxide	5.66	248.0/68.0	248.0/68.0;248.0/95.0	100.00	35;25
260	虫线磷	thionazin	8.84	249.1/97.0	249.1/97.0;249.1/193.0	80.00	30;10
261	利谷隆	linuron	9.84	249.0/160.1	249.0/160.1;249.0/182.1	100.00	15;15
262	庚虫磷	heptanophos	7.85	251.0/127.0	251.0/127.0;251.0/109.0	80.00	10;30
263	苄草丹	prosulfocarb	17.10	252.1/91.0	252.1/91.0;252.1/128.1	120.00	15;10
264	杀草净	dipropetryn	8.58	256.1/144.1	256.1/144.1;256.1/214.0	140.00	30;20
265	禾草丹	thiobencarb	15.80	258.1/125.0	258.1/125.0;258.1/89.0	80.00	20;55
266	三异丁基磷酸盐	tri-*iso*-butyl phosphate	15.45	267.1/99.0	267.1/99.0;267.1/155.1	80.00	20;5
267	三正丁基磷酸盐	tri-*n*-butyl phosphate	15.45	267.2/99.0	267.2/99.0;267.2/155.1	80.00	5;15
268	乙霉威	diethofencarb	10.40	268.1/226.2	268.1/226.2;268.1/152.1	80.00	5;20
269	甲草胺	alachlor	13.15	270.2/238.2	270.2/238.2;270.2/162.2	80.00	10;20
270	硫线磷	cadusafos	15.27	271.1/159.1	271.1/159.1;271.1/131.0	80.00	10;20
271	吡唑草胺	metazachlor	8.36	278.1/134.1	278.1/134.1;278.1/210.1	80.00	20;5
272	胺丙畏	propetamphos	13.60	282.1/138.0	282.1/138.0;282.1/156.1	80.00	15;10
273	特丁硫磷	terbufos	13.70	289.0/57.0	289.0/57.0;289.0/103.1	80.00	20;5
274	硅氟唑	simeconazole	11.00	294.2/70.1	294.2/70.1;294.2/135.1	120.00	15;15
275	三唑酮	triadimefon	11.88	294.2/69.0	294.2/69.0;294.2/197.1	100.00	20;15
276	甲拌磷砜	phorate sulfone	9.34	293.0/171.0	293.0/171.0;293/143.1	60.00	5;15
277	十三吗啉	tridemorph	14.00	298.3/130.1	298.3/130.1;298.3/57.1	160.00	25;35
278	苯噻酰草胺	mefenacet	11.60	299.1/148.1	299.1/148.1;299.1/120.1	100.00	15;25
279	戊环唑	azaconazole	12.37	300.1/231.1	300.1/231.1;300.1/159.0	100.00	15;30
280	苯线磷	fenamiphos	8.97	304.0/216.9	304.0/216.9;304.0/202.0	100.00	20;35
281	丁苯吗啉	fenpropimorph	9.10	304.0/147.2	304.0/ 147.2;304.0/130.0	120.00	30;30
282	戊唑醇	tebuconazole	12.44	308.2/70.0	308.2/70.0;308.2/125.0	100.00	25;25

表 B.1（续）

序号	中文名称	英文名称	保留时间/min	定量离子	定性离子	源内碎裂电压/V	碰撞气能量/V
283	异丙乐灵	isopropalin	19.05	310.2/225.7	310.2/225.7;310.2/207.7	120.00	15;20
284	氟苯嘧啶醇	nuarimol	9.20	315.1/252.1	315.1/252.1;315.1/81.0	120.00	25;30
285	乙嘧酚磺酸酯	bupirimate	9.52	317.2/166.0	317.2/166.0;317.2/272.0	120.00	25;20
286	保棉磷	azinphos-methyl	10.45	318.1/125.0	318.1/125.0;318.1/160.0	80.00	15;10
287	丁基嘧啶磷	tebupirimfos	18.15	319.1/277.1	319.1/277.1;319.1/153.2	120.00	10;30
288	稻丰散	phenthoate	15.57	321.1/247.0	321.1/247.0;321.1/163.1	80.00	5;10
289	治螟磷	sulfotep	16.35	323.0/171.1	323/171.1;323.0/143.0	120.00	10;20
290	硫丙磷	sulprofos	18.40	323.0/219.1	323.0/219.1;323/247	120.00	15;10
291	苯硫磷	EPN	17.10	324.0/296.0	324.0/296.0;324.0/157.1	120.00	10;20
292	甲基吡噁磷	azamethiphos	6.05	325.0/183.0	325.0/183.0;325.0/139.0	80.00	15;25
293	烯唑醇	diniconazole	13.67	326.1/70.0	326.1/70.0;326.1/159.0	120.00	25;30
294	唑嘧磺草胺	flumetsulam	4.95	326.1/129.0	326.1/129.0;326.1/262.1	120.00	30;20
295	稀禾啶	sethoxydim	5.36	328.2/282.2	328.2/282.2;328.2/178.1	100.00	10;15
296	纹枯脲	pencycuron	16.33	329.2/125.0	329.2/125.0;329.2/218.1	120.00	20;15
297	灭蚜磷	mecarbam	14.46	330.0/227.0	330/227;330.0/199.0	80.00	5;10
298	苯草酮	tralkoxydim	18.09	330.2 /284.2	330.2 /284.2;330.2/138.1	100.00	10;20
299	马拉硫磷	malathion	13.20	331.0/127.1	331.0/127.1;331/99	80.00	5;10
300	稗草畏	pyributicarb	18.26	331.1/181.1	331.1/181.1;331.1/108	120.00	10;20
301	哒嗪硫磷	pyridaphenthion	12.32	341.1/189.2	341.1/189.2;341.1/205.2	120.00	20;20
302	嘧啶磷	pirimiphos-ethyl	17.75	334.2/198.2	334.2/198.2;334.2/182.2	120.00	20;25
303	硫双威	thiodicarb	6.55	355.1/88.0	355.1/88.0;355.1/163.0	80.00	15;5
304	吡唑硫磷	pyraclofos	15.34	361.1/257.0	361.1/257.0;361.1/138.0	120.00	25;35
305	啶氧菌酯	picoxystrobin	15.40	368.1/145.0	368.1/145.0;368.1/205.0	80.00	20;5
306	四氟醚唑	tetraconazole	12.54	372.0/159.0	372.0/159.0;372.0/70.0	120.00	35;35
307	吡唑解草酯	mefenpyr-diethyl	16.80	373.0/327.0	373.0/327.0;373.0/160.0	80.00	15;35
308	丙溴磷	profenefos	16.74	373.0/302.9	373.0/302.9;373/345.0.0	120.00	15;10
309	百克敏	pyraclostrobin	16.04	388.0/163.0	388.0/163.0;388.0/194.0	120.00	20;10
310	烯酰吗啉	dimethomorph	16.04	388.1/165.1	388.1/165.1;388.1/301.1	120.00	25;20
311	噻嗯菊酯	kadethrin	17.95	397.1/171.1	397.1/171.1;397.1/128.0	100.00	15;55
312	噻唑烟酸	thiazopyr	16.15	397.1/377.0	397.1/377.0;397.1/335.1	140.00	20;30
313	甲基丙硫克百威	benfuracarb-methyl	8.60	411.1/149.1	411.1/149.1;411.1/182.1	100.00	20;20
314	醚黄隆	cinosulfuron	6.53	414.1/183.1	414.1/183.1;414.1/157.1	120.00	10;20

表 B.1（续）

序号	中文名称	英文名称	保留时间/min	定量离子	定性离子	源内碎裂电压/V	碰撞气能量/V
315	吡嘧磺隆	pyrazosulfuron-ethyl	17.20	415.1/182.1	415.1/182.1;415.1/369.1	120.00	15;10
316	磺草胺唑	metosulam	7.60	418.0/175.1	418.0/175.1;418.0/354.0	120.00	25;20
E组							
317	4-氨基吡啶	4-aminopyridine	0.72	95.1/52.1	95.1/52.1;95.1/78.1	120	25;5
318	灭多威	methomyl	3.76	163.2/88.1	163.2/88.1;163.2/106.1	80	5;10
319	咯喹酮	pyroquilon	5.87	174.1/117.1	174.1/117.1;174.1/132.2	140	35;25
320	麦穗灵	fuberidazole	3.66	185.2/157.2	185.2/157.2;185.2/92.1	120	20;25
321	丁脒酰胺	isocarbamid	4.35	186.2/87.1	186.2/87.1;186.2/130.1	80	20;5
322	丁酮威	butocarboxim	5.3	213.0/75.1	213.0/75.1;213.0/156.1	100	15;5
323	杀虫脒	chlordimeform	4.13	197.2/117.1	197.2/117.1;197.2/89.1	120	25;50
324	霜脲氰	cymoxanil	4.95	199.1/111.1	199.1/111.1;199.1/128.1	80	20;15
325	灭草敌	vernolate	3.47	204.2/128.2	204.2/128.2;204.2/175.5	100	10;10
326	氯硫酰草胺	chlorthiamid	5.80	206.0/189.0	206.0/189.0;206.0/119.0	80	15;50
327	灭害威	aminocarb	0.749	209.3/137.1	209.3/137.1;209.3/152.1	100	20;10
328	甲菌定	dimethirimol	4.20	210.2/71.1	210.2/71.1;210.2/140.0	120	25;20
329	氧乐果	omethoate	0.75	214.1/125.0	214.1/125.0;214.1/183.0	80	20;5
330	乙氧呋啉	ethoxyquin	7.19	218.2/174.2	218.2/174.2;218.2/160.1	120	30;35
331	敌敌畏	dichlorvos	4.20	222.9/109.0	222.9/109.0;222.9/79.0	120	15;30
332	涕灭威砜	aldicarb sulfone	3.50	223.1/76.0	223.1/76.0;223.1/148.0	80	5;5
333	二氧威	dioxacarb	4.70	224.1/123.1	224.1/123.1;224.1/167.1	80	15;5
334	苄腺嘌呤	benzyladenine	4.16	226.1/91.1	226.1/91.1;226.1/148.0	140	20;15
335	甲基内吸磷	demeton-s-methyl	6.25	253.0/89.0	253.0/ 89.0;253.0/61.0	80	10;35
336	杀虫丹亚砜	ethiofencarb-sulfoxide	3.95	242.2/107.1	242.2/107.1;242.2/185.1	80	15;5
337	杀螟腈	cyanohos	6.89	244.2/180.0	244.2/180.0;244.2/125.0	120	20;15
338	甲基乙拌磷	thiometon	7.16	247.1/171.0	247.1/171.0;247.1/89.1	100	10;10
339	灭菌丹	folpet	12.82	260.0/130.0	260.0/130.0;260.0/102.3	100	10;40
340	哌草丹	dimepiperate	16.82	286.1/168.0	286.1/168.0;286.1/119.1	80	10;10
341	苯锈定	fenpropidin	8.96	274.0/147.1	274.0/147.1;274.0/86.1	160	25;25
342	赛硫磷	amidithion	14.25	274.1/97.0	274.1/97.0;274.1/122.0	140	20;15
343	甲咪唑烟酸	imazapic	4.80	276.2/163.2	276.2/163.2;276.2/216.2;276.2/86.1	120	20;20;25
344	甲基对氧磷	paraoxon-ethyl	8.00	276.2/220.1	276.2/220.1;276.2/94.1	100	10;40
345	4-十二烷基-2,6-二甲基吗啉	aldimorph	14.10	284.4/57.2	284.4/57.2;284.4/98.1	160	30;30

表 B.1（续）

序号	中文名称	英文名称	保留时间/min	定量离子	定性离子	源内碎裂电压/V	碰撞气能量/V
346	乙烯菌核利	vinclozolin	14.66	286.1 /242	286.1 /242;286.1/145.1	100	5;45
347	烯效唑	uniconazole	11.69	292.1/70.1	292.1/70.1;292.1/125.1	120	30;30
348	啶斑肟	pyrifenox	7.42	295.0/93.1	295.0/93.1;295.0/163.0	120	15;15
349	氯硫磷	chlorthion	14.45	298.0/125.0	298.0/125.0;298.0/109.0	100	15;20
350	异氯磷	dicapthon	14.47	298.0/125.0	298.0/125.0;298.0/266.1	80	10;10
351	四螨嗪	clofentezine	16.18	303.0/138.0	303.0/138.0;303.0/156.0	100	25;25
352	氟草敏	norflurazon	8.08	304.0/284.0	304.0/284.0;304.0/160.1	140	25;35
353	野麦畏	triallate	18.52	304.0/143.0	304.0/143.0;304.0/86.1	120	25;15
354	苯氧喹啉	quinoxyphen	17.05	308.0/197.0	308.0/197.0;308.0/272.0	180	35;35
355	倍硫磷砜	fenthion sulfone	8.71	311.1/125.0	311.1/125.0;311.1/109.0	140	15;20
356	氟咯草酮	flurochloridone	13.34	312.2/292.2	312.2/292.2;312.2/53.1	140	25;30
357	酞酸苯甲基丁酯	phthalic acid, benzyl butyl ester	17.34	313.2/91.1	313.2/91.1;313.2/149.0;313.2/205.1	80	10;10;5
358	氯唑磷	isazofos	13.67	314.1/162.1	314.1/162.1;314.1/120.0	100	10;35
359	除线磷	dichlofenthion	18.15	315.0/259.0	315.0/259.0;315.0/287.0	100	10;5
360	蚜灭多砜	vamidothion sulfone	2.45	178.0/87.0	178.0/87.0;178.0/60.0	100	15;10
361	特丁硫磷砜	terbufos sulfone	12.57	321.2/171.1	321.2/171.1;321.2/143.0	80	5;15
362	敌乐胺	dinitramine	15.80	323.1/305.0	323.1/305.0;323.1/247.0	120	10;15
363	氰霜唑	cyazofamid	5.10	325.2/261.3	325.2/261.3;325.2/108.0	80	5;15
364	毒壤磷	trichloronat	18.98	333.1/304.9	333.1/304.9;333.1/161.8	100	10;45
365	苄呋菊酯	resmethrin-2	12.35	339.2/171.1	339.2/171.1;339.2/143.1	80	10;25
366	啶酰菌胺	boscalid	12.20	343.2/307.2	343.2/307.2;343.2/271.0	140	20;35
367	甲磺乐灵	nitralin	15.15	346.1/304.1	346.1/304.1;346.1/262.1	100	10;20
368	甲氰菊酯	fenpropathrin	19.00	350.2/125.2	350.2/125.2;350.2/97	120	5;20
369	噻螨酮	hexythiazox	18.23	353.1/168.1	353.1/168.1;353.1/228.1	120	20;10
370	双氟磺草胺	florasulam	6.80	360.2/129.1	360.2/129.1;360.2/192	120	30;15
371	苯螨特	benzoximate	17.00	386.1/197.0	386.1/197.0;386.1/199.2	140	30;30
372	新燕灵	benzoylprop-ethyl	16.00	366.1/105.0	366.1/105.0;366.1/77.0	80	15;35
373	呋草唑	pyrimidifen	13.69	378.2/184.1	378.2/184.1;378.2/150.2	140	15;40
374	呋线威	furathiocarb	17.85	383.3/195.1	383.3/195.1;383.3/252.1;383.3/167.0	100	10;5;25
375	反式氯菊酯	*trans*-permethin	21.00	391.3/149.1	391.3/149.1;391.3/167.1	100	10;10
376	醚菊酯	etofenprox	19.73	394.0/177.0	394.0/177.0;394.0/359.0	100	15;5

表 B.1（续）

序号	中文名称	英文名称	保留时间/min	定量离子	定性离子	源内碎裂电压/V	碰撞气能量/V
377	苄草唑	pyrazoxyfen	14.30	403.2/91.1	403.2/91.1;403.2/105.1;403.2/139.1	140	25;20;20
378	嘧唑螨	flubenzimine	14.48	417.0/397.0	417.0/397.0;417.0/167.1	100	10;25
379	*Z*-氯氰菊酯	*zeta* cypermethrin	20.45	433.3/416.2	433.3/416.2;433.3/191.2	100	5;10
380	氟吡乙禾灵	haloxyfop-2-ethoxy-ethyl	17.65	434.1/316.0	434.1/316.0;434.1/288.0;434.1/91.2	120	15;20;45
381	S-氰戊菊酯	esfenvalerate	8.28	437.2/206.9	437.2/206.9;437.2/154.2	80	35;20
382	乙羧氟草醚	fluoroglycofen-ethyl	17.70	344.0/300.0	344.0/300.0;344.0/233.0	120	15;20
				F 组			
383	丙烯酰胺	acrylamide	0.73	72.0/55.0	72.0/55.0;72.0/27.0	100	10;10
384	叔丁基胺	*tert*-butylamine	0.65	74.1/46.0	74.1/46.0;74.1/56.8	120	5;5
385	噁霉灵	hymexazol	2.65	100.1/54.1	100.1/54.1;100.1/44.2;100.1/28	100	10;15;15
386	邻苯二甲酰亚胺	phthalimide	0.74	148.0/130.1	148.0/130.1;148.0/102	100	10;25
387	甲氟磷	dimefox	3.88	155.1/110.1	155.1/110.1;155.1/135.0	120	20;10
388	速灭威	metolcarb	6.50	166.2/109.0	166.2/109.0;166.2/97.1	80	15;50
389	二苯胺	diphenylamin	13.06	170.2/93.1	170.2/93.1;170.2/152.0	120	30;30
390	萘乙酸基乙酰亚胺	1-naphthy acetamide	5.30	186.2/141.1	186.2/141.1;186.2/115.1	100	15;45
391	乙基-阿特拉津	atrazine-desethyl	4.43	188.2/146.1	188.2/146.1;188.2/104.1	120	10;20
392	2,6-二氯苯甲酰胺	2,6-dichlorobenzamide	3.85	190.1/173.0	190.1/173.0;190.1/145.0	100	20;30
393	涕灭威	aldicarb	5.42	213.0/89.0	213.0/89.0;213.0/116.0	100	30;10
394	酞酸二甲酯	dimethyl phthalate	3.50	217.0/86.0	217.0/86.0;217.0/156.0	100	15;20
395	杀虫脒盐酸盐	chlordimeform hydrochloride	4.00	197.2/117.1	197.2/117.1;197.2/89.1	120	25;50
396	西玛通	simeton	3.94	198.2/100.1	198.2/100.1;198.2/128.2	120	25;20
397	呋虫胺	dinotefuran	3.06	203.3/129.2	203.3/129.2;203.3/87.1	80	5;10
398	克草敌	pebulate	16.05	204.2/72.1	204.2/72.1;204.2/128	100	10;10
399	活化酯	acibenzolar-*s*-methyl	10.00	211.1/91.0	211.1/91.0;211.1/136.0	120	20;30
400	蔬果磷	dioxabenzofos	10.15	217.0/77.1	217.0/77.1;217.0/107.1	100	40;30

表 B.1（续）

序号	中文名称	英文名称	保留时间/min	定量离子	定性离子	源内碎裂电压/V	碰撞气能量/V
401	杀线威	oxamyl	3.46	241.0/72.0	241.0/72.0;242.0/121.0	120	15;10
402	赛苯隆	thidiazuron pestanal	5.60	221.1/102.0	221.1/102.0;221.1/128.0	100	15;5
403	甲基苯噻隆	methabenzthiazuron	6.80	222.2/165.1	222.2/165.1;222.2/149.9	100	15;35
404	丁酮砜威	butoxycarboxim	3.30	223.2/63.0	223.2/63.0;223.2/106.1	80	10;5
405	砜吸磷	demeton-*s*-methyl sulfoxide	3.42	247.1/109.0	247.1/109.0;247.1/169.1	80	20;10
406	久效威砜	thiofanox sulfone	7.30	251.1/57.2	251.1/57.2;251.1/76.1	80	5;5
407	硫环磷	phosfolan	4.95	256.2/140.0	256.2/140.0;256.2/228.0	100	25;10
408	硫赶内吸磷	demeton-*s*	5.44	259.1/89.1	259.1/89.1;259.1/61.0	60	10;35
409	氧倍硫磷	fenthion oxon	8.15	263.2/230.0	263.2/230.0;263.2/216.0	100	10;20
410	萘丙胺	napropamide	12.45	272.2/171.1	272.2/171.1;272.2/129.2	120	15;15
411	杀螟硫磷	fenitrothion	13.60	278.1/125.0	278.1/125.0;278.1/246.0	140	15;15
412	酞酸二丁酯	phthalic acid, dibutyl ester	17.5	279.2/149.0	279.2/149.0;279.2/121.1	80	10;45
413	丙草胺	metolachlor	13.15	284.1/252.2	284.1/252.2;284.1/176.2	120	10;15
414	腐霉利	procymidone	13.32	284.0/256.0	284.0/256.0;284.0/145.0	140	10;45
415	蚜灭磷	vamidothion	4.18	288.2/146.1	288.2/146.1;288.2/118.1	80	10;20
416	枯草隆	chloroxuron	9.00	291.2/72.1	291.2/72.1;291.2/218.1	120	20;30
417	威菌磷	triamiphos	6.58	295.2/135.1	295.2/135.1;295.2/92.0	100	25;35
418	右旋炔丙菊酯	prallethrin	7.25	301.0/105.0	301.0/105.0;301.0/169.0	80	5;20
419	可灭隆	cumyluron	11.70	303.3/185.1	303.3/185.1;303.3/125.0	100	5;45
420	甲氧咪草烟	imazamox	3.00	304.2/260.0	304.2/260;304.2/186.0	100	5;40
421	杀鼠灵	warfarin	10.30	309.2/163.1	309.2/163.1;309.2/251.2	100	20;15
422	亚胺硫磷	phosmet	11.14	318.0/160.1	318.0/160.1;318.0/133.0	80	10;35
423	皮蝇磷	ronnel	17.70	320.9/125.0	320.9/125.0;320.9/288.8	120	10;10
424	酞酸二环已酯	phthalic acid, biscyclohexyl ester	19.10	331.3/149.1	331.3/149.1;331.3/167.1;331.3/249.0	80	10;5;5
425	环丙酰胺	carpropamid	15.36	334.2/196.1	334.2/196.1;334.2/139.1	120	10;15
426	吡螨胺	tebufenpyrad	17.32	334.3/147.0	334.3/147.0;334.3/117.1	160	25;40
427	虫酰肼	tebufenozide	14.70	297.0/133.0	297.0/133.0;97.0/105.0	80	15;35
428	虫螨磷	chlorthiophos	18.58	361.0/305.0	361.0/305.0;361.0/225.0	100	10;15
429	毒壤磷	dialifos	17.15	394.0/208.0	394.0/208.0;394.0/187.0	100	5;20

表 B.1（续）

序号	中文名称	英文名称	保留时间/min	定量离子	定性离子	源内碎裂电压/V	碰撞气能量/V
430	吲哚酮草酯	cinidon-ethyl	17.63	394.2/348.1	394.2/348.1;394.2/107.1	120	15;45
431	鱼滕酮	rotenone	14.00	395.3/213.2	395.3/213.2;395.3/192.2	160	20;20
432	亚胺唑	imibenconazole	17.16	411.0/125.1	411.0/125.1;411.0/171.1;411/342	120	25;15;10
433	噁草酸	propaquizafop	17.56	444.2/100.1	444.2/100.1;444.2/299.1	140	15;25
434	2,3,4,5-四氯苯胺	2,3,4,5-tetrachloro-aniline	0.72	229.7/194.0	229.7/194.0;229.7/159.0	100	20;35
435	吡草酮	benzofenap	16.95	431.0/105.0	431.0/105.0;431.0/119.0	140	30;20
436	地乐酯	dinoseb acetate	0.75	283.1/89.2	283.1/89.2;283.1/133.1;283.1/177.2	120	10;10;10
437	异丙草胺	propisochlor	15.00	284.0/224.0	284.0/224.0;284.0/212.0	80	5;15
438	氟硅菊酯	silafluofen	20.80	412.0/91.0	412.0/91.0;412.0/72.1	100	40;30
439	乙氧苯草胺	etobenzanid	15.65	340.0/149.0	340.0/149.0;340.0/121.1	120	20;30
440	四唑酰草胺	fentrazamide	16.00	372.1/219	372.1/219.0;372.1/83.2	200	5;35
441	五氯苯胺	pentachloroaniline	14.30	285.0/99.1	285.0/99.1;285.0/127.0	100	15;5
442	苯醚氰菊酯	cyphenothrin	19.40	376.2/151.2	376.2/151.2;376.2/123.2	100	5;15
443	狄氏剂	dieldrin	3.91	377.0/333.0	377.0/333.0;377.0/221.2	100	5;35
444	乙螨唑	etoxazole	3.36	360.2/141.1	360.2/141.1;360.2/304	100	30;15
445	马拉氧磷	malaoxon	13.80	331.0/99.0	331.0/99.0;331.0/127.0	120	20;5
446	多果定	dodine	7.46	228.2/57.3	228.2/57.3;228.2/60.1	160	25;20
G 组							
447	茅草枯	dalapon	0.60	140.8/58.8	140.8/58.8;140.8/62.9	100	10;15
448	四氟丙酸	flupropanate	0.97	144.9/81.0	144.9/81.0;144.9/101.5	100	15;5
449	2,6-二氟苯甲酸	2,6-difluorobenzoic acid	0.73	153.0/93.1	153.0/93.1;158.0/113	60	20;5
450	三氯乙酸钠	trichloroacetic acid sodium salt	0.74	160.9/116.9	160.9/116.9;160.9/95.9	120	7;29
451	2-苯基苯酚	2-phenylphenol	9.78	169.0/115.0	169.0/115.0;169.0/93.0	140	35;20
452	3-苯基苯酚	3-phenylphenol	9.78	169.0/115.0	169.0/115.0;169.0/141.1	140	35;35
453	二氯吡啶酸	clopyralld	2.14	190.0/146.0	190.0/146.0;190.0/74.0	60	5;45
454	4,6-二硝基邻甲酚	DNOC	4.19	197.1/180.0	197.1/180.0;197.1/108.9	120	15;20
455	调果酸	cloprop	3.38	199.0/127.0	199.0/127.0;199.0/71.0	80	5;5

表 B.1（续）

序号	中文名称	英文名称	保留时间/min	定量离子	定性离子	源内碎裂电压/V	碰撞气能量/V
456	氯硝胺	dicloran	8.82	205.1/169.3	205.1/169.3;205.1/123.2	120	15;30
457	氯苯胺灵	chlorpropham	12.55	212.0/152.0	212.0/152.0;212.0/57.0	80	5;20
458	2-甲-4-氯丙酸	mecoprop	4.46	213.1/141.0	213.1/141.0;213.1/71.0	80	5;5
459	特草定	terbacil	5.94	215.1/159.0	215.1/159.0;215.1/73.0	120	10;40
460	麦草畏	dicamba	0.75	219.0/175.0	219.0/175.0;219.0/145.0	60	5;5
461	二甲四氯丁酸	MCPB	5.53	227.0/141.0	227.0/141.0;227.0/105.0	80	10;25
462	灭草松	bentazone	3.69	239.0/132.0	239.0/132.0;239.0/197.0	140	20;15
463	地乐酚	dinoseb	6.13	239.0/193.0	239.0/193.0;239.0/163.0	120	22;25
464	草消酚	dinoterb	6.13	239.0/207.0	239.0/207.0;239.0/176.1	140	25;35
465	氯吡脲	forchlorfenuron	7.35	246.1/127.0	246.1/127.0;246.1/91.1	80	5;25
466	咯菌腈	fludioxonil	11.10	247.0/180.0	247.0/180.0;247.0/126.0	140	10;10
467	氟草烟	fluroxypyr	2.63	252.9/195.0	252.9/195.0;252.9/232.5	80	5;5
468	杀螨醇	chlorfenethol	11.81	265.0/96.7	265.0/96.7;265.0/152.7	120	15;5
469	溴苯腈	bromoxynil	4.07	274.0/79.1	274.0/79.1;274.0/167.0	120	40;40
470	灭幼脲	chlorobenzuron	14.05	306.9/154.0	306.9/154.0;306.9/125.9	100	5;20
471	氯霉素	chloramphenicolum	5.07	321.0/152.0	321.0/152.0;321.0/257.0	100	15;10
472	禾草灭	alloxydim-sodium	3.49	322.2/222.0	322.2/222.0;322.2/190.0	120	20;35
473	乙酰磺胺对硝基苯	sulfanitran	5.77	334.0/137.0	334.0/137.0;334.0/197.0	120	28;29
474	甲基磺草酮	mesotrion	0.74	338.1/291.0	338.1/291.0;338.1/212.2	80	5;40
475	安磺灵	oryzalin	14.04	345.0/281.1	345.0/281.1;345.0/146.9;345.0/78.1	120	10;10;5
476	三氟羧草醚	acifluorfen	6.40	360.0/316.0	360.0/316.0;360.0/194.9	80	5;25
477	碘苯腈	ioxynil	4.63	369.8/126.9	369.8/126.9;369.8/215.0	120	35;35
478	噁唑菌酮	famoxadone	16.52	373.0/282.0	373.0/282.0;373.0/328.9	120	20;15
479	吡氟酰草胺	diflufenican	17.30	393.1/329.1	393.1/329.1;393.1/272.0	100	10;10
480	乙虫清	ethiprole	10.74	394.9/331.0	394.9/331.0;394.9/250	100	5;25
481	磺菌胺	flusulfamide	11.15	413.0/171.0	413.0/171.0;413.0/179.0	160	40;40
482	环丙嘧磺隆	cyclosulfamuron	7.60	420.2/238.8	420.2/238.8;420.2/265.4	100	10;5
483	氟磺胺草醚	fomesafen	7.13	437.0/195.1	437.0/195.1;437.0/222.1	140	40;40
484	碘甲磺隆钠	iodosulfuron-methyl sodium	4.48	505.9/139.0	505.9/139.0;505.9/308.0	120	25;15
485	克来范	kelevan	19.50	628.1/169.0	628.1/169.0;628.1/422.6	120	24;22
486	甲基碘磺隆	iodosulfuron-methyl	4.48	506.0/139.0	506.0/139.0;506.0/307.9	120	25;15

附 录 C
（资料性附录）
486 种农药及相关化学品多反应监测（MRM）色谱图

A、B、C、D、E、F 和 G 七组农药及相关化学品多反应监测（MRM）色谱图如下：

A 组

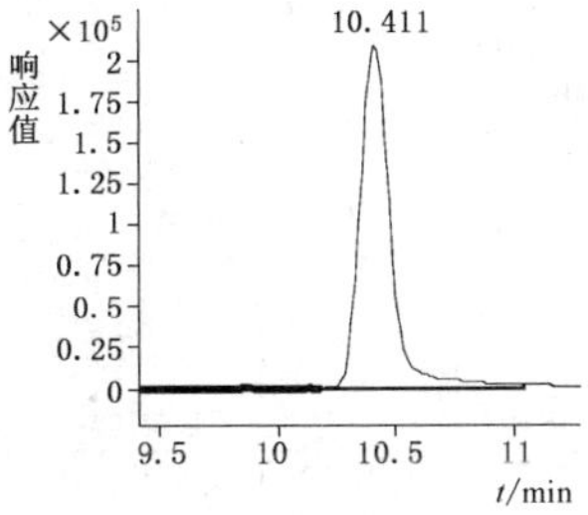

1. 苯胺灵

(propham)

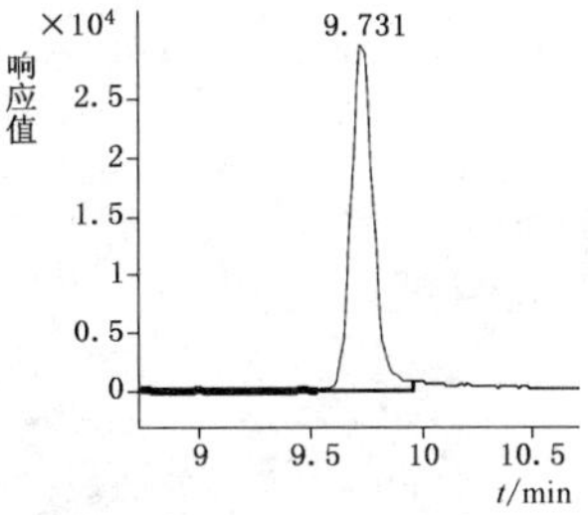

2. 异丙威

(isoprocarb)

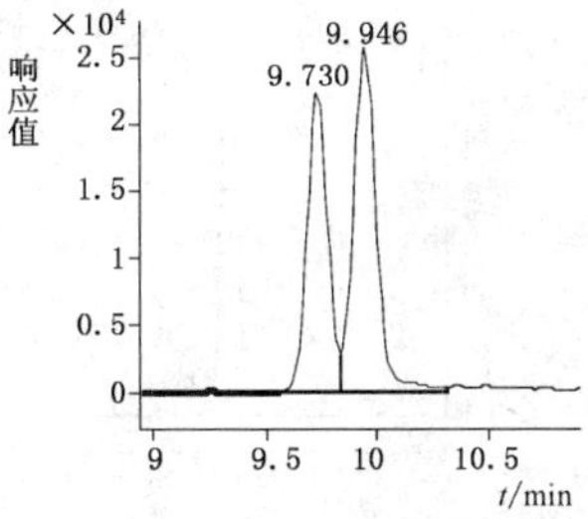

3. 3,4,5-混杀威

(3,4,5-trimethacarb)

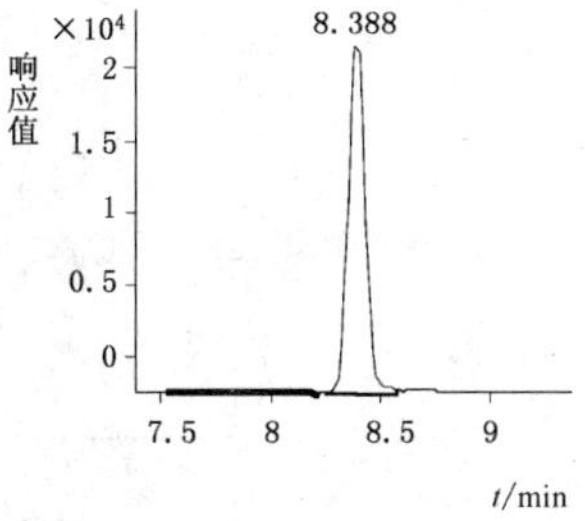

4. 环莠隆

(cycluron)

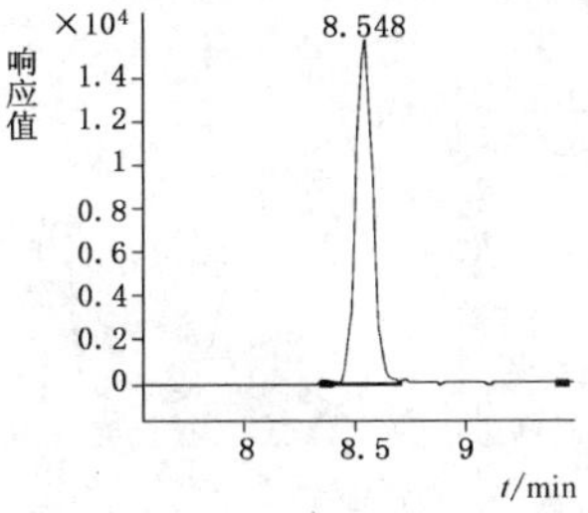

5. 甲萘威

(carbaryl)

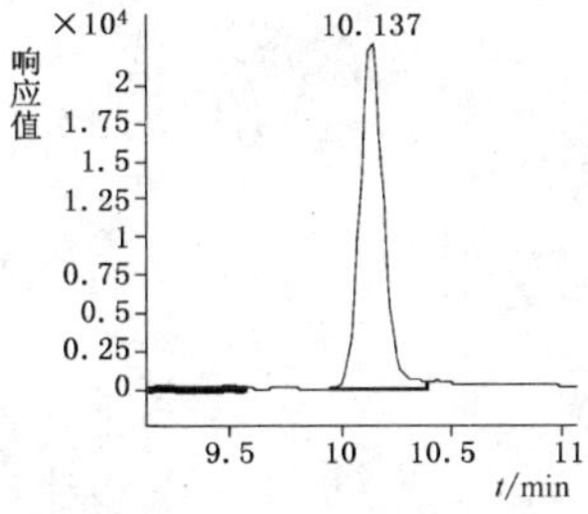

6. 毒草胺

(propachlor)

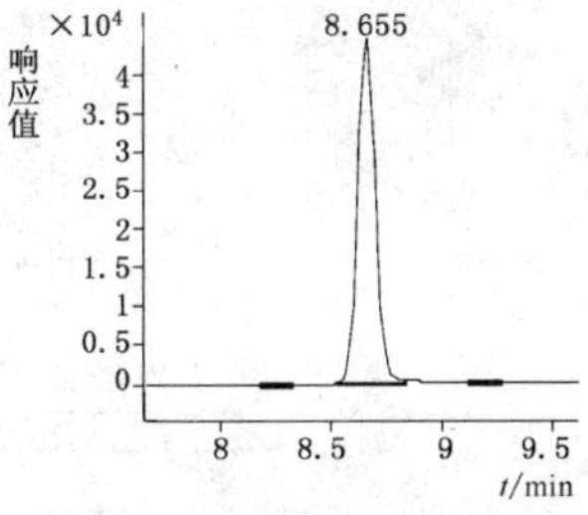

7. 吡咪唑

(rabenzazole)

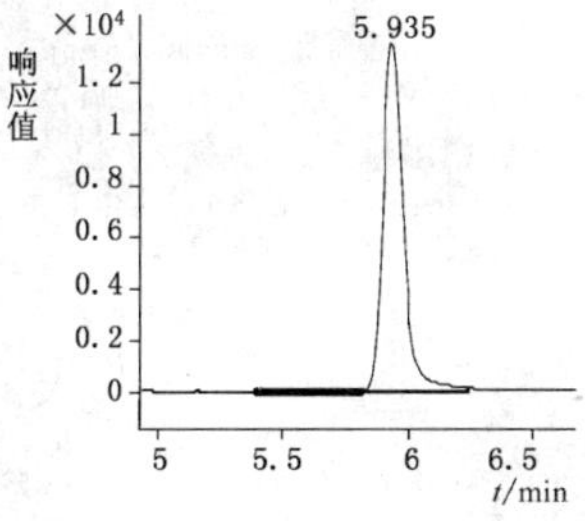

8. 西草净

(simetryn)

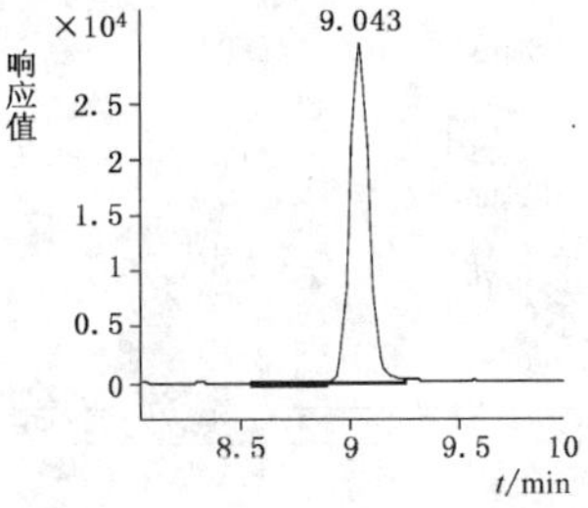

9. 绿谷隆

(monolinuron)

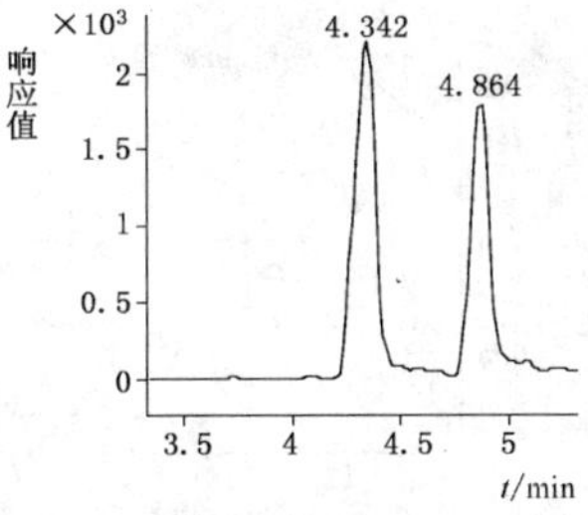

10. 速灭磷

(mevinphos)

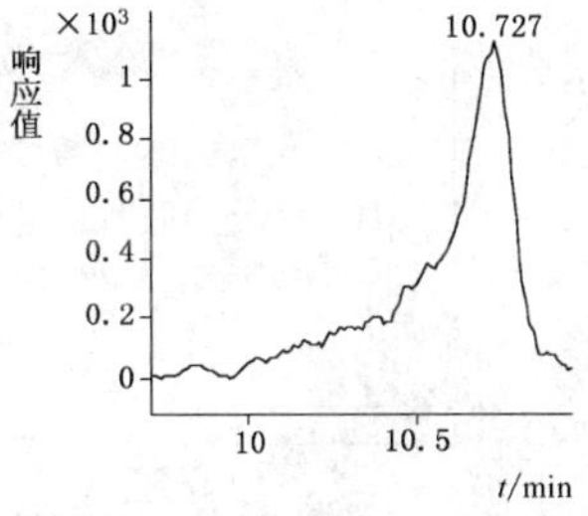

11. 叠氮津

(aziprotryne)

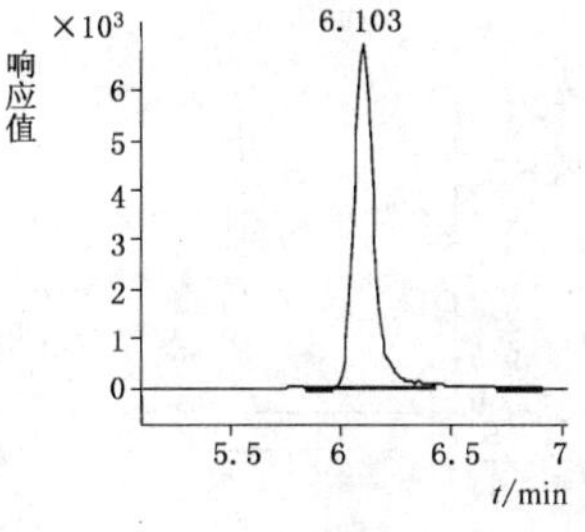

12. 密草通

(secbumeton)

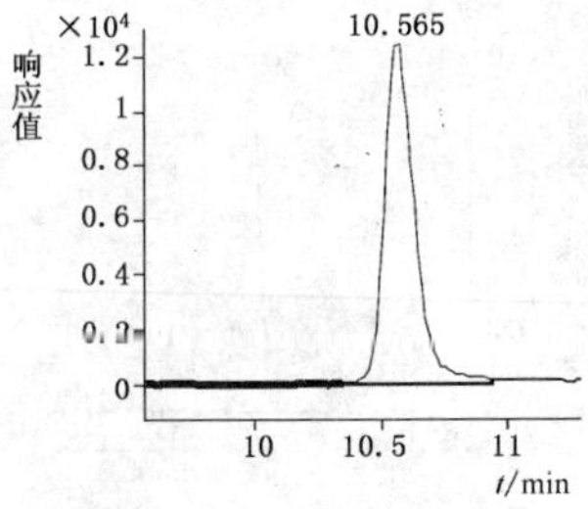

13. 嘧菌磺胺

(cyprodinil)

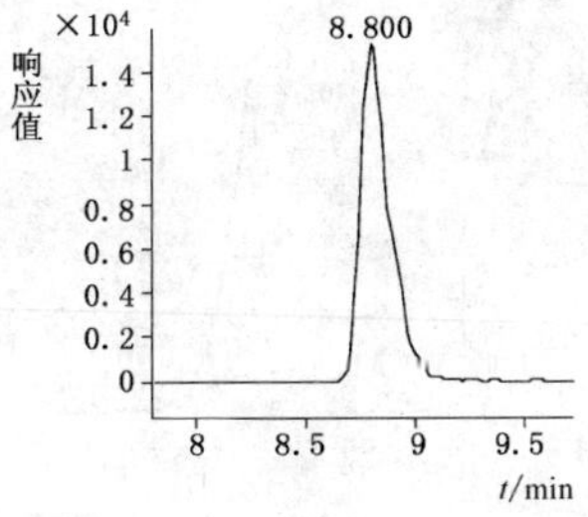

14. 播土隆

(buturon)

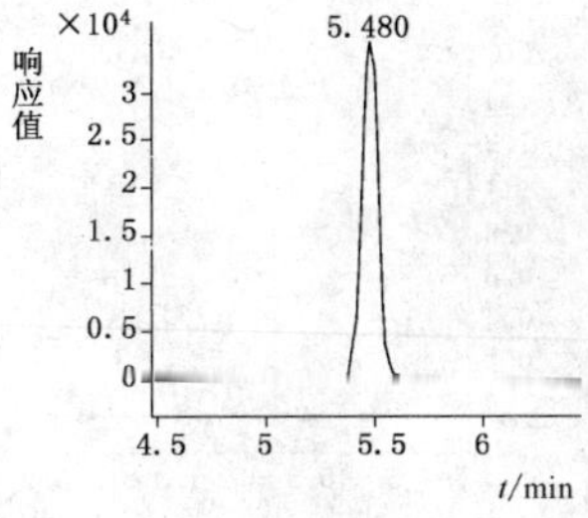

15. 双酰草胺

(carbetamide)

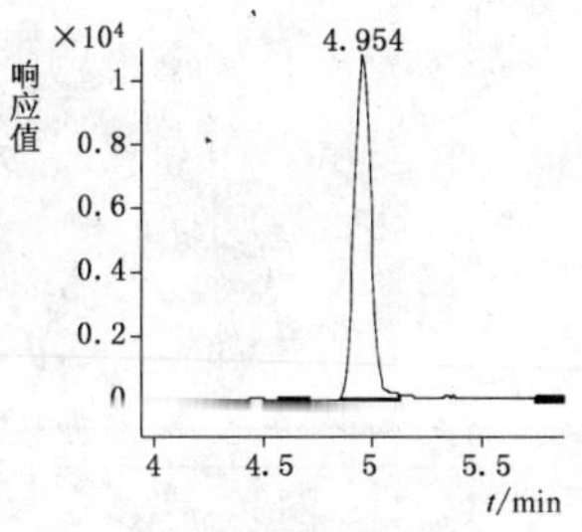

16. 抗蚜威

(pirimicarb)

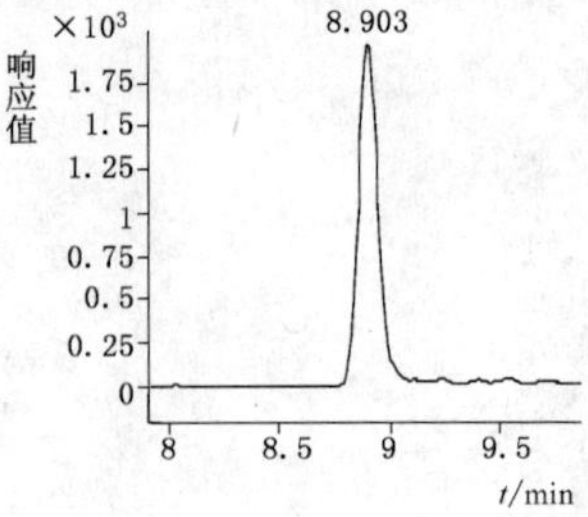

17. 异噁草松
(clomazone)

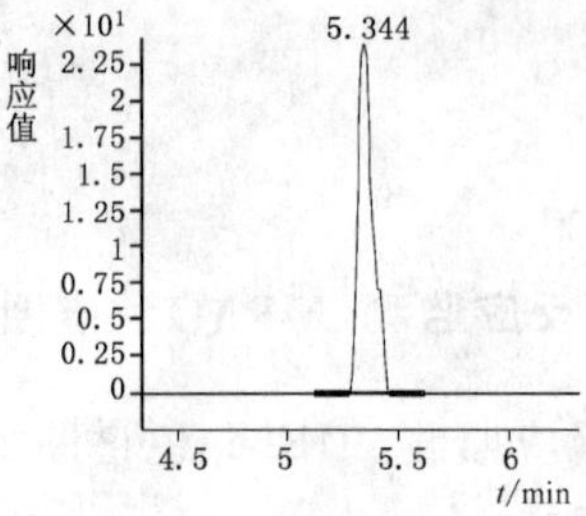

18. 氰草津
(cyanazine)

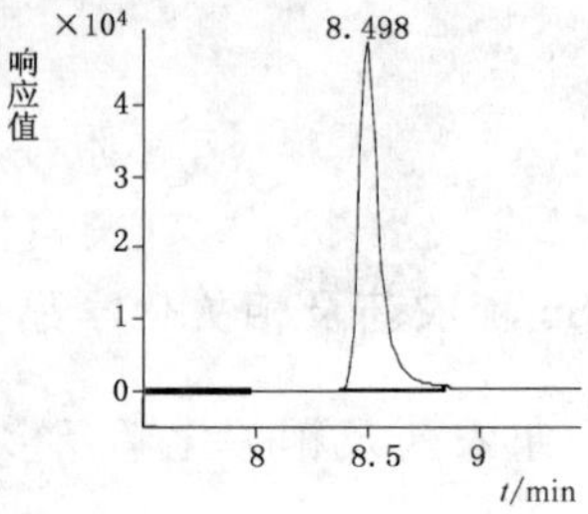

19. 扑草净
(prometryne)

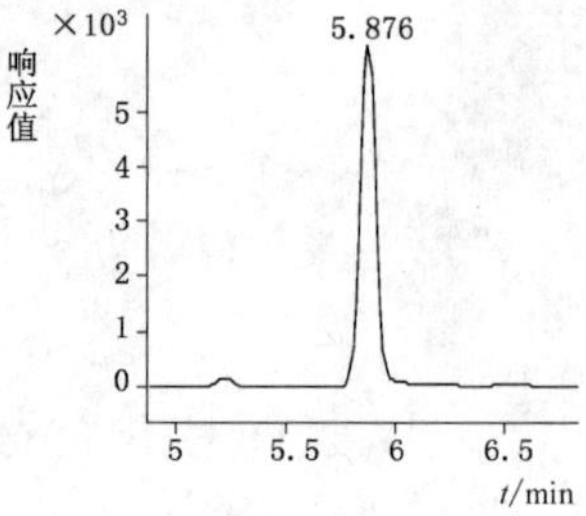

20. 对氧磷
(paraoxon methyl)

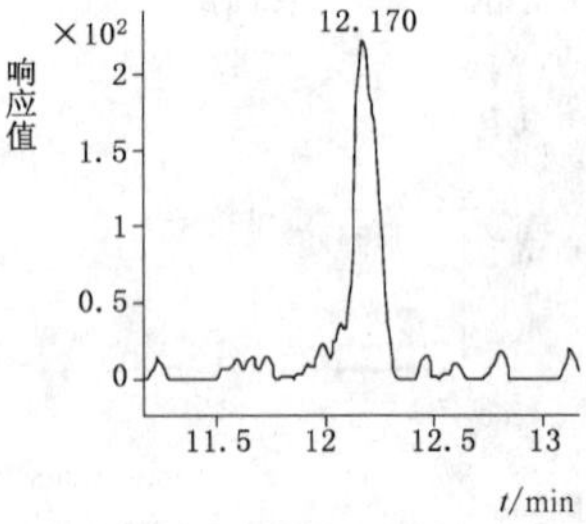

21. 4,4′-二氯二苯甲酮
(4,4′-dichlorobenzophenone)

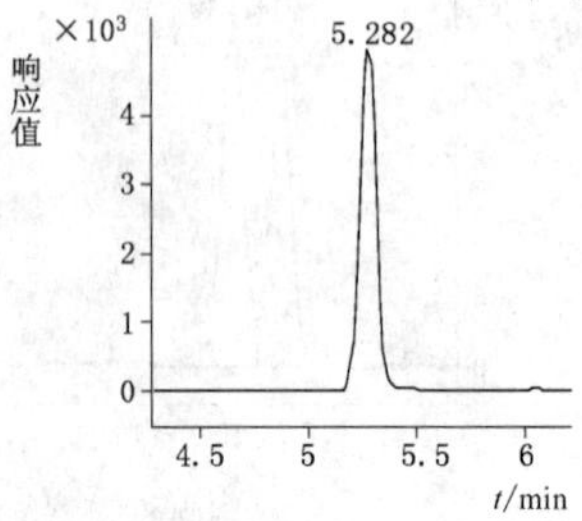

22. 噻虫啉
(thiacloprid)

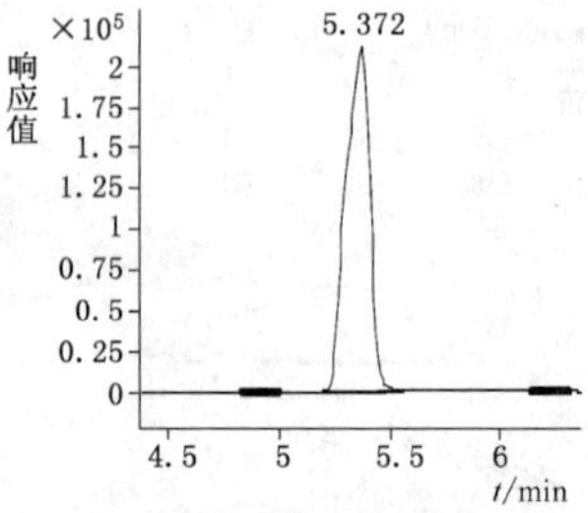

23. 吡虫啉
(imidacloprid)

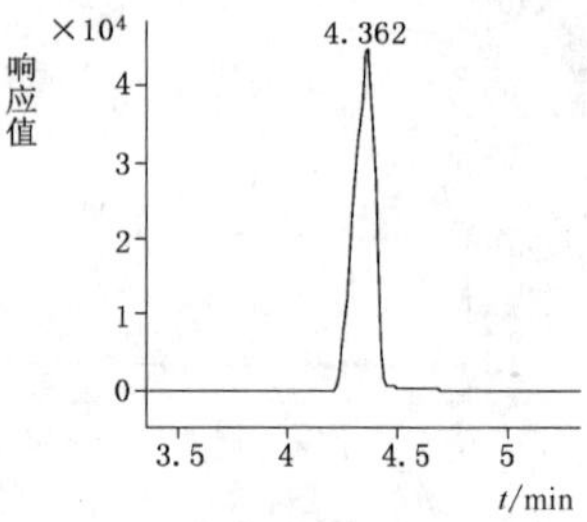

24. 磺噻隆
(ethidimuron)

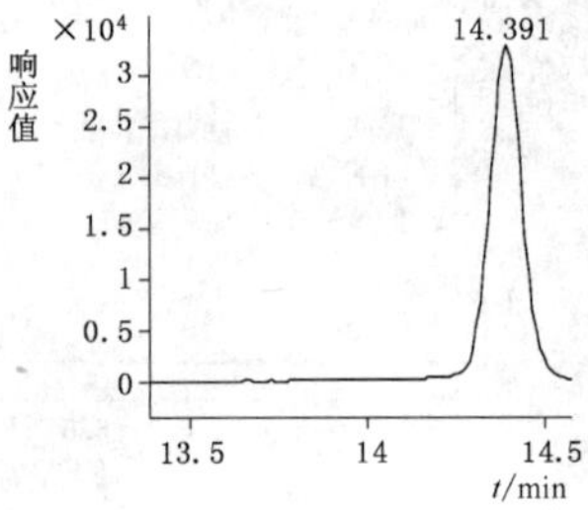

25. 丁嗪草酮
(isomethiozin)

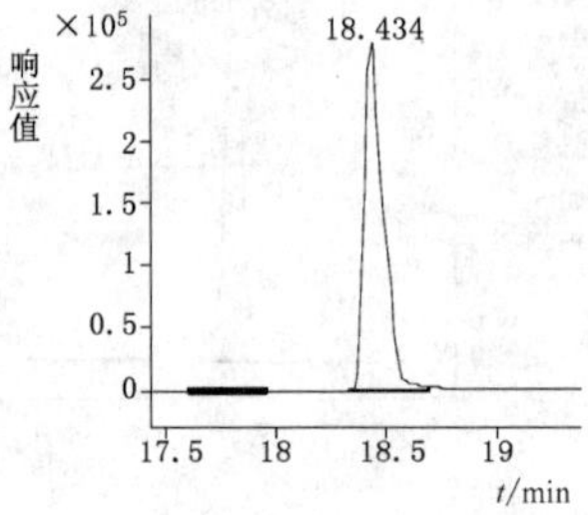

26. 燕麦敌
(diallate)

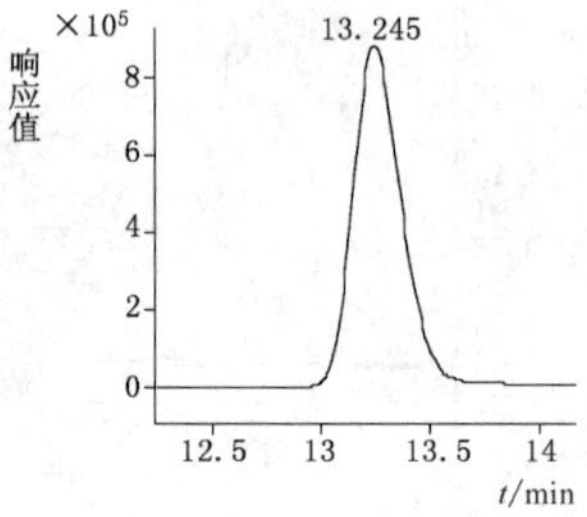

27. 乙草胺
(acetochlor)

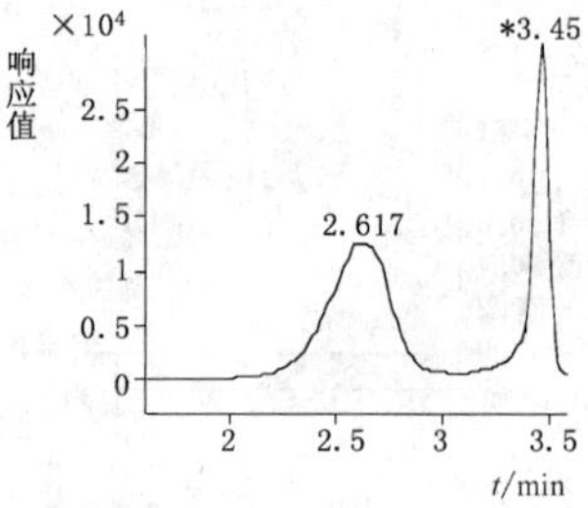

28. 烯啶虫胺
(nitenpyram)

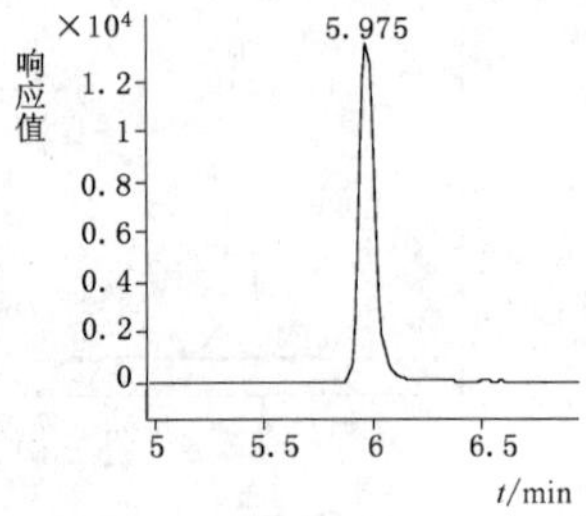

29. 盖草津
(methoprotryne)

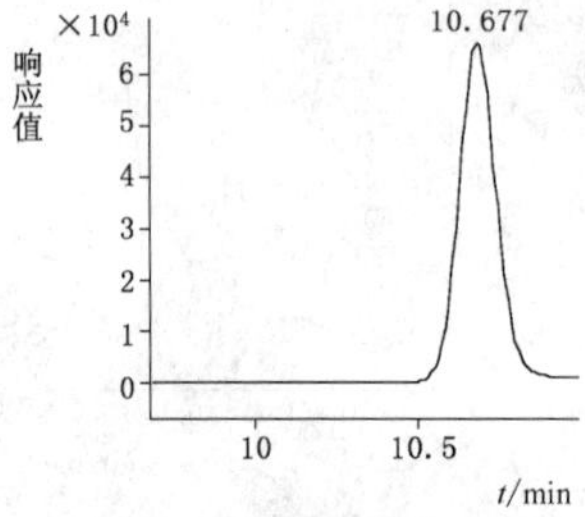

30. 二甲酚草胺
(dimethenamid)

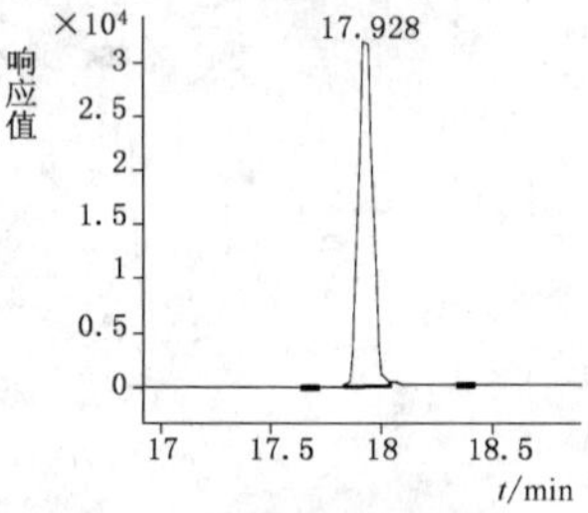

31. 特草灵
(terrbucarb)

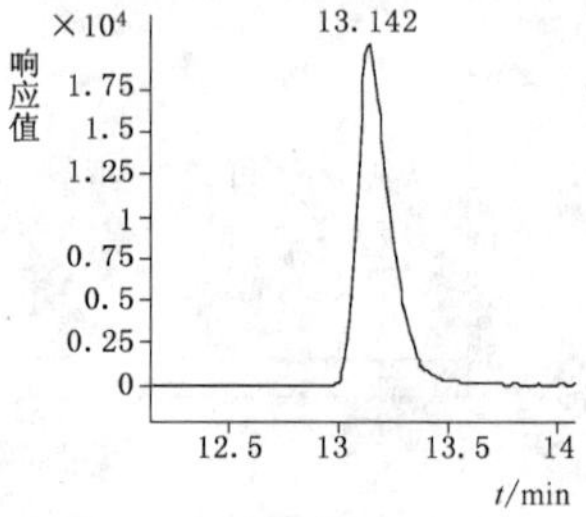

32. 戊菌唑
(penconazole)

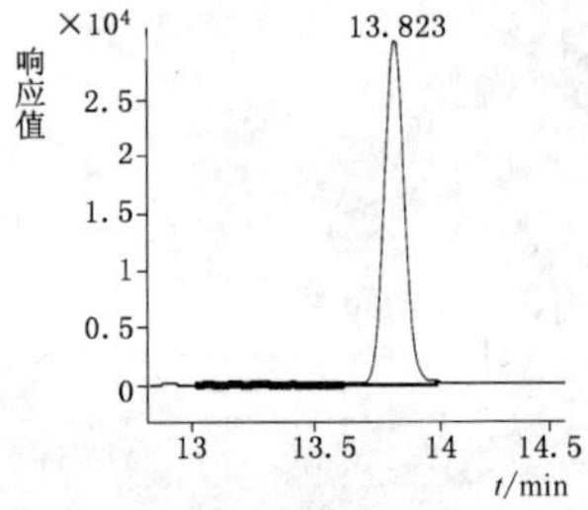

33. 腈菌唑
(myclobutanil)

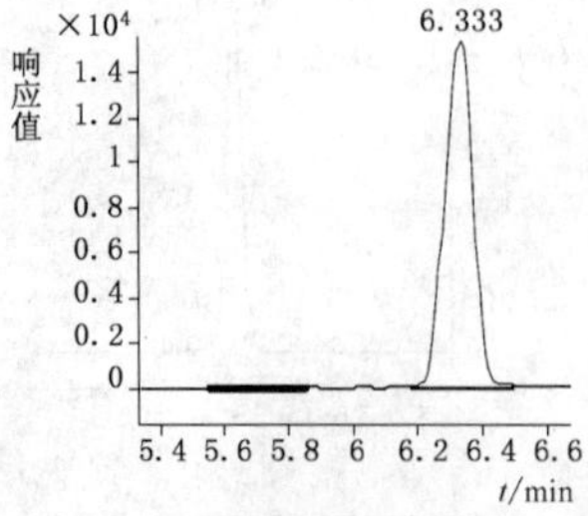

34. 咪唑乙烟酸
(imazethapyr)

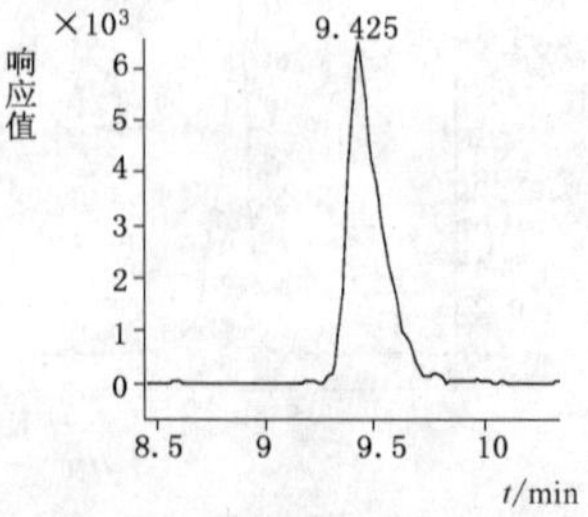

35. 多效唑
(paclobutrazol)

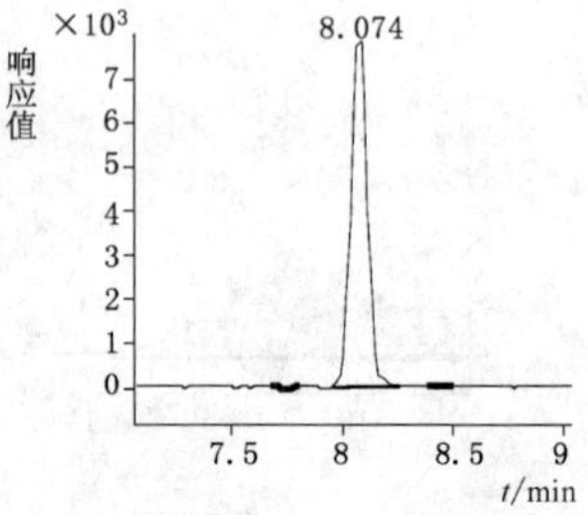

36. 倍硫磷亚砜
(fenthion sulfoxide)

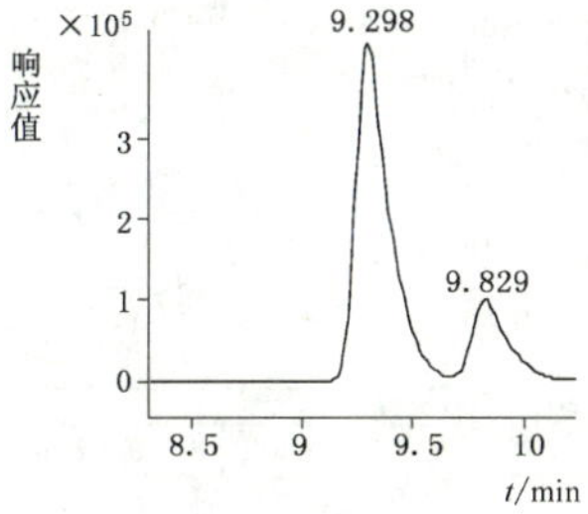

37. 三唑醇

(triadimenol)

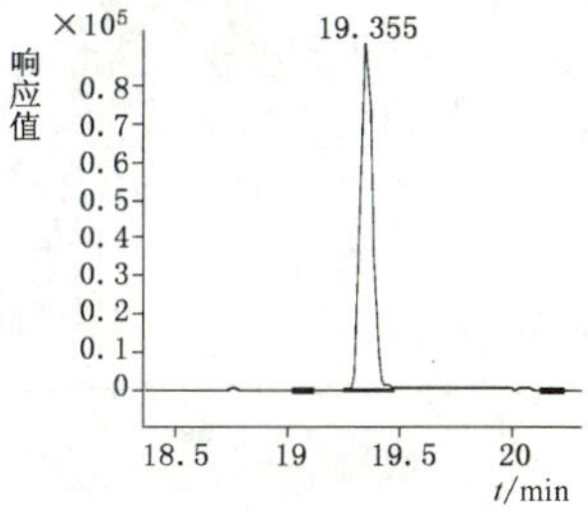

38. 仲丁灵

(butralin)

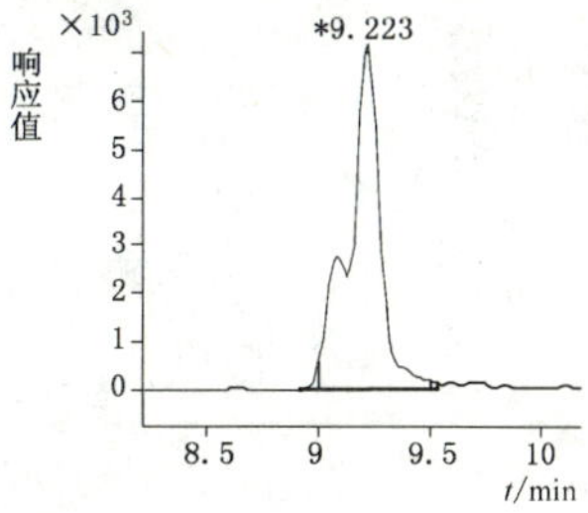

39. 螺噁茂胺

(spiroxamine)

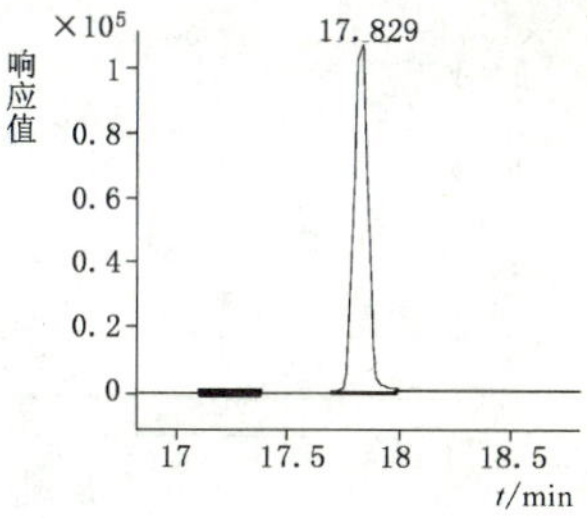

40. 甲基立枯磷

(tolclofos methyl)

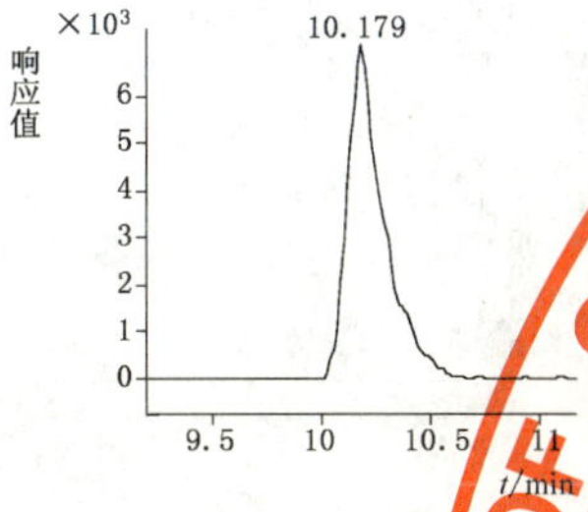

41. 甜菜胺

(desmedipham)

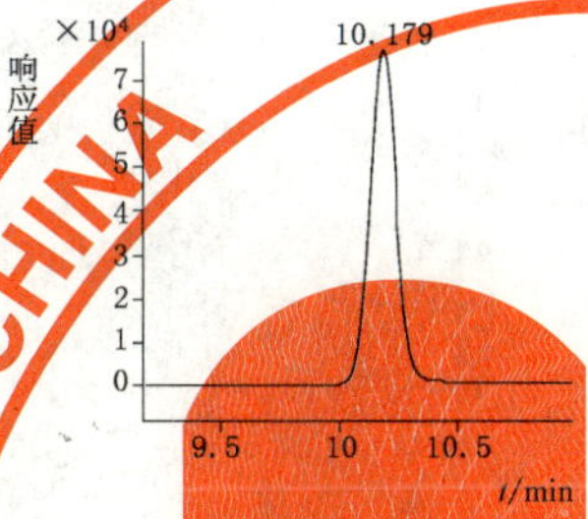

42. 杀扑磷

(methidathion)

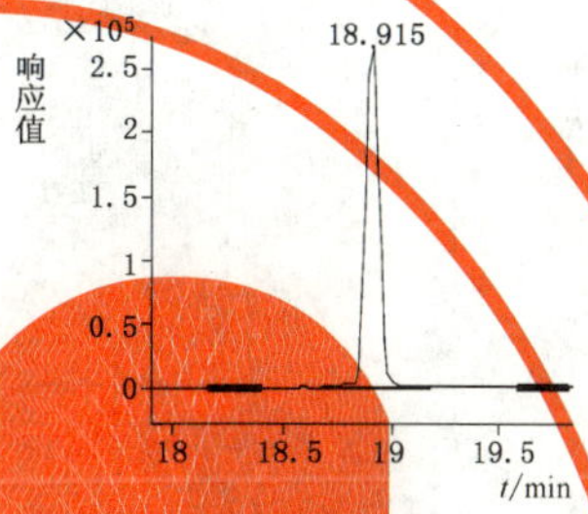

43. 烯丙菊酯

(allethrin)

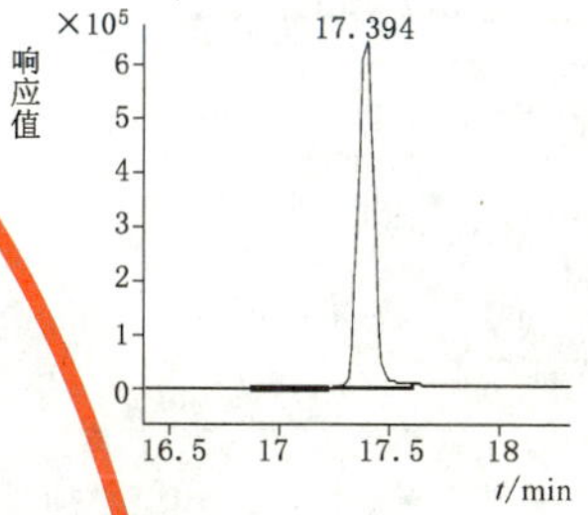

44. 二嗪磷

(diazinon)

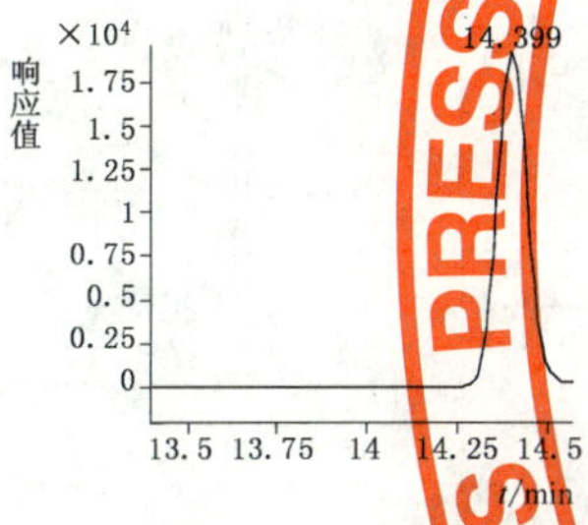

45. 敌瘟磷

(edifenphos)

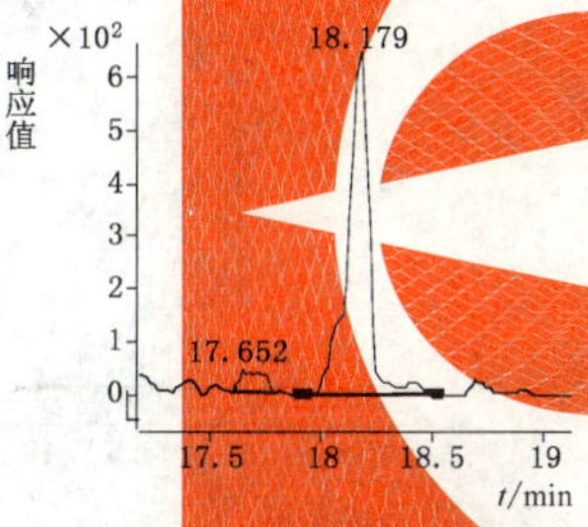

46. 丙草胺

(pretilachlor)

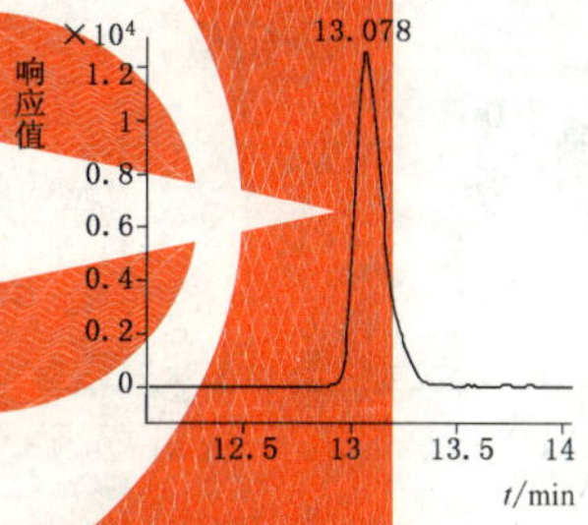

47. 氟硅唑

(flusilazole)

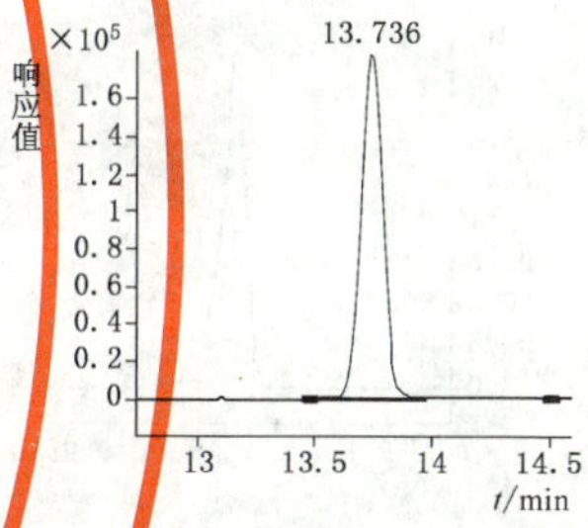

48. 丙森锌

(iprovalicarb)

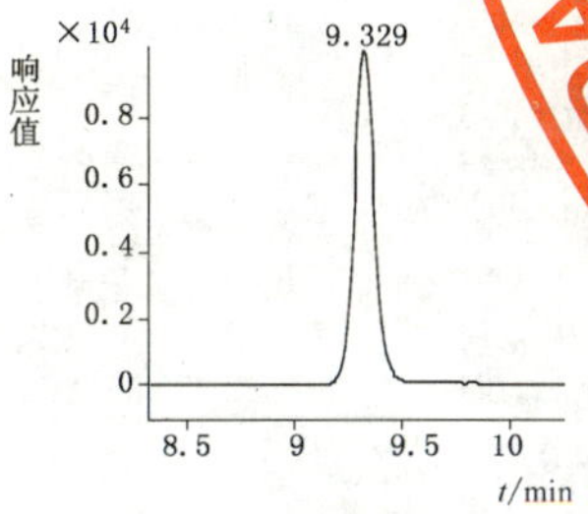

49. 麦锈灵

(benodanil)

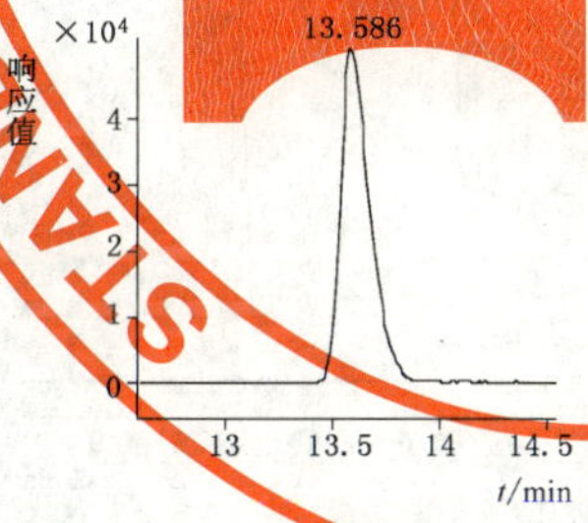

50. 氟酰胺

(flutolanil)

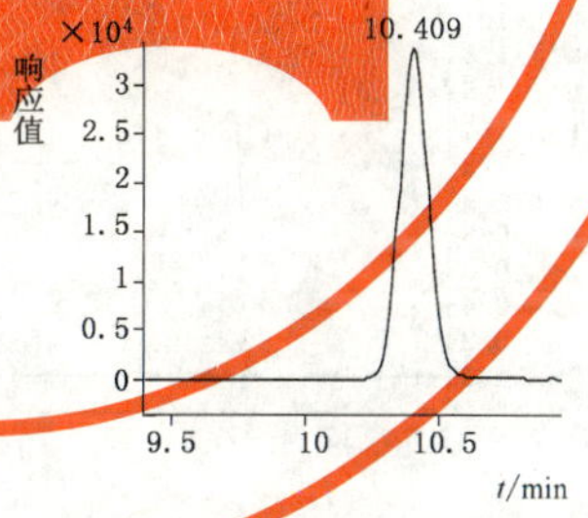

51. 氨磺磷

(famphur)

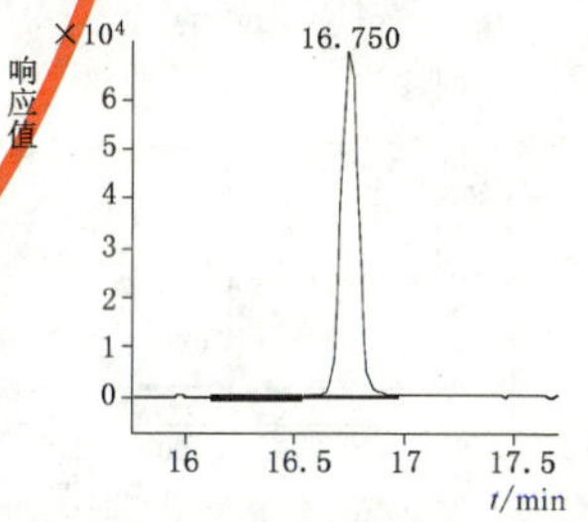

52. 苯霜灵

(benalyxyl)

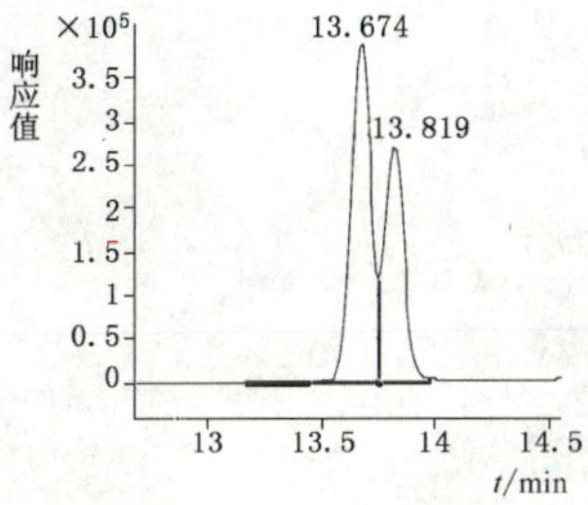

53. 苄氯三唑醇

(diclobutrazole)

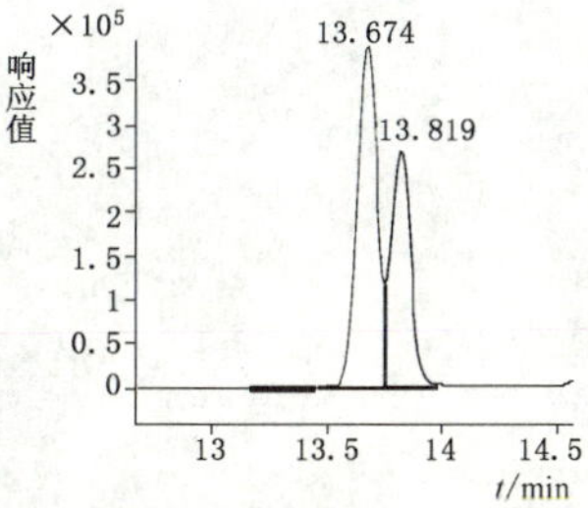

54. 乙环唑

(etaconazole)

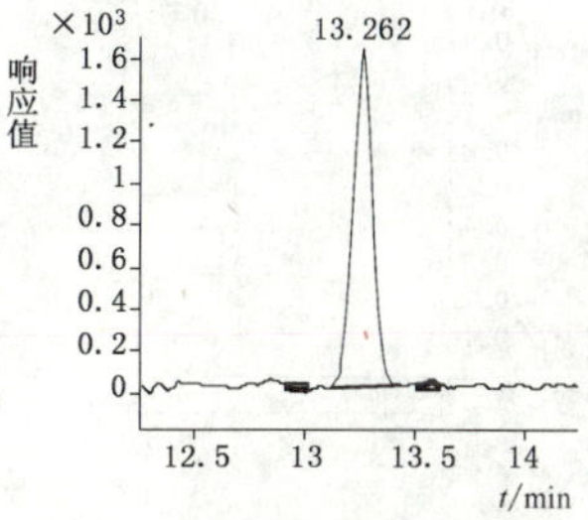

55. 氯苯嘧啶醇

(fenarimol)

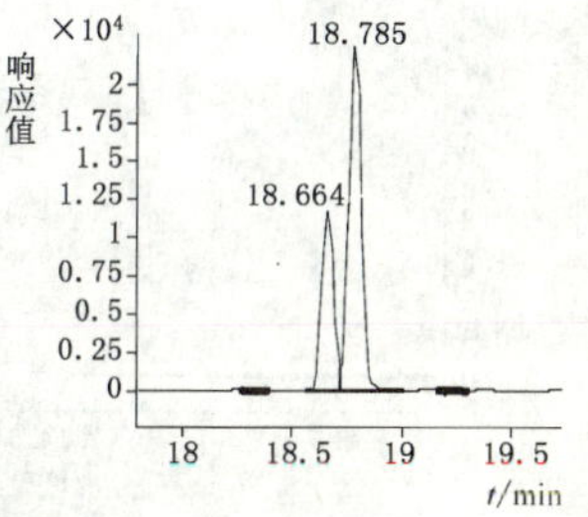

56. 胺菊酯

(tetramethirn)

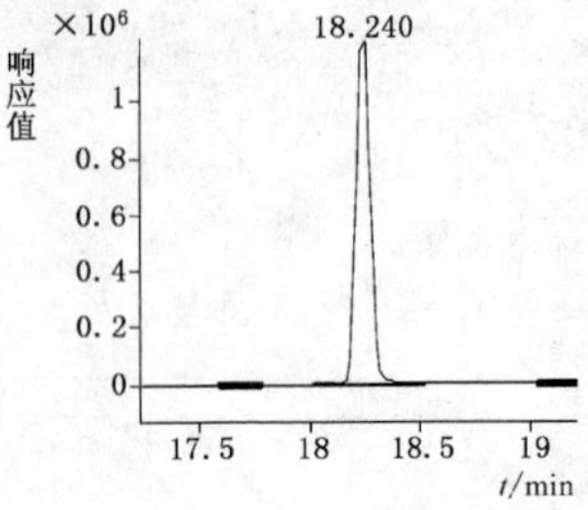

57. 解草酯

(cloquintocet mexyl)

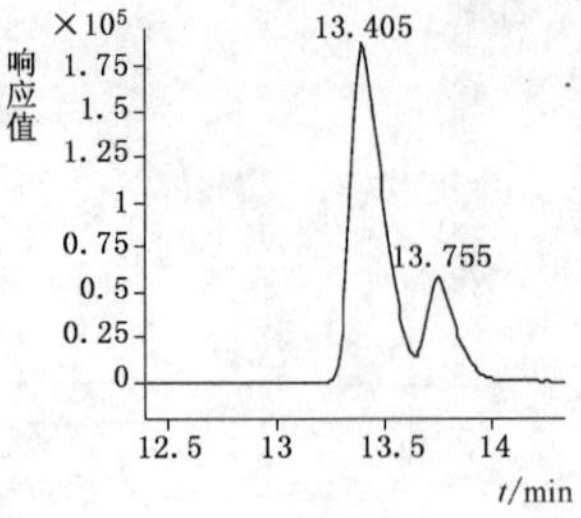

58. 联苯三唑醇

(bitertanol)

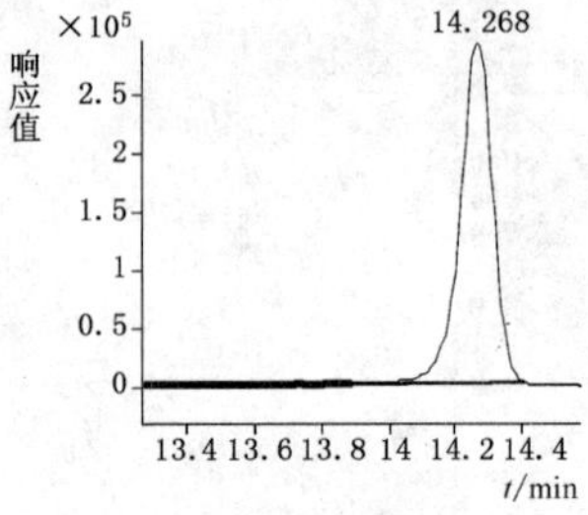

59. 吡喃草酮

(tepraloxydim)

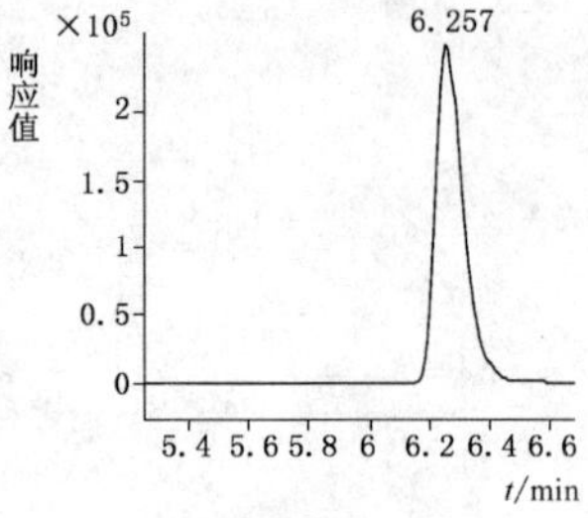

60. 甲基硫菌灵

(thiophanate methyl)

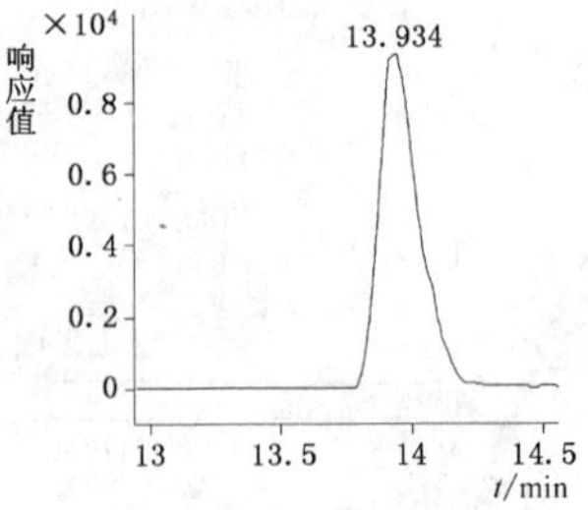

61. 益棉磷

(azinphos ethyl)

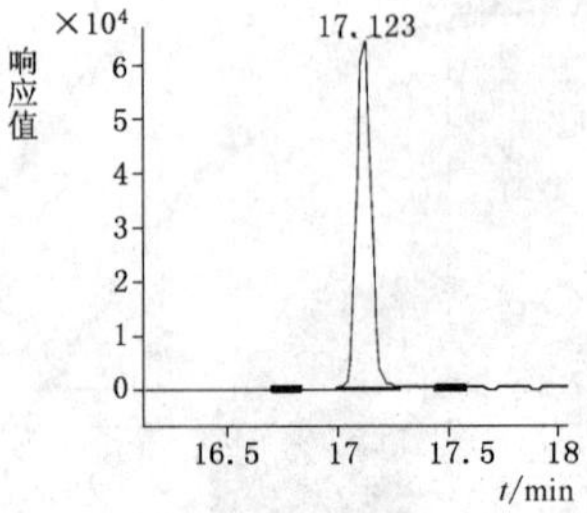

62. 杀铃脲

(triflumuron)

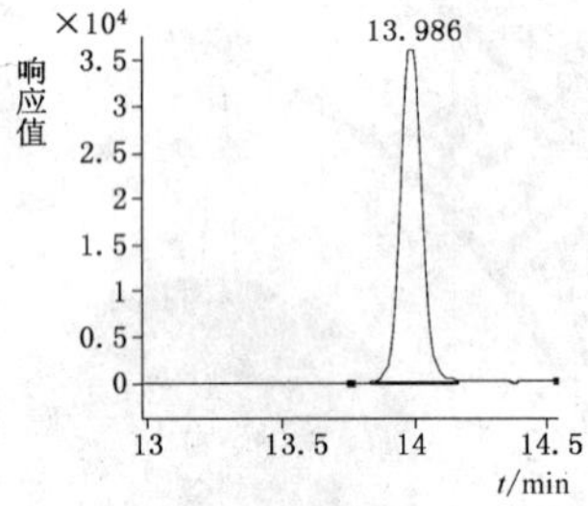

63. 异噁氟草

(isoxaflutole)

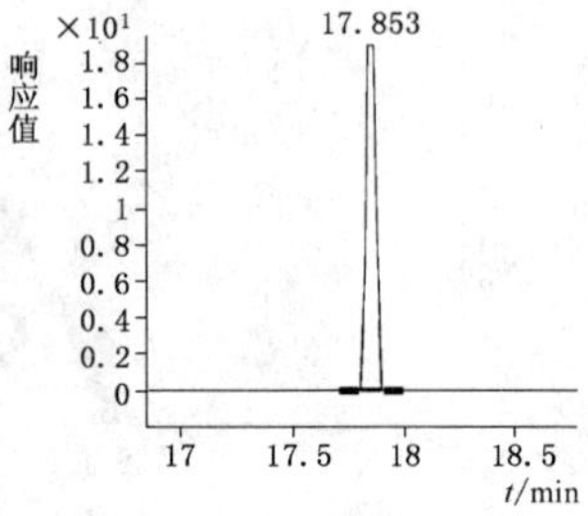

64. 莎稗磷

(anilofos)

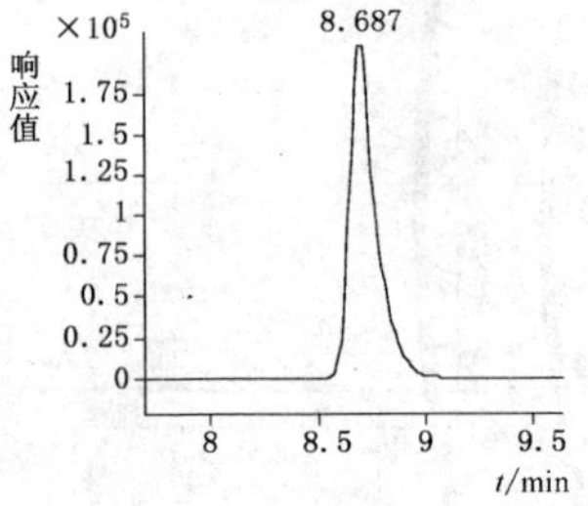

65. 硫菌灵

(thiophanat ethyl)

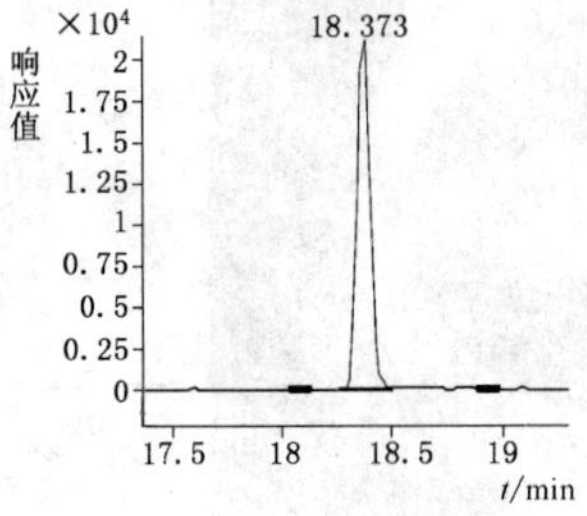

66. 喹禾灵

(quizalofop-ethyl)

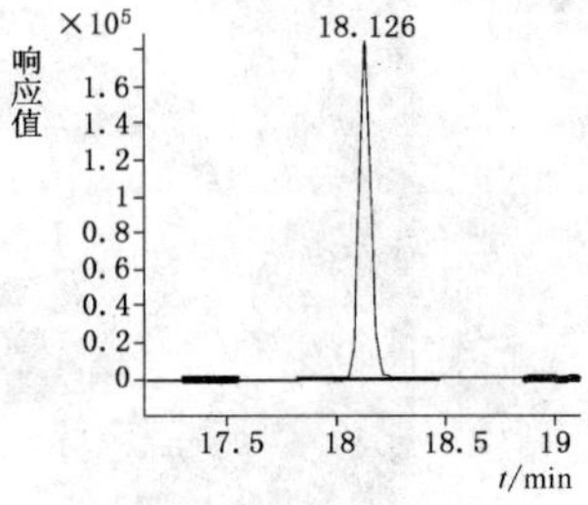

67. 精氟吡甲禾灵

(haloxyfop-methyl)

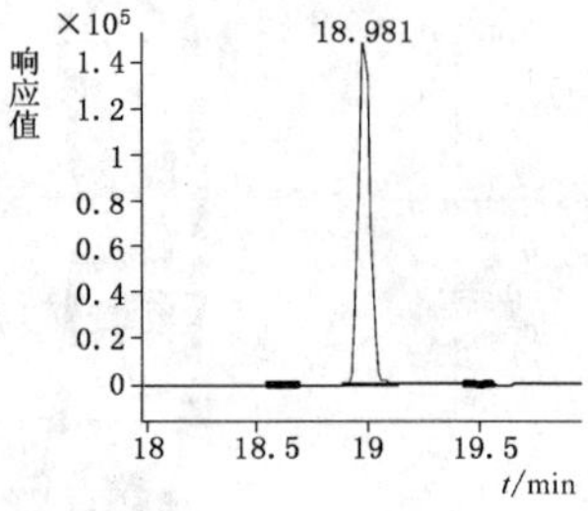

68. 吡氟禾草灵

(fluazifop butyl)

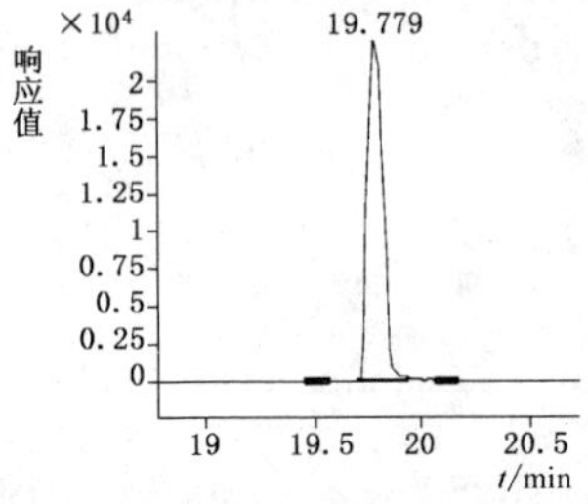

69. 乙基溴硫磷

(bromophos-ethyl)

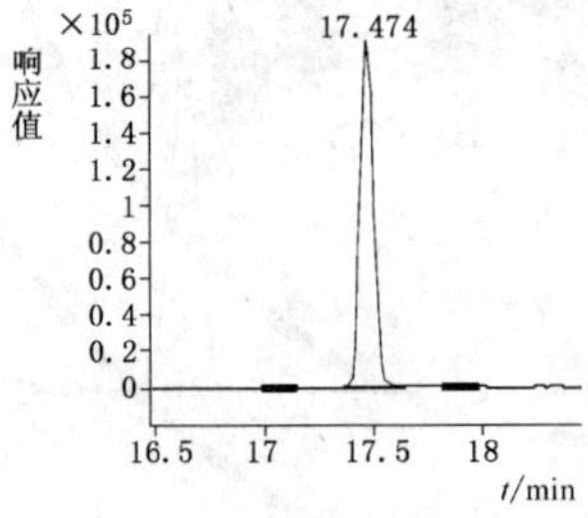

70. 地散磷

(bensulide)

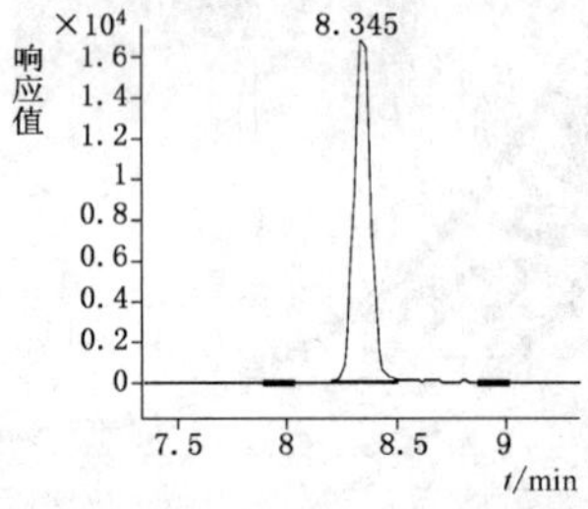

71. 醚苯磺隆

(triasulfuron)

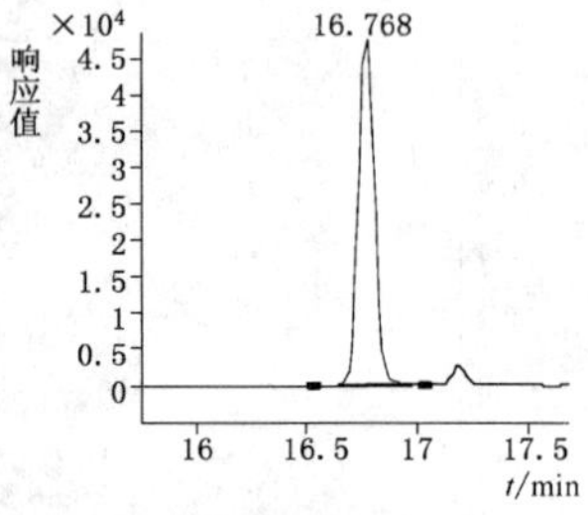

72. 溴苯烯磷

(bromfenvinfos)

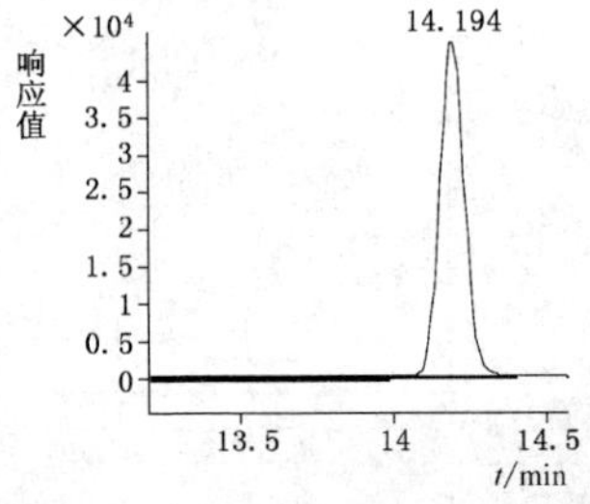

73. 嘧菌酯

(azoxystrobin)

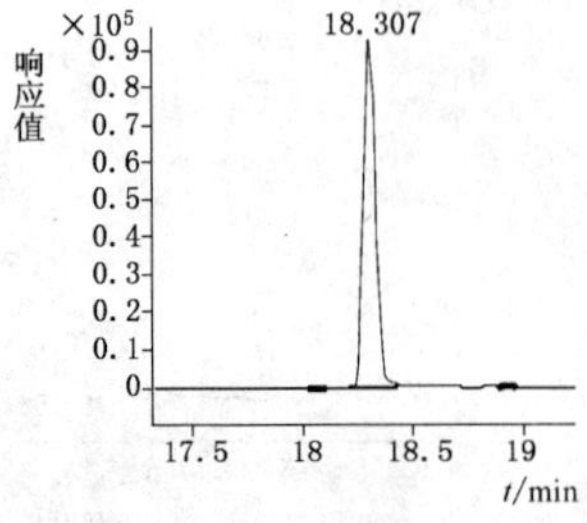

74. 茚虫威

(indoxacarb)

B 组

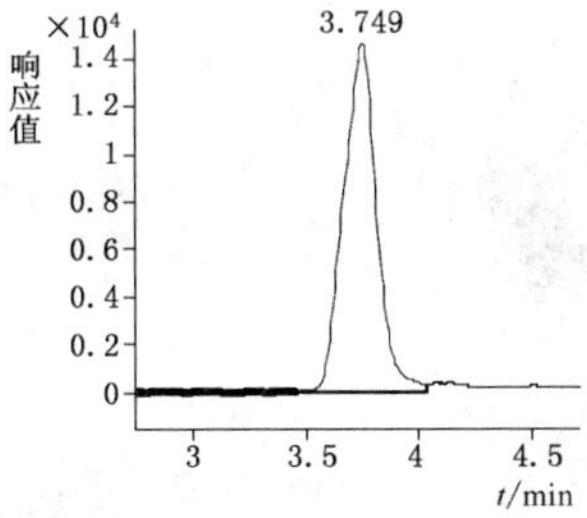

75. 棉隆
(dazomet)

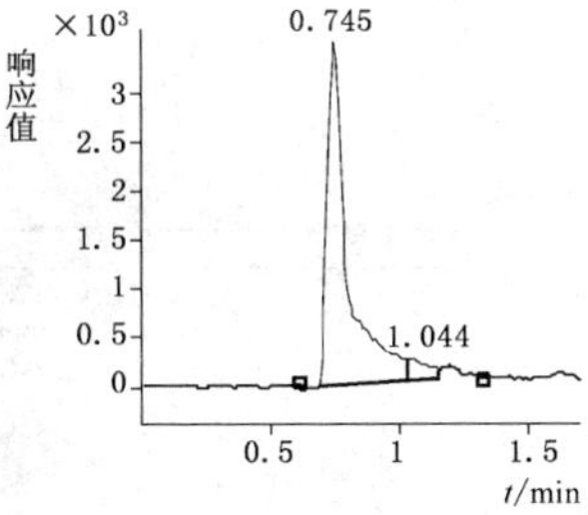

76. 烟碱
(nicotine)

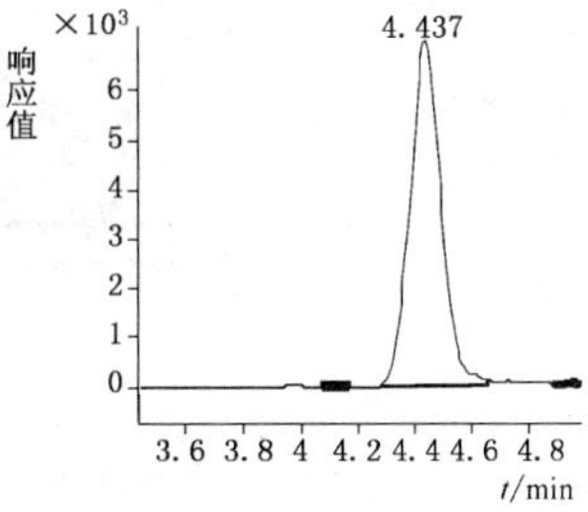

77. 非草隆
(fenuron)

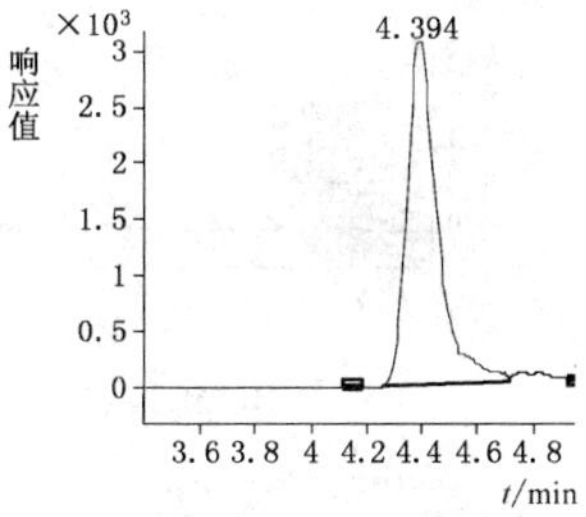

78. 鼠立克
(crimidine)

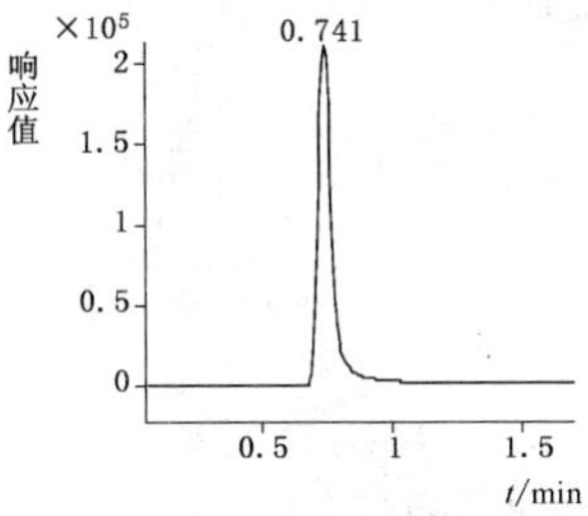

79. 乙酰甲胺磷
(acephate)

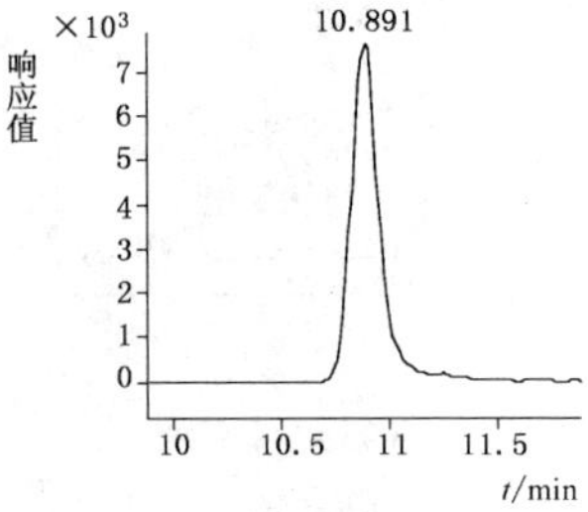

80. 禾草敌
(molinate)

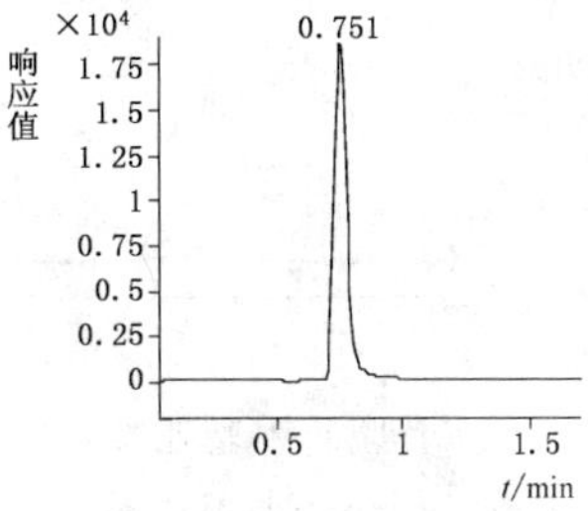

81. 多菌灵
(carbendazim)

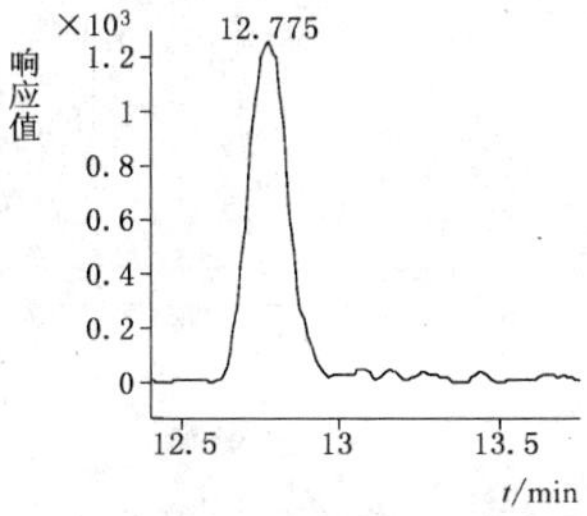

82. 6-氯-4-羟基-3-苯基哒嗪
(6-chloro-4-hydroxy-3-phenyl-pyridazin)

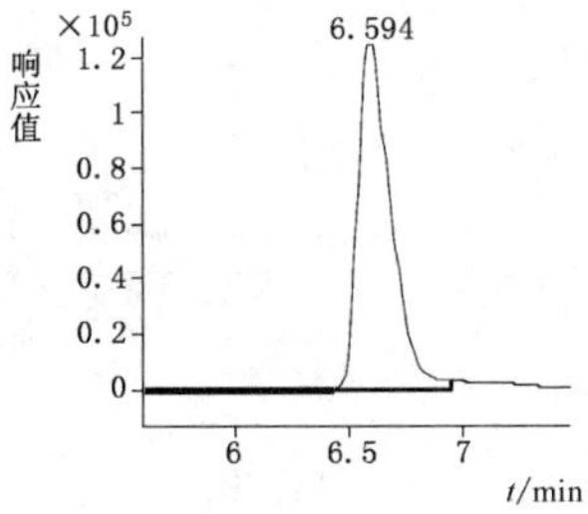

83. 残杀威
(propoxur)

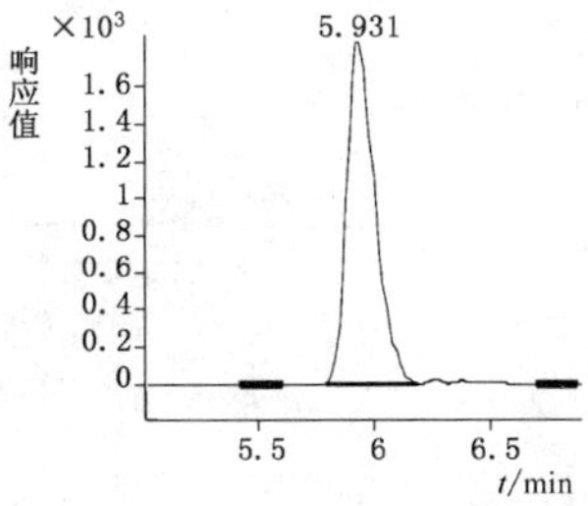

84. 异唑隆
(isouron)

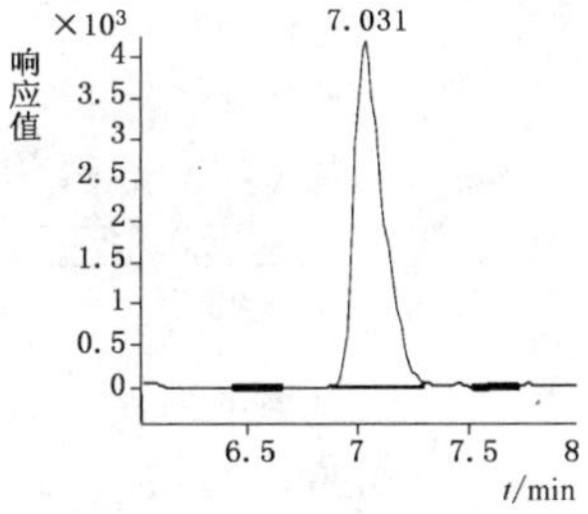

85. 绿麦隆
(chlorotoluron)

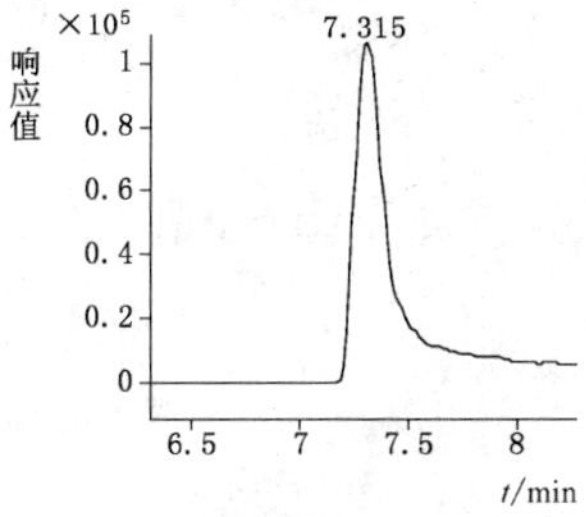

86. 久效威
(thiofanox)

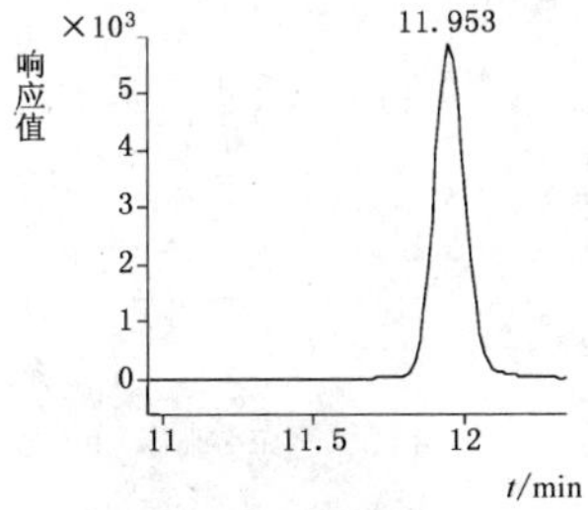

87. 氯草灵
(chlorbufam)

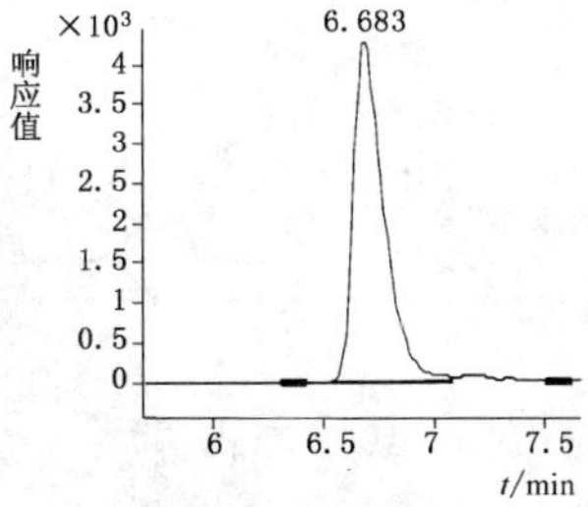

88. 噁虫威
(bendiocarb)

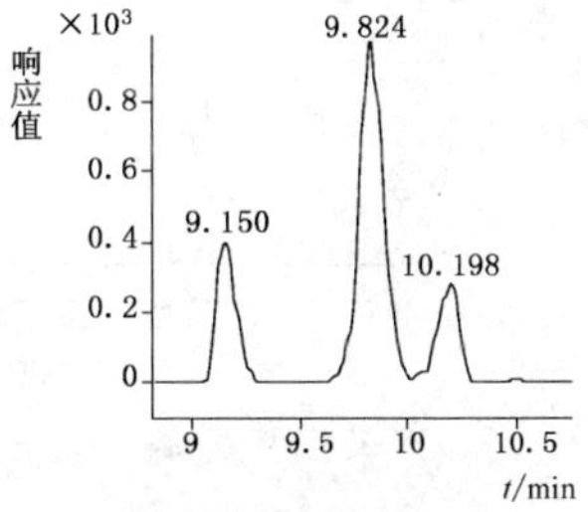

89. 扑灭津
(propazine)

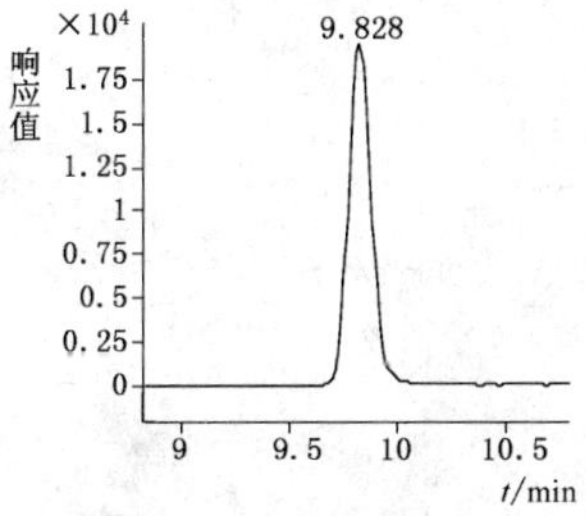

90. 特丁津
(terbuthylazine)

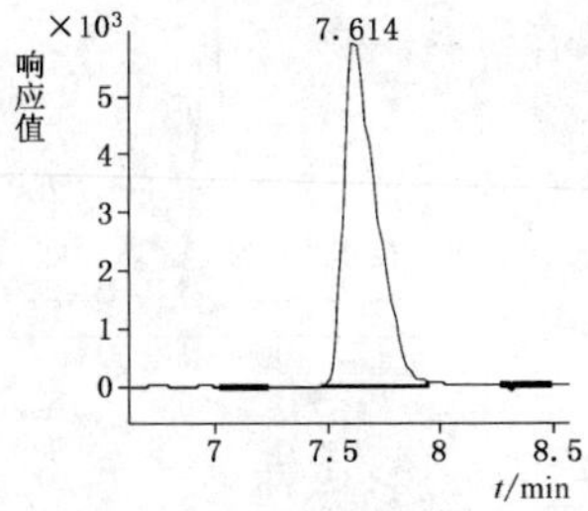

91. 敌草隆
(diuron)

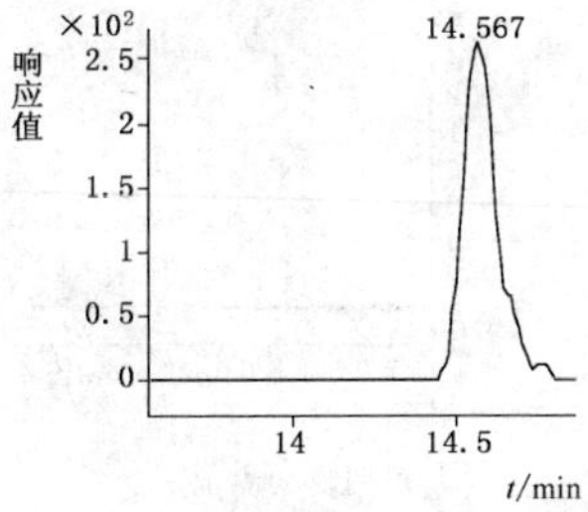

92. 氯甲硫磷
(chlormephos)

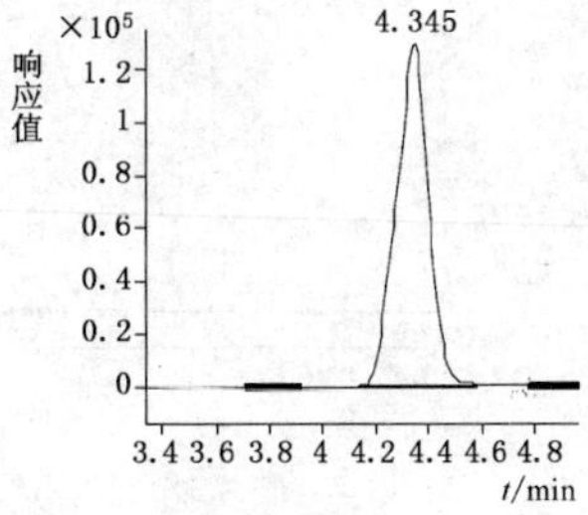

93. 噻虫胺
(clothianidin)

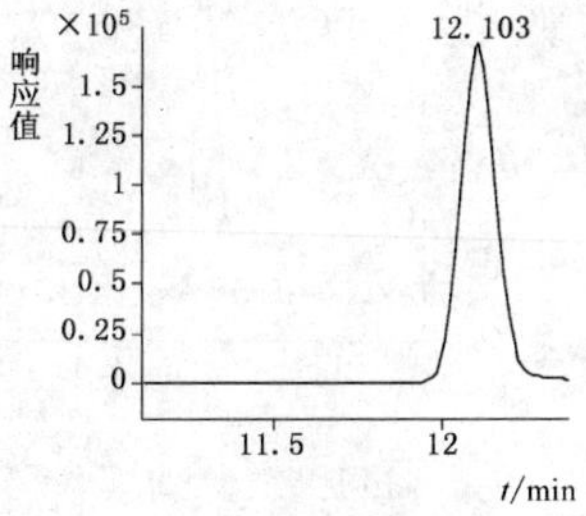

94. 拿草特
(pronamide)

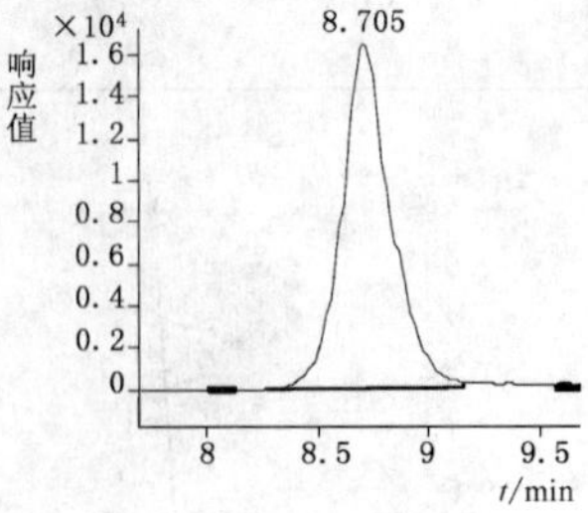

95. 二甲草胺

(dimethachloro)

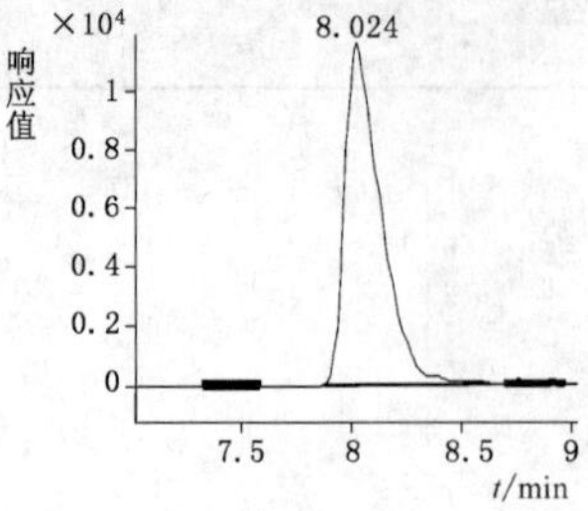

96. 溴谷隆

(methobromuron)

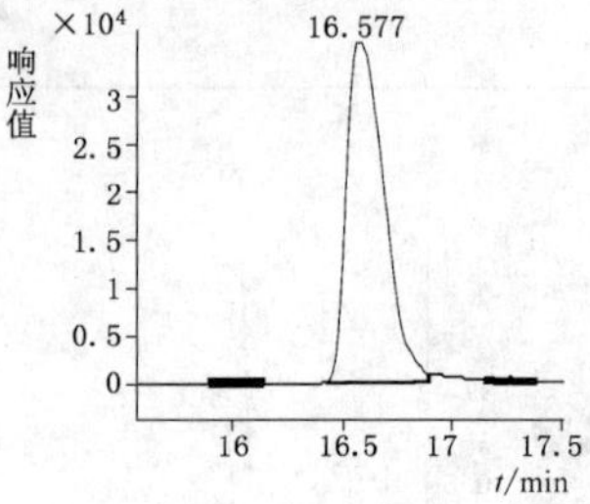

97. 甲拌磷

(phorate)

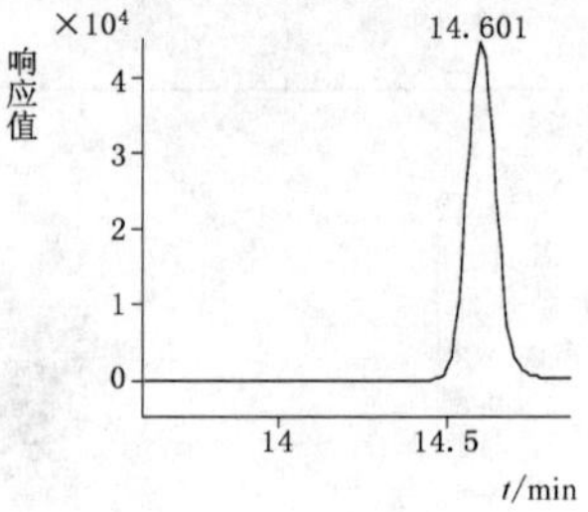

98. 苯草醚

(aclonifen)

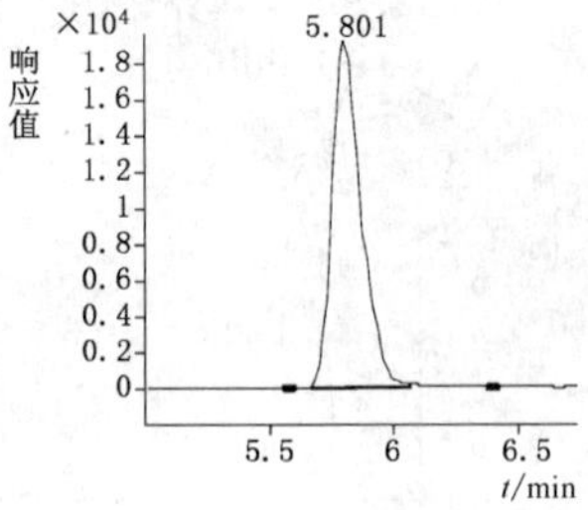

99. 地安磷

(mephosfolan)

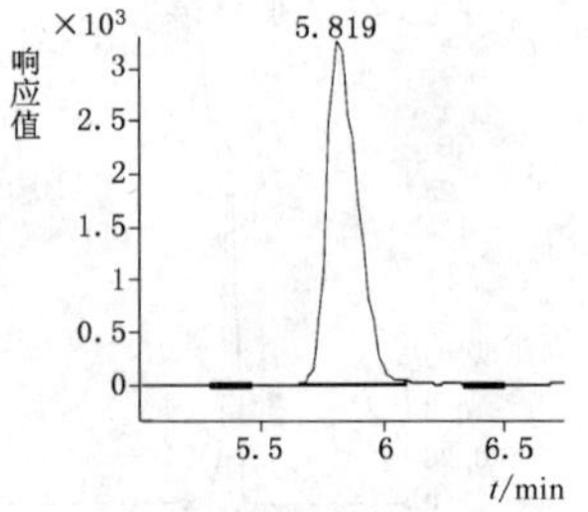

100. 脱苯甲基亚胺唑

(imibenzonazole-des-benzyl)

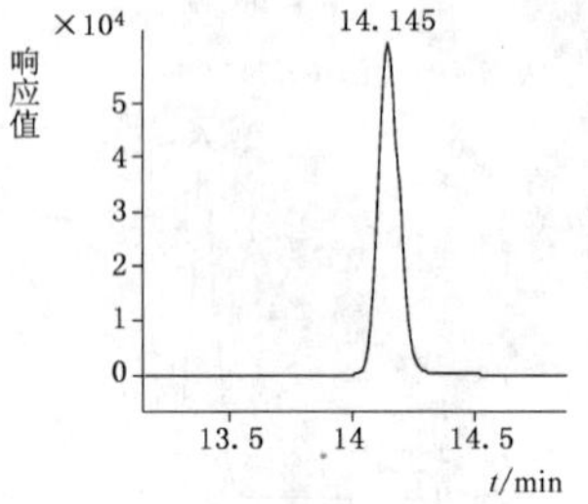

101. 草不隆

(neburon)

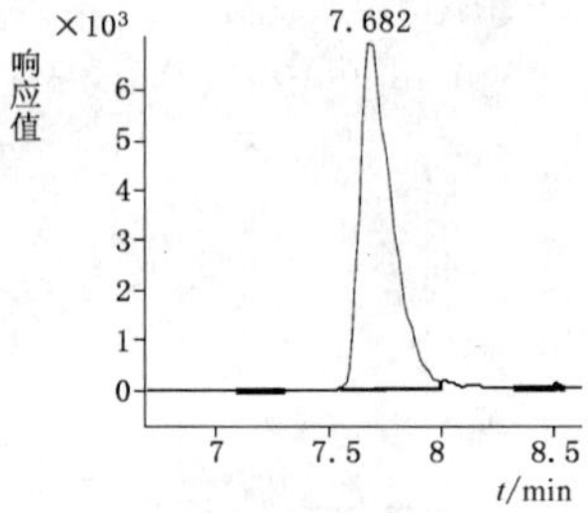

102. 精甲霜灵

(mefenoxam)

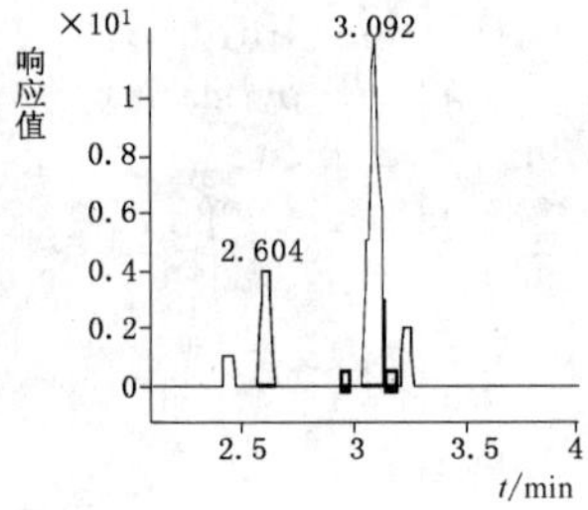

103. 发硫磷

(prothoate)

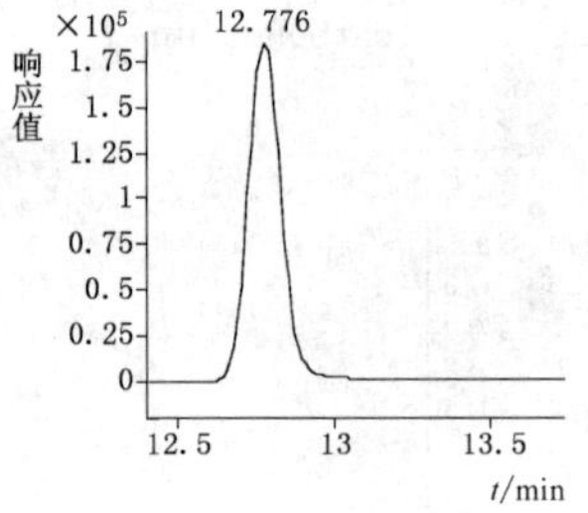

104. 乙氧呋草黄

(ethofume sate)

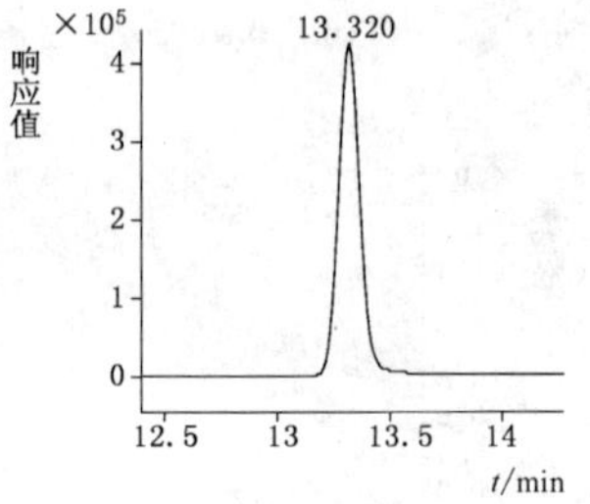

105. 异稻瘟净

(iprobenfos)

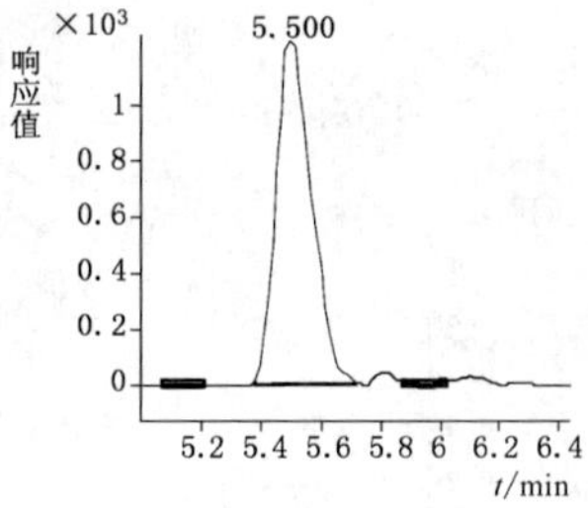

106. 特普

(TEPP)

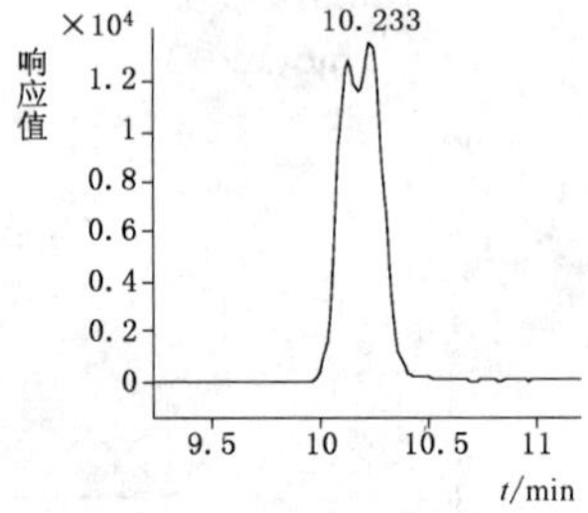

107. 环丙唑醇

(cyproconazole)

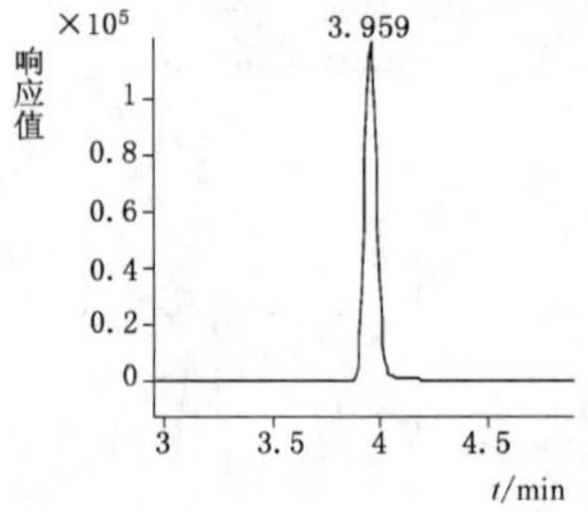

108. 噻虫嗪

(thiamethoxam)

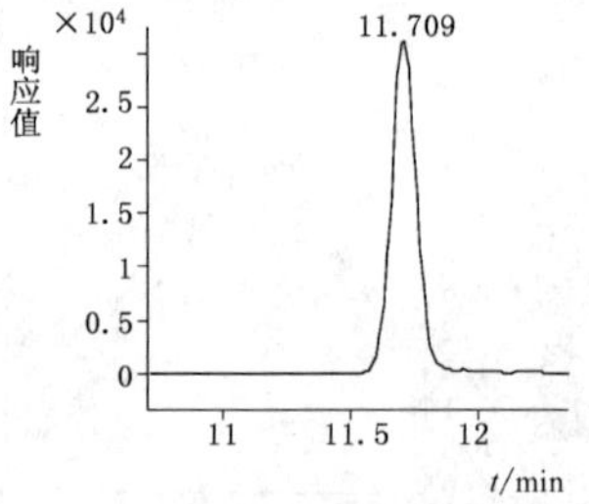

109. 育畜磷

(crufomate)

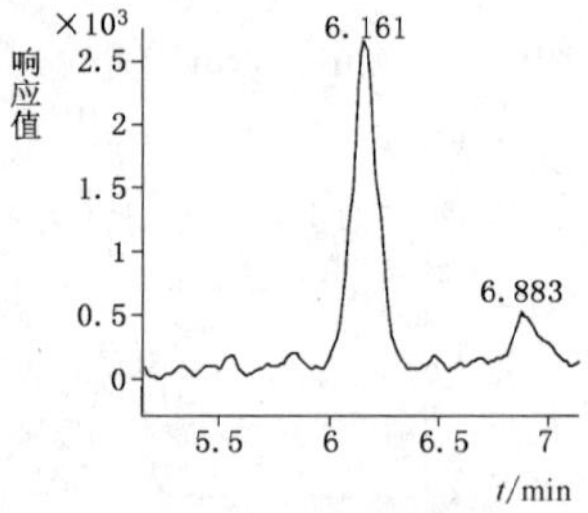

110. 乙嘧硫磷

(etrimfos)

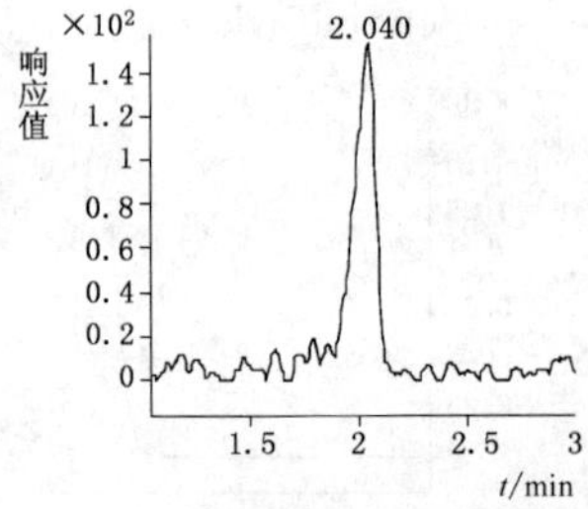

111. 杀鼠醚

(coumatetralyl)

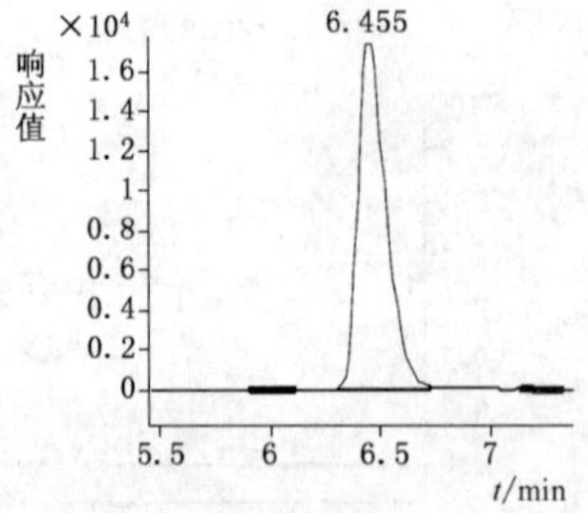

112. 赛灭磷

(cythioate)

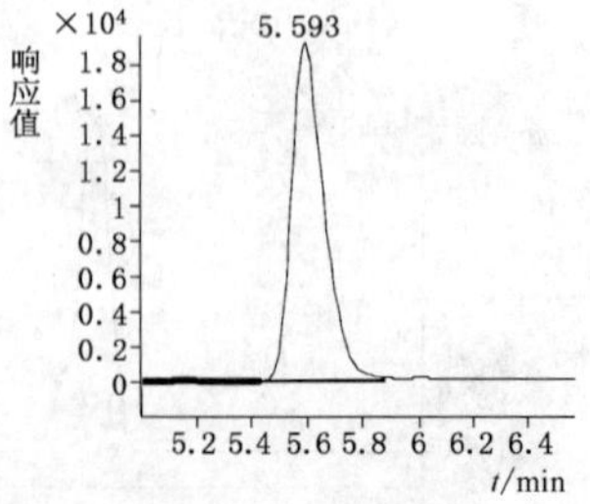

113. 磷胺

(phosphamidon)

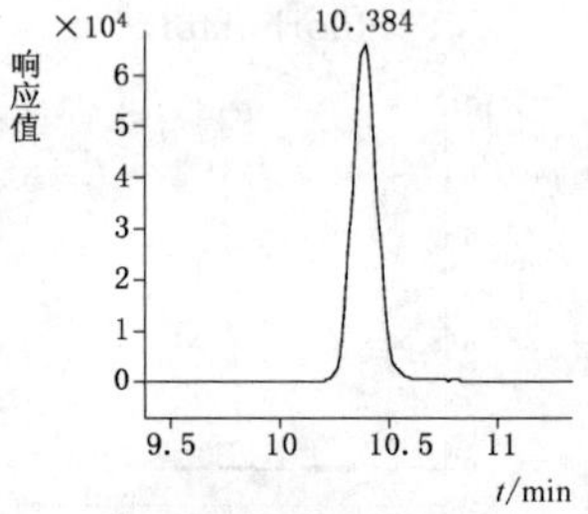

114. 甜菜宁

(phenmedipham)

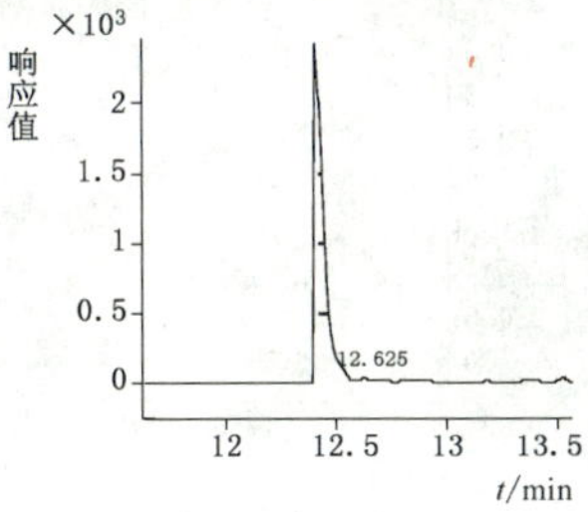

115. 环酰菌胺

(fenhexamid)

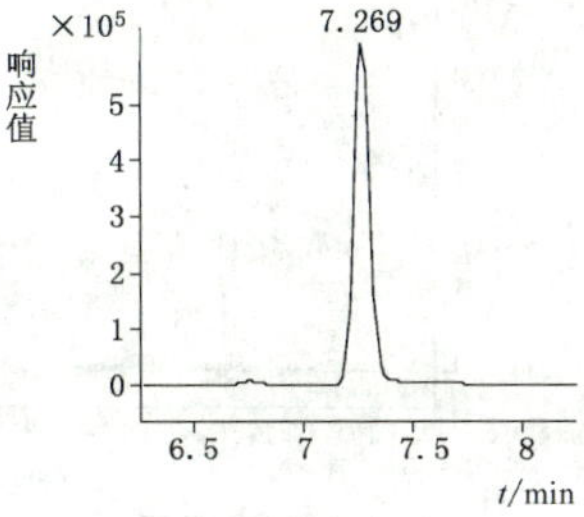

116. 粉唑醇

(flutriafol)

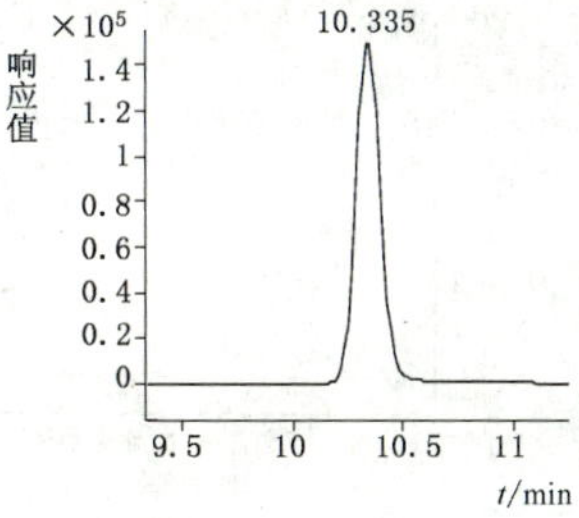

117. 抑菌丙胺酯

(furalaxyl)

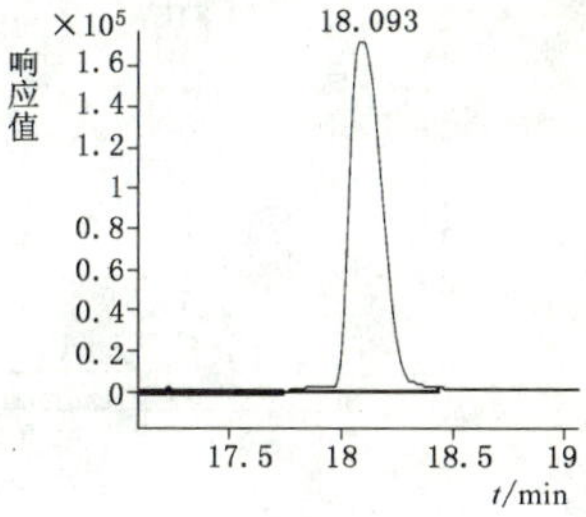

118. 生物丙烯菊酯

(bioallethrin)

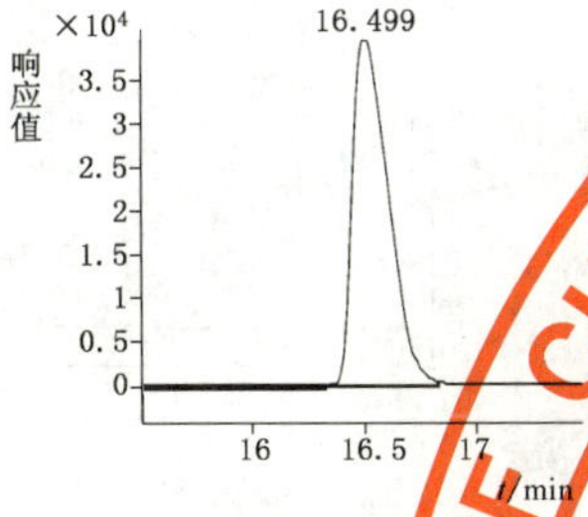

119. 苯腈磷

(cyanofenphos)

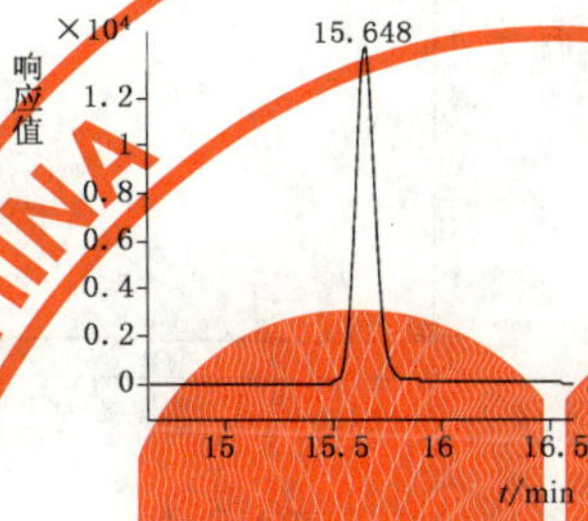

120. 甲基嘧啶磷

(pirimiphos methyl)

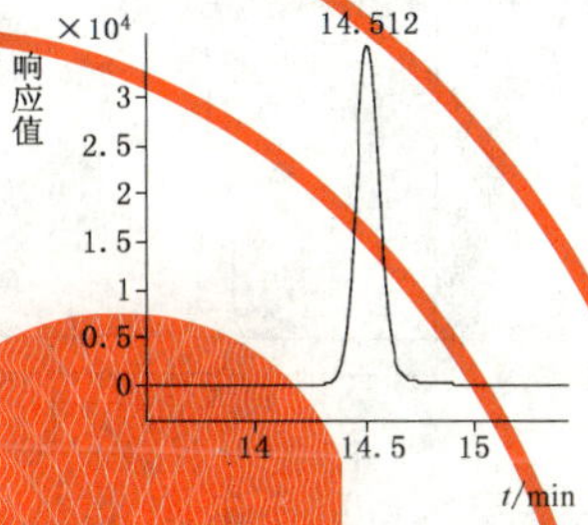

121. 噻嗪酮

(buprofezin)

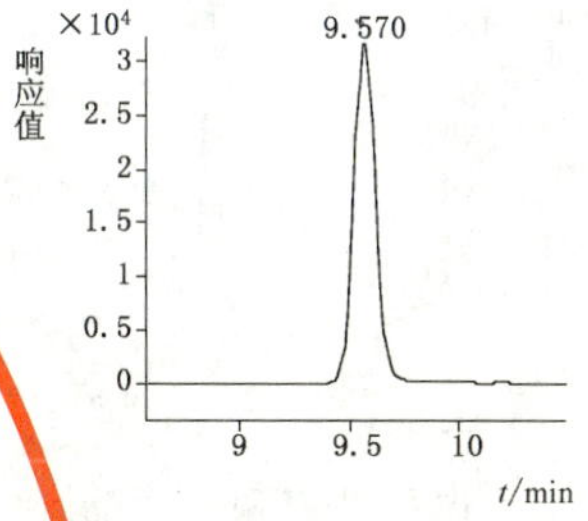

122. 乙拌磷砜

(disulfoton sulfone)

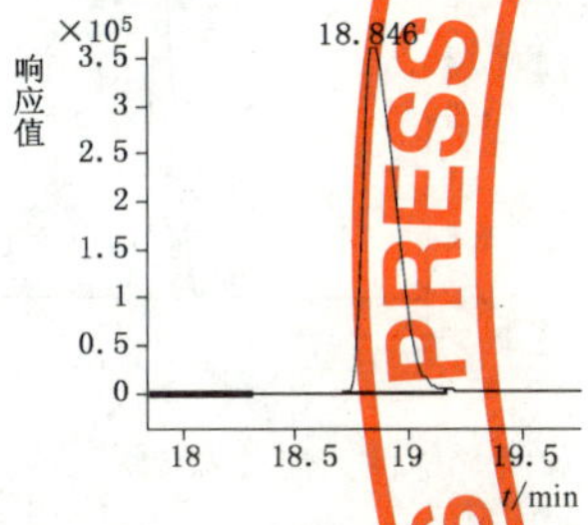

123. 喹螨醚

(fenazaquin)

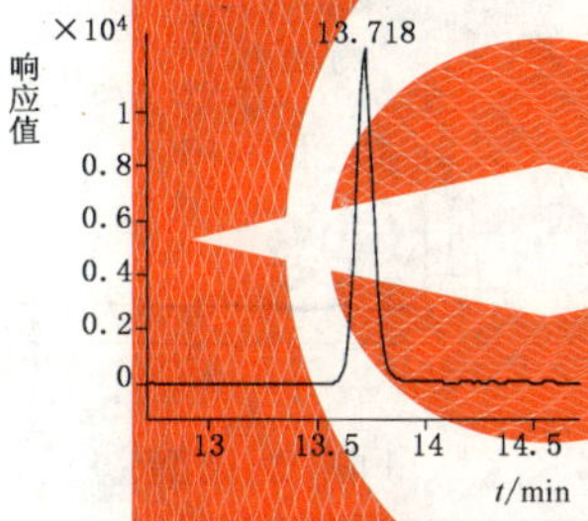

124. 三唑磷

(triazophos)

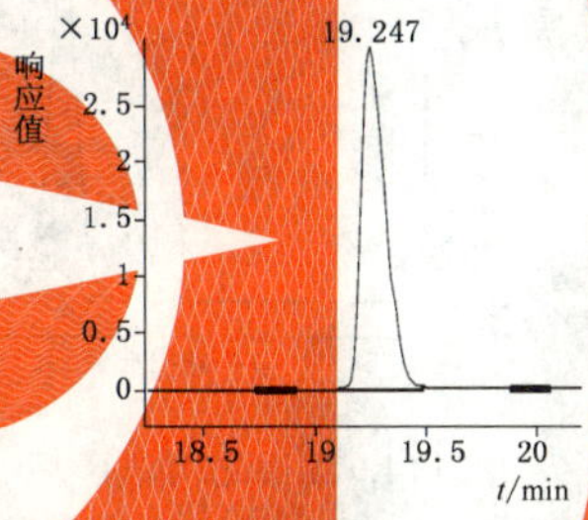

125. 脱叶磷

(DEF)

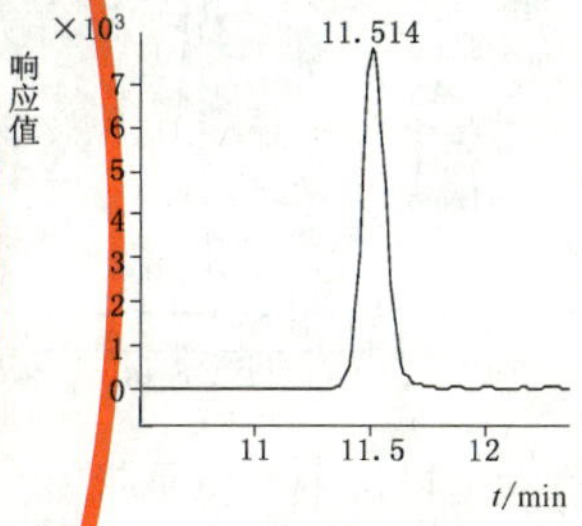

126. 环酯草醚

(pyriftalid)

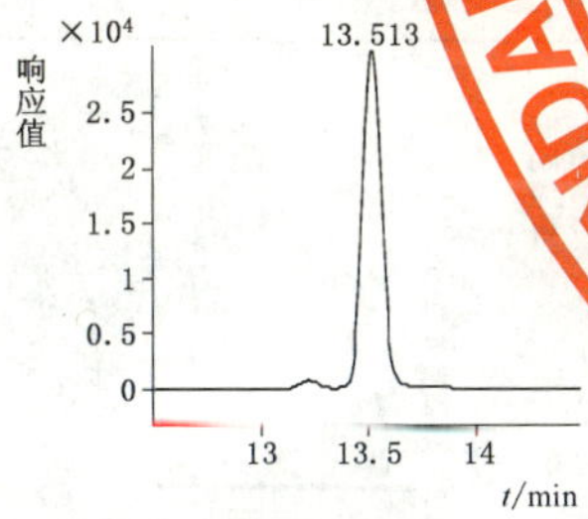

127. 叶菌唑

(metconazole)

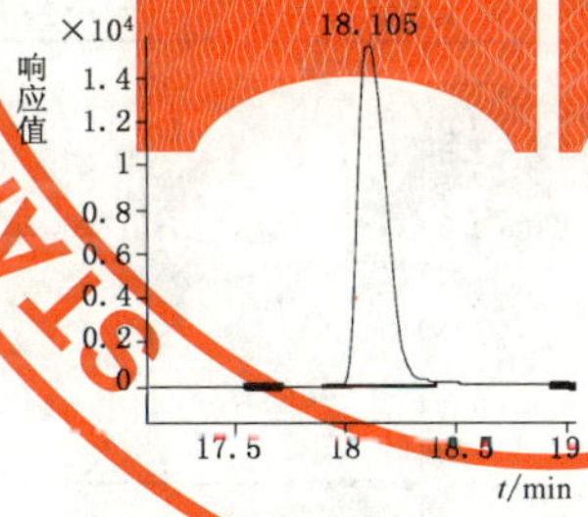

128. 蚊蝇醚

(pyriproxyfen)

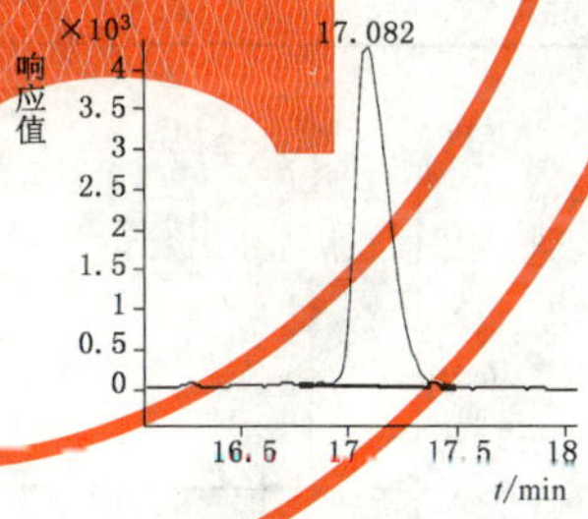

129. 噻草酮

(cycloxydim)

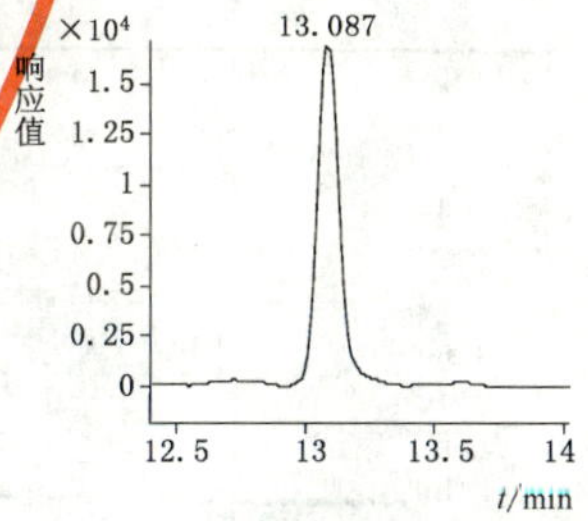

130. 异噁酰草胺

(isoxaben)

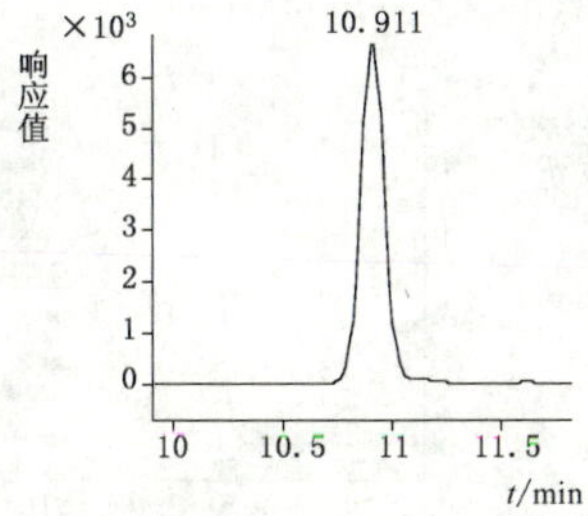

131. 呋草酮

(flurtamone)

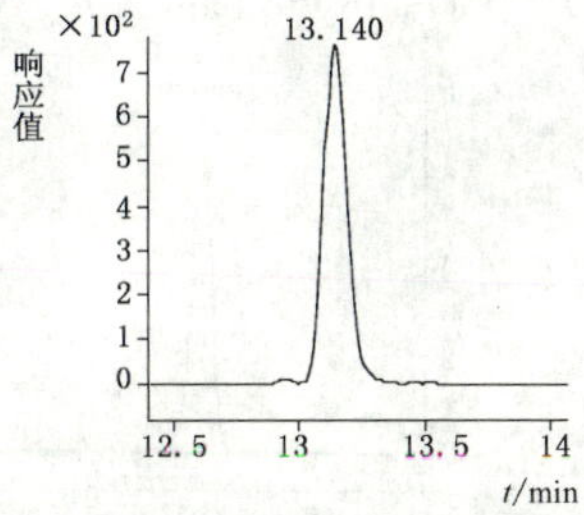

132. 氟乐灵

(trifluralin)

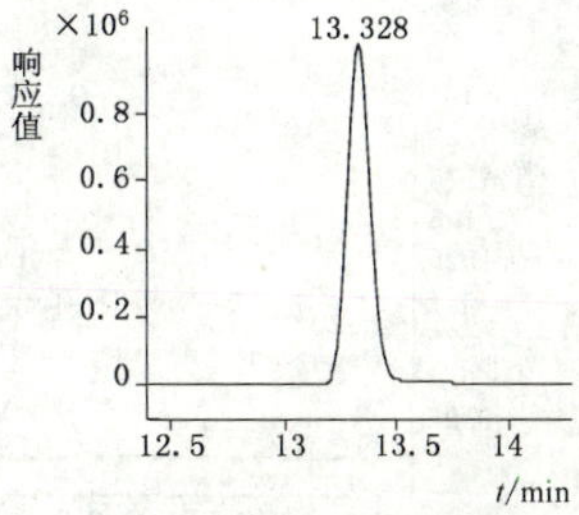

133. 甲基麦草氟异丙酯

(flamprop methyl)

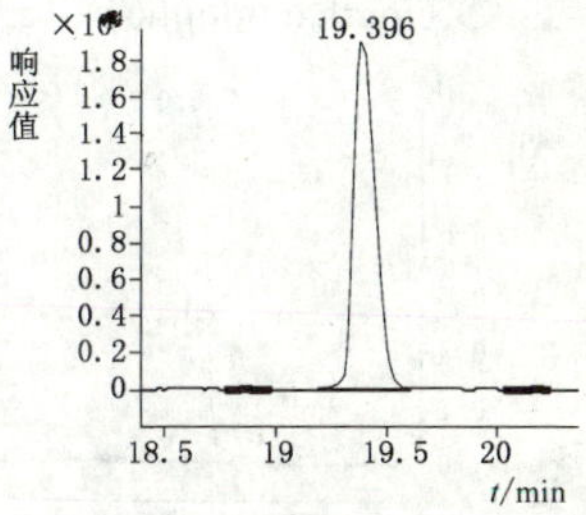

134. 生物苄呋菊酯

(bioresmethrin)

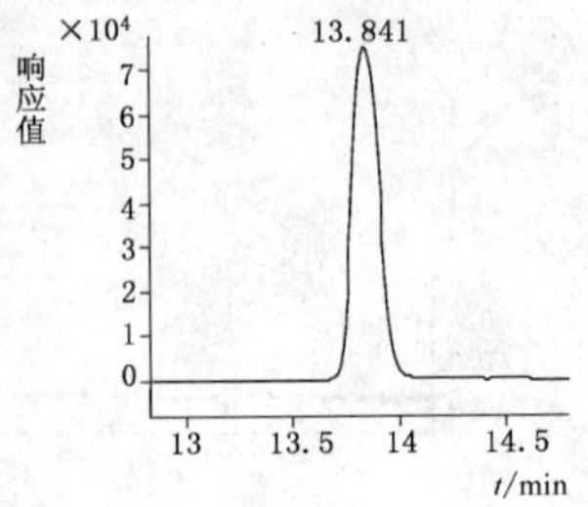

135. 丙环唑
(propiconazole)

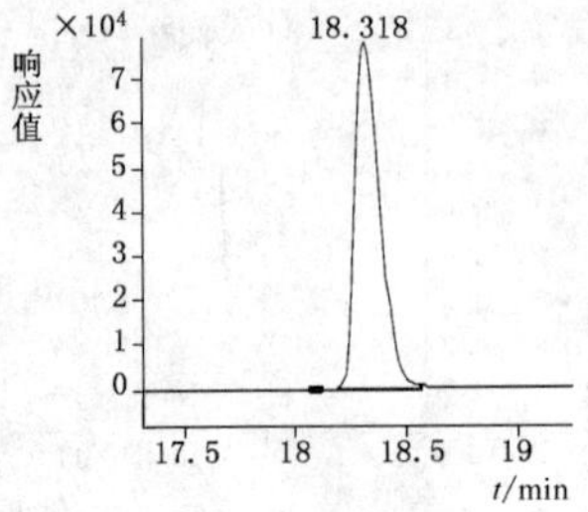

136. 毒死蜱
(chlorpyrifos)

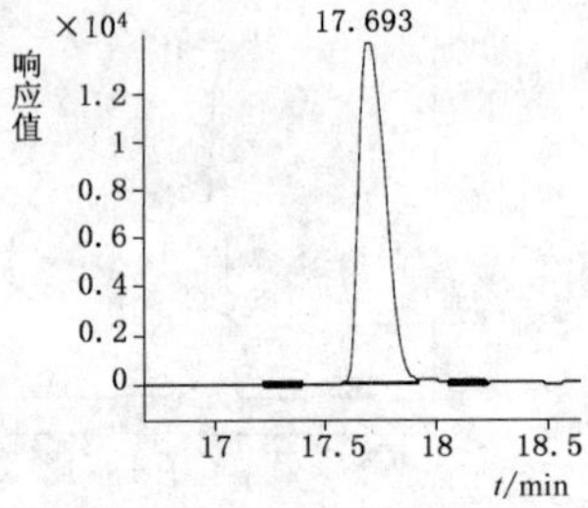

137. 氯乙氟灵
(fluchloralin)

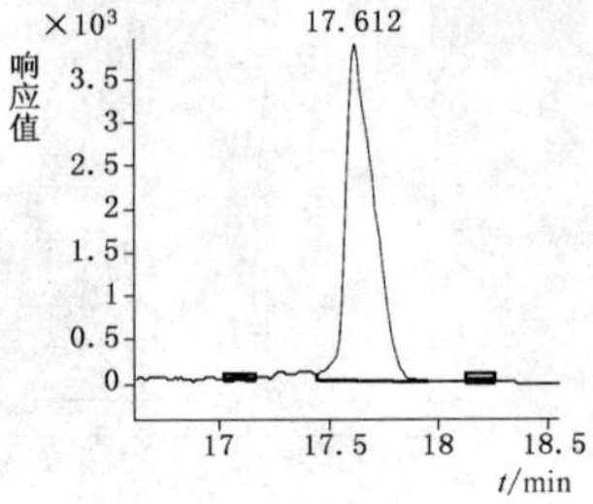

138. 烯草酮
(clethodim)

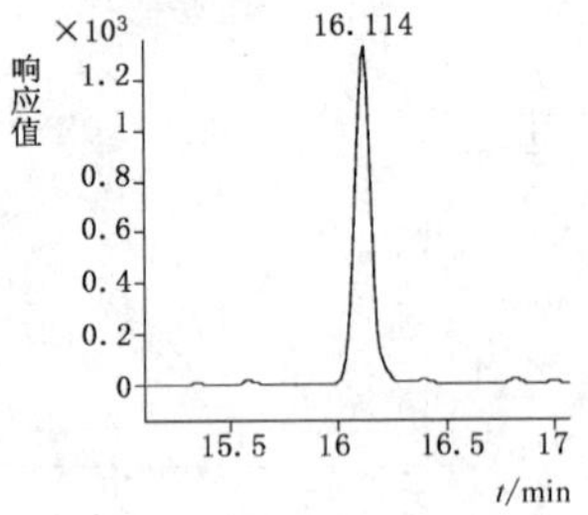

139. 麦草氟异丙酯
(flamprop isopropyl)

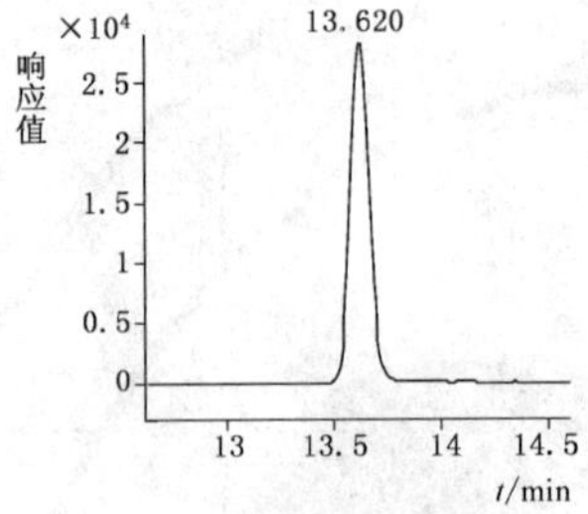

140. 杀虫畏
(tetrachlorvinphos)

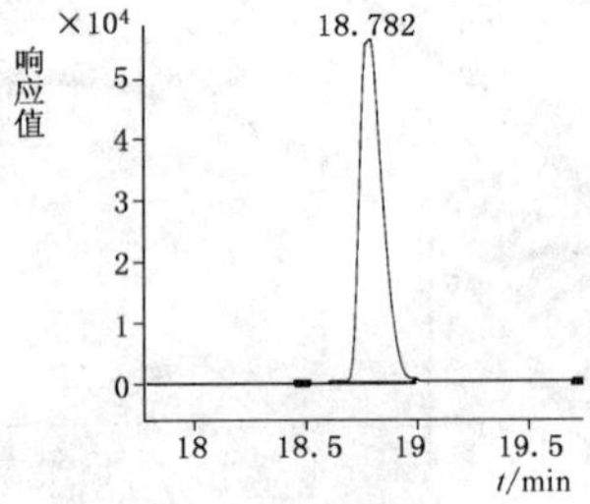

141. 炔螨特
(propargite)

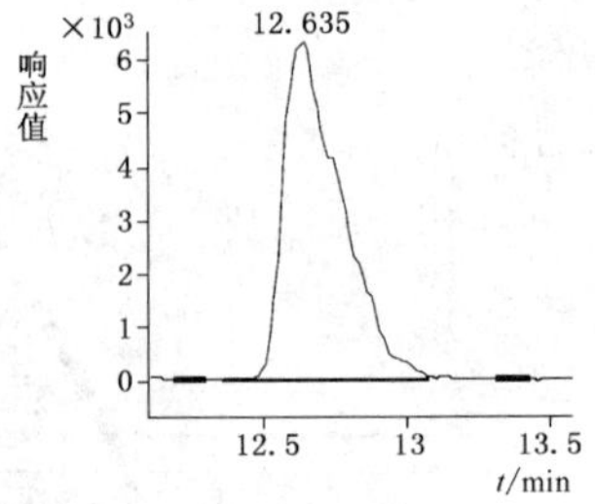

142. 糠菌唑
(bromuconazole)

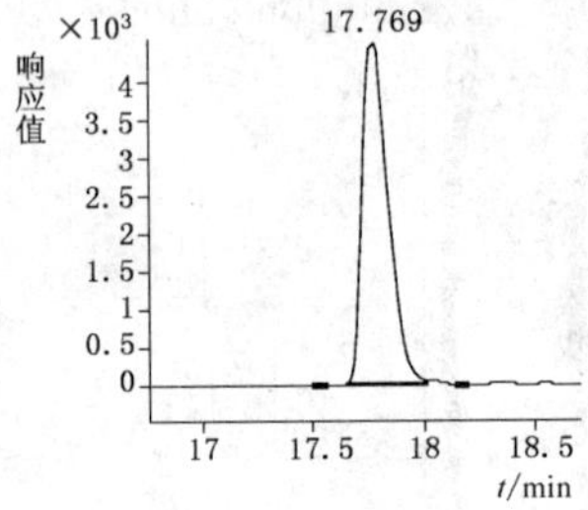

143. 氟吡酰草胺
(picolinafen)

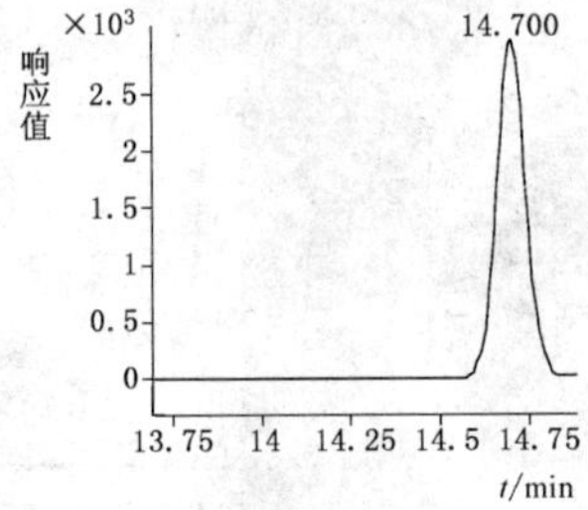

144. 氟噻乙草酯
(fluthiacet methyl)

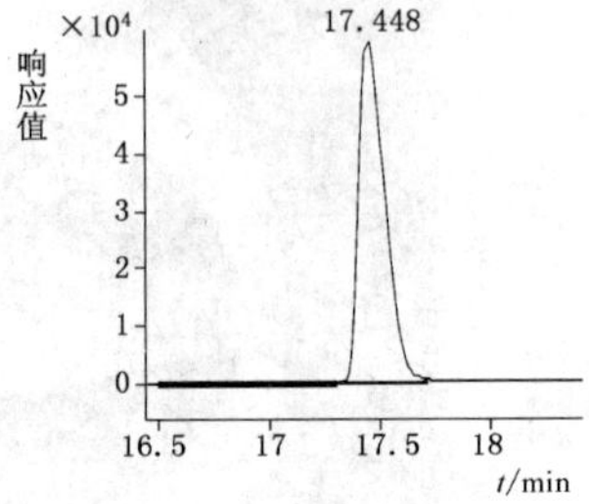

145. 肟菌酯
(trifloxystrobin)

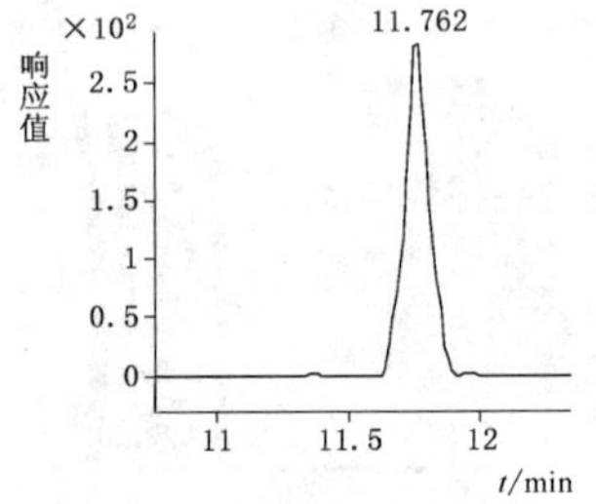

146. 氯嘧磺隆
(chlorimuron ethyl)

C 组

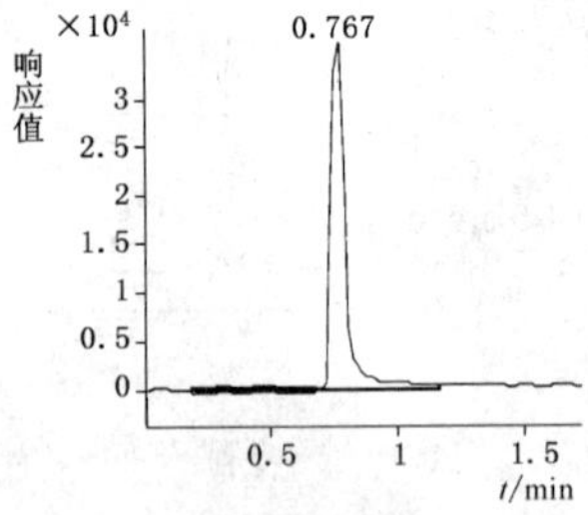

147. 甲胺磷
(methamidophos)

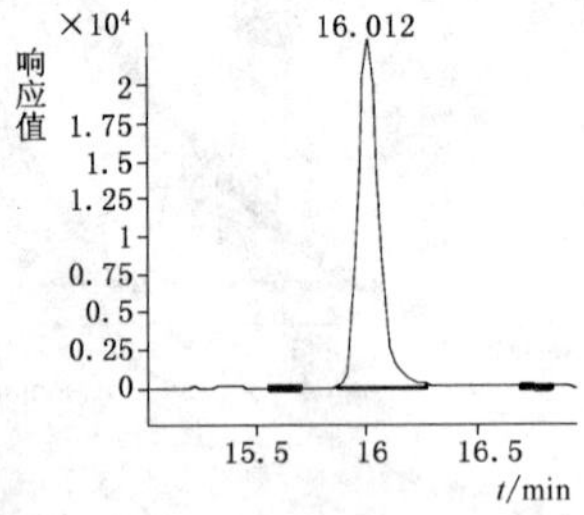

148. 茵草敌
(EPTC)

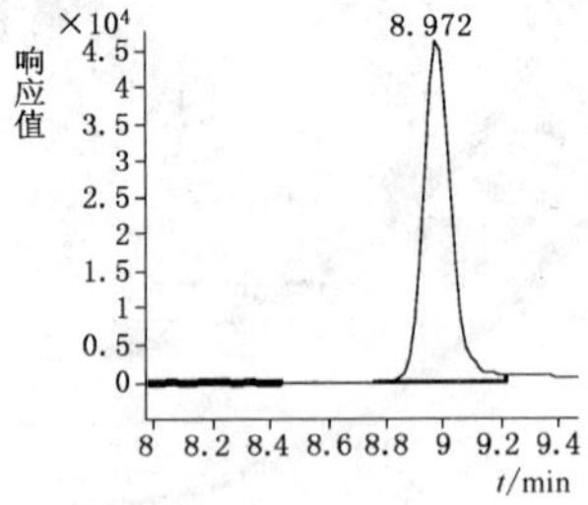

149. 避蚊胺
(diethyltoluamide)

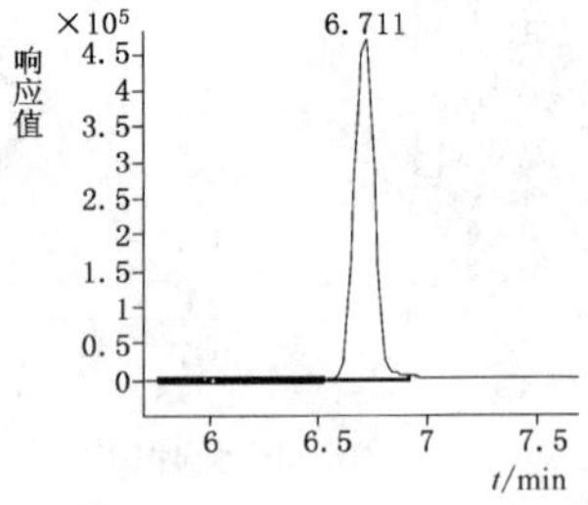

150. 灭草隆
(monuron)

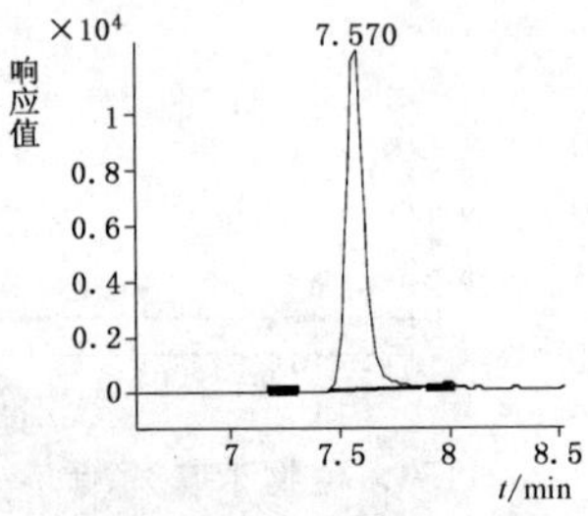

151. 嘧霉胺
(pyrimethanil)

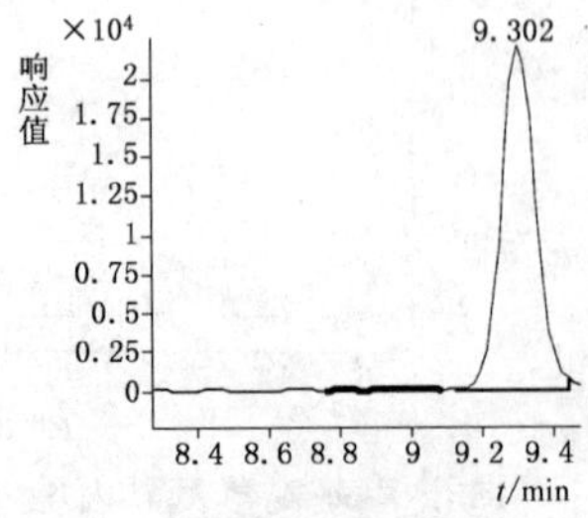

152. 黑穗胺
(fenfuram)

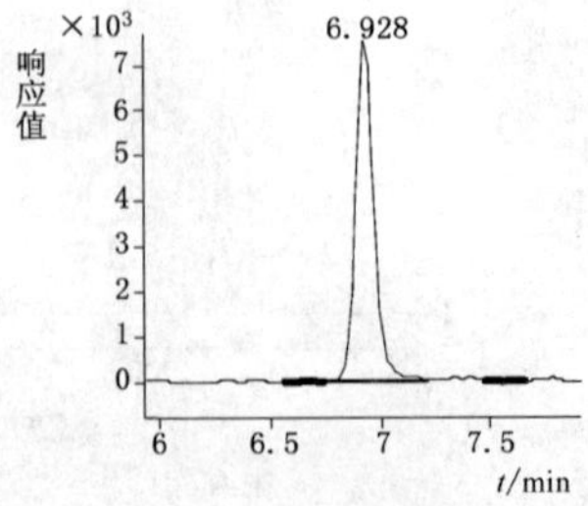

153. 灭藻醌
(quinoclamine)

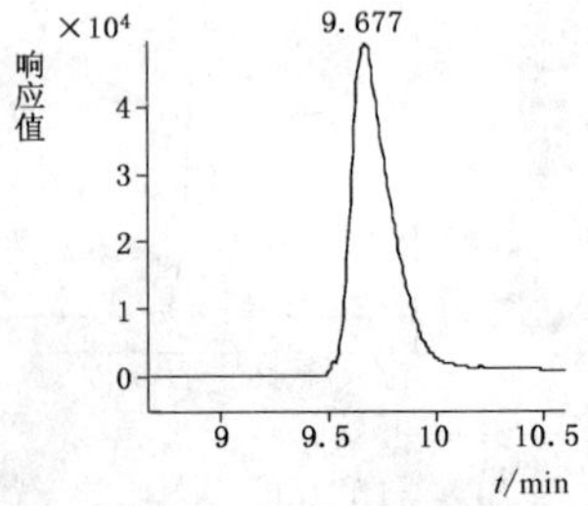

154. 仲丁威
(fenobucarb)

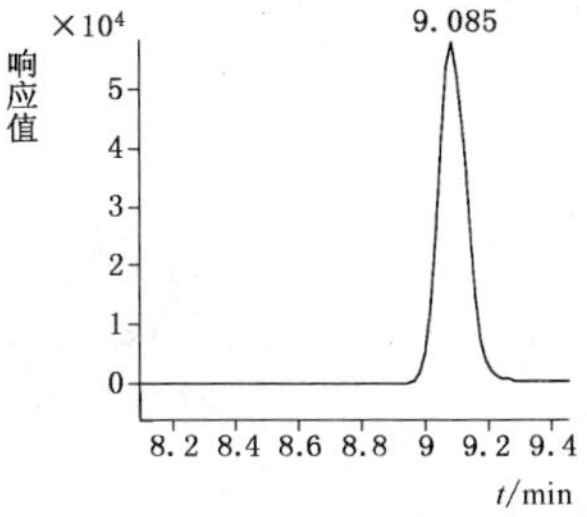

155. 敌稗

(propanil)

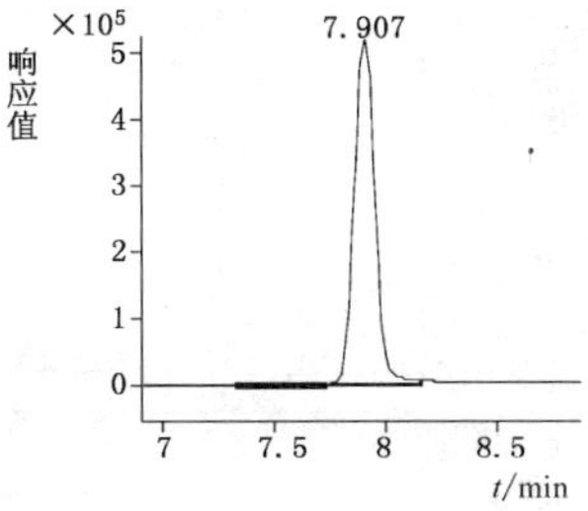

156. 克百威

(carbofuran)

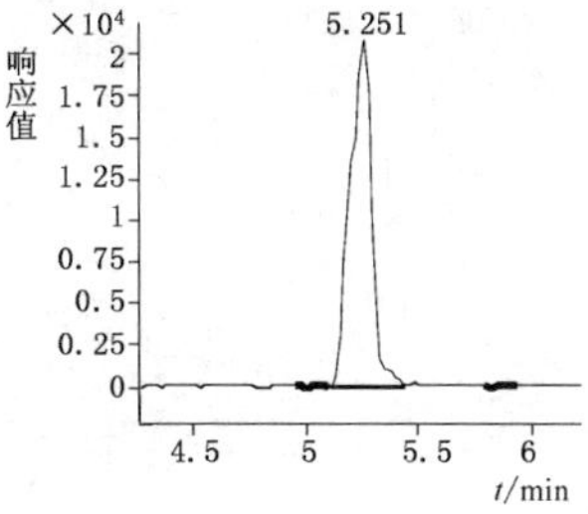

157. 啶虫脒

(acetamiprid)

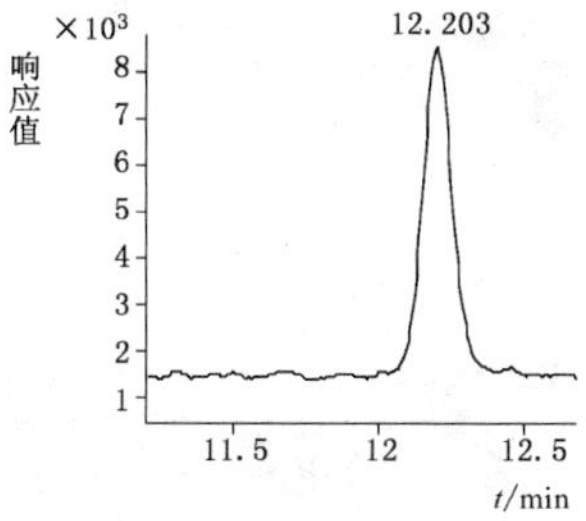

158. 嘧菌胺

(mepanipyrim)

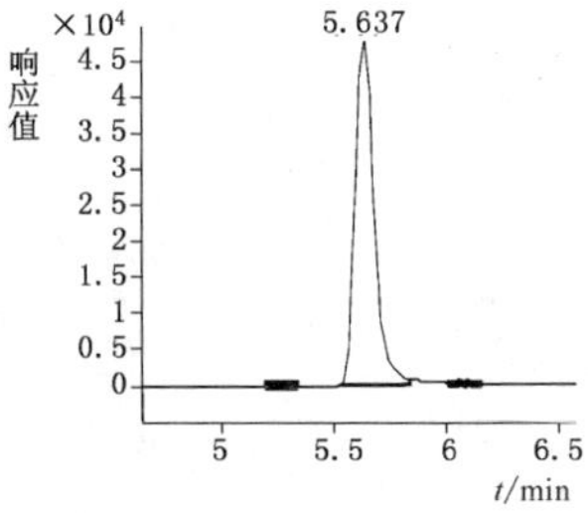

159. 扑灭通

(prometon)

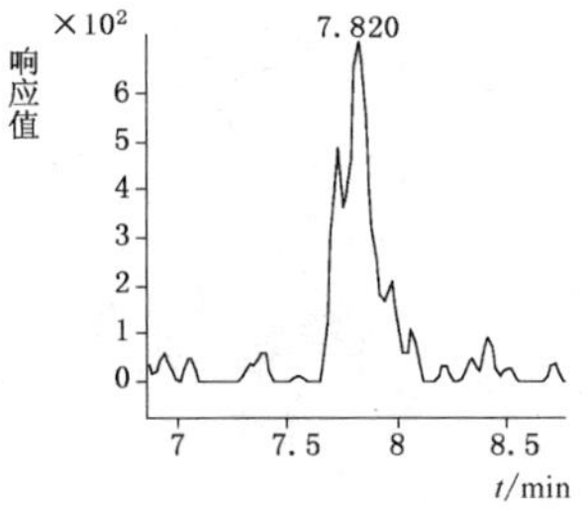

160. 甲硫威

(methiocarb)

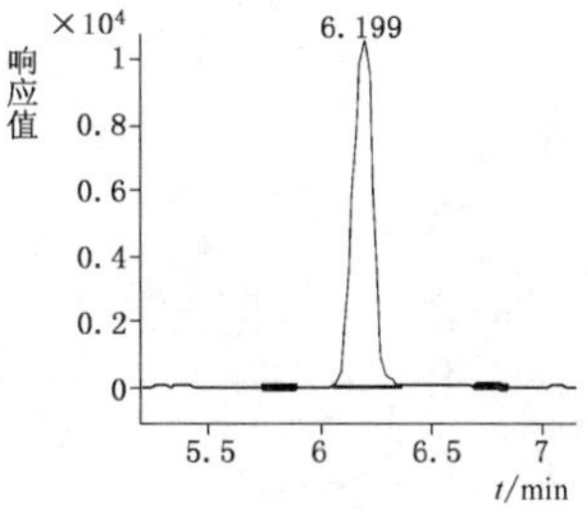

161. 甲氧隆

(metoxuron)

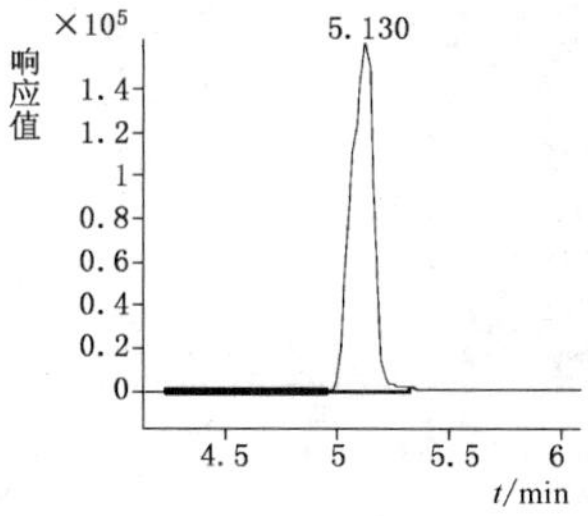

162. 乐果

(dimethoate)

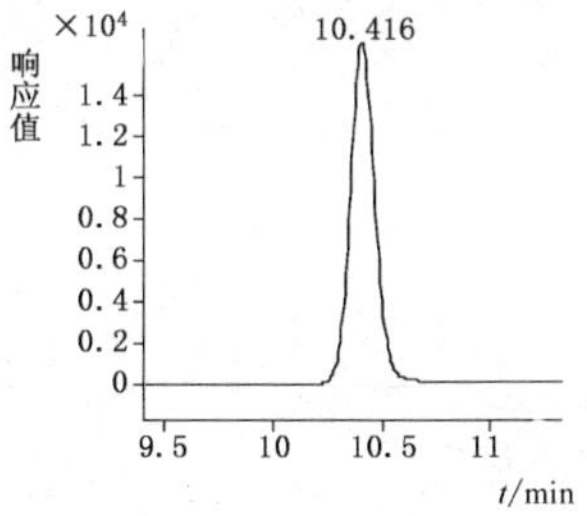

163. 呋菌胺

(methfuroxam)

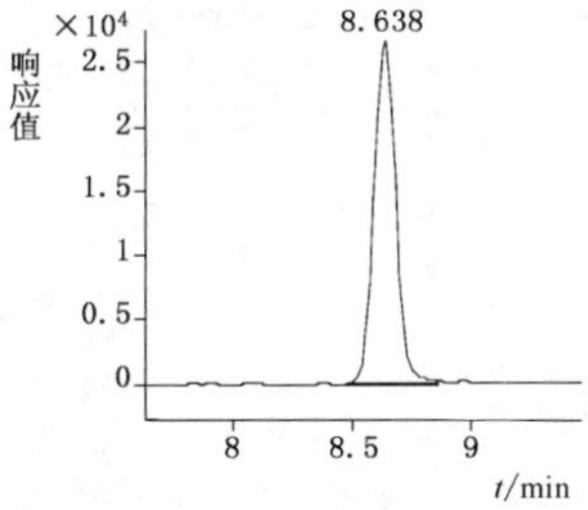

164. 伏草隆

(fluometuron)

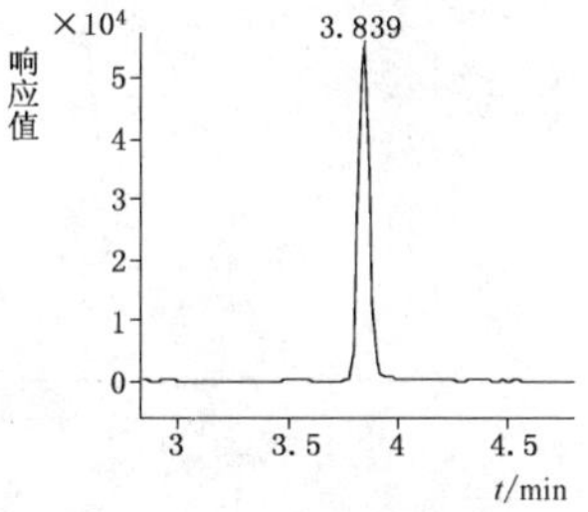

165. 百治磷

(dicrotophos)

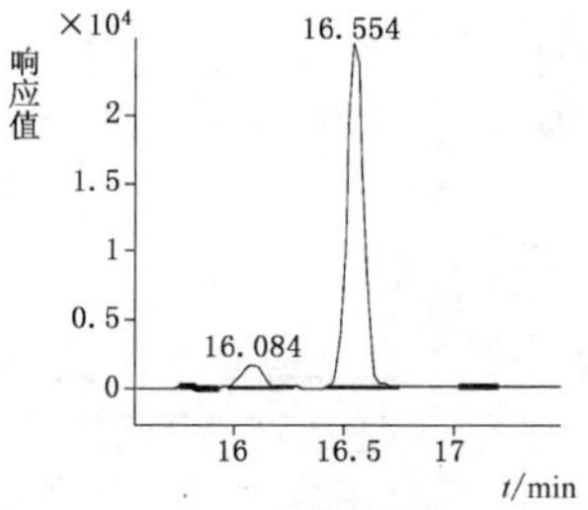

166. 庚酰草胺

(monalide)

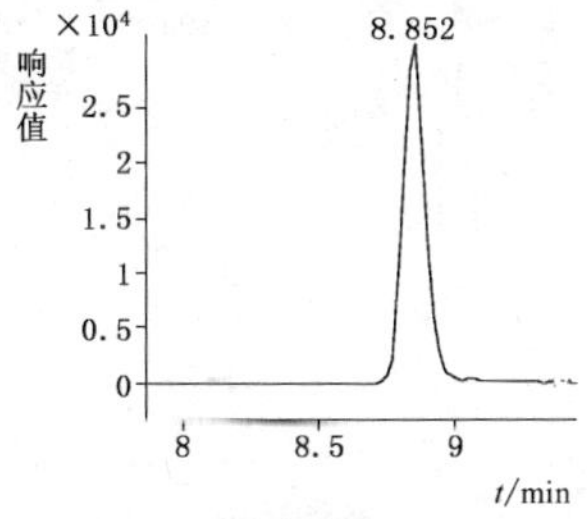

167. 双苯酰草胺

(diphenamid)

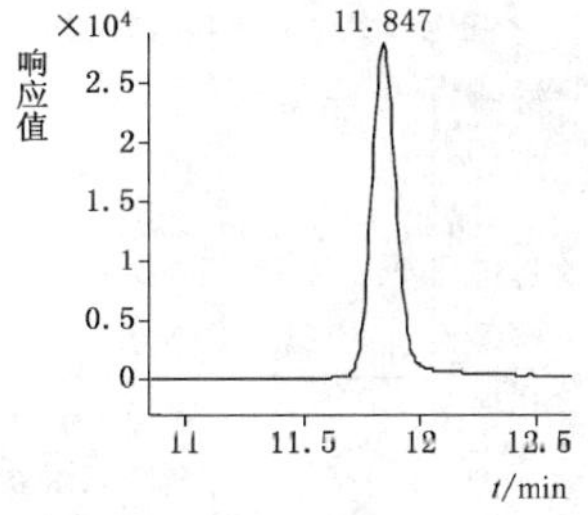

168. 灭线磷

(ethoprophos)

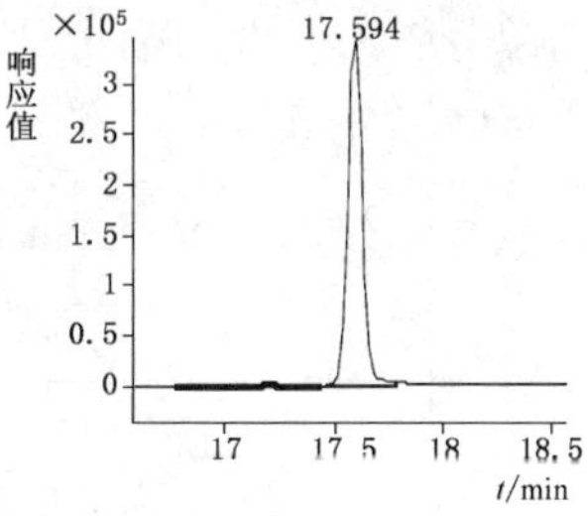

169. 地虫硫磷

(fonofos)

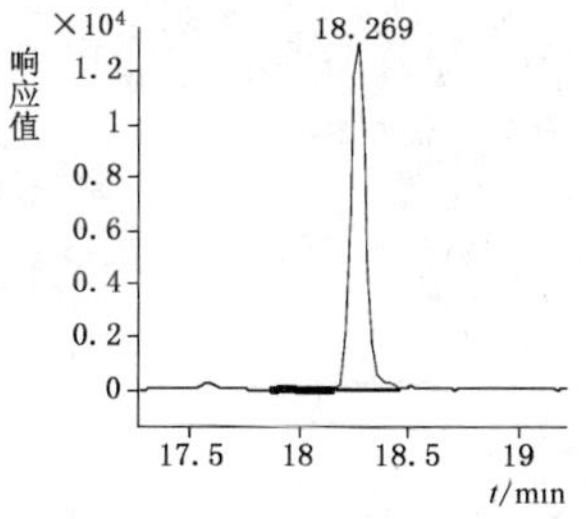

170. 土菌灵

(etridiazol)

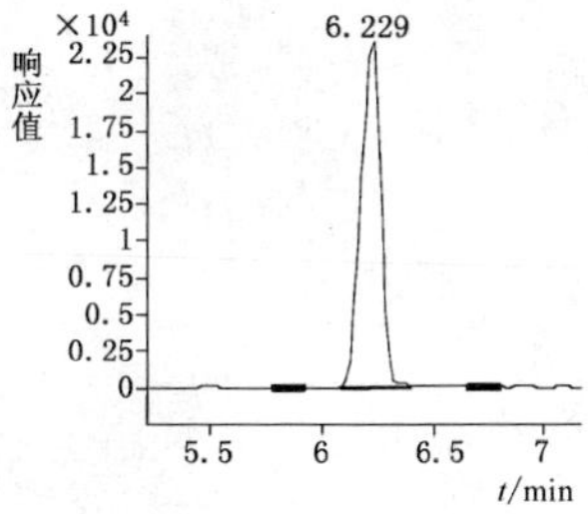

171. 环嗪酮

(hexazinone)

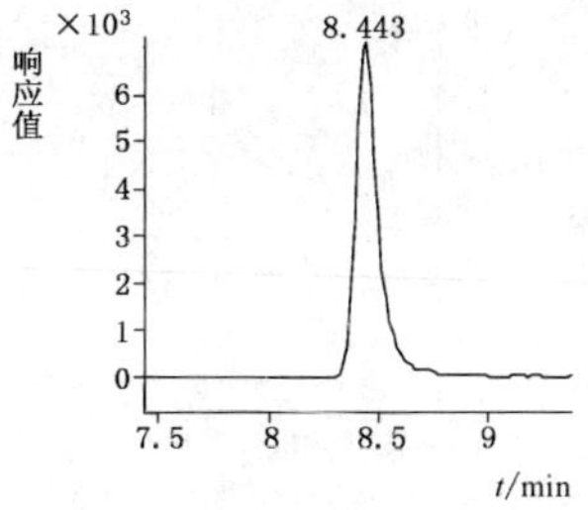

172. 阔草净

(dimethametryn)

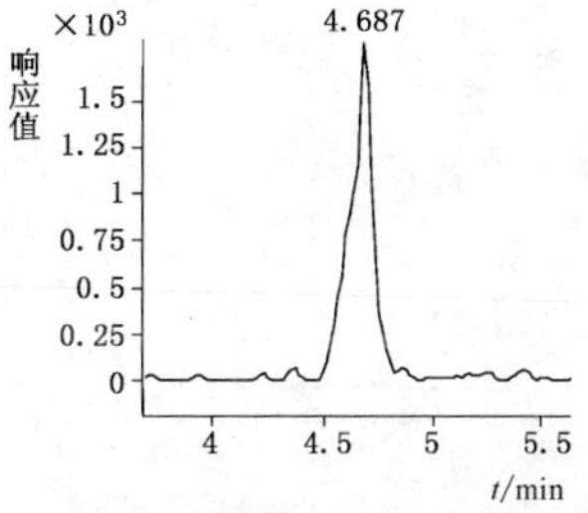

173. 敌百虫

(trichlorphon)

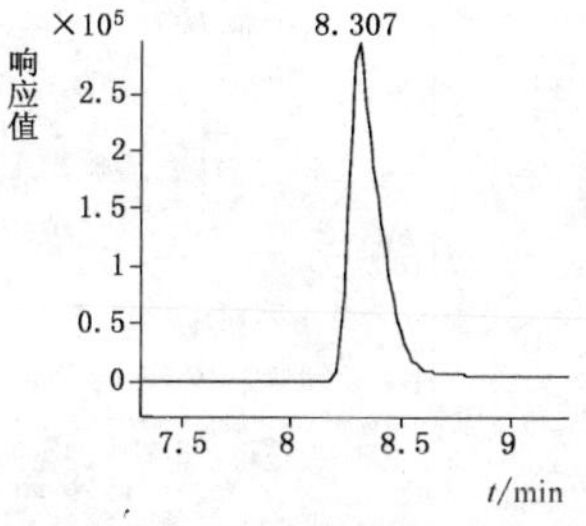

174. 内吸磷

[demeton(*o*+*s*)]

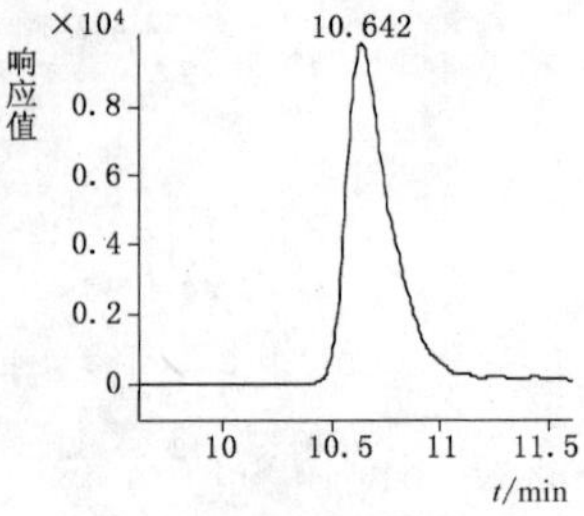

175. 解草酮

(benoxacor)

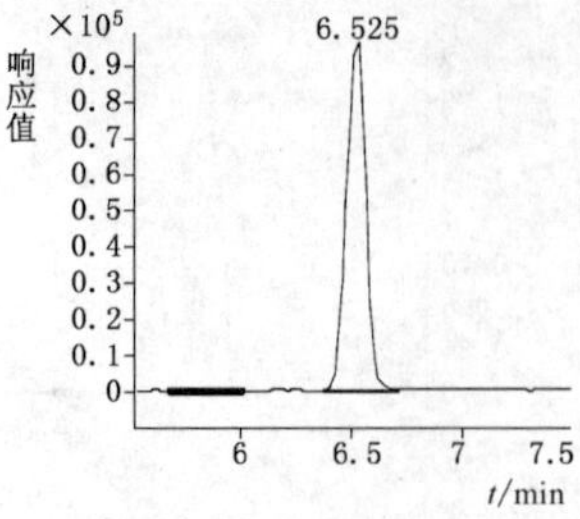

176. 除草定

(bromacil)

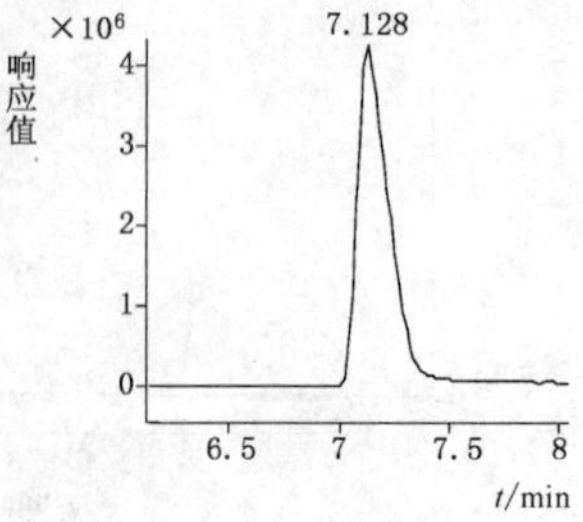

177. 甲拌磷亚砜

(phorate sulfoxide)

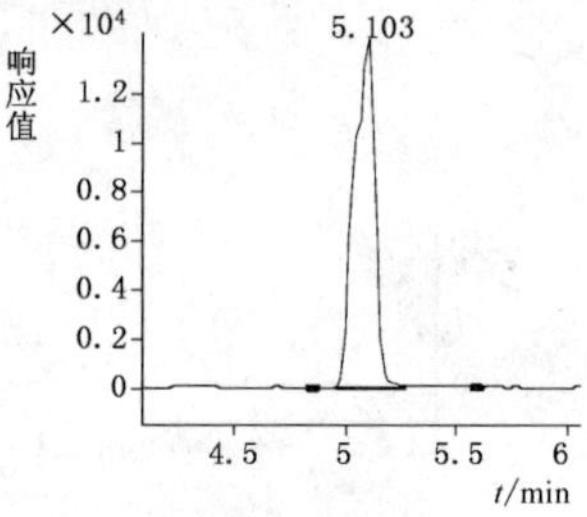

178. 溴莠敏

(brompyrazon)

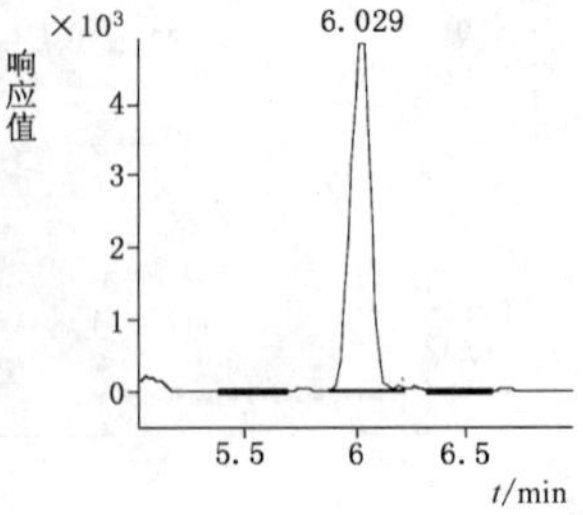

179. 氧化萎锈灵

(oxycarboxin)

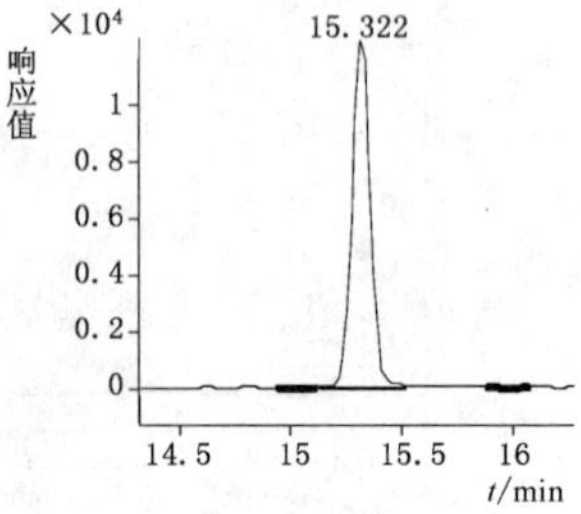

180. 灭锈胺

(mepronil)

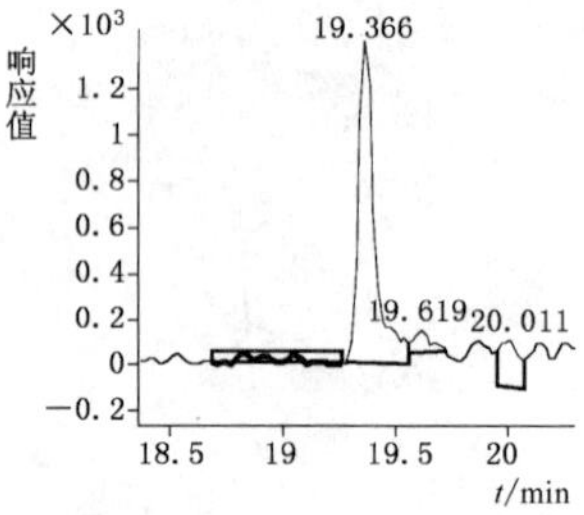

181. 乙拌磷

(disulfoton)

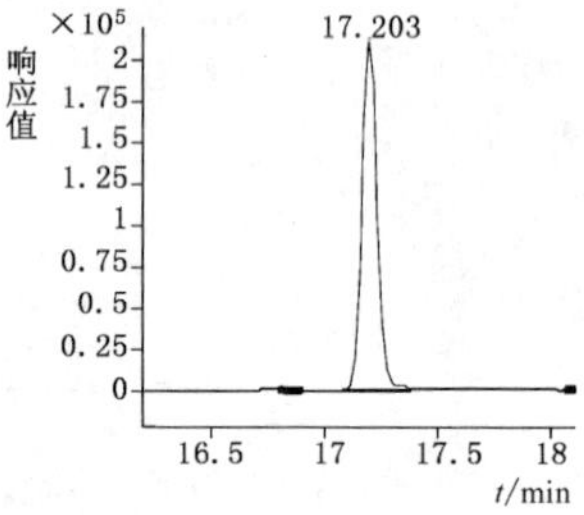

182. 倍硫磷

(fenthion)

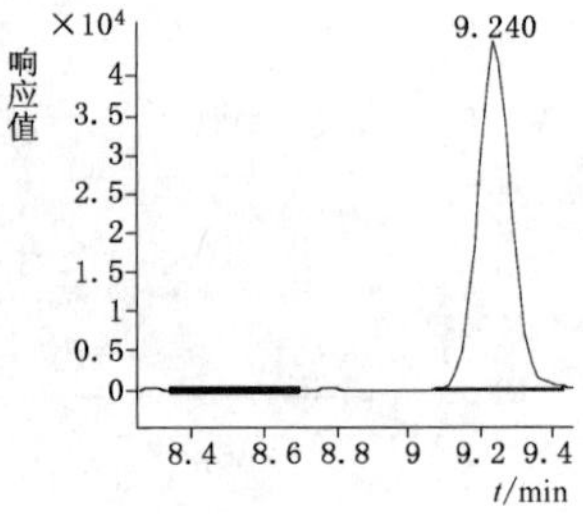

183. 甲霜灵

(metalaxyl)

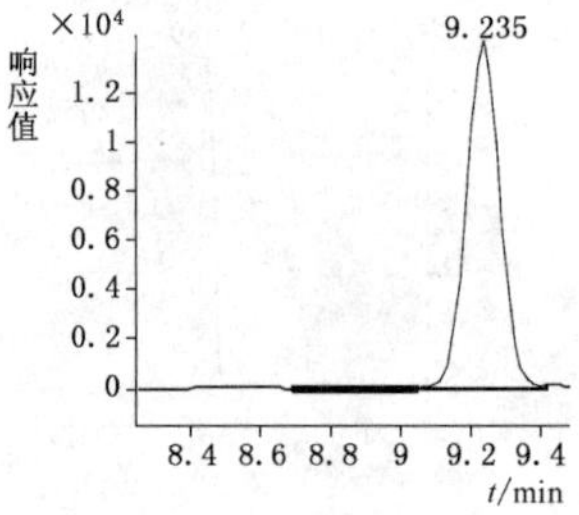

184. 甲呋酰胺

(ofurace)

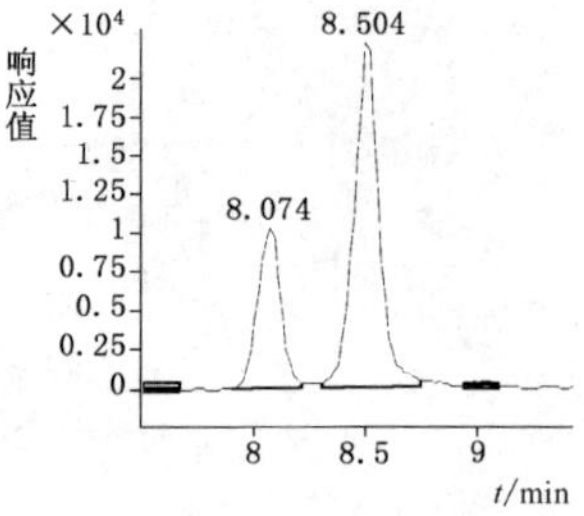

185. 吗菌灵

(dodemorph)

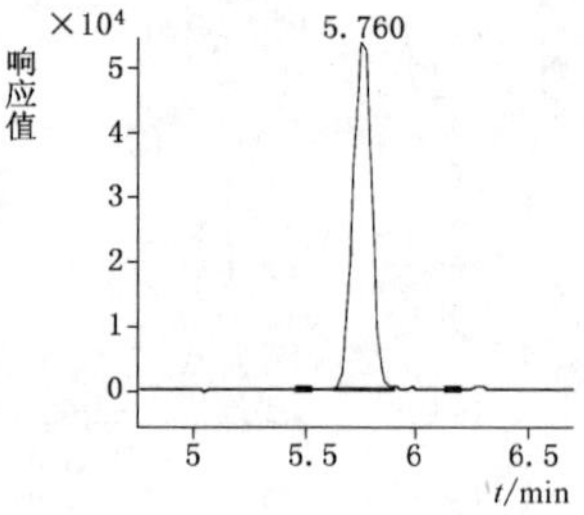

186. 甲基咪草酯

(imazamethabenz-methyl)

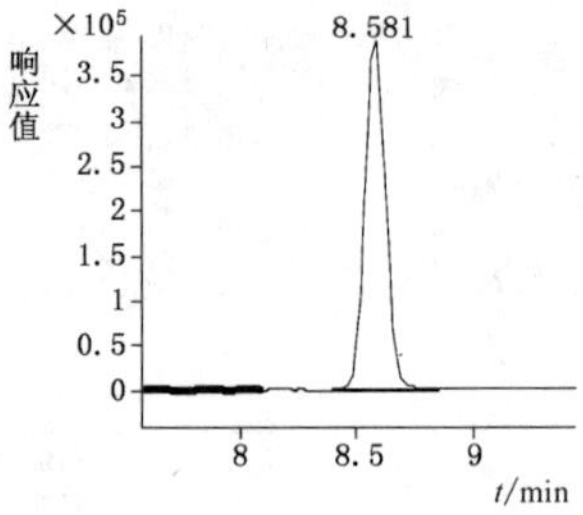

187. 乙拌磷亚砜

(disulfoton-sulfoxide)

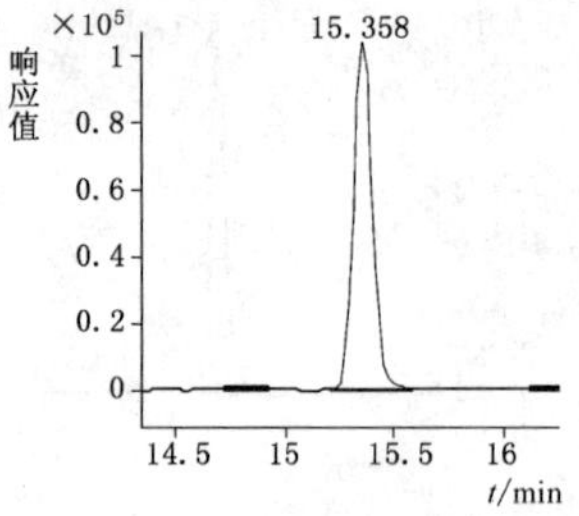

188. 稻瘟灵

(isoprothiolane)

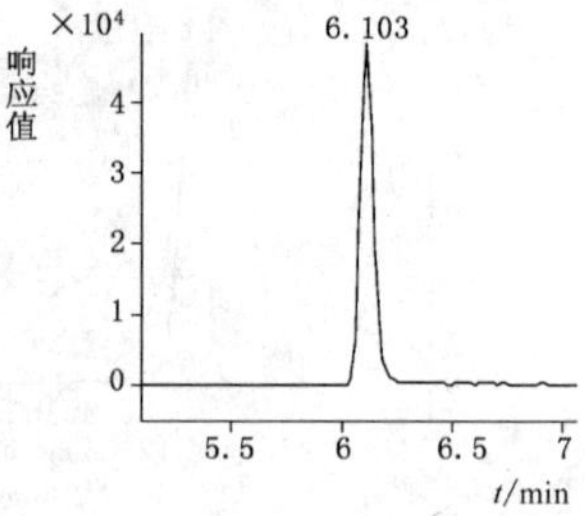

189. 抑霉唑

(imazalil)

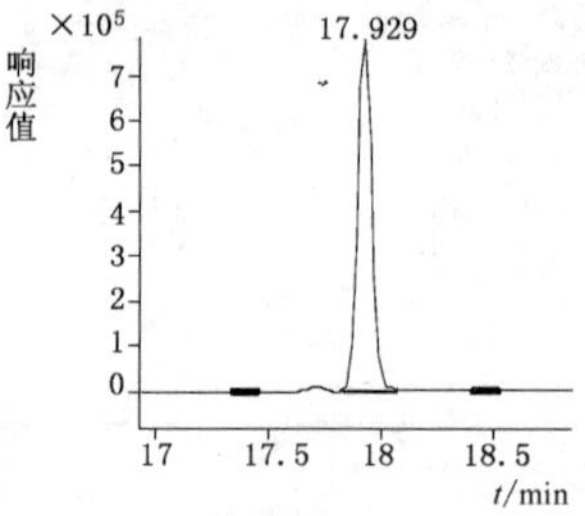

190. 辛硫磷

(phoxim)

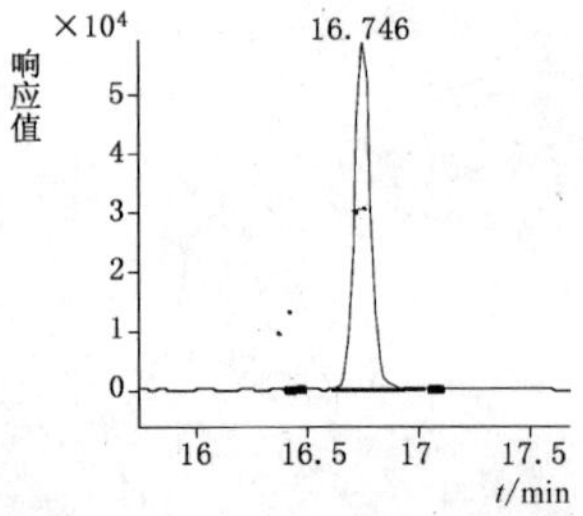

191. 喹硫磷

(quinalphos)

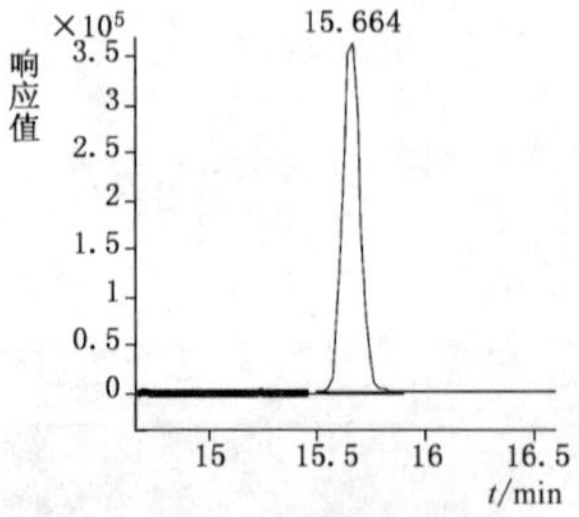

192. 灭菌磷

(ditalimfos)

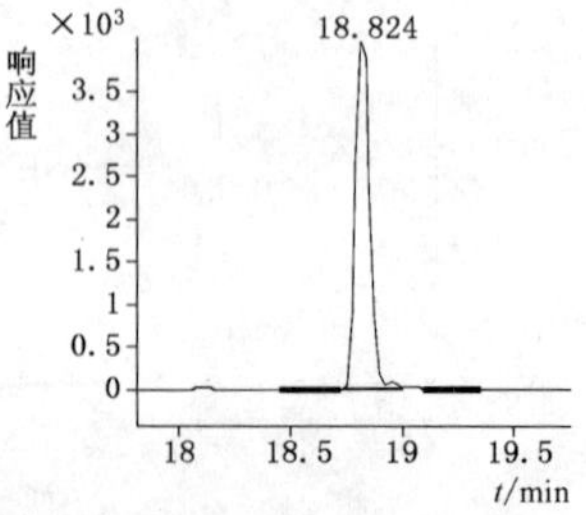

193. 苯氧威

(fenoxycarb)

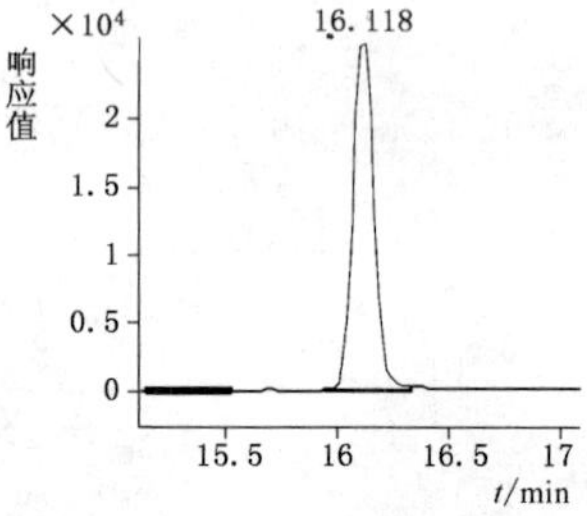

194. 嘧啶磷

(pyrimitate)

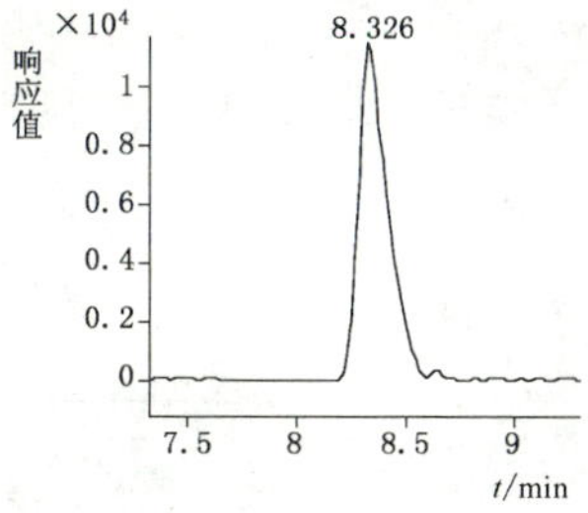

195. 丰索磷
(fensulfothin)

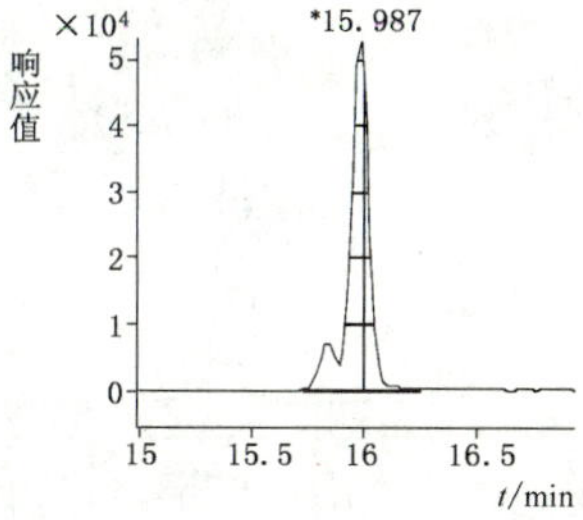

196. 氯咯草酮
(fluorochloridone)

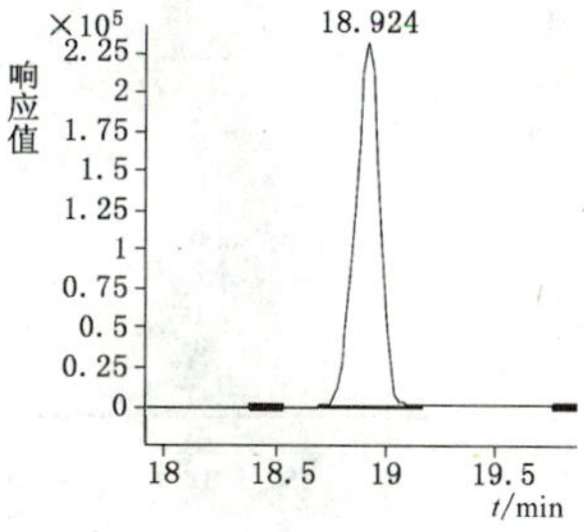

197. 丁草胺
(butachlor)

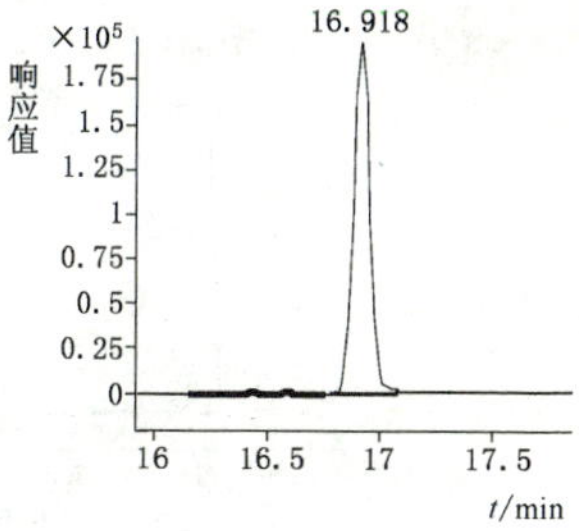

198. 亚胺菌
(kresoxim-methyl)

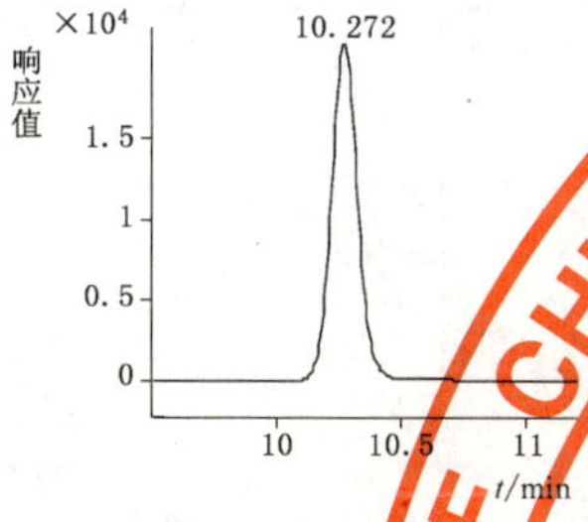

199. 戊叉菌唑
(triticonazole)

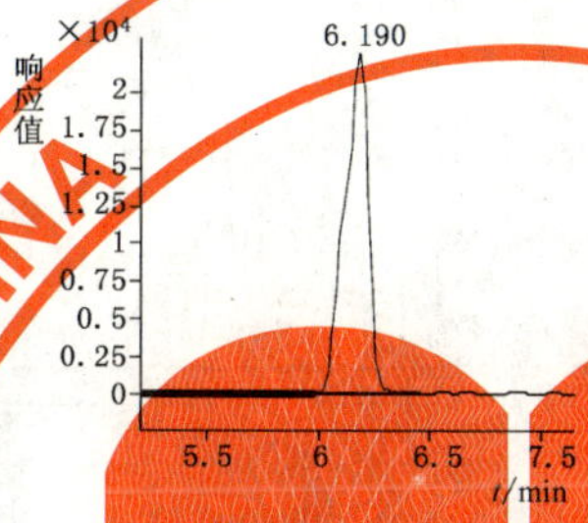

200. 苯线磷亚砜
(fenamiphos sulfoxide)

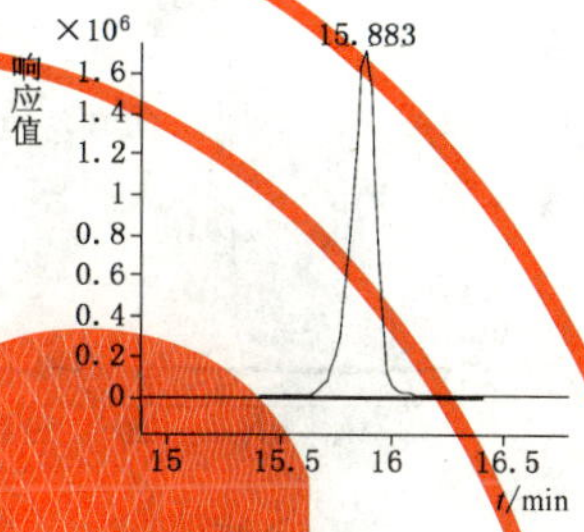

201. 噻吩草胺
(thenylchlor)

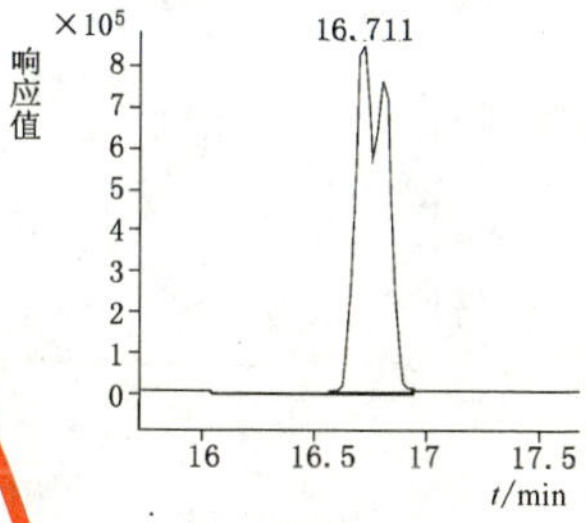

202. 氰菌胺
(fenoxanil)

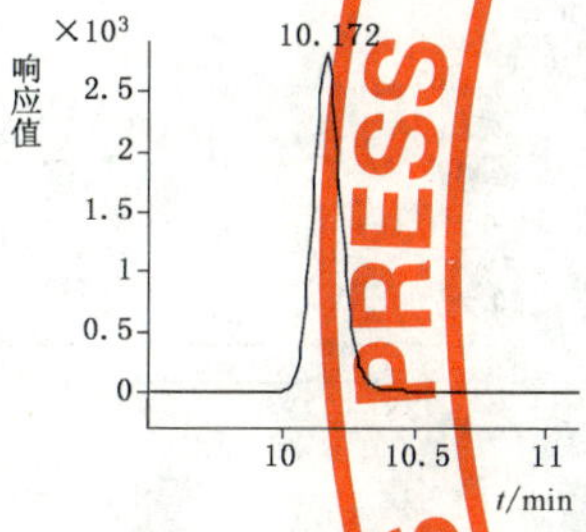

203. 杀草吡啶
(fluridone)

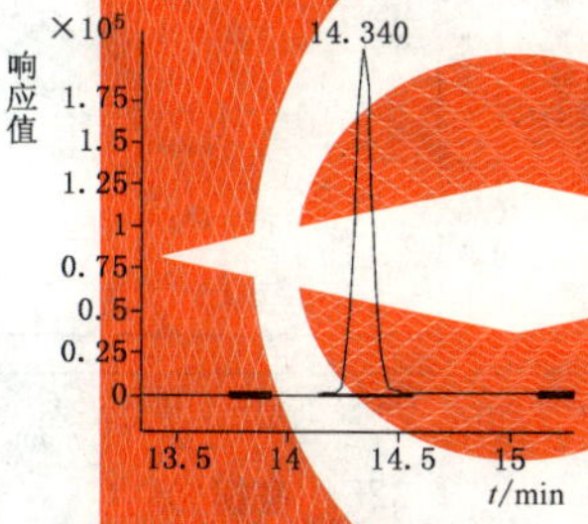

204. 氟环唑
(epoxiconazole)

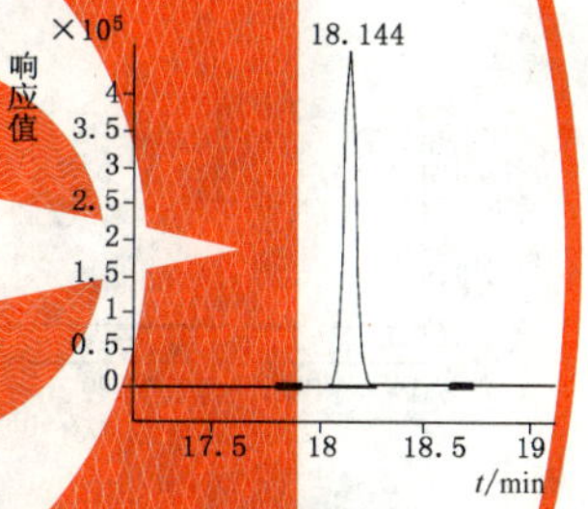

205. 氯辛硫磷
(chlorphoxim)

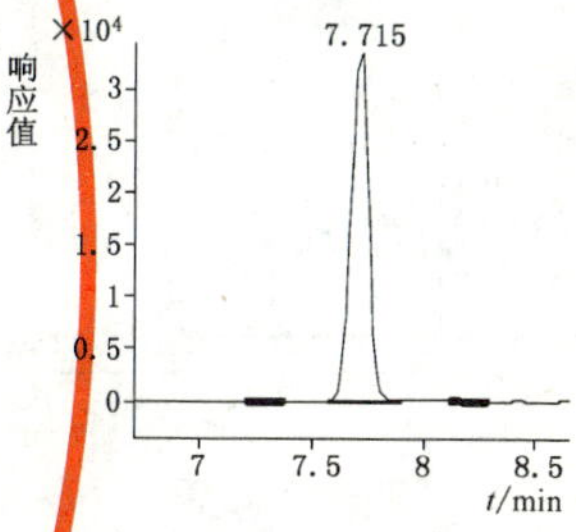

206. 苯线磷砜
(fenamiphos sulfone)

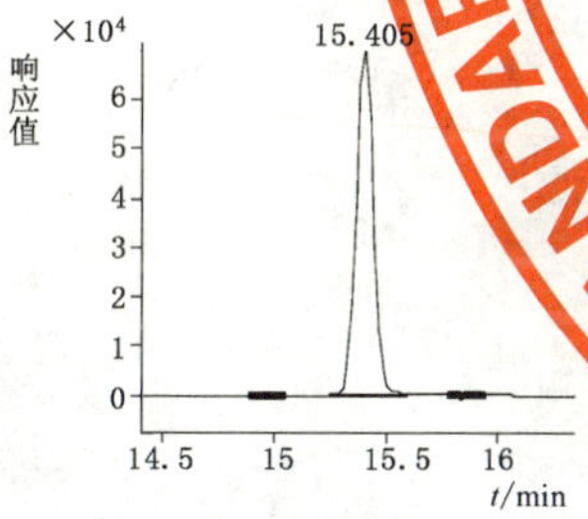

207. 腈苯唑
(fenbuconazole)

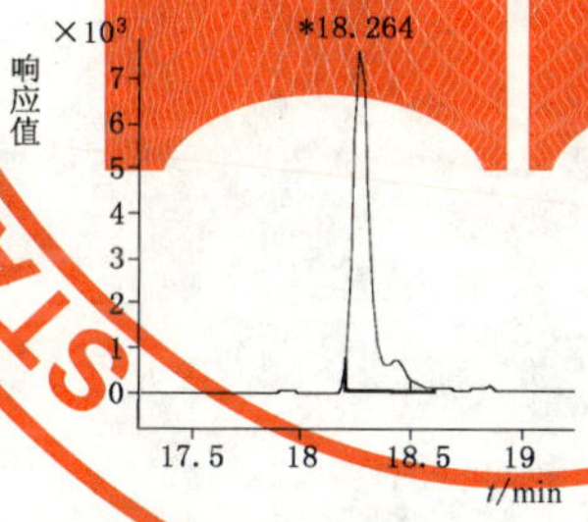

208. 异柳磷
(isofenphos)

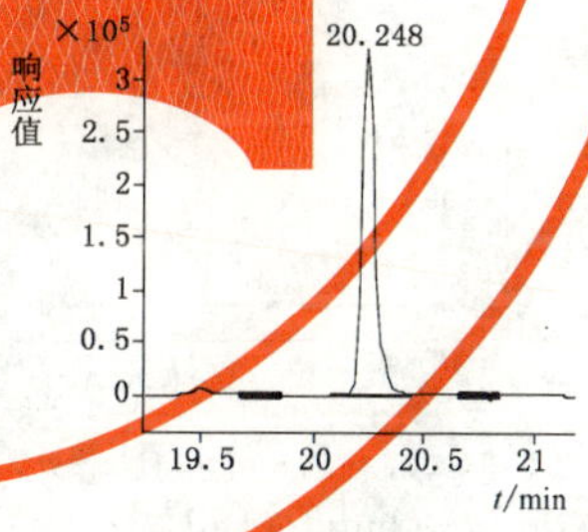

209. 苯醚菊酯
(phenothrin)

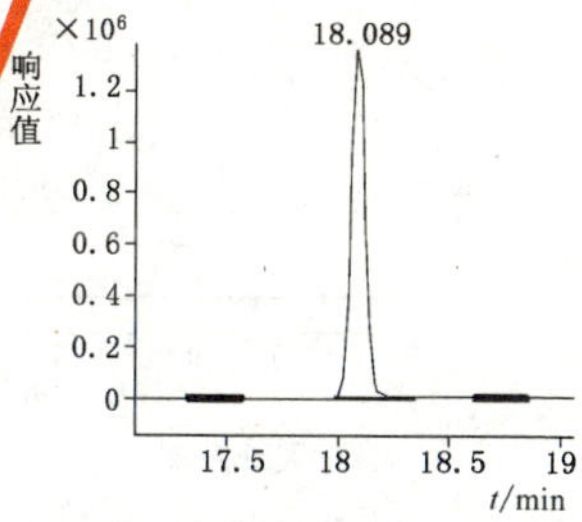

210. 哌草磷
(piperophos)

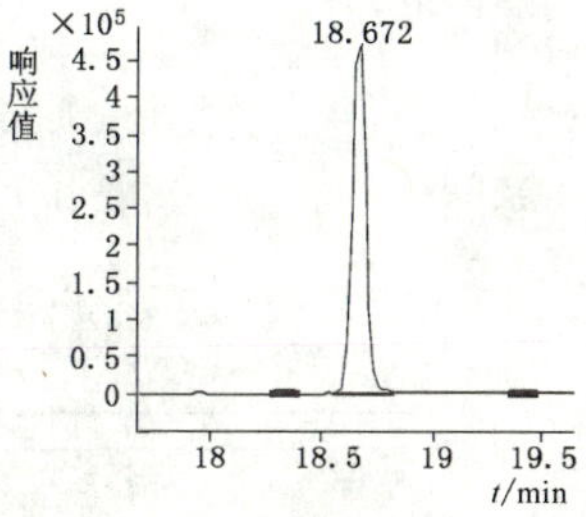

211. 增效醚
(piperonyl butoxide)

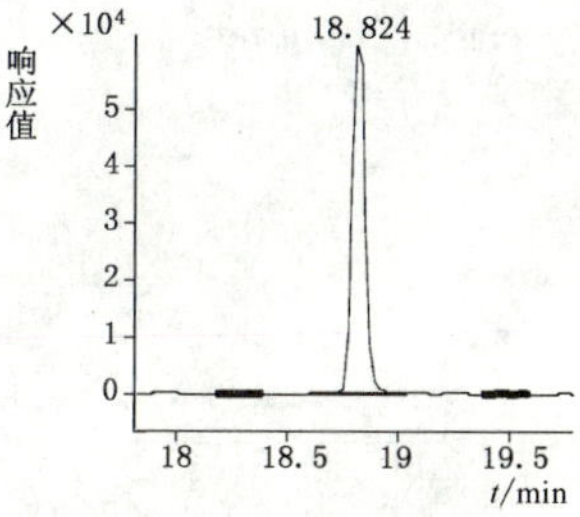

212. 乙氧氟草醚
(oxyflurofen)

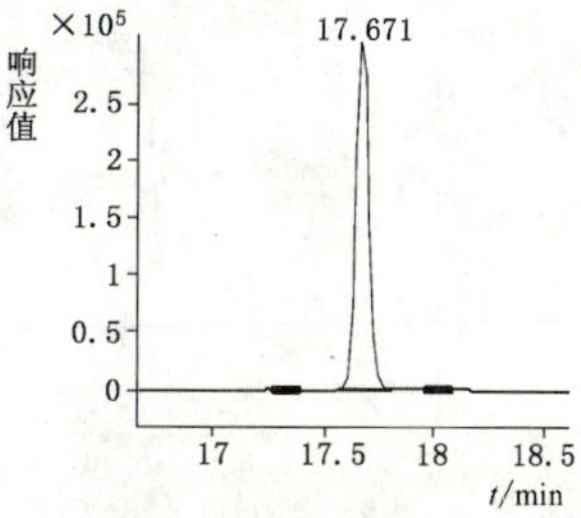

213. 蝇毒磷
(coumaphos)

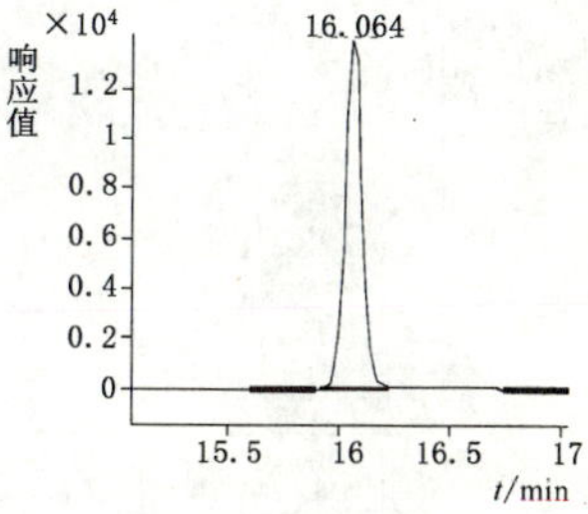

214. 氟噻草胺
(flufenacet)

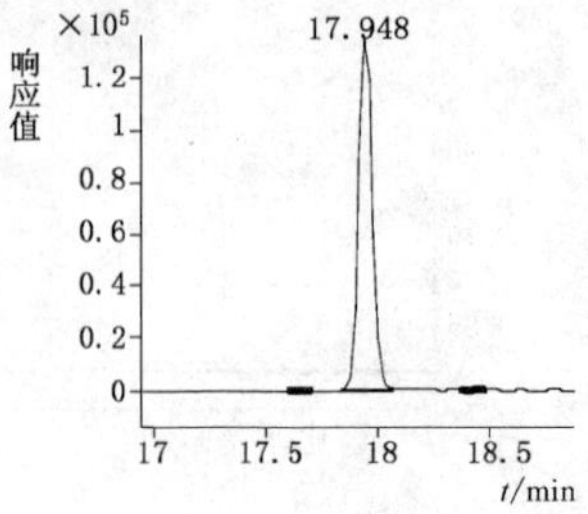

215. 伏杀硫磷
(phosalone)

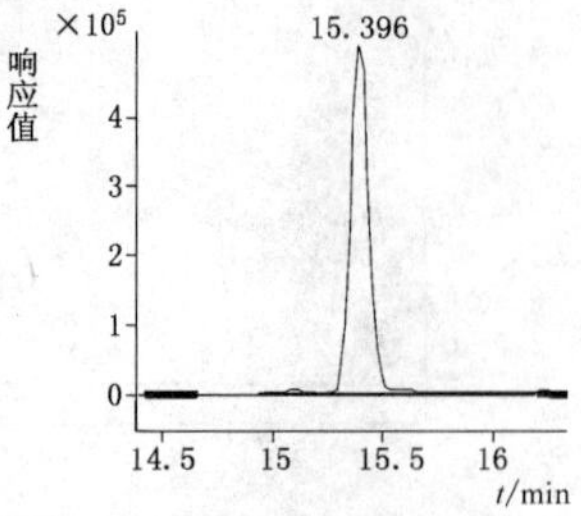

216. 甲氧虫酰肼
(methoxyfenozide)

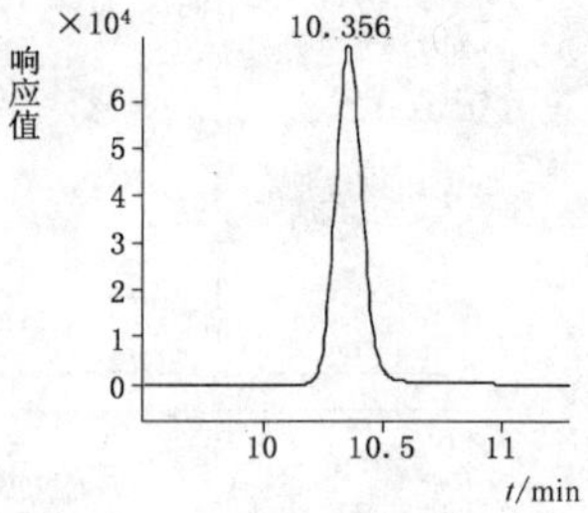

217. 咪鲜胺
(prochloraz)

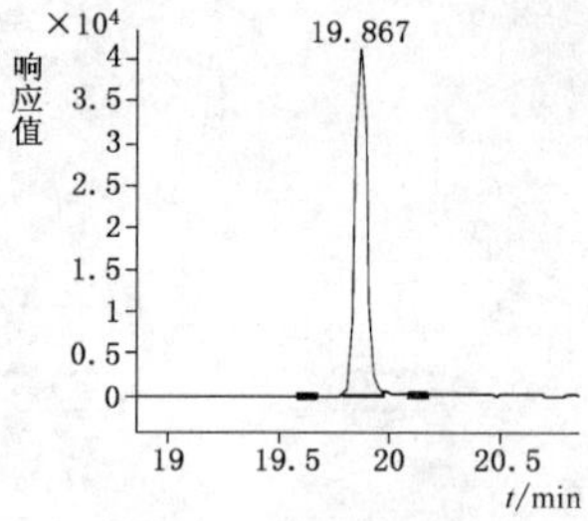

218. 丙硫特普
(aspon)

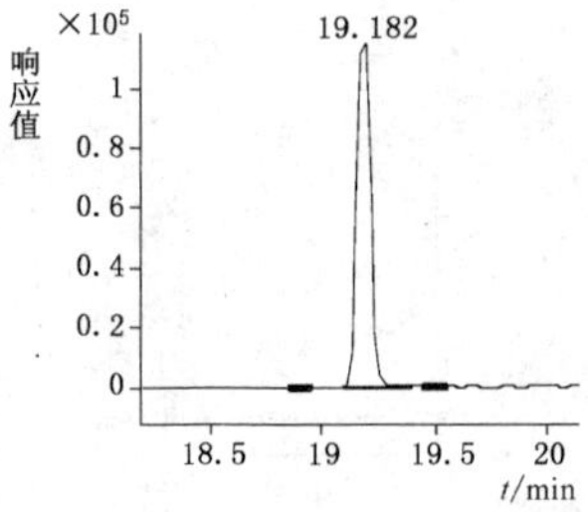

219. 乙硫磷
(ethion)

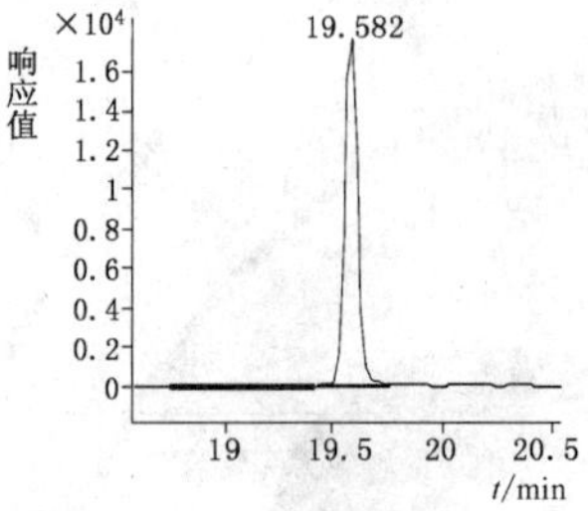

220. 杀螨隆
(diafenthiuron)

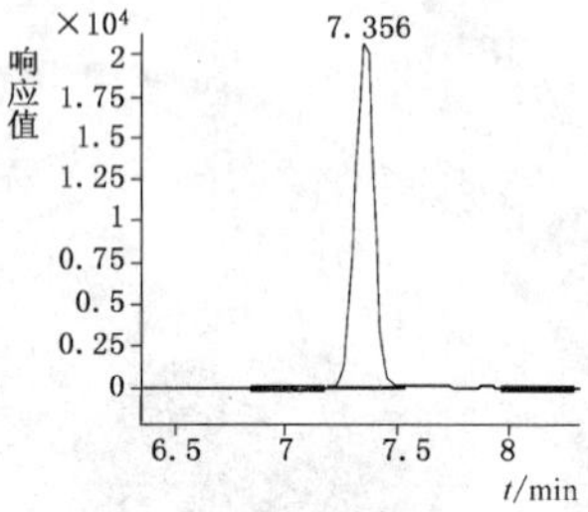

221. 噻吩磺隆
(thifensulfuron-methyl)

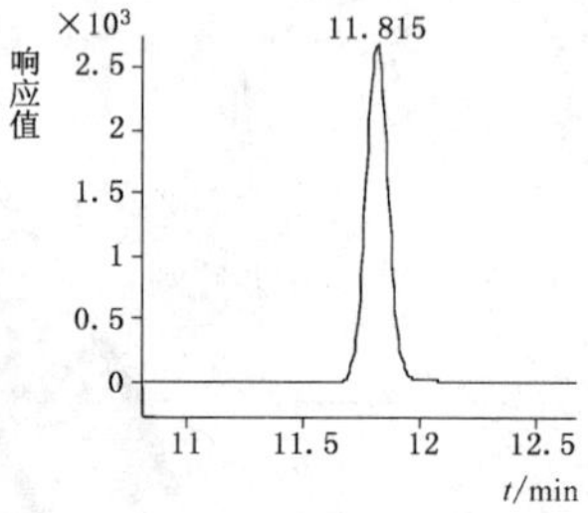

222. 乙氧嘧磺隆
(ethoxysulfuron)

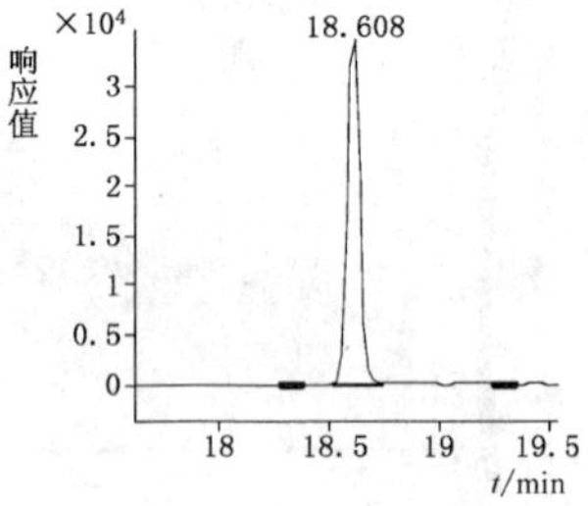

223. 氟硫草定
(dithiopyr)

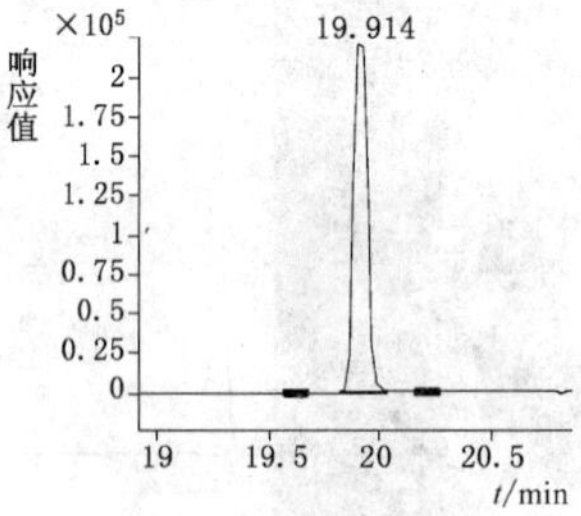

224. 螺螨酯
(spirodiclofen)

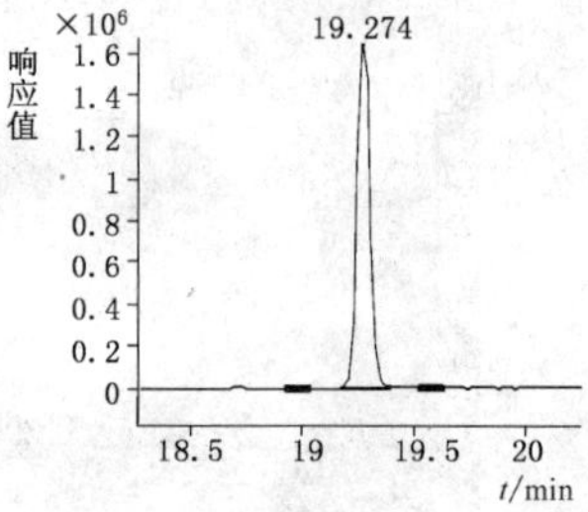

225. 唑螨酯
(fenpyroximate)

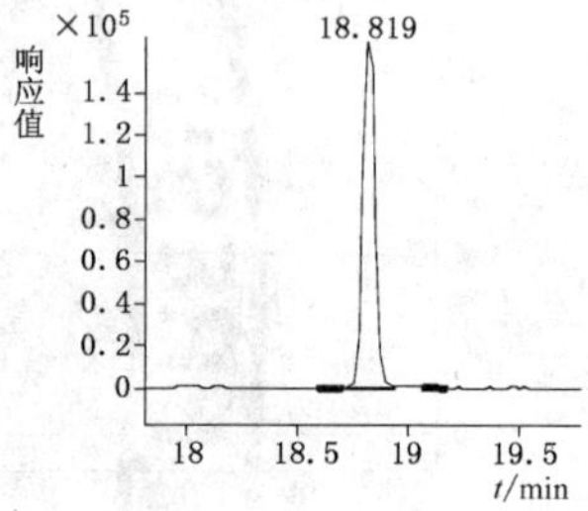

226. 胺氟草酯
(flumiclorac-pentyl)

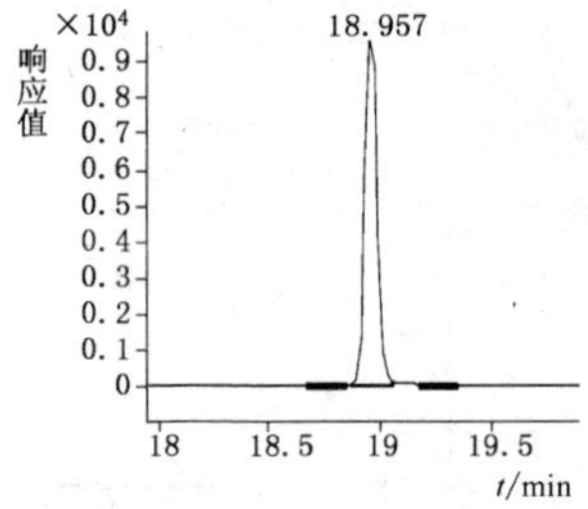

227. 双硫磷
(temephos)

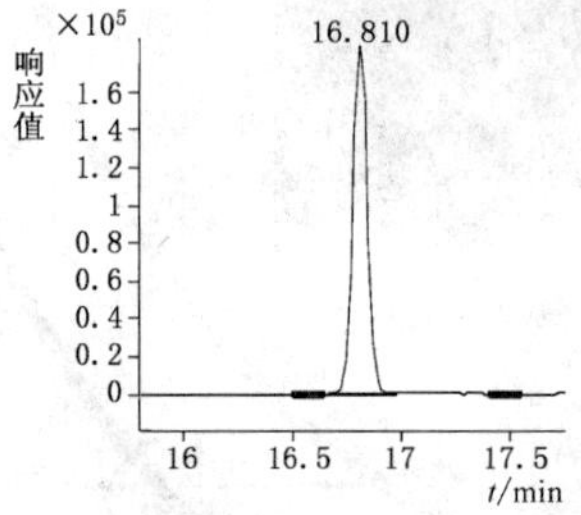

228. 氟丙嘧草酯
(butafenacil)

D 组

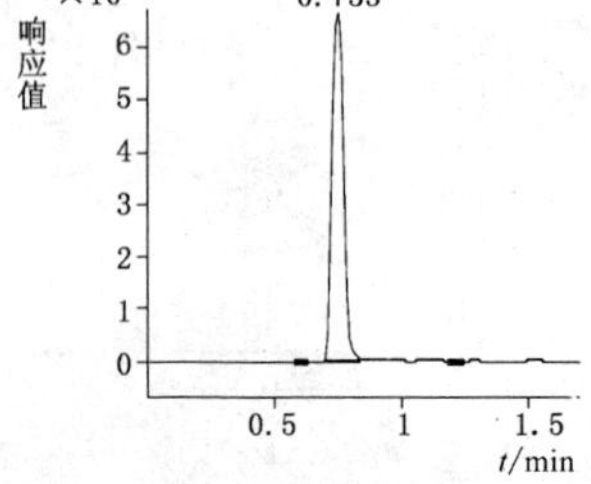

229. 甲哌金翁
(mepiquat chloride)

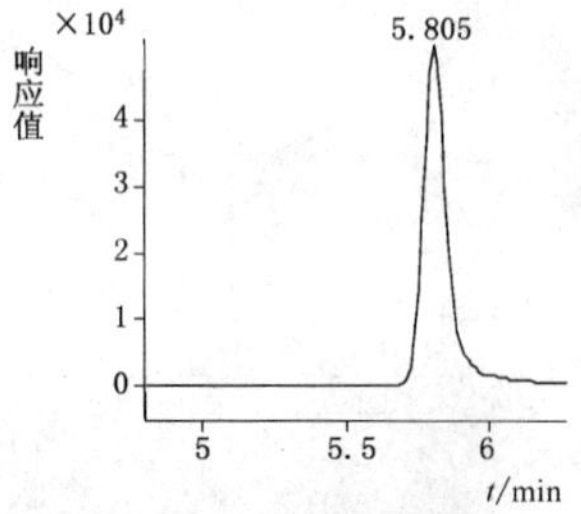

230. 二丙烯草胺
(allidochlor)

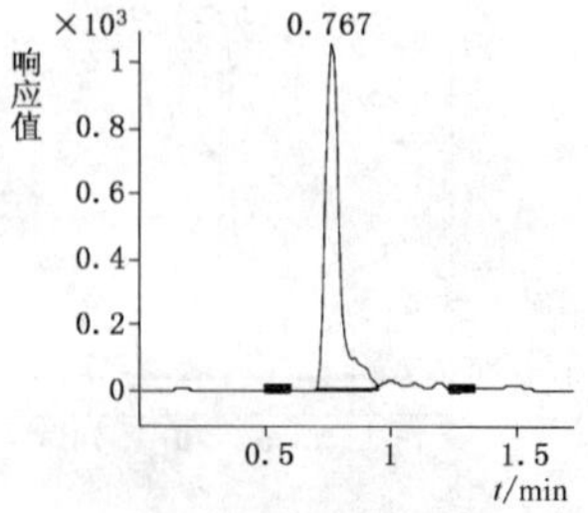

231. 霜霉威
(propamocarb)

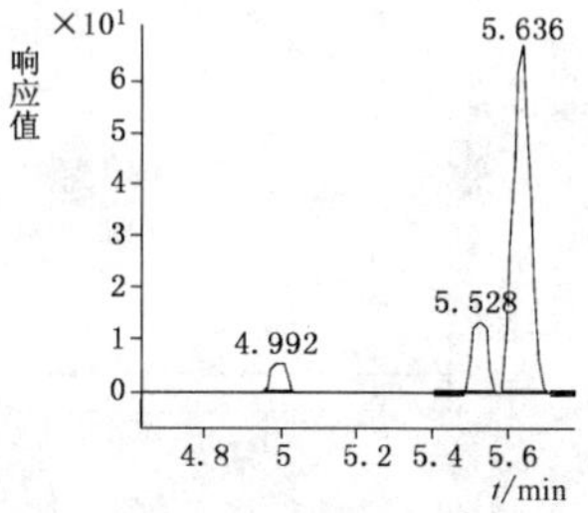

232. 三环唑
(tricyclazole)

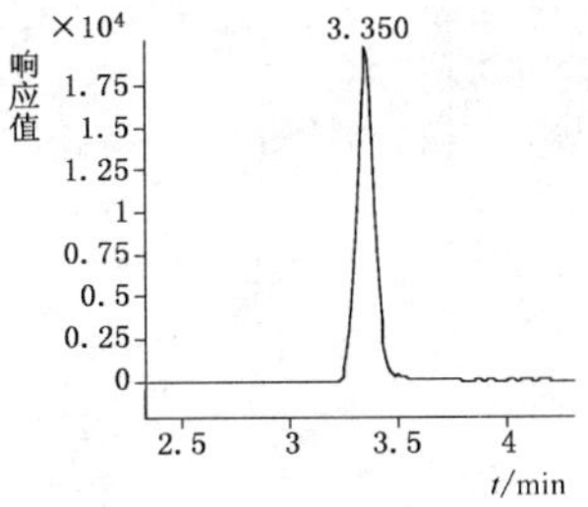

233. 噻菌灵

(thiabendazole)

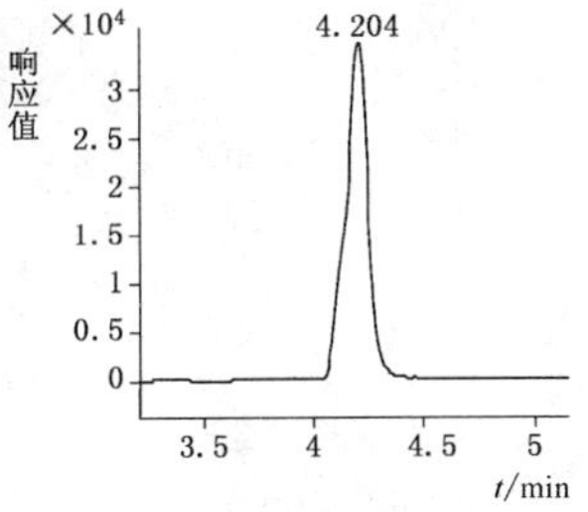

234. 苯嗪草酮

(metamitron)

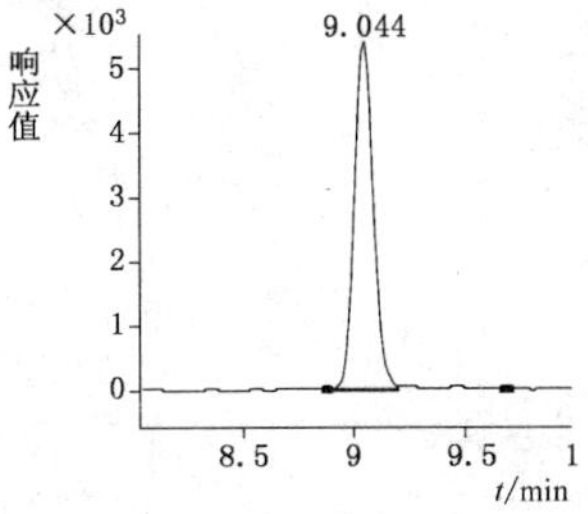

235. 异丙隆

(isoproturon)

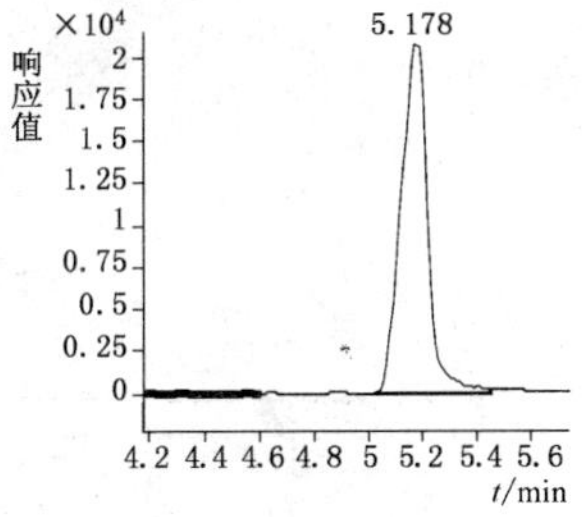

236. 莠去通

(atratone)

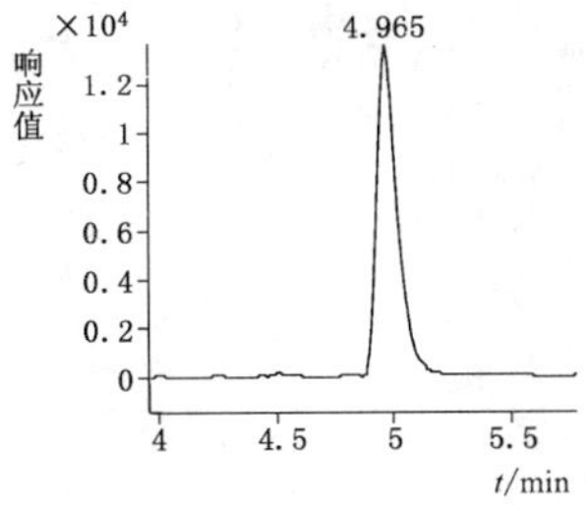

237. 敌草净

(oesmetryn)

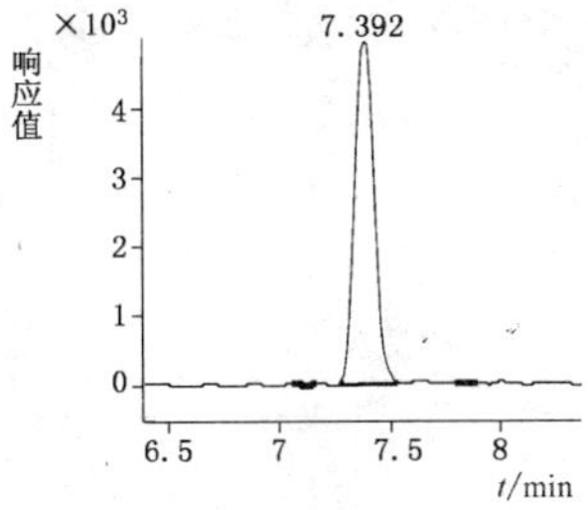

238. 赛克津

(metribuzin)

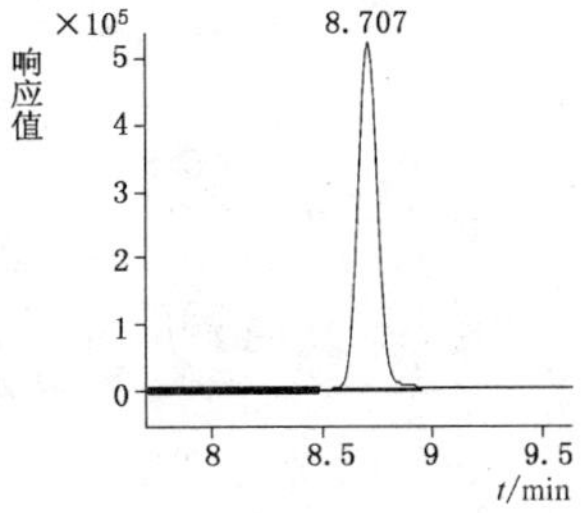

239. (DMST)

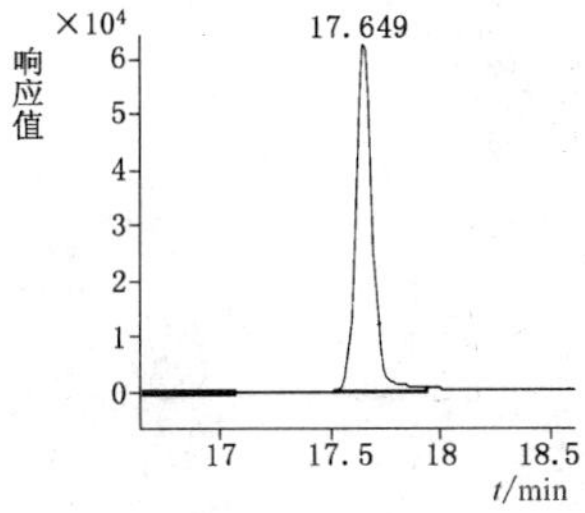

240. 环草敌

(cycloate)

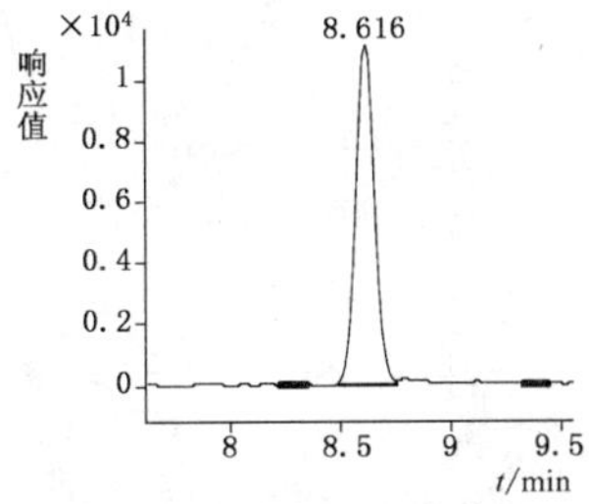

241. 莠去津

(atrazine)

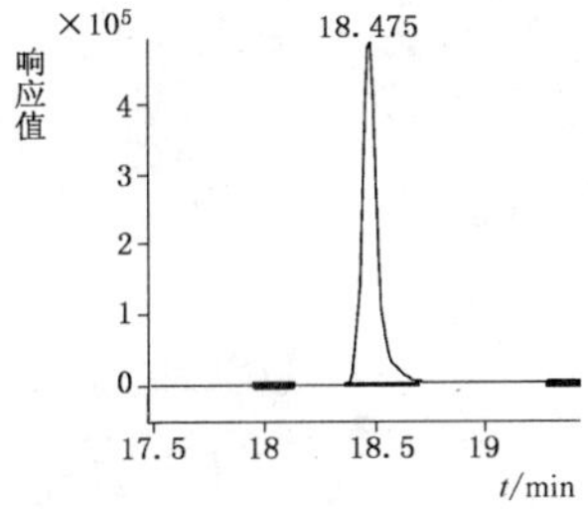

242. 丁草敌

(butylate)

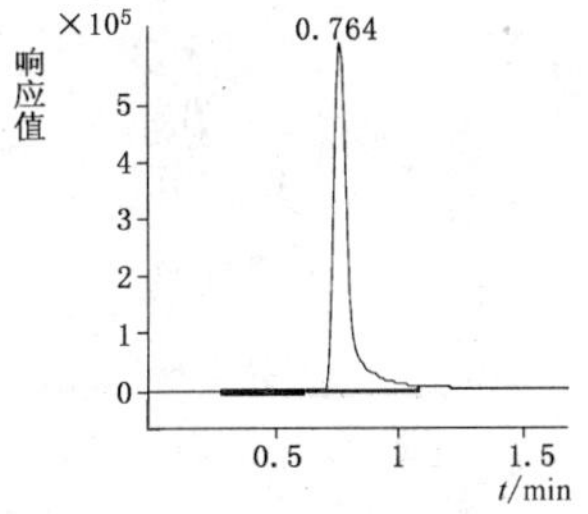

243. 吡蚜酮

(pymetrozin)

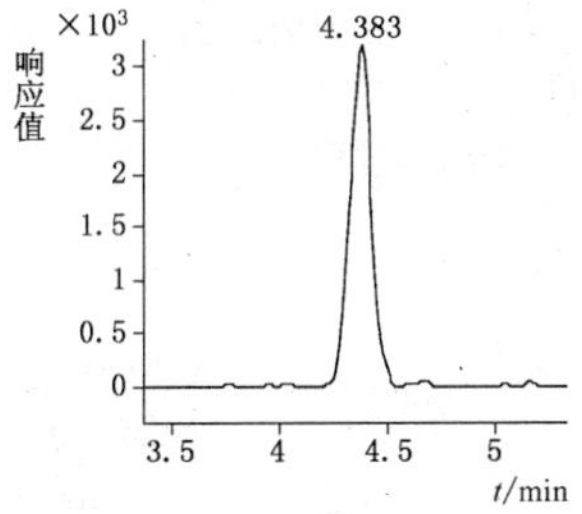

244. 氯草敏

(chloridazon)

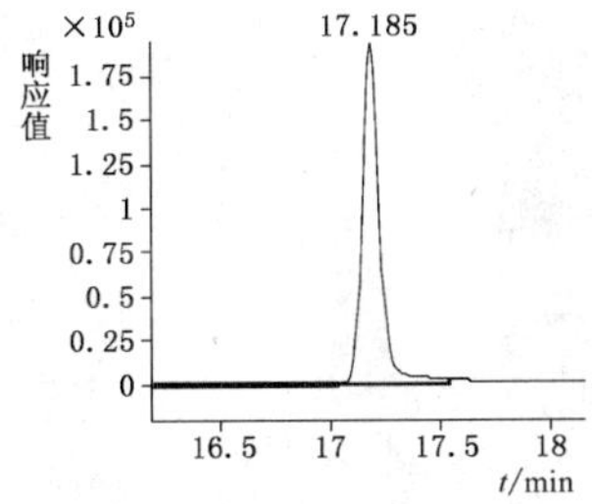

245. 菜草畏

(sulfallate)

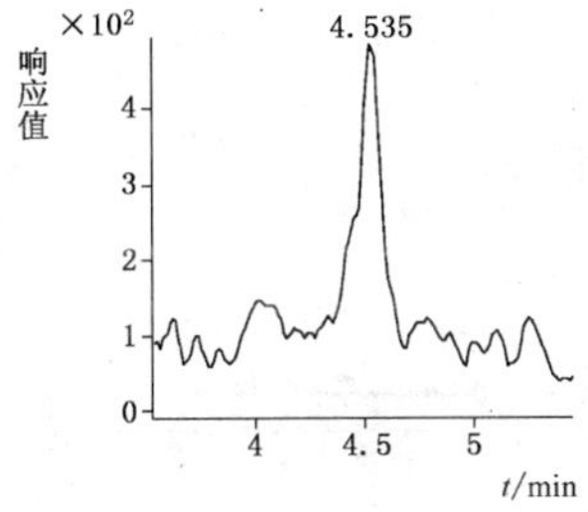

246. 乙硫苯威

(ethiofencarb)

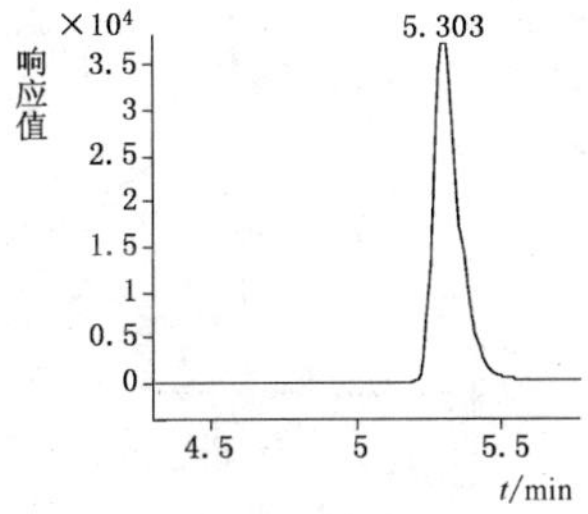

247. 特丁通

(terbumeton)

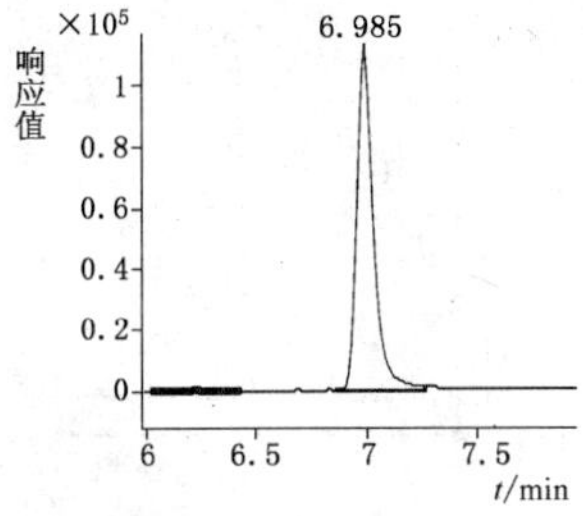

248. 环丙津

(cyprazine)

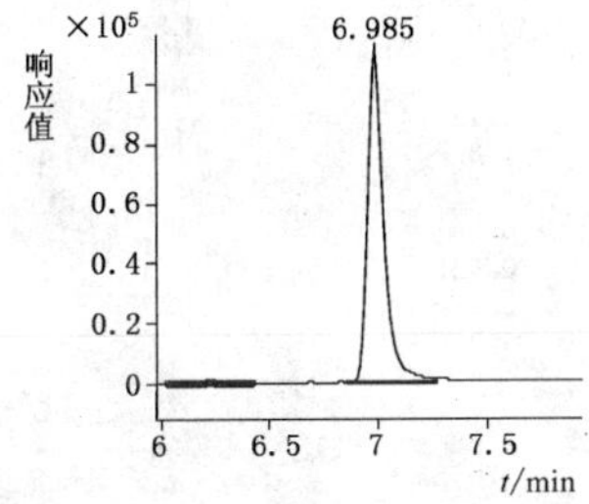

249. 阔草净

(ametryn)

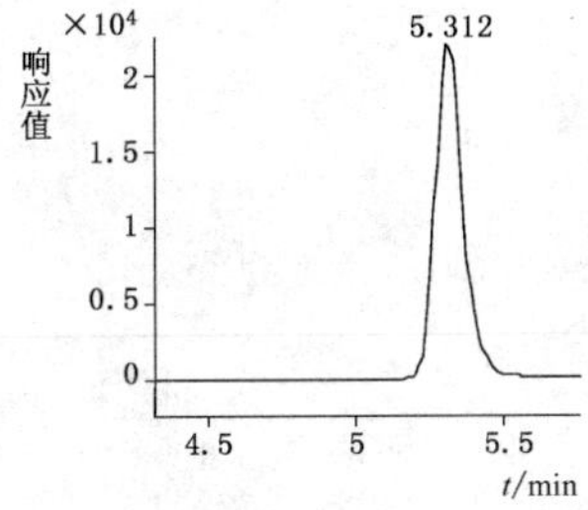

250. 木草隆

(tebuthiuron)

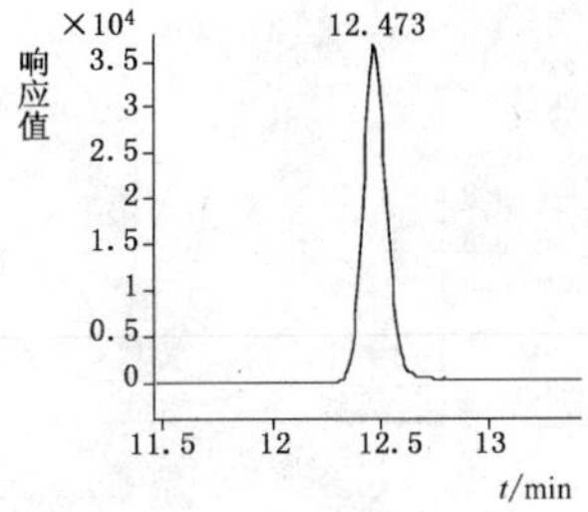

251. 草达津

(trietazine)

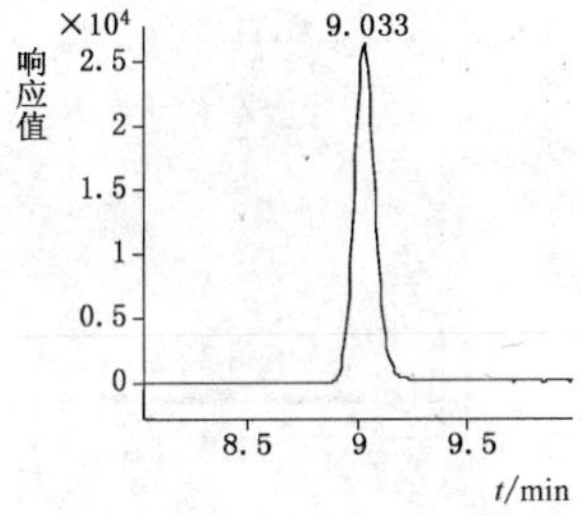

252. 另丁津

(sebutylazine)

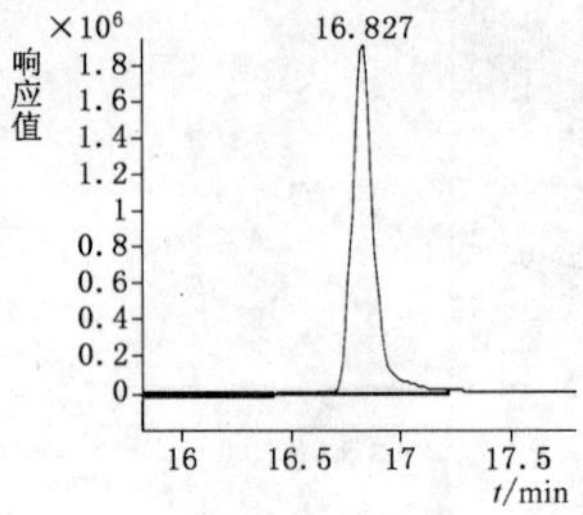

253. 畜虫避

(dibutyl succinate)

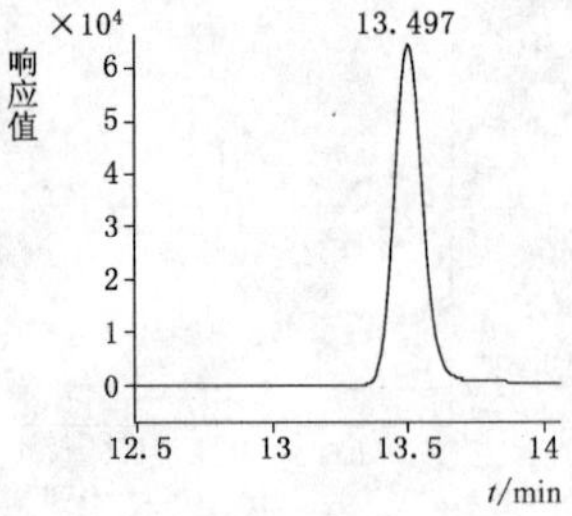

254. 牧草胺

(tebutam)

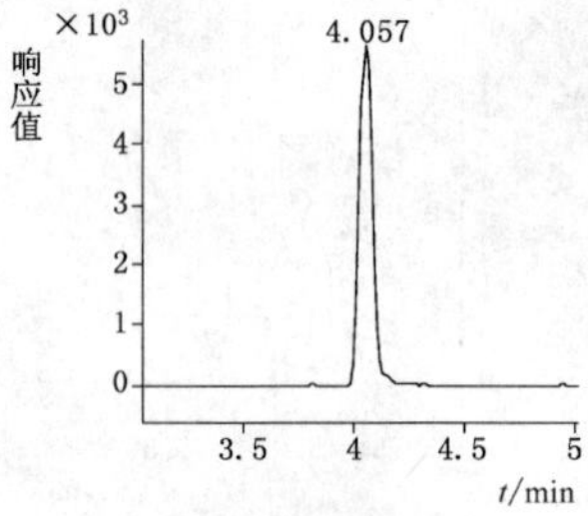

255. 久效威亚砜

(thiofanox-sulfoxide)

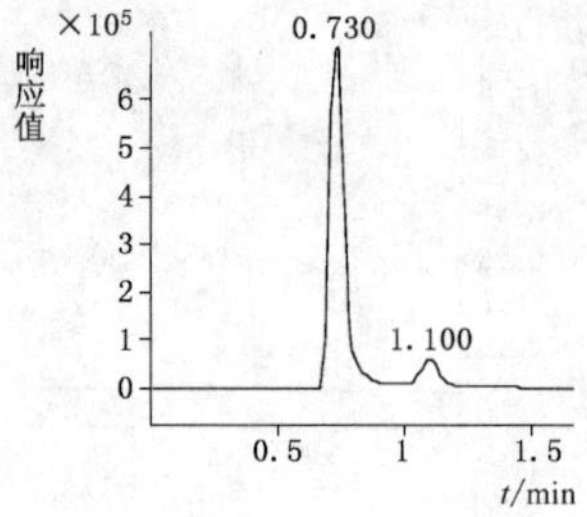

256. 杀螟丹

(cartap hydrochloride)

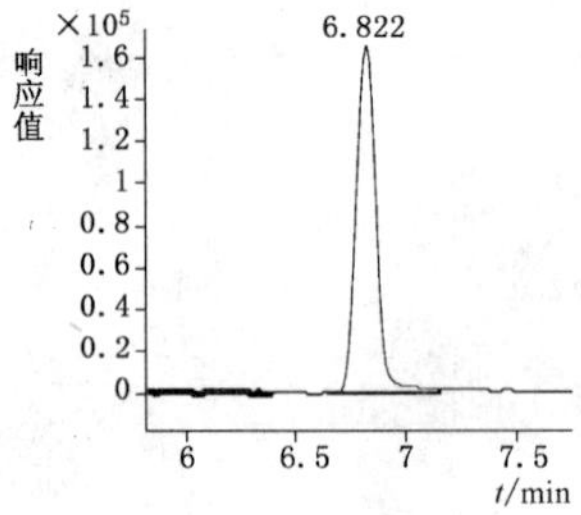

257. 虫螨畏

(methacrifos)

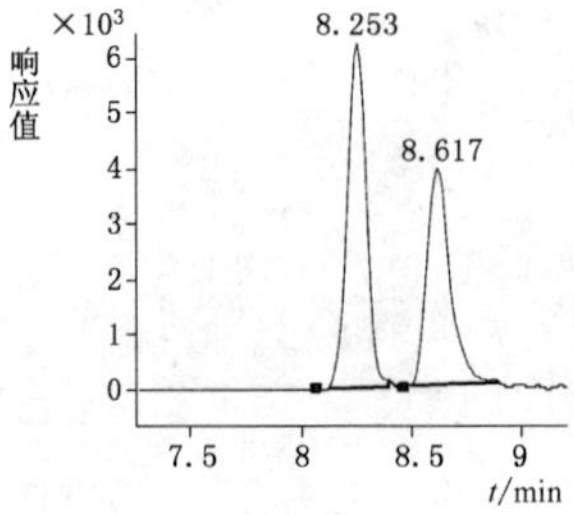

258. 特丁净

(terbutryn)

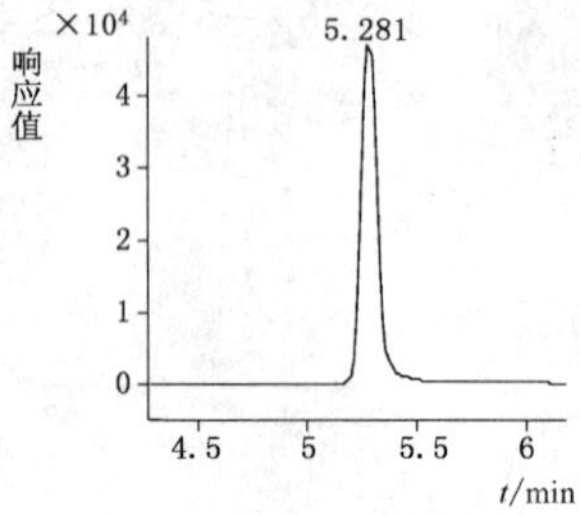

259. 咪唑嗪

(triazoxide)

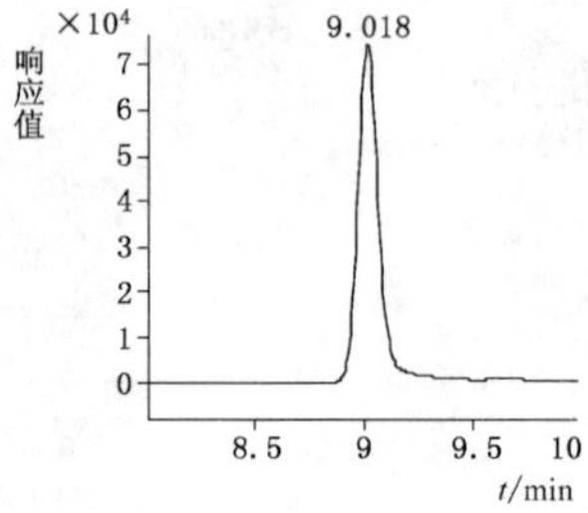

260. 虫线磷

(thionazin)

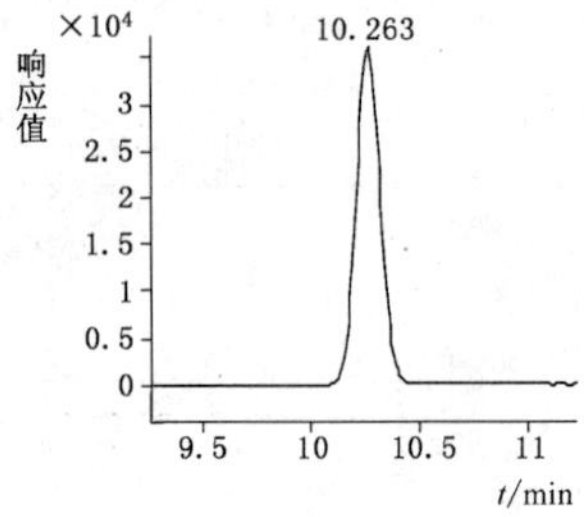

261. 利谷隆

(linuron)

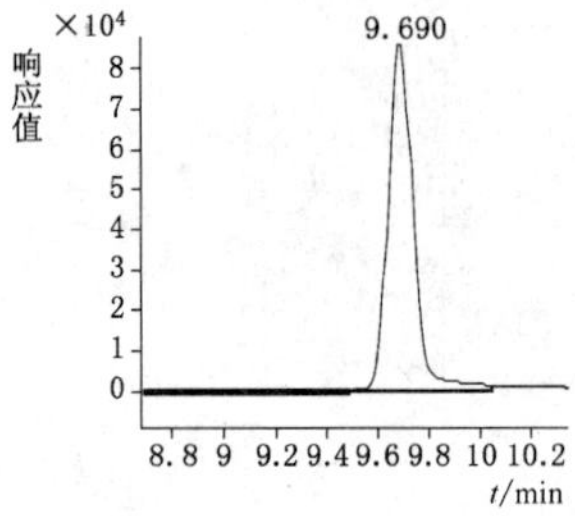

262. 庚虫磷

(heptanophos)

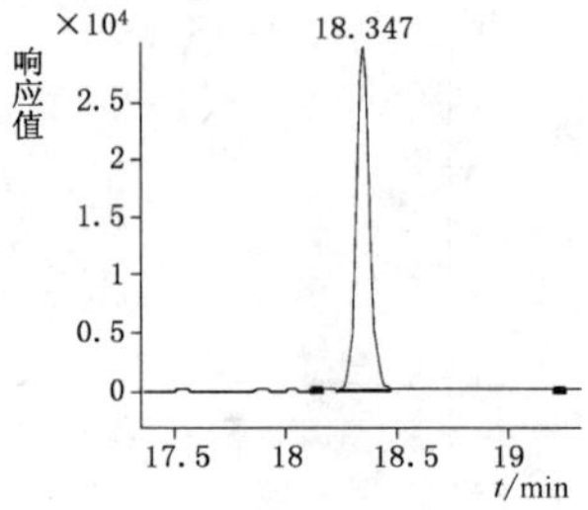

263. 苄草丹

(prosulfocarb)

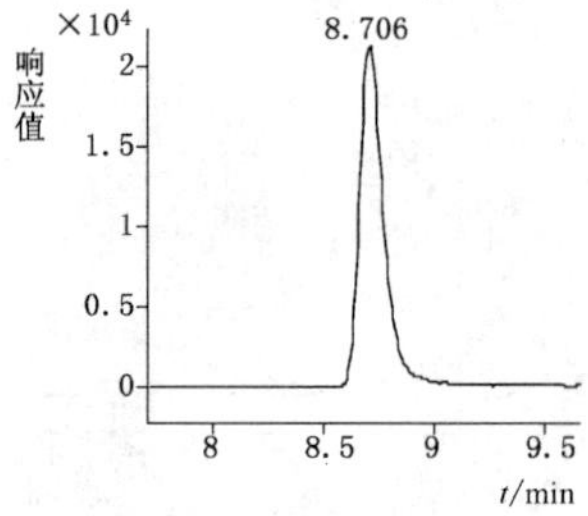

264. 杀草净

(dipropetryn)

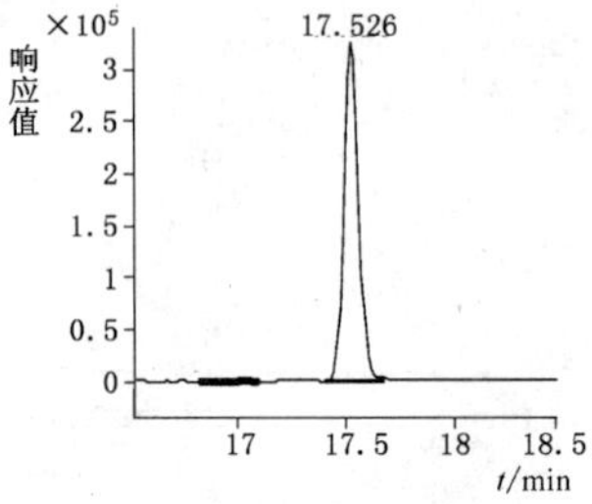

265. 禾草丹

(thiobencarb)

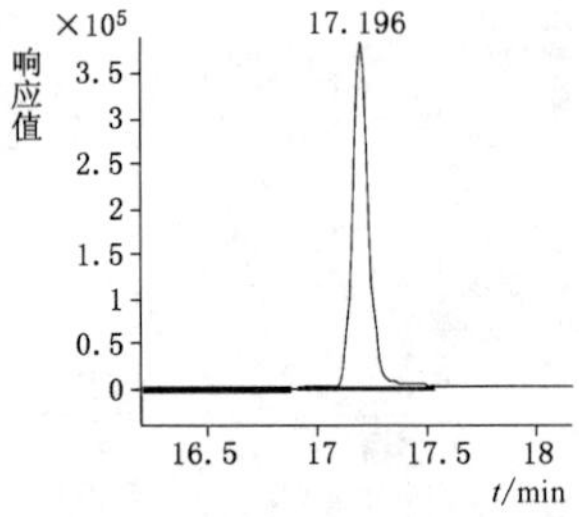

266. 三异丁基磷酸盐

(tri-*iso*-butyl phosphate)

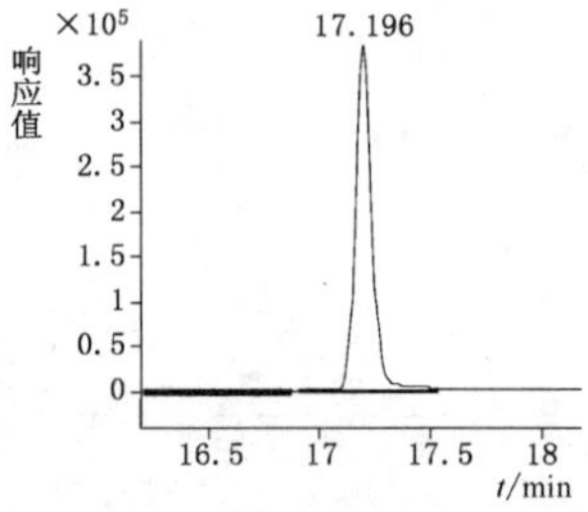

267. 三正丁基磷酸盐

(tri-*n*-butyl phosphate)

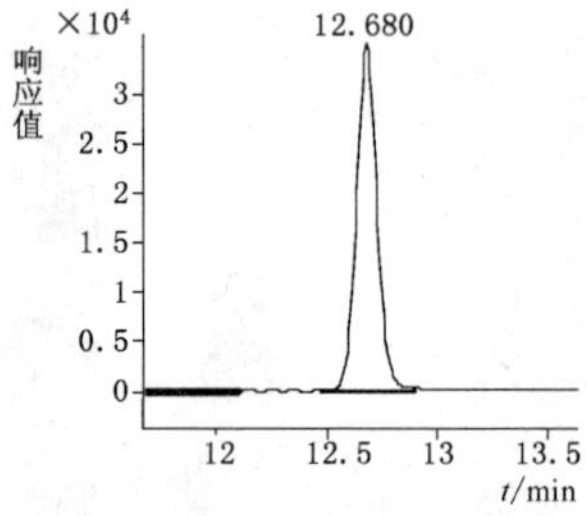

268. 乙霉威

(diethofencarb)

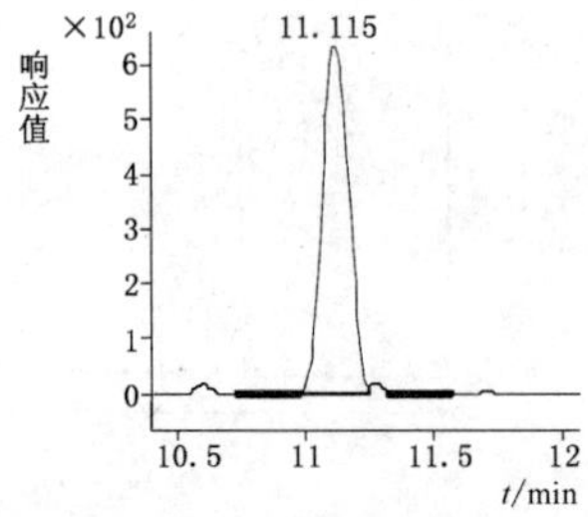

269. 甲草胺

(alachlor)

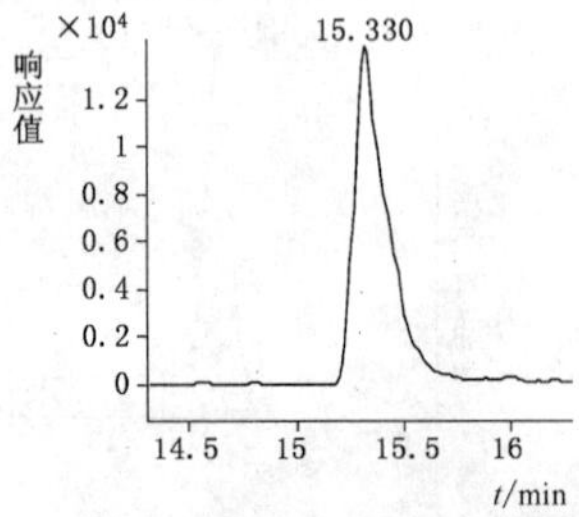

270. 硫线磷

(cadusafos)

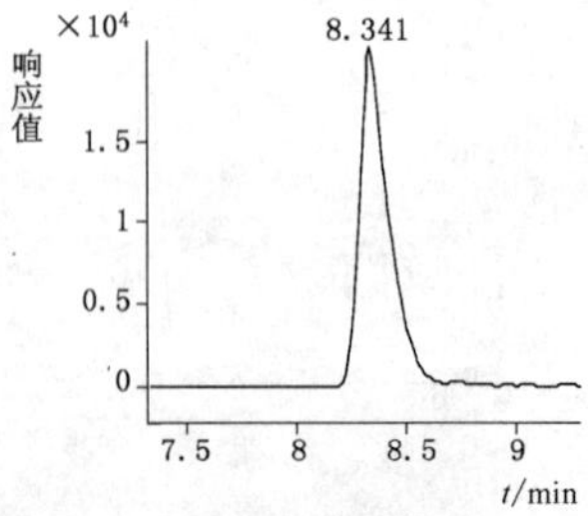

271. 吡唑草胺

(metazachlor)

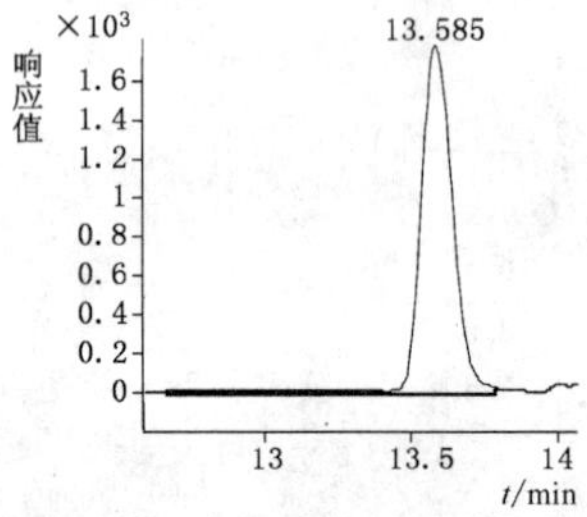

272. 胺丙畏

(propetamphos)

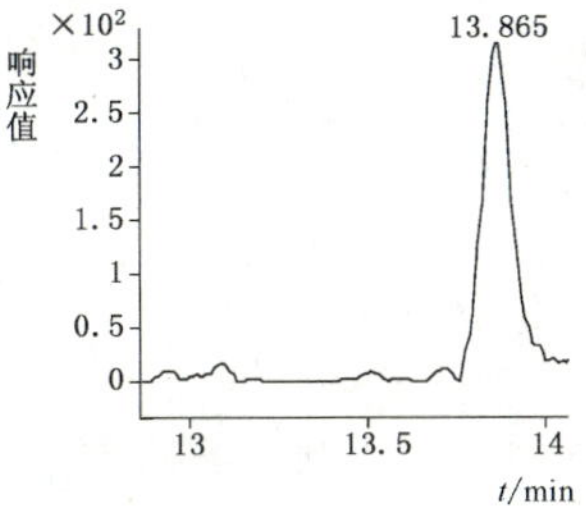

273. 特丁硫磷
(terbufos)

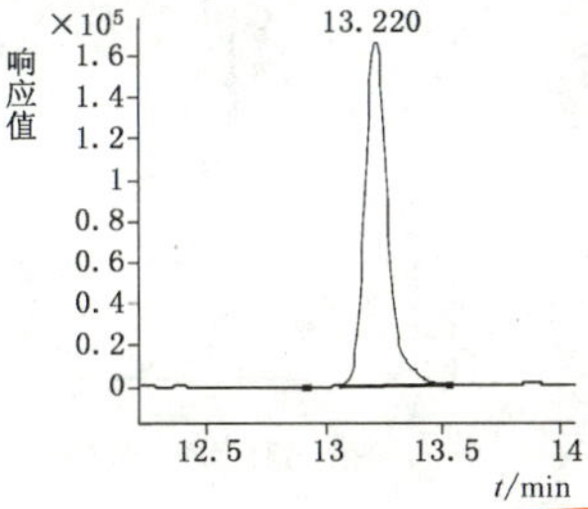

274. 硅氟唑
(simeconazole)

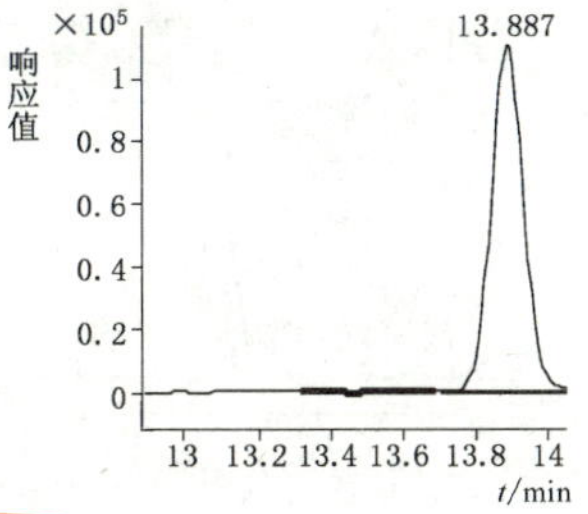

275. 三唑酮
(triadimefon)

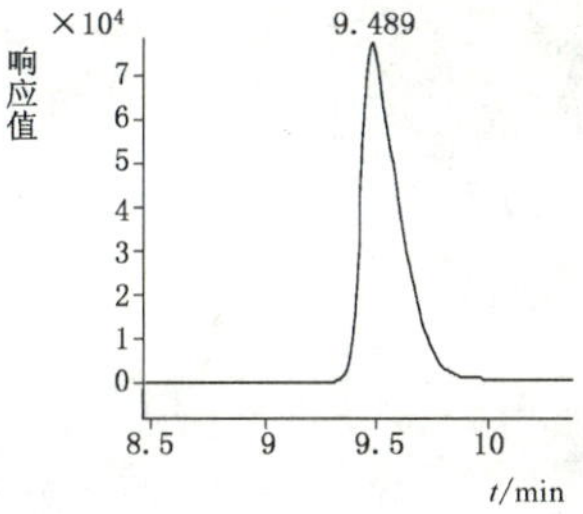

276. 甲拌磷砜
(phorate sulfone)

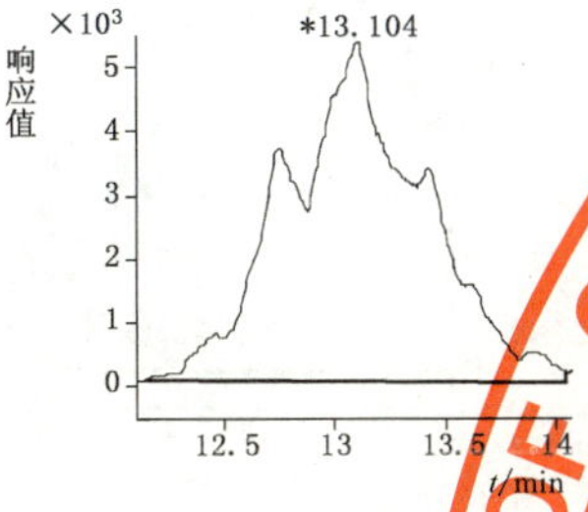

277. 十三吗啉
(tridemorph)

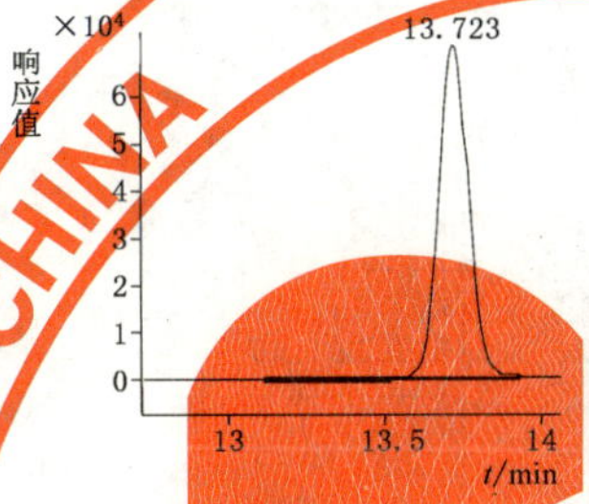

278. 苯噻酰草胺
(mefenacet)

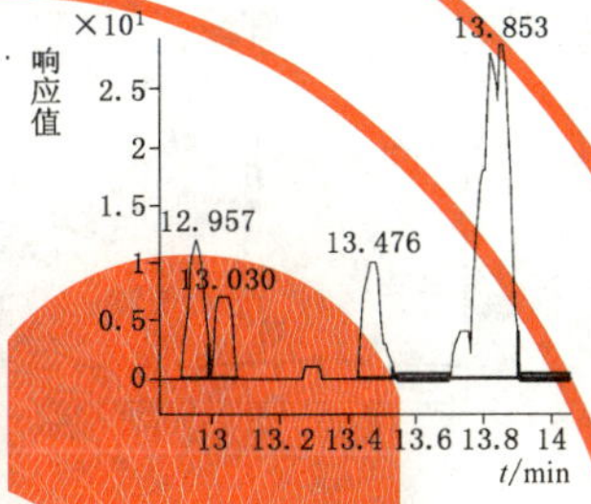

279. 戊环唑
(azaconazole)

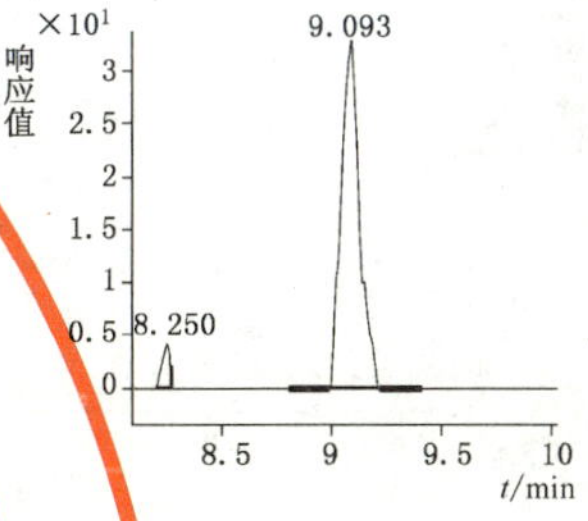

280. 苯线磷
(fenamiphos)

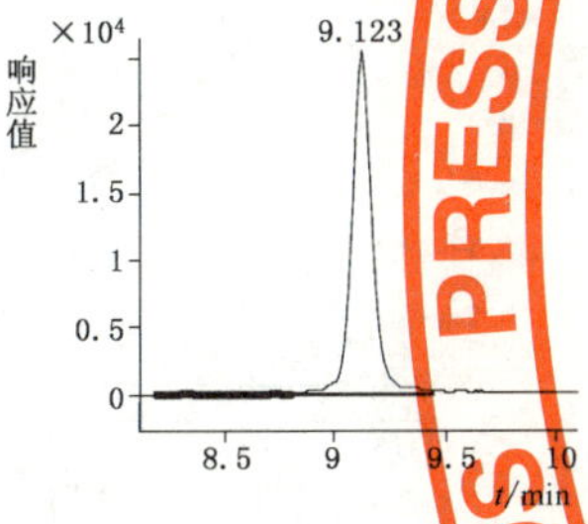

281. 丁苯吗啉
(fenpropimorph)

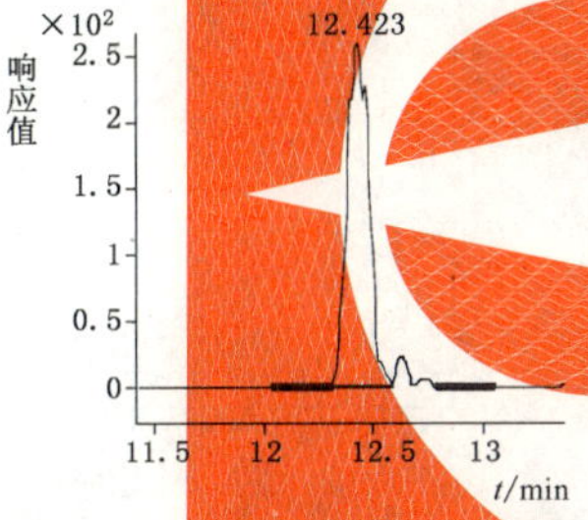

282. 戊唑醇
(tebuconazole)

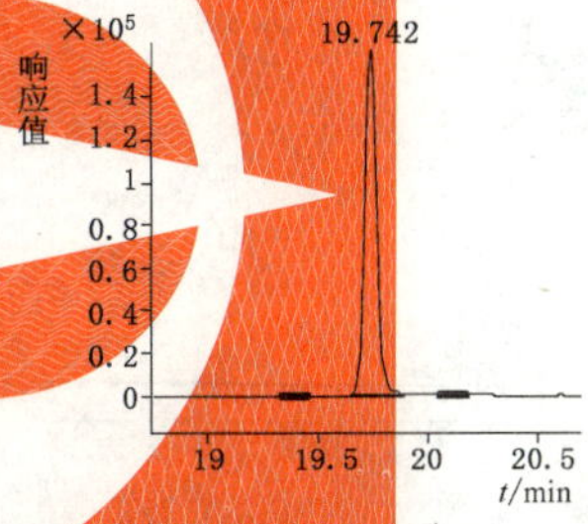

283. 异丙乐灵
(isopropalin)

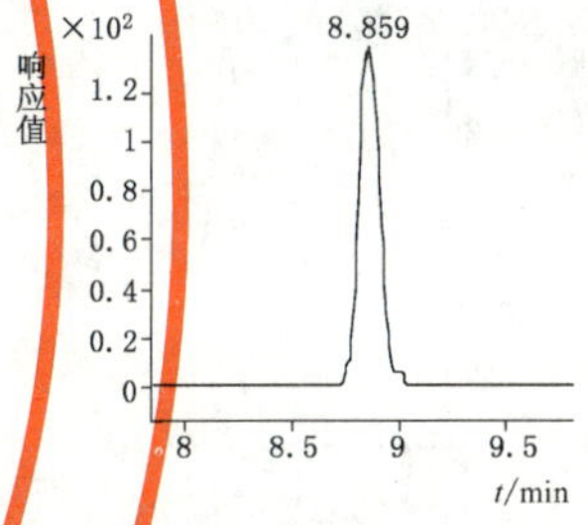

284. 氟苯嘧啶醇
(nuarimol)

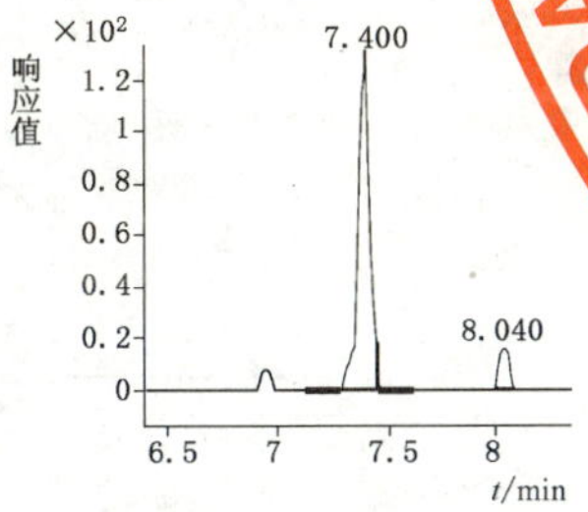

285. 乙嘧酚磺酸酯
(bupirimate)

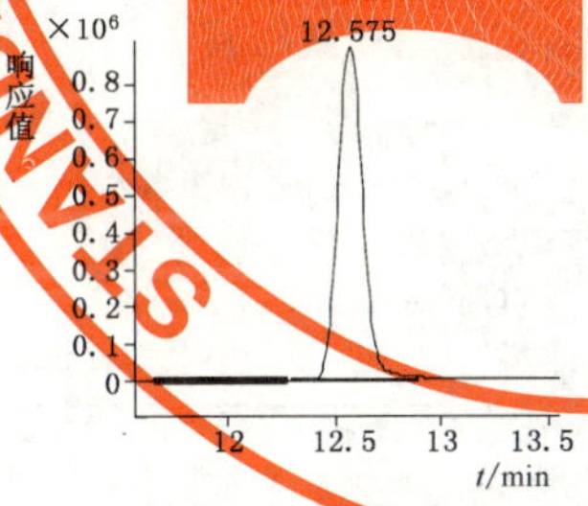

286. 保棉磷
(azinphos-methyl)

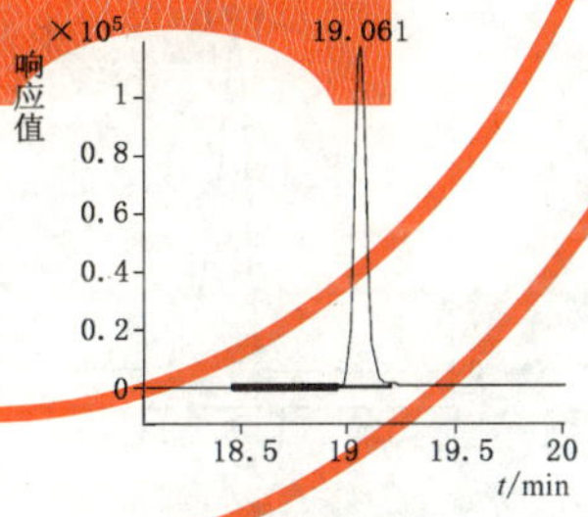

287. 丁基嘧啶磷
(tebupirimfos)

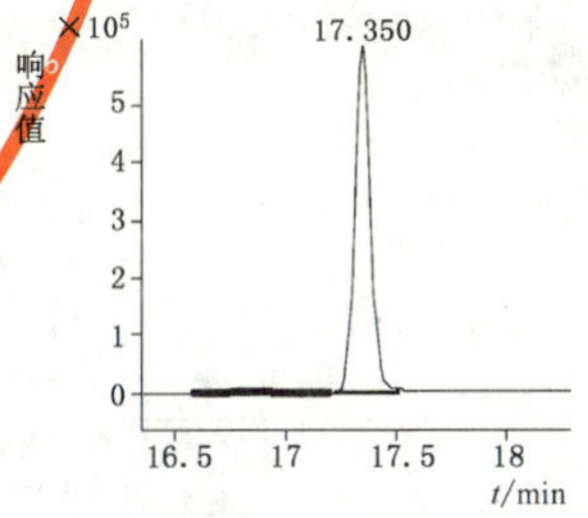

288. 稻丰散
(phenthoate)

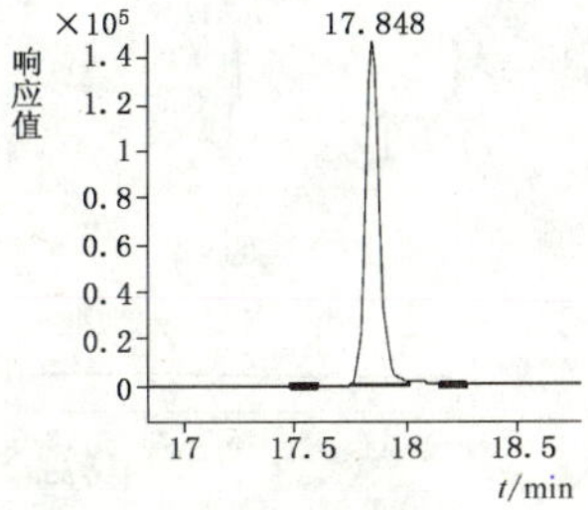

289. 治螟磷
(sulfotep)

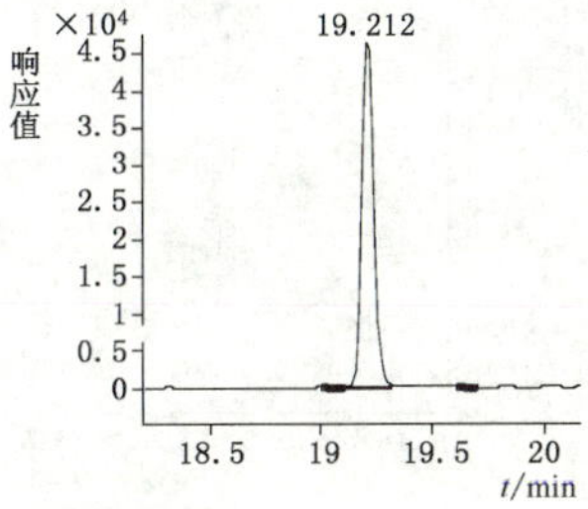

290. 硫丙磷
(sulprofos)

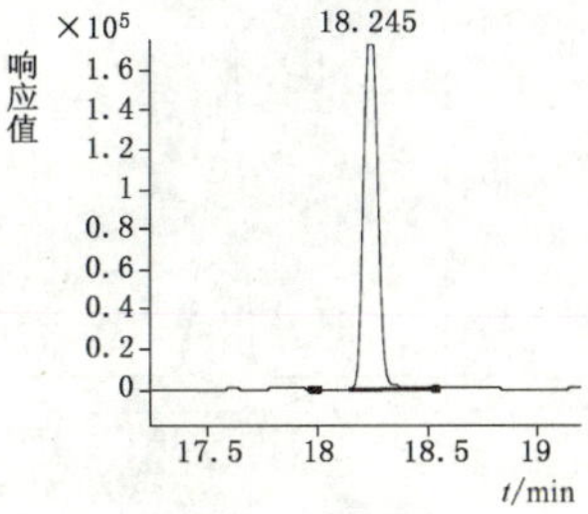

291. 苯硫磷
(EPN)

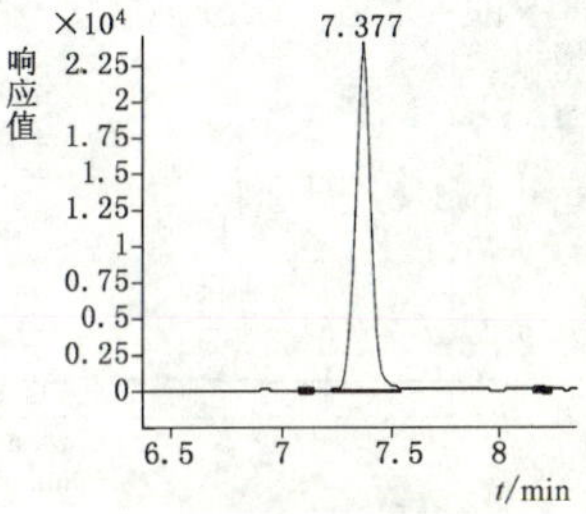

292. 甲基吡噁磷
(azamethiphos)

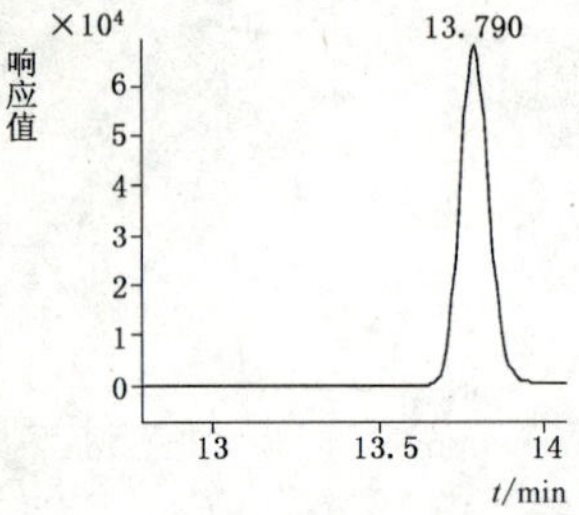

293. 烯唑醇
(diniconazole)

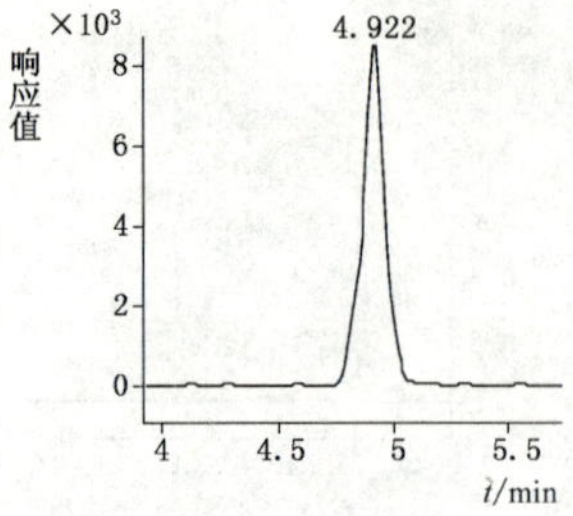

294. 唑嘧磺草胺
(flumetsulam)

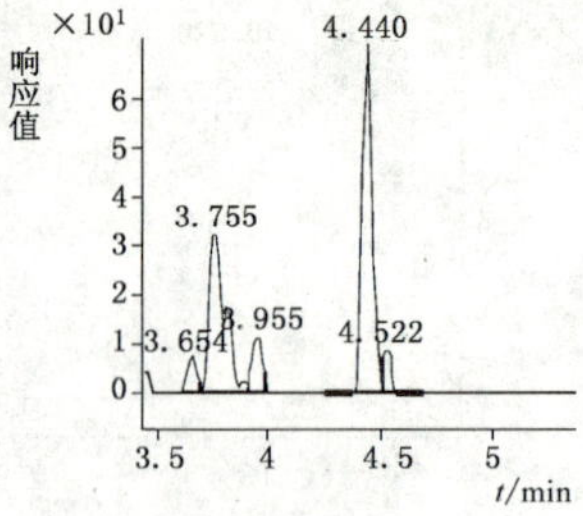

295. 稀禾啶
(sethoxydim)

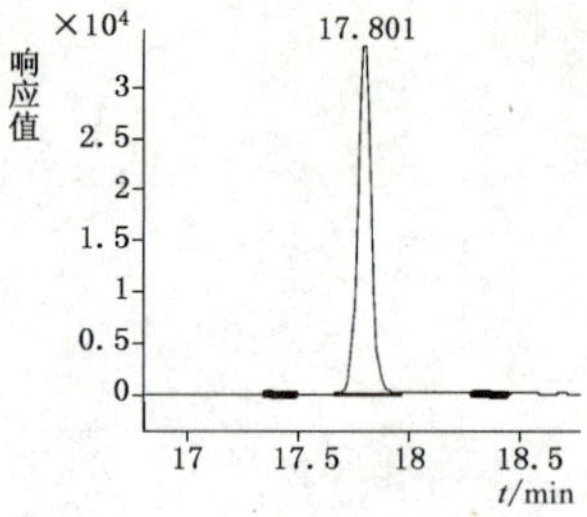

296. 纹枯脲
(pencycuron)

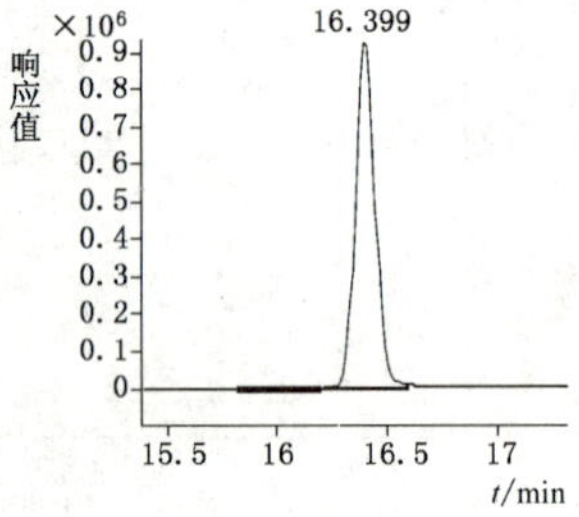

297. 灭蚜磷
(mecarbam)

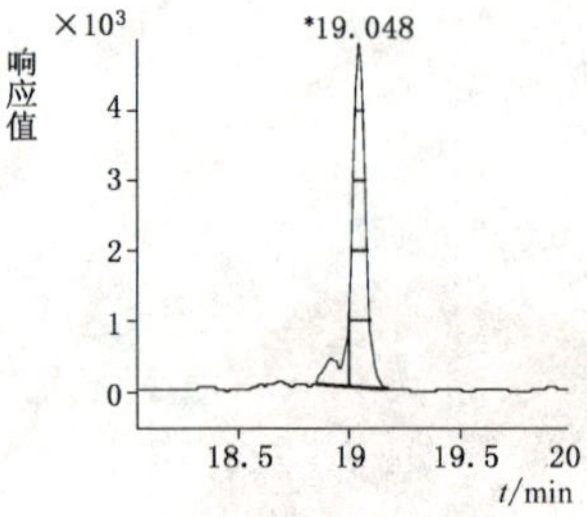

298. 苯草酮
(tralkoxydim)

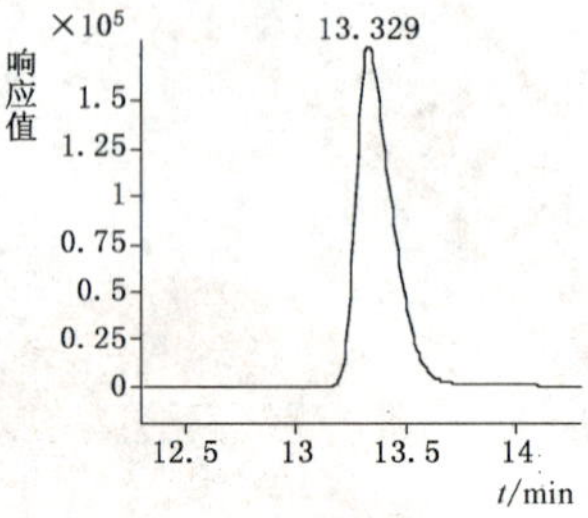

299. 马拉硫磷
(malathion)

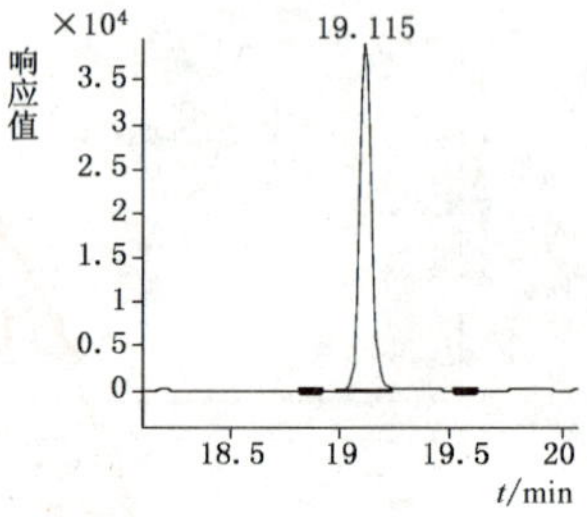

300. 稗草畏
(pyributicarb)

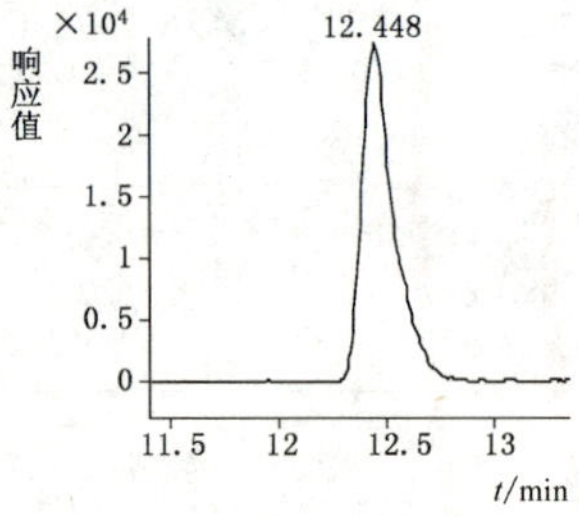

301. 哒嗪硫磷
(pyridaphenthion)

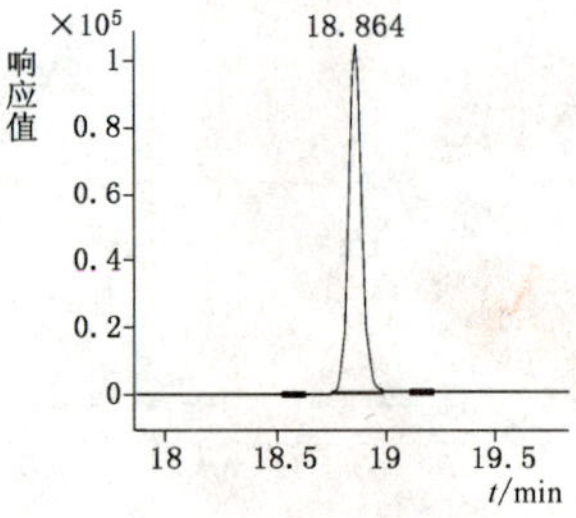

302. 嘧啶磷
(pirimiphos-ethyl)

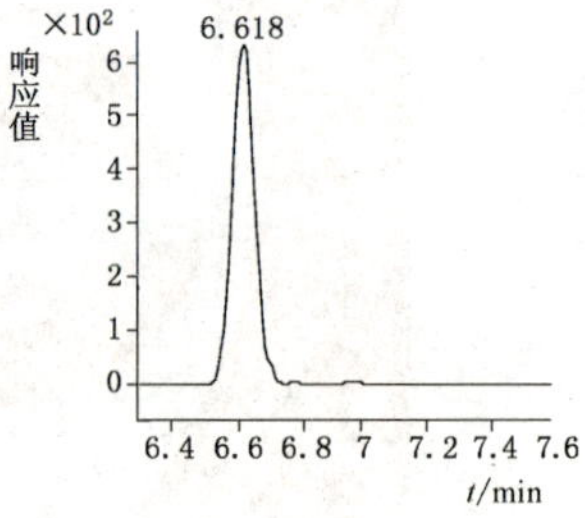

303. 硫双威
(thiodicarb)

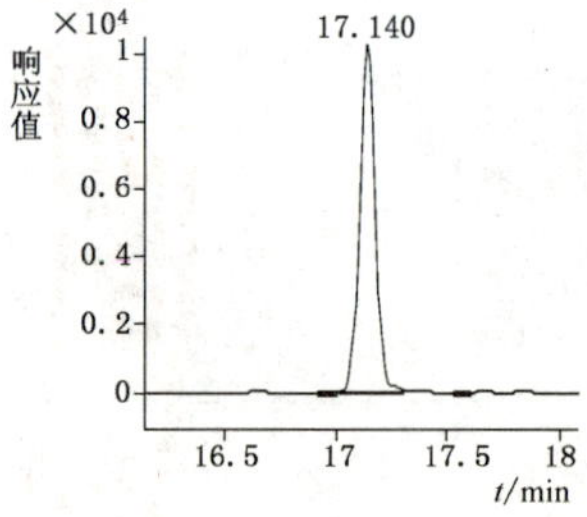

304. 吡唑硫磷
(pyraclofos)

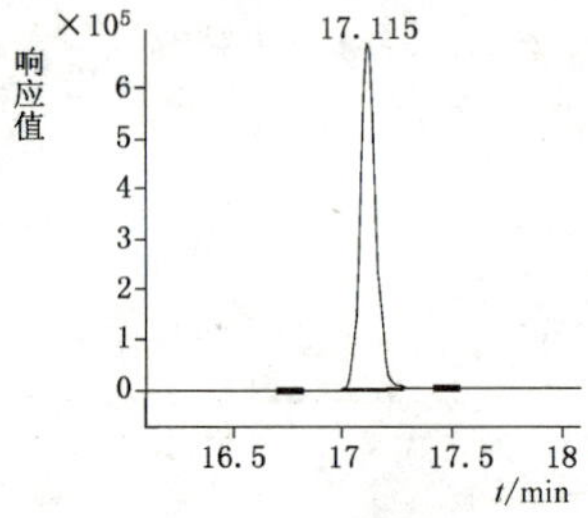

305. 啶氧菌酯
(picoxystrobin)

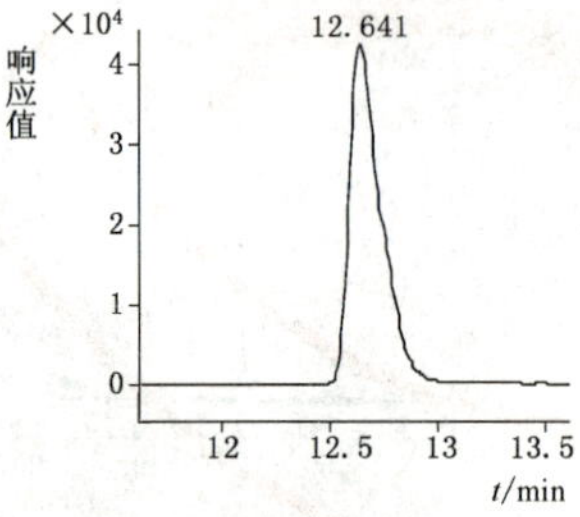

306. 四氟醚唑
(tetraconazole)

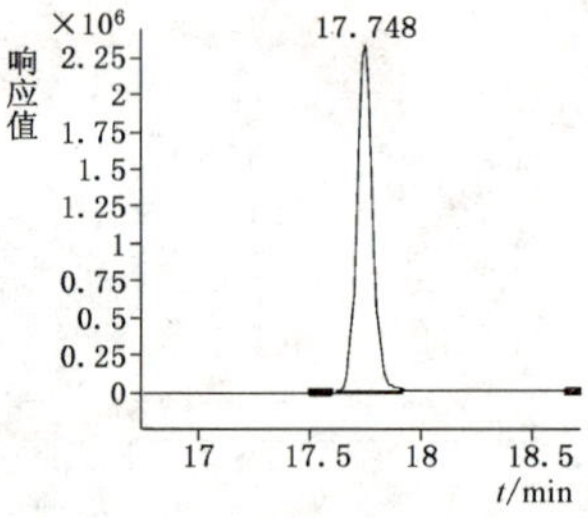

307. 吡唑解草酯
(mefenpyr-diethyl)

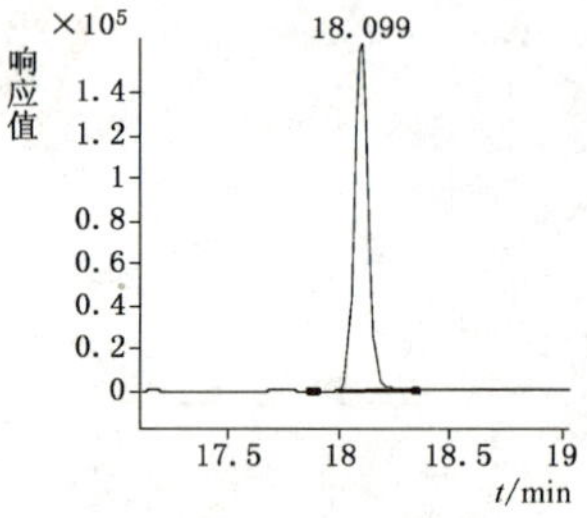

308. 丙溴磷
(profenefos)

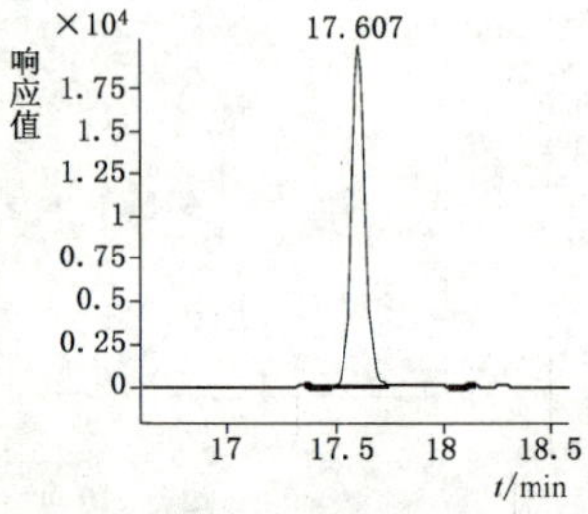

309. 百克敏
(pyraclostrobin)

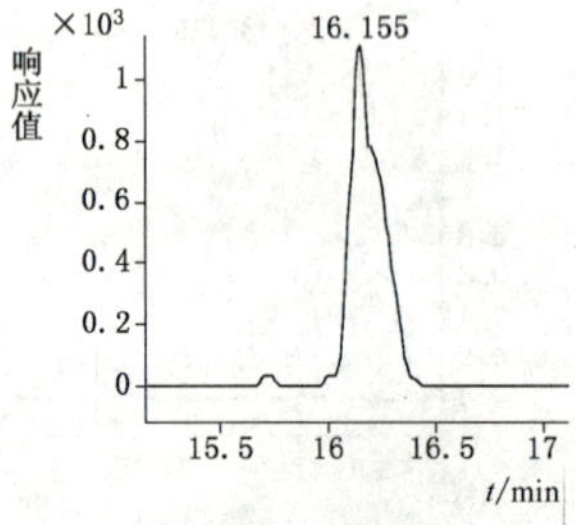

310. 烯酰吗啉
(dimethomorph)

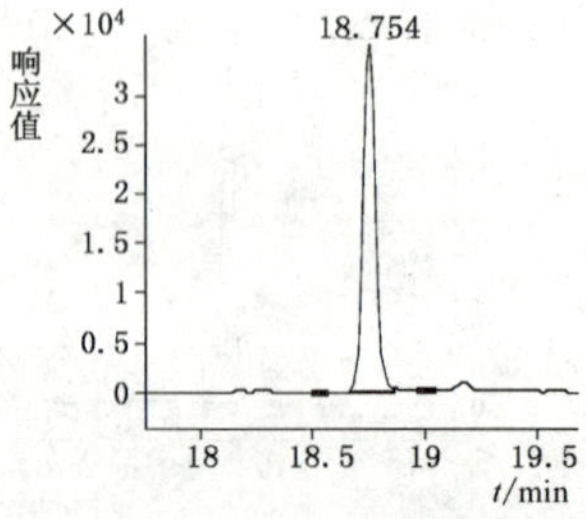

311. 噻嗯菊酯
(kadethrin)

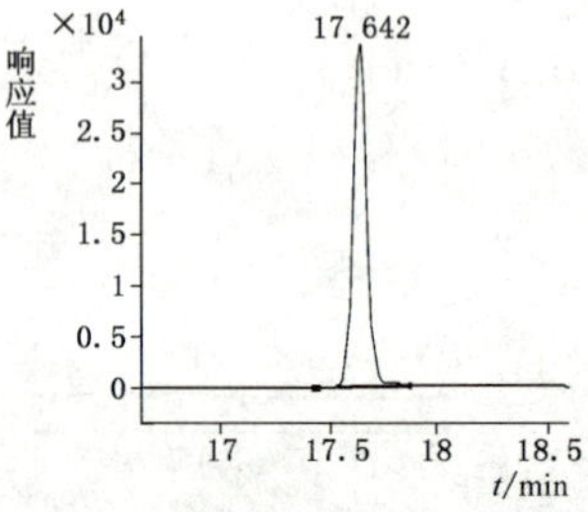

312. 噻唑烟酸
(thiazopyr)

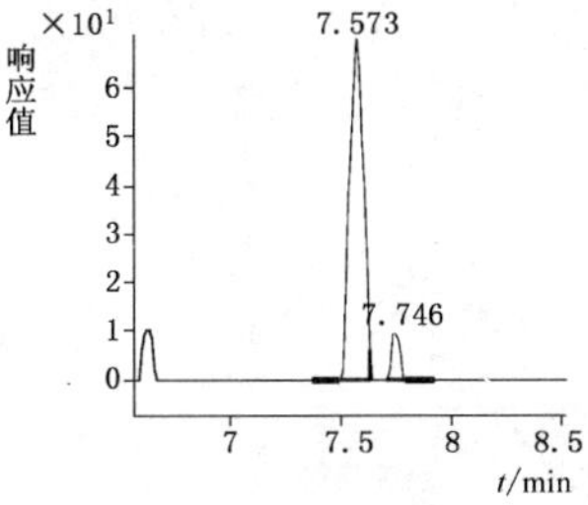

313. 丙硫克百威
(benfuracarb-methyl)

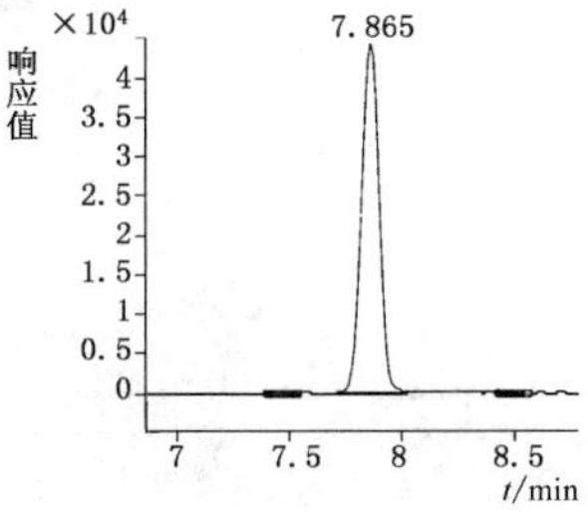

314. 醚黄隆
(cinosulfuron)

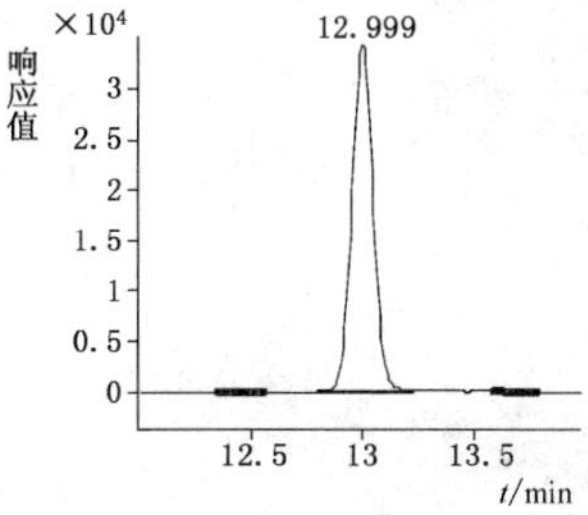

315. 吡嘧磺隆
(pyrazosulfuron-ethyl)

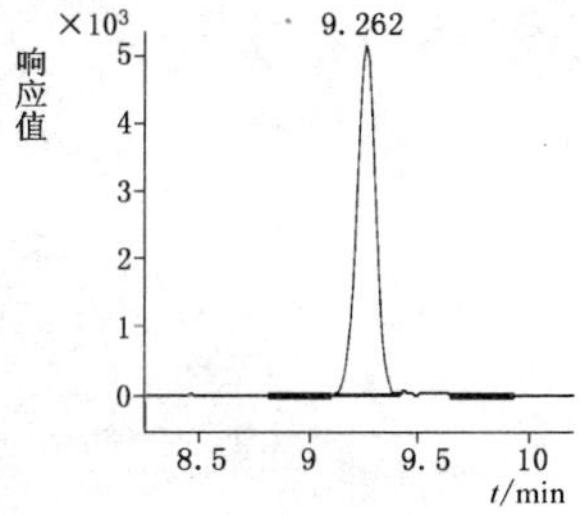

316. 磺草胺唑
(metosulam)

E 组

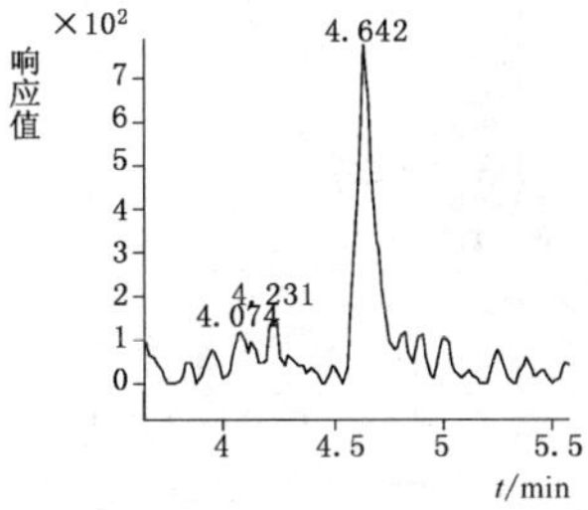

317. 4-氨基吡啶
(4-aminopyridine)

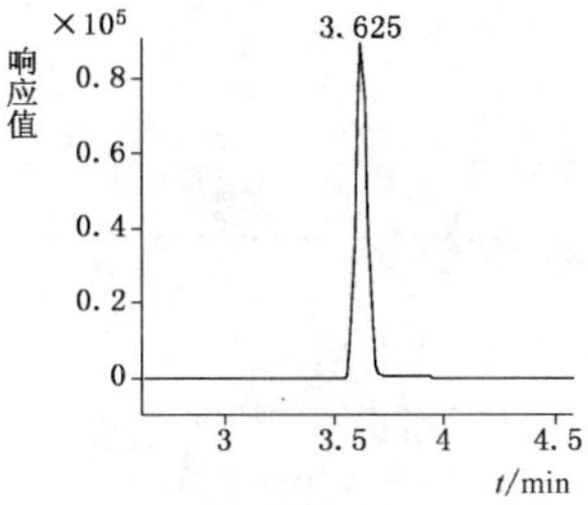

318. 灭多威
(methomyl)

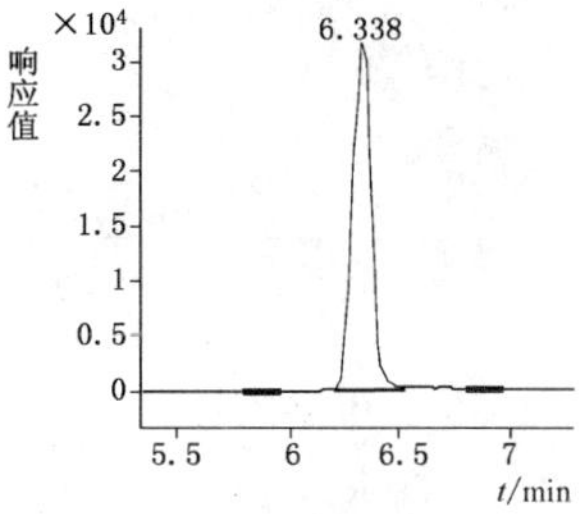

319. 咯喹酮
(pyroquilon)

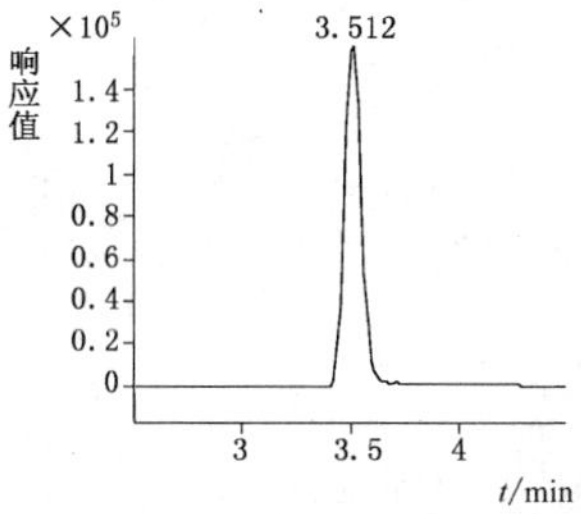

320. 麦穗灵
(fuberidazole)

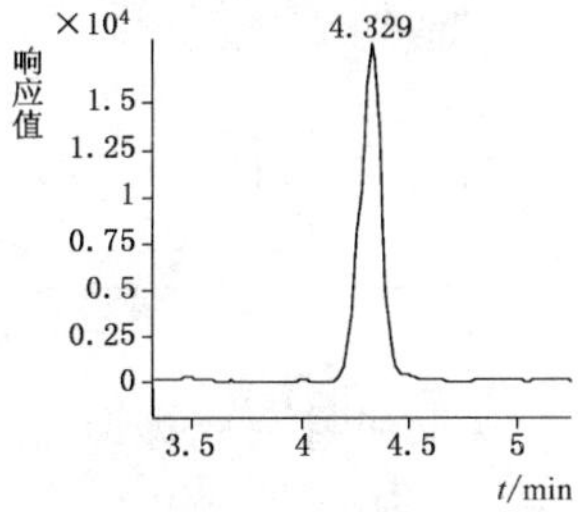

321. 丁脒酰胺
(isocarbamid)

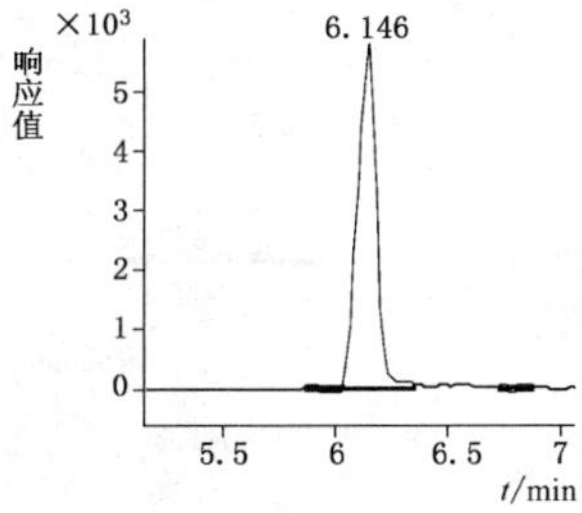

322. 丁酮威
(butocarboxim)

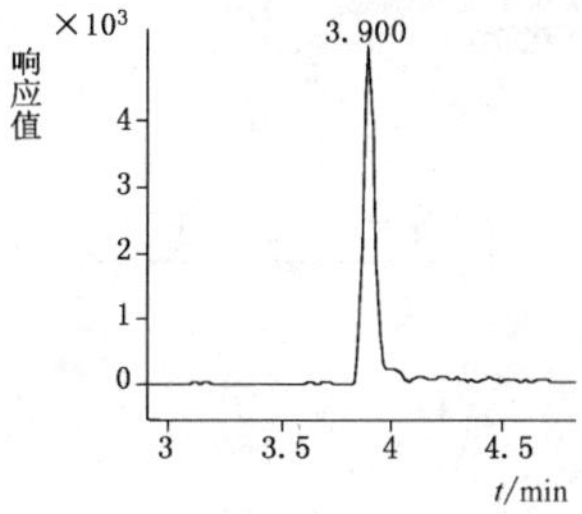

323. 杀虫脒
(chlordimeform)

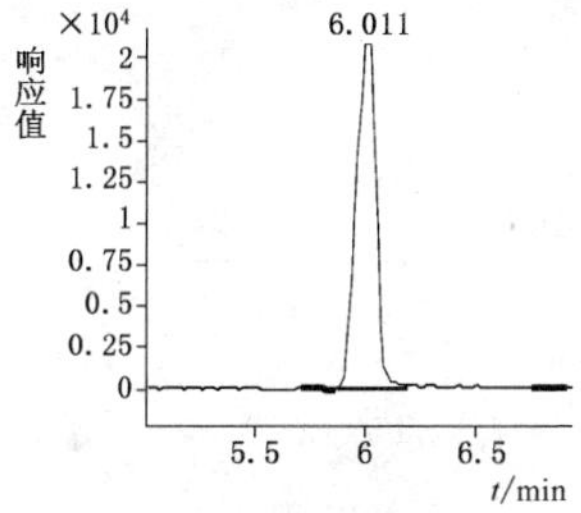

324. 霜脲氰
(cymoxanil)

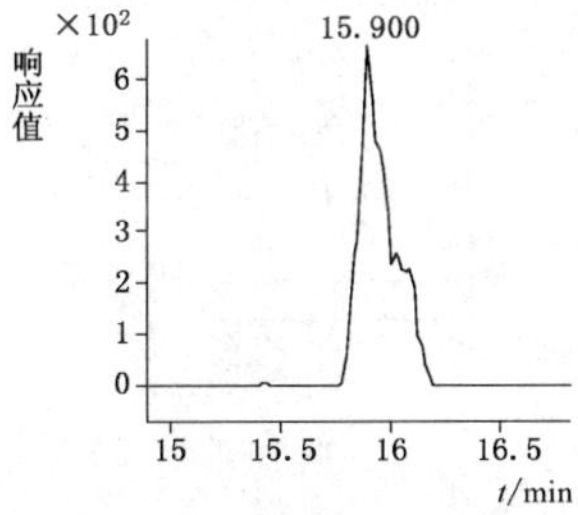

325. 灭草敌
(vernolate)

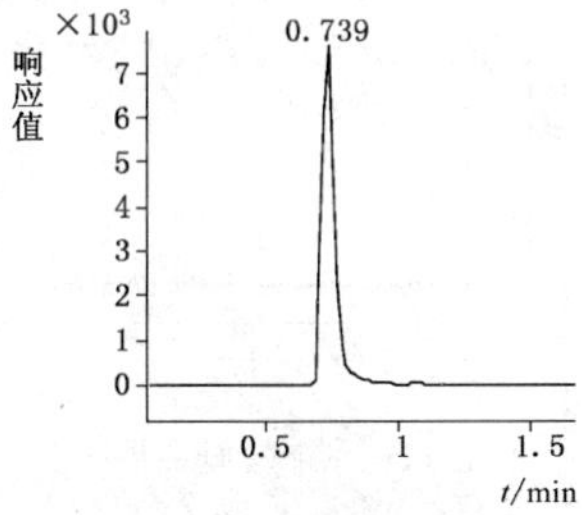

326. 氯硫酰草胺
(chlorthiamid)

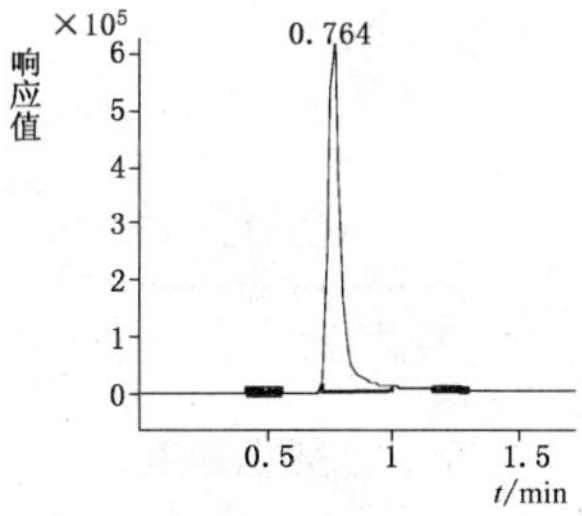

327. 灭害威
(aminocarb)

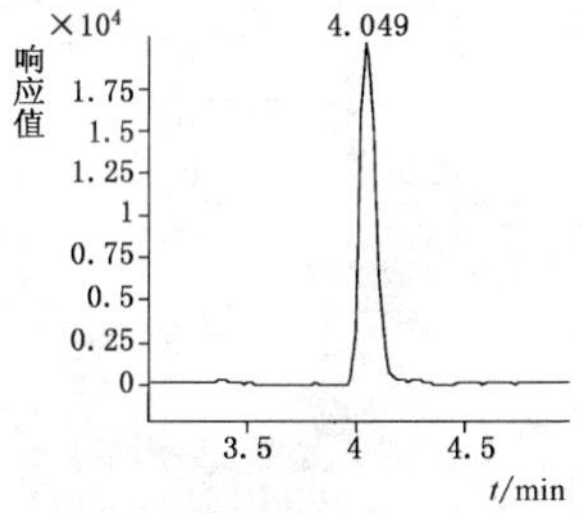

328. 甲菌定
(dimethirimol)

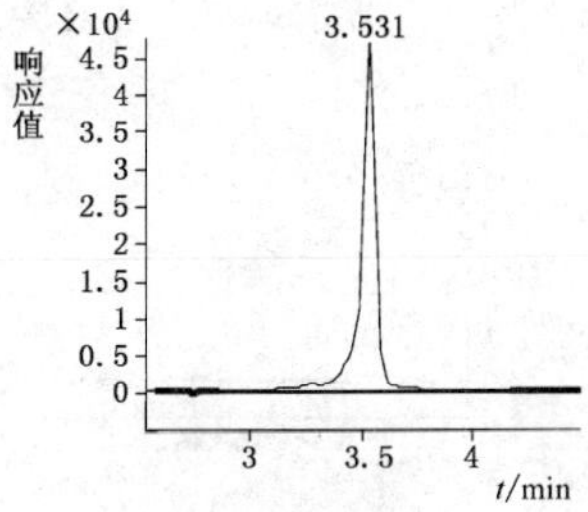

329. 氧乐果
(omethoate)

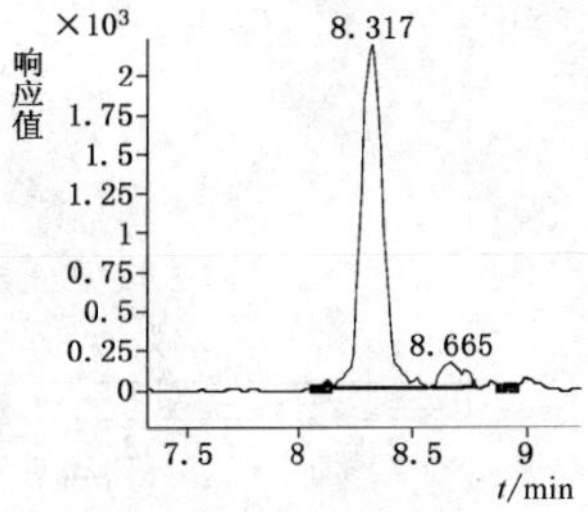

330. 乙氧呋啉
(ethoxyquin)

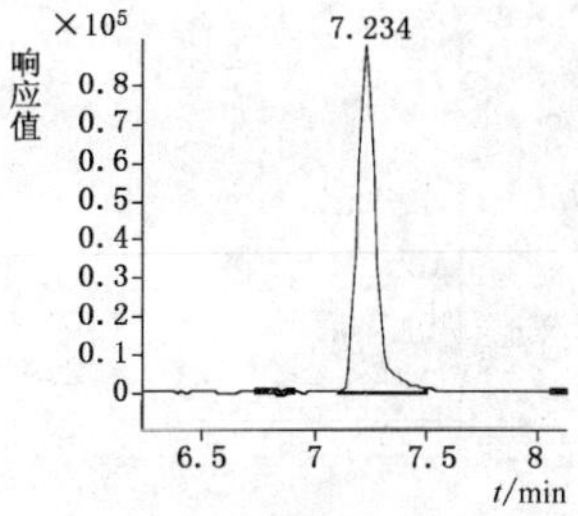

331. 敌敌畏
(dichlorvos)

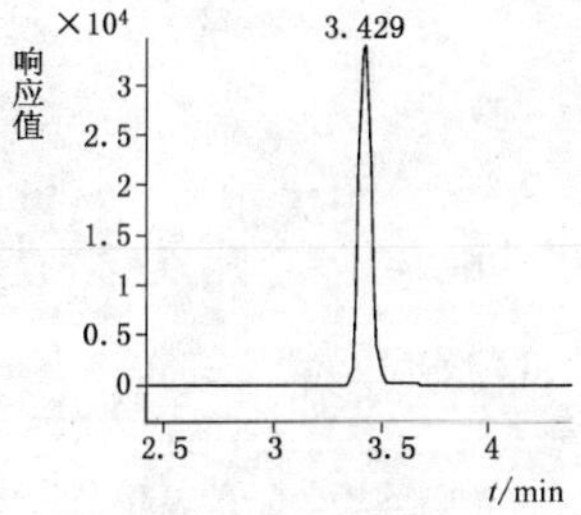

332. 涕灭威砜
(aldicarb sulfone)

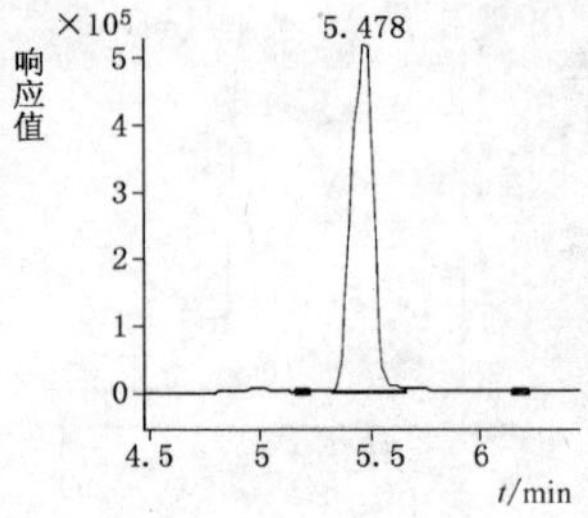

333. 二氧威
(dioxacarb)

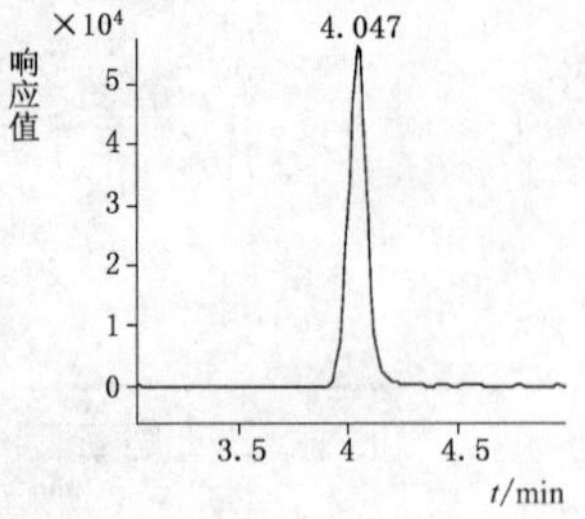

334. 苄腺嘌呤
(benzyladenine)

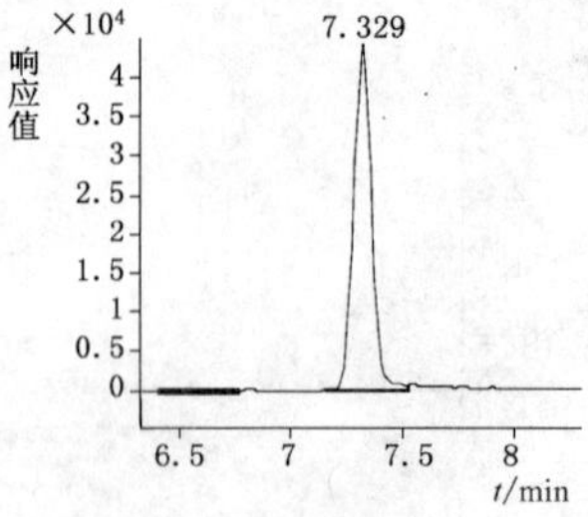

335. 甲基内吸磷
(demeton-*s*-methyl)

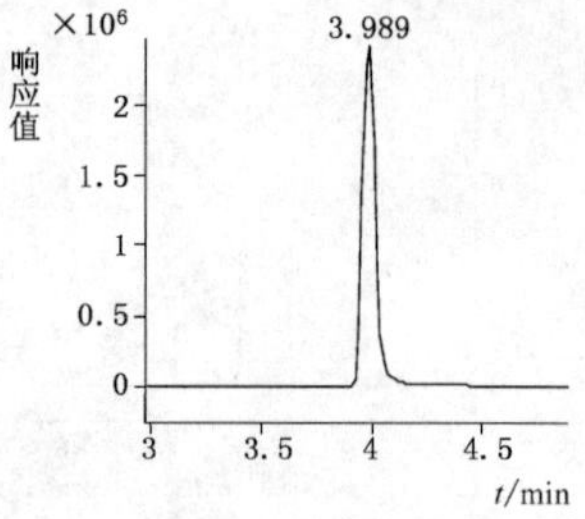

336. 杀虫丹亚砜
(ethiofencarb-sulfoxide)

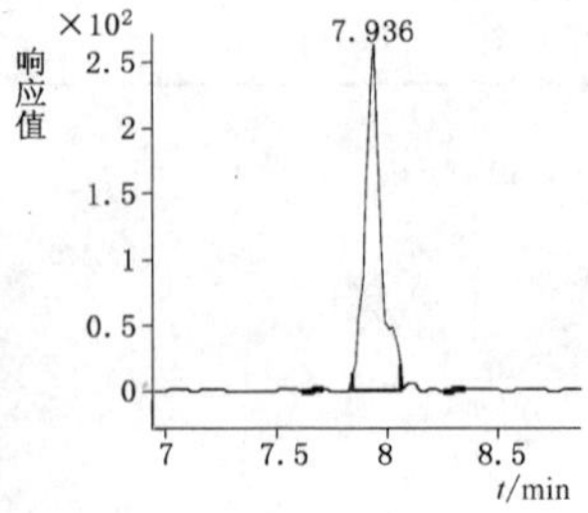

337. 杀螟腈
(cyanohos)

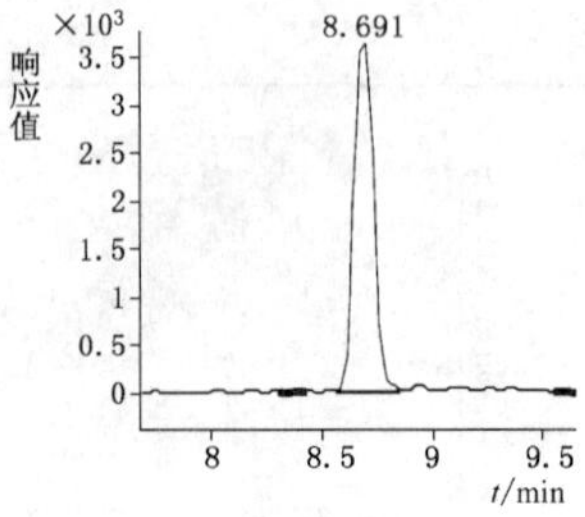

338. 甲基乙拌磷
(thiometon)

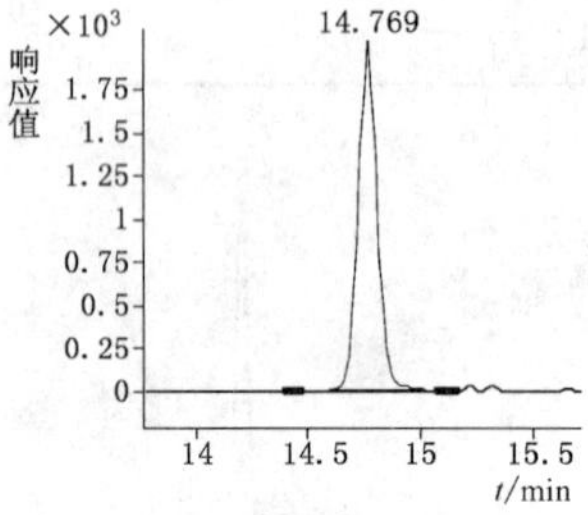

339. 灭菌丹
(folpet)

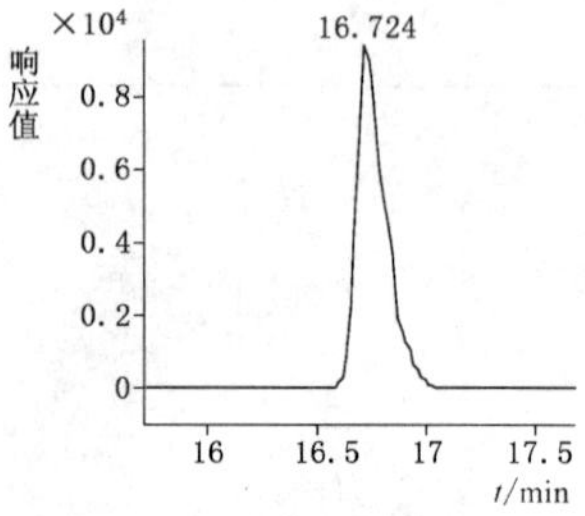

340. 哌草丹
(dimepiperate)

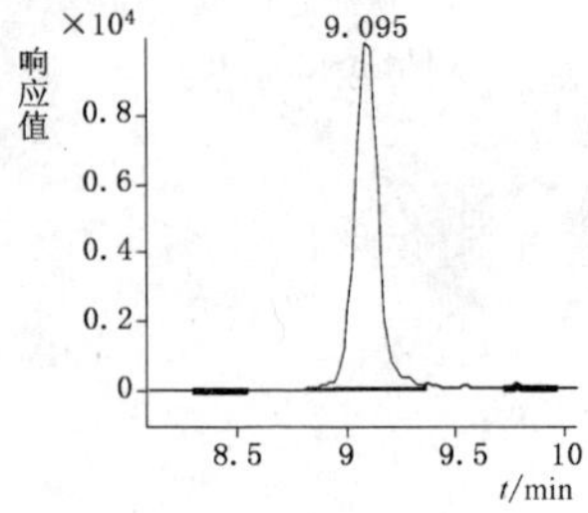

341. 苯锈定
(fenpropidin)

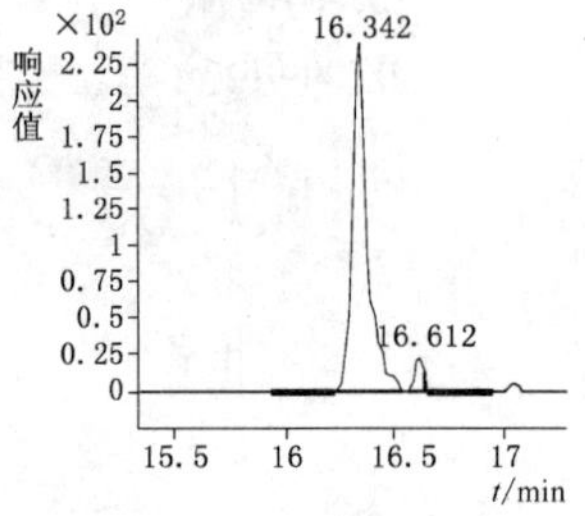

342. 赛硫磷
(amidithion)

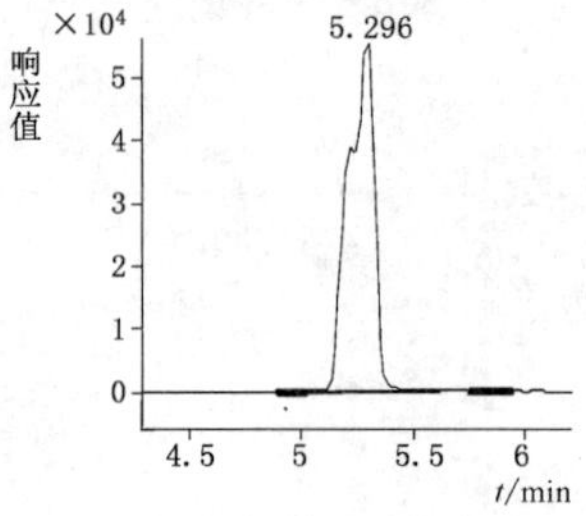

343. 甲咪唑烟酸
(imazapic)

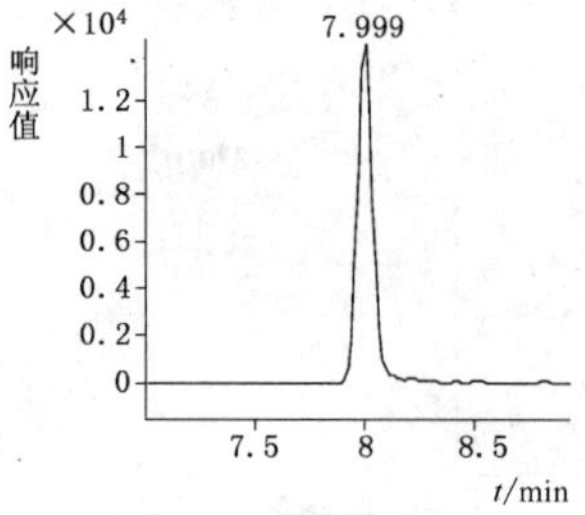

344. 甲基对氧磷
(paraoxon-ethyl)

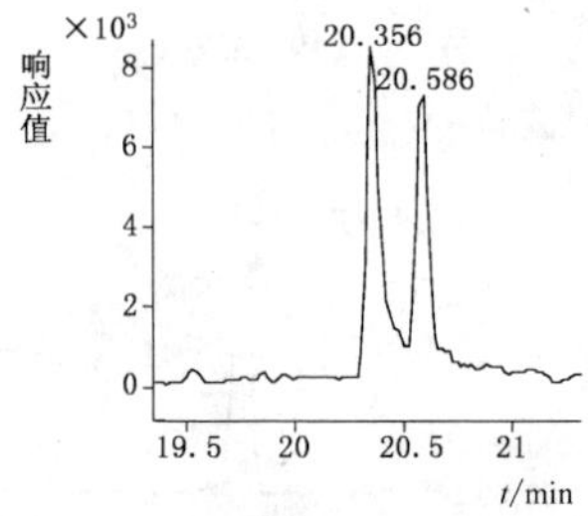

345. 4-十二烷基-2,6-二甲基吗啉
(aldimorph)

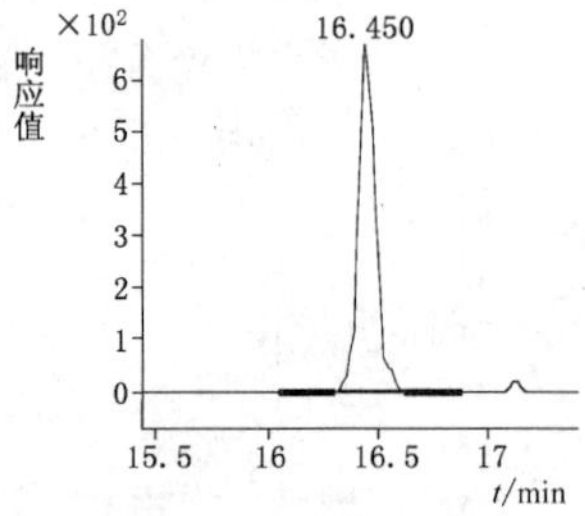

346. 乙烯菌核利
(vinclozolin)

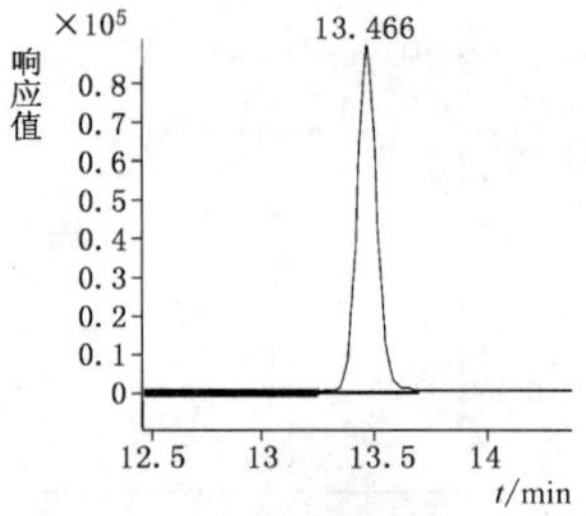

347. 烯效唑
(uniconazole)

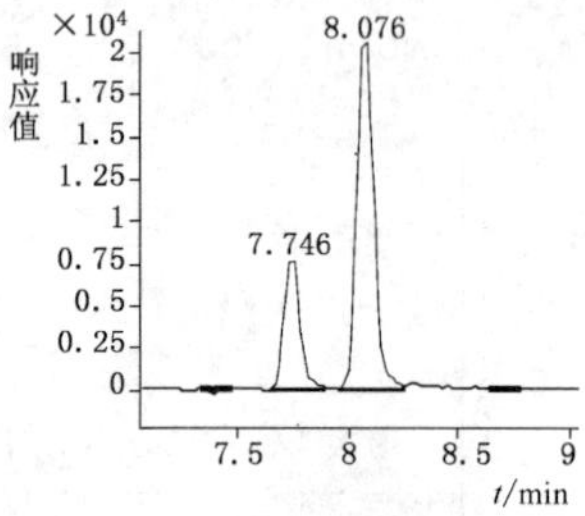

348. 啶斑肟
(pyrifenox)

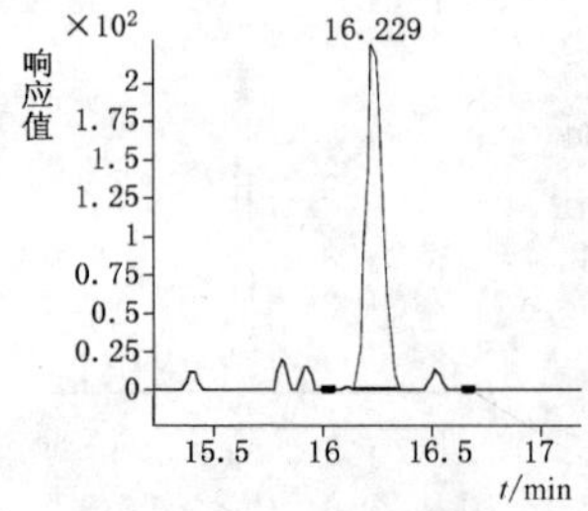

349. 氯硫磷
(chlorthion)

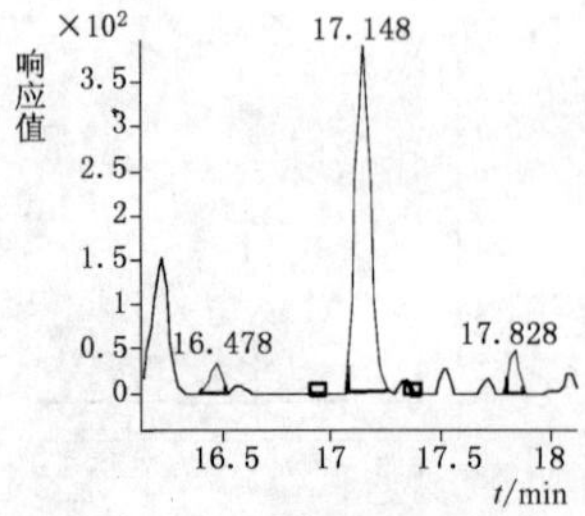

350. 异氯磷
(dicapthon)

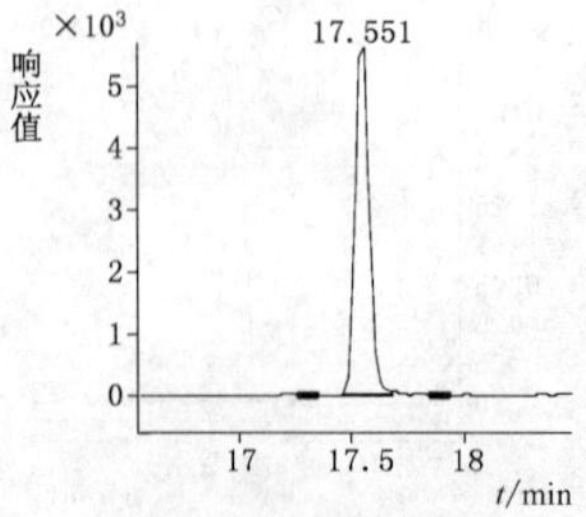

351. 四螨嗪
(clofentezine)

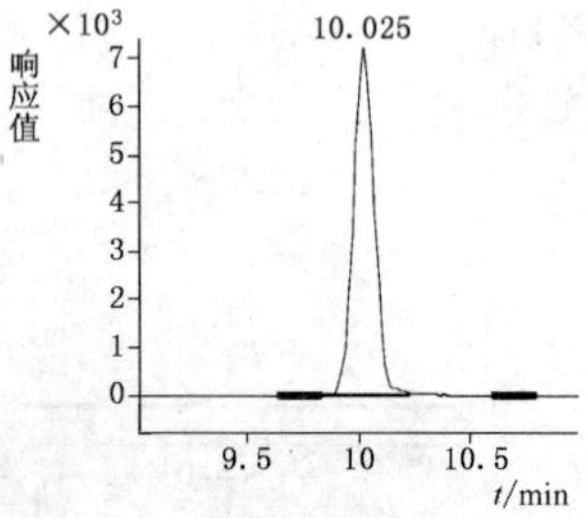

352. 氟草敏
(norflurazon)

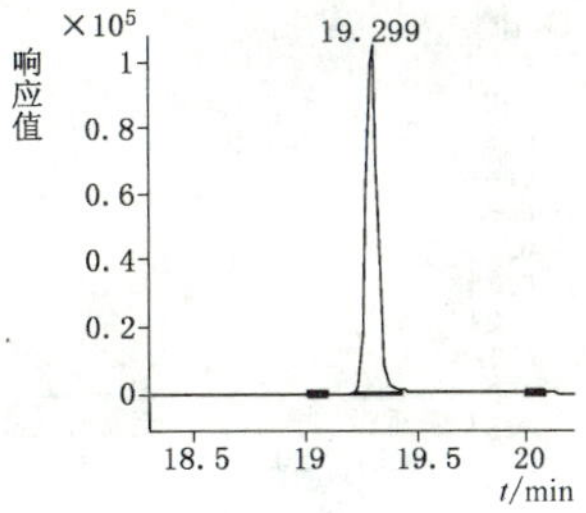

353. 野麦畏
(triallate)

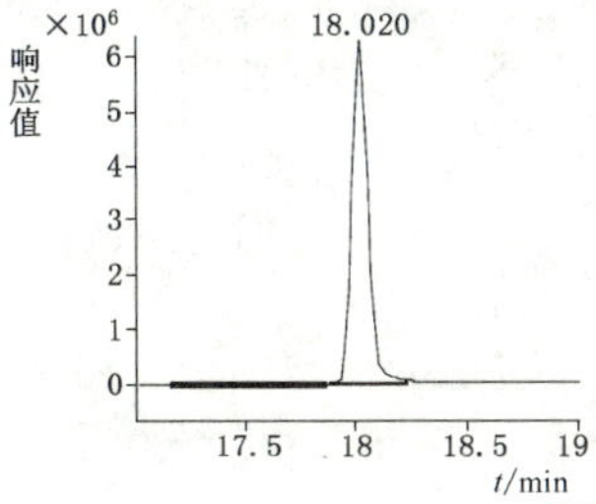

354. 苯氧喹啉
(quinoxyphen)

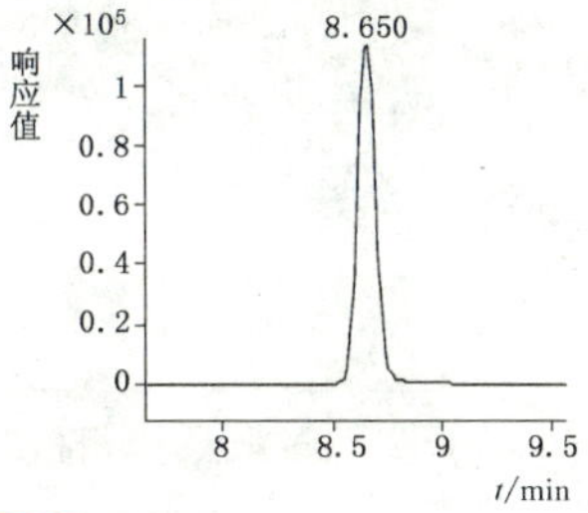

355. 倍硫磷砜
(fenthion sulfone)

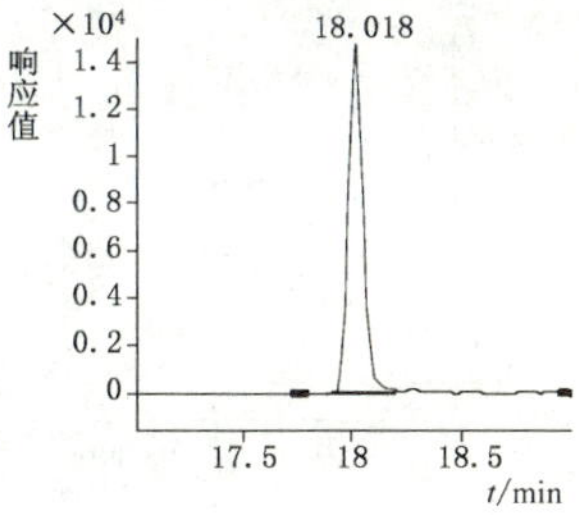

356. 氟咯草酮
(flurochloridone)

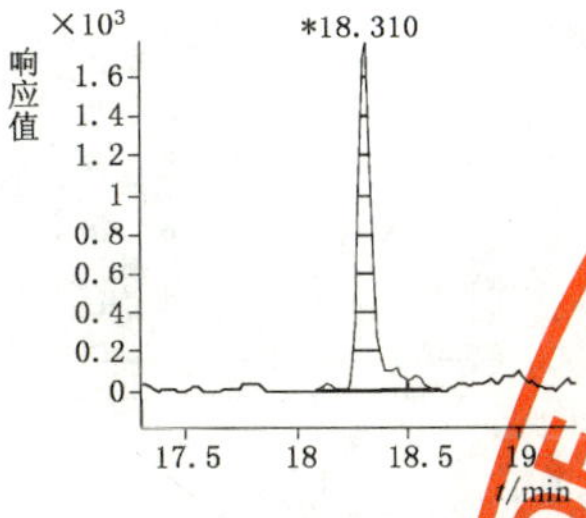

357. 酞酸苯甲基丁酯
(phthalic acid, benzyl butyl ester)

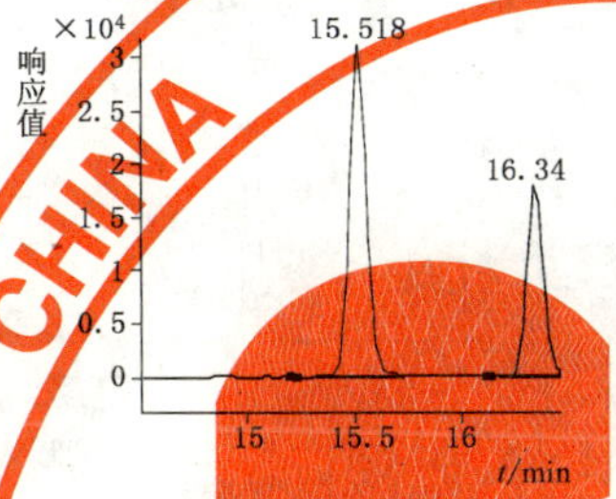

358. 氯唑磷
(isazofos)

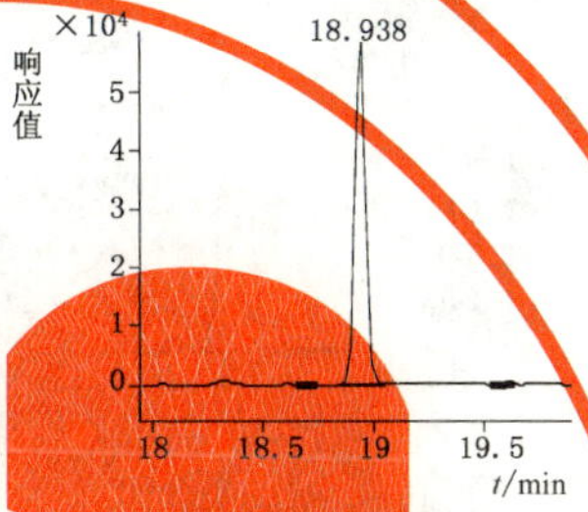

359. 除线磷
(dichlofenthion)

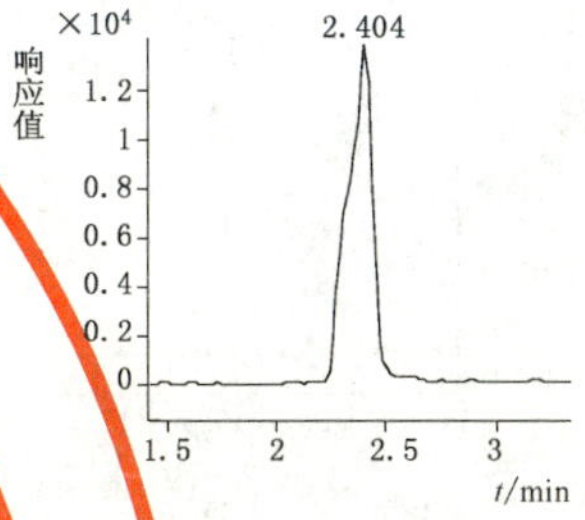

360. 蚜灭多砜
(vamidothion sulfone)

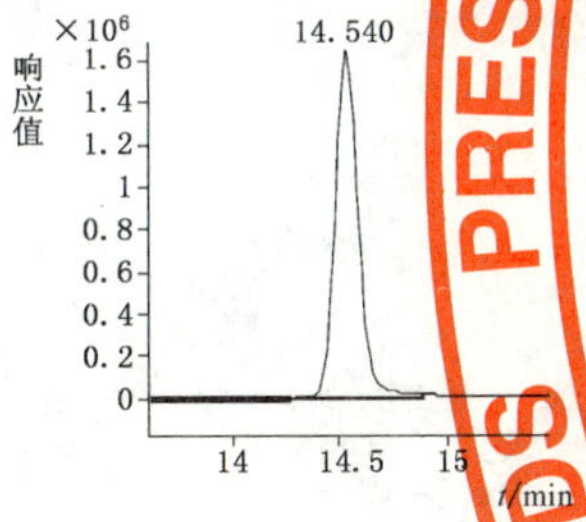

361. 特丁硫磷砜
(terbufos sulfone)

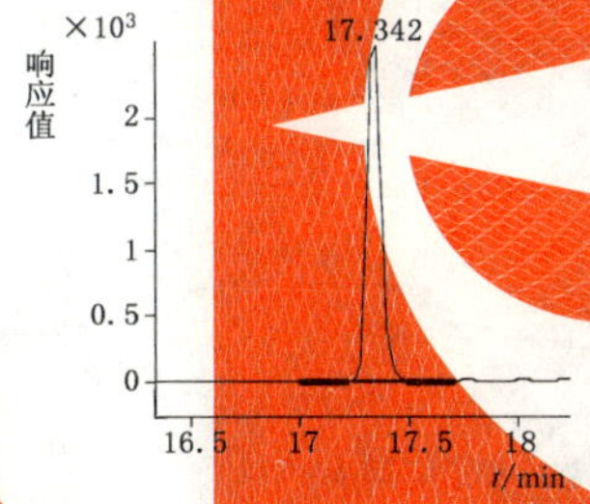

362. 敌乐胺
(dinitramine)

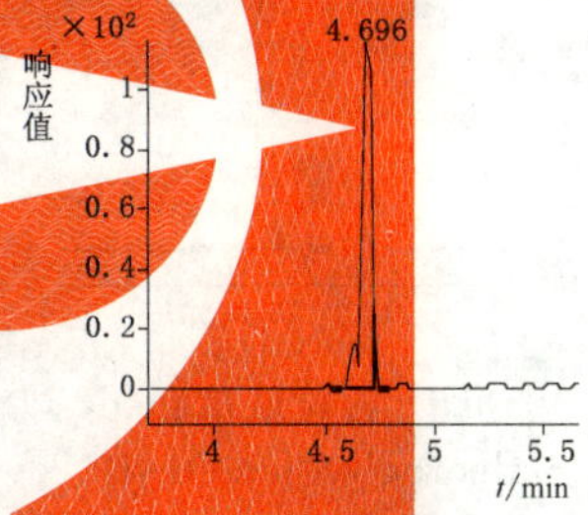

363. 氰霜唑
(cyazofamid)

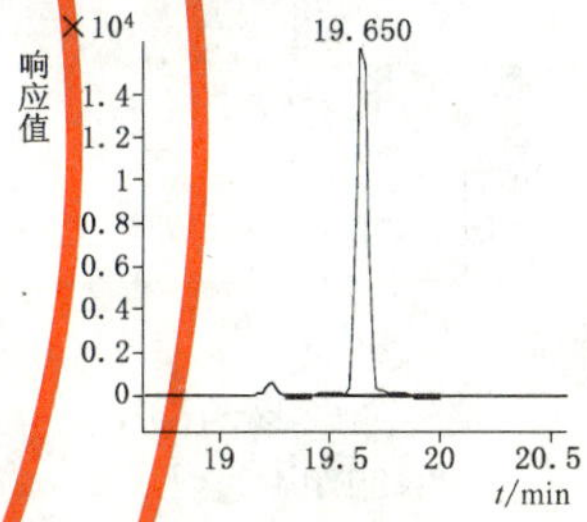

364. 毒壤磷
(trichloronat)

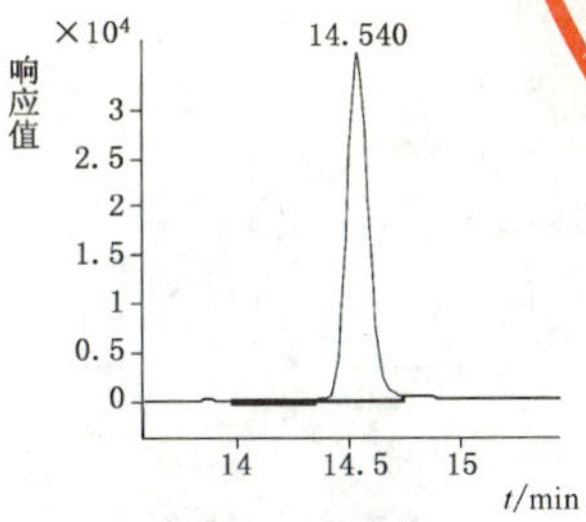

365. 苄呋菊酯
(resmethrin-2)

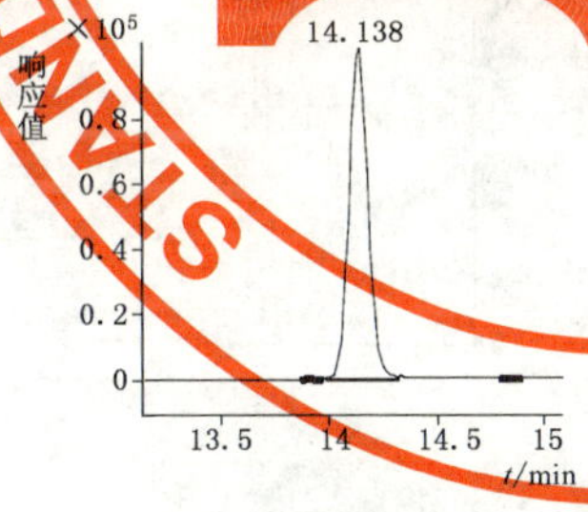

366. 啶酰菌胺
(boscalid)

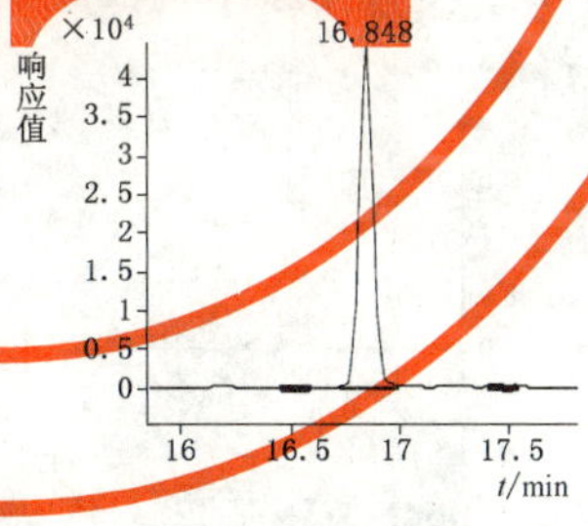

367. 甲磺乐灵
(nitralin)

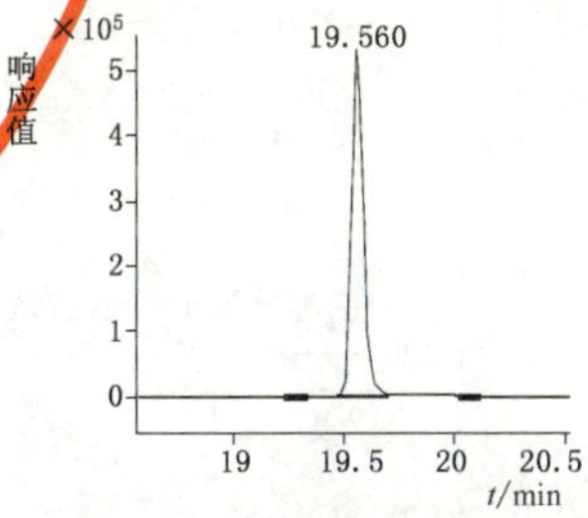

368. 甲氰菊酯
(fenpropathrin)

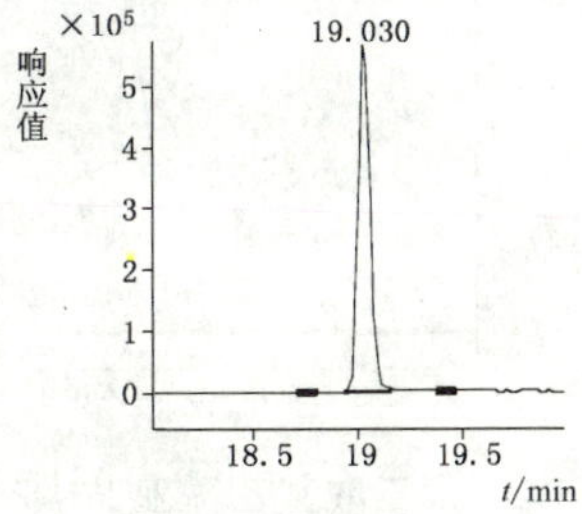

369. 噻螨酮
(hexythiazox)

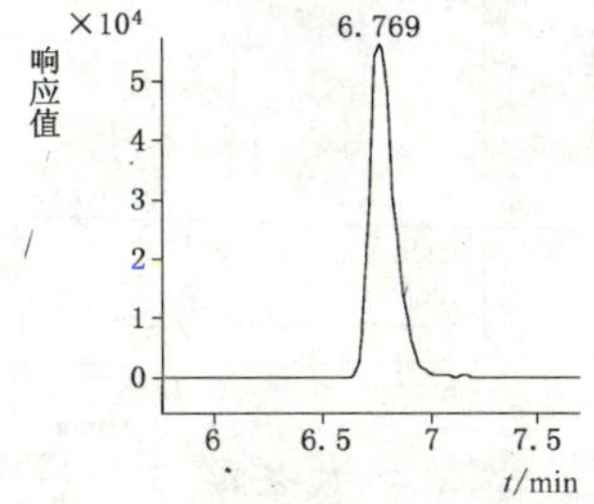

370. 双氟磺草胺
(florasulam)

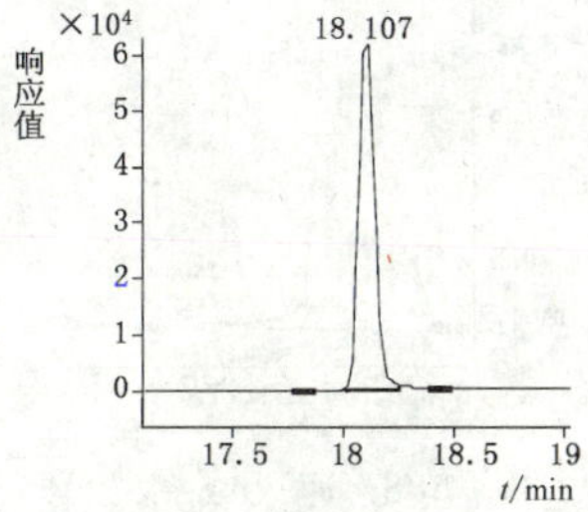

371. 苯螨特
(benzoximate)

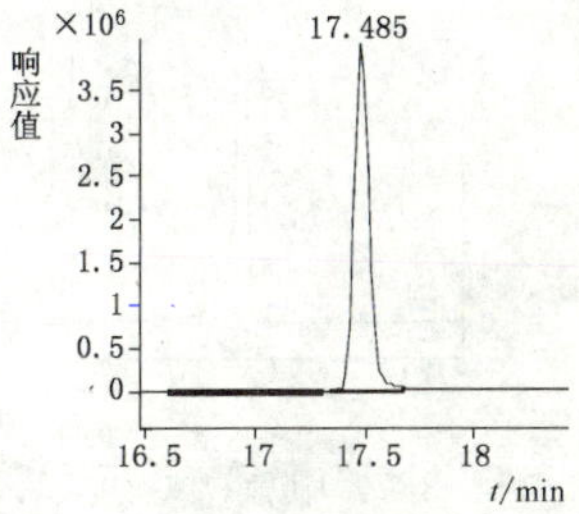

372. 新燕灵
(benzoylprop-ethyl)

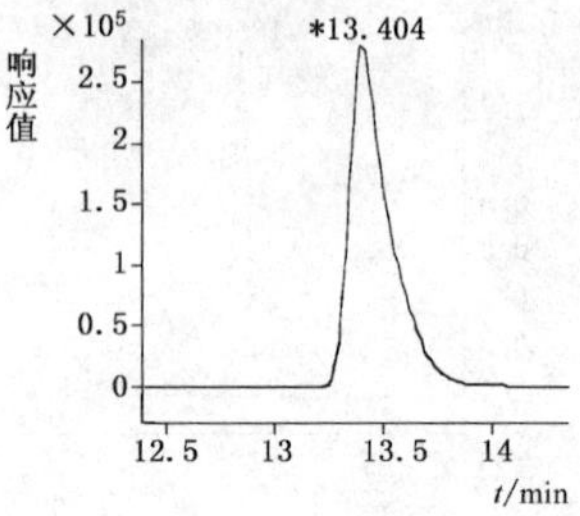

373. 呋草唑
(pyrimidifen)

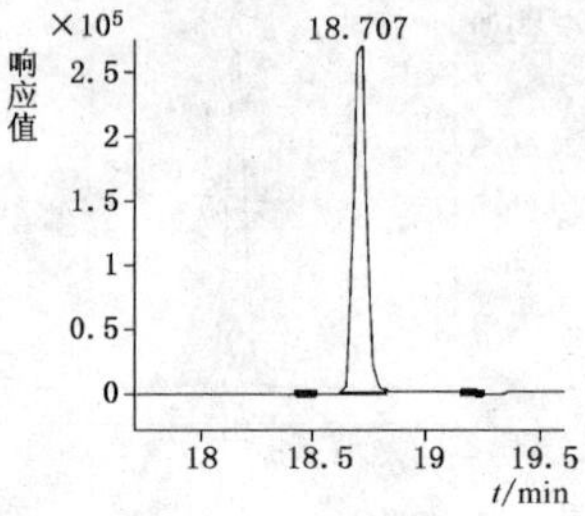

374. 呋线威
(furathiocarb)

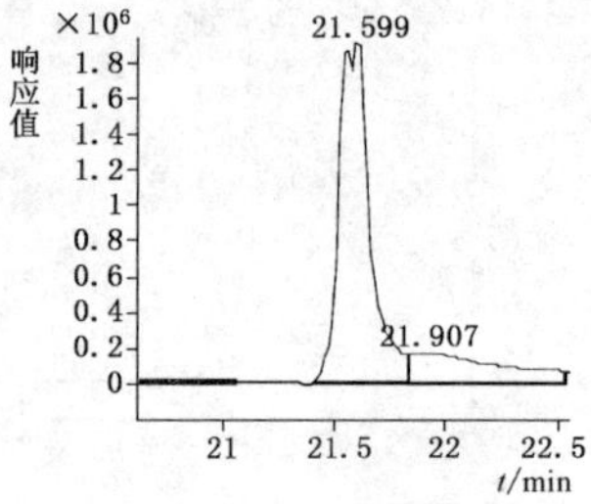

375. 反式氯菊酯
(*trans*-permethin)

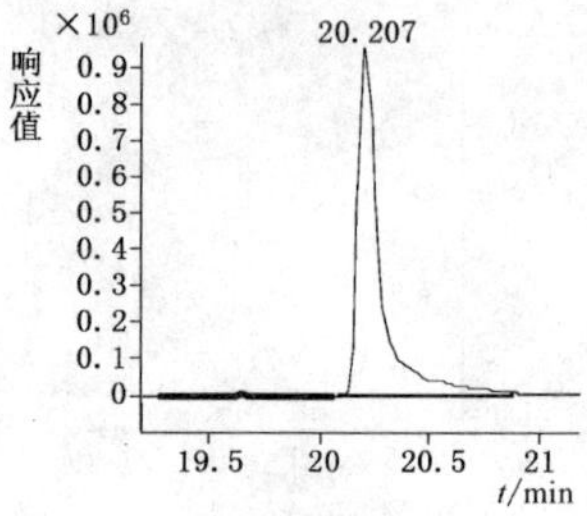

376. 醚菊酯
(etofenprox)

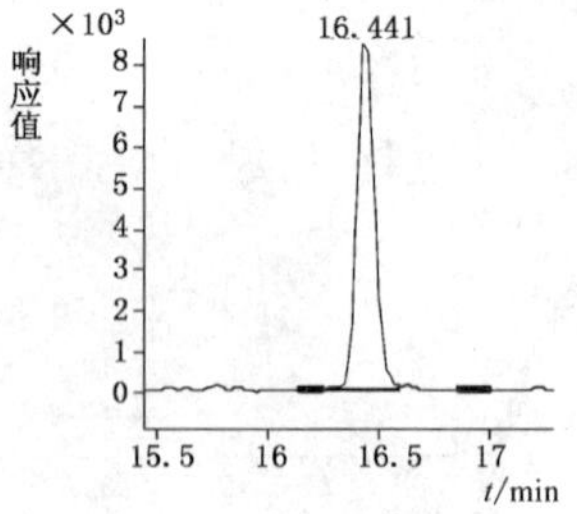

377. 苄草唑
(pyrazoxyfen)

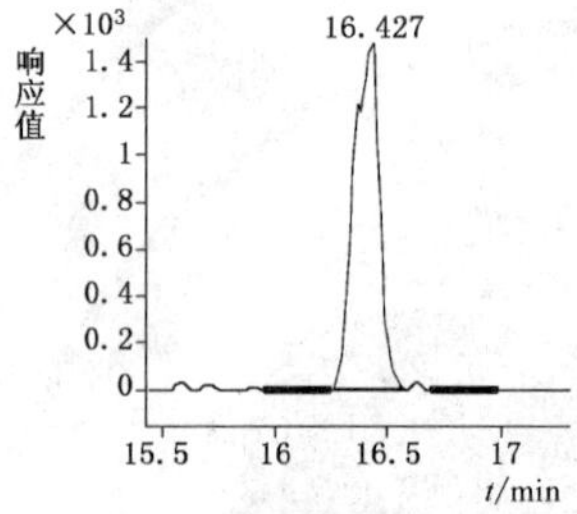

378. 嘧唑螨
(flubenzimine)

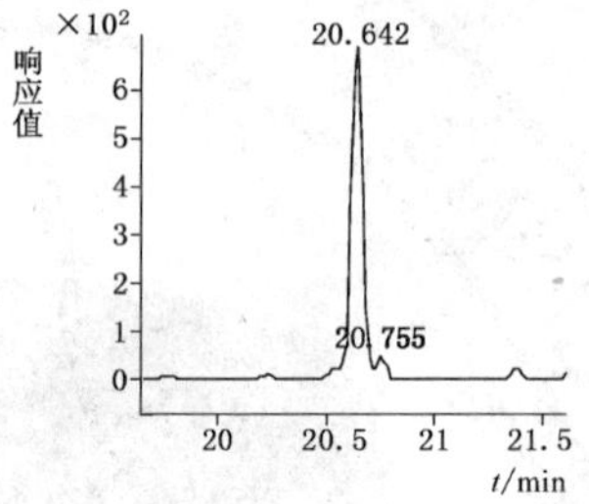

379. *Z*-氯氰菊酯
(*zeta* cypermethrin)

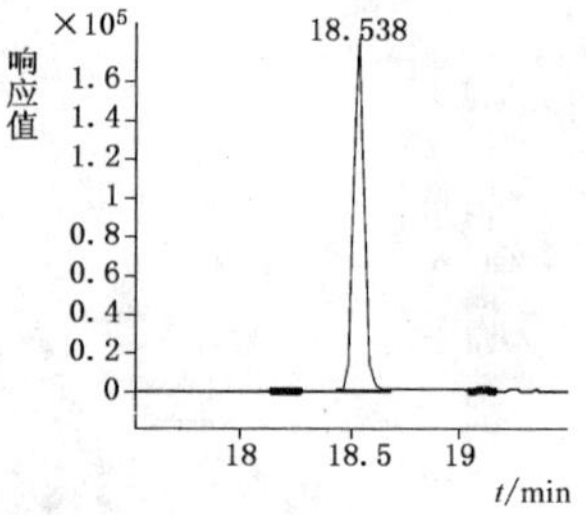

380. 氟吡乙禾灵
(haloxyfop-2-ethoxyethyl)

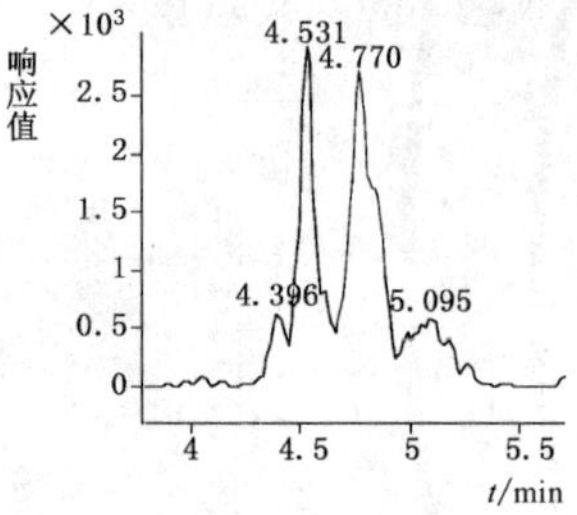

381. *S*-氰戊菊酯
(esfenvalerate)

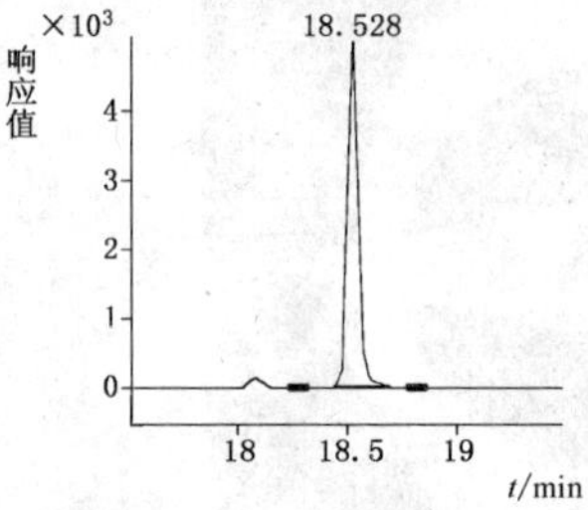

382. 乙羧氟草醚
(fluoroglycofen-ethyl)

F 组

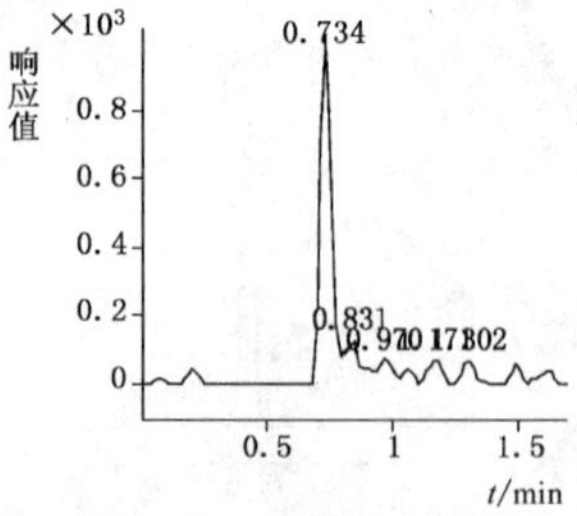

383. 丙烯酰胺
(acrylamide)

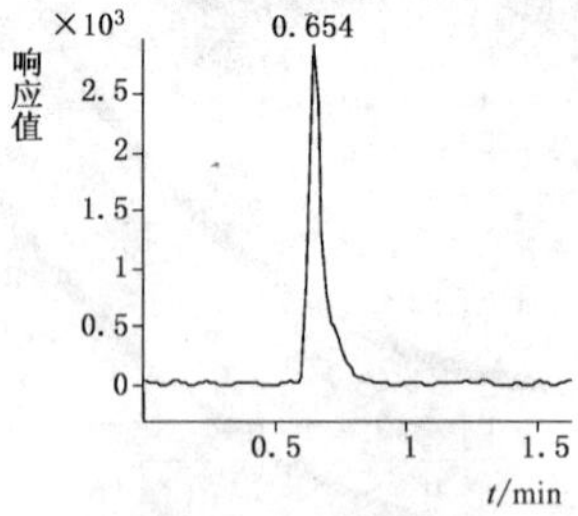

384. 叔丁基胺
(*tert*-butylamine)

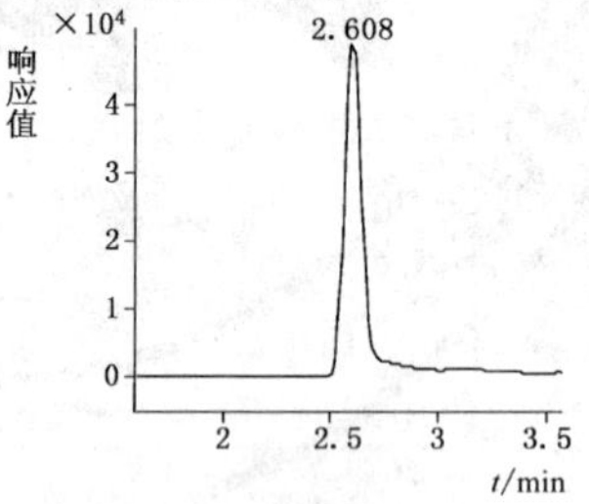

385. 噁霉灵
(hymexazol)

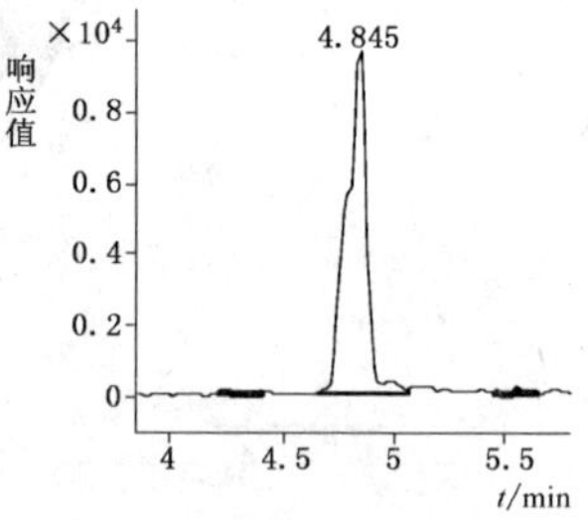

386. 邻苯二甲酰亚胺
(phthalimide)

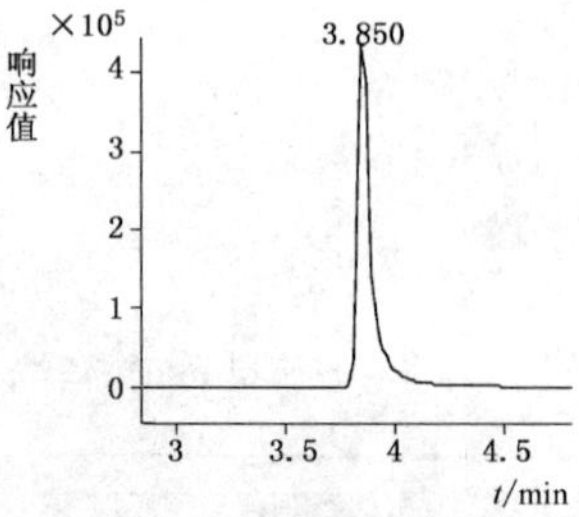

387. 甲氟磷
(dimefox)

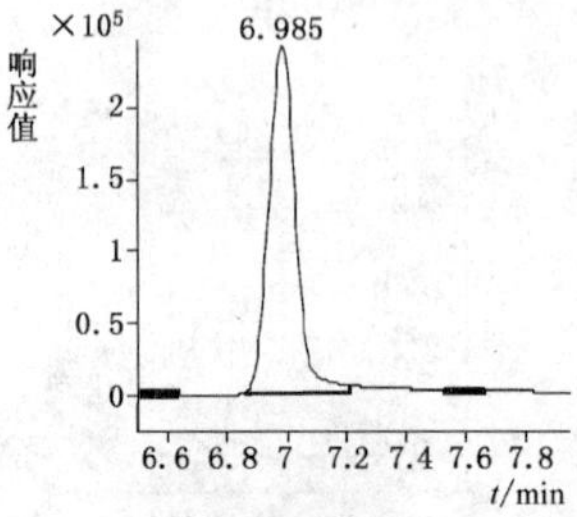

388. 速灭威
(metolcarb)

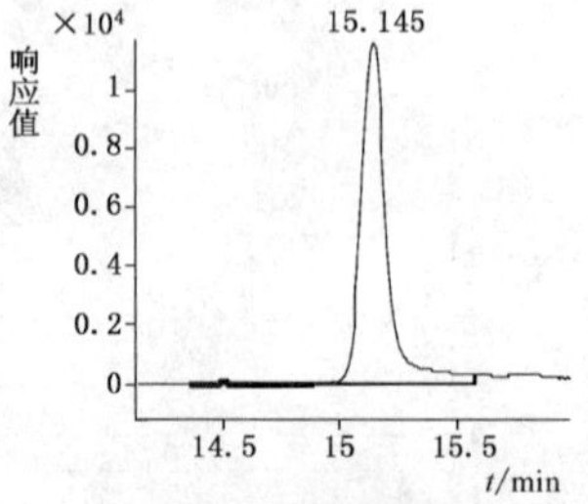

389. 二苯胺
(diphenylamin)

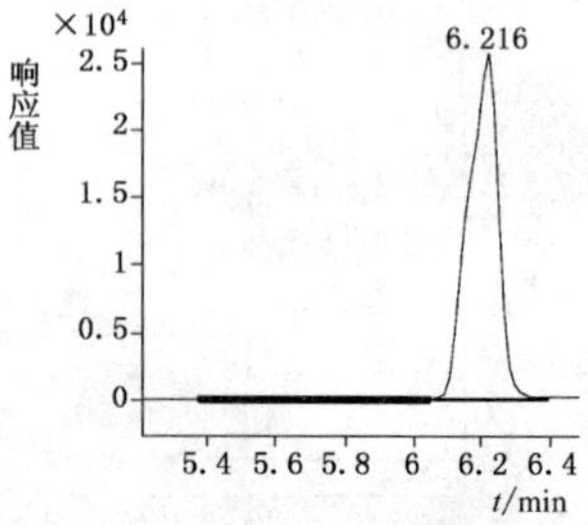

390. 萘乙酸基乙酰亚胺
(1-naphthy acetamide)

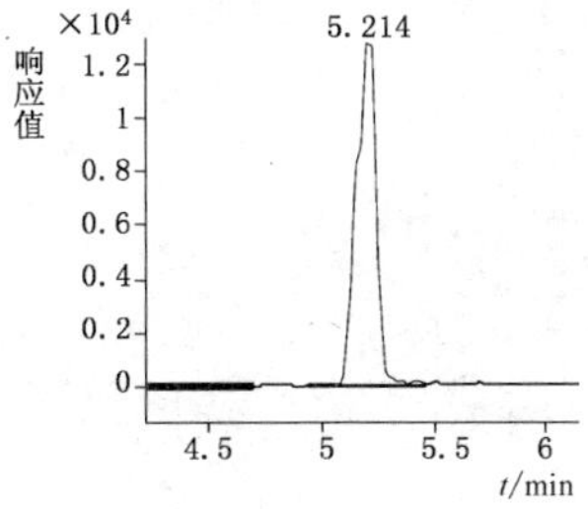

391. 乙基-阿特拉津

(atrazine-desethyl)

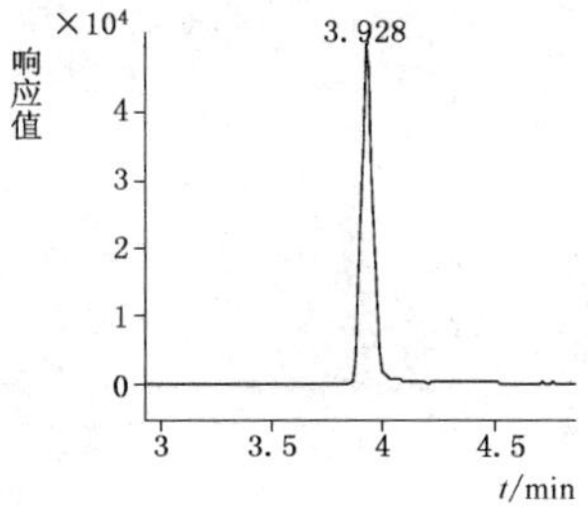

392. 2,6-二氯苯甲酰胺

(2,6-dichlorobenzamide)

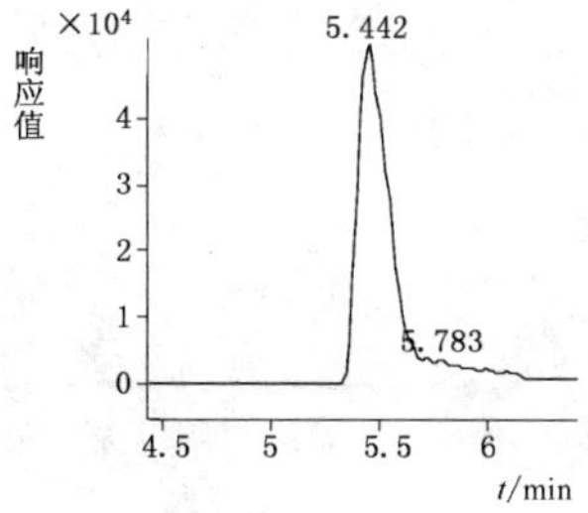

393. 涕灭威

(aldicarb)

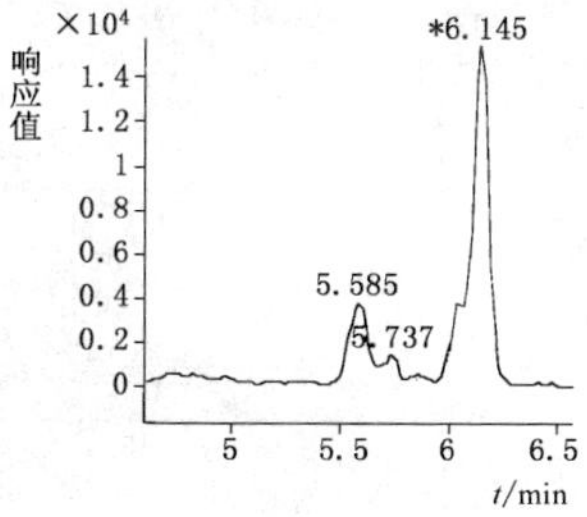

394. 酞酸二甲酯

(dimethyl phthalate)

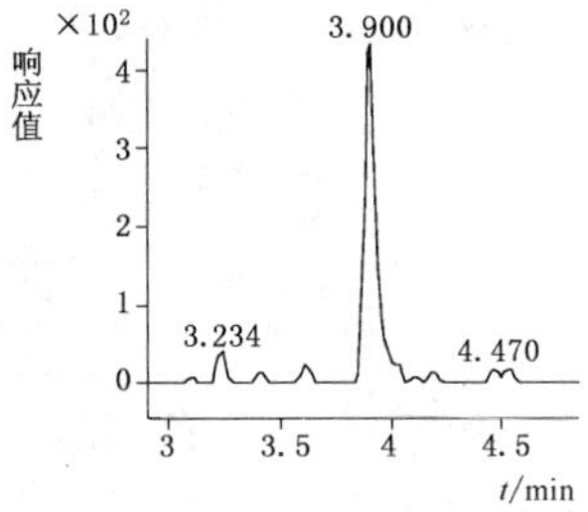

395. 杀虫脒盐酸盐

(chlordimeform hydrochloride)

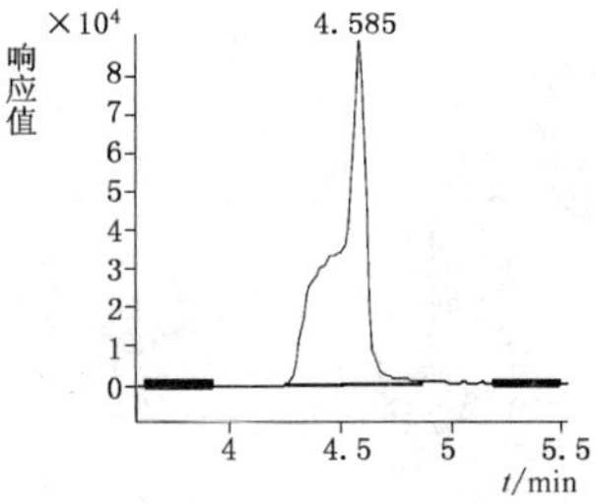

396. 西玛通

(simeton)

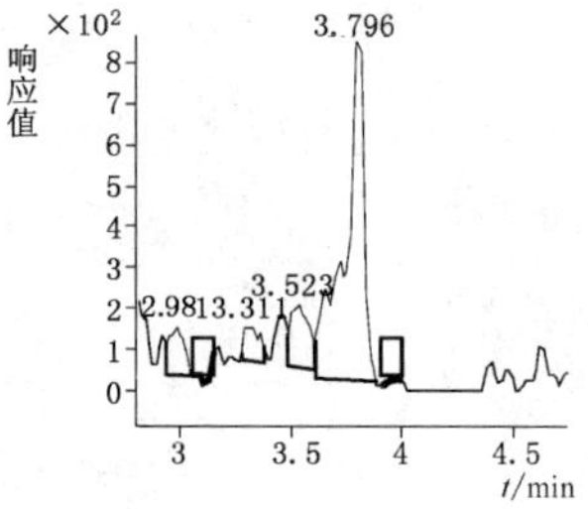

397. 呋虫胺

(dinotefuran)

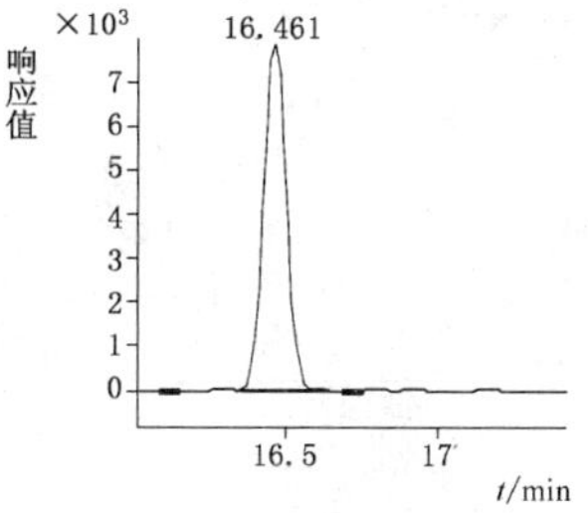

398. 克草敌

(pebulate)

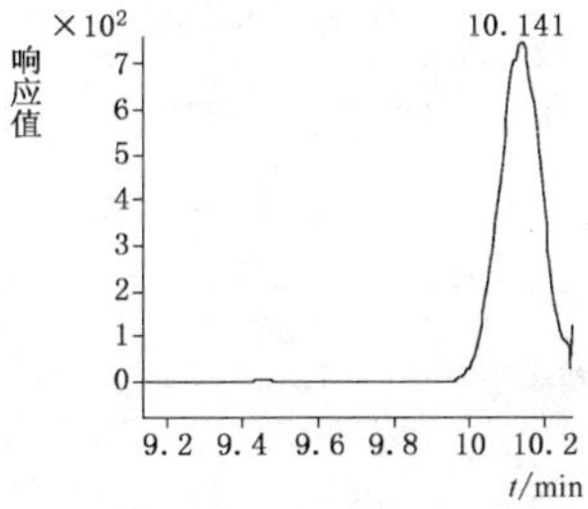

399. 活化酯

(acibenzolar-*s*-methyl)

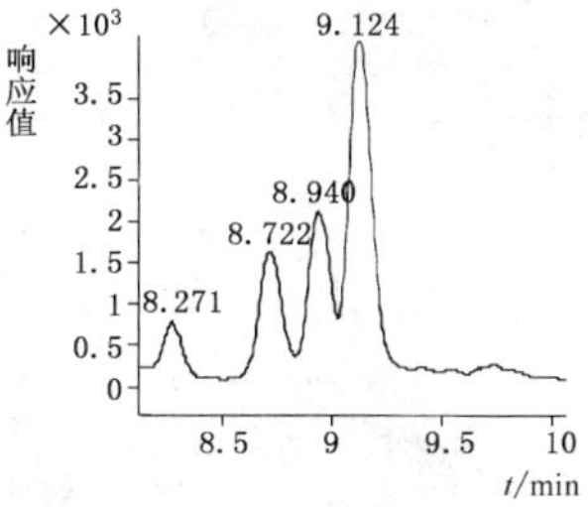

400. 蔬果磷

(dioxabenzofos)

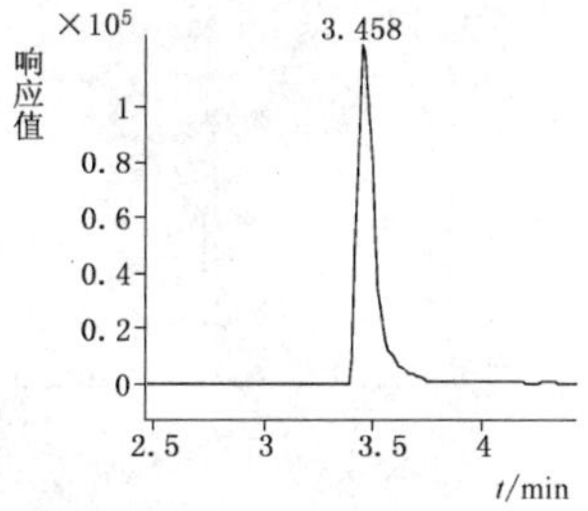

401. 杀线威

(oxamyl)

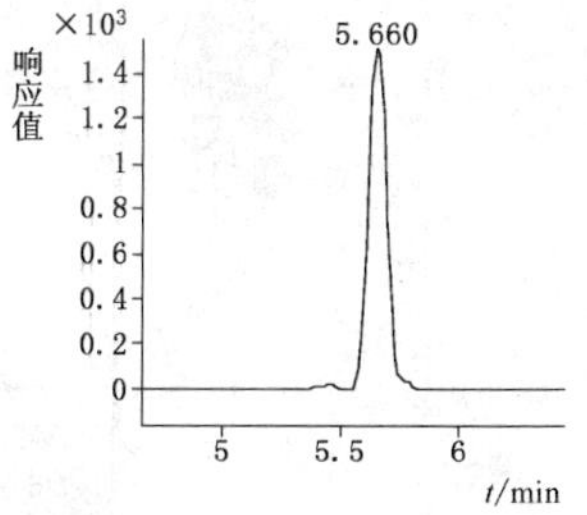

402. 赛苯隆

(thidiazuron pestanal)

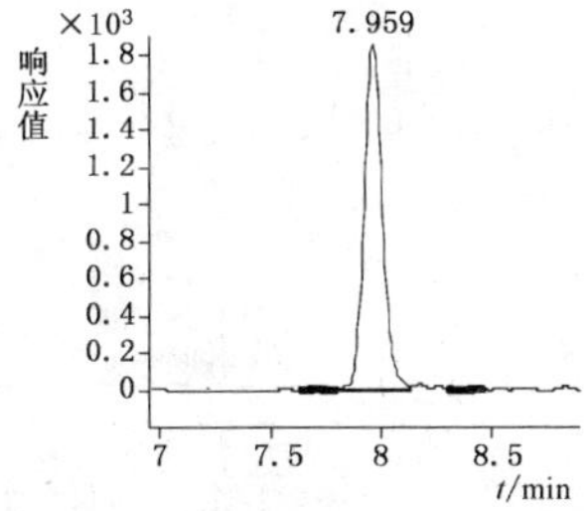

403. 甲基苯噻隆

(methabenzthiazuron)

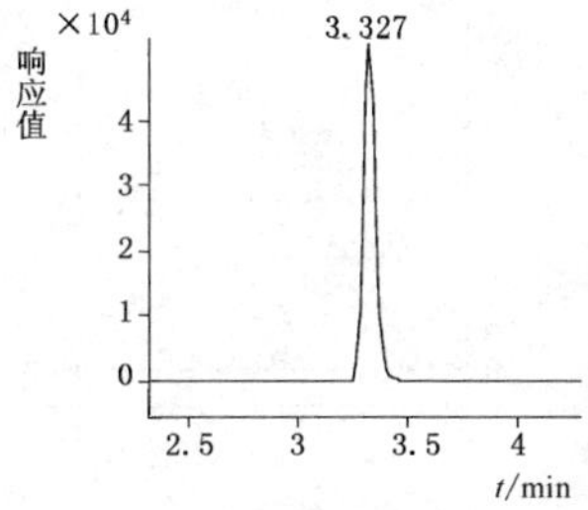

404. 丁酮砜威

(butoxycarboxim)

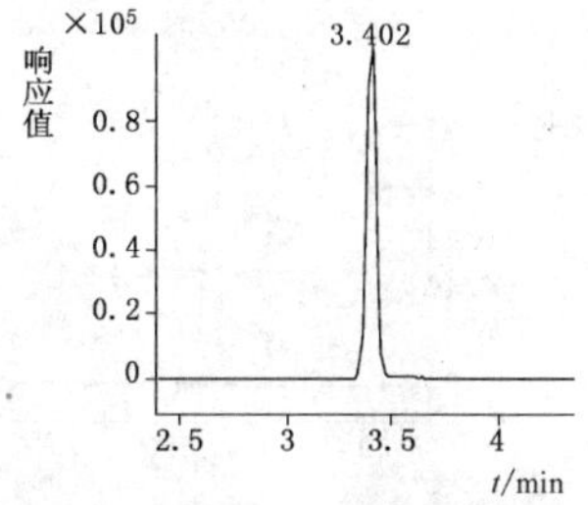

405. 砜吸磷

(demeton-*s*-methyl sulfoxide)

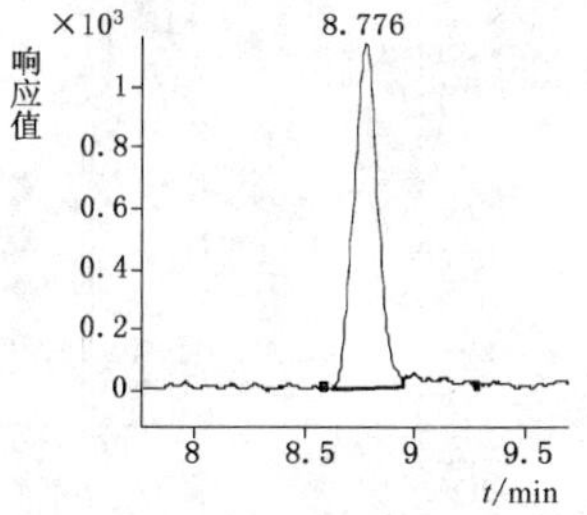

406. 久效威砜

(thiofanox sulfone)

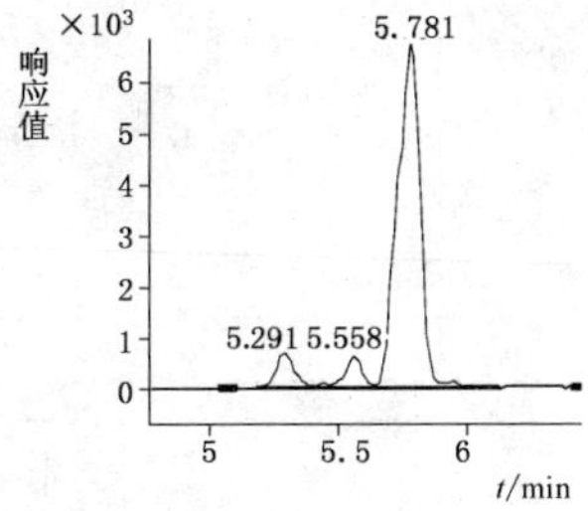

407. 硫环磷

(phosfolan)

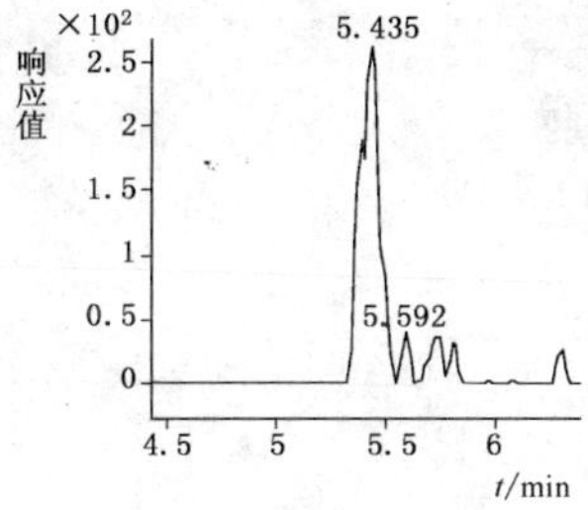

408. 硫赶内吸磷

(demeton-*s*)

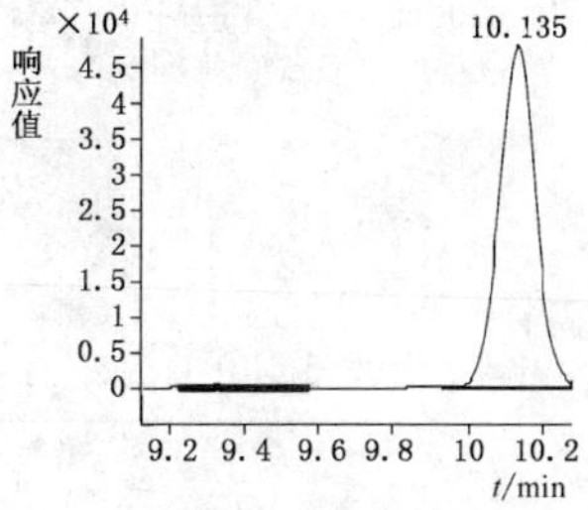

409. 氧倍硫磷

(fenthion oxon)

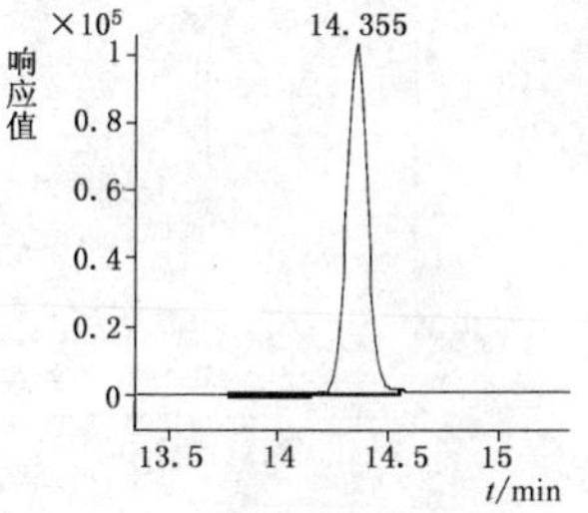

410. 萘丙胺

(napropamide)

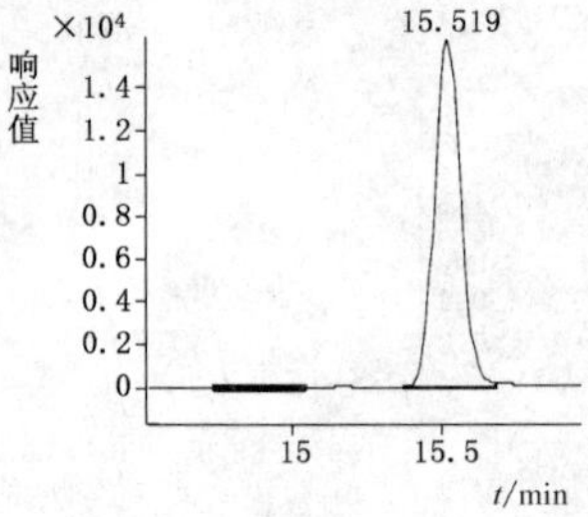

411. 杀螟硫磷
(fenitrothion)

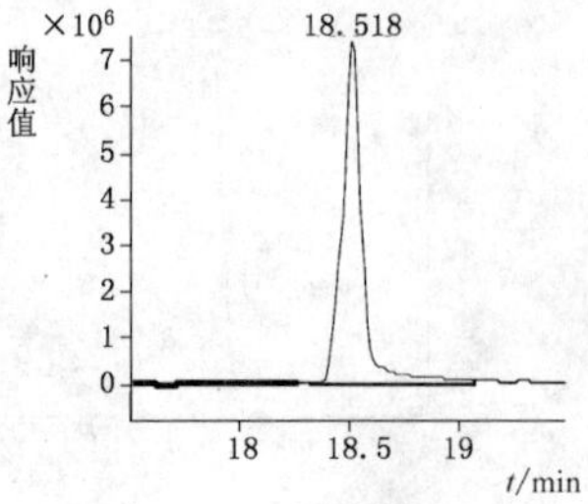

412. 酞酸二丁酯
(phthalic acid,dibutyl ester)

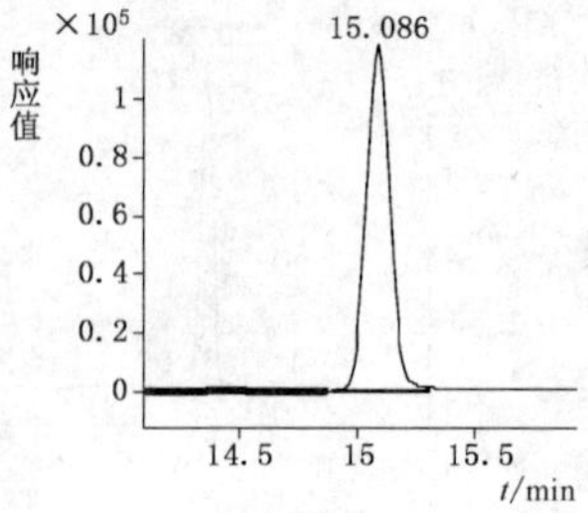

413. 丙草胺
(metolachlor)

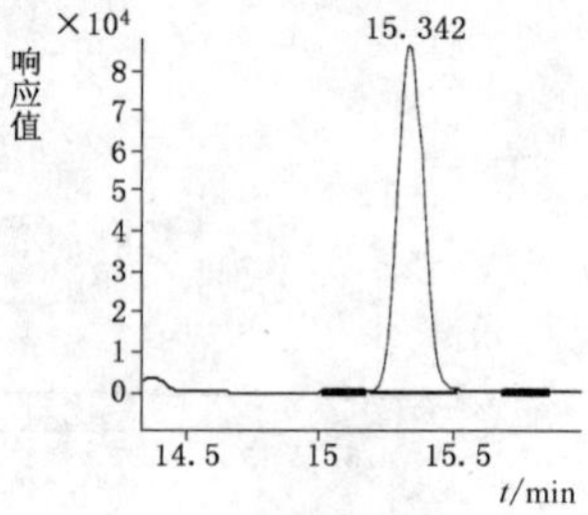

414. 腐霉利
(procymidone)

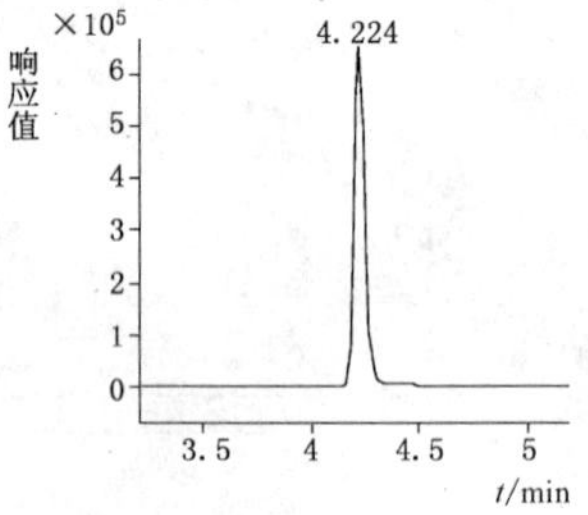

415. 蚜灭磷
(vamidothion)

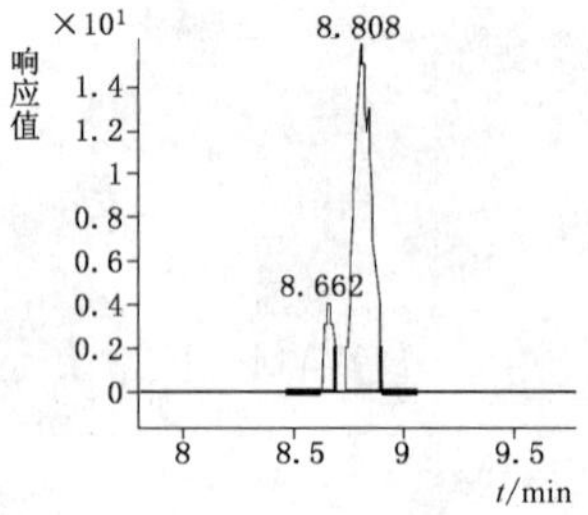

416. 枯草隆
(chloroxuron)

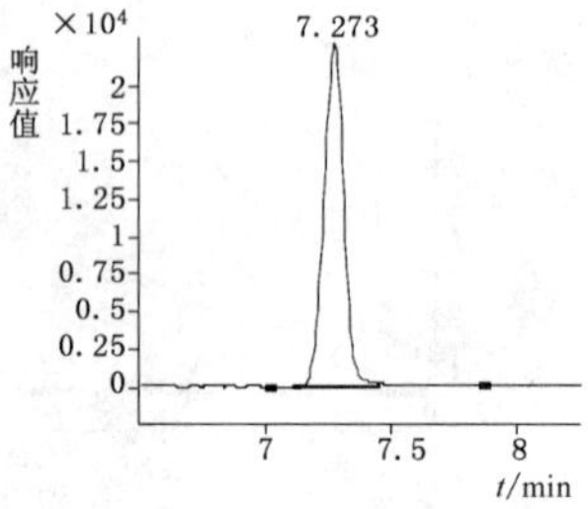

417. 威菌磷
(triamiphos)

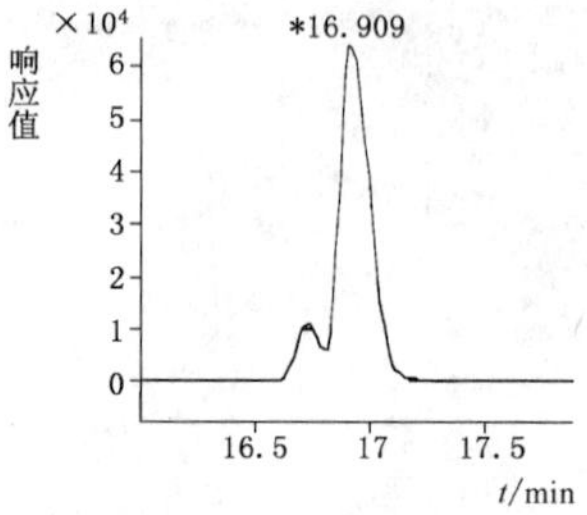

418. 右旋炔丙菊酯
(prallethrin)

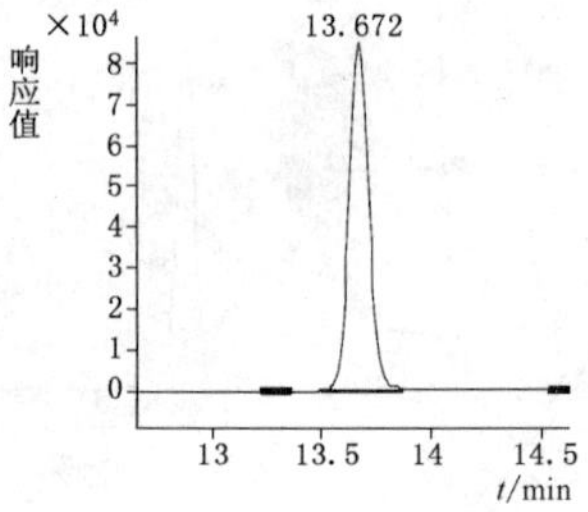

419. 可灭隆
(cumyluron)

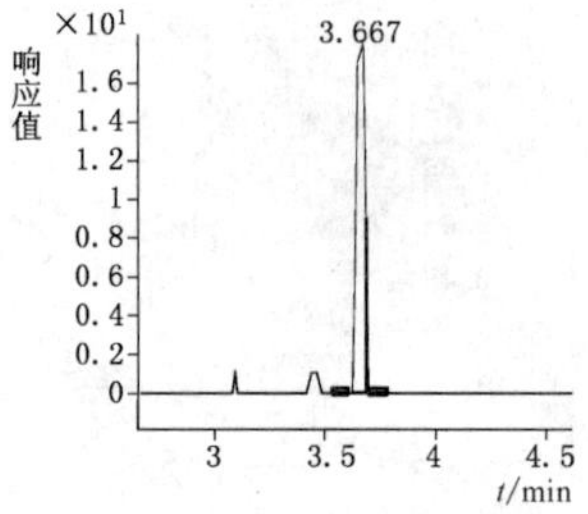

420. 甲氧咪草烟
(imazamox)

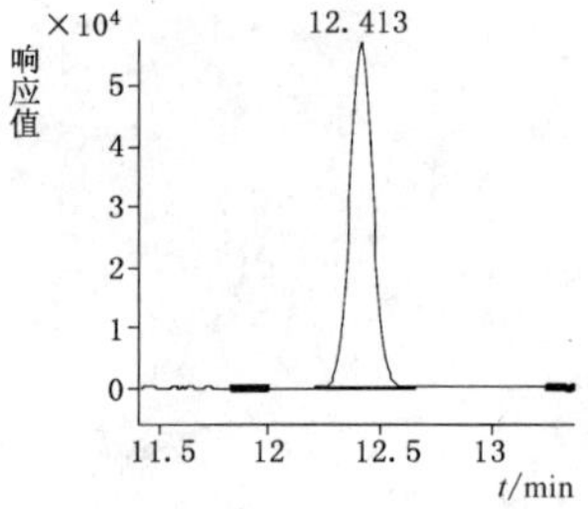

421. 杀鼠灵
(warfarin)

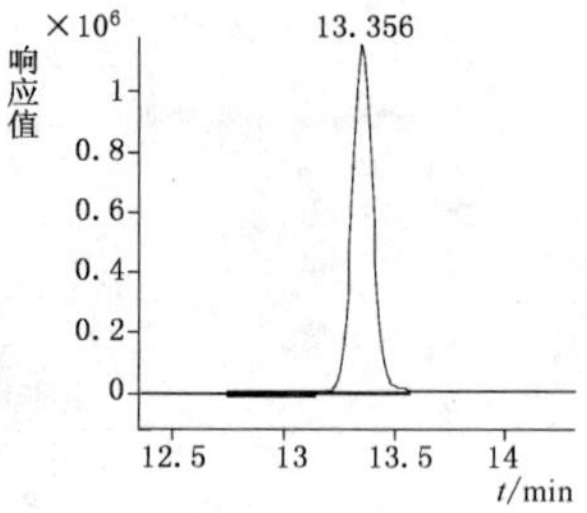

422. 亚胺硫磷
(phosmet)

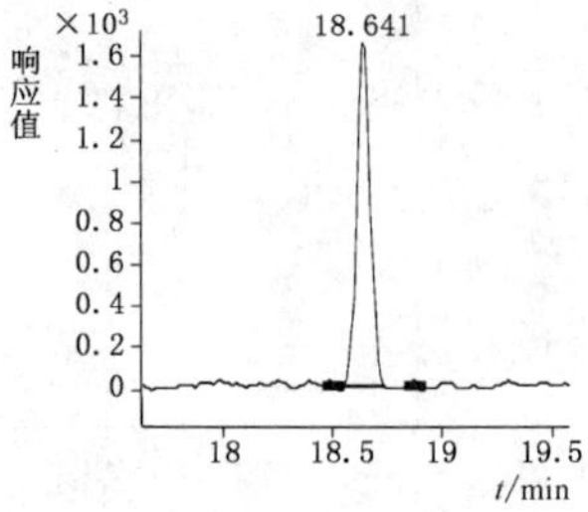

423. 皮蝇磷
(ronnel)

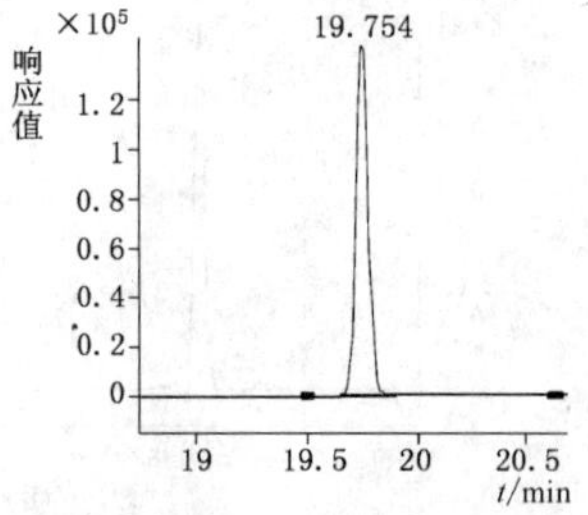

424. 酞酸二环己酯
(phthalic acid,biscyclohexyl ester)

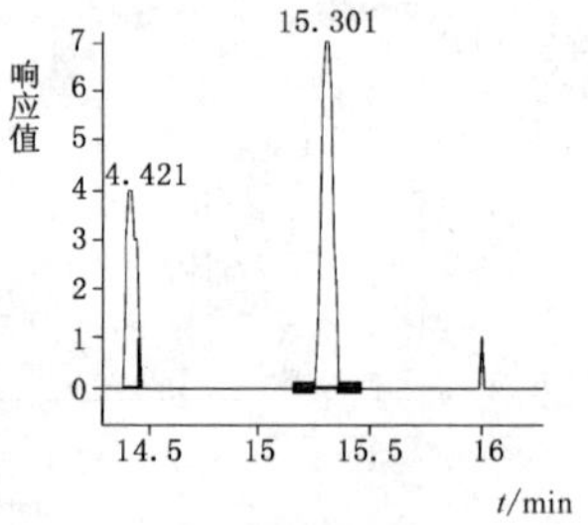

425. 环丙酰胺
(carpropamid)

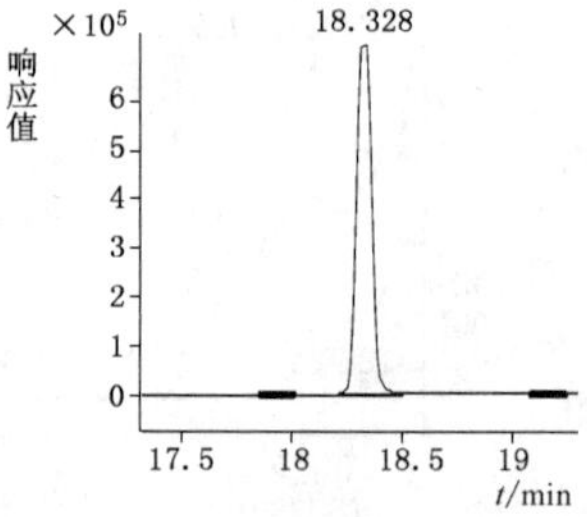

426. 吡螨胺
(tebufenpyrad)

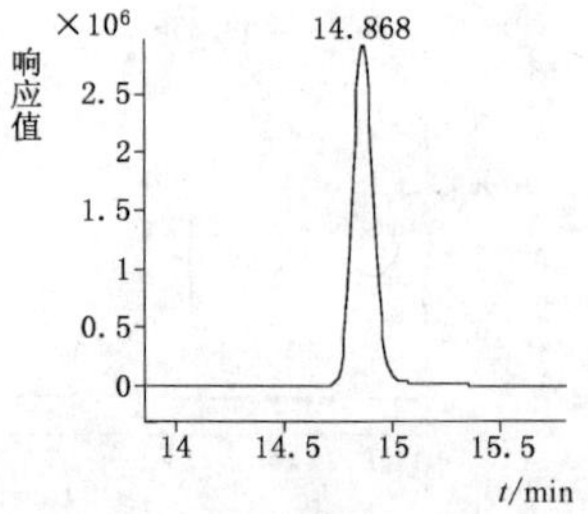

427. 虫酰肼
(tebufenozide)

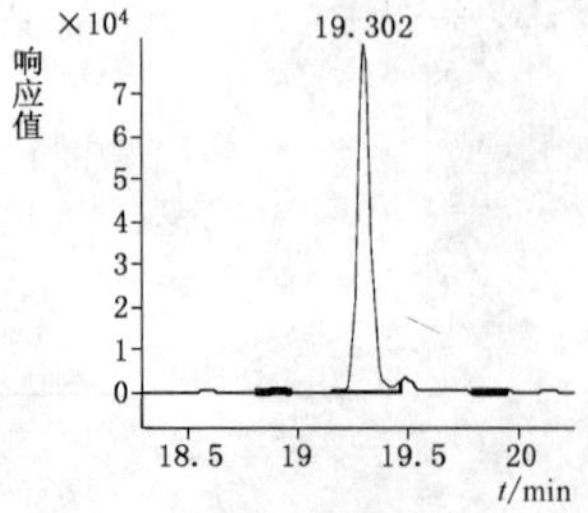

428. 虫螨磷
(chlorthiophos)

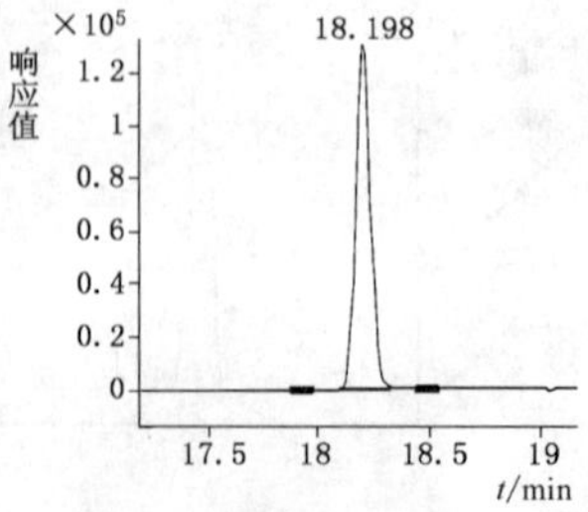

429. 毒壤磷
(dialifos)

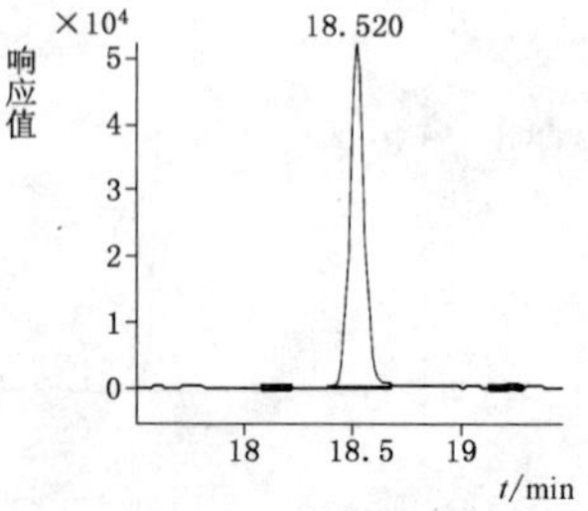

430. 吲哚酮草酯
(cinidon-ethyl)

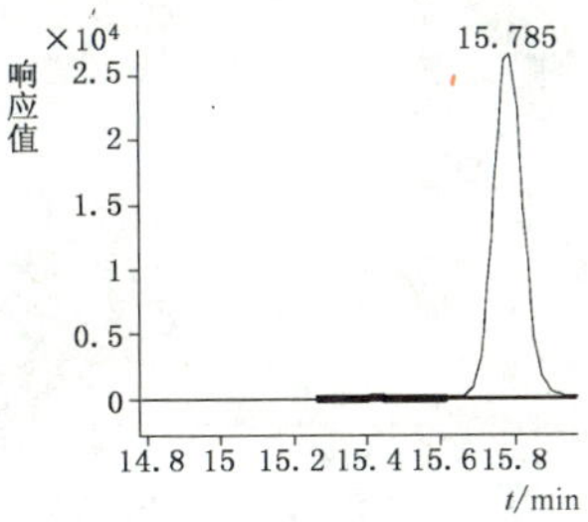

431. 鱼滕酮
(rotenone)

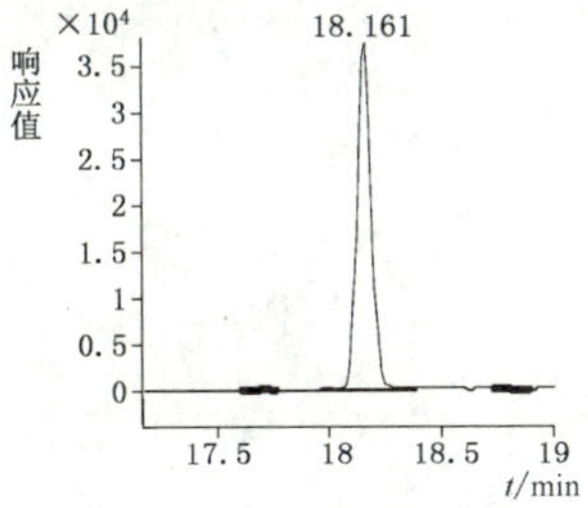

432. 亚胺唑
(imibenconazole)

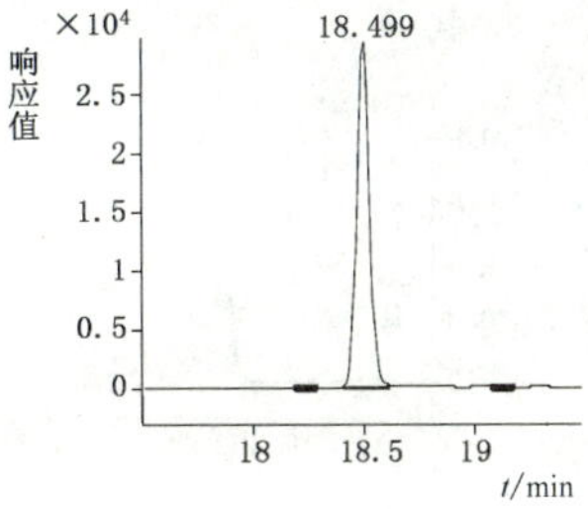

433. 噁草酸
(propaquiafop)

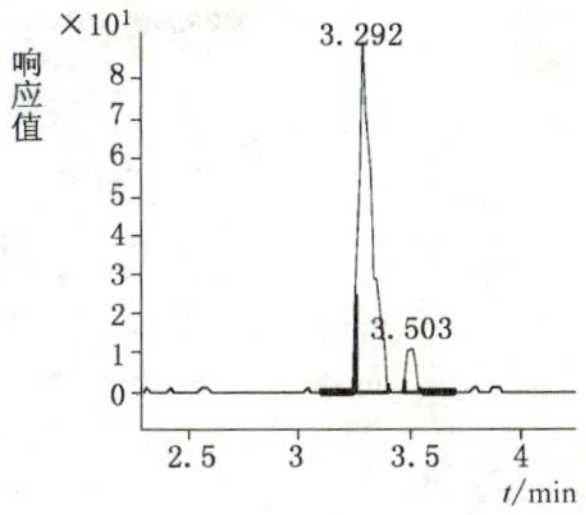

434. 2,3,4,5-四氯苯胺
(2,3,4,5-tetrachloroaniline)

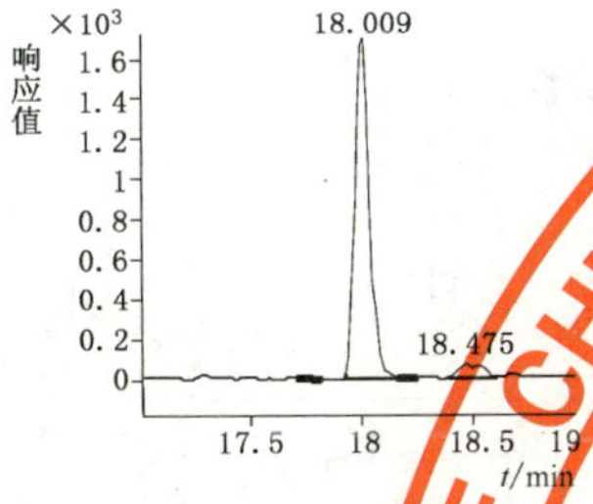

435. 吡草酮
(benzofenap)

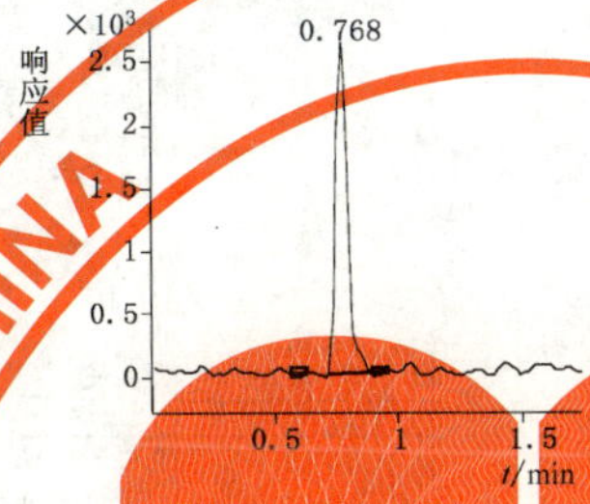

436. 地乐酯
(dinoseb acetate)

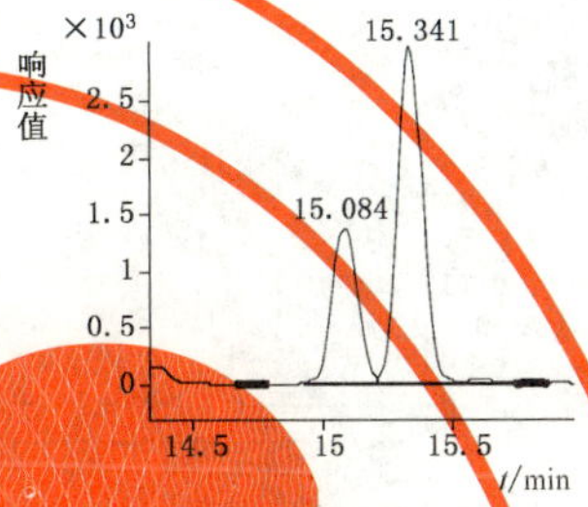

437. 异丙草胺
(propisochlor)

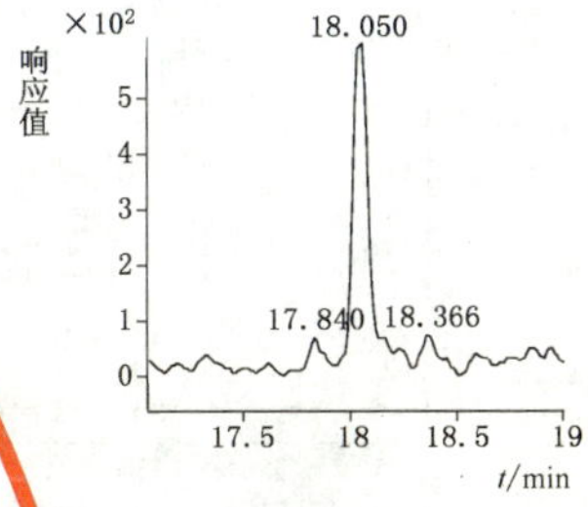

438. 氟硅菊酯
(silafluofen)

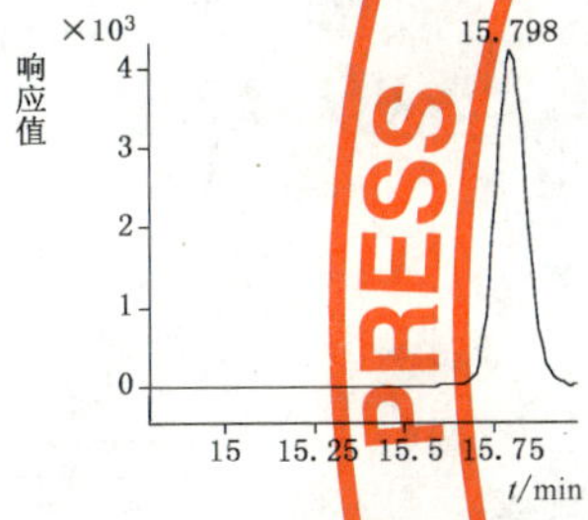

439. 乙氧苯草胺
(etobenzanid)

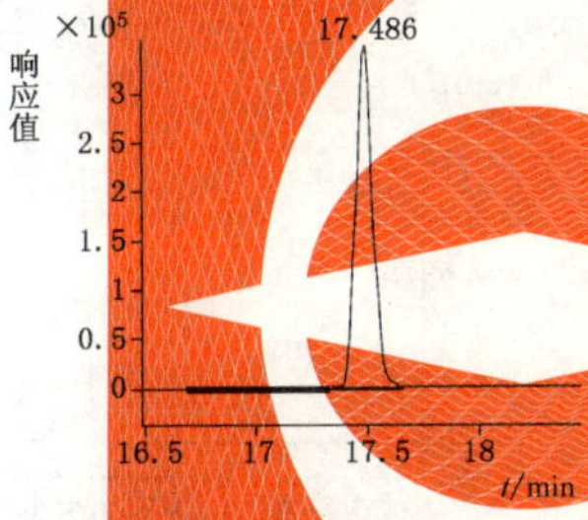

440. 四唑酰草胺
(fentrazamide)

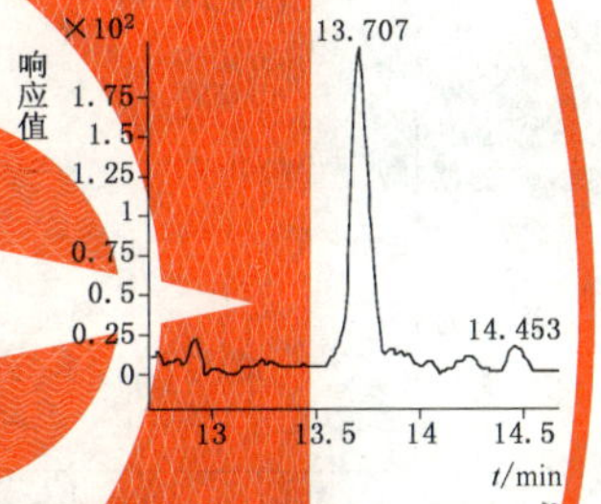

441. 五氯苯胺
(pentachloroaniline)

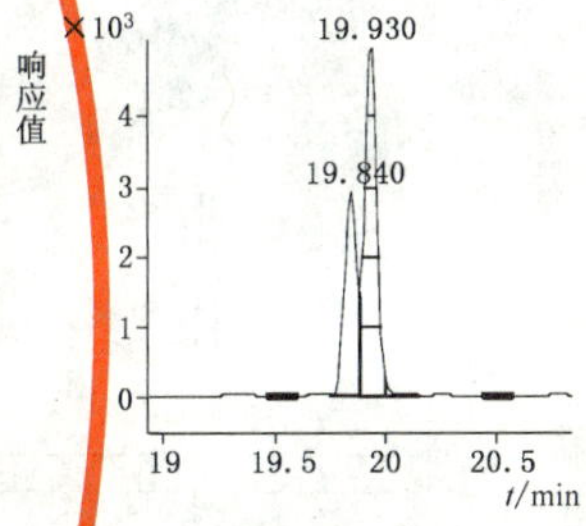

442. 苯醚氰菊酯
(cyphenothrin)

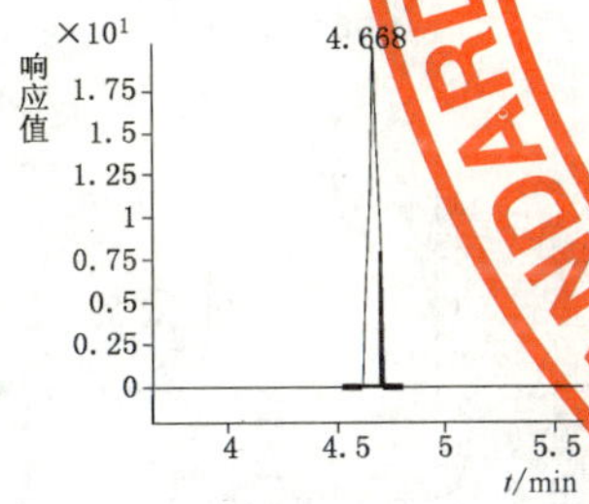

443. 狄氏剂
(dieldrin)

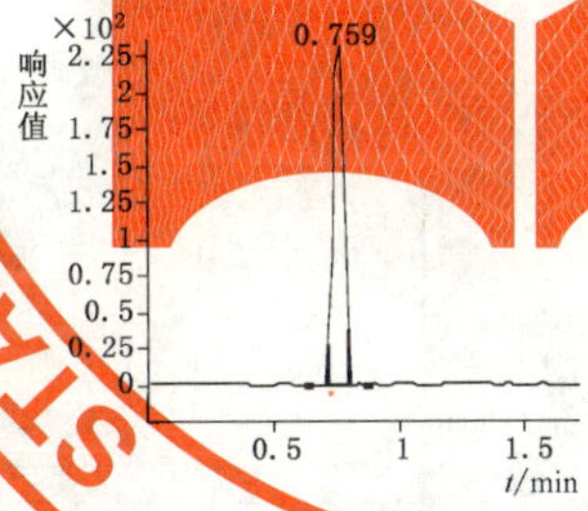

444. 乙螨唑
(etoxazole)

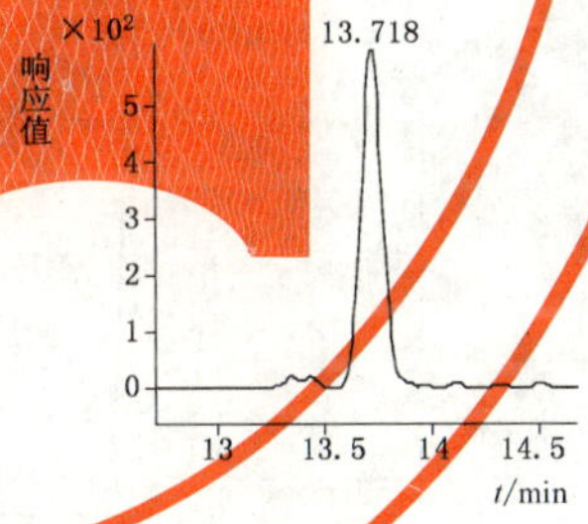

445. 马拉氧磷
(malaoxon)

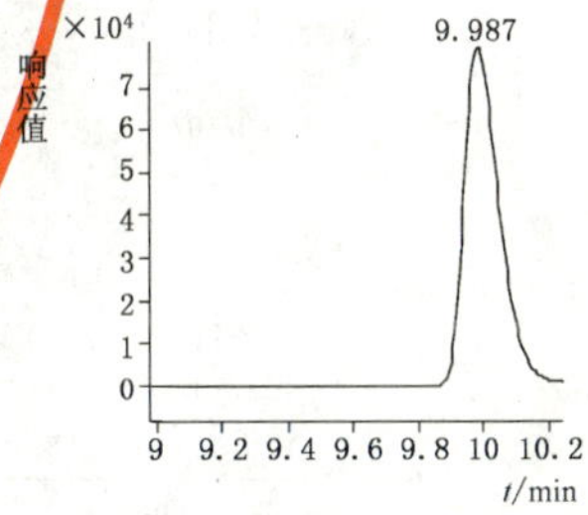

446. 多果定
(dodine)

G 组

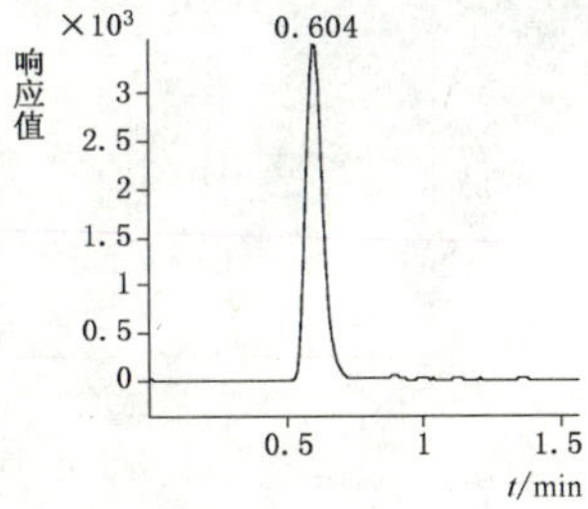

447. 茅草枯
(dalapon)

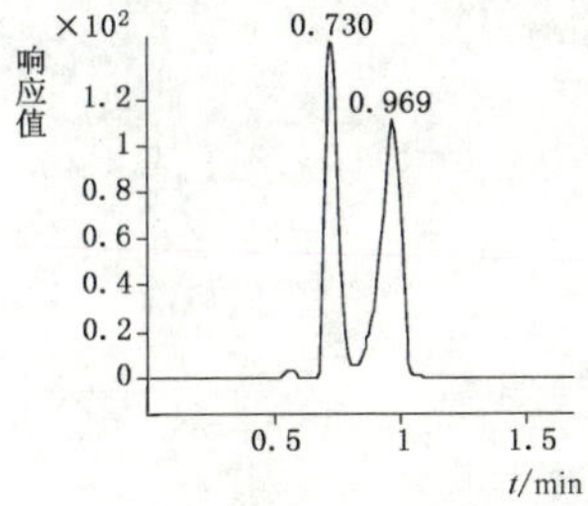

448. 四氟丙酸
(flupropanate)

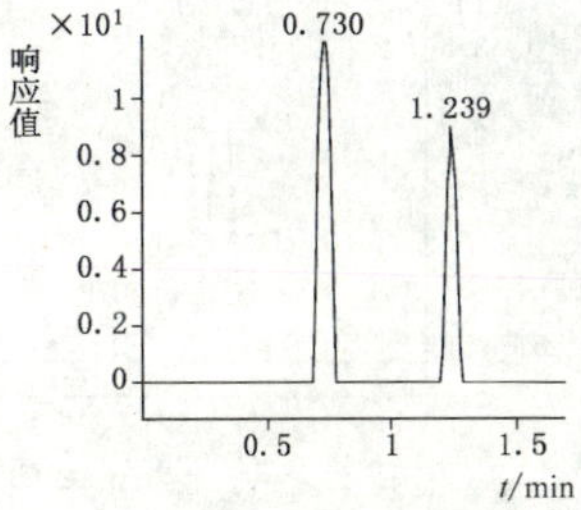

449. 2,6-二氟苯甲酸
(2,6-difluorobenzoic acid)

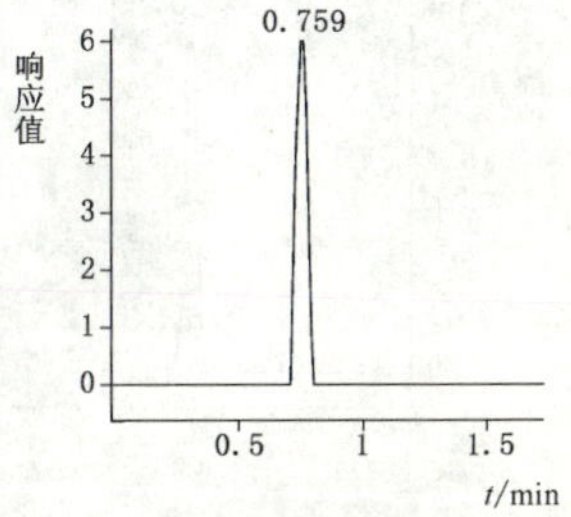

450. 三氯乙酸钠
(trichloroacetic acid
sodium salt)

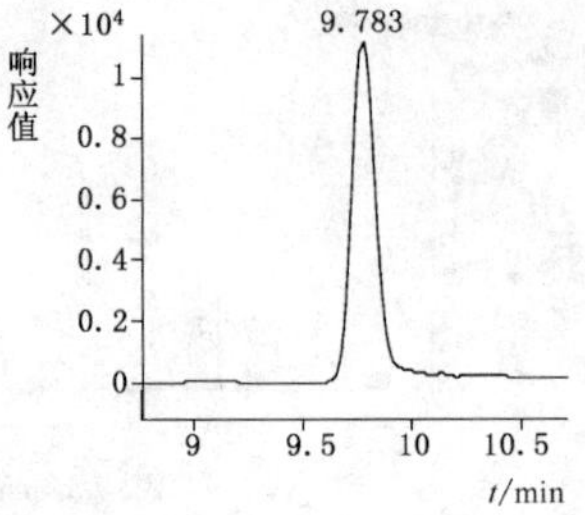

451. 2-苯基苯酚
(2-phenylphenol)

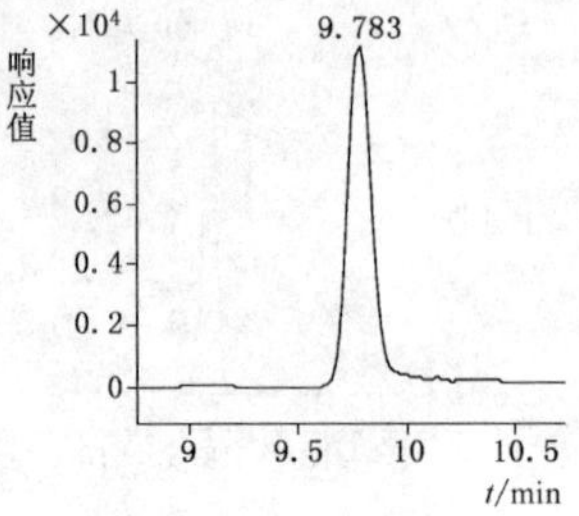

452. 3-苯基苯酚
(3-phenylphenol)

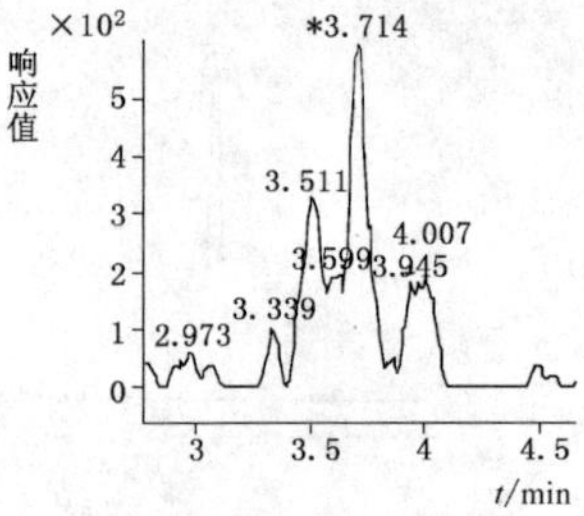

453. 二氯吡啶酸
(clopyralld)

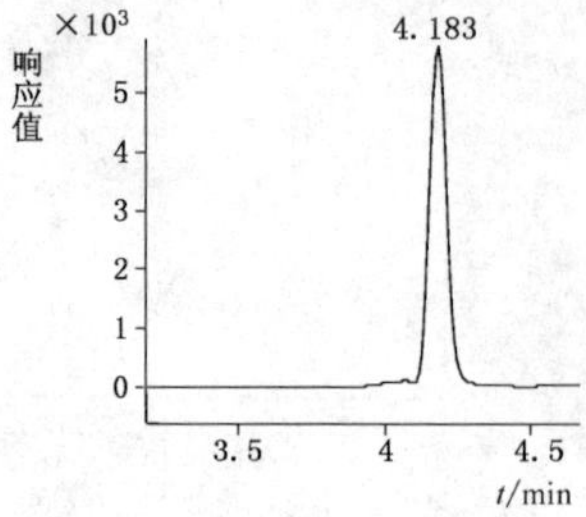

454. 4,6-二硝基邻甲酚
(DNOC)

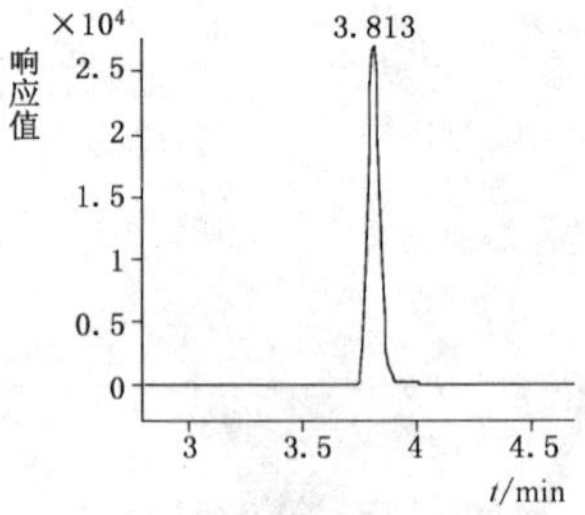

455. 调果酸
(cloprop)

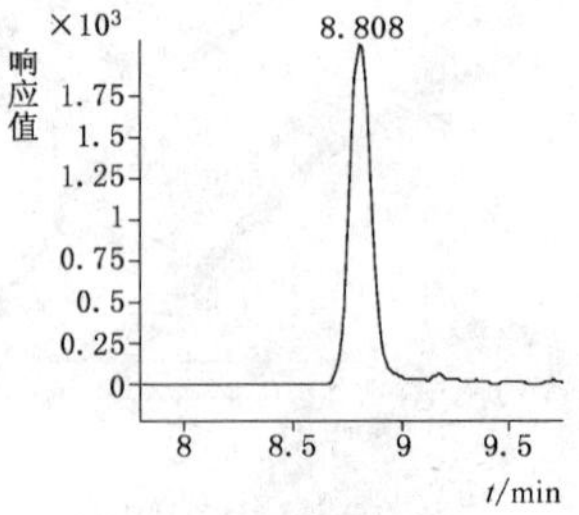

456. 氯硝胺
(dicloran)

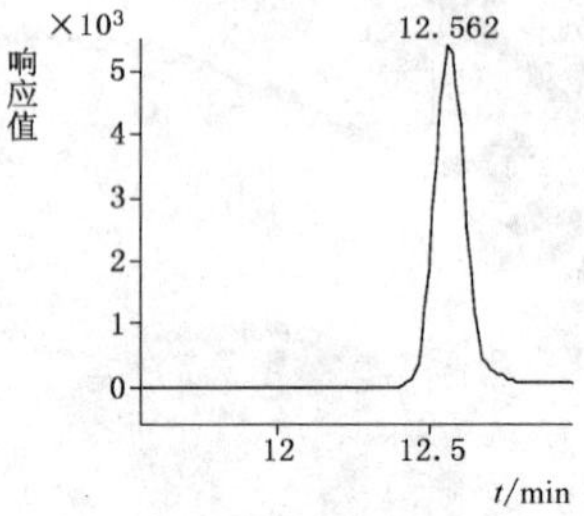

457. 氯苯胺灵
(chlorpropham)

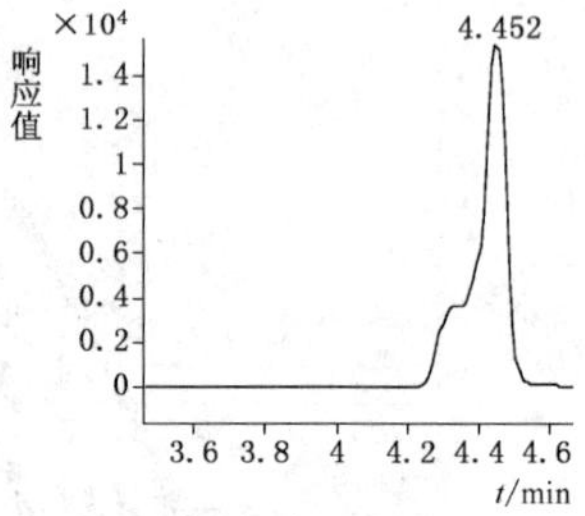

458. 2-甲-4-氯丙酸
(mecoprop)

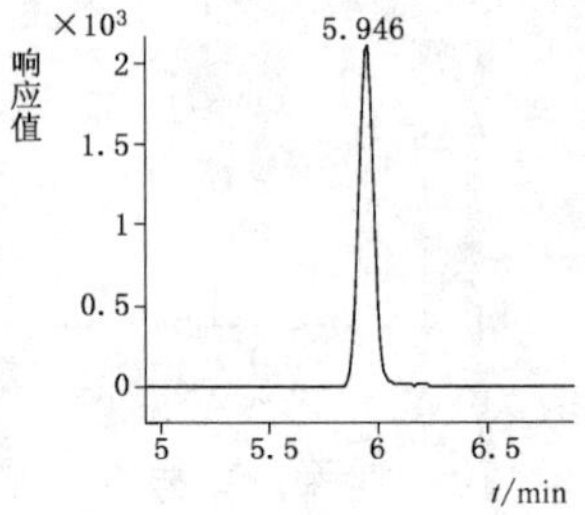

459. 特草定
(terbacil)

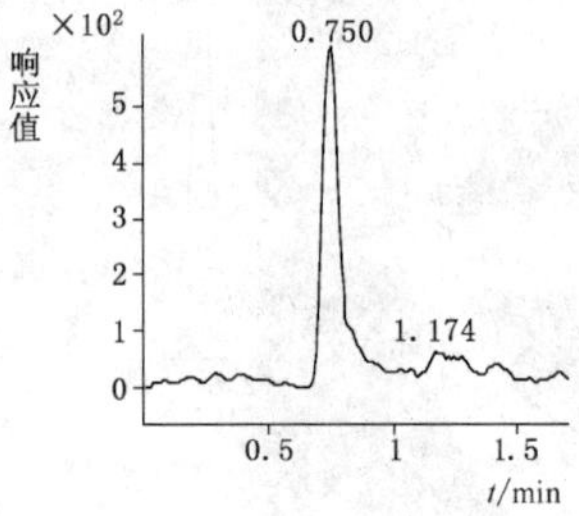

460. 麦草畏
(dicamba)

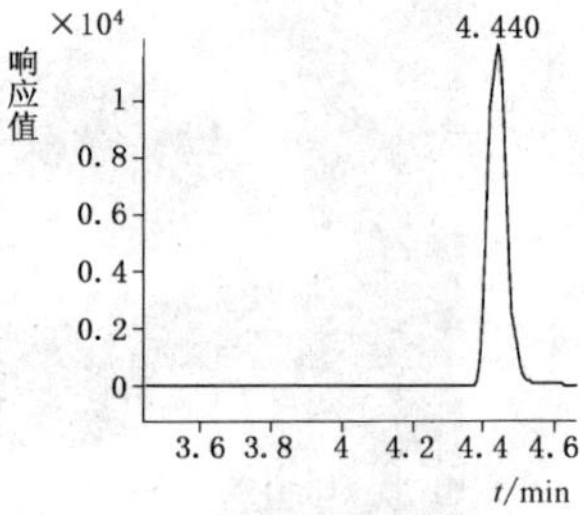

461. 二甲四氯丁酸
(MCPB)

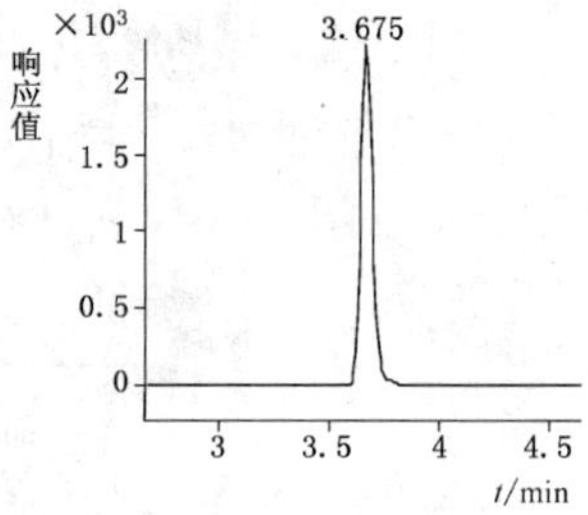

462. 灭草松
(bentazone)

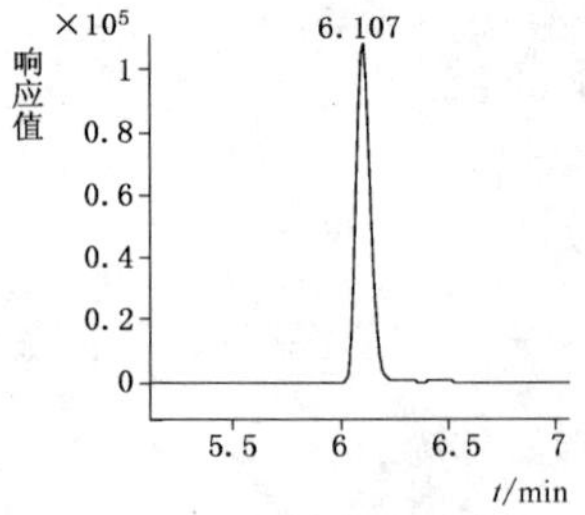

463. 地乐酚
(dinoseb)

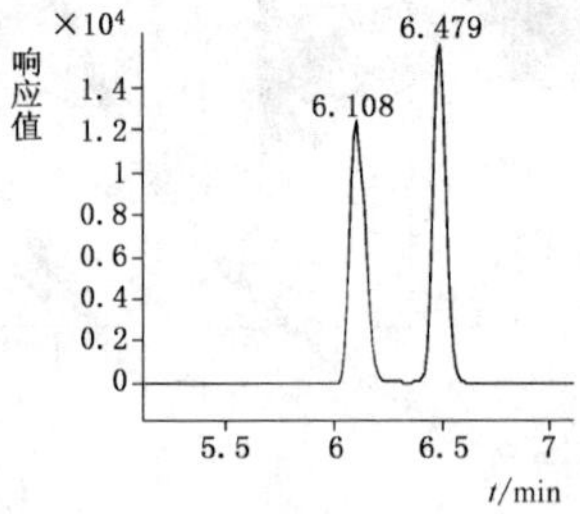

464. 草消酚
(dinoterb)

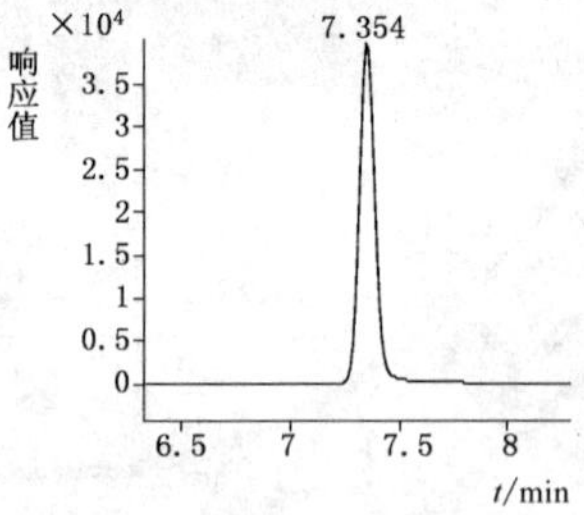

465. 氯吡脲
(forchlorfenuron)

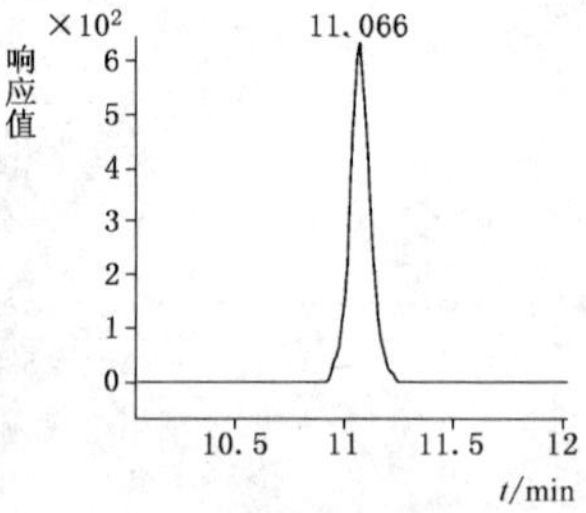

466. 咯菌腈
(fludioxonil)

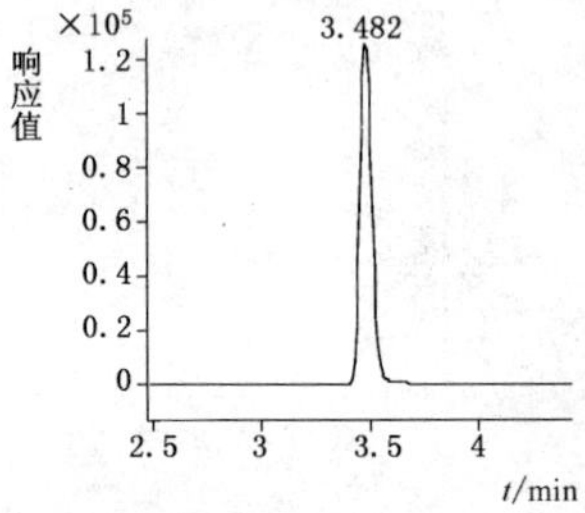

467. 氟草烟
(fluroxypyr)

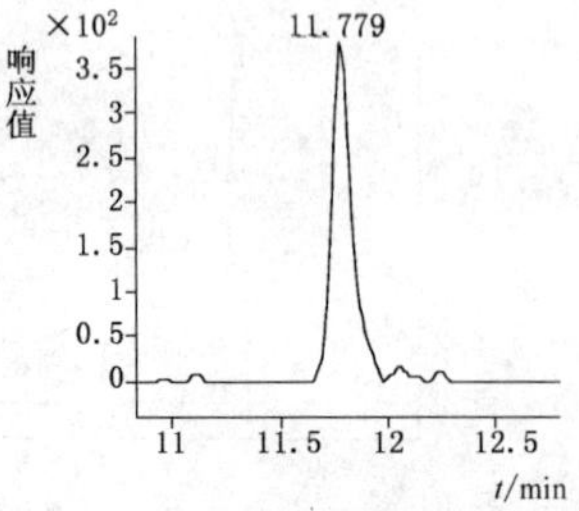

468. 杀螨醇
(chlorfenethol)

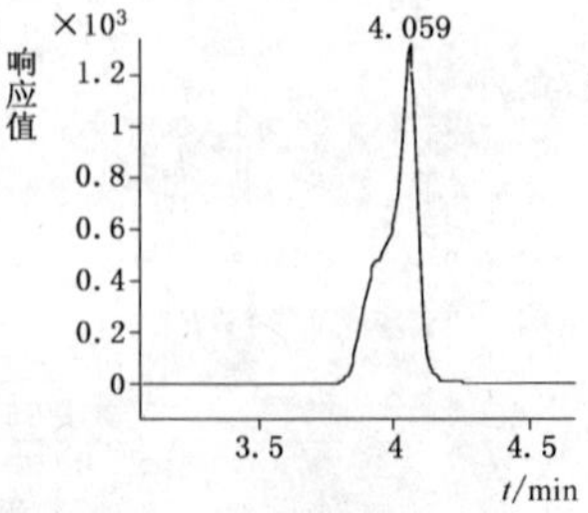

469. 溴苯腈
(bromoxynil)

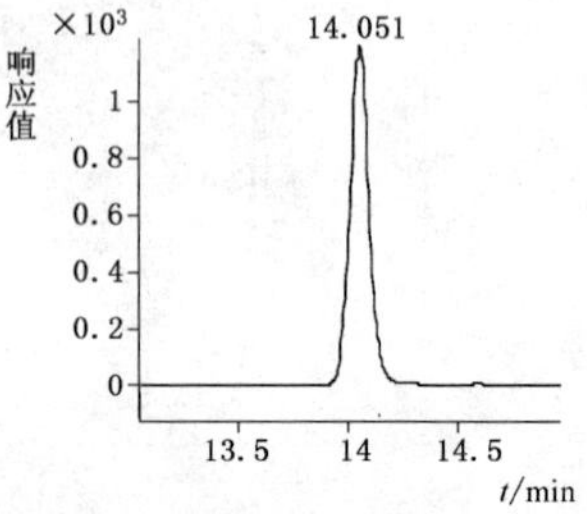

470. 灭幼脲
(chlorobenzuron)

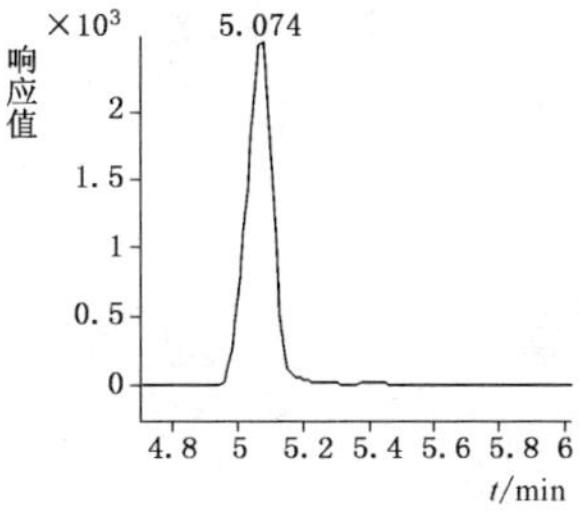

471. 氯霉素

(chloramphenicolum)

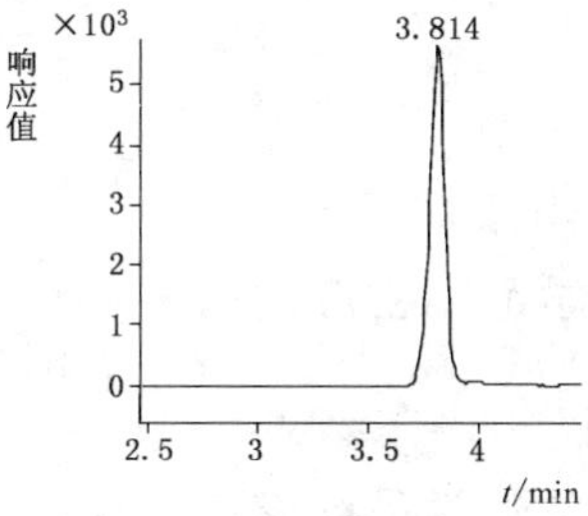

472. 禾草灭

(alloxydim-sodium)

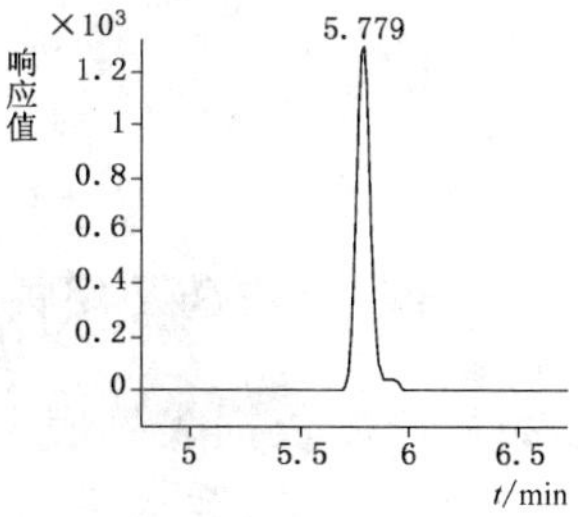

473. 乙酰磺胺对硝基苯

(sulfanitran)

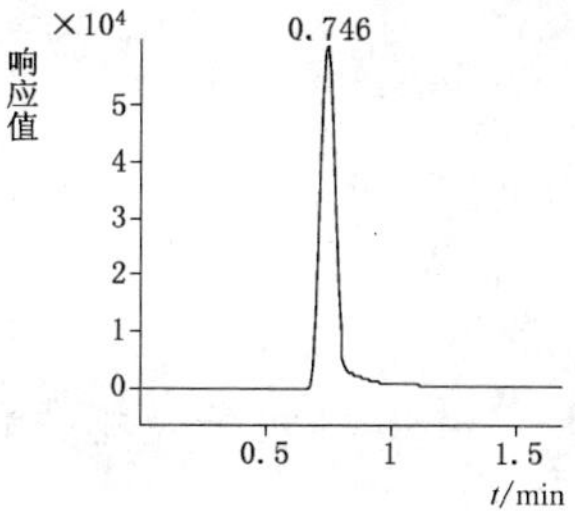

474. 甲基磺草酮

(mesotrion)

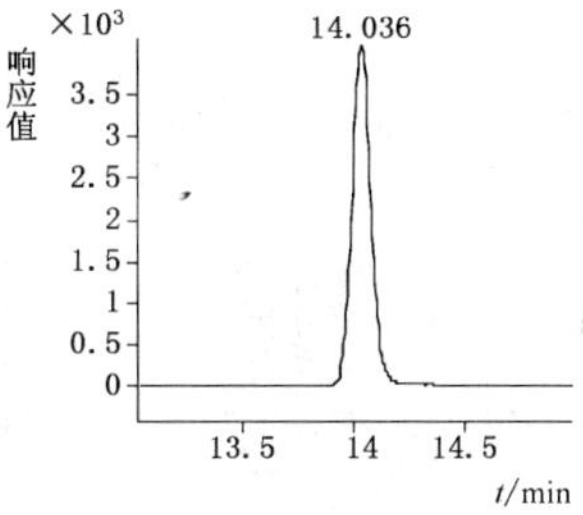

475. 安磺灵

(oryzalin)

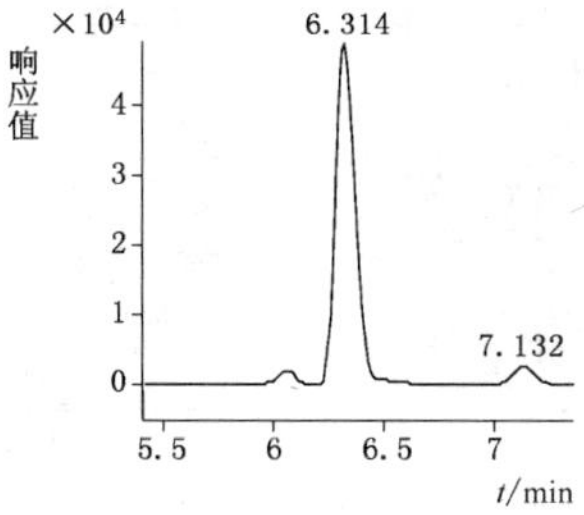

476. 三氟羧草醚

(acifluorfen)

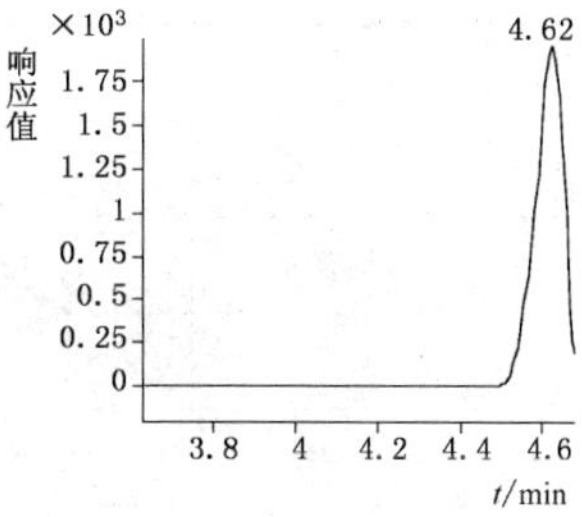

477. 碘苯腈

(ioxynil)

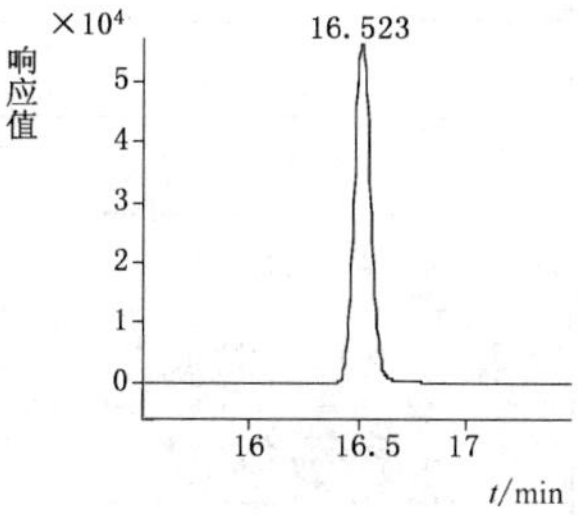

478. 噁唑菌酮

(famoxadone)

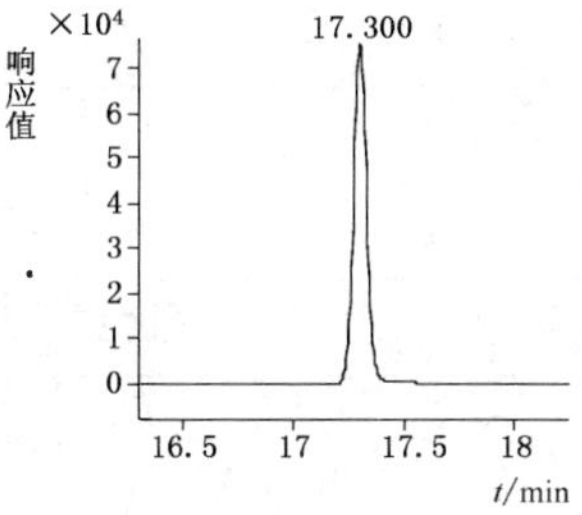

479. 吡氟酰草胺

(diflufenican)

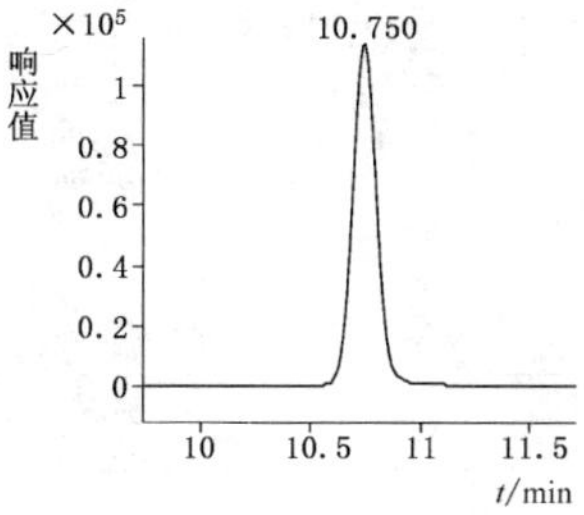

480. 乙虫清

(ethiprole)

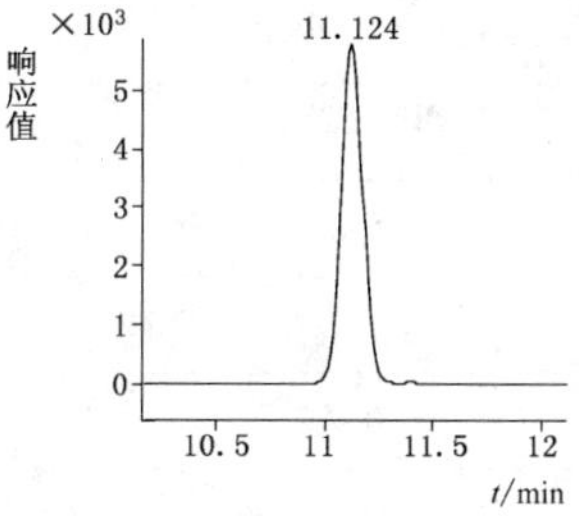

481. 磺菌胺

(flusulfamide)

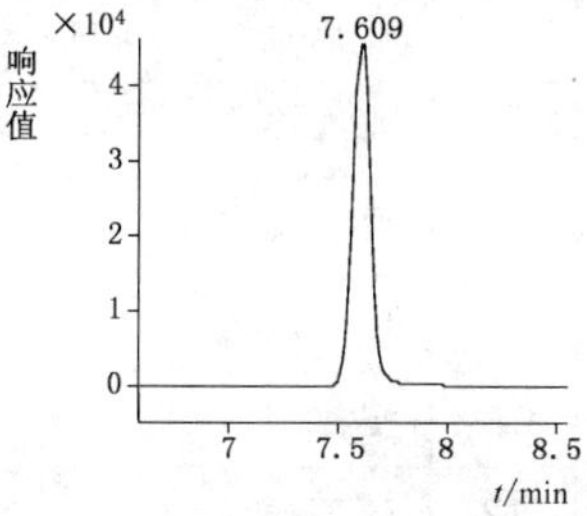

482. 环丙嘧磺隆

(cyclosulfamuron)

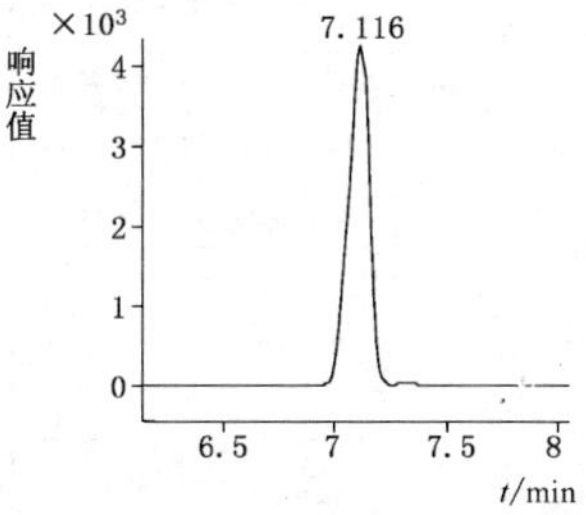

483. 氟磺胺草醚

(fomesafen)

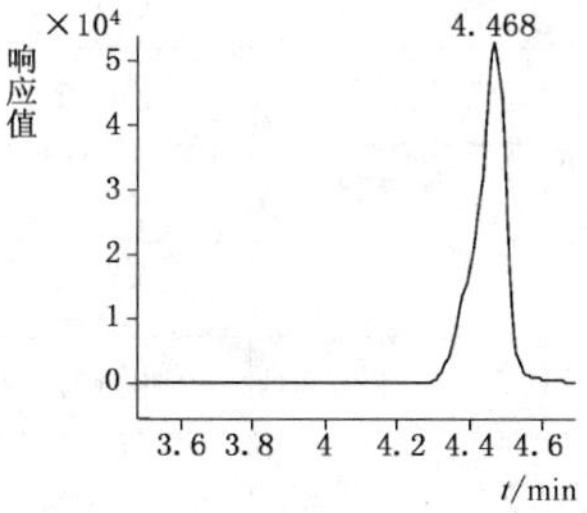

484. 碘甲磺隆钠

(iodosulfuron-methyl sodium)

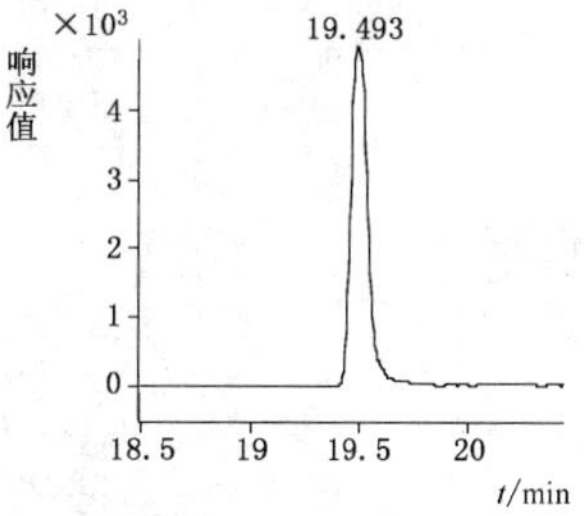

485. 克来范

(kelevan)

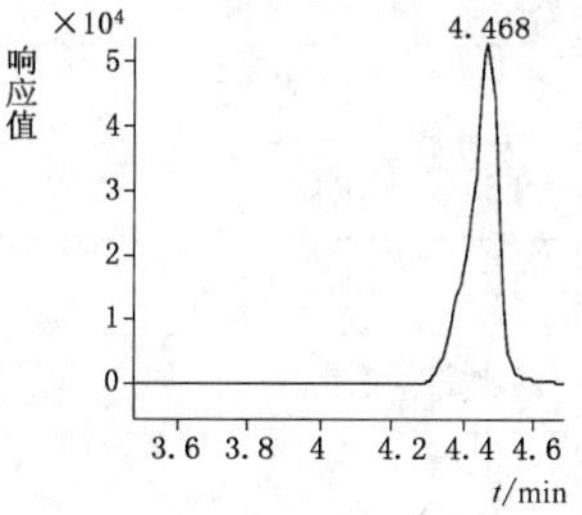

486. 甲基碘磺隆

(iodosulfuron-methyl)

附 录 D
（资料性附录）
486 种农药及相关化学品精密度数据表

486 种农药及相关化学品精密度数据表见表 D.1。

表 D.1 486 种农药及相关化学品精密度数据表

序号	名 称	含量/(μg/kg)	重复性限 r	再现性限 R	含量/(μg/kg)	重复性限 r	再现性限 R
A 组							
1	苯胺灵	40.00	12.39	10.12	200.00	54.59	135.00
2	异丙威	4.00	1.02	1.78	20.00	3.48	15.40
3	3,4,5-混杀威	0.20	0.05	0.13	1.00	0.18	0.32
4	环莠隆	0.40	0.07	0.27	2.00	0.16	1.14
5	甲萘威	2.00	0.85	0.98	10.00	0.67	4.52
6	毒草胺	0.40	0.10	0.19	2.00	0.37	1.42
7	吡咪唑	0.20	0.07	0.06	1.00	0.16	0.82
8	西草净	0.40	0.12	0.17	2.00	0.20	1.43
9	绿谷隆	8.00	1.19	4.23	40.00	5.12	37.13
10	速灭磷	8.00	2.95	3.18	40.00	4.48	31.51
11	叠氮津	0.40	0.13	0.24	2.00	1.29	1.94
12	密草通	0.20	0.04	0.08	1.00	0.14	0.61
13	嘧菌环胺	0.40	0.12	0.23	2.00	0.35	2.00
14	炔草隆	1.20	0.39	0.73	6.00	1.73	1.78
15	双酰草胺	1.60	0.46	1.02	8.00	1.33	2.90
16	抗蚜威	0.40	0.40	0.21	2.00	0.22	1.43
17	异噁草松	1.20	0.11	0.61	6.00	0.75	5.28
18	氰草津	1.20	0.12	0.48	6.00	0.50	3.85
19	扑草净	0.20	0.06	0.06	1.00	0.11	0.80
20	对氧磷	2.00	0.47	0.81	10.00	1.57	6.99
21	4,4′-二氯二苯甲酮	1.20	0.22	0.18	6.00	0.26	1.07
22	噻虫啉	0.80	0.23	0.59	4.00	0.34	3.01
23	吡虫啉	40.00	2.91	20.82	200.00	10.60	107.61
24	磺噻隆	8.00	1.21	4.14	40.00	2.30	19.31
25	丁嗪草酮	0.24	0.07	0.09	1.20	0.22	1.08
26	燕麦敌	24.00	6.28	5.45	120.00	20.16	117.24
27	乙草胺	40.00	3.78	16.38	200.00	15.00	147.74
28	氟草敏	0.80	0.19	0.13	4.00	0.83	1.31

表 D.1（续）

序号	名　　称	含量/(μg/kg)	重复性限 r	再现性限 R	含量/(μg/kg)	重复性限 r	再现性限 R
29	盖草津	4.00	0.61	1.65	20.00	1.78	14.04
30	二甲吩草胺	0.40	0.06	0.20	2.00	0.25	1.31
31	特草灵	0.40	0.22	0.20	2.00	0.29	0.83
32	戊菌唑	0.24	0.09	0.05	1.20	0.33	1.17
33	腈菌唑	1.20	0.31	0.46	6.00	0.72	5.00
34	咪唑乙烟酸	0.56	0.16	0.28	2.80	0.37	2.76
35	多效唑	0.20	0.07	0.08	1.00	0.20	0.86
36	倍硫磷亚砜	0.40	0.09	0.05	2.00	0.52	1.21
37	三唑醇	4.00	2.73	1.94	20.00	2.26	14.82
38	仲丁灵	0.40	0.11	0.07	2.00	0.34	0.93
39	螺噁茂胺	0.08	0.02	0.02	0.40	0.04	0.34
40	甲基立枯磷	0.80	0.14	0.13	4.00	0.31	0.57
41	甜菜胺	2.00	0.65	0.74	10.00	0.41	6.62
42	杀扑磷	6.00	3.17	2.55	30.00	4.02	17.84
43	烯丙菊酯	12.00	3.27	3.97	60.00	7.33	32.46
44	二嗪磷	0.24	0.08	0.09	1.20	0.10	1.18
45	敌瘟磷	0.80	0.22	0.31	4.00	0.25	3.72
46	丙草胺	0.80	0.17	0.42	4.00	0.17	3.15
47	氟硅唑	0.40	0.10	0.20	2.00	0.31	1.63
48	丙森锌	0.80	0.10	0.16	4.00	0.11	1.25
49	麦锈灵	0.40	0.09	0.05	2.00	0.22	0.37
50	氟酰胺	0.40	0.17	0.09	2.00	0.56	1.26
51	伐灭磷	2.40	0.39	0.79	12.00	1.72	8.51
52	苯霜灵	0.24	0.09	0.12	1.20	0.23	0.76
53	苄氯三唑醇	0.24	0.07	0.07	1.20	0.27	1.09
54	乙环唑	0.40	0.14	0.24	2.00	0.30	1.75
55	氯苯嘧啶醇	2.40	0.34	1.31	12.00	1.05	10.11
56	胺菊酯	2.40	0.46	1.18	12.00	2.10	8.12
57	解草酯	0.24	0.05	0.10	1.20	0.00	0.00
58	联苯三唑醇	4.00	1.17	1.58	20.00	4.83	10.12
59	快補净	32.00	3.42	11.82	160.00	7.34	127.63
60	野麦畏	40.00	6.96	12.30	200.00	22.95	235.92
61	益棉磷	40.00	4.58	24.17	200.00	28.71	118.43
62	杀铃脲	2.40	0.18	0.82	12.00	1.35	5.95

表 D.1（续）

序号	名　　称	含量/(μg/kg)	重复性限 r	再现性限 R	含量/(μg/kg)	重复性限 r	再现性限 R
63	异噁氟草	40.00	4.86	17.81	200.00	13.39	125.72
64	莎稗磷	0.40	0.07	0.17	2.00	0.34	1.62
65	甲基立枯磷	120.00	19.29	57.07	600.00	85.59	340.47
66	喹禾灵	1.20	0.47	0.99	6.00	1.18	4.06
67	氟吡甲禾灵	0.12	0.04	0.07	0.60	0.22	0.35
68	吡氟禾草灵	0.40	0.10	0.10	2.00	0.34	1.14
69	乙基溴硫磷	10.00	10.55	5.23	50.00	10.22	14.12
70	地散磷	10.00	2.96	3.37	50.00	8.29	12.32
71	醚苯磺隆	1 200.00	129.32	167.94	6 000.00	903.93	388.61
72	溴苯烯磷	1.60	0.32	0.84	8.00	1.40	6.12
73	嘧菌酯	0.20	0.06	0.02	1.00	0.15	0.23
74	茚虫威	2.40	0.45	1.23	12.00	0.12	1.02
	B组						
75	敌草素	1 200.00	762.44	471.35	6 000.00		
76	甲磺乐灵	4.00	2.25	3.95	20.00	4.05	12.34
77	非草隆	4.00	0.62	0.92	20.00	3.80	12.30
78	鼠立死	1.20	0.43	1.22	6.00	0.79	2.77
79	乙酰甲胺磷	8.00	2.12	2.90	40.00	8.50	13.67
80	禾草敌	2.00	0.35	0.53	10.00	10.81	237.97
81	多菌灵	0.20	0.03	0.03	1.00	0.16	0.50
82	枯莠隆	0.80	0.17	0.14	4.00	0.69	0.53
83	残杀威	4.00	0.67	0.88	20.00	6.35	9.50
84	异唑隆	0.40	0.07	0.10	2.00	0.22	0.30
85	绿麦隆	0.40	0.19	0.11	2.00	0.23	0.64
86	久效威	120.00	97.05	50.95	600.00	195.98	165.41
87	氯炔灵	80.00	58.77	21.12	400.00	107.59	149.58
88	嗯虫威	0.80	0.32	0.25	4.00	0.71	0.37
89	扑灭津	0.40	0.13	0.09	2.00	0.30	0.16
90	特丁津	0.20	0.04	0.07	1.00	0.17	0.21
91	敌草隆	0.20	0.12	0.14	1.00	0.21	0.41
92	氯甲硫磷	1 200.00	105.30	92.58	6 000.00	441.65	1 105.04
93	噻虫胺	24.00	1.81	3.13	120.00	9.10	21.41
94	拿草特	1.20	0.29	0.33	6.00	0.78	1.64
95	二甲草胺	0.40	0.05	0.06	2.00	0.11	0.48

表 D.1（续）

序号	名　　称	含量/（μg/kg）	重复性限 r	再现性限 R	含量/（μg/kg）	重复性限 r	再现性限 R
96	溴谷隆	1.60	0.24	0.27	8.00	1.06	1.41
97	甲拌磷	32.00	3.93	6.97	160.00	24.27	305.94
98	苯草醚	4.00	1.03	1.35	20.00	1.89	3.17
99	地胺磷	0.40	0.10	0.06	2.00	0.35	0.27
100	脱苯甲基亚胺唑	2.00	0.62	0.72	10.00	2.65	3.84
101	草不隆	1.20	0.25	0.80	6.00	0.73	1.76
102	精甲霜灵	0.20	0.08	0.04	1.00	0.44	0.18
103	发硫磷	0.80	0.23	0.17	4.00	0.43	1.24
104	乙氧呋草黄	320.00	93.85	86.39	1 600.00	359.39	66.38
105	异稻瘟净	2.00	0.39	0.67	10.00	1.32	2.33
106	特普	4.00	0.17	0.49	20.00	2.55	6.98
107	环丙唑醇	0.32	0.10	0.08	1.60	0.28	0.39
108	甲基乙拌磷	3 600.00	537.87	1 729.40	18 000.00		
109	育畜磷	32.00	4.61	6.94	160.00	10.92	23.75
110	乙嘧硫磷	0.40	0.14	0.18	2.00	0.60	0.87
111	杀鼠醚	40.00	2.06	6.61	200.00	5.77	23.56
112	畜吡磷	24.00	2.52	6.30	120.00	14.26	20.41
113	磷胺	1.20	0.13	0.11	6.00	2.46	3.86
114	甜菜宁	2.00	0.45	0.45	10.00	1.62	1.97
115	环酰菌胺	0.40	0.10	0.06	2.00	0.20	0.38
116	粉唑醇	1.20	0.27	0.21	6.00	0.91	1.68
117	呋霜灵	0.40	0.07	0.10	2.00	0.15	0.36
118	生物丙烯菊酯	4.00	1.98	2.88	20.00	6.55	4.10
119	苯腈磷	2.00	1.20	0.98	10.00	0.88	3.26
120	甲基嘧啶磷	0.20	0.03	0.08	1.00	0.18	0.32
121	噻嗪酮	0.20	0.06	0.06	1.00	0.25	0.29
122	乙拌磷砜	1.20	0.43	0.30	6.00	0.92	0.41
123	喹螨醚	0.20	0.05	0.05	1.00	0.09	0.17
124	三唑磷	0.20	0.03	0.02	1.00	0.12	0.19
125	脱叶磷	0.40	0.08	0.08	2.00	0.34	0.27
126	环酯草醚	0.20	0.04	0.03	1.00	0.31	0.18
127	叶菌唑	0.40	0.05	0.06	2.00	0.44	0.17
128	吡丙醚	0.20	0.04	0.02	1.00	0.26	0.15
129	噻草酮	4.00	0.28	0.59	20.00	2.69	10.75

表 D.1（续）

序号	名　　称	含量/(μg/kg)	重复性限 r	再现性限 R	含量/(μg/kg)	重复性限 r	再现性限 R
130	异噁酰草胺	0.20	0.03	0.07	1.00	0.19	0.11
131	呋草酮	0.40	0.03	0.03	2.00	0.15	0.50
132	氟乐灵	200.00	100.65	224.67	1 000.00	303.42	546.83
133	麦草氟甲酯	2.00	0.52	0.71	10.00	1.56	2.34
134	生物苄呋菊酯	4.00	1.28	0.59	20.00	1.75	3.13
135	丙环唑	0.40	0.10	0.11	2.00	0.35	0.30
136	甲基毒死蜱	4.00			20.00	2.73	11.66
137	嘧啶磷	0.12	0.01	0.05	0.60	0.04	0.30
138	烯草酮	4.00	0.45	0.81	20.00	2.08	6.07
139	麦草氟异丙酯	0.40	0.06	0.09	2.00	0.32	0.41
140	杀虫畏	1.20	0.36	0.48	6.00	1.41	1.91
141	炔螨特	8.00	3.64	2.28	40.00	7.94	5.14
142	糠菌唑	0.80	0.34	0.23	4.00	0.88	1.13
143	氟吡酰草胺	0.40	0.14	0.13	2.00	0.25	0.45
144	氟噻乙草酯	1.20	0.61	0.25	6.00	0.60	0.71
145	肟菌酯	0.20	0.05	0.06	1.00	0.49	0.16
146	氯嘧磺隆	4.00	1.46	1.45	20.00	4.61	4.92
C组							
147	甲硫威亚砜	2.40	0.88	1.53	12.00	2.29	4.11
148	乙氧喹啉	24.00	6.04	9.15	120.00	49.02	144.16
149	避蚊胺	0.20	0.06	0.08	1.00	0.27	0.82
150	灭草隆	8.00	2.81	2.93	40.00	6.79	15.84
151	嘧霉胺	0.80	0.17	0.15	4.00	0.55	1.28
152	甲呋酰胺	0.40	0.11	0.15	2.00	0.20	0.62
153	灭藻醌	4.00	0.39	1.56	20.00	1.84	5.49
154	仲丁威	0.80	0.18	0.24	4.00	0.75	1.94
155	敌稗	1.60	0.61	0.57	8.00	1.36	3.02
156	萎锈灵	0.40	0.12	0.15	2.00	0.21	0.37
157	啶虫脒	1.20	0.13	0.56	6.00	0.83	1.40
158	嘧菌胺	0.40	0.09	0.17	2.00	0.25	0.59
159	扑灭通	0.20	0.06	0.06	1.00	0.13	0.37
160	甲硫威	0.80	0.32	0.29	4.00	0.34	1.72
161	甲氧隆	0.80	0.19	0.32	4.00	0.63	0.84
162	乐果	1.60	0.40	0.39	8.00	0.61	0.76

表 D.1（续）

序号	名　　称	含量/(μg/kg)	重复性限 r	再现性限 R	含量/(μg/kg)	重复性限 r	再现性限 R
163	呋菌胺	8.00	0.45	1.97	40.00	2.81	17.77
164	氟草隆	6.00	0.48	1.72	30.00	1.53	3.71
165	百治磷	4.00	2.45	0.54	20.00	9.56	12.10
166	庚酰草胺	0.40	0.15	0.17	2.00	0.53	0.59
167	双苯酰草胺	0.20	0.02	0.07	1.00	0.07	0.15
168	灭线磷	0.80	0.25	0.15	4.00	0.45	1.38
169	地虫硫磷	1.20	0.21	0.35	6.00	1.06	2.83
170	醚菊酯	40.00	13.10	15.53	200.00	91.32	131.87
171	环嗪酮	0.40	0.71	0.26	2.00	1.25	2.20
172	异戊乙净	0.20	0.03	0.05	1.00	0.30	0.41
173	敌百虫	12.00	4.87	4.50	60.00	23.11	42.36
174	内吸磷	1.60	0.73	0.67	8.00	2.14	5.05
175	解草嗪	2.00	0.92	1.47	10.00	1.50	5.05
176	除草定	4.00	0.48	0.54	20.00	1.91	3.36
177	甲拌磷亚砜	200.00	36.02	68.31	1 000.00	373.64	474.25
178	溴莠敏	6.00	0.83	2.11	30.00	4.43	3.75
179	氧化萎锈灵	0.80	0.17	0.42	4.00	0.46	0.96
180	灭锈胺	0.40	0.04	0.15	2.00	0.24	0.60
181	吡嘧磺隆	0.40	0.09	0.09	2.00	0.21	0.75
182	倍硫磷	2.00	0.35	0.76	10.00	4.81	4.81
183	甲霜灵	0.40	0.03	0.14	2.00	0.15	0.60
184	呋酰胺	1.20	0.50	0.87	6.00	0.54	2.27
185	十二环吗啉	0.20	0.08	0.07	1.00	0.17	0.38
186	咪草酸	1.20	0.14	0.50	6.00	0.90	1.92
187	乙拌磷亚砜	0.80	0.28	0.17	4.00	0.91	1.08
188	稻瘟灵	0.60	0.19	0.13	3.00	0.23	0.39
189	抑霉唑	1.20	0.18	0.41	6.00	1.12	2.11
190	辛硫磷	8.00	1.93	3.02	40.00	7.13	20.97
191	喹硫磷	0.80	0.11	0.29	4.00	0.50	1.46
192	灭菌磷	40.00	4.27	14.09	200.00	18.43	62.16
193	苯氧威	0.80	0.29	0.32	4.00	0.82	1.00
194	嘧啶磷	0.20	0.05	0.11	1.00	0.10	0.33
195	丰索磷	0.80	0.15	0.39	4.00	0.90	1.45
196	氟咯草酮	2.40	0.89	1.52	12.00	2.37	5.21

表 D.1（续）

序号	名　称	含量/(μg/kg)	重复性限 r	再现性限 R	含量/(μg/kg)	重复性限 r	再现性限 R
197	丁草胺	4.00	0.60	1.68	20.00	2.19	6.63
198	亚胺菌	40.00	19.88	21.65	200.00	43.54	42.25
199	灭菌唑	0.80	0.23	0.42	4.00	0.22	1.75
200	苯线磷亚砜	0.80	0.15	0.18	4.00	0.45	1.23
201	噻吩草胺	1.60	0.51	0.45	8.00	1.65	2.19
202	杀螟硫磷	32.00	56.91	37.18	160.00	50.10	124.70
203	杀草吡啶	0.40	0.08	0.16	2.00	0.24	0.65
204	氟环唑	40.00	2.91	16.43	200.00	23.95	85.03
205	氯辛硫磷	40.00	4.79	10.99	200.00	29.72	50.98
206	苯线磷砜	0.40	0.09	0.15	2.00	0.39	0.84
207	腈苯唑	0.20	0.22	0.08	1.00	0.32	0.32
208	碘硫磷	12.00	5.29	3.56	60.00	30.56	23.53
209	苯醚菊酯	40.00	17.58	6.36	200.00	26.61	62.14
210	哌草磷	0.20	0.07	0.09	1.00	0.17	0.29
211	增效醚	0.40	0.09	0.14	2.00	0.53	0.60
212	乙氧氟草醚	8.00	3.90	1.50	40.00	26.72	27.94
213	蝇毒磷	0.40	0.10	0.13	2.00	0.46	0.74
214	咯菌腈	0.40	0.25	0.35	2.00	1.02	2.03
215	伏杀硫磷	8.00	1.03	1.23	40.00	4.37	8.75
216	甲氧虫酰肼	8.00	1.31	3.59	40.00	5.66	11.42
217	咪鲜胺	0.80	0.69	0.58	4.00	0.76	1.34
218	丙硫特普	0.80	0.11	0.26	4.00	0.30	1.17
219	乙硫磷	1.60	0.17	0.57	8.00	1.12	1.47
220	敌草净	0.20	0.04	0.03	1.00	0.10	0.24
221	噻吩磺隆	2.00	0.35	0.83	10.00	0.57	1.58
222	乙氧磺隆	16.00	0.78	6.65	80.00	4.28	14.94
223	氟硫草定	1.20	0.23	0.51	6.00	0.97	1.86
224	螺螨酯	4.00	1.13	1.18	20.00	4.32	4.89
225	唑螨酯	0.40	0.09	0.24	2.00	0.36	1.18
226	胺氟草酯	2.00	0.89	0.83	10.00	1.86	0.94
227	双硫磷	4.00	0.50	1.66	20.00	2.84	31.87
228	丁脒酰胺	0.80	0.10	0.43	4.00	0.59	1.70
D组							
229	异丙甲草胺	0.20	0.06	0.06	1.00	0.41	0.82

表 D.1（续）

序号	名　　称	含量/(μg/kg)	重复性限 r	再现性限 R	含量/(μg/kg)	重复性限 r	再现性限 R
230	二丙烯草胺	40.00	4.50	31.29	200.00	12.62	90.29
231	炔苯酰草胺	0.80	0.19	0.24	4.00	0.52	1.78
232	三环唑	0.40	0.04	0.08	2.00	0.48	1.10
233	噻菌灵	1.20	0.26	1.00	6.00	0.89	4.99
234	苯嗪草酮	0.40	0.11	0.23	2.00	0.43	1.22
235	异丙隆	0.40	0.06	0.08	2.00	0.06	0.16
236	莠去通	0.20	0.04	0.08	1.00	0.18	0.58
237	克草敌	40.00	3.30	19.50	200.00	1.70	93.25
238	嗪草酮	1.20	0.57	0.80	6.00	1.47	3.10
239	DMST	2.40	0.68	1.12	12.00	2.03	5.17
240	环草敌	2.00	0.33	0.79	10.00	1.05	4.76
241	莠去津	0.12	0.04	0.07	0.60	0.08	0.29
242	丁草敌	240.00	87.13	125.97	1 200.00	50.96	1 448.70
243	丙硫磷	40.00	19.87	40.90	200.00	71.16	170.19
244	氯草敏	4.00	0.37	1.78	20.00	1.44	7.18
245	菜草畏	24.00	7.12	12.53	120.00	11.08	50.08
246	乙嘧酚	0.80	0.40	0.25	4.00	0.48	0.79
247	特丁通	0.20	0.06	0.04	1.00	0.15	0.17
248	环丙津	0.12	0.01	0.05	0.60	0.11	0.26
249	莠灭净	0.40	0.11	0.11	2.00	0.33	1.00
250	丁噻隆	0.20	0.05	0.05	1.00	0.07	0.17
251	草达津	0.40	0.14	0.20	2.00	0.15	0.63
252	另丁津	0.20	0.03	0.06	1.00	0.11	0.56
253	畜虫避	16.00	0.92	4.24	80.00	10.56	35.99
254	牧草胺	0.20	0.08	0.04	1.00	0.11	0.27
255	久效威砜	40.00	12.49	21.63	200.00		
256	杀螟丹	40.00	3.07	13.84	200.00	20.34	66.26
257	甲醚菊酯	800.00	479.33	321.66	4 000.00	2 119.81	2 327.47
258	特丁净	0.16	0.02	0.04	0.80	0.07	0.37
259	咪唑嗪	28.00	5.40	15.00	140.00	15.14	57.80
260	虫线磷	4.00	1.35	2.62	20.00	1.58	11.94
261	溴苯磷	4.00	18.62	27.63	20.00	125.76	48.87
262	庚烯磷	4.00	0.26	1.70	20.00	1.53	9.64
263	苄草丹	0.20	0.08	0.10	1.00	0.19	0.53

表 D.1（续）

序号	名　称	含量/(μg/kg)	重复性限 r	再现性限 R	含量/(μg/kg)	重复性限 r	再现性限 R
264	异丙净	0.12	0.04	0.06	0.60	0.14	0.32
265	禾草丹	0.40	0.19	0.09	2.00	0.40	0.57
266	三异丁基磷酸盐	0.20	0.08	0.17	1.00	0.18	0.40
267	三正丁基磷酸盐	0.20	0.02	0.12	1.00	0.09	0.54
268	乙霉威	1.60	0.64	0.61	8.00	0.88	4.13
269	甲草胺	8.00	1.53	5.13	40.00	4.46	20.78
270	硫线磷	0.80	0.15	0.38	4.00	0.43	1.86
271	吡唑草胺	0.40	0.10	0.20	2.00	0.17	0.71
272	胺丙畏	32.00	25.28	19.92	160.00	24.87	24.30
273	特丁硫磷	72.00	35.60	44.75	360.00	46.68	123.28
274	硅氟唑	0.40	0.17	0.07	2.00	0.26	0.24
275	三唑酮	2.00	0.69	0.52	10.00	1.29	1.61
276	甲拌磷砜	1.60	0.34	0.43	8.00	1.80	4.12
277	三苯基磷酸盐	0.20	0.04	0.03	1.00	0.14	0.15
278	苯噻酰草胺	0.40	0.09	0.16	2.00	0.32	1.05
279	氧环唑	0.20	0.03	0.06	1.00	0.11	0.48
280	苯线磷	0.16	0.05	0.11	0.80	0.12	0.32
281	苯锈定	0.16	0.02	0.02	0.80	0.04	0.25
282	戊唑醇	0.20	0.04	0.06	1.00	0.14	0.54
283	异丙乐灵	4.00	1.30	2.17	20.00	6.29	10.09
284	氟苯嘧啶醇	2.00	0.43	0.71	10.00	0.85	1.93
285	乙嘧酚磺酸酯	0.40	0.07	0.26	2.00	0.39	0.97
286	保棉磷	40.00	17.07	16.65	200.00	67.50	85.54
287	丁基嘧啶磷	40.00	5.84	5.86	200.00	8.31	28.05
288	稻丰散	4.00	1.25	3.69	20.00	2.31	9.74
289	治螟磷	0.80	0.49	0.44	4.00	0.66	2.42
290	硫丙磷	1.60	0.15	0.37	8.00	0.57	1.17
291	苯硫磷	2.00	0.74	1.21	10.00	1.58	3.62
292	甲基吡噁磷	0.40	0.08	0.14	2.00	0.35	0.64
293	烯唑醇	0.40	0.09	0.10	2.00	0.17	0.92
294	氟喹唑	0.20	0.18	0.25	1.00	0.23	0.26
295	稀禾啶	1.20	0.23	0.23	6.00	1.12	1.31
296	戊菌隆	0.20	0.04	0.05	1.00	0.07	0.12
297	灭蚜磷	4.00	1.41	0.92	20.00	2.34	4.60
298	三甲苯草酮	2.00	0.29	0.45	10.00	1.49	7.27

表 D.1（续）

序号	名　　称	含量/(μg/kg)	重复性限 r	再现性限 R	含量/(μg/kg)	重复性限 r	再现性限 R
299	马拉氧磷	0.40	0.08	0.17	2.00	0.21	3.34
300	稗草丹	0.40	0.08	0.13	2.00	0.42	1.16
301	哒嗪硫磷	0.80	0.18	0.20	4.00	0.42	0.57
302	脱甲基抗蚜威	0.20	0.10	0.08	1.00	0.24	0.52
303	硫双威	4.00	0.32	0.90	20.00	3.68	26.24
304	吡唑硫磷	1.20	0.45	0.40	6.00	0.66	1.39
305	啶氧菌酯	40.00	3.16	19.64	200.00	38.04	102.58
306	四氟醚唑	0.40	0.13	0.10	2.00	0.20	0.67
307	吡唑解草酯	1.50	0.31	0.29	7.50	0.79	1.41
308	丙溴磷	0.80	0.09	0.15	4.00	0.40	0.56
309	吡唑醚菊酯	0.80	0.21	0.37	4.00	1.51	1.88
310	烯酰吗啉	0.40	0.07	0.09	2.00	0.36	0.55
311	噻嗯菊酯	0.80	0.24	0.34	4.00	0.32	1.16
312	噻唑烟酸	1.20	0.42	0.32	6.00	1.53	2.09
313	苯醚甲环唑	0.20	0.04	0.05	1.00	0.08	0.27
314	毒死蜱	1.20	0.42	0.40	6.00	0.74	1.62
315	吡草醚	2.40	0.25	0.90	12.00	1.25	7.31
316	甲基对硫磷	40.00	62.97	32.53	200.00	209.84	182.50
			E组				
317	4-氨基吡啶	0.87	0.55	1.59	3.47	0.85	4.29
318	灭多威	9.56	0.47	5.71	38.24	0.63	23.45
319	咯喹酮	3.48	0.10	4.13	13.92	0.24	2.27
320	麦穗灵	1.89	0.13	0.96	7.56	0.31	2.85
321	丁脒酰胺	1.70	0.05	0.80	6.79	0.35	2.56
322	丁酮威	1.57	0.20	2.70	6.28	0.29	2.69
323	杀虫脒	1.33	0.19	1.44	5.33	0.80	2.84
324	霜脲氰	55.60	9.54	28.80	222.40	14.66	291.84
325	灭草敌	0.26	0.15	0.30	1.03	0.23	0.78
326	氯硫酰草胺	8.82	2.85	8.03	35.28	36.29	79.80
327	灭害威	16.42	1.58	5.51	65.68	11.84	20.65
328	甲菌定	0.12	0.01	0.07	0.50	0.01	0.17
329	氧乐果	9.65	1.36	5.73	38.60	11.09	16.18
330	乙氧呋啉	3.52	0.30	6.06	14.08	2.19	5.49
331	敌敌畏	0.55	0.03	0.39	2.19	0.15	1.47

表 D.1（续）

序号	名　　称	含量/(μg/kg)	重复性限 r	再现性限 R	含量/(μg/kg)	重复性限 r	再现性限 R
332	涕灭威砜	21.40	1.23	17.43	85.60	4.14	55.52
333	二氧威	3.36	0.18	2.87	13.44	0.78	4.36
334	苄腺嘌呤	70.80	1.82	30.60	283.20	6.45	105.97
335	甲基内吸磷	5.30	1.17	5.96	21.20	2.03	2.48
336	杀虫丹亚砜	224.00	6.71	204.12	896.00	22.88	515.91
337	杀螟腈	10.12	3.75	15.14	40.48	26.26	504.66
338	甲基乙拌磷	578.00	204.43	961.02	2 312.00	1 147.44	1 475.85
339	灭菌丹	138.60	29.47	330.50	554.40	79.51	992.44
340	呱草丹	3 780.00	599.72	6 076.12	15 120.00	1 541.17	14 720.99
341	苯锈定	0.18	0.03	0.25	0.73	0.12	0.39
342	赛硫磷	658.00	414.54	372.65	2 632.00	751.24	1 968.89
343	甲咪唑烟酸	5.90	0.25	2.76	23.60	0.64	6.27
344	甲基对氧磷	0.47	0.06	0.16	1.90	0.09	1.09
345	4-十二烷基-2,6-二甲基吗啉	3.16	15.29	91.29	12.64	1.13	13.93
346	乙烯菌核利	2.54	4.06	7.68	10.16	2.78	11.42
347	烯效唑	2.40	0.15	0.60	9.60	0.78	2.19
348	啶斑肟	0.27	0.04	0.34	1.06	0.13	0.69
349	氯硫磷	133.60	37.76	51.31	534.40	46.09	367.09
350	异氯磷	0.24	0.03	0.09	0.95	0.07	0.64
351	四螨嗪	0.76	0.33	1.76	3.06	0.56	2.08
352	氟草敏	0.26	0.01	0.18	1.03	0.04	0.41
353	野麦畏	46.20	4.06	11.31	184.80	8.61	306.88
354	苯氧喹啉	153.40	6.65	21.39	613.60	20.54	267.51
355	倍硫磷砜	17.46	2.63	66.18	69.84	2.67	38.29
356	氟咯草酮	1.29	0.20	0.23	5.16	0.37	2.33
357	酞酸苯甲基丁酯	632.00	590.75	5 345.79	2 528.00	556.17	802.75
358	氯唑磷	0.18	0.01	0.08	0.71	0.08	0.28
359	除线磷	30.20	8.53	12.45	120.80	17.21	78.88
360	蚜灭多砜	476.00	93.24	293.22	1 904.00	1 008.12	433.02
361	特丁硫磷砜	88.60	10.04	63.84	354.40	20.31	216.47
362	敌乐胺	1.79	0.61	2.13	7.17	0.85	1.93
363	氰霜唑	4.50	1.16	11.03	18.00	20.70	264.62
364	毒壤磷	66.80	11.51	64.38	267.20	9.44	220.43

表 D.1（续）

序号	名　　称	含量/(μg/kg)	重复性限 r	再现性限 R	含量/(μg/kg)	重复性限 r	再现性限 R
365	苄呋菊酯	0.30	0.07	0.22	1.20	0.15	0.99
366	啶酰菌胺	4.76	0.18	2.10	19.04	0.40	11.01
367	甲磺乐灵	34.40	3.18	5.22	137.60	2.85	78.74
368	甲氰菊酯	245.00	36.50	497.90	980.00	71.31	175.67
369	噻螨酮	23.60	2.54	31.85	94.40	3.11	50.15
370	双氟磺草胺	17.40	28.59	79.99	69.60	56.66	91.23
371	苯螨特	19.66	5.41	19.23	78.64	22.44	61.66
372	新燕灵	308.00	17.56	123.44	1 232.00	12.26	534.92
373	嘧螨醚	14.00	1.93	11.31	56.00	13.69	99.45
374	呋线威	1.92	0.20	1.60	7.67	0.90	3.65
375	反式氯菊酯	4.80	1.64	7.97	19.20	2.72	27.83
376	醚菊酯	2 280.00	755.33	3 194.36	9 120.00	386.60	1 032.43
377	苄草唑	0.33	0.04	1.00	1.30	0.07	2.99
378	嘧唑螨	7.78	1.61	15.21	31.12	18.23	103.27
379	*Z*-氯氰菊酯	0.68	0.25	0.59	2.71	0.78	2.50
380	氟吡乙禾灵	2.50	0.32	0.97	10.00	0.34	6.57
381	*S*-氰戊菊酯	416.00	399.29	1 110.01	1 664.00	2 742.20	2 269.75
382	乙羧氟草醚	5.00	0.58	8.20	20.00	6.51	10.70
F组							
383	丙烯酰胺	17.80	1.97	3.45	71.20	11.80	24.50
384	叔丁基胺	38.95	6.49	44.92	155.80	21.41	61.32
385	噁霉灵	224.14	40.28	81.19	896.54	201.02	337.24
386	邻苯二甲酰亚胺	43.00	4.85	9.64	172.00	27.82	21.66
387	甲氟磷	68.20	14.13	53.57	272.80	14.88	217.06
388	速灭威	25.40	57.97	97.61	101.60	124.31	306.96
389	二苯胺	0.41	0.38	1.26	1.66	0.05	1.24
390	萘乙酸基乙酰亚胺	0.81	0.08	0.31	3.24	0.37	0.35
391	乙基-阿特拉津	0.62	0.09	0.31	2.48	0.23	0.29
392	2,6-二氯苯甲酰胺	4.50	0.57	0.40	18.00	0.62	1.75
393	涕灭威	261.00	102.51	80.14	1 044.00	450.81	394.04
394	邻苯二甲酸二甲酯	13.20	4.54	6.96	52.80	38.33	41.22
395	杀虫脒	2.64	0.43	0.41	10.56	2.73	6.81
396	西玛通	1.10	0.09	0.34	4.42	0.23	0.40
397	呋虫胺	10.18	1.56	2.94	40.72	14.01	21.33

表 D.1（续）

序号	名　　称	含量/(μg/kg)	重复性限 r	再现性限 R	含量/(μg/kg)	重复性限 r	再现性限 R
398	克草敌	3.40	1.06	1.60	13.60	2.94	1.69
399	活化酯	3.08	0.53	1.78	12.32	2.22	2.09
400	蔬果磷	13.84	4.94	5.04	55.36	18.21	36.88
401	杀线威	548.06	151.54	296.40	2 192.24	1 823.12	3 577.21
402	赛苯隆	0.29	0.07	0.17	1.18	1.18	0.57
403	甲基苯噻隆	0.07	0.01	0.04	0.29	0.05	0.04
404	丁酮砜威	26.60	9.42	17.99	106.40	17.82	45.25
405	砜吸磷	3.92	1.03	1.04	15.68	3.08	34.97
406	久效威砜	24.08	6.62	28.28	96.32	7.86	18.97
407	硫环磷	0.49	0.14	0.11	1.94	0.24	0.38
408	硫赶内吸磷	80.00	55.75	76.06	320.00	131.62	244.55
409	氧倍硫磷	1.19	0.18	1.19	4.75	0.23	0.47
410	萘丙胺	1.27	0.10	0.34	5.10	0.57	0.80
411	杀螟硫磷	26.80	3.49	2.93	107.20	9.78	6.01
412	酞酸二丁酯	39.60	12.29	17.55	158.40	25.05	68.12
413	丙草胺	0.39	0.04	0.07	1.56	0.12	0.22
414	腐霉利	86.60	5.96	21.42	346.40	19.45	25.08
415	蚜灭磷	4.56	0.38	0.44	18.24	1.11	2.49
416	枯草隆	0.44	0.95	1.15	1.78	0.60	0.94
417	威菌磷	0.01	0.00	0.01	0.05	0.00	0.01
418	右旋炔丙菊酯	58.80	165.92	291.03	235.20	85.99	279.69
419	可灭隆	1.32	0.12	0.31	5.27	0.46	0.55
420	甲氧咪草烟	1.80	1.61	2.01	7.20	10.06	29.72
421	杀鼠灵	2.68	0.85	1.09	10.72	0.95	1.21
422	亚胺硫磷	17.72	1.53	3.19	70.88	10.17	7.90
423	皮蝇磷	13.13	7.18	7.21	52.52	6.62	21.34
424	酞酸二环己酯	0.68	0.07	0.54	2.71	0.46	0.30
425	环丙酰胺	5.20	1.11	5.48	20.80	4.79	26.37
426	吡螨胺	0.25	0.12	0.15	1.02	0.04	0.06
427	虫酰肼	27.80	29.72	33.76	111.20	47.11	75.65
428	虫螨磷	31.80	5.31	25.04	127.20	27.84	20.09
429	毒壤磷	157.00	33.04	76.57	628.00	70.03	247.13
430	吲哚酮草酯	14.58	1.91	16.57	58.32	5.14	25.48
431	鱼滕酮	2.32	0.33	1.87	9.28	1.84	0.74

表 D.1（续）

序号	名　　称	含量/(μg/kg)	重复性限 r	再现性限 R	含量/(μg/kg)	重复性限 r	再现性限 R
432	亚胺唑	10.26	0.52	6.55	41.04	0.93	2.51
433	噁草酸	1.24	0.16	0.66	4.94	0.24	0.29
434	2,3,4,5-四氯苯胺	53.60	86.71	173.74	214.40	333.88	772.16
435	吡草酮	0.08	0.05	0.22	0.32	0.11	0.15
436	地乐酯	41.28	14.51	39.17	165.12	1.58	16.97
437	异丙草胺	0.80	0.25	0.35	3.20	0.10	1.50
438	氟硅菊酯	608.00	167.82	280.06	2 432.00	885.43	1 126.50
439	乙氧苯草胺	0.80	0.20	0.60	3.20	1.10	3.36
440	四唑酰草胺	12.40	7.35	22.28	49.60	4.12	4.88
441	五氯苯胺	3.74	0.68	1.06	14.98	2.54	2.26
442	苯醚氰菊酯	16.80	2.78	17.07	67.20	18.75	10.80
443	狄氏剂	161.60	297.34	218.61	646.40	524.52	731.97
444	乙螨唑	0.87	0.37	0.77	3.49	1.42	2.51
445	马拉氧磷	4.69	1.11	1.24	18.75	1.18	3.08
446	多果定	8.00	2.21	16.96	32.00	7.51	13.56
				G组			
447	茅草枯	230.74	133.20	181.57	922.96	214.77	853.84
448	四氟丙酸	22.98	23.42	41.16	91.92	7.11	63.54
449	2,6-二氟苯甲酸	1 704.08	629.75	1 905.79	6 816.32	4 642.23	7 618.29
450	三氯乙酸钠	281.58	79.98	281.74	1 126.32	1 110.35	2 334.96
451	2-苯基苯酚	169.88	27.78	100.50	679.52	72.38	235.8
452	3-苯基苯酚	4.00	0.65	2.37	16.01	1.71	5.56
453	二氯吡啶酸	280.00	215.33	232.73	1 120.00	265.12	1 075.07
454	4,6-二硝基邻甲酚	2.60	1.38	2.40	10.40	0.59	7.70
455	调果酸	11.40	3.29	6.06	45.60	0.53	41.65
456	氯硝胺	48.56	2.54	44.31	194.22	18.39	75.74
457	氯苯胺灵	15.77	3.99	8.97	63.07	6.72	28.10
458	2-甲-4-氯丙酸	4.90	0.64	2.11	19.58	0.68	20.89
459	特草定	0.88	0.41	0.98	3.51	1.04	1.31
460	麦草畏	1 265.92	273.25	674.14	5 063.68	1 189.81	5 001.08
461	二甲四氯丁酸	14.18	2.87	6.26	56.72	0.25	93.11
462	灭草松	1.03	1.02	1.06	4.13	0.65	5.68
463	地乐酚	0.40	0.13	0.43	1.58	0.65	1.08
464	草消酚	0.24	0.09	0.27	0.96	0.21	0.42

表 D.1（续）

序号	名　　称	含量/(μg/kg)	重复性限 r	再现性限 R	含量/(μg/kg)	重复性限 r	再现性限 R
465	氯吡脲	11.40	1.59	3.40	45.60	7.02	55.26
466	咯菌腈	62.16	23.60	48.68	248.64	56.10	86.75
467	氟草烟	192.06	13.53	57.80	768.24	5.28	516.01
468	杀螨醇	164.30	126.70	341.03	657.20	68.19	604.36
469	溴苯腈	1.80	1.26	2.13	7.20	2.13	9.54
470	灭幼脲	20.40	3.58	9.36	81.60	14.32	54.16
471	氯霉素	3.88	0.90	3.96	15.52	3.05	14.96
472	禾草灭	0.20	0.02	0.16	0.80	0.01	1.08
473	乙酰磺胺对硝基苯	3.04	0.85	3.73	12.16	2.46	9.70
474	甲基磺草酮	2 300.56	155.98	1 684.85	9 202.24	826.38	2 920.77
475	安磺灵	4.91	4.38	10.25	19.66	2.58	25.13
476	三氟羧草醚	118.00	20.43	109.82	472.00	26.01	448.46
477	碘苯腈	0.62	1.01	1.13	2.46	0.54	2.41
478	噁唑菌酮	45.29	6.99	16.77	181.15	17.74	62.48
479	吡氟酰草胺	28.27	1.63	7.46	113.09	11.42	38.31
480	乙虫清	39.85	6.60	47.22	159.41	15.92	148.45
481	磺菌胺	0.41	0.10	0.41	1.66	0.30	1.07
482	环丙嘧磺隆	343.68	68.16	101.45	1 374.72	224.41	683.53
483	氟磺胺草醚	2.02	0.45	2.38	8.08	0.75	4.41
484	碘甲磺隆钠	21.20	3.05	10.86	84.80	4.48	120.03
485	克来范	9 642.82	1 212.70	3 066.89	38 571.28	4 322.93	21 636.89
486	甲基碘磺隆	66.60			266.40	14.06	377.08

附　录　E
（资料性附录）
486 种农药及相关化学品英文中文名称对照索引（按英文字母顺序）

486 种农药及相关化学品英文中文名称对照索引（按英文字母顺序）见表 E.1。

表 E.1　486 种农药及相关化学品英文中文名称对照索引（按英文字母顺序）

序号	英文名称	中文名称	附录 A 中序号	序号	英文名称	中文名称	附录 A 中序号
1	1-naphthy acetamide	萘乙酸基乙酰亚胺	390	25	ametryn	阔草净	249
2	2,3,4,5-tetrachloro-aniline	2,3,4,5-四氯苯胺	434	26	amidithion	赛硫磷	342
				27	aminocarb	灭害威	327
3	2,6-dichlorobenzamide	2,6-二氯苯甲酰胺	392	28	anilofos	莎稗磷	64
4	2,6-difluorobenzoic acid	2,6-二氟苯甲酸	449	29	aspon	丙硫特普	218
				30	atratone	莠去通	236
5	2-phenylphenol	2-苯基苯酚	451	31	atrazine	莠去津	241
6	3,4,5-trimethacarb	3,4,5-混杀威	3	32	atrazine-desethyl	乙基-阿特拉津	391
7	3-phenylphenol	3-苯基苯酚	452	33	azaconazole	戊环唑	279
8	4,4′-dichlorobenzop-henone	4,4′-二氯二苯甲酮	21	34	azamethiphos	甲基吡噁磷	292
				35	azinphos ethyl	益棉磷	61
9	4-aminopyridine	4-氨基吡啶	317	36	azinphos-methyl	保棉磷	286
10	6-chloro-4-hydroxy-3-phenyl-pyridazin	6-氯-4-羟基-3-苯基哒嗪	82	37	aziprotryne	叠氮津	11
				38	azoxystrobin	嘧菌酯	73
11	acephate	乙酰甲胺磷	79	39	benalyxyl	苯霜灵	52
12	acetamiprid	啶虫清	157	40	bendiocarb	噁虫威	88
13	acetochlor	乙草胺	27	41	benfuracarb-methyl	甲基丙硫克百威	313
14	acibenzolar-*s*-methyl	活化酯	399	42	benodanil	麦锈灵	49
15	acifluorfen	三氟羧草醚	476	43	benoxacor	解草酮	175
16	aclonifen	苯草醚	98	44	bensulide	地散磷	70
17	acrylamide	丙烯酰胺	383	45	bentazone	灭草松	462
18	alachlor	甲草胺	269	46	benzofenap	吡草酮	435
19	aldicarb	涕灭威	393	47	benzoximate	苯螨特	371
20	aldicarb sulfone	涕灭威砜	332	48	benzoylprop-ethyl	新燕灵	372
21	aldimorph	4-十二烷基-2,6-二甲基吗啉	345	49	benzyladenine	苄腺嘌呤	334
				50	bioallethrin	生物丙烯菊酯	118
22	allethrin	烯丙菊酯	43	51	bioresmethrin	生物苄呋菊酯	134
23	allidochlor	二丙烯草胺	230	52	bitertanol	联苯三唑醇	58
24	alloxydim-sodium	禾草灭	472	53	boscalid	啶酰菌胺	366

表 E.1（续）

序号	英文名称	中文名称	附录 A 中序号	序号	英文名称	中文名称	附录 A 中序号
54	bromacil	除草定	176	87	chlorphoxim	氯辛硫磷	205
55	bromfenvinfos	溴苯烯磷	72	88	chlorpropham	氯苯胺灵	457
56	bromophos-ethyl	乙基溴硫磷	69	89	chlorpyrifos	毒死蜱	136
57	bromoxynil	溴苯腈	469	90	chlorthiamid	氯硫酰草胺	326
58	brompyrazon	溴莠敏	178	91	chlorthion	氯硫磷	349
59	bromuconazole	糠菌唑	142	92	chlorthiophos	虫螨磷	428
60	bupirimate	乙嘧酚磺酸酯	285	93	cinidon-ethyl	吲哚酮草酯	430
61	buprofezin	噻嗪酮	121	94	cinosulfuron	醚黄隆	314
62	butachlor	丁草胺	197	95	clethodim	烯草酮	138
63	butafenacil	氟丙嘧草酯	228	96	clofentezine	四螨嗪	351
64	butocarboxim	丁酮威	322	97	clomazone	异噁草松	17
65	butoxycarboxim	丁酮砜威	404	98	cloprop	调果酸	455
66	butralin	仲丁灵	38	99	clopyralld	二氯吡啶酸	453
67	buturon	播土隆	14	100	cloquintocet mexyl	解草酯	57
68	butylate	丁草敌	242	101	clothianidin	噻虫胺	93
69	cadusafos	硫线磷	270	102	coumaphos	蝇毒磷	213
70	carbaryl	甲萘威	5	103	coumatetralyl	杀鼠醚	111
71	carbendazim	多菌灵	81	104	crimidine	鼠立克	78
72	carbetamide	双酰草胺	15	105	crufomate	育畜磷	109
73	carbofuran	克百威	156	106	cumyluron	可灭隆	419
74	carpropamid	环丙酰胺	425	107	cyanazine	氰草津	18
75	cartap hydrochloride	杀螟丹	256	108	cyanofenphos	苯腈磷	119
76	chloramphenicolum	氯霉素	471	109	cyanohos	杀螟腈	337
77	chlorbufam	氯草灵	87	110	cyazofamid	氰霜唑	363
78	chlordimeform	杀虫脒	323	111	cycloate	环草敌	240
79	chlordimeform hydrochloride	杀虫脒盐酸盐	395	112	cyclosulfamuron	环丙嘧磺隆	482
				113	cycloxydim	噻草酮	129
80	chlorfenethol	杀螨醇	468	114	cycluron	环莠隆	4
81	chloridazon	氯草敏	244	115	cymoxanil	霜脲氰	324
82	chlorimuron ethyl	氯嘧磺隆	146	116	cyphenothrin	苯醚氰菊酯	442
83	chlormephos	氯甲硫磷	92	117	cyprazine	环丙津	248
84	chlorobenzuron	灭幼脲	470	118	cyproconazole	环丙唑醇	107
85	chlorotoluron	绿麦隆	85	119	cyprodinil	嘧菌磺胺	13
86	chloroxuron	枯草隆	416	120	cythioate	赛灭磷	112

表 E.1(续)

序号	英文名称	中文名称	附录 A 中序号	序号	英文名称	中文名称	附录 A 中序号
121	dalapon	茅草枯	447	154	diniconazole	烯唑醇	293
122	dazomet	棉隆	75	155	dinitramine	敌乐胺	362
123	DEF	脱叶磷	125	156	dinoseb	地乐酚	463
124	demeton(*o*+*s*)	内吸磷	174	157	dinoseb acetate	地乐酯	436
125	demeton-*s*	硫赶内吸磷	408	158	dinotefuran	呋虫胺	397
126	demeton-*s*-methyl	甲基内吸磷	335	159	dinoterb	草消酚	464
127	demeton-*s*-methyl sulfoxide	砜吸磷	405	160	dioxabenzofos	蔬果磷	400
				161	dioxacarb	二氧威	333
128	desmedipham	甜菜胺	41	162	diphenamid	双苯酰草胺	167
129	diafenthiuron	杀螨隆	220	163	diphenylamin	二苯胺	389
130	dialifos	毒壤磷	429	164	dipropetryn	杀草净	264
131	diallate	燕麦敌	26	165	disulfoton	乙拌磷	181
132	diazinon	二嗪磷	44	166	disulfoton sulfone	乙拌磷砜	122
133	dibutyl succinate	畜虫避	253	167	disulfoton-sulfoxide	乙拌磷亚砜	187
134	dicamba	麦草畏	460	168	ditalimfos	灭菌磷	192
135	dicapthon	异氯磷	350	169	dithiopyr	氟硫草定	223
136	dichlofenthion	除线磷	359	170	diuron	敌草隆	91
137	dichlorvos	敌敌畏	331	171	DMST	—	239
138	diclobutrazole	苄氯三唑醇	53	172	DNOC	4,6-二硝基邻甲酚	454
139	dicloran	氯硝胺	456	173	dodemorph	吗菌灵	185
140	dicrotophos	百治磷	165	174	dodine	多果定	446
141	dieldrin	狄氏剂	443	175	edifenphos	敌瘟磷	45
142	diethofencarb	乙霉威	268	176	EPN	苯硫磷	291
143	diethyltoluamide	避蚊胺	149	177	epoxiconazole	氟环唑	204
144	diflufenican	吡氟酰草胺	479	178	EPTC	茵草敌	148
145	dimefox	甲氟磷	387	179	esfenvalerate	*S*-氰戊菊酯	381
146	dimepiperate	哌草丹	340	180	etaconazole	乙环唑	54
147	dimethachloro	二甲草胺	95	181	ethidimuron	磺噻隆	24
148	dimethametryn	阔草净	172	182	ethiofencarb	乙硫苯威	246
149	dimethenamid	二甲酚草胺	30	183	ethiofencarb-sulfoxide	杀虫丹亚砜	336
150	dimethirimol	甲菌定	328	184	ethion	乙硫磷	219
151	dimethoate	乐果	162	185	ethiprole	乙虫清	480
152	dimethomorph	烯酰吗啉	310	186	ethofume sate	乙氧呋草黄	104
153	dimethyl phthalate	酞酸二甲酯	394	187	ethoprophos	灭线磷	168

表 E.1（续）

序号	英文名称	中文名称	附录A中序号	序号	英文名称	中文名称	附录A中序号
188	ethoxyquin	乙氧呋啉	330	222	florasulam	双氟磺草胺	370
189	ethoxysulfuron	乙氧嘧磺隆	222	223	fluazifop butyl	吡氟禾草灵	68
190	etobenzanid	乙氧苯草胺	439	224	flubenzimine	嘧唑螨	378
191	etofenprox	醚菊酯	376	225	fluchloralin	氯乙氟灵	137
192	etoxazole	乙螨唑	444	226	fludioxonil	咯菌腈	466
193	etridiazol	土菌灵	170	227	flufenacet	氟噻草胺	214
194	etrimfos	乙嘧硫磷	110	228	flumetsulam	唑嘧磺草胺	294
195	famoxadone	噁唑菌酮	478	229	flumiclorac-pentyl	胺氟草酯	226
196	famphur	氨磺磷	51	230	fluometuron	伏草隆	164
197	fenamiphos	苯线磷	280	231	fluorochloridone	氯咯草酮	196
198	fenamiphos sulfone	苯线磷砜	206	232	fluoroglycofen-ethyl	乙羧氟草醚	382
199	fenamiphos sulfoxide	苯线磷亚砜	200	233	flupropanate	四氟丙酸	448
200	fenarimol	氯苯嘧啶醇	55	234	fluridone	杀草吡啶	203
201	fenazaquin	喹螨醚	123	235	flurochloridone	氟咯草酮	356
202	fenbuconazole	腈苯唑	207	236	fluroxypyr	氟草烟	467
203	fenfuram	黑穗胺	152	237	flurtamone	呋草酮	131
204	fenhexamid	环酰菌胺	115	238	flusilazole	氟硅唑	47
205	fenitrothion	杀螟硫磷	411	239	flusulfamide	磺菌胺	481
206	fenobucarb	仲丁威	154	240	fluthiacet methyl	氟噻乙草酯	144
207	fenoxanil	氰菌胺	202	241	flutolanil	氟酰胺	50
208	fenoxycarb	苯氧威	193	242	flutriafol	粉唑醇	116
209	fenpropathrin	甲氰菊酯	368	243	folpet	灭菌丹	339
210	fenpropidin	苯锈定	341	244	fomesafen	氟磺胺草醚	483
211	fenpropimorph	丁苯吗啉	281	245	fonofos	地虫硫磷	169
212	fenpyroximate	唑螨酯	225	246	forchlorfenuron	氯吡脲	465
213	fensulfothin	丰索磷	195	247	fuberidazole	麦穗灵	320
214	fenthion	倍硫磷	182	248	furalaxyl	抑菌丙胺酯	117
215	fenthion oxon	氧倍硫磷	409	249	furathiocarb	呋线威	374
216	fenthion sulfone	倍硫磷砜	355	250	haloxyfop-2-ethoxy-ethyl	氟吡乙禾灵	380
217	fenthion sulfoxide	倍硫磷亚砜	36				
218	fentrazamide	四唑酰草胺	440	251	haloxyfop-methyl	精氟吡甲禾灵	67
219	fenuron	非草隆	77	252	heptanophos	庚虫磷	262
220	flamprop isopropyl	麦草氟异丙酯	139	253	hexazinone	环嗪酮	171
221	flamprop methyl	甲基麦草氟异丙酯	133	254	hexythiazox	噻螨酮	369

表 E.1（续）

序号	英文名称	中文名称	附录 A 中序号	序号	英文名称	中文名称	附录 A 中序号
255	hymexazol	噁霉灵	385	286	malathion	马拉硫磷	299
256	imazalil	抑霉唑	189	287	MCPB	二甲四氯丁酸	461
257	imazamethabenz-methyl	甲基咪草酯	186	288	mecarbam	灭蚜磷	297
				289	mecoprop	2-甲-4-氯丙酸	458
258	imazamox	甲氧咪草烟	420	290	mefenacet	苯噻酰草胺	278
259	imazapic	甲咪唑烟酸	343	291	mefenoxam	精甲霜灵	102
260	imazethapyr	咪唑乙烟酸	34	292	mefenpyr-diethyl	吡唑解草酯	307
261	imibenconazole	亚胺唑	432	293	mepanipyrim	嘧菌胺	158
262	imibenzonazole-des-benzyl	脱苯甲基亚胺唑	100	294	mephosfolan	地安磷	99
				295	mepiquat chloride	甲哌金翁	229
263	imidacloprid	吡虫啉	23	296	mepronil	灭锈胺	180
264	indoxacarb	茚虫威	74	297	mesotrion	甲基磺草酮	474
265	iodosulfuron-methyl	甲基碘磺隆	486	298	metalaxyl	甲霜灵	183
266	iodosulfuron-methyl sodium	碘甲磺隆钠	484	299	metamitron	苯嗪草酮	234
				300	metazachlor	吡唑草胺	271
267	ioxynil	碘苯腈	477	301	metconazole	叶菌唑	127
268	iprobenfos	异稻瘟净	105	302	methabenzthiazuron	甲基苯噻隆	403
269	iprovalicarb	丙森锌	48	303	methacrifos	虫螨畏	257
270	isazofos	氯唑磷	358	304	methamidophos	甲胺磷	147
271	isocarbamid	丁脒酰胺	321	305	methfuroxam	呋菌胺	163
272	isofenphos	异柳磷	208	306	methidathion	杀扑磷	42
273	isomethiozin	丁嗪草酮	25	307	methiocarb	甲硫威	160
274	isoprocarb	异丙威	2	308	methobromuron	溴谷隆	96
275	isopropalin	异丙乐灵	283	309	methomyl	灭多威	318
276	isoprothiolane	稻瘟灵	188	310	methoprotryne	盖草津	29
277	isoproturon	异丙隆	235	311	methoxyfenozide	甲氧虫酰肼	216
278	isouron	异唑隆	84	312	metolachlor	丙草胺	413
279	isoxaben	异噁酰草胺	130	313	metolcarb	速灭威	388
280	isoxaflutole	异噁氟草	63	314	metosulam	磺草胺唑	316
281	kadethrin	噻嗯菊酯	311	315	metoxuron	甲氧隆	161
282	kelevan	克来范	485	316	metribuzin	赛克津	238
283	kresoxim-methyl	亚胺菌	198	317	mevinphos	速灭磷	10
284	linuron	利谷隆	261	318	molinate	禾草敌	80
285	malaoxon	马拉氧磷	445	319	monalide	庚酰草胺	166

表 E.1（续）

序号	英文名称	中文名称	附录A中序号	序号	英文名称	中文名称	附录A中序号
320	monolinuron	绿谷隆	9	354	phoxim	辛硫磷	190
321	monuron	灭草隆	150	355	phthalic acid, biscyclohexyl ester	酞酸二环己酯	424
322	myclobutanil	腈菌唑	33				
323	napropamide	萘丙胺	410	356	phthalic acid, dibutyl ester	酞酸二丁酯	412
324	neburon	草不隆	101				
325	nicotine	烟碱	76	357	phthalic acid, benzyl butyl ester	酞酸苯甲基丁酯	357
326	nitenpyram	烯啶虫胺	28				
327	nitralin	甲磺乐灵	367	358	phthalimide	邻苯二甲酰亚胺	386
328	norflurazon	氟草敏	352	359	picolinafen	氟吡酰草胺	143
329	nuarimol	氟苯嘧啶醇	284	360	picoxystrobin	啶氧菌酯	305
330	oesmetryn	敌草净	237	361	piperonyl butoxide	增效醚	211
331	ofurace	甲呋酰胺	184	362	piperophos	哌草磷	210
332	omethoate	氧乐果	329	363	pirimicarb	抗蚜威	16
333	oryzalin	安磺灵	475	364	pirimiphos methyl	甲基嘧啶磷	120
334	oxamyl	杀线威	401	365	pirimiphos-ethyl	嘧啶磷	302
335	oxycarboxin	氧化萎锈灵	179	366	prallethrin	右旋炔丙菊酯	418
336	oxyflurofen	乙氧氟草醚	212	367	pretilachlor	丙草胺	46
337	paclobutrazol	多效唑	35	368	prochloraz	咪鲜胺	217
338	paraoxon methyl	对氧磷	20	369	procymidone	腐霉利	414
339	paraoxon-ethyl	甲基对氧磷	344	370	profenefos	丙溴磷	308
340	pebulate	克草敌	398	371	prometon	扑灭通	159
341	penconazole	戊菌唑	32	372	prometryne	扑草净	19
342	pencycuron	纹枯脲	296	373	pronamide	拿草特	94
343	pentachloroaniline	五氯苯胺	441	374	propachlor	毒草胺	6
344	phenmedipham	甜菜宁	114	375	propamocarb	霜霉威	231
345	phenothrin	苯醚菊酯	209	376	propanil	敌稗	155
346	phenthoate	稻丰散	288	377	propaquiafop	噁草酸	433
347	phorate	甲拌磷	97	378	propargite	炔螨特	141
348	phorate sulfone	甲拌磷砜	276	379	propazine	扑灭津	89
349	phorate sulfoxide	甲拌磷亚砜	177	380	propetamphos	胺丙畏	272
350	phosalone	伏杀硫磷	215	381	propham	苯胺灵	1
351	phosfolan	硫环磷	407	382	propiconazole	丙环唑	135
352	phosmet	亚胺硫磷	422	383	propisochlor	异丙草胺	437
353	phosphamidon	磷胺	113	384	propoxur	残杀威	83

表 E.1（续）

序号	英文名称	中文名称	附录 A 中序号	序号	英文名称	中文名称	附录 A 中序号
385	prosulfocarb	苄草丹	263	419	sulfanitran	乙酰磺胺对硝基苯	473
386	prothoate	发硫磷	103	420	sulfotep	治螟磷	289
387	pymetrozin	吡蚜酮	243	421	sulprofos	硫丙磷	290
388	pyraclofos	吡唑硫磷	304	422	tebuconazole	戊唑醇	282
389	pyraclostrobin	百克敏	309	423	tebufenozide	虫酰肼	427
390	pyrazosulfuron-ethyl	吡嘧磺隆	315	424	tebufenpyrad	吡螨胺	426
391	pyrazoxyfen	苄草唑	377	425	tebupirimfos	丁基嘧啶磷	287
392	pyributicarb	稗草畏	300	426	tebutam	牧草胺	254
393	pyridaphenthion	哒嗪硫磷	301	427	tebuthiuron	木草隆	250
394	pyrifenox	啶斑肟	348	428	temephos	双硫磷	227
395	pyriftalid	环酯草醚	126	429	TEPP	特普	106
396	pyrimethanil	嘧霉胺	151	430	tepraloxydim	吡喃草酮	59
397	pyrimidifen	呋草唑	373	431	terbacil	特草定	459
398	pyrimitate	嘧啶磷	194	432	terbufos	特丁硫磷	273
399	pyriproxyfen	蚊蝇醚	128	433	terbufos sulfone	特丁硫磷砜	361
400	pyroquilon	咯喹酮	319	434	terbumeton	特丁通	247
401	quinalphos	喹硫磷	191	435	terbuthylazine	特丁津	90
402	quinoclamine	灭藻醌	153	436	terbutryn	特丁净	258
403	quinoxyphen	苯氧喹啉	354	437	terrbucarb	特草灵	31
404	quizalofop-ethyl	喹禾灵	66	438	*tert*-butylamine	叔丁基胺	384
405	rabenzazole	吡咪唑	7	439	tetrachlorvinphos	杀虫畏	140
406	resmethrin-2	苄呋菊酯	365	440	tetraconazole	四氟醚唑	306
407	ronnel	皮蝇磷	423	441	tetramethirn	胺菊酯	56
408	rotenone	鱼滕酮	431	442	thenylchlor	噻吩草胺	201
409	sebutylazine	另丁津	252	443	thiabendazole	噻菌灵	233
410	secbumeton	密草通	12	444	thiacloprid	噻虫啉	22
411	sethoxydim	稀禾啶	295	445	thiamethoxam	噻虫嗪	108
412	silafluofen	氟硅菊酯	438	446	thiazopyr	噻唑烟酸	312
413	simeconazole	硅氟唑	274	447	thidiazuron pestanal	赛苯隆	402
414	simeton	西玛通	396	448	thifensulfuron-methyl	噻吩磺隆	221
415	simetryn	西草净	8	449	thiobencarb	禾草丹	265
416	spirodiclofen	螺螨酯	224	450	thiodicarb	硫双威	303
417	spiroxamine	螺噁茂胺	39	451	thiofanox	久效威	86
418	sulfallate	菜草畏	245	452	thiofanox sulfone	久效威砜	406

表 E.1(续)

序号	英文名称	中文名称	附录 A 中序号	序号	英文名称	中文名称	附录 A 中序号
453	thiofanox-sulfoxide	久效威亚砜	255	470	trichlorphon	敌百虫	173
454	thiometon	甲基乙拌磷	338	471	tricyclazole	三环唑	232
455	thionazin	虫线磷	260	472	tridemorph	十三吗啉	277
456	thiophanat ethyl	硫菌灵	65	473	trietazine	草达津	251
457	thiophanate methyl	甲基硫菌灵	60	474	trifloxystrobin	肟菌酯	145
458	tolclofos methyl	甲基立枯磷	40	475	triflumuron	杀铃脲	62
459	tralkoxydim	苯草酮	298	476	trifluralin	氟乐灵	132
460	*trans*-permethin	反式氯菊酯	375	477	tri-*iso*-butyl phosphate	三异丁基磷酸盐	266
461	triadimefon	三唑酮	275				
462	triadimenol	三唑醇	37	478	tri-*n*-butyl phosphate	三正丁基磷酸盐	267
463	triallate	野麦畏	353	479	triticonazole	戊叉菌唑	199
464	triamiphos	威菌磷	417	480	uniconazole	烯效唑	347
465	triasulfuron	醚苯磺隆	71	481	vamidothion	蚜灭磷	415
466	triazophos	三唑磷	124	482	vamidothion sulfone	蚜灭多砜	360
467	triazoxide	咪唑嗪	259	483	vernolate	灭草敌	325
468	trichloroacetic acid sodium salt	三氯乙酸钠	450	484	vinclozolin	乙烯菌核利	346
				485	warfarin	杀鼠灵	421
469	trichloronat	毒壤磷	364	486	*zeta* cypermethrin	Z-氯氰菊酯	379

ICS 67.050
X 04

中华人民共和国国家标准

GB/T 20771—2008
部分代替 GB/T 20771—2006

蜂蜜中486种农药及相关化学品残留量的测定 液相色谱-串联质谱法

Determination of 486 pesticides and related chemicals residues in honey—LC-MS-MS method

2008-12-31 发布 2009-05-01 实施

中华人民共和国国家质量监督检验检疫总局
中国国家标准化管理委员会 发布

前言

本标准部分代替 GB/T 20771—2006《蜂蜜、果汁和果酒中 420 种农药多残留测定方法 液相色谱-串联质谱法》。

本标准与 GB/T 20771—2006 相比，主要变化如下：

——把蜂蜜的测定方法从 GB/T 20771—2006 中分离出来，修订为本标准，并重新确定了标准名称；

——可测定的农药品种由 420 种增加到 486 种，增加了 ESI 负源和 APCI 正负源检测的农药品种；

——优化了前处理方法和增加了 ESI 负源和 APCI 正负源测试条件。

本标准的附录 A、附录 B、附录 C、附录 D、附录 E 为资料性附录。

本标准由中华人民共和国国家质量监督检验检疫总局提出并归口。

本标准起草单位：中华人民共和国秦皇岛出入境检验检疫局、山东农业大学、河北大学。

本标准主要起草人：庞国芳、李岩、范春林、连玉晶、赵淑军、郑军红、刘永明、曹彦忠、张进杰、李学民。

本标准于 2006 年首次发布。

蜂蜜中486种农药及相关化学品残留量的测定　液相色谱-串联质谱法

1　范围

本标准规定了洋槐蜜、油菜蜜、椴树蜜、荞麦蜜、枣花蜜中486种农药及相关化学品(参见附录A和附录E)残留量液相色谱-串联质谱测定方法。

本标准适用于洋槐蜜、油菜蜜、椴树蜜、荞麦蜜、枣花蜜中486种农药及相关化学品残留的定性鉴别,也适用于461种农药及相关化学品残留量的定量测定。

本标准定量测定的461种农药及相关化学品方法检出限为0.01 μg/kg～3.34 mg/kg(参见附录A)。

2　规范性引用文件

下列文件中的条款通过本标准的引用而成为本标准的条款。凡是注日期的引用文件,其随后所有的修改单(不包括勘误的内容)或修订版均不适用于本标准,然而,鼓励根据本标准达成协议的各方研究是否可使用这些文件的最新版本。凡是不注日期的引用文件,其最新版本适用于本标准。

GB/T 6379.1　测量方法与结果的准确度(正确度与精密度)　第1部分:总则与定义(GB/T 6379.1—2004, ISO 5725-1:1994, IDT)

GB/T 6379.2　测量方法与结果的准确度(正确度与精密度)　第2部分:确定标准测量方法重复性与再现性的基本方法(GB/T 6379.2—2004, ISO 5725-2:1994, IDT)

GB/T 6682　分析实验室用水规格和试验方法(GB/T 6682—2008, ISO 3696:1987, MOD)

3　原理

试样用二氯甲烷提取,经固相萃取柱净化,用乙腈+甲苯(3+1)洗脱农药及相关化学品,液相色谱-串联质谱仪检测,外标法定量。

4　试剂和材料

水为GB/T 6682规定的一级水。

4.1　乙腈:色谱纯。

4.2　丙酮:色谱纯。

4.3　甲苯:优级纯。

4.4　异辛烷:色谱纯。

4.5　正己烷:色谱纯。

4.6　甲醇:色谱纯。

4.7　二氯甲烷:色谱纯。

4.8　微孔过滤膜(尼龙):13 mm×0.2 μm。

4.9　Sep-Pak 氨基固相萃取柱:1 g,6 mL或相当者。

4.10　0.05%甲酸溶液(体积分数)。

4.11　5 mmol/L 乙酸铵溶液:称取0.375 g乙酸铵加水稀释至1 000 mL。

4.12　乙腈+甲苯(3+1,体积比)。

4.13 乙腈＋水(3＋2,体积比)。

4.14 无水硫酸钠:分析纯。用前在650 ℃灼烧4 h,贮于干燥器中,冷却后备用。

4.15 农药及相关化学品标准物质:纯度≥95%。

4.16 农药及相关化学品标准溶液

4.16.1 标准储备溶液

分别称取5 mg～10 mg(精确至0.1 mg)农药及相关化学品各标准物分别于10 mL容量瓶中,根据标准物的溶解度选甲醇、甲苯、丙酮、乙腈或异辛烷溶解并定容至刻度(溶剂选择参见附录A),标准储备溶液避光0 ℃～4 ℃保存,可使用一年。

4.16.2 混合标准溶液(混合标准溶液A、B、C、D、E、F、G、H和I)

按照农药及相关化学品的保留时间,将486种农药及相关化学品分成A、B、C、D、E、F、G、H、I九个组,并根据每种农药及相关化学品在仪器上的响应灵敏度,确定其在混合标准溶液中的浓度。本标准对486种农药及相关化学品的分组及其混合标准溶液浓度参见附录B。

依据每种农药及相关化学品的分组、混合标准溶液浓度及其标准储备液的浓度,移取一定量的单个农药及相关化学品标准储备溶液于100 mL容量瓶中,用甲醇定容至刻度。混合标准溶液避光0 ℃～4 ℃保存,可使用一个月。

4.16.3 基质混合标准工作溶液

农药及相关化学品基质混合标准工作溶液是用样品空白溶液配成不同浓度的基质混合标准工作溶液A、B、C、D、E、F、G、H和I,用于做标准工作曲线。

基质混合标准工作溶液应现用现配。

5 仪器

5.1 液相色谱-串联质谱仪:配有电喷雾离子源。

5.2 分析天平:感量0.1 mg和0.01 g。

5.3 鸡心瓶:200 mL。

5.4 移液器:1 mL。

5.5 样品瓶:2 mL,带聚四氟乙烯旋盖。

5.6 具塞三角瓶:250 mL。

5.7 分液漏斗:250 mL。

5.8 筒形漏斗。

5.9 旋转蒸发仪。

5.10 氮气吹干仪。

6 试样制备与保存

6.1 试样的制备

对无结晶的蜂蜜样品,将其搅拌均匀。对有结晶的样品,在密闭情况下,置于不超过60 ℃的水浴中温热,振荡,待样品全部融化后搅匀,迅速冷却至室温。分出0.5 kg作为试样,置于样品瓶中,密封,并标明标记。

6.2 试样的保存

将试样置于常温下保存。

7 测定步骤

7.1 提取

称取15 g试样(精确至0.01 g)于250 mL具塞三角瓶中,加入20 mL水,于40 ℃水浴振荡溶解

15 min。加入 10 mL 丙酮，然后将瓶中内容物移入 250 mL 分液漏斗中。用 40 mL 二氯甲烷分数次洗涤三角瓶，并将洗液倒入分液漏斗中，小心排气，用力振摇数次，静置分层，将下层有机相通过装有无水硫酸钠的筒形漏斗，收集于 200 mL 鸡心瓶中。再加入 5 mL 丙酮和 40 mL 二氯甲烷于分液漏斗中，振摇 1 min，静置、分层后收集。如此重复提取两次，合并两次提取液，将提取液于 40 ℃水浴旋转蒸发至约 1 mL，待净化。

7.2 净化

在 Sep-Pak 氨基固相萃取柱中加入约 2 cm 高无水硫酸钠，放入下接鸡心瓶的固定架上。加样前先用 4 mL 乙腈＋甲苯(3＋1)预洗柱，当液面到达硫酸钠的顶部时，迅速将样品提取液转移至净化柱上，更换新鸡心瓶接收。用 2 mL 乙腈＋甲苯(3＋1)洗涤样液瓶，重复三次，合并洗液，将洗液移入柱中。在固相萃取柱上加上 50 mL 贮液器，用 25 mL 乙腈＋甲苯(3＋1)洗脱农药及相关化学品，合并于鸡心瓶中，在 40 ℃水浴中旋转浓缩至约 0.5 mL，氮气吹干，1 mL 乙腈＋水(3＋2)溶解残渣，用 0.2 μm 滤膜过滤后，用于液相色谱-串联质谱仪测定。

7.3 液相色谱-串联质谱测定

7.3.1 条件

7.3.1.1 A、B、C、D、E、F 组农药及相关化学品 LC-MS-MS 测定条件

a) 色谱柱：Atlantis T3，3 μm，150 mm × 2.1 mm(内径)或相当者；

b) 流动相及梯度洗脱条件见表 1；

表 1 流动相及梯度洗脱条件

时间/min	流速/(μL/min)	流动相 A(0.05%甲酸水)/%	流动相 B(乙腈)/%
0.00	200	90.0	10.0
4.00	200	50.0	50.0
15.00	200	40.0	60.0
23.00	200	20.0	80.0
30.00	200	5.0	95.0
35.00	200	5.0	95.0
35.01	200	90.0	10.0
50.00	200	90.0	10.0

c) 柱温：40 ℃；

d) 进样量：20 μL；

e) 离子源：ESI；

f) 扫描方式：正离子扫描；

g) 检测方式：多反应监测；

h) 电喷雾电压：5 000 V；

i) 雾化气压力：0.483 MPa；

j) 气帘气压力：0.138 MPa；

k) 辅助加热气：0.379 MPa；

l) 离子源温度：725 ℃；

m) 监测离子对、碰撞气能量和去簇电压参见附录 B。

7.3.1.2 G 组农药及相关化学品 LC-MS-MS 测定条件

a) 色谱柱：Inertsil C8，5 μm，150 mm × 2.1 mm(内径)或相当者；

b) 流动相及梯度洗脱条件见表 2；

表 2 流动相及梯度洗脱条件

时间/min	流速/(μL/min)	流动相 A(5 mmol/L 乙酸铵水)/%	流动相 B(乙腈)/%
0.00	200	90.0	10.0
4.00	200	50.0	50.0
15.00	200	40.0	60.0
20.00	200	20.0	80.0
25.00	200	5.0	95.0
32.00	200	5.0	95.0
32.01	200	90.0	10.0
40.00	200	90.0	10.0

c) 柱温:40 ℃;

d) 进样量:20 μL;

e) 离子源:ESI;

f) 扫描方式:负离子扫描;

g) 检测方式:多反应监测;

h) 电喷雾电压:−4 200 V;

i) 雾化气压力:0.42 MPa;

j) 气帘气压力:0.315 MPa;

k) 辅助加热气:0.35 MPa;

l) 离子源温度:700 ℃;

m) 监测离子对、碰撞气能量和去簇电压参见附录 B。

7.3.1.3 H 组农药及相关化学品 LC-MS-MS 测定条件

a) 色谱柱:Atlantis T3,5 μm,150 mm × 4.6 mm(内径)或相当者;

b) 流动相及梯度洗脱条件见表 3;

表 3 流动相及梯度洗脱条件

时间/min	流速/(μL/min)	流动相 A(5 mmol/L 乙酸铵水)/%	流动相 B(乙腈)/%
0.00	500	80.0	20.0
2.00	500	5.0	95.0
10.00	500	5.0	95.0
10.01	500	80.0	20.0
20.00	500	80.0	20.0

c) 柱温:40 ℃;

d) 进样量:20 μL;

e) 离子源:APCI;

f) 扫描方式:正离子扫描;

g) 检测方式:多反应监测;

h) 雾化气压力:0.56 MPa;

i) 气帘气压力:0.133 MPa;

j) 辅助加热气:0.28 MPa;

k) 离子源温度:400 ℃;

l) 监测离子对、碰撞气能量和去簇电压参见附录B。

7.3.1.4 Ⅰ组农药及相关化学品LC-MS-MS测定条件

a) 色谱柱：Atlantis T3，5 μm，150 mm×4.6 mm(内径)或相当者；

b) 流动相及梯度洗脱条件见表4；

表4 流动相及梯度洗脱条件

时间/min	流速/(μL/min)	流动相A(5 mmol/L 乙酸铵水)/%	流动相B(乙腈)/%
0.00	500	80.0	20.0
2.00	500	5.0	95.0
10.00	500	5.0	95.0
10.01	500	80.0	20.0
20.00	500	80.0	20.0

c) 柱温：40 ℃；

d) 进样量：20 μL；

e) 离子源：APCI；

f) 扫描方式：负离子扫描；

g) 检测方式：多反应监测；

h) 雾化气压力：0.42 MPa；

i) 气帘气压力：0.084 MPa；

j) 辅助加热气：0.28 MPa；

k) 离子源温度：425 ℃；

l) 监测离子对、碰撞气能量和去簇电压参见附录B。

7.3.1.5 定性测定

在相同实验条件下进行样品测定时，如果检出的色谱峰的保留时间与标准样品相一致，并且在扣除背景后的样品质谱图中，所选择的离子均出现，而且所选择的离子丰度比与标准样品的离子丰度比相一致(相对丰度>50%，允许±20%偏差；相对丰度>20%～50%，允许±25%偏差；相对丰度>10%～20%，允许±30%偏差；相对丰度≤10%，允许±50%偏差)，则可判断样品中存在这种农药或相关化学品。

7.3.1.6 定量测定

本标准中液相色谱-串联质谱采用外标-校准曲线法定量测定。为减少基质对定量测定的影响，定量用标准溶液应采用基质混合标准工作溶液绘制标准曲线，并且保证所测样品中农药及相关化学品的响应值均在仪器的线性范围内。486种农药及相关化学品多反应监测(MRM)色谱图参见附录C。

7.4 平行试验

按以上步骤对同一试样进行平行试验。

7.5 空白试验

除不称取试样外，均按上述步骤进行。

8 结果计算

液相色谱-串联质谱测定采用标准曲线法定量，标准曲线法定量结果按式(1)计算：

$$X_i = c_i \times \frac{V}{m} \times \frac{1\,000}{1\,000} \qquad \cdots\cdots(1)$$

式中：

X_i——试样中被测组分残留量，单位为微克每千克(μg/kg)；

c_i——从标准曲线上得到的被测组分溶液浓度，单位为纳克每毫升(ng/mL)；

V——样品溶液定容体积，单位为毫升(mL)；

m——样品溶液所代表试样的质量，单位为克(g)。

计算结果应扣除空白值。

9 精密度

本标准精密度数据是按照GB/T 6379.1和GB/T 6379.2的规定确定的，获得重复性和再现性的值是以95%的可信度来计算。本标准方法的精密度数据参见附录D。

附 录 A
（资料性附录）
486 种农药及相关化学品中英文名称、方法检出限、分组、溶剂选择和混合标准溶液浓度表

486 种农药及相关化学品中英文名称、方法检出限、分组、溶剂选择和混合标准溶液浓度表见表 A.1。

表 A.1　486 种农药及相关化学品中英文名称、方法检出限、分组、溶剂和混合标准溶液浓度表

序号	中文名称	英文名称	检出限/(μg/kg)	溶　剂	混合标准溶液浓度/(μg/L)
A 组					
1	苯胺灵	propham	13.70	甲苯	734.00
2	异丙威	isoprocarb	0.14	甲醇	54.00
3	3,4,5-混杀威	3,4,5-trimethacarb	0.03	甲醇	4.00
4	环莠隆	cycluron	0.04	甲醇	6.00
5	甲萘威	carbaryl	0.34	甲醇	30.00
6	毒草胺	propachlor	0.04	甲醇	14.00
7	吡咪唑	rabenzazole	0.22	甲醇	32.00
8	西草净	simetryn	0.02	甲醇	6.00
9	绿谷隆	monolinuron	0.20	甲苯	68.00
10	速灭磷	mevinphos	0.15	甲苯	64.00
11	叠氮津	aziprotryne	0.19	甲醇	28.00
12	密草通	secbumeton	0.01	甲醇	4.00
13	嘧菌磺胺	cyprodinil	0.08	甲醇	12.00
14	播土隆	buturon	0.67	甲醇	40.00
15	双酰草胺	carbetamide	0.57	甲醇	32.00
16	抗蚜威	pirimicarb	0.03	甲醇	6.00
17	异噁草酮	clomazone dimethazone	0.04	甲醇	20.00
18	氰草津	cyanazine	0.02	甲醇	8.00
19	扑草净	prometryne	0.02	甲醇	6.00
20	4,4′-二氯二苯甲酮	4,4′-dichlorobenzophenone	1.19	甲醇	352.00
21	噻虫啉	thiacloprid	0.09	甲醇	14.00
22	吡虫啉	imidacloprid	2.49	甲醇	484.00
23	磺噻隆	ethidimuron	0.50	甲醇	64.00
24	丁嗪草酮	isomethiozin	0.07	甲醇	8.00
25	燕麦敌	diallate	4.17	甲醇	1 066.00
26	乙草胺	acetochlor	3.40	甲醇	328.00
27	烯啶虫胺	nitenpyram	31.70	甲醇	114.00

表 A.1（续）

序号	中文名称	英文名称	检出限/(μg/kg)	溶 剂	混合标准溶液浓度/(μg/L)
28	盖草津	methoprotryne	0.02	甲醇	16.00
29	二甲酚草胺	dimethenamid	0.24	甲醇	20.00
30	特草灵	terrbucarb	0.13	甲醇	34.00
31	戊菌唑	penconazole	0.16	甲醇	14.00
32	腈菌唑	myclobutanil	0.09	甲醇	14.00
33	多效唑	paclobutrazol	0.05	甲醇	12.00
34	倍硫磷亚砜	fenthion sulfoxide	0.10	甲醇	14.00
35	三唑醇	triadimenol	0.75	甲醇	134.00
36	仲丁灵	butralin	0.17	甲醇	90.00
37	螺噁茂胺	spiroxamine	0.01	甲醇	2.00
38	甲基立枯磷	tolclofos methyl	8.29	甲醇	2 020.00
39	甜菜胺[a]	desmedipham	0.08	甲醇	40.00
40	杀扑磷	methidathion	0.33	甲醇	94.00
41	烯丙菊酯	allethrin	3.20	甲醇	400.00
42	野麦畏	triallate	1.32	甲醇	666.00
43	二嗪磷	diazinon	0.06	甲醇	8.00
44	敌瘟磷	edifenphos	0.08	甲醇	12.00
45	丙草胺	pretilachlor	0.03	甲醇	8.00
46	氟硅唑	flusilazole	0.06	甲醇	14.00
47	丙森锌	iprovalicarb	0.15	甲醇	66.00
48	麦锈灵	benodanil	0.30	甲醇	12.00
49	氟酰胺	flutolanil	0.14	甲醇	14.00
50	氨磺磷	famphur	0.37	甲醇	66.00
51	苯霜灵	benalyxyl	0.11	甲醇	16.00
52	苄氯三唑醇	diclobutrazole	0.07	甲醇	12.00
53	乙环唑	etaconazole	0.17	甲醇	26.00
54	氯苯嘧啶醇	fenarimol	0.08	甲醇	20.00
55	邻苯二甲酸二环己酯	phthalic acid,dicyclobexyl ester	0.10	甲醇	14.00
56	胺菊酯	tetramethirn	0.24	甲醇	24.00
57	抑菌灵	dichlofluanid	9.89	甲醇	666.00
58	解毒喹	cloquintocet mexyl	0.02	甲醇	6.00
59	联苯三唑醇	bitertanol	0.87	甲醇	134.00
60	甲基毒死蜱	chlorprifos methyl	9.15	甲醇	54.00
61	甲基硫菌灵[a]	thiophanate methyl	3.05	甲醇	134.00

表 A.1（续）

序号	中文名称	英文名称	检出限/(μg/kg)	溶　剂	混合标准溶液浓度/(μg/L)
62	乙基谷硫磷	azinphos ethyl	15.80	甲醇	726.00
63	炔草酯	clodinafop propargyl	0.36	甲醇	38.00
64	杀铃脲	triflumuron	0.34	甲醇	100.00
65	异噁氟草	isoxaflutole	0.39	甲醇	152.00
66	莎稗磷	anilofos	0.06	甲醇	10.00
67	脱叶膦	thiophanat ethyl	4.42	甲醇	134.00
68	喹禾灵	quizalofop-ethyl	0.09	甲醇	64.00
69	精氟吡甲禾灵	haloxyfop-methyl	0.22	甲醇	64.00
70	精吡磺草隆	fluazifop butyl	0.03	甲醇	6.00
71	乙基溴硫磷	bromophos-ethyl	13.10	甲醇	1 700.00
72	氯亚胺硫磷	dialifos	9.32	甲醇	400.00
73	地散磷	bensulide	1.52	甲醇	160.00
74	溴苯烯磷	bromfenvinfos	0.32	甲醇	28.00
75	嘧菌酯	azoxystrobin	0.04	甲醇	14.00
76	吡菌磷	pyrazophos	0.08	甲醇	4.00
77	氟虫脲	flufenoxuron	0.27	甲醇	52.00
78	茚虫威	indoxacarb	0.72	甲醇	112.00
79	甲氨基阿维菌素苯甲酸盐	emamectin benzoate	0.03	甲醇	66.00
B组					
80	棉隆	dazomet	33.60	甲醇	2 666.00
81	烟碱	nicotine	0.18	甲醇	132.00
82	非草隆	fenuron	0.17	甲醇	34.00
83	鼠立克	crimidine	0.20	甲醇	14.00
84	乙酰甲胺磷	acephate	1.38	甲醇	68.00
85	禾草敌	molinate	0.19	甲醇	38.00
86	多菌灵	carbendazim	0.06	甲醇	6.00
87	残杀威	propoxur	0.73	甲醇	66.00
88	异唑隆	isouron	0.04	甲醇	8.00
89	绿麦隆	chlorotoluron	0.07	甲醇	12.00
90	久效威	thiofanox	8.00	甲醇	230.00
91	氯草灵	chlorbufam	9.74	甲醇	1 462.00
92	噁虫威	bendiocarb	0.07	甲醇	12.00
93	扑灭津	propazine	0.03	甲醇	6.00

表 A.1（续）

序号	中文名称	英文名称	检出限/(μg/kg)	溶 剂	混合标准溶液浓度/(μg/L)
94	特丁津	terbuthylazine	0.03	甲醇	6.00
95	敌草隆	diuron	0.12	甲醇	8.00
96	氯甲硫磷	chlormephos	490.00	甲醇	23 880.00
97	萎锈灵	carboxin	0.08	甲醇	8.00
98	野燕枯	difenzoquat-methyl sulfate	0.08	甲醇	14.00
99	噻虫胺	clothianidin	14.50	甲醇	420.00
100	拿草特	pronamide	0.47	甲醇	52.00
101	二甲草胺	dimethachloro	0.10	甲醇	6.00
102	秀谷隆	methobromuron	1.25	甲醇	60.00
103	甲拌磷	phorate	3.49	甲醇	1 046.00
104	苯草醚	aclonifen	1.61	甲醇	502.00
105	地安磷	mephosfolan	0.07	甲醇	10.00
106	脱苯甲基亚胺唑	imibenzonazole-des-benzyl	0.50	甲醇	64.00
107	草不隆	neburon	0.31	甲醇	40.00
108	精甲霜灵	mefenoxam	0.08	甲醇	12.00
109	发硫磷	prothoate	0.11	甲醇	14.00
110	乙氧呋草黄	ethofume sate	41.70	甲醇	6 036.00
111	异稻瘟净	iprobenfos	0.65	甲醇	34.00
112	特普	TEPP	0.79	甲醇	70.00
113	环丙唑醇	cyproconazole	0.07	甲醇	8.00
114	噻虫嗪	thiamethoxam	5.42	甲醇	666.00
115	育畜磷	crufomate	0.04	甲醇	68.00
116	乙嘧硫磷	etrimfos	19.00	甲醇	126.00
117	赛灭磷	cythioate	16.00	甲醇	534.00
118	磷胺	phosphamidon	0.18	甲醇	20.00
119	甜菜宁	phenmedipham	0.06	甲醇	30.00
120	联苯井酯	bifenazate	4.51	甲醇	98.00
121	粉唑醇	flutriafol	0.31	甲醇	68.00
122	抑菌丙胺酯	furalaxyl	0.03	甲醇	6.00
123	生物丙烯菊酯	bioallethrin	5.61	甲醇	552.00
124	苯腈磷	cyanofenphos	0.75	甲醇	266.00
125	甲基嘧啶磷	pirimiphos methyl	0.02	甲醇	4.00
126	噻嗪酮	buprofezin	0.05	甲醇	6.00
127	乙拌磷砜	disulfoton sulfone	0.09	甲醇	20.00

表 A.1（续）

序号	中文名称	英文名称	检出限/(μg/kg)	溶　剂	混合标准溶液浓度/(μg/L)
128	喹螨醚	fenazaquin	0.03	甲醇	6.00
129	三唑磷	triazophos	0.04	甲醇	10.00
130	脱叶磷	DEF	0.13	甲醇	8.00
131	环酯草醚	pyriftalid	0.05	甲醇	6.00
132	叶菌唑	metconazole	0.06	甲醇	14.00
133	蚊蝇醚	pyriproxyfen	0.02	甲醇	8.00
134	噻草酮	cycloxydim	0.21	甲醇	70.00
135	异噁酰草胺	isoxaben	0.02	甲醇	10.00
136	呋草酮	flurtamone	0.04	甲醇	8.00
137	氟乐灵	trifluralin	150.00	甲醇	6 134.00
138	甲基麦草氟异丙酯	flamprop methyl	0.69	甲醇	40.00
139	生物苄呋菊酯	bioresmethrin	0.37	甲醇	64.00
140	丙环唑	propiconazole	0.11	甲醇	24.00
141	毒死蜱	chlorpyrifos	2.35	甲醇	134.00
142	氯乙氟灵	fluchloralin	33.70	甲醇	3 268.00
143	烯草酮	clethodim	0.29	甲醇	66.00
144	麦草氟异丙酯	flamprop isopropyl	0.03	甲醇	8.00
145	杀虫畏	tetrachlorvinphos	0.17	甲醇	22.00
146	炔螨特	propargite	3.99	甲醇	134.00
147	糠菌唑	bromuconazole	0.23	甲醇	16.00
148	氟吡酰草胺	picolinafen	0.10	甲醇	14.00
149	氟噻乙草酯	fluthiacet methyl	0.43	甲醇	186.00
150	肟菌酯	trifloxystrobin	0.52	甲醇	14.00
151	氟铃脲	hexaflumuron	1.38	甲醇	180.00
152	双苯氟脲	novaluron	0.52	甲醇	66.00
153	啶蜱脲	flurazuron	0.50	甲醇	66.00
C组					
154	甲胺磷	methamidophos	0.73	甲醇	114.00
155	避蚊胺	diethyltoluamide	0.01	甲醇	4.00
156	灭草隆	monuron	2.25	甲醇	278.00
157	嘧霉胺	pyrimethanil	0.09	甲醇	26.00
158	黑穗胺	fenfuram	0.05	甲醇	6.00
159	灭藻醌	quinoclamine	0.63	甲醇	134.00
160	仲丁威	fenobucarb	1.42	甲醇	40.00

表 A.1（续）

序号	中文名称	英文名称	检出限/(μg/kg)	溶剂	混合标准溶液浓度/(μg/L)
161	敌稗	propanil	0.89	甲醇	338.00
162	克百威	carbofuran	0.43	甲醇	28.00
163	啶虫脒	acetamiprid	0.24	甲醇	20.00
164	嘧菌胺	mepanipyrim	0.04	甲醇	10.00
165	扑灭通	prometon	0.01	甲醇	6.00
166	甲硫威	methiocarb	20.70	甲醇	138.00
167	甲氧隆	metoxuron	0.14	甲醇	16.00
168	乐果	dimethoate	0.68	甲醇	26.00
169	呋菌胺[a]	methfuroxam	0.03	甲醇	20.00
170	伏草隆	fluometuron	0.07	甲醇	26.00
171	百治磷	dicrotophos	0.18	甲醇	50.00
172	庚酰草胺	monalide	0.14	甲醇	24.00
173	双苯酰草胺	diphenamid	0.01	甲醇	4.00
174	灭线磷	ethoprophos	0.17	甲醇	20.00
175	地虫硫磷	fonofos	0.39	甲醇	46.00
176	土菌灵	etridiazol	8.55	甲醇	7 200.00
177	拌种胺	furmecyclox	0.08	甲醇	86.00
178	环嗪酮	hexazinone	0.02	甲醇	6.00
179	阔草净	dimethametryn	0.01	甲醇	8.00
180	敌百虫	trichlorphon	0.52	甲醇	134.00
181	内吸磷	demeton(*o*+*s*)	4.85	甲醇	746.00
182	解草酮	benoxacor	0.57	甲醇	266.00
183	除草定	bromacil	6.16	甲醇	94.00
184	甲拌磷亚砜	phorate sulfoxide	51.70	甲醇	3 720.00
185	溴莠敏	brompyrazon	0.80	甲醇	100.00
186	氧化萎锈灵	oxycarboxin	0.21	甲醇	14.00
187	灭锈胺	mepronil	0.03	甲醇	8.00
188	乙拌磷	disulfoton	23.00	甲醇	3 134.00
189	倍硫磷	fenthion	7.72	甲醇	840.00
190	甲霜灵	metalaxyl	0.04	甲醇	6.00
191	甲呋酰胺	ofurace	0.05	甲醇	20.00
192	吗菌灵	dodemorph	0.04	甲醇	4.00
193	噻唑硫磷	fosthiazate	0.07	甲醇	10.00
194	甲基咪草酯	imazamethabenz-methyl	0.03	甲醇	20.00

表 A.1（续）

序号	中文名称	英文名称	检出限/(μg/kg)	溶　剂	混合标准溶液浓度/(μg/L)
195	乙拌磷-亚砜	disulfoton-sulfoxide	0.10	甲醇	24.00
196	稻瘟灵	isoprothiolane	0.10	甲醇	8.00
197	抑霉唑	imazalil	0.16	甲醇	30.00
198	辛硫磷	phoxim	26.30	甲醇	552.00
199	喹硫磷	quinalphos	0.14	甲醇	20.00
200	灭菌磷	ditalimfos	3.90	甲醇	662.00
201	双氧威	fenoxycarb	0.59	甲醇	526.00
202	嘧啶磷	pyrimitate	0.02	甲醇	6.00
203	丰索磷	fensulfothin	0.12	甲醇	24.00
204	氯咯草酮	fluorochloridone	1.53	甲醇	282.00
205	丁草胺	butachlor	1.49	甲醇	68.00
206	亚胺菌	kresoxim-methyl	26.90	甲醇	668.00
207	戊叉菌唑	triticonazole	0.25	异辛烷	14.00
208	苯线磷亚砜	fenamiphos sulfoxide	0.09	甲醇	14.00
209	噻吩草胺	thenylchlor	0.69	甲醇	56.00
210	除虫菊素	pyrethrin	19.20	甲醇	2 102.00
211	稻瘟酰胺	fenoxanil	0.76	甲醇	40.00
212	氟啶草酮	fluridone	0.03	甲醇	6.00
213	氟环唑	epoxiconazole	0.21	甲醇	38.00
214	氯辛硫磷	chlorphoxim	4.74	甲醇	666.00
215	苯线磷砜	fenamiphos sulfone	0.05	甲醇	8.00
216	腈苯唑	fenbuconazole	0.13	甲醇	26.00
217	异柳磷	isofenphos	29.30	甲醇	1 264.00
218	安磺灵	oryzalin	7.91	甲醇	2 000.00
219	苯醚菊酯[a]	phenothrin	21.40	甲醇	602.00
220	哌草磷	piperophos	0.49	甲醇	12.00
221	增效醚	piperonyl butoxide	0.05	甲醇	6.00
222	乙氧氟草醚	oxyflurofen	6.75	甲醇	1 306.00
223	蝇毒磷	coumaphos	2.52	甲醇	66.00
224	氟噻草胺	flufenacet	0.40	甲醇	20.00
225	伏杀硫磷	phosalone	0.53	甲醇	138.00
226	甲氧虫酰肼	methoxyfenozide	0.19	甲醇	66.00
227	咪鲜胺	prochloraz	0.10	甲醇	26.00
228	丙硫特普	aspon	0.18	甲醇	14.00

表 A.1（续）

序号	中文名称	英文名称	检出限/(μg/kg)	溶　剂	混合标准溶液浓度/(μg/L)
229	乙硫磷	ethion	0.11	甲醇	26.00
230	丁醚脲	diafenthiuron pestanal	0.84	甲醇	134.00
231	氟硫草定	dithiopyr	0.93	甲醇	200.00
232	螺螨酯	spirodiclofen	0.36	甲醇	66.00
233	唑螨酯	fenpyroximate	0.06	甲醇	14.00
234	胺氟草酯	flumiclorac-pentyl	0.71	甲醇	34.00
235	双硫磷	temephos	0.12	甲醇	50.00
236	氟丙嘧草酯	butafenacil	0.45	甲醇	134.00
237	多杀菌素	spinosad	0.09	甲醇	20.00
D组					
238	二丙烯草胺	allidochlor	1.13	甲醇	372.00
239	三环唑	tricyclazole	0.19	甲醇	12.00
240	噻菌灵	thiabendazole	0.11	甲醇	20.00
241	苯嗪草酮	metamitron	0.86	甲醇	70.00
242	异丙隆	isoproturon	0.01	甲醇	6.00
243	莠去通	atratone	0.03	甲醇	8.00
244	敌草净	oesmetryn	0.04	甲醇	4.00
245	赛克津	metribuzin	0.04	甲醇	20.00
246	—	DMST	1.79	甲醇	266.00
247	环草敌	cycloate	0.18	甲醇	96.00
248	莠去津	atrazine	0.05	甲醇	20.00
249	丁草敌	butylate	3.42	甲醇	5 200.00
250	吡蚜酮	pymetrozin	3.16	甲醇	26.00
251	杀草敏	chloridazon	0.72	甲醇	72.00
252	菜草畏	sulfallate	14.80	甲醇	394.00
253	特丁通	terbumeton	0.01	甲醇	4.00
254	环丙津	cyprazine	0.01	甲醇	4.00
255	阔草净	ametryn	0.08	甲醇	20.00
256	木草隆	tebuthiuron	0.04	甲醇	4.00
257	草达津	trietazine	0.08	甲醇	4.00
258	另丁津	sebutylazine	0.03	甲醇	10.00
259	畜虫避	dibutyl succinate	4.98	甲醇	274.00
260	牧草胺	tebutam	0.02	甲醇	6.00
261	久效威亚砜	thiofanox-sulfoxide	0.63	甲醇	138.00

表 A.1（续）

序号	中文名称	英文名称	检出限/(μg/kg)	溶 剂	混合标准溶液浓度/(μg/L)
262	杀螟丹[a]	cartap hydrochloride	806.00	甲醇	7 534.00
263	虫螨畏	methacrifos	15.00	甲醇	3 266.00
264	特丁净	terbutryn	0.10	甲醇	2.00
265	唑菌嗪	triazoxide	1.13	甲醇	466.00
266	虫线磷	thionazin	1.27	甲醇	66.00
267	利谷隆	linuron	0.97	甲醇	202.00
268	庚虫磷	heptanophos	0.22	甲醇	64.00
269	苄草丹	prosulfocarb	0.05	甲醇	6.00
270	炔苯烯草胺	propyzamide	0.62	甲醇	40.00
271	杀草净	dipropetryn	0.03	甲醇	4.00
272	禾草丹	thiobencarb	0.19	甲醇	12.00
273	三异丁基磷酸盐	tri-*iso*-butyl phosphate	0.35	甲醇	26.00
274	磷酸三正丁酯	tri-*n*-butyl phosphate	0.03	甲醇	8.00
275	乙霉威	diethofencarb	1.04	甲醇	14.00
276	甲草胺	alachlor	0.75	甲醇	134.00
277	硫线磷	cadusafos	0.08	甲醇	14.00
278	灭草胺	metazachlor	0.10	甲醇	8.00
279	胺丙畏	propetamphos	6.20	甲醇	494.00
280	特丁硫磷	terbufos	18.00	甲醇	1 216.00
281	烯效唑	uniconazole	0.10	甲醇	14.00
282	硅氟唑	simeconazole	0.15	甲醇	26.00
283	三唑酮	triadimefon	0.63	甲醇	54.00
284	甲拌磷砜	phorate sulfone	0.85	甲醇	42.00
285	十三吗啉	tridemorph	0.56	甲醇	26.00
286	苯噻酰草胺	mefenacet	0.13	甲醇	6.00
287	戊环唑	azaconazole	0.10	甲醇	4.00
288	苯线磷	fenamiphos	0.04	甲醇	2.00
289	丁苯吗啉	fenpropimorph	0.03	甲醇	4.00
290	戊唑醇	tebuconazole	0.17	甲醇	64.00
291	异丙乐灵	isopropalin	2.88	甲醇	170.00
292	氟苯嘧啶醇	nuarimol	0.10	甲醇	12.00
293	乙嘧酚磺酸酯	bupirimate	0.06	甲醇	8.00
294	保棉磷	azinphos-methyl	26.20	甲醇	1 266.00
295	丁基嘧啶磷	tebupirimfos	0.02	甲醇	26.00

表 A.1(续)

序号	中文名称	英文名称	检出限/(μg/kg)	溶　剂	混合标准溶液浓度/(μg/L)
296	稻丰散	phenthoate	4.34	甲醇	66.00
297	治螟磷	sulfotep	0.26	甲醇	26.00
298	硫丙磷	sulprofos	0.78	甲醇	70.00
299	苯硫磷	EPN	4.40	甲醇	266.00
300	甲基吡噁磷	azamethiphos	0.13	甲醇	6.00
301	烯唑醇	diniconazole	0.18	甲醇	14.00
302	稀禾啶	sethoxydim	5.29	甲醇	234.00
303	纹枯脲	pencycuron	0.02	甲醇	4.00
304	灭蚜磷	mecarbam	1.90	甲醇	64.00
305	苯草酮	tralkoxydim	0.05	甲醇	26.00
306	马拉硫磷	malathion	0.27	甲醇	20.00
307	稗草畏	pyributicarb	0.07	甲醇	6.00
308	哒嗪硫磷	pyridaphenthion	0.08	甲醇	14.00
309	嘧啶磷	pirimiphos-ethyl	0.01	甲醇	2.00
310	硫双威[a]	thiodicarb	40.30	甲醇	262.00
311	吡唑硫磷	pyraclofos	0.17	甲醇	20.00
312	啶氧菌酯	picoxystrobin	0.66	甲醇	66.00
313	四氟醚唑	tetraconazole	0.20	甲醇	18.00
314	吡唑解草酯	mefenpyr-diethyl	0.75	甲醇	20.00
315	丙溴磷	profenefos	0.38	甲醇	32.00
316	百克敏	pyraclostrobin	0.04	甲醇	6.00
317	烯酰吗啉	dimethomorph	0.06	甲醇	6.00
318	噻嗯菊酯	kadethrin	0.26	甲醇	8.00
319	噻唑烟酸	thiazopyr	0.45	甲醇	26.00
320	醚黄隆	cinosulfuron	0.12	甲醇	14.00
321	碘甲磺隆[a]	iodosulfuron-methyl	5.04	甲醇	330.00
322	定虫隆	chlorfluazuron	0.68	甲醇	66.00
E组					
323	4-氨基吡啶[a]	4-aminopyridine	0.45	甲醇	8.00
324	灭多威	methomyl	3.86	甲醇	48.00
325	*N*-二甲基甲酰基甲硫基甲醛肟	oxamyl-oxime	3.60	甲醇	10.00
326	咯喹酮	pyroquilon	0.70	甲醇	80.00
327	麦穗宁	fuberidazole	2.67	甲醇	26.00

表 A.1（续）

序号	中文名称	英文名称	检出限/(μg/kg)	溶　剂	混合标准溶液浓度/(μg/L)
328	丁脒酰胺	isocarbamid	0.16	甲醇	14.00
329	丁酮威	butocarboxim	0.37	甲醇	2.00
330	杀虫脒	chlordimeform	1.03	甲醇	20.00
331	霜脲氰	cymoxanil	2.39	甲醇	208.00
332	灭草敌	vernolate	0.05	甲醇	16.00
333	猛杀威	promecarb	0.79	甲醇	68.00
334	灭害威	aminocarb	11.80	甲醇	222.00
335	甲菌定	dimethirimol	0.12	甲醇	12.00
336	氧乐果	omethoate	0.03	甲醇	6.00
337	乙氧喹啉[a]	ethoxyquin	7.04	甲醇	26.00
338	敌敌畏	dichlorvos	0.18	甲醇	28.00
339	涕灭威砜	aldicarb sulfone	7.01	甲醇	126.00
340	二氧威[a]	dioxacarb	12.50	甲醇	28.00
341	灭赐松	demeton-*s*-methyl	0.64	甲醇	18.00
342	解草腈	oxabetrinil	0.01	甲醇	4.00
343	乙硫苯威亚砜	ethiofencarb-sulfoxide	11.40	甲醇	500.00
344	杀虫腈	cyanohos	5.77	甲醇	1 066.00
345	氯唑灵	etridiazole	0.31	甲醇	24.00
346	甲基乙拌磷	thiometon	91.00	甲醇	1 600.00
347	灭菌丹	folpet	94.10	甲醇	1 360.00
348	甲基内吸磷砜	demeton-*s*-methyl sulfone	0.87	甲醇	66.00
349	哌草丹	dimepiperate	1 060.00	甲醇	13 980.00
350	苯锈定	fenpropidin	0.10	甲醇	28.00
351	赛硫磷	amidithion	2.80	甲醇	326.00
352	对氧磷	paraoxon-ethyl	0.09	甲醇	6.00
353	4-十二烷基-2,6-二甲基吗啉	aldimorph	0.16	甲醇	14.00
354	啶斑肟	pyrifenox	0.09	甲醇	10.00
355	氯硫磷	chlorthion	100.00	甲醇	9 920.00
356	异氯磷	dicapthon	0.12	甲醇	14.00
357	四螨嗪	clofentezine	0.32	甲醇	20.00
358	氟草敏	norflurazon	0.07	甲醇	6.00
359	苯氧喹啉	quinoxyphen	31.30	甲醇	5 546.00
360	倍硫磷砜	fenthion sulfone	6.38	甲醇	270.00

表 A.1（续）

序号	中文名称	英文名称	检出限/(μg/kg)	溶　剂	混合标准溶液浓度/(μg/L)
361	烯虫酯	methoprene	1.72	甲醇	14.00
362	氟咯草酮	flurochloridone	0.46	甲醇	120.00
363	邻苯二甲酸丁苄酯	phthalic acid,benzyl butyl ester	136.00	甲醇	1 960.00
364	氯唑磷	isazofos	0.09	甲醇	14.00
365	酚线磷	dichlofenthion	2.51	甲醇	294.00
366	蚜灭多砜	vamidothion sulfone	33.00	甲醇	1 192.00
367	特丁硫磷砜	terbufos sulfone	9.84	甲醇	560.00
368	敌乐胺	dinitramine	1.60	甲醇	124.00
369	氰唑磺菌胺	cyazofamid	0.43	甲醇	16.00
370	毒壤膦	trichloronat	3.78	甲醇	384.00
371	苄呋菊酯-2	resmethrin-2	0.11	甲醇	14.00
372	啶酰菌胺	boscalid	1.37	甲醇	126.00
373	甲磺乐灵	nitralin	4.51	甲醇	800.00
374	苯酮唑	cafenstrol	11.40	甲醇	618.00
375	噻螨酮	hexythiazox	19.30	甲醇	262.00
376	苯满特	benzoximate	3.63	甲醇	32.00
377	哒螨灵	pyridaben	2.40	甲醇	816.00
378	新燕灵	benzoylprop-ethyl	130.00	甲醇	3 266.00
379	嘧螨醚	pyrimidifen	1.99	甲醇	288.00
380	哒草特	pyridate	29.10	甲醇	186.00
381	呋线威	furathiocarb	1.00	甲醇	50.00
382	反式氯菊酯	*trans*-permethin	0.22	甲醇	10.00
383	苄草唑	pyrazoxyfen	0.03	甲醇	14.00
384	嘧唑螨	flubenzimine	10.50	甲醇	146.00
385	*Z*-氯氰菊酯	*zeta* cypermethrin	0.18	甲醇	2.00
386	吡氟甲禾灵	haloxyfop-2-ethoxyethyl	1.20	甲醇	174.00
		F 组			
387	丙烯酰胺[a]	acrylamide	12.50	甲醇	214.00
388	特丁胺[a]	*tert*-butylamine	29.90	甲醇	820.00
389	邻苯二甲酰亚胺	phthalimide	25.40	甲醇	1 334.00
390	甲氟磷[a]	dimefox	2.41	甲醇	200.00
391	速灭威	metolcarb	5.40	甲醇	266.00
392	二苯胺	diphenylamin	0.10	甲醇	54.00
393	萘乙酰胺	1-naphthyl acetamide	0.20	甲醇	40.00

表 A.1（续）

序号	中文名称	英文名称	检出限/(μg/kg)	溶　剂	混合标准溶液浓度/(μg/L)
394	脱乙基莠去津	atrazine-desethyl	0.14	甲醇	14.00
395	2,6-二氯苯甲酰胺	2,6-dichlorobenzamide	1.54	甲醇	66.00
396	邻苯二甲酸二甲酯	dimethyl phthalate	4.69	甲醇	240.00
397	杀虫脒盐酸盐	chlordimeform hydrochloride	1.21	甲醇	42.00
398	西玛通	simeton	0.08	甲醇	8.00
399	丁诺特呋喃	dinotefuran	4.39	甲醇	54.00
400	克草敌	pebulate	0.94	甲醇	210.00
401	活化酯	acibenzolar-*s*-methyl	0.96	甲醇	294.00
402	蔬果磷	dioxabenzofos	5.53	甲醇	600.00
403	杀线威	oxamyl	19.40	甲醇	758.00
404	甲基苯噻隆	methabenzthiazuron	0.02	甲醇	6.00
405	丁酮砜威	butoxycarboxim	4.30	甲醇	362.00
406	兹克威	mexacarbate	0.56	甲醇	12.00
407	甲基内吸磷亚砜	demeton-*s*-methyl sulfoxide	1.52	甲醇	26.00
408	久效威砜	thiofanox-sulfone	0.82	甲醇	22.00
409	甲基硫环磷	phosfolan	0.11	甲醇	18.00
410	三氯氧乙酸	triclopyr	0.03	甲醇	6.00
411	内吸磷	demeton-*s*	3.32	甲醇	320.00
412	氧倍硫磷	fenthion oxon	0.29	甲醇	16.00
413	杀草隆	daimuron	1.55	甲醇	26.00
414	萘丙胺	napropamide	0.21	甲醇	24.00
415	杀螟硫磷	fenitrothion	36.60	甲醇	10 680.00
416	酞酸二丁酯	phthalic acid, dibutyl ester	0.05	甲醇	14.00
417	丙草胺	metolachlor	0.12	甲醇	92.00
418	腐霉利	procymidone	62.80	甲醇	5 226.00
419	灭蚜硫磷	vamidothion	0.78	甲醇	36.00
420	枯草隆	chloroxuron	0.13	甲醇	18.00
421	威菌磷	triamiphos	0.10	甲醇	2.00
422	二嗪农	dithianon	1.33	甲醇	86.00
423	脱叶磷	merphos	8.02	甲醇	1 334.00
424	右旋炔丙菊酯[a]	prallethrin	16.60	甲醇	1 240.00
425	苄草隆	cumyluron	0.22	甲醇	26.00
426	亚胺硫磷	phosmet	3.81	甲醇	272.00
427	皮蝇磷	ronnel	2.48	甲醇	270.00

表 A.1（续）

序号	中文名称	英文名称	检出限/(μg/kg)	溶 剂	混合标准溶液浓度/(μg/L)
428	除虫菊素	pyrethrins	21.80	甲醇	1 314.00
429	乙基杀扑磷	athidathion	3.47	甲醇	40.00
430	酞酸二环己酯	phthalic acid，biscyclohexyl ester	0.07	甲醇	14.00
431	环丙酰菌胺	carpropamid	1.58	甲醇	76.00
432	吡螨胺	tebufenpyrad	0.09	甲醇	26.00
433	苯酰草胺	zoxamide	1.31	甲醇	54.00
434	抑虫肼	tebufenozide	0.94	甲醇	68.00
435	克热净(醋酸盐)[a]	iminoctadine triacetate	4.56	甲醇	110.00
436	虫螨磷	chlorthiophos	11.40	甲醇	1 306.00
437	二溴磷	naled	72.20	甲醇	7 600.00
438	唑虫酰胺	tolfenpyrad	0.05	甲醇	14.00
439	吲哚酮草酯	cinidon-ethyl	9.13	甲醇	870.00
440	鱼藤酮	rotenone	0.69	甲醇	40.00
441	三氯苯唑	fluotrimazole	3 340.00	甲醇	8 066.00
442	唑酮草酯	carfentrazone-ethyl	1.15	甲醇	48.00
443	噁草酸	propaquizafop	0.30	甲醇	116.00
444	乳氟禾草灵	lactofen	67.10	甲醇	632.00
G组					
445	四氢化邻苯二甲酰亚胺	*cis*-1,2,3,6-tetrahydrophthalimide	0.23	甲醇	620.00
446	2,6-二氟苯甲酸[a]	2,6-difluorobenzoic acid	25.40	甲醇	320.00
447	三氯乙酸钠[a]	trichloroacetic acid sodium salt	2.41	甲醇	136.00
448	2-苯基苯酚	2-phenylphenol	0.10	甲醇	248.00
449	3-苯基苯酚	3-phenylphenol	0.20	甲醇	48.00
450	氯硝胺	dicloran	4.69	甲醇	228.00
451	氯氨吡啶酸	aminopyralid	1.21	甲醇	266.00
452	氯苯胺灵	chlorpropham	0.08	甲醇	172.00
453	特草定	terbacil	0.94	甲醇	8.00
454	麦草畏	dicamba	5.53	甲醇	982.00
455	2,3,4,5-四氯苯胺	2,3,4,5-tetrachloroaniline	0.06	甲醇	576.00
456	敌磺钠[a]	fenaminosulf	0.02	甲醇	1 600.00
457	毒莠定[a]	picloram	0.56	甲醇	2 086.00
458	灭草松	bentazone	1.52	甲醇	18.00
459	地乐酚[a]	dinoseb	0.82	甲醇	6.00
460	草消酚	dinoterb	0.11	甲醇	6.00

表 A.1（续）

序号	中文名称	英文名称	检出限/(μg/kg)	溶　剂	混合标准溶液浓度/(μg/L)
461	咯菌腈[a]	fludioxonil	1.48	甲醇	6.00
462	杀螨醇	chlorfenethol	18.30	甲醇	2 826.00
463	溴苯腈	bromoxynil	31.40	甲醇	10.00
464	灭幼脲	chlorobenzuron	0.13	甲醇	240.00
465	氯霉素	chloramphenicolum	0.10	甲醇	18.00
466	氟草醚	fluorodifen	0.22	甲醇	2 080.00
467	氟吡草腙钠[a]	diflufenzopyr-sodium	3.81	甲醇	54.00
468	三氟羧草醚[a]	acifluorfen	1.58	甲醇	106.00
469	噁唑菌酮	famoxadone	1.31	甲醇	82.00
470	磺酰唑草酮	sulfentrazone	9.12	甲醇	160.00
471	吡氟酰草胺	diflufenican	11.40	甲醇	66.00
472	氟氰唑	ethiprole	72.20	甲醇	132.00
473	磺菌胺	flusulfamide	0.12	甲醇	6.00
474	硫丹硫酸盐	endosulfan-sulfate	25.50	甲醇	16.00
475	嗪胺灵	triforine	0.69	甲醇	94.00
476	氯吡嘧磺隆[a]	halosulfuran-methyl	3 340.00	甲醇	8.00
477	氟磺胺草醚	fomesafen	35.70	甲醇	8.00
478	虱螨脲	lufenuron	0.30	甲醇	40.00
479	噻氟菌胺	thifluzamide	67.10	甲醇	56.00
H 组					
480	—	bediocarb	0.22	甲醇	30.00
481	溴环烯	bromocylen	4.50	甲醇	70.00
I 组					
482	噻节因	dimethipin	3.29	甲醇	170.00
483	呋草黄	benfuresate	50.10	甲醇	550.00
484	除草醚	nitrofen	8.55	甲醇	60.00
485	比芬诺	bifenox	31.80	甲醇	110.00
486	碘硫磷	iodofenphos	16.10	甲醇	300.00

[a] 为定性鉴别的农药品种。

附 录 B
（资料性附录）
486 种农药及相关化学品监测离子对、碰撞气能量、去簇电压和保留时间

486 种农药及相关化学品监测离子对、碰撞气能量、去簇电压和保留时间见表 B.1。

表 B.1 486 种农药及相关化学品监测离子对、碰撞气能量、去簇电压和保留时间

序号	中文名称	英文名称	保留时间/min	定量离子对	定性离子对	去簇电压/V	碰撞气能量/V	碰撞室出口电压/V
A 组								
1	苯胺灵	propham	15.70	180.1/138.0	180.1/138.0;180.1/120.0	23	13;22	4;3
2	异丙威	isoprocarb	14.90	194.1/95.0	194.1/95.0;194.1/137.1	27	25;13	2;3
3	3,4,5-混杀威	3,4,5-trimethacarb	15.00	194.2/137.2	194.2/137.2;194.2/122.2	18	16;37	2;4
4	环莠隆	cycluron	13.40	199.2/89.0	199.2/89.0;199.2/72.0	43	20;30	2;2
5	甲萘威	carbaryl	13.70	202.1/145.1	202.1/145.1;202.1/127.1	20	15;40	2;2
6	毒草胺	propachlor	15.40	212.1/170.1	212.1/170.1;212.1/94.1	31	19;38	2;2
7	吡咪唑	rabenzazole	14.10	213.2/118.0	213.2/118.0;213.2/157.1	40	50;40	3;2
8	西草净	simetryn	11.00	214.2/124.1	214.2/124.1;214.2/96.1	39	27;34	2;2
9	绿谷隆	monolinuron	14.30	215.1/126.0	215.1/126.0;215.1/148.1	31	25;20	3;2
10	速灭磷	mevinphos	10.70	225.0/127.0	225.0/127.0;225.0/127.0	18	9;23	2;3
11	叠氮津	aziprotryne	18.50	226.1/156.1	226.1/156.1;226.1/198.1	20	19;13	3;2
12	密草通	secbumeton	10.60	226.2/170.1	226.2/170.1;226.2/142.1	28	25;32	6;6
13	嘧菌磺胺	cyprodinil	17.60	226.2/93.0	226.2/93.0;226.2/118.0	56	52;46	2;2
14	播土隆	buturon	15.90	237.1/84.1	237.1/84.1;237.1/126.1	39	24;40	2;2
15	双酰草胺	carbetamide	11.40	237.1/192.1	237.1/192.1;237.1/118.1	18	11;18	2;4
16	抗蚜威	pirimicarb	9.86	239.2/72.0	239.2/72.0;239.2/182.2	36	35;22	2;2
17	异噁草酮	clomazone dimethazone	16.00	240.1/125.0	240.1/125.0;240.1/89.1	39	28;61	3;2
18	氰草津	cyanazine	12.30	241.1/214.1	241.1/214.1;241.1/104.0	33	22;44	2;2
19	扑草净	prometryne	14.40	242.2/158.1	242.2/158.1;242.2/200.2	48	33;25	2;2
20	4,4′-二氯二苯甲酮	4,4′-dichlorobenzophenone	27.10	251.1/139.0	251.1/139.0;251.1/111.1	32	25;52	2;4
21	噻虫啉	thiacloprid	11.30	253.1/126.1	253.1/126.1;253.1/186.1	52	27;18	2.5;2.5
22	吡虫啉	imidacloprid	10.20	256.1/175.1	256.1/175.1;256.1/209.1	25	26;24	6;5
23	磺噻隆	ethidimuron	10.10	265.1/208.1	265.1/208.1;265.1/162.1	50	17;30	3;3
24	丁嗪草酮	isomethiozin	23.30	269.1/200.0	269.1/200.0;269.1/172.1	33	20;30	2;3
25	燕麦敌	diallate	28.10	270.0/109.0	270.0/109.0;270.0/228.0	30	39;17	2;2
26	乙草胺	acetochlor	21.80	270.2/148.2	270.2/148.2;270.2/133.1	24	29;45	2;2

表 B.1（续）

序号	中文名称	英文名称	保留时间/min	定量离子对	定性离子对	去簇电压/V	碰撞气能量/V	碰撞室出口电压/V
27	烯啶虫胺	nitenpyram	8.34	271.1/224.1	271.1/224.1;271.1/237.1	24	21;24	3;2
28	盖草津	methoprotryne	12.30	272.2/198.2	272.2/198.2;272.2/170.1	42	30;24	6;5
29	二甲酚草胺	dimethenamid	18.20	276.1/244.1	276.1/244.1;276.1/168.1	22	25;22	2;2
30	特草灵	terbucarb	26.70	278.2/166.1	278.2/166.1;278.2/222.1	32	19;11	2;3
31	戊菌唑	penconazole	20.40	284.1/159.0	284.1/159.0;284.1/70.0	35	38;37	2;2
32	腈菌唑	myclobutanil	18.60	289.1/70.0	289.1/70.0;289.1/125.0	33	38;45	2;2
33	多效唑	paclobutrazol	16.30	294.2/70.0	294.2/70.0;294.2/125.0	34	49;50	2;4
34	倍硫磷亚砜	fenthion sulfoxide	12.70	295.1/280.0	295.1/280.0;295.1/127.0	37	23;40	5;2
35	三唑醇	triadimenol	16.10	296.1/70.0	296.1/70.0;296.1/99.1	22	30;21	3;3
36	仲丁灵	butralin	31.50	296.1/240.1	296.1/240.1;296.1/222.1	20	19;30	4;4
37	螺噁茂胺	spiroxamine	11.50	298.2/144.2	298.2/144.2;298.2/100.1	38	30;45	2;2
38	甲基立枯磷	tolclofos methyl	26.30	301.2/175.1	301.2/175.1;301.2/125.2	33	35;25	7;4
39	甜菜胺	desmedipham	16.90	301.2/182.1	301.2/182.1;301.2/136.1	27	12;31	2;2
40	杀扑磷	methidathion	17.50	303.0/145.1	303.0/145.1;303.0/85.0	18	12;29	4;2
41	烯丙菊酯	allethrin	29.60	303.2/135.1	303.2/135.1;303.2/123.2	40	15;19	2;2
42	野麦畏	triallate	31.50	304.0/143.0	304.0/143.0;304.0/86.0	50	39;24	2;2
43	二嗪磷	diazinon	25.40	305.1/169.1	305.1/169.1;305.1/153.2	31	30;29	2;2
44	敌瘟磷	edifenphos	22.70	311.1/283.0	311.1/283.0;311.1/109.0	40	17;47	3;3
45	丙草胺	pretilachlor	27.50	312.1/252.1	312.1/252.1;312.1/176.2	50	24;39	3;2
46	氟硅唑	flusilazole	19.80	316.1/247.1	316.1/247.1;316.1/165.1	31	23;40	8;5
47	丙森锌	iprovalicarb	18.00	321.1/119.0	321.1/119.0;321.1/203.2	57	32;12	3;2
48	麦锈灵	benodanil	16.40	324.1/231.0	324.1/231.0;324.1/203.0	50	30;47	6;2
49	氟酰胺	flutolanil	21.30	324.2/262.1	324.2/262.1;324.2/282.1	30	25;17	3;3
50	氨磺磷	famphur	17.00	326.0/93.0	326.0/93.0;326.0/217.0	42	45;30	2;2
51	苯霜灵	benalyxyl	23.80	326.2/208.2	326.2/208.2;326.2/148.1	28	20;32	6;3
52	苄氯三唑醇	diclobutrazole	19.50	328.0/70.0	328.0/70.0;328.0/159.0	35	60;54	2;2
53	乙环唑	etaconazole	18.30	328.1/159.1	328.1/159.1;328.1/205.1	48	42;20	2;2
54	氯苯嘧啶醇	fenarimol	17.50	331.0/268.1	331.0/268.1;331.0/259.1	43	30;31	9;3
55	邻苯二甲酸二环己酯	phthalicacid,dicyclohexyl ester	33.30	331.2/167.0	331.2/167.0;331.2/149.1	20	18;36	2;2
56	胺菊酯	tetramethirn	29.20	332.2/164.1	332.2/164.1;332.2/135.1	18	30;23	2;2
57	抑菌灵	dichlofluanid	23.60	332.8/224.0	332.8/224.0;332.8/123.0	37	16;34	2;2
58	解毒喹	cloquintocet mexyl	27.70	336.1/238.1	336.1/238.1;336.1/192.1	29	21;39	3;3
59	联苯三唑醇	bitertanol	20.50	338.2/269.2	338.2/269.2;338.2/99.1	38	12;21	4;3

表 B.1(续)

序号	中文名称	英文名称	保留时间/min	定量离子对	定性离子对	去簇电压/V	碰撞气能量/V	碰撞室出口电压/V
60	甲基毒死蜱	chlorpyifos methyl	29.70	339.3/283.1	339.3/283.1;339.3/121.1	50	24;41	4;2
61	甲基硫菌灵	thiophanate methyl	12.40	343.1/151.1	343.1/151.1;343.1/311.1	25	29;14	2;5
62	乙基谷硫磷	azinphos ethyl	22.20	346.0/261.1	346.0/261.1;346.0/233.0	19	12;18	4;5
63	炔草酯	clodinafop propargyl	24.80	350.1/266.1	350.1/266.1;350.1/238.1	36	21;32	4;2
64	杀铃脲	triflumuron	24.10	359.0/156.1	359.0/156.1;359.0/139.0	24	25;47	5;2
65	异噁氟草	isoxaflutole	18.30	360.0/251.1	360.0/251.1;360.0/220.1	38	22;51	2;2
66	莎稗磷	anilofos	24.60	368.0/199.0	368.0/199.0;368.0/125.0	27	20;45	3;3
67	脱叶膦	thiophanat ethyl	15.50	371.1/151.1	371.1/151.1;371.1/325.0	47	32;16	2;3
68	喹禾灵	quizalofop-ethyl	27.90	373.0/299.1	373.0/299.1;373.0/271.0	50	25;35	2;2
69	精氟吡甲禾灵	haloxyfop-methyl	27.00	376.0/316.0	376.0/316.0;376.0/288.0	45	24;35	5;2
70	精吡磺草隆	fluazifop butyl	30.00	384.1/282.1	384.1/282.1;384.1/328.1	43	28;22	11;5
71	乙基溴硫磷	bromophos-ethyl	33.20	393.0/337.0	393.0/337.0;393.0/162.1	35	25;52	3;2
72	氯亚胺硫磷	dialifos	27.50	394.0/208.2	394.0/208.2;394.0/181.0	35	25;43	2;2
73	地散磷	bensulide	24.90	398.0/314.0	398.0/314.0;398.0/158.1	21	14;33	5;2
74	溴苯烯磷	bromfenvinfos	23.60	402.9/155.0	402.9/155.0;402.9/170.0	26	17;55	2;2
75	嘧菌酯	azoxystrobin	18.50	404.0/372.0	404.0/372.0;404.0/344.1	32	20;33	6;3
76	吡菌磷	pyrazophos	24.80	413.0/339.0	413.0/339.0;413.0/289.1	59	28;41	4;4
77	氟虫脲	flufenoxuron	30.30	489.0/158.1	489.0/158.1;489.0/141.1	43	30;69	5;2
78	茚虫威	indoxacarb	27.30	528.0/249.0	528.0/249.0;528.0/218.0	45	24;32	4;2
79	甲氨基阿维菌素苯甲酸盐	emamectin benzoate	15.90	886.2/158.2	886.2/158.2;886.2/126.1	80	50;62	4;2
				B组				
80	棉隆	dazomet	1.69	163.1/120.0	163.1/120.0;163.1/90.0	27	15;12	3;3
81	烟碱	nicotine	1.68	163.2/130.1	163.2/130.1;163.2/117.1	25	30;37	2;4
82	非草隆	fenuron	10.20	165.1/72.0	165.1/72.0;165.1/120.0	31	31;24	2;2
83	鼠立克	crimidine	10.40	172.1/136.2	172.1/136.2;172.1/107.1	37	27;30	4;5
84	乙酰甲胺磷	acephate	2.14	184.1/143.0	184.1/143.0;184.1/113.0	15	11;30	2;2
85	禾草敌	molinate	18.80	188.1/126.1	188.1/126.1;188.1/98.1	25	19;26	2;3
86	多菌灵	carbendazim	2.14	192.1/160.1	192.1/160.1;192.1/132.1	27	25;41	2;2
87	残杀威	propoxur	13.10	210.1/168.1	210.1/168.1;210.1/111.0	21	10;21	4;4
88	异唑隆	isouron	12.00	212.2/72.0	212.2/72.0;212.2/167.1	28	40;22	2;3
89	绿麦隆	chlorotoluron	13.40	213.1/72.0	213.1/72.0;213.1/140.1	29	38;33	3;3
90	久效威	thiofanox	13.90	219.3/57.1	219.3/57.1;219.3/76.1	24	16;16	3;3

表 B.1（续）

序号	中文名称	英文名称	保留时间/min	定量离子对	定性离子对	去簇电压/V	碰撞气能量/V	碰撞室出口电压/V
91	氯草灵	chlorbufam	19.00	224.1/172.1	224.1/172.1;224.1/154.1	16	12;24	3;5
92	噁虫威	bendiocarb	13.10	224.1/167.1	224.1/167.1;224.1/109.0	20	12;25	5;3
93	扑灭津	propazine	16.50	230.1/188.1	230.1/188.1;230.1/146.1	40	23;30	2;6
94	特丁津	terbuthylazine	17.20	230.1/174.1	230.1/174.1;230.1/110.0	34	21;42	2;2
95	敌草隆	diuron	14.20	233.1/72.0	233.1/72.0;233.1/160.1	32	39;35	3;2
96	氯甲硫磷	chlormephos	23.20	235.0/153.0	235.0/153.0;235/125.0	27	15;20	5;2
97	萎锈灵	carboxin	14.20	236.1/143.1	236.1/143.1;236.1/124.0	37	22;31	2;2
98	野燕枯	difenzoquat-methyl sulfate	9.92	249.1/130.0	249.1/130.0;249.1/193.1	52	55;39	3;2
99	噻虫胺	clothianidin	9.99	250.2/132.0	250.2/132.0;250.2/169.1	35	26;19	3;3
100	拿草特	pronamide	19.50	256.1/190.1	256.1/190.1;256.1/173.0	40	20;28	2;7
101	二甲草胺	dimethachloro	15.70	256.1/224.2	256.1/224.2;256.1/148.2	27	18;35	4;2
102	秀谷隆	methobromuron	14.90	259.0/170.1	259.0/170.1;259.0/148.0	32	25;19	4;2
103	甲拌磷	phorate	26.40	261.0/75.0	261.0/75.0;261.0/143.0	21	22;25	2;2
104	苯草醚	aclonifen	23.00	265.1/248.0	265.1/248.0;265.1/182.1	43	25;40	4;2
105	地安磷	mephosfolan	11.70	270.1/140.1	270.1/140.1;270.1/168.1	40	36;26	2;5
106	脱苯基亚胺唑	imibenconazole-des-benzyl	11.60	271.0/174.0	271.0/174.0;271.0/70.0	55	38;39	2;3
107	草不隆	neburon	22.30	275.1/88.1	275.1/88.1;275.1/160.1	33	23;41	2;2
108	精甲霜灵	mefenoxam	14.20	280.1/220.0	280.1/220.0;280.1/192.1	40	18;24	2;2
109	发硫磷	prothoate	15.70	286.1/227.1	286.1/227.1;286.1/199.0	23	14;21	3;3
110	乙氧呋草黄	ethofumesate	20.00	287.0/259.0	287.0/259.0;287.0/121.0	50	15;22	2;2
111	异稻瘟净	iprobenfos	20.80	289.1/205.1	289.1/205.1;289.1/91.0	20	12;39	2;3
112	特普	TEPP	11.20	291.1/179.0	291.1/179.0;291.1/207.0	23	30;20	2;2
113	环丙唑醇	cyproconazole	16.90	292.1/70.0	292.1/70.0;292.1/125.0	38	45;42	2;4
114	噻虫嗪	thiamethoxam	9.40	292.1/211.2	292.1/211.2;292.1/181.1	26	16;28	3;3
115	育畜磷	crufomate	18.20	292.1/236.0	292.1/236.0;292.1/108.1	46	24;40	4;4
116	乙嘧硫磷	etrimfos	16.90	293.1/125.0	293.1/125.0;293.1/265.1	29	35;21	2;4
117	赛灭磷	cythioate	12.50	298.0/125.0	298.0/125.0;298.0/217.1	58	33;24	2;5
118	磷胺	phosphamidon	11.30	300.1/127.0	300.1/127.0;300.1/174.1	27	31;18	2;3
119	甜菜宁	phenmedipham	16.80	301.1/168.1	301.1/168.1;301.1/136.0	30	11;27	6;3
120	联苯肼酯	bifenazate	20.10	301.2/198.1	301.2/198.1;301.2/170.1	25	14;28	6;3
121	粉唑醇	flutriafol	13.30	302.1/123.0	302.1/123.0;302.1/109.0	33	41;49	2;3
122	抑菌丙胺酯	furalaxyl	17.20	302.2/242.2	302.2/242.2;302.2/270.2	31	21;15	4;4

表 B.1（续）

序号	中文名称	英文名称	保留时间/min	定量离子对	定性离子对	去簇电压/V	碰撞气能量/V	碰撞室出口电压/V
123	生物丙烯菊酯	bioallethrin	29.70	303.1/135.1	303.1/135.1;303.1/123.1	35	20;25	2;2
124	苯腈磷	cyanofenphos	25.70	304.0/157.0	304.0/157.0;304.0/276.0	38	30;16	2;2
125	甲基嘧啶磷	pirimiphos methyl	26.10	306.2/108.1	306.2/108.1;306.2/95.0	42	42;50	3;3
126	噻嗪酮	buprofezin	26.60	306.2/116.1	306.2/116.1;306.2/106.1	18	21;41	2;3
127	乙拌磷砜	disulfoton sulfone	16.40	307.0/97.0	307.0/97.0;307/115.0	28	56;43	2;3
128	喹螨醚	fenazaquin	30.20	307.2/161.2	307.2/161.2;307.2/147.1	37	24;29	2;2
129	三唑磷	triazophos	21.30	314.1/162.1	314.1/162.1;314.1/119.1	42	27;48	4;4
130	脱叶磷	DEF	33.60	315.1/169.0	315.1/169.0;315.1/113.0	50	21;34	2;2
131	环酯草醚	pyriftalid	18.80	319.0/139.1	319.0/139.1;319.0/157.2	56	40;34	4;4
132	叶菌唑	metconazole	20.90	320.2/70.0	320.2/70.0;320.2/125.0	37	50;55	2;2
133	蚊蝇醚	pyriproxyfen	29.70	322.1/96.0	322.1/96.0;322.1/227.1	25	25;18	2;3
134	噻草酮	cycloxydim	27.90	326.2/280.2	326.2/280.2;326.2/180.2	21	17;28	4;2
135	异噁酰草胺	isoxaben	19.90	333.1/165.0	333.1/165.0;333.1/150.1	43	29;55	2;2
136	呋草酮	flurtamone	17.30	334.1/247.1	334.1/247.1;334.1/105.1	55	37;45	3;2
137	氟乐灵	trifluralin	30.90	336.0/252.1	336.0/252.1;336.0/294.1	48	27;18	2;3
138	甲基麦草氟异丙酯	flamprop methyl	20.20	336.1/77.0	336.1/77.0;336.1/105.1	22	73;25	3;2
139	生物苄呋菊酯	bioresmethrin	34.00	339.2/171.1	339.2/171.1;339.2/143.1	33	21;35	2;2
140	丙环唑	propiconazole	21.60	342.1/159.1	342.1/159.1;342.1/205.1	52	38;20	6;2
141	毒死蜱	chlorpyrifos	30.40	350.0/97.0	350.0/97.0;350.0/198.0	31	46;28	2;3
142	氯乙氟灵	fluchloralin	28.40	356.0/314.1	356.0/314.1;356.0/236.0	31	17;23	4;2
143	烯草酮	clethodim	28.60	360.1/164.1	360.1/164.1;360.1/206.2	25	28;20	2;2
144	麦草氟异丙酯	flampropisopropyl	25.20	364.1/105.1	364.1/105.1;364.1/304.1	22	33;13	2;5
145	杀虫畏	tetrachlorvinphos	21.20	365.0/127.0	365.0/127.0;365.0/204.0	32	18;51	5;8
146	炔螨特	propargite	31.80	368.1/175.1	368.1/175.1;368.1/81.0	33	23;46	2;2
147	糠菌唑	bromuconazole	17.80	376.0/159.0	376.0/159.0;376.0/173.0	37	38;42	2;2
148	氟吡酰草胺	picolinafen	28.60	377.0/238.0	377.0/238.0;377.0/145.0	56	35;69	8;6
149	氟噻乙草酯	fluthiacet methyl	23.00	404.0/274.0	404.0/274.0;404.0/215.0	64	40;55	2;2
150	肟菌酯	trifloxystrobin	27.70	409.3/206.2	409.3/206.2;409.3/186.1	35	18;25	3;3
151	氟铃脲	hexaflumuron	26.50	461.0/158.1	461.0/158.1;461.0/141.1	49	21;60	2;5
152	双苯氟脲	novaluron	27.60	493.0/158.0	493.0/158.0;493.0/141.1	37	29;68	2;4
153	啶蜱脲	fluazuron	29.20	506.0/141.1	506.0/141.1;506.0/158.1	42	70;32	2;2

表 B.1（续）

序号	中文名称	英文名称	保留时间/min	定量离子对	定性离子对	去簇电压/V	碰撞气能量/V	碰撞室出口电压/V
C组								
154	甲胺磷	methamidophos	2.14	142.1/94.0	142.1/94.0;142.1/112.0	25	19;19	2;4
155	避蚊胺	diethyltoluamide	14.20	192.2/119.0	192.2/119.0;192.2/91.0	28	25;42	4;2
156	灭草隆	monuron	12.00	199.0/126.0	199.0/126.0;199.0/99.0	25	39;55	2;2
157	嘧霉胺	pyrimethanil	14.30	200.2/107.0	200.2/107.0;200.2/168.1	41	34;40	2;2
158	黑穗胺	fenfuram	14.50	202.1/109.0	202.1/109.0;202.1/120.0	38	34;21	2;2
159	灭藻醌	quinoclamine	12.30	208.1/105.0	208.1/105.0;208.1/154.1	49	36;35	3;2
160	仲丁威	fenobucarb	17.10	208.2/95.0	208.2/95.0;208.2/152.1	36	26;12	2;2
161	敌稗	propanil	16.20	218.0/162.1	218.0/162.1;218.0/127.0	45	23;41	2;2
162	克百威	carbofuran	13.20	222.3/165.1	222.3/165.1;222.3/123.1	44	16;30	2;3
163	啶虫脒	acetamiprid	10.50	223.2/126.0	223.2/126.0;223.2/90.0	28	30;48	2;3
164	嘧菌胺	mepanipyrim	19.90	224.2/77.0	224.2/77.0;224.2/106.0	40	55;36	2;2
165	扑灭通	prometon	10.60	226.2/184.1	226.2/184.1;226.2/142.0	35	25;31	2;2
166	甲硫威	methiocarb	9.43	226.2/121.1	226.2/121.1;226.2/169.1	19	12;25	2;2
167	甲氧隆	metoxuron	11.50	229.1/72.0	229.1/72.0;229.1/156.1	41	39;34	2;2
168	乐果	dimethoate	10.40	230.0/199.0	230.0/199.0;230/125.0	16	11;28	3;1.5
169	呋菌胺	methfuroxam	17.60	230.2/137.1	230.2/137.1;230.2/111.1	32	27;20	3;2
170	伏草隆	fluometuron	13.70	233.1/72.0	233.1/72.0;233.1/160.0	29	40;39	2;4
171	百治磷	dicrotophos	9.10	238.1/112.1	238.1/112.1;238.1/127.0	18	18;24	2;2
172	庚酰草胺	monalide	23.30	240.1/85.1	240.1/85.1;240.1/93.0	39	27;53	2;3
173	双苯酰草胺	diphenamid	15.70	240.1/134.1	240.1/134.1;240.1/167.1	35	32;31	2;6
174	灭线磷	ethoprophos	19.20	243.1/131.0	243.1/131.0;243.1/97.0	33	27;46	3;3
175	地虫硫磷	fonofos	25.80	247.1/109.0	247.1/109.0;247.1/137.1	15	28;15	2;4
176	土菌灵	etridiazol	27.80	247.1/219.0	247.1/219.0;247.1/183.1	30	18;26	3;3
177	拌种胺	furmecyclox	22.50	252.2/170.1	252.2/170.1;252.2/110.1	23	17;31	3;2
178	环嗪酮	hexazinone	11.40	253.2/171.1	253.2/171.1;253.2/85.1	32	23;45	3;3
179	阔草净	dimethametryn	16.10	256.2/186.1	256.2/186.1;256.2/96.1	36	28;40	2;2
180	敌百虫	trichlorphon	9.72	257.0/109.0	257.0/109.0;257.0/127.1	28	25;23	2;2
181	内吸磷	demeton(*o*+*s*)	15.30	259.1/89.0	259.1/89.0;259.1/61.0	14	26;30	2;3
182	解草酮	benoxacor	18.20	260.0/149.2	260.0/149.2;260.0/134.1	40	23;41	4;2
183	除草定	bromacil	11.80	261.0/205.0	261.0/205.0;261.0/188.0	30	23;39	2;6
184	甲拌磷亚砜	phorate sulfoxide	9.73	261.1/111.0	261.1/111.0;261.1/129.0	27	34;27	3;2
185	溴莠敏	brompyrazon	10.40	266.0/92.0	266.0/92.0;266.0/104.0	46	41;35	3;3

表 B.1（续）

序号	中文名称	英文名称	保留时间/min	定量离子对	定性离子对	去簇电压/V	碰撞气能量/V	碰撞室出口电压/V
186	氧化萎锈灵	oxycarboxin	11.30	268.0/175.0	268.0/175.0;268.0/147.1	35	21;32	2;2
187	灭锈胺	mepronil	20.70	270.2/119.1	270.2/119.1;270.2/228.2	28	31;20	2;3
188	乙拌磷	disulfoton	31.30	275.0/89.0	275.0/89.0;275.0/61.0	11	20;50	2;2
189	倍硫磷	fenthion	24.50	279.0/169.1	279.0/169.1;279.0/105.1	30	24;36	3;4
190	甲霜灵	metalaxyl	14.20	280.1/220.2	280.1/220.2;280.1/192.2	35	19;25	2;2
191	甲呋酰胺	ofurace	14.20	282.1/254.2	282.1/254.2;282.1/160.2	26	15;31	3;2
192	吗菌灵	dodemorph	11.10	282.3/116.1	282.3/116.1;282.3/98.1	29	30;40	2;2
193	噻唑硫磷	fosthiazate	13.80	284.1/228.1	284.1/228.1;284.1/104.0	22	13;34	3;2
194	甲基咪草酯	imazamethabenz-methyl	10.90	289.1/86.0	289.1/86.0;289.1/229.0	33	35;25	3;1
195	乙拌磷-亚砜	disulfoton-sulfoxide	13.30	291.0/97.0	291.0/97.0;291.0/129.0	34	49;41	2;2
196	稻瘟灵	isoprothiolane	21.10	291.1/231.1	291.1/231.1;291.1/189.1	13	15;28	3;2
197	抑霉唑	imazalil	10.50	297.0/159.0	297.0/159.0;297.0/255.0	45	36;25	2;3
198	辛硫磷	phoxim	23.70	299.0/97.0	299.0/97.0;299.0/129.0	36	35;18	2;3
199	喹硫磷	quinalphos	23.70	299.1/163.1	299.1/163.1;299.1/147.1	34	33;31	2;2
200	灭菌磷	ditalimfos	15.10	300.0/130.1	300.0/130.1;300.0/148.1	40	42;19	2;2
201	双氧威	fenoxycarb	21.10	302.1/116.0	302.1/116.0;302.1/88.0	26	17;31	2;2
202	嘧啶磷	pyrimitate	24.00	306.1/170.2	306.1/170.2;306.1/154.2	35	27;28	3;2
203	丰索磷	fensulfothin	14.30	309.0/157.1	309.0/157.1;309.0/173.0	35	33;31	3;2
204	氯咯草酮	fluorochloridone	21.80	312.1/292.1	312.1/292.1;312.1/212.2	49	28;43	5;3
205	丁草胺	butachlor	30.00	312.2/238.1	312.2/238.1;312.2/147.2	22	13;46	2;2
206	亚胺菌	kresoxim-methyl	23.70	314.1/235.1	314.1/235.1;314.1/222.2	15	20;18	3;2
207	戊叉菌唑	triticonazole	16.90	318.2/70.0	318.2/70.0;318.2/125.1	28	42;50	2;3
208	苯线磷亚砜	fenamiphos sulfoxide	10.90	320.1/292.1	320.1/292.1;320.1/171.1	37	20;30	3;5
209	噻吩草胺	thenylchlor	21.70	324.1/127.0	324.1/127.0;324.1/99.0	30	24;45	2;2
210	除虫菊素	pyrethrin	31.90	329.1/133.1	329.1/133.1;329.1/143.1	39	25;26	2;5
211	稻瘟酰胺	fenoxanil	23.40	329.1/302.0	329.1/302.0;329.1/189.1	38	16;35	3;2
212	氟啶草酮	fluridone	16.80	330.1/309.1	330.1/309.1;330.1/259.2	54	47;61	3;5
213	氟环唑	epoxiconazole	18.60	330.1/121.1	330.1/121.1;330.1/141.1	32	32;25	2;2
214	氯辛硫磷	chlorphoxim	27.20	333.0/97.0	333.0/97.0;333/163.1	22	34;20	2;2
215	苯线磷砜	fenamiphos sulfone	12.30	336.1/266.2	336.1/266.2;336.1/188.2	45	26;36	4;2
216	腈苯唑	fenbuconazole	20.10	337.1/125.0	337.1/125.0;337.1/70.0	36	45;43	2;3
217	异柳磷	isofenphos	27.80	346.1/121.0	346.1/121.0;346.1/245.0	18	54;18	2;3

表 B.1（续）

序号	中文名称	英文名称	保留时间/min	定量离子对	定性离子对	去簇电压/V	碰撞气能量/V	碰撞室出口电压/V
218	安磺灵	oryzalin	21.00	347.0/288.0	347.0/288.0;347/198.1	38	24;40	2;2
219	苯醚菊酯	phenothrin	35.10	351.1/183.2	351.1/183.2;351.1/333.2	45	30;14	3;5
220	哌草磷	piperophos	27.20	354.1/143.0	354.1/143.0;354.1/171.0	26	43;30	2;3
221	增效醚	piperonylbutoxide	29.10	356.2/177.1	356.2/177.1;356.2/119.0	15	19;50	2;2
222	乙氧氟草醚	oxyflurofen	29.60	362.0/316.1	362.0/316.1;362/237.1	32	18;30	5;2
223	蝇毒磷	coumaphos	25.80	363.1/227.2	363.1/227.2;363.1/307.1	63	34;25	4;4
224	氟噻草胺	flufenacet	22.00	364.0/194.0	364.0/194.0;364.0/152.0	11	17;27	7;6
225	伏杀硫磷	phosalone	26.60	368.1/182.0	368.1/182.0;368.1/111.0	31	23;59	2;2
226	甲氧虫酰肼	methoxyfenozide	20.40	369.2/149.1	369.2/149.1;369.2/313.1	19	25;10	5;5
227	咪鲜胺	prochloraz	17.50	376.1/308.0	376.1/308.0;376.1/266.0	31	17;22	5;4
228	丙硫特普	aspon	33.60	379.1/115.0	379.1/115.0;379.1/97.0	27	46;82	4;2
229	乙硫磷	ethion	30.90	385.0/199.1	385.0/199.1;385.0/143.0	19	12;35	2;3
230	丁醚脲	diafenthiuron pestanal	32.40	385.3/329.2	385.3/329.2;385.3/287.2	56	27;35	3.0;3.0
231	氟硫草定	dithiopyr	28.90	402.0/354.0	402.0/354.0;402.0/296.0	38	24;35	5;2
232	螺螨酯	spirodiclofen	33.90	411.1/71.0	411.1/71.0;411.1/313.1	48	29;17	2;5
233	唑螨酯	fenpyroximate	31.10	422.2/366.2	422.2/366.2;422.2/214.2	33	23;38	6;5
234	胺氟草酯	flumiclorac-pentyl	29.50	441.1/308.0	441.1/308.0;441.1/252.1	45	36;51	3;3
235	双硫磷	temephos	30.10	467.0/419.0	467.0/419.0;467.0/341.0	40	27;41	5;4
236	氟丙嘧草酯	butafenacil	23.10	475.0/331.0	475.0/331.0;475.0/349.0	50	27;14	4;7
237	多杀菌素	spinosad	13.40	732.4/142.2	732.4/142.2;732.4/98.1	48	45;96	2;2
D组								
238	二丙烯草胺	allidochlor	12.40	174.1/98.1	174.1/98.1;174.1/106.0	27	14;15	3;2
239	三环唑	tricyclazole	10.70	190.1/163.1	190.1/163.1;190.1/136.1	42	31;38	2;2
240	噻菌灵	thiabendazole	2.35	202.1/175.1	202.1/175.1;202.1/131.1	43	35;45	3;2
241	苯嗪草酮	metamitron	10.10	203.1/175.1	203.1/175.1;203.1/104.0	33	22;35	5;3
242	异丙隆	isoproturon	14.30	207.2/72.0	207.2/72.0;207.2/165.1	27	35;19	2;2
243	莠去通	atratone	10.10	212.2/170.2	212.2/170.2;212.2/100.1	30	28;36	6;2
244	敌草净	desmetryn	11.20	214.1/172.1	214.1/172.1;214.1/82.1	48	23;45	4;3
245	赛克津	metribuzin	12.90	215.1/187.2	215.1/187.2;215.1/171.1	37	23;27	3;5
246	—	DMST	14.00	215.3/106.1	215.3/106.1;215.3/151.2	35	19;11	3;3
247	环草敌	cycloate	26.60	216.2/83.0	216.2/83.0;216.2/134.1	28	24;18	2;2
248	莠去津	atrazine	14.30	216.2/174.2	216.2/174.2;216.2/104.0	33	24;40	2;3
249	丁草敌	butylate	28.80	218.1/57.0	218.1/57.0;218.1/190.1	26	30;12	2;2

表 B.1（续）

序号	中文名称	英文名称	保留时间/min	定量离子对	定性离子对	去簇电压/V	碰撞气能量/V	碰撞室出口电压/V
250	吡蚜酮	pymetrozin	12.20	218.1/105.1	218.1/105.1;218.1/79.0	29	29;60	2;3
251	杀草敏	chloridazon	10.40	222.1/104.0	222.1/104.0;222.1/92.0	43	31;37	2;3
252	菜草畏	sulfallate	25.20	224.1/88.2	224.1/88.2;224.1/116.1	25	30;17	2;1.5
253	特丁通	terbumeton	10.90	226.2/170.1	226.2/170.1;226.2/114	34	25;34	3;4
254	环丙津	cyprazine	12.60	228.2/186.1	228.2/186.1;228.2/108.1	48	24;37	2;3
255	阔草净	ametryn	12.60	228.2/96.1	228.2/96.1;228.2/158.1	35	36;32	2;5
256	木草隆	tebuthiuron	11.50	229.2/172.2	229.2/172.2;229.2/116.0	37	25;37	2;3
257	草达津	trietazine	20.60	230.1/99.1	230.1/99.1;230.1/132.1	40	32;30	3;2
258	另丁津	sebutylazine	16.40	230.1/174.1	230.1/174.1;230.1/104.0	37	25;42	2;2
259	畜虫避	dibutyl succinate	24.40	231.1/157.1	231.1/157.1;231.1/101.0	25	10;21	2;2
260	牧草胺	tebutam	21.70	234.2/91.1	234.2/91.1;234.2/192.2	54	40;21	1.5;3
261	久效威亚砜	thiofanox-sulfoxide	9.64	235.1/104.0	235.1/104.0;235.1/178.2	16	13;9	3;2
262	杀螟丹	cartap hydrochloride	21.90	238.0/117.0	238.0/117.0;238.0/210.1	30	30;25	3;2
263	虫螨畏	methacrifos	9.50	241.0/125.0	241.0/125.0;241.0/209.0	20	27;12	2;2
264	特丁净	terbutryn	14.80	242.2/186.1	242.2/186.1;242.2/91.0	35	25;37	2;2
265	唑菌嗪	triazoxide	11.90	248.0/150.1	248.0/150.1;248.0/124.0	47	48;45	2;2
266	虫线磷	thionazin	16.40	249.1/97.0	249.1/97.0;249.1/221.2	22	43;12	3;2
267	利谷隆	linuron	17.70	249.0/160.1	249.0/160.1;249.0/182.1	32	25;21	2;2
268	庚虫磷	heptanophos	14.90	251.0/127.0	251.0/127.0;251.0/89.0	30	20;49	2;2
269	苄草丹	prosulfocarb	28.10	252.1/91.0	252.1/91.0;252.1/128.1	29	38;15	2;2
270	炔苯烯草胺	propyzamide	19.70	256.0/190.0	256.0/190.0;256.0/173.0	36	20;32	2;2
271	杀草净	dipropetryn	16.70	256.1/144.1	256.1/144.1;256.1/172.1	39	37;30	4;2
272	禾草丹	thiobencarb	25.90	258.1/125.0	258.1/125.0;258.1/89.0	31	31;71	3;2
273	三异丁基磷酸盐	tri-*iso*-butylphosphate	24.90	267.1/155.1	267.1/155.1;267.1/211.2	24	12;9	2;2
274	磷酸三正丁酯	tri-*n*-butylphosphate	24.90	267.2/99.0	267.2/99.0;267.2/155.1	41	24;14	3;2
275	乙霉威	diethofencarb	17.90	268.1/152.1	268.1/152.1;268.1/180.2	17	29;22	3;3
276	甲草胺	alachlor	21.80	270.2/238.2	270.2/238.2;270.2/162.2	29	14;25	3;2
277	硫线磷	cadusafos	25.30	271.1/159.1	271.1/159.1;271.1/97.0	27	14;36	2;3
278	灭草胺	metazachlor	15.70	278.1/210.1	278.1/210.1;278.1/134.1	15	14;21	2;3
279	胺丙畏	propetamphos	20.00	282.1/110.0	282.1/110.0;282.1/156.1	30	40;15	3;2
280	特丁硫磷	terbufos	30.10	289.0/103.1	289.0/103.1;289.0/187.0	20	14;19	4;2
281	烯效唑	uniconazole	18.30	292.1/70.0	292.1/70.0;292.1/125.0	44	47;46	2;2

表 B.1（续）

序号	中文名称	英文名称	保留时间/min	定量离子对	定性离子对	去簇电压/V	碰撞气能量/V	碰撞室出口电压/V
282	硅氟唑	simeconazole	18.00	294.2/70.1	294.2/70.1;294.2/135.1	59	39;30	2;4
283	三唑酮	triadimefon	19.00	294.2/197.1	294.2/197.1;294.2/225.2	29	20;17	2;2
284	甲拌磷砜	phorate sulfone	16.90	293.0/171.0	293.0/171.0;293.0/143.1	31	14;24	4;2
285	十三吗啉	tridemorph	13.80	298.3/130.1	298.3/130.1;298.3/98.1	45	35;40	1.5;1.5
286	苯噻酰草胺	mefenacet	19.00	299.1/120.1	299.1/120.1;299.1/148.1	23	36;23	2;2
287	戊环唑	azaconazole	14.00	300.1/159.0	300.1/159.0;300.1/231.1	35	40;23	2;4
288	苯线磷	fenamiphos	18.20	304.1/217.1	304.1/217.1;304.1/202.0	30	29;46	7;2
289	丁苯吗啉	fenpropimorph	11.70	304.3/147.2	304.3/147.2;304.3/119.1	45	39;53	2;2
290	戊唑醇	tebuconazole	19.70	308.2/70.0	308.2/70.0;308.2/125.0	57	45;55	2;3
291	异丙乐灵	isopropalin	33.40	310.2/226.0	310.2/226.0;310.2/208.1	30	27;31	2;2
292	氟苯嘧啶醇	nuarimol	15.40	315.1/252.1	315.1/252.1;315.1/81.0	50	31;47	3;2
293	乙嘧酚磺酸酯	bupirimate	17.90	317.2/108.0	317.2/108.0;317.2/210.2	37	36;30	4;2
294	保棉磷	azinphos-methyl	17.60	318.1/132.1	318.1/132.1;318.1/261.1	19	21;10	2;10
295	丁基嘧啶磷	tebupirimfos	30.60	319.1/277.1	319.1/277.1;319.1/153.2	34	20;42	4;1.5
296	稻丰散	phenthoate	25.20	321.1/163.1	321.1/163.1;321.1/135.1	20	15;26	2;2
297	治螟磷	sulfotep	26.50	323.0/115.0	323.0/115.0;323.0/171.1	25	41;20	2;2
298	硫丙磷	sulprofos	31.20	323.0/219.1	323.0/219.1;323.0/155.0	42	24;32	2;1.5
299	苯硫磷	EPN	27.70	324.0/157.1	324.0/157.1;324.0/296.0	41	34;19	4;2
300	甲基吡噁磷	azamethiphos	12.50	325.0/183.0	325.0/183.0;325.0/112.0	26	21;51	3;2
301	烯唑醇	diniconazole	21.70	326.1/70.0	326.1/70.0;326.1/159.0	34	50;45	3;3
302	稀禾啶	sethoxydim	29.80	328.2/178.1	328.2/178.1;328.2/282.2	40	28;16	2;3
303	纹枯脲	pencycuron	26.30	329.2/125.0	329.2/125.0;329.2/218.1	35	40;20	1.5;3
304	灭蚜磷	mecarbam	23.30	330.0/199.0	330.0/199.0;330.0/171.0	19	20;24	7;7
305	苯草酮	tralkoxydim	30.70	330.2/284.2	330.2/284.2;330.2/138.1	38	15;28	9;5
306	马拉硫磷	malathion	21.30	331.0/127.1	331.0/127.1;331.0/99.0	30	18;35	2;2
307	稗草畏	pyributicarb	30.70	331.1/181.1	331.1/181.1;331.1/190.1	40	23;24	2;2
308	哒嗪硫磷	pyridaphenthion	19.40	341.1/189.2	341.1/189.2;341.1/205.2	46	28;26	2;3
309	嘧啶磷	pirimiphos-ethyl	30.50	334.2/198.2	334.2/198.2;334.2/182.2	35	31;31	2;3
310	硫双威	thiodicarb	28.90	355.1/88.0	355.1/88.0;355.1/108.0	18	30;24	2;2
311	吡唑硫磷	pyraclofos	24.00	361.1/257.0	361.1/257.0;361.1/275.0	43	30;28	5;2
312	啶氧菌酯	picoxystrobin	24.40	368.2/145.1	368.2/145.1;368.2/205.2	21	27;12	3;3
313	四氟醚唑	tetraconazole	19.30	372.0/159.0	372.0/159.0;372/150.1	41	44;46	6;4
314	吡唑解草酯	mefenpyr-diethyl	26.30	373.0/160.0	373.0/160.0;373.0/186.0	25	45;50	3;1.5

表 B.1(续)

序号	中文名称	英文名称	保留时间/min	定量离子对	定性离子对	去簇电压/V	碰撞气能量/V	碰撞室出口电压/V
315	丙溴磷	profenefos	27.40	373.0/302.9	373.0/302.9;373.0/345.0	34	24;17	3;5
316	百克敏	pyraclostrobin	25.70	388.0/194.0	388.0/194.0;388.0/163.0	6	19;29	7;7
317	烯酰吗啉	dimethomorph	16.20	388.1/301.1	388.1/301.1;388.1/165.1	40	28;45	3;2
318	噻嗯菊酯	kadethrin	29.40	397.1/171.1	397.1/171.1;397.1/143.1	33	19;35	3;1.5
319	噻唑烟酸	thiazopyr	26.10	397.1/335.1	397.1/335.1;397.1/275.1	48	42;51	5;9
320	醚黄隆	cinosulfuron	12.70	414.1/183.1	414.1/183.1;414.1/157.1	39	28;34	2;3
321	碘甲磺隆	iodosulfuron-methyl	16.10	530.0/163.1	530.0/163.1;530.0/390.0	34	22;21	2;4
322	定虫隆	chlorfluazuron	31.60	540.0/383.0	540.0/383.0;540.0/158.2	44	31;30	15;5
				E组				
323	4-氨基吡啶	4-aminopyridine	1.79	95.1/77.8	95.1/77.8;95.1/51.6	47	32;55	2.0;2.0
324	灭多威	methomyl	9.03	163.2/88.1	163.2/88.1;163.2/106.1	28	15;14	2.4;2.0
325	*N*-二甲基甲酰基甲硫基甲醛肟	oxamyl-oxime	8.36	163.2/72.1	163.2/72.1;163.2/90.0	38	20;24	2.3;2.5
326	咯喹酮	pyroquilon	11.50	174.1/117.1	174.1/117.1;174.1/132.2	55	45;33	1.5;1.5
327	麦穗宁	fuberidazole	2.34	185.2/156.2	185.2/156.2;185.2/92.1	55	40;46	2.0;2.5
328	丁脒酰胺	isocarbamid	10.20	186.2/87.1	186.2/87.1;186.2/130.1	35	24;17	2.0;1.5
329	丁酮威	butocarboxim	11.40	191.2/75.1	191.2/75.1;191.2/116.1	21	15;9	2.2;2.0
330	杀虫脒	chlordimeform	10.60	197.2/117.1	197.2/117.1;197.2/125.1	39	39;45	2.5;2.0
331	霜脲氰	cymoxanil	11.30	199.1/128.1	199.1/128.1;199.1/111.1	20	12;24	1.5;2.5
332	灭草敌	vernolate	26.50	204.2/128.2	204.2/128.2;204.2/86.1	35	15;19	2.0;2.0
333	猛杀威	promecarb	18.10	208.2/151.1	208.2/151.1;208.2/109.1	38	12;23	1.5;2.0
334	灭害威	aminocarb	2.35	209.3/137.1	209.3/137.1;209.3/152.1	37	33;19	2.0;2.0
335	甲菌定	dimethirimol	9.31	210.2/71.1	210.2/71.1;210.2/98.1	60	50;36	2.0;1.5
336	氧乐果	omethoate	2.34	214.1/143.0	214.1/143.0;214.1/155.0	30	20;24	2.0;2.5
337	乙氧喹啉	ethoxyquin	15.58	218.2/160.1	218.2/160.1;218.2/174.2	50	45;41	2.0;2.0
338	敌敌畏	dichlorvos	9.93	221.0/109.0	221.0/109.0;221.0/127.1	45	25;24	1.5;1.5
339	涕灭威砜	aldicarb sulfone	8.60	223.1/86.1	223.1/86.1;223.1/148.0	42	21;12	2.0;3.0
340	二氧威	dioxacarb	14.95	224.1/167.1	224.1/167.1;224.1/123.1	30	11;22	3.0;1.5
341	灭赐松	demeton-*s*-methyl	12.50	231.1/89.0	231.1/89.0;231.1/155.0	19	18;16	2.5;2.0
342	解草腈	oxabetrinil	18.20	233.2/147.1	233.2/147.1;233.2/87.1	37	14;19	2.5;2.5
343	乙硫苯威亚砜	ethiofencarb-sulfoxide	9.55	242.2/107.1	242.2/107.1;242.2/185.1	28	28;11	2.5;2.0
344	杀虫腈	cyanophos	17.50	244.2/125.0	244.2/125.0;244.2/180.0	38	24;32	3.0;2.5
345	氯唑灵	etridiazole	23.10	247.1/183.0	247.1/183.0;247.1/219.0	30	26;16	2.0;2.0

表 B.1（续）

序号	中文名称	英文名称	保留时间/min	定量离子对	定性离子对	去簇电压/V	碰撞气能量/V	碰撞室出口电压/V
346	甲基乙拌磷	thiometon	14.00	247.1/89.1	247.1/89.1;247.1/61.0	13	18;43	2.0;2.0
347	灭菌丹	folpet	20.70	260.0/130.0	260.0/130.0;260.0/231.9	33	36;36	2.0;2.0
348	甲基内吸磷砜	demeton-*s*-methyl sulfone	9.45	263.1/169.1	263.1/169.1;263.1/127.1	41	22;38	2.0;2.0
349	哌草丹	dimepiperate	27.40	264.3/119.1	264.3/119.1;264.3/146.1	30	16;23	2.5;2.5
350	苯锈定	fenpropidin	11.50	274.0/147.1	274.0/147.1;274.0/86.1	18	39;39	2.0;1.5
351	赛硫磷	amidithion	11.30	274.1/199.1	274.1/199.1;274.1/171.0	31	16;24	2.0;1.5
352	对氧磷	paraoxon-ethyl	14.80	276.2/220.1	276.2/220.1;276.2/238.1	52	20;19	2.7;2.0
353	4-十二烷基-2,6-二甲基吗啉	aldimorph	14.00	284.4/98.1	284.4/98.1;284.4/57.2	60	50;39	2.0;2.0
354	啶斑肟	pyrifenox	13.70	295.0/93.1	295.0/93.1;295.0/263.0	45	42;24	2.0;2.5
355	氯硫磷	chlorthion	23.00	298.0/125.0	298.0/125.0;298.0/143.0	52	30;30	2.0;1.5
356	异氯磷	dicapthon	22.90	298.0/266.1	298.0/266.1;298.0/284.0	46	23;22	3.0;4.0
357	四螨嗪	clofentezine	25.90	303.0/138.0	303.0/138.0;303.0/156.0	48	24;23	2.0;1.0
358	氟草敏	norflurazon	14.90	304.0/160.1	304.0/160.1;304.0/140.1	68	41;50	1.5;2.0
359	苯氧喹啉	quinoxyphen	27.80	308.0/197.0	308.0/197.0;308.0/214.0	68	45;47	2.0;2.0
360	倍硫磷砜	fenthion sulfone	15.50	311.1/125.0	311.1/125.0;311.1/127.1	58	30;37	1.5;1.5
361	烯虫酯	methoprene	15.32	311.3/279.2	311.3/279.2;311.3/191.2	35	9;16	2.5;2.5
362	氟咯草酮	flurochloridone	22.00	312.2/53.1	312.2/53.1;312.2/212.2	59	55;41	2.0;2.5
363	邻苯二甲酸丁苄酯	phthalicacid,benzyl butyl ester	28.00	313.2/91.1	313.2/91.1;313.2/149.0	42	36;18	2.0;2.0
364	氯唑磷	isazofos	23.40	314.1/162.1	314.1/162.1;314.1/120.0	47	21;41	2.0;1.5
365	酚线磷	dichlofenthion	30.30	315.0/259.0	315.0/259.0;315.0/287.0	40	21;14	3.5;3.0
366	蚜灭多砜	vamidothion sulfone	9.11	320.2/178.1	320.2/178.1;320.2/169.1	47	21;27	2.0;2.0
367	特丁硫磷砜	terbufos sulfone	20.10	321.2/171.1	321.2/171.1;321.2/143.0	49	17;28	2.0;2.0
368	敌乐胺	dinitramine	25.30	323.1/305.0	323.1/305.0;323.1/247.0	35	21;27	3;2
369	氰唑磺菌胺	cyazofamid	23.80	325.2/108.0	325.2/108.0;325.2/261.3	30	21;14	2.5;3.0
370	毒壤膦	trichloronat	33.10	333.1/304.9	333.1/304.9;333.1/196.9	40	19;33	2.5;2.5
371	苄呋菊酯-2	resmethrin-2	34.20	339.2/171.1	339.2/171.1;339.2/143.1	46	19;33	2.0;2.0
372	啶酰菌胺	boscalid	19.30	343.2/307.2	343.2/307.2;343.2/140.1	53	29;31	3.0;2.0
373	甲磺乐灵	nitralin	23.80	346.1/304.1	346.1/304.1;346.1/262.1	63	20;26	3.0;3.0
374	苯酮唑	cafenstrol	21.50	351.3/100.1	351.3/100.1;351.3/72.1	60	19;39	2.4;2.4
375	噻螨酮	hexythiazox	30.70	353.1/228.1	353.1/228.1;353.1/168.1	50	21;35	2.5;1.8
376	苯满特	benzoximate	27.40	364.2/105.1	364.2/105.1;364.2/199.1	34	19;35	2.0;2.5

表 B.1（续）

序号	中文名称	英文名称	保留时间/min	定量离子对	定性离子对	去簇电压/V	碰撞气能量/V	碰撞室出口电压/V
377	哒螨灵	pyridaben	33.40	365.1/309.1	365.1/309.1;365.1/147.1	65	16;34	3.0;2.0
378	新燕灵	benzoylprop-ethyl	25.50	366.1/105.0	366.1/105.0;366.1/320.1	50	30;12	2.0;2.0
379	嘧螨醚	pyrimidifen	21.40	378.2/184.1	378.2/184.1;378.2/150.2	45	33;50	2.5;1.5
380	哒草特	pyridate	35.80	379.2/207.0	379.2/207.0;379.2/351.1	51	23;15	2.5;4.0
381	呋线威	furathiocarb	29.60	383.3/195.1	383.3/195.1;383.3/252.1	54	27;17	2.0;2.2
382	反式氯菊酯	*trans*-permethin	29.00	391.3/149.1	391.3/149.1;391.3/167.1	45	37;18	2.0;2.0
383	苄草唑	pyrazoxyfen	23.00	403.2/91.1	403.2/91.1;403.2/105.1	47	63;29	2.0;2.0
384	嘧唑螨	flubenzimine	39.00	417.0/187.0	417.0/187.0;417.0/167.1	47	40;35	1.5;2.0
385	Z-氯氰菊酯	*zeta* cypermethrin	8.92	433.3/416.2	433.3/416.2;433.3/191.2	28	12;23	4.0;3.0
386	吡氟甲禾灵	haloxyfop-2-ethoxy-ethyl	28.90	434.1/316.0	434.1/316.0;434.1/288.0	55	27;41	3.9;3.9
				F组				
387	丙烯酰胺	acrylamide	2.13	72.0/54.6	72.0/54.6;72.0/43.5	27	16;28	5.5;4.0
388	特丁胺	*tert*-butylamine	2.14	74.1/56.8	74.1/56.8;74.1/45.7	46	14;20	2.2;1.7
389	邻苯二甲酰亚胺	phthalimide	10.50	148.2/130.1	148.2/130.1;148.2/102.0	66	26;40	2.2;2.2
390	甲氟磷	dimefox	9.19	155.1/110.1	155.1/110.1;155.1/128.1	50	28;26	2.0;1.7
391	速灭威	metolcarb	12.20	166.2/109.0	166.2/109.0;166.2/107.1	34	18;35	1.5;2.0
392	二苯胺	diphenylamin	21.10	170.2/93.1	170.2/93.1;170.2/65.1	37	39;61	3.0;2.5
393	萘乙酰胺	1-naphthylacetamide	11.10	186.2/141.1	186.2/141.1;186.2/169.1	40	26;14	1.5;2.0
394	脱乙基莠去津	atrazine-desethyl	10.30	188.2/146.1	188.2/146.1;188.2/104.1	42	24;36	2.2;2.5
395	2,6-二氯苯甲酰胺	2,6-dichlorobenzamide	9.58	190.1/173.0	190.1/173.0;190.1/145.0	48	25;40	2.0;3.0
396	邻苯二甲酸二甲酯	dimethylphthalate	12.90	195.2/163.1	195.2/163.1;195.2/133.1	23	17;31	2.0;2.0
397	杀虫脒盐酸盐	chlordimeform hydrochloride	10.40	197.2/117.1	197.2/117.1;197.2/125.1	40	37;44	2.0;2.0
398	西玛通	simeton	9.11	198.2/100.1	198.2/100.1;198.2/128.2	20	35;28	1.5;1.7
399	丁诺特呋喃	dinotefuran	2.21	203.3/129.2	203.3/129.2;203.3/87.1	33	16;22	2.8;2.5
400	克草敌	pebulate	26.30	204.2/57.2	204.2/57.2;204.2/72.1	36	27;20	2.0;2.0
401	活化酯	acibenzolar-*s*-methyl	17.80	211.1/136.0	211.1/136.0;211.1/140.0	48	41;34	2.0;1.7
402	蔬果磷	dioxabenzofos	17.50	217.0/107.1	217.0/107.1;217/123.1	40	30;24	1.5;2.0
403	杀线威	oxamyl	8.43	220.1/72.1	220.1/72.1;220.1/90.1	24	20;15	2.0;2.0
404	甲基苯噻隆	methabenzthiazuron	13.20	222.2/165.1	222.2/165.1;222.2/150.1	28	25;45	2.0;2.5
405	丁酮砜威	butoxycarboxim	8.02	223.2/106.1	223.2/106.1;223.2/63.0	36	13;23	2.7;2.3

表 B.1（续）

序号	中文名称	英文名称	保留时间/min	定量离子对	定性离子对	去簇电压/V	碰撞气能量/V	碰撞室出口电压/V
406	兹克威	mexacarbate	8.62	223.3/151.2	223.3/151.2;223.3/166.2	40	32;20	2.0;2.0
407	甲基内吸磷亚砜	demeton-*s*-methyl sulfoxide	2.15	247.1/169.1	247.1/169.1;247.1/105.1	31	19;18	3;2.5
408	久效威砜	thiofanox-sulfone	10.50	251.1/57.2	251.1/57.2;251.1/76.1	25	22;16	2.0;2.0
409	甲基硫环磷	phosfolan	10.80	256.2/140.0	256.2/140.0;256.2/168.0	56	39;22	2.0;2.0
410	三氯氧乙酸	triclopyr	10.80	256.2/140.0	256.2/140.0;256.2/168.0	42	35;21	2.0;2.0
411	内吸磷	demeton-*s*	15.30	259.1/89.1	259.1/89.1;259.1/61.0	25	19;45	3.0;2.0
412	氧倍硫磷	fenthionoxon	14.60	263.2/216.1	263.2/216.1;263.2/231.1	63	30;21	2.5;3.0
413	杀草隆	daimuron	19.00	269.3/151.1	269.3/151.1;269.3/119.1	49	18;27	1.8;1.8
414	萘丙胺	napropamide	19.70	272.2/129.2	272.2/129.2;272.2/171.1	43	21;26	1.5;2.0
415	杀螟硫磷	fenitrothion	21.40	278.1/125.0	278.1/125.0;278.1/143.0	45	30;30	2.3;1.5
416	酞酸二丁酯	phthalicacid,dibutyl ester	28.00	279.2/149.0	279.2/149.0;279.2/205.1	37	25;10	2.0;2.5
417	丙草胺	metolachlor	21.50	284.1/252.2	284.1/252.2;284.1/176.2	49	20;34	2.5;2.0
418	腐霉利	procymidone	21.50	284.1/95.1	284.1/95.1;284.1/67.1	65	31;47	1.5;2.0
419	灭蚜硫磷	vamidothion	9.64	288.2/146.1	288.2/146.1;288.2/118.1	39	18;32	2.0;2.1
420	枯草隆	chloroxuron	17.50	291.2/72.1	291.2/72.1;291.2/218.1	64	47;34	2.2;2.2
421	威菌磷	triamiphos	11.90	295.2/135.1	295.2/135.1;295.2/153.2	56	33;33	2.0;2.0
422	二嗪农	dithianon	22.90	297.1/105.1	297.1/105.1;297.1/214.1	104	47;39	2.0;2.0
423	脱叶磷	merphos	10.80	299.2/153.0	299.2/153.0;299.2/97.0	35	22;34	1.5;2.5
424	右旋炔丙菊酯	prallethrin	27.10	301.2/105.1	301.2/105.1;301.2/123.2	47	30;25	2.0;2.0
425	苄草隆	cumyluron	18.30	303.3/185.1	303.3/185.1;303.3/119.1	45	18;30	2.0;1.7
426	亚胺硫磷	phosmet	18.20	318.0/160.1	318.0/160.1;318.0/286.0	32	24;10	2.0;3.0
427	皮蝇磷	ronnel	28.90	321.1/125.0	321.1/125.0;321.1/88.0	40	28;25	2.0;2.0
428	除虫菊素	pyrethrins	31.90	329.2/161.1	329.2/161.1;329.2/133.1	42	14;23	2.0;2.0
429	乙基杀扑磷	athidathion	22.60	331.1/145.0	331.1/145.0;331.1/85.1	30	15;30	3.0;3.0
430	酞酸二环己酯	phthalic acid,biscyclohexyl ester	33.20	331.3/149.1	331.3/149.1;331.3/167.1	43	37;18	2.3;2.3
431	环丙酰菌胺	carpropamid	24.40	334.2/139.1	334.2/139.1;334.2/196.1	51	29;17	2.0;2.2
432	吡螨胺	tebufenpyrad	27.80	334.3/117.1	334.3/117.1;334.3/145.1	76	51;38	3.0;2.5
433	苯酰草胺	zoxamide	25.10	336.2/187.1	336.2/187.1;336.2/204.1	55	[illegible]	[illegible];2.5
434	抑虫肼	tebufenozide	22.90	353.3/133.1	353.3/133.1;353.3/297.2	28	28;11	1.5;3.5
435	克热净(醋酸盐)	iminoctadine triacetate	2.12	356.6/297.4	356.6/297.4;356.6/322.4	58	37;35	3.0;3.5

表 B.1（续）

序号	中文名称	英文名称	保留时间/min	定量离子对	定性离子对	去簇电压/V	碰撞气能量/V	碰撞室出口电压/V
436	虫螨磷	chlorthiophos	31.50	361.0/305.0	361.0/305.0;361.0/225.0	45	22;30	4.5;2.0
437	二溴磷	naled	15.30	378.8/127.1	378.8/127.1;378.8/253.0	35	25;24	2.0;4.0
438	唑虫酰胺	tolfenpyrad	28.10	384.1/197.1	384.1/197.1;384.1/145.1	72	37;37	2.0;2.1
439	吲哚酮草酯	cinidon-ethyl	28.60	394.2/348.1	394.2/348.1;394.2/107.1	65	25;44	4.5;2.2
440	鱼藤酮	rotenone	21.60	395.3/213.2	395.3/213.2;395.3/192.2	80	33;34	2.2;2.0
441	三氯苯唑	fluotrimazole	38.70	402.2/311.2	402.2/311.2;402.2/165.0	71	25;58	3.0;2.0
442	唑酮草酯	carfentrazone-ethyl	23.70	412.1/346.1	412.1/346.1;412.1/366.1	65	32;24	5.0;5.0
443	噁草酸	propaquizafop	28.40	444.2/100.1	444.2/100.1;444.2/299.1	50	31;30	2.5;3.5
444	乳氟禾草灵	lactofen	30.10	479.1/344.0	479.1/344.0;479.1/462.0	35	21;11	3.0;4.5
G组								
445	四氢化邻苯二甲酰亚胺	*cis*-1,2,3,6-tetrahydrophthalimide	8.33	150.0/95.6	150.0/95.6;150.0/41.3	−40	−31;−55	−1.0;−1.5
446	2,6-二氟苯甲酸	2,6-difluorobenzoicacid	2.07	156.9/113.0	156.9/113.0;156.9/92.9	−9	−14;−32	−1.0;−1.0
447	三氯乙酸钠	trichloroacetic acid sodium salt	2.08	160.9/116.9	160.9/116.9;160.9/95.9	−10	−12;−48	−1.5;−1.0
448	2-苯基苯酚	2-phenylphenol	15.40	169.0/93.0	169.0/93.0;169.0/115.0	−61	−45;−40	−3.0;−1.0
449	3-苯基苯酚	3-phenylphenol	15.40	169.0/141.1	169.0/141.1;169.0/101.0	−55	−34;−44	−1.5;−1.5
450	氯硝胺	dicloran	14.90	204.9/123.0	204.9/123.0;204.9/139.0	−45	−39;−34	−1.0;−1.0
451	氯氨吡啶酸	aminopyralid	10.10	205.0/161.0	205.0/161.0;205.0/125.0	−38	−15;−26	−2.0;−1.5
452	氯苯胺灵	chlorpropham	18.10	212.0/152.0	212.0/152.0;212.0/59.0	−33	−17;−27	−2.0;−2.0
453	特草定	terbacil	11.40	215.0/158.9	215.0/158.9;215.0/116.0	−46	−25;−32	−1.0;−1.0
454	麦草畏	dicamba	8.33	219.0/175.0	219.0/175.0;219.0/144.9	−7	−11;−16	−1.0;−1.0
455	2,3,4,5-四氯苯胺	2,3,4,5-tetrachloroaniline	21.10	227.8/191.7	227.8/191.7;227.8/156.0	−44	−26;−29	−1.0;−1.0
456	敌磺钠	fenaminosulf	9.48	228.1/79.9	228.1/79.9;228.1/121.0	−22	−29;−25	−1.0;−1.0
457	毒莠定	picloram	8.81	238.8/194.8	238.8/194.8;238.8/122.9	−16	−33;−15	−1.5;−0.8
458	灭草松	bentazone	10.30	239.0/132.0	239.0/132.0;239.0/197.0	−40	−40;−30	−1.0;−1.5
459	地乐酚	dinoseb	17.70	239.0/193.0	239.0/193.0;239.0/163.0	−45	−36;−44	−2.0;−1.0
460	草消酚	dinoterb	19.50	239.2/206.9	239.2/206.9;239.2/176.0	−50	−37;−54	−1.5;−1.0
461	咯菌腈	fludioxonil	16.30	247.0/180.0	247.0/180.0;247.0/126.0	−60	−42;−44	−1.0;−1.0
462	杀螨醇	chlorfenethol	21.80	265.0/153.0	265.0/153.0;265.0/110.0	−35	−20;−30	−1.0;−3.0
463	溴苯腈	bromoxynil	11.50	273.8/78.9	273.8/78.9;273.8/166.9	−42	−50;−45	−1.5;−1.0
464	灭幼脲	chlorobenzuron	18.80	307.0/154.0	307.0/154.0;307.0/126.0	−28	−17;−36	−1.0;−1.5

表 B.1（续）

序号	中文名称	英文名称	保留时间/min	定量离子对	定性离子对	去簇电压/V	碰撞气能量/V	碰撞室出口电压/V
465	氯霉素	chloramphenicolum	10.40	321.1/152.1	321.1/152.1;321.1/121.0	−42	−25;−46	−1.5;−1.5
466	氟草醚	fluorodifen	22.20	327.0/281.0	327.0/281.0;327.0/218.9	−59	−42;−50	−1.5;−1.5
467	氟吡草腙钠	diflufenzopyr-sodium	9.58	333.1/128.0	333.1/128.0;333.1/160.0	−27	−21;−38	−1.0;−1.0
468	三氟羧草醚	acifluorfen	15.80	359.9/316.0	359.9/316.0;359.9/286.0	−13	−15;−22	−1.5;−2.0
469	噁唑菌酮	famoxadone	22.70	373.1/282.0	373.1/282.0;373.1/329.1	−43	−28;−24	−2.0;−2.0
470	磺酰唑草酮	sulfentrazone	12.70	385.0/306.9	385.0/306.9;385.0/198.9	−55	−34;−51	−2.0;−1.6
471	吡氟酰草胺	diflufenican	24.00	393.2/272.1	393.2/272.1;393.2/329.1	−41	−31;−24	−1.0;−1.0
472	氟氰唑	ethiprole	15.30	395.0/330.0	395.0/330.0;395.0/250.0	−62	−22;−36	−2.0;−1.5
473	磺菌胺	flusulfamide	28.30	413.0/171.0	413.0/171.0;413.0/349.0	−58	−53;−36	−1.0;−2.0
474	硫丹硫酸盐	endosulfan-sulfate	23.50	418.9/97.0	418.9/97.0;418.9/80.0	−45	−44;−120	−1.0;−1.0
475	嗪胺灵	triforine	13.30	431.0/116.9	431.0/116.9;431.0/231.1	−40	−29;−20	−1.0;−1.0
476	氯吡嘧磺隆	halosulfuran-methyl	12.30	433.2/252.0	433.2/252.0;433.2/154.1	−34	−26;−39	−1.5;−1.5
477	氟磺胺草醚	fomesafen	18.50	437.0/194.9	437.0/194.9;437.0/222.0	−50	−53;−46	−1.3;−1.5
478	虱螨脲	lufenuron	25.70	509.0/325.9	509.0/325.9;509.0/338.9	−41	−27;−20	−2.0;−2.5
479	噻氟菌胺	thifluzamide	21.20	525.0/166.0	525.0/166.0;525.0/125.0	−52	−33;−67	−1.0;−1.3
				H 组				
480	—	bediocarb	7.29	224.2/167.1	224.2/167.1;224.2/59.1	13	13;34	2.0;2.3
481	溴环烯	bromocylen	11.90	391.4/149.1	391.4/149.1;391.4/167.1	19	35;18	2.5;2.5
				I 组				
482	噻节因	dimethipin	6.12	209.0/161.0	209.0/161.0;209.0/119.0	−10	−23;−14	−1.0;−1.0
483	呋草黄	benfuresate	7.74	255.2/64.0	255.2/64.0;255.2/163.1	−42	−37;−26	−1.0;−1.0
484	除草醚	nitrofen	9.38	281.9/236.1	281.9/236.1;281.9/251.0	−43	−39;−38	−1.5;−1.5
485	比芬诺	bifenox	8.86	340.0/236.1	340.0/236.1;340.0/251.1	−42	−45;−45	−1.0;−1.0
486	碘硫磷	iodofenphos	10.05	410.8/141.0	410.8/141.0;410.8/126.9	−34	−38;−38	1.5;1.5

附 录 C
（资料性附录）
486 种农药及相关化学品多反应监测（MRM）色谱图

A、B、C、D、E、F、G、H 和 I 九组农药及相关化学品多反应监测（MRM）色谱图如下：

A 组

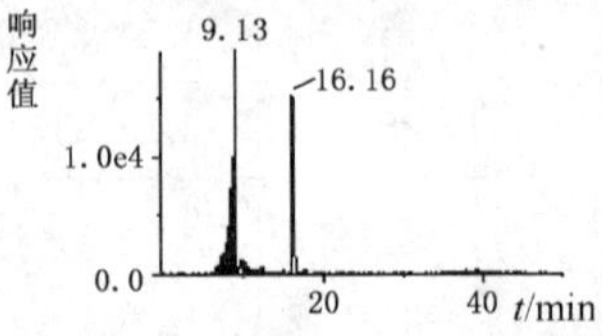

1. 苯胺灵
(propham)

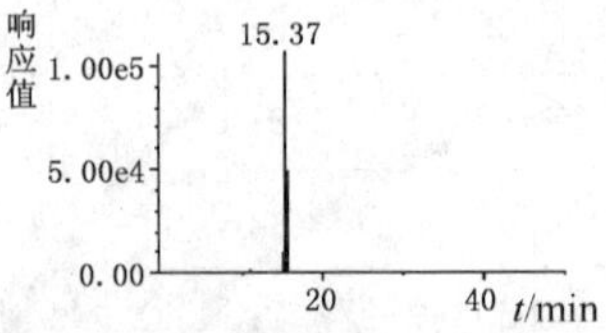

2. 异丙威
(isoprocarb)

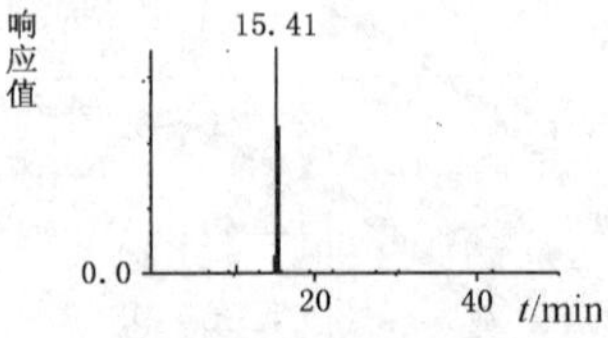

3. 3,4,5-混杀威
(3,4,5-trimethacarb)

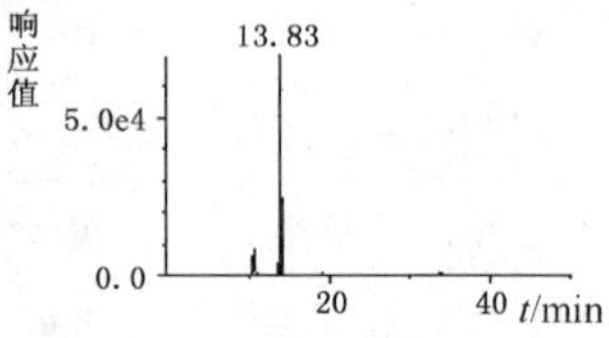

4. 环莠隆
(cycluron)

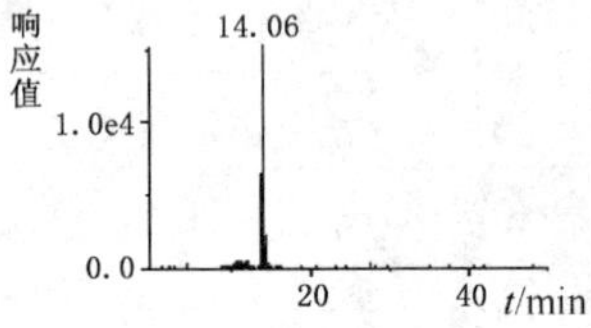

5. 甲萘威
(carbaryl)

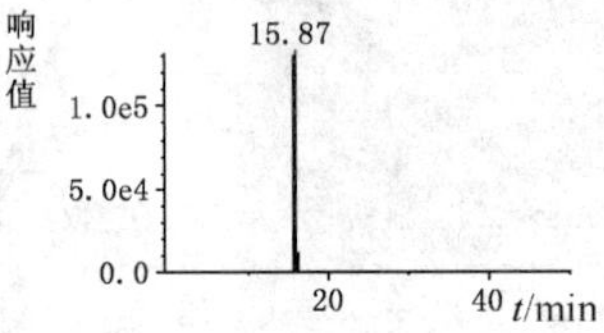

6. 毒草胺
(propachlor)

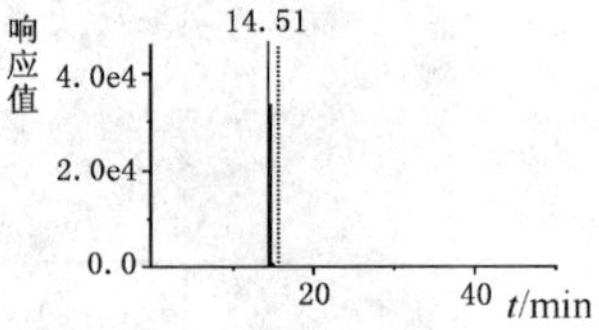

7. 吡咪唑
(rabenzazole)

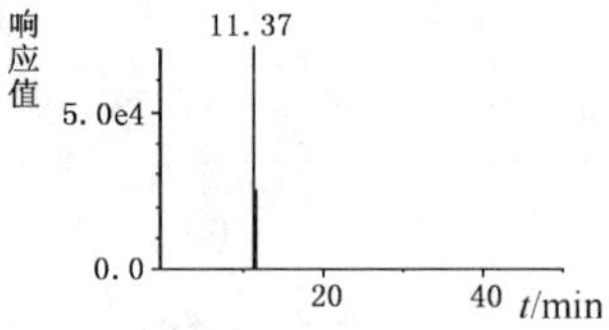

8. 西草净
(simetryn)

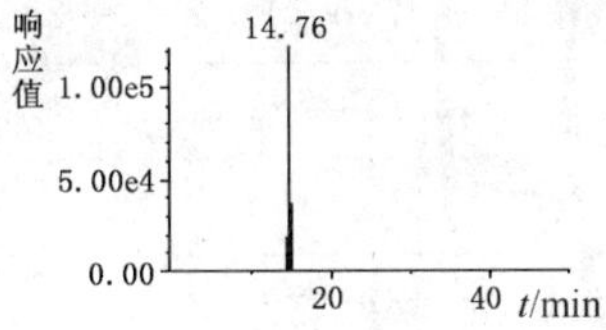

9. 绿谷隆
(monolinuron)

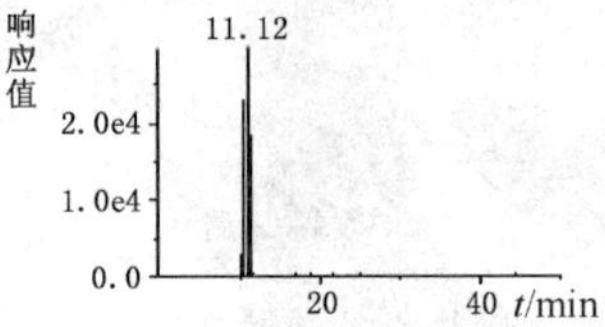

10. 速灭磷
(mevinphos)

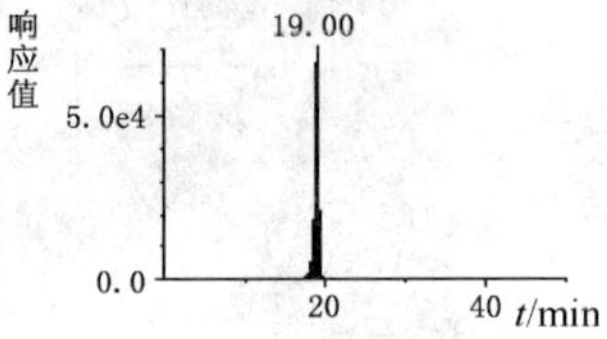

11. 叠氮津
(aziprotryne)

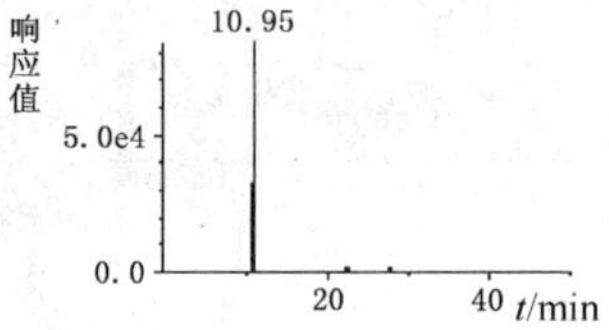

12. 密草通
(secbumeton)

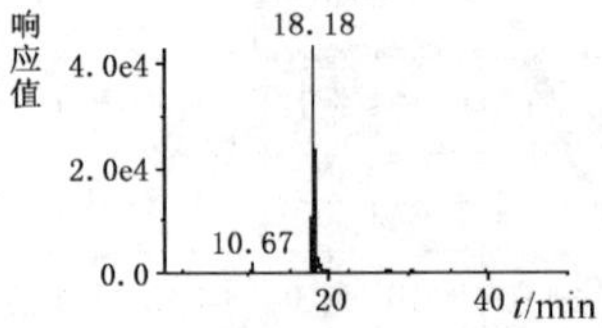

13. 嘧菌磺胺
(cyprodinil)

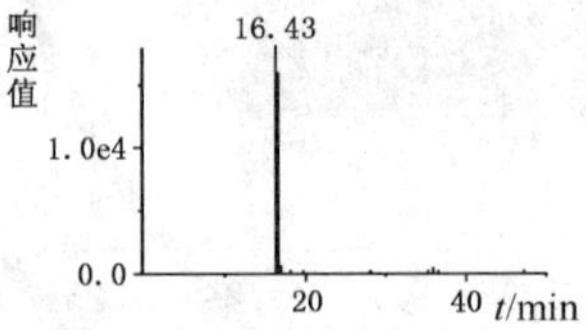

14. 播土隆
(buturon)

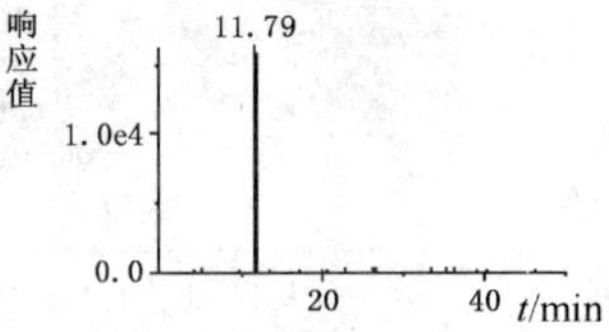

15. 双酰草胺
(carbetamide)

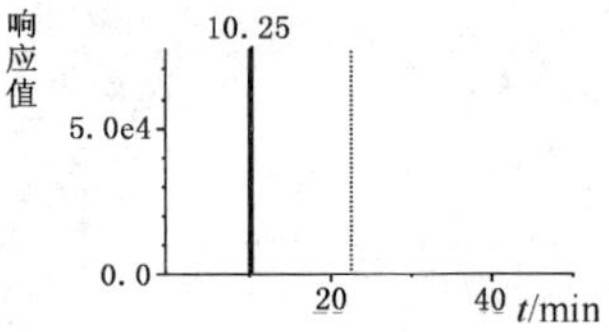

16. 抗蚜威
(pirimicarb)

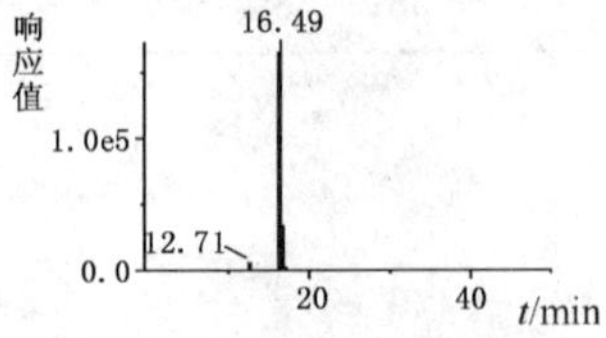

17. 异噁草酮
(clomazone dimethazone)

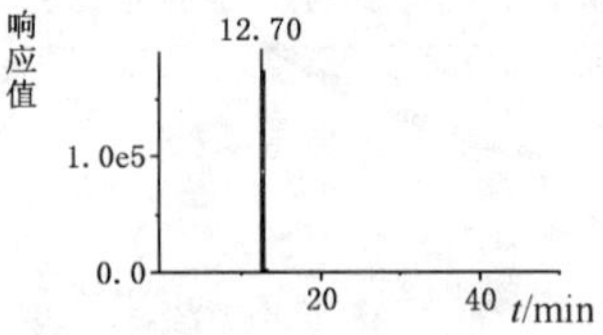

18. 氰草津
(cyanazine)

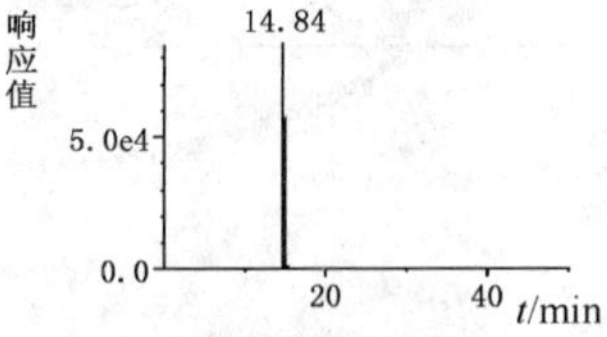

19. 扑草净
(prometryne)

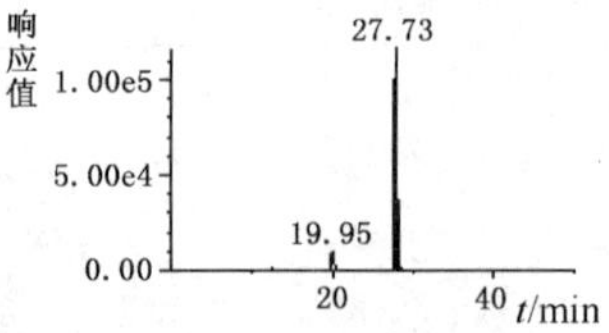

20. 4,4′-二氯二苯甲酮
(4,4′-dichlorobenzophenone)

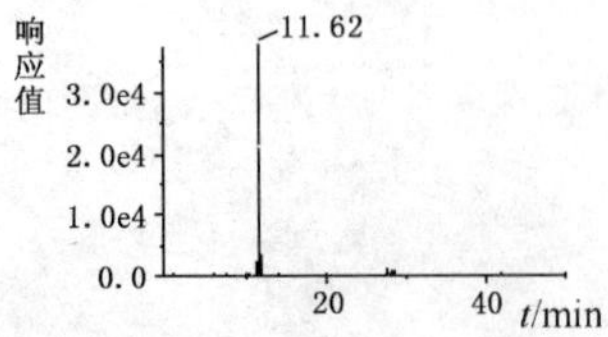

21. 噻虫啉
(thiacloprid)

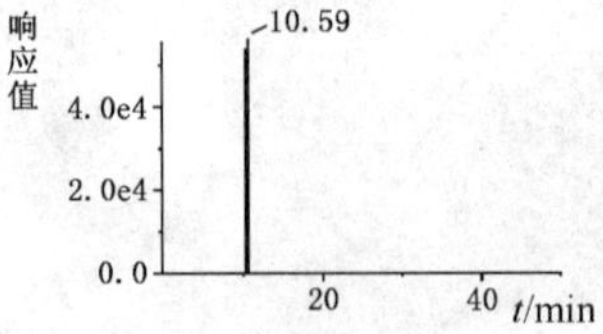

22. 吡虫啉
(imidacloprid)

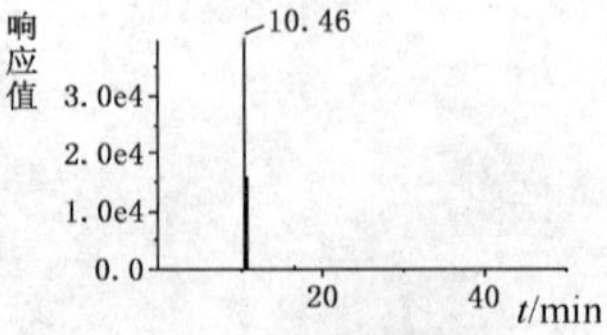

23. 磺噻隆
(ethidimuron)

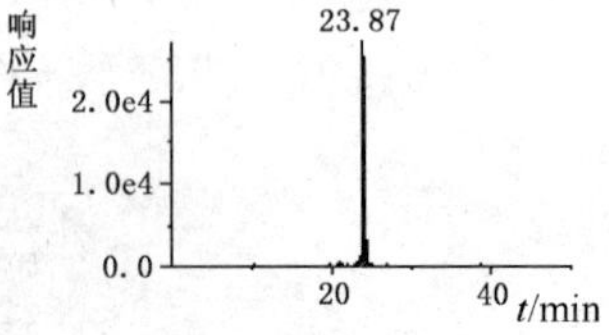

24. 丁嗪草酮
(isomethiozin)

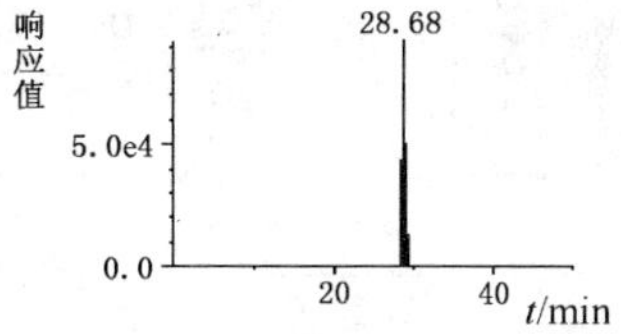

25. 燕麦敌
(diallate)

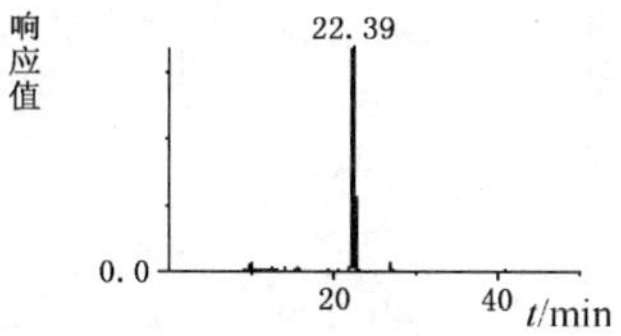

26. 乙草胺
(acetochlor)

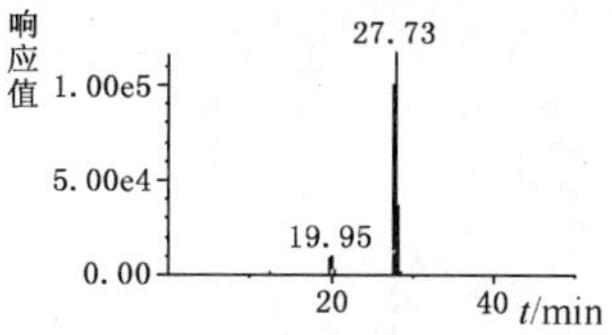

27. 烯啶虫胺
(nitenpyram)

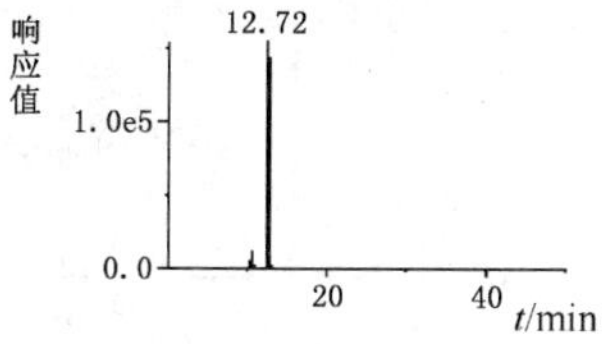

28. 盖草津
(methoprotryne)

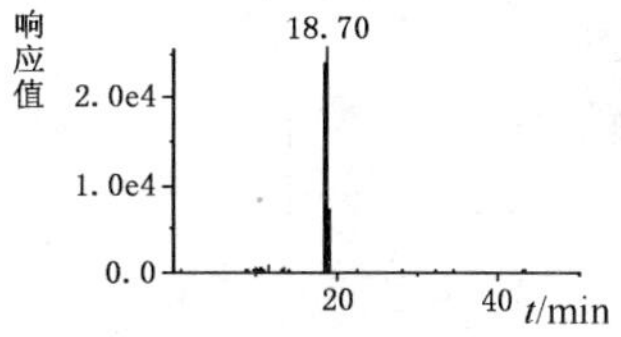

29. 二甲酚草胺
(dimethenamid)

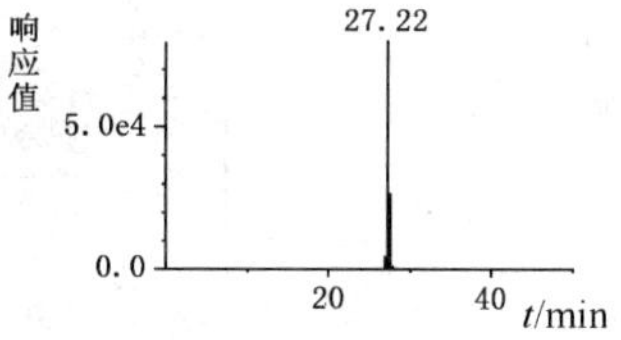

30. 特草灵
(terrbucarb)

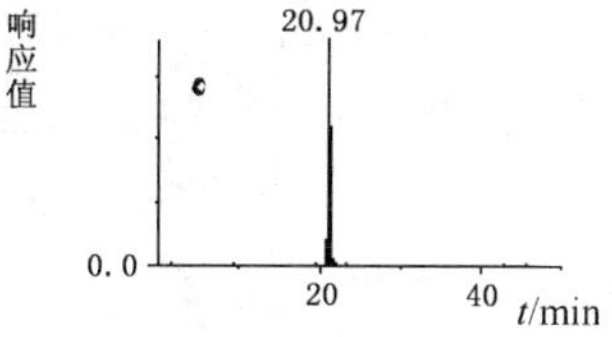

31. 戊菌唑
(penconazole)

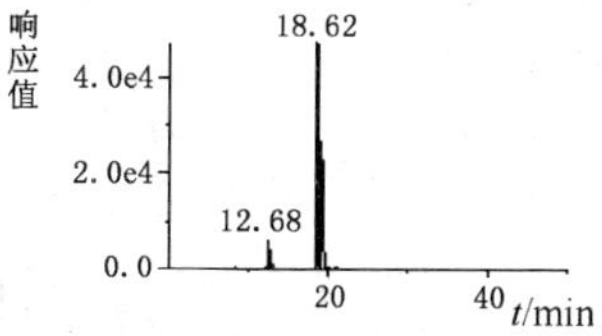

32. 腈菌唑
(myclobutanil)

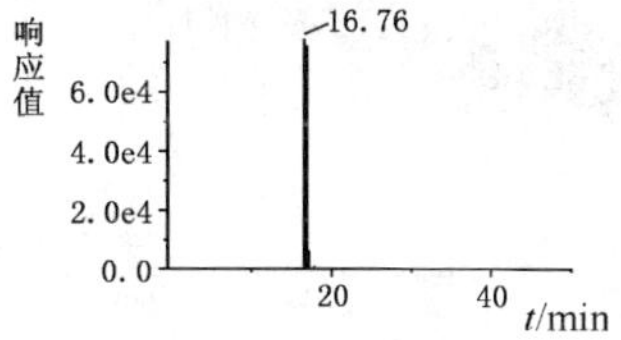

33. 多效唑
(paclobutrazol)

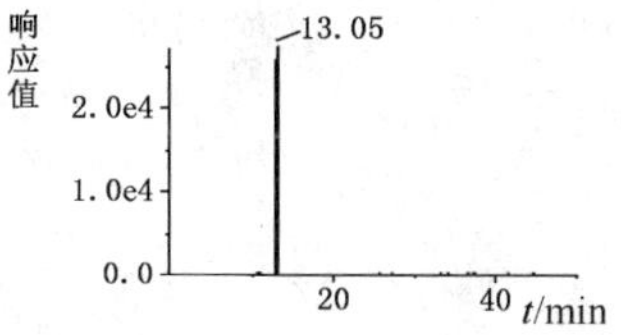

34. 倍硫磷亚砜
(fenthion sulfoxide)

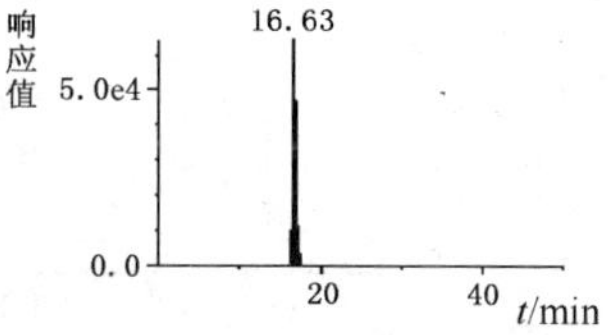

35. 三唑醇
(triadimenol)

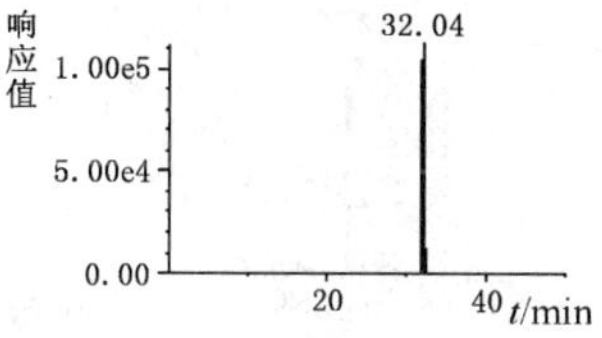

36. 仲丁灵
(butralin)

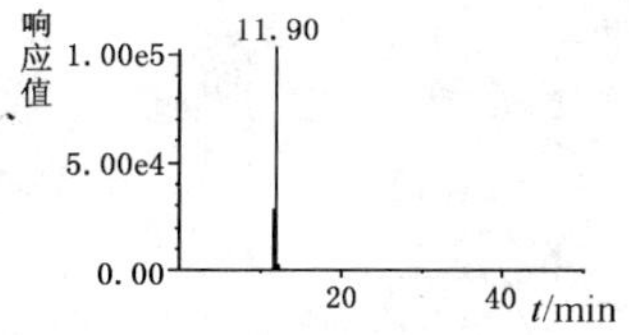

37. 螺噁茂胺
(spiroxamine)

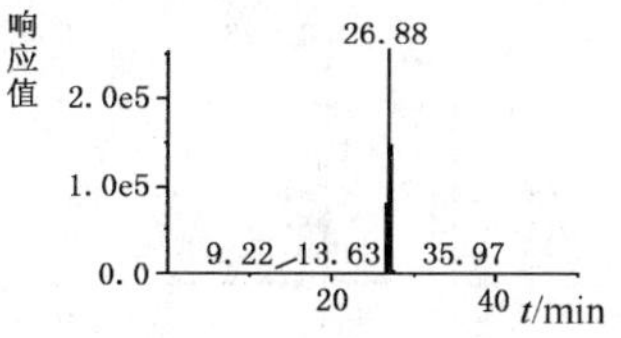

38. 甲基立枯磷
(tolclofos methyl)

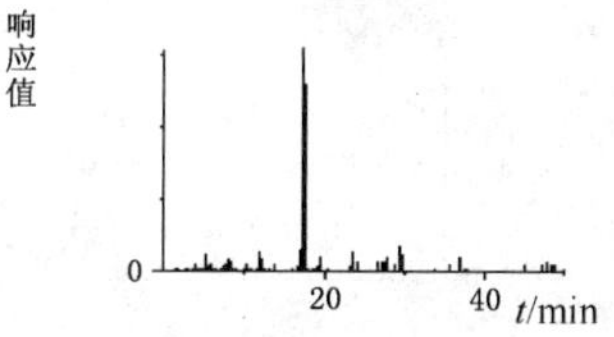

39. 甜菜胺
(desmedipham)

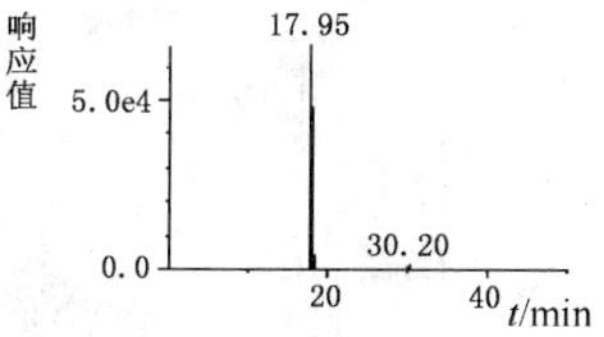

40. 杀扑磷
(methidathion)

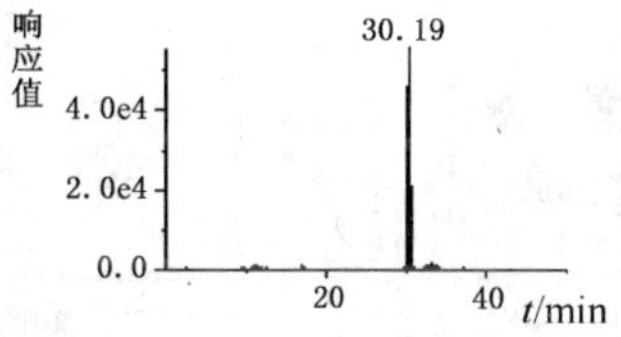

41. 烯丙菊酯
(allethrin)

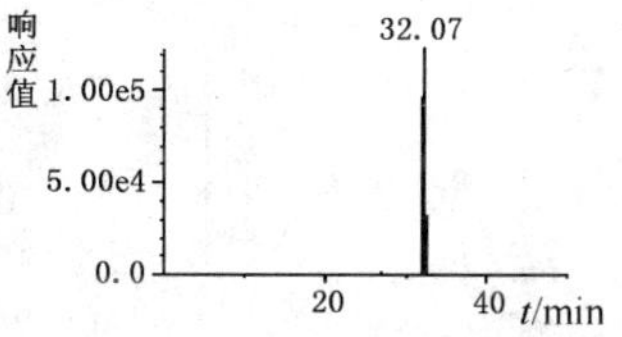

42. 野麦畏
(triallate)

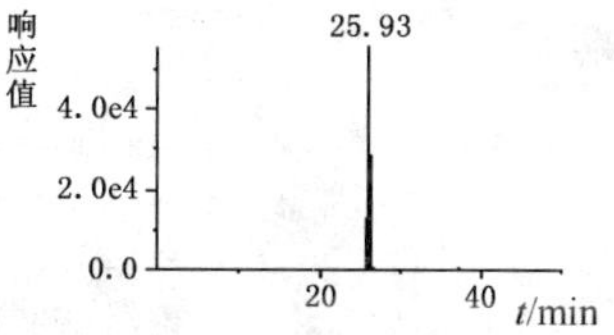

43. 二嗪磷
(diazinon)

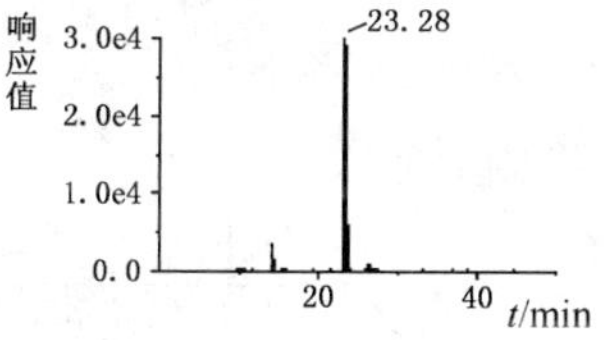

44. 敌瘟磷
(edifenphos)

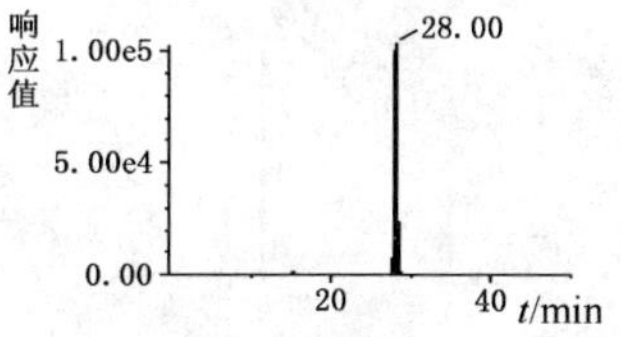

45. 丙草胺
(pretilachlor)

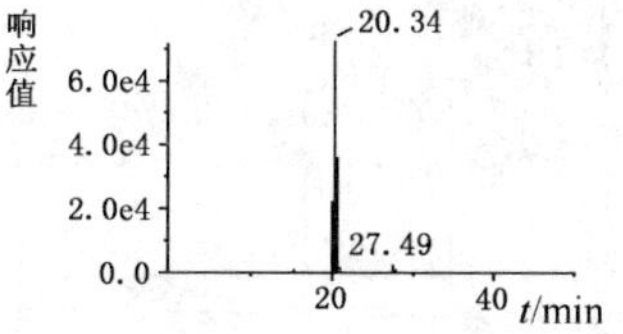

46. 氟硅唑
(flusilazole)

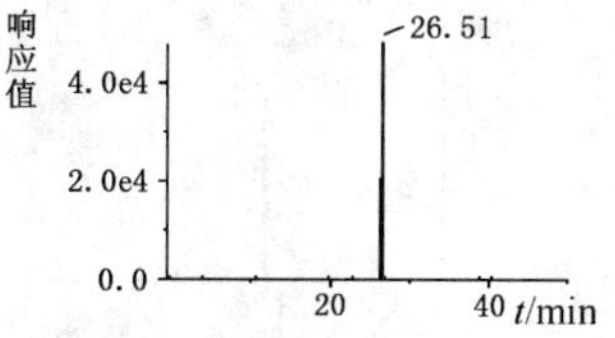

47. 丙森锌
(iprovalicarb)

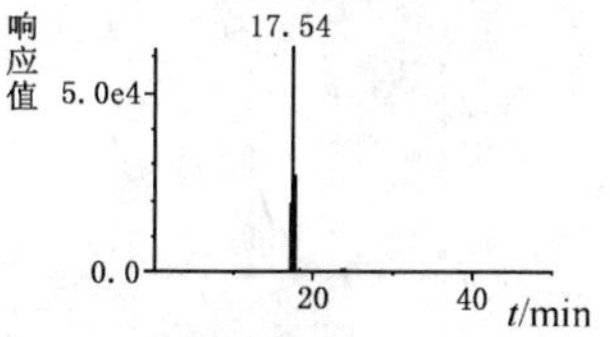

48. 麦锈灵
(benodanil)

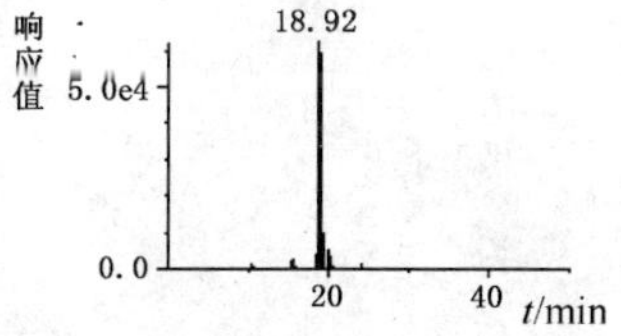

49. 氟酰胺
(flutolanil)

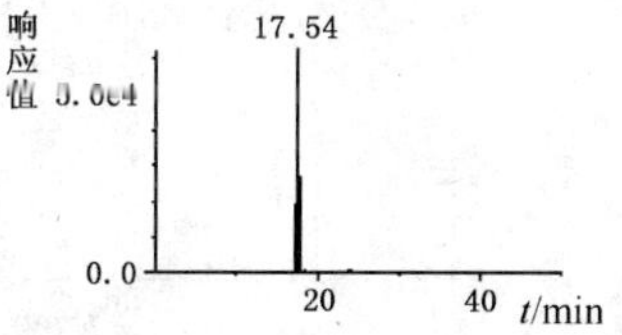

50. 氨磺磷
(famphur)

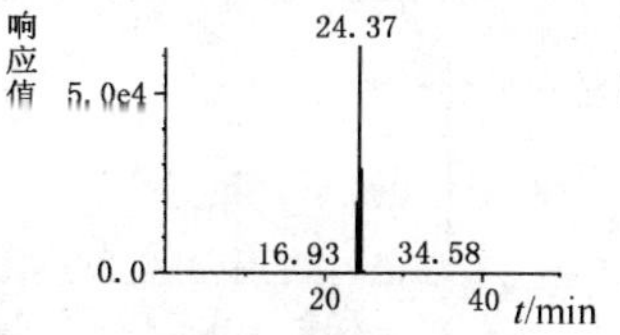

51. 苯霜灵
(benalyxyl)

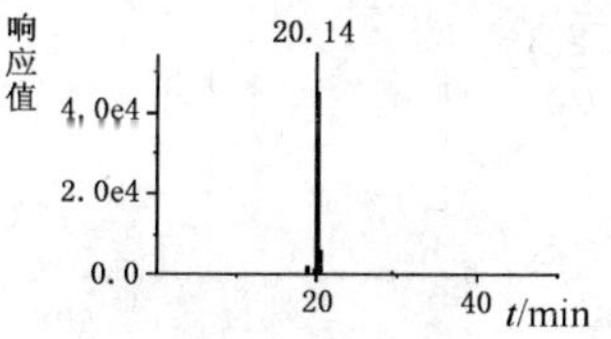

52. 苄氯三唑醇
(diclobutrazole)

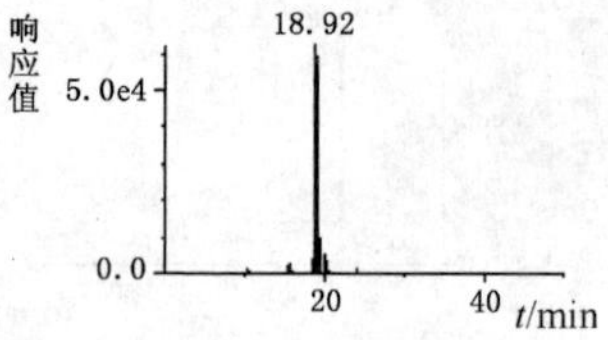

53. 乙环唑
(etaconazole)

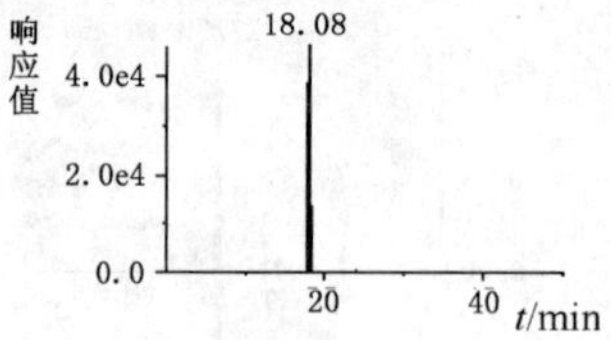

54. 氯苯嘧啶醇
(fenarimol)

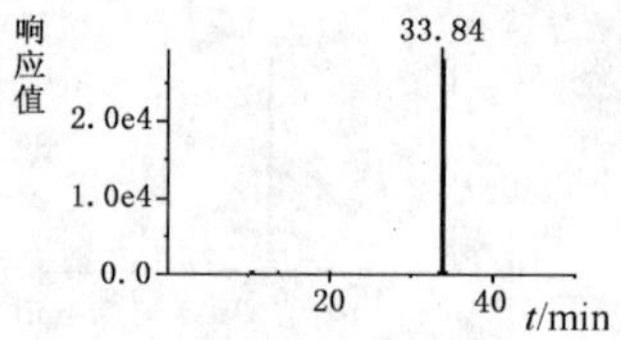

55. 邻苯二甲酸二环己酯
(phthalic acid, dicyclobexyl ester)

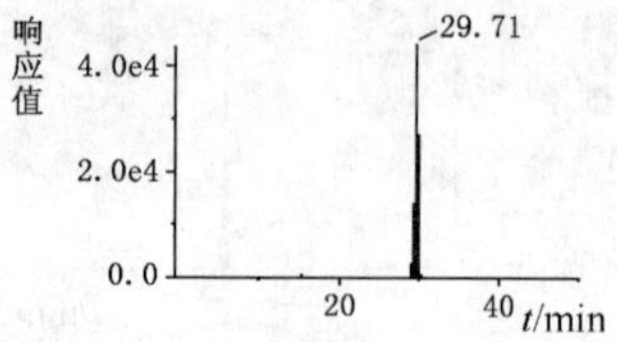

56. 胺菊酯
(tetramethirn)

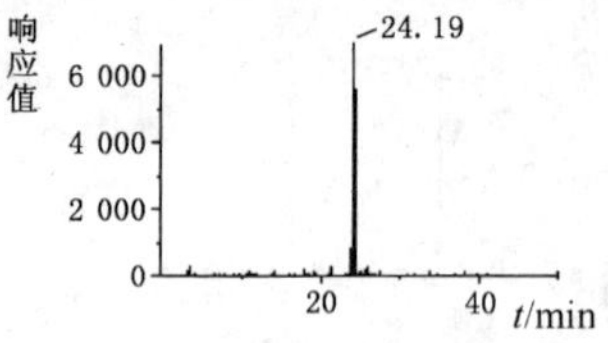

57. 抑菌灵
(dichlofluanid)

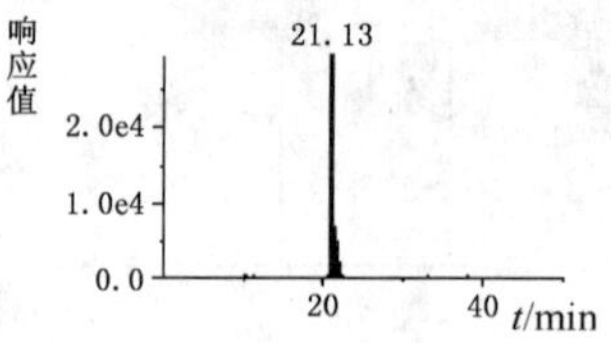

58. 解毒喹
(cloquintocet mexyl)

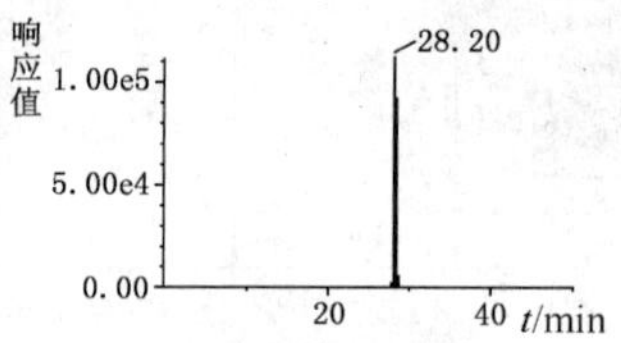

59. 联苯三唑醇
(bitertanol)

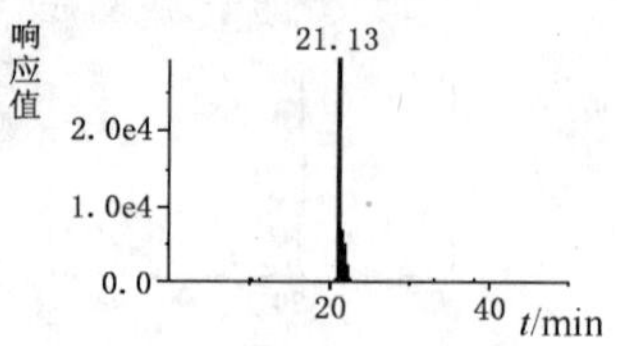

60. 甲基毒死蜱
(chlorprifos methyl)

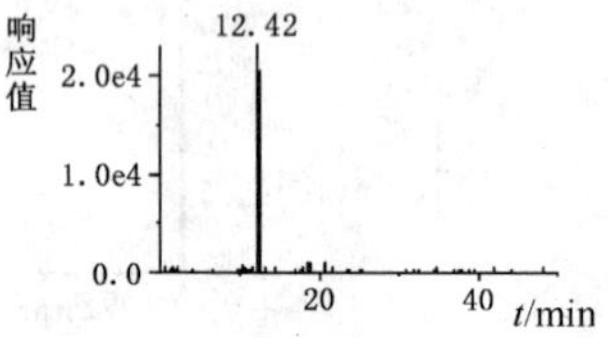

61. 甲基硫菌灵
(thiophanate methyl)

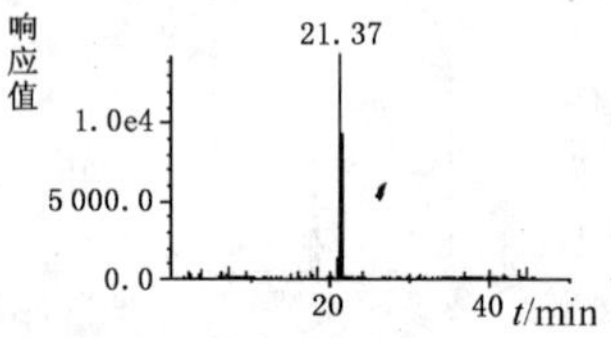

62. 乙基谷硫磷
(azinphos ethyl)

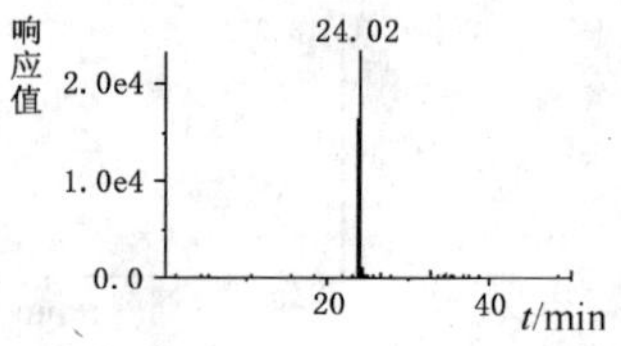

63. 炔草酯
(clodinafop propargyl)

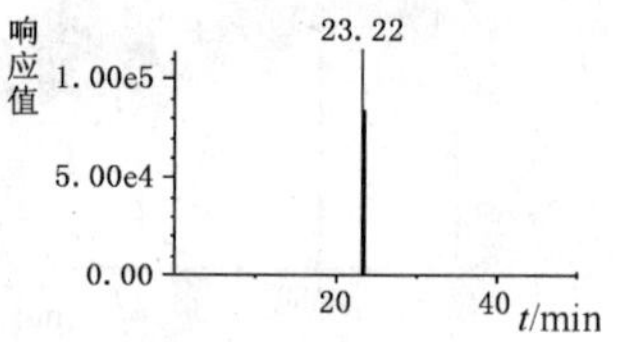

64. 杀铃脲
(triflumuron)

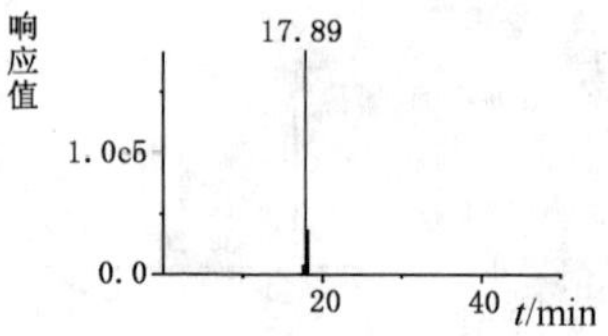

65. 异噁氟草
(isoxaflutole)

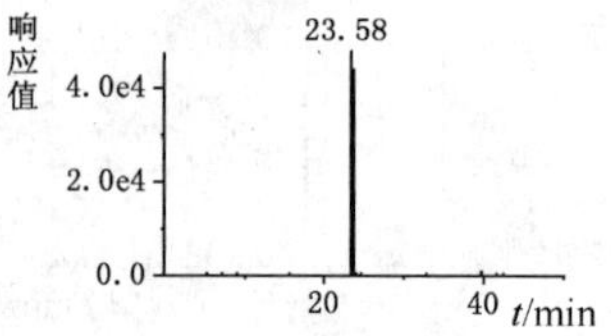

66. 莎稗磷
(anilofos)

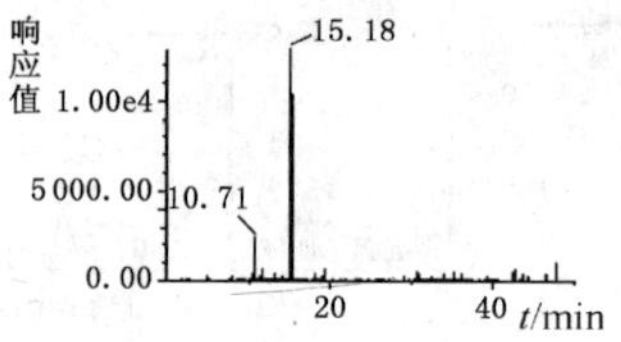

67. 脱叶膦
(thiophanat ethyl)

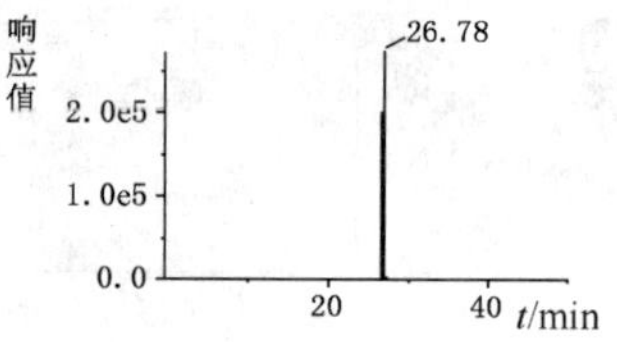

68. 喹禾灵
(quizalofop-ethyl)

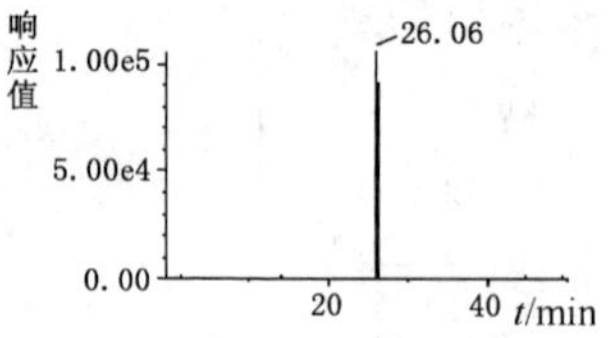

69. 精氟吡甲禾灵
(haloxyfop-methyl)

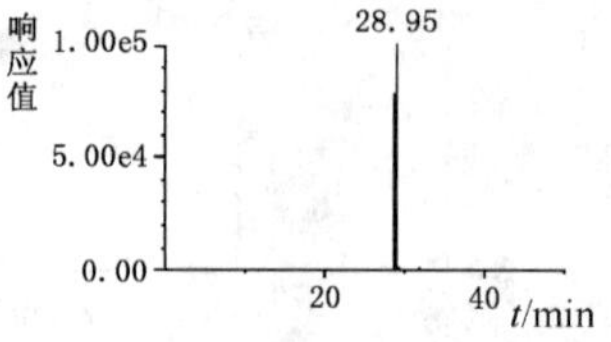

70. 精吡磺草隆
(fluazifop butyl)

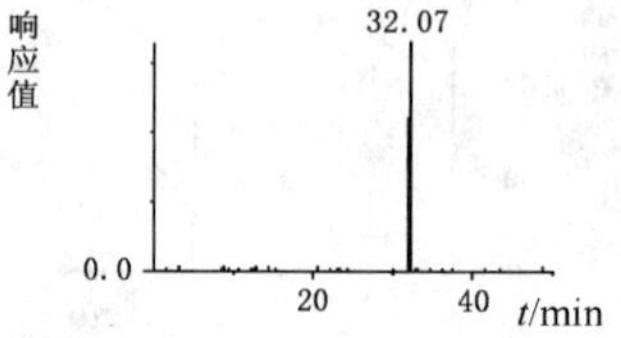

71. 乙基溴硫磷
(bromophos-ethyl)

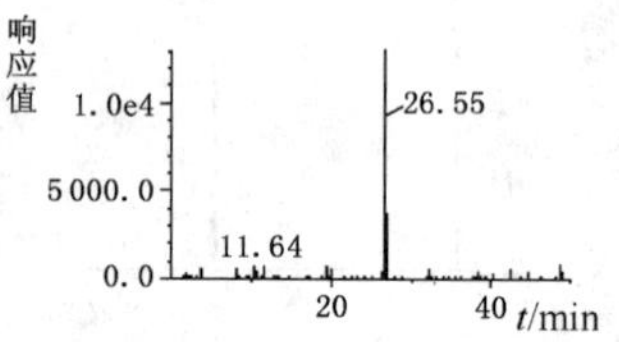

72. 氯亚胺硫磷
(dialifos)

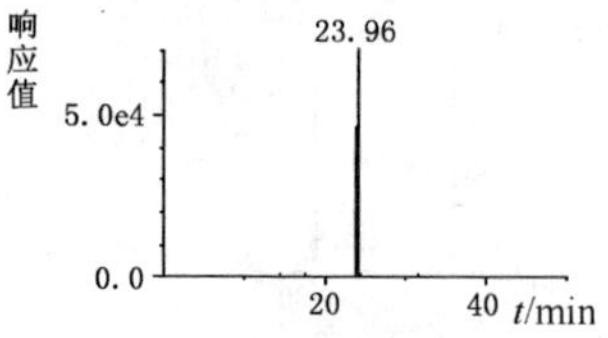

73. 地散磷
(bensulide)

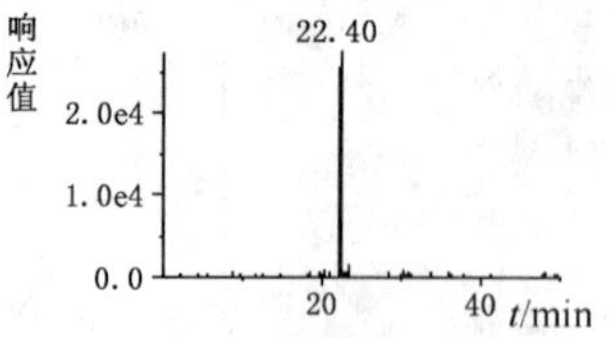

74. 溴苯烯磷
(bromfenvinfos)

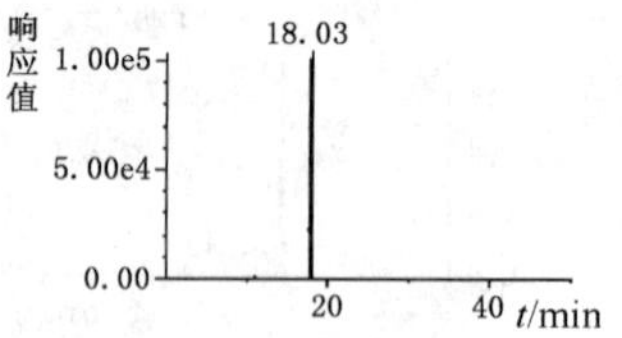

75. 嘧菌酯
(azoxystrobin)

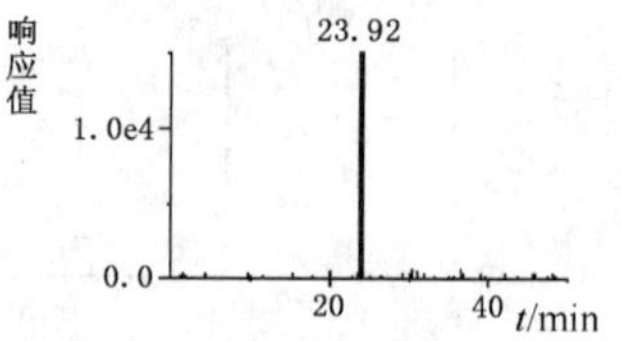

76. 吡菌磷
(pyrazophos)

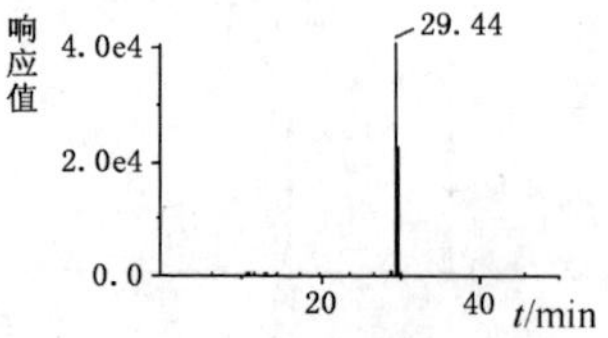

77. 氟虫脲
(flufenoxuron)

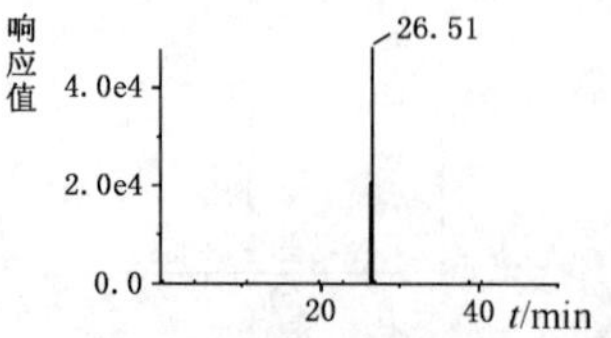

78. 茚虫威
(indoxacarb)

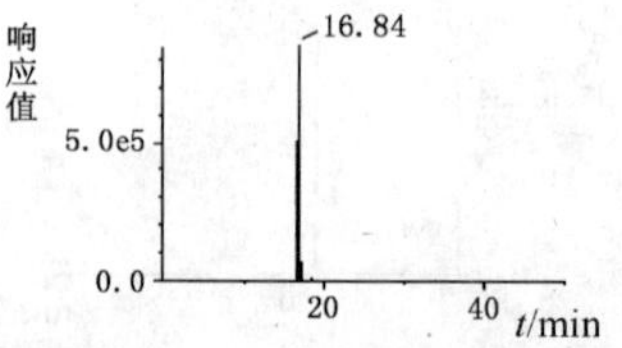

79. 甲氨基阿维菌素苯甲酸盐
(emamectin benzoate)

B 组

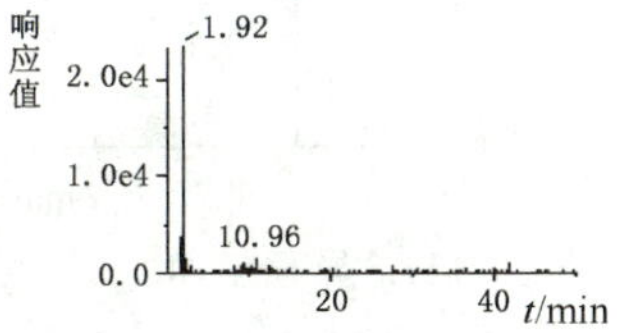

80. 棉隆
(dazomet)

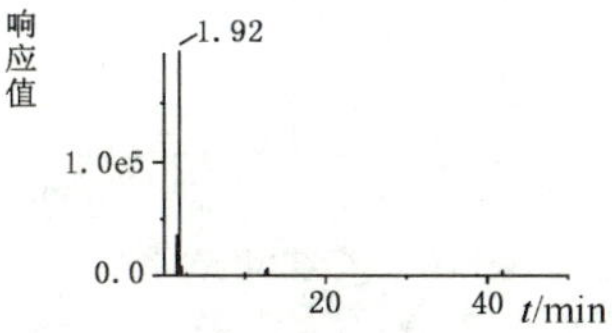

81. 烟碱
(nicotine)

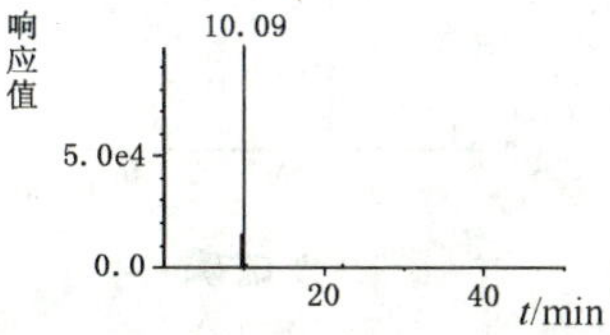

82. 非草隆
(fenuron)

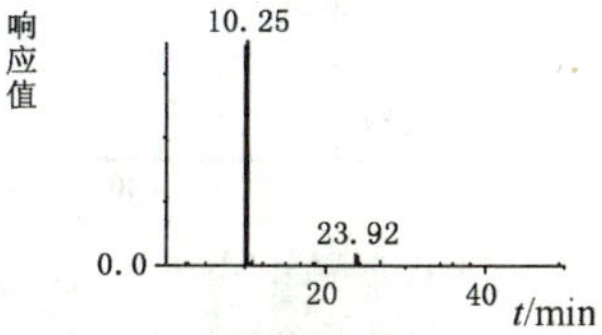

83. 鼠立克
(crimidine)

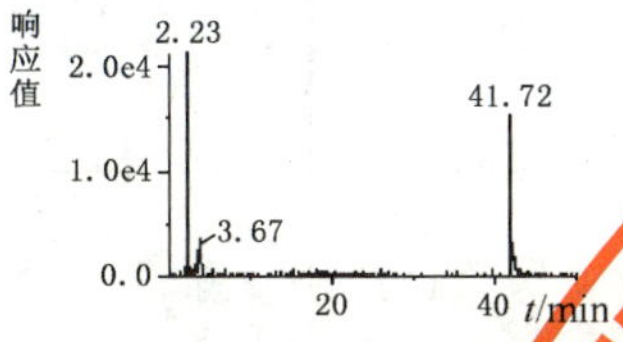

84. 乙酰甲胺磷
(acephate)

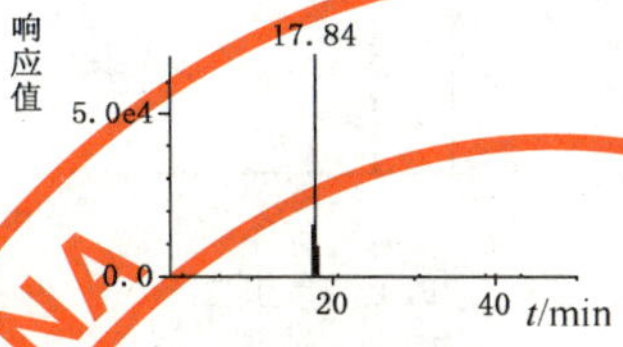

85. 禾草敌
(molinate)

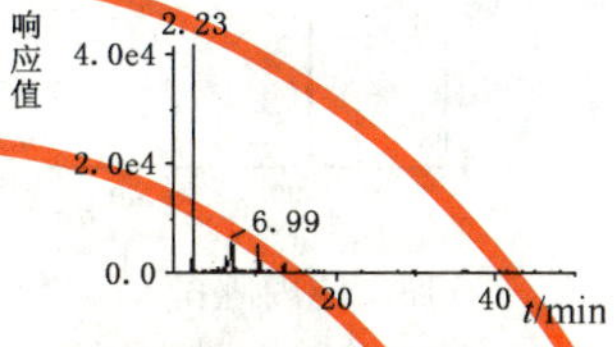

86. 多菌灵
(carbendazim)

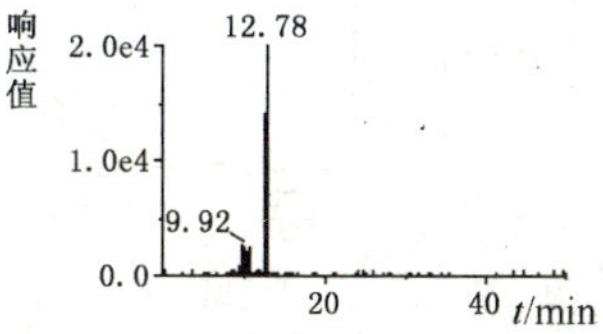

87. 残杀威
(propoxur)

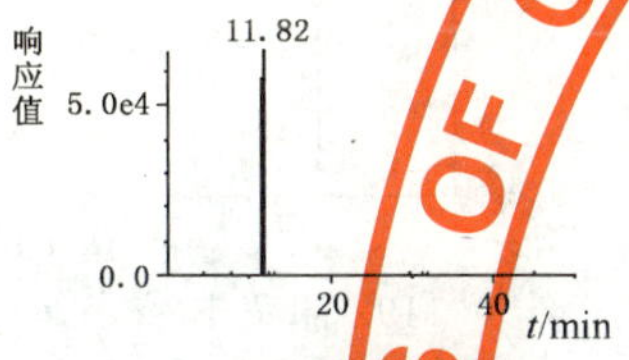

88. 异噁隆
(isouron)

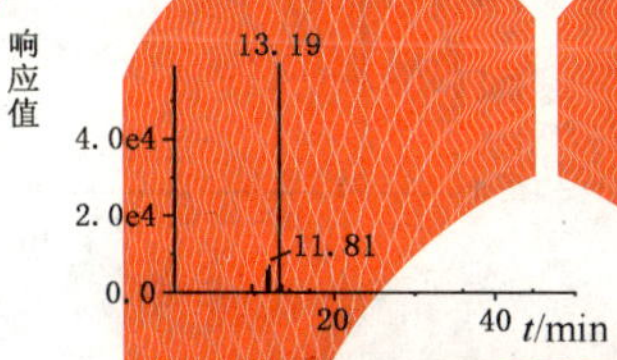

89. 绿麦隆
(chlorotoluron)

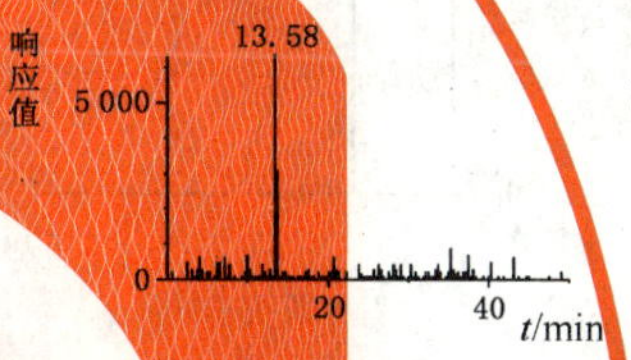

90. 久效威
(thiofanox)

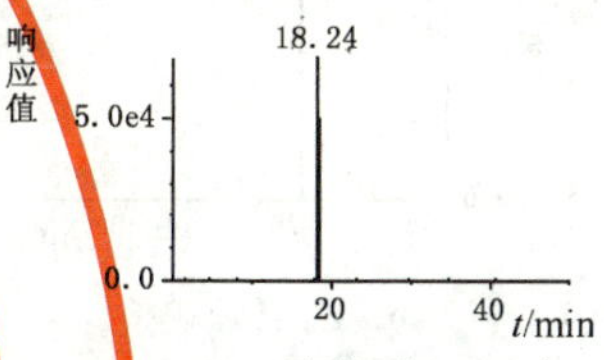

91. 氯草灵
(chlorbufam)

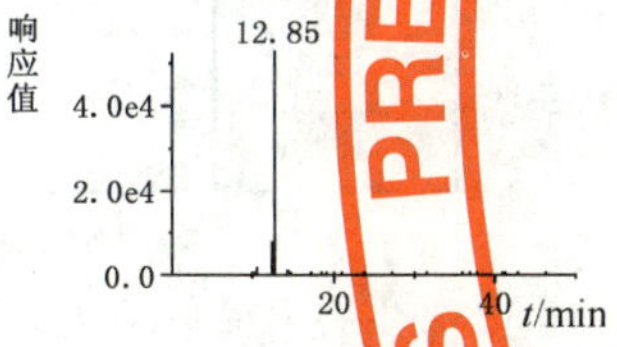

92. 噁虫威
(bendiocarb)

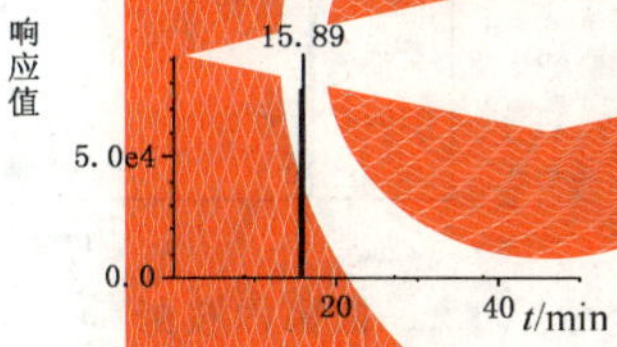

93. 扑灭津
(propazine)

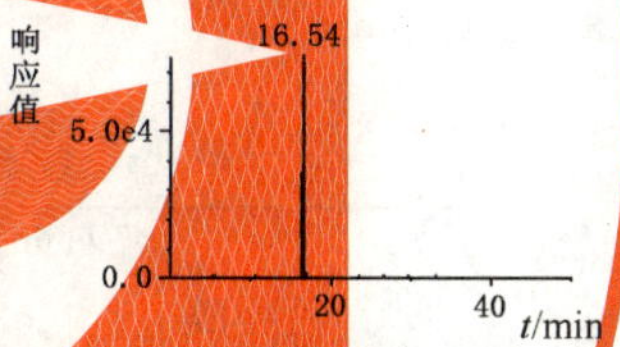

94. 特丁津
(terbuthylazine)

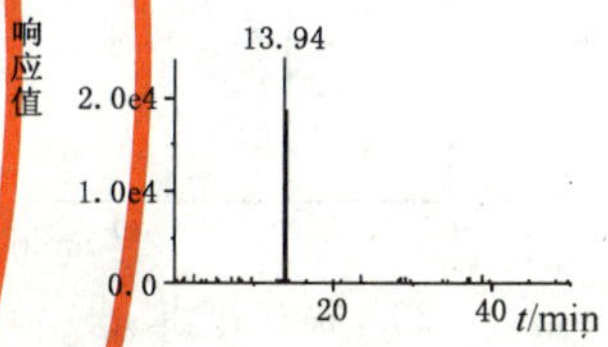

95. 敌草隆
(diuron)

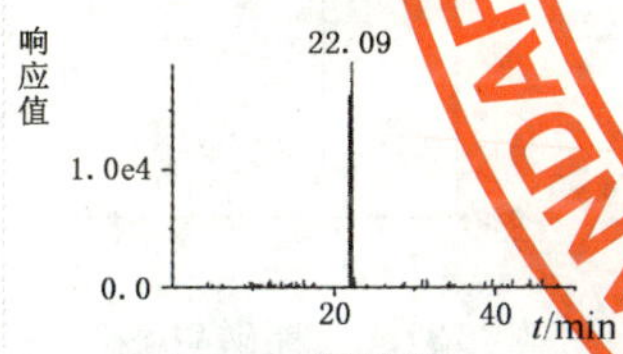

96. 氯甲硫磷
(chlormephos)

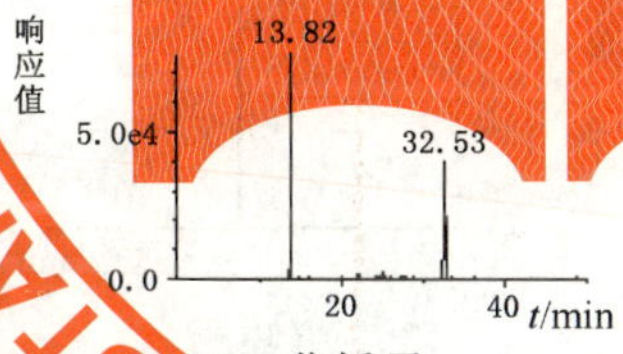

97. 萎锈灵
(carboxin)

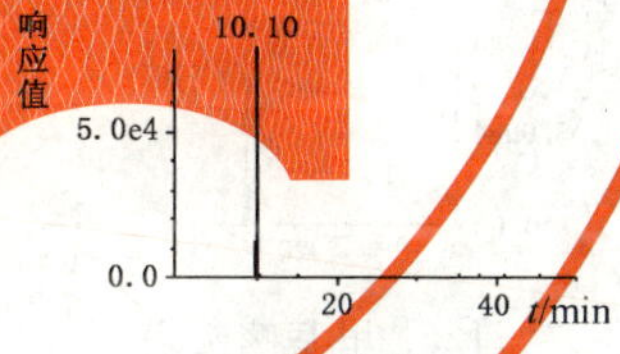

98. 野燕枯
(difenzoquat-methyl sulfate)

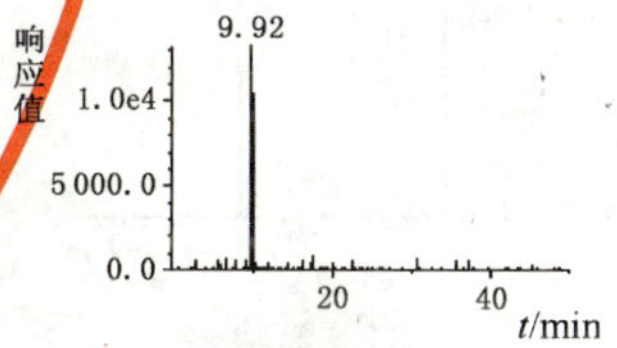

99. 噻虫胺
(clothianidin)

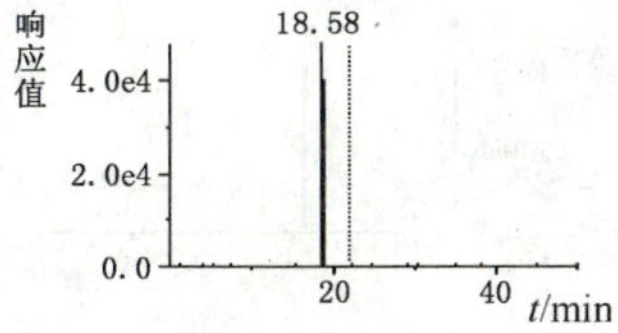

100. 拿草特
(pronamide)

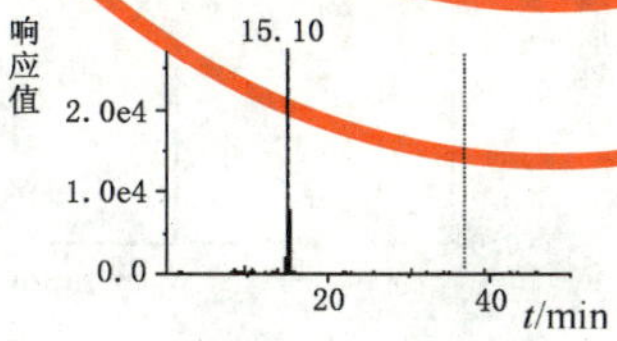

101. 二甲草胺
(dimethachloro)

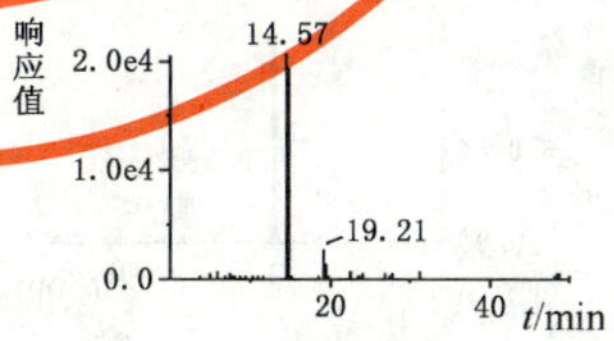

102. 秀谷隆
(methobromuron)

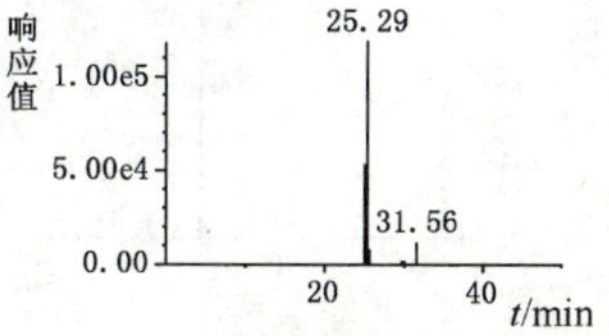

103. 甲拌磷
(phorate)

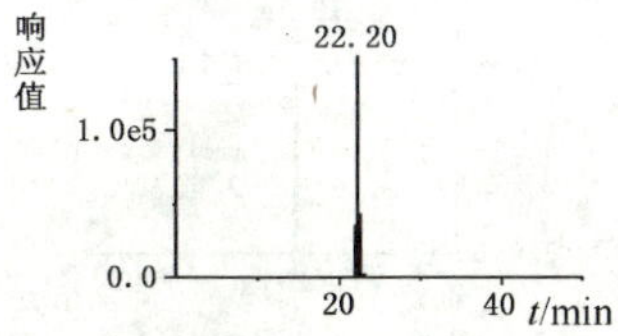

104. 苯草醚
(aclonifen)

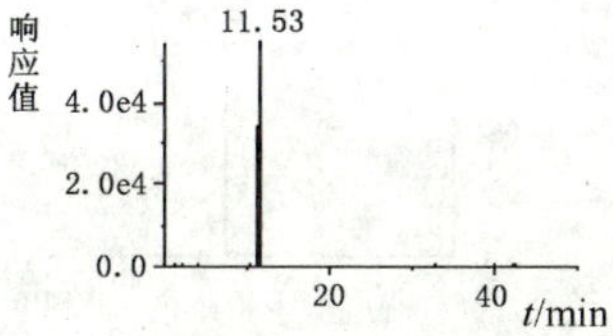

105. 地安磷
(mephosfolan)

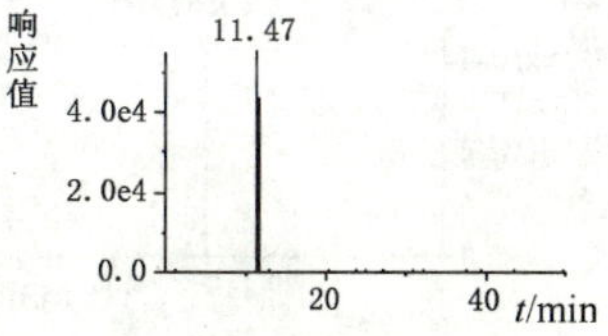

106. 脱苯基亚胺唑
(imibenzonazole-des-benzyl)

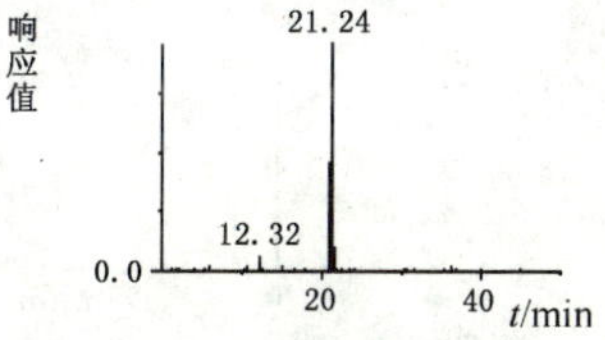

107. 草不隆
(neburon)

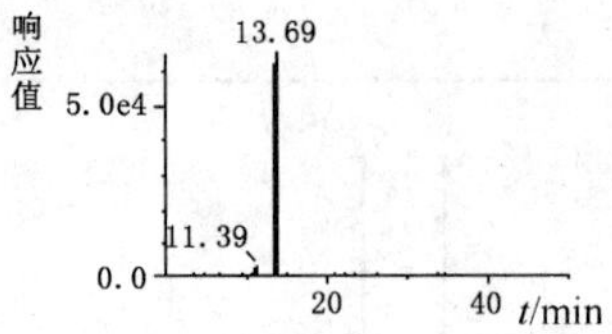

108. 精甲霜灵
(mefenoxam)

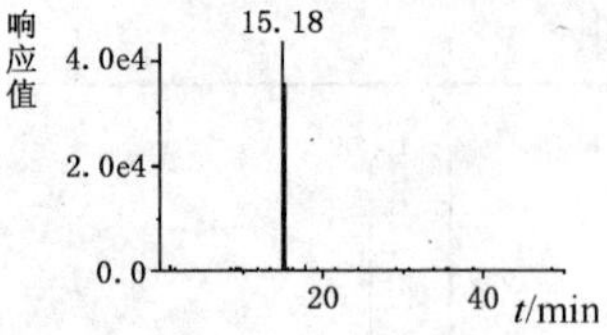

109. 发硫磷
(prothoate)

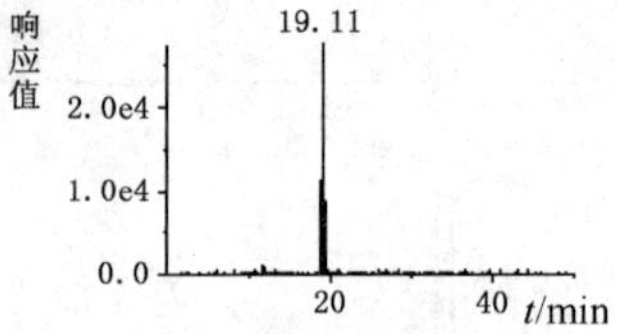

110. 乙氧呋草黄
(ethofume sate)

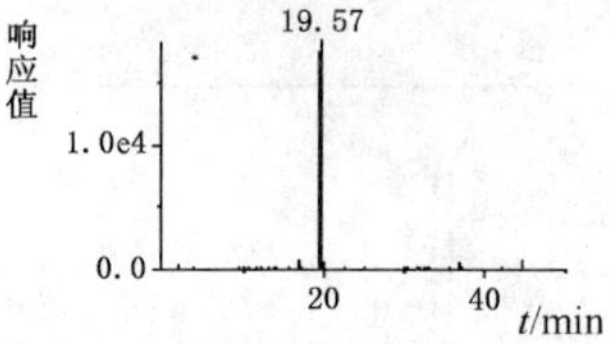

111. 异稻瘟净
(iprobenfos)

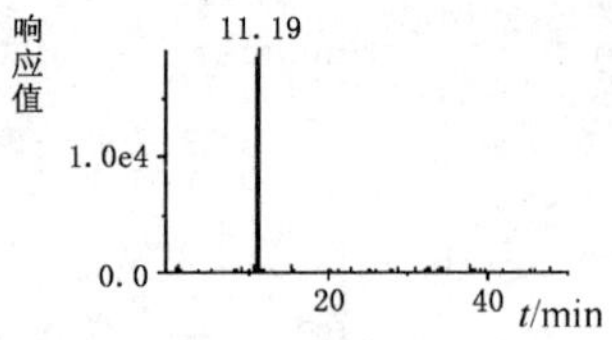

112. 特普
(TEPP)

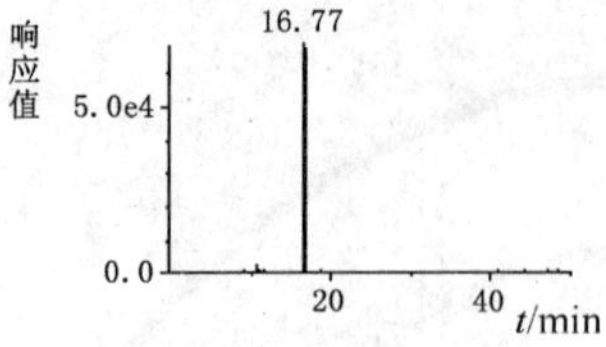

113. 环丙唑醇
(cyproconazole)

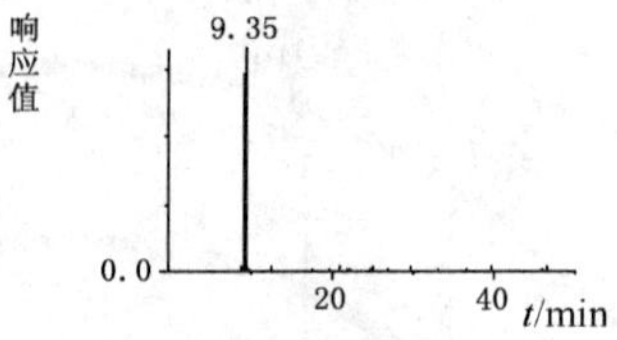

114. 噻虫嗪
(thiamethoxam)

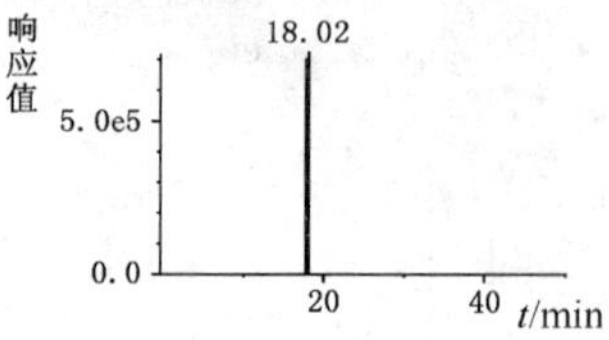

115. 育畜磷
(crufomate)

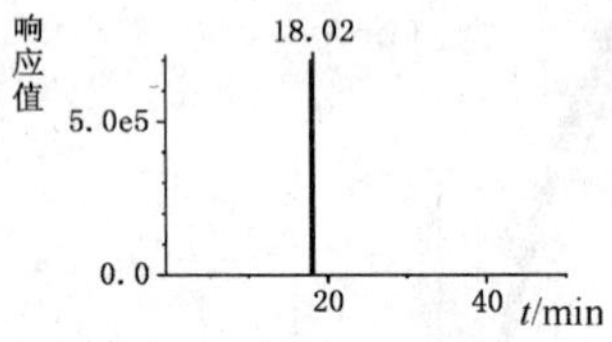

116. 乙嘧硫磷
(etrimfos)

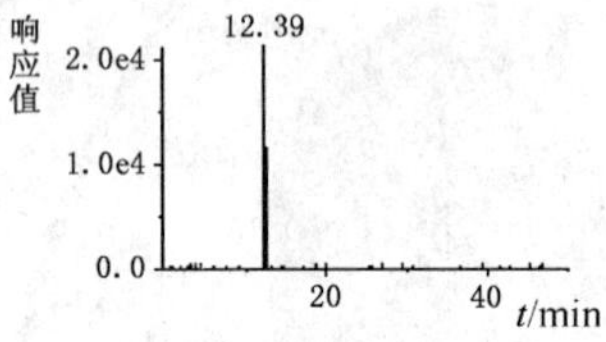

117. 赛灭磷
(cythioate)

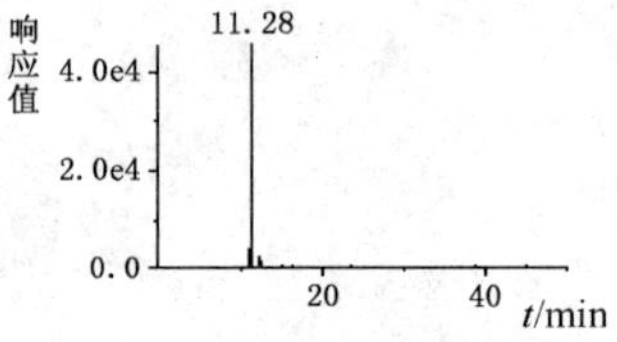

118. 磷胺
(phosphamidon)

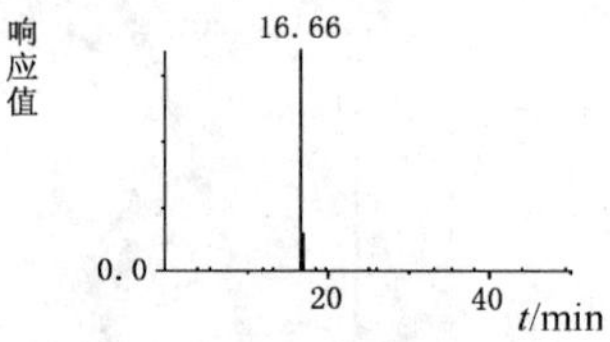

119. 甜菜宁
(phenmedipham)

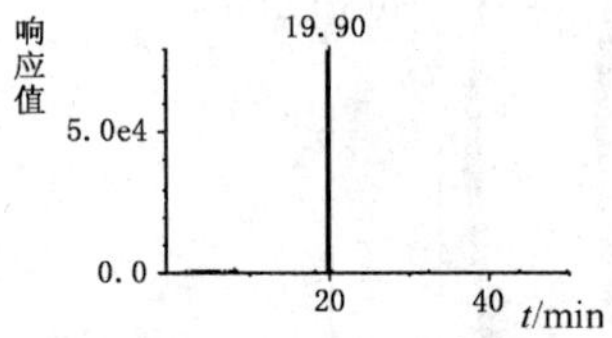

120. 联苯井酯
(bifenazate)

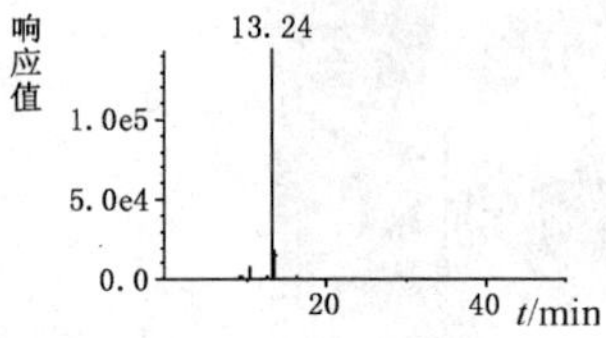

121. 粉唑醇
(flutriafol)

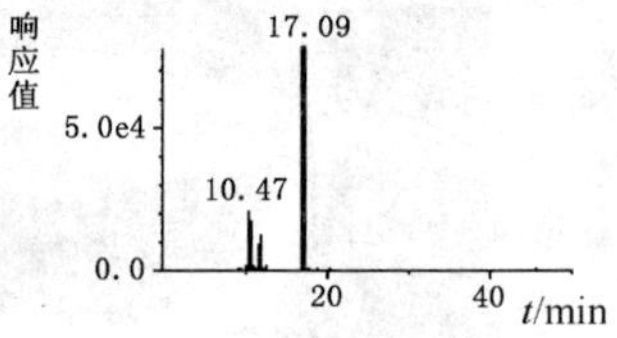

122. 抑菌丙胺酯
(furalaxyl)

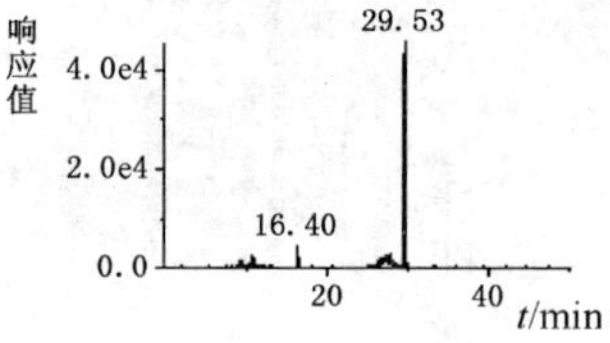

123. 生物丙烯菊酯
(bioallethrin)

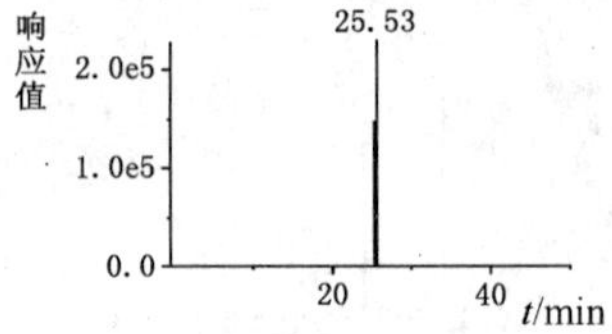

124. 苯腈磷
(cyanofenphos)

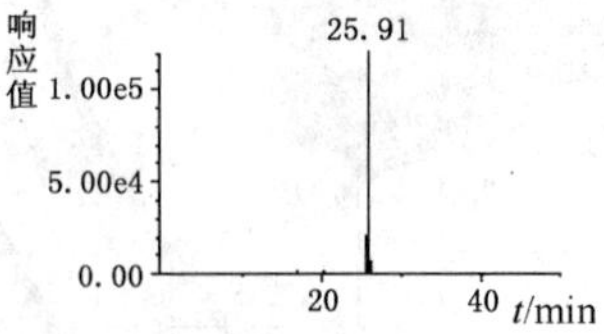

125. 甲基嘧啶磷
(pirimiphos methyl)

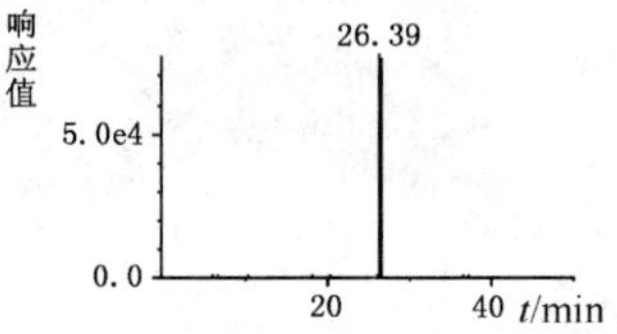

126. 噻嗪酮
(buprofezin)

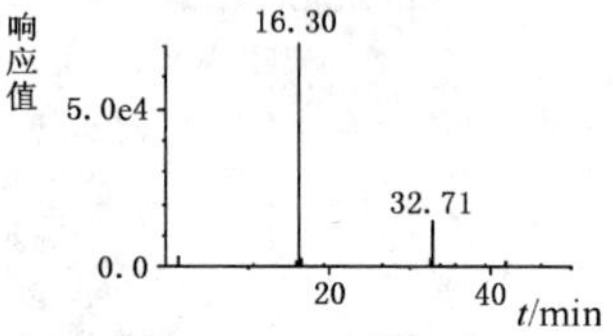

127. 乙拌磷砜
(disulfoton sulfone)

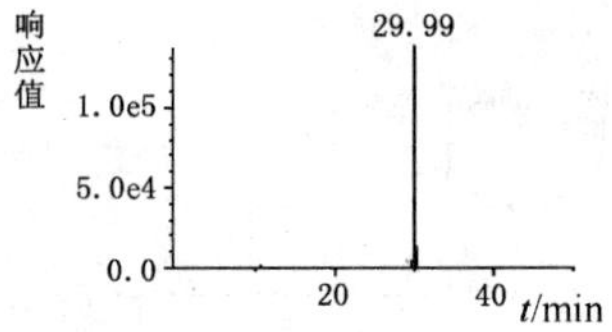

128. 喹螨醚
(fenazaquin)

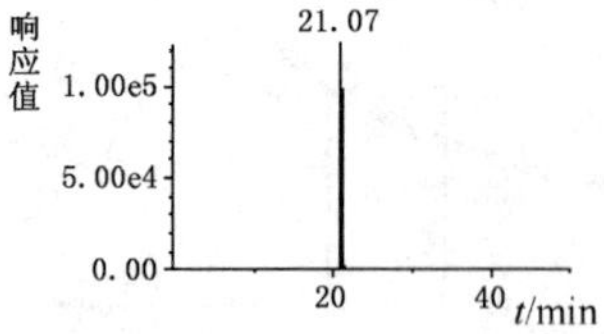

129. 三唑磷
(triazophos)

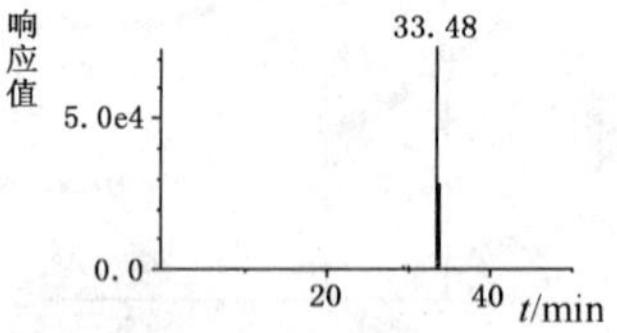

130. 脱叶磷
(DEF)

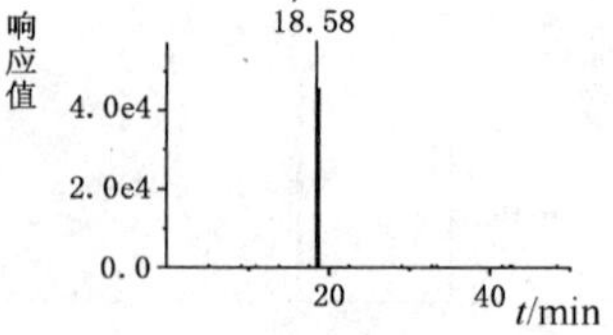

131. 环酯草醚
(pyriftalid)

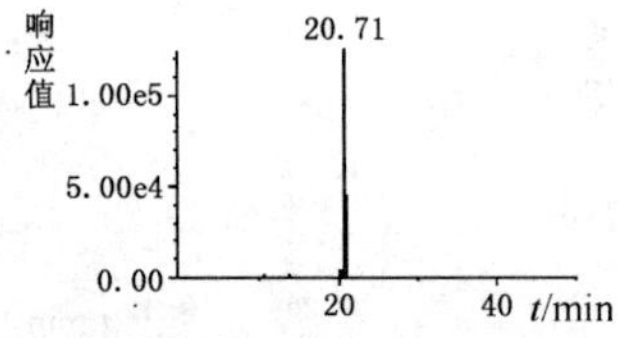

132. 叶菌唑
(metconazole)

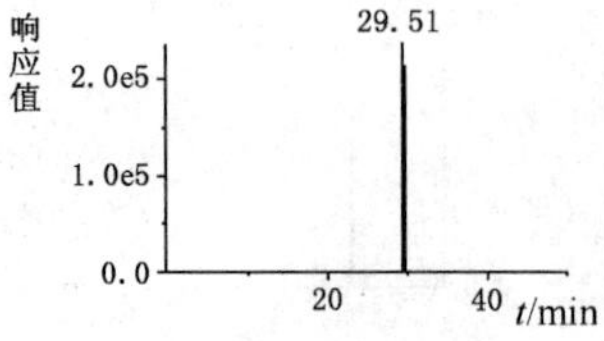

133. 蚊蝇醚
(pyriproxyfen)

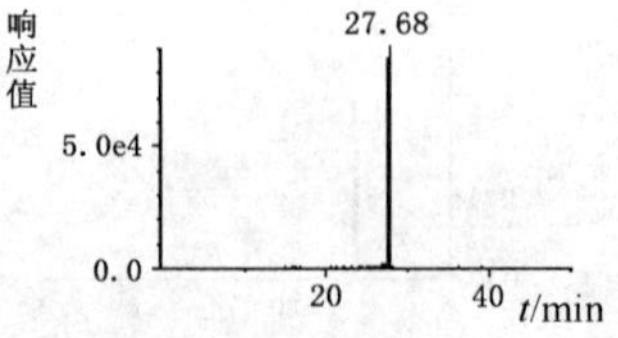

134. 噻草酮
(cycloxydim)

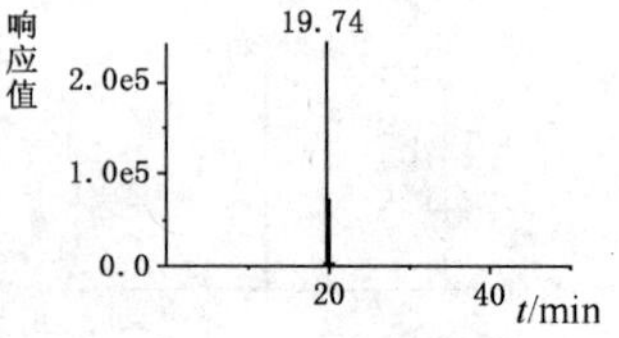

135. 异噁酰草胺
(isoxaben)

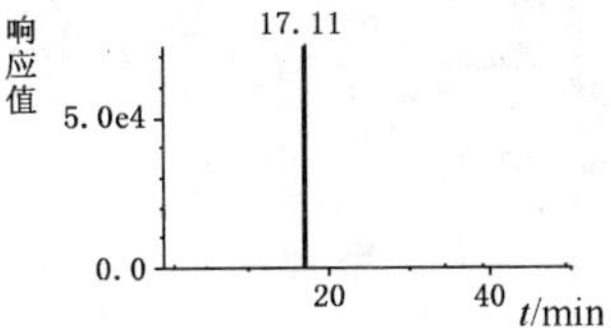

136. 呋草酮
(flurtamone)

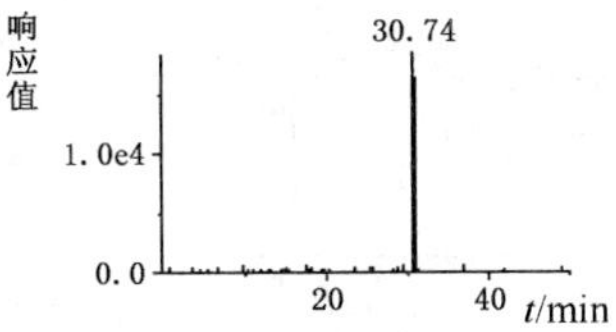

137. 氟乐灵
(trifluralin)

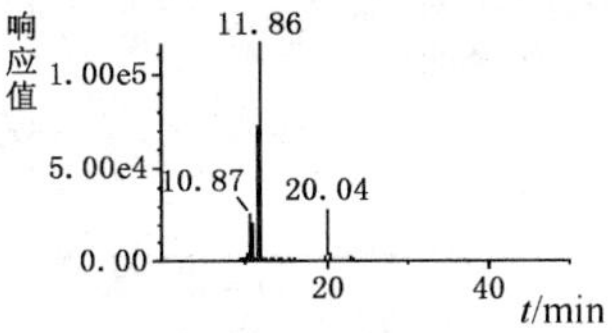

138. 甲基麦草氟异丙酯
(flamprop methyl)

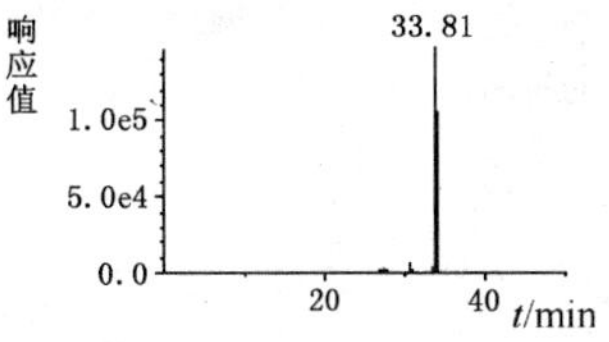

139. 生物苄呋菊酯
(bioresmethrin)

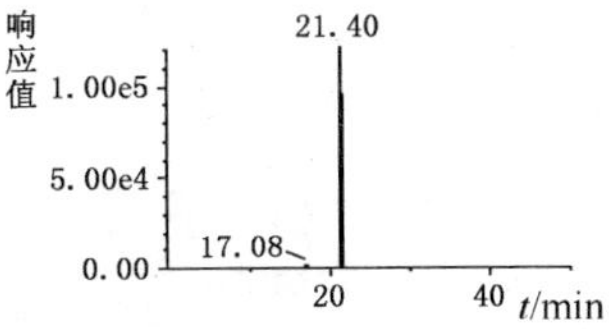

140. 丙环唑
(propiconazole)

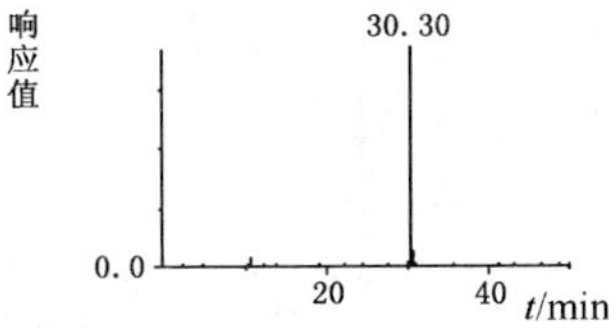

141. 毒死蜱
(chlorpyrifos)

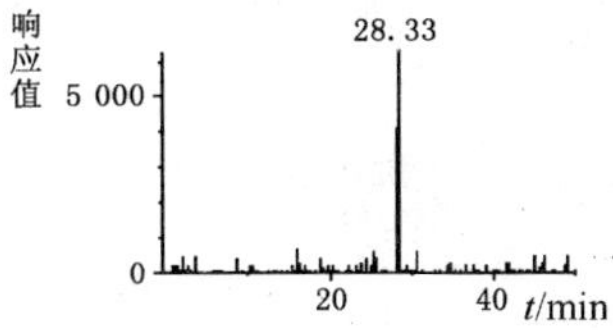

142. 氯乙氟灵
(fluchloralin)

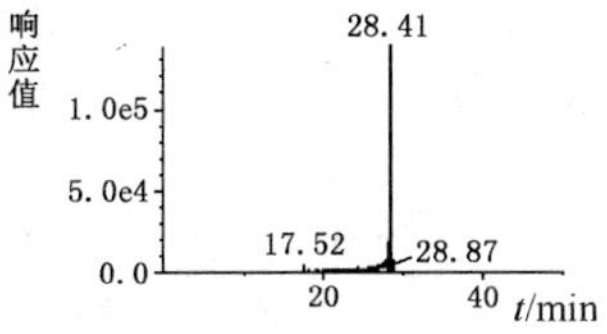

143. 烯草酮
(clethodim)

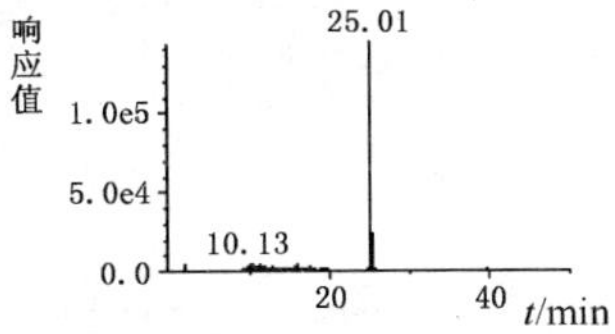

144. 麦草氟异丙酯
(flamprop isopropyl)

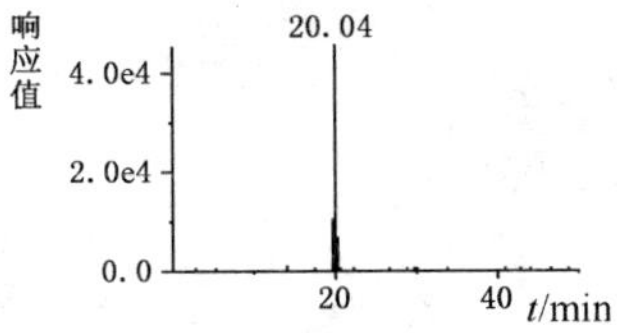

145. 杀虫畏
(tetrachlorvinphos)

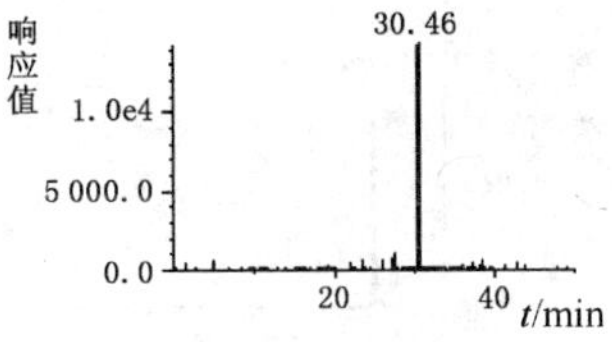

146. 炔螨特
(propargite)

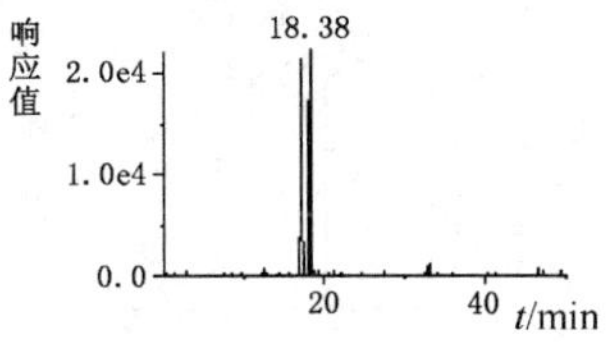

147. 糠菌唑
(bromuconazole)

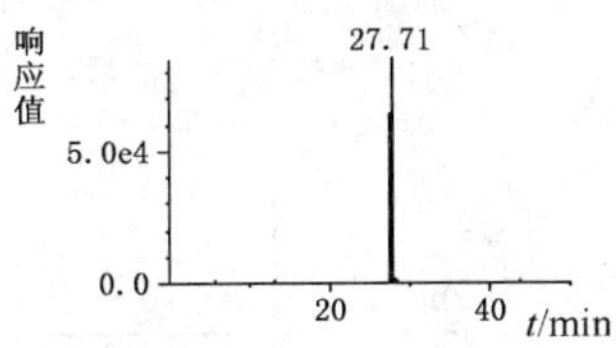

148. 氟吡酰草胺
(picolinafen)

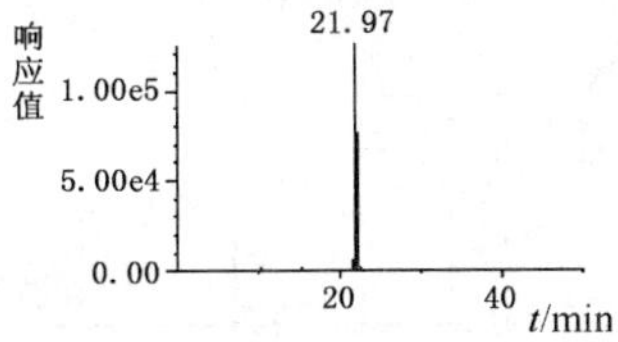

149. 氟噻乙草酯
(fluthiacet methyl)

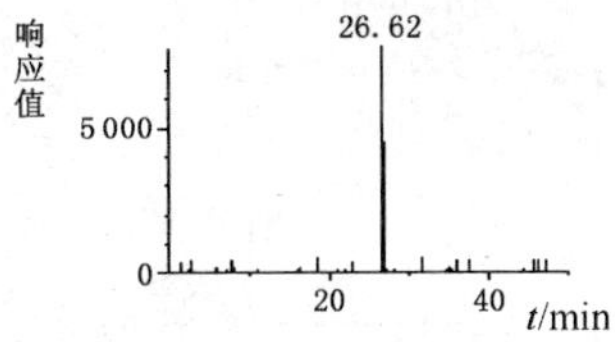

150. 肟菌酯
(trifloxystrobin)

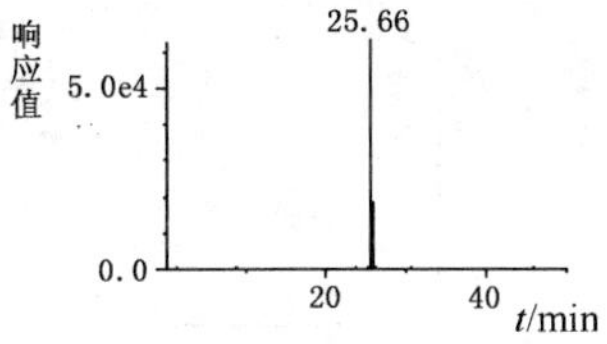

151. 氟铃脲
(hexaflumuron)

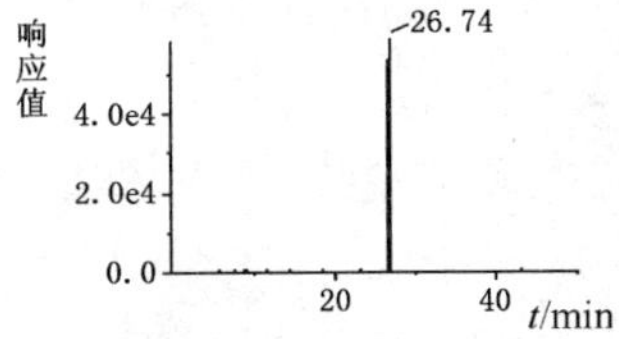

152. 双苯氟脲
(novaluron)

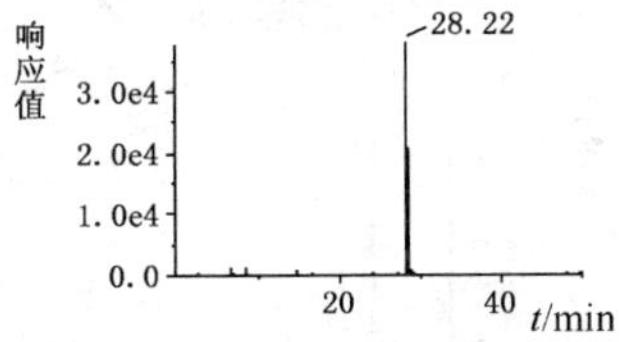

153. 啶蜱脲
(flurazuron)

C 组

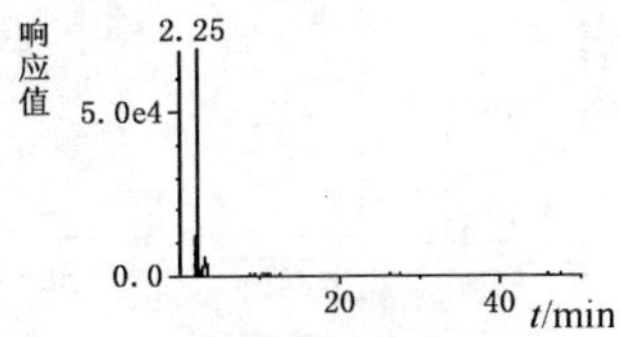

154. 甲胺磷
(methamidophos)

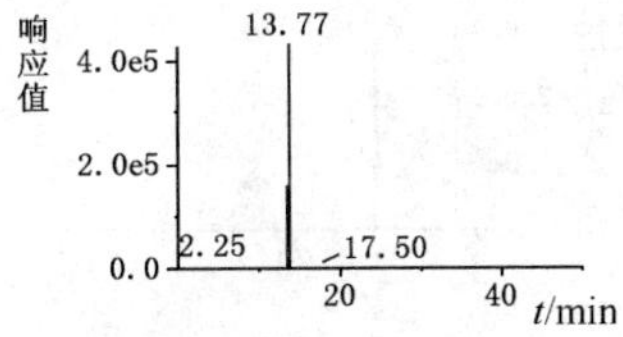

155. 避蚊胺
(diethyltoluamide)

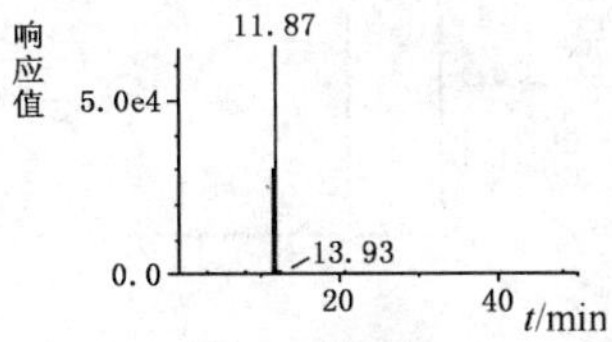

156. 灭草隆
(monuron)

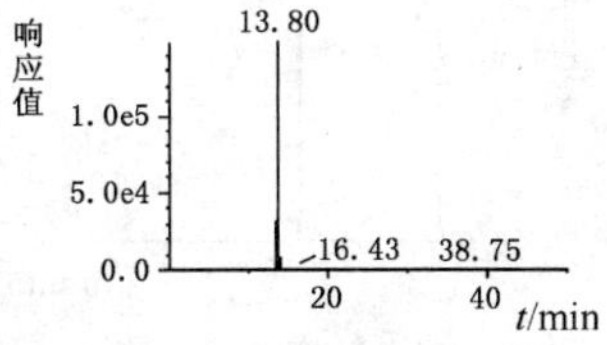

157. 嘧霉胺
(pyrimethanil)

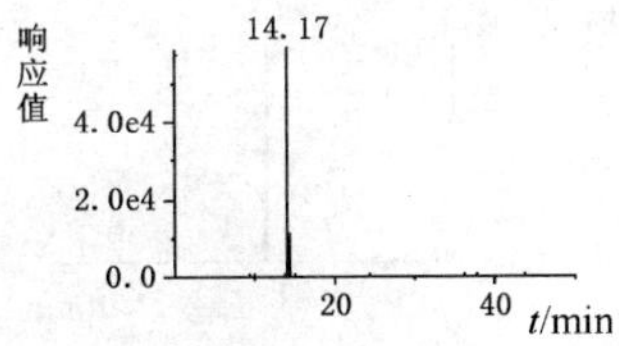

158. 黑穗胺
(fenfuram)

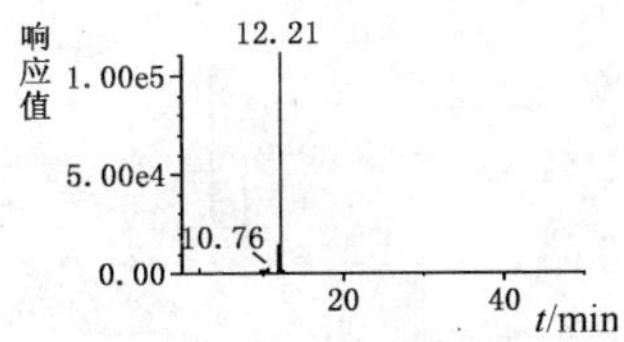

159. 灭藻醌
(quinoclamine)

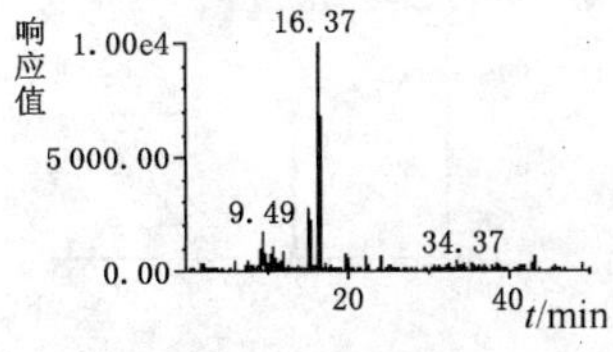

160. 仲丁威
(fenobucarb)

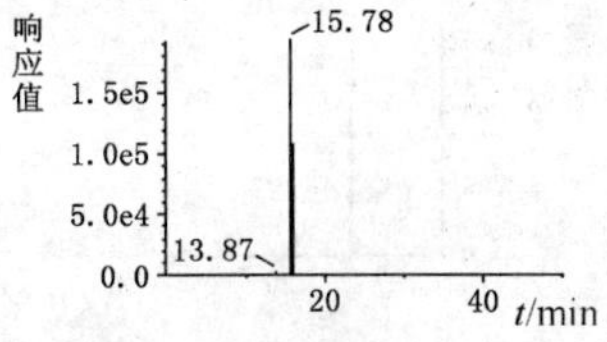

161. 敌稗
(propanil)

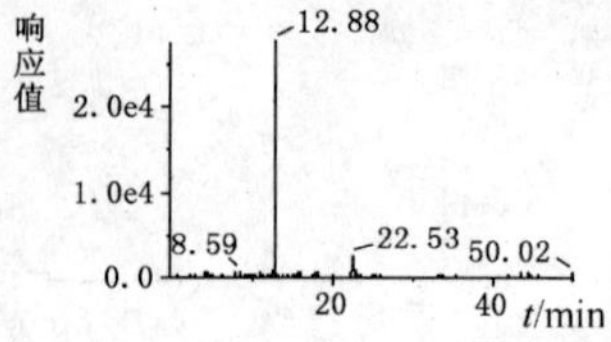

162. 克百威
(carbofuran)

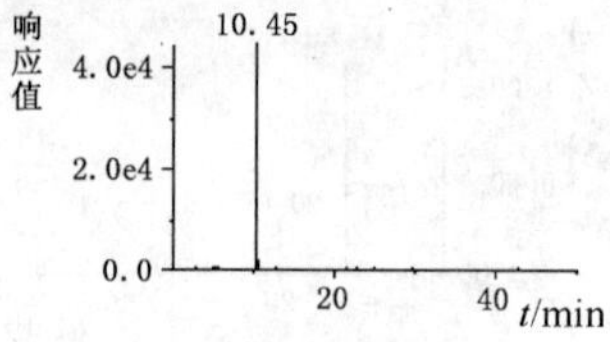

163. 啶虫脒
(acetamiprid)

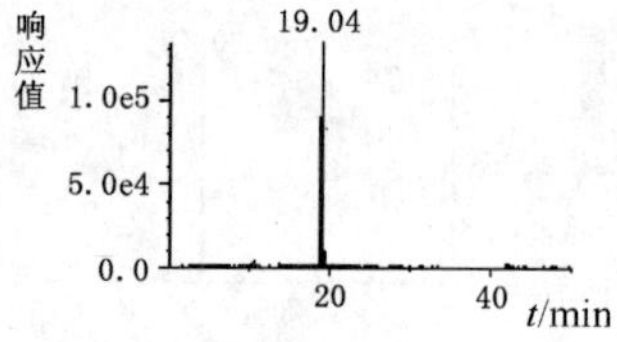

164. 嘧菌胺
(mepanipyrim)

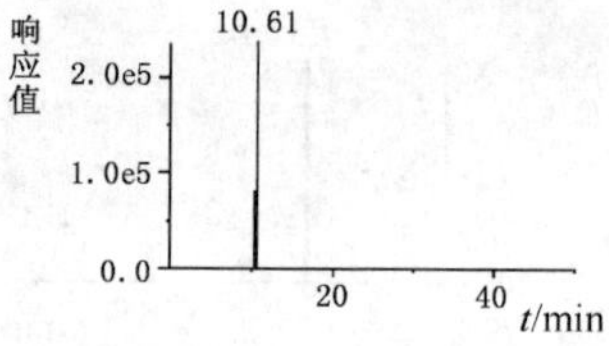

165. 扑灭通
(prometon)

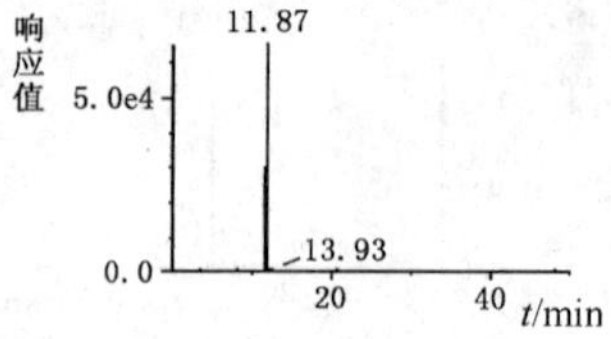

166. 甲硫威
(methiocarb)

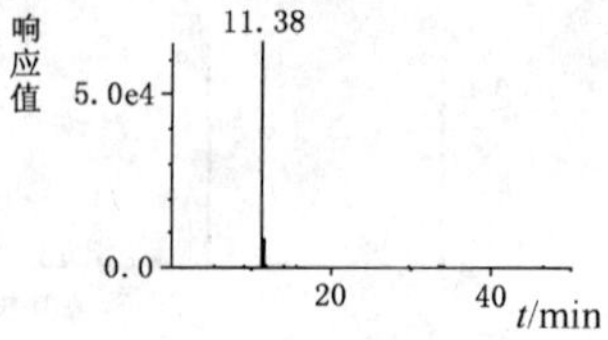

167. 甲氧隆
(metoxuron)

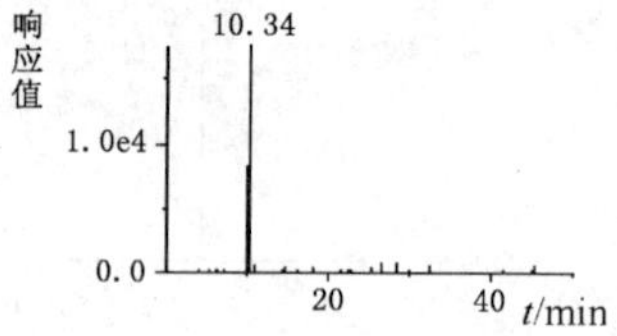

168. 乐果
(dimethoate)

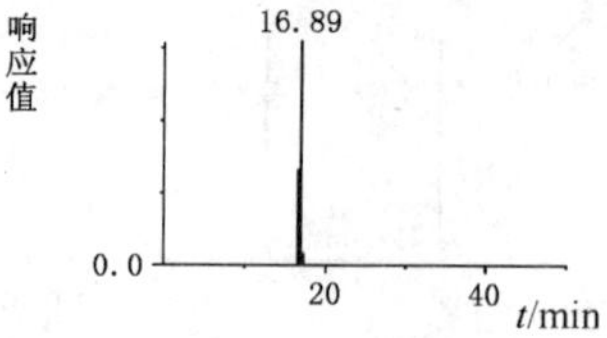

169. 呋菌胺
(methfuroxam)

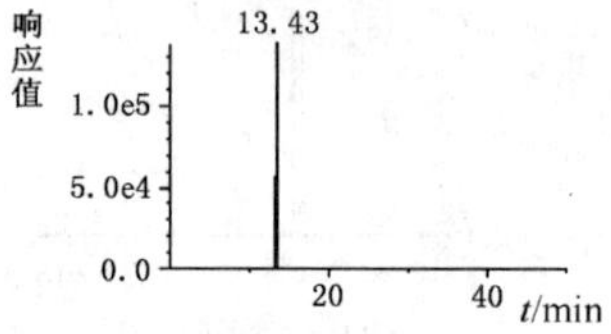

170. 伏草隆
(fluometuron)

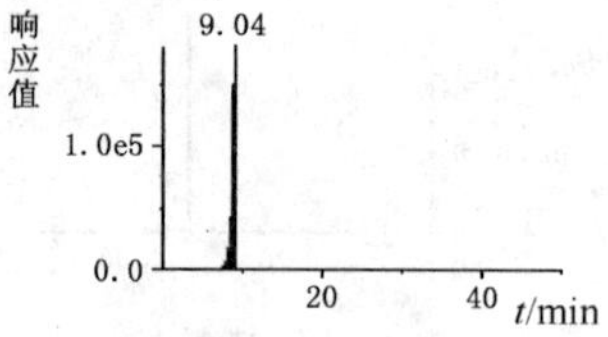

171. 百治磷
(dicrotophos)

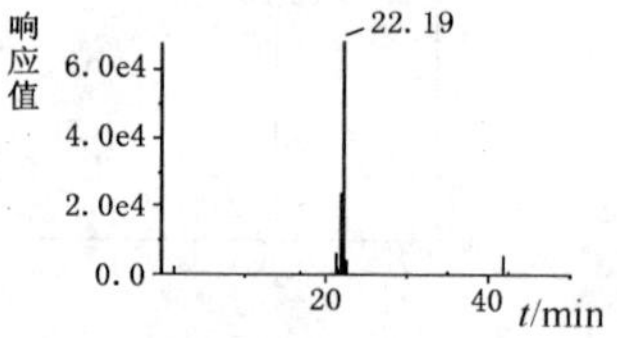

172. 庚酰草胺
(monalide)

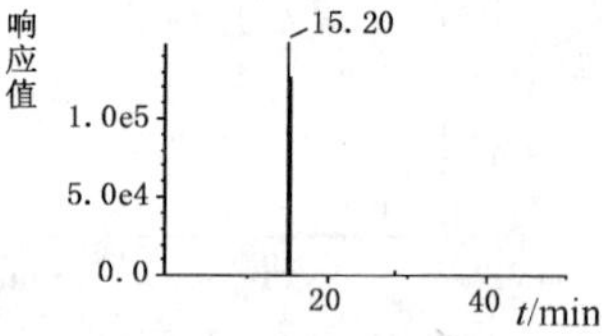

173. 双苯酰草胺
(diphenamid)

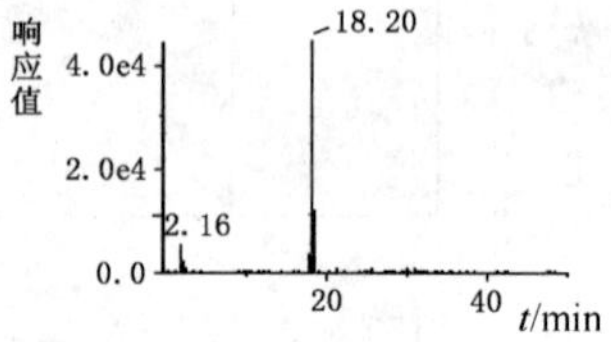

174. 灭线磷
(ethoprophos)

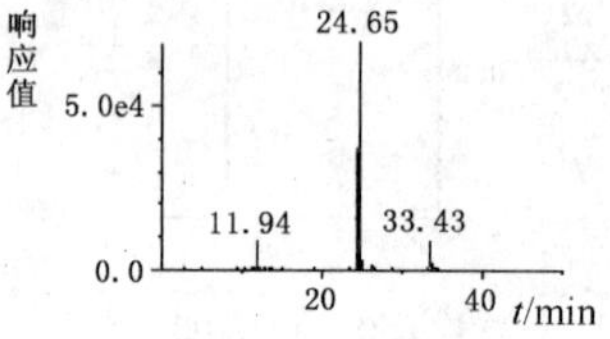

175. 地虫硫磷
(fonofos)

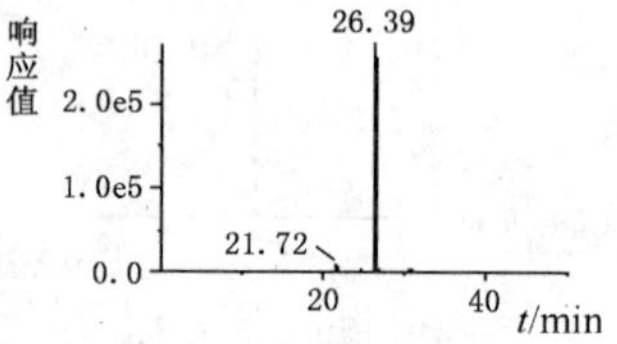

176. 土菌灵
(etridiazol)

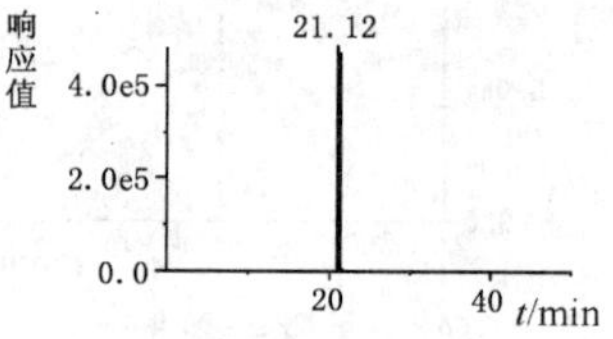

177. 拌种胺
(furmecyclox)

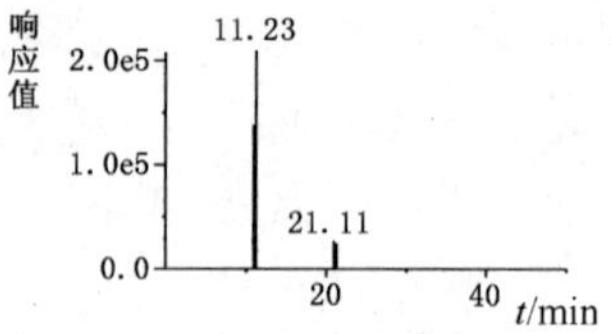

178. 环嗪酮
(hexazinone)

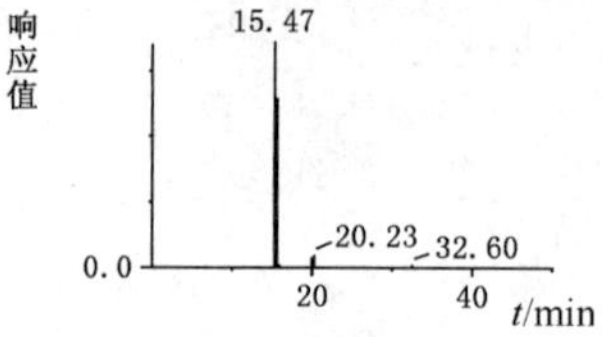

179. 阔草净
(dimethametryn)

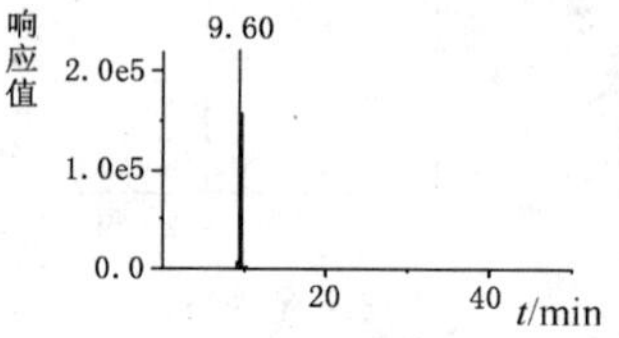

180. 敌百虫
(trichlorphon)

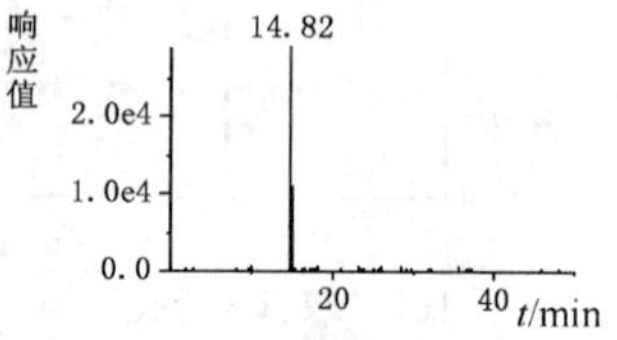

181. 内吸磷
[demeton(*o*+*s*)]

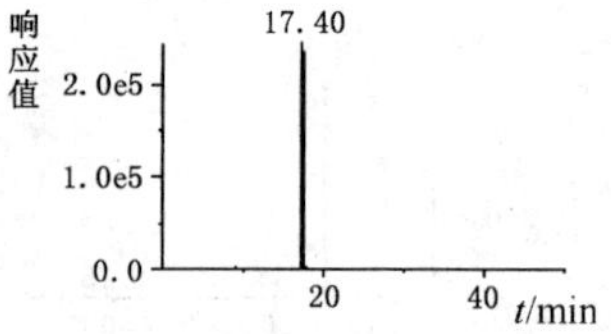

182. 解草酮
(benoxacor)

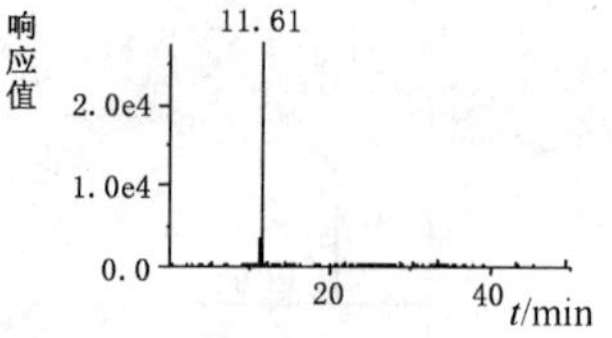

183. 除草定
(bromacil)

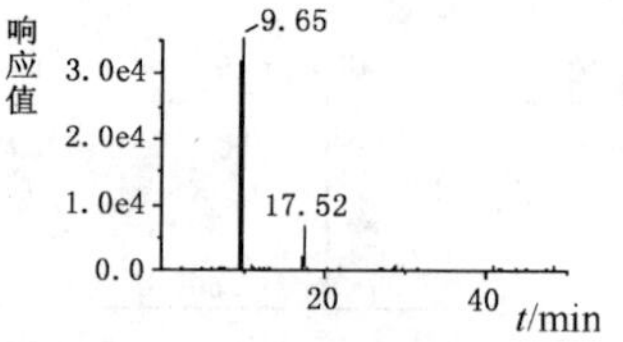

184. 甲拌磷亚砜
(phorate sulfoxide)

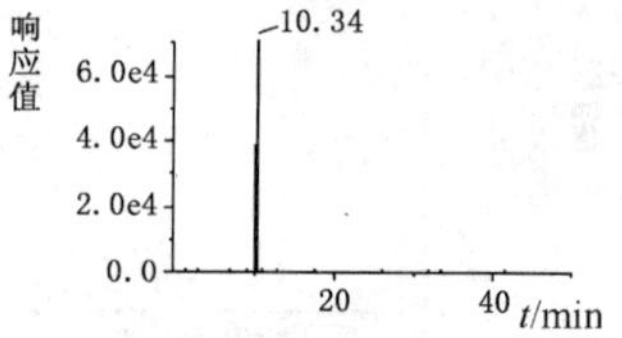

185. 溴莠敏
(brompyrazon)

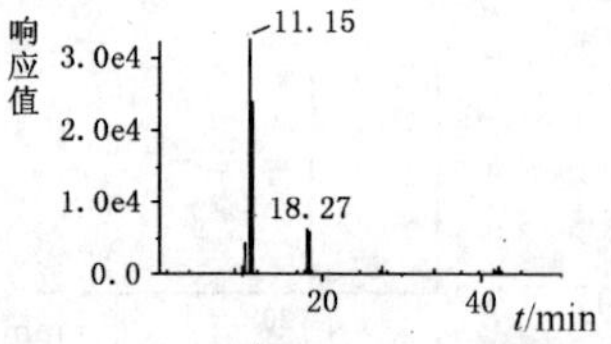

186. 氧化萎锈灵
(oxycarboxin)

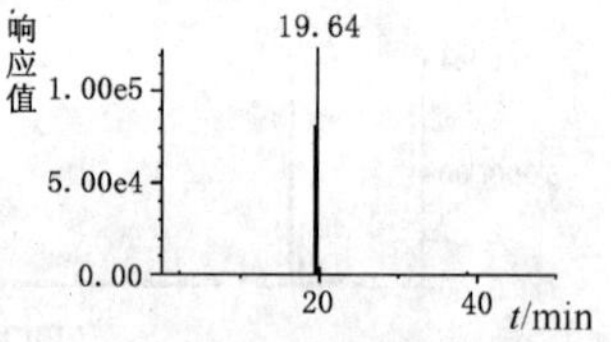

187. 灭锈胺
(mepronil)

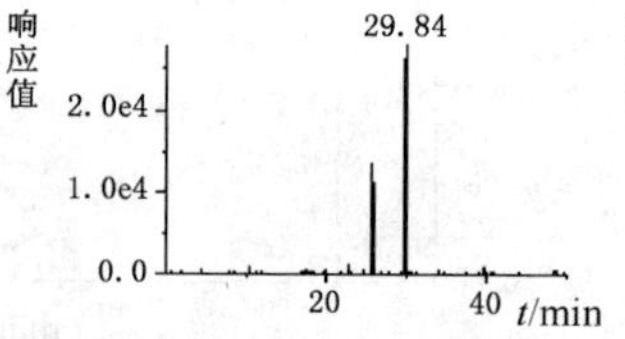

188. 乙拌磷
(disulfoton)

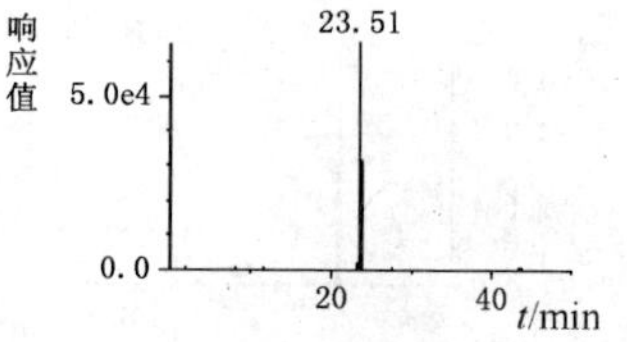

189. 倍硫磷
(fenthion)

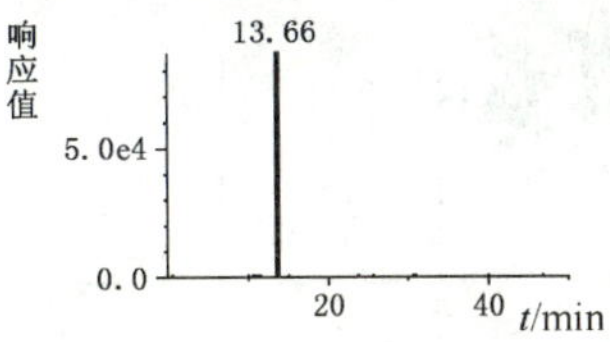

190. 甲霜灵
(metalaxyl)

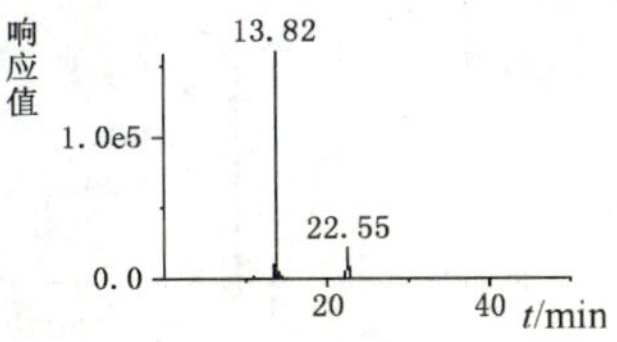

191. 甲呋酰胺
(ofurace)

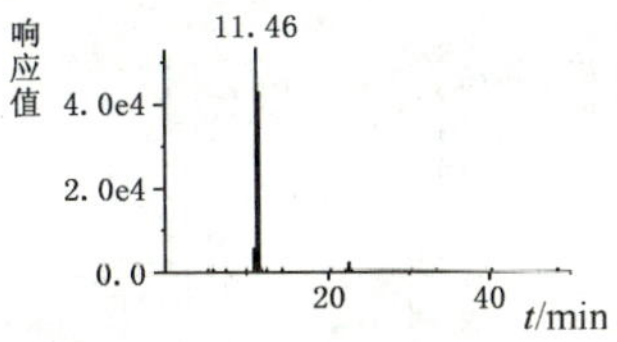

192. 吗菌灵
(dodemorph)

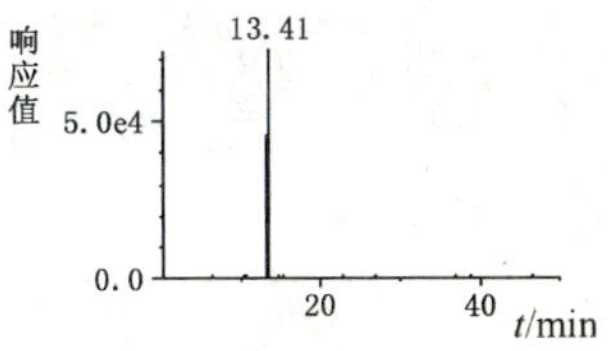

193. 噻唑硫磷
(fosthiazate)

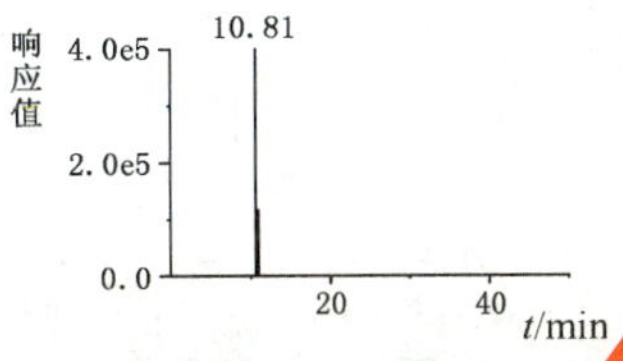

194. 甲基咪草酯
(imazamethabenz-methyl)

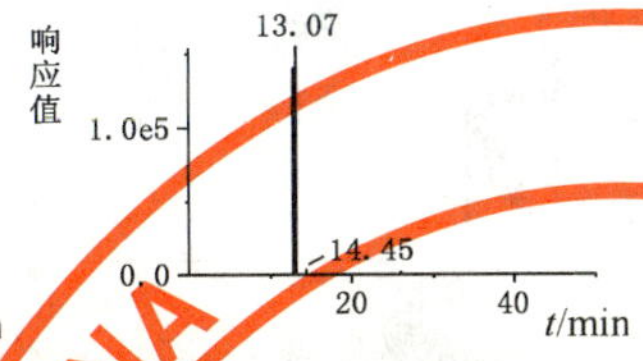

195. 乙拌磷-亚砜
(disulfoton-sulfoxide)

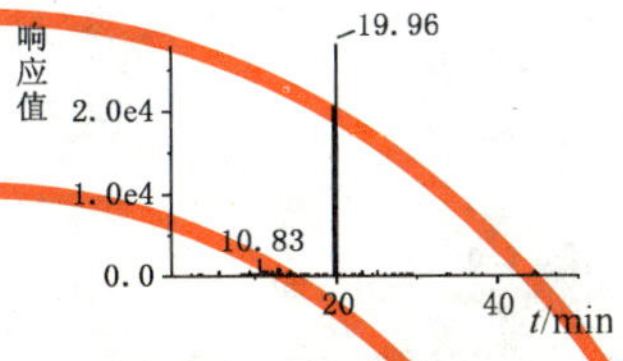

196. 稻瘟灵
(isoprothiolane)

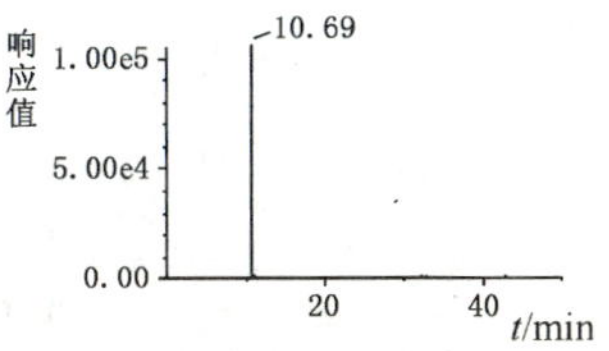

197. 抑霉唑
(imazalil)

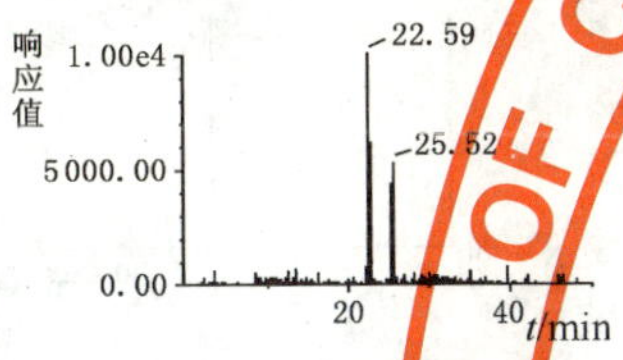

198. 辛硫磷
(phoxim)

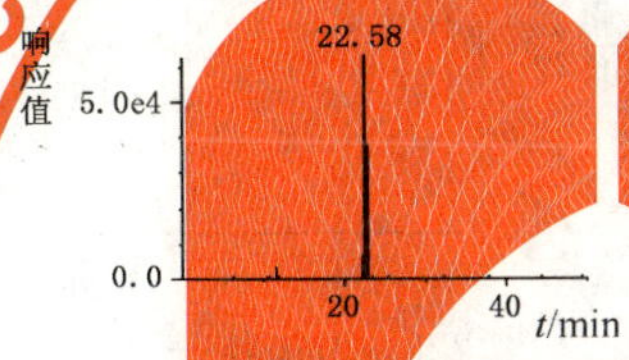

199. 喹硫磷
(quinalphos)

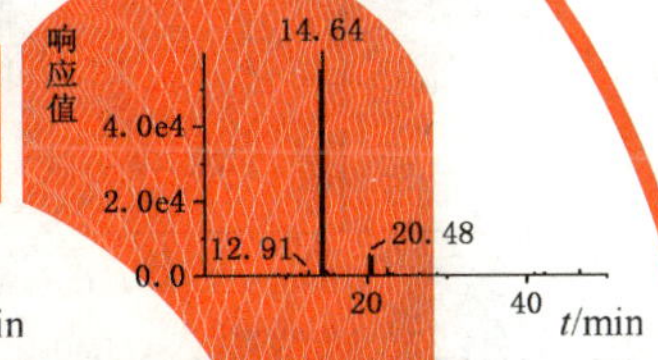

200. 灭菌磷
(ditalimfos)

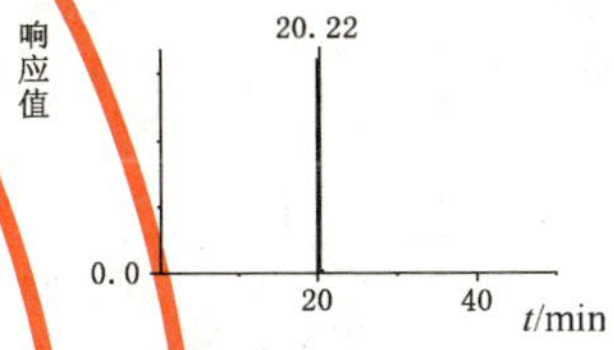

201. 双氧威
(fenoxycarb)

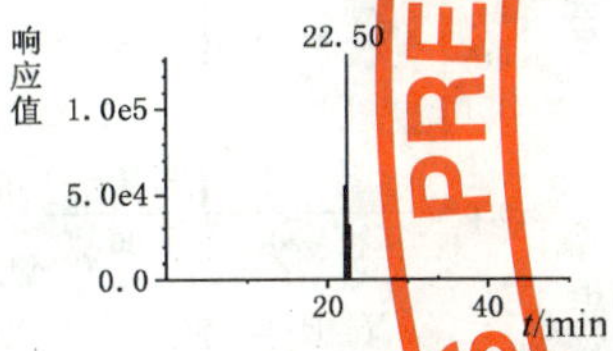

202. 嘧啶磷
(pyrimitate)

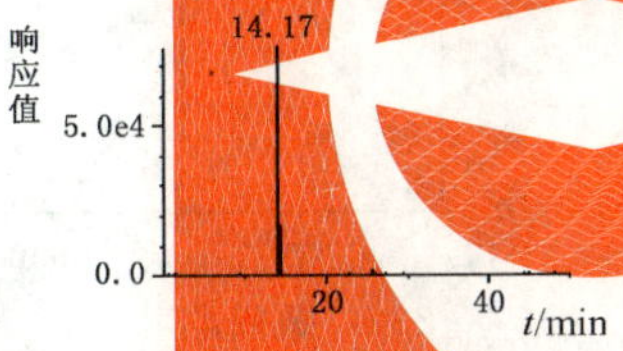

203. 丰索磷
(fensulfothin)

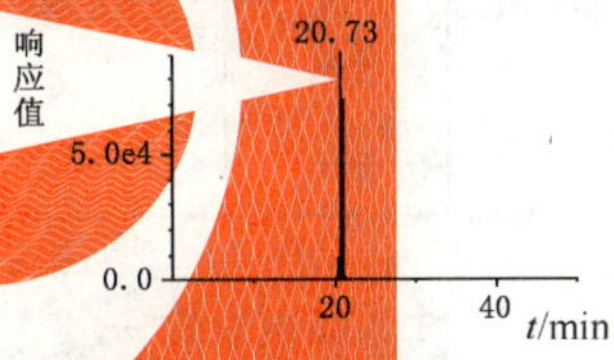

204. 氟咯草酮
(fluorochloridone)

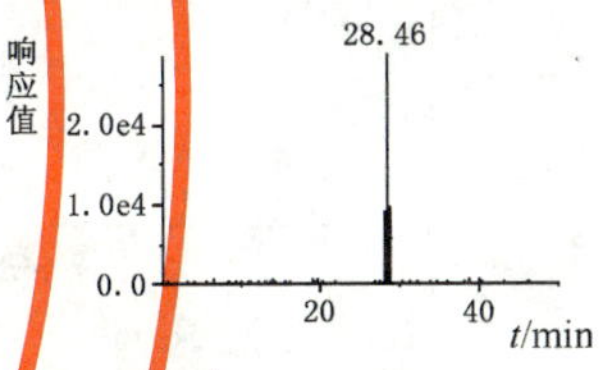

205. 丁草胺
(butachlor)

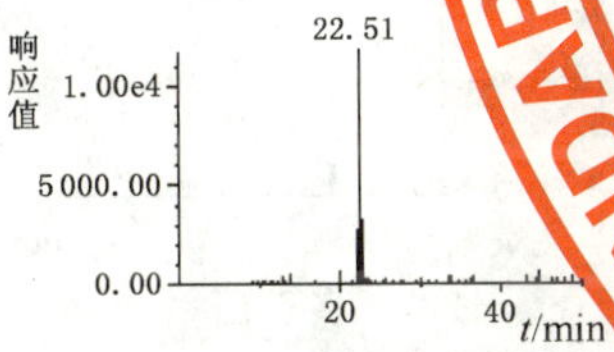

206. 亚胺菌
(kresoxim-methyl)

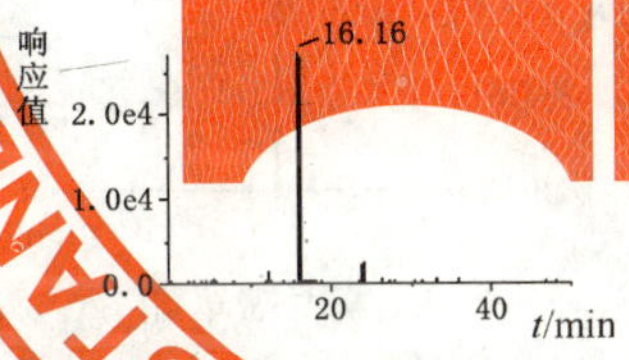

207. 戊叉菌唑
(triticonazole)

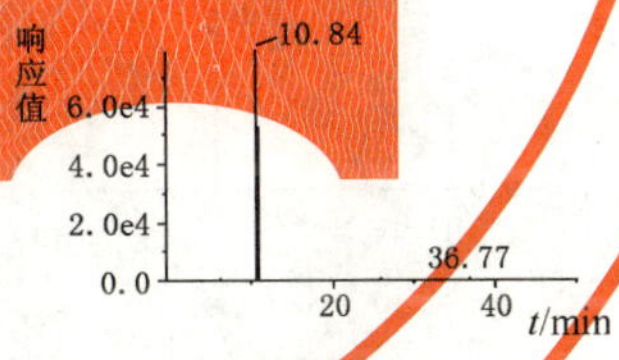

208. 苯线磷亚砜
(fenamiphos sulfoxide)

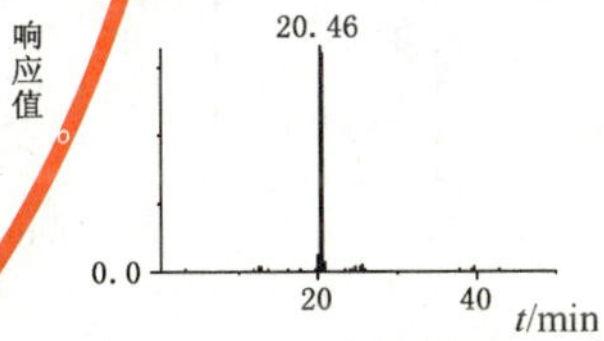

209. 噻吩草胺
(thenylchlor)

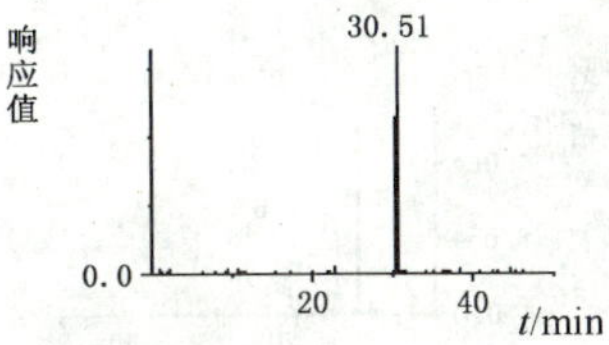

210. 除虫菊素
(pyrethrin)

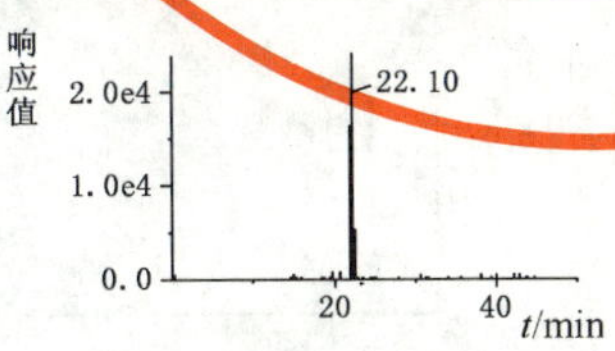

211. 稻瘟酰胺
(fenoxanil)

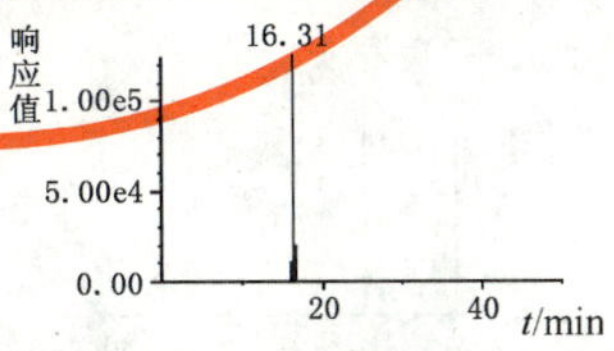

212. 氟啶草酮
(fluridone)

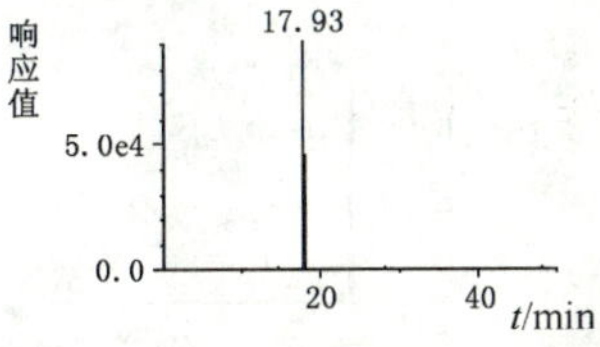

213. 氟环唑
(epoxiconazole)

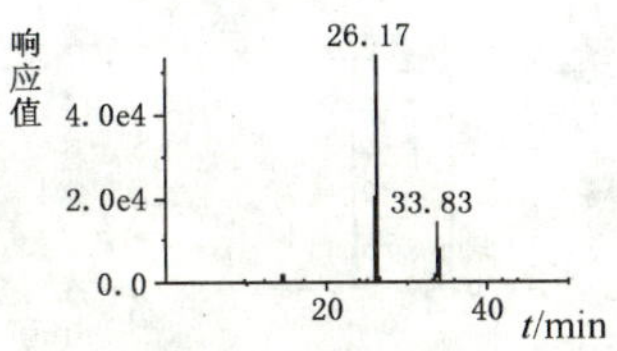

214. 氯辛硫磷
(chlorphoxim)

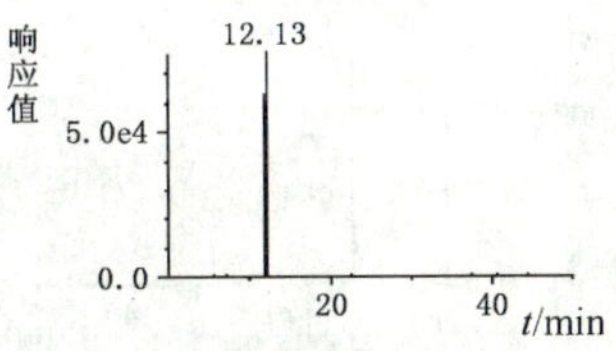

215. 苯线磷砜
(fenamiphos sulfone)

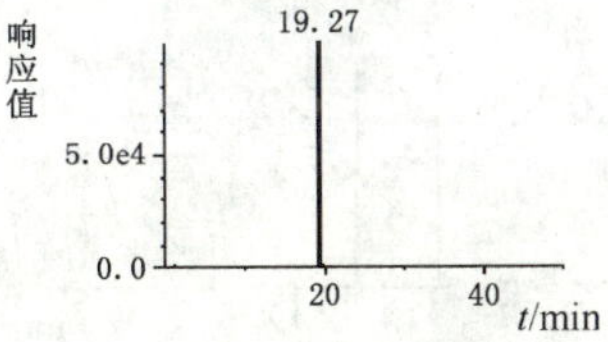

216. 腈苯唑
(fenbuconazole)

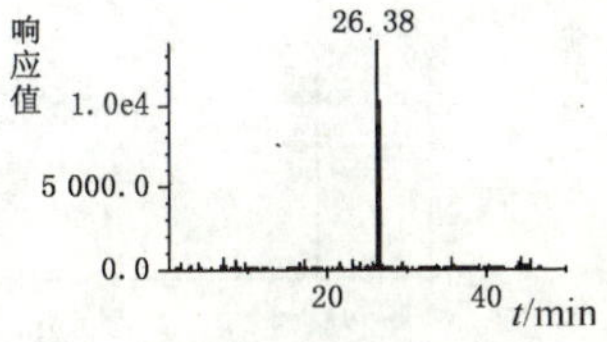

217. 异柳磷
(isofenphos)

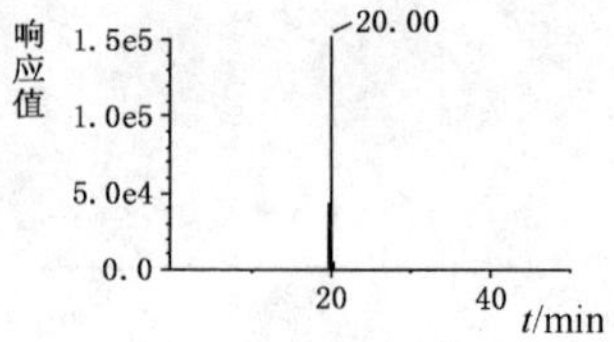

218. 安磺灵
(oryzalin)

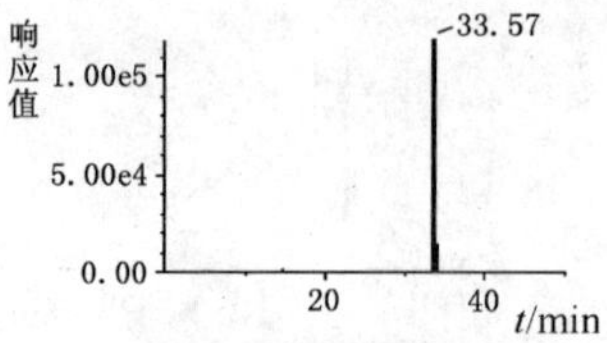

219. 苯醚菊酯
(phenothrin)

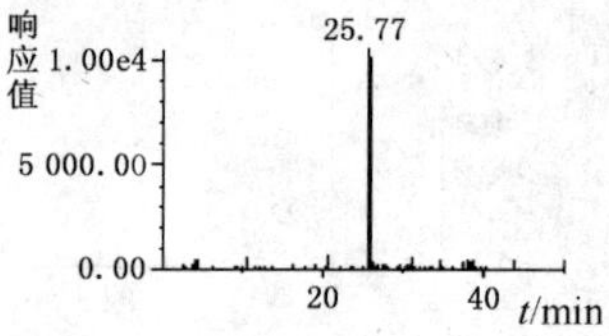

220. 哌草磷
(piperophos)

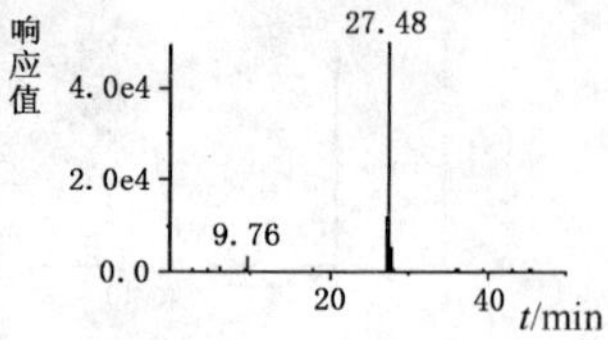

221. 增效醚
(piperonyl butoxide)

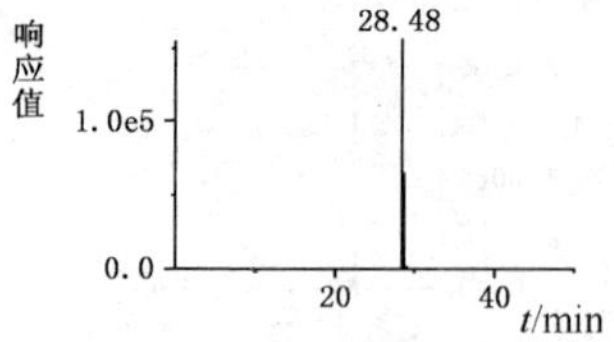

222. 乙氧氟草醚
(oxyflurofen)

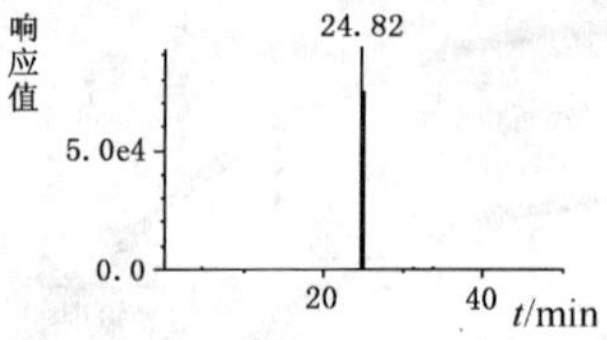

223. 蝇毒磷
(coumaphos)

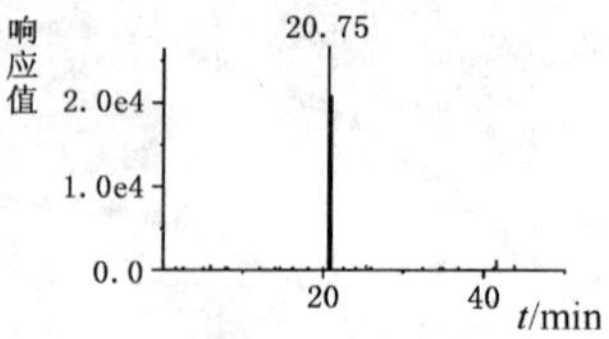

224. 氟噻草胺
(flufenacet)

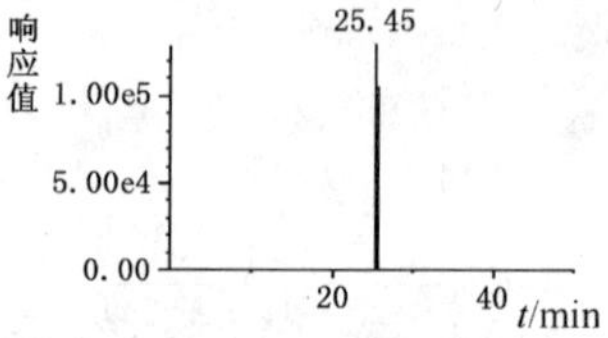

225. 伏杀硫磷
(phosalone)

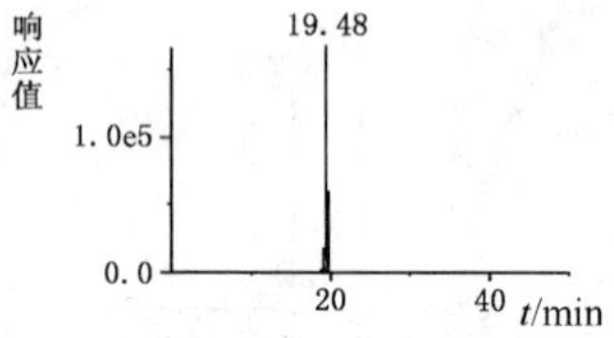

226. 甲氧虫酰肼
(methoxyfenozide)

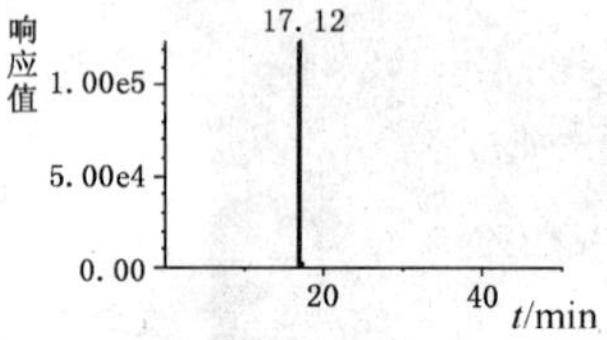

227. 咪鲜胺
(prochloraz)

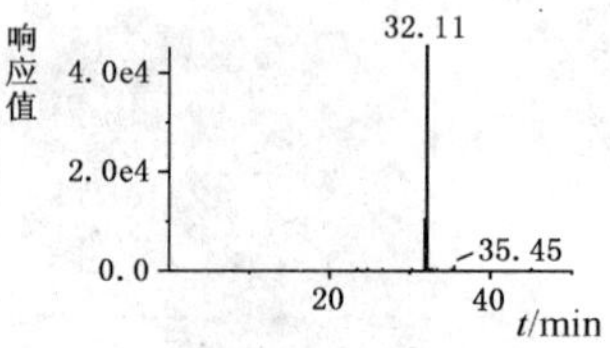

228. 丙硫特普
(aspon)

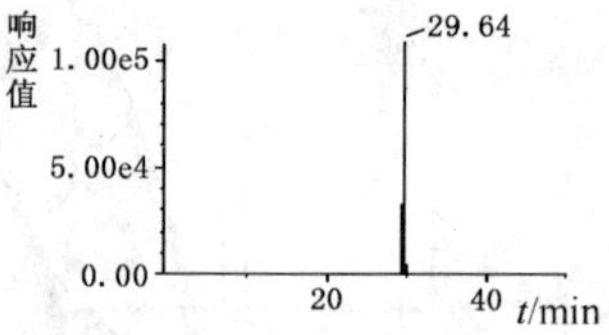

229. 乙硫磷
(ethion)

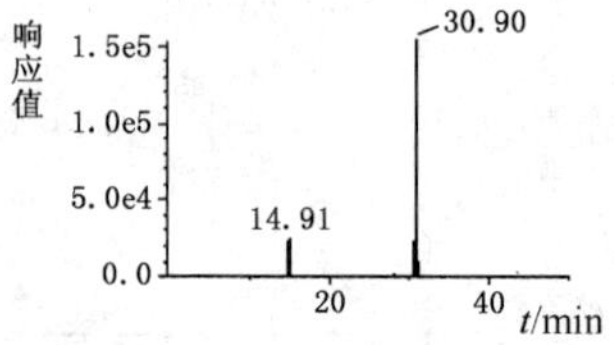

230. 丁醚脲
(diafenthiuron pestanal)

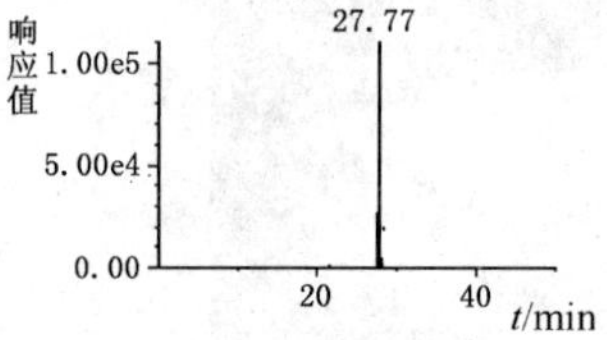

231. 氟硫草定
(dithiopyr)

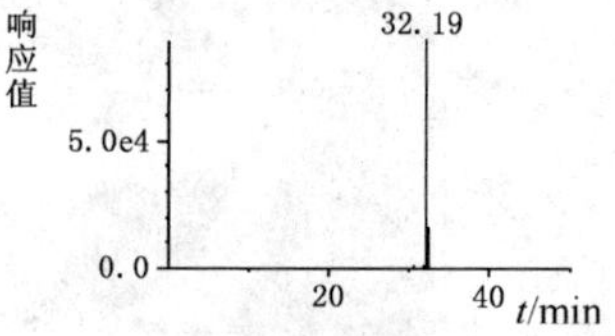

232. 螺螨酯
(spirodiclofen)

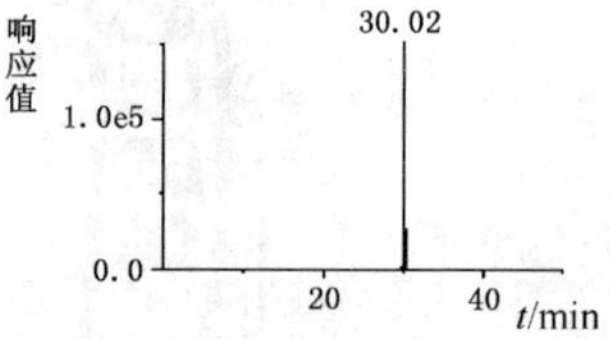

233. 唑螨酯
(fenpyroximate)

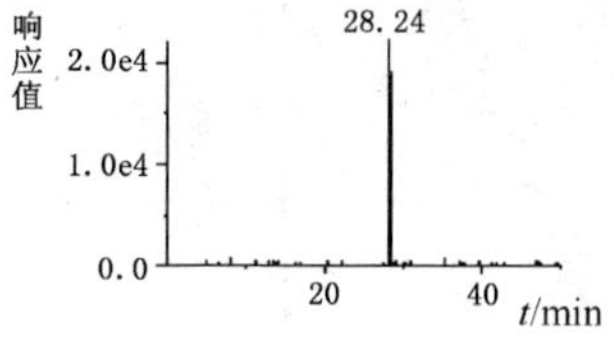

234. 胺氟草酯
(flumiclorac-pentyl)

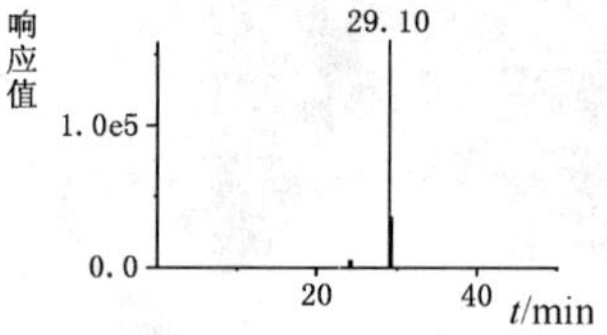

235. 双硫磷
(temephos)

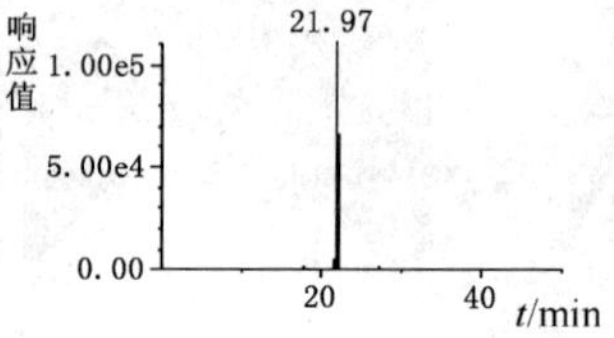

236. 氟丙嘧草酯
(butafenacil)

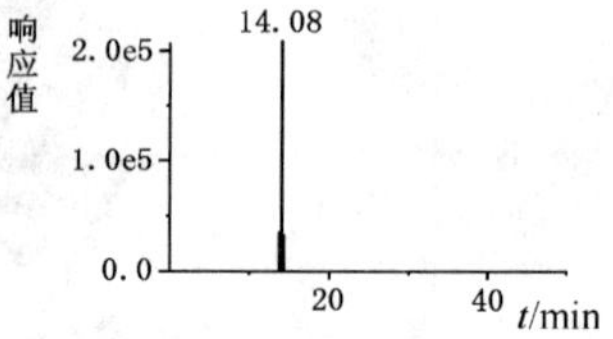

237. 多杀菌素
(spinosad)

D 组

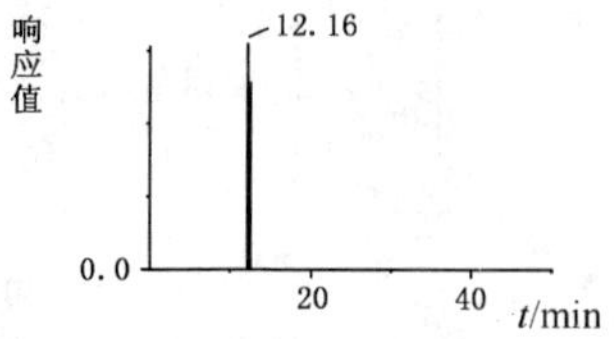

238. 二丙烯草胺
(allidochlor)

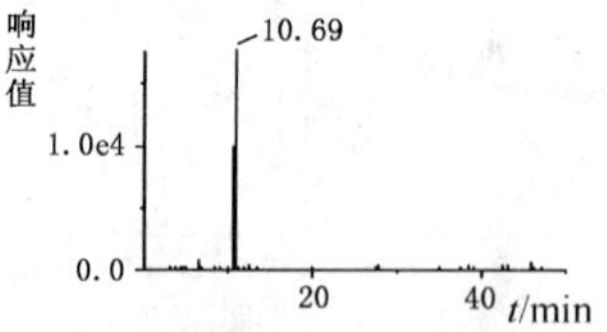

239. 三环唑
(tricyclazole)

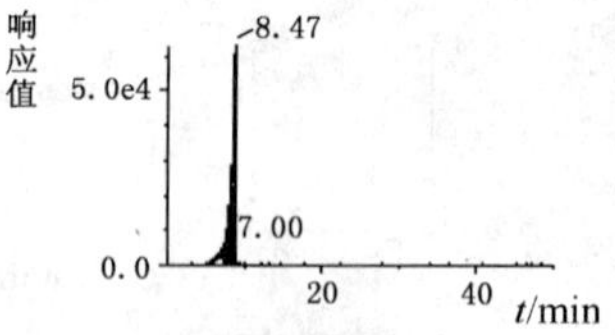

240. 噻菌灵
(thiabendazole)

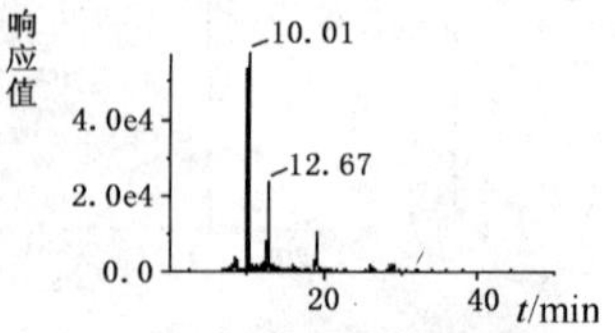

241. 苯嗪草酮
(metamitron)

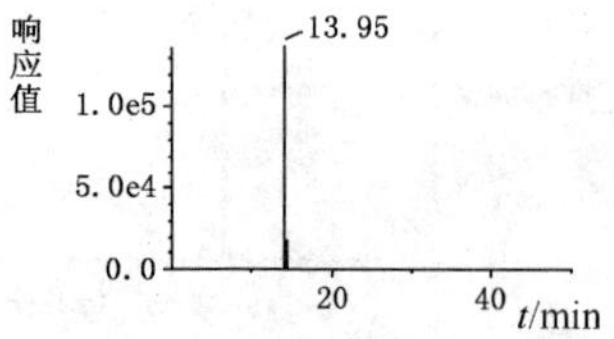

242. 异丙隆
(isoproturon)

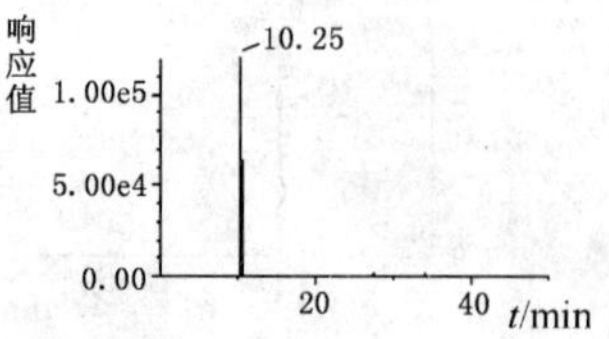

243. 莠去通
(atratone)

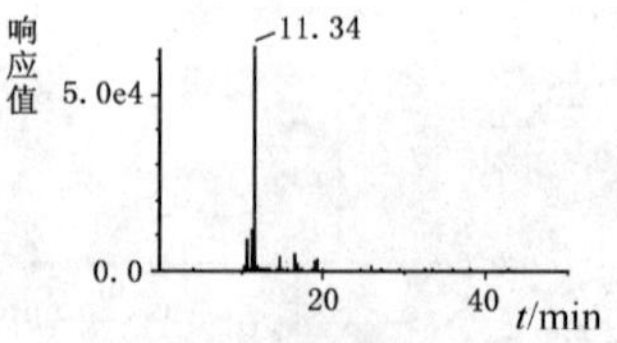

244. 敌草净
(desmetryn)

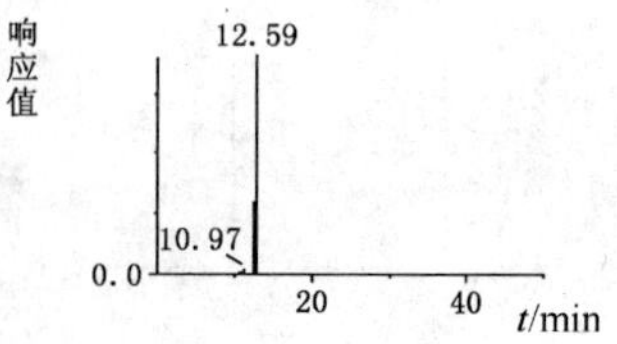

245. 赛克津
(metribuzin)

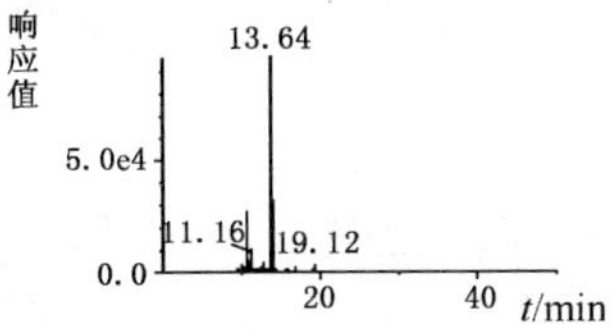

246. —
(DMST)

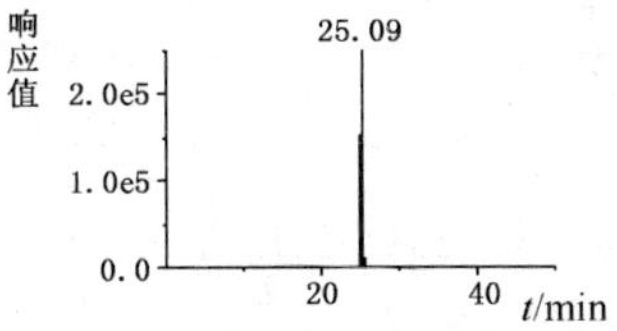

247. 环草敌
(cycloate)

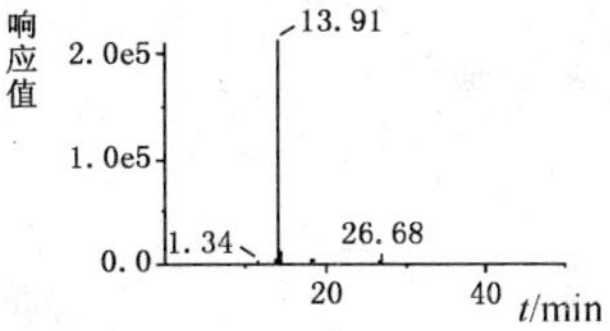

248. 莠去津
(atrazine)

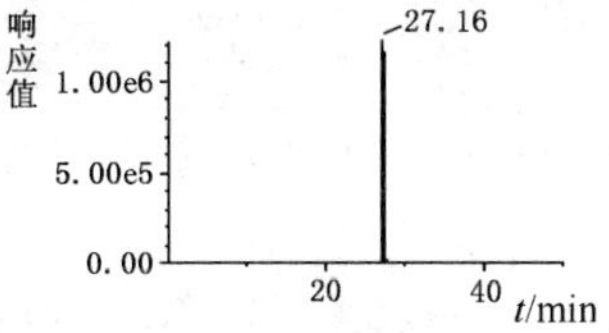

249. 丁草敌
(butylate)

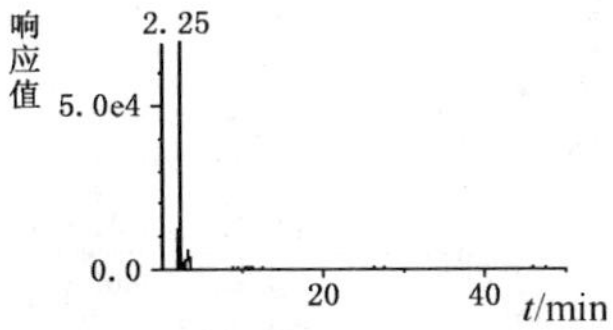

250. 吡蚜酮
(pymetrozin)

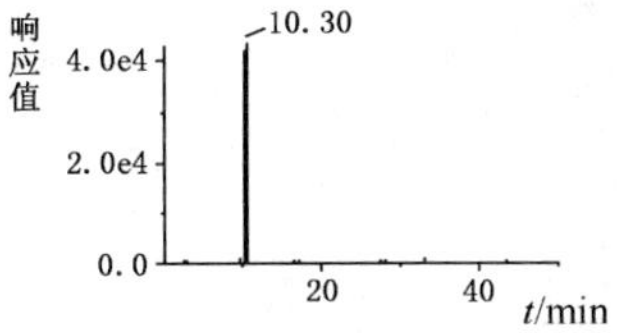

251. 杀草敏
(chloridazon)

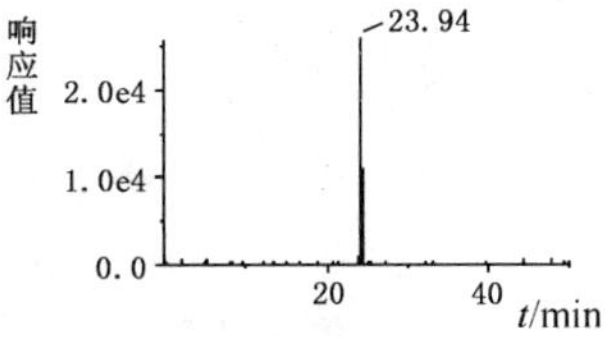

252. 菜草畏
(sulfallate)

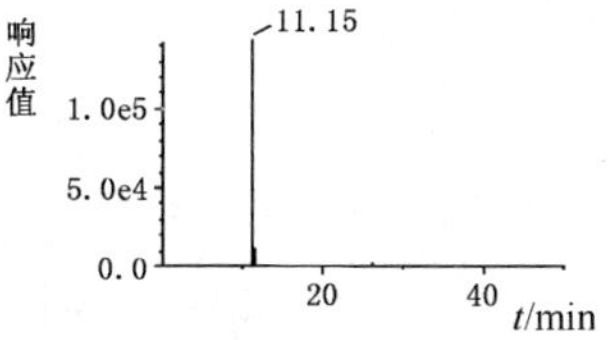

253. 特丁通
(terbumeton)

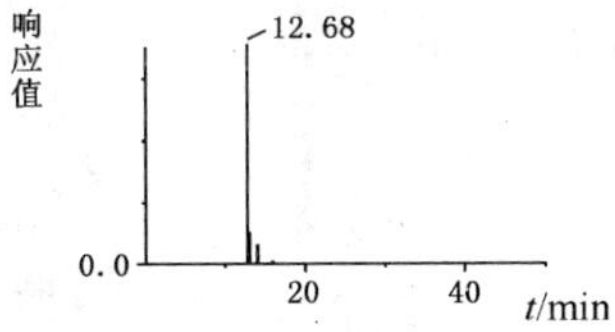

254. 环丙津
(cyprazine)

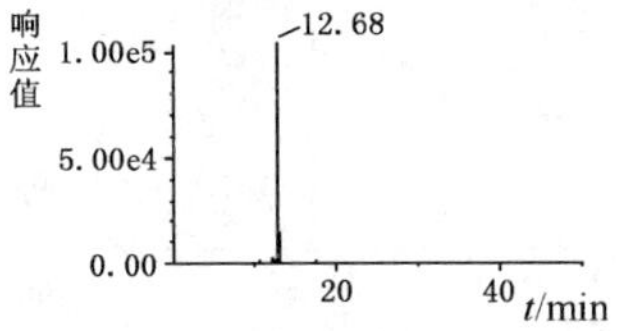

255. 阔草净
(ametryn)

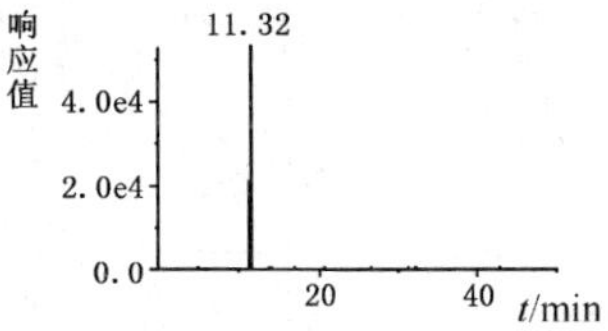

256. 木草隆
(tebuthiuron)

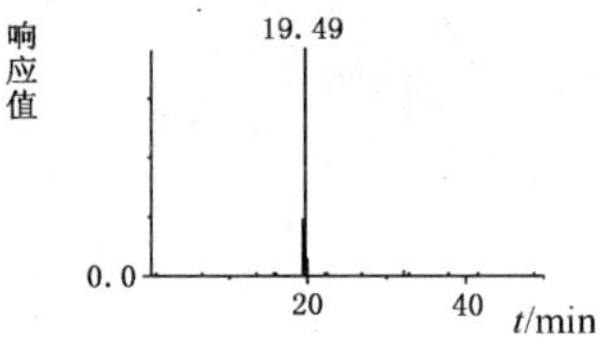

257. 草达津
(trietazine)

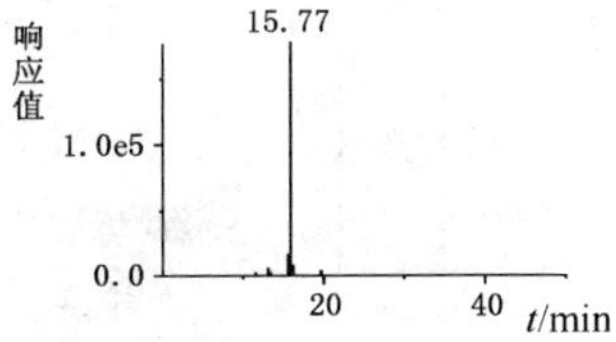

258. 另丁津
(sebutylazine)

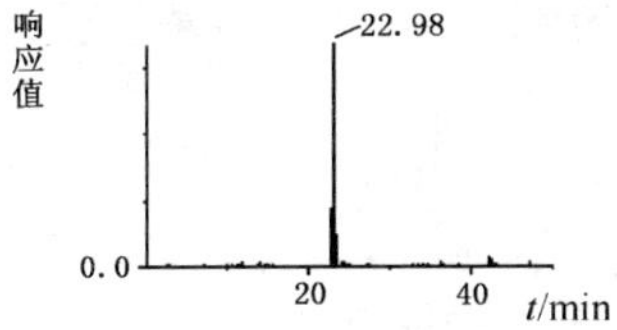

259. 畜虫避
(dibutyl succinate)

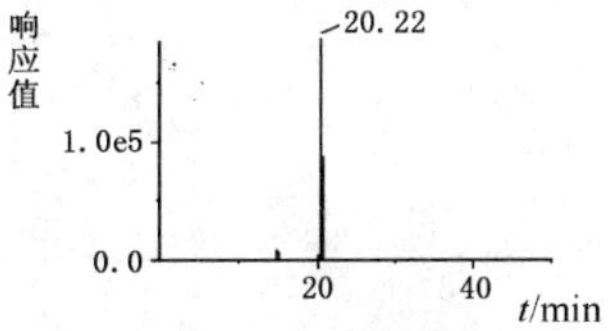

260. 牧草胺
(tebutam)

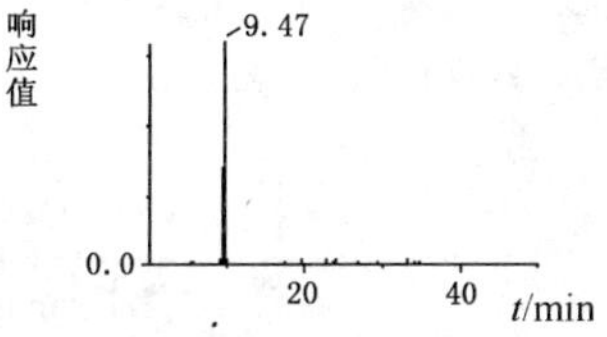

261. 久效威亚砜
(thiofanox-sulfoxide)

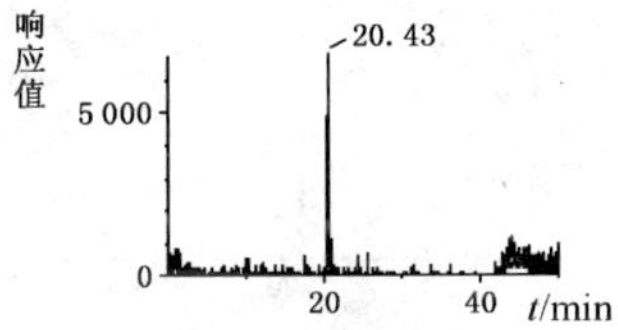

262. 杀螟丹
(cartap hydrochloride)

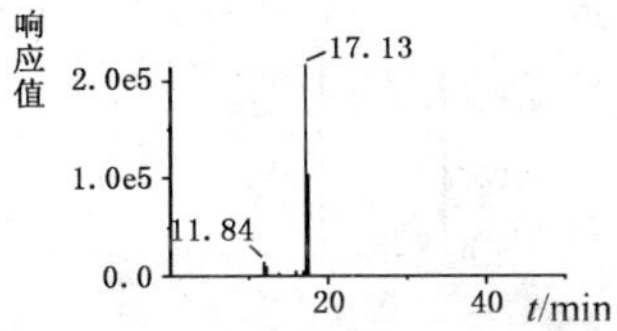

263. 虫螨畏
(methacrifos)

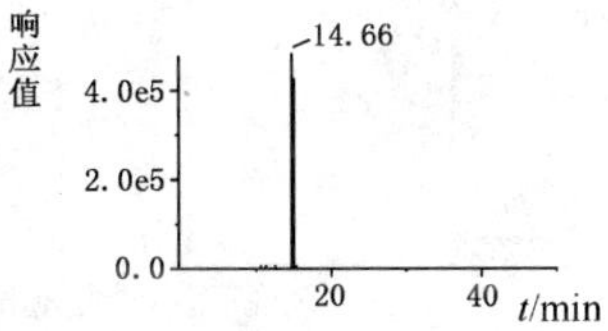

264. 特丁净
(terbutryn)

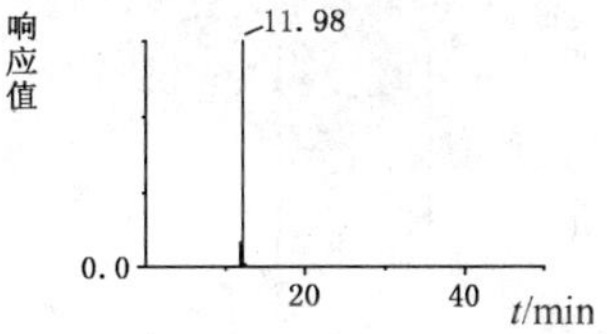

265. 唑菌嗪
(triazoxide)

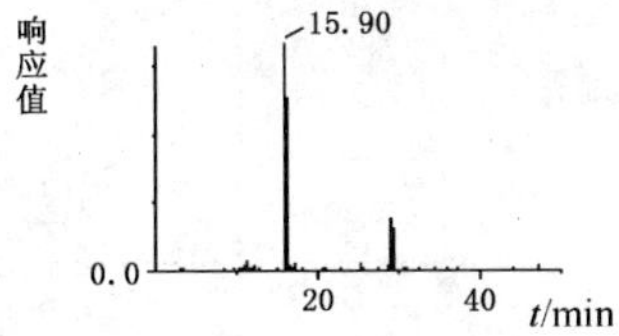

266. 虫线磷
(thionazin)

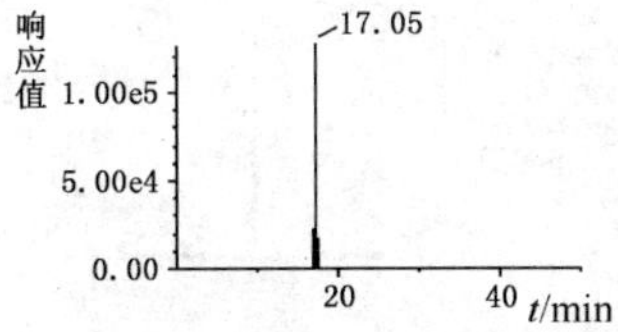

267. 利谷隆
(linuron)

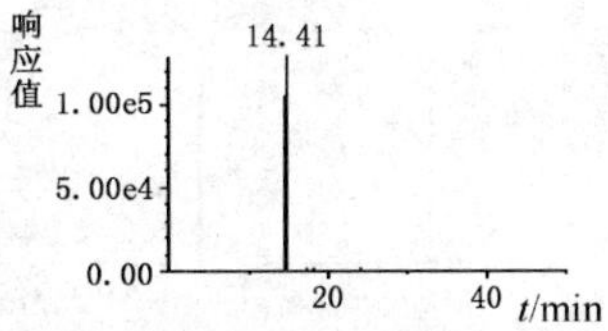

268. 庚虫磷
(heptanophos)

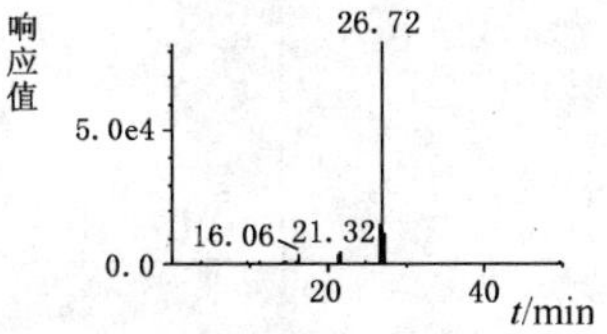

269. 苄草丹
(prosulfocarb)

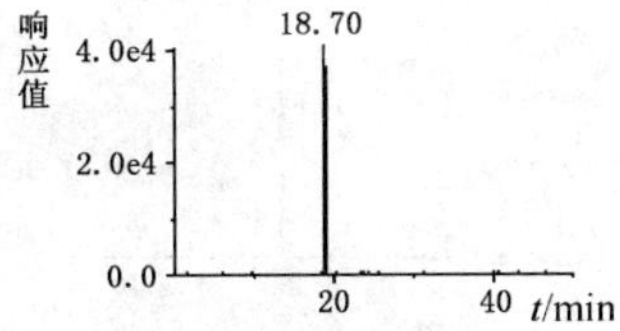

270. 炔苯烯草胺
(propyzamide)

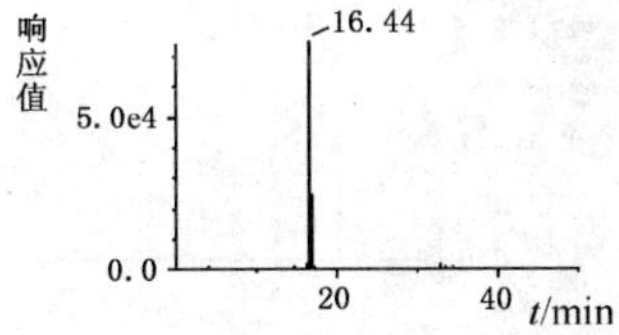

271. 杀草净
(dipropetryn)

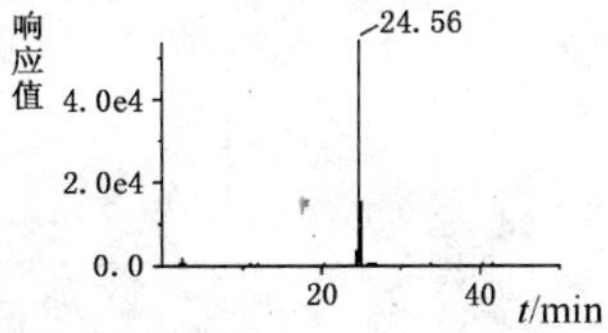

272. 禾草丹
(thiobencarb)

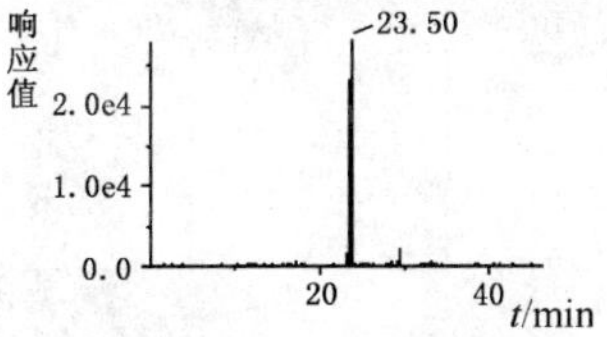

273. 三异丁基磷酸盐
(tri-*iso*-butyl phosphate)

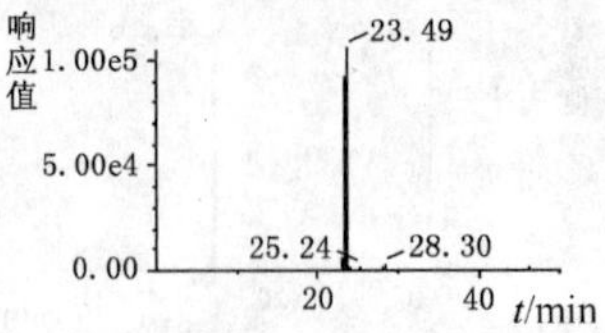

274. 磷酸三正丁酯
(tri-*n*-butyl phosphate)

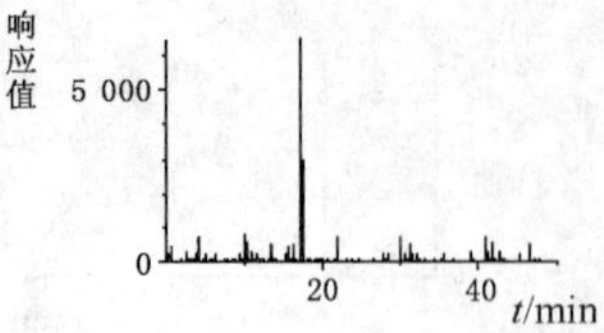

275. 乙霉威
(diethofencarb)

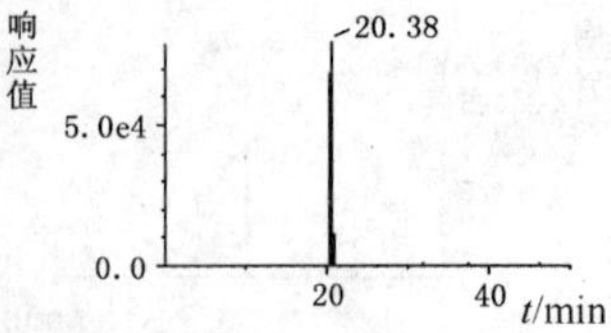

276. 甲草胺
(alachlor)

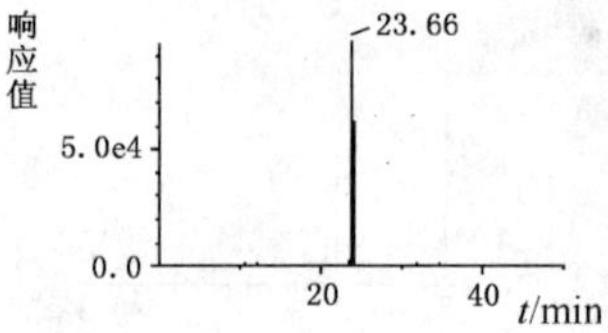

277. 硫线磷
(cadusafos)

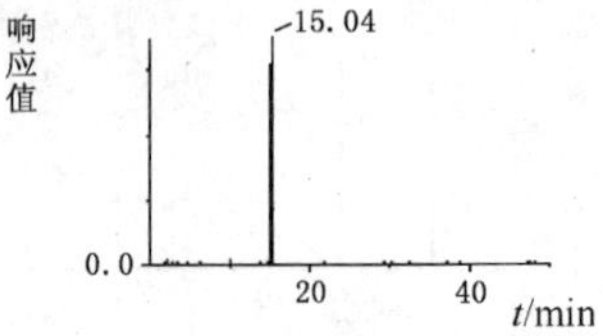

278. 灭草胺
(metazachlor)

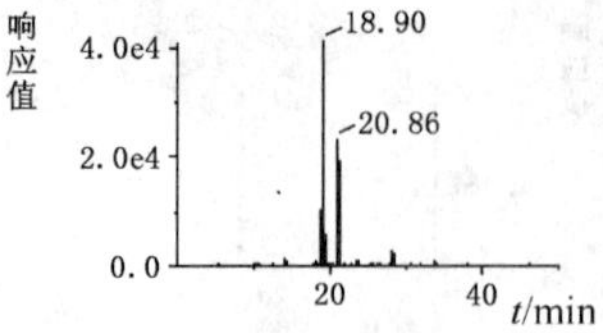

279. 胺丙畏
(propetamphos)

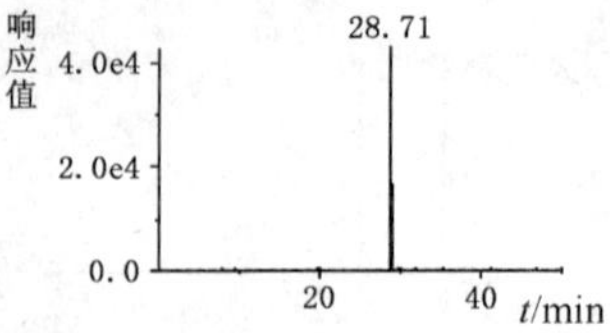

280. 特丁硫磷
(terbufos)

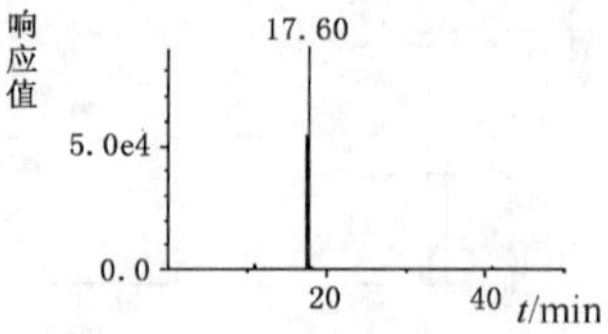

281. 烯效唑
(uniconazole)

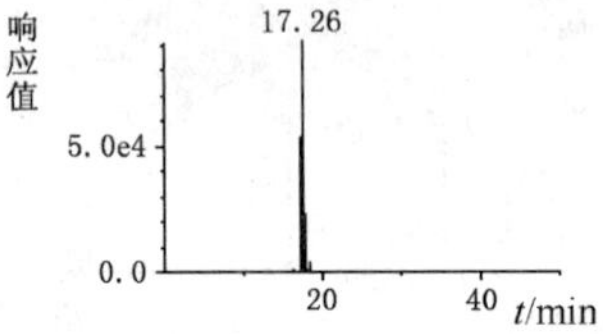

282. 硅氟唑
(simeconazole)

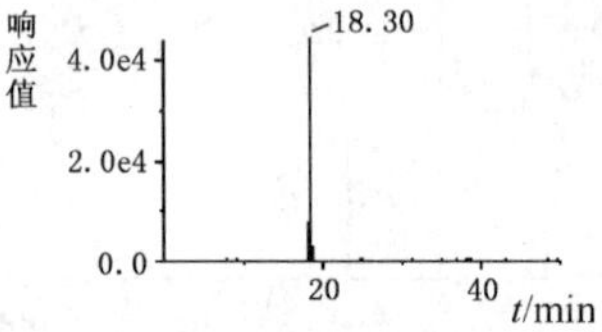

283. 三唑酮
(triadimefon)

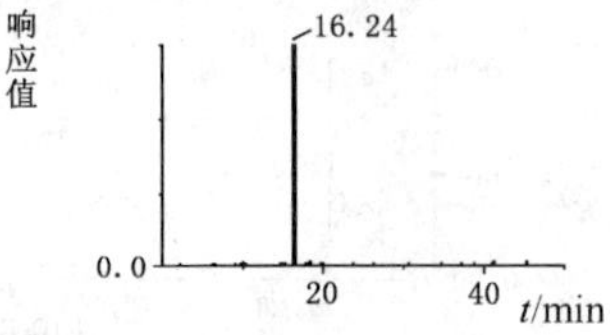

284. 甲拌磷砜
(phorate sulfone)

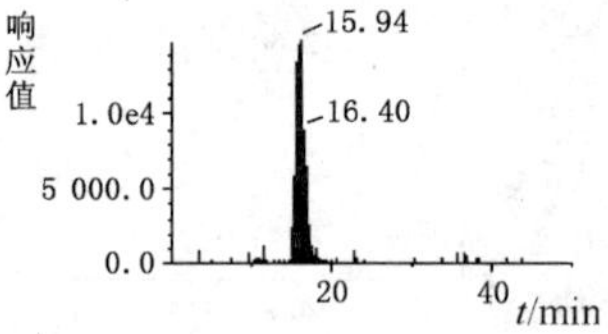

285. 十三吗啉
(tridemorph)

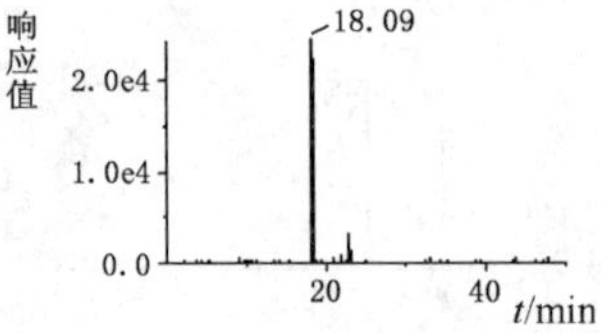

286. 苯噻酰草胺
(mefenacet)

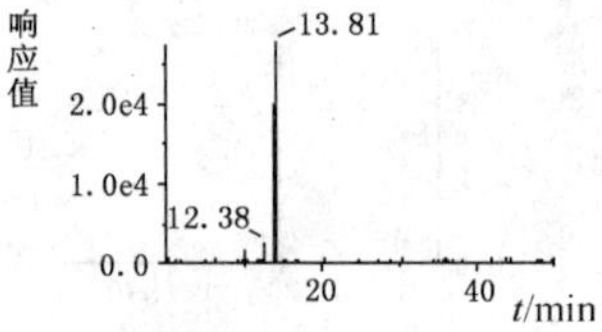

287. 戊环唑
(azaconazole)

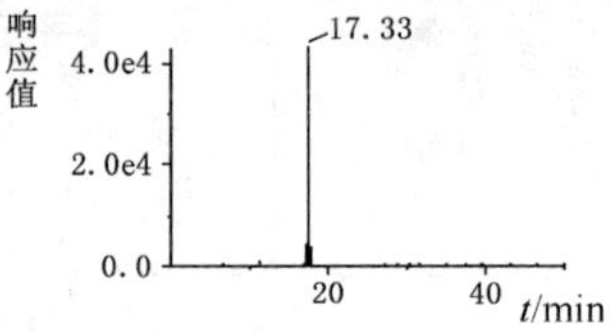

288. 苯线磷
(fenamiphos)

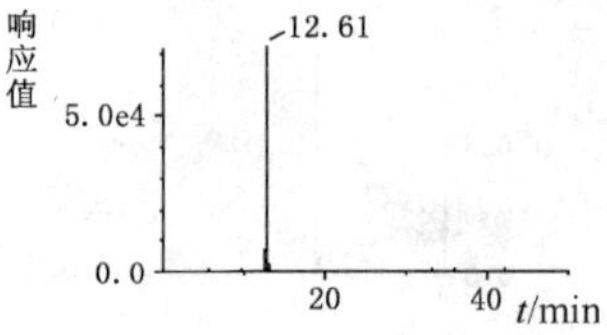

289. 丁苯吗啉
(fenpropimorph)

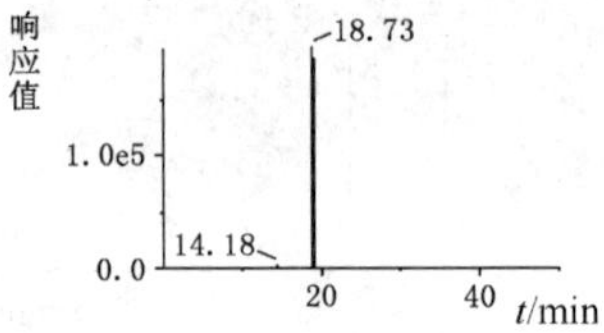

290. 戊唑醇
(tebuconazole)

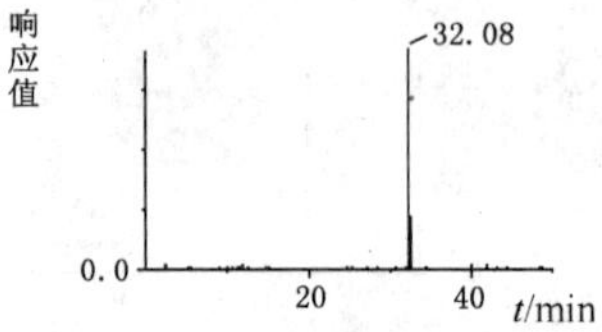

291. 异丙乐灵
(isopropalin)

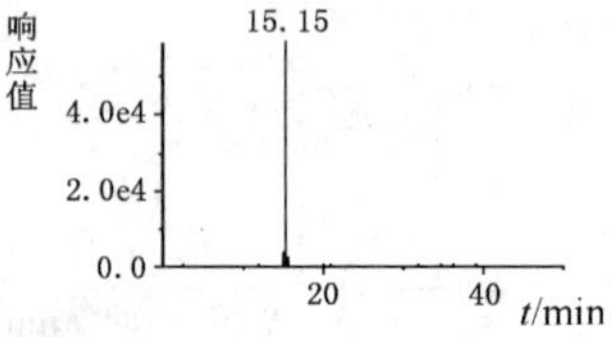

292. 氟苯嘧啶醇
(nuarimol)

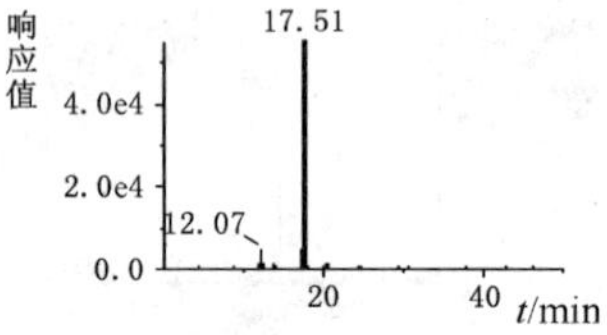

293. 乙嘧酚磺酸酯
(bupirimate)

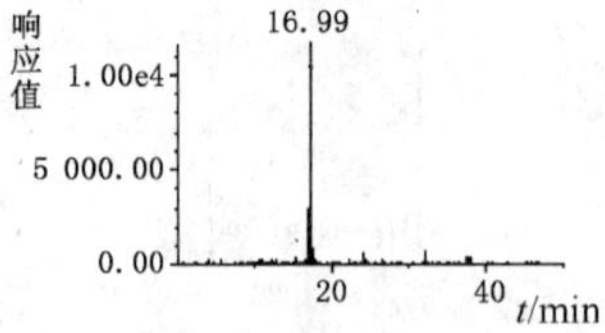

294. 保棉磷
(azinphos-methyl)

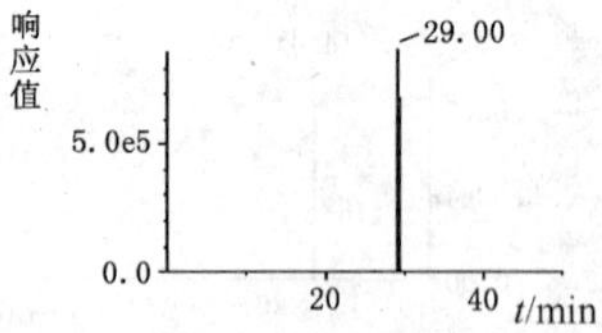

295. 丁基嘧啶磷
(tebupirimfos)

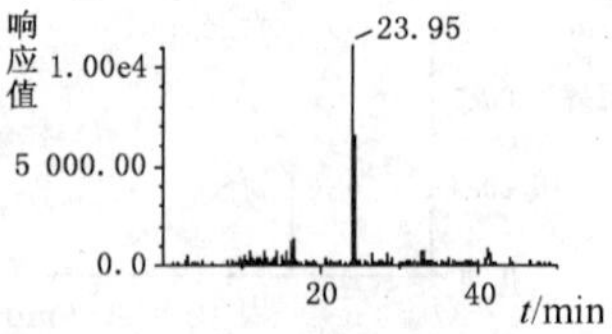

296. 稻丰散
(phenthoate)

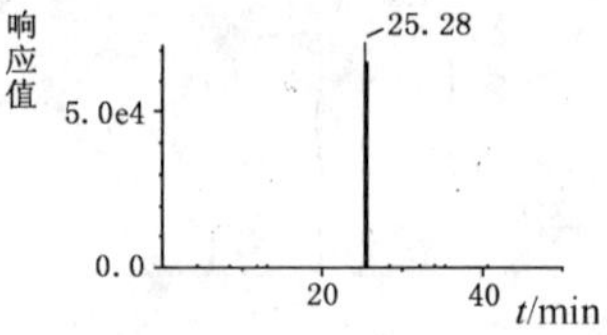

297. 治螟磷
(sulfotep)

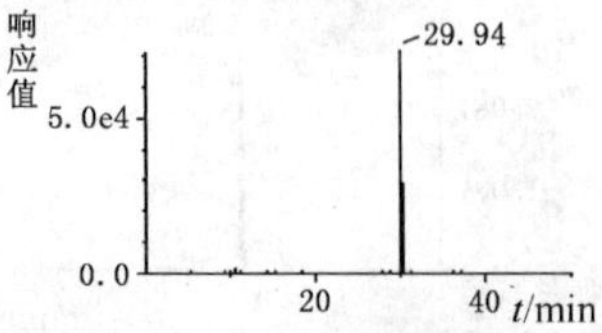

298. 硫丙磷
(sulprofos)

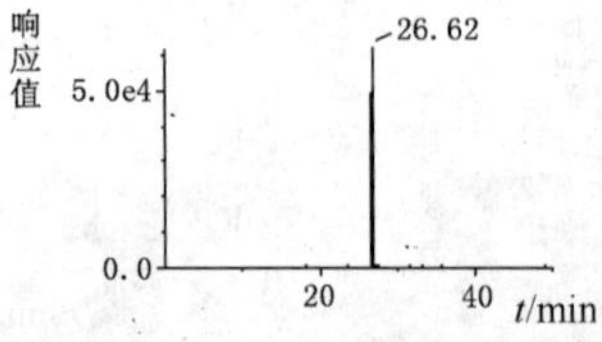

299. 苯硫磷
(EPN)

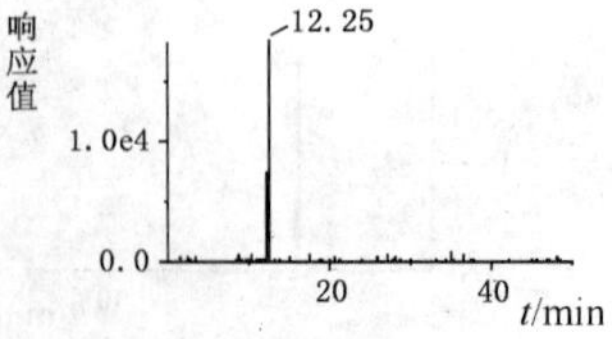

300. 甲基吡噁磷
(azamethiphos)

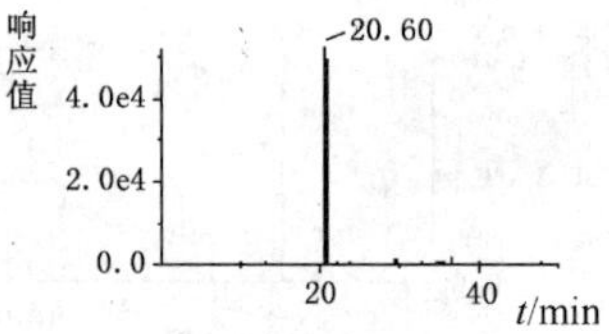

301. 烯唑醇
(diniconazole)

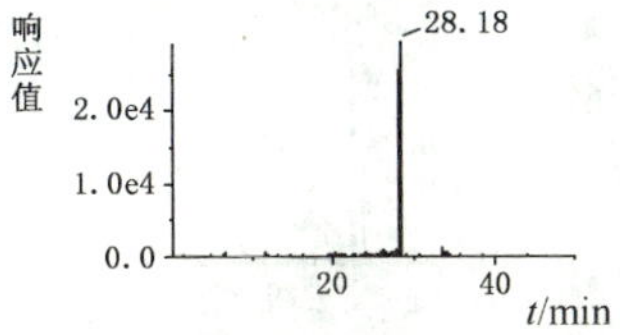

302. 稀禾啶
(sethoxydim)

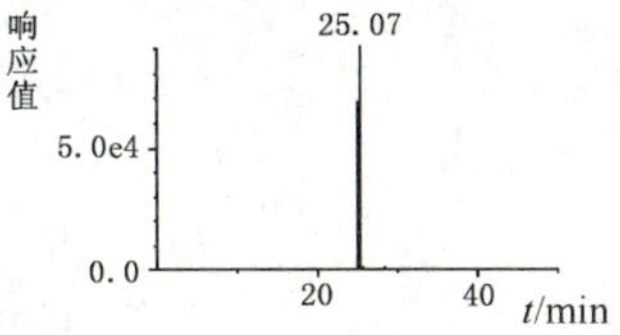

303. 纹枯脲
(pencycuron)

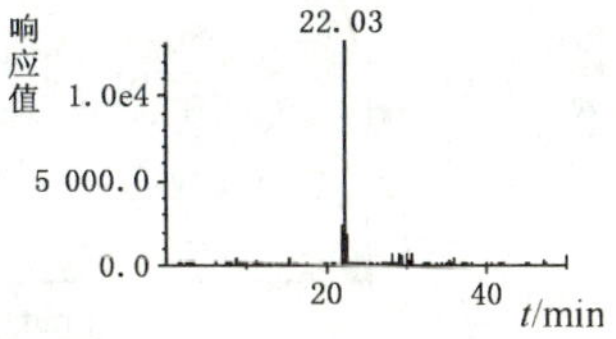

304. 灭蚜磷
(mecarbam)

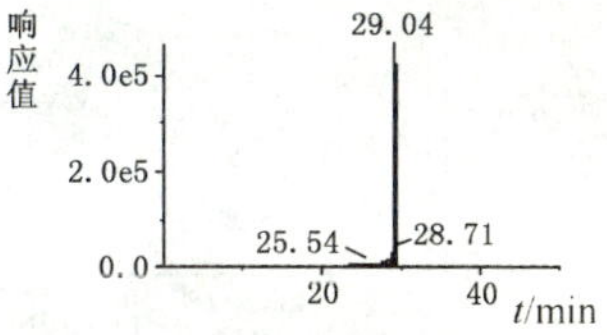

305. 苯草酮
(tralkoxydim)

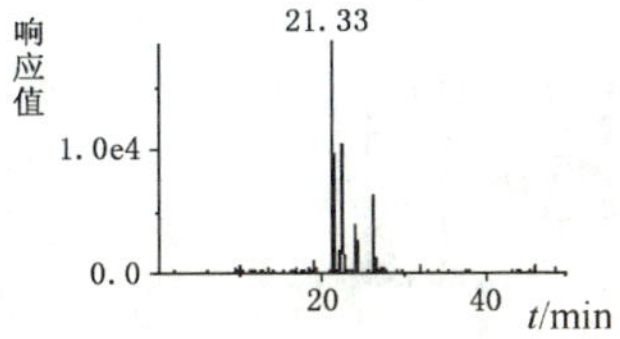

306. 马拉硫磷
(malathion)

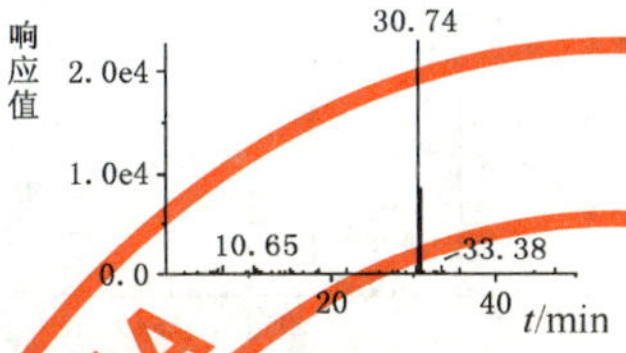

307. 稗草畏
(pyributicarb)

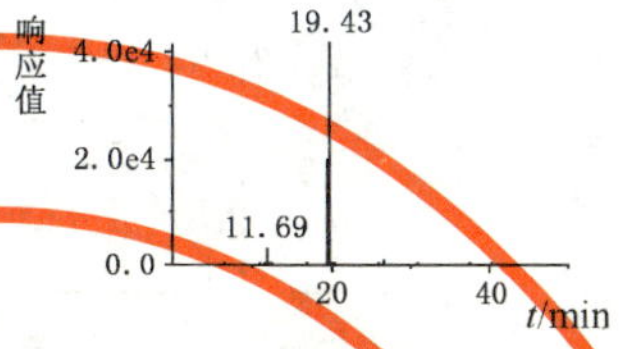

308. 哒嗪硫磷
(pyridaphenthion)

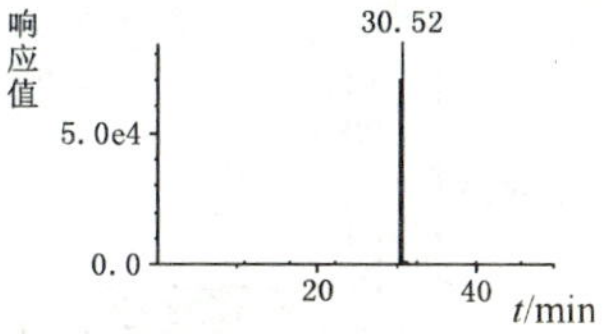

309. 嘧啶磷
(pirimiphos-ethyl)

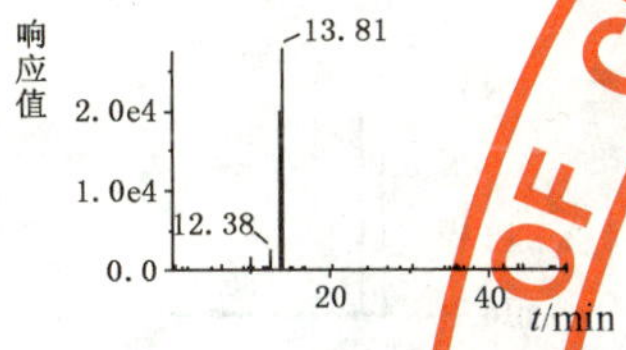

310. 硫双威
(thiodicarb)

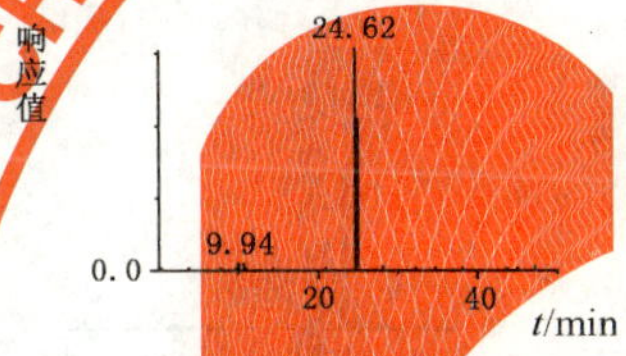

311. 吡唑硫磷
(pyraclofos)

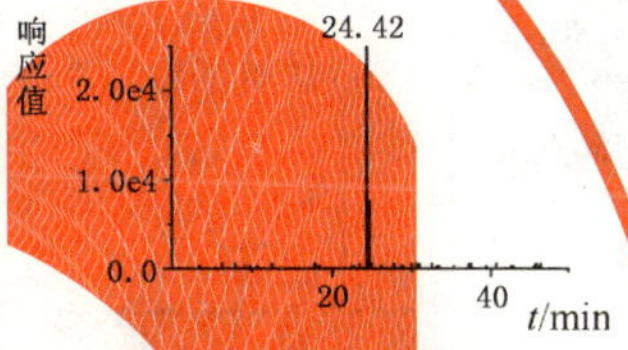

312. 啶氧菌酯
(picoxystrobin)

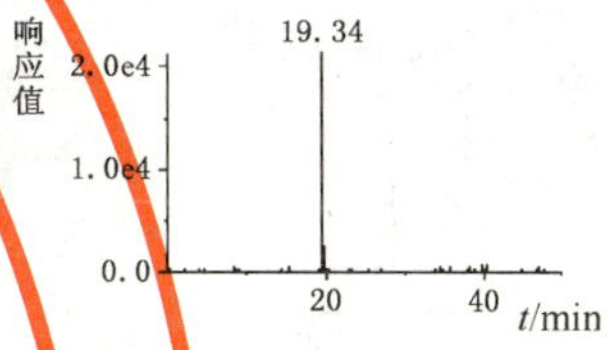

313. 四氟醚唑
(tetraconazole)

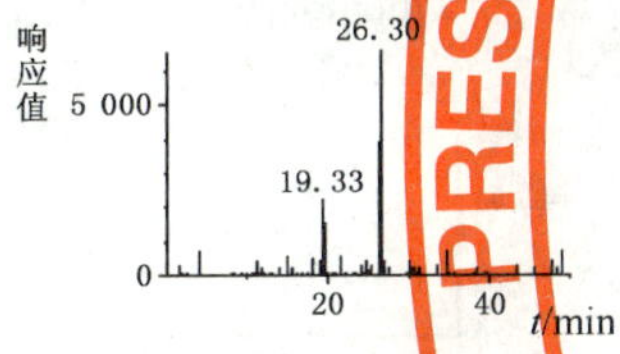

314. 吡唑解草酯
(mefenpyr-diethyl)

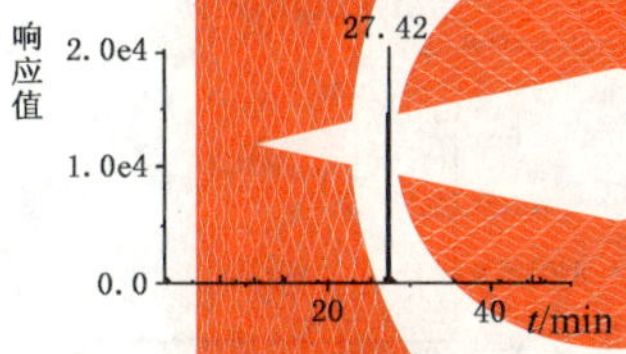

315. 丙溴磷
(profenefos)

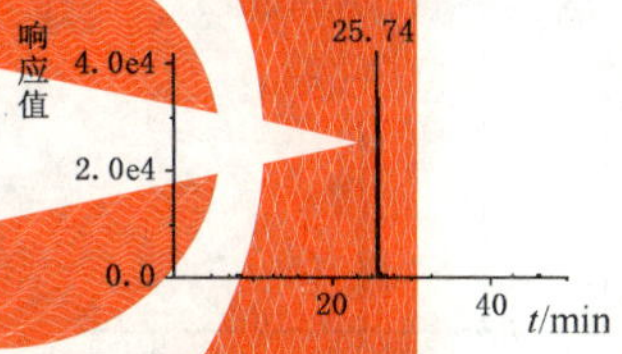

316. 百克敏
(pyraclostrobin)

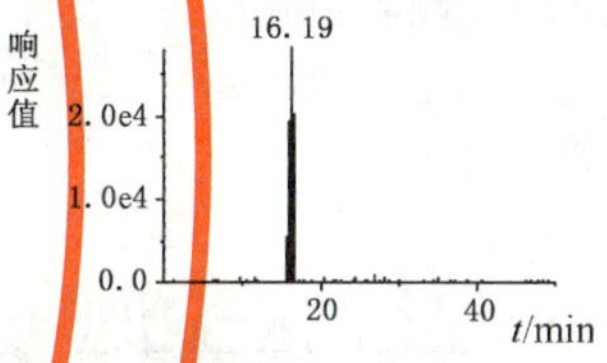

317. 烯酰吗啉
(dimethomorph)

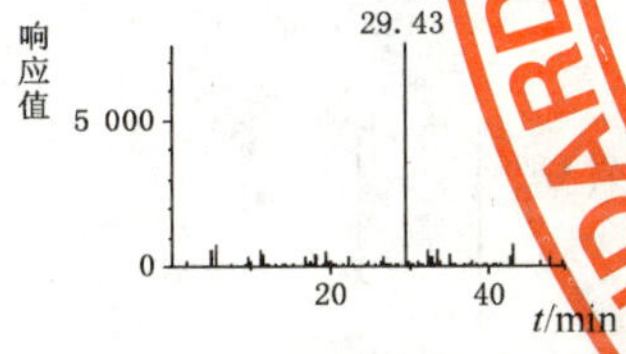

318. 噻嗯菊酯
(kadethrin)

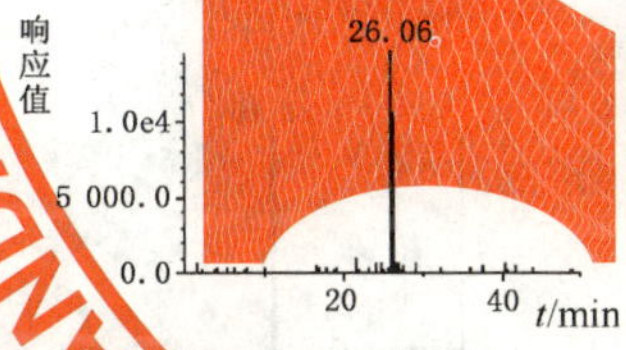

319. 噻唑烟酸
(thiazopyr)

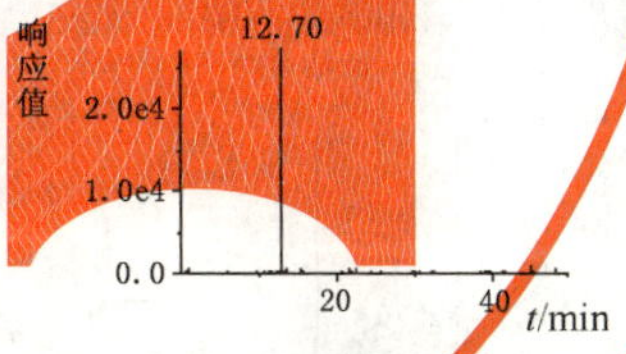

320. 醚黄隆
(cinosulfuron)

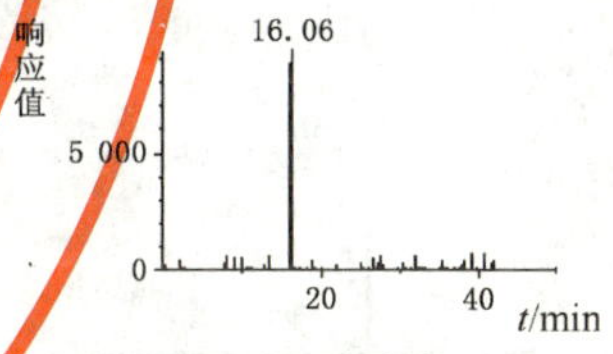

321. 碘甲磺隆
(iodosulfuron-methyl)

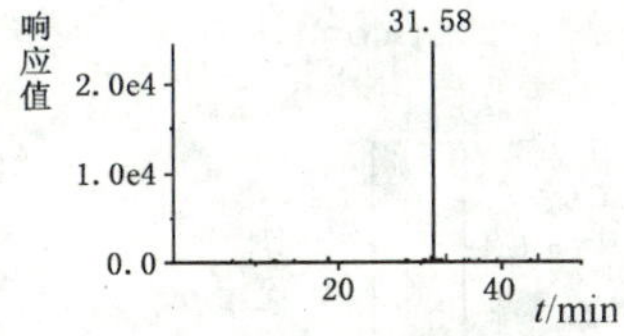

322. 定虫隆
(chlorfluazuron)

E 组

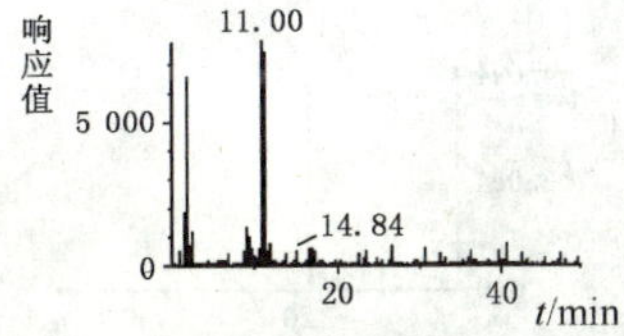

323. 4-氨基吡啶
(4-aminopyridine)

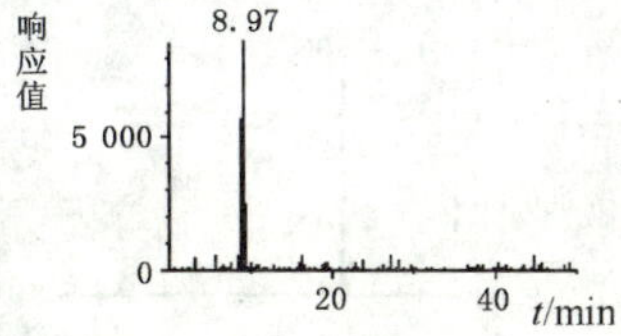

324. 灭多威
(methomyl)

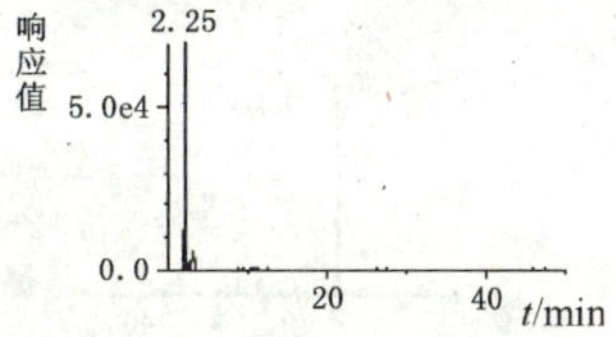

325. *N*-二甲基甲酰基甲硫基甲醛肟
(oxamyl-oxime)

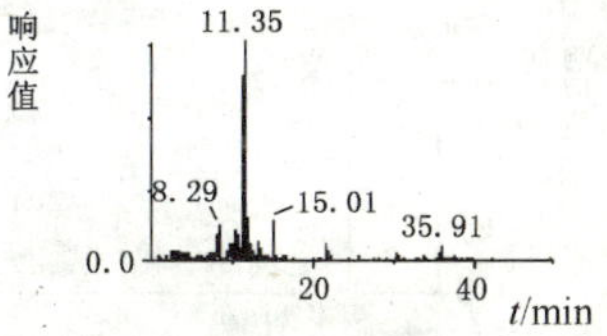

326. 咯喹酮
(pyroquilon)

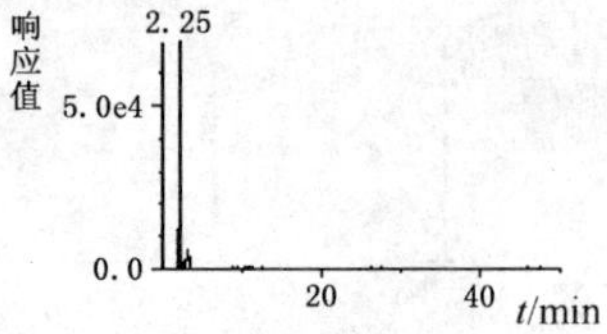

327. 麦穗宁
(fuberidazole)

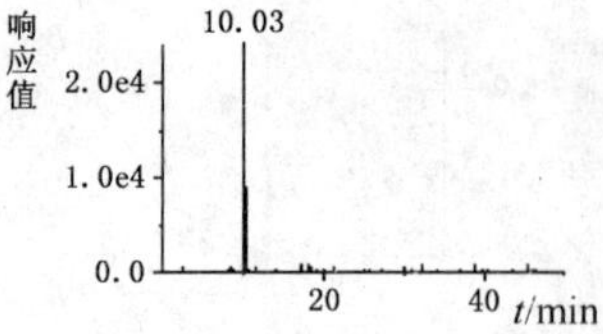

328. 丁脒酰胺
(isocarbamid)

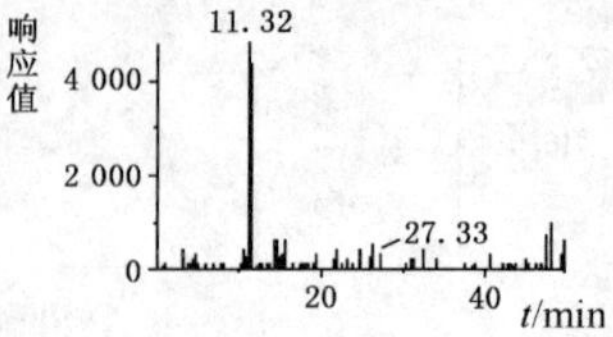

329. 丁酮威
(butocarboxim)

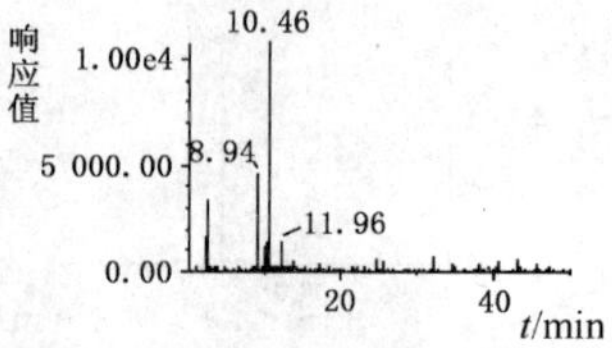

330. 杀虫脒
(chlordimeform)

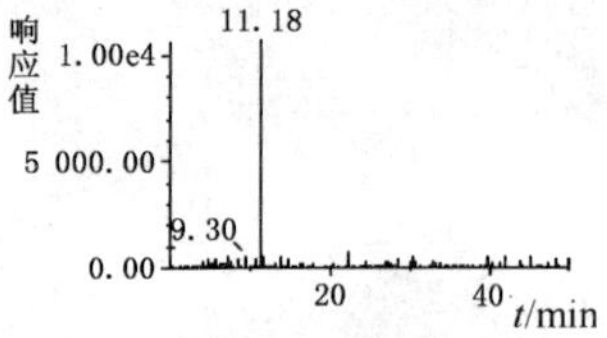

331. 霜脲氰
(cymoxanil)

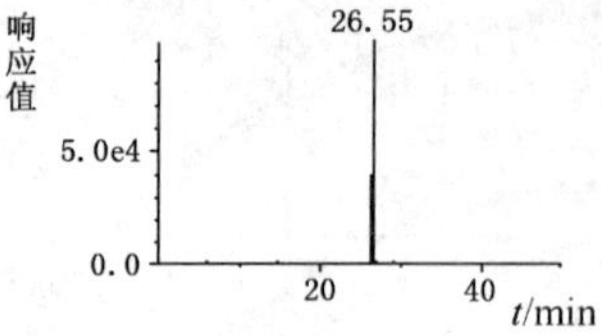

332. 灭草敌
(vernolate)

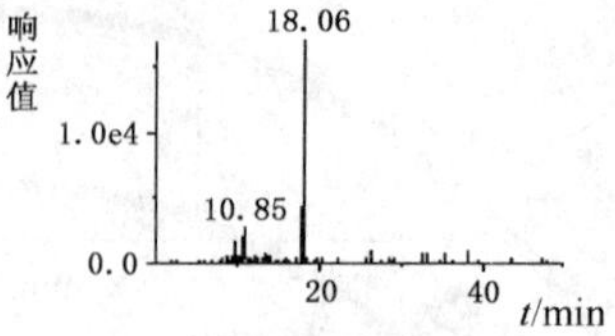

333. 猛杀威
(promecarb)

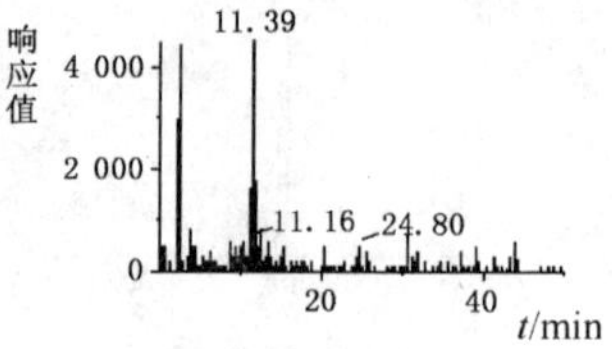

334. 灭害威
(aminocarb)

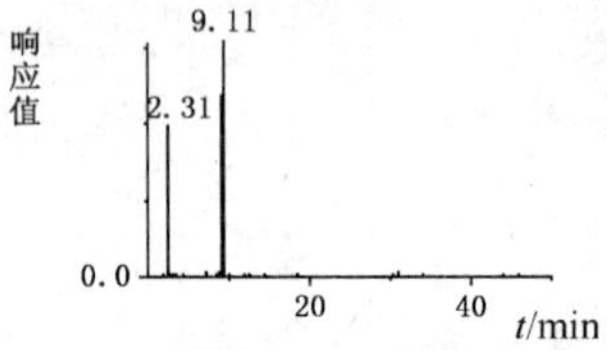

335. 甲菌定
(dimethirimol)

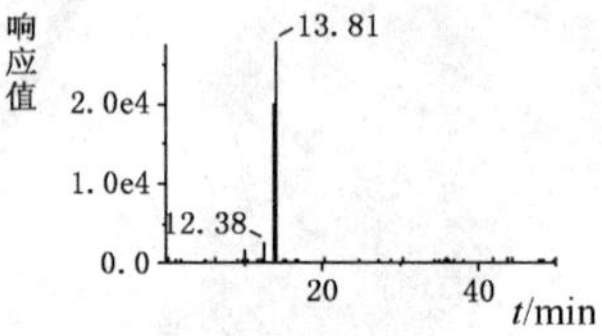

336. 氧乐果
(omethoate)

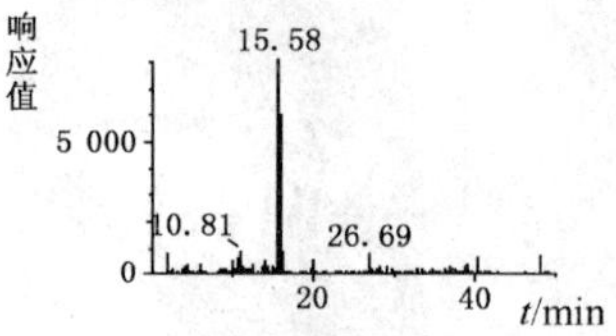

337. 乙氧喹啉
(ethoxyquin)

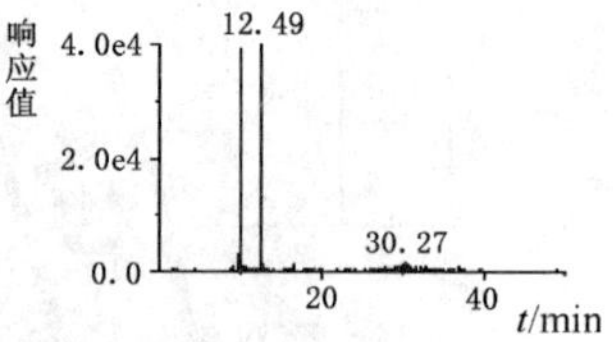

338. 敌敌畏
(dichlorvos)

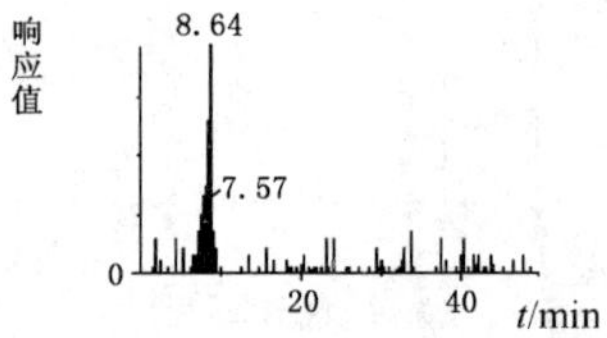

339. 涕灭威砜
(aldicarb sulfone)

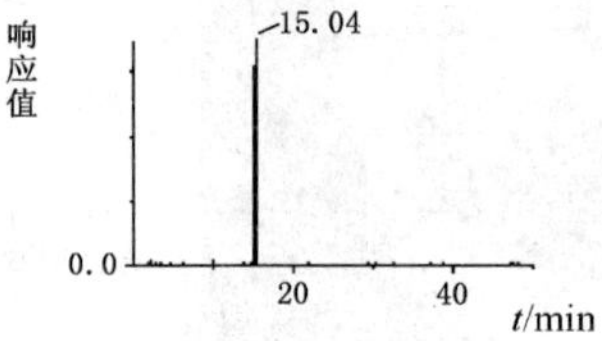

340. 二氧威
(dioxacarb)

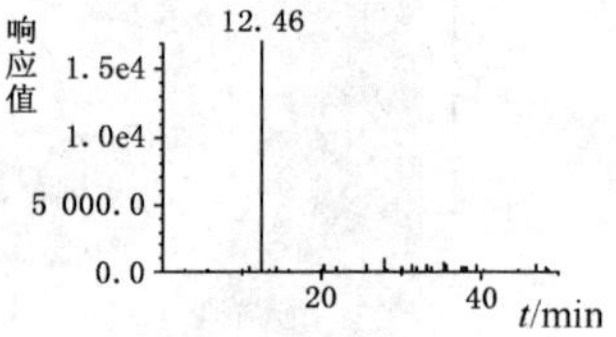

341. 灭赐松
(demeton-*s*-methyl)

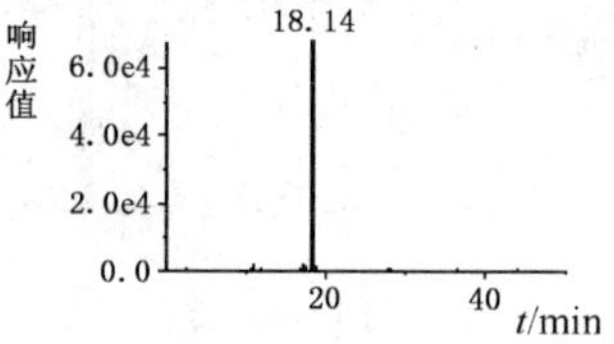

342. 解草腈
(oxabetrinil)

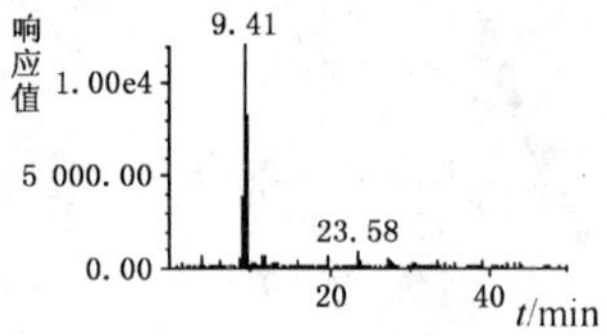

343. 乙硫苯威亚砜
(ethiofencarb-sulfoxide)

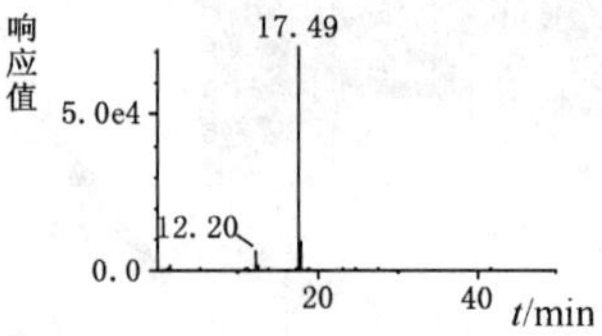

344. 杀虫腈
(cyanohos)

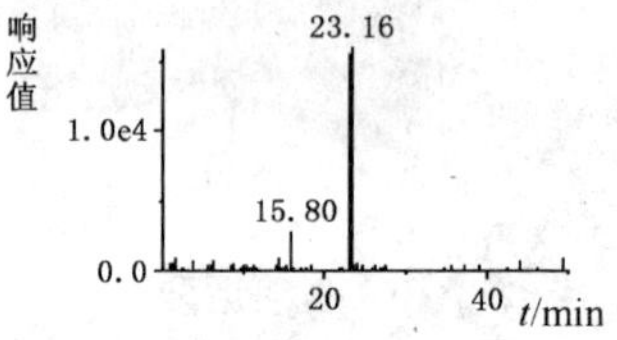

345. 氯唑灵
(etridiazole)

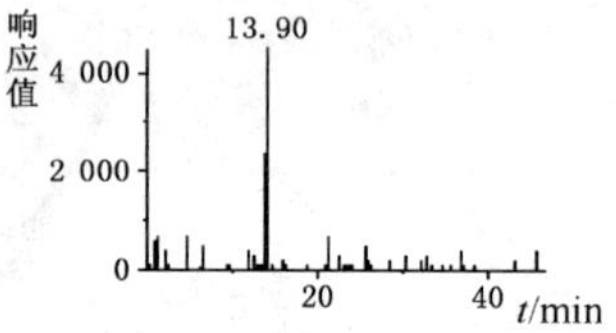

346. 甲基乙拌磷
(thiometon)

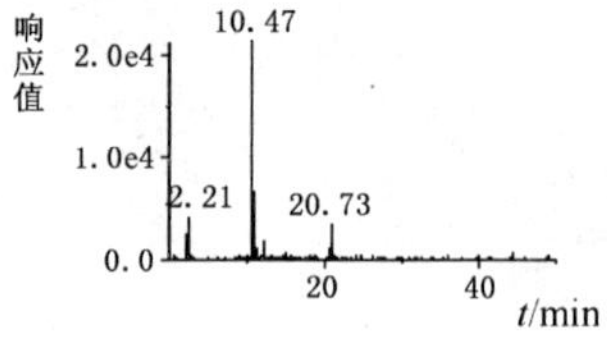

347. 灭菌丹
(folpet)

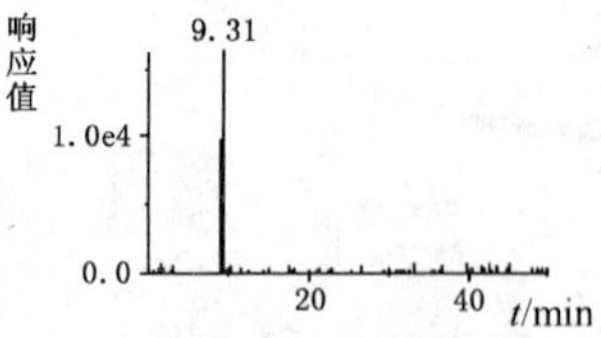

348. 甲基内吸磷砜
(demeton-*s*-methyl sulfone)

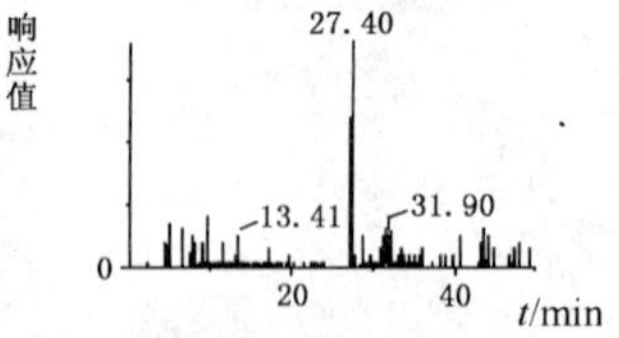

349. 哌草丹
(dimepiperate)

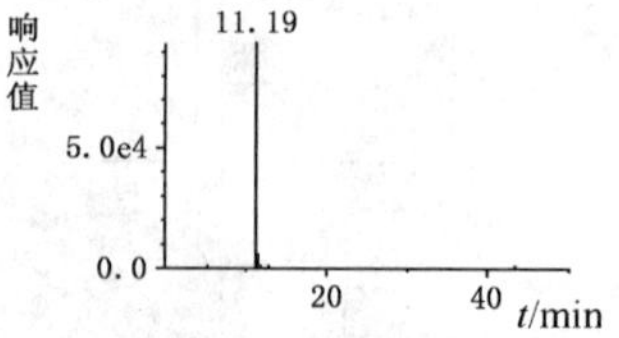

350. 苯锈定
(fenpropidin)

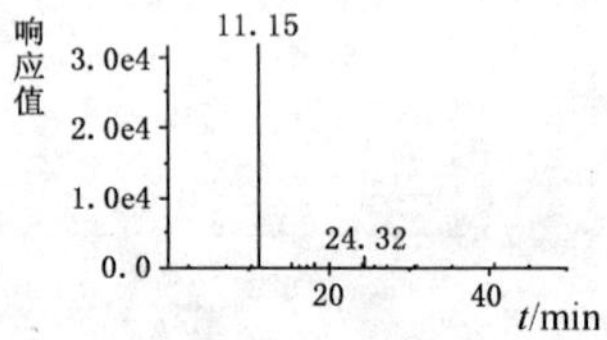

351. 赛硫磷
(amidithion)

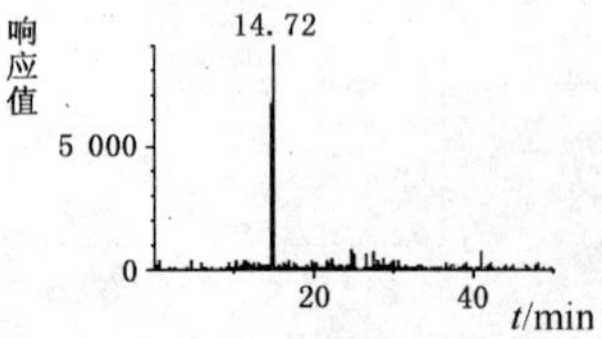

352. 对氧磷
(paraoxon-ethyl)

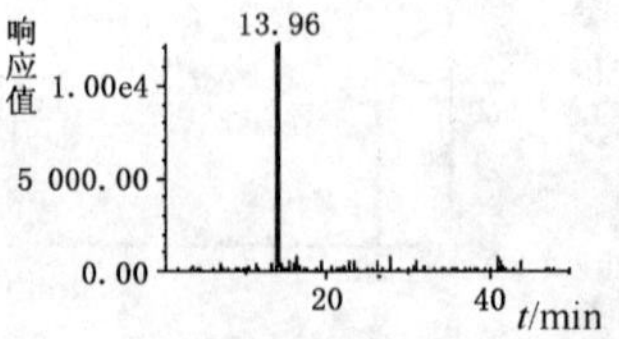

353. 4-十二烷基-2,6-二甲基吗啉
(aldimorph)

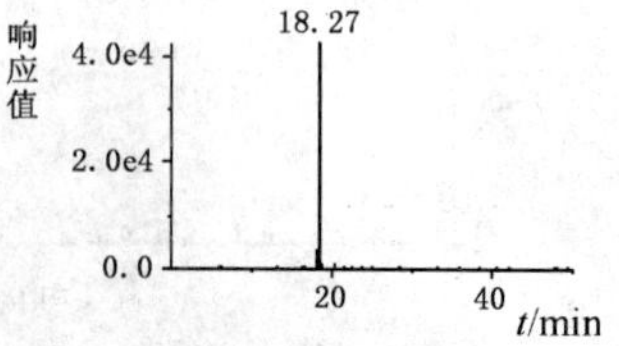

354. 啶斑肟
(pyrifenox)

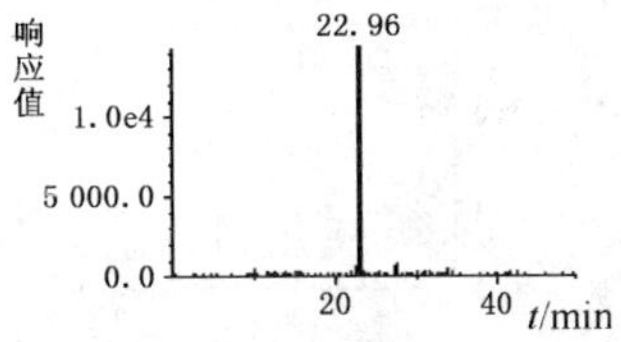

355. 氯硫磷
(chlorthion)

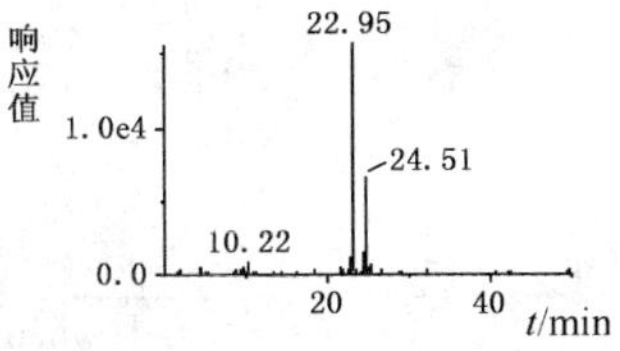

356. 异氯磷
(dicapthon)

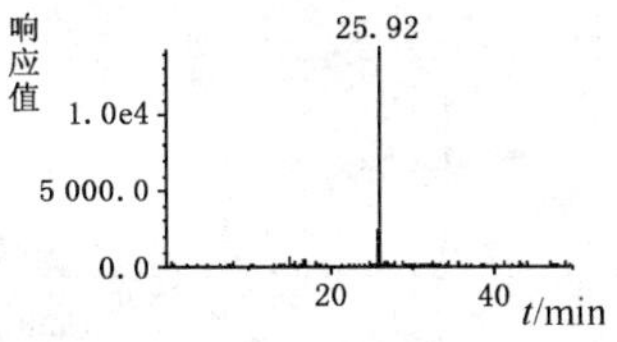

357. 四螨嗪
(clofentezine)

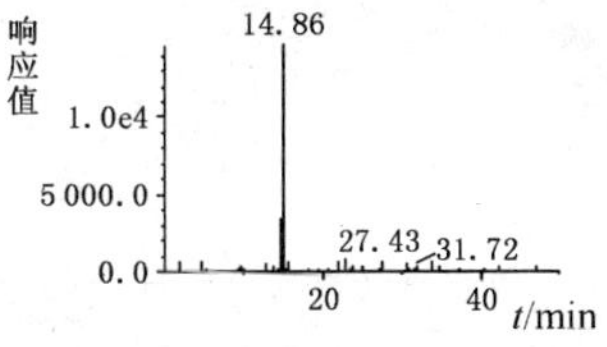

358. 氟草敏
(norflurazon)

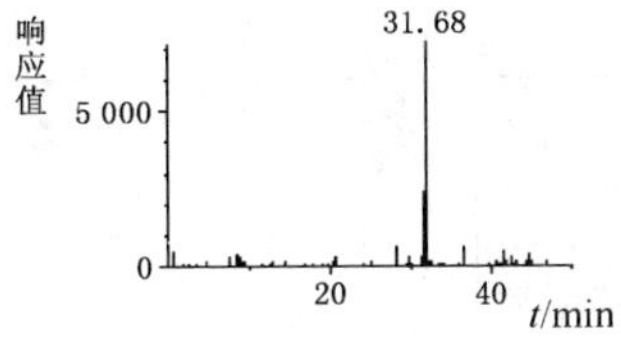

359. 苯氧喹啉
(quinoxyphen)

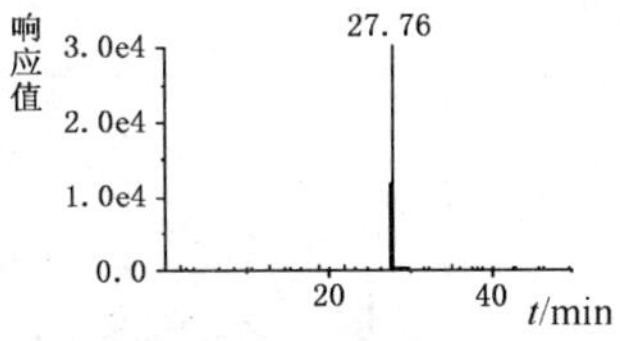

360. 倍硫磷砜
(fenthion sulfone)

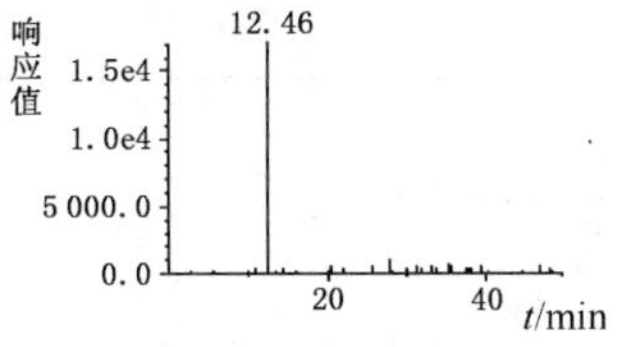

361. 烯虫酯
(methoprene)

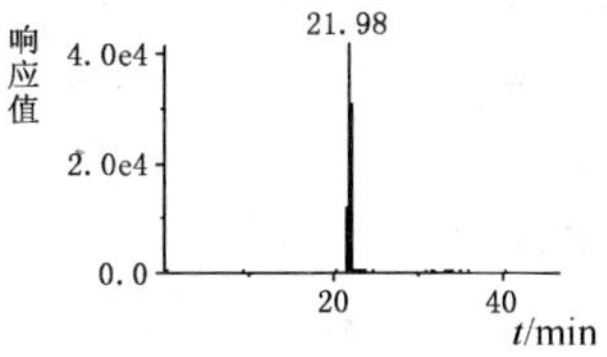

362. 氟咯草酮
(flurochloridone)

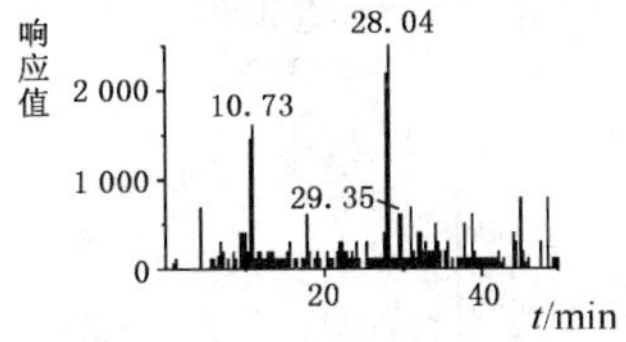

363. 邻苯二甲酸丁苄酯
(phthalic acid,benzyl butyl ester)

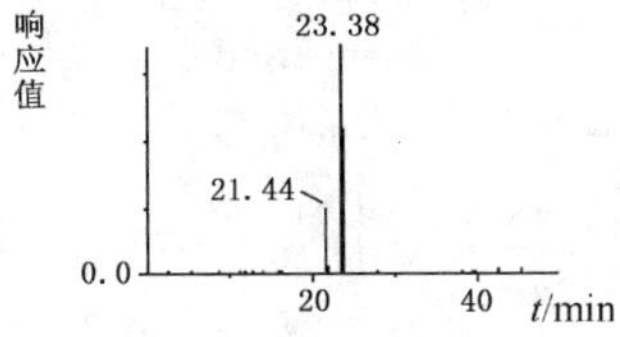

364. 氯唑磷
(isazofos)

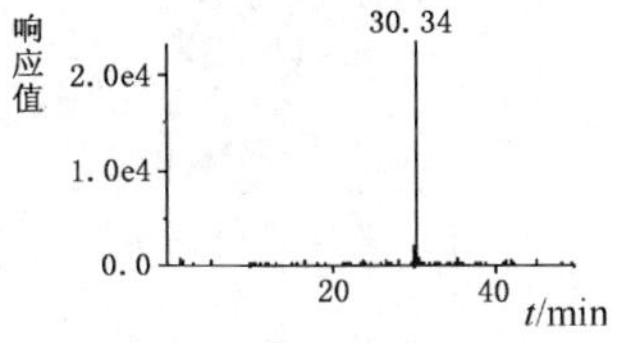

365. 酚线磷
(dichlofenthion)

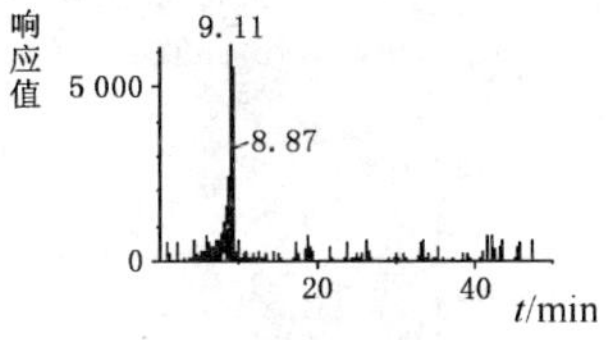

366. 蚜灭多砜
(vamidothion sulfone)

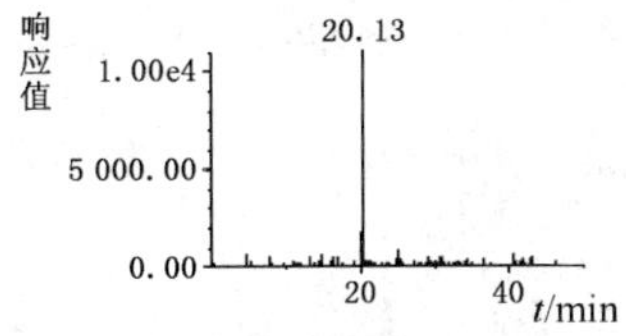

367. 特丁硫磷砜
(terbufos sulfone)

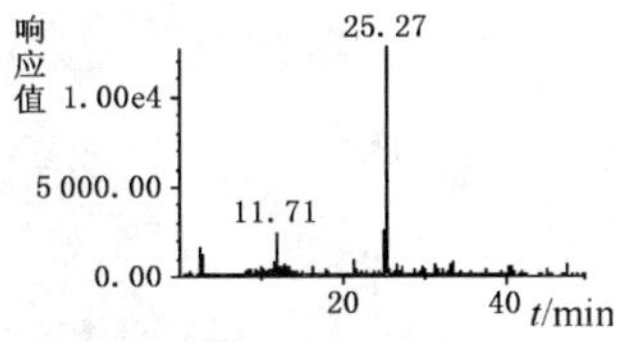

368. 敌乐胺
(dinitramine)

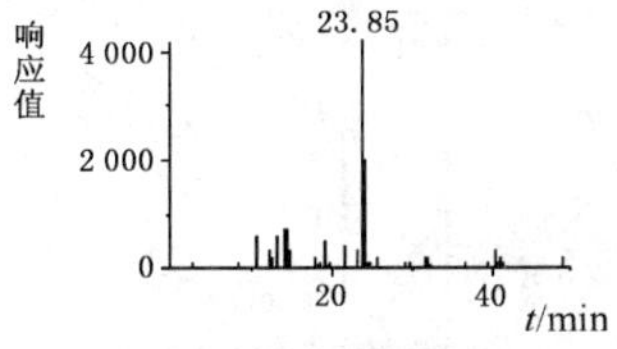

369. 氰唑磺菌胺
(cyazofamid)

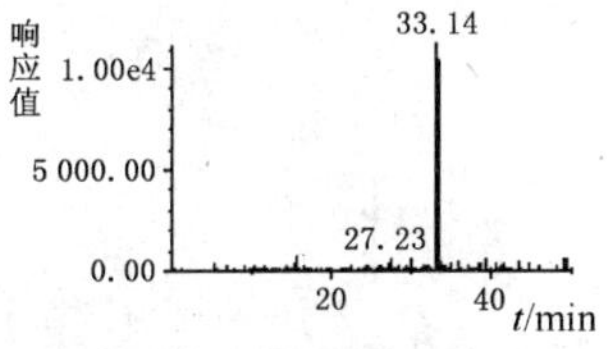

370. 毒壤膦
(trichloronat)

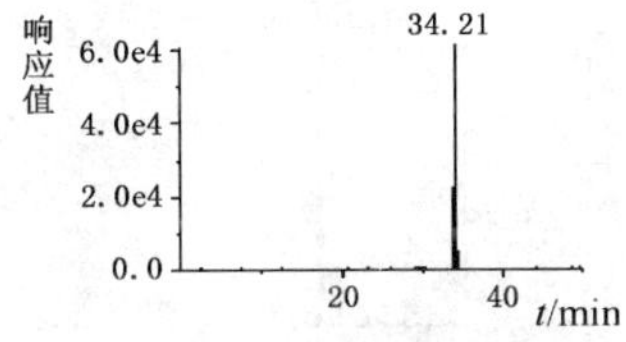

371. 苄呋菊酯-2
(resmethrin-2)

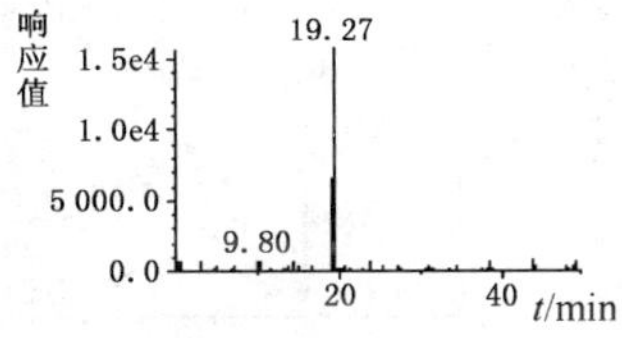

372. 啶酰菌胺
(boscalid)

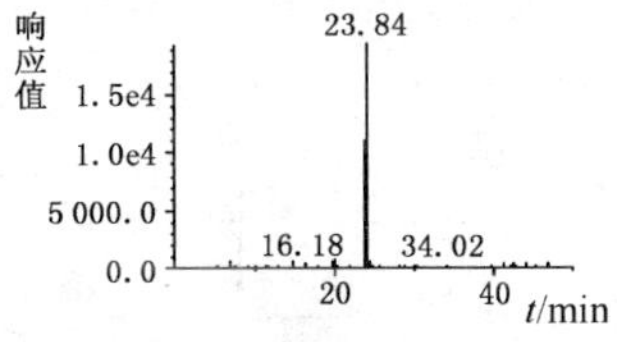

373. 甲磺乐灵
(nitralin)

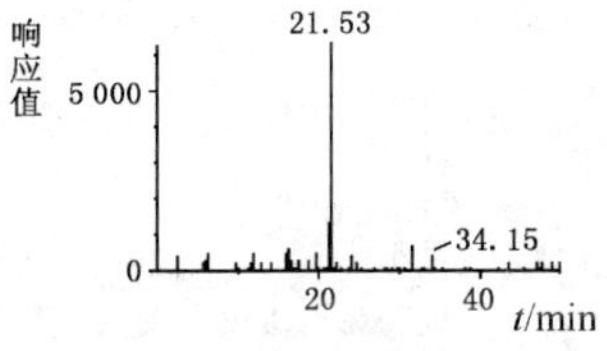

374. 苯酮唑
(cafenstrol)

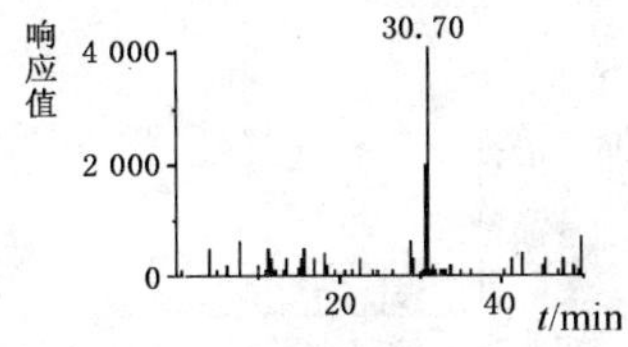

375. 噻螨酮
(hexythiazox)

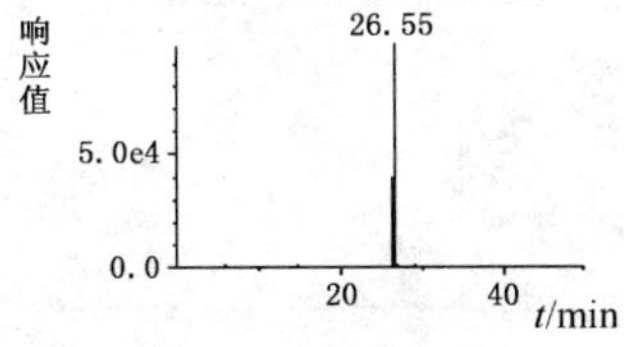

376. 苯满特
(benzoximate)

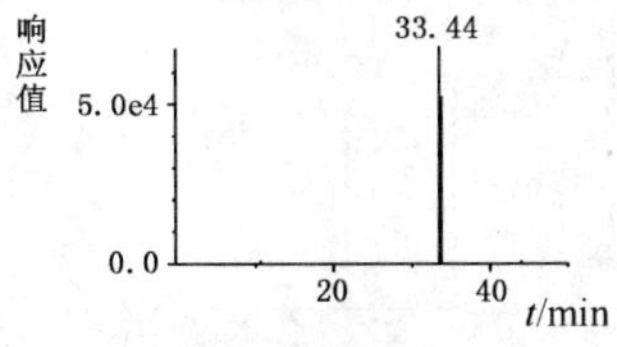

377. 哒螨灵
(pyridaben)

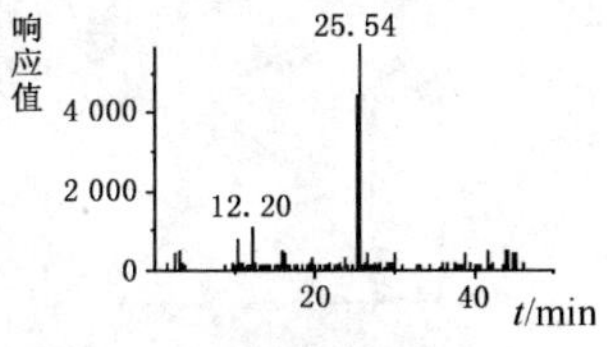

378. 新燕灵
(benzoylprop-ethyl)

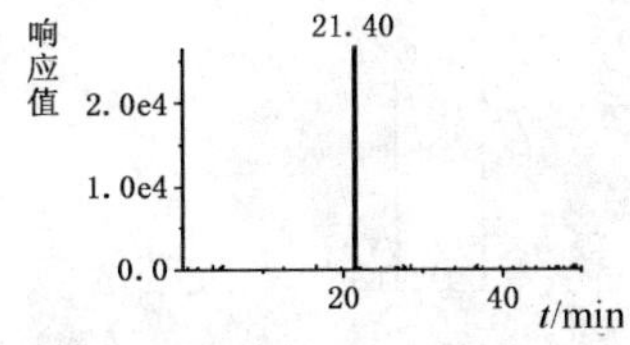

379. 嘧螨醚
(pyrimidifen)

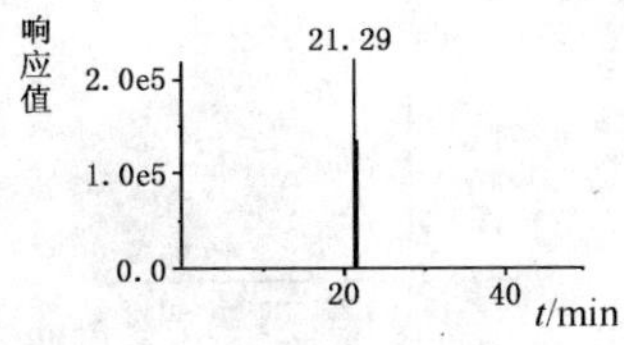

380. 哒草特
(pyridate)

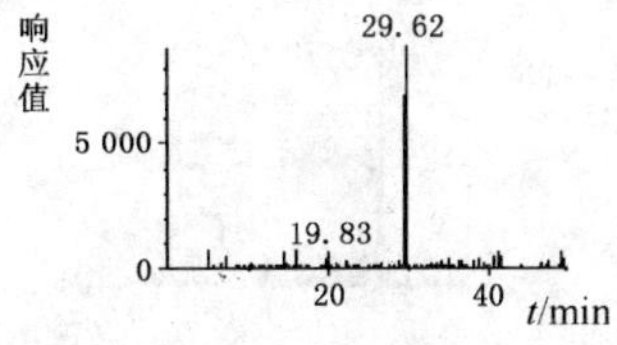

381. 呋线威
(furathiocarb)

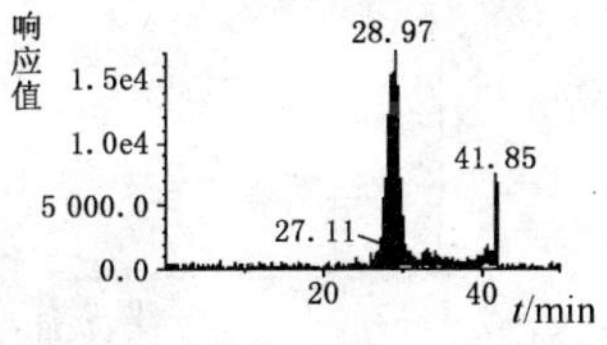

382. 反式氯菊酯
(*trans*-permethin)

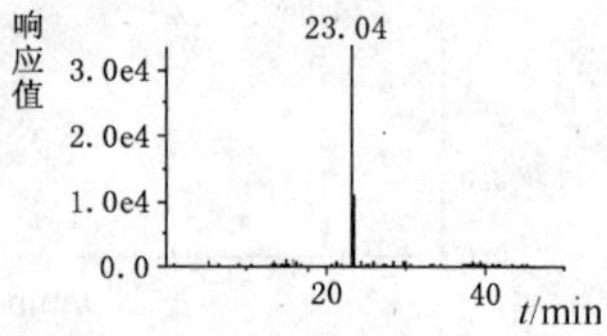

383. 苄草唑
(pyrazoxyfen)

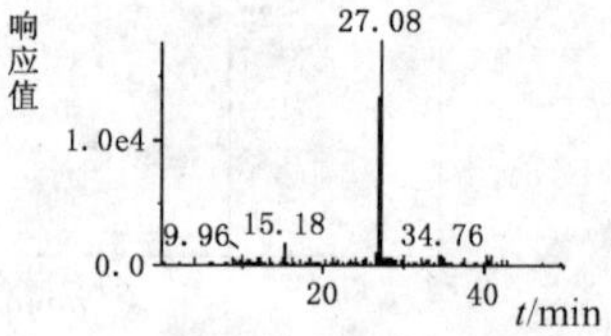

384. 嘧唑螨
(flubenzimine)

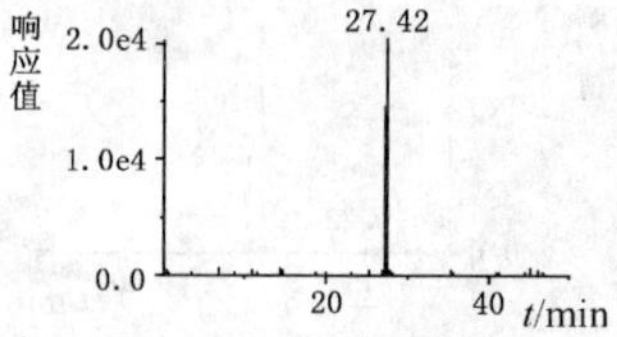

385. *Z*-氯氰菊酯
(*zeta* cypermethrin)

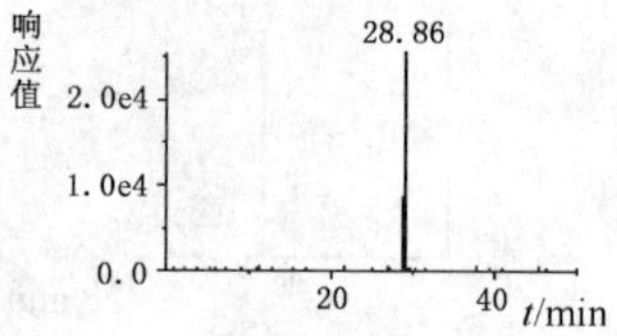

386. 吡氟甲禾灵
(haloxyfop-2-ethoxyethyl)

F 组

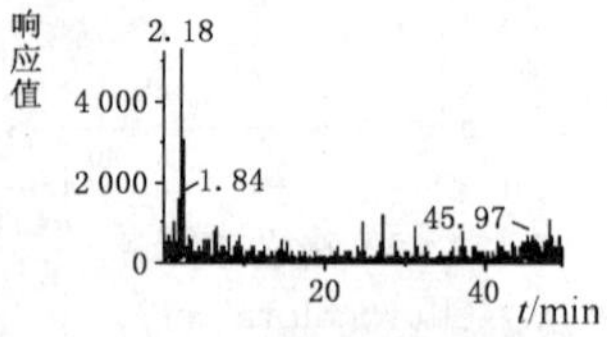

387. 丙烯酰胺
(acrylamide)

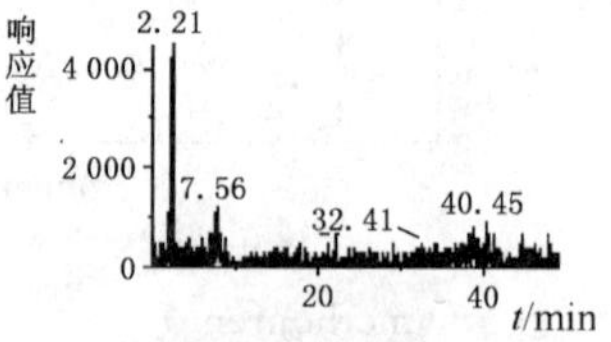

388. 特丁胺
(*tert*-butylamine)

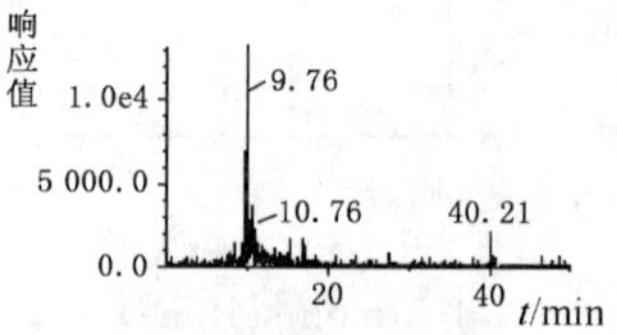

389. 邻苯二甲酰亚胺
(phthalimide)

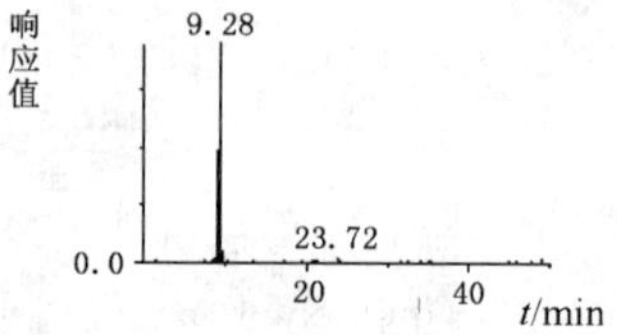

390. 甲氟磷
(dimefox)

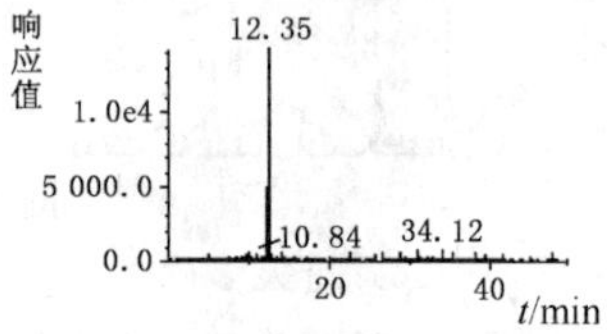

391. 速灭威
(metolcarb)

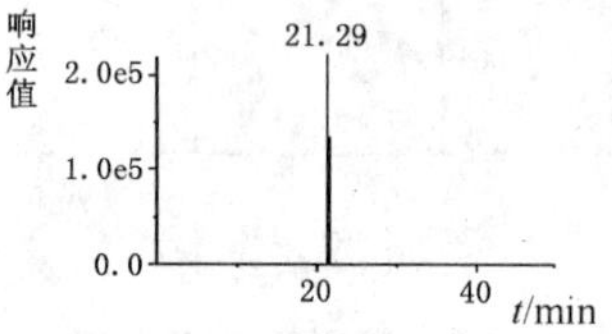

392. 二苯胺
(diphenylamin)

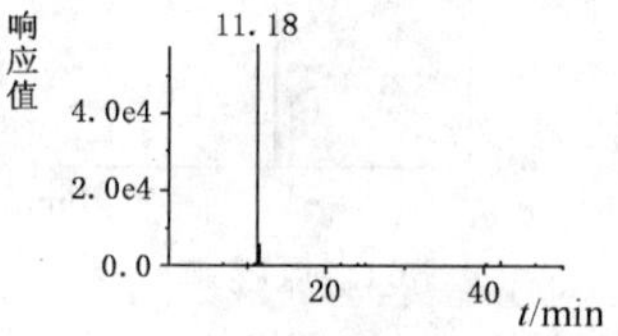

393. 萘乙酰胺
(1-naphthyl acetamide)

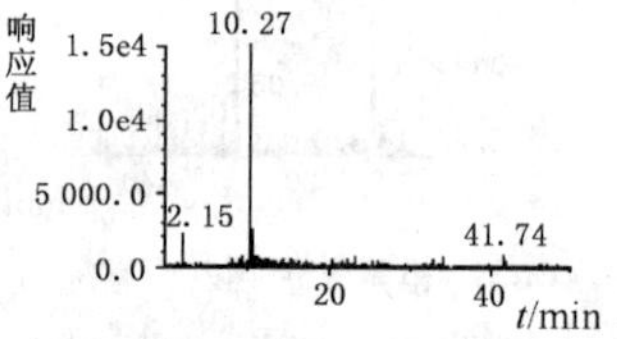

394. 脱乙基莠去津
(atrazine-desethyl)

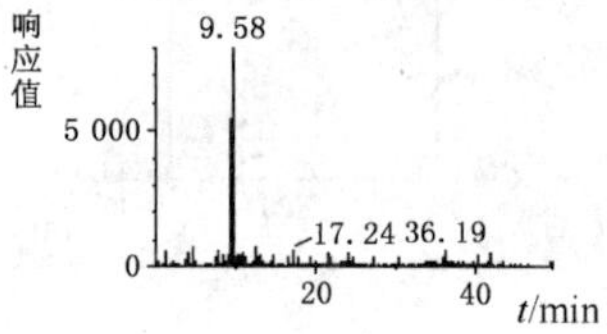

395. 2,6-二氯苯甲酰胺
(2,6-dichlorobenzamide)

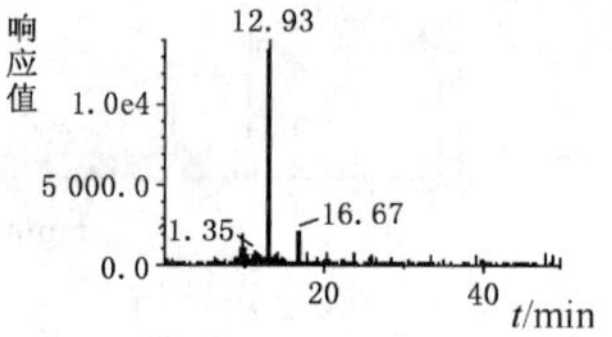

396. 邻苯二甲酸二甲酯
(dimethyl phthalate)

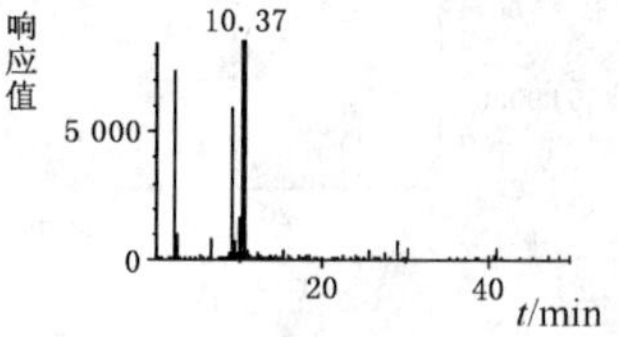

397. 杀虫脒盐酸盐
(chlordimeform hydrochloride)

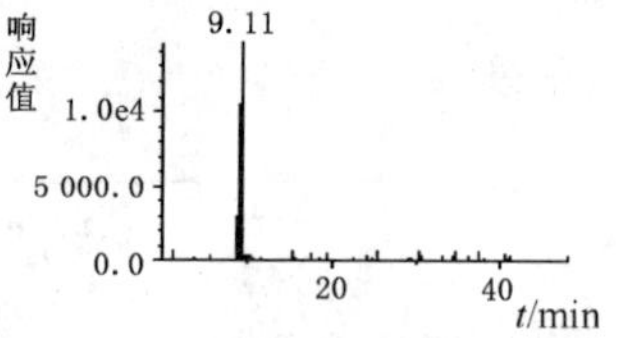

398. 西玛通
(simeton)

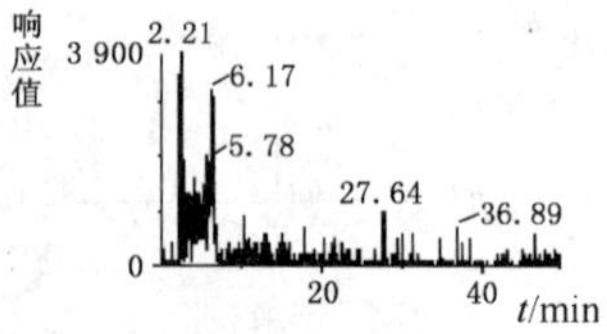

399. 丁诺特呋喃
(dinotefuran)

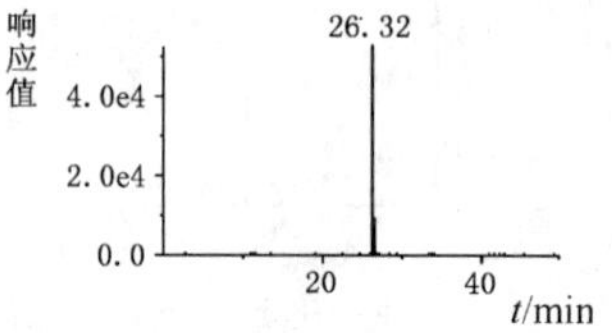

400. 克草敌
(pebulate)

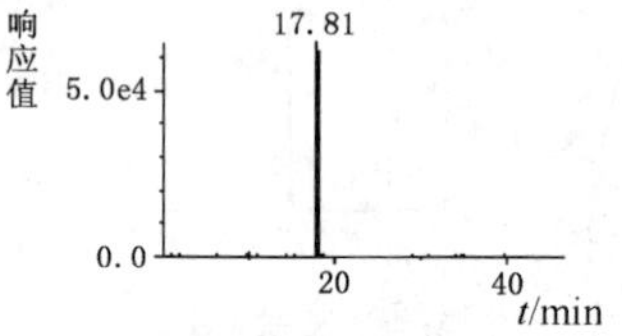

401. 活化酯
(acibenzolar-*s*-methyl)

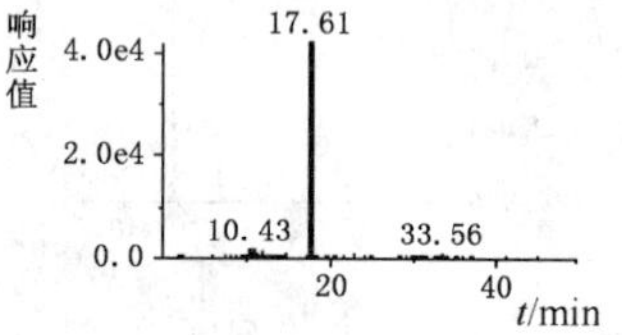

402. 蔬果磷
(dioxabenzofos)

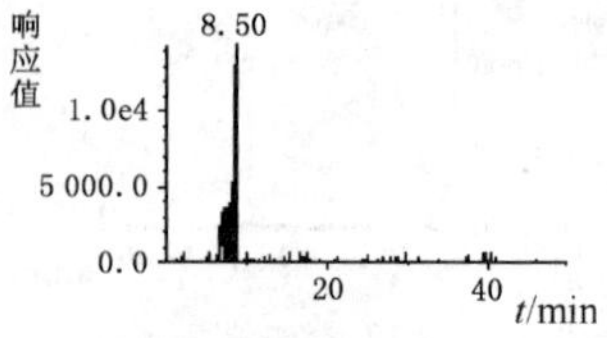

403. 杀线威
(oxamyl)

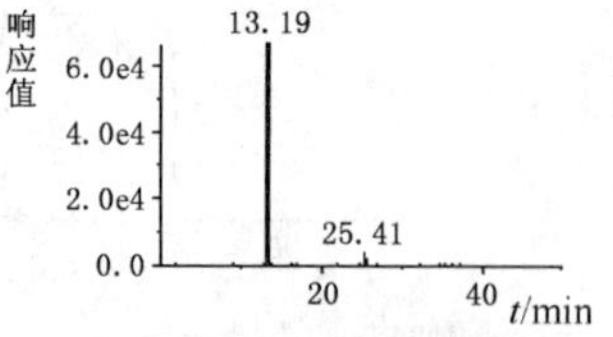

404. 甲基苯噻隆
(methabenzthiazuron)

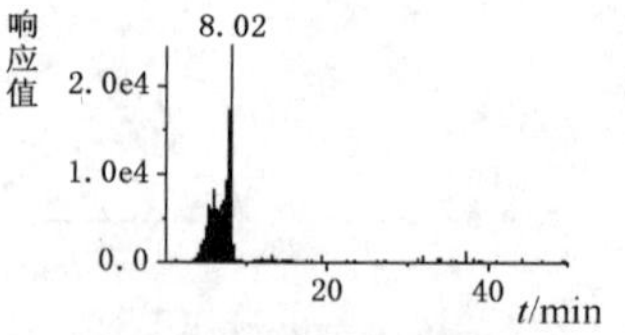

405. 丁酮砜威
(butoxycarboxim)

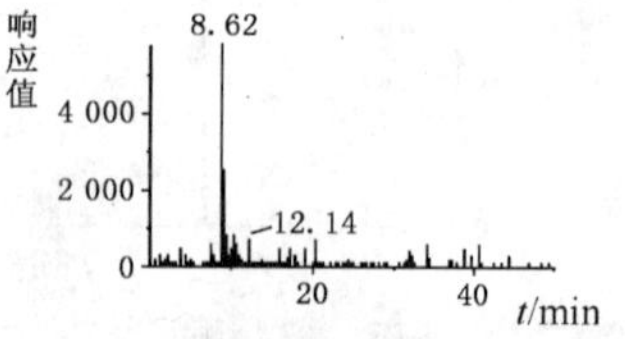

406. 兹克威
(mexacarbate)

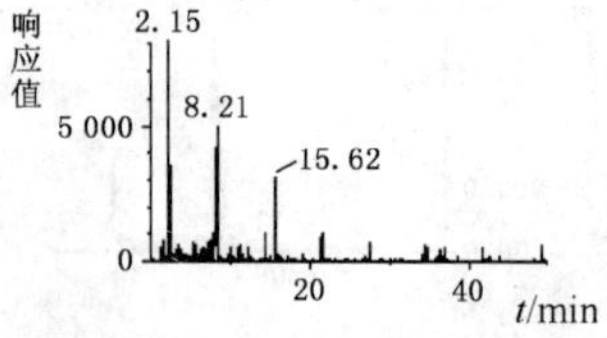

407. 甲基内吸磷亚砜
(demeton-*s*-methyl sulfoxide)

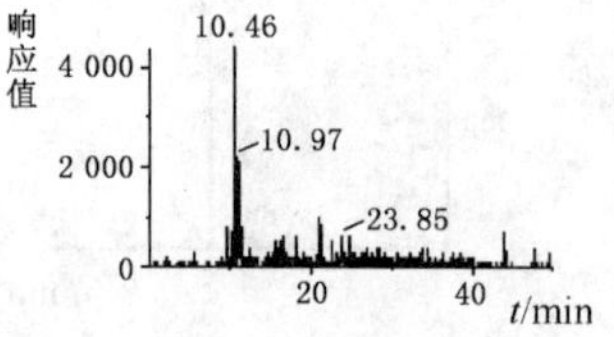

408. 久效威砜
(thiofanox-sulfone)

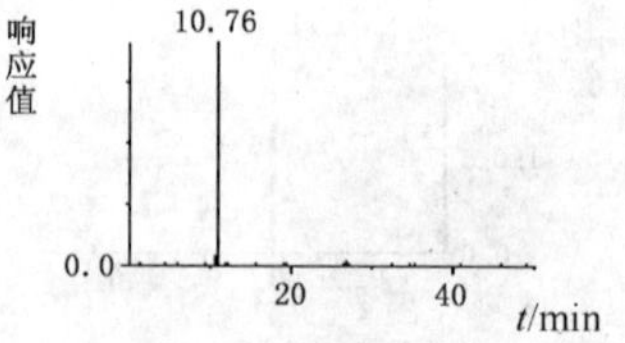

409. 甲基硫环磷
(phosfolan)

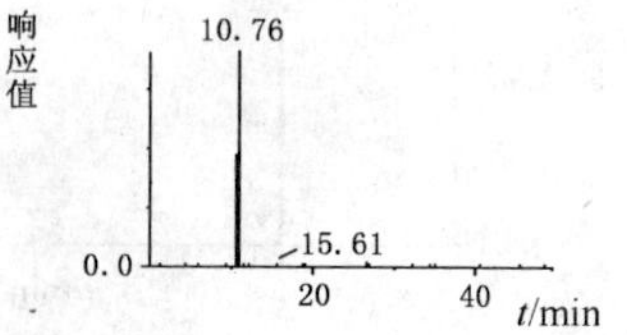

410. 三氯氧乙酸
(triclopyr)

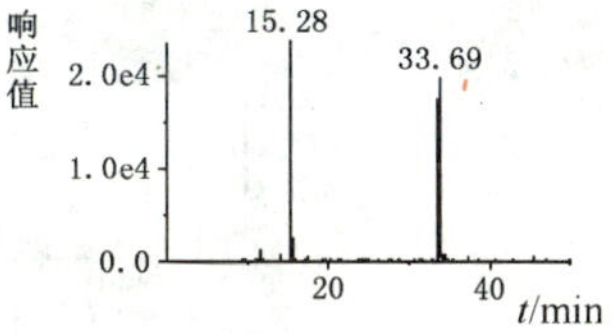

411. 内吸磷
(demeton-*s*)

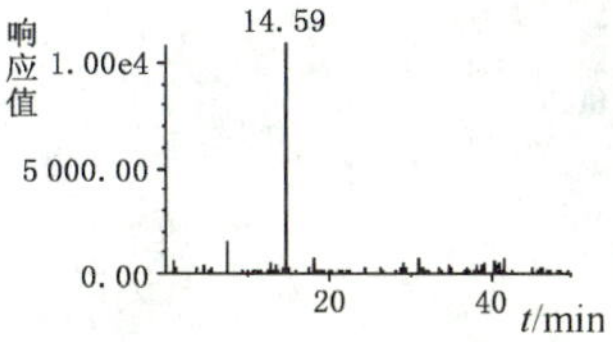

412. 氧倍硫磷
(fenthion oxon)

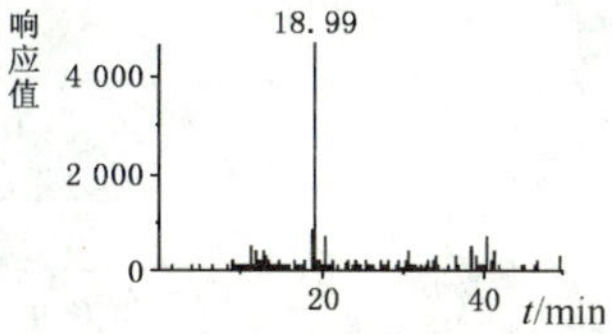

413. 杀草隆
(daimuron)

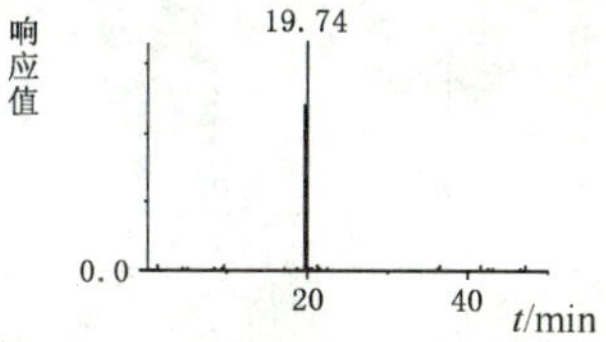

414. 萘丙胺
(napropamide)

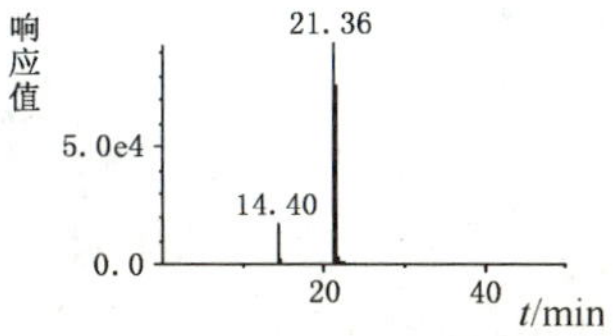

415. 杀螟硫磷
(fenitrothion)

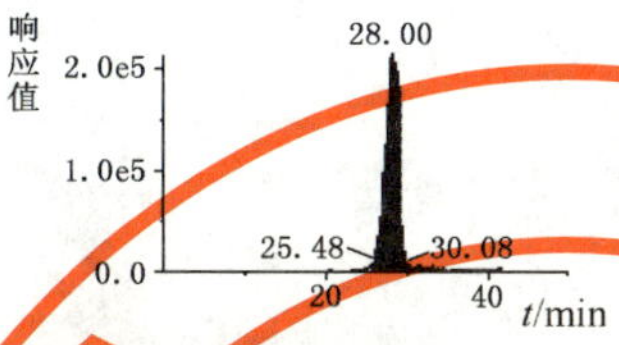

416. 酞酸二丁酯
(phthalic acid, dibutyl ester)

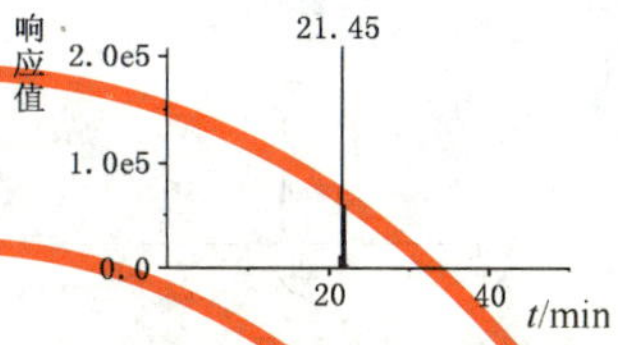

417. 丙草胺
(metolachlor)

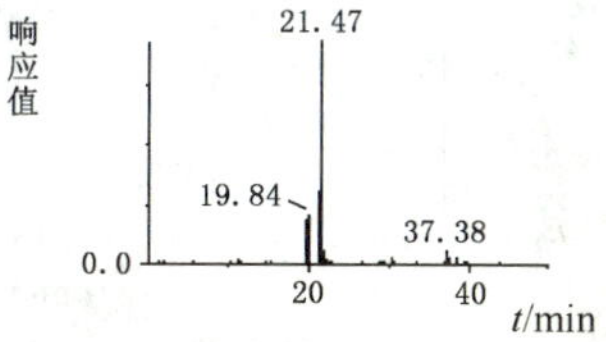

418. 腐霉利
(procymidone)

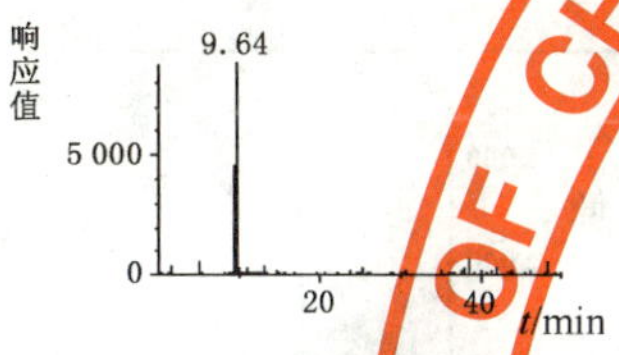

419. 灭蚜硫磷
(vamidothion)

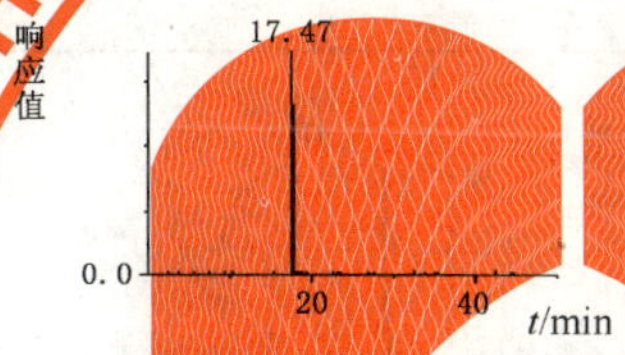

420. 枯草隆
(chloroxuron)

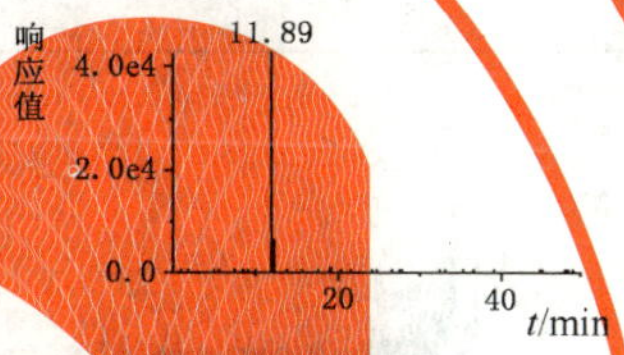

421. 威菌磷
(triamiphos)

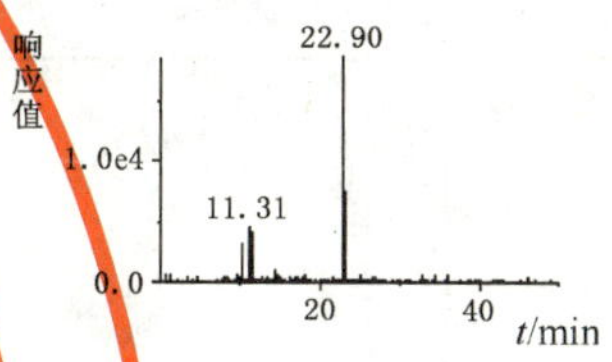

422. 二嗪农
(dithianon)

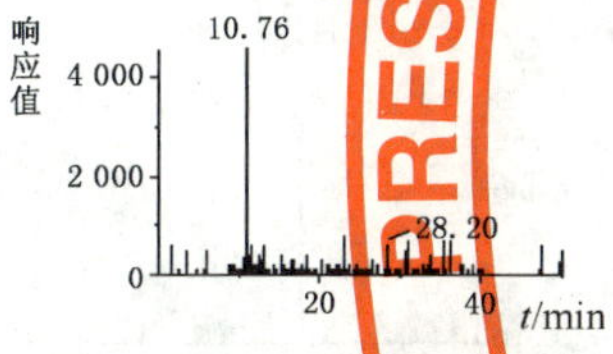

423. 脱叶磷
(merphos)

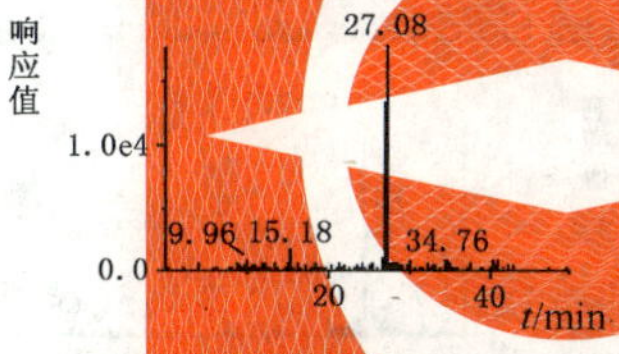

424. 右旋炔丙菊酯
(prallethrin)

425. 苄草隆
(cumyluron)

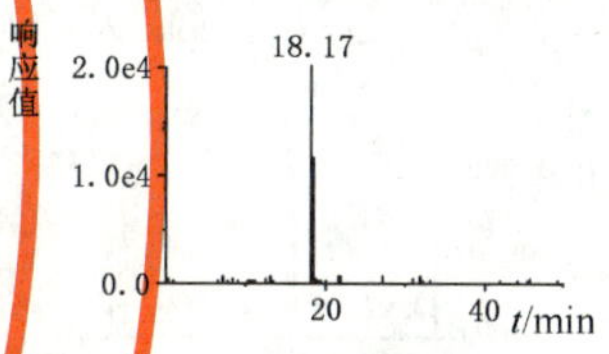

426. 亚胺硫磷
(phosmet)

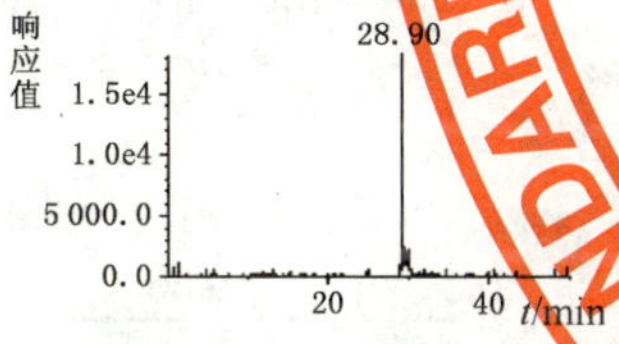

427. 皮蝇磷
(ronnel)

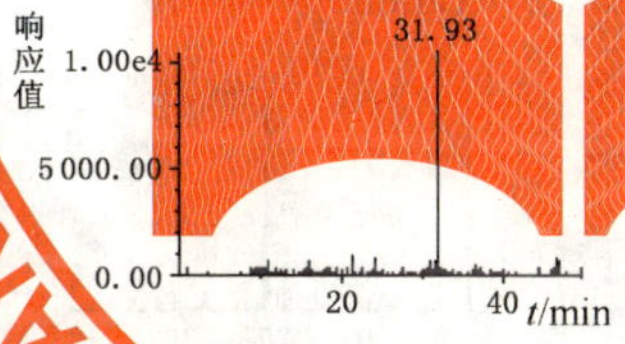

428. 除虫菊素
(pyrethrins)

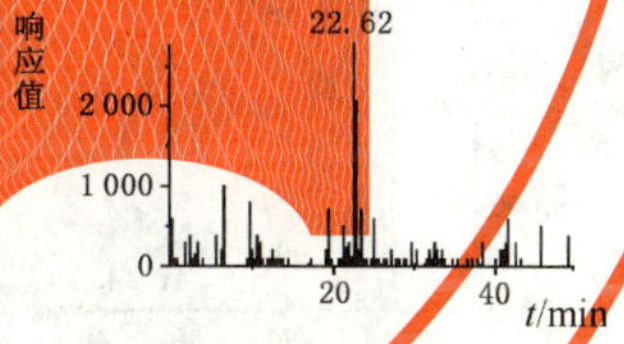

429. 乙基杀扑磷
(athidathion)

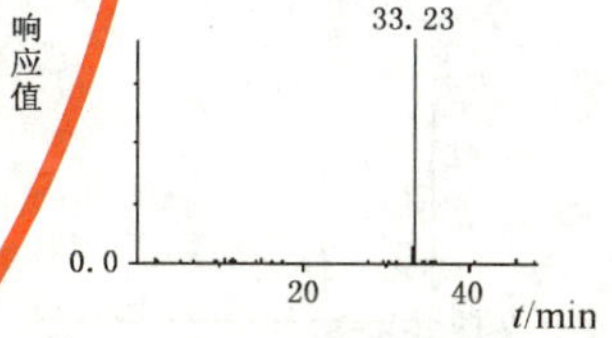

430. 酞酸二环己酯
(phthalic acid, biscyclohexyl ester)

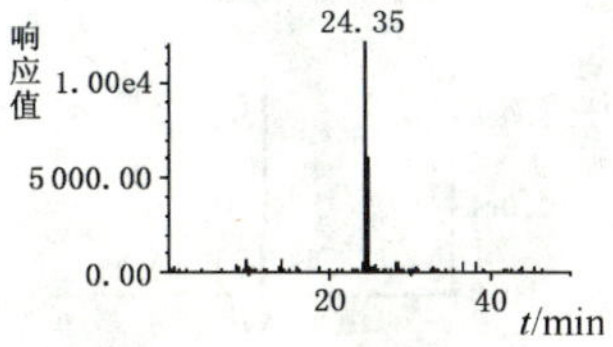

431. 环丙酰菌胺
(carpropamid)

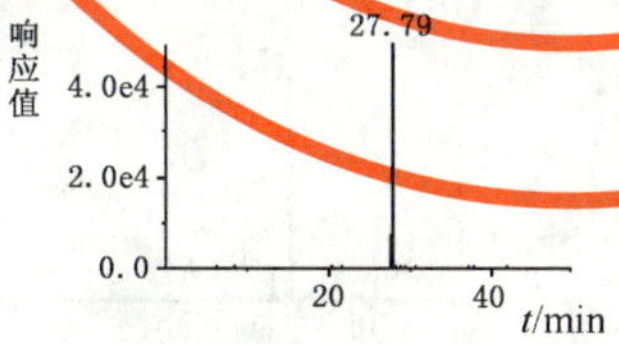

432. 吡螨胺
(tebufenpyrad)

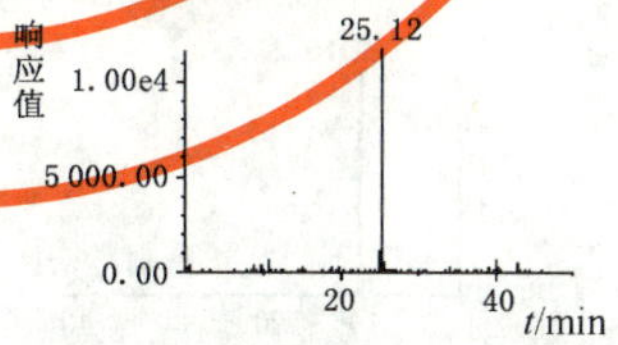

433. 苯酰草胺
(zoxamide)

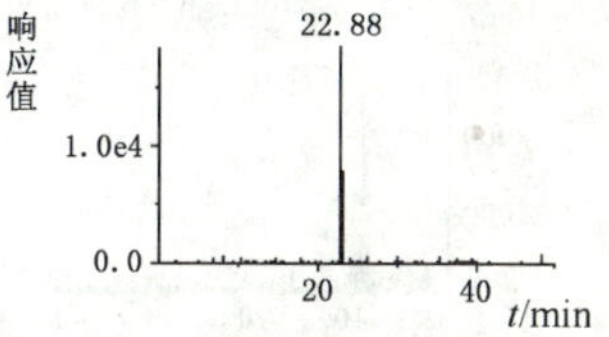

434. 抑虫肼
(tebufenozide)

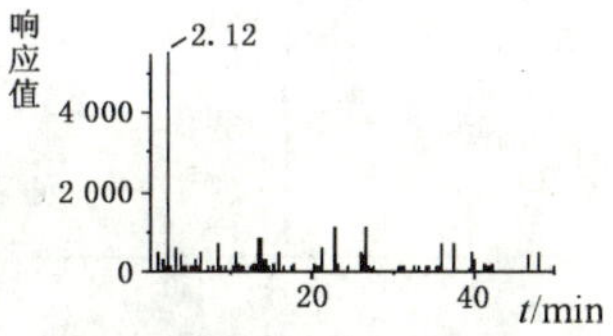

435. 克热净(醋酸盐)
(iminoctadine triacetate)

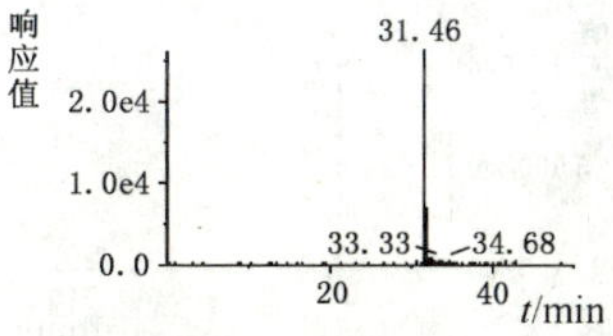

436. 虫螨磷
(chlorthiophos)

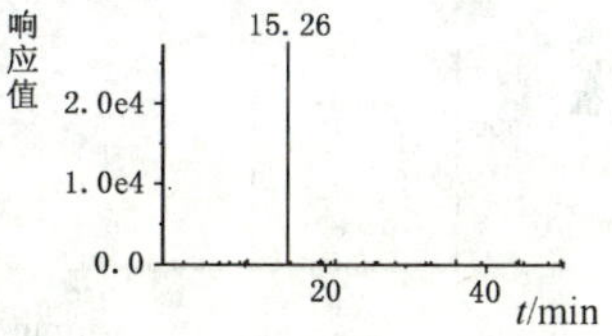

437. 二溴磷
(naled)

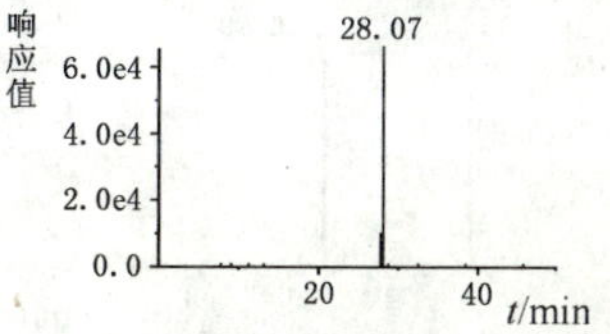

438. 唑虫酰胺
(tolfenpyrad)

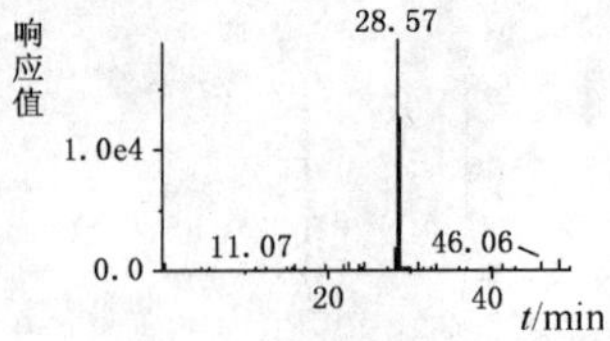

439. 吲哚酮草酯
(cinidon-ethyl)

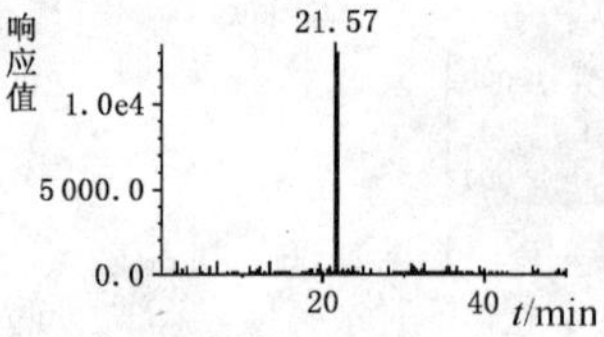

440. 鱼藤酮
(rotenone)

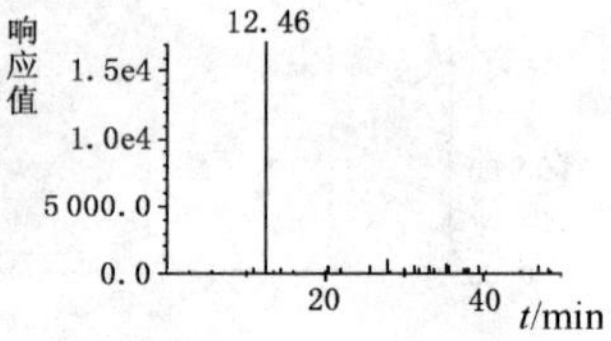

441. 三氟苯唑
(fluotrimazole)

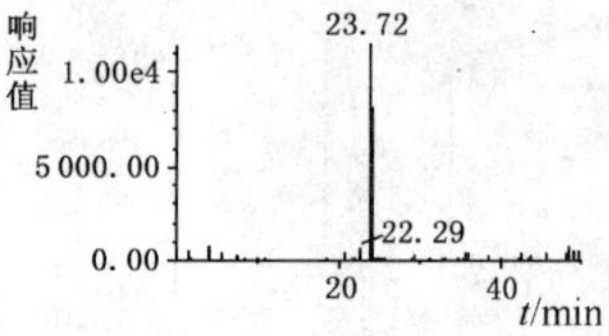

442. 唑酮草酯
(carfentrazone-ethyl)

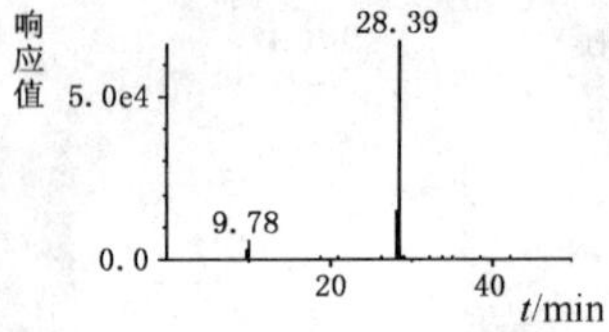

443. 噁草酸
(propaquizafop)

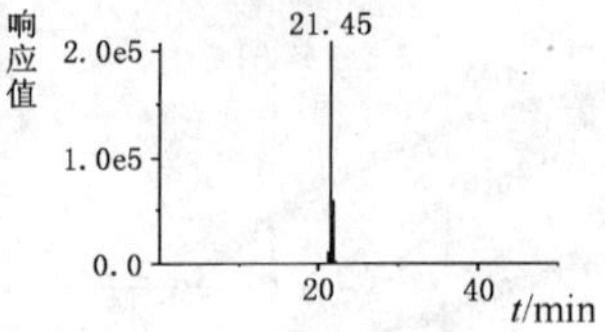

444. 乳氟禾草灵
(lactofen)

G 组

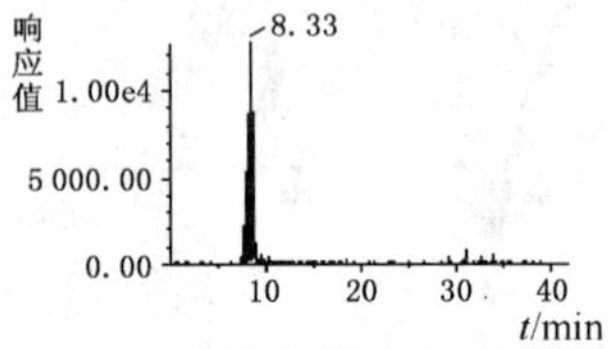

445. 四氢化邻苯二甲酰亚胺
(*cis*-1,2,3,6-tetrahydrophthalimide)

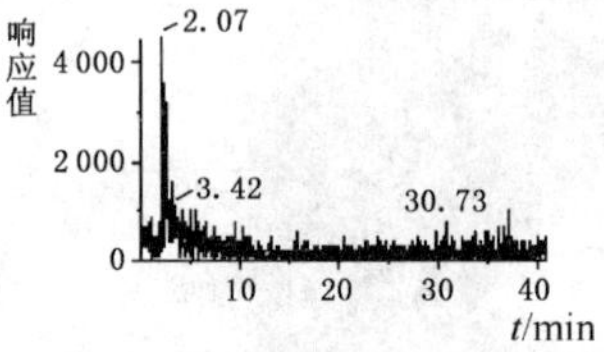

446. 2.6-二氟苯甲酸
(2,6-difluorobenzoic acid)

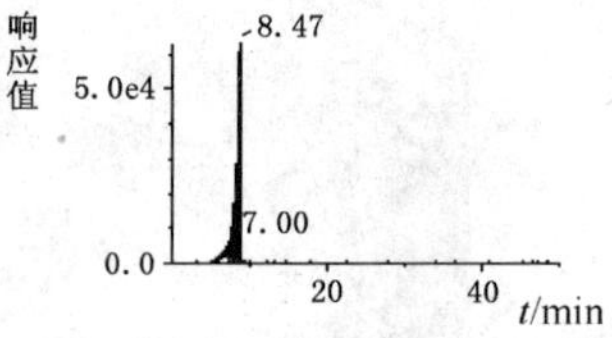

447. 三氯乙酸钠
(trichloroacetic acid sodium salt)

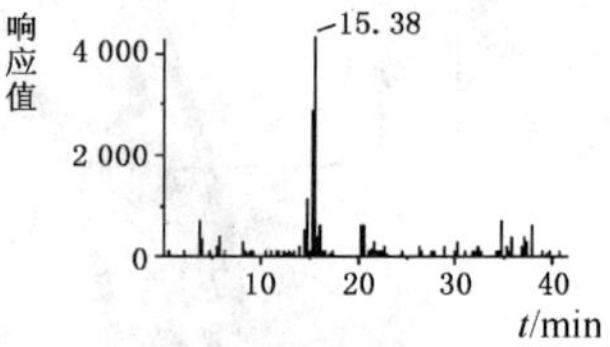

448. 2-苯基苯酚
(2-phenylphenol)

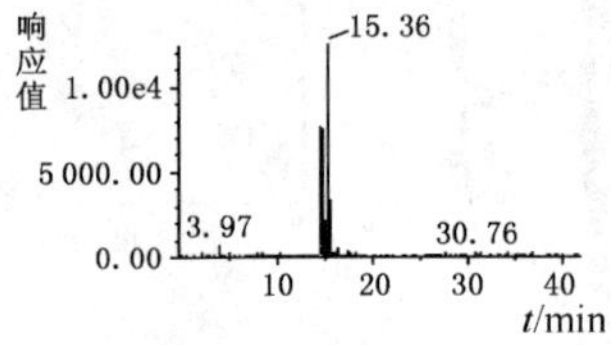

449. 3-苯基苯酚
(3-phenylphenol)

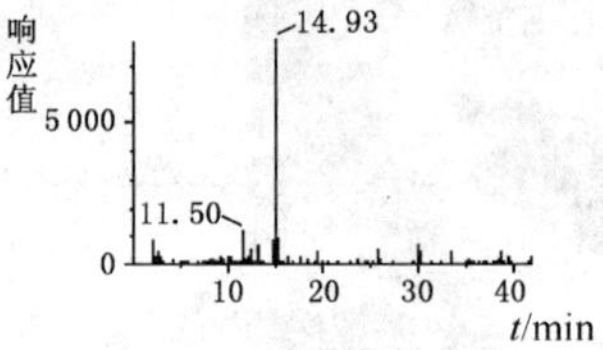

450. 氯硝胺
(dicloran)

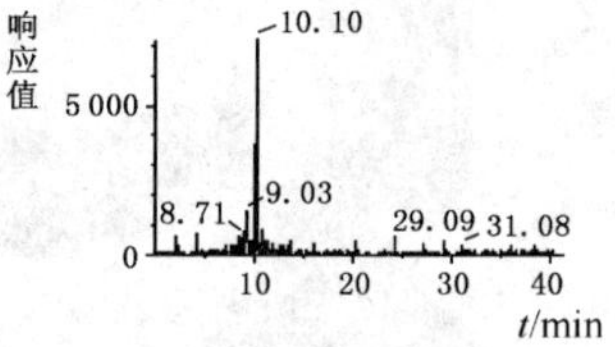

451. 氯氨吡啶酸
(aminopyralid)

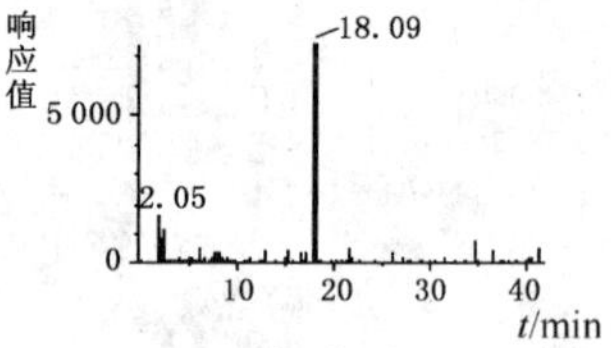

452. 氯苯胺灵
(chlorpropham)

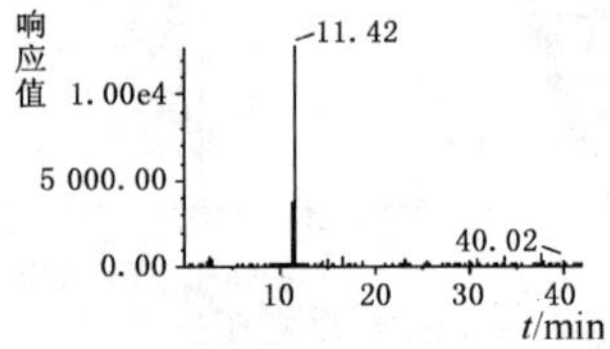

453. 特草定
(terbacil)

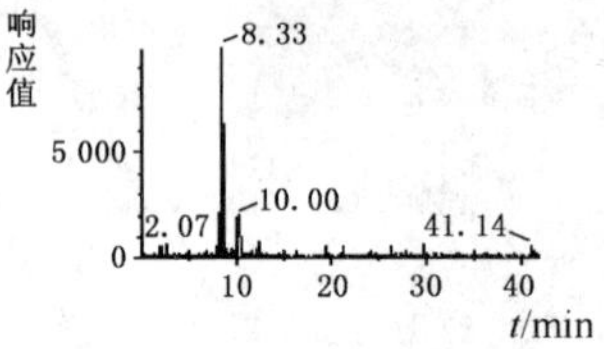

454. 麦草畏
(dicamba)

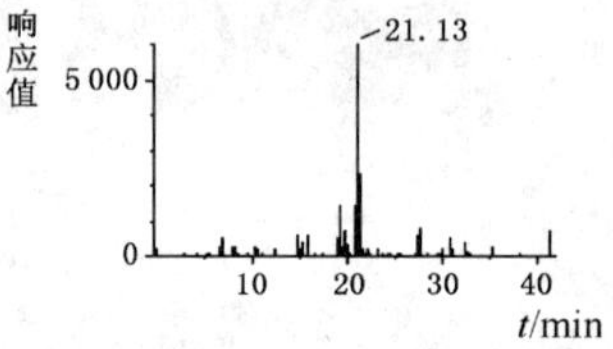

455. 2,3,4,5-四氯苯胺
(2,3,4,5-tetrachloroaniline)

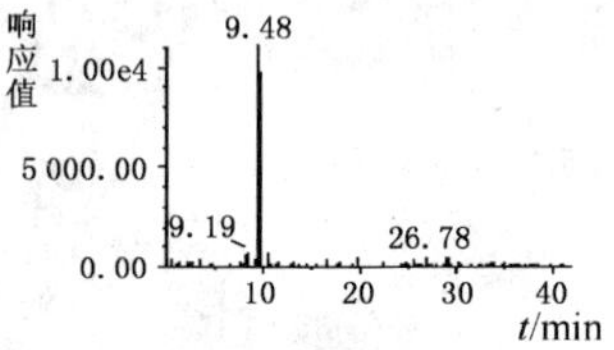

456. 敌磺钠
(fenaminosulf)

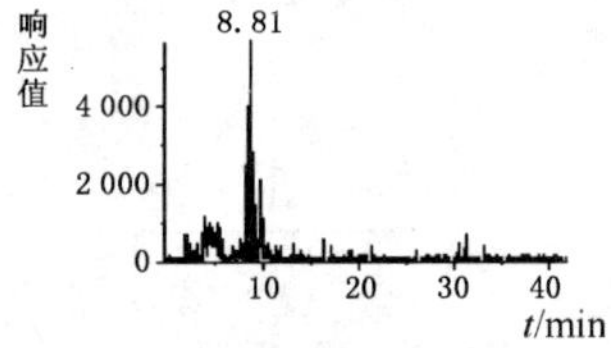

457. 毒莠定
(picloram)

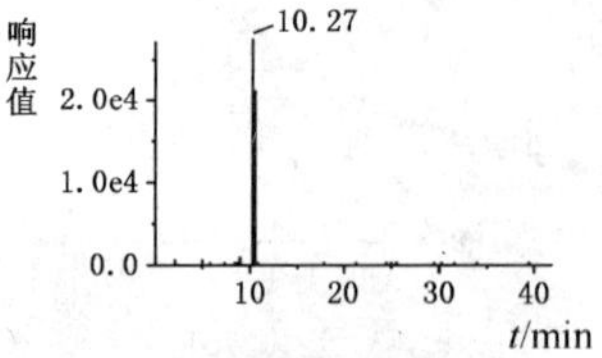

458. 灭草松
(bentazone)

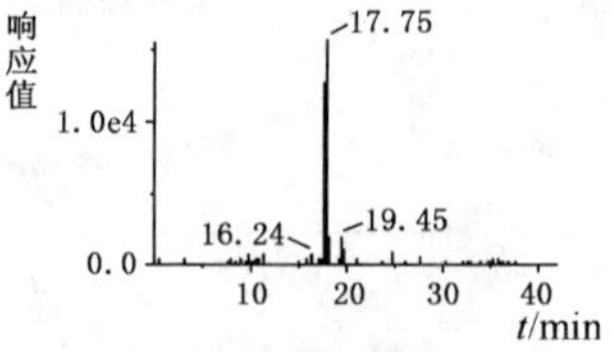

459. 地乐酚
(dinoseb)

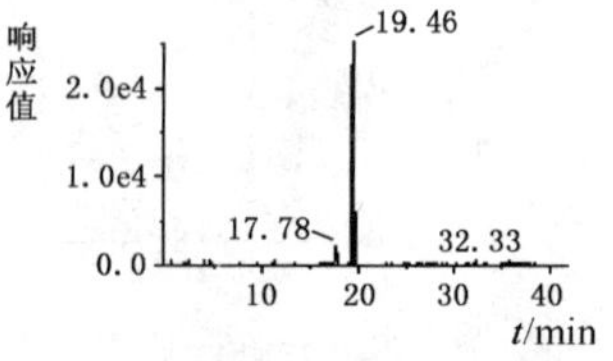

460. 草消酚
(dinoterb)

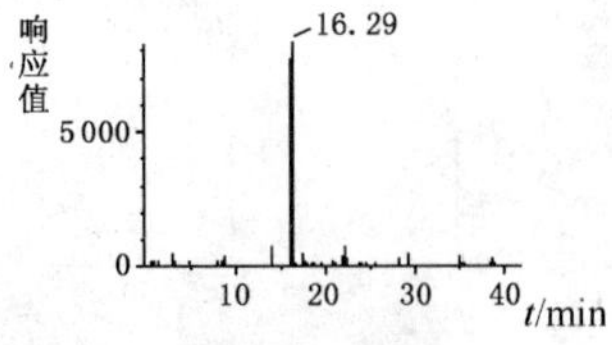

461. 咯菌腈
(fludioxonil)

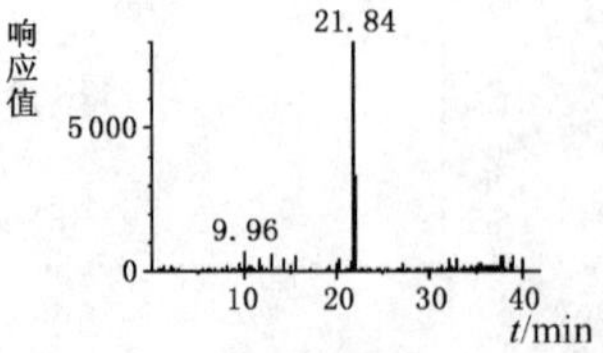

462. 杀螨醇
(chlorfenethol)

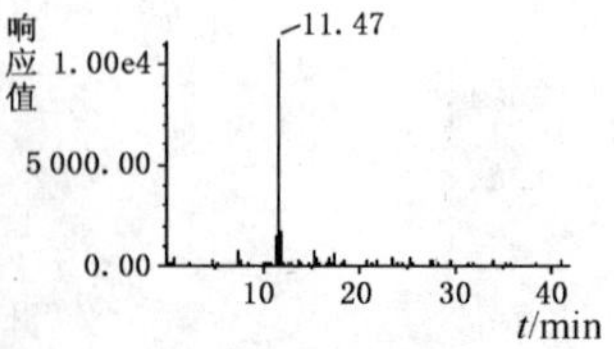

463. 溴苯腈
(bromoxynil)

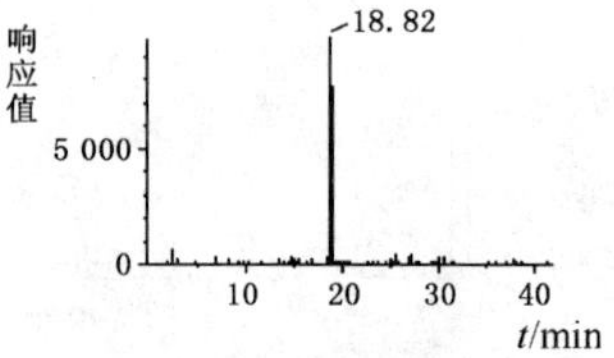

464. 灭幼脲
(chlorobenzuron)

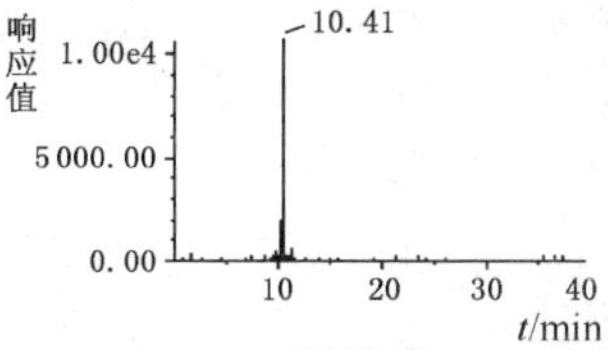

465. 氯霉素
(chloramphenicolum)

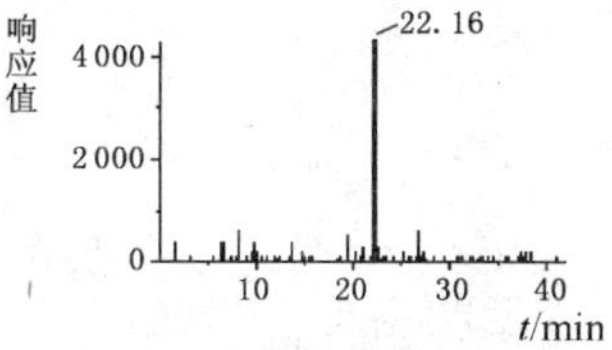

466. 氟草醚
(fluorodifen)

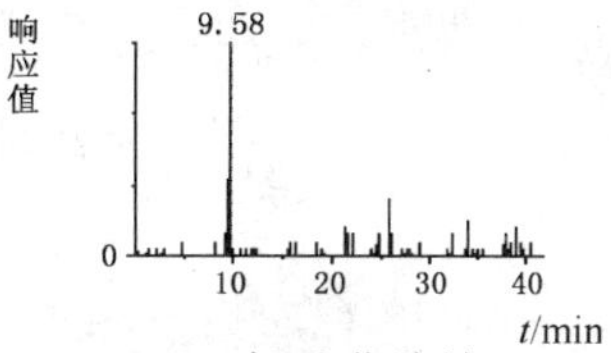

467. 氟吡草腙钠
(diflufenzopyr-sodium)

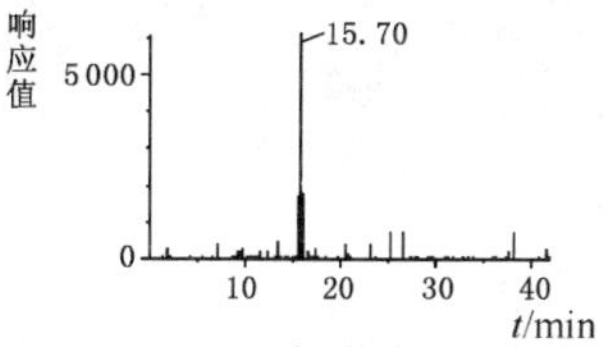

468. 三氟羧草醚
(acifluorfen)

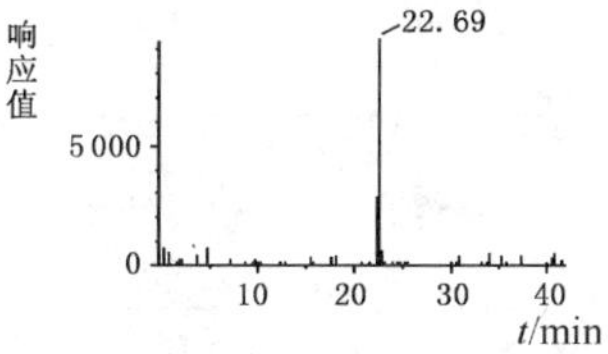

469. 噁唑菌酮
(famoxadone)

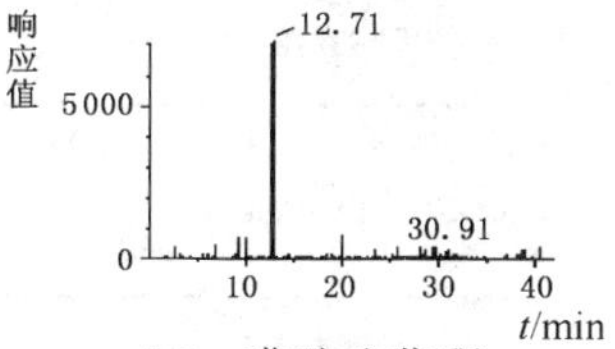

470. 磺酰唑草酮
(sulfentrazone)

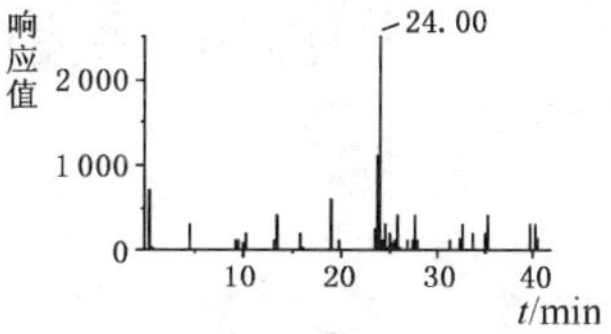

471. 吡氟酰草胺
(diflufenican)

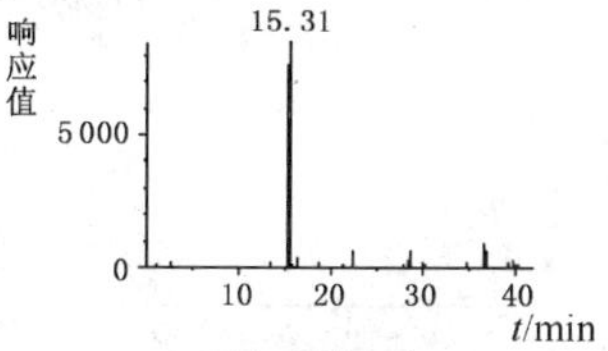

472. 氟氰唑
(ethiprole)

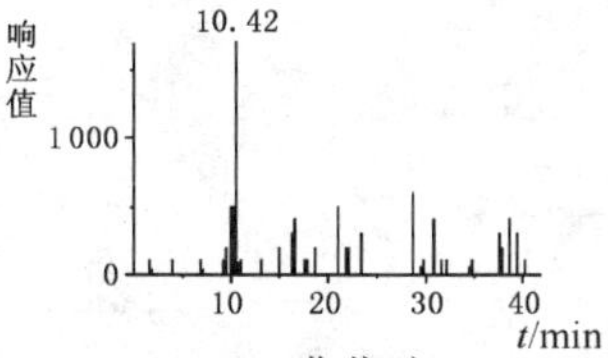

473. 磺菌胺
(flusulfamide)

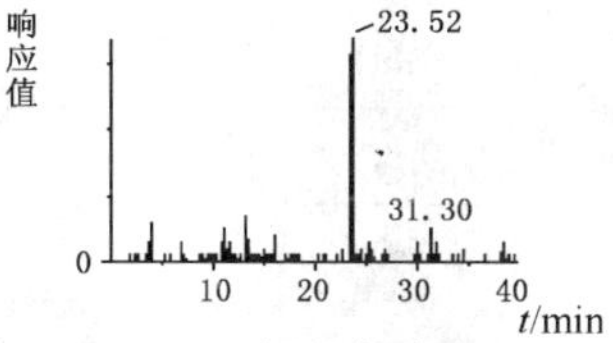

474. 硫丹硫酸盐
(endosulfan-sulfate)

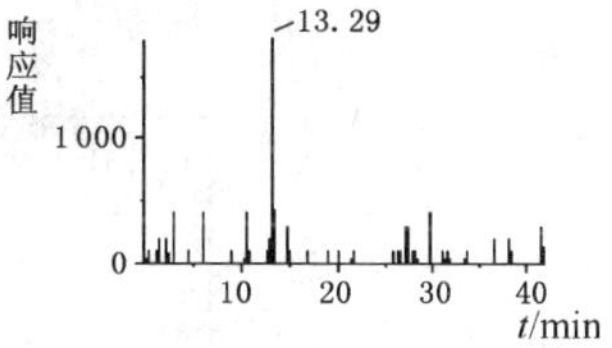

475. 嗪胺灵
(triforine)

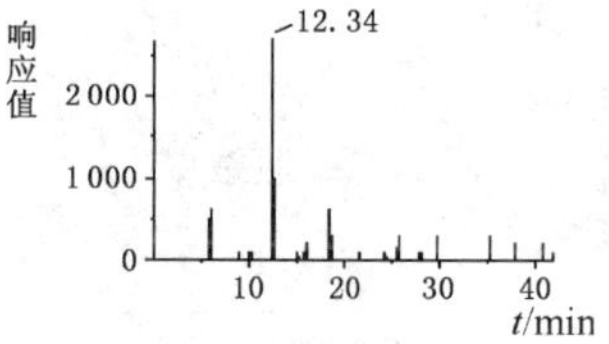

476. 氯吡嘧磺隆
(halosulfuran-methyl)

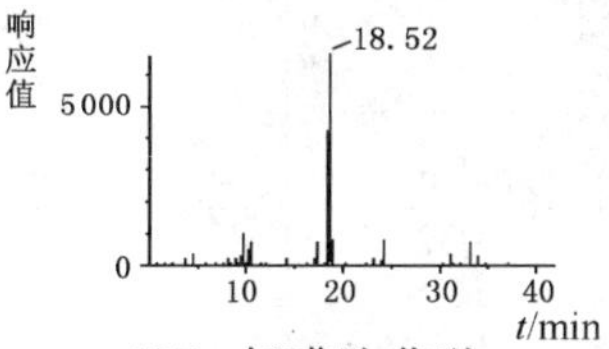

477. 氟磺胺草醚
(fomesafen)

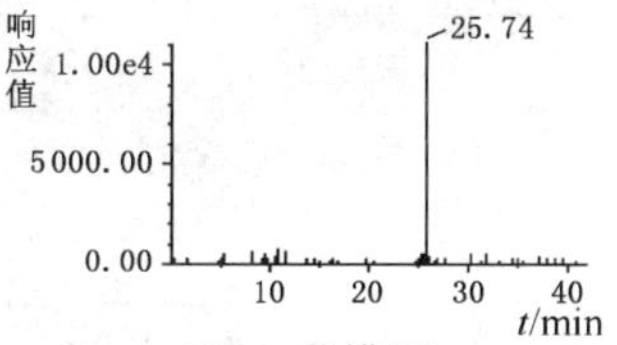

478. 虱螨脲
(lufenuron)

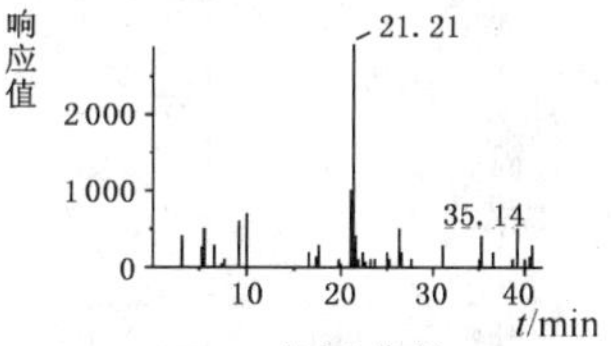

479. 噻氟菌胺
(thifluzamide)

H组

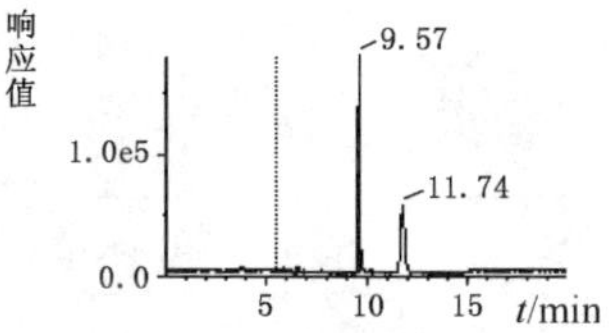

480. —
(bediocarb)

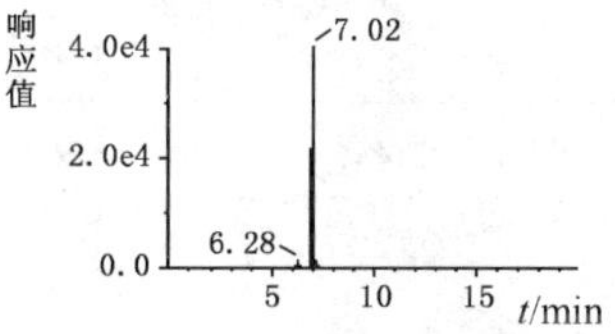

481. 溴环烯
(bromocylen)

I组

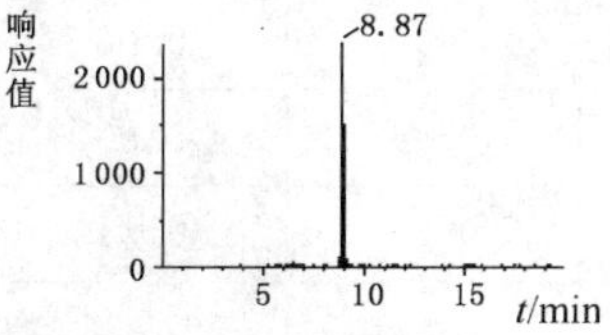

482. 噻节因
(dimethipin)

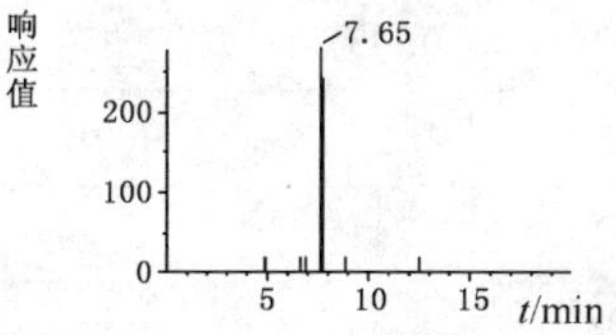

483. 呋草黄
(benfuresate)

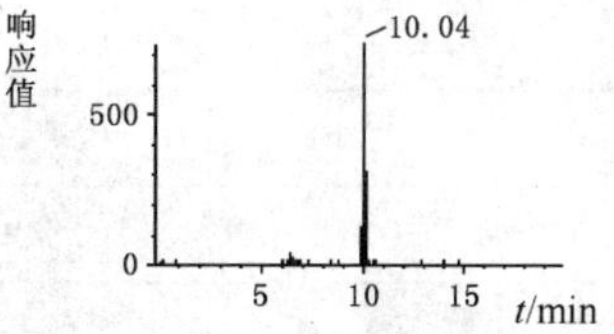

484. 除草醚
(nitrofen)

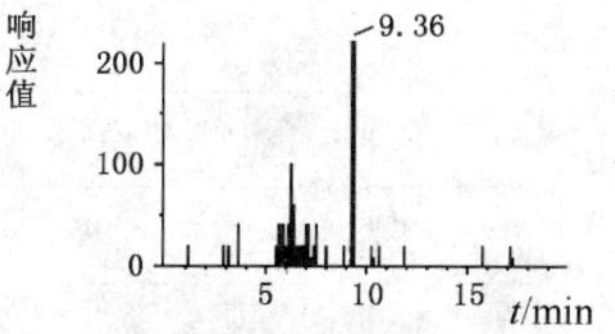

485. 比芬诺
(bifenox)

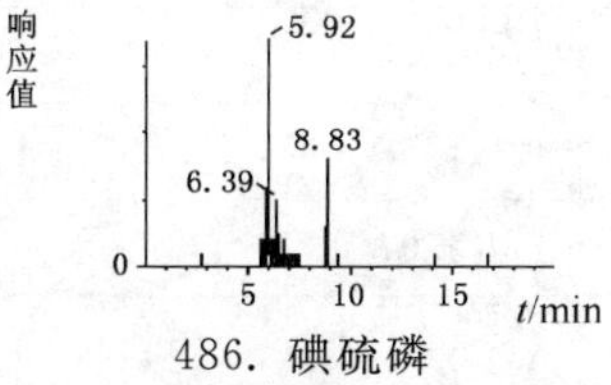

486. 碘硫磷
(iodofenphos)

附 录 D
(资料性附录)
486种农药及相关化学品精密度数据表

486种农药及相关化学品精密度数据表见表D.1。

表D.1 486种农药及相关化学品精密度数据表

序号	名　称	含量/(μg/kg)	重复性限 r	再现性限 R	含量/(μg/kg)	重复性限 r	再现性限 R
A组							
1	苯胺灵	20.00	7.04	9.65	100.00	80.54	77.29
2	异丙威	2.00	0.82	0.54	10.00	5.14	2.59
3	3,4,5-混杀威	0.03	0.08	0.08	0.15	0.16	0.20
4	环莠隆	0.20	0.09	0.06	1.00	0.12	0.25
5	甲萘威	1.00	0.24	0.73	5.00	0.75	1.00
6	毒草胺	0.20	0.10	0.14	1.00	0.66	0.39
7	吡咪唑	0.10	0.01	0.04	0.50	0.07	0.11
8	西草净	0.20	0.07	0.07	1.00	0.19	0.14
9	绿谷隆	4.00	1.10	1.49	20.00	3.63	5.81
10	速灭磷	4.00	3.04	2.72	20.00	12.63	10.65
11	叠氮津	0.20	0.09	0.14	1.00	0.18	0.56
12	密草通	0.10	0.04	0.05	0.50	0.37	0.17
13	嘧菌磺胺	0.20	0.07	0.07	1.00	0.20	0.28
14	播土隆	0.60	0.44	0.32	3.00	0.86	0.37
15	双酰草胺	0.80	0.49	0.29	4.00	0.68	1.01
16	抗蚜威	0.20	0.08	0.08	1.00	0.16	0.20
17	异噁草酮	0.60	0.36	0.28	3.00	1.03	0.44
18	氰草津	0.60	0.09	0.31	3.00	0.51	0.82
19	扑草净	0.10	0.03	0.03	0.50	0.07	0.08
20	4,4′-二氯二苯甲酮	0.60	0.54	0.20	3.00	0.64	0.89
21	噻虫啉	0.40	0.12	0.34	2.00	0.29	0.51
22	吡虫啉	20.00	3.21	9.85	100.00	22.89	18.78
23	磺噻隆	4.00	0.91	1.48	20.00	3.58	4.62
24	丁嗪草酮	0.60	0.08	0.05	0.60	0.14	0.19
25	燕麦敌	12.00	4.73	5.06	60.00	41.58	41.60
26	乙草胺	20.00	7.36	5.87	100.00	16.07	6.80
27	烯啶虫胺	4.00	2.61	1.99	20.00	5.88	6.23
28	盖草津	2.00	0.30	1.00	10.00	1.51	1.58

表 D.1（续）

序号	名　　称	含量/(μg/kg)	重复性限 r	再现性限 R	含量/(μg/kg)	重复性限 r	再现性限 R
29	二甲酚草胺	0.20	0.06	0.05	1.00	0.16	0.19
30	特草灵	0.13	7.36	5.87	0.65	0.10	0.10
31	戊菌唑	0.12	0.03	0.08	0.60	0.12	0.20
32	腈菌唑	0.60	0.11	0.25	3.00	0.35	0.89
33	多效唑	0.10	0.01	0.04	0.50	0.10	0.10
34	倍硫磷亚砜	0.20	0.13	0.08	1.00	0.17	0.30
35	三唑醇	2.00	0.71	0.37	10.00	3.42	2.73
36	仲丁灵	0.20	0.10	0.11	1.00	0.19	0.28
37	螺噁茂胺	0.04	0.02	0.04	0.20	0.05	0.06
38	甲基立枯磷	60.00	13.88	49.77	300.00	45.31	62.88
39	甜菜胺	1.00	0.09	0.39	5.00	0.85	0.98
40	杀扑磷	3.00	0.74	1.13	15.00	7.96	6.83
41	烯丙菊酯	6.00	0.29	4.73	10.00	9.25	1.93
42	野麦畏	20.00	6.23	12.40	100.00	28.44	30.58
43	二嗪磷	0.12	0.05	0.03	0.60	0.15	0.08
44	敌瘟磷	0.40	0.04	0.29	2.00	0.51	0.42
45	丙草胺	0.40	0.30	0.29	2.00	0.59	0.29
46	氟硅唑	0.20	0.08	0.11	1.00	0.29	0.22
47	丙森锌	0.40	0.11	0.20	2.00	0.49	0.75
48	麦锈灵	0.20	0.12	0.10	1.00	0.26	0.27
49	氟酰胺	0.20	0.11	0.13	1.00	0.30	0.37
50	氨磺磷	1.20	0.08	0.37	6.00	0.90	1.67
51	苯霜灵	0.12	0.06	0.07	0.60	0.19	0.22
52	苄氯三唑醇	0.12	0.04	0.07	0.60	0.14	0.18
53	乙环唑	0.20	0.08	0.15	1.00	0.12	0.25
54	氯苯嘧啶醇	1.20	0.47	0.90	6.00	1.01	1.00
55	邻苯二甲酸二环己酯	1.20	0.54	0.25	6.00	5.76	5.96
56	胺菊酯	1.20	0.46	0.45	6.00	1.27	2.40
57	抑菌灵	20.00	7.37	15.23	100.00	18.21	14.09
58	解毒喹	0.12	0.03	0.07	0.60	58.93	58.99
59	联苯三唑醇	2.00	0.59	1.41	10.00	2.42	2.59
60	甲基毒死蜱	0.60	0.12	0.15	3.00	1.10	2.66
61	甲基硫菌灵	3.05	0.08	0.05	15.25	1.27	2.40
62	乙基谷硫磷	20.00	7.54	8.17	100.00	38.63	41.65

表 D.1（续）

序号	名　称	含量/(μg/kg)	重复性限 r	再现性限 R	含量/(μg/kg)	重复性限 r	再现性限 R
63	炔草酯	0.40	0.07	0.27	2.00	0.39	0.73
64	杀铃脲	1.20	0.37	0.66	6.00	0.90	1.47
65	异噁氟草	20.00	2.83	9.51	100.00	17.20	42.45
66	莎稗磷	0.20	0.08	0.11	1.00	0.23	0.22
67	脱叶膦	4.42	0.10	0.06	22.10	1.01	1.00
68	喹禾灵	0.60	0.27	0.29	3.00	0.51	1.07
69	精氟吡甲禾灵	0.06	0.03	0.03	0.30	0.07	0.11
70	精吡磺草隆	0.20	0.05	0.13	1.00	0.70	0.86
71	乙基溴硫磷	5.00	1.63	0.92	25.00	17.80	23.93
72	氯亚胺硫磷	4.00	2.14	7.13	20.00	10.65	17.07
73	地散磷	5.00	1.93	3.10	25.00	7.76	5.64
74	溴苯烯磷	0.80	0.26	0.56	4.00	0.62	1.17
75	嘧菌酯	0.10	0.01	0.05	0.50	0.09	0.11
76	吡菌磷	0.08	0.03	0.05	未添加		
77	氟虫脲	0.60	0.15	0.51	3.00	0.57	1.86
78	茚虫威	1.20	0.22	0.33	6.00	2.04	1.52
79	甲氨基阿维菌素苯甲酸盐	0.10	0.06	0.05	0.50	0.06	0.14
				B组			
80	棉隆	80.00	60.48	47.78	400.00	133.45	287.16
81	烟碱	0.18	0.05	0.13	0.90	0.70	0.86
82	非草隆	2.00	0.46	0.36	10.00	1.17	1.65
83	鼠立克	0.60	0.15	0.37	3.00	0.75	0.82
84	乙酰甲胺磷	4.00	1.48	0.99	20.00	2.69	2.44
85	禾草敌	1.00	1.69	1.09	5.00	2.42	1.33
86	多菌灵	0.10	0.02	0.02	0.50	0.09	0.06
87	残杀威	2.00	1.15	0.41	10.00	2.67	3.34
88	异唑隆	0.20	0.10	0.05	1.00	0.21	0.55
89	绿麦隆	0.20	0.10	0.12	1.00	0.29	0.17
90	久效威	60.00	22.12	23.81	300.00	98.66	97.94
91	氯草灵	40.00	8.30	8.14	200.00	28.53	72.96
92	噁虫威	0.40	0.23	0.10	2.00	0.45	0.79
93	扑灭津	0.20	0.04	0.03	1.00	0.19	0.16
94	特丁津	0.01	0.03	0.03	0.50	0.08	0.12
95	敌草隆	0.10	0.04	0.08	0.50	0.22	0.17

表 D.1（续）

序号	名　　称	含量/(μg/kg)	重复性限 r	再现性限 R	含量/(μg/kg)	重复性限 r	再现性限 R
96	氯甲硫磷	600.00	174.48	102.52	未添加		
97	萎锈灵	0.20	0.07	0.04	1.00	0.27	0.24
98	野燕枯	0.40	0.09	0.08	2.00	0.84	1.33
99	噻虫胺	12.00	4.61	2.93	60.00	12.00	17.85
100	拿草特	0.60	0.37	0.21	3.00	0.94	0.91
101	二甲草胺	0.20	0.06	0.03	1.00	0.20	0.19
102	秀谷隆	0.80	0.47	0.40	4.00	0.81	1.29
103	甲拌磷	16.00	7.55	6.45	80.00	52.13	29.34
104	苯草醚	2.00	0.49	0.80	10.00	3.10	2.53
105	地安磷	0.20	0.07	0.06	1.00	0.32	0.32
106	脱苯甲基亚胺唑	1.00	0.55	0.63	5.00	1.30	1.44
107	草不隆	0.60	0.11	0.23	3.00	0.65	0.33
108	精甲霜灵	0.10	0.05	0.06	0.50	0.13	0.17
109	发硫磷	0.40	0.07	0.11	2.00	0.31	0.33
110	乙氧呋草黄	160.00	51.89	24.47	800.00	154.72	168.07
111	异稻瘟净	1.00	0.27	0.34	5.00	1.19	1.62
112	特普	2.00	0.82	0.45	10.00	5.41	4.40
113	环丙唑醇	0.16	0.09	0.11	0.80	0.19	0.12
114	噻虫嗪	20.00	8.56	11.35	100.00	40.86	51.63
115	育畜磷	16.00	5.59	1.90	80.00	14.14	10.31
116	乙嘧硫磷	0.20	0.06	0.07	1.00	0.31	0.29
117	赛灭磷	12.00	3.43	4.72	60.00	21.24	8.84
118	磷胺	0.60	0.19	0.32	3.00	0.60	0.73
119	甜菜宁	1.00	0.36	0.16	5.00	0.87	0.61
120	联苯井酯	3.00	1.67	2.14	15.00	6.10	8.49
121	粉唑醇	0.60	0.19	0.12	3.00	0.78	0.72
122	抑菌丙胺酯	0.20	0.05	0.02	1.00	0.36	0.26
123	生物丙烯菊酯	2.00	0.72	0.39	10.00	2.68	4.42
124	苯腈磷	1.00	0.19	0.46	5.00	1.73	1.34
125	甲基嘧啶磷	0.06	0.03	0.02	0.30	0.05	0.09
126	噻嗪酮	0.10	0.03	0.05	0.50	0.14	0.16
127	乙拌磷砜	0.60	0.13	0.15	3.00	0.68	0.49
128	喹螨醚	0.10	0.03	0.04	0.50	0.10	0.25
129	三唑磷	0.10	0.02	0.03	0.50	0.19	0.16

表 D.1（续）

序号	名　称	含量/(μg/kg)	重复性限 r	再现性限 R	含量/(μg/kg)	重复性限 r	再现性限 R
130	脱叶磷	0.20	0.21	0.17	1.00	0.68	0.51
131	环酯草醚	0.10	0.02	0.04	0.50	0.17	0.12
132	叶菌唑	0.20	0.08	0.06	1.00	0.29	0.14
133	蚊蝇醚	0.10	0.05	0.04	0.50	0.11	0.24
134	噻草酮	2.00	1.05	0.83	10.00	5.68	5.80
135	异噁酰草胺	0.10	0.02	0.03	0.50	0.19	0.20
136	呋草酮	0.20	0.05	0.06	1.00	0.28	0.26
137	氟乐灵	100.00	33.48	27.03	500.00	230.91	81.65
138	甲基麦草氟异丙酯	1.00	0.43	0.41	5.00	0.91	1.27
139	生物苄呋菊酯	2.00	0.96	0.65	10.00	5.01	6.38
140	丙环唑	0.20	0.07	0.09	1.00	0.41	0.27
141	毒死蜱	2.00	2.22	0.96	10.00	10.14	7.22
142	氯乙氟灵	40.00	15.57	34.36	200.00	94.06	59.55
143	烯草酮	2.00	0.74	0.99	10.00	4.46	4.01
144	麦草氟异丙酯	0.20	0.07	0.09	1.00	0.26	0.20
145	杀虫畏	0.60	0.13	0.21	3.00	1.16	0.68
146	炔螨特	4.00	1.94	2.21	20.00	12.15	11.23
147	糠菌唑	0.40	0.16	0.29	2.00	0.61	0.56
148	氟吡酰草胺	0.20	0.07	0.07	1.00	0.39	0.32
149	氟噻乙草酯	0.60	0.16	0.16	3.00	0.92	0.63
150	肟菌酯	0.10	0.07	0.06	0.50	0.17	0.14
151	氟铃脲	0.60	0.05	0.06	3.00	0.67	1.07
152	双苯氟脲	0.20	0.10	0.11	1.00	0.36	0.22
153	啶蜱脲	0.50	0.19	0.20	2.50	0.41	0.27
C组							
154	甲胺磷	10.00	0.02	0.03	400.00	6.82	3.47
155	避蚊胺	0.10	0.04	0.04	0.50	0.08	0.07
156	灭草隆	4.00	2.29	1.91	20.00	2.49	2.91
157	嘧霉胺	0.40	0.08	0.09	2.00	0.11	0.12
158	黑穗胺	0.20	0.08	0.09	1.00	0.18	0.17
159	灭藻醌	2.00	1.05	1.11	10.00	0.94	1.06
160	仲丁威	0.40	0.26	0.26	2.00	0.38	0.55
161	敌稗	0.80	0.50	0.42	4.00	0.56	1.02
162	克百威	0.43	3.06	1.57	2.25	8.82	7.89

表 D.1（续）

序号	名　　称	含量/(μg/kg)	重复性限 r	再现性限 R	含量/(μg/kg)	重复性限 r	再现性限 R
163	啶虫脒	0.60	0.39	0.32	3.00	0.33	0.12
164	嘧菌胺	0.20	0.16	0.11	1.00	0.76	0.08
165	扑灭通	0.10	0.03	0.04	0.50	0.10	0.03
166	甲硫威	0.40	0.11	0.09	2.00	0.31	0.33
167	甲氧隆	0.40	0.21	0.20	2.00	0.36	0.49
168	乐果	0.80	0.26	0.26	4.00	1.22	0.82
169	呋菌胺	4.00	0.80	1.16	20.00	1.77	2.23
170	伏草隆	3.00	0.90	0.85	15.00	2.86	2.65
171	百治磷	2.80	3.06	1.57	14.00	8.82	7.89
172	庚酰草胺	0.20	0.12	0.13	1.00	0.38	0.17
173	双苯酰草胺	0.10	0.04	0.01	0.50	0.10	0.11
174	灭线磷	0.40	0.22	0.21	2.00	0.35	0.46
175	地虫硫磷	0.60	0.32	0.20	3.00	0.56	0.57
176	土菌灵	80.00	37.22	46.22	400.00	306.38	281.80
177	拌种胺	0.08	0.90	0.85	0.40	0.12	0.03
178	环嗪酮	0.20	0.06	0.08	1.00	0.09	0.15
179	阔草净	0.10	0.06	0.07	0.50	0.06	0.10
180	敌百虫	6.00	5.97	4.40	30.00	17.19	16.11
181	内吸磷	0.80	1.07	1.44	4.00	1.14	1.54
182	解草酮	1.00	0.45	0.24	5.00	1.12	0.95
183	除草定	1.00	0.49	0.47	5.00	1.02	0.87
184	甲拌磷亚砜	60.00	49.60	32.68	300.00	117.95	169.11
185	溴莠敏	3.00	1.36	1.22	15.00	3.84	3.80
186	氧化萎锈灵	0.40	0.11	0.18	2.00	0.39	0.32
187	灭锈胺	0.20	0.05	0.03	1.00	0.11	0.09
188	乙拌磷	20.00	9.09	12.88	100.00	41.54	41.29
189	倍硫磷	1.00	0.28	0.62	5.00	0.38	0.66
190	甲霜灵	0.20	0.07	0.08	1.00	0.11	0.18
191	甲呋酰胺	0.60	0.41	0.33	3.00	0.20	0.33
192	吗菌灵	0.10	0.02	0.03	0.50	0.16	0.25
193	噻唑硫磷	0.40	0.05	0.14	2.00	0.27	0.65
194	甲基咪草酯	0.60	0.28	0.35	3.00	0.41	0.35
195	乙拌磷-亚砜	0.40	0.28	0.29	2.00	0.51	0.71
196	稻瘟灵	0.20	0.05	0.07	1.00	0.17	0.23

表 D.1(续)

序号	名　称	含量/(μg/kg)	重复性限 r	再现性限 R	含量/(μg/kg)	重复性限 r	再现性限 R
197	抑霉唑	0.60	0.29	0.26	3.00	0.30	0.51
198	辛硫磷	4.00	2.25	2.21	20.00	2.24	2.85
199	喹硫磷	0.40	0.16	0.21	2.00	0.11	0.19
200	灭菌磷	20.00	9.05	9.57	100.00	38.65	41.00
201	双氧威	0.40	0.12	0.14	2.00	0.40	0.44
202	嘧啶磷	0.10	0.02	0.02	0.50	0.03	0.07
203	丰索磷	0.40	0.17	0.18	2.00	0.29	0.31
204	氯咯草酮	1.20	0.50	0.58	6.00	0.92	1.41
205	丁草胺	2.00	0.36	0.20	10.00	2.82	4.22
206	亚胺菌	20.00	7.59	7.85	100.00	18.63	24.78
207	戊叉菌唑	0.40	0.11	0.13	2.00	0.15	0.20
208	苯线磷亚砜	0.40	0.18	0.15	2.00	0.31	0.47
209	噻吩草胺	0.80	0.44	0.28	4.00	0.19	1.48
210	除虫菊素	40.00	10.66	12.71	200.00	44.85	92.47
211	稻瘟酰胺	0.60	0.46	1.07	3.00	1.72	1.42
212	氟啶草酮	0.20	0.04	0.04	1.00	0.14	0.14
213	氟环唑	20.00	2.48	4.42	100.00	9.99	8.15
214	氯辛硫磷	20.00	2.23	3.41	100.00	18.23	15.20
215	苯线磷砜	0.20	0.11	0.08	1.00	0.10	0.12
216	腈苯唑	0.10	0.03	0.04	0.50	0.17	0.10
217	异柳磷	40.00	17.36	12.29	200.00	84.53	92.27
218	安磺灵	10.00	2.28	4.65	50.00	5.62	3.00
219	苯醚菊酯	20.00	11.24	16.68	100.00	47.62	29.81
220	哌草磷	0.10	0.05	0.03	0.50	0.20	0.23
221	增效醚	0.20	0.10	0.06	1.00	0.24	0.43
222	乙氧氟草醚	4.00	1.77	1.80	20.00	3.49	10.05
223	蝇毒磷	0.20	0.10	0.08	1.00	0.39	0.25
224	氟噻草胺	0.20	0.13	0.13	1.00	0.15	0.17
225	伏杀硫磷	4.00	1.73	3.10	20.00	3.15	3.93
226	甲氧虫酰肼	4.00	0.80	1.03	20.00	6.81	5.51
227	咪鲜胺	0.40	0.27	0.30	2.00	0.45	0.48
228	丙硫特普	0.40	0.22	0.11	2.00	0.94	1.02
229	乙硫磷	0.80	0.58	0.77	4.00	1.36	1.53
230	丁醚脲	0.84	0.13	0.13	4.20	0.39	0.25

表 D.1（续）

序号	名　　称	含量/(μg/kg)	重复性限 r	再现性限 R	含量/(μg/kg)	重复性限 r	再现性限 R
231	氟硫草定	0.60	0.23	0.21	3.00	0.45	0.53
232	螺螨酯	2.00	2.65	1.80	10.00	6.40	4.73
233	唑螨酯	0.20	0.13	0.15	1.00	0.39	0.13
234	胺氟草酯	1.00	8.64	9.04	5.00	0.77	1.09
235	双硫磷	2.00	0.95	0.64	10.00	2.85	3.81
236	氟丙嘧草酯	1.00	0.41	0.44	5.00	0.33	0.79
237	多杀菌素	0.10	0.04	0.07	0.50	0.18	0.09
D组							
238	二丙烯草胺	20.00	3.77	6.31	100.00	67.74	83.80
239	三环唑	0.20	0.06	0.07	1.00	0.23	0.25
240	噻菌灵	0.60	0.22	0.32	3.00	1.03	1.07
241	苯噻草酮	0.20	0.12	0.02	1.00	0.19	0.26
242	异丙隆	0.20	0.07	0.08	1.00	0.23	0.18
243	莠去通	0.10	0.03	0.05	0.50	0.13	0.10
244	敌草净	0.04	0.12	0.02	0.20	0.19	0.26
245	赛克津	0.60	0.22	0.26	3.00	0.44	0.50
246	DMST	1.20	0.48	0.51	6.00	1.17	2.19
247	环草敌	1.00	0.24	0.77	5.00	4.82	5.14
248	莠去津	0.06	0.03	0.02	0.30	0.09	0.14
249	丁草敌	120.00	27.87	52.39	600.00	101.33	112.35
250	吡蚜酮	10.00	6.61	2.25	50.00	4.06	3.77
251	杀草敏	2.00	0.40	0.57	10.00	2.53	2.54
252	菜草畏	12.00	5.85	8.27	60.00	16.16	16.08
253	特丁通	0.10	0.02	0.03	0.50	0.11	0.10
254	环丙津	0.06	0.03	0.03	0.30	0.07	0.10
255	阔草净	0.20	0.06	0.11	1.00	0.24	0.21
256	木草隆	0.10	0.03	0.03	0.50	0.14	0.15
257	草达津	0.20	0.17	0.17	1.00	0.34	0.30
258	另丁津	0.10	0.05	0.06	0.50	0.12	0.15
259	畜虫避	8.00	4.48	4.19	40.00	21.55	21.02
260	牧草胺	0.10	0.03	0.06	0.50	0.04	0.13
261	久效威亚砜	12.00	8.91	5.61	60.00	34.86	39.60
262	杀螟丹	20.00	3.22	6.35	100.00	21.08	20.40
263	虫螨畏	20.00	7.78	13.59	100.00	44.03	56.19

表 D.1（续）

序号	名　称	含量/(μg/kg)	重复性限 r	再现性限 R	含量/(μg/kg)	重复性限 r	再现性限 R
264	特丁净	0.08	0.02	0.03	0.40	0.12	0.11
265	唑菌嗪	14.00	3.76	4.57	70.00	21.05	22.22
266	虫线磷	2.00	0.49	1.24	10.00	3.90	4.12
267	利谷隆	2.00	0.81	0.68	10.00	3.05	2.47
268	庚虫磷	2.00	0.91	1.48	10.00	2.53	4.08
269	苄草丹	0.10	0.02	0.03	0.50	0.20	0.50
270	炔苯烯草胺	0.40	0.11	0.14	2.00	0.21	0.36
271	杀草净	0.06	0.03	0.03	0.30	0.07	0.15
272	禾草丹	0.20	0.03	0.06	1.00	0.18	0.21
273	三异丁基磷酸盐	0.10	0.04	0.04	0.50	0.24	0.33
274	磷酸三正丁酯	0.10	0.01	0.04	0.50	0.17	0.17
275	乙霉威	0.80	0.28	0.54	4.00	1.16	1.17
276	甲草胺	4.00	0.62	1.60	20.00	5.58	7.54
277	硫线磷	0.40	0.18	0.26	2.00	1.43	1.02
278	灭草胺	0.20	0.09	0.09	1.00	0.27	0.25
279	胺丙畏	16.00	7.35	9.32	80.00	22.61	60.10
280	特丁硫磷	36.00	19.18	13.39	180.00	8.06	41.18
281	烯效唑	0.20	0.11	0.09	1.00	0.21	0.21
282	硅氟唑	0.20	0.09	0.08	1.00	0.14	0.11
283	三唑酮	1.00	0.37	0.47	5.00	0.74	0.54
284	甲拌磷砜	0.80	0.21	0.41	4.00	1.68	1.76
285	十三吗啉	2.00	0.63	0.66	10.00	3.92	5.36
286	苯噻酰草胺	0.20	0.10	0.09	1.00	0.27	0.37
287	戊环唑	0.10	0.08	0.05	0.50	0.11	0.15
288	苯线磷	0.08	0.02	0.02	0.40	0.21	0.21
289	丁苯吗啉	0.08	0.02	0.02	0.40	0.12	0.11
290	戊唑醇	0.10	0.03	0.04	0.50	0.17	0.10
291	异丙乐灵	2.00	0.82	1.16	10.00	2.54	1.06
292	氟苯嘧啶醇	1.00	0.44	0.31	5.00	0.74	0.66
293	乙嘧酚磺酸酯	0.20	0.05	0.07	1.00	0.20	0.27
294	保棉磷	20.00	13.56	10.27	100.00	48.21	48.16
295	丁基嘧啶磷	20.00	7.87	5.86	100.00	29.56	41.18
296	稻丰散	2.00	0.80	0.54	10.00	3.04	3.00
297	治螟磷	0.40	0.16	0.25	2.00	1.05	0.86

表 D.1(续)

序号	名　　称	含量/(μg/kg)	重复性限 r	再现性限 R	含量/(μg/kg)	重复性限 r	再现性限 R
298	硫丙磷	0.80	0.55	0.46	4.00	1.38	1.26
299	苯硫磷	1.00	0.40	0.47	5.00	1.10	1.05
300	甲基吡噁磷	0.20	0.05	0.08	1.00	0.36	0.37
301	烯唑醇	0.20	0.10	0.10	1.00	0.25	0.22
302	稀禾啶	0.60	0.42	0.34	3.00	0.88	0.72
303	纹枯脲	0.10	0.02	0.04	0.50	0.20	0.15
304	灭蚜磷	2.00	1.06	1.09	10.00	1.30	4.69
305	苯草酮	1.00	0.27	0.17	5.00	1.00	0.76
306	马拉硫磷	0.60	0.37	0.18	3.00	0.99	0.75
307	稗草畏	0.20	0.09	0.05	1.00	1.04	0.36
308	哒嗪硫磷	0.40	0.16	0.14	2.00	0.27	0.28
309	嘧啶磷	0.10	0.04	0.02	0.50	0.11	0.14
310	硫双威	2.00	1.55	1.58	10.00	2.44	9.66
311	吡唑硫磷	0.60	0.20	0.26	3.00	0.26	0.54
312	啶氧菌酯	20.00	4.99	13.45	100.00	12.31	17.81
313	四氟醚唑	0.20	0.04	0.05	1.00	0.19	0.29
314	吡唑解草酯	0.75	0.21	0.29	3.75	0.61	0.66
315	丙溴磷	0.40	0.14	0.08	2.00	1.25	1.21
316	百克敏	0.40	0.08	0.18	2.00	0.70	0.38
317	烯酰吗啉	0.20	0.09	0.11	1.00	0.43	0.43
318	噻嗯菊酯	0.40	0.06	0.12	2.00	0.19	0.36
319	噻唑烟酸	0.60	0.33	0.19	3.00	0.72	1.10
320	醚黄隆	0.12	0.02	0.04	0.60	0.20	0.15
321	碘甲磺隆	8.00	21.06	21.09	40.00	25.33	24.70
322	定虫隆	2.00	0.95	1.00	10.00	2.77	2.52
E组							
323	4-氨基吡啶	0.40	0.00	0.00	1.70	0.26	2.73
324	灭多威	2.40	0.49	1.62	9.60	1.85	5.33
325	*N*-二甲基甲酰基甲硫基甲醛肟	0.50	0.13	0.26	1.90	0.42	4.31
326	咯喹酮	4.00	0.52	0.58	16.00	3.24	11.40
327	麦穗宁	1.30	0.30	0.42	5.30	4.23	4.36
328	丁脒酰胺	0.70	0.08	0.07	2.70	0.47	4.82
329	丁酮威	0.10	0.07	0.07	0.60	0.16	0.76

表 D.1（续）

序号	名　　称	含量/(μg/kg)	重复性限 r	再现性限 R	含量/(μg/kg)	重复性限 r	再现性限 R
330	杀虫脒	1.00	0.24	0.56	3.90	0.70	7.05
331	霜脲氰	10.40	1.44	5.26	41.40	10.74	24.34
332	灭草敌	0.80	0.15	0.20	3.40	0.65	2.29
333	猛杀威	3.40	0.61	0.29	13.50	3.81	6.57
334	灭害威	11.10	4.14	4.89	44.50	12.28	24.50
335	甲菌定	0.60	0.10	0.25	2.50	0.24	2.48
336	氧乐果	0.30	0.05	0.10	1.10	0.20	1.25
337	乙氧喹啉	1.30	2.46	3.38	5.20	2.42	10.48
338	敌敌畏	1.40	0.45	0.61	5.60	1.14	2.09
339	涕灭威砜	6.30	0.78	2.73	25.40	3.05	49.08
340	二氧威	1.40	0.00	0.00	5.60	4.29	4.69
341	灭赐松	0.90	0.52	0.72	3.80	0.87	6.17
342	解草腈	0.20	0.08	0.06	0.70	0.19	0.26
343	乙硫苯威亚砜	25.00	3.54	9.32	99.80	22.95	32.16
344	杀螟腈	53.30	10.27	25.60	213.10	45.90	43.29
345	土菌灵	1.20	0.32	0.33	4.80	1.31	3.89
346	甲基乙拌磷	80.00	14.99	36.53	320.00	105.94	359.75
347	灭菌丹	68.00	33.82	35.29	272.00	88.82	88.29
348	甲基内吸磷砜	3.30	0.40	0.59	13.30	3.01	4.51
349	哌草丹	699.00	325.88	458.47	2795.00	810.03	1649.25
350	苯锈定	1.40	0.19	0.42	5.70	1.54	2.97
351	赛硫磷	16.30	1.70	2.19	65.30	10.18	18.78
352	对氧磷	0.30	0.03	0.05	1.10	0.29	0.49
353	4-十二烷基-2,6-二甲基吗啉	0.70	0.13	0.48	2.70	0.37	2.13
354	啶斑肟	0.50	0.07	0.08	2.20	0.38	0.59
355	氯硫磷	496.00	163.12	346.64	1984.00	239.77	195.04
356	异氯磷	0.70	0.20	0.18	2.70	0.56	1.63
357	四螨嗪	1.00	0.18	0.23	3.80	0.94	1.14
358	氟草敏	0.30	0.05	0.07	1.00	0.15	0.77
359	苯氧喹啉	277.30	30.66	51.04	1 109.30	188.01	105.19
360	倍硫磷砜	13.50	2.26	5.21	53.90	14.83	41.53
361	烯虫酯	0.70	0.20	0.36	2.80	0.84	1.98
362	氟咯草酮	6.00	0.44	1.13	24.00	5.32	13.46

表 D.1（续）

序号	名　称	含量/(μg/kg)	重复性限 r	再现性限 R	含量/(μg/kg)	重复性限 r	再现性限 R
363	邻苯二甲酸丁苄酯	98.00	22.40	30.15	392.00	86.22	82.18
364	氯唑磷	0.70	0.09	0.17	2.70	0.80	1.19
365	酚线磷	14.70	4.39	9.82	58.90	16.47	33.79
366	蚜灭多砜	59.60	9.13	19.53	238.60	53.03	56.83
367	特丁硫磷砜	28.00	5.42	8.19	112.00	21.39	46.12
368	敌乐胺	6.20	0.89	1.18	24.90	2.04	8.57
369	氰唑磺菌胺	0.80	0.16	0.31	3.10	0.78	2.45
370	毒壤膦	19.20	5.10	8.34	76.70	16.99	24.63
371	苄呋菊酯-2	0.70	0.12	0.28	3.00	1.38	1.55
372	啶酰菌胺	6.30	2.41	3.63	25.40	6.42	8.35
373	甲磺乐灵	40.00	8.45	8.94	160.00	20.27	107.77
374	苯酮唑	30.90	9.59	13.58	123.70	33.69	96.92
375	噻螨酮	13.10	3.85	9.02	52.30	14.19	13.97
376	苯满特	1.60	0.42	1.04	6.50	8.12	13.67
377	哒螨灵	40.80	25.31	30.93	163.20	26.68	44.74
378	新燕灵	163.30	26.06	57.11	653.30	163.57	238.31
379	嘧螨醚	14.40	2.43	3.66	57.60	11.52	57.21
380	哒草特	9.30	10.03	4.08	37.30	23.39	32.50
381	呋线威	2.50	0.33	0.49	10.10	2.51	7.97
382	反式氯菊酯	0.50	0.21	0.15	2.10	0.31	1.30
383	苄草唑	0.70	0.06	0.08	2.70	0.75	1.43
384	嘧唑螨	7.30	3.08	3.85	29.00	5.00	14.13
385	*Z*-氯氰菊酯	0.10	0.02	0.04	0.50	0.08	0.80
386	吡氟甲禾灵	8.70	1.29	4.01	34.90	3.66	17.44
F组							
387	丙烯酰胺	10.70	0.00	0.00	42.70	21.77	23.13
388	特丁胺	41.00	9.93	9.01	164.00	80.95	70.37
389	邻苯二甲酰亚胺	66.70	11.38	20.95	266.70	44.46	66.95
390	甲氟磷	10.00	1.94	7.76	39.80	2.49	41.97
391	速灭威	13.30	5.14	8.99	53.30	10.71	16.24
392	二苯胺	2.70	0.63	1.34	10.80	2.37	7.83
393	萘乙酰胺	2.00	0.26	0.59	7.90	1.56	1.98
394	脱乙基莠去津	0.70	0.12	0.21	2.80	0.54	0.44
395	2,6-二氯苯甲酰胺	3.30	0.46	1.23	13.30	3.96	2.37

表 D.1（续）

序号	名　称	含量/(μg/kg)	重复性限 r	再现性限 R	含量/(μg/kg)	重复性限 r	再现性限 R
396	邻苯二甲酸二甲酯	12.00	3.81	9.43	48.10	12.68	20.42
397	杀虫脒盐酸盐	2.10	0.43	1.12	8.50	1.66	4.90
398	西玛通	0.40	0.09	0.14	1.50	0.26	0.39
399	丁诺特呋喃	2.70	0.64	1.04	10.70	1.52	2.17
400	克草敌	10.50	4.40	7.60	41.80	6.04	5.03
401	活化酯	14.70	3.46	7.83	58.70	7.77	16.89
402	蔬果磷	30.00	2.47	21.09	120.00	22.73	26.59
403	杀线威	37.90	4.57	15.60	151.50	14.02	29.14
404	甲基苯噻隆	0.30	0.04	0.08	1.00	0.14	0.23
405	丁酮砜威	18.10	3.60	12.61	72.50	10.12	17.42
406	兹克威	0.60	0.21	0.53	2.50	0.58	3.46
407	甲基内吸磷亚砜	1.30	0.33	0.75	5.30	1.23	4.02
408	久效威砜	1.10	0.25	1.83	4.30	2.00	4.29
409	甲基硫环磷	0.90	0.17	0.27	3.50	0.40	7.49
410	三氯氧乙酸	0.30	0.05	0.09	1.10	0.15	0.38
411	内吸磷	16.00	1.61	3.83	64.00	13.14	24.63
412	氧倍硫磷	0.80	0.19	0.44	3.20	0.55	0.67
413	杀草隆	1.30	0.39	0.61	5.30	0.72	0.89
414	萘丙胺	1.20	0.35	0.49	4.90	0.75	1.52
415	杀螟硫磷	534.00	211.65	222.59	2136.00	584.44	900.54
416	酞酸二丁酯	0.70	0.23	0.41	2.70	1.44	3.67
417	丙草胺	4.60	0.90	1.19	18.30	2.26	5.12
418	腐霉利	261.30	50.99	67.52	1045.00	144.86	203.00
419	灭蚜硫磷	1.80	0.58	1.19	7.20	1.59	3.66
420	枯草隆	0.90	0.17	0.12	3.80	0.43	0.83
421	威菌磷	0.03	0.00	0.00	0.10	0.02	0.02
422	二嗪农	4.30	1.57	2.27	17.20	3.75	3.82
423	脱叶磷	66.70	0.00	0.00	266.70	0.00	0.00
424	右旋炔丙菊酯	62.00	7.16	3.54	248.00	185.68	79.34
425	苄草隆	1.30	0.33	0.53	5.30	0.87	1.81
426	亚胺硫磷	13.60	8.32	12.77	54.40	8.32	22.77
427	皮蝇磷	13.50	2.67	10.42	53.90	23.11	21.63
428	除虫菊素	65.70	25.26	36.00	262.70	47.22	31.28
429	乙基杀扑磷	2.00	0.33	2.93	8.00	6.82	3.31

表 D.1（续）

序号	名　　称	含量/(μg/kg)	重复性限 r	再现性限 R	含量/(μg/kg)	重复性限 r	再现性限 R
430	phthalicacid, biscyclohexyl ester	0.70	0.32	0.31	2.60	0.90	3.33
431	环丙酰菌胺	3.80	0.77	2.13	15.40	2.78	6.90
432	吡螨胺	1.30	0.16	0.78	5.10	1.31	2.01
433	苯酰草胺	2.70	0.62	1.72	10.70	1.20	3.44
434	抑虫肼	3.40	0.54	1.25	13.50	1.38	11.08
435	克热净(醋酸盐)	5.50	0.00	0.00	22.10	1.81	7.20
436	虫螨磷	65.30	15.64	48.13	261.30	69.82	102.16
437	二溴磷	380.00	87.78	200.17	1 520.00	112.35	633.19
438	唑虫酰胺	0.70	0.12	0.41	2.70	0.67	2.07
439	吲哚酮草酯	43.50	6.66	24.39	173.90	27.87	90.46
440	鱼藤酮	2.00	0.34	0.88	8.00	1.23	2.13
441	三氯苯唑	403.30	0.00	0.00	1 613.00	1 046.98	2 447.99
442	唑酮草酯	2.40	0.47	0.78	9.60	1.79	3.15
443	噁草酸	5.80	0.61	3.07	23.10	4.54	7.96
444	乳氟禾草灵	31.60	12.34	14.45	126.40	16.30	57.24
	G组						
445	四氢化邻苯二甲酰亚胺	31.00	9.43	5.13	124.00	14.14	27.55
446	2,6-二氟苯甲酸	16.00	6.85	9.14	64.00	1.19	3.55
447	三氯乙酸钠	6.80	1.02	1.93	27.20	7.66	6.42
448	2-苯基苯酚	12.40	3.60	2.79	49.60	3.11	3.87
449	3-苯基苯酚	2.40	0.70	0.98	9.60	2.83	2.16
450	氯硝胺	11.40	4.56	6.85	45.60	4.24	7.38
451	氯氨吡啶酸	13.30	3.40	4.33	53.20	1.42	4.23
452	氯苯胺灵	8.60	2.44	4.91	34.40	3.33	6.78
453	特草定	0.40	0.07	0.12	1.60	0.19	0.38
454	麦草畏	49.10	20.18	20.61	196.40	0.14	0.39
455	2,3,4,5-四氯苯胺	28.80	9.58	6.76	115.20	10.92	19.00
456	敌磺钠	80.00	19.53	16.92	320.00	0.00	0.00
457	毒莠定	104.30	19.64	63.62	417.20	0.00	0.00
458	灭草松	0.90	0.35	0.20	3.60	0.63	1.21
459	地乐酚	0.30	0.09	0.13	1.20	0.29	0.28
460	草消酚	0.30	0.12	0.10	1.20	0.13	0.12
461	咯菌腈	0.30	0.11	0.10	1.20	0.20	0.28

表 D.1（续）

序号	名　　称	含量/(μg/kg)	重复性限 r	再现性限 R	含量/(μg/kg)	重复性限 r	再现性限 R
462	杀螨醇	141.30	42.95	84.08	565.20	67.35	64.30
463	溴苯腈	0.50	0.01	0.01	2.00	0.00	0.00
464	灭幼脲	12.00	4.16	5.81	48.00	4.66	9.50
465	氯霉素	0.90	0.31	0.40	3.60	0.35	0.61
466	氟草醚	104.00	51.01	37.13	416.00	38.83	67.53
467	氟吡草腙钠	2.70	0.87	0.63	10.80	0.00	0.00
468	三氟羧草醚	5.30	0.00	0.00	21.20	0.00	0.00
469	噁唑菌酮	4.10	1.25	0.93	16.40	1.41	2.36
470	磺酰唑草酮	8.00	2.02	1.98	32.00	2.47	2.99
471	吡氟酰草胺	3.30	0.84	0.72	13.20	1.45	3.63
472	氟氰唑	6.60	1.87	1.42	26.40	2.50	7.78
473	磺菌胺	0.30	0.05	0.03	1.20	0.16	0.48
474	硫丹硫酸盐	0.80	0.14	0.12	3.20	0.35	0.69
475	嗪胺灵	4.70	1.48	1.30	18.80	3.84	5.49
476	氯吡嘧磺隆	0.40	0.26	0.27	1.60	0.20	0.60
477	氟磺胺草醚	0.40	0.10	0.09	1.60	0.24	0.68
478	虱螨脲	2.00	0.61	0.59	8.00	0.73	0.50
479	噻氟菌胺	2.80	0.56	0.81	11.20	1.31	1.25
H 组							
480	bediocarb	1.60	0.21	0.77	6.40	0.39	0.80
481	溴环烯	3.40	3.07	3.93	13.60	8.56	1.22
I 组							
482	噻节因	8.40	1.46	2.83	33.60	22.05	27.15
483	呋草黄	27.70	27.01	26.84	110.80	17.61	29.59
484	除草醚	3.20	0.08	0.84	12.80	1.86	5.31
485	比芬诺	5.60	22.64	26.49	22.40	14.57	14.46
486	碘硫磷	14.90	11.48	7.53	59.60	8.49	28.00

附 录 E
（资料性附录）
486 种农药及相关化学品英文中文名称对照索引（按英文字母顺序）

486 种农药及相关化学品英文中文名称对照索引（按英文字母顺序）见表 E.1。

表 E.1 486 种农药及相关化学品英文中文名称对照索引（按英文字母顺序）

序号	英文名称	中文名称	附录 A 中序号
1	1-naphthyl acetamide	萘乙酰胺	393
2	2,3,4,5-tetrachloroaniline	2,3,4,5-四氯苯胺	455
3	2,6-dichlorobenzamide	2,6-二氯苯甲酰胺	395
4	2,6-difluorobenzoic acid	2,6-二氟苯甲酸	446
5	2-phenylphenol	2-苯基苯酚	448
6	3,4,5-trimethacarb	3,4,5-混杀威	3
7	3-phenylphenol	3-苯基苯酚	449
8	4,4′-dichlorobenzophenone	4,4′-二氯二苯甲酮	20
9	4-aminopyridine	4-氨基吡啶	323
10	acephate	乙酰甲胺磷	84
11	acetamiprid	啶虫脒	163
12	acetochlor	乙草胺	26
13	acibenzolar-s-methyl	活化酯	401
14	acifluorfen	三氟羧草醚	468
15	aclonifen	苯草醚	104
16	acrylamide	丙烯酰胺	387
17	alachlor	甲草胺	276
18	aldicarb sulfone	涕灭威砜	339
19	aldimorph	4-十二烷基-2,6-二甲基吗啉	353
20	allethrin	烯丙菊酯	41
21	allidochlor	二丙烯草胺	238
22	ametryn	阔草净	255
23	amidithion	赛硫磷	351
24	aminocarb	灭害威	334
25	aminopyralid	氯氨吡啶酸	451
26	anilofos	莎稗磷	66
27	aspon	丙硫特普	228
28	athidathion	乙基杀扑磷	429
29	atratone	莠去通	243
30	atrazine	莠去津	248
31	atrazine-desethyl	脱乙基莠去津	394
32	azaconazole	戊环唑	287
33	azamethiphos	甲基吡噁磷	300
34	azinphos ethyl	乙基谷硫磷	62
35	azinphos-methyl	保棉磷	294
36	aziprotryne	叠氮津	11
37	azoxystrobin	嘧菌酯	75
38	bediocarb	—	480
39	benalyxyl	苯霜灵	51
40	bendiocarb	噁虫威	92
41	benfuresate	呋草黄	483
42	benodanil	麦锈灵	48
43	benoxacor	解草酮	182
44	bensulide	地散磷	73
45	bentazone	灭草松	458
46	benzoximate	苯满特	376
47	benzoylprop-ethyl	新燕灵	378
48	bifenazate	联苯井酯	120
49	bifenox	比芬诺	485
50	bioallethrin	生物丙烯菊酯	123
51	bioresmethrin	生物苄呋菊酯	139
52	bitertanol	联苯三唑醇	59
53	boscalid	啶酰菌胺	372
54	bromacil	除草定	183
55	bromfenvinfos	溴苯烯磷	74

表 E.1(续)

序号	英文名称	中文名称	附录A中序号	序号	英文名称	中文名称	附录A中序号
56	bromocylen	溴环烯	481	89	chlorotoluron	绿麦隆	89
57	bromophos-ethyl	乙基溴硫磷	71	90	chloroxuron	枯草隆	420
58	bromoxynil	溴苯腈	463	91	chlorphoxim	氯辛硫磷	214
59	brompyrazon	溴莠敏	185	92	chlorprifos methyl	甲基毒死蜱	60
60	bromuconazole	糠菌唑	147	93	chlorpropham	氯苯胺灵	452
61	bupirimate	乙嘧酚磺酸酯	293	94	chlorpyrifos	毒死蜱	141
62	buprofezin	噻嗪酮	126	95	chlorthion	氯硫磷	355
63	butachlor	丁草胺	205	96	chlorthiophos	虫螨磷	436
64	butafenacil	氟丙嘧草酯	236	97	cinidon-ethyl	吲哚酮草酯	439
65	butocarboxim	丁酮威	329	98	cinosulfuron	醚黄隆	320
66	butoxycarboxim	丁酮砜威	405	99	*cis*-1,2,3,6-tetra-hydrophthalimide	四氢化邻苯二甲酰亚胺	445
67	butralin	仲丁灵	36				
68	buturon	播土隆	14	100	clethodim	烯草酮	143
69	butylate	丁草敌	249	101	clodinafop propargyl	炔草酯	63
70	cadusafos	硫线磷	277	102	clofentezine	四螨嗪	357
71	cafenstrol	苯酮唑	374	103	clomazone dimethazone	异噁草酮	17
72	carbaryl	甲萘威	5	104	cloquintocet mexyl	解毒喹	58
73	carbendazim	多菌灵	86	105	clothianidin	噻虫胺	99
74	carbetamide	双酰草胺	15	106	coumaphos	蝇毒磷	223
75	carbofuran	克百威	162	107	crimidine	鼠立克	83
76	carboxin	萎锈灵	97	108	crufomate	育畜磷	115
77	carfentrazone-ethyl	唑酮草酯	442	109	cumyluron	苄草隆	425
78	carpropamid	环丙酰菌胺	431	110	cyanazine	氰草津	18
79	cartap hydrochloride	杀螟丹	262	111	cyanofenphos	苯腈磷	124
80	chloramphenicolum	氯霉素	465	112	cyanohos	杀虫腈	344
81	chlorbufam	氯草灵	91	113	cyazofamid	氰唑磺菌胺	369
82	chlordimeform	杀虫脒	330	114	cycloate	环草敌	247
83	chlordimeform hydro-chloride	杀虫脒盐酸盐	397	115	cycloxydim	噻草酮	134
				116	cycluron	环莠隆	4
84	chlorfenethol	杀螨醇	462	117	cymoxanil	霜脲氰	331
85	chlorfluazuron	定虫隆	322	118	cyprazine	环丙津	254
86	chloridazon	杀草敏	251	119	cyproconazole	环丙唑醇	113
87	chlormephos	氯甲硫磷	96	120	cyprodinil	嘧菌磺胺	13
88	chlorobenzuron	灭幼脲	464	121	cythioate	赛灭磷	117

表 E.1（续）

序号	英文名称	中文名称	附录 A 中序号
122	daimuron	杀草隆	413
123	dazomet	棉隆	80
124	DEF	脱叶磷	130
125	demeton(*o*+*s*)	内吸磷	181
126	demeton-*s*	内吸磷	411
127	demeton-*s*-methyl	灭赐松	341
128	demeton-*s*-methyl sulfone	甲基内吸磷砜	348
129	demeton-*s*-methyl sulfoxide	甲基内吸磷亚砜	407
130	desmedipham	甜菜胺	39
131	diafenthiuron pestanal	丁醚脲	230
132	dialifos	氯亚胺硫磷	72
133	diallate	燕麦敌	25
134	diazinon	二嗪磷	43
135	dibutyl succinate	畜虫避	259
136	dicamba	麦草畏	454
137	dicapthon	异氯磷	356
138	dichlofenthion	酚线磷	365
139	dichlofluanid	抑菌灵	57
140	dichlorvos	敌敌畏	338
141	diclobutrazole	苄氯三唑醇	52
142	dicloran	氯硝胺	450
143	dicrotophos	百治磷	171
144	diethofencarb	乙霉威	275
145	diethyltoluamide	避蚊胺	155
146	difenzoquat-methyl sulfate	野燕枯	98
147	diflufenican	吡氟酰草胺	471
148	diflufenzopyr-sodium	氟吡草腙钠	467
149	dimefox	甲氟磷	390
150	dimepiperate	哌草丹	349
151	dimethachloro	二甲草胺	101
152	dimethametryn	阔草净	179
153	dimethenamid	二甲酚草胺	29
154	dimethipin	噻节因	482
155	dimethirimol	甲菌定	335
156	dimethoate	乐果	168
157	dimethomorph	烯酰吗啉	317
158	dimethyl phthalate	邻苯二甲酸二甲酯	396
159	diniconazole	烯唑醇	301
160	dinitramine	敌乐胺	368
161	dinoseb	地乐酚	459
162	dinotefuran	丁诺特呋喃	399
163	dinoterb	草消酚	460
164	dioxabenzofos	蔬果磷	402
165	dioxacarb	二氧威	340
166	diphenamid	双苯酰草胺	173
167	diphenylamin	二苯胺	392
168	dipropetryn	杀草净	271
169	disulfoton	乙拌磷	188
170	disulfoton sulfone	乙拌磷砜	127
171	disulfoton-sulfoxide	乙拌磷-亚砜	195
172	ditalimfos	灭菌磷	200
173	dithianon	二噻农	422
174	dithiopyr	氟硫草定	231
175	diuron	敌草隆	95
176	DMST	—	246
177	dodemorph	吗菌灵	192
178	edifenphos	敌瘟磷	44
179	emamectin benzoate	甲氨基阿维菌素苯甲酸盐	79
180	endosulfan-sulfate	硫丹硫酸盐	474
181	EPN	苯硫磷	299
182	epoxiconazole	氟环唑	213
183	etaconazole	乙环唑	53
184	ethidimuron	磺噻隆	23
185	ethiofencarb-sulfoxide	乙硫苯威亚砜	343

表 E.1（续）

序号	英文名称	中文名称	附录A中序号	序号	英文名称	中文名称	附录A中序号
186	ethion	乙硫磷	229	220	flubenzimine	嘧唑螨	384
187	ethiprole	氟氰唑	472	221	fluchloralin	氯乙氟灵	142
188	ethofume sate	乙氧呋草黄	110	222	fludioxonil	咯菌腈	461
189	ethoprophos	灭线磷	174	223	flufenacet	氟噻草胺	224
190	ethoxyquin	乙氧喹啉	337	224	flufenoxuron	氟虫脲	77
191	etridiazol	土菌灵	176	225	flumiclorac-pentyl	胺氟草酯	234
192	etridiazole	氯唑灵	345	226	fluometuron	伏草隆	170
193	etrimfos	乙嘧硫磷	116	227	fluorochloridone	氯咯草酮	204
194	famoxadone	噁唑菌酮	469	228	fluorodifen	氟草醚	466
195	famphur	氨磺磷	50	229	fluotrimazole	三氯苯唑	441
196	fenaminosulf	敌磺钠	456	230	flurazuron	啶蜱脲	153
197	fenamiphos	苯线磷	288	231	fluridone	氟啶草酮	212
198	fenamiphos sulfone	苯线磷砜	215	232	flurochloridone	氟咯草酮	362
199	fenamiphos sulfoxide	苯线磷亚砜	208	233	flurtamone	呋草酮	136
200	fenarimol	氯苯嘧啶醇	54	234	flusilazole	氟硅唑	46
201	fenazaquin	喹螨醚	128	235	flusulfamide	磺菌胺	473
202	fenbuconazole	腈苯唑	216	236	fluthiacet methyl	氟噻乙草酯	149
203	fenfuram	黑穗胺	158	237	flutolanil	氟酰胺	49
204	fenitrothion	杀螟硫磷	415	238	flutriafol	粉唑醇	121
205	fenobucarb	仲丁威	160	239	folpet	灭菌丹	347
206	fenoxanil	稻瘟酰胺	211	240	fomesafen	氟磺胺草醚	477
207	fenoxycarb	双氧威	201	241	fonofos	地虫硫磷	175
208	fenpropidin	苯锈定	350	242	fosthiazate	噻唑硫磷	193
209	fenpropimorph	丁苯吗啉	289	243	fuberidazole	麦穗宁	327
210	fenpyroximate	唑螨酯	233	244	furalaxyl	抑菌丙胺酯	122
211	fensulfothin	丰索磷	203	245	furathiocarb	呋线威	381
212	fenthion	倍硫磷	189	246	furmecyclox	拌种胺	177
213	fenthion oxon	氧倍硫磷	412	247	halosulfuran-methyl	氯吡嘧磺隆	476
214	fenthion sulfone	倍硫磷砜	360	248	haloxyfop-2-ethoxy-ethyl	吡氟甲禾灵	386
215	fenthion sulfoxide	倍硫磷亚砜	34				
216	fenuron	非草隆	82	249	haloxyfop-methyl	精氟吡甲禾灵	69
217	flamprop isopropyl	麦草氟异丙酯	144	250	heptanophos	庚虫磷	268
218	flamprop methyl	甲基麦草氟异丙酯	138	251	hexaflumuron	氟铃脲	151
219	fluazifop butyl	精吡磺草隆	70	252	hexazinone	环嗪酮	178

表 E.1（续）

序号	英文名称	中文名称	附录 A 中序号	序号	英文名称	中文名称	附录 A 中序号
253	hexythiazox	噻螨酮	375	286	mephosfolan	地安磷	105
254	imazalil	抑霉唑	197	287	mepronil	灭锈胺	187
255	imazamethabenz-methyl	甲基咪草酯	194	288	merphos	脱叶磷	423
256	imibenzonazole-des-benzyl	脱苯甲基亚胺唑	106	289	metalaxyl	甲霜灵	190
				290	metamitron	苯嗪草酮	241
257	imidacloprid	吡虫啉	22	291	metazachlor	灭草胺	278
258	iminoctadine triacetate	克热净(醋酸盐)	435	292	metconazole	叶菌唑	132
259	indoxacarb	茚虫威	78	293	methabenzthiazuron	甲基苯噻隆	404
260	iodofenphos	碘硫磷	486	294	methacrifos	虫螨畏	263
261	iodosulfuron-methyl	碘甲磺隆	321	295	methamidophos	甲胺磷	154
262	iprobenfos	异稻瘟净	111	296	methfuroxam	呋菌胺	169
263	iprovalicarb	丙森锌	47	297	methidathion	杀扑磷	40
264	isazofos	氯唑磷	364	298	methiocarb	甲硫威	166
265	isocarbamid	丁脒酰胺	328	299	methobromuron	秀谷隆	102
266	isofenphos	异柳磷	217	300	methomyl	灭多威	324
267	isomethiozin	丁嗪草酮	24	301	methoprene	烯虫酯	361
268	isoprocarb	异丙威	2	302	methoprotryne	盖草津	28
269	isopropalin	异丙乐灵	291	303	methoxyfenozide	甲氧虫酰肼	226
270	isoprothiolane	稻瘟灵	196	304	metolachlor	丙草胺	417
271	isoproturon	异丙隆	242	305	metolcarb	速灭威	391
272	isouron	异唑隆	88	306	metoxuron	甲氧隆	167
273	isoxaben	异噁酰草胺	135	307	metribuzin	赛克津	245
274	isoxaflutole	异噁氟草	65	308	mevinphos	速灭磷	10
275	kadethrin	噻嗯菊酯	318	309	mexacarbate	兹克威	406
276	kresoxim-methyl	亚胺菌	206	310	molinate	禾草敌	85
277	lactofen	乳氟禾草灵	444	311	monalide	庚酰草胺	172
278	linuron	利谷隆	267	312	monolinuron	绿谷隆	9
279	lufenuron	虱螨脲	478	313	monuron	灭草隆	156
280	malathion	马拉硫磷	306	314	myclobutanil	腈菌唑	32
281	mecarbam	灭蚜磷	304	315	naled	二溴磷	437
282	mefenacet	苯噻酰草胺	286	316	napropamide	萘丙胺	414
283	mefenoxam	精甲霜灵	108	317	neburon	草不隆	107
284	mefenpyr-diethyl	吡唑解草酯	314	318	nicotine	烟碱	81
285	mepanipyrim	嘧菌胺	164	319	nitenpyram	烯啶虫胺	27

表 E.1（续）

序号	英文名称	中文名称	附录A中序号	序号	英文名称	中文名称	附录A中序号
320	nitralin	甲磺乐灵	373	352	phthalic acid, benzyl butyl ester	邻苯二甲酸丁苄酯	363
321	nitrofen	除草醚	484				
322	norflurazon	氟草敏	358	353	phthalic acid, dicyclobexyl ester	邻苯二甲酸二环己酯	55
323	novaluron	双苯氟脲	152				
324	nuarimol	氟苯嘧啶醇	292	354	phthalimide	邻苯二甲酰亚胺	389
325	oesmetryn	敌草净	244	355	picloram	毒莠定	457
326	ofurace	甲呋酰胺	191	356	picolinafen	氟吡酰草胺	148
327	omethoate	氧乐果	336	357	picoxystrobin	啶氧菌酯	312
328	oryzalin	安磺灵	218	358	piperonyl butoxide	增效醚	221
329	oxabetrinil	解草腈	342	359	piperophos	哌草磷	220
330	oxamyl	杀线威	403	360	pirimicarb	抗蚜威	16
331	oxamyl-oxime	*N*-二甲基甲酰基甲硫基甲醛肟	325	361	pirimiphos methyl	甲基嘧啶磷	125
				362	pirimiphos-ethyl	嘧啶磷	309
332	oxycarboxin	氧化萎锈灵	186	363	prallethrin	右旋炔丙菊酯	424
333	oxyflurofen	乙氧氟草醚	222	364	pretilachlor	丙草胺	45
334	paclobutrazol	多效唑	33	365	prochloraz	咪鲜胺	227
335	paraoxon-ethyl	对氧磷	352	366	procymidone	腐霉利	418
336	pebulate	克草敌	400	367	profenefos	丙溴磷	315
337	penconazole	戊菌唑	31	368	promecarb	猛杀威	333
338	pencycuron	纹枯脲	303	369	prometon	扑灭通	165
339	phenmedipham	甜菜宁	119	370	prometryne	扑草净	19
340	phenothrin	苯醚菊酯	219	371	pronamide	拿草特	100
341	phenthoate	稻丰散	296	372	propachlor	毒草胺	6
342	phorate	甲拌磷	103	373	propanil	敌稗	161
343	phorate sulfone	甲拌磷砜	284	374	propaquizafop	噁草酸	443
344	phorate sulfoxide	甲拌磷亚砜	184	375	propargite	炔螨特	146
345	phosalone	伏杀硫磷	225	376	propazine	扑灭津	93
346	phosfolan	甲基硫环磷	409	377	propetamphos	胺丙畏	279
347	phosmet	亚胺硫磷	426	378	propham	苯胺灵	1
348	phosphamidon	磷胺	118	379	propiconazole	丙环唑	140
349	phoxim	辛硫磷	198	380	propoxur	残杀威	87
350	phthalic acid, biscyclohexyl ester	酞酸二环已酯	430	381	propyzamide	炔苯烯草胺	270
				382	prosulfocarb	苄草丹	269
351	phthalic acid, dibutyl ester	酞酸二丁酯	416	383	prothoate	发硫磷	109

表 E.1（续）

序号	英文名称	中文名称	附录 A 中序号	序号	英文名称	中文名称	附录 A 中序号
384	pymetrozin	吡蚜酮	250	418	spiroxamine	螺噁茂胺	37
385	pyraclofos	吡唑硫磷	311	419	sulfallate	菜草畏	252
386	pyraclostrobin	百克敏	316	420	sulfentrazone	磺酰唑草酮	470
387	pyrazophos	吡菌磷	76	421	sulfotep	治螟磷	297
388	pyrazoxyfen	苄草唑	383	422	sulprofos	硫丙磷	298
389	pyrethrin	除虫菊素	210	423	tebuconazole	戊唑醇	290
390	pyrethrins	除虫菊素	428	424	tebufenozide	抑虫肼	434
391	pyributicarb	稗草畏	307	425	tebufenpyrad	吡螨胺	432
392	pyridaben	哒螨灵	377	426	tebupirimfos	丁基嘧啶磷	295
393	pyridaphenthion	哒嗪硫磷	308	427	tebutam	牧草胺	260
394	pyridate	哒草特	380	428	tebuthiuron	木草隆	256
395	pyrifenox	啶斑肟	354	429	temephos	双硫磷	235
396	pyriftalid	环酯草醚	131	430	TEPP	特普	112
397	pyrimethanil	嘧霉胺	157	431	terbacil	特草定	453
398	pyrimidifen	嘧螨醚	379	432	terbufos	特丁硫磷	280
399	pyrimitate	嘧啶磷	202	433	terbufos sulfone	特丁硫磷砜	367
400	pyriproxyfen	蚊蝇醚	133	434	terbumeton	特丁通	253
401	pyroquilon	咯喹酮	326	435	terbuthylazine	特丁津	94
402	quinalphos	喹硫磷	199	436	terbutryn	特丁净	264
403	quinoclamine	灭藻醌	159	437	terrbucarb	特草灵	30
404	quinoxyphen	苯氧喹啉	359	438	*tert*-butylamine	特丁胺	388
405	quizalofop-ethyl	喹禾灵	68	439	tetrachlorvinphos	杀虫畏	145
406	rabenzazole	吡咪唑	7	440	tetraconazole	四氟醚唑	313
407	resmethrin-2	苄呋菊酯-2	371	441	tetramethirn	胺菊酯	56
408	ronnel	皮蝇磷	427	442	thenylchlor	噻吩草胺	209
409	rotenone	鱼藤酮	440	443	thiabendazole	噻菌灵	240
410	sebutylazine	另丁津	258	444	thiacloprid	噻虫啉	21
411	secbumeton	密草通	12	445	thiamethoxam	噻虫嗪	114
412	sethoxydim	稀禾啶	302	446	thiazopyr	噻唑烟酸	319
413	simeconazole	硅氟唑	282	447	thifluzamide	噻氟菌胺	479
414	simeton	西玛通	398	448	thiobencarb	禾草丹	272
415	simetryn	西草净	8	449	thiodicarb	硫双威	310
416	spinosad	多杀菌素	237	450	thiofanox	久效威	90
417	spirodiclofen	螺螨酯	232	451	thiofanox-sulfone	久效威砜	408

表 E.1(续)

序号	英文名称	中文名称	附录A中序号	序号	英文名称	中文名称	附录A中序号
452	thiofanox-sulfoxide	久效威亚砜	261	469	trichlorphon	敌百虫	180
453	thiometon	甲基乙拌磷	346	470	triclopyr	三氯氧乙酸	410
454	thionazin	虫线磷	266	471	tricyclazole	三环唑	239
455	thiophanat ethyl	脱叶膦	67	472	tridemorph	十三吗啉	285
456	thiophanate methyl	甲基硫菌灵	61	473	trietazine	草达津	257
457	tolclofos methyl	甲基立枯磷	38	474	trifloxystrobin	肟菌酯	150
458	tolfenpyrad	唑虫酰胺	438	475	triflumuron	杀铃脲	64
459	tralkoxydim	苯草酮	305	476	trifluralin	氟乐灵	137
460	*trans*-permethin	反式氯菊酯	382	477	triforine	嗪胺灵	475
461	triadimefon	三唑酮	283	478	tri-*iso*-butyl phosphate	三异丁基磷酸盐	273
462	triadimenol	三唑醇	35	479	tri-*n*-butyl phosphate	磷酸三正丁酯	274
463	triallate	野麦畏	42	480	triticonazole	戊叉菌唑	207
464	triamiphos	威菌磷	421	481	uniconazole	烯效唑	281
465	triazophos	三唑磷	129	482	vamidothion	灭蚜硫磷	419
466	triazoxide	唑菌嗪	265	483	vamidothion sulfone	蚜灭多砜	366
467	trichloroacetic acid sodium salt	三氯乙酸钠	447	484	vernolate	灭草敌	332
				485	*zeta* cypermethrin	*Z*-氯氰菊酯	385
468	trichloronat	毒壤膦	370	486	zoxamide	苯酰草胺	433

ICS 67.050
X 04

中华人民共和国国家标准

GB/T 20772—2008
代替 GB/T 20772—2006

动物肌肉中461种农药及相关化学品残留量的测定　液相色谱-串联质谱法

Determination of 461 pesticides and related chemicals residues in animal muscles—LC-MS-MS method

2008-12-31 发布　　2009-05-01 实施

中华人民共和国国家质量监督检验检疫总局
中国国家标准化管理委员会　发布

前　言

本标准代替 GB/T 20772—2006《动物肌肉中 380 种农药及相关化学品残留量测定方法　液相色谱-串联质谱法》。

本标准与 GB/T 20772—2006 相比，主要变化如下：

——可测定的农药由 380 种增加到 461 种；

——增加了负组的测试条件。

本标准的附录 A、附录 B、附录 C、附录 D、附录 E 为资料性附录。

本标准由中华人民共和国国家质量监督检验检疫总局提出并归口。

本标准起草单位：中华人民共和国秦皇岛出入境检验检疫局、山东农业大学。

本标准主要起草人：庞国芳、曹彦忠、范春林、贾光群、郑锋、王雯雯、连玉晶、张进杰、李学民、刘永明、石玉秋。

本标准于 2006 年首次发布。

动物肌肉中 461 种农药及相关化学品残留量的测定　液相色谱-串联质谱法

1 范围

本标准规定了猪肉、牛肉、羊肉、兔肉、鸡肉中 461 种农药及相关化学品(参见附录 A 和附录 E)残留量液相色谱-串联质谱测定方法。

本标准适用于猪肉、牛肉、羊肉、兔肉、鸡肉中 461 种农药及相关化学品的定性鉴别,396 种农药及相关化学品残留量的定量测定。

本标准定量测定的 396 种农药及相关化学品的方法检出限为 0.04 μg/kg～4.82 mg/kg(参见附录 A)。

2 规范性引用文件

下列文件中的条款通过本标准的引用而成为本标准的条款。凡是注日期的引用文件,其随后所有的修改单(不包括勘误的内容)或修订版均不适用于本标准,然而,鼓励根据本标准达成协议的各方研究是否可使用这些文件的最新版本。凡是不注日期的引用文件,其最新版本适用于本标准。

GB/T 6379.1　测量方法与结果的准确度(正确度与精密度)　第 1 部分:总则与定义(GB/T 6379.1—2004,ISO 5725-1:1994,IDT)

GB/T 6379.2　测量方法与结果的准确度(正确度与精密度)　第 2 部分:确定标准测量方法重复性与再现性的基本方法(GB/T 6379.2—2004,ISO 5725-2:1994,IDT)

GB/T 6682　分析实验室用水规格和试验方法(GB/T 6682—2008,ISO 3696:1987,MOD)

GB/T 9695.19　肉与肉制品　取样方法

3 原理

用环己烷-乙酸乙酯均质提取试样,凝胶渗透色谱净化,液相色谱-串联质谱仪检测,外标法定量。

4 试剂和材料

水为 GB/T 6682 规定的一级水。

4.1　乙腈:色谱纯。

4.2　甲苯:色谱纯。

4.3　环己烷:色谱纯。

4.4　乙酸乙酯:色谱纯。

4.5　甲醇:色谱纯。

4.6　异辛烷:色谱纯。

4.7　微孔过滤膜(尼龙):13 mm×0.45 μm。

4.8　微孔过滤膜(尼龙):13 mm×0.2 μm。

4.9　0.1%甲酸溶液(体积分数)。

4.10　5 mmol/L 乙酸铵溶液。

4.11　无水硫酸钠:分析纯。用前在 650 ℃灼烧 4 h,贮于干燥器中,冷却后备用。

4.12　环己烷+乙酸乙酯混合溶剂(1+1,体积比)。

4.13　乙腈+水(3+2,体积比)。

4.14 农药及相关化学品标准物质:纯度≥95%。

4.15 农药及相关化学品标准溶液

4.15.1 标准储备溶液

分别称取 5 mg～10 mg(精确至 0.1 mg)农药及相关化学品各标准物分别于 10 mL 容量瓶中,根据标准物的溶解性选甲醇、甲苯、丙酮、乙腈或异辛烷等溶剂溶解并定容至刻度(溶剂选择参见附录 A)。标准储备溶液避光 0 ℃～4 ℃保存,可使用一年。

4.15.2 混合标准溶液(混合标准溶液 A、B、C、D、E、F 和 G)

按照农药及相关化学品的性质及保留时间,将 461 种农药及相关化学品分成 A、B、C、D、E、F、G 七个组,并根据每种农药及相关化学品在仪器上的响应灵敏度,确定其在混合标准溶液中的浓度。本标准对 461 种农药及相关化学品的分组及其混合标准溶液浓度参见附录 A。

依据每种农药及相关化学品的分组、混合标准溶液浓度及其标准储备液的浓度,移取一定量的单个农药及相关化学品标准储备溶液于 100 mL 容量瓶中,用甲醇定容至刻度。混合标准溶液避光 0 ℃～4 ℃保存,可使用一个月。

4.15.3 基质混合标准工作溶液

基质混合标准工作溶液是用空白样品提取液配成不同浓度的基质混合标准工作溶液 A、B、C、D、E、F 和 G 组,用于做标准工作曲线。

基质混合标准工作溶液应现用现配。

5 仪器

5.1 液相色谱-串联质谱仪:配有电喷雾离子源(ESI)。

5.2 凝胶渗透色谱仪。

5.3 分析天平:感量 0.1 mg,0.01 g。

5.4 旋转蒸发器。

5.5 均质器:最大转速为 24 000 r/min。

5.6 离心机:最大转速为 4 200 r/min。

5.7 氮气吹干仪。

5.8 鸡心瓶:100 mL。

5.9 移液器:1 mL,5 mL。

5.10 样品瓶:2 mL,带聚四氟乙烯旋盖。

6 试样制备与保存

6.1 试样的制备

按 GB/T 9695.19 抽取的样品用绞肉机绞碎,充分混匀,用四分法缩分至不少于 500 g,作为试样,装入清洁容器内,密封后,标明标记。

6.2 试样的保存

将试样于－18 ℃冷冻保存。

7 测定步骤

7.1 提取

称取 10 g 试样,精确至 0.01 g,放入盛有 20 g 无水硫酸钠(4.11)的 50 mL 离心管中,加入 35 mL 环己烷＋乙酸乙酯混合溶剂(4.12)。用均质器(5.5)在 15 000 r/min 均质提取 1.5 min,再用离心机(5.6)在 3 000 r/min 离心 3 min。上清液通过装有无水硫酸钠的筒形漏斗,收集于 100 mL 鸡心瓶中(5.8),残渣用 35 mL 环己烷＋乙酸乙酯混合溶剂重复提取一次,经离心过滤后,合并两次提取液,将提取液于40 ℃水浴用旋转蒸发器(5.4)旋转蒸发至约5 mL,待净化。若以脂肪计,将提取液收集于已称重的鸡心瓶中,用旋转蒸发器在40 ℃水浴蒸发至5 mL,然后在50 ℃用氮气浓缩仪吹干残存的溶剂,鸡心瓶称重后,记下脂肪质量,待净化。

7.2 凝胶渗透色谱净化

7.2.1 条件

a) 净化柱:400 mm×25 mm,内装BIO-Beads S-X3填料或相当者;

b) 检测波长:254 nm;

c) 流动相:乙酸乙酯+环己烷(1+1,体积比);

d) 流速:5 mL/min;

e) 进样量:5 mL;

f) 开始收集时间:22 min;

g) 结束收集时间:40 min。

7.2.2 净化

将浓缩的提取液或脂肪(7.1)用乙酸乙酯+环己烷混合溶剂溶解转移至10 mL容量瓶中,用5 mL环己烷+乙酸乙酯混合溶剂分两次洗涤鸡心瓶,并转移至上述10 mL容量瓶中,再用环己烷+乙酸乙酯混合溶剂定容至刻度,摇匀。经0.45 μm滤膜(4.7)过滤入10 mL试管中,供凝胶渗透色谱仪净化,收集22 min~40 min的馏分于100 mL鸡心瓶中,并在40 ℃水浴旋转蒸发至0.5 mL。用氮气吹干,再用1.0 mL乙腈+水(3+2)溶解残渣,经0.2 μm滤膜(4.8)过滤后,供液相色谱-串联质谱进行检测。

同时取不含农药及相关化学品的肌肉样品,按7.1和7.2步骤制备空白样品提取液,用于配制基质混合标准工作溶液。

7.3 液相色谱-串联质谱测定

7.3.1 条件

7.3.1.1 A、B、C、D、E、F组农药及相关化学品液相色谱-串联质谱测定条件

a) 色谱柱:ZORBAX SB-C_{18},3.5 μm,100 mm×2.1 mm(内径)或相当者;

b) 流动相及梯度洗脱条件见表1;

表1 流动相及梯度洗脱条件

步骤	总时间/min	流速/(μL/min)	流动相A(0.1%甲酸水)/%	流动相B(乙腈)/%
0	0.00	400	99.0	1.0
1	3.00	400	70.0	30.0
2	6.00	400	60.0	40.0
3	9.00	400	60.0	40.0
4	15.00	400	40.0	60.0
5	19.00	400	1.0	99.0
6	23.00	400	1.0	99.0
7	23.01	400	99.0	1.0

c) 柱温:40 ℃;

d) 进样量:10 μL;

e) 离子源:ESI;

f) 扫描方式:正离子扫描;

g) 检测方式:多反应监测;

h) 电喷雾电压:4 000 V;

i) 雾化气压力:0.28 MPa;

j) 干燥气温度:350 ℃;

k) 干燥气流速:10 L/min;

l) 监测离子对、碰撞气能量和源内碎裂电压参见附录 B。

7.3.1.2 **G 组农药及相关化学品液相色谱-串联质谱测定条件**

a) 色谱柱:ZORBAX SB-C_{18},3.5 μm,100 mm×2.1 mm(内径)或相当者;

b) 流动相及梯度洗脱条件见表 2;

表 2 流动相及梯度洗脱条件

步骤	总时间/min	流速/(μL/min)	流动相 A(5 mmol/L 乙酸铵水)/%	流动相 B(乙腈)/%
0	0.00	400	99.0	1.0
1	3.00	400	70.0	30.0
2	6.00	400	60.0	40.0
3	9.00	400	60.0	40.0
4	15.00	400	40.0	60.0
5	19.00	400	1.0	99.0
6	23.00	400	1.0	99.0
7	23.01	400	99.0	1.0

c) 柱温:40 ℃;

d) 进样量:10 μL;

e) 离子源:ESI;

f) 扫描方式:负离子扫描;

g) 检测方式:多反应监测;

h) 离子喷雾电压:4 000 V;

i) 雾化气压力:0.28 MPa;

j) 干燥气温度:350 ℃;

k) 干燥气流速:10 L/min;

l) 监测离子对、碰撞气能量和源内碎裂电压参见附录 B。

7.3.2 **定性测定**

在相同实验条件下进行样品测定时,如果检出的色谱峰的保留时间与标准样品相一致,并且在扣除背景后的样品质谱图中,所选择的离子均出现,而且所选择的离子丰度比与标准样品的离子丰度比相一致(相对丰度>50%,允许±20%偏差;相对丰度>20%～50%,允许±25%偏差;相对丰度>10%～20%,允许±30%偏差;相对丰度≤10%,允许±50%偏差),则可判断样品中存在这种农药或相关化学品。

7.3.3 **定量测定**

本标准中液相色谱-串联质谱采用外标-校准曲线法定量测定。为减少基质对定量测定的影响,定量用标准溶液应采用基质混合标准工作溶液绘制标准曲线。并且保证所测样品中农药及相关化学品的响应值均在仪器的线性范围内。461 种农药及相关化学品多反应监测(MRM)色谱图参见附录 C。

7.4 **平行试验**

按以上步骤对同一试样进行平行试验测定。

7.5 **空白试验**

除不称取试样外,均按上述步骤进行。

8 结果计算

结果按式(1)计算：

$$X_i = c_i \times \frac{V}{m} \times \frac{1\ 000}{1\ 000} \qquad \cdots\cdots (1)$$

式中：

X_i——试样(或脂肪)中被测组分残留量，单位为毫克每千克(mg/kg)；

c_i——从标准曲线上得到的被测组分溶液浓度，单位为微克每毫升(μg/mL)；

V——样品溶液定容体积，单位为毫升(mL)；

m——样品溶液所代表试样(或脂肪)的质量，单位为克(g)。

计算结果应扣除空白值。

9 精密度

本标准精密度数据是按照 GB/T 6379.1 和 GB/T 6379.2 的规定确定的，获得重复性和再现性的值是以 95%的可信度来计算。本标准方法的精密度数据参见附录 D。

附　录　A
（资料性附录）
461种农药及相关化学品中英文名称、方法检出限、分组、溶剂选择和混合标准溶液浓度表

461种农药及相关化学品中英文名称、方法检出限、分组、溶剂选择和混合标准溶液浓度表见表A.1。

表A.1　461种农药及相关化学品中英文名称、方法检出限、分组、溶剂选择和混合标准溶液浓度表

序号	中文名称	英文名称	检出限/(μg/kg)	溶剂	混合标准溶液浓度/(mg/L)
A组					
1	苯胺灵	propham	55.00	甲苯	11.00
2	异丙威	isoprocarb	1.15	甲醇	0.23
3	3,4,5-混杀威	3,4,5-trimethacarb	0.17	甲醇	0.03
4	环莠隆	cycluron	0.10	甲醇	0.02
5	甲萘威	carbaryl	5.16	甲醇	1.03
6	毒草胺[a]	propachlor	1.10	甲醇	0.03
7	吡咪唑	rabenzazole	0.67	甲醇	0.13
8	西草净	simetryn	0.07	甲醇	0.01
9	绿谷隆	monolinuron	1.78	甲醇	0.36
10	速灭磷	mevinphos	0.78	甲苯	0.16
11	叠氮津	aziprotryne	0.69	甲醇	0.14
12	密草通	secbumeton	0.04	甲醇	0.01
13	嘧菌磺胺	cyprodinil	0.37	甲醇	0.07
14	播土隆	buturon	4.48	甲醇	0.90
15	双酰草胺	carbetamide	1.82	甲醇	0.36
16	抗蚜威	pirimicarb	0.08	甲醇	0.02
17	异噁草松	clomazone	0.21	甲醇	0.04
18	氰草津	cyanazine	0.08	甲醇	0.02
19	扑草净	prometryne	0.08	甲醇	0.02
20	甲基对氧磷	paraoxon methyl	0.38	甲醇	0.08
21	噻虫啉	thiacloprid	0.19	甲醇	0.04
22	吡虫啉	imidacloprid	11.00	甲醇	2.20
23	磺噻隆	ethidimuron	0.75	甲醇	0.15
24	丁嗪草酮	isomethiozin	0.53	甲醇	0.11
25	燕麦敌	diallate	44.60	甲醇	8.92
26	乙草胺	acetochlor	23.70	甲醇	4.74

表 A.1(续)

序号	中文名称	英文名称	检出限/(μg/kg)	溶剂	混合标准溶液浓度/(mg/L)
27	烯啶虫胺[a]	nitenpyram	8.56	甲醇	1.71
28	盖草津	methoprotryne	0.12	甲醇	0.02
29	二甲酚草胺	dimethenamid	2.15	甲醇	0.43
30	特草灵[a]	terrbucarb	1.05	甲醇	0.21
31	戊菌唑	penconazole	1.00	甲醇	0.20
32	腈菌唑	myclobutanil	0.50	甲醇	0.10
33	咪唑乙烟酸[a]	imazethapyr	0.56	甲醇	0.11
34	多效唑	paclobutrazol	0.29	甲醇	0.06
35	倍硫磷亚砜	fenthion sulfoxide	0.16	甲醇	0.03
36	三唑醇	triadimenol	5.28	甲醇	1.06
37	仲丁灵	butralin	0.95	甲醇	0.19
38	螺噁茂胺	spiroxamine	0.12	甲醇	0.01
39	甲基立枯磷	tolclofos methyl	33.28	甲醇	6.66
40	甜菜胺	desmedipham	2.01	甲醇	0.40
41	杀扑磷	methidathion	5.33	甲醇	1.07
42	烯丙菊酯	allethrin	30.20	甲醇	6.04
43	二嗪磷	diazinon	0.36	甲苯	0.07
44	敌瘟磷	edifenphos	0.38	甲醇	0.08
45	丙草胺	pretilachlor	0.17	甲醇	0.03
46	氟硅唑	flusilazole	0.29	甲醇	0.06
47	丙森锌[a]	iprovalicarb	1.16	甲醇	0.23
48	麦锈灵	benodanil	1.74	甲醇	0.35
49	氟酰胺	flutolanil	0.57	甲醇	0.11
50	氨磺磷	famphur	1.80	甲醇	0.36
51	苯霜灵	benalyxyl	0.62	甲醇	0.12
52	苄氯三唑醇	diclobutrazole	0.23	甲醇	0.05
53	乙环唑	etaconazole	0.89	甲醇	0.18
54	氯苯嘧啶醇	fenarimol	0.30	甲醇	0.06
55	酞酸二环已基酯[a]	phthalic acid,dicyclobexyl ester	1.00	甲醇	0.20
56	胺菊酯	tetramethirn	0.91	甲醇	0.18
57	解草酯[a]	cloquintocet mexyl	0.94	甲醇	0.19
58	联苯三唑醇	bitertanol	16.70	甲醇	3.34
59	甲基毒死蜱	chlorprifos methyl	8.00	甲醇	1.60
60	吡喃草酮	tepraloxydim	6.10	甲醇	1.22

表 A.1（续）

序号	中文名称	英文名称	检出限/(μg/kg)	溶剂	混合标准溶液浓度/(mg/L)
61	益棉磷	azinphos ethyl	54.46	甲醇	10.89
62	杀铃脲	triflumuron	1.96	甲醇	0.39
63	异噁氟草	isoxaflutole	1.95	甲醇	0.39
64	莎稗磷[a]	anilofos	2.86	甲醇	0.07
65	喹禾灵[a]	quizalofop-ethyl	0.34	甲醇	0.07
66	精氟吡甲禾灵	haloxyfop-methyl	1.32	甲醇	0.26
67	吡氟禾草灵[a]	fluazifop butyl	0.13	甲醇	0.03
68	乙基溴硫磷	bromophos-ethyl	283.85	甲醇	56.77
69	地散磷[a]	bensulide	13.68	甲醇	3.42
70	醚苯磺隆	triasulfuron	0.80	甲醇	0.16
71	溴苯烯磷	bromfenvinfos	1.51	甲醇	0.30
72	嘧菌酯	azoxystrobin	0.23	甲醇	0.05
73	吡菌磷	pyrazophos	0.81	甲醇	0.16
74	茚虫威	indoxacarb	3.77	甲醇	0.75
B组					
75	棉隆[a]	dazomet	63.50	甲醇	12.70
76	烟碱[a]	nicotine	1.10	甲醇	0.22
77	非草隆	fenuron	0.52	甲醇	0.10
78	灭蝇胺[a]	cyromazine	28.96	甲醇	0.72
79	鼠立克	crimidine	0.78	甲醇	0.16
80	乙酰甲胺磷[a]	acephate	6.67	甲醇	1.33
81	禾草敌	molinate	1.05	甲醇	0.21
82	多菌灵	carbendazim	0.23	甲醇	0.05
83	6-氯-4-羟基-3-苯基哒嗪	6-chloro-4-hydroxy-3-phenyl-pyridazin	0.83	甲醇	0.17
84	残杀威	propoxur	12.20	甲醇	2.44
85	异唑隆	isouron	0.20	甲醇	0.04
86	绿麦隆	chlorotoluron	0.31	甲醇	0.06
87	久效威	thiofanox	78.50	甲醇	15.70
88	氯草灵[a]	chlorbufam	91.50	甲醇	18.30
89	噁虫威	bendiocarb	1.59	甲醇	0.32
90	扑灭津	propazine	0.16	甲醇	0.03
91	特丁津	terbuthylazine	0.23	甲醇	0.05
92	敌草隆	diuron	0.78	甲醇	0.16

表 A.1(续)

序号	中文名称	英文名称	检出限/(μg/kg)	溶剂	混合标准溶液浓度/(mg/L)
93	氯甲硫磷	chlormephos	224.00	甲醇	44.80
94	萎锈灵	carboxin	0.28	甲醇	0.06
95	噻虫胺	clothianidin	31.50	甲醇	6.30
96	拿草特	pronamide	7.69	甲醇	1.54
97	二甲草胺	dimethachloro	0.95	甲醇	0.19
98	溴谷隆	methobromuron	8.42	甲苯	1.68
99	甲拌磷	phorate	157.00	甲醇	31.40
100	苯草醚	aclonifen	12.10	甲醇	2.42
101	地安磷	mephosfolan	1.16	甲醇	0.23
102	脱苯甲基亚胺唑	imibenzonazole-des-benzyl	3.11	甲醇	0.62
103	草不隆	neburon	3.55	甲醇	0.71
104	精甲霜灵	mefenoxam	0.77	甲醇	0.15
105	乙氧呋草黄	ethofume sate	186.00	甲醇	37.20
106	异稻瘟净	iprobenfos	4.14	甲醇	0.83
107	特普[a]	TEPP	41.60	甲醇	1.04
108	环丙唑醇	cyproconazole	0.37	甲醇	0.07
109	噻虫嗪	thiamethoxam	16.50	甲醇	3.30
110	育畜磷	crufomate	0.26	甲醇	0.05
111	赛灭磷	cythioate	40.00	甲醇	8.00
112	磷胺	phosphamidon	1.94	甲醇	0.39
113	甜菜宁	phenmedipham	2.24	甲醇	0.45
114	联苯井酯[a]	bifenazate	11.40	甲醇	2.28
115	环酰菌胺[a]	fenhexamid	3.78	甲醇	0.09
116	粉唑醇	flutriafol	4.29	甲醇	0.86
117	抑菌丙胺酯	furalaxyl	0.39	甲醇	0.08
118	生物丙烯菊酯	bioallethrin	99.00	甲醇	19.80
119	苯腈磷	cyanofenphos	10.40	甲醇	2.08
120	甲基嘧啶磷	pirimiphos methyl	0.10	甲醇	0.02
121	噻嗪酮	buprofezin	0.44	甲醇	0.09
122	乙拌磷砜	disulfoton sulfone	1.23	甲醇	0.25
123	喹螨醚	fenazaquin	0.16	甲醇	0.03
124	三唑磷	triazophos	0.34	甲苯	0.07
125	脱叶磷	DEF	0.81	甲醇	0.16
126	环酯草醚	pyriftalid	0.31	甲醇	0.06

表 A.1（续）

序号	中文名称	英文名称	检出限/(μg/kg)	溶剂	混合标准溶液浓度/(mg/L)
127	叶菌唑	metconazole	0.66	甲醇	0.13
128	蚊蝇醚	pyriproxyfen	0.22	甲醇	0.04
129	噻草酮	cycloxydim	1.27	甲醇	0.25
130	异噁酰草胺	isoxaben	0.09	甲醇	0.02
131	呋草酮	flurtamone	0.22	甲醇	0.04
132	氟乐灵	trifluralin	167.4	甲苯	33.48
133	甲基麦草氟异丙酯	flamprop methyl	10.10	甲醇	2.02
134	生物苄呋菊酯	bioresmethrin	3.71	甲醇	0.74
135	丙环唑	propiconazole	0.88	甲醇	0.18
136	毒死蜱	chlorpyrifos	26.90	甲醇	5.38
137	氯乙氟灵[a]	fluchloralin	244.00	甲醇	48.80
138	氯磺隆	chlorsulfuron	1.37	甲醇	0.27
139	烯草酮	clethodim	1.04	甲醇	0.21
140	麦草氟异丙酯	flamprop isopropyl	0.22	甲醇	0.04
141	杀虫畏	tetrachlorvinphos	1.11	甲醇	0.22
142	炔螨特	propargite	34.30	甲苯	6.80
143	糠菌唑	bromuconazole	1.57	甲醇	0.31
144	氟吡酰草胺	picolinafen	0.36	甲醇	0.07
145	氟噻乙草酯	fluthiacet methyl	2.65	甲醇	0.53
146	肟菌酯	trifloxystrobin	1.00	甲醇	0.20
147	氯嘧磺隆	chlorimuron ethyl	15.20	甲醇	3.04
148	伏蚁腙[a]	hydramethylnon	6.86	甲醇	0.17
C 组					
149	甲胺磷[a]	methamidophos	2.47	甲醇	0.49
150	茵草敌	EPTC	18.67	甲醇	3.73
151	避蚊胺	diethyltoluamide	0.28	甲醇	0.06
152	灭草隆	monuron	17.37	甲醇	3.47
153	嘧霉胺	pyrimethanil	0.34	甲醇	0.07
154	黑穗胺	fenfuram	0.39	甲醇	0.08
155	灭藻醌	quinoclamine	3.96	甲醇	0.79
156	仲丁威	fenobucarb	2.95	甲醇	0.59
157	乙菌定	ethirimol	0.28	甲醇	0.06
158	敌稗	propanil	10.80	甲醇	2.16
159	克百威	carbofuran	6.53	甲醇	1.31

表 A.1（续）

序号	中文名称	英文名称	检出限/(μg/kg)	溶剂	混合标准溶液浓度/(mg/L)
160	啶虫清	acetamiprid	0.72	甲醇	0.14
161	嘧菌胺	mepanipyrim	0.16	甲醇	0.03
162	扑灭通	prometon	0.07	甲醇	0.01
163	甲氧隆	metoxuron	0.32	甲醇	0.06
164	乐果	dimethoate	3.80	甲醇	0.76
165	呋菌胺[a]	methfuroxam	0.14	甲醇	0.03
166	伏草隆	fluometuron	0.46	甲醇	0.09
167	百治磷	dicrotophos	0.57	甲醇	0.11
168	庚酰草胺	monalide	0.60	甲醇	0.12
169	双苯酰草胺	diphenamid	0.07	甲醇	0.01
170	灭线磷	ethoprophos	1.38	甲醇	0.28
171	地虫硫磷	fonofos	3.73	甲醇	0.75
172	土菌灵	etridiazol	50.21	甲醇	10.04
173	拌种胺	furmecyclox	0.42	甲醇	0.08
174	环嗪酮	hexazinone	0.06	甲醇	0.01
175	阔草净	dimethametryn	0.06	甲醇	0.01
176	敌百虫	trichlorphon	0.56	甲醇	0.11
177	内吸磷	demeton(*o*+*s*)	3.39	甲醇	0.68
178	解草酮	benoxacor	3.45	甲醇	0.69
179	除草定	bromacil	11.80	甲醇	2.36
180	甲拌磷亚砜	phorate sulfoxide	184.14	甲醇	36.83
181	溴莠敏	brompyrazon	1.80	甲醇	0.36
182	氧化萎锈灵	oxycarboxin	0.45	甲醇	0.09
183	灭锈胺	mepronil	0.19	甲醇	0.04
184	乙拌磷[a]	disulfoton	234.85	甲醇	46.97
185	倍硫磷	fenthion	26.00	甲醇	5.20
186	甲霜灵	metalaxyl	0.25	甲醇	0.05
187	甲呋酰胺	ofurace	0.50	甲醇	0.10
188	吗菌灵	dodemorph	0.20	甲醇	0.04
189	甲基咪草酯	imazamethabenz-methyl	0.08	甲醇	0.02
190	乙拌磷亚砜[a]	disulfoton-sulfoxide	11.38	甲醇	0.28
191	稻瘟灵	isoprothiolane	0.92	甲醇	0.18
192	抑霉唑	imazalil	1.00	甲醇	0.20
193	辛硫磷	phoxim	41.40	甲醇	8.28

表 A.1（续）

序号	中文名称	英文名称	检出限/(μg/kg)	溶剂	混合标准溶液浓度/(mg/L)
194	喹硫磷	quinalphos	1.00	甲醇	0.20
195	灭菌磷	ditalimfos	33.61	甲醇	6.72
196	苯氧威	fenoxycarb	9.14	甲醇	1.83
197	嘧啶磷	pyrimitate	0.09	甲醇	0.02
198	丰索磷	fensulfothin	1.00	甲醇	0.20
199	氯咯草酮	fluorochloridone	6.89	甲醇	1.38
200	丁草胺	butachlor	10.03	甲醇	2.01
201	咪唑喹啉酸[a]	imazaquin	1.44	甲醇	0.29
202	亚胺菌	kresoxim-methyl	50.29	甲醇	10.06
203	戊叉菌唑	triticonazole	1.51	异辛烷	0.30
204	苯线磷亚砜	fenamiphos sulfoxide	0.37	甲醇	0.07
205	噻吩草胺	thenylchlor	12.07	甲醇	2.41
206	氰菌胺	fenoxanil	19.70	甲醇	3.94
207	杀草吡啶	fluridone	0.09	甲醇	0.02
208	氟环唑	epoxiconazole	2.03	甲醇	0.41
209	氯辛硫磷	chlorphoxim	38.79	甲醇	7.76
210	苯线磷砜	fenamiphos sulfone	0.22	甲醇	0.04
211	腈苯唑	fenbuconazole	0.82	甲醇	0.16
212	异柳磷	isofenphos	109.34	甲醇	21.87
213	苯醚菊酯	phenothrin	169.60	甲醇	33.92
214	哌草磷	piperophos	4.62	甲醇	0.92
215	增效醚	piperonyl butoxide	0.57	甲醇	0.11
216	乙氧氟草醚	oxyflurofen	29.27	甲醇	5.85
217	蝇毒磷	coumaphos	1.05	甲醇	0.21
218	氟噻草胺	flufenacet	2.65	甲醇	0.53
219	伏杀硫磷	phosalone	24.02	甲醇	4.80
220	甲氧虫酰肼	methoxyfenozide	1.85	甲醇	0.37
221	咪鲜胺	prochloraz	1.03	甲醇	0.21
222	丙硫特普	aspon	6.80	甲醇	0.17
223	乙硫磷	ethion	1.48	甲醇	0.30
224	噻吩磺隆[a]	thifensulfuron-methyl	10.70	甲醇	2.14
225	乙氧嘧磺隆	ethoxysulfuron	2.29	甲醇	0.46
226	氟硫草定	dithiopyr	5.20	甲醇	1.04
227	螺螨酯	spirodiclofen	4.95	甲醇	0.99

表 A.1（续）

序号	中文名称	英文名称	检出限/(μg/kg)	溶剂	混合标准溶液浓度/(mg/L)
228	唑螨酯	fenpyroximate	0.68	甲醇	0.14
229	胺氟草酯	flumiclorac-pentyl	5.30	甲醇	1.06
230	双硫磷	temephos	0.61	甲醇	0.12
231	氟丙嘧草酯	butafenacil	4.75	甲醇	0.95
232	多杀菌素[a]	spinosad	2.27	甲醇	0.06
D 组					
233	二丙烯草胺[a]	allidochlor	164.16	甲醇	4.10
234	霜霉威[a]	propamocarb	2.80	甲醇	0.01
235	噻菌灵	thiabendazole	0.24	甲醇	0.05
236	苯嗪草酮	metamitron	3.18	甲醇	0.64
237	异丙隆	isoproturon	0.07	甲醇	0.01
238	莠去通	atratone	0.09	甲醇	0.02
239	敌草净	oesmetryn	0.09	甲醇	0.02
240	赛克津	metribuzin	0.27	甲苯	0.05
241	—	DMST	20.00	甲醇	4.00
242	环草敌	cycloate	2.22	甲醇	0.44
243	莠去津	atrazine	0.18	甲醇	0.04
244	丁草敌	butylate	151.00	甲醇	30.20
245	吡蚜酮[a]	pymetrozin	17.14	甲醇	3.43
246	氯草敏	chloridazon	1.16	甲醇	0.23
247	菜草畏	sulfallate	103.60	甲苯	20.72
248	乙硫苯威	ethiofencarb	2.46	甲醇	0.49
249	特丁通	terbumeton	0.05	甲醇	0.01
250	环丙津	cyprazine	0.08	甲醇	0.004
251	阔草净	ametryn	0.48	甲醇	0.10
252	木草隆	tebuthiuron	0.11	甲醇	0.02
253	草达津	trietazine	0.30	甲醇	0.06
254	另丁津	sebutylazine	0.16	甲醇	0.03
255	畜虫避	dibutyl succinate	111.20	甲醇	22.24
256	牧草胺	tebutam	0.07	甲醇	0.01
257	久效威亚砜	thiofanox-sulfoxide	4.15	甲醇	0.83
258	杀螟丹[a]	cartap hydrochloride	1 040.00	甲醇	208.00
259	虫螨畏[a]	methacrifos	1 211.85	甲醇	242.37
260	特丁净[a]	terbutryn	0.08	甲醇	0.002

表 A.1(续)

序号	中文名称	英文名称	检出限/(μg/kg)	溶剂	混合标准溶液浓度/(mg/L)
261	咪唑嗪	triazoxide	4.00	甲醇	0.80
262	虫线磷	thionazin	11.34	甲醇	2.27
263	利谷隆	linuron	5.82	甲醇	1.16
264	庚虫磷	heptanophos	2.92	甲醇	0.58
265	苄草丹	prosulfocarb	0.18	甲醇	0.04
266	杀草净	dipropetryn	0.14	甲醇	0.03
267	禾草丹	thiobencarb	1.65	甲醇	0.33
268	三正丁基磷酸盐	tri-*n*-butyl phosphate	0.19	甲醇	0.04
269	乙霉威	diethofencarb	1.00	甲醇	0.20
270	甲草胺	alachlor	3.70	甲醇	0.74
271	硫线磷[a]	cadusafos	0.58	甲醇	0.12
272	吡唑草胺	metazachlor	0.49	甲醇	0.10
273	胺丙畏	propetamphos	27.00	甲醇	5.40
274	特丁硫磷[a]	terbufos	1 120.00	甲醇	224.00
275	硅氟唑	simeconazole	1.47	甲醇	0.29
276	三唑酮	triadimefon	3.94	甲醇	0.79
277	甲拌磷砜	phorate sulfone	21.00	甲醇	4.20
278	十三吗啉[a]	tridemorph	10.40	甲醇	0.26
279	苯噻酰草胺	mefenacet	1.10	甲醇	0.22
280	丁苯吗啉	fenpropimorph	0.09	甲醇	0.02
281	戊唑醇	tebuconazole	1.12	甲醇	0.22
282	异丙乐灵	isopropalin	15.00	甲醇	3.00
283	氟苯嘧啶醇	nuarimol	4.00	甲醇	0.10
284	乙嘧酚磺酸酯	bupirimate	0.35	甲醇	0.07
285	保棉磷[a]	azinphos-methyl	552.17	甲醇	110.43
286	丁基嘧啶磷	tebupirimfos	0.06	甲醇	0.01
287	稻丰散	phenthoate	46.18	甲醇	9.24
288	治螟磷	sulfotep	1.30	甲醇	0.26
289	硫丙磷	sulprofos	2.92	甲苯	0.58
290	苯硫磷	EPN	16.50	甲醇	3.30
291	烯唑醇	diniconazole	0.67	甲醇	0.13
292	唑嘧磺草胺	flumetsulam	0.15	甲醇	0.03
293	纹枯脲	pencycuron	0.14	甲醇	0.03
294	灭蚜磷	mecarbam	9.80	甲醇	1.96

表 A.1(续)

序号	中文名称	英文名称	检出限/(μg/kg)	溶剂	混合标准溶液浓度/(mg/L)
295	苯草酮	tralkoxydim	0.16	甲醇	0.03
296	马拉硫磷	malathion	2.82	甲醇	0.56
297	稗草畏	pyributicarb	0.17	甲醇	0.03
298	哒嗪硫磷	pyridaphenthion	0.44	甲醇	0.09
299	嘧啶磷	pirimiphos-ethyl	0.08	甲醇	0.005
300	吡唑硫磷	pyraclofos	0.50	甲醇	0.10
301	啶氧菌酯	picoxystrobin	4.22	甲醇	0.84
302	四氟醚唑	tetraconazole	0.86	甲醇	0.17
303	吡唑解草酯	mefenpyr-diethyl	6.28	甲醇	1.26
304	丙溴磷	profenefos	1.01	甲醇	0.20
305	百克敏	pyraclostrobin	0.25	甲醇	0.05
306	烯酰吗啉[a]	dimethomorph	1.60	甲醇	0.04
307	噻嗯菊酯	kadethrin	1.66	甲醇	0.33
308	噻唑烟酸	thiazopyr	0.98	甲醇	0.20
309	甲基丙硫克百威	benfuracarb-methyl	8.19	甲醇	1.64
310	醚黄隆	cinosulfuron	0.56	甲醇	0.11
311	吡嘧磺隆	pyrazosulfuron-ethyl	3.42	甲醇	0.68
312	磺草胺唑	metosulam	2.20	甲醇	0.44
		E组			
313	4-氨基吡啶	4-aminopyridine	0.43	甲醇	0.09
314	灭多威	methomyl	4.78	甲醇	0.96
315	咯喹酮	pyroquilon	1.74	甲醇	0.35
316	麦穗灵	fuberidazole	0.95	甲醇	0.19
317	丁脒酰胺	isocarbamid	0.85	甲醇	0.17
318	丁酮威	butocarboxim	0.79	甲醇	0.16
319	杀虫脒	chlordimeform	0.67	甲醇	0.13
320	霜脲氰	cymoxanil	27.80	甲醇	5.56
321	氯硫酰草胺[a]	chlorthiamid	35.28	甲醇	0.88
322	灭害威	aminocarb	8.21	甲醇	1.64
323	甲菌定	dimethirimol	0.06	甲醇	0.01
324	氧乐果	omethoate	4.83	甲醇	0.97
325	乙氧呋啉[a]	ethoxyquin	1.75	甲醇	0.35
326	敌敌畏	dichlorvos	0.27	甲醇	0.05
327	涕灭威砜	aldicarb sulfone	10.70	甲醇	2.14

表 A.1(续)

序号	中文名称	英文名称	检出限/(μg/kg)	溶剂	混合标准溶液浓度/(mg/L)
328	二氧威	dioxacarb	1.68	甲醇	0.34
329	苄腺嘌呤	benzyladenine	35.40	甲醇	7.08
330	甲基内吸磷	demeton-*s*-methyl	2.65	甲醇	0.53
331	杀螟腈[a]	cyanophos	5.06	甲醇	1.01
332	甲基乙拌磷	thiometon	289.00	甲醇	57.80
333	砜吸磷	demeton-*s*-methyl sulfone	9.88	甲醇	1.98
334	苯锈定	fenpropidin	0.09	甲醇	0.02
335	乙基对氧磷	paraoxon-ethyl	0.24	甲醇	0.05
336	4-十二烷基-2,6-二甲基吗啉	aldimorph	1.58	甲醇	0.32
337	乙烯菌核利	vinclozolin	1.27	甲醇	0.25
338	烯效唑	uniconazole	1.20	甲醇	0.24
339	啶斑肟	pyrifenox	0.13	甲醇	0.03
340	氯硫磷[a]	chlorthion	66.80	甲醇	13.36
341	异氯磷	dicapthon	0.12	甲醇	0.02
342	四螨嗪	clofentezine	3.20	甲醇	0.08
343	氟草敏	norflurazon	0.13	甲醇	0.03
344	野麦畏	triallate	23.10	甲醇	4.62
345	苯氧喹啉	quinoxyphen	76.70	甲醇	15.34
346	倍硫磷砜	fenthion sulfone	8.73	甲醇	1.75
347	氟咯草酮	flurochloridone	0.65	甲醇	0.13
348	酞酸苯甲基丁酯	phthalic acid,benzyl butyl ester	316.00	甲醇	63.20
349	氯唑磷	isazofos	0.09	甲醇	0.02
350	除线磷	dichlofenthion	15.10	甲醇	3.02
351	蚜灭多砜	vamidothion sulfone	1 904.00	甲醇	47.60
352	特丁硫磷砜	terbufos sulfone	44.30	甲醇	8.86
353	敌乐胺[a]	dinitramine	7.17	甲苯	0.18
354	毒壤磷	trichloronat	33.40	甲醇	6.68
355	苄呋菊酯-2	resmethrin-2	0.15	甲醇	0.03
356	啶酰菌胺	boscalid	2.38	甲醇	0.48
357	甲磺乐灵	nitralin	17.20	甲醇	3.44
358	噻螨酮	hexythiazox	11.80	甲醇	2.36
359	双氟磺草胺	florasulam	8.70	乙腈	1.74
360	新燕灵	benzoylprop-ethyl	154.00	甲醇	30.80
361	嘧螨醚	pyrimidifen	7.00	甲醇	1.40

表 A.1(续)

序号	中文名称	英文名称	检出限/(μg/kg)	溶剂	混合标准溶液浓度/(mg/L)
362	呋线威	furathiocarb	0.96	甲醇	0.19
363	反式氯菊酯	*trans*-permethin	2.40	甲醇	0.48
364	醚菊酯	etofenprox	1 140.00	甲醇	228.00
365	苄草唑[a]	pyrazoxyfen	1.30	甲醇	0.03
366	Z-氯氰菊酯[a]	*zeta* cypermethrin	2.71	甲醇	0.07
367	精氟吡乙禾灵	haloxyfop-2-ethoxyethyl	1.25	甲醇	0.25
368	乙羧氟草醚	fluoroglycofen-ethyl	2.50	甲醇	0.50
		F 组			
369	丙烯酰胺	acrylamide	8.90	甲醇	1.78
370	叔丁基胺	*tert*-butylamine	19.48	甲醇	3.90
371	噁霉灵	hymexazol	112.07	甲醇	22.41
372	邻苯二甲酰亚胺	phthalimide	21.50	甲醇	4.30
373	甲氟磷	dimefox	34.10	甲醇	6.82
374	二苯胺	diphenylamin	0.21	甲醇	0.04
375	萘乙酸基乙酰亚胺	1-naphthyl acetamide	0.41	甲醇	0.08
376	乙基-莠去津	atrazine-desethyl	0.31	甲醇	0.06
377	2,6-二氯苯甲酰胺	2,6-dichlorobenzamide	2.25	甲醇	0.45
378	涕灭威	aldicarb	130.50	甲醇	26.10
379	杀虫脒盐酸盐	chlordimeform hydrochloride	10.56	甲醇	0.26
380	西玛通	simeton	0.55	甲醇	0.11
381	呋草胺	dinotefuran	5.09	甲醇	1.02
382	克草敌	pebulate	1.70	甲醇	0.34
383	活化酯[a]	acibenzolar-*s*-methyl	12.32	甲醇	0.31
384	蔬果磷[a]	dioxabenzofos	6.90	甲醇	1.38
385	杀线威	oxamyl	274.03	甲醇	54.81
386	赛苯隆	thidiazuron	0.15	甲醇	0.03
387	甲基苯噻隆	methabenzthiazuron	0.29	甲醇	0.01
388	丁酮砜威	butoxycarboxim	13.30	甲醇	2.66
389	砜吸磷	demeton-*s*-methyl sulfoxide	1.96	甲醇	0.39
390	硫环磷	phosfolan	0.24	甲醇	0.05
391	氧倍硫磷	fenthion oxon	0.59	甲醇	0.12
392	萘丙胺	napropamide	0.64	甲醇	0.13
393	杀螟硫磷	fenitrothion	13.40	甲醇	2.68
394	酞酸二丁酯	phthalic acid,dibutyl ester	19.80	甲醇	3.96

表 A.1(续)

序号	中文名称	英文名称	检出限/(μg/kg)	溶剂	混合标准溶液浓度/(mg/L)
395	丙草胺	metolachlor	0.20	甲醇	0.04
396	腐霉利	procymidone	43.30	甲醇	8.66
397	蚜灭磷	vamidothion	2.28	甲醇	0.46
398	苄草隆	cumyluron	0.66	甲醇	0.13
399	杀鼠灵[a]	warfarin	1.35	甲醇	0.27
400	亚胺硫磷	phosmet	8.86	甲醇	1.77
401	皮蝇磷	ronnel	6.57	甲醇	1.31
402	除虫菊酯	pyrethrins	17.90	甲醇	3.58
403	酞酸二环已酯	phthalic acid,biscyclohexyl ester	0.34	甲醇	0.07
404	环丙酰胺	carpropamid	2.60	甲醇	0.52
405	吡螨胺	tebufenpyrad	0.13	甲醇	0.03
406	虫酰肼	tebufenozide	13.90	甲醇	2.78
407	虫螨磷	chlorthiophos	15.90	甲醇	3.18
408	氯亚磷	dialifos	78.50	甲醇	15.70
409	吲哚酮草酯	cinidon-ethyl	7.29	甲醇	1.46
410	鱼滕酮	rotenone	1.16	甲醇	0.23
411	亚胺唑	imibenconazole	5.13	甲醇	1.03
412	噁草酸	propaquizafop	0.62	甲醇	0.12
413	乳氟禾草灵	lactofen	31.00	甲醇	6.20
414	吡草酮	benzofenap	0.04	甲醇	0.01
415	苯螨特	benzoximate	4.28	甲醇	0.86
416	地乐酯	dinoseb acetate	20.64	甲醇	4.13
417	甲咪唑烟酸	imazapic	0.84	甲醇	0.17
418	异丙草胺	propisochlor	0.40	甲醇	0.08
419	乙氧苯草胺	etobenzanid	0.40	甲醇	0.08
420	四唑酰草胺	fentrazamide	6.20	甲醇	1.24
421	苯醚氰菊酯	cyphenothrin	8.40	甲醇	1.68
422	马拉氧磷[a]	malaoxon	18.75	甲醇	0.47
G 组					
423	茅草枯	dalapon	115.37	甲醇	23.07
424	2-苯基苯酚	2-phenylphenol	84.94	甲醇	16.99
425	3-苯基苯酚	3-phenylphenol	2.00	甲醇	0.40
426	4,6-二硝基邻甲酚	DNOC	1.30	甲醇	0.26
427	调果酸	cloprop	5.70	甲醇	1.14

表 A.1（续）

序号	中文名称	英文名称	检出限/(μg/kg)	溶剂	混合标准溶液浓度/(mg/L)
428	氯硝胺	dicloran	24.28	甲醇	4.86
429	氯苯胺灵	chlorpropham	7.88	甲醇	1.58
430	2-甲-4-氯丙酸	mecoprop	2.45	甲醇	0.49
431	特草定	terbacil	0.44	甲醇	0.09
432	2,4-滴[a]	2,4-D	5.95	甲醇	1.19
433	麦草畏[a]	dicamba	632.96	甲醇	126.59
434	二甲四氯丁酸	MCPB	7.09	甲醇	1.42
435	灭草松[a]	bentazone	0.52	甲醇	0.10
436	地乐酚	dinoseb	0.20	甲醇	0.04
437	草消酚	dinoterb	0.12	甲醇	0.02
438	氯吡脲[a]	forchlorfenuron	5.70	甲醇	1.14
439	咯菌腈	fludioxonil	31.08	甲醇	6.22
440	2,4,5-涕[a]	2,4,5-T	8.75	甲醇	1.75
441	氟草烟[a]	fluroxypyr	96.03	甲醇	19.21
442	杀螨醇	chlorfenethol	82.15	甲醇	16.43
443	溴苯腈[a]	bromoxynil	0.90	甲醇	0.18
444	灭幼脲	chlorobenzuron	10.20	甲醇	2.04
445	氯霉素[a]	chloramphenicolum	1.94	甲醇	0.39
446	禾草灭	alloxydim-sodium	0.10	甲醇	0.02
447	噁唑禾草灵[a]	fempxaprop-ethyl	2.45	甲醇	0.49
448	乙酰磺胺对硝基苯[a]	sulfanitran	12.00	甲醇	0.30
449	甲基磺草酮[a]	mesotrion	1 150.28	甲醇	230.06
450	安磺灵[a]	oryzalin	2.45	甲醇	0.49
451	三氟羧草醚[a]	acifluorfen	59.00	甲醇	11.80
452	碘苯腈[a]	ioxynil	0.31	甲醇	0.06
453	噁唑菌酮	famoxadone	22.64	甲醇	4.53
454	磺酰唑草酮	sulfentrazone	44.80	甲醇	8.96
455	吡氟酰草胺	diflufenican	14.14	甲醇	2.83
456	乙虫清	ethiprole	19.93	甲醇	3.99
457	磺菌胺[a]	flusulfamide	0.21	甲醇	0.04
458	环丙嘧磺隆	cyclosulfamuron	171.84	甲醇	34.37
459	碘甲磺隆钠	iodosulfuron-methyl sodium	10.60	甲醇	2.12
460	克来范	kelevan	4 820.00	甲醇	964.00
461	甲基碘磺隆	iodosulfuron-methyl	33.30	甲醇	6.66

a 为定性鉴别的农药及相关化学品品种。

附　录　B
（资料性附录）
461种农药及相关化学品监测离子对、碰撞气能量、源内碎裂电压和保留时间

461种农药及相关化学品监测离子对、碰撞气能量、源内碎裂电压和保留时间见表B.1。

表B.1　461种农药及相关化学品监测离子对、碰撞气能量、源内碎裂电压和保留时间

序号	中文名称	英文名称	保留时间/min	定量离子	定性离子	源内碎裂电压/V	碰撞气能量/V
A组							
1	苯胺灵	propham	8.80	180.1/138.0	180.1/138.0;180.1/120.0	80	5;15
2	异丙威	isoprocarb	8.38	194.1/95.0	194.1/95.0;194.1/137.1	80	20;5
3	3,4,5-混杀威	3,4,5-trimethacarb	8.38	194.2/137.2	194.2/137.2;194.2/122.2	80	5;20
4	环莠隆	cycluron	7.73	199.4/72.0	199.4/72.0;199.4/89.0	120	25;15
5	甲萘威	carbaryl	7.45	202.1/145.1	202.1/145.1;202.1/127.1	80	10;5
6	毒草胺	propachlor	8.75	212.1/170.1	212.1/170.1;212.1/94.1	100	10;30
7	吡咪唑	rabenzazole	7.54	213.2/172.0	213.2/172.0;213.2/118.0	120	25;25
8	西草净	simetryn	5.32	214.2/124.1	214.2/124.1;214.2/96.1	120	20;25
9	绿谷隆	monolinuron	7.82	215.1/126.0	215.1/126.0;215.1/148.1	100	15;10
10	速灭磷	mevinphos	5.17	225.0/127.0	225.0/127.0;225.0/193.0	80	15;1
11	叠氮津	aziprotryne	10.4	226.1/156.1	226.1/156.1;226.1/198.1	100	10;10
12	密草通	secbumeton	5.56	226.2/170.1	226.2/170.1;226.2/142.1	120	20;25
13	嘧菌磺胺	cyprodinil	9.24	226.0/93.0	226.0/93.0;226.0/108.0	120	40;30
14	播土隆	buturon	9.38	237.1/84.1	237.1/84.1;237.1/126.1	120	30;15
15	双酰草胺	carbetamide	5.80	237.1/192.1	237.1/192.1;237.1/118.1	80	5;10
16	抗蚜威	pirimicarb	4.20	239.2/72.0	239.2/72.0;239.2/182.2	120	20;15
17	异噁草松	clomazone	9.36	240.1/125.0	240.1/125.0;240.1/89.1	100	20;50
18	氰草津	cyanazine	6.38	241.1/214.1	241.1/214.1;241.1/174.0	120	15;15
19	扑草净	prometryne	7.66	242.2/158.1	242.2/158.1;242.2/200.2	120	20;20
20	甲基对氧磷	paraoxon methyl	6.20	248.0/202.1	248.0/202.1;248.0/90.0	120	20;30
21	噻虫啉	thiacloprid	5.65	253.1/126.1	253.1/126.1;253.1/186.1	120	20;10
22	吡虫啉	imidacloprid	4.73	256.1/209.1	256.1/209.1;256.1/175.1	80	10;10
23	磺噻隆	ethidimuron	4.62	265.1/208.1	265.1/208.1;265.1/162.1	80	10;25
24	丁嗪草酮	isomethiozin	14.2	269.1/200.0	269.1/200.0;269.1/172.1	120	15;25
25	燕麦敌	diallate	17.4	270.0/86.0	270.0/86.0;270.0/109.0	100	15;35
26	乙草胺	acetochlor	13.7	270.2/224.0	270.2/224.0;270.2/148.2	80	5;20
27	烯啶虫胺	nitenpyram	3.87	271.1/224.1	271.1/224.1;271.1/237.1	100	15;15
28	盖草津	methoprotryne	6.47	272.2/198.2	272.2/198.2;272.2/170.1	140	25;30

表 B.1（续）

序号	中文名称	英文名称	保留时间/min	定量离子	定性离子	源内碎裂电压/V	碰撞气能量/V
29	二甲酚草胺	dimethenamid	10.50	276.1/244.1	276.1/244.1;276.1/168.1	120	10;15
30	特草灵	terrbucarb	16.50	278.2/166.1	278.2/166.1;278.2/109.0	80	15;30
31	戊菌唑	penconazole	13.70	284.1/70.0	284.1/70.0;284.1/159.0	120	15;20
32	腈菌唑	myclobutanil	12.10	289.1/125.0	289.1/125.0;289.1/70.0	120	20;15
33	咪唑乙烟酸	imazethapyr	5.60	290.2/177.1	290.2/177.1;290.2/245.2	120	25;20
34	多效唑	paclobutrazol	10.32	294.2/70.0	294.2/70.0;294.2/125.0	100	15;25
35	倍硫磷亚砜	fenthion sulfoxide	7.31	295.1/109.0	295.1/109.0;295.1/280.0	140	35;20
36	三唑醇	triadimenol	10.15	296.1/70.0	296.1/70.0;296.1/99.1	80	10;10
37	仲丁灵	butralin	18.60	296.1/240.1	296.1/240.1;296.1/222.1	100	10;20
38	螺噁茂胺	spiroxamine	9.90	298.2/144.2	298.2/144.2;298.2/100.1	120	20;35
39	甲基立枯磷	tolclofos methyl	16.60	301.2/269.0	301.2/269.0;301.2/125.2	120	15;20
40	甜菜胺	desmedipham	10.65	301.2/182.1	301.2/182.1;301.2/136.1	80	5;20
41	杀扑磷	methidathion	10.69	303.0/145.1	303.0/145.1;303.0/85.0	80	5;10
42	烯丙菊酯	allethrin	18.10	303.2/135.1	303.2/135.1;303.2/123.2	60	10;20
43	二嗪磷	diazinon	15.95	305.0/169.1	305.0/169.1;305.0/153.2	160	20;20
44	敌瘟磷	edifenphos	3.00	311.1/283.0	311.1/283.0;311.1/109.0	100	10;35
45	丙草胺	pretilachlor	17.15	312.1/252.1	312.1/252.1;312.1/176.2	100	15;30
46	氟硅唑	flusilazole	13.60	316.1/247.1	316.1/247.1;316.1/165.1	120	15;20
47	丙森锌	iprovalicarb	12.00	321.1/119.0	321.1/119.0;321.1/203.2	100	25;5
48	麦锈灵	benodanil	9.80	324.1/203.0	324.1/203.0;324.1/231.0	120	25;40
49	氟酰胺	flutolanil	14.00	324.2/262.1	324.2/262.1;324.2/282.1	120	20;10
50	氨磺磷	famphur	10.30	326.0/217.0	326.0/217.0;326.0/281.0	100	20;10
51	苯霜灵	benalyxyl	15.19	326.2/148.1	326.2/148.1;326.2/294.0	120	1;5
52	苄氯三唑醇	diclobutrazole	12.20	328.0/159.0	328.0/159.0;328.0/70.0	120	35;30
53	乙环唑	etaconazole	11.75	328.1/159.1	328.1/159.1;328.1/205.1	80	25;20
54	氯苯嘧啶醇	fenarimol	12.20	331.0/268.1	331.0/268.1;331.0/81.0	120	25;30
55	酞酸二环已基酯	phthalic acid, dicyclobexyl ester	4.35	313.2/149.1	313.2/149.1;313.2/205.0	100	5;1
56	胺菊酯	tetramethirn	17.85	332.2/164.1	332.2/164.1;332.2/135.1	100	15;15
57	解草酯	cloquintocet mexyl	17.36	336.1/238.1	336.1/238.1;336.1/192.1	120	15;20
58	联苯三唑醇	bitertanol	13.90	338.2/70.0	338.2/70.0;338.2/269.2	60	5;1
59	甲基毒死蜱	chlorprifos methyl	16.72	322.0/125.0	322.0/125.0;322.0/290.0	80	15;15
60	吡喃草酮	tepraloxydim	12.73	342.2/250.2	342.2/250.2;342.2/166.1	120	10;25
61	益棉磷	azinphos ethyl	14.00	346.0/233.0	346.0/233.0;346.0/261.1	120	10;5

表 B.1(续)

序号	中文名称	英文名称	保留时间/min	定量离子	定性离子	源内碎裂电压/V	碰撞气能量/V
62	杀铃脲	triflumuron	15.59	359.0/156.1	359.0/156.1;359.0/139.0	120	15;30
63	异噁氟草	isoxaflutole	12.00	360.0/251.1	360.0/251.1;360.0/220.1	120	10;45
64	莎稗磷	anilofos	17.35	367.9/145.2	367.9/145.2;367.9/205.0	120	20;5
65	喹禾灵	quizalofop-ethyl	17.40	373.0/299.1	373.0/299.1;373.0/91.0	140	15;30
66	精氟吡甲禾灵	haloxyfop-methyl	17.11	376.0/316.0	376.0/316.0;376.0/288.0	120	15;20
67	吡氟禾草灵	fluazifop butyl	18.24	384.1/282.1	384.1/282.1;384.1/328.1	120	20;15
68	乙基溴硫磷	bromophos-ethyl	19.15	393.0/337.0	393.0/337.0;393.0/162.1	100	20;30
69	地散磷	bensulide	16.18	398.0/158.1	398.0/158.1;398.0/314.0	80	20;5
70	醚苯磺隆	triasulfuron	7.27	402.1/167.1	402.1/167.1;402.1/141.1	120	15;20
71	溴苯烯磷	bromfenvinfos	15.22	402.9/170.0	402.9/170.0;402.9/127.0	100	35;20
72	嘧菌酯	azoxystrobin	12.50	404.0/372.0	404.0/372.0;404.0/344.1	120	10;15
73	吡菌磷	pyrazophos	16.20	374.0/222.0	374.0/222.0;374.0/194.0	120	20;30
74	茚虫威	indoxacarb	17.43	528.0/150.0	528.0/150.0;528.0/218.0	120	20;20
B组							
75	棉隆	dazomet	3.80	163.1/120.0	163.1/120.0;163.1/77.0	80	10;35
76	烟碱	nicotine	0.74	163.2/130.1	163.2/130.1;163.2/117.1	100	25;30
77	非草隆	fenuron	4.50	165.1/72.0	165.1/72.0;165.1/120.0	120	15;15
78	灭蝇胺	cyromazine	0.74	167.0/85.0	167.0/85.0;167.0/125.0	120	25;20
79	鼠立克	crimidine	4.47	172.1/107.1	172.1/107.1;172.1/136.2	120	30;25
80	乙酰甲胺磷	acephate	0.74	184.1/143.0	184.1/143.0;184.1/95.0	60	5;20
81	禾草敌	molinate	11.30	188.1/126.1	188.1/126.1;188.1/83.0	120	10;15
82	多菌灵	carbendazim	3.30	192.1/160.1	192.1/160.1;192.1/132.1	80	15;20
83	6-氯-4-羟基-3-苯基哒嗪	6-chloro-4-hydroxy-3-phenyl-pyridazin	12.86	207.1/77.0	207.1/77.0;207.1/104.0	120	25;35
84	残杀威	propoxur	6.79	210.1/111.0	210.1/111.0;210.1/168.1	80	10;5
85	异唑隆	isouron	6.11	212.2/167.1	212.2/167.1;212.2/72.0	120	15;25
86	绿麦隆	chlorotoluron	7.23	213.1/72.0	213.1/72.0;213.1/140.1	80	25;25
87	久效威	thiofanox	1.00	241.0/184.0	241.0/184.0;241.0/57.1	120	15;5
88	氯草灵	chlorbufam	11.67	224.1/172.1	224.1/172.1;224.1/154.1	120	5;15
89	噁虫威	bendiocarb	6.87	224.1/167.1	224.1/167.1;224.1/109.0	80	5;10
90	扑灭津	propazine	9.37	229.9/146.1	229.9/146.1;229.9/188.1	120	20;15
91	特丁津	terbuthylazine	10.15	230.1/174.1	230.1/174.1;230.1/132.0	120	15;20
92	敌草隆	diuron	7.82	233.1/72.0	233.1/72.0;233.1/160.1	120	20;20
93	氯甲硫磷	chlormephos	13.70	235.0/125.0	235.0/125.0;235.0/75.0	100	10;10

表 B.1（续）

序号	中文名称	英文名称	保留时间/min	定量离子	定性离子	源内碎裂电压/V	碰撞气能量/V
94	萎锈灵	carboxin	7.67	236.1/143.1	236.1/143.1;236.1/87.0	120	15;20
95	噻虫胺	clothianidin	4.40	250.2/169.1	250.2/169.1;250.2/132.0	80	10;15
96	拿草特	pronamide	11.81	256.1/190.1	256.1/190.1;256.1/173.0	80	10;20
97	二甲草胺	dimethachloro	8.96	256.1/224.2	256.1/224.2;256.1/148.2	120	10;20
98	溴谷隆	methobromuron	8.25	259.0/170.1	259.0/170.1;259.0/148.0	80	15;15
99	甲拌磷	phorate	16.55	261.0/75.0	261.0/75.0;261.0/199.0	80	10;5
100	苯草醚	aclonifen	14.70	265.1/248.0	265.1/248.0;265.1/193.0	120	15;15
101	地安磷	mephosfolan	5.97	270.1/140.1	270.1/140.1;270.1/168.1	100	25;15
102	脱苯甲基亚胺唑	imibenzonazole-des-benzyl	5.96	271.0/174.0	271.0/174.0;271.0/70.0	120	25;25
103	草不隆	neburon	14.17	275.1/57.0	275.1/57.0;275.1/88.1	120	20;15
104	精甲霜灵	mefenoxam	7.92	280.1/192.1	280.1/192.1;280.1/220.0	100	15;10
105	乙氧呋草黄	ethofume sate	12.86	287.0/121.0	287.0/121.0;287.0/161.0	80	10;20
106	异稻瘟净	iprobenfos	13.50	289.1/91.0	289.1/91.0;289.1/205.1	80	25;5
107	特普	TEPP	5.64	291.1/179.0	291.1/179.0;291.1/99.0	100	20;35
108	环丙唑醇	cyproconazole	10.59	292.1/70.0	292.1/70.0;292.1/125.0	120	15;15
109	噻虫嗪	thiamethoxam	4.05	292.1/211.2	292.1/211.2;292.1/181.1	80	10;20
110	育畜磷	crufomate	11.56	292.1/236.0	292.1/236.0;292.1/108.1	120	20;30
111	赛灭磷	cythioate	6.59	298.0/217.1	298.0/217.1;298.0/125.0	100	15;25
112	磷胺	phosphamidon	5.77	300.1/174.1	300.1/174.1;300.1/127.0	120	10;20
113	甜菜宁	phenmedipham	10.69	301.1/168.1	301.1/168.1;301.1/136.0	80	5;20
114	联苯井酯	bifenazate	13.28	301.2/198.1	301.2/198.1;301.2/170.1	60	5;20
115	环酰菌胺	fenhexamid	12.33	302.0/55.0	302.0/55.0;302.0/97.1	80	30;25
116	粉唑醇	flutriafol	7.55	302.1/70.0	302.1/70.0;302.1/123.0	120	15;20
117	抑菌丙胺酯	furalaxyl	10.77	302.2/242.2	302.2/242.2;302.2/270.2	100	15;5
118	生物丙烯菊酯	bioallethrin	18.00	303.1/135.1	303.1/135.1;303.1/107.0	80	10;20
119	苯腈磷	cyanofenphos	16.44	304.0/157.0	304.0/157.0;304.0/276.0	100	20;10
120	甲基嘧啶磷	pirimiphos methyl	15.5	306.2/164.0	306.2/164.0;306.2/108.1	120	20;30
121	噻嗪酮	buprofezin	13.34	306.2/201.0	306.2/201.0;306.2/116.1	120	15;10
122	乙拌磷砜	disulfoton sulfone	9.79	307.0/97.0	307.0/97.0;307.0/125.0	100	30;10
123	喹螨醚	fenazaquin	18.80	307.2/57.1	307.2/57.1;307.2/161.2	120	20;15
124	三唑磷	triazophos	13.80	314.1/162.1	314.1/162.1;314.1/286.0	120	20;10
125	脱叶磷	DEF	19.21	315.1/169.0	315.1/169.0;315.1/113.0	100	10;20
126	环酯草醚	pyriftalid	12.00	319.0/139.1	319.0/139.1;319.0/179.0	140	35;35

表 B.1（续）

序号	中文名称	英文名称	保留时间/min	定量离子	定性离子	源内碎裂电压/V	碰撞气能量/V
127	叶菌唑	metconazole	13.77	320.2/70.0	320.2/70.0;320.2/125.0	140	35;55
128	蚊蝇醚	pyriproxyfen	18.00	322.1/96.0	322.1/96.0;322.1/227.1	120	15;10
129	噻草酮	cycloxydim	17.00	326.2/280.2	326.2/280.2;326.2/180.2	120	10;15
130	异噁酰草胺	isoxaben	13.21	333.1/165.0	333.1/165.0;333.1/150.1	120	15;50
131	呋草酮	flurtamone	11.25	334.1/247.1	334.1/247.1;334.1/303.0	120	30;20
132	氟乐灵	trifluralin	12.86	336.0/138.9	336.0/138.9;336.0/103.0	120	20;45
133	甲基麦草氟异丙酯	flamprop methyl	13.20	336.1/105.1	336.1/105.1;336.1/304.0	80	20;5
134	生物苄呋菊酯	bioresmethrin	19.39	339.2/171.1	339.2/171.1;339.2/143.1	100	15;25
135	丙环唑	propiconazole	14.29	342.1/159.1	342.1/159.1;342.1/69.0	120	20;20
136	毒死蜱	chlorpyrifos	18.29	350.0/198.0	350.0/198.0;350.0/79.0	100	20;35
137	氯乙氟灵	fluchloralin	17.68	356.0/314.1	356.0/186.0;356.0/63.0	80	15;30
138	氯磺隆	chlorsulfuron	6.96	358.0/141.1	358.0/141.1;358.0/167.0	120	15;15
139	烯草酮	clethodim	17.60	360.1/164.1	360.1/164.1;360.1/268.0	120	20;10
140	麦草氟异丙酯	flamprop isopropyl	16.00	364.1/105.1	364.1/105.1;364.1/304.1	80	20;5
141	杀虫畏	tetrachlorvinphos	13.70	365.0/127.0	365.0/127.0;365.0/239.0	120	15;15
142	炔螨特	propargite	18.77	368.1/231.0	368.1/231.0;368.1/175.1	100	5;15
143	糠菌唑	bromuconazole	12.70	376.0/159.0	376.0/159.0;376.0/70.0	80	20;20
144	氟吡酰草胺	picolinafen	17.74	377.0/238.0	377.0/238.0;377.0/359.0	120	20;20
145	氟噻乙草酯	fluthiacet methyl	14.80	404.0/215.0	404.0/215.0;404.0/274.0	180	50;10
146	肟菌酯	trifloxystrobin	17.44	409.3/186.1	409.3/186.1;409.3/206.2	120	15;10
147	氯嘧磺隆	chlorimuron ethyl	11.59	415.0/186.1	415.0/186.1;415.0/213.1	120	10;10
148	伏蚁腙	hydramethylnon	17.58	495.2/323.2	495.2/323.2;495.2/171.0	100	35;50
C组							
149	甲胺磷	methamidophos	0.74	142.1/94.0	142.1/94.0;142.1/125.0	80	15;10
150	茵草敌	EPTC	14.00	190.2/86.0	190.2/86.0;190.2/128.1	100	10;10
151	避蚊胺	diethyltoluamide	7.70	192.2/119.0	192.2/119.0;192.2/91.0	100	15;30
152	灭草隆	monuron	5.94	199.0/72.0	199.0/72.0;199.0/126.0	120	15;15
153	嘧霉胺	pyrimethanil	6.70	200.2/107.0	200.2/107.0;200.2/183.1	120	25;25
154	黑穗胺	fenfuram	7.48	202.1/109.0	202.1/109.0;202.1/83.0	120	20;20
155	灭藻醌	quinoclamine	6.09	208.1/105.0	208.1/105.0;208.1/154.1	120	30;20
156	仲丁威	fenobucarb	9.92	208.2/95.0	208.2/95.0;208.2/152.1	80	10;5
157	乙菌定	ethirimol	4.29	210.2/140.1	210.2/140.1;210.2/98.0	120	25;30
158	敌稗	propanil	9.09	218.0/162.1	218.0/162.1;218.0/127.0	120	15;20

表 B.1（续）

序号	中文名称	英文名称	保留时间/min	定量离子	定性离子	源内碎裂电压/V	碰撞气能量/V
159	克百威	carbofuran	6.81	222.3/165.1	222.3/165.1;222.3/123.1	120	5;20
160	啶虫清	acetamiprid	4.86	223.2/126.0	223.2/126.0;223.2/56.0	120	15;15
161	嘧菌胺	mepanipyrim	12.23	224.2/77.0	224.2/77.0;224.2/106.0	120	30;25
162	扑灭通	prometon	5.40	226.2/142.0	226.2/142.0;226.2/184.1	120	20;20
163	甲氧隆	metoxuron	5.59	229.1/72.0	229.1/72.0;229.1/156.1	120	20;20
164	乐果	dimethoate	4.88	230.0/199.0	230.0/199.0;230.0/171.0	80	5;10
165	呋菌胺	methfuroxam	10.42	230.2/137.1	230.2/137.1;230.2/111.1	120	20;15
166	伏草隆	fluometuron	7.27	233.1/72.0	233.1/72.0;233.1/160.0	120	20;20
167	百治磷	dicrotophos	3.97	238.1/112.1	238.1/112.1;238.1/193.0	80	10;5
168	庚酰草胺	monalide	14.50	240.1/85.1	240.1/85.1;240.1/57.0	120	15;35
169	双苯酰草胺	diphenamid	9.00	240.1/134.1	240.1/134.1;240.1/167.1	120	20;25
170	灭线磷	ethoprophos	11.98	243.1/173.0	243.1/173.0;243.1/215.0	120	10;10
171	地虫硫磷	fonofos	16.10	247.1/109.0	247.1/109.0;247.1/137.1	80	15;5
172	土菌灵	etridiazol	17.20	247.1/183.1	247.1/183.1;247.1/132.0	120	15;15
173	拌种胺	furmecyclox	14.00	252.2/170.1	252.2/170.1;252.2/110.1	100	10;25
174	环嗪酮	hexazinone	5.66	253.2/171.1	253.2/171.1;253.2/71.0	120	15;20
175	阔草净	dimethametryn	8.79	256.2/186.1	256.2/186.1;256.2/96.1	140	20;35
176	敌百虫	trichlorphon	4.21	257.0/221.0	257.0/221.0;257.0/109.0	120	10;20
177	内吸磷	demeton(*o*+*s*)	8.59	259.1/89.0	259.1/89.0;259.1/61.0	60	10;35
178	解草酮	benoxacor	10.83	260.0/149.2	260.0/149.2;260.0/134.1	120	15;20
179	除草定	bromacil	5.78	261.0/205.0	261.0/205.0;261.0/188.0	80	10;20
180	甲拌磷亚砜	phorate sulfoxide	7.34	277.0/143.0	277.0/143.0;277.0/199.0	100	15;5
181	溴莠敏	brompyrazon	4.69	266.0/92.0	266.0/92.0;266.0/104.0	120	30;30
182	氧化萎锈灵	oxycarboxin	5.38	268.0/175.0	268.0/175.0;268.0/147.1	100	10;20
183	灭锈胺	mepronil	13.15	270.2/119.1	270.2/119.1;270.2/228.2	100	30;15
184	乙拌磷	disulfoton	16.80	275.0/89.0	275.0/89.0;275.0/61.0	80	5;20
185	倍硫磷	fenthion	15.54	279.0/169.1	279.0/169.1;279.0/247.0	120	15;10
186	甲霜灵	metalaxyL	7.75	280.1/192.2	280.1/192.2;280.1/220.2	120	15;20
187	甲呋酰胺	ofurace	7.65	282.1/160.2	282.1/160.2;282.1/254.2	120	20;10
188	吗菌灵	dodemorph	8.45	282.3/116.1	282.3/116.1;282.3/98.1	120	20;30
189	甲基咪草酯	imazamethabenz-methyl	5.33	289.1/229.0	289.1/229.0;289.1/86.0	120	15;25
190	乙拌磷亚砜	disulfoton-sulfoxide	7.38	291.0/185.0	291.0/185.0;291.0/157.0	80	10;20
191	稻瘟灵	isoprothiolane	13.17	291.1/189.1	291.1/189.1;291.1/231.1	80	20;5

表 B.1（续）

序号	中文名称	英文名称	保留时间/min	定量离子	定性离子	源内碎裂电压/V	碰撞气能量/V
192	抑霉唑	imazalil	6.86	297.0/159.0	297.0/159.0;297.0/255.0	120	20;20
193	辛硫磷	phoxim	16.80	299.0/77.0	299.0/77.0;299.0/129.0	80	20;10
194	喹硫磷	quinalphos	14.80	299.1/147.1	299.1/147.1;299.1/163.1	120	20;20
195	灭菌磷	ditalimfos	13.53	300.0/148.1	300.0/148.1;300.0/244.0	80	15;10
196	苯氧威	fenoxycarb	18.10	362.1/288.0	362.1/288.0;362.1/244.0	120	20;20
197	嘧啶磷	pyrimitate	14.00	306.1/170.2	306.1/170.2;306.1/154.2	120	20;20
198	丰索磷	fensulfothin	8.55	309.0/157.1	309.0/157.1;309.0/253.0	120	25;15
199	氯咯草酮	fluorochloridone	13.80	312.1/292.1	312.1/292.1;312.1/89.0	100	25;25
200	丁草胺	butachlor	18.00	312.2/238.1	312.2/238.1;312.2/162.0	80	10;20
201	咪唑喹啉酸	imazaquin	6.27	312.2/199.1	312.2/199.1;312.2/267.0	160	25;20
202	亚胺菌	kresoxim-methyl	15.20	314.1/267.0	314.1/267.0;314.1/206.0	80	5;5
203	戊叉菌唑	triticonazole	10.55	318.2/70.0	318.2/70.0;318.2/125.1	120	15;35
204	苯线磷亚砜	fenamiphos sulfoxide	5.87	320.1/171.1	320.1/171.1;320.1/292.1	140	25;15
205	噻吩草胺	thenylchlor	14.00	324.1/127.0	324.1/127.0;324.1/59.0	80	10;45
206	氰菌胺	fenoxanil	18.81	329.1/302.0	329.1/302.0;329.1/189.1	80	5;30
207	杀草吡啶	fluridone	10.30	330.1/309.1	330.1/309.1;330.1/259.2	160	40;55
208	氟环唑	epoxiconazole	18.81	330.1/141.1	330.1/141.1;330.1/121.1	120	20;20
209	氯辛硫磷	chlorphoxim	17.15	333.0/125.0	333.0/125.0;333.0/163.1	80	5;5
210	苯线磷砜	fenamiphos sulfone	6.63	336.1/188.2	336.1/188.2;336.1/266.2	120	30;20
211	腈苯唑	fenbuconazole	13.40	337.1/70.0	337.1/70.0;337.1/125.0	120	20;20
212	异柳磷	isofenphos	17.25	346.1/217.0	346.1/217.0;346.1/245.0	80	20;10
213	苯醚菊酯	phenothrin	19.70	351.1/183.2	351.1/183.2;351.1/237.0	100	15;5
214	哌草磷	piperophos	17.00	354.1/171.0	354.1/171.0;354.1/143.0	100	20;30
215	增效醚	piperonyl butoxide	17.75	356.2/177.1	356.2/177.1;356.2/119.0	100	10;35
216	乙氧氟草醚	oxyflurofen	18.00	362.0/316.1	362.0/316.1;362.0/237.1	120	10;25
217	蝇毒磷	coumaphos	16.42	363.1/227.2	363.1/227.2;363.1/307.1	120	20;15
218	氟噻草胺	flufenacet	14.00	364.0/194.0	364.0/194.0;364.0/152.0	80	5;10
219	伏杀硫磷	phosalone	16.79	368.1/182.0	368.1/182.0;368.1/322.0	80	10;5
220	甲氧虫酰肼	methoxyfenozide	13.41	313.0/149.0	313.0/149.0;313.0/91.0	100	10;35
221	咪鲜胺	prochloraz	11.79	376.1/308.0	376.1/308.0;376.1/266.0	80	10;10
222	丙硫特普	aspon	19.22	379.1/115.0	379.1/115.0;379.1/210.0	80	30;15
223	乙硫磷	ethion	18.46	385.0/199.1	385.0/199.1;385.0/171.0	80	5;15
224	噻吩磺隆	thifensulfuron-methyl	6.40	388.1/167.0	388.1/167.0;388.1/141.1	120	10;10
225	乙氧嘧磺隆	ethoxysulfuron	11.86	399.2/261.1	399.2/261.1;399.2/218.1	120	25;25

表 B.1（续）

序号	中文名称	英文名称	保留时间/min	定量离子	定性离子	源内碎裂电压/V	碰撞气能量/V
226	氟硫草定	dithiopyr	17.81	402.0/354.0	402.0/354.0;402.0/272.0	120	20;30
227	螺螨酯	spirodiclofen	19.28	411.1/71.0	411.1/71.0;411.1/313.1	100	10;5
228	唑螨酯	fenpyroximate	18.66	422.2/366.2	422.2/366.2;422.2/135.0	120	10;35
229	胺氟草酯	flumiclorac-pentyl	18.00	441.1/308.0	441.1/308.0;441.1/354.0	100	25;10
230	双硫磷	temephos	18.30	467.0/125.0	467.0/125.0;467.0/155.0	100	30;30
231	氟丙嘧草酯	butafenacil	15.00	492.0/180.0	492.0/180.0;492.0/331.0	120	35;25
232	多杀菌素	spinosad	14.30	732.4/142.2	732.4/142.2;732.4/98.1	180	30;75
D组							
233	二丙烯草胺	allidochlor	5.78	174.1/98.1	174.1/98.1;174.1/81.0	100	10;15
234	霜霉威	propamocarb	2.84	190.1/102.1	190.1/102.1;190.1/74.1	110	20;30
235	噻菌灵	thiabendazole	3.32	202.1/175.1	202.1/175.1;202.1/131.1	120	30;30
236	苯嗪草酮	metamitron	4.18	203.1/175.1	203.1/175.1;203.1/104.0	120	15;20
237	异丙隆	isoproturon	7.44	207.2/72.0	207.2/72.0;207.2/165.1	120	15;15
238	莠去通	atratone	4.46	212.2/170.2	212.2/170.2;212.2/100.1	120	15;30
239	敌草净	oesmetryn	4.92	214.1/172.1	214.1/172.1;214.1/82.1	120	15;25
240	赛克津	metribuzin	7.16	215.1/187.2	215.1/187.2;215.1/131.1	120	15;20
241	—	DMST	7.06	215.3/106.1	215.3/106.1;215.3/151.2	80	10;5
242	环草敌	cycloate	15.95	216.2/83.0	216.2/83.0;216.2/154.1	120	15;10
243	莠去津	atrazine	7.20	216.0/174.2	216.0/174.2;216.0/132.0	120	15;20
244	丁草敌	butylate	17.20	218.1/57.0	218.1/57.0;218.1/156.2	80	10;5
245	吡蚜酮	pymetrozin	0.73	218.1/105.1	218.1/105.1;218.1/78.0	100	20;40
246	氯草敏	chloridazon	4.35	222.1/104.0	222.1/104.0;222.1/92.0	120	25;35
247	菜草畏	sulfallate	15.25	224.1/116.1	224.1/116.1;224.1/88.2	100	10;20
248	乙硫苯威	ethiofencarb	4.48	227.0/107.0	227.0/107.0;227.0/164.0	80	5;5
249	特丁通	terbumeton	5.25	226.2/170.1	226.2/170.1;226.2/114.0	120	15;20
250	环丙津	cyprazine	7.15	228.2/186.1	228.2/186.1;228.2/108.1	120	15;25
251	阔草净	ametryn	5.85	228.2/186.0	228.2/186.0;228.2/68.0	120	20;35
252	木草隆	tebuthiuron	5.30	229.2/172.2	229.2/172.2;229.2/116.0	120	15;20
253	草达津	trietazine	12.00	230.1/202.0	230.1/202.0;230.1/132.1	160	20;20
254	另丁津	sebutylazine	8.65	230.1/174.1	230.1/174.1;230.1/104.0	120	15;30
255	畜虫避	dibutyl succinate	14.80	231.1/101.0	231.1/101.0;231.1/157.1	60	1;10
256	牧草胺	tebutam	13.04	234.2/91.1	234.2/91.1;234.2/192.2	120	20;15
257	久效威亚砜	thiofanox-sulfoxide	4.08	235.1/104.0	235.1/104.0;235.1/57.0	60	5;20
258	杀螟丹	cartap hydrochloride	5.90	238.0/73.0	238.0/73.0;238.0/150.0	100	30;10

表 B.1（续）

序号	中文名称	英文名称	保留时间/min	定量离子	定性离子	源内碎裂电压/V	碰撞气能量/V
259	虫螨畏	methacrifos	10.03	241.0/209.0	241.0/209.0;241.0/125.0	60	5;20
260	特丁净	terbutryn	7.44	242.2/186.1	242.2/186.1;242.2/71.0	120	15;20
261	咪唑嗪	triazoxide	5.66	248.0/68.0	248.0/68.0;248.0/95.0	100	35;25
262	虫线磷	thionazin	8.84	249.1/97.0	249.1/97.0;249.1/193.0	80	30;10
263	利谷隆	linuron	9.84	249.0/160.1	249.0/160.1;249.0/182.1	100	15;15
264	庚虫磷	heptanophos	7.85	251.0/127.0	251.0/127.0;251.0/109.0	80	10;30
265	苄草丹	prosulfocarb	17.10	252.1/91.0	252.1/91.0;252.1/128.1	120	15;10
266	杀草净	dipropetryn	8.58	256.1/144.1	256.1/144.1;256.1/214.0	140	30;20
267	禾草丹	thiobencarb	15.80	258.1/125.0	258.1/125.0;258.1/89.0	80	20;55
268	三正丁基磷酸盐	tri-*n*-butyl phosphate	15.45	267.2/99.0	267.2/99.0;267.2/155.1	80	5;15
269	乙霉威	diethofencarb	10.40	268.1/226.2	268.1/226.2;268.1/152.1	80	5;20
270	甲草胺	alachlor	13.15	270.2/238.2	270.2/238.2;270.2/162.2	80	10;20
271	硫线磷	cadusafos	15.27	271.1/159.1	271.1/159.1;271.1/131.0	80	10;20
272	吡唑草胺	metazachlor	8.36	278.1/134.1	278.1/134.1;278.1/210.1	80	20;5
273	胺丙畏	propetamphos	13.60	282.1/138.0	282.1/138.0;282.1/156.1	80	15;10
274	特丁硫磷	terbufos	13.70	289.0/57.0	289.0/57.0;289.0/103.1	80	20;5
275	硅氟唑	simeconazole	11.00	294.2/70.1	294.2/70.1;294.2/135.1	120	15;15
276	三唑酮	triadimefon	11.88	294.2/69.0	294.2/69.0;294.2/197.1	100	20;15
277	甲拌磷砜	phorate sulfone	9.34	293.0/171.0	293.0/171.0;293.0/143.1	60	5;15
278	十三吗啉	tridemorph	14.00	298.3/130.1	298.3/130.1;298.3/57.1	160	25;35
279	苯噻酰草胺	mefenacet	11.60	299.1/148.1	299.1/148.1;299.1/120.1	100	15;25
280	丁苯吗啉	fenpropimorph	9.10	304.0/147.2	304.0/147.2;304.0/130.0	120	30;30
281	戊唑醇	tebuconazole	12.44	308.2/70.0	308.2/70.0;308.2/125.0	100	25;25
282	异丙乐灵	isopropalin	19.05	310.2/225.7	310.2/225.7;310.2/207.7	120	15;20
283	氟苯嘧啶醇	nuarimol	9.20	315.1/252.1	315.1/252.1;315.1/81.0	120	25;30
284	乙嘧酚磺酸酯	bupirimate	9.52	317.2/166.0	317.2/166.0;317.2/272.0	120	25;20
285	保棉磷	azinphos-methyl	10.45	318.1/125.0	318.1/125.0;318.1/160.0	80	15;10
286	丁基嘧啶磷	tebupirimfos	18.15	319.1/277.1	319.1/277.1;319.1/153.2	120	10;30
287	稻丰散	phenthoate	15.57	321.1/247.0	321.1/247.0;321.1/163.1	80	5;10
288	治螟磷	sulfotep	16.35	323.0/171.1	323.0/171.1;323.0/143.0	120	10;20
289	硫丙磷	sulprofos	18.40	323.0/219.1	323.0/219.1;323.0/247.0	120	15;10
290	苯硫磷	EPN	17.10	324.0/296.0	324.0/296.0;324.0/157.1	120	10;20
291	烯唑醇	diniconazole	13.67	326.1/70.0	326.1/70.0;326.1/159.0	120	25;30

表 B.1（续）

序号	中文名称	英文名称	保留时间/min	定量离子	定性离子	源内碎裂电压/V	碰撞气能量/V
292	唑嘧磺草胺	flumetsulam	4.95	326.1/129.0	326.1/129.0;326.1/262.1	120	30;20
293	纹枯脲	pencycuron	16.33	329.2/125.0	329.2/125.0;329.2/218.1	120	20;15
294	灭蚜磷	mecarbam	14.46	330.0/227.0	330.0/227.0;330.0/199.0	80	5;10
295	苯草酮	tralkoxydim	18.09	330.2/284.2	330.2/284.2;330.2/138.1	100	10;20
296	马拉硫磷	malathion	13.20	331.0/127.1	331.0/127.1;331.0/99.0	80	5;10
297	稗草畏	pyributicarb	18.26	331.1/181.1	331.1/181.1;331.1/108.0	120	10;20
298	哒嗪硫磷	pyridaphenthion	12.32	341.1/189.2	341.1/189.2;341.1/205.2	120	20;20
299	嘧啶磷	pirimiphos-ethyl	17.75	334.2/198.2	334.2/198.2;334.2/182.2	120	20;25
300	吡唑硫磷	pyraclofos	15.34	361.1/257.0	361.1/257.0;361.1/138.0	120	25;35
301	啶氧菌酯	picoxystrobin	15.40	368.1/145.0	368.1/145.0;368.1/205.0	80	20;5
302	四氟醚唑	tetraconazole	12.54	372.0/159.0	372.0/159.0;372.0/70.0	120	35;35
303	吡唑解草酯	mefenpyr-diethyl	16.80	373.0/327.0	373.0/327.0;373.0/160.0	80	15;35
304	丙溴磷	profenefos	16.74	373.0/302.9	373.0/302.9;373.0/345.0	120	15;10
305	百克敏	pyraclostrobin	16.04	388.0/163.0	388.0/163.0;388.0/194.0	120	20;10
306	烯酰吗啉	dimethomorph	16.04	388.1/165.1	388.1/165.1;388.1/301.1	120	25;20
307	噻嗯菊酯	kadethrin	17.95	397.1/171.1	397.1/171.1;397.1/128.0	100	15;55
308	噻唑烟酸	thiazopyr	16.15	397.1/377.0	397.1/377.0;397.1/335.1	140	20;30
309	甲基丙硫克百威	benfuracarb-methyl	8.60	411.1/149.1	411.1/149.1;411.1/182.1	100	20;20
310	醚黄隆	cinosulfuron	6.53	414.1/183.1	414.1/183.1;414.1/157.1	120	10;20
311	吡嘧磺隆	pyrazosulfuron-ethyl	17.20	415.1/182.1	415.1/182.1;415.1/369.1	120	15;10
312	磺草胺唑	metosulam	7.60	418.0/175.1	418.0/175.1;418.0/354.0	120	25;20
			E组				
313	4-氨基吡啶	4-aminopyridine	0.72	95.1/52.1	95.1/52.1;95.1/78.1	120	25;5
314	灭多威	methomyl	3.75	163.2/88.1	163.2/88.1;163.2/106.1	80	5;10
315	咯喹酮	pyroquilon	5.87	174.1/117.1	174.1/117.1;174.1/132.2	140	35;25
316	麦穗灵	fuberidazole	3.66	185.2/157.2	185.2/157.2;185.2/92.1	120	20;25
317	丁脒酰胺	isocarbamid	4.35	186.2/87.1	186.2/87.1;186.2/130.1	80	20;5
318	丁酮威	butocarboxim	5.30	213.0/75.1	213.0/75.1;213.0/156.1	100	15;5
319	杀虫脒	chlordimeform	4.13	197.2/117.1	197.2/117.1;197.2/89.1	120	25;50
320	霜脲氰	cymoxanil	4.95	199.1/111.1	199.1/111.1;199.1/128.1	80	20;15
321	氯硫酰草胺	chlorthiamid	5.80	206.0/189.0	206.0/189.0;206.0/119.0	80	15;50
322	灭害威	aminocarb	0.75	209.3/137.1	209.3/137.1;209.3/152.1	100	20;10
323	甲菌定	dimethirimol	4.20	210.2/71.1	210.2/71.1;210.2/140.0	120	25;20

表 B.1(续)

序号	中文名称	英文名称	保留时间/min	定量离子	定性离子	源内碎裂电压/V	碰撞气能量/V
324	氧乐果	omethoate	0.75	214.1/125.0	214.1/125.0;214.1/183.0	80	20;5
325	乙氧呋啉	ethoxyquin	7.19	218.2/174.2	218.2/174.2;218.2/160.1	120	30;35
326	敌敌畏	dichlorvos	4.20	222.9/109.0	222.9/109.0;222.9/79.0	120	15;30
327	涕灭威砜	aldicarb sulfone	3.50	223.1/76.0	223.1/76.0;223.1/148.0	80	5;5
328	二氧威	dioxacarb	4.70	224.1/123.1	224.1/123.1;224.1/167.1	80	15;5
329	苄腺嘌呤	benzyladenine	4.16	226.1/91.1	226.1/91.1;226.1/148.0	140	20;15
330	甲基内吸磷	demeton-*s*-methyl	6.25	253.0/89.0	253.0/89.0;253.0/61.0	80	10;35
331	杀螟腈	cyanophos	6.89	244.2/180.0	244.2/180.0;244.2/125.0	120	20;15
332	甲基乙拌磷	thiometon	7.16	247.1/171.0	247.1/171.0;247.1/89.1	100	10;10
333	砜吸磷	demeton-*s*-methyl sulfone	3.96	263.1/169.1	263.1/169.1;263.1/125.0	80	15;20
334	苯锈定	fenpropidin	8.96	274.0/147.1	274.0/147.1;274.0/86.1	160	25;25
335	乙基对氧磷	paraoxon-ethyl	8.00	276.2/220.1	276.2/220.1;276.2/94.1	100	10;40
336	4-十二烷基-2,6-二甲基吗啉	aldimorph	14.10	284.4/57.2	284.4/57.2;284.4/98.1	160	30;30
337	乙烯菌核利	vinclozolin	14.66	286.1/242.0	286.1/242.0;286.1/145.1	100	5;45
338	烯效唑	uniconazole	11.69	292.1/70.1	292.1/70.1;292.1/125.1	120	30;30
339	啶斑肟	pyrifenox	7.42	295.0/93.1	295.0/93.1;295.0/163.0	120	15;15
340	氯硫磷	chlorthion	14.45	298.0/125.0	298.0/125.0;298.0/109.0	100	15;20
341	异氯磷	dicapthon	14.47	298.0/125.0	298.0/125.0;298.0/266.1	80	10;10
342	四螨嗪	clofentezine	16.18	303.0/138.0	303.0/138.0;303.0/156.0	100	25;25
343	氟草敏	norflurazon	8.08	304.0/284.0	304.0/284.0;304.0/160.1	140	25;35
344	野麦畏	triallate	18.52	304.0/143.0	304.0/143.0;304.0/86.1	120	25;15
345	苯氧喹啉	quinoxyphen	17.05	308.0/197.0	308.0/197.0;308.0/272.0	180	35;35
346	倍硫磷砜	fenthion sulfone	8.71	311.1/125.0	311.1/125.0;311.1/109.0	140	15;20
347	氟咯草酮	flurochloridone	13.34	312.2/292.2	312.2/292.2;312.2/53.1	140	25;30
348	酞酸苯甲基丁酯	phthalic acid, benzyl butyl ester	17.34	313.2/91.1	313.2/91.1;313.2/149.0;313.2/205.1	80	10;10;5
349	氯唑磷	isazofos	13.67	314.1/162.1	314.1/162.1;314.1/120.0	100	10;35
350	除线磷	dichlofenthion	18.15	315.0/259.0	315.0/259.0;315.0/287.0	100	10;5
351	蚜灭多砜	vamidothion sulfone	2.45	178.0/87.0	178.0/87.0;178.0/60.0	100	15;10
352	特丁硫磷砜	terbufos sulfone	12.57	321.2/171.1	321.2/171.1;321.2/143.0	80	5;15
353	敌乐胺	dinitramine	15.80	323.1/305.0	323.1/305.0;323.1/247.0	120	10;15
354	毒壤磷	trichloronat	18.98	333.1/304.9	333.1/304.9;333.1/161.8	100	10;45

表 B.1（续）

序号	中文名称	英文名称	保留时间/min	定量离子	定性离子	源内碎裂电压/V	碰撞气能量/V
355	苄呋菊酯-2	resmethrin-2	12.35	339.2/171.1	339.2/171.1;339.2/143.1	80	10;25
356	啶酰菌胺	boscalid	12.20	343.2/307.2	343.2/307.2;343.2/271.0	140	20;35
357	甲磺乐灵	nitralin	15.15	346.1/304.1	346.1/304.1;346.1/262.1	100	10;20
358	噻螨酮	hexythiazox	18.23	353.1/168.1	353.1/168.1;353.1/228.1	120	20;10
359	双氟磺草胺	florasulam	6.80	360.2/129.1	360.2/129.1;360.2/192.0	120	30;15
360	新燕灵	benzoylprop-ethyl	16.00	366.1/105.0	366.1/105.0;366.1/77.0	80	15;35
361	嘧螨醚	pyrimidifen	13.69	378.2/184.1	378.2/184.1;378.2/150.2	140	15;40
362	呋线威	furathiocarb	17.85	383.3/195.1	383.3/195.0;383.3/252.1;383.3/167.0	100	10;5;25
363	反式氯菊酯	*trans*-permethin	21.00	391.3/149.1	391.3/149.1;391.3/167.1	100	10;10
364	醚菊酯	etofenprox	19.73	394.0/177.0	394.0/177.0;394.0/359.0	100	15;5
365	苄草唑	pyrazoxyfen	14.30	403.2/91.1	403.2/91.1;403.2/105.1;403.2/139.1	140	25;20;20
366	*Z*-氯氰菊酯	*zeta* cypermethrin	20.45	433.3/416.2	433.3/416.2;433.3/191.2	100	5;10
367	精氟吡乙禾灵	haloxyfop-2-ethoxy-ethyl	17.65	434.1/316.0	434.1/316.0;434.1/288.0;434.1/91.2	120	15;20;45
368	乙羧氟草醚	fluoroglycofen-ethyl	17.70	344.0/300.0	344.0/300.0;344.0/233.0	120	15;20
F组							
369	丙烯酰胺	acrylamide	0.73	72.0/55.0	72.0/55.0;72.0/27.0	100	10;10
370	叔丁基胺	*tert*-butylamine	0.65	74.1/46.0	74.1/46.0;74.1/56.8	120	5;5
371	噁霉灵	hymexazol	2.65	100.1/54.1	100.1/54.1;100.1/44.2;100.1/28.0	100	10;15;15
372	邻苯二甲酰亚胺	phthalimide	0.74	148.0/130.1	148.0/130.1;148.0/102.0	100	10;25
373	甲氟磷	dimefox	3.88	155.1/110.1	155.1/110.1;155.1/135.0	120	20;10
374	二苯胺	diphenylamin	13.06	170.2/93.1	170.2/93.1;170.2/152.0	120	30;30
375	萘乙酸基乙酰亚胺	1-naphthyl acetamide	5.30	186.2/141.1	186.2/141.1;186.2/115.1	100	15;45
376	乙基-莠去津	atrazine-desethyl	4.43	188.2/146.1	188.2/146.1;188.2/104.1	120	10;20
377	2,6-二氯苯甲酰胺	2,6-dichlorobenzamide	3.85	190.1/173.0	190.1/173.0;190.1/145.0	100	20;30
378	涕灭威	aldicarb	5.42	213.0/89.0	213.0/89.0;213.0/116.0	100	30;10
379	杀虫脒盐酸盐	chlordimeform hydrochloride	4.00	197.2/117.1	197.2/117.1;197.2/89.1	120	25;50

表 B.1（续）

序号	中文名称	英文名称	保留时间/min	定量离子	定性离子	源内碎裂电压/V	碰撞气能量/V
380	西玛通	simeton	3.94	198.2/100.1	198.2/100.1;198.2/128.2	120	25;20
381	呋草胺	dinotefuran	3.06	203.3/129.2	203.3/129.2;203.3/87.1	80	5;10
382	克草敌	pebulate	16.05	204.2/72.1	204.2/72.1;204.2/128.0	100	10;10
383	活化酯	acibenzolar-*s*-methyl	10.00	211.1/91.0	211.1/91.0;211.1/136.0	120	20;30
384	蔬果磷	dioxabenzofos	10.15	217.0/77.1	217.0/77.1;217.0/107.1	100	40;30
385	杀线威	oxamyl	3.46	241.0/72.0	241.0/72.0;242.0/121.0	120	15;10
386	赛苯隆	thidiazuron	5.60	221.1/102.0	221.1/102.0;221.1/128.0	100	15;5
387	甲基苯噻隆	methabenzthiazuron	6.80	222.2/165.1	222.2/165.1;222.2/149.9	100	15;35
388	丁酮砜威	butoxycarboxim	3.30	223.2/63.0	223.2/63.0;223.2/106.1	80	10;5
389	砜吸磷	demeton-*s*-methyl sulfoxide	3.42	247.1/109.0	247.1/109.0;247.1/169.1	80	20;10
390	硫环磷	phosfolan	4.95	256.2/140.0	256.2/140.0;256.2/228.0	100	25;10
391	氧倍硫磷	fenthion oxon	8.15	263.2/230.0	263.2/230.0;263.2/216.0	100	10;20
392	萘丙胺	napropamide	12.45	272.2/171.1	272.2/171.1;272.2/129.2	120	15;15
393	杀螟硫磷	fenitrothion	13.60	278.1/125.0	278.1/125.0;278.1/246.0	140	15;15
394	酞酸二丁酯	phthalic acid, dibutyl ester	17.50	279.2/149.0	279.2/149.0;279.2/121.1	80	10;45
395	丙草胺	metolachlor	13.15	284.1/252.2	284.1/252.2;284.1/176.2	120	10;15
396	腐霉利	procymidone	13.33	284.0/256.0	284.0/256.0;284.0/145.0	140	10;45
397	蚜灭磷	vamidothion	4.18	288.2/146.1	288.2/146.1;288.2/118.1	80	10;20
398	苄草隆	cumyluron	11.70	303.3/185.1	303.3/185.1;303.3/125.0	100	5;45
399	杀鼠灵	warfarin	10.30	309.2/163.1	309.2/163.1;309.2/251.2	100	20;15
400	亚胺硫磷	phosmet	11.14	318.0/160.1	318.0/160.1;318.0/133.0	80	10;35
401	皮蝇磷	ronnel	17.70	320.9/125.0	320.9/125.0;320.9/288.8	120	10;10
402	除虫菊酯	pyrethrin	18.78	329.2/161.1	329.2/161.1;329.2/133.1	100	5;15
403	酞酸二环已酯	phthalic acid, biscyclohexyl ester	19.10	331.3/149.1	331.3/149.0;331.3/167.1;331.3/249.0	80	10;5;5
404	环丙酰胺	carpropamid	15.36	334.2/196.1	334.2/196.1;334.2/139.1	120	10;15
405	吡螨胺	tebufenpyrad	17.32	334.3/147.0	334.3/147.0;334.3/117.1	160	25;40
406	虫酰肼	tebufenozide	14.70	297.0/133.0	297.0/133.0;297.0/105.0	80	15;35
407	虫螨磷	chlorthiophos	18.58	361.0/305.0	361.0/305.0;361.0/225.0	100	10;15
408	氯亚磷	dialifos	17.15	394.0/208.0	394.0/208.0;394.0/187.0	100	5;20
409	吲哚酮草酯	cinidon-ethyl	17.63	394.2/348.1	394.2/348.1;394.2/107.1	120	15;45
410	鱼滕酮	rotenone	14.00	395.3/213.2	395.3/213.2;395.3/192.2	160	20;20

表 B.1（续）

序号	中文名称	英文名称	保留时间/min	定量离子	定性离子	源内碎裂电压/V	碰撞气能量/V
411	亚胺唑	imibenconazole	17.16	411.0/125.1	411.0/125.0;411.0/171.1;411.0/342.0	120	25;15;10
412	噁草酸	propaquizafop	17.56	444.2/100.1	444.2/100.1;444.2/299.1	140	15;25
413	乳氟禾草灵	lactofen	18.23	479.1/344.0	479.1/344.0;479.1/223.0	120	15;35
414	吡草酮	benzofenap	16.95	431.0/105.0	431.0/105.0;431.0/119.0	140	30;20
415	苯螨特	benzoximate	17.02	386.1/197.0	386.1/197.0;386.1/199.2	140	30;30
416	地乐酯	dinoseb acetate	0.75	283.1/89.2	283.1/89.2;283.1/133.1;283.1/177.2	120	10;10;10
417	甲咪唑烟酸	imazapic	4.76	276.1/163.2	276.1/163.2;276.1/86.1;276.1/216.0	120	20;25;20
418	异丙草胺	propisochlor	15.00	284.0/224.0	284.0/224.0;284.0/212.0	80	5;15
419	乙氧苯草胺	etobenzanid	15.65	340.0/149.0	340.0/149.0;340.0/121.1	120	20;30
420	四唑酰草胺	fentrazamide	16.00	372.1/219.0	372.1/219.0;372.1/83.2	200	5;35
421	苯醚氰菊酯	cyphenothrin	19.40	376.2/151.2	376.2/151.2;376.2/123.2	100	5;15
422	马拉氧磷	malaoxon	13.80	331.0/99.0	331.0/99.0;331.0/127.0	120	20;5
G组							
423	茅草枯	dalapon	0.60	140.8/58.8	140.8/58.8;140.8/62.9	100	10;15
424	2-苯基苯酚	2-phenylphenol	9.78	169.0/115.0	169.0/115.0;169.0/93.0	140	35;20
425	3-苯基苯酚	3-phenylphenol	9.78	169.0/115.0	169.0/115.0;169.0/141.1	140	35;35
426	4,6-二硝基邻甲酚	DNOC	4.19	197.1/180.0	197.1/180.0;197.1/108.9	120	15;20
427	调果酸	cloprop	3.38	199.0/127.0	199.0/127.0;199.0/71.0	80	5;5
428	氯硝胺	dicloran	8.82	205.1/169.3	205.1/169.3;205.1/123.2	120	15;30
429	氯苯胺灵	chlorpropham	12.55	212.0/152.0	212.0/152.0;212.0/57.0	80	5;20
430	2-甲-4-氯丙酸	mecoprop	4.46	213.1/141.0	213.1/141.0;213.1/71.0	80	5;5
431	特草定	terbacil	5.94	215.1/159.0	215.1/159.0;215.1/73.0	120	10;40
432	2,4-滴	2,4-D	4.28	218.9/161.0	218.9/161.0;218.9/125.0	80	5;20
433	麦草畏	dicamba	0.75	219.0/175.0	219.0/175.0;219.0/145.0	60	5;5
434	二甲四氯丁酸	MCPB	5.53	227.0/141.0	227.0/141.0;227.0/105.0	80	10;25
435	灭草松	bentazone	3.69	239.0/132.0	239.0/132.0;239.0/197.0	140	20;15
436	地乐酚	dinoseb	6.13	239.0/193.0	239.0/193.0;239.0/163.0	120	22;25
437	草消酚	dinoterb	6.13	239.0/207.0	239.0/207.0;239.0/176.1	140	25;35
438	氯吡脲	forchlorfenuron	7.35	246.1/127.0	246.1/127.0;246.1/91.1	80	5;25
439	咯菌腈	fludioxonil	11.10	247.0/180.0	247.0/180.0;247.0/126.0	140	10;10

表 B.1(续)

序号	中文名称	英文名称	保留时间/min	定量离子	定性离子	源内碎裂电压/V	碰撞气能量/V
440	2,4,5-涕	2,4,5-T	2.63	253.0/195.0	253.0/195.0;253.0/158.9	80	5;25
441	氟草烟	fluroxypyr	2.63	252.9/195.0	252.9/195.0;252.9/232.5	80	5;5
442	杀螨醇	chlorfenethol	11.81	265.0/96.7	265.0/96.7;265.0/152.7	120	15;5
443	溴苯腈	bromoxynil	4.07	274.0/79.1	274.0/79.1;274.0/167.0	120	40;40
444	灭幼脲	chlorobenzuron	14.05	306.9/154.0	306.9/154.0;306.9/125.9	100	5;20
445	氯霉素	chloramphenicolum	5.07	321.0/152.0	321.0/152.0;321.0/257.0	100	15;10
446	禾草灭	alloxydim-sodium	3.49	322.2/222.0	322.2/222.0;322.2/190.0	120	20;35
447	噁唑禾草灵	fempxaprop-ethyl	5.82	332.0/151.9	332.0/151.9;332.0/260.0	100	15;5
448	乙酰磺胺对硝基苯	sulfanitran	5.77	334.0/137.0	334.0/137.0;334.0/197.0	120	28;29
449	甲基磺草酮	mesotrion	0.74	338.1/291.0	338.1/291.0;338.1/212.2	80	5;40
450	安磺灵	oryzalin	14.04	345.0/281.1	345.0/281.1;345.0/146.9;345.0/78.1	120	10;10;5
451	三氟羧草醚	acifluorfen	6.40	360.0/316.0	360.0/316.0;360.0/194.0	80	5;25
452	碘苯腈	ioxynil	4.63	369.8/126.9	369.8/126.9;369.8/215.0	120	35;35
453	噁唑菌酮	famoxadone	16.52	373.0/282.0	373.0/282.0;373.0/328.9	120	20;15
454	磺酰唑草酮	sulfentrazone	6.54	385.0/307.0	385.0/307.0;385.0/199.3	100	25;40
455	吡氟酰草胺	diflufenican	17.30	393.1/329.1	393.1/329.1;393.1/272.0	100	10;10
456	乙虫清	ethiprole	10.74	394.9/331.0	394.9/331.0;394.9/250.0	100	5;25
457	磺菌胺	flusulfamide	11.15	413.0/171.0	413.0/171.0;413.0/179.0	160	40;40
458	环丙嘧磺隆	cyclosulfamuron	7.60	420.2/238.8	420.2/238.8;420.2/265.4	100	10;5
459	碘甲磺隆钠	iodosulfuron-methyl sodium	4.48	505.9/139.0	505.9/139.0;505.9/308.0	120	25;15
460	克来范	kelevan	19.50	628.1/169.0	628.1/169.0;628.1/422.6	120	24;22
461	甲基碘磺隆	iodosulfuron-methyl	4.48	506.0/139.0	506.0/139.0;506.0/307.9	120	25;15

附　录　C

（资料性附录）

461种农药及相关化学品多反应监测（MRM）色谱图

A、B、C、D、E、F和G七组农药及相关化学品多反应监测（MRM）色谱图如下：

A组

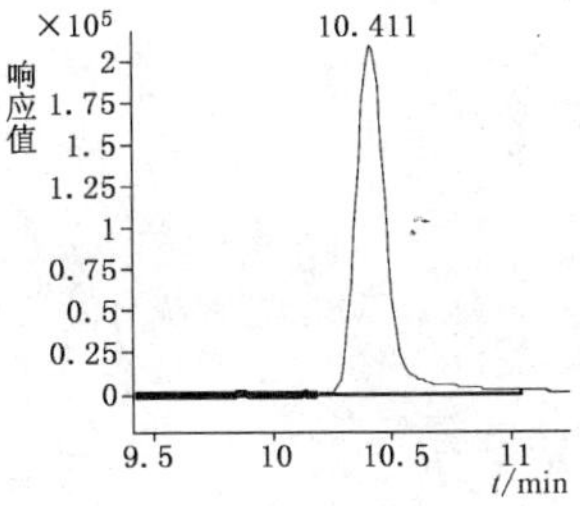

1. 苯胺灵
(propham)

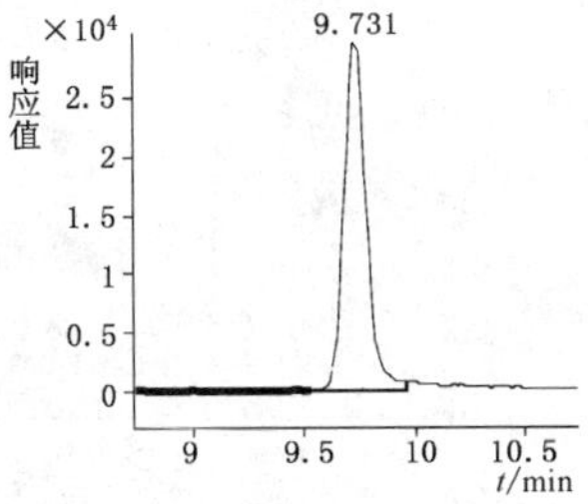

2. 异丙威
(isoprocarb)

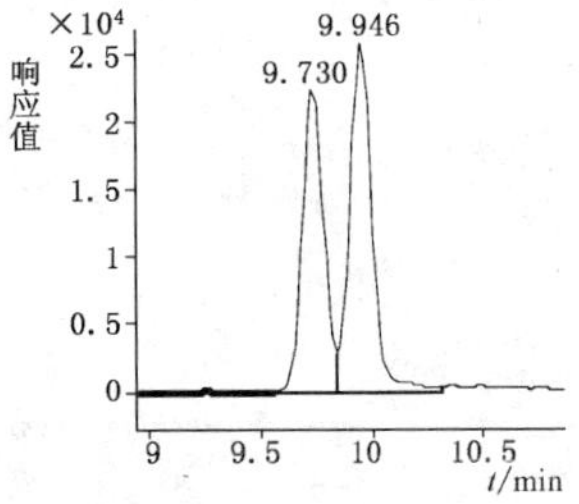

3. 3,4,5-混杀威
(3,4,5-trimethacarb)

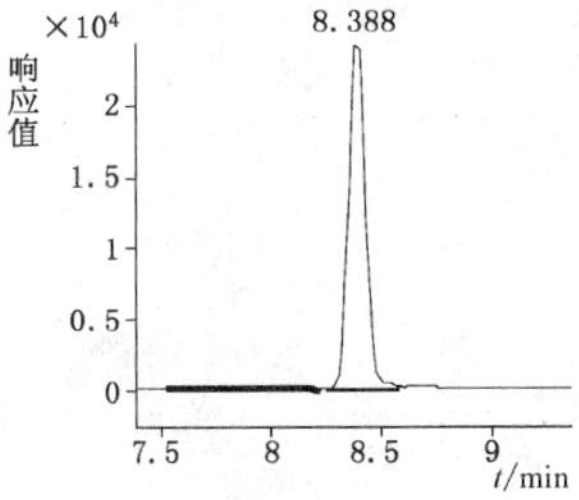

4. 环莠隆
(cycluron)

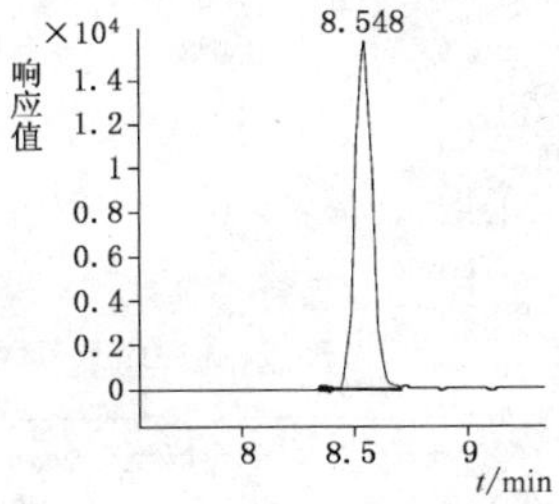

5. 甲萘威
(carbaryl)

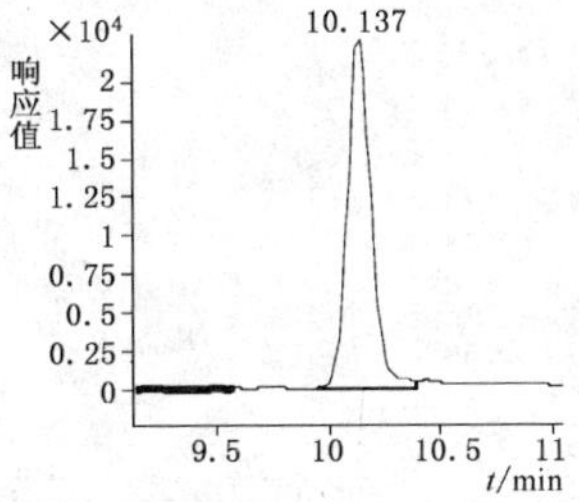

6. 毒草胺
(propachlor)

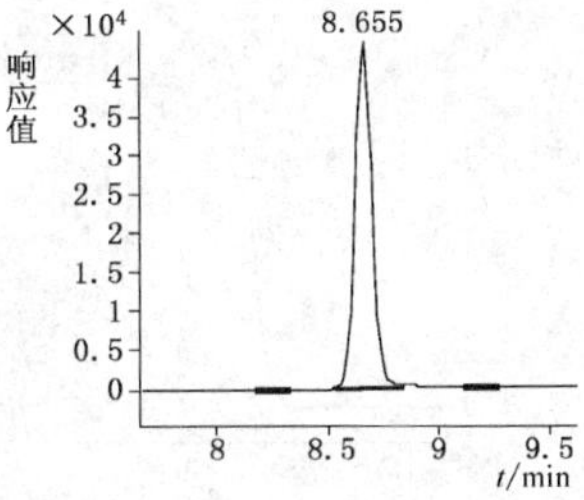

7. 吡咪唑
(rabenzazole)

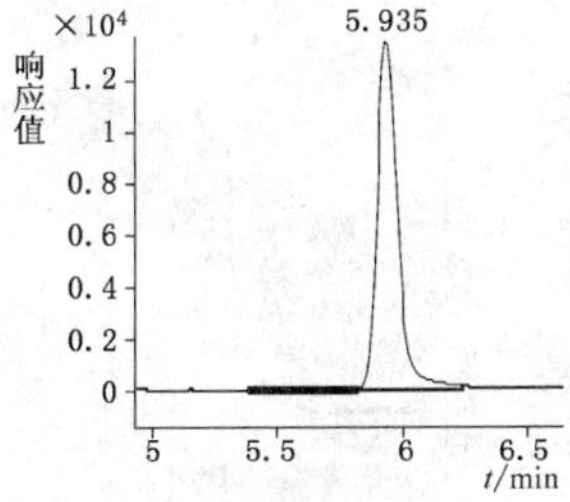

8. 西草净
(simetryn)

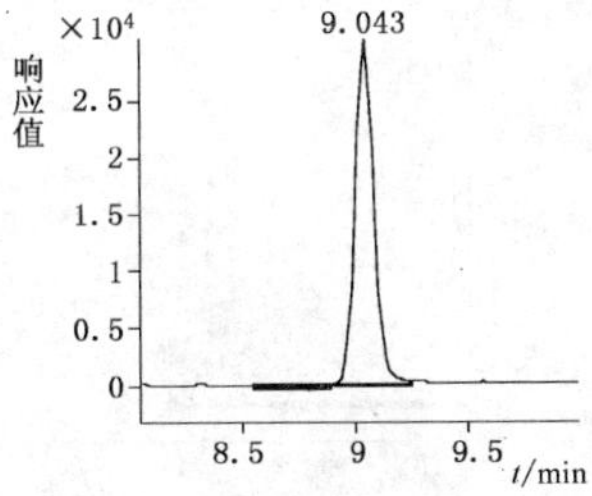

9. 绿谷隆
(monolinuron)

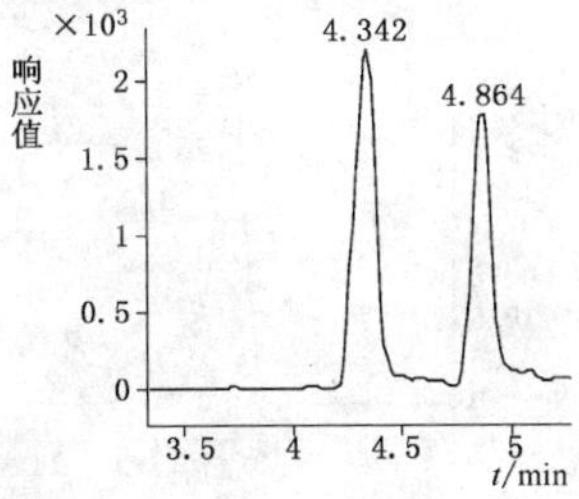

10. 速灭磷
(mevinphos)

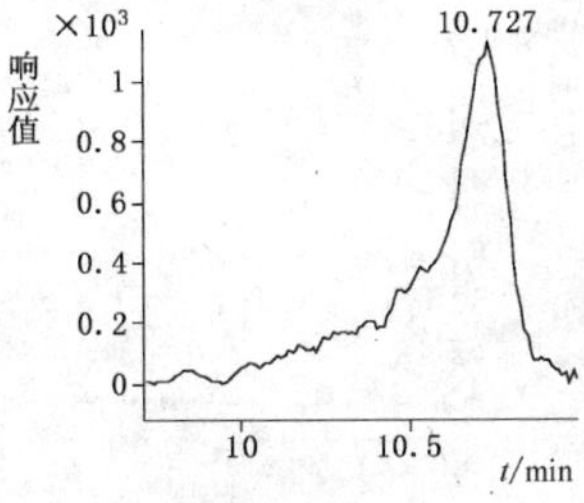

11. 叠氮津
(aziprotryne)

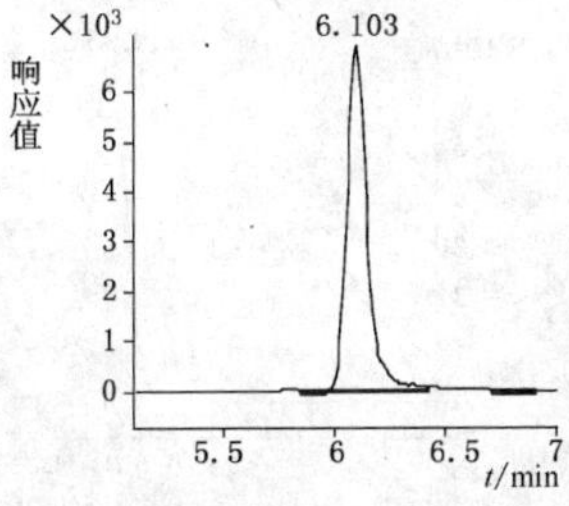

12. 密草通
(secbumeton)

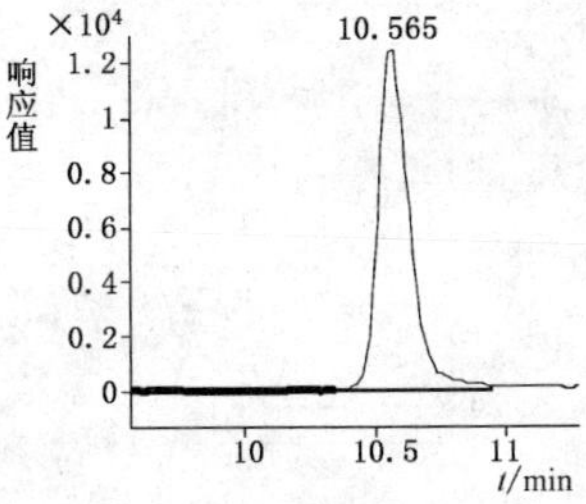

13. 嘧菌磺胺
(cyprodinil)

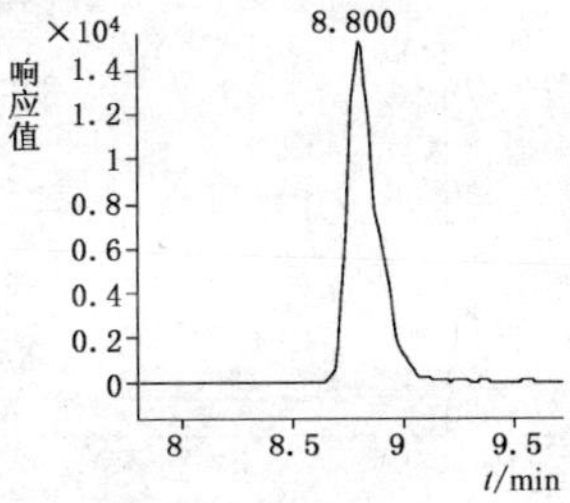

14. 播土隆
(buturon)

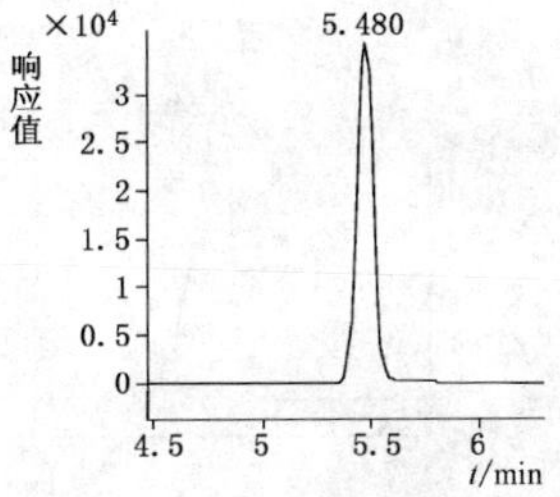

15. 双酰草胺
(carbetamide)

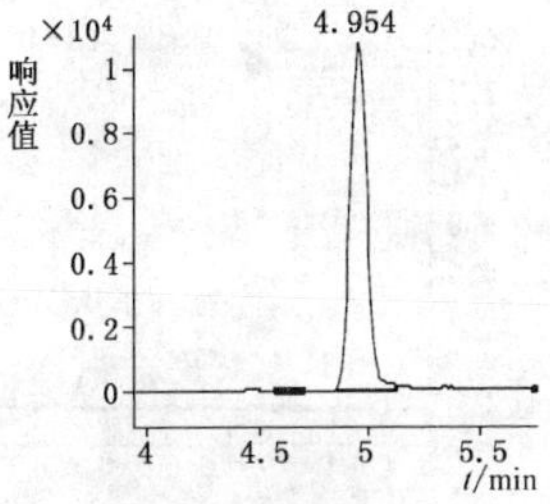

16. 抗蚜威
(pirimicarb)

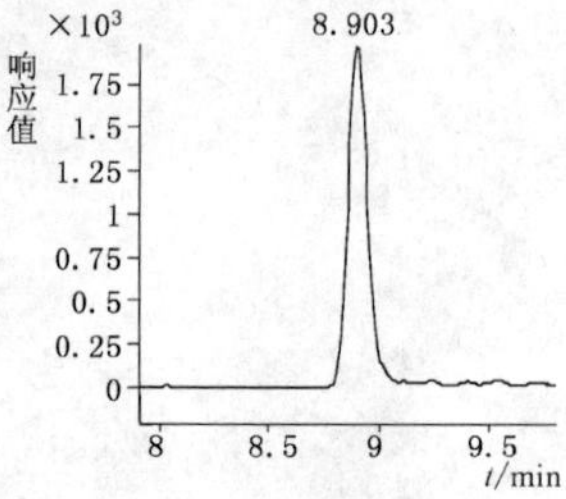

17. 异噁草松
(clomazone)

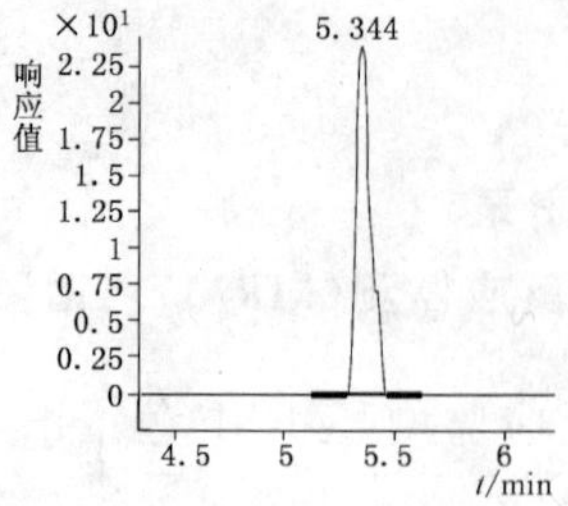

18. 氰草津
(cyanazine)

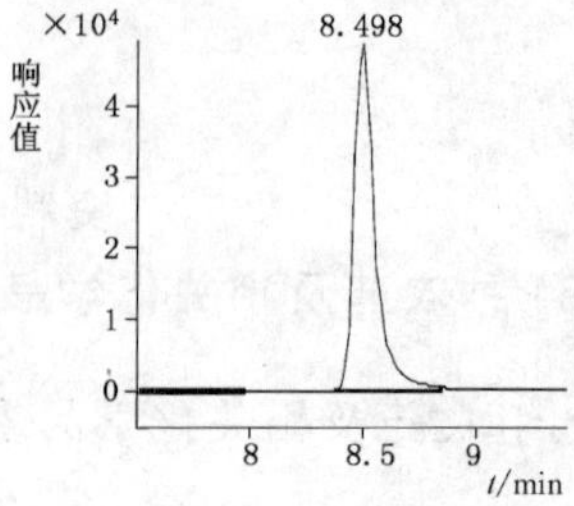

19. 扑草净
(prometryne)

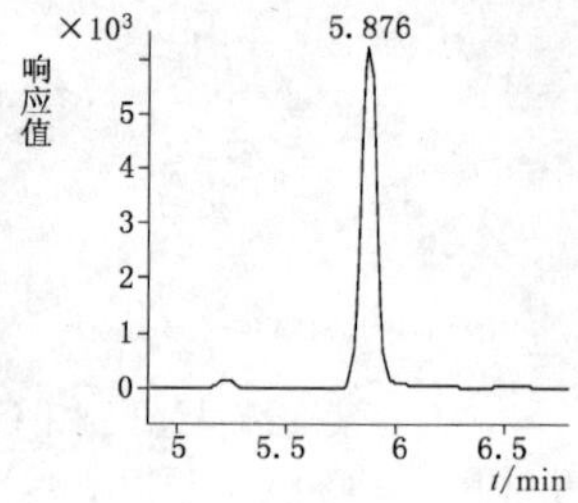

20. 甲基对氧磷
(paraoxon methyl)

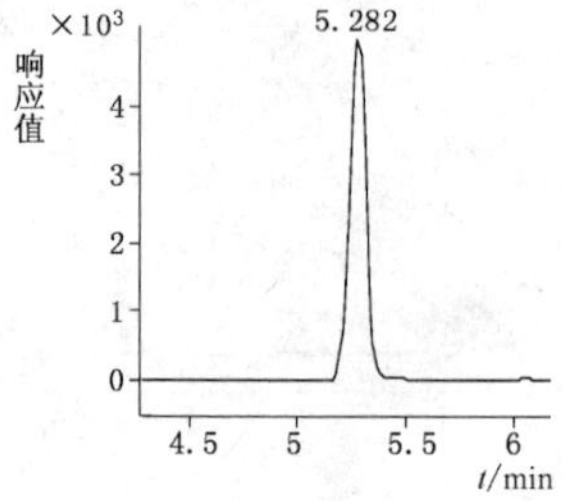

21. 噻虫啉
(thiacloprid)

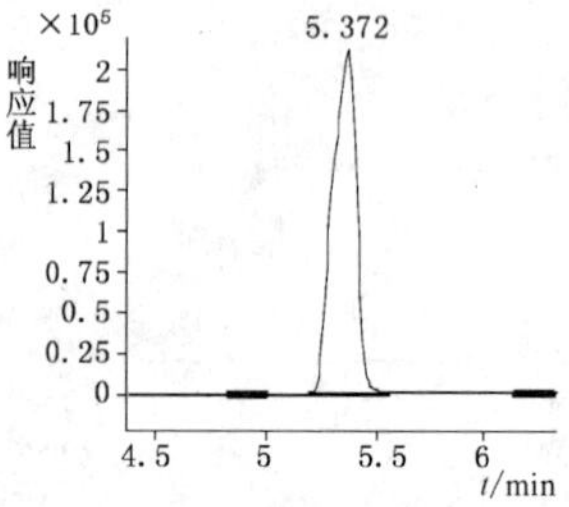

22. 吡虫啉
(imidacloprid)

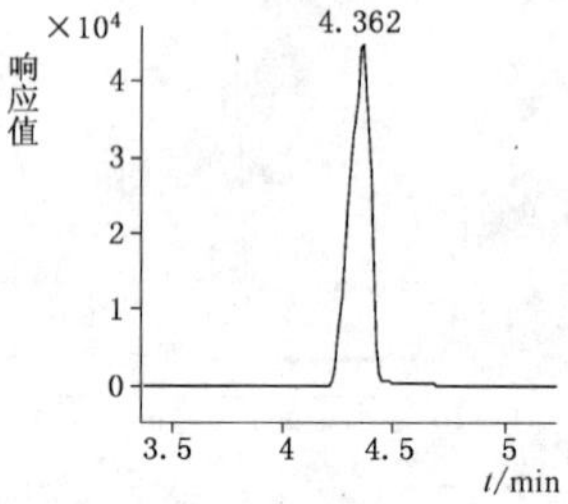

23. 磺噻隆
(ethidimuron)

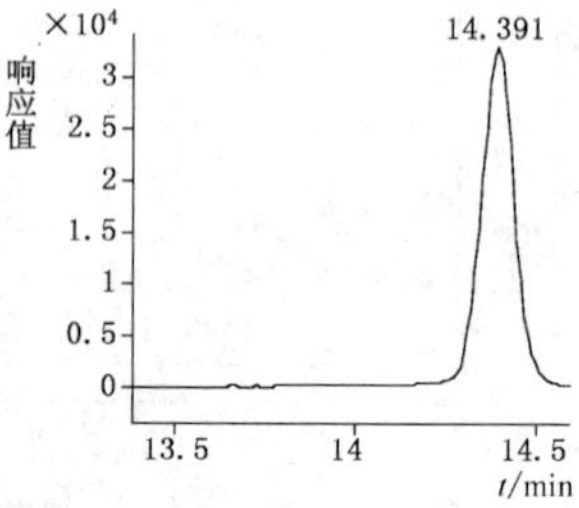

24. 丁嗪草酮
(isomethiozin)

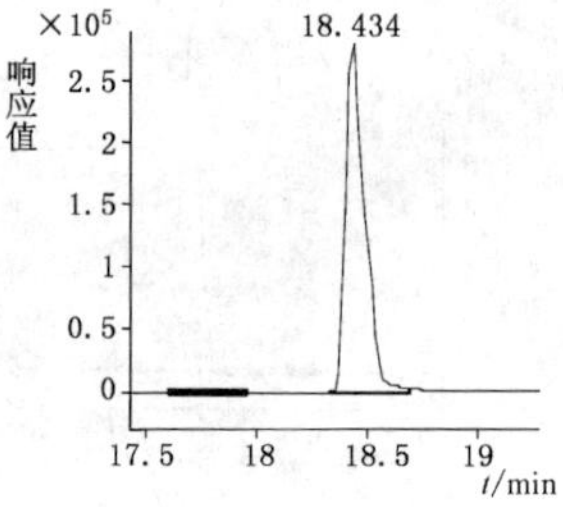

25. 燕麦敌
(diallate)

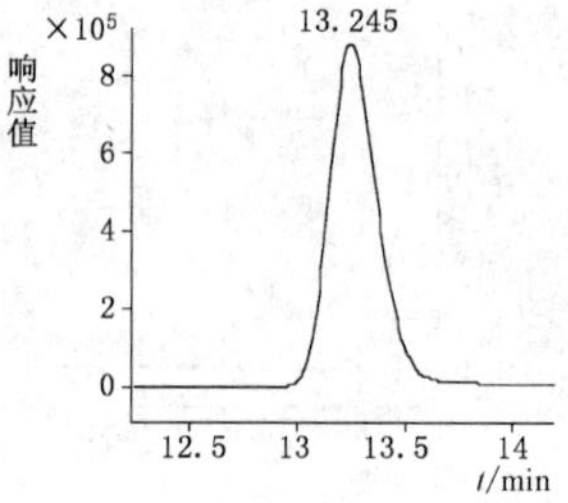

26. 乙草胺
(acetochlor)

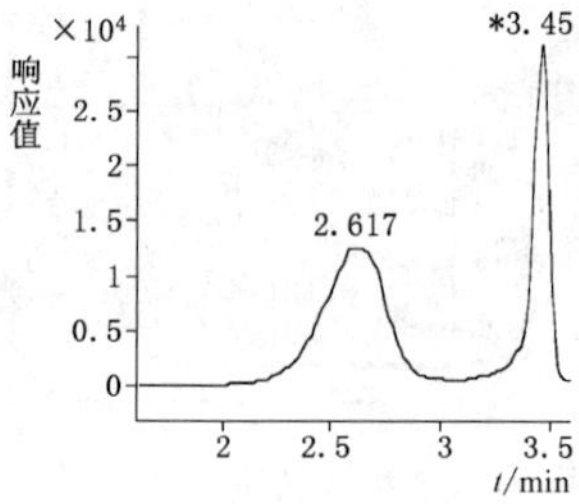

27. 烯啶虫胺
(nitenpyram)

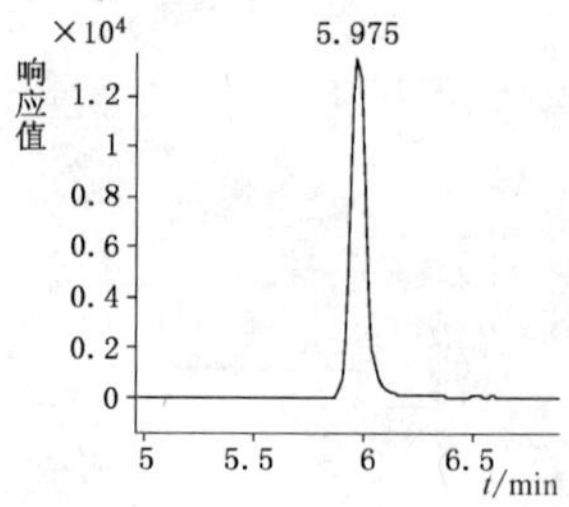

28. 盖草津
(methoprotryne)

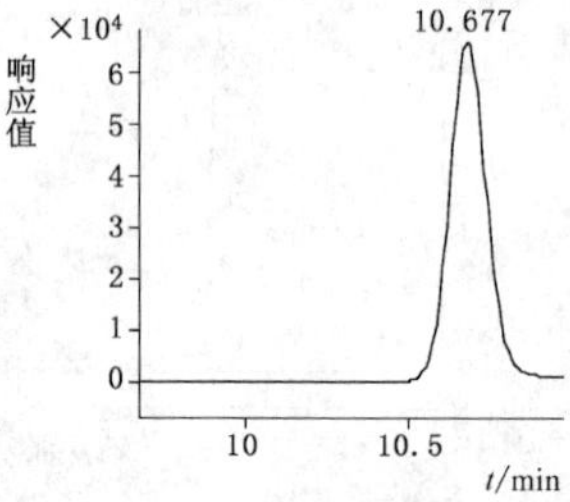

29. 二甲酚草胺
(dimethenamid)

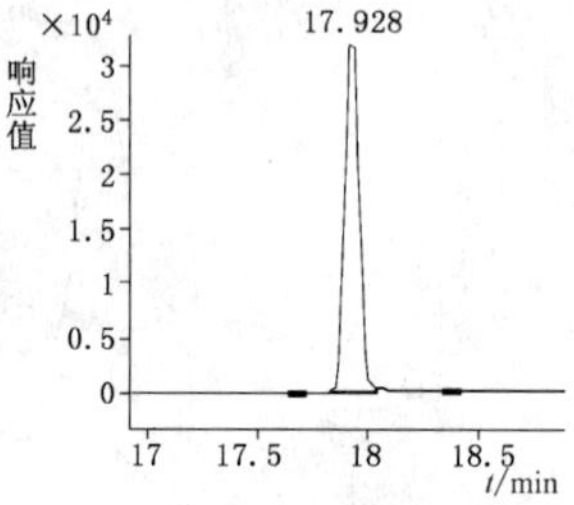

30. 特草灵
(terrbucarb)

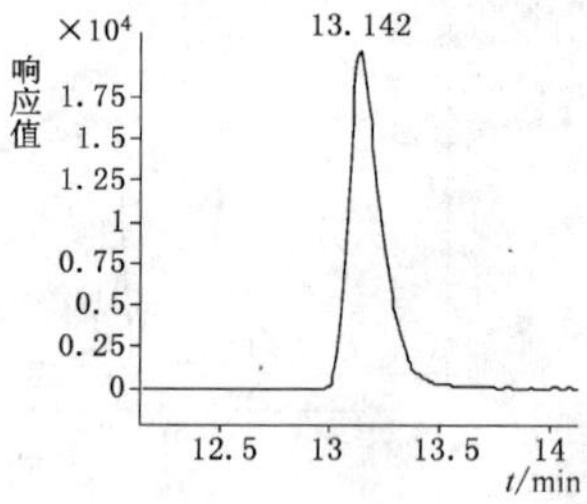

31. 戊菌唑
(penconazole)

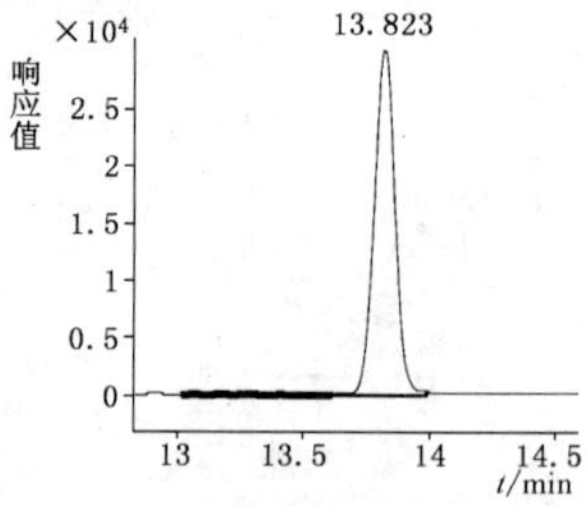

32. 腈菌唑
(myclobutanil)

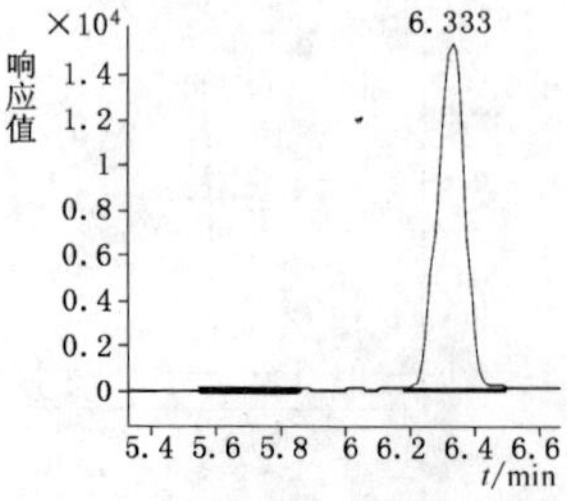

33. 咪唑乙烟酸
(imazethapyr)

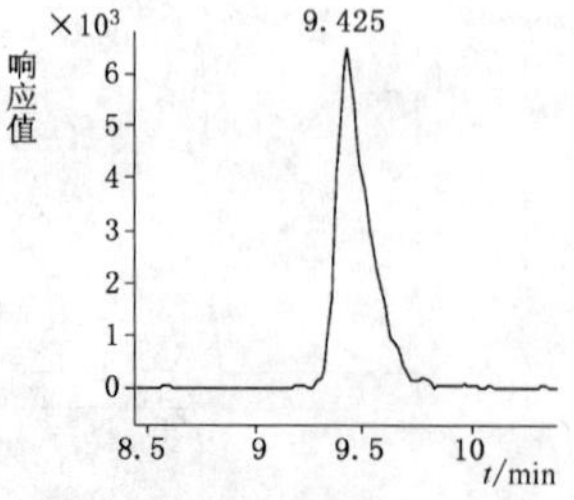

34. 多效唑
(paclobutrazol)

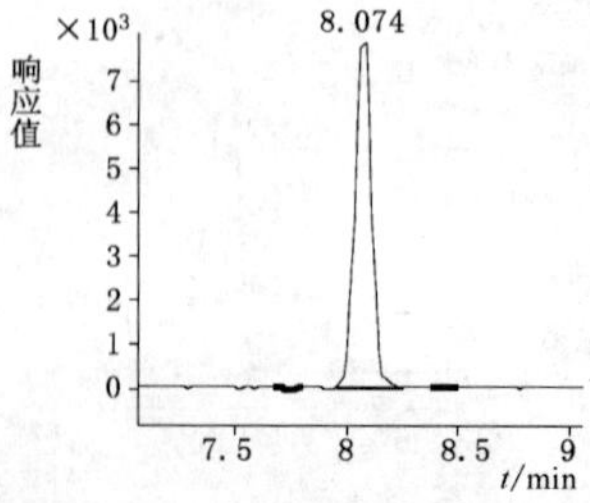

35. 倍硫磷亚砜
(fenthion sulfoxide)

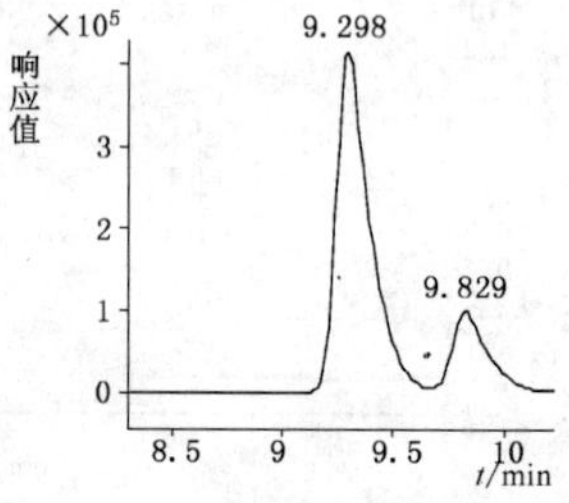

36. 三唑醇
(triadimenol)

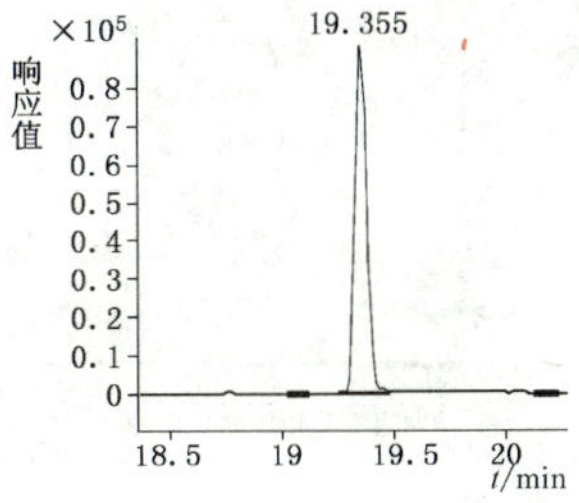

37. 仲丁灵
(butralin)

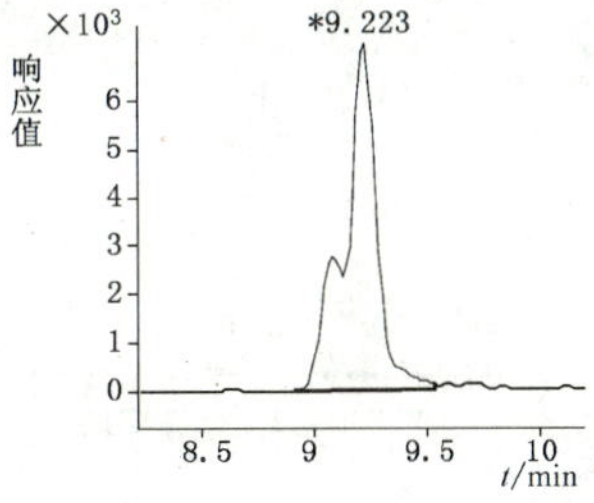

38. 螺噁茂胺
(spiroxamine)

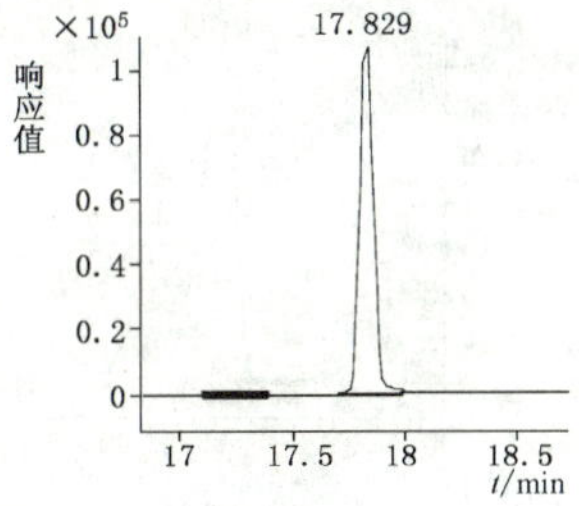

39. 甲基立枯磷
(tolclofos methyl)

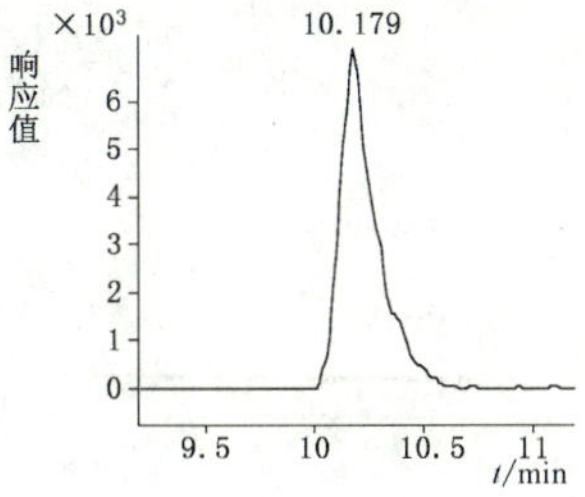

40. 甜菜胺
(desmedipham)

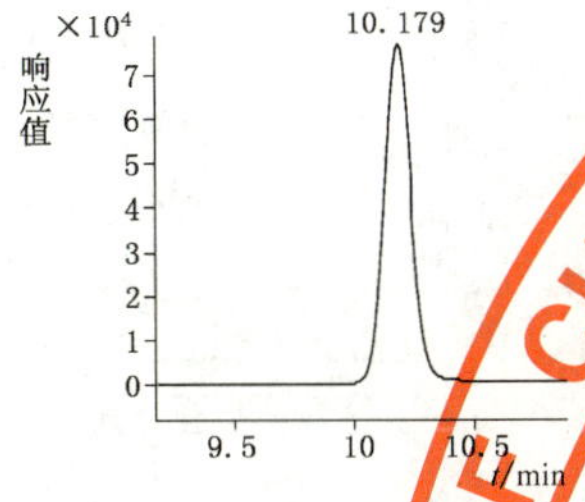

41. 杀扑磷
(methidathion)

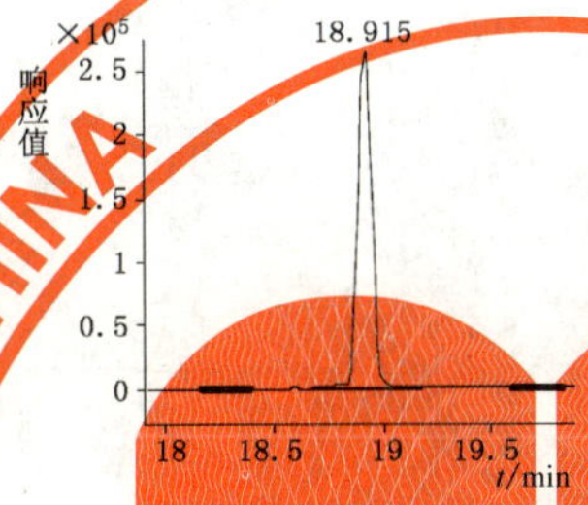

42. 烯丙菊酯
(allethrin)

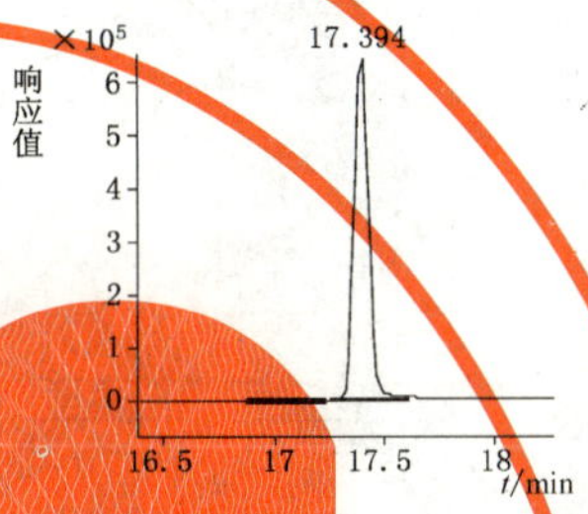

43. 二嗪磷
(diazinon)

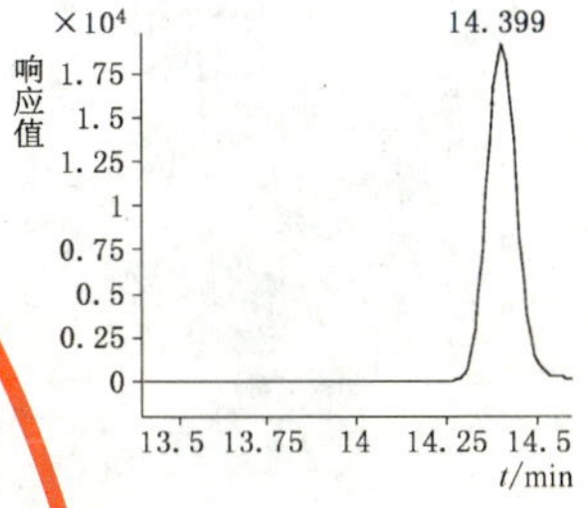

44. 敌瘟磷
(edifenphos)

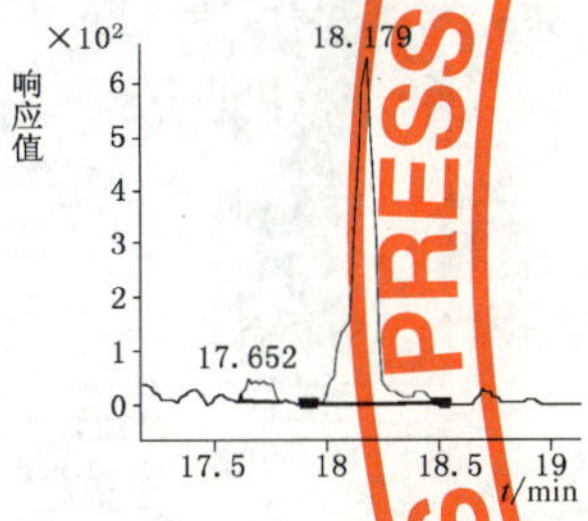

45. 丙草胺
(pretilachlor)

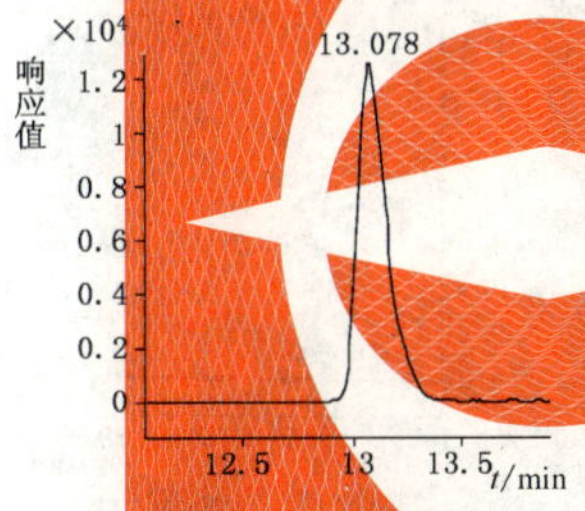

46. 氟硅唑
(flusilazole)

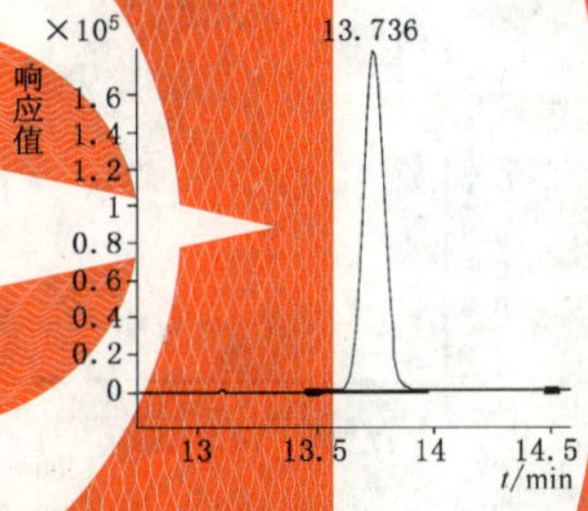

47. 丙森锌
(iprovalicarb)

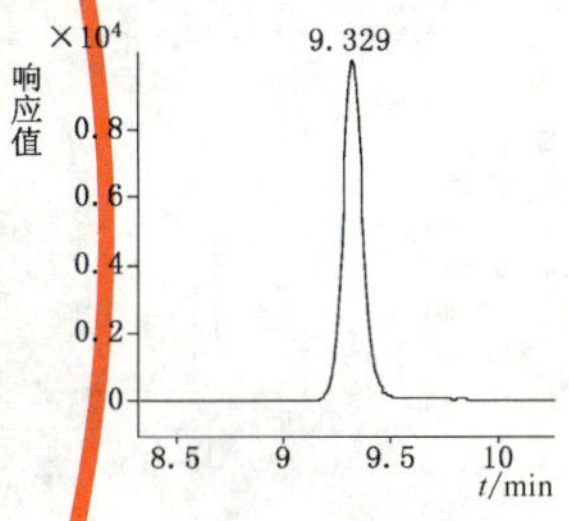

48. 麦锈灵
(benodanil)

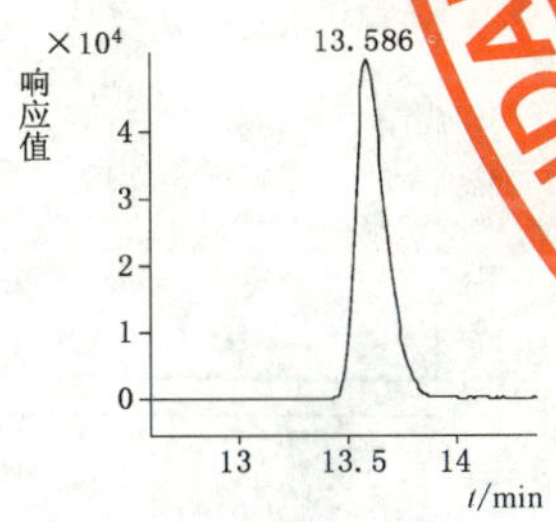

49. 氟酰胺
(flutolanil)

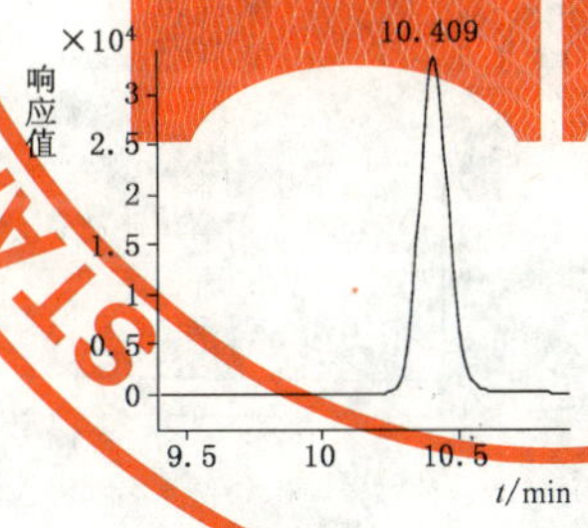

50. 氨磺磷
(famphur)

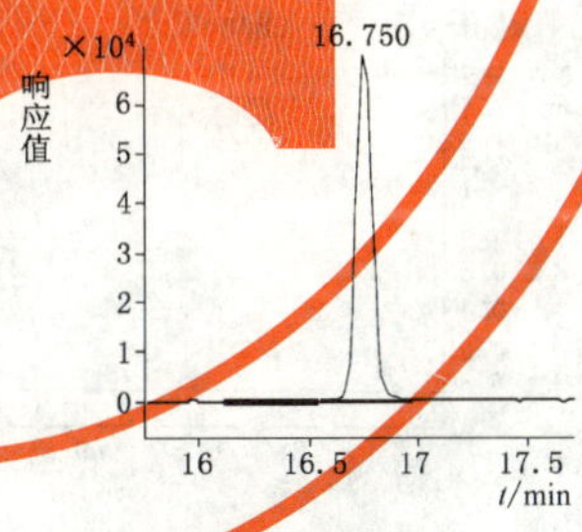

51. 苯霜灵
(benalyxyl)

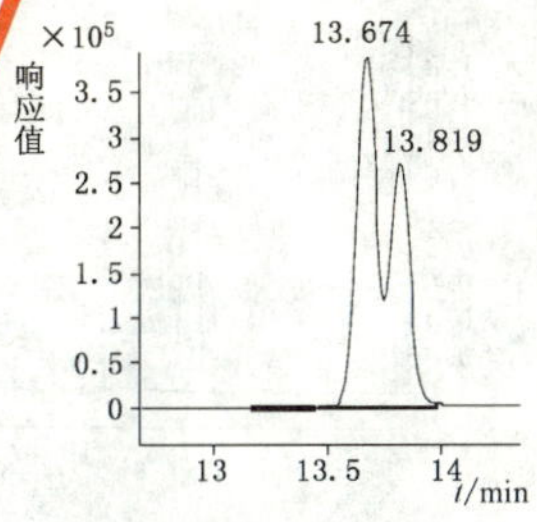

52. 苄氯三唑醇
(diclobutrazole)

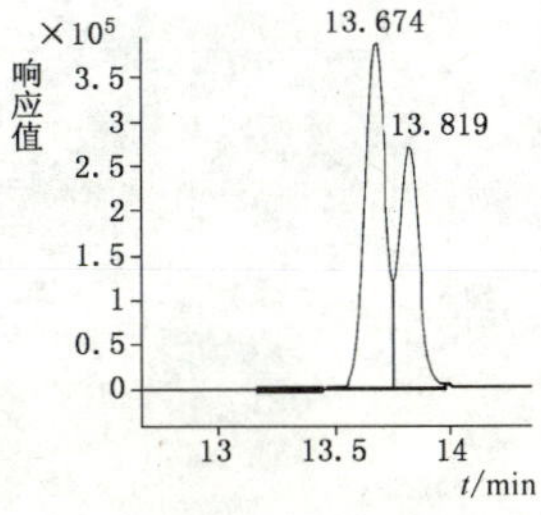

53. 乙环唑
(etaconazole)

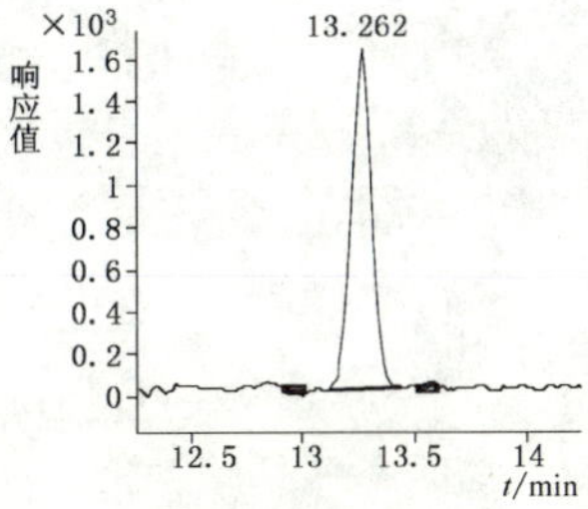

54. 氯苯嘧啶醇
(fenarimol)

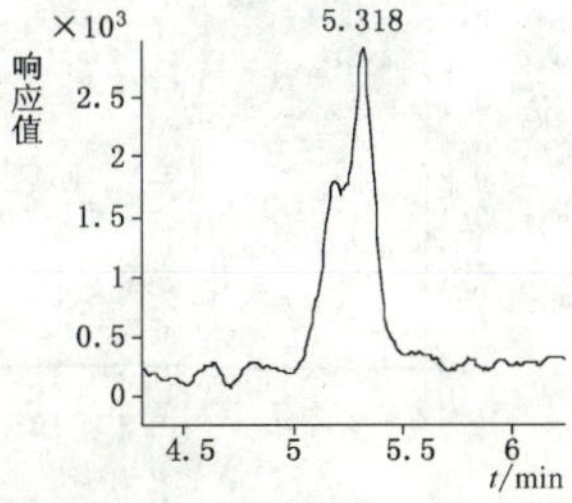

55. 酞酸二环己基酯
(phthalic acid,dicyclobexyl ester)

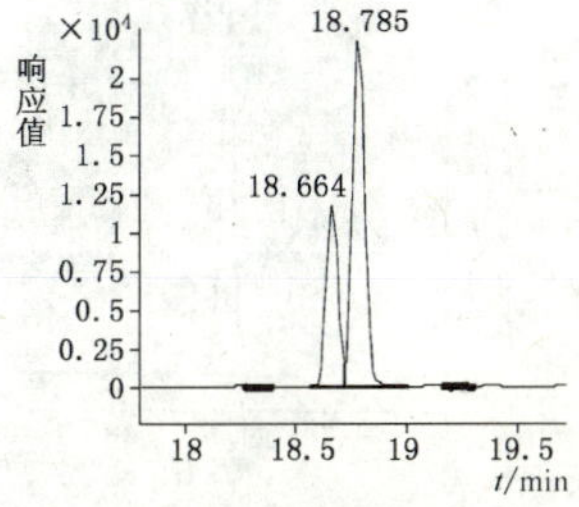

56. 胺菊酯
(tetramethirn)

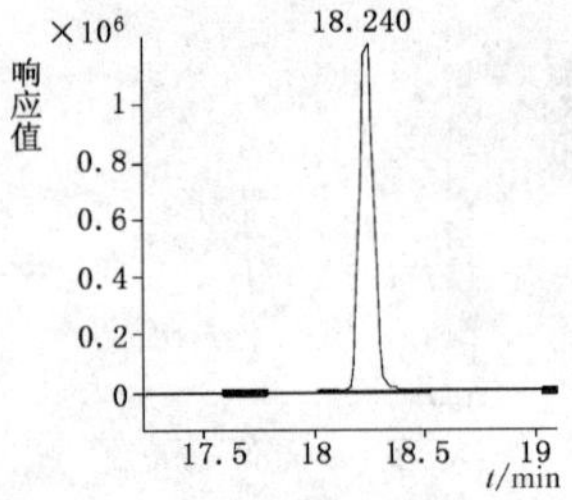

57. 解草酯
(cloquintocet mexyl)

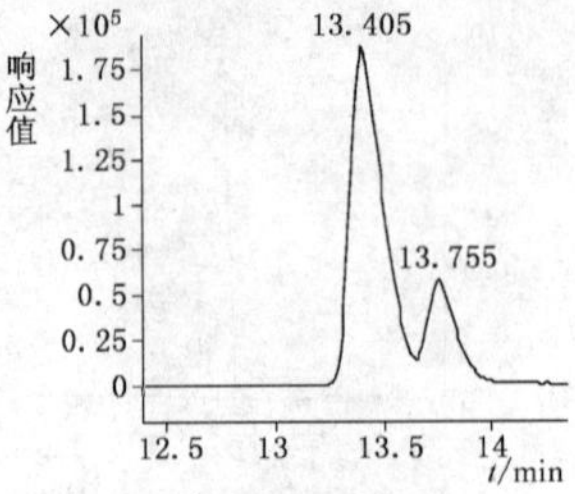

58. 联苯三唑醇
(bitertanol)

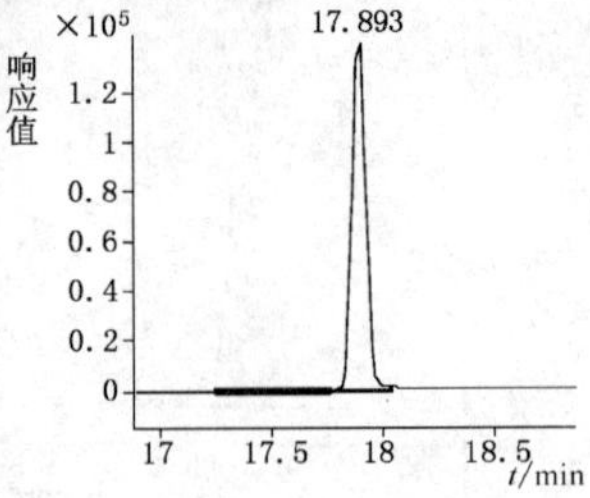

59. 甲基毒死蜱
(chlorprifos methyl)

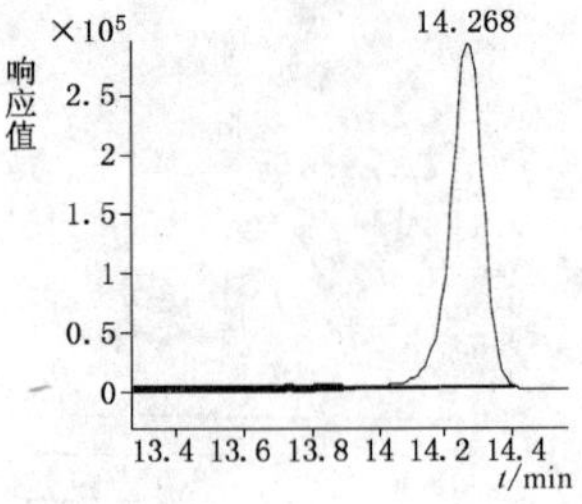

60. 吡喃草酮
(tepraloxydim)

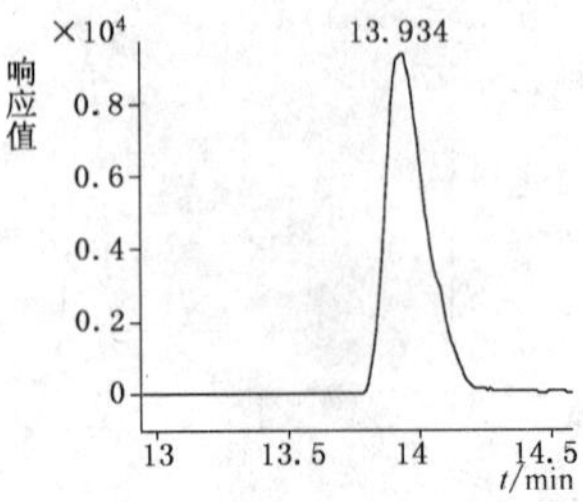

61. 益棉磷
(azinphos ethyl)

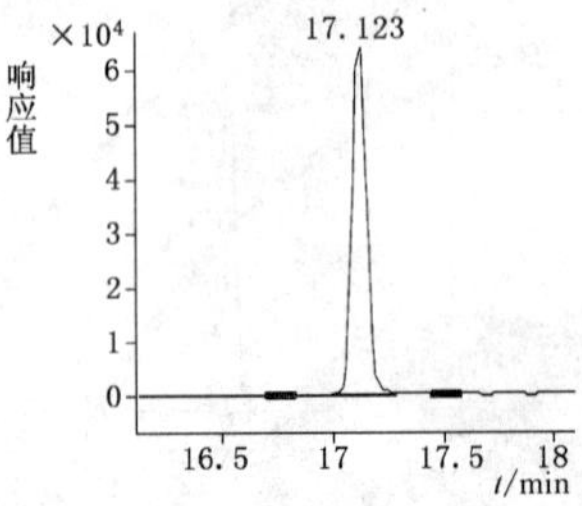

62. 杀铃脲
(triflumuron)

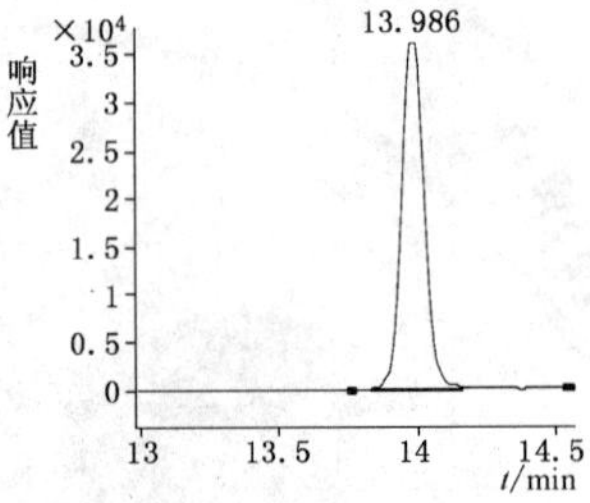

63. 异噁氟草
(isoxaflutole)

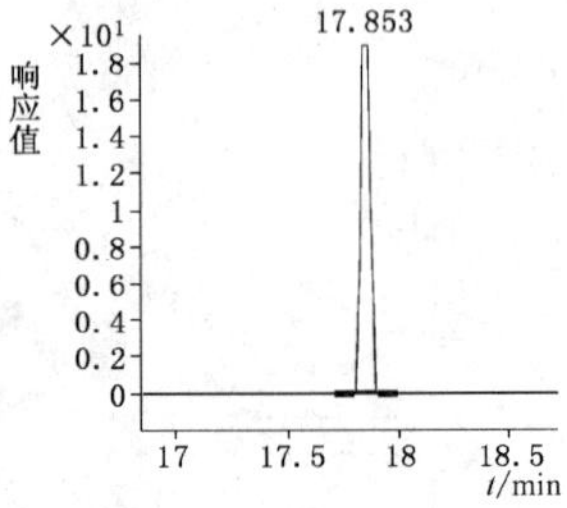

64. 莎稗磷
(anilofos)

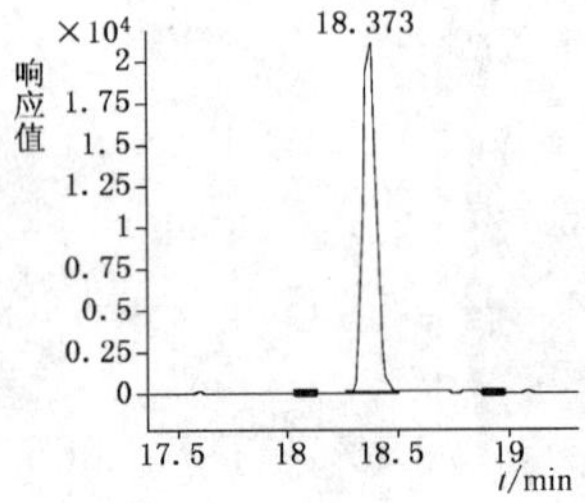

65. 喹禾灵
(quizalofop-ethyl)

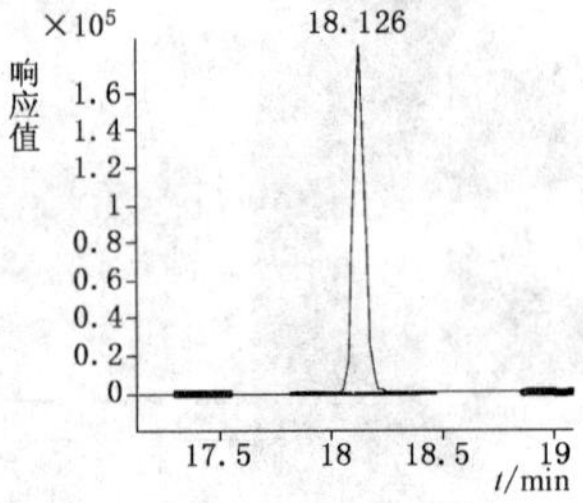

66. 精氟吡甲禾灵
(haloxyfop-methyl)

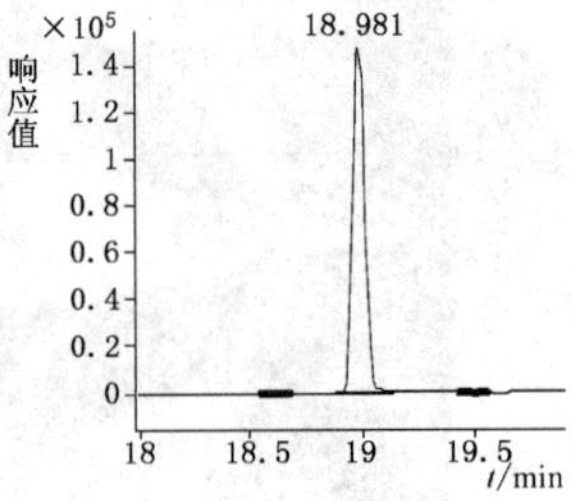

67. 吡氟禾草灵
(fluazifop butyl)

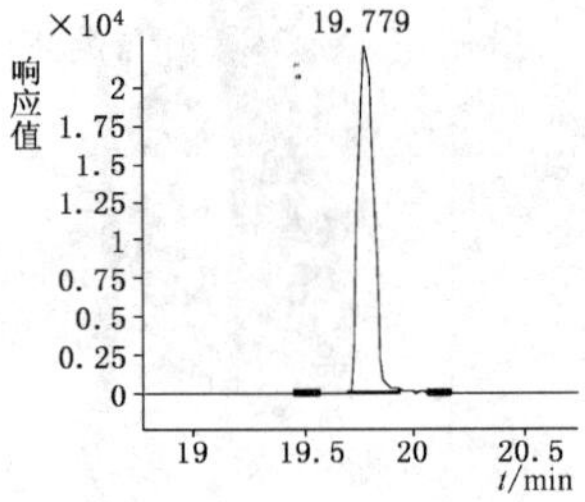

68. 乙基溴硫磷
(bromophos-ethyl)

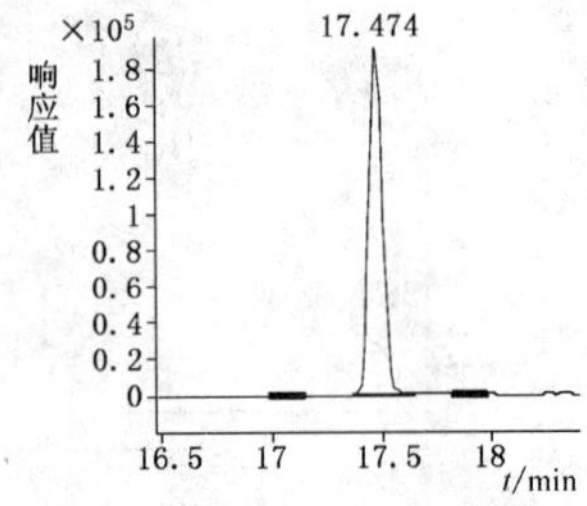

69. 地散磷
(bensulide)

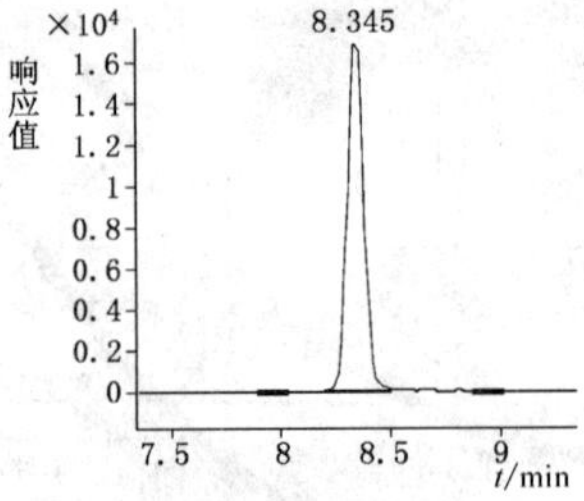

70. 醚苯磺隆
(triasulfuron)

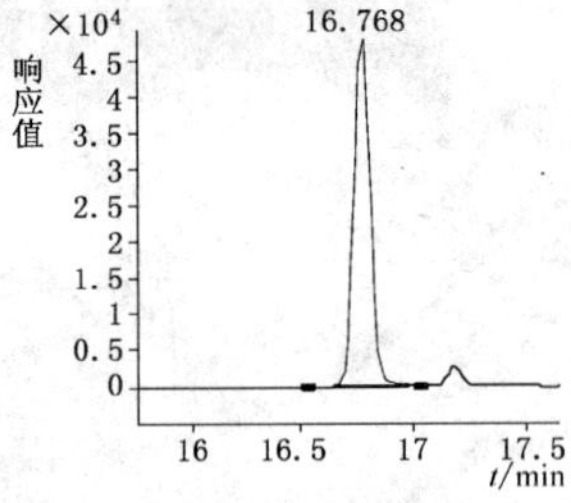

71. 溴苯烯磷
(bromfenvinfos)

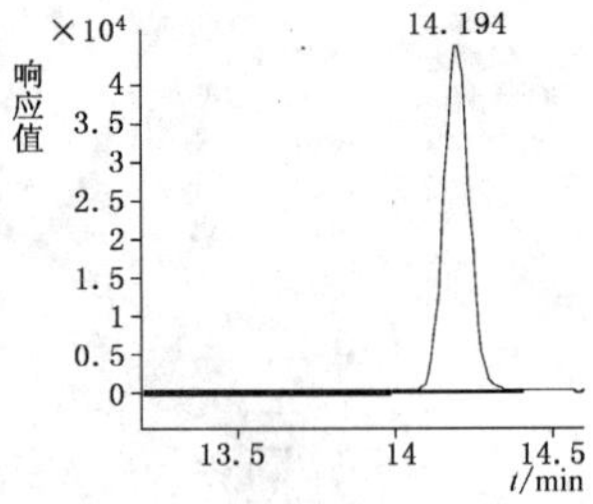

72. 嘧菌酯
(azoxystrobin)

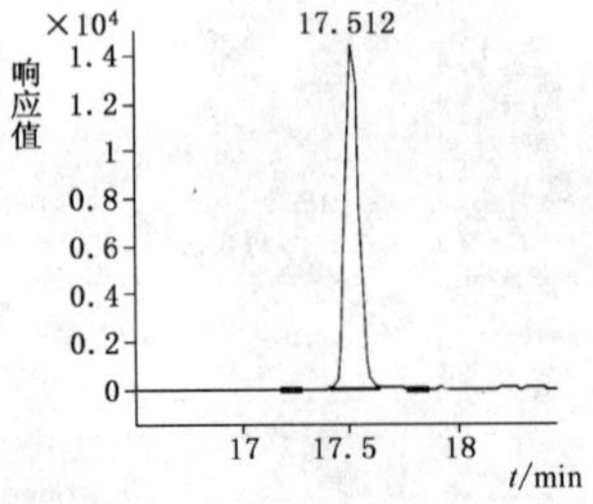

73. 吡菌磷
(pyrazophos)

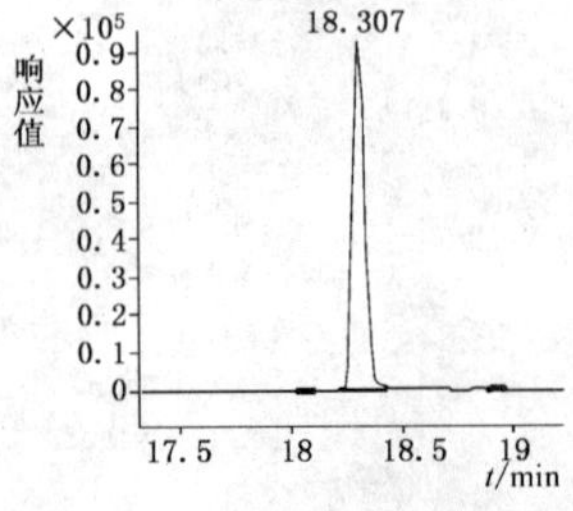

74. 茚虫威
(indoxacarb)

B 组

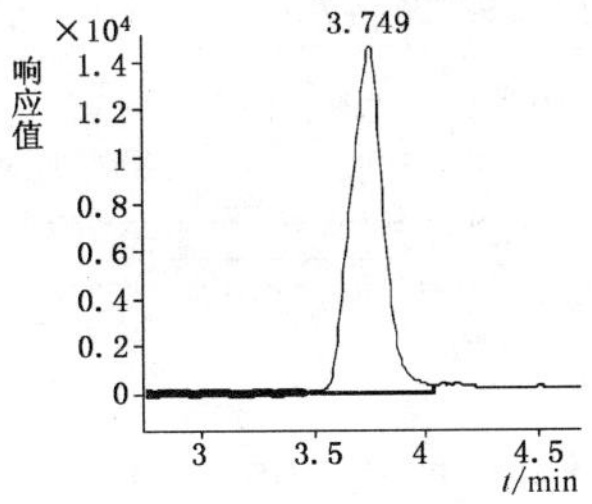

75. 棉隆
(dazomet)

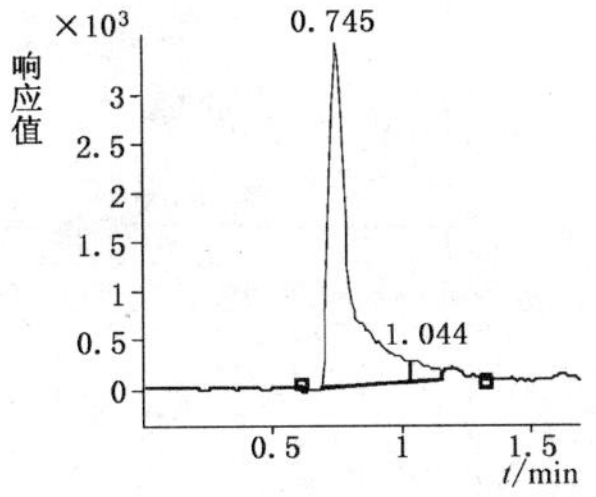

76. 烟碱
(nicotine)

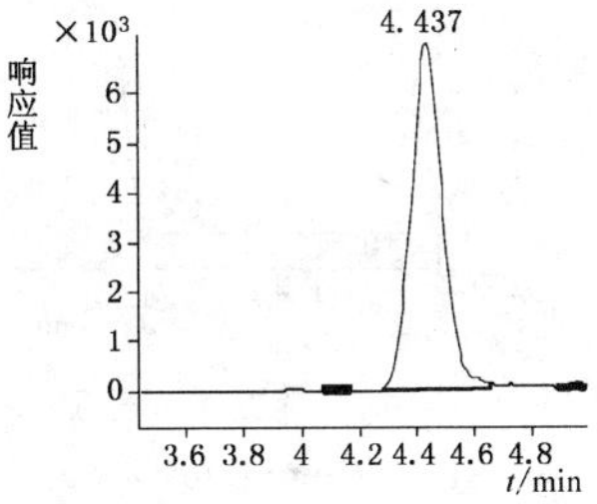

77. 非草隆
(fenuron)

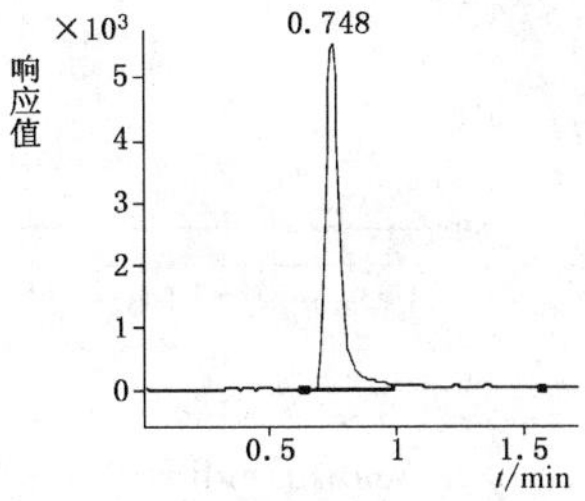

78. 灭蝇胺
(cyromazine)

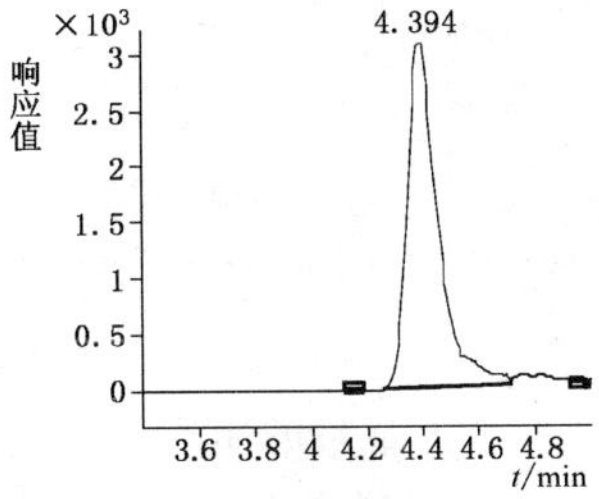

79. 鼠立克
(crimidine)

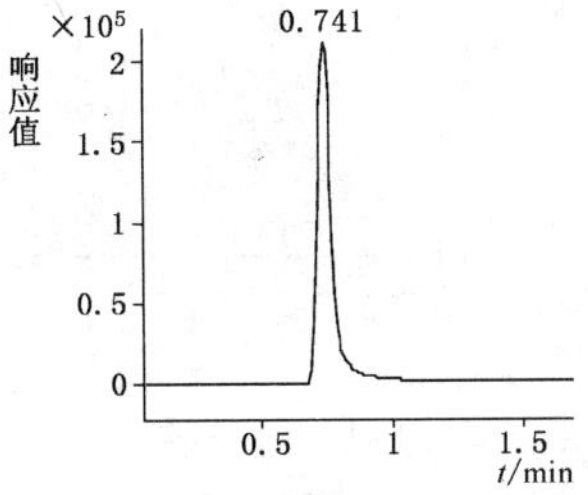

80. 乙酰甲胺磷
(acephate)

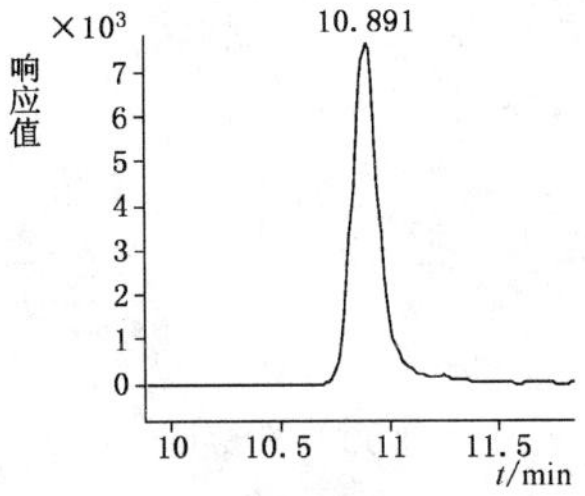

81. 禾草敌
(molinate)

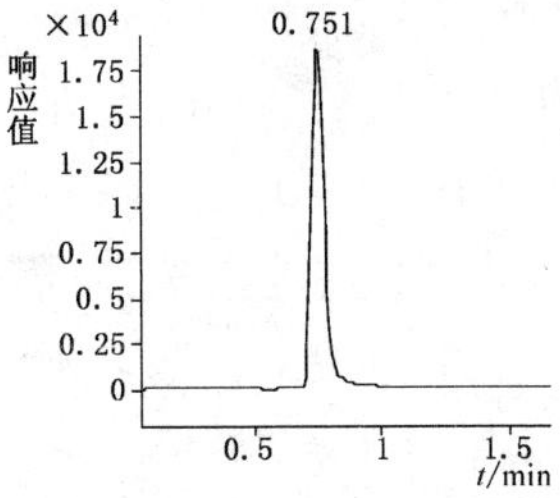

82. 多菌灵
(carbendazim)

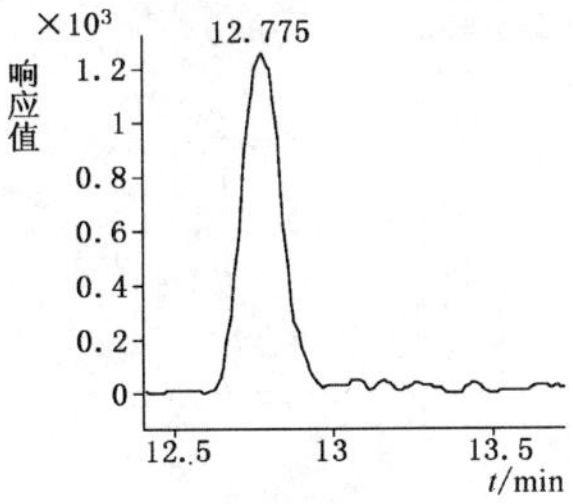

83. 6-氯-4-羟基-3-苯基哒嗪
(6-chloro-4-hydroxy-3-phenyl-pyridazin)

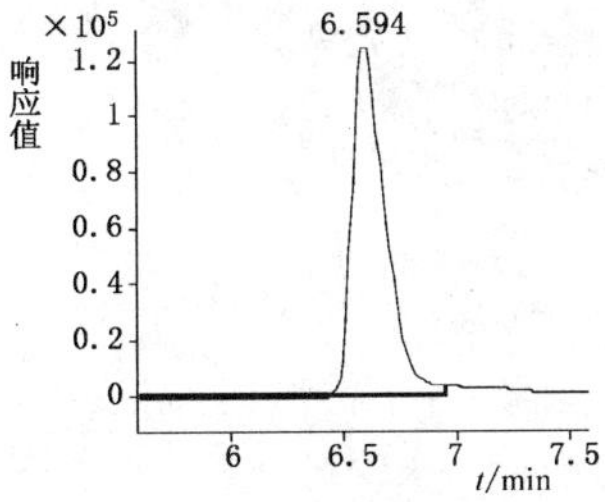

84. 残杀威
(propoxur)

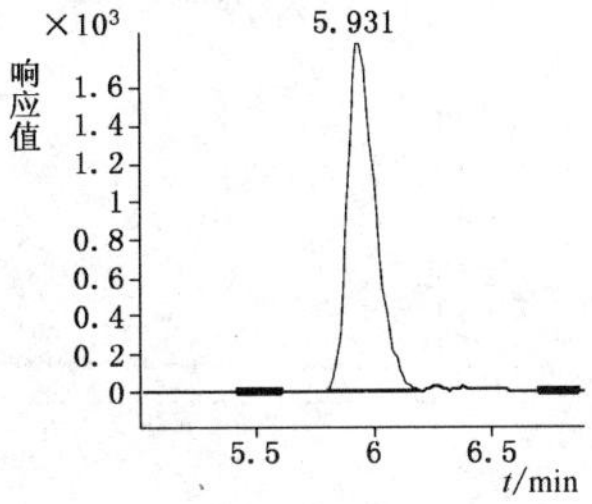

85. 异唑隆
(isouron)

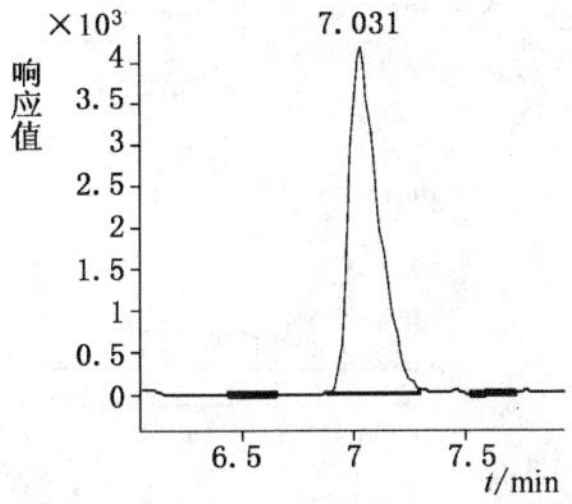

86. 绿麦隆
(chlorotoluron)

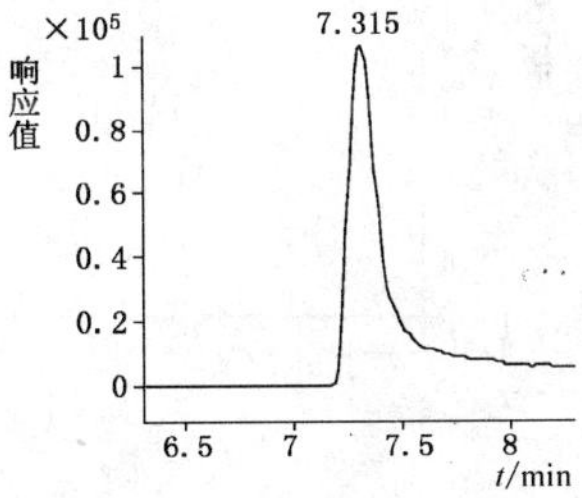

87. 久效威
(thiofanox)

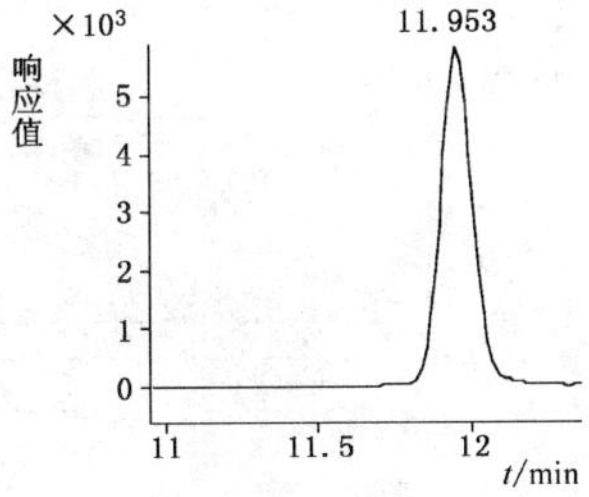

88. 氯草灵
(chlorbufam)

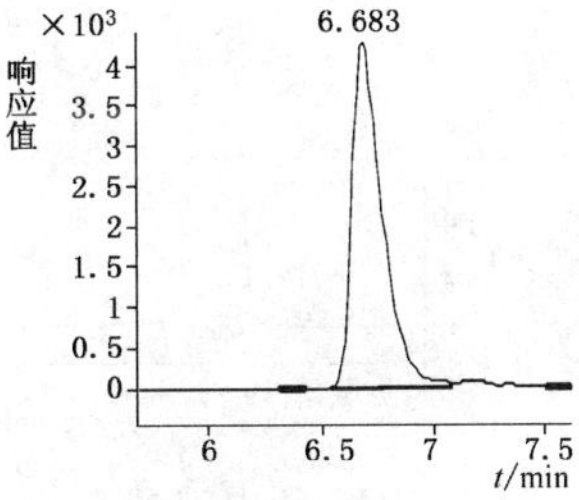

89. 噁虫威
(bendiocarb)

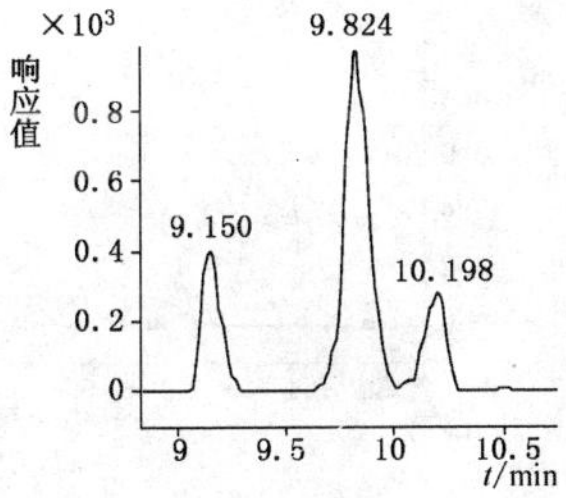

90. 扑灭津
(propazine)

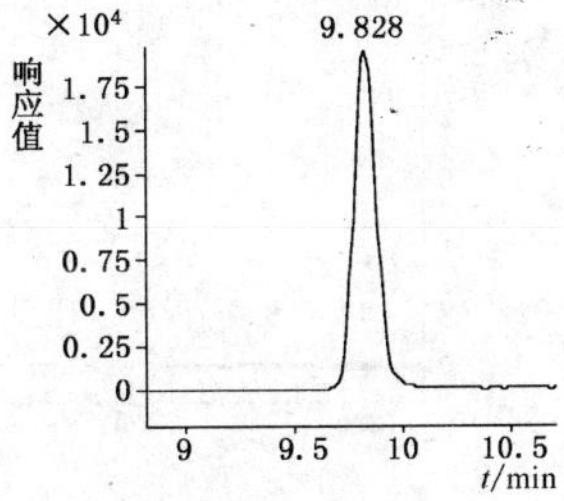

91. 特丁津
(terbuthylazine)

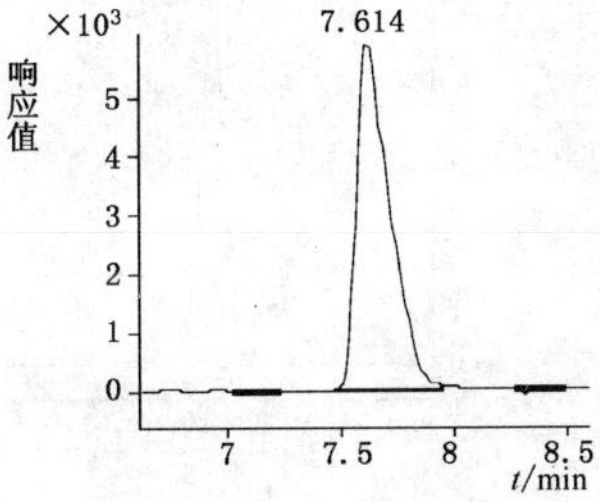

92. 敌草隆
(diuron)

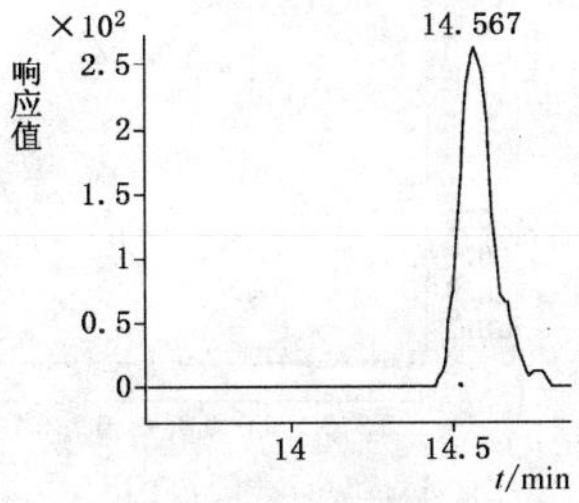

93. 氯甲硫磷
(chlormephos)

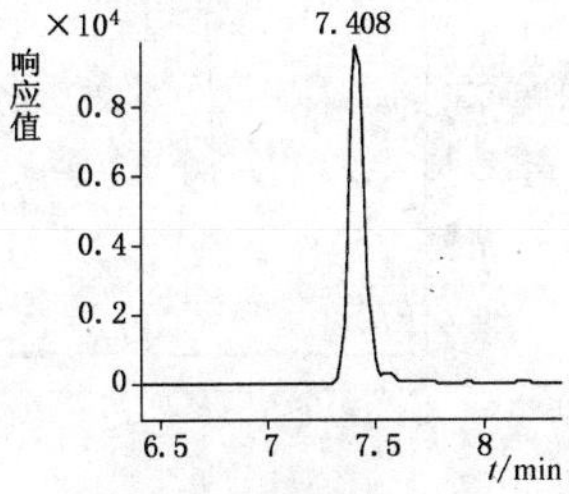

94. 萎锈灵
(carboxin)

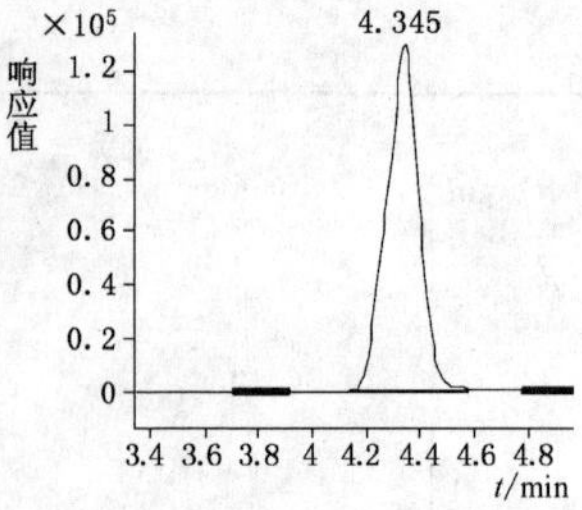

95. 噻虫胺
(clothianidin)

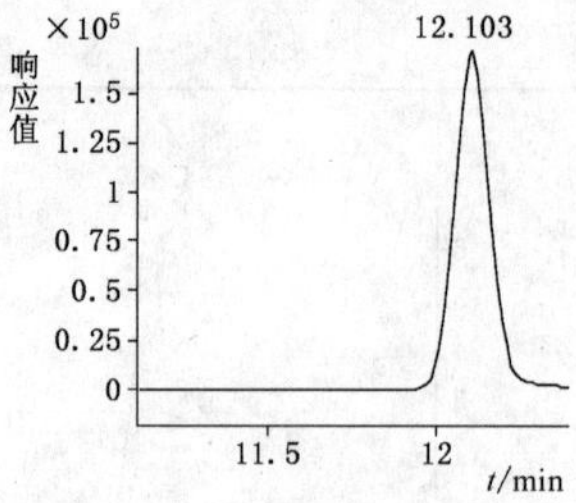

96. 拿草特
(pronamide)

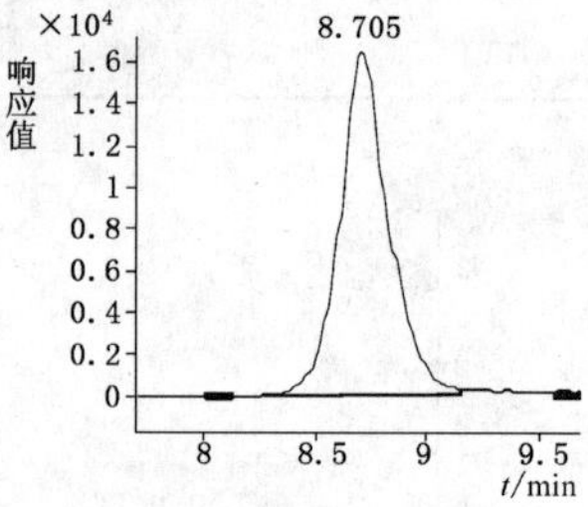

97. 二甲草胺
(dimethachloro)

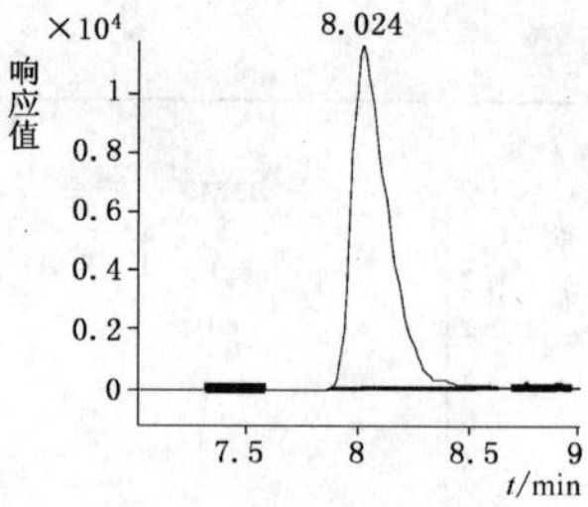

98. 溴谷隆
(methobromuron)

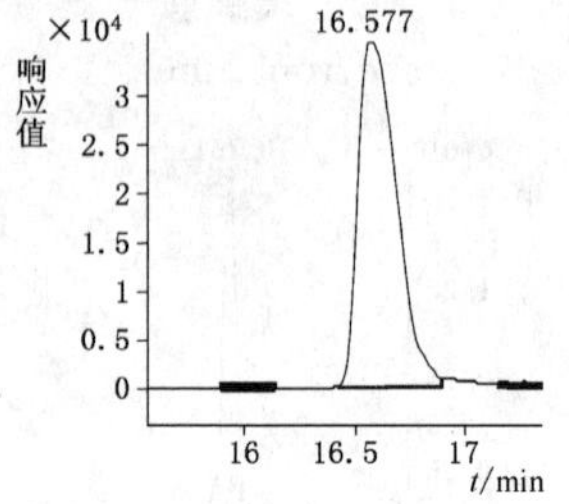

99. 甲拌磷
(phorate)

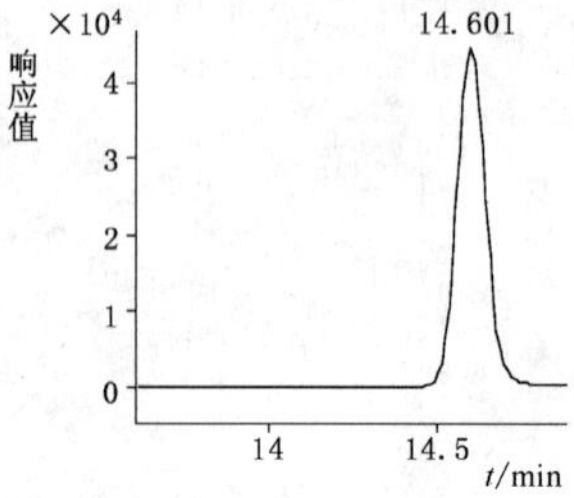

100. 苯草醚
(aclonifen)

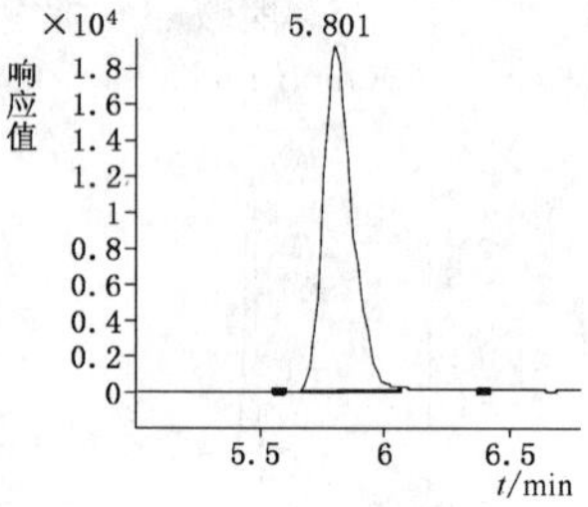

101. 地安磷
(mephosfolan)

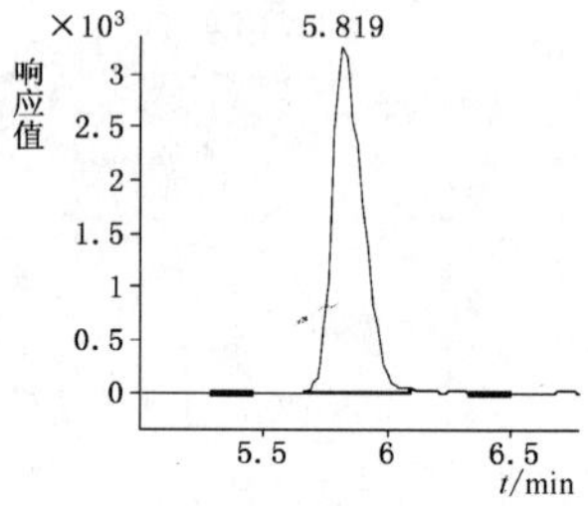

102. 脱苯甲基亚胺唑
(imibenzonazole-des-benzyl)

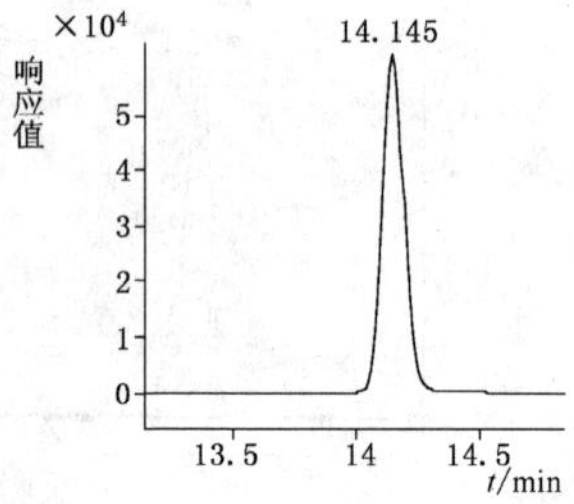

103. 草不隆
(neburon)

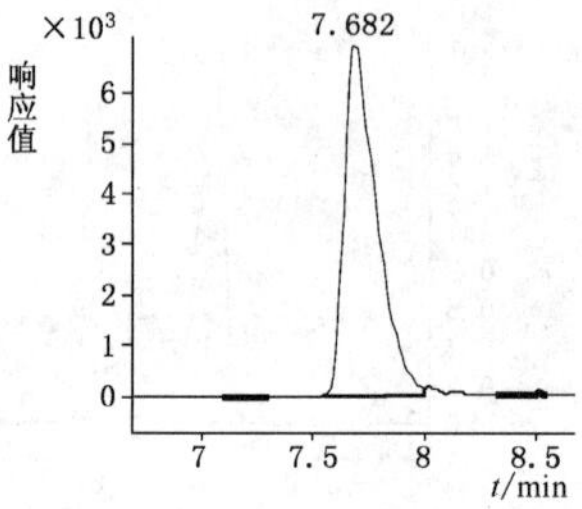

104. 精甲霜灵
(mefenoxam)

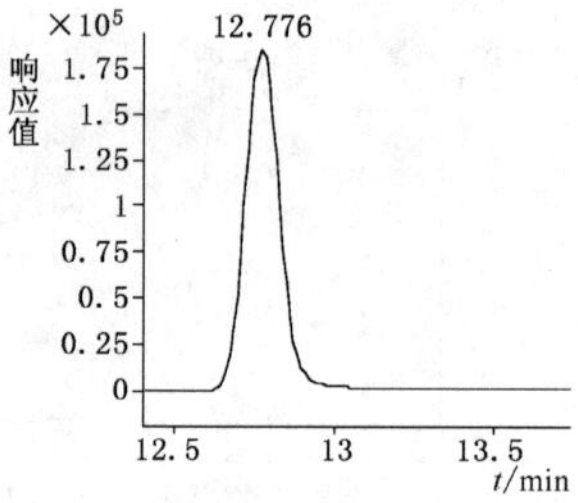

105. 乙氧呋草黄
(ethofume sate)

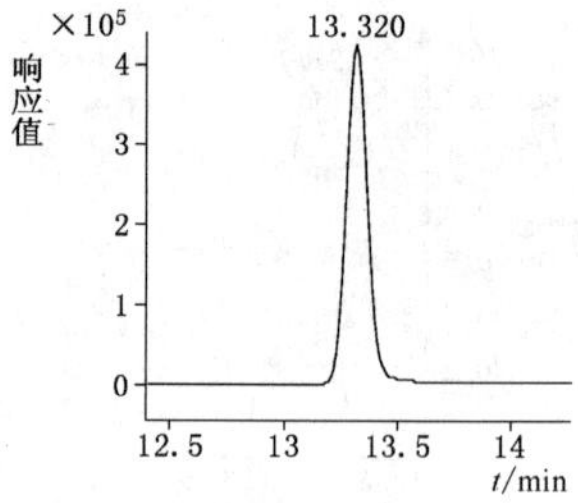

106. 异稻瘟净
(iprobenfos)

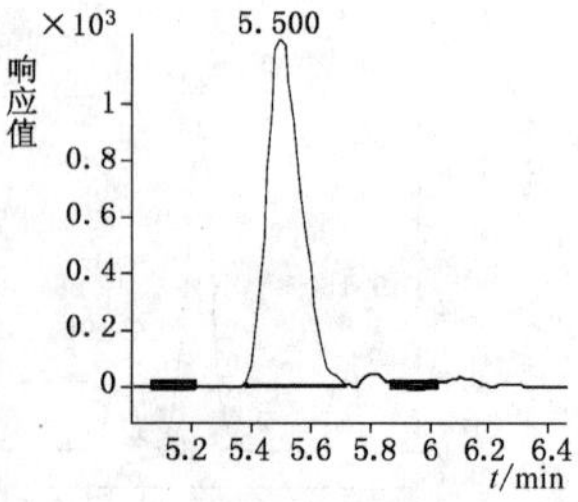

107. 特普
(TEPP)

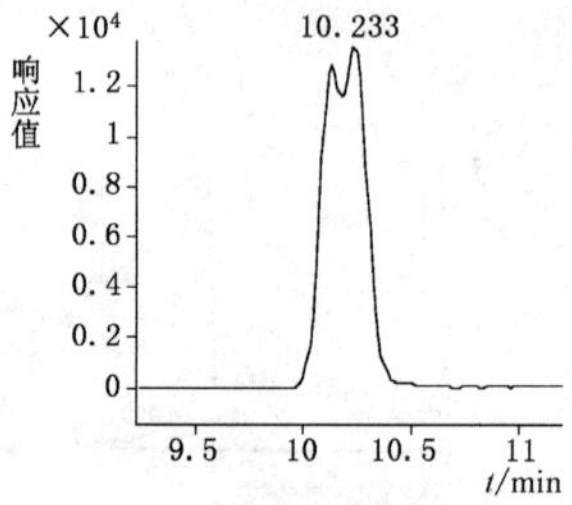

108. 环丙唑醇
(cyproconazole)

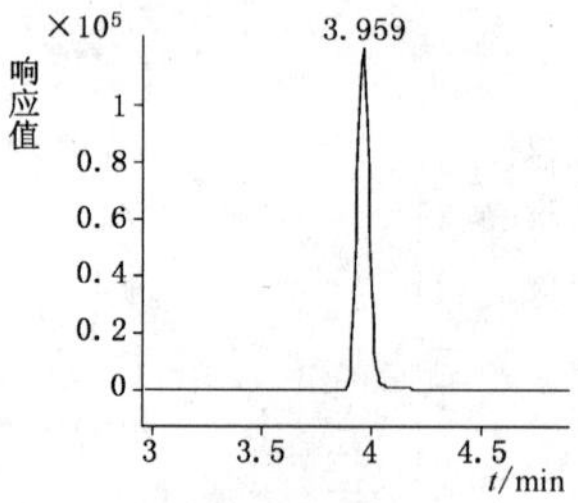

109. 噻虫嗪
(thiamethoxam)

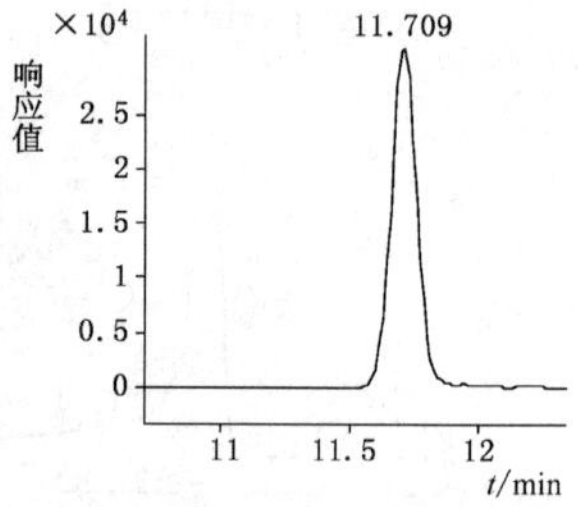

110. 育畜磷
(crufomate)

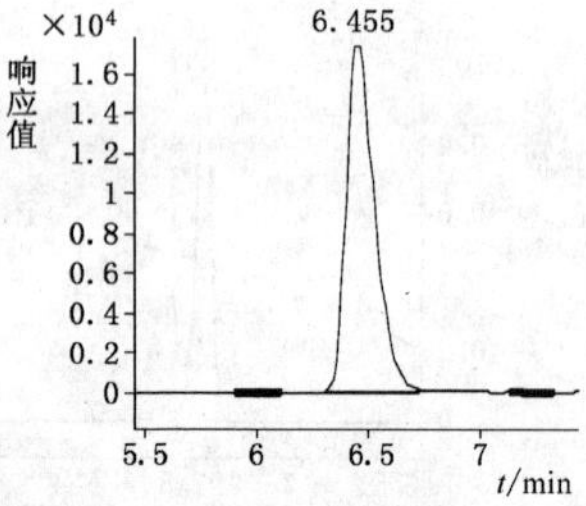

111. 赛灭磷
(cythioate)

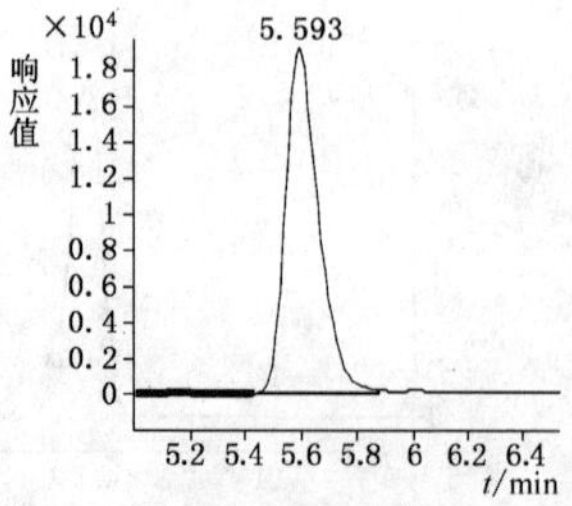

112. 磷胺
(phosphamidon)

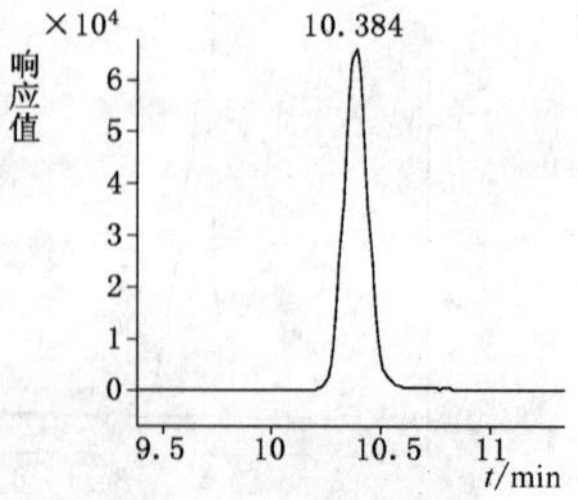

113. 甜菜宁
(phenmedipham)

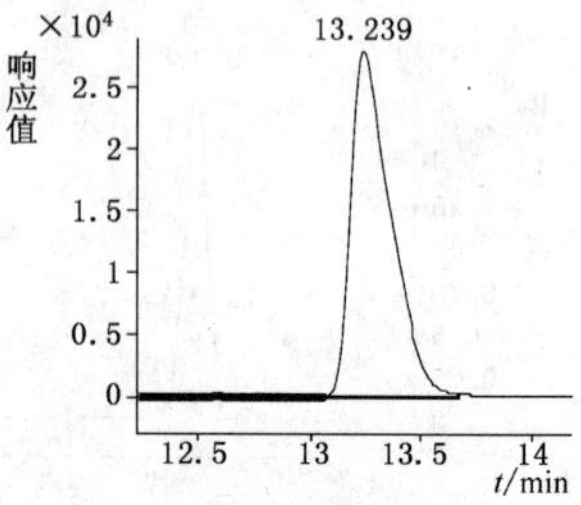

114. 联苯井酯
(bifenazate)

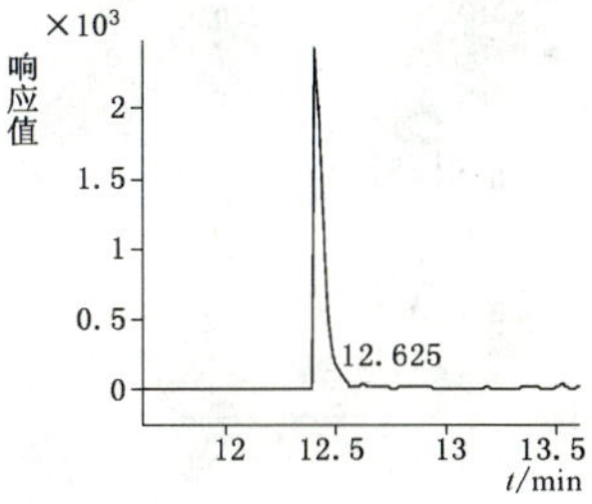

115. 环酰菌胺
(fenhexamid)

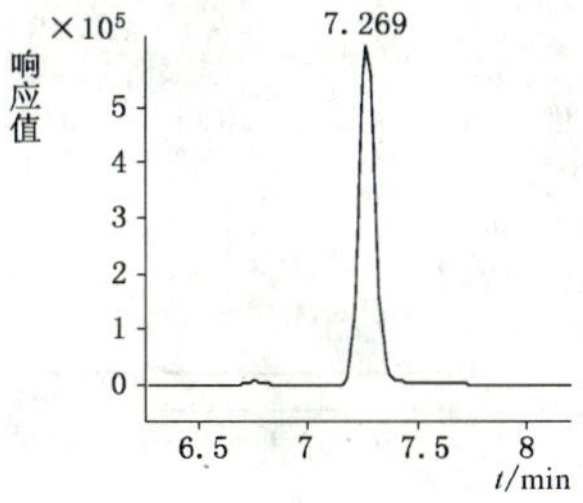

116. 粉唑醇
(flutriafol)

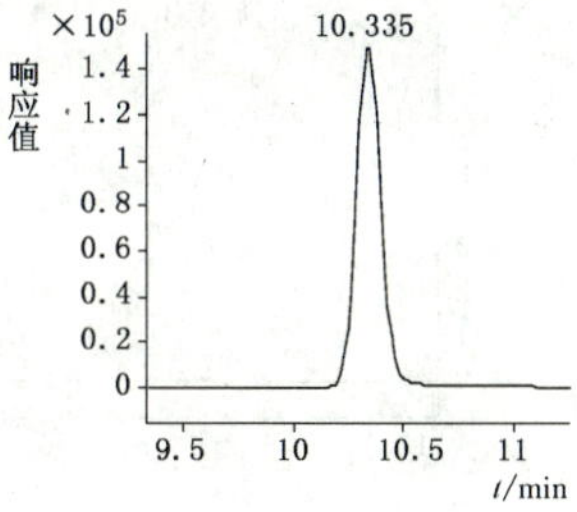

117. 抑菌丙胺酯
(furalaxyl)

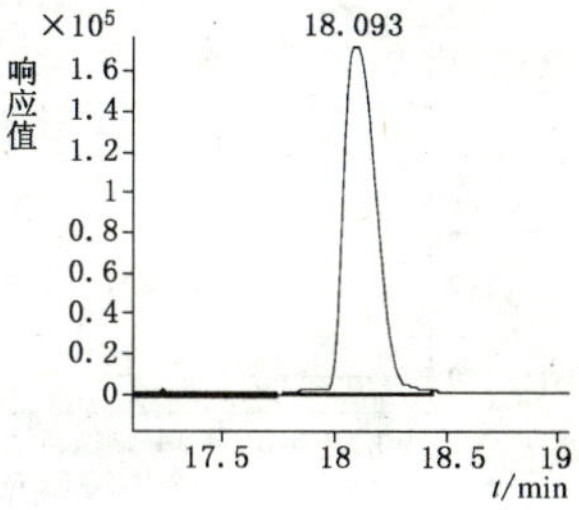

118. 生物丙烯菊酯
(bioallethrin)

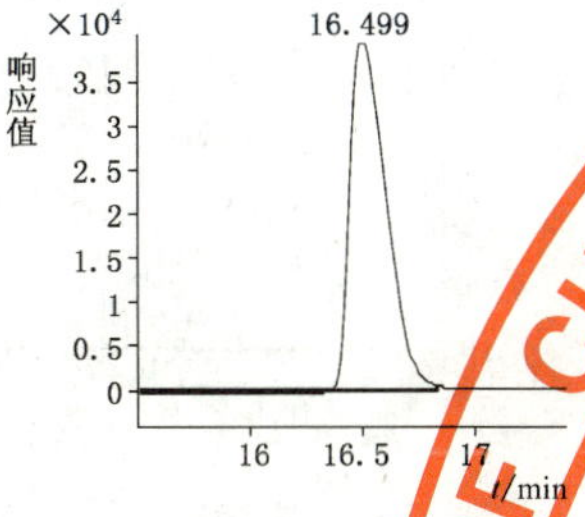

119. 苯腈磷
(cyanofenphos)

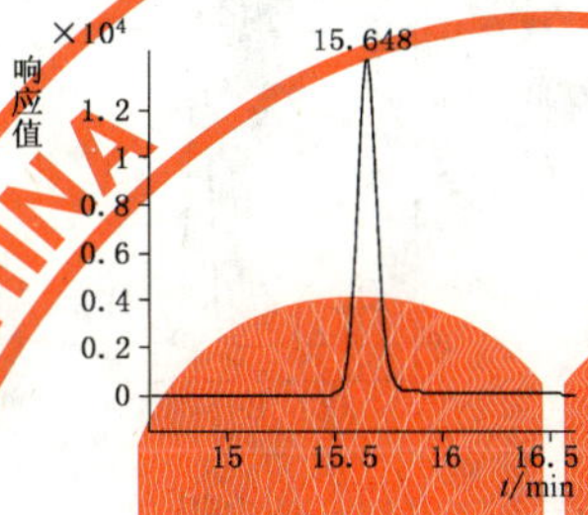

120. 甲基嘧啶磷
(pirimiphos methyl)

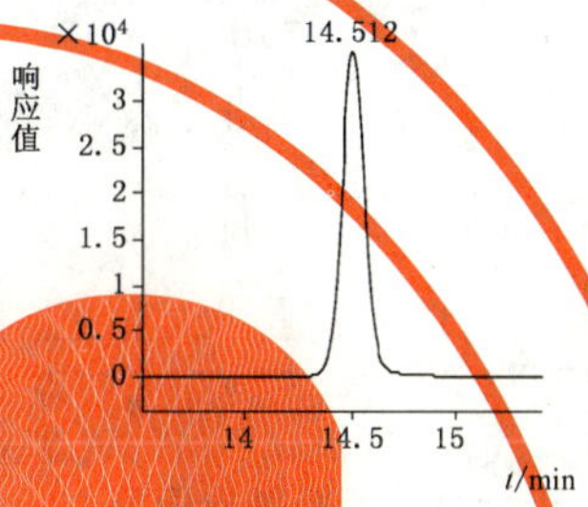

121. 噻嗪酮
(buprofezin)

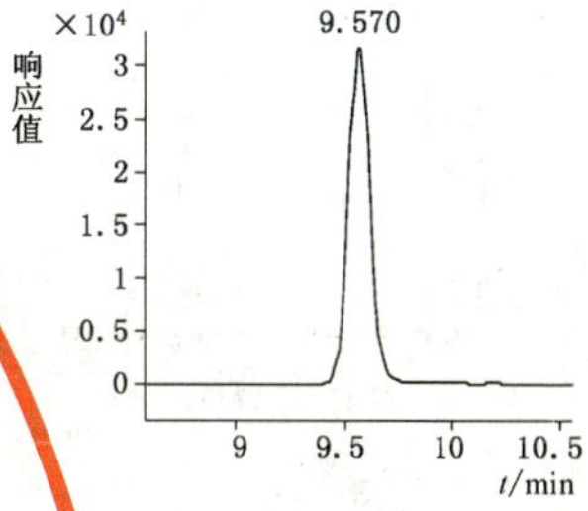

122. 乙拌磷砜
(disulfoton sulfone)

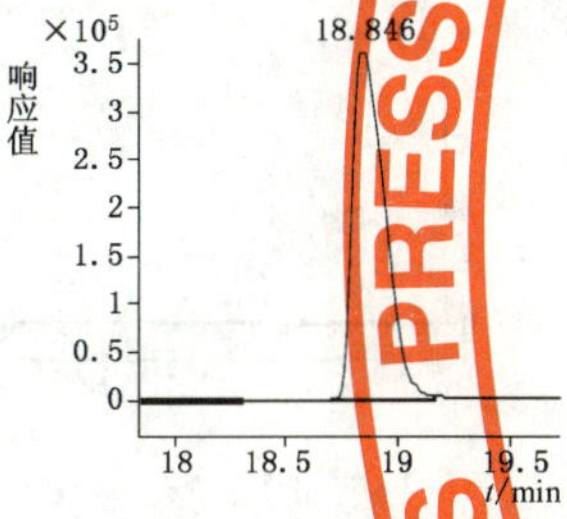

123. 喹螨醚
(fenazaquin)

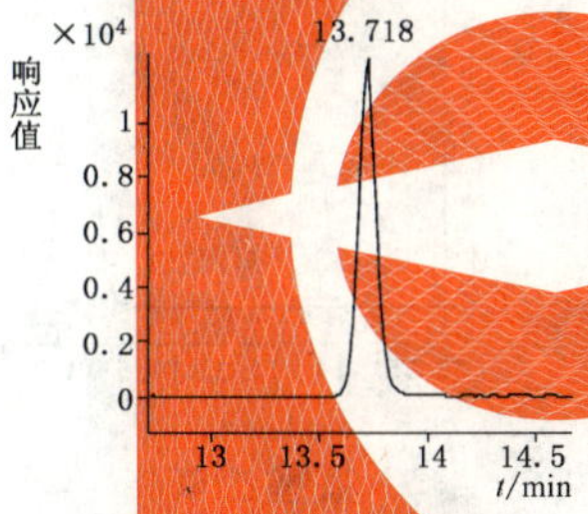

124. 三唑磷
(triazophos)

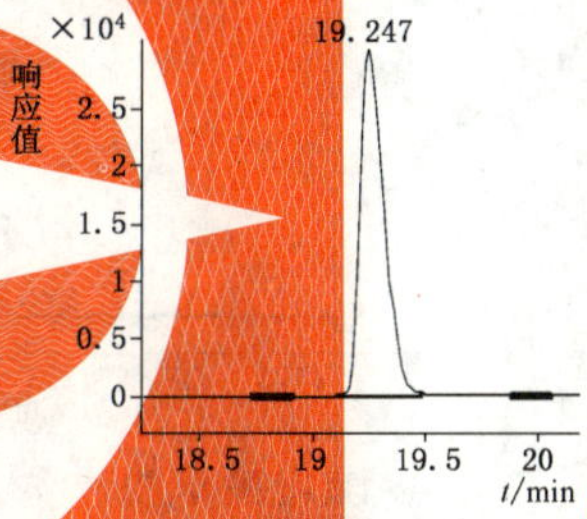

125. 脱叶磷
(DEF)

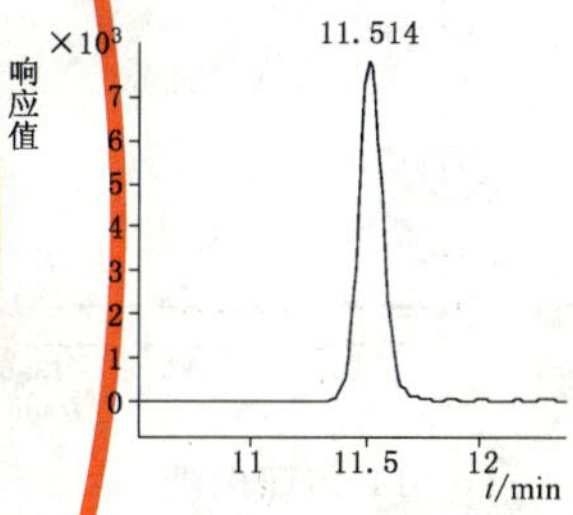

126. 环酯草醚
(pyriftalid)

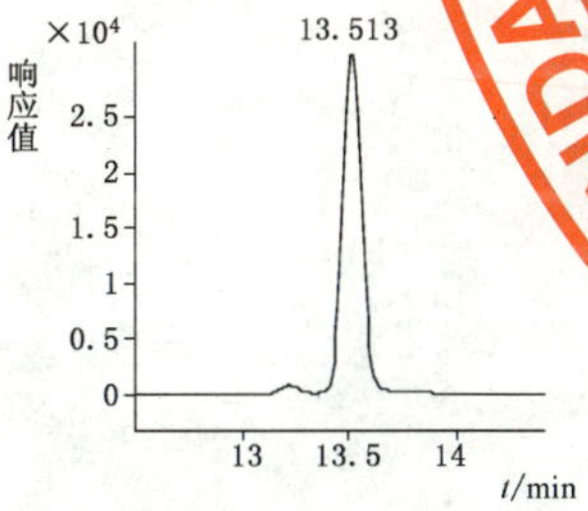

127. 叶菌唑
(metconazole)

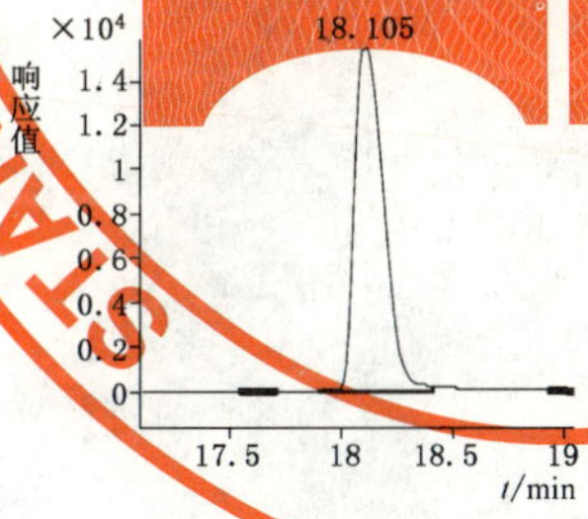

128. 蚊蝇醚
(pyriproxyfen)

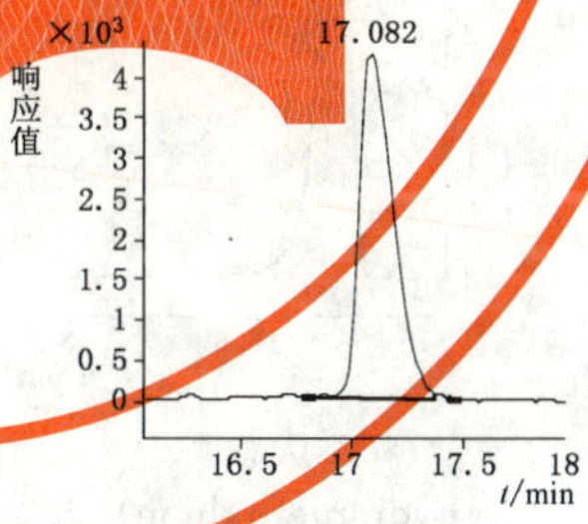

129. 噻草酮
(cycloxydim)

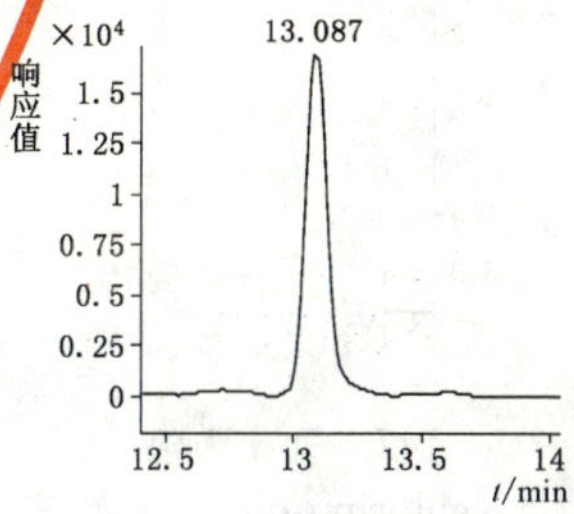

130. 异噁酰草胺
(isoxaben)

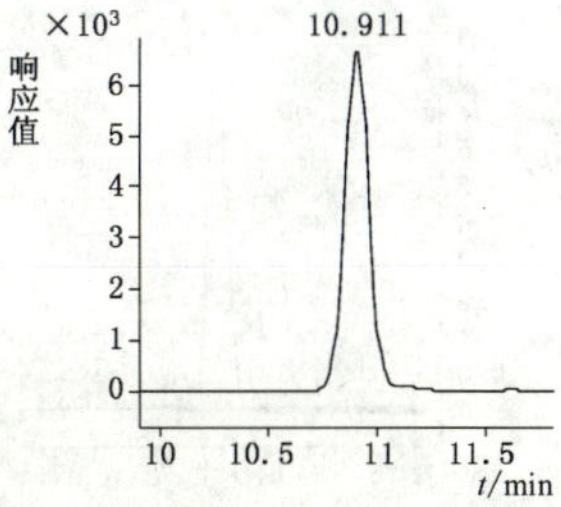

131. 呋草酮
(flurtamone)

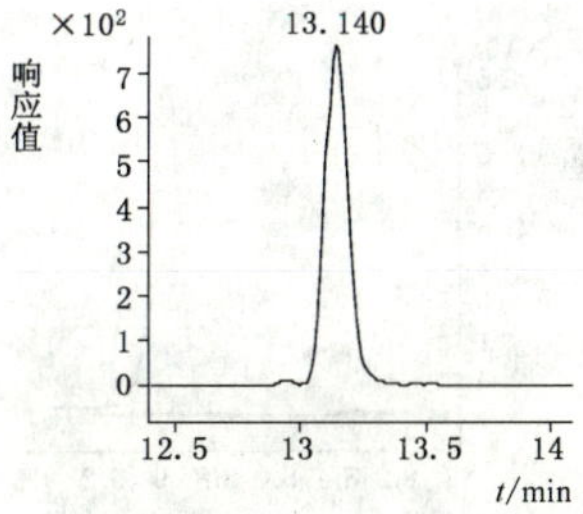

132. 氟乐灵
(trifluralin)

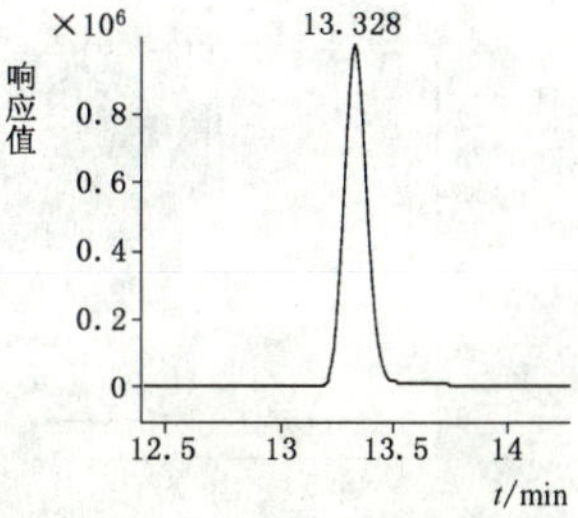

133. 甲基麦草氟异丙酯
(flamprop methyl)

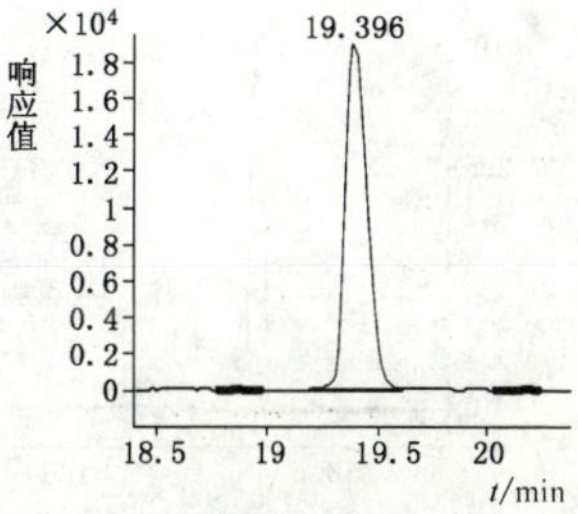

134. 生物苄呋菊酯
(bioresmethrin)

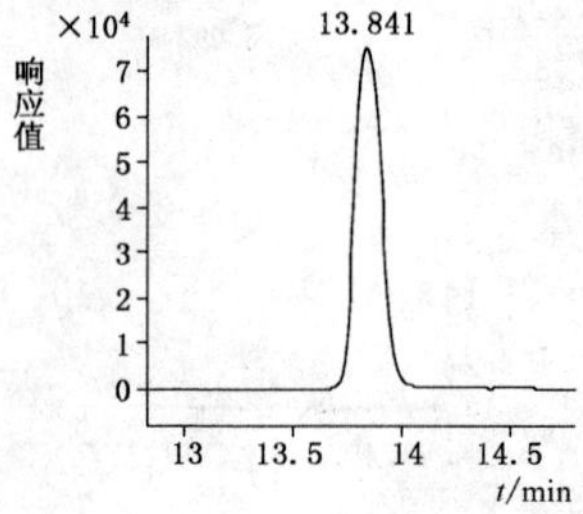

135. 丙环唑
(propiconazole)

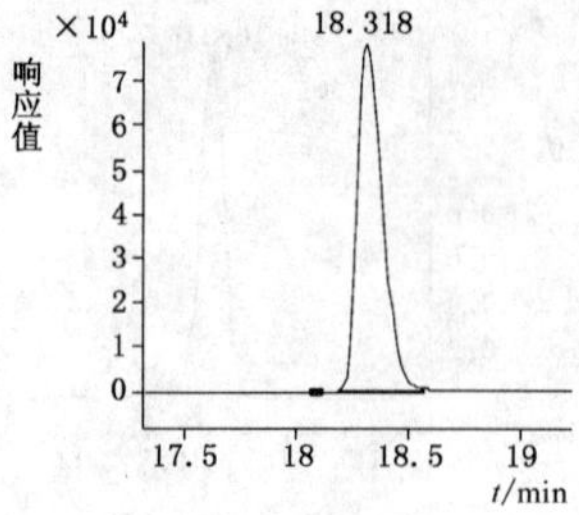

136. 毒死蜱
(chlorpyrifos)

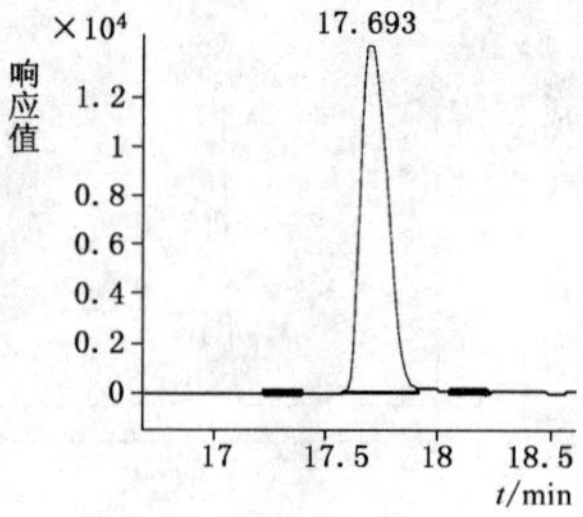

137. 氯乙氟灵
(fluchloralin)

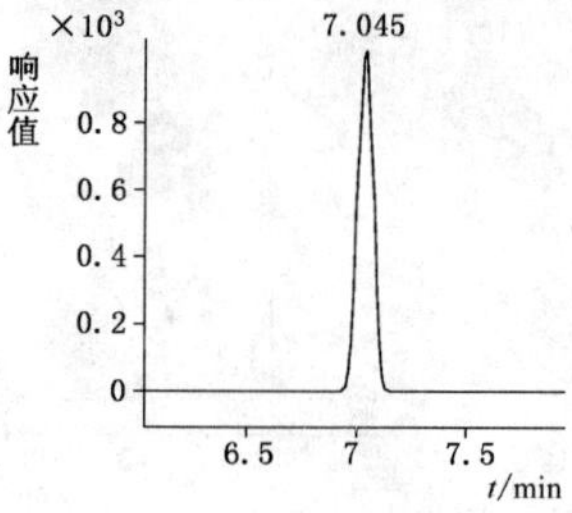

138. 氯磺隆
(chlorsulfuron)

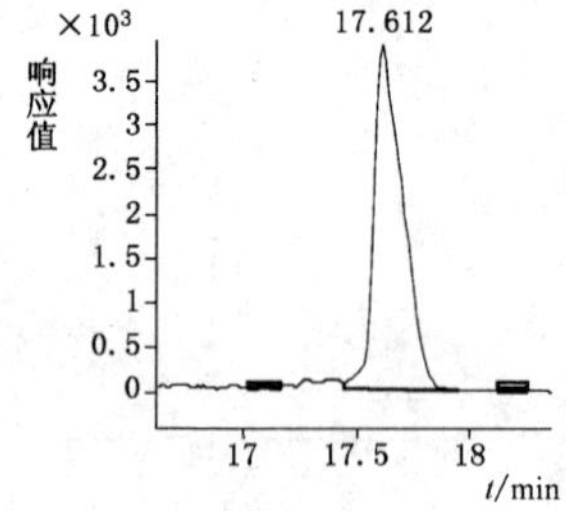

139. 烯草酮
(clethodim)

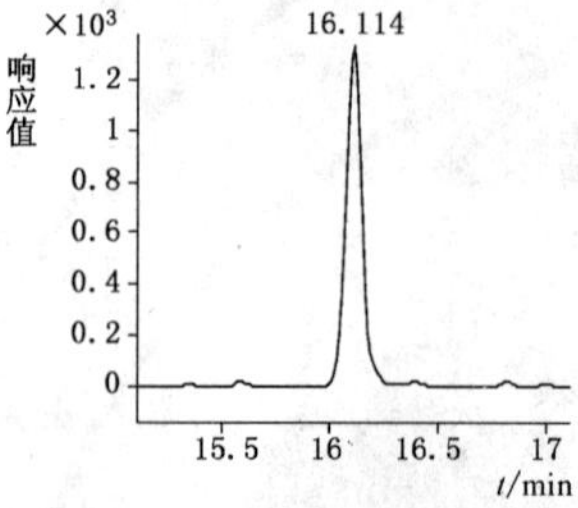

140. 麦草氟异丙酯
(flamprop isopropyl)

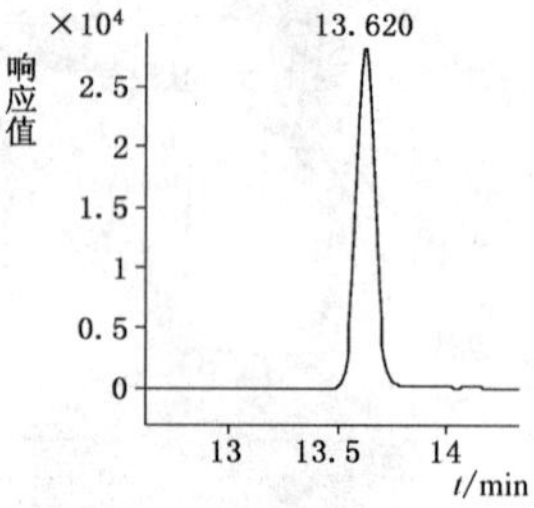

141. 杀虫畏
(tetrachlorvinphos)

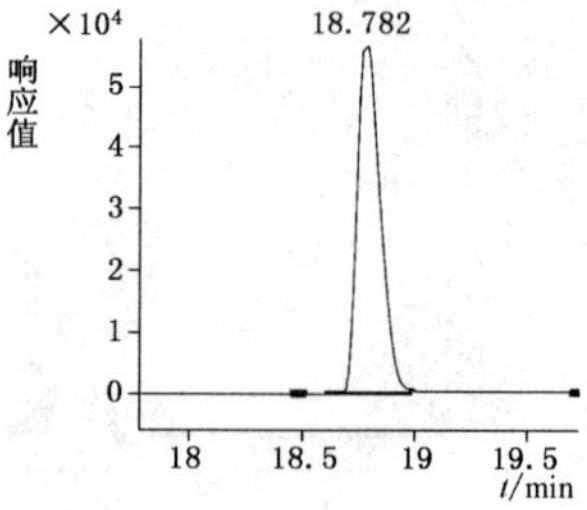

142. 炔螨特
(propargite)

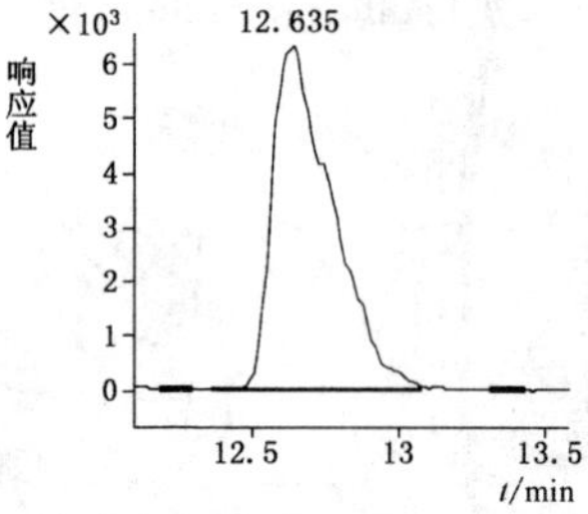

143. 糠菌唑
(bromuconazole)

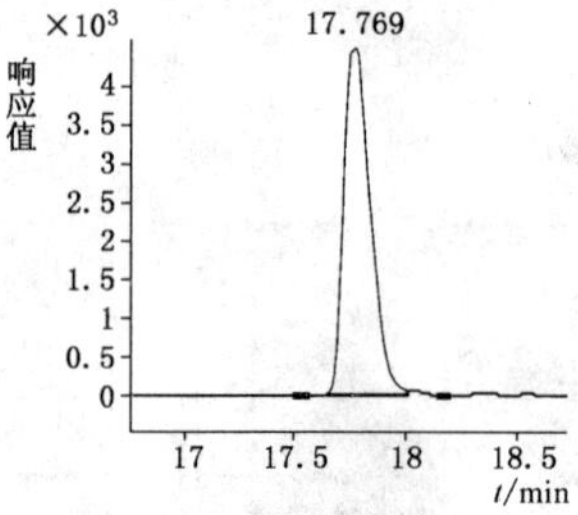

144. 氟吡酰草胺
(picolinafen)

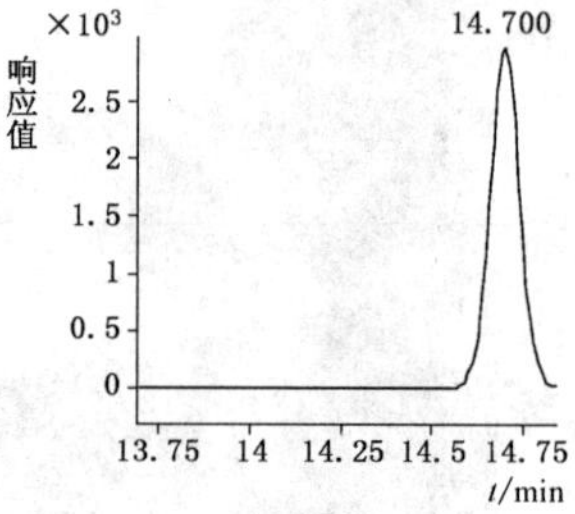

145. 氟噻乙草酯
(fluthiacet methyl)

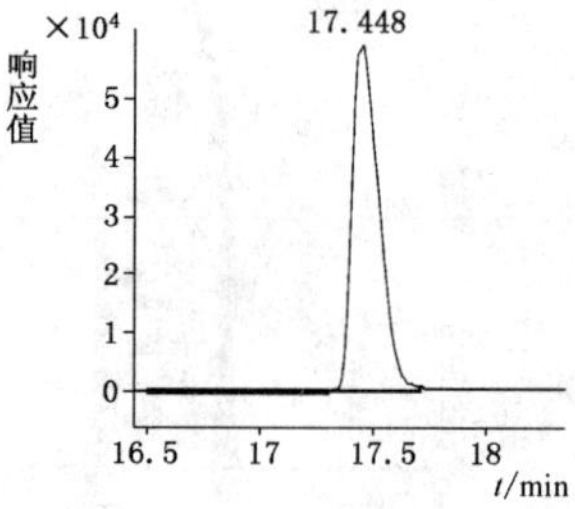

146. 肟菌酯
(trifloxystrobin)

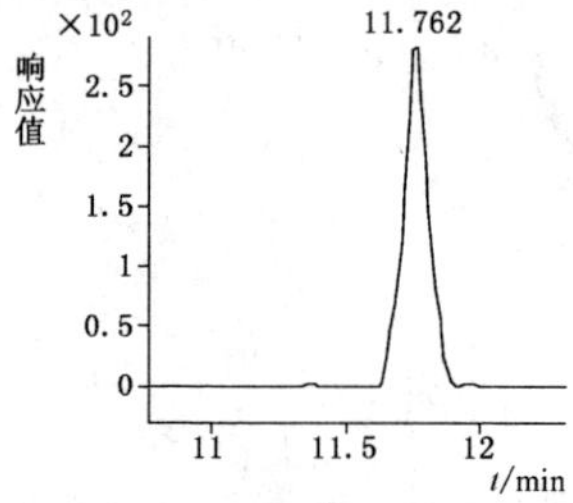

147. 氯嘧磺隆
(chlorimuron ethyl)

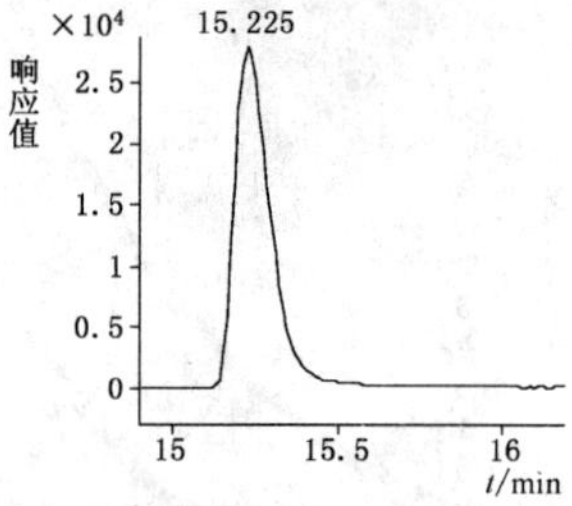

148. 伏蚁腙
(hydramethylnon)

C 组

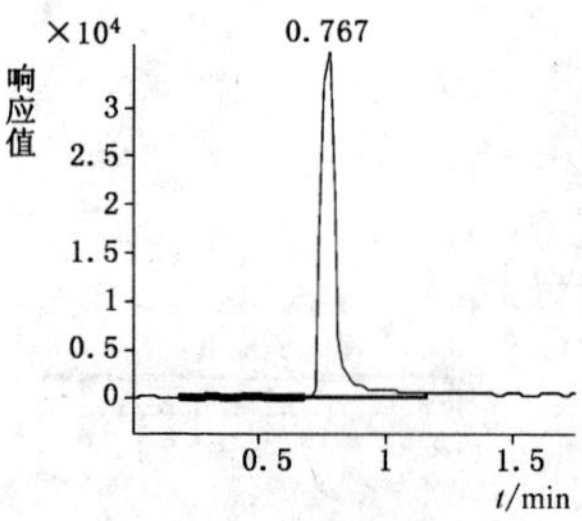

149. 甲胺磷
(methamidophos)

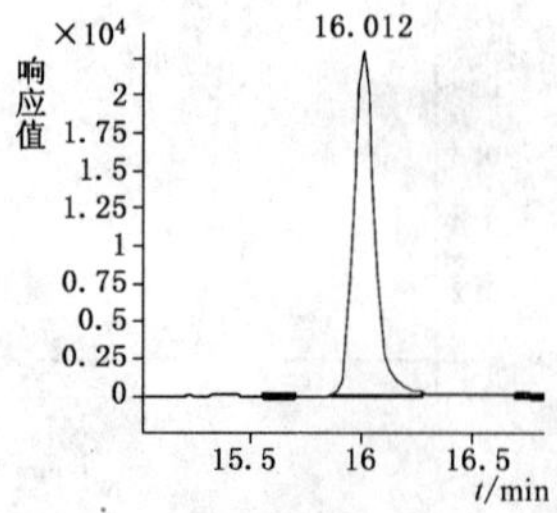

150. 茵草敌
(EPTC)

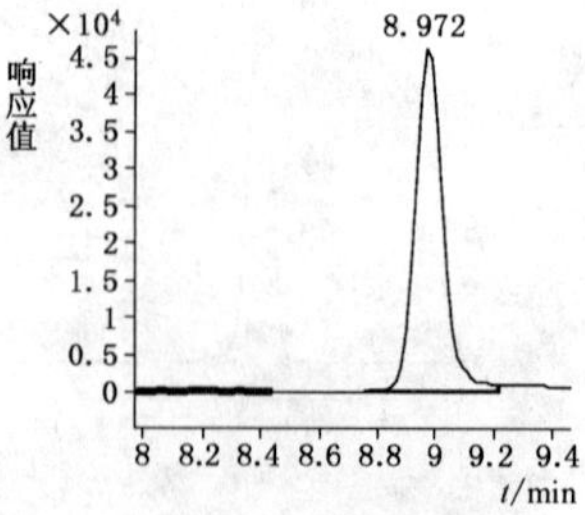

151. 避蚊胺
(diethyltoluamide)

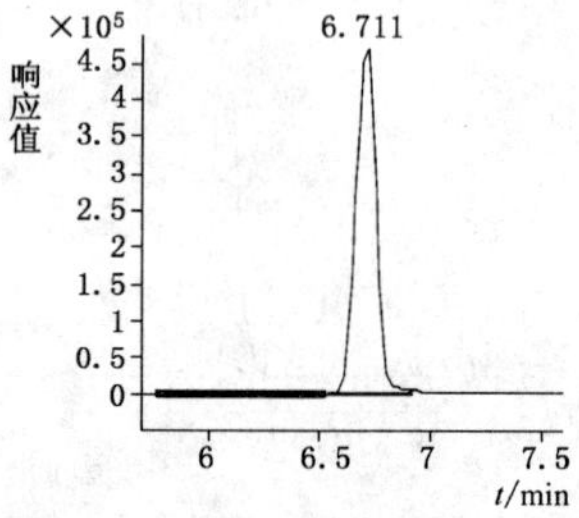

152. 灭草隆
(monuron)

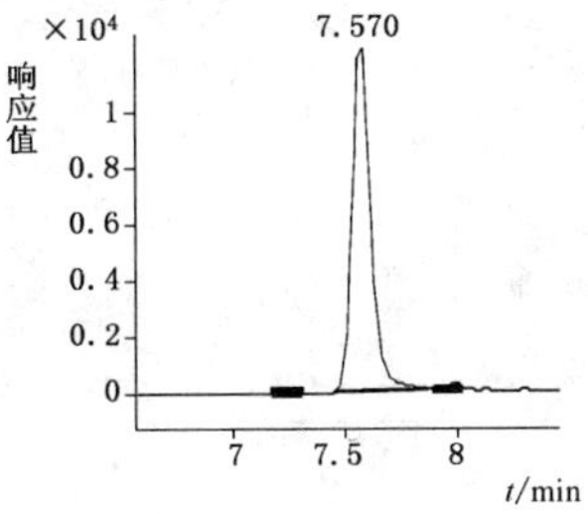

153. 嘧霉胺
(pyrimethanil)

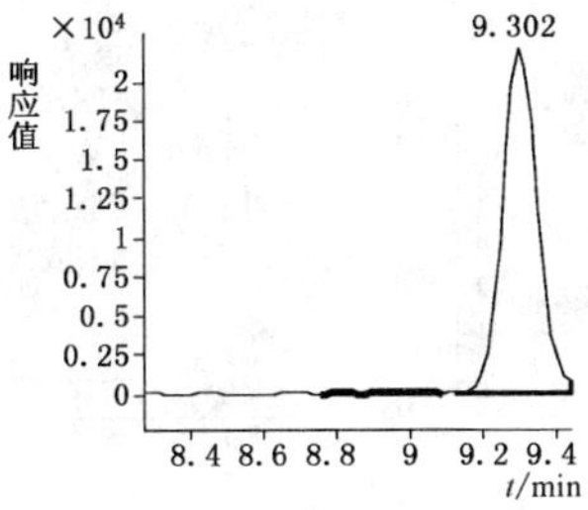

154. 黑穗胺
(fenfuram)

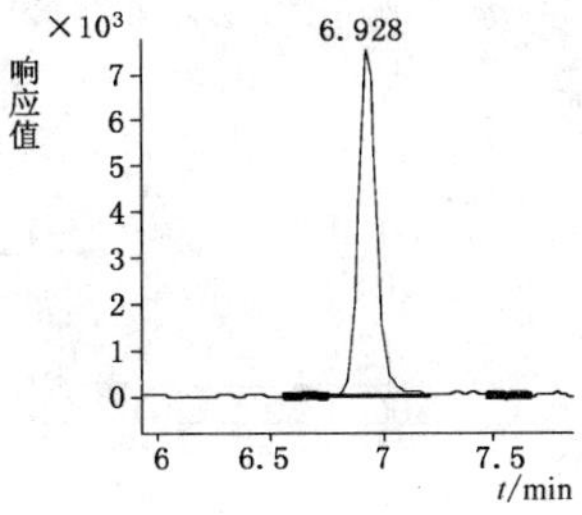

155. 灭藻醌
(quinoclamine)

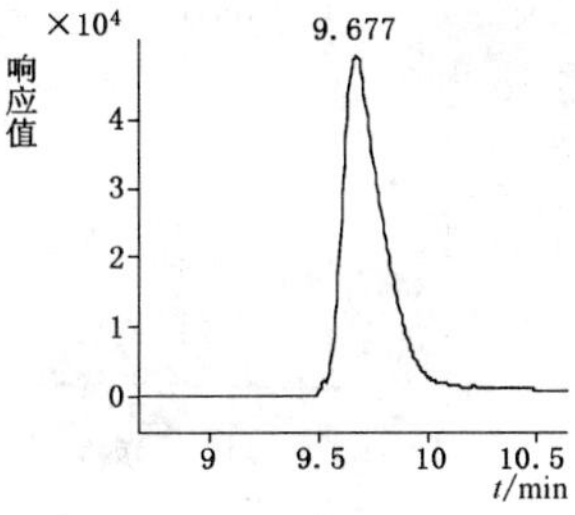

156. 仲丁威
(fenobucarb)

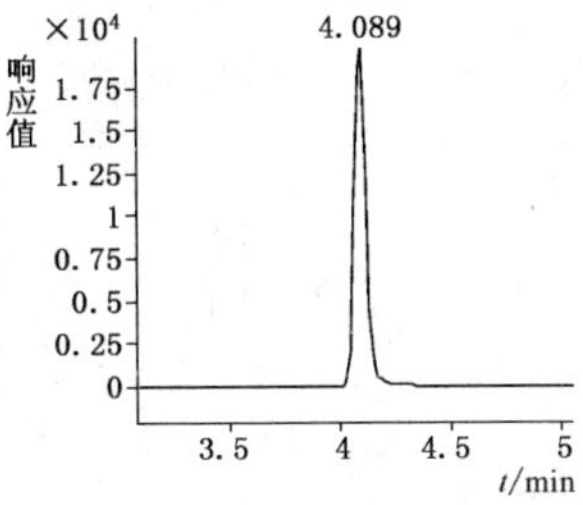

157. 乙菌定
(ethirimol)

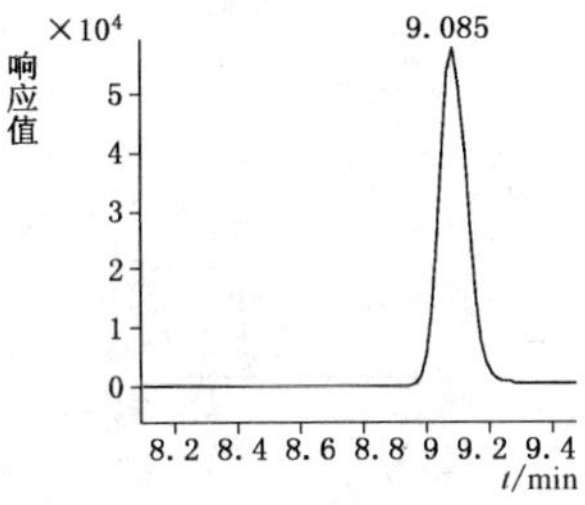

158. 敌稗
(propanil)

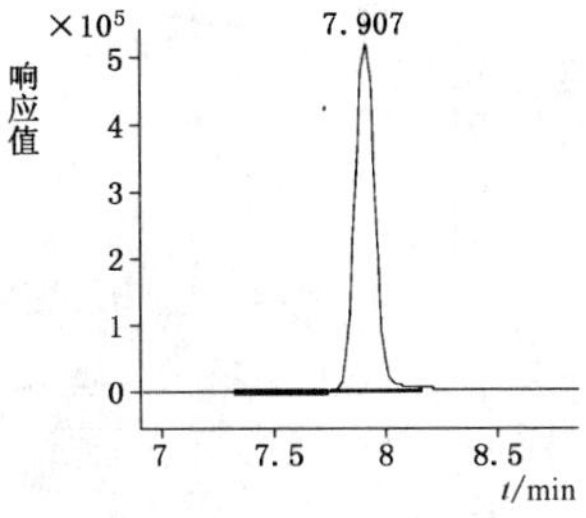

159. 克百威
(carbofuran)

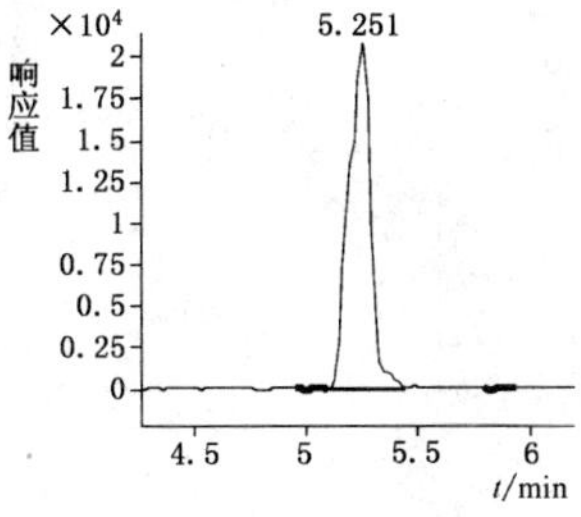

160. 啶虫清
(acetamiprid)

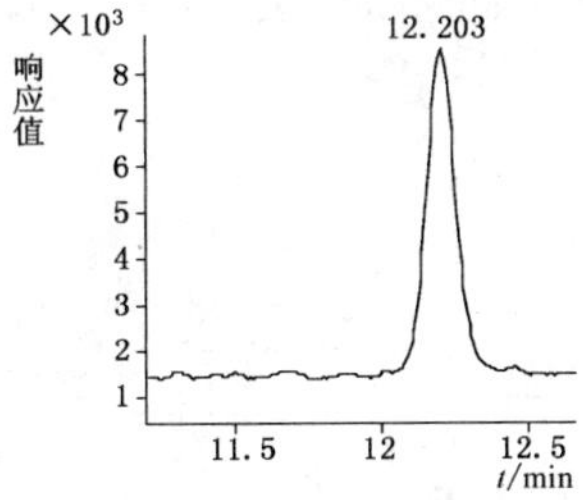

161. 嘧菌胺
(mepanipyrim)

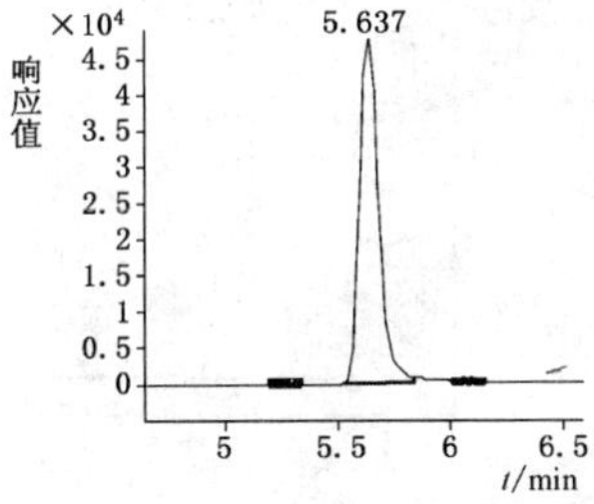

162. 扑灭通
(prometon)

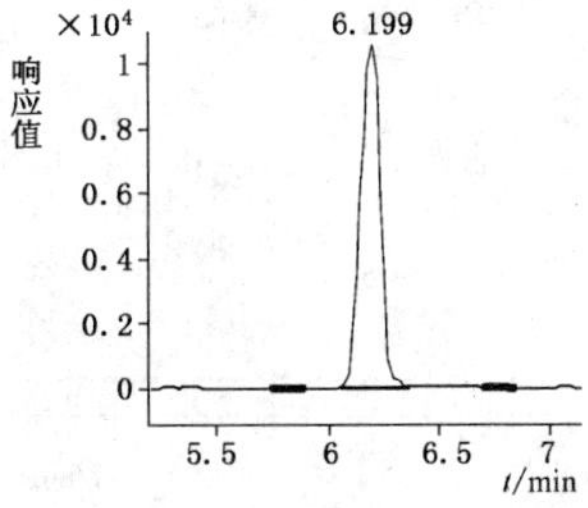

163. 甲氧隆
(metoxuron)

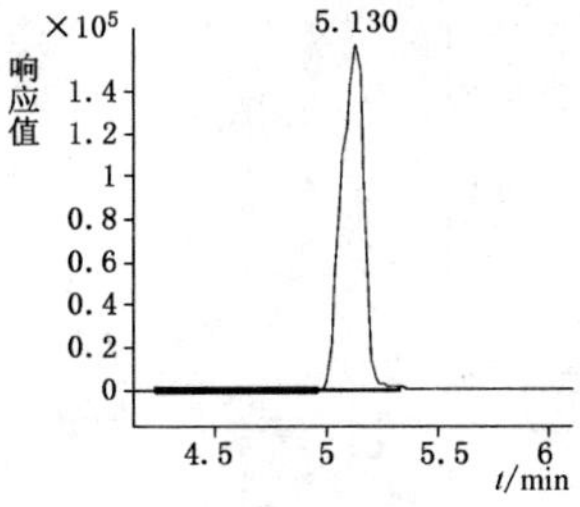

164. 乐果
(dimethoate)

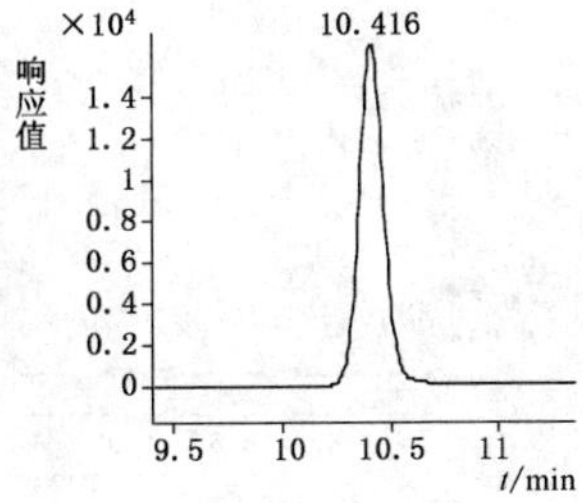

165. 呋菌胺
(methfuroxam)

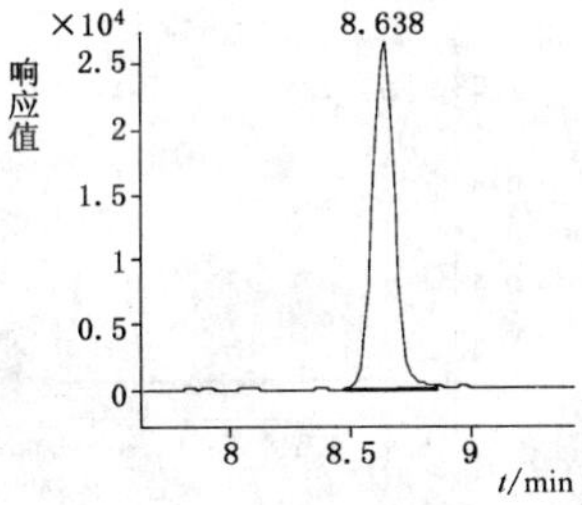

166. 伏草隆
(fluometuron)

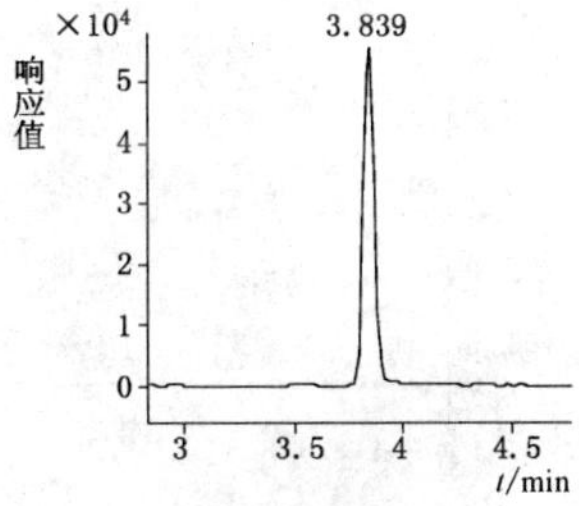

167. 百治磷
(dicrotophos)

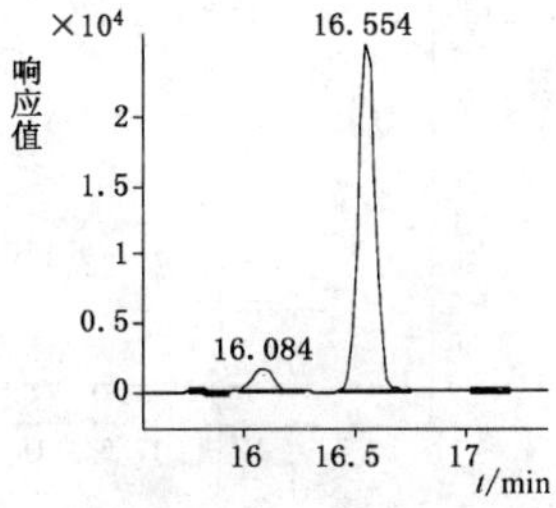

168. 庚酰草胺
(monalide)

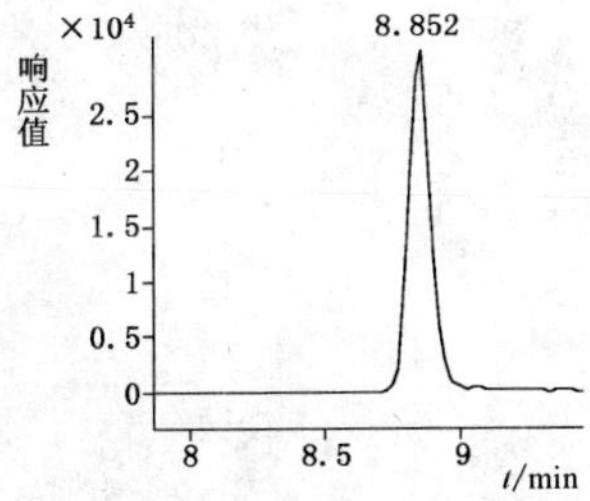

169. 双苯酰草胺
(diphenamid)

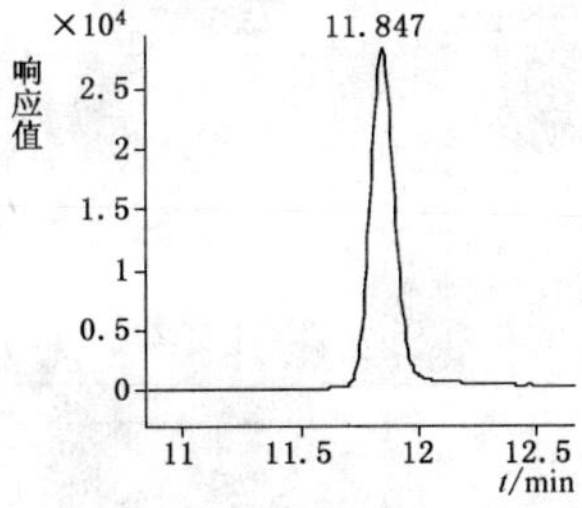

170. 灭线磷
(ethoprophos)

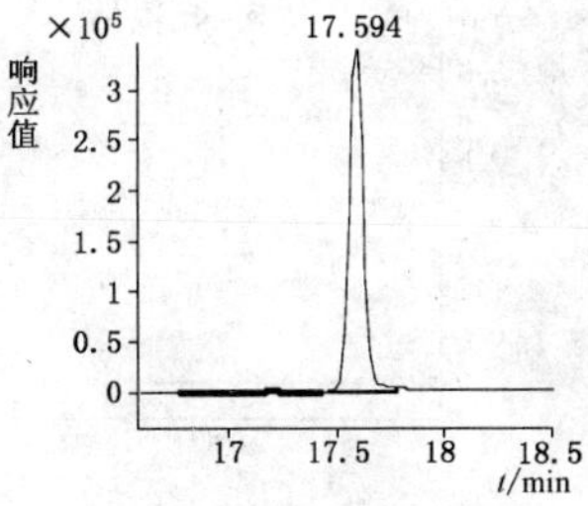

171. 地虫硫磷
(fonofos)

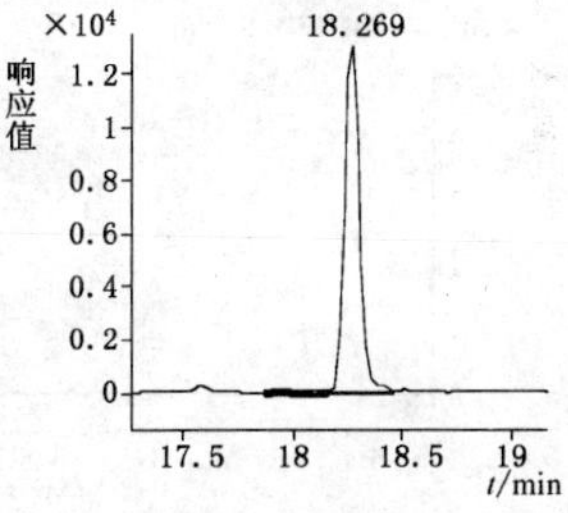

172. 土菌灵
(etridiazol)

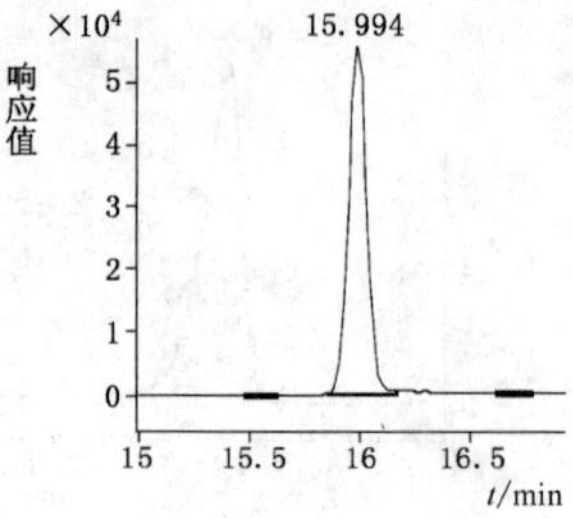

173. 拌种胺
(furmecyclox)

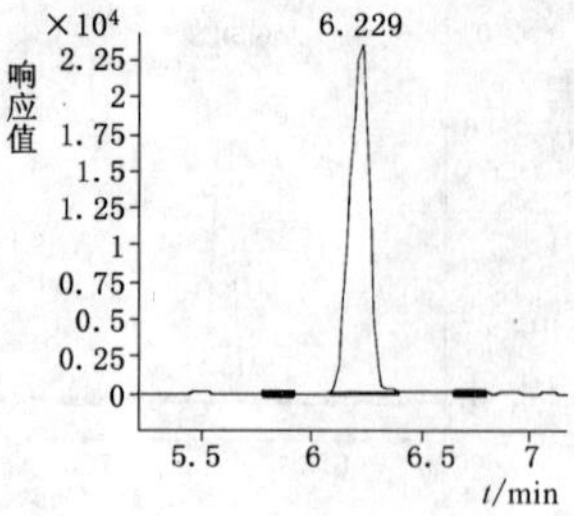

174. 环嗪酮
(hexazinone)

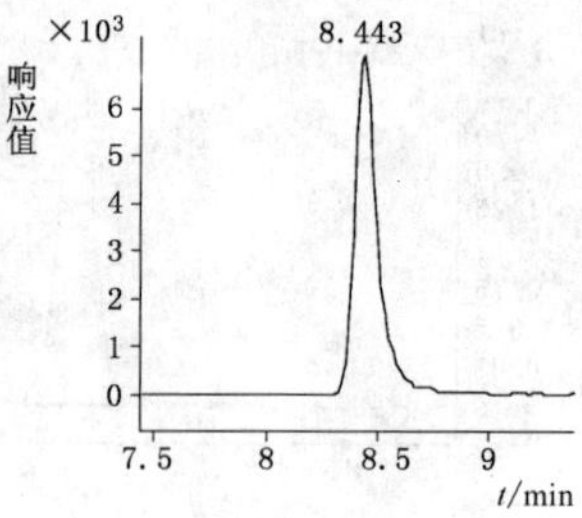

175. 阔草净
(dimethametryn)

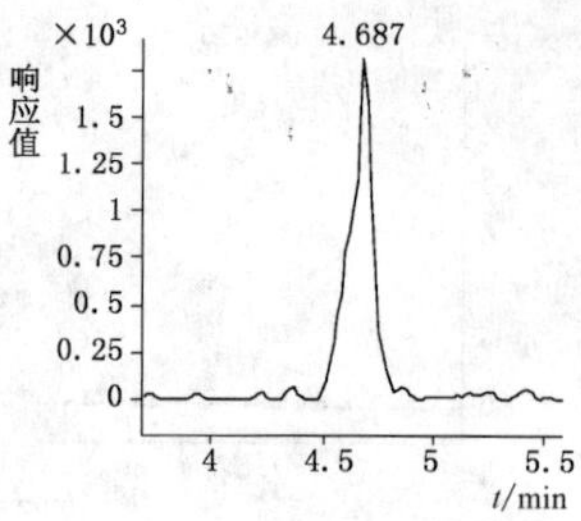

176. 敌百虫
(trichlorphon)

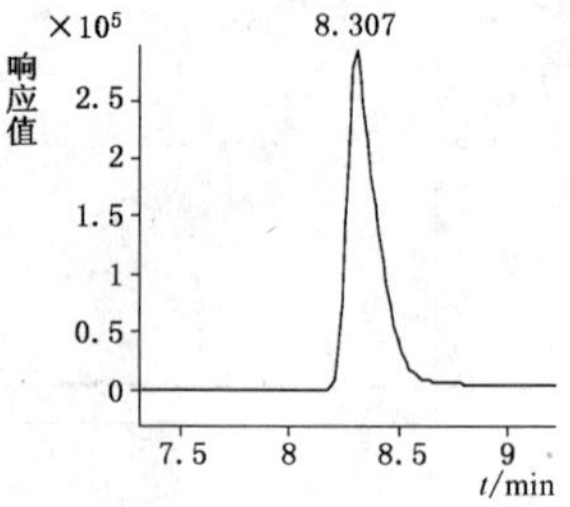

177. 内吸磷
[demeton(o+s)]

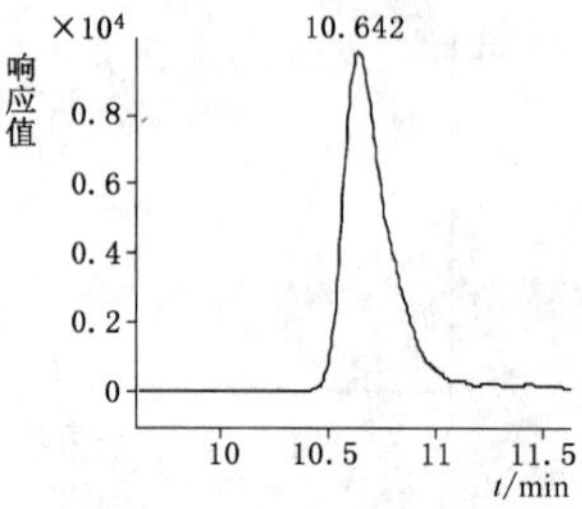

178. 解草酮
(benoxacor)

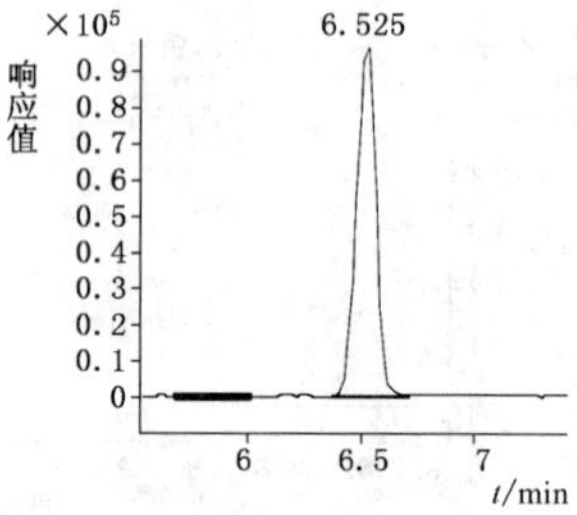

179. 除草定
(bromacil)

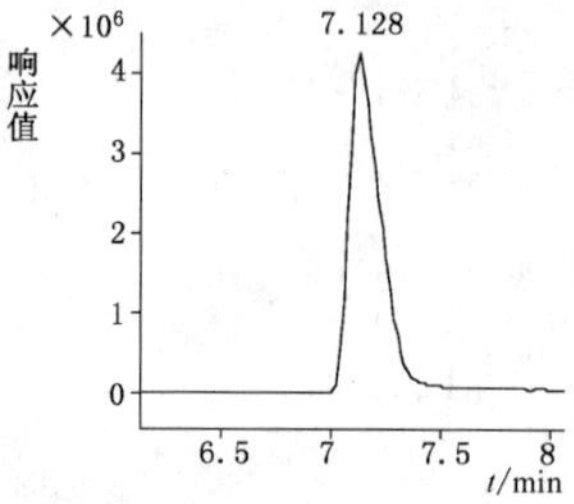

180. 甲拌磷亚砜
(phorate sulfoxide)

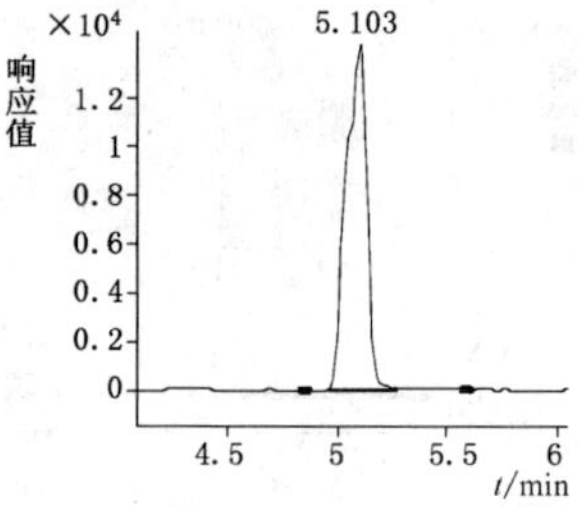

181. 溴莠敏
(brompyrazon)

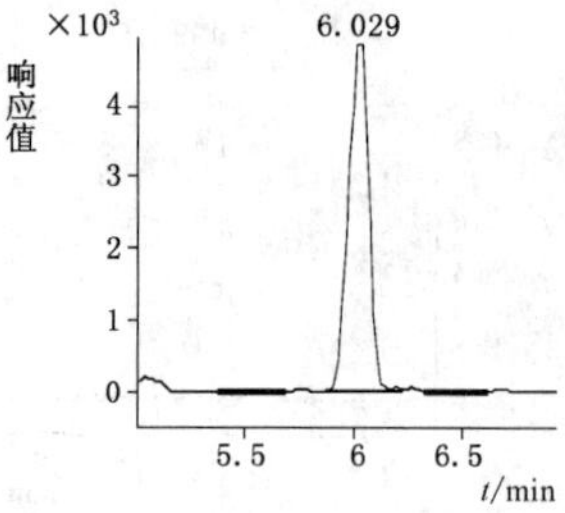

182. 氧化萎锈灵
(oxycarboxin)

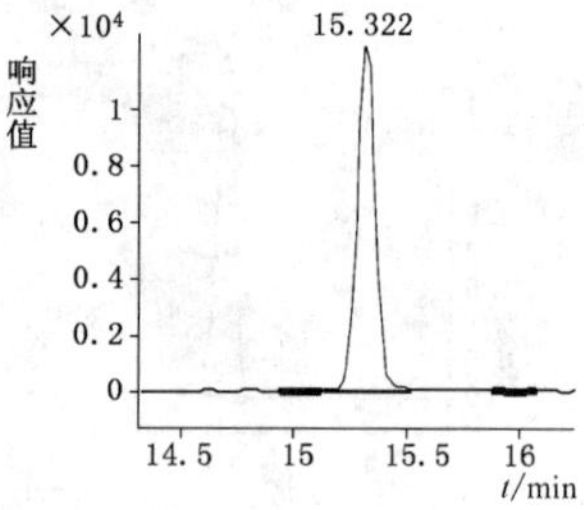

183. 灭锈胺
(mepronil)

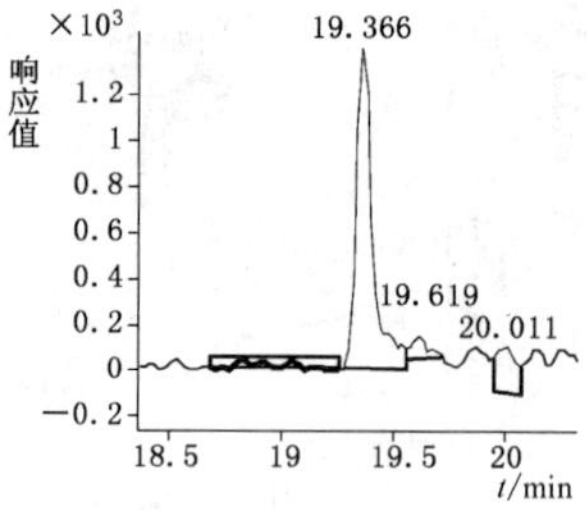

184. 乙拌磷
(disulfoton)

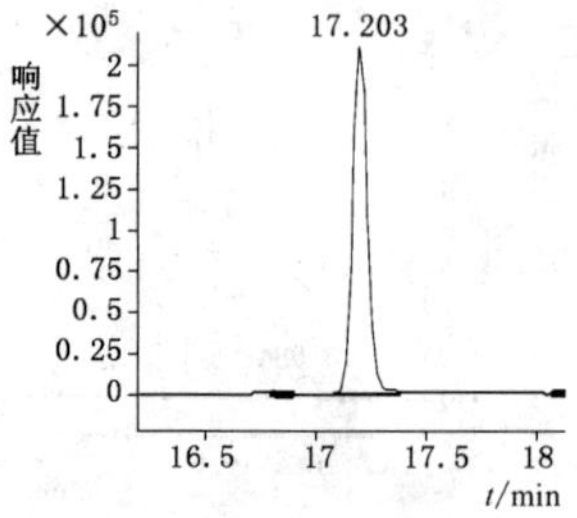

185. 倍硫磷
(fenthion)

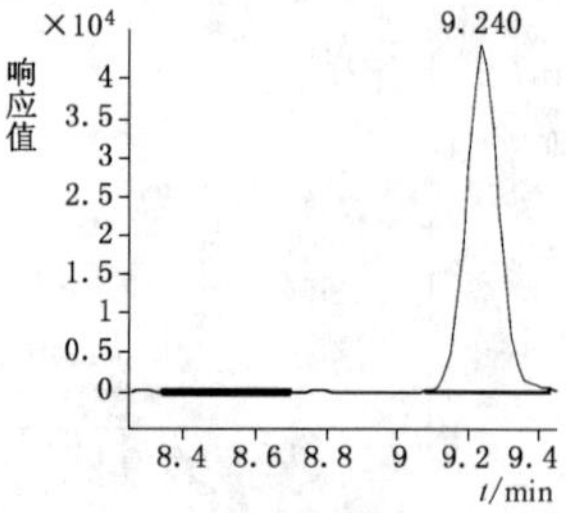

186. 甲霜灵
(metalaxyl)

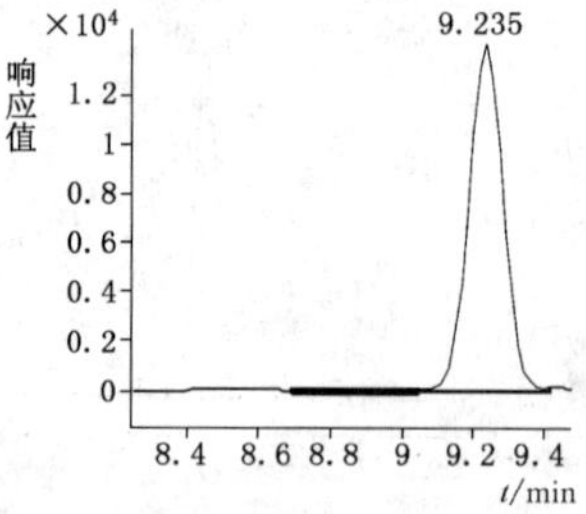

187. 甲呋酰胺
(ofurace)

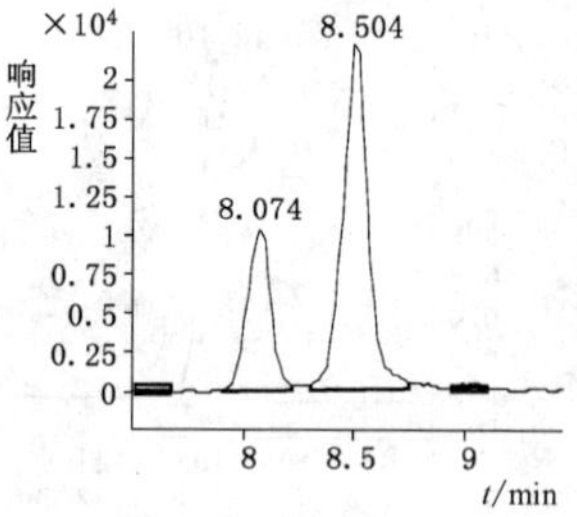

188. 吗菌灵
(dodemorph)

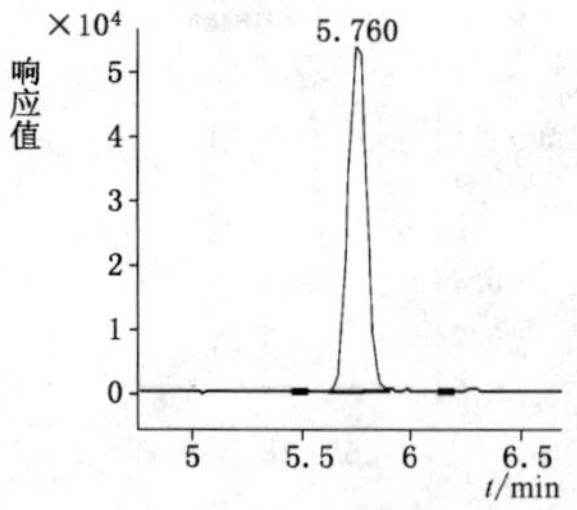

189. 甲基咪草酯
(imazamethabenz-methyl)

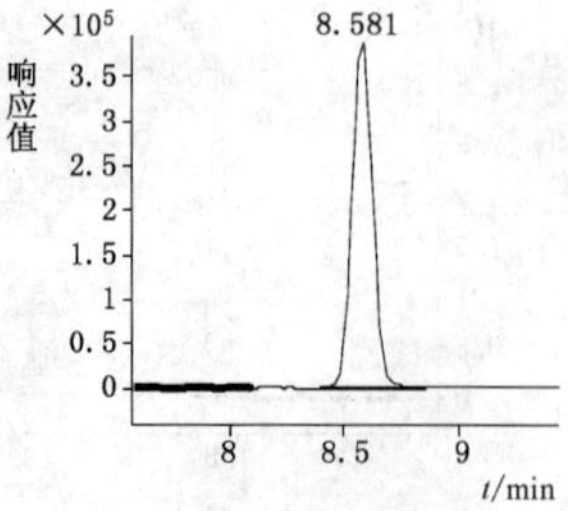

190. 乙拌磷亚砜
(disulfoton-sulfoxide)

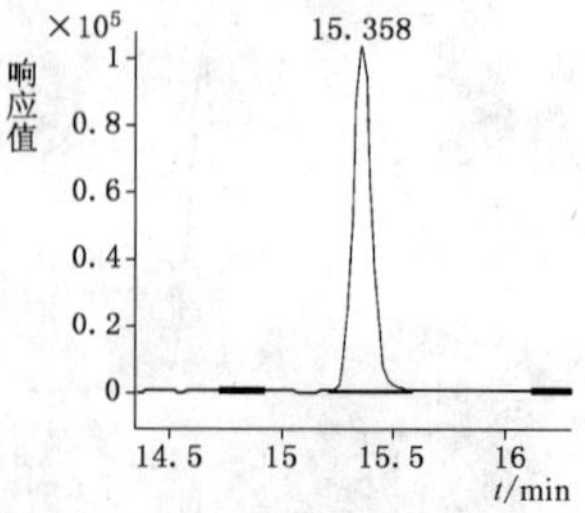

191. 稻瘟灵
(isoprothiolane)

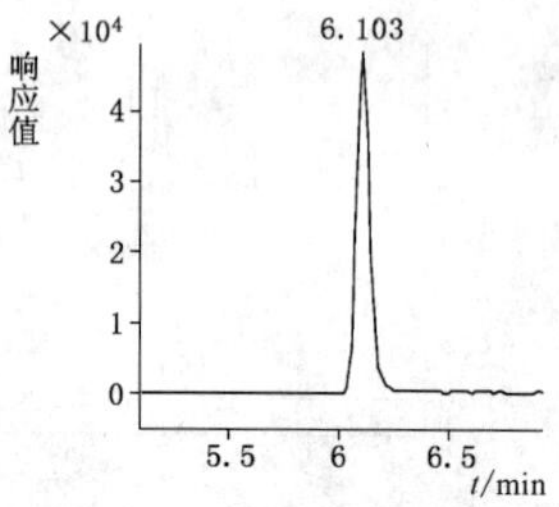

192. 抑霉唑
(imazalil)

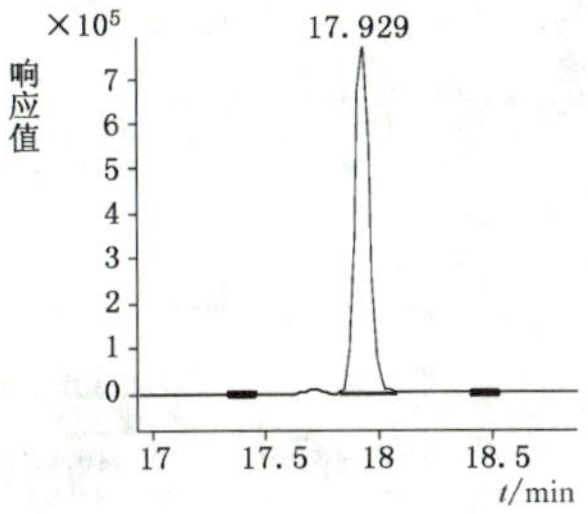

193. 辛硫磷
(phoxim)

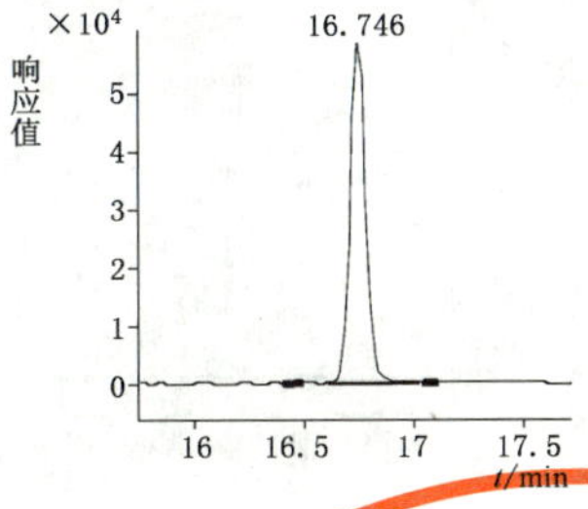

194. 喹硫磷
(quinalphos)

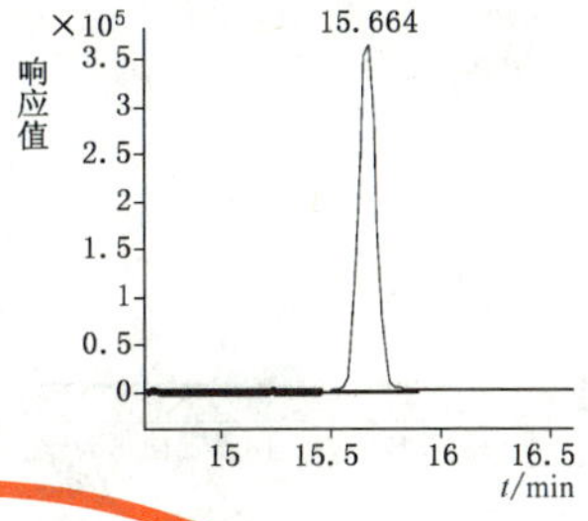

195. 灭菌磷
(ditalimfos)

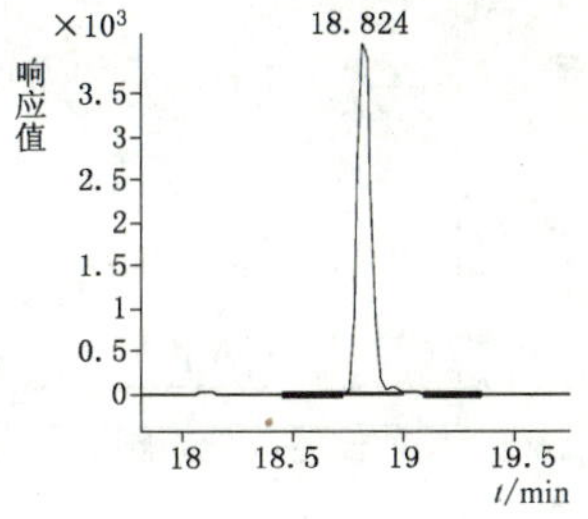

196. 苯氧威
(fenoxycarb)

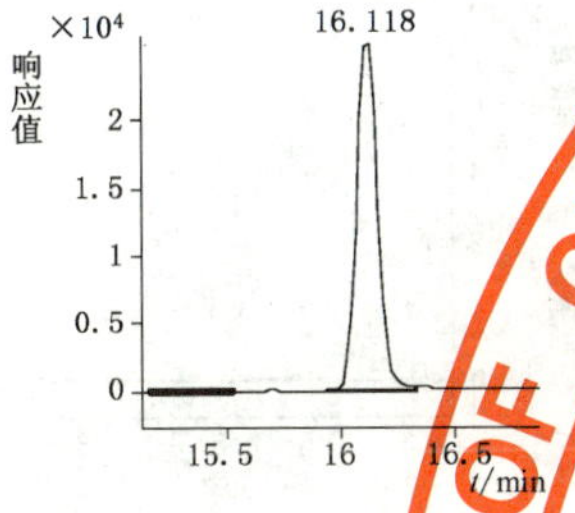

197. 嘧啶磷
(pyrimitate)

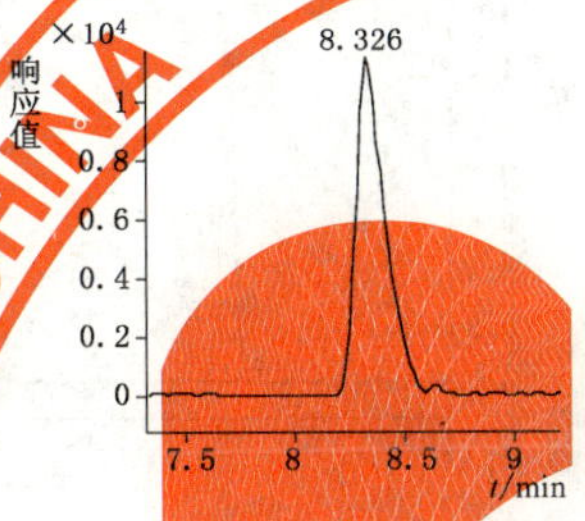

198. 丰索磷
(fensulfothin)

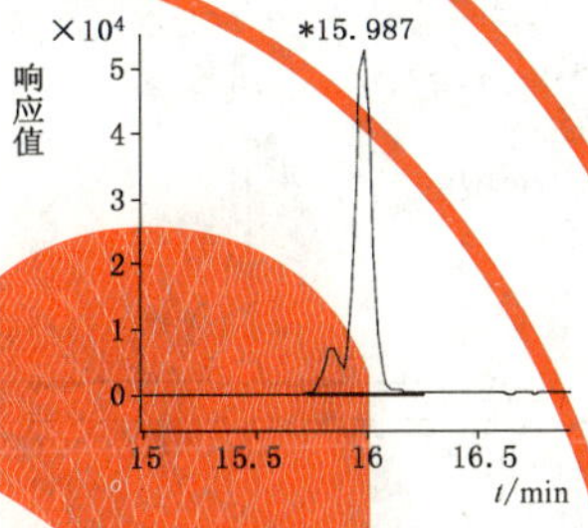

199. 氯咯草酮
(fluorochloridone)

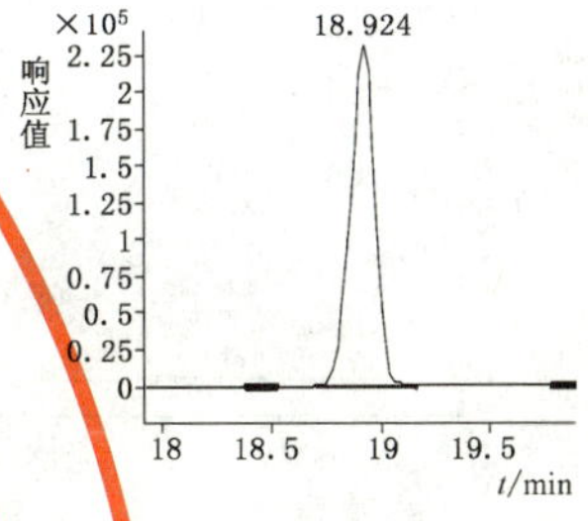

200. 丁草胺
(butachlor)

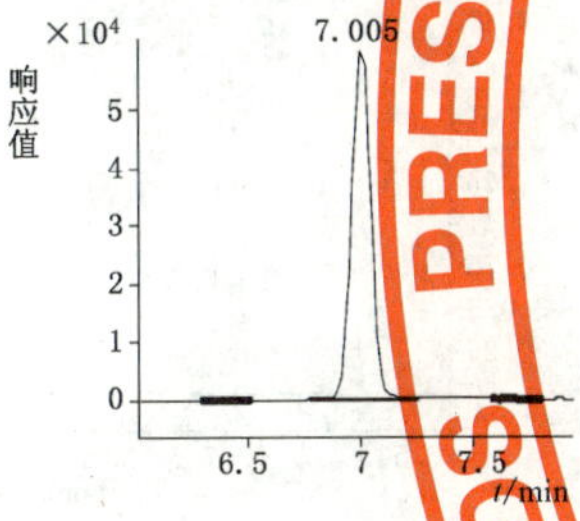

201. 咪唑喹啉酸
(imazaquin)

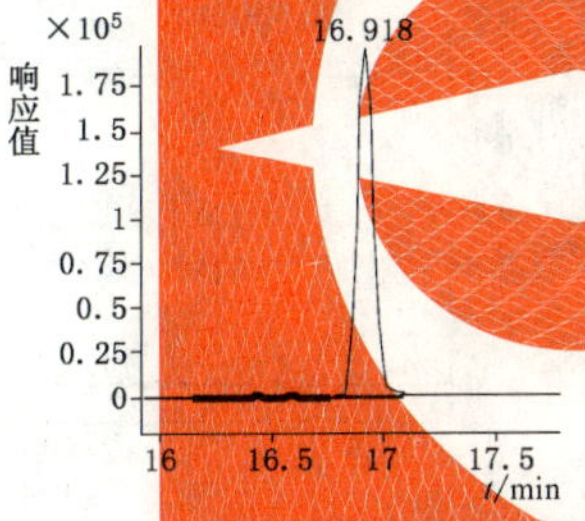

202. 亚胺菌
(kresoxim-methyl)

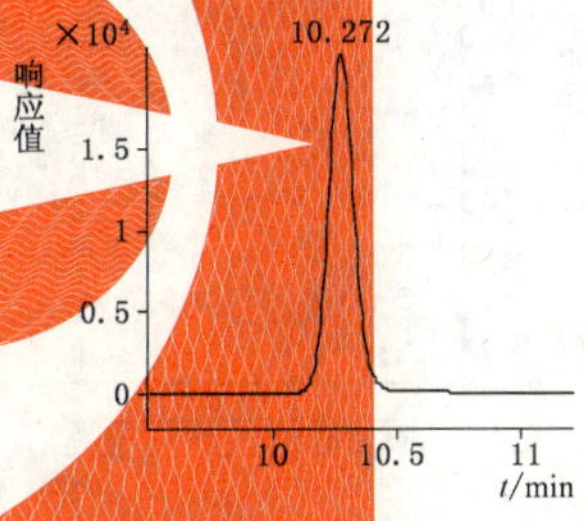

203. 戊叉菌唑
(triticonazole)

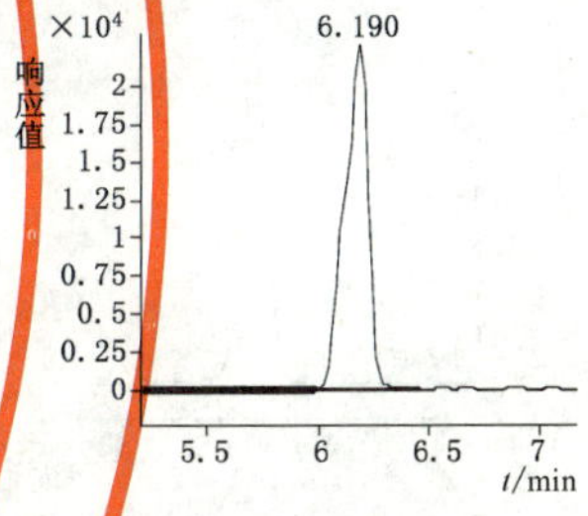

204. 苯线磷亚砜
(fenamiphos sulfoxide)

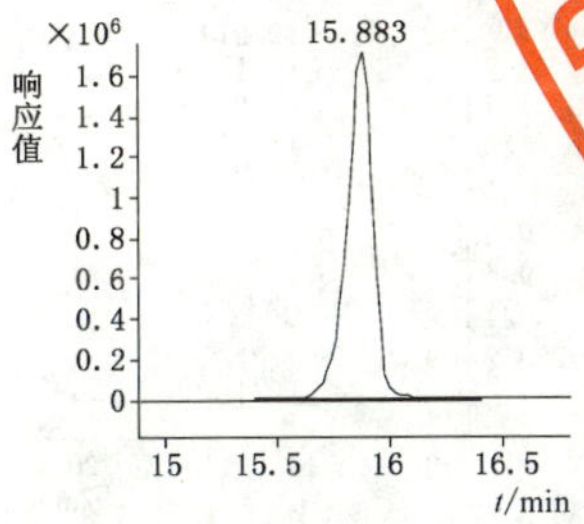

205. 噻吩草胺
(thenylchlor)

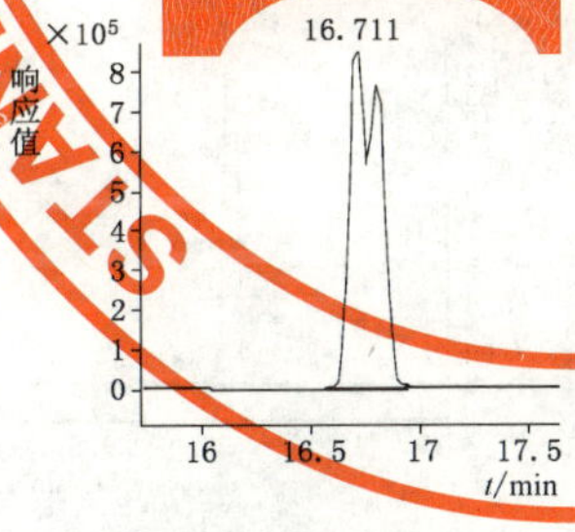

206. 氰菌胺
(fenoxanil)

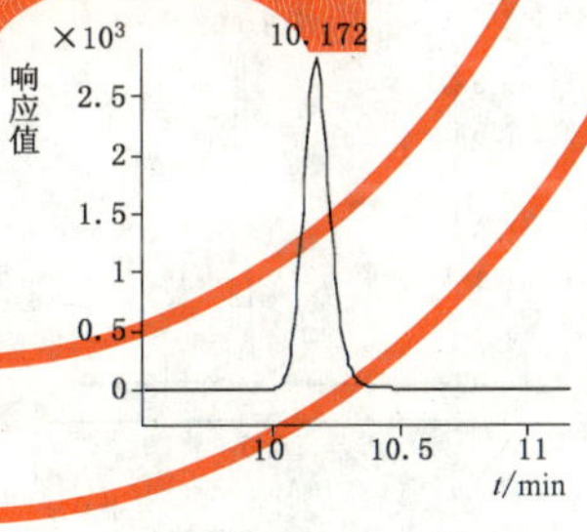

207. 杀草吡啶
(fluridone)

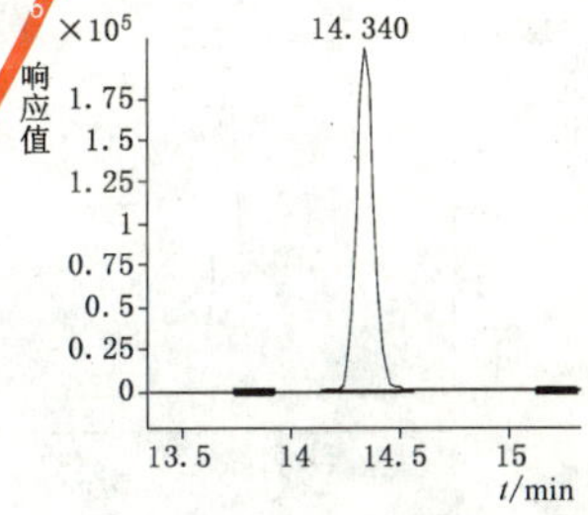

208. 氟环唑
(epoxiconazole)

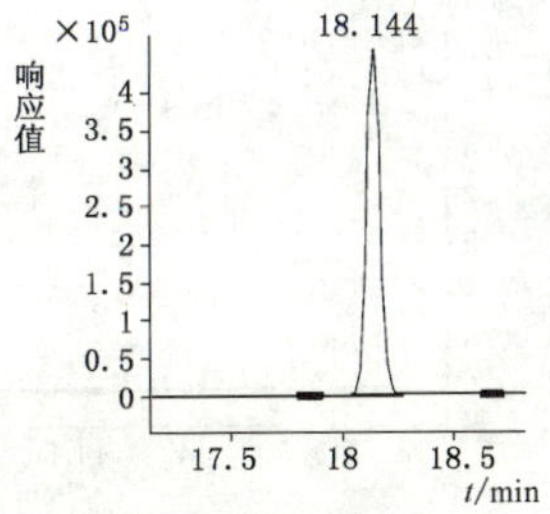

209. 氯辛硫磷
(chlorphoxim)

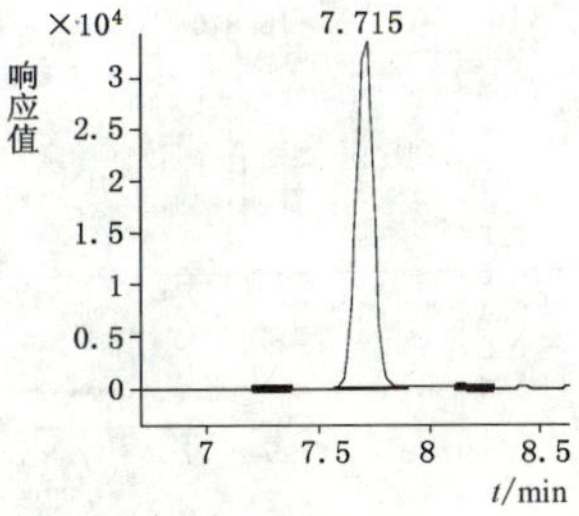

210. 苯线磷砜
(fenamiphos sulfone)

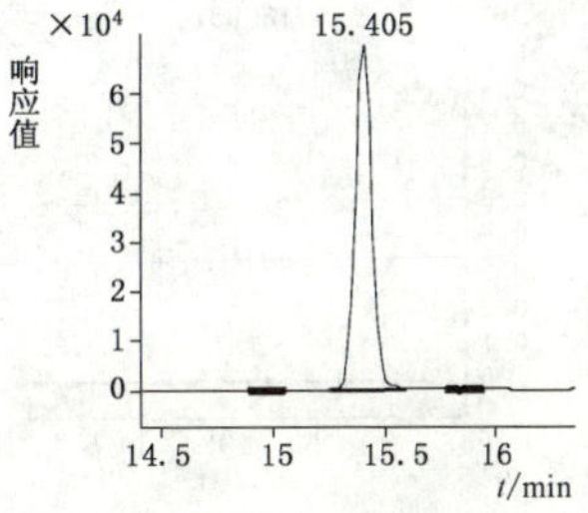

211. 腈苯唑
(fenbuconazole)

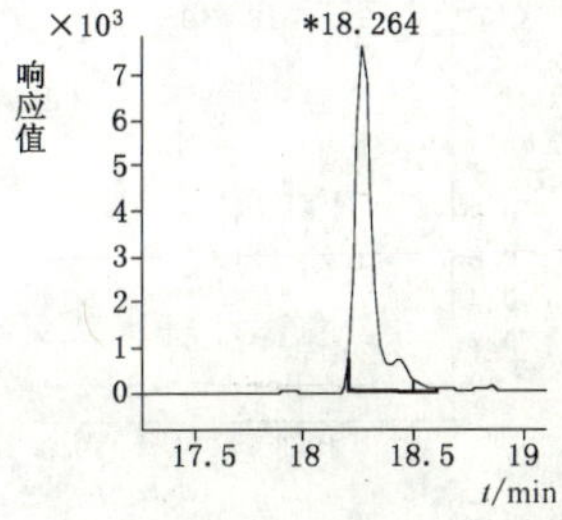

212. 异柳磷
(isofenphos)

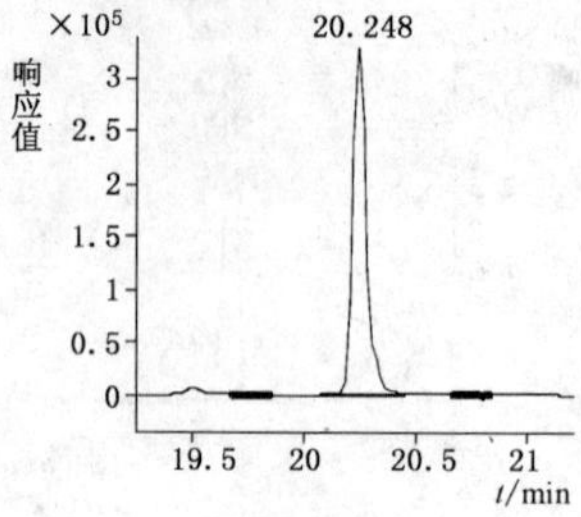

213. 苯醚菊酯
(phenothrin)

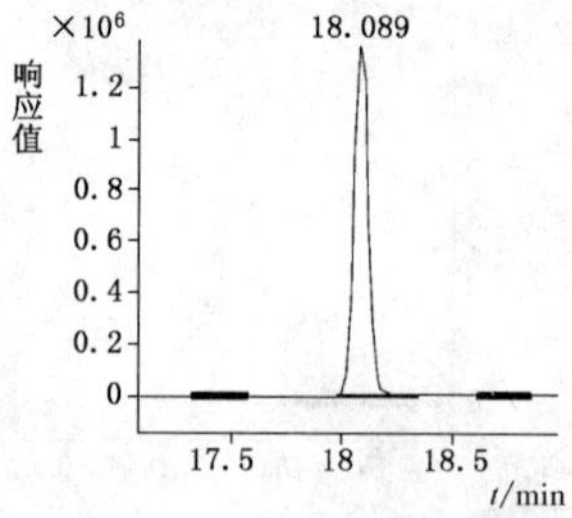

214. 哌草磷
(piperophos)

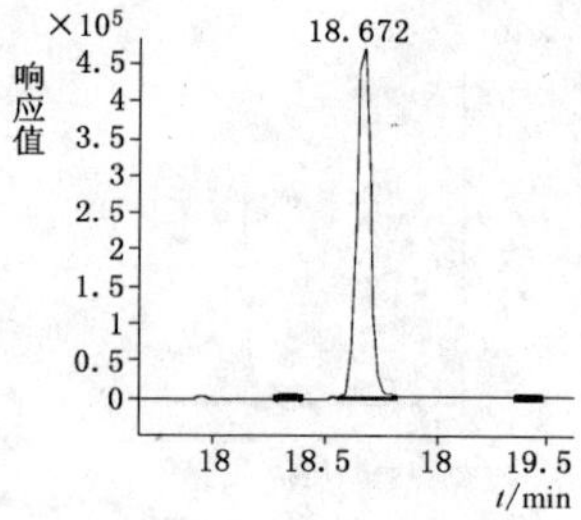

215. 增效醚
(piperonyl butoxide)

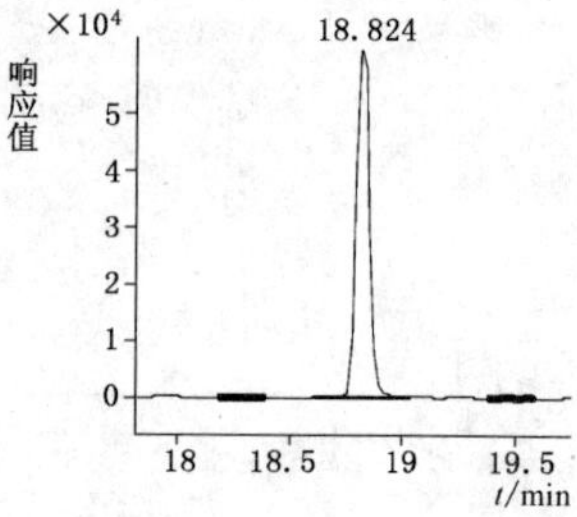

216. 乙氧氟草醚
(oxyflurofen)

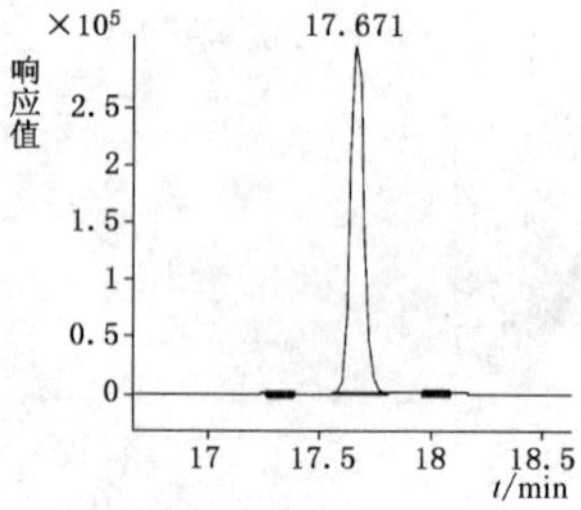

217. 蝇毒磷
(coumaphos)

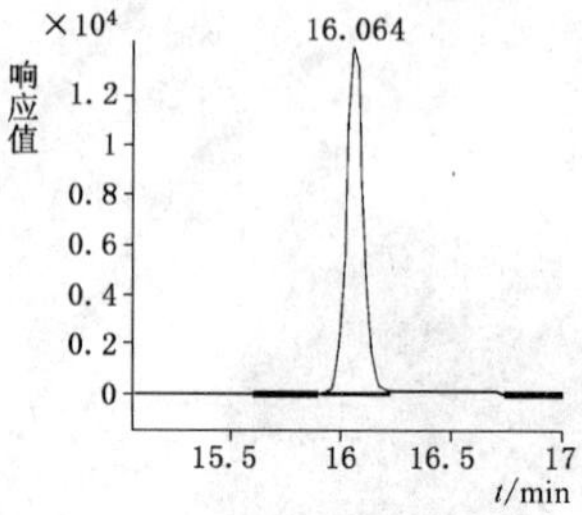

218. 氟噻草胺
(flufenacet)

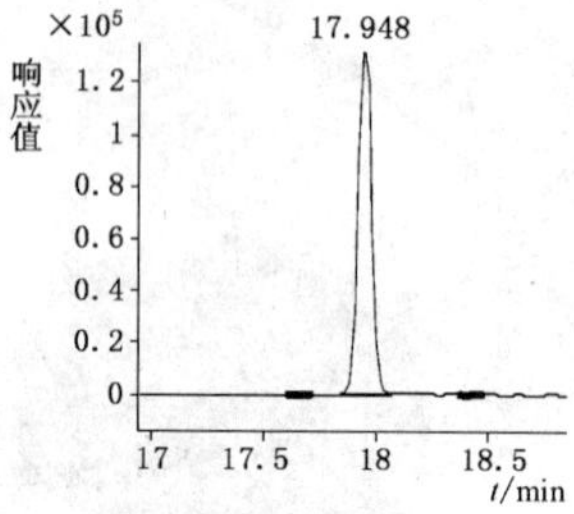

219. 伏杀硫磷
(phosalone)

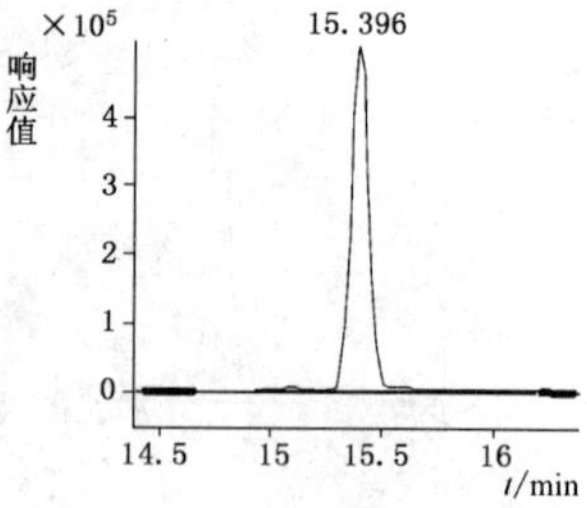

220. 甲氧虫酰肼
(methoxyfenozide)

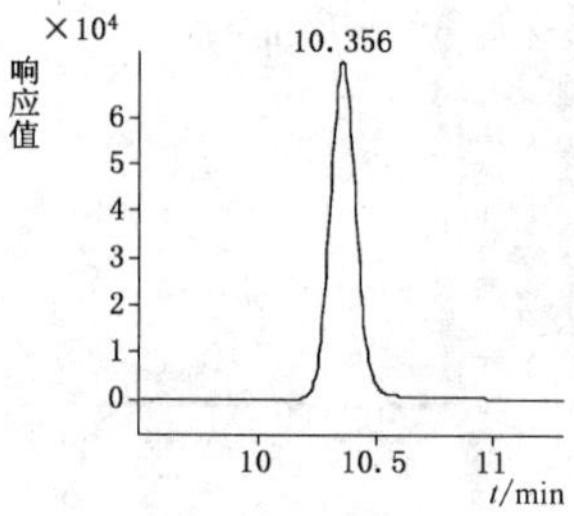

221. 咪鲜胺
(prochloraz)

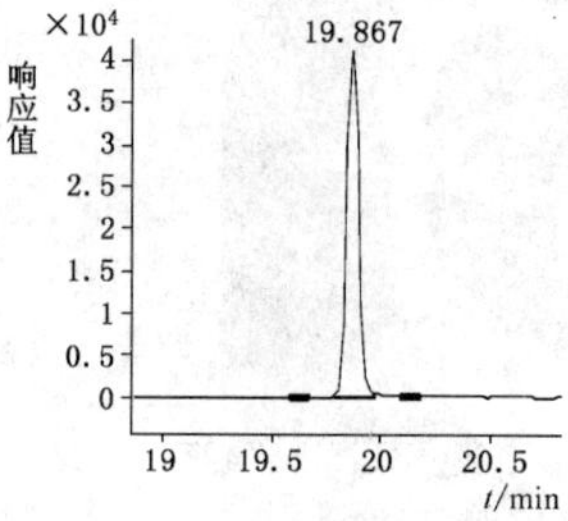

222. 丙硫特普
(aspon)

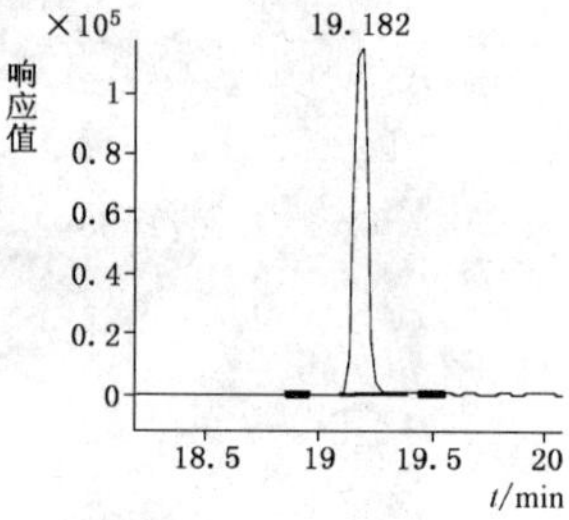

223. 乙硫磷
(ethion)

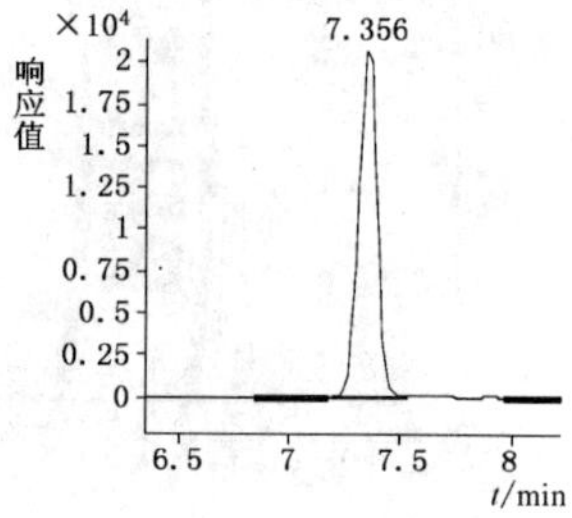

224. 噻吩磺隆
(thifensulfuron-methyl)

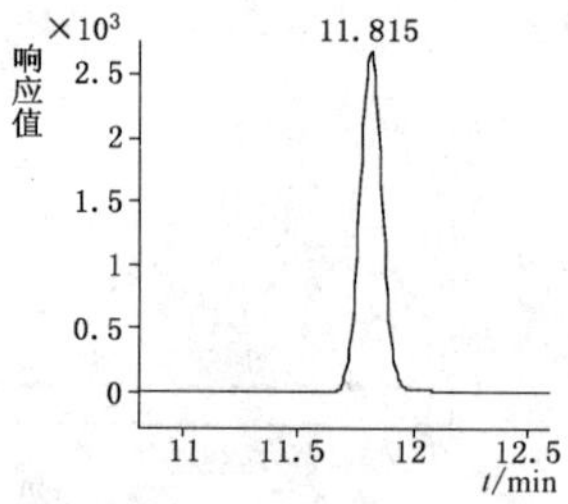

225. 乙氧嘧磺隆
(ethoxysulfuron)

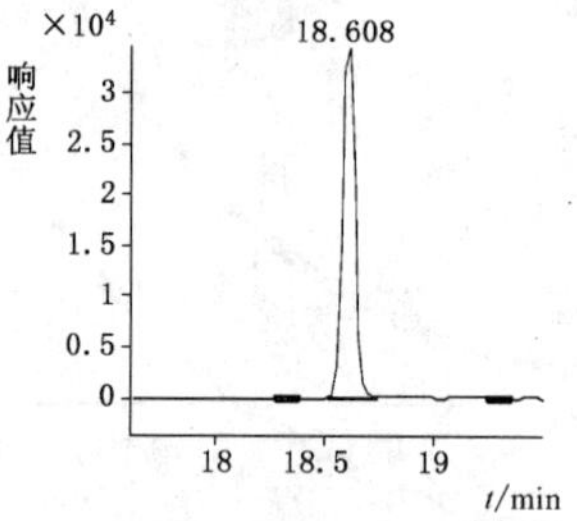

226. 氟硫草定
(dithiopyr)

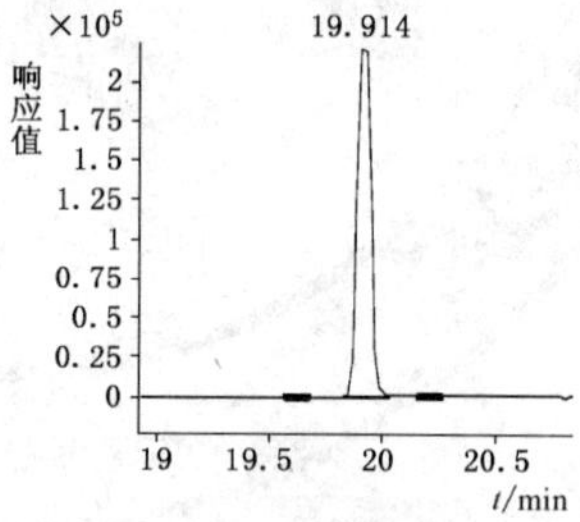

227. 螺螨酯
(spirodiclofen)

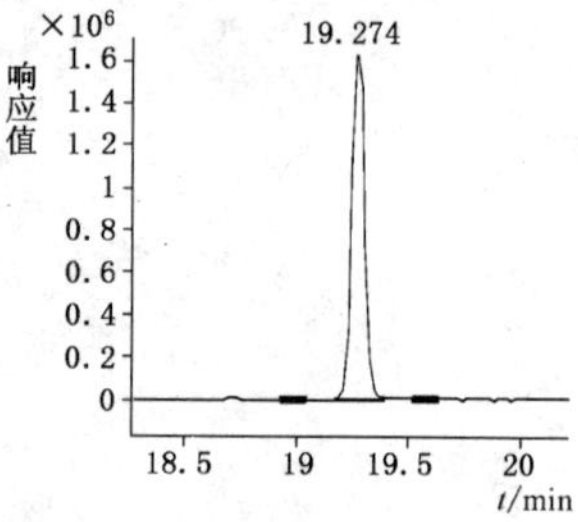

228. 唑螨酯
(fenpyroximate)

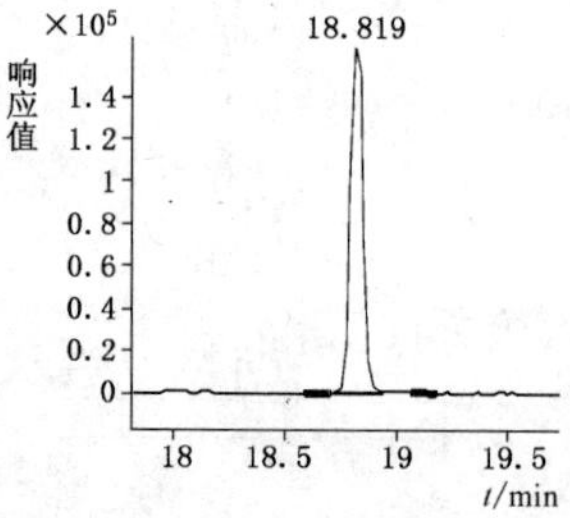

229. 胺氟草酯
(flumiclorac-pentyl)

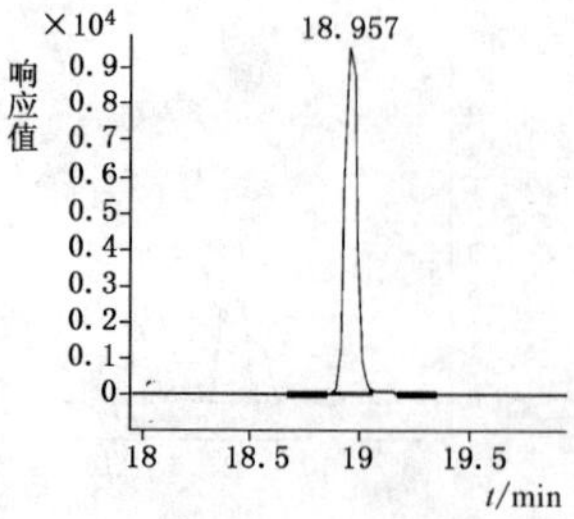

230. 双硫磷
(temephos)

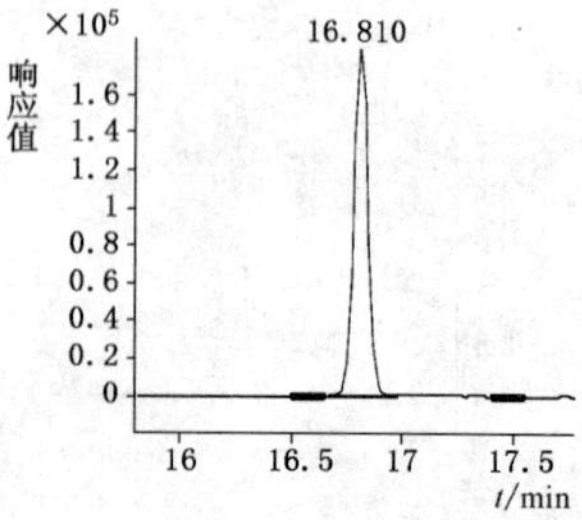

231. 氟丙嘧草酯
(butafenacil)

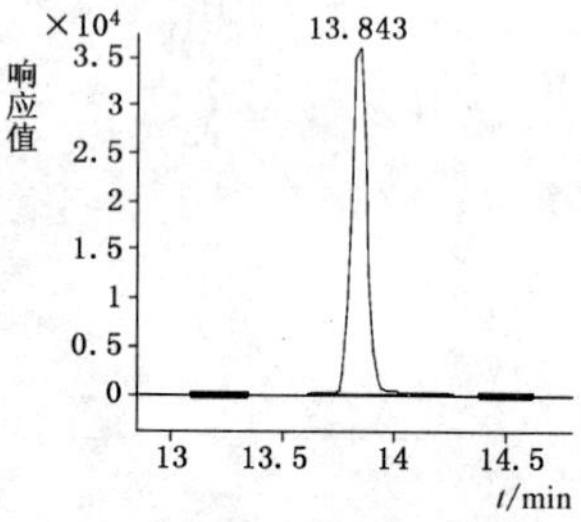

232. 多杀菌素
(spinosad)

D 组

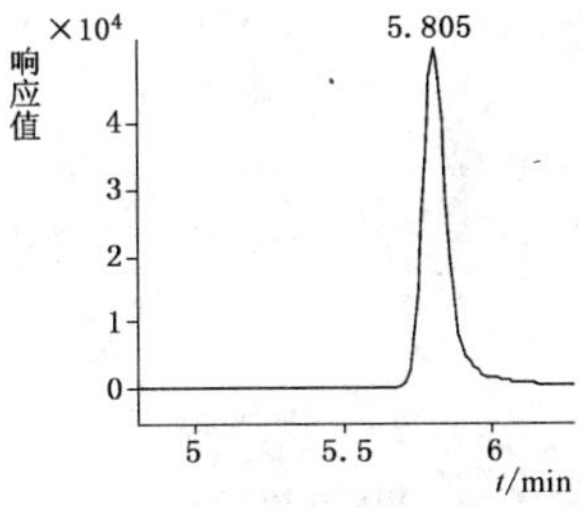

233. 二丙烯草胺
(allidochlor)

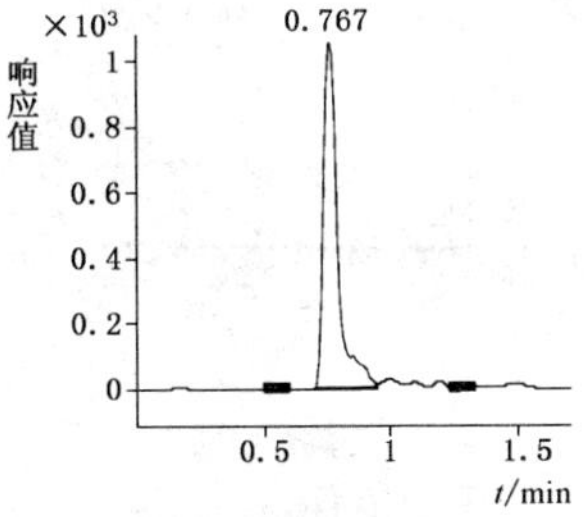

234. 霜霉威
(propamocarb)

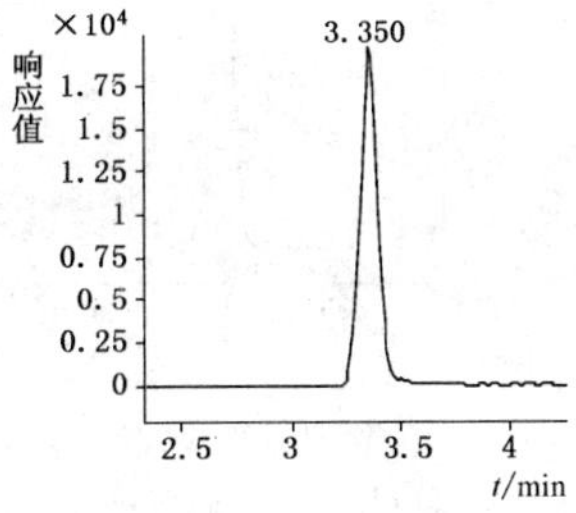

235. 噻菌灵
(thiabendazole)

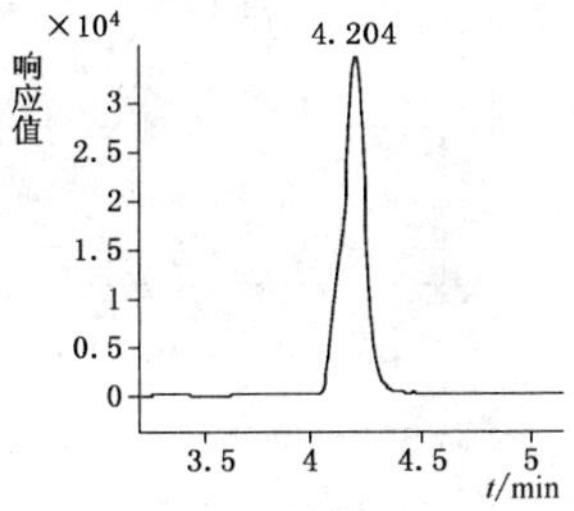

236. 苯嗪草酮
(metamitron)

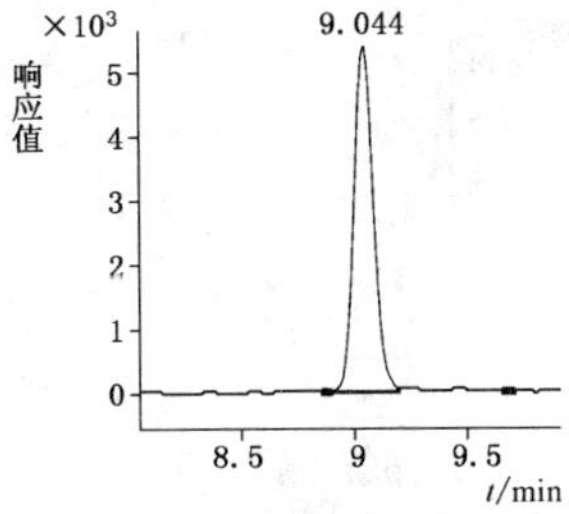

237. 异丙隆
(isoproturon)

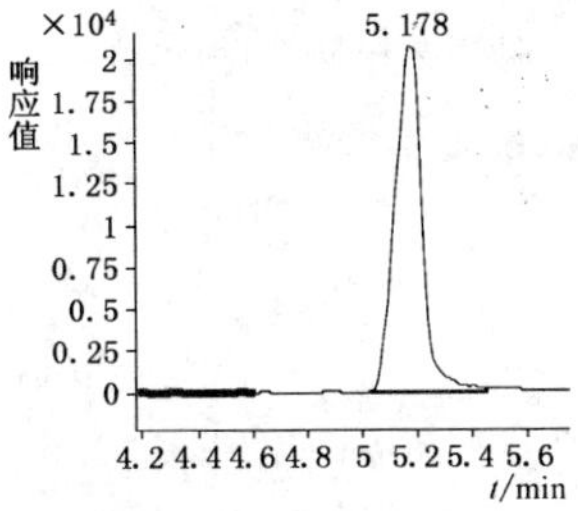

238. 莠去通
(atratone)

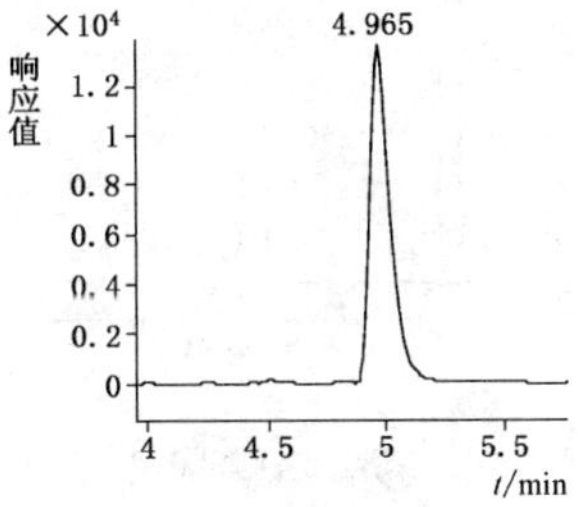

239. 敌草净
(oesmetryn)

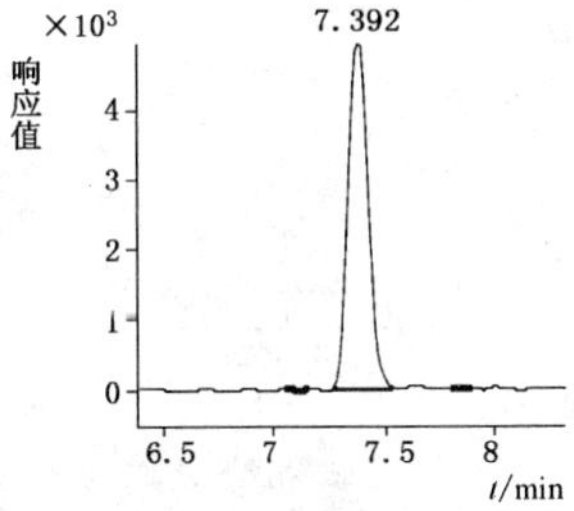

240. 赛克津
(metribuzin)

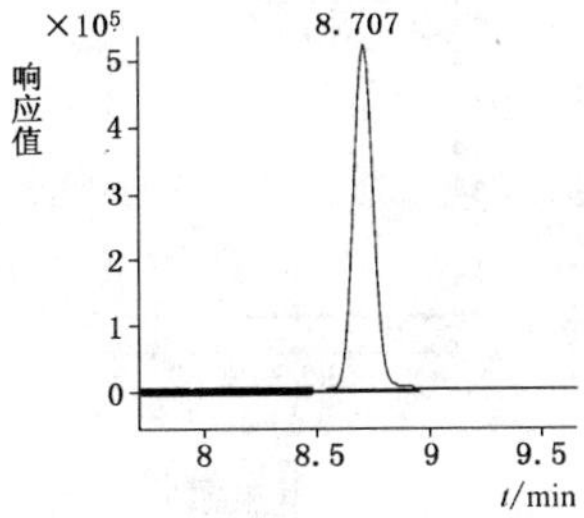

241. —
(DMST)

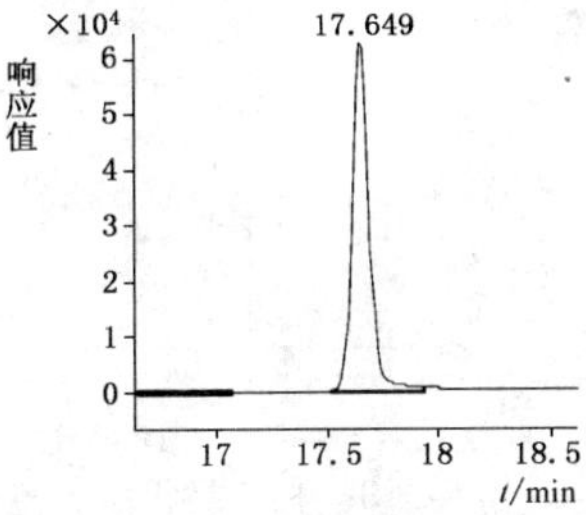

242. 环草敌
(cycloate)

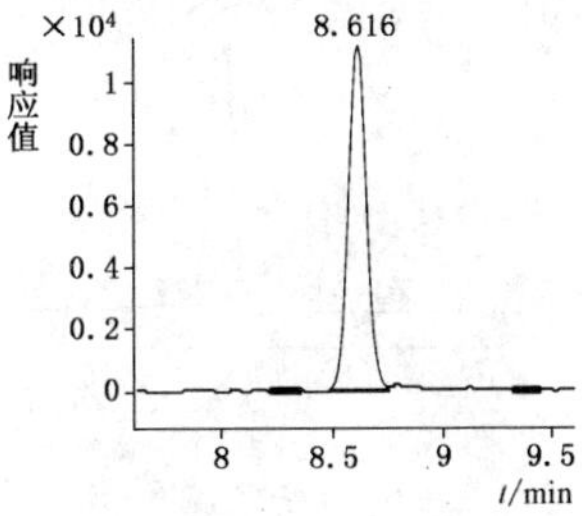

243. 莠去津
(atrazine)

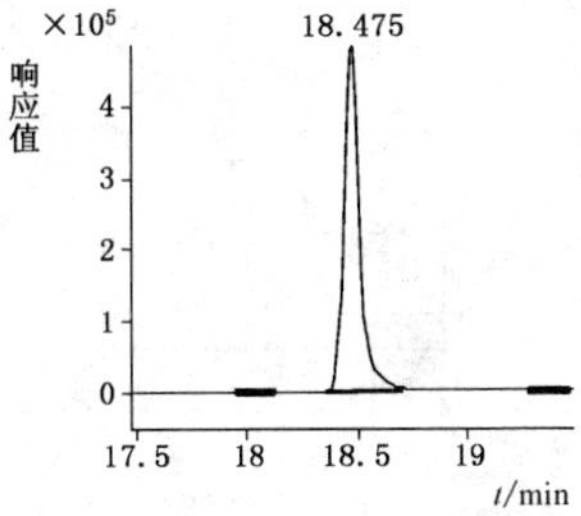

244. 丁草敌
(butylate)

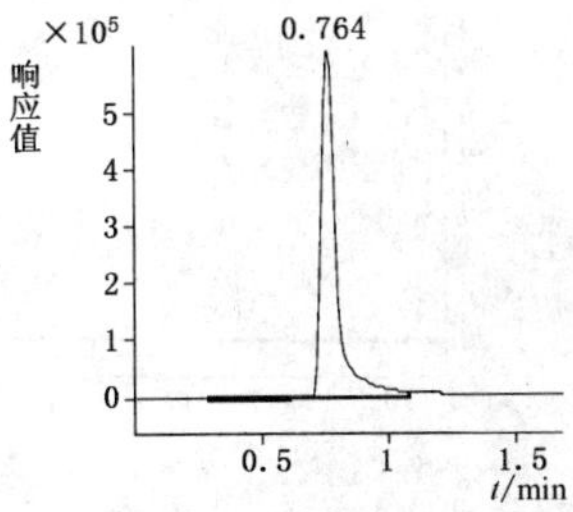

245. 吡蚜酮
(pymetrozin)

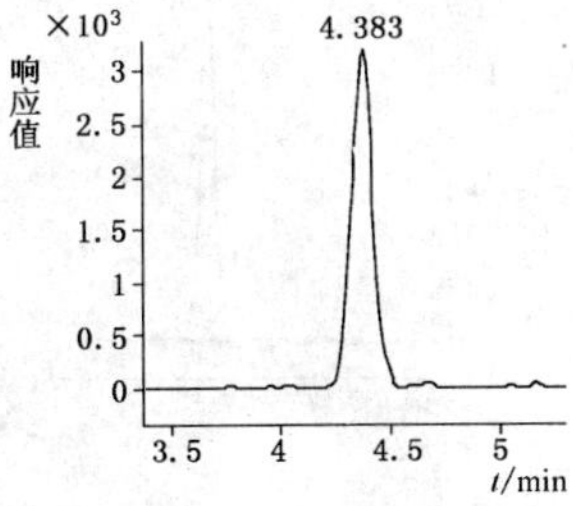

246. 氯草敏
(chloridazon)

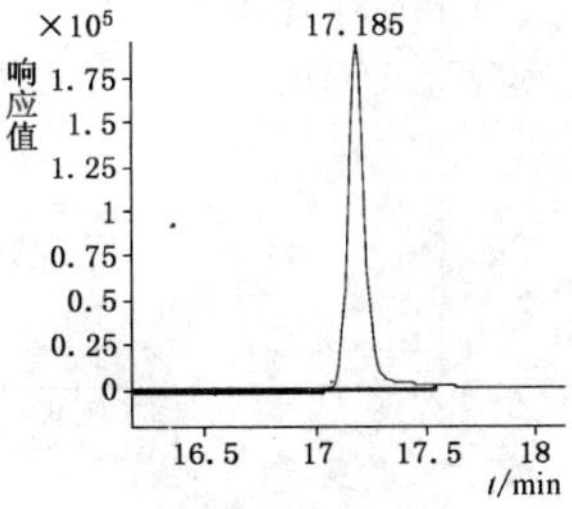

247. 菜草畏
(sulfallate)

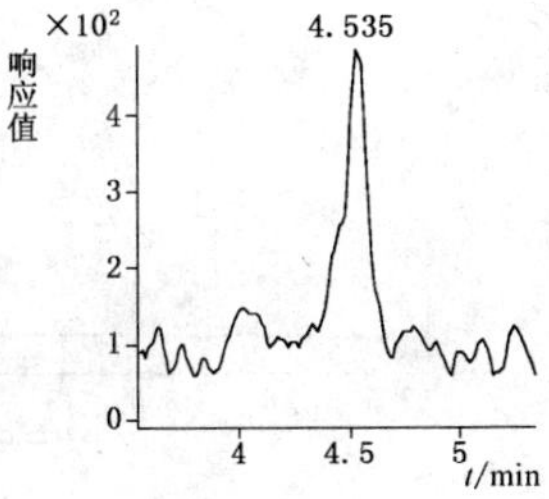

248. 乙硫苯威
(ethiofencarb)

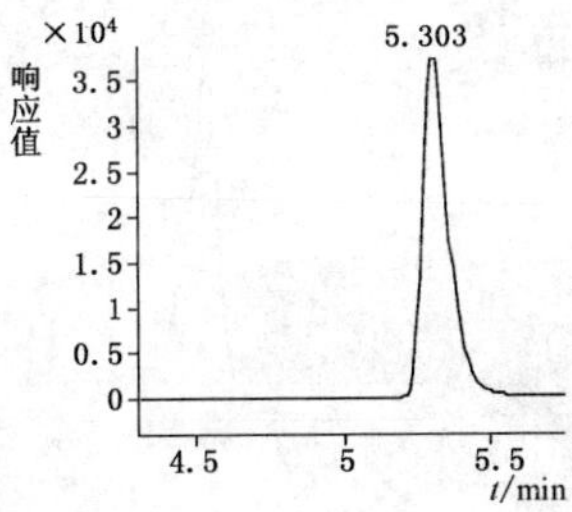

249. 特丁通
(terbumeton)

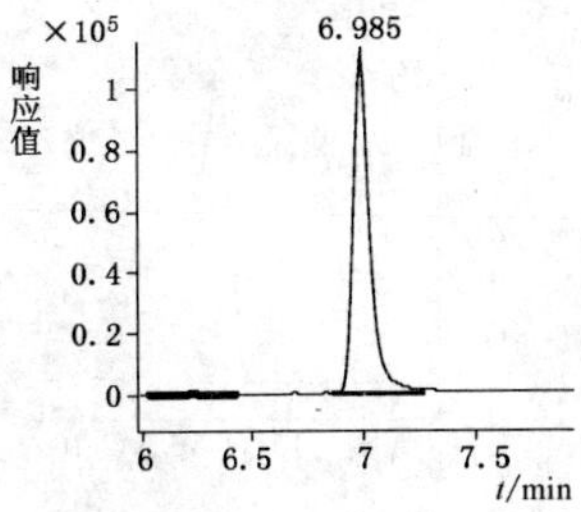

250. 环丙津
(cyprazine)

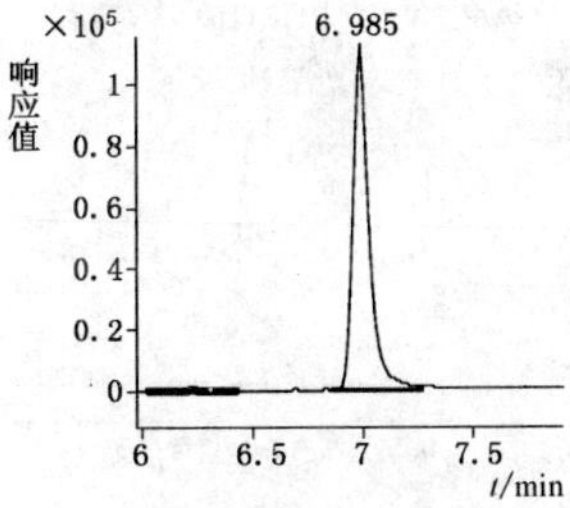

251. 阔草净
(ametryn)

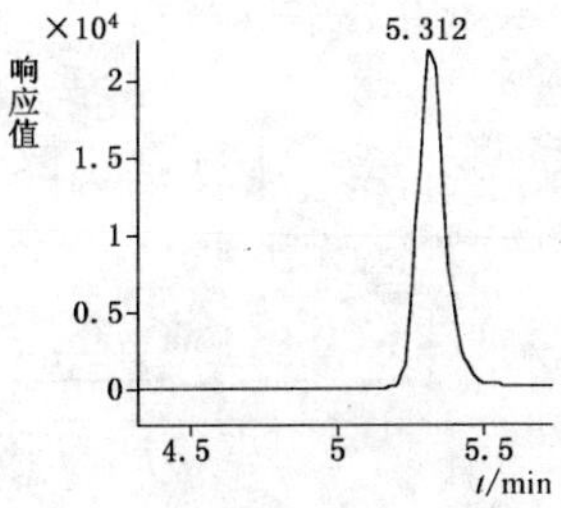

252. 木草隆
(tebuthiuron)

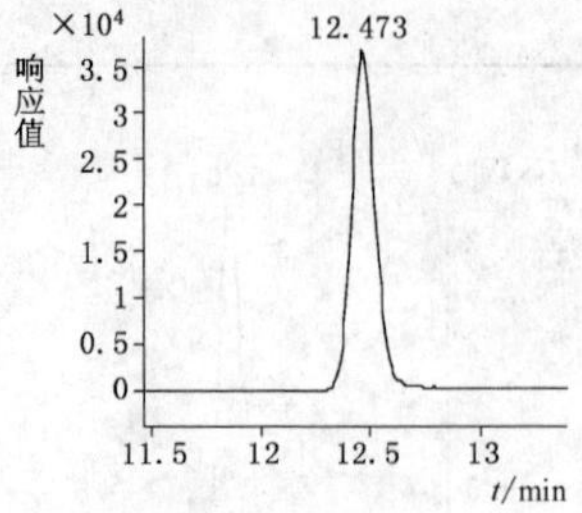

253. 草达津
(trietazine)

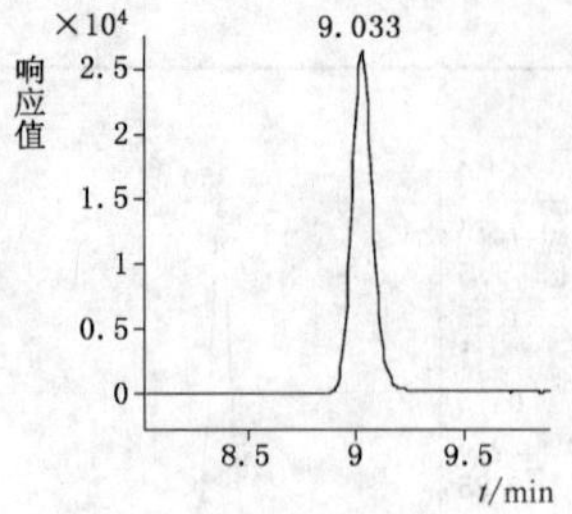

254. 另丁津
(sebutylazine)

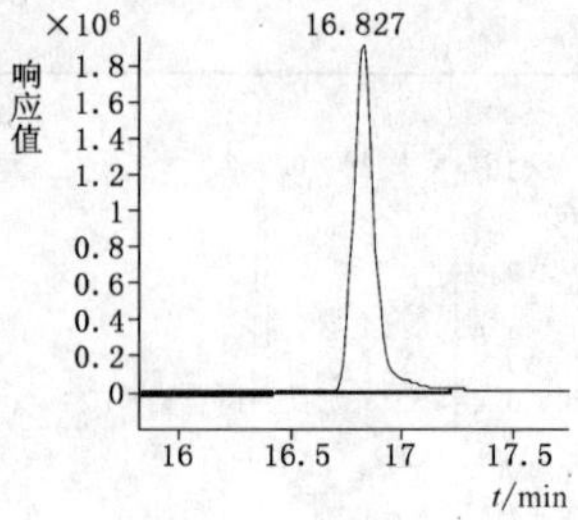

255. 畜虫避
(dibutyl succinate)

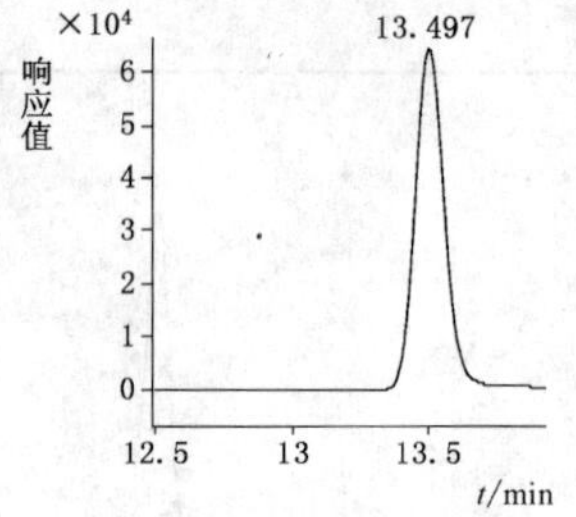

256. 牧草胺
(tebutam)

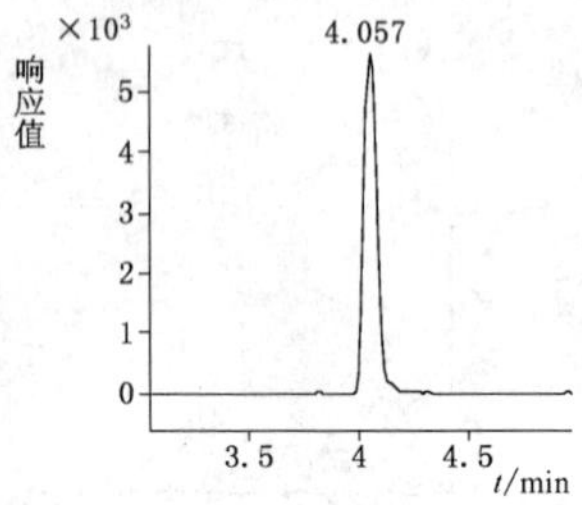

257. 久效威亚砜
(thiofanox-sulfoxide)

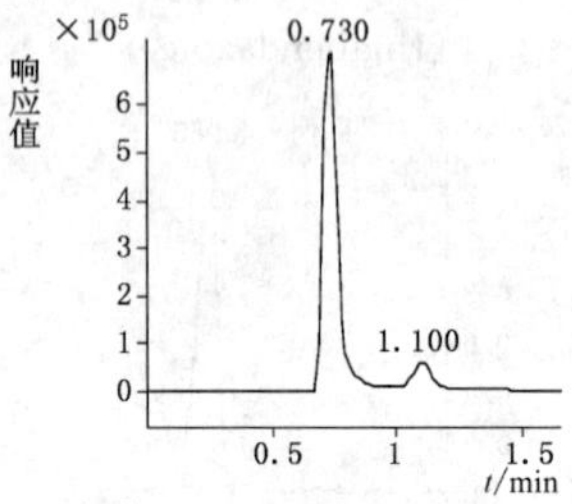

258. 杀螟丹
(cartap hydrochloride)

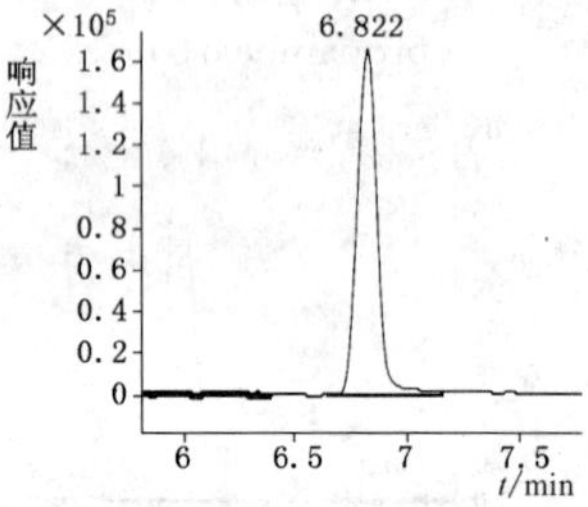

259. 虫螨畏
(methacrifos)

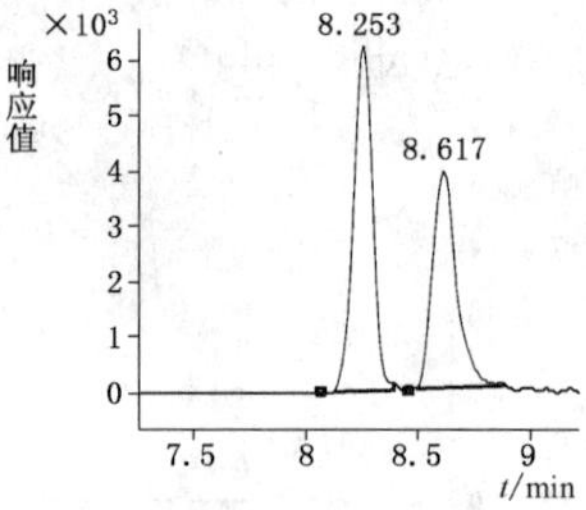

260. 特丁净
(terbutryn)

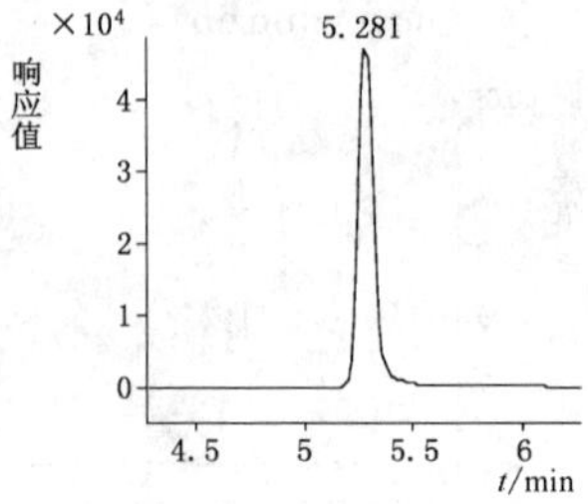

261. 咪唑嗪
(triazoxide)

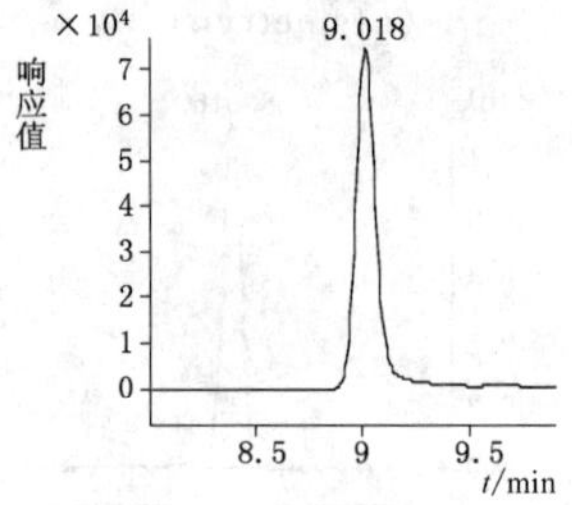

262. 虫线磷
(thionazin)

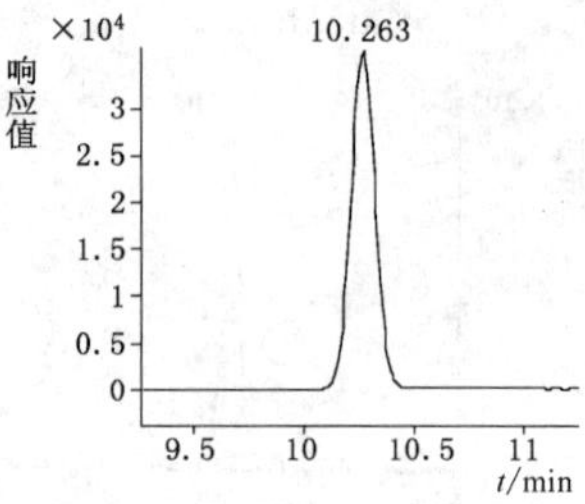

263. 利谷隆
(linuron)

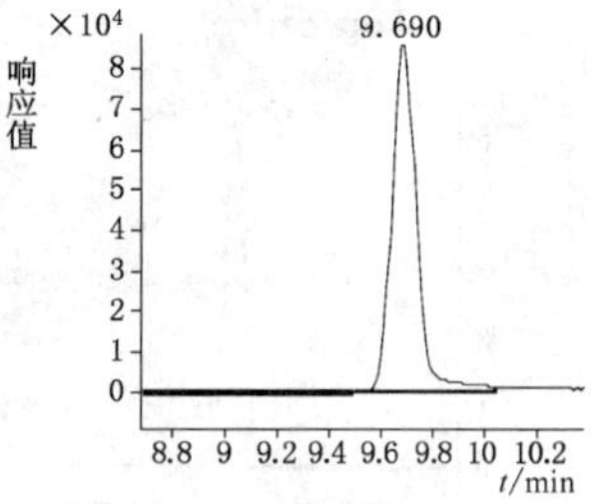

264. 庚虫磷
(heptanophos)

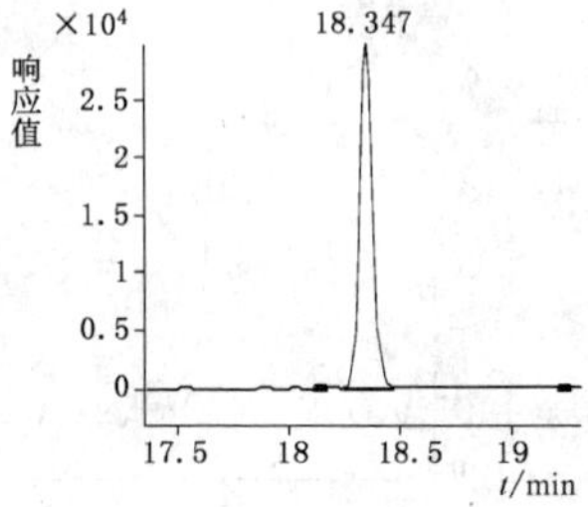

265. 苄草丹
(prosulfocarb)

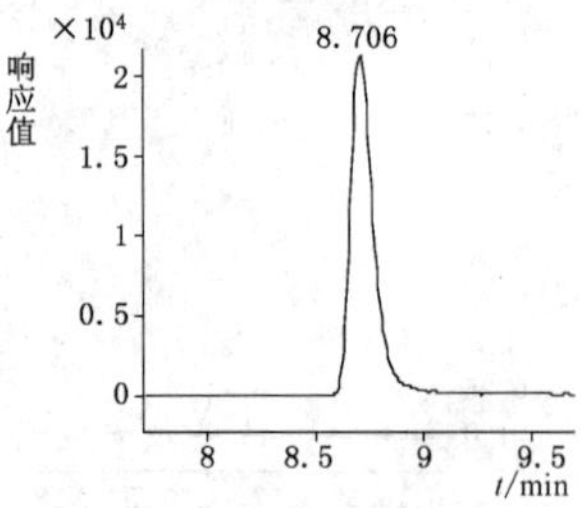

266. 杀草净
(dipropetryn)

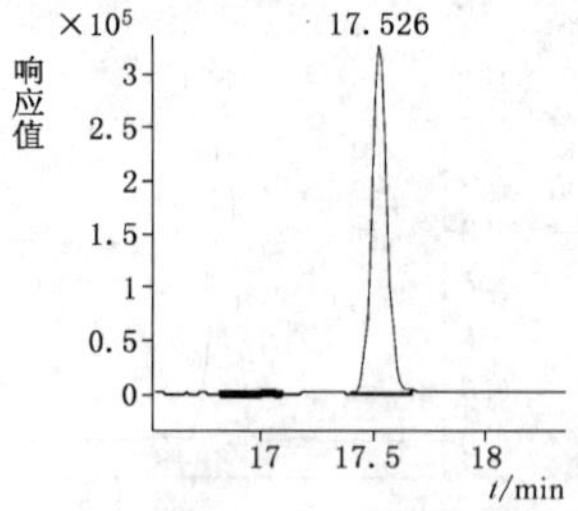

267. 禾草丹
(thiobencarb)

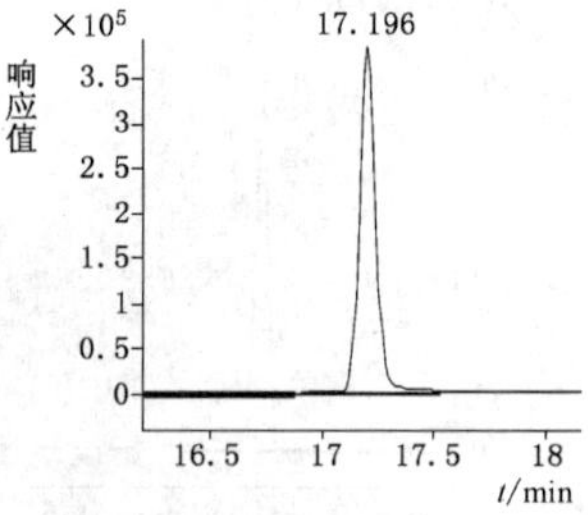

268. 三正丁基磷酸盐
(tri-*n*-butyl phosphate)

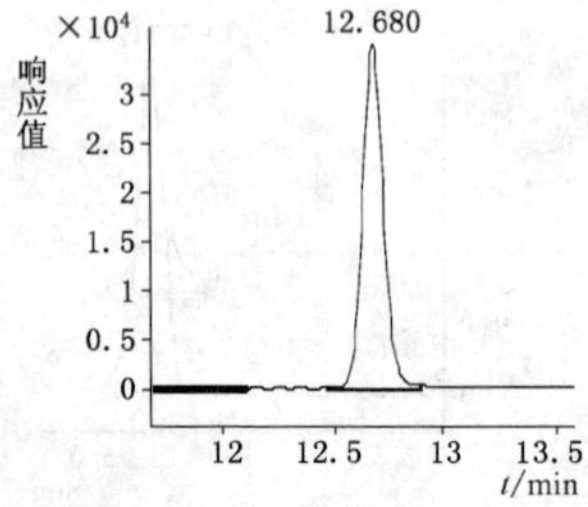

269. 乙霉威
(diethofencarb)

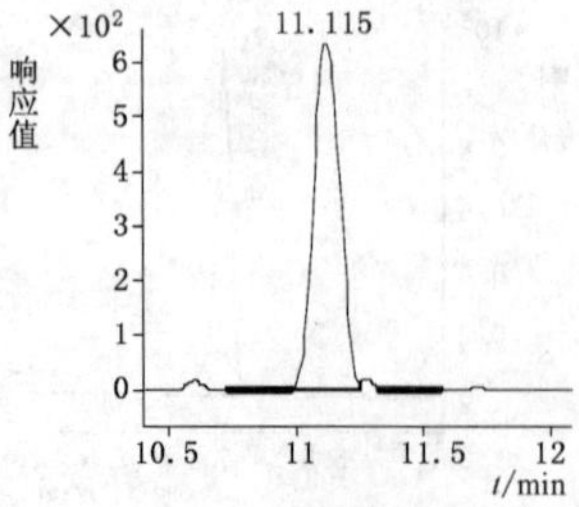

270. 甲草胺
(alachlor)

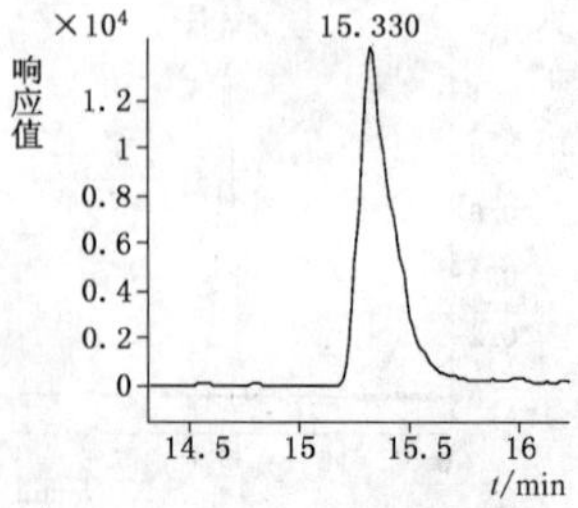

271. 硫线磷
(cadusafos)

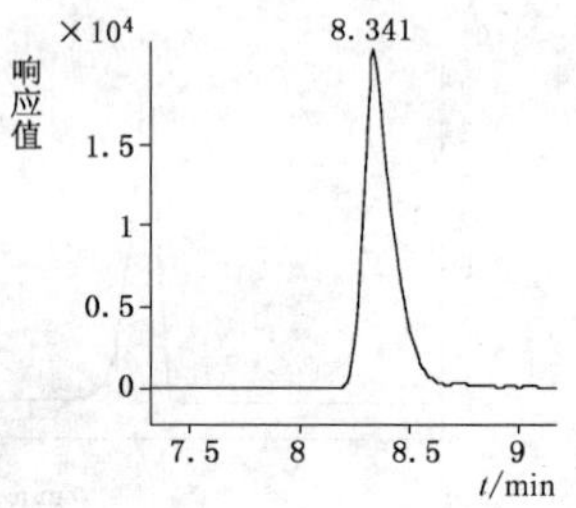

272. 吡唑草胺
(metazachlor)

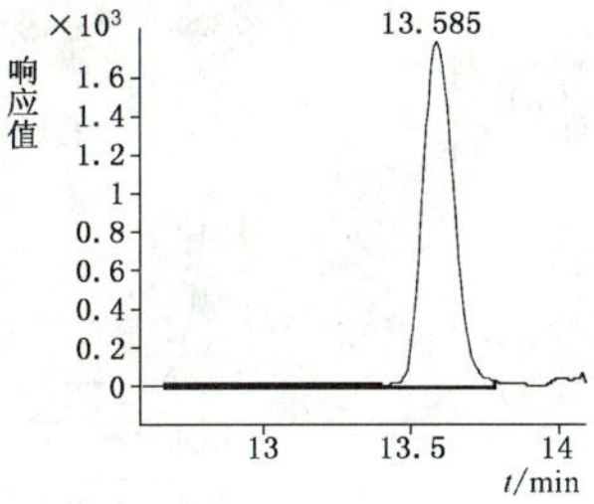

273. 胺丙畏
(propetamphos)

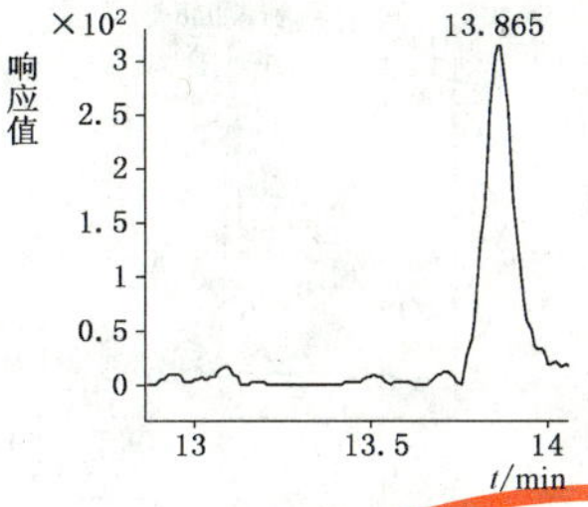

274. 特丁硫磷
(terbufos)

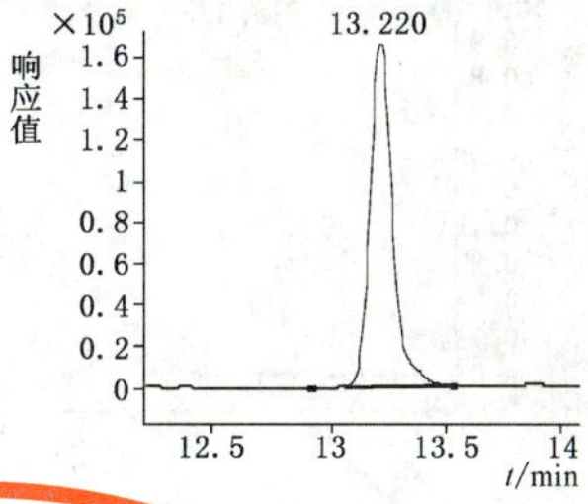

275. 硅氟唑
(simeconazole)

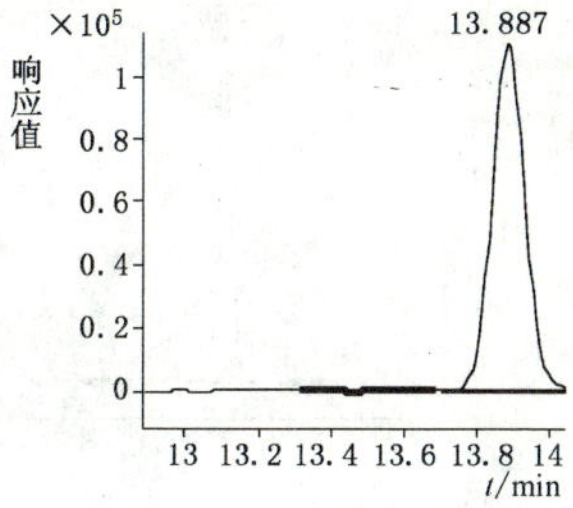

276. 三唑酮
(triadimefon)

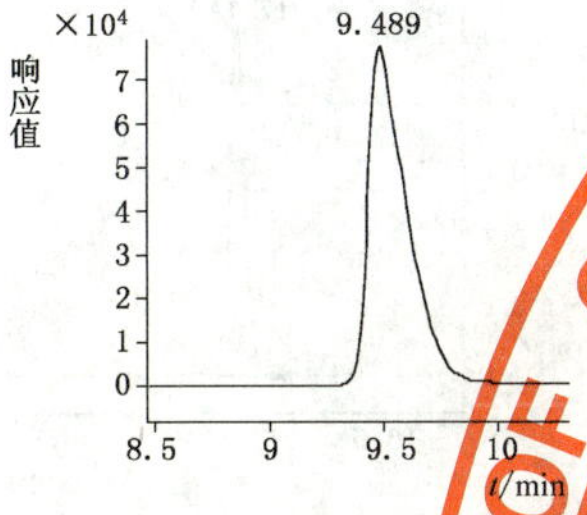

277. 甲拌磷砜
(phorate sulfone)

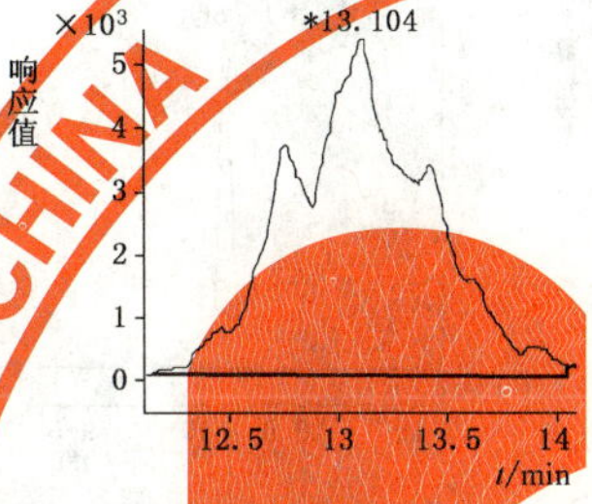

278. 十三吗啉
(tridemorph)

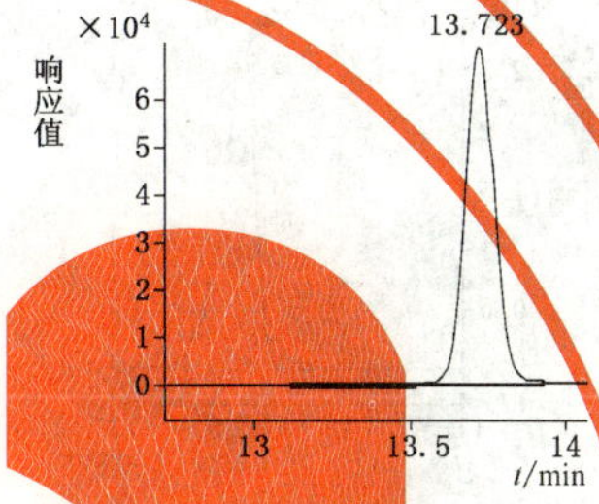

279. 苯噻酰草胺
(mefenacet)

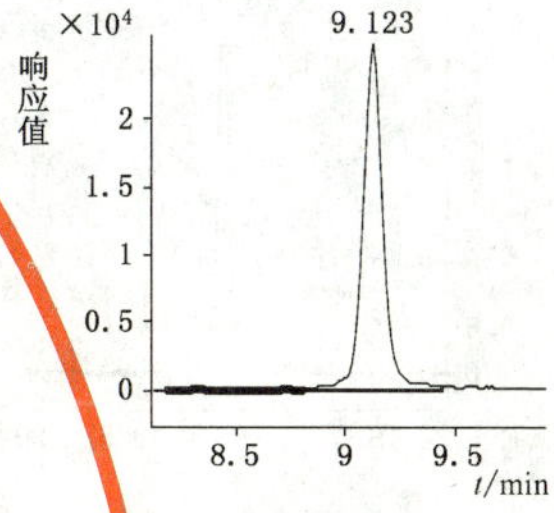

280. 丁苯吗啉
(fenpropimorph)

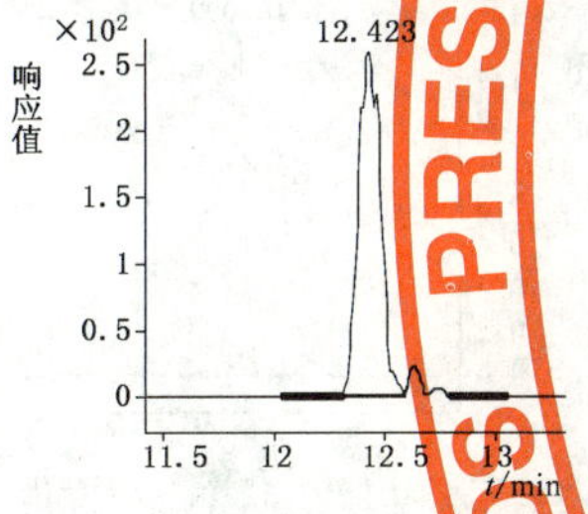

281. 戊唑醇
(tebuconazole)

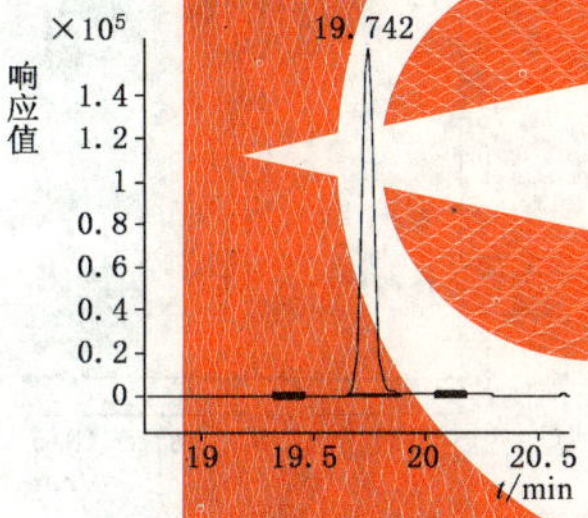

282. 异丙乐灵
(isopropalin)

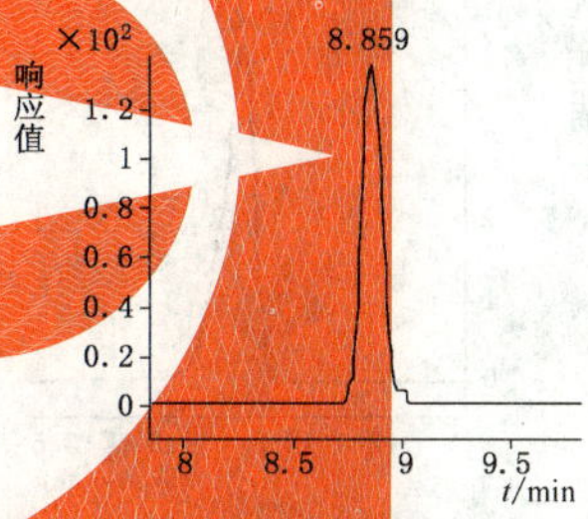

283. 氟苯嘧啶醇
(nuarimol)

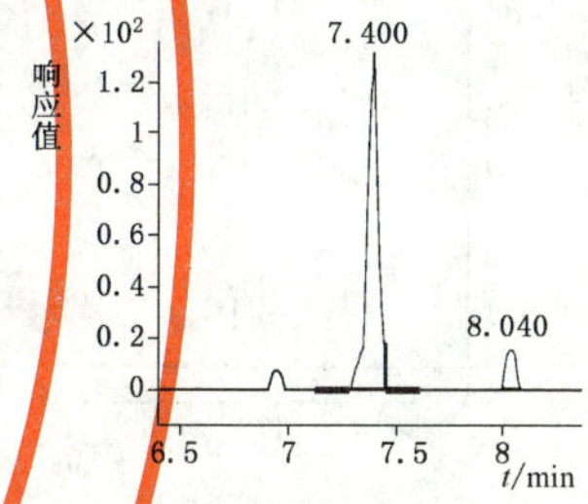

284. 乙嘧酚磺酸酯
(bupirimate)

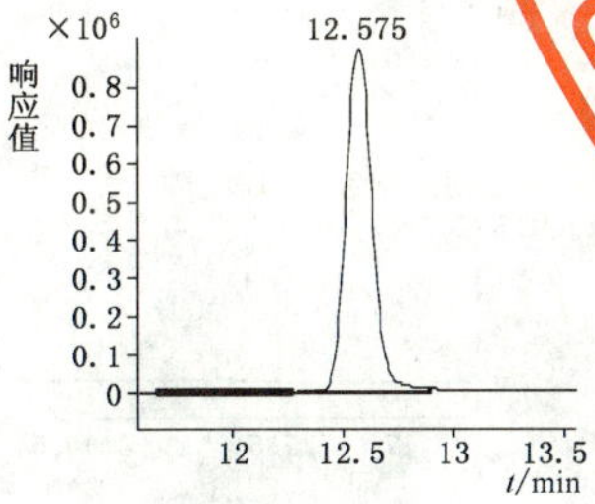

285. 保棉磷
(azinphos-methyl)

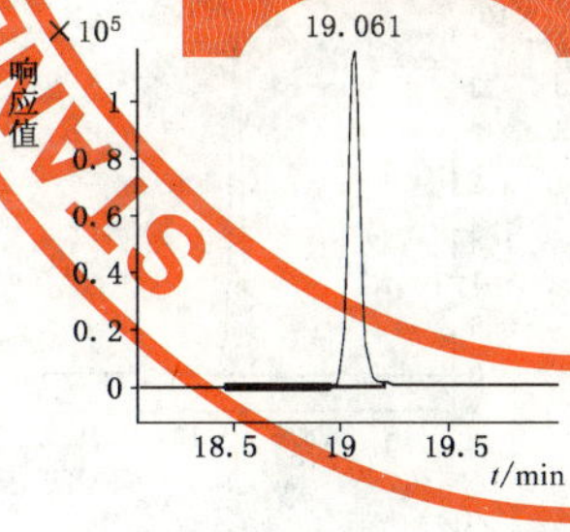

286. 丁基嘧啶磷
(tebupirimfos)

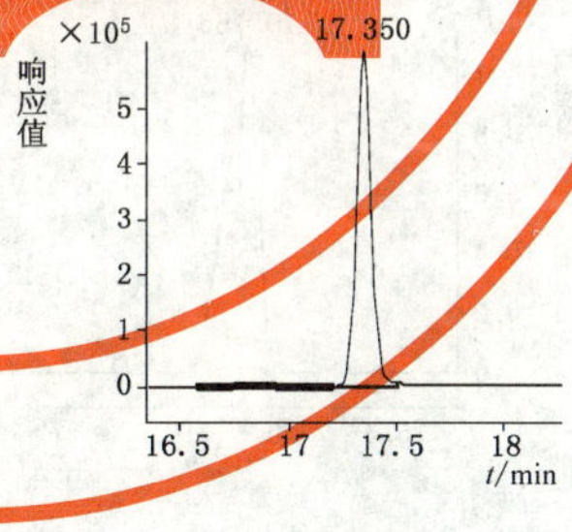

287. 稻丰散
(phenthoate)

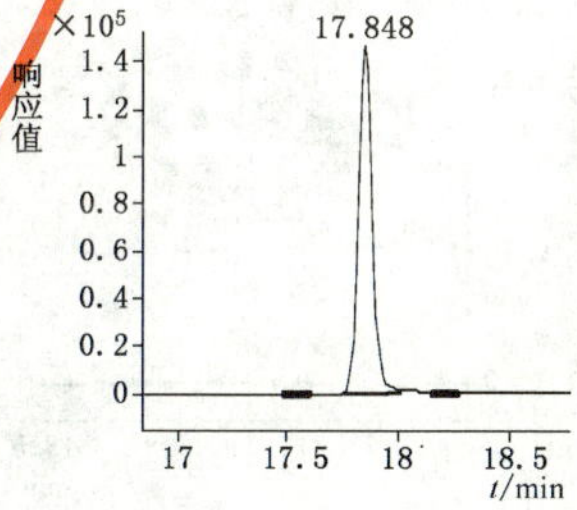

288. 治螟磷
(sulfotep)

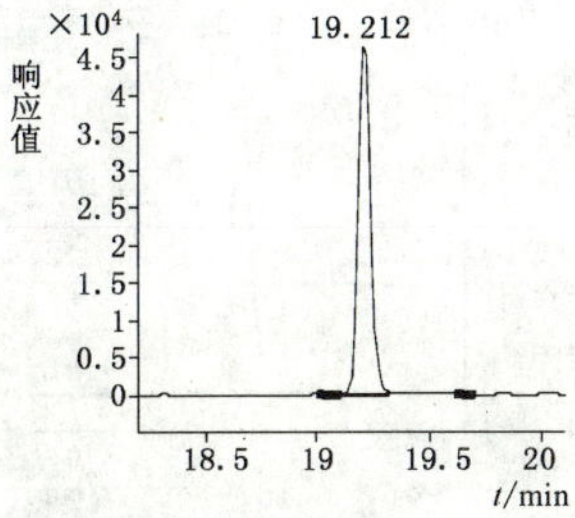

289. 硫丙磷
(sulprofos)

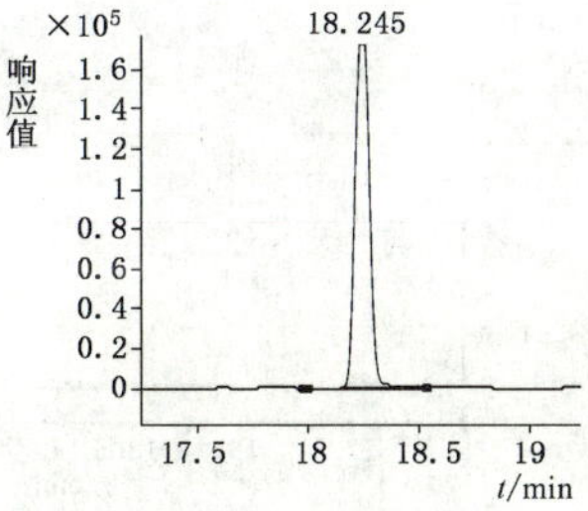

290. 苯硫磷
(EPN)

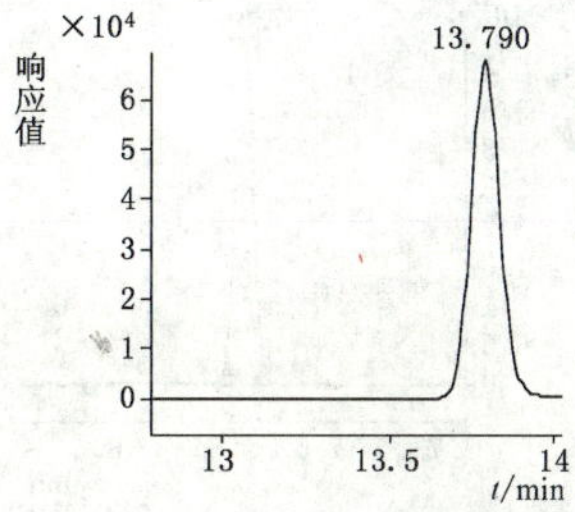

291. 烯唑醇
(diniconazole)

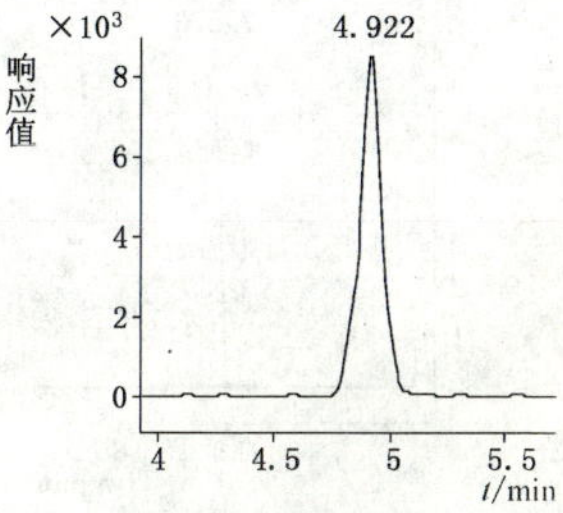

292. 唑嘧磺草胺
(flumetsulam)

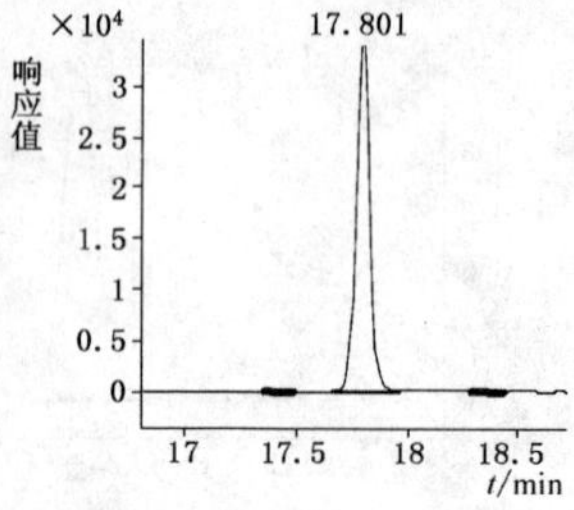

293. 纹枯脲
(pencycuron)

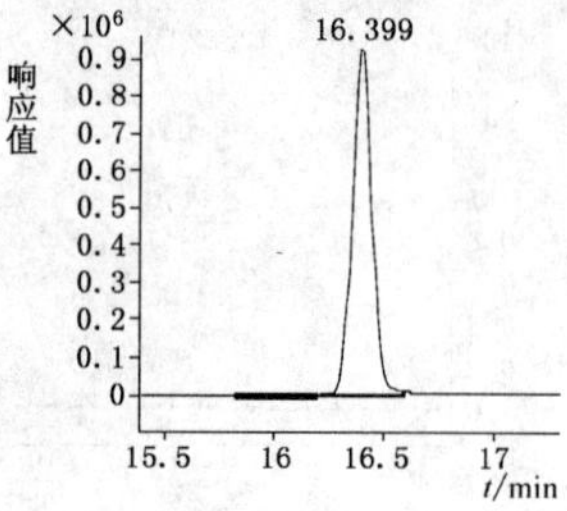

294. 灭蚜磷
(mecarbam)

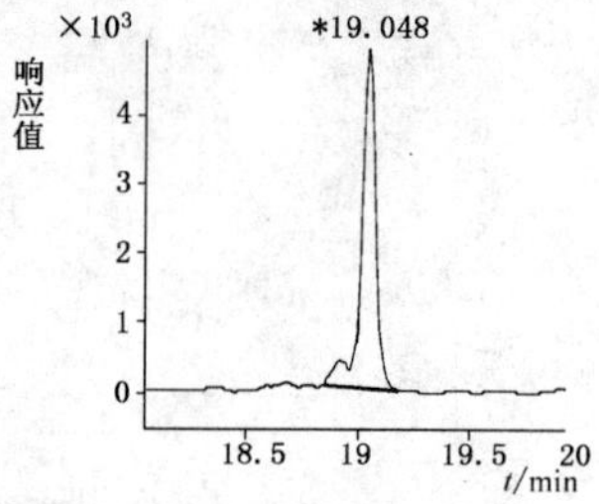

295. 苯草酮
(tralkoxydim)

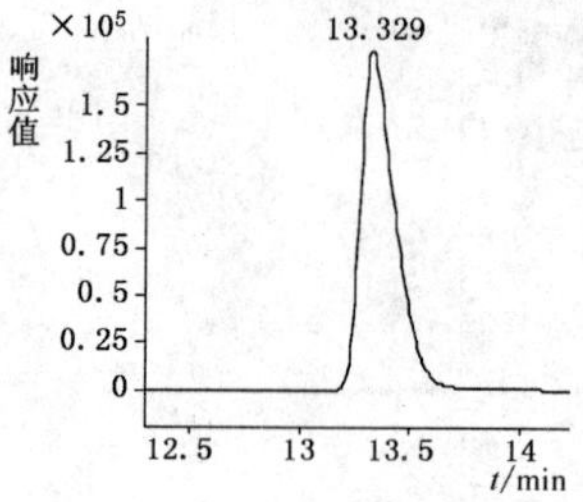

296. 马拉硫磷
(malathion)

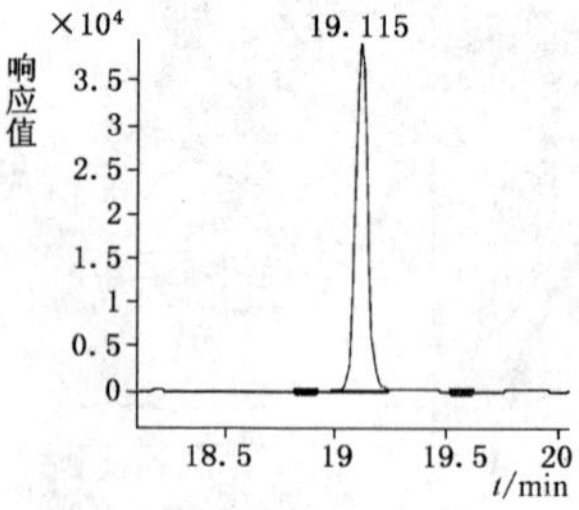

297. 稗草畏
(pyributicarb)

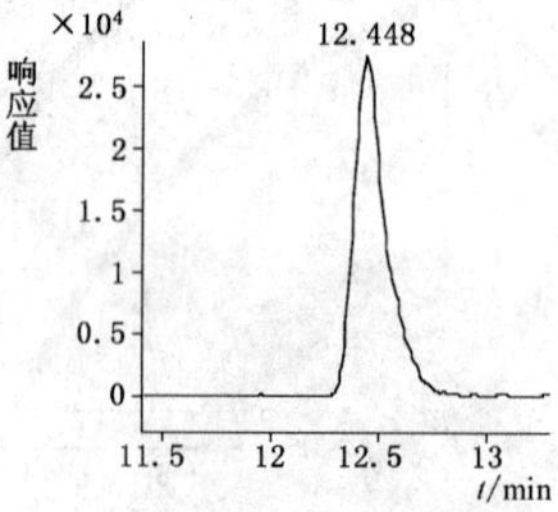

298. 哒嗪硫磷
(pyridaphenthion)

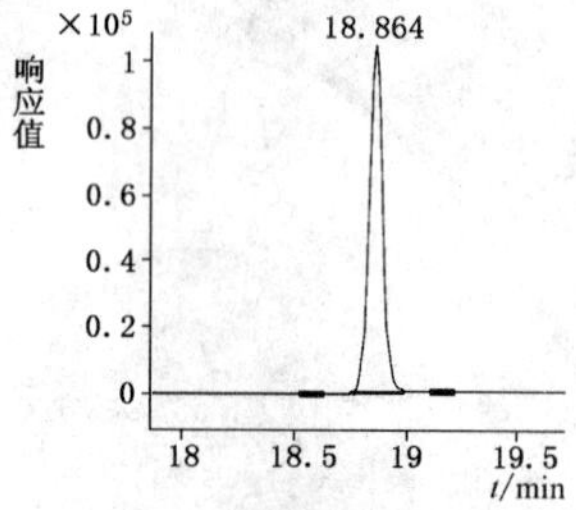

299. 嘧啶磷
(pirimiphos-ethyl)

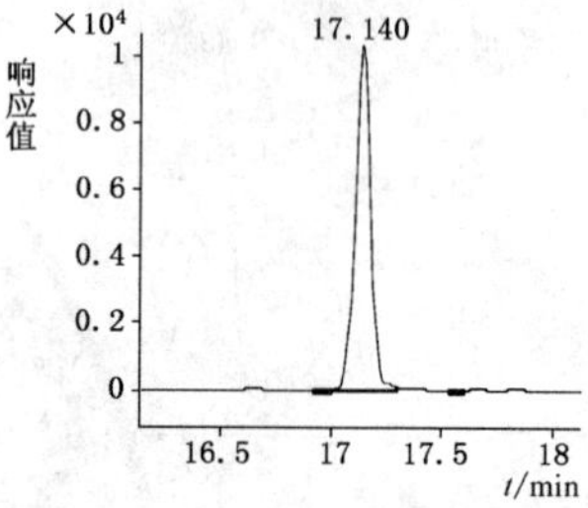

300. 吡唑硫磷
(pyraclofos)

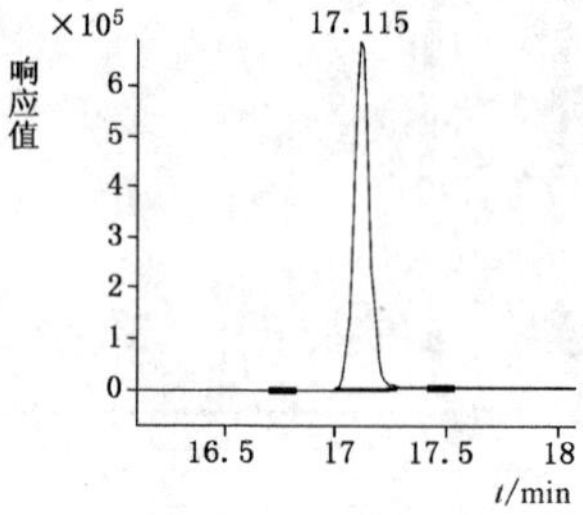

301. 啶氧菌酯
(picoxystrobin)

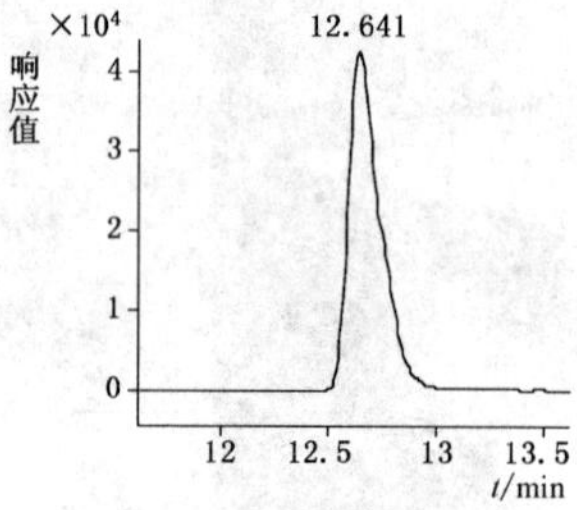

302. 四氟醚唑
(tetraconazole)

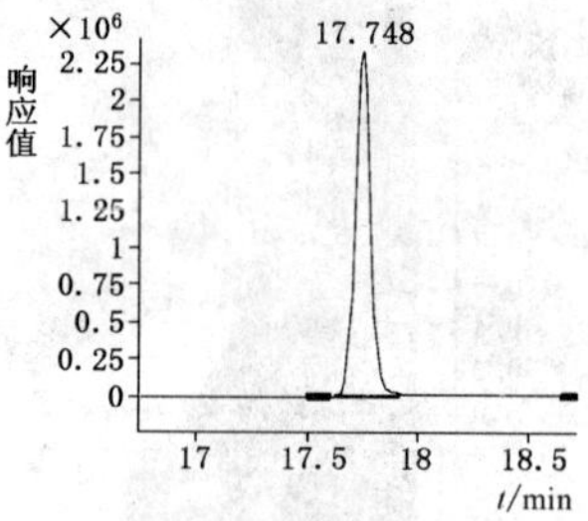

303. 吡唑解草酯
(mefenpyr-diethyl)

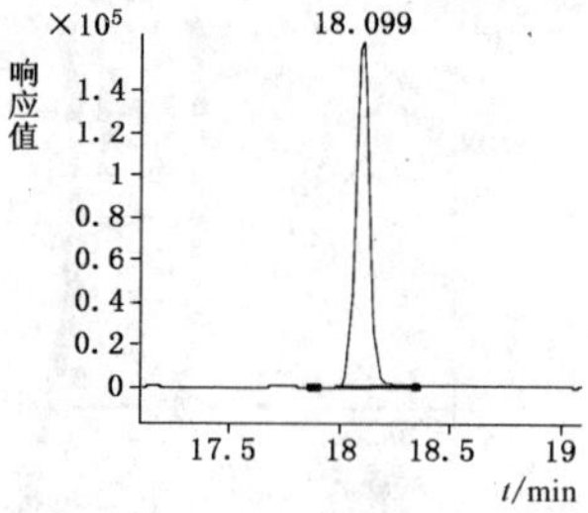

304. 丙溴磷
(profenefos)

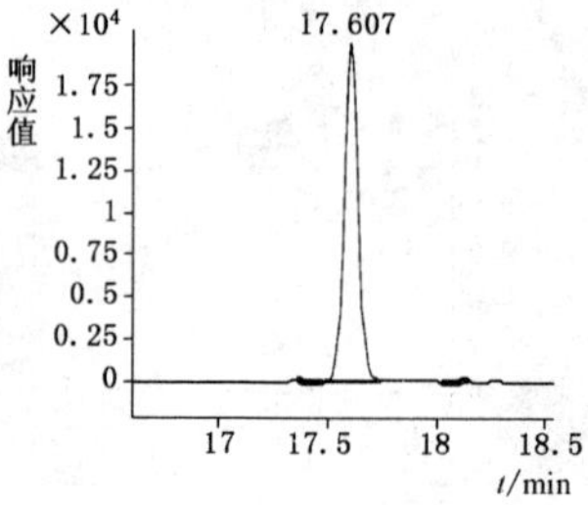

305. 百克敏
(pyraclostrobin)

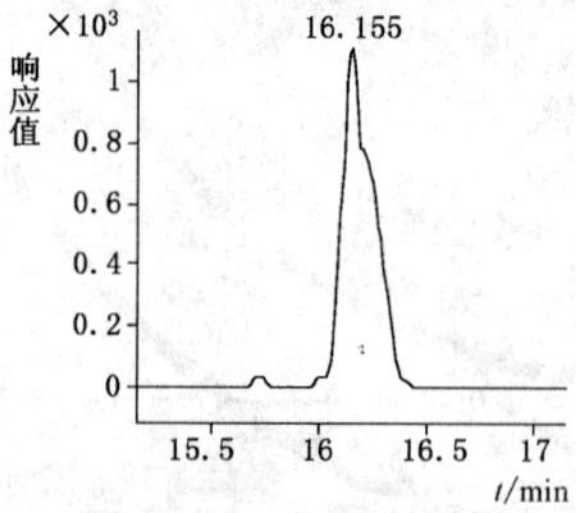

306. 烯酰吗啉
(dimethomorph)

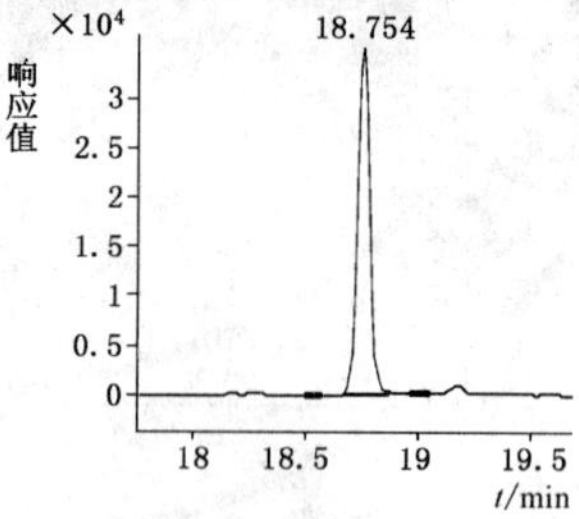

307. 噻嗯菊酯
(kadethrin)

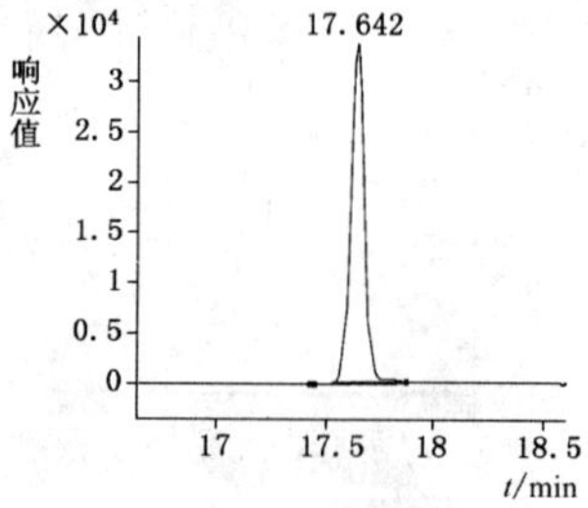

308. 噻唑烟酸
(thiazopyr)

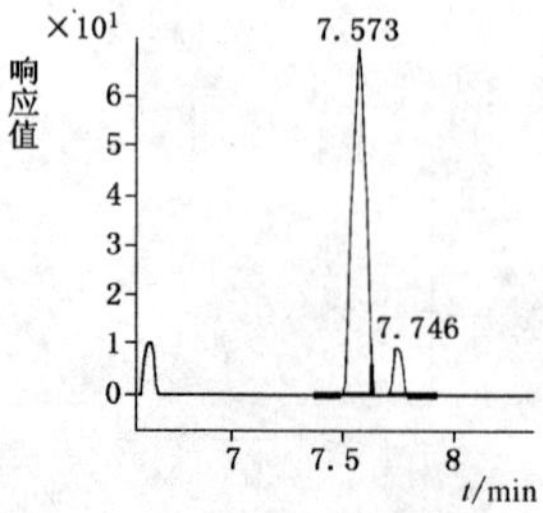

309. 甲基丙硫克百威
(benfuracarb-methyl)

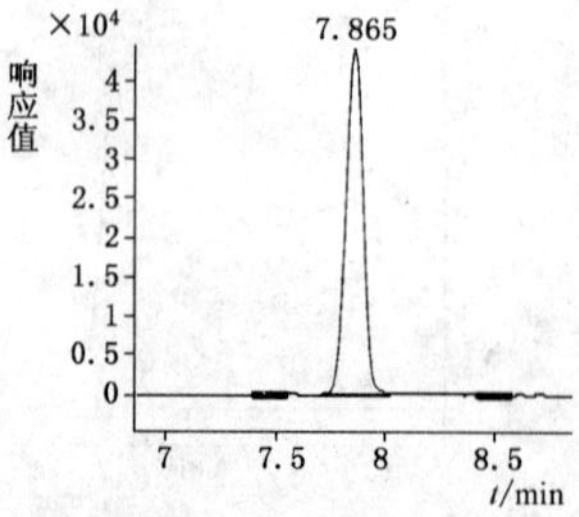

310. 醚黄隆
(cinosulfuron)

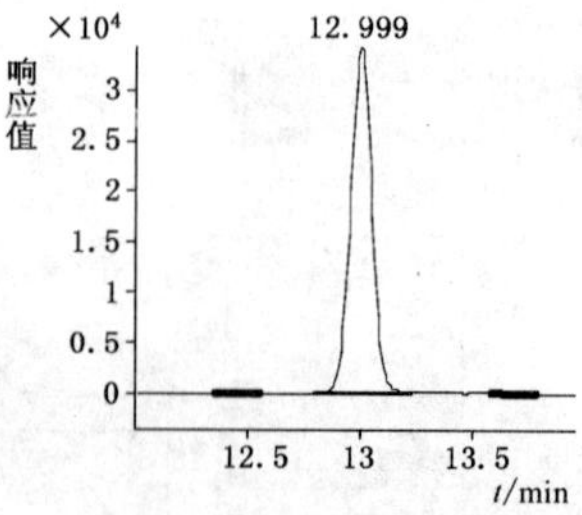

311. 吡嘧磺隆
(pyrazosulfuron-ethyl)

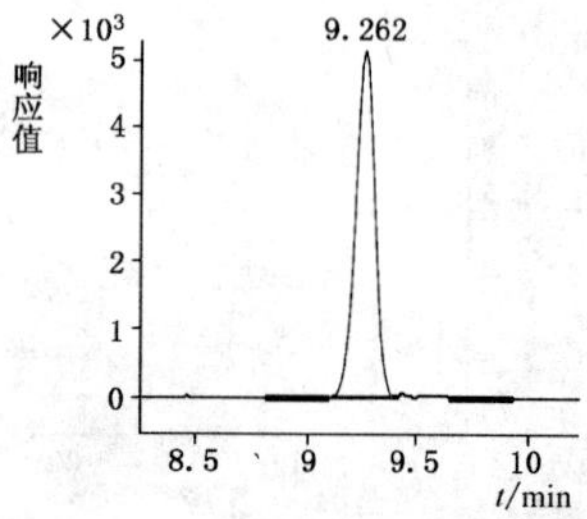

312. 磺草胺唑
(metosulam)

E 组

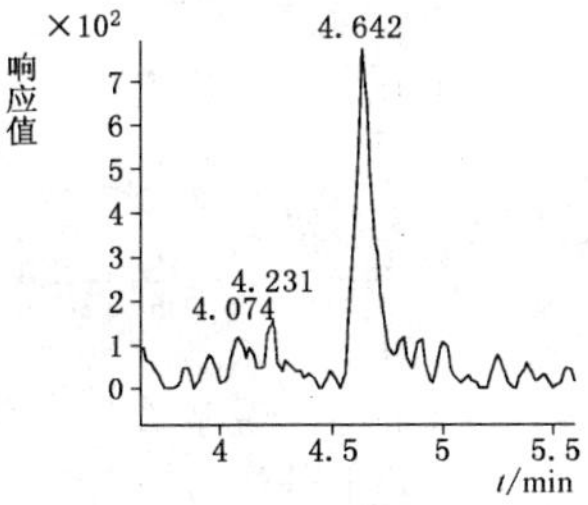

313. 4-氨基吡啶
(4-aminopyridine)

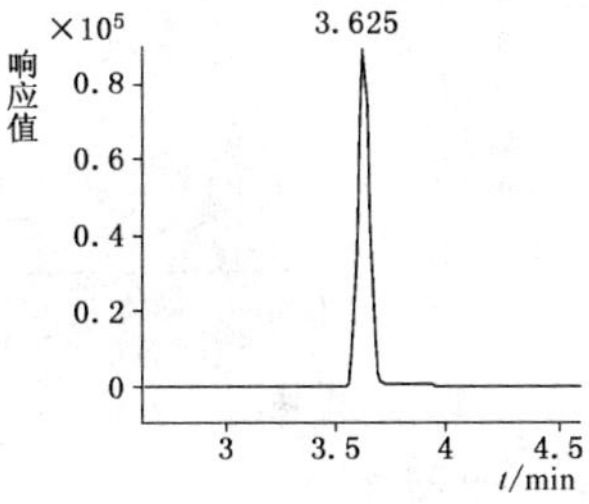

314. 灭多威
(methomyl)

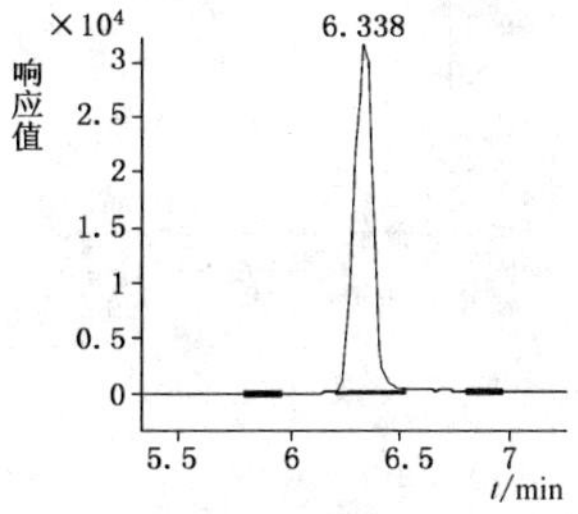

315. 咯喹酮
(pyroquilon)

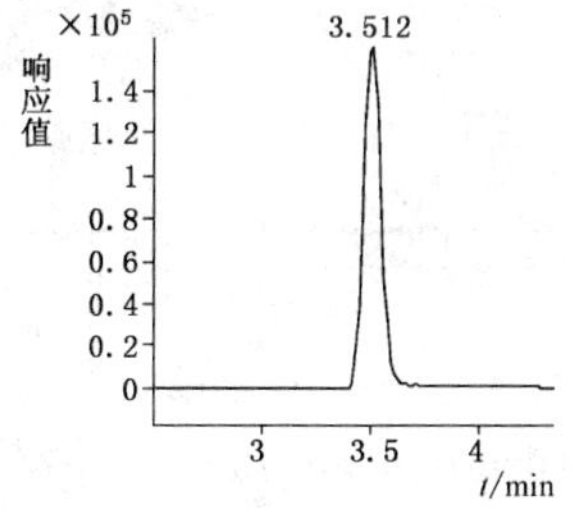

316. 麦穗灵
(fuberidazole)

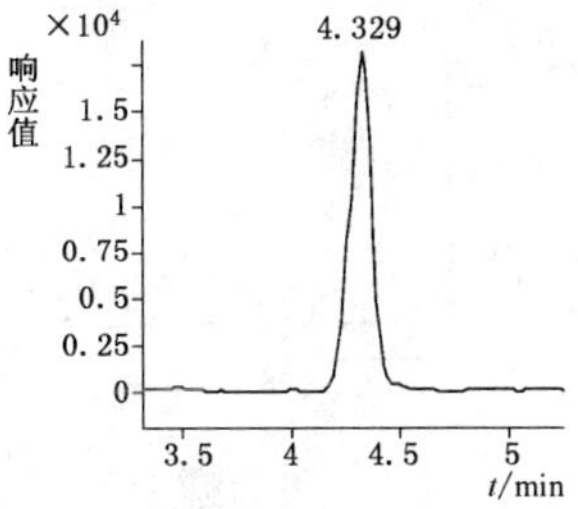

317. 丁脒酰胺
(isocarbamid)

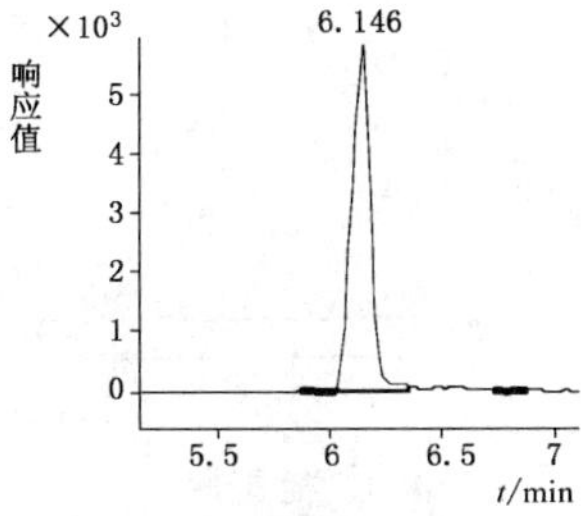

318. 丁酮威
(butocarboxim)

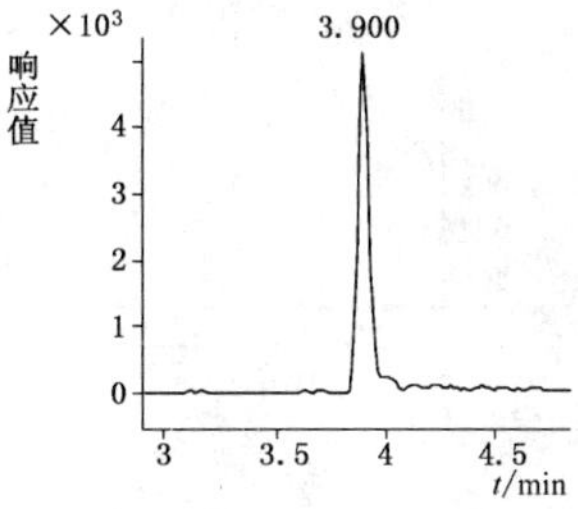

319. 杀虫脒
(chlordimeform)

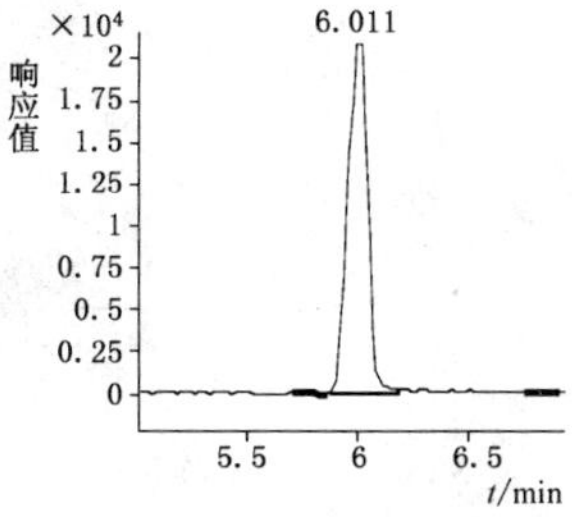

320. 霜脲氰
(cymoxanil)

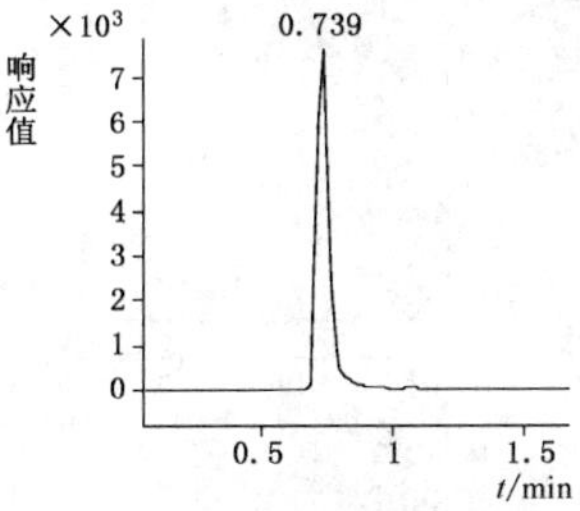

321. 氯硫酰草胺
(chlorthiamid)

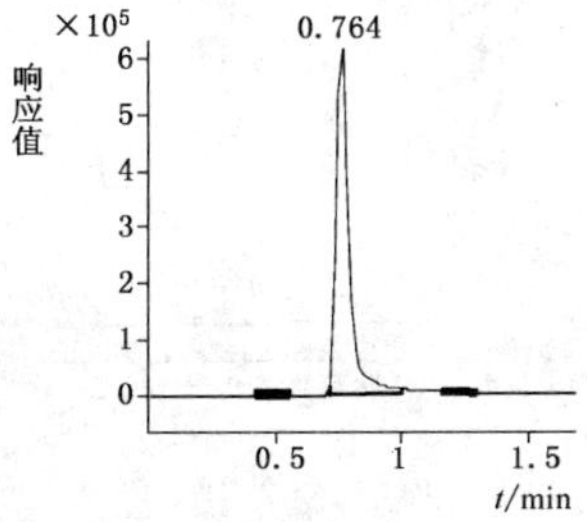

322. 灭害威
(aminocarb)

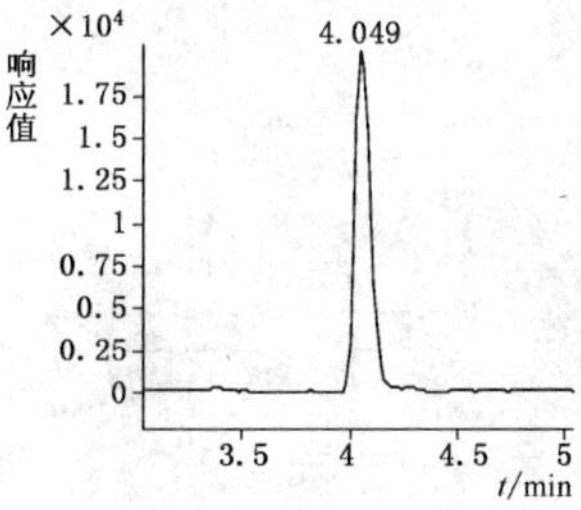

323. 甲菌定
(dimethirimol)

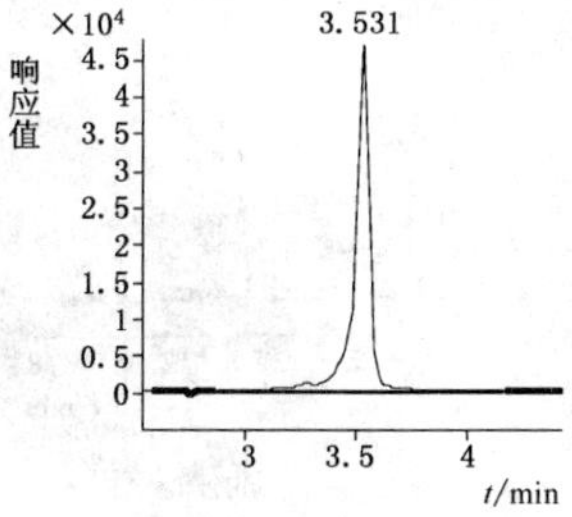

324. 氧乐果
(omethoate)

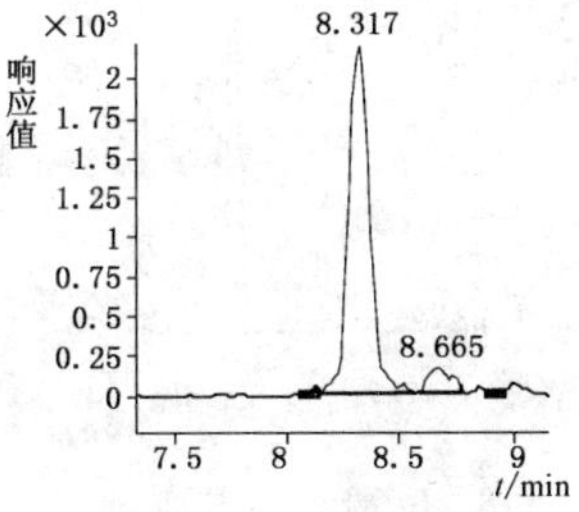

325. 乙氧呋啉
(ethoxyquin)

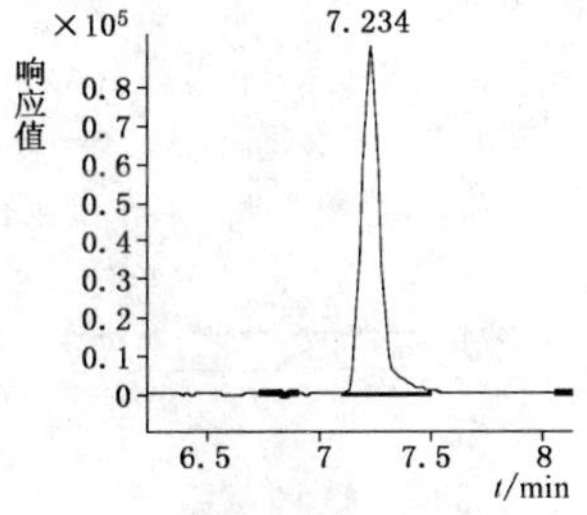

326. 敌敌畏
(dichlorvos)

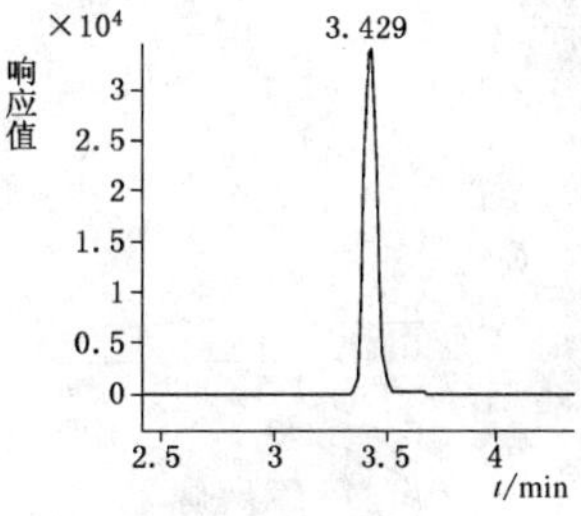

327. 涕灭威砜
(aldicarb sulfone)

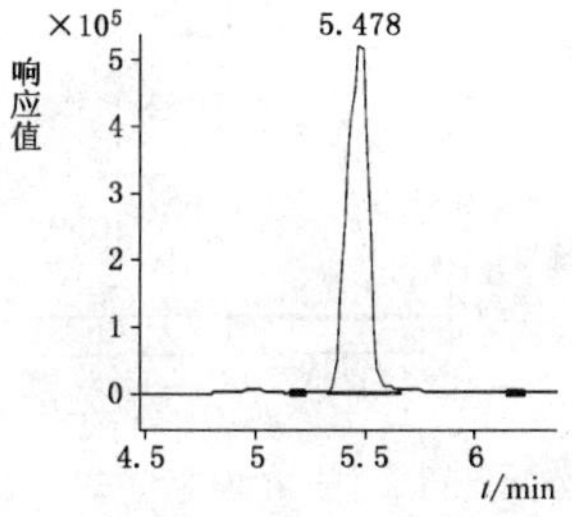

328. 二氧威
(dioxacarb)

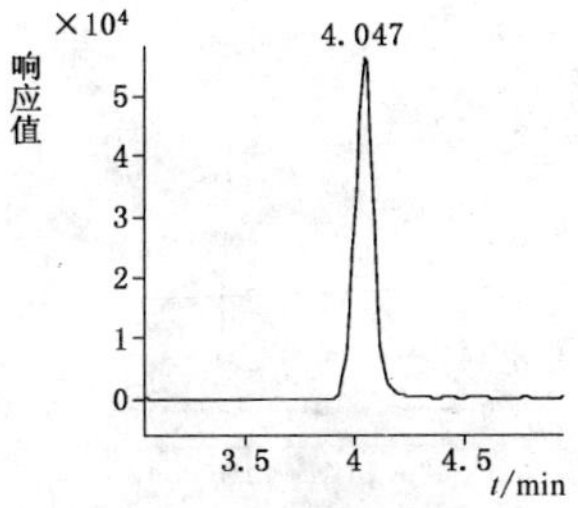

329. 苄腺嘌呤
(benzyladenine)

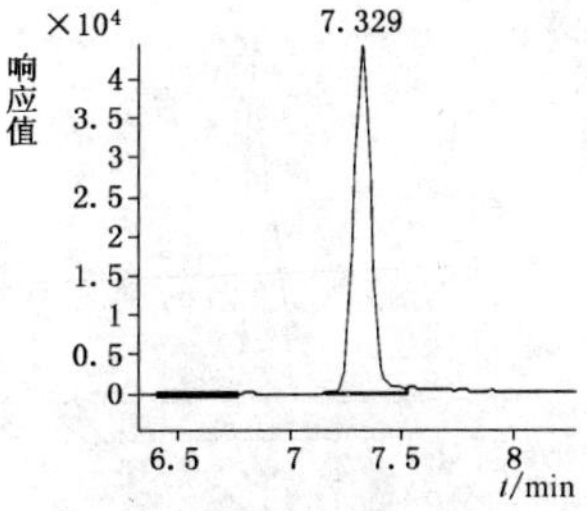

330. 甲基内吸磷
(demeton-*s*-methyl)

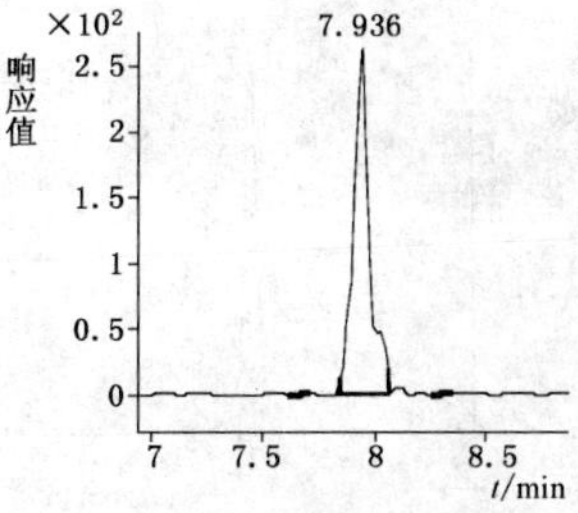

331. 杀螟腈
(cyanophos)

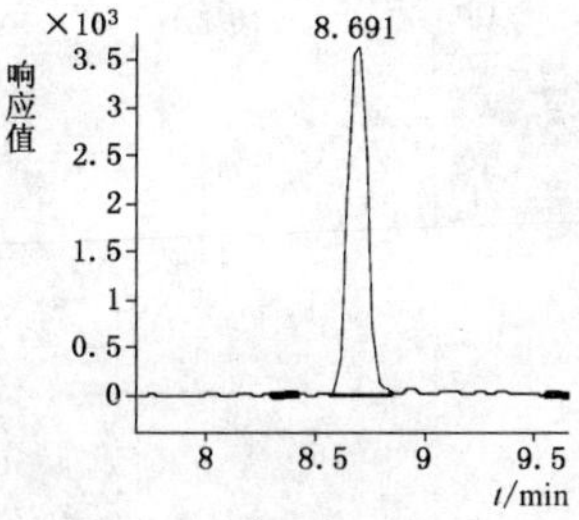

332. 甲基乙拌磷
(thiometon)

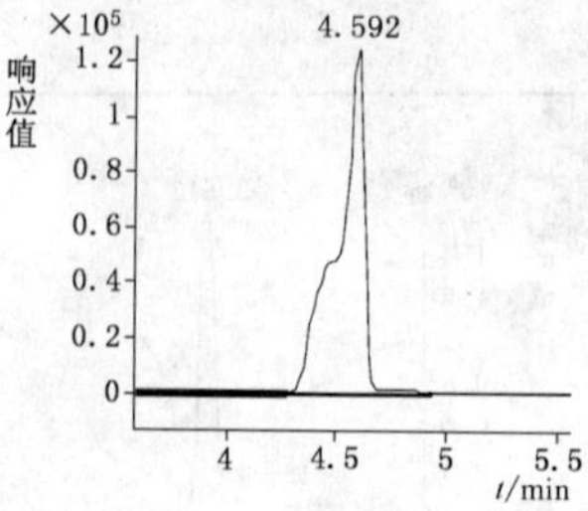

333. 砜吸磷
(demeton-*s*-methyl sulfone)

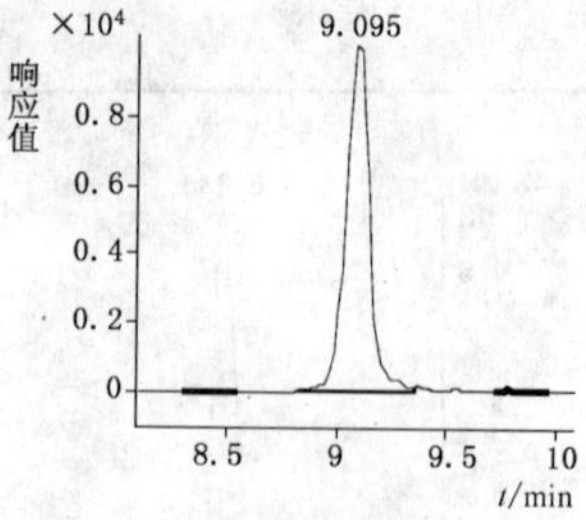

334. 苯锈定
(fenpropidin)

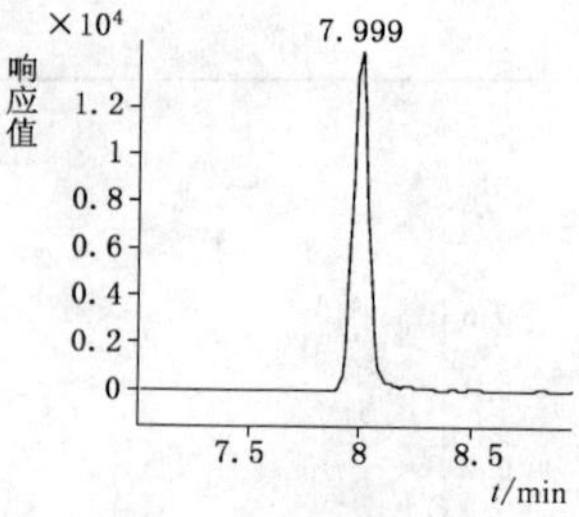

335. 乙基对氧磷
(paraoxon-ethyl)

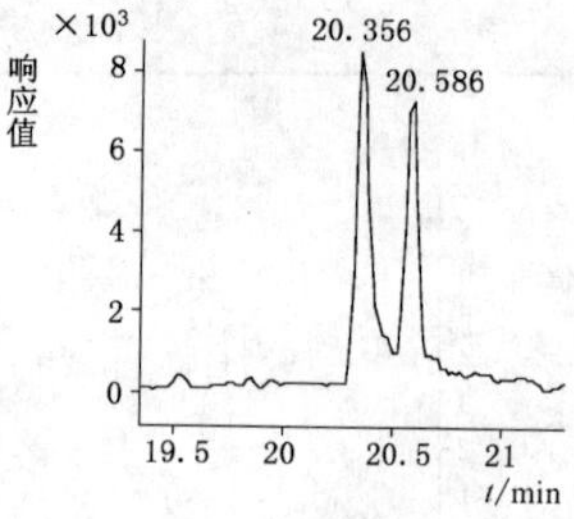

336. 4-十二烷基-2,6-二甲基吗啉
(aldimorph)

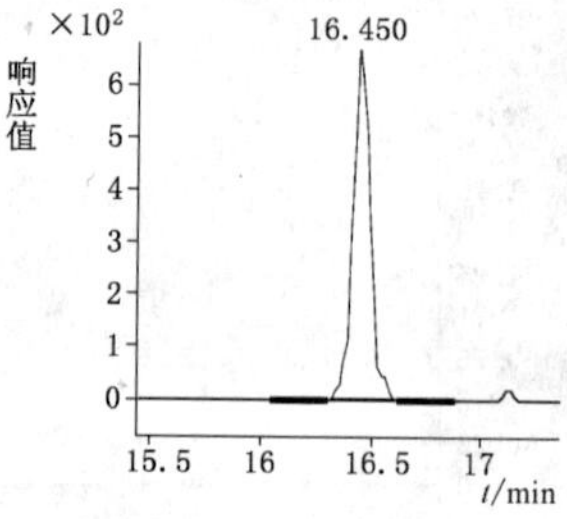

337. 乙烯菌核利
(vinclozolin)

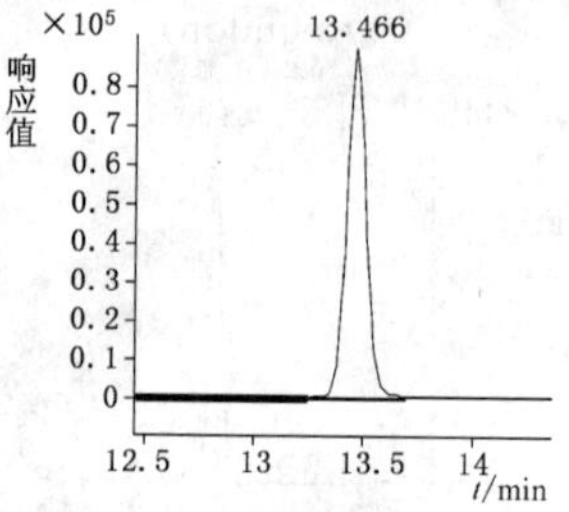

338. 烯效唑
(uniconazole)

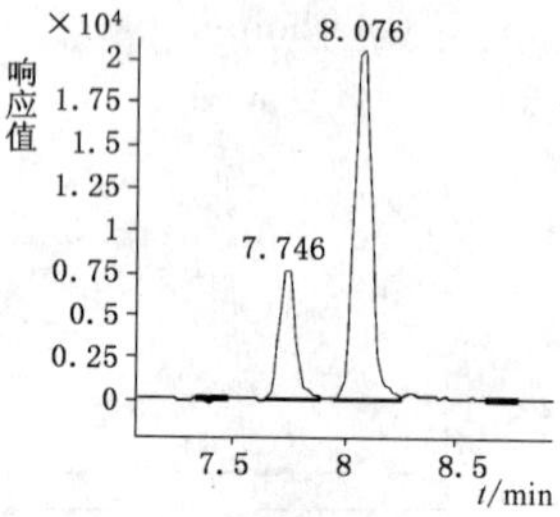

339. 啶斑肟
(pyrifenox)

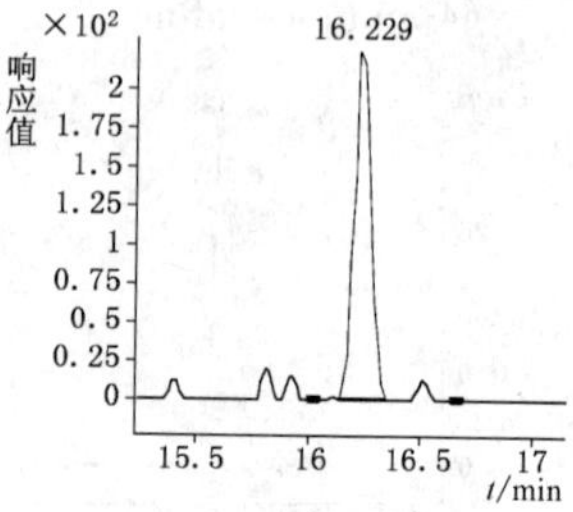

340. 氯硫磷
(chlorthion)

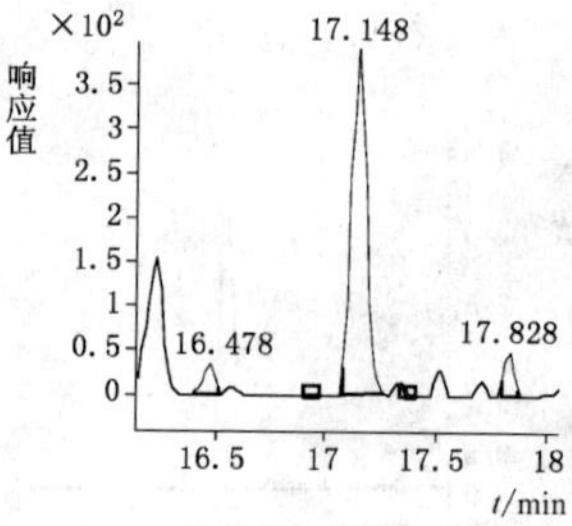

341. 异氯磷
(dicapthon)

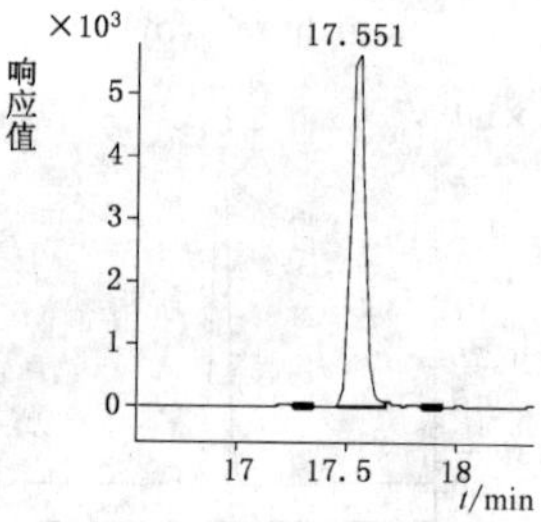

342. 四螨嗪
(clofentezine)

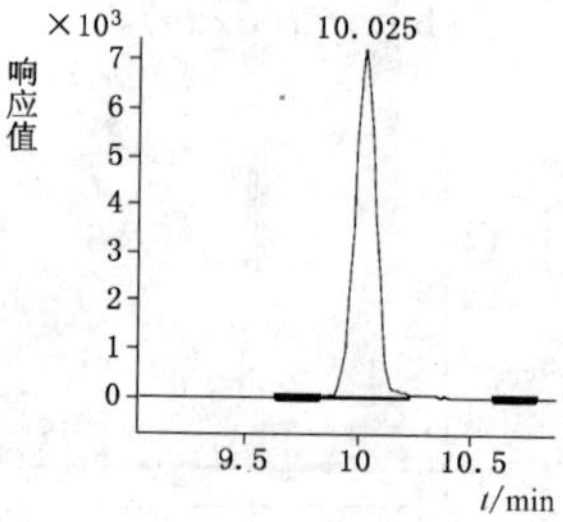

343. 氟草敏
(norflurazon)

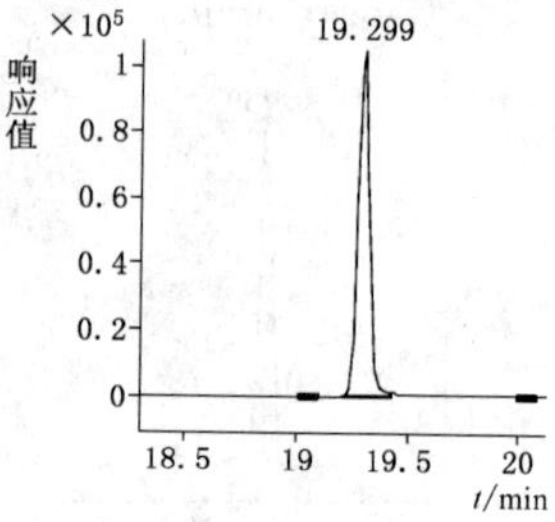

344. 野麦畏
(triallate)

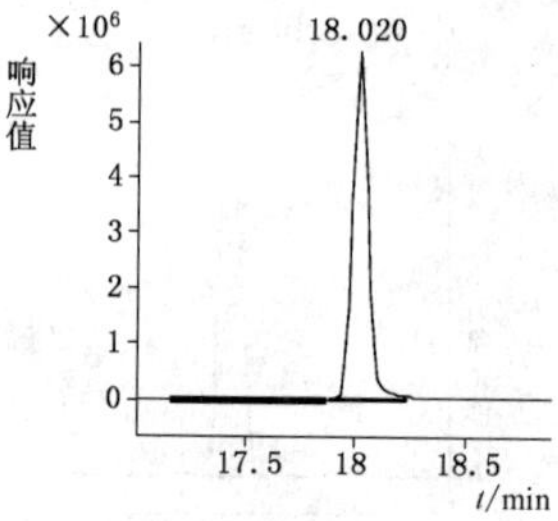

345. 苯氧喹啉
(quinoxyphen)

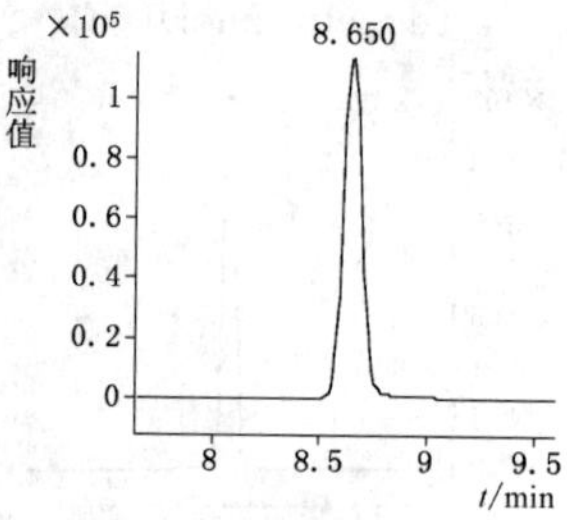

346. 倍硫磷砜
(fenthion sulfone)

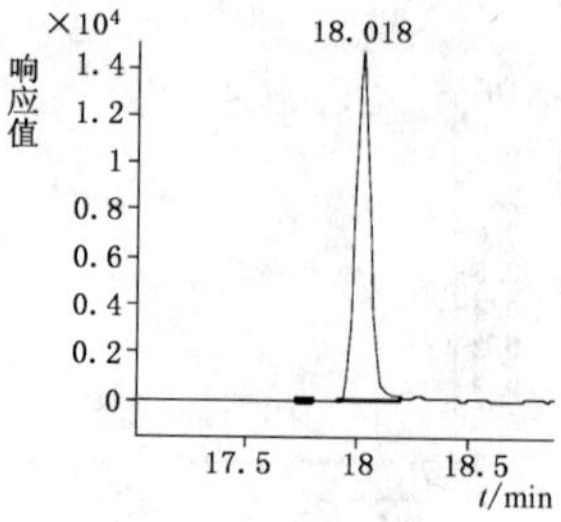

347. 氟咯草酮
(flurochloridone)

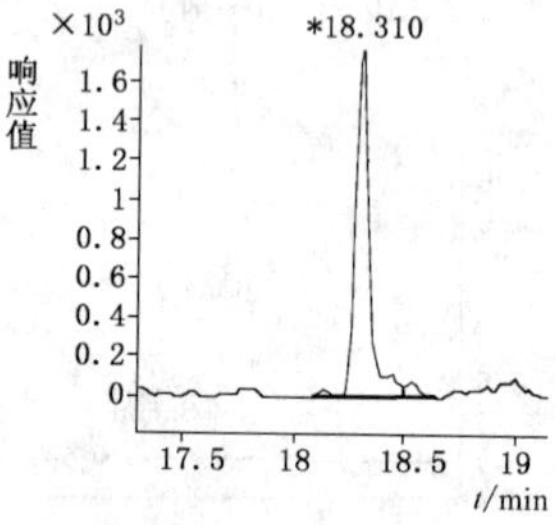

348. 酞酸苯甲基丁酯
(phthalic acid,benzyl butyl ester)

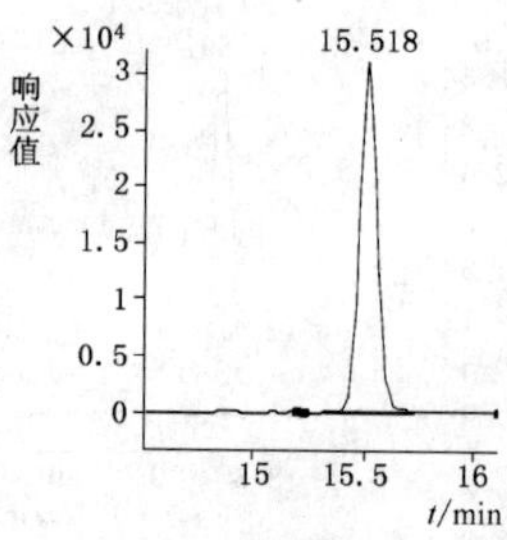

349. 氯唑磷
(isazofos)

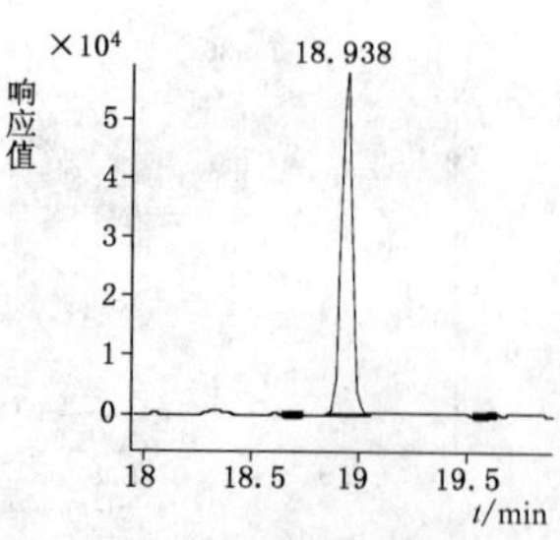

350. 除线磷
(dichlofenthion)

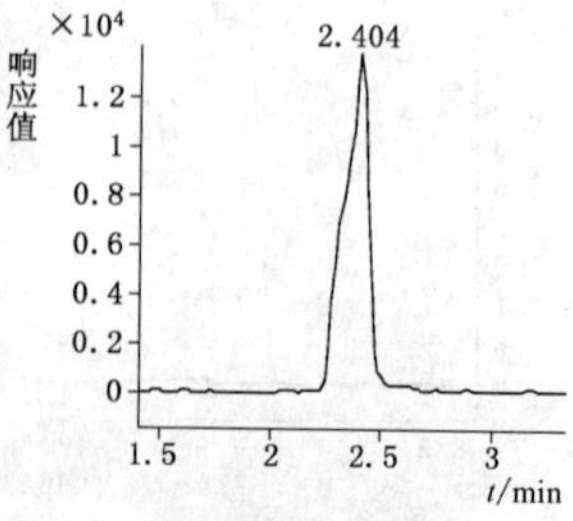

351. 蚜灭多砜
(vamidothion sulfone)

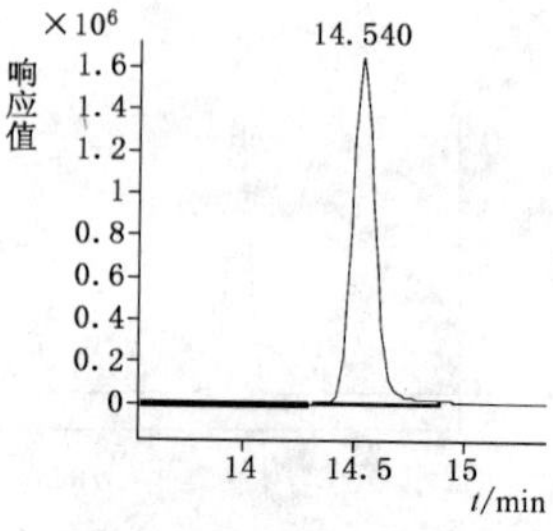

352. 特丁硫磷砜
(terbufos sulfone)

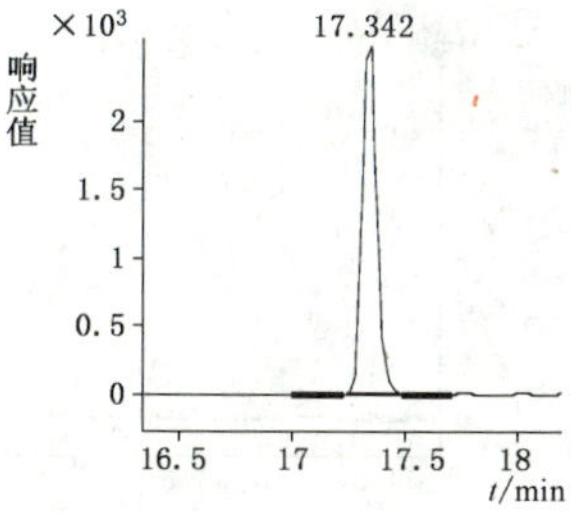

353. 敌乐胺
(dinitramine)

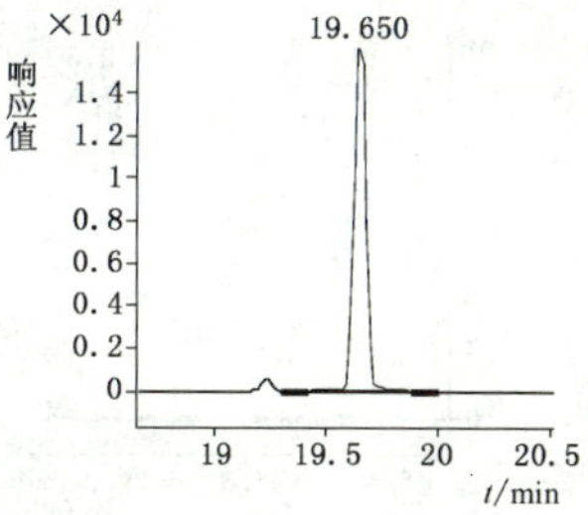

354. 毒壤磷
(trichloronat)

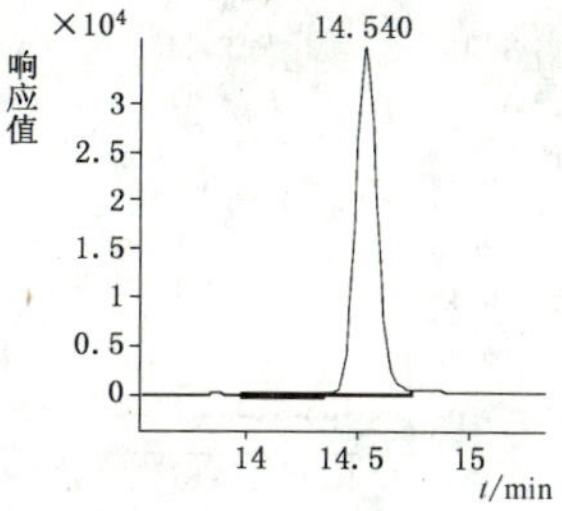

355. 苄呋菊酯-2
(resmethrin-2)

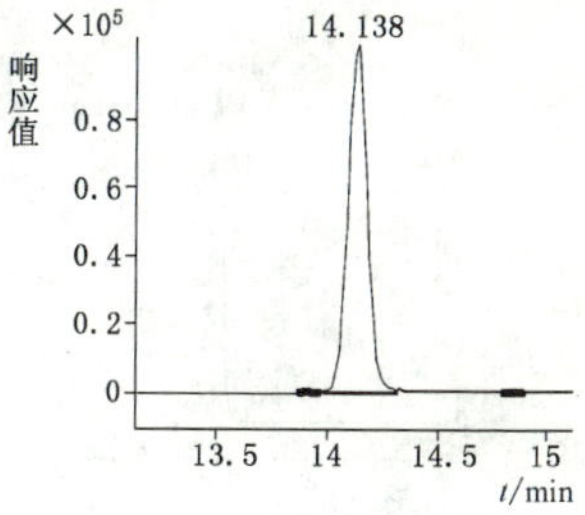

356. 啶酰菌胺
(boscalid)

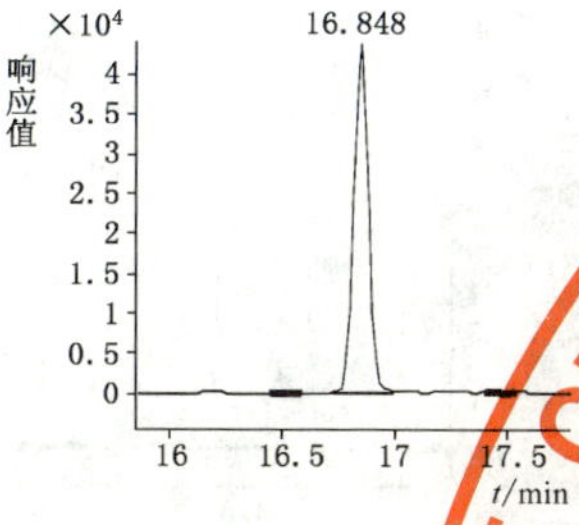

357. 甲磺乐灵
(nitralin)

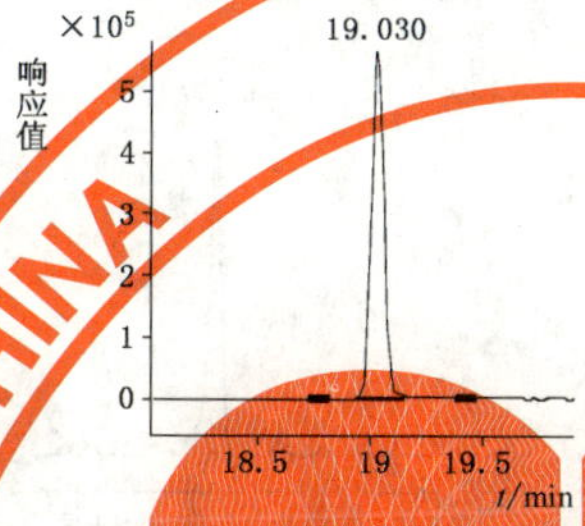

358. 噻螨酮
(hexythiazox)

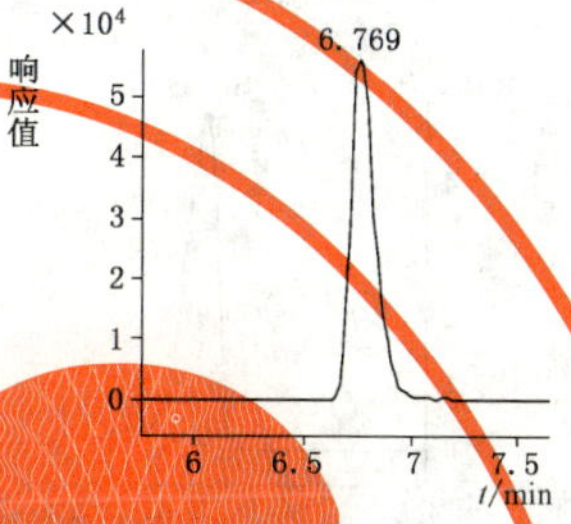

359. 双氟磺草胺
(florasulam)

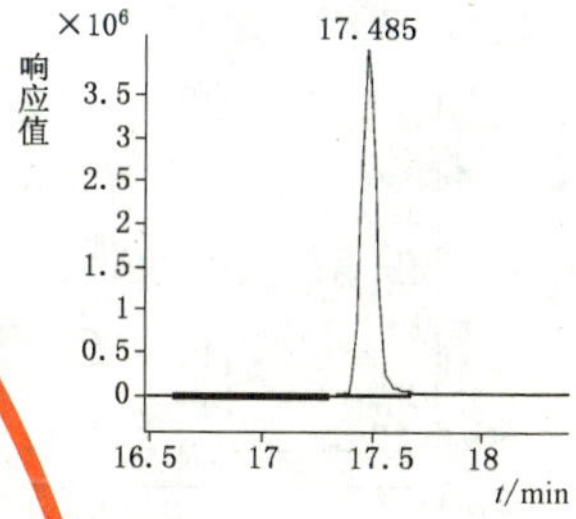

360. 新燕灵
(benzoylprop-ethyl)

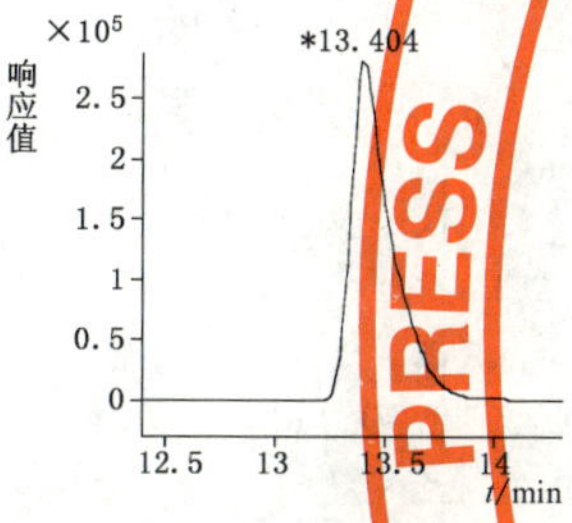

361. 嘧螨醚
(pyrimidifen)

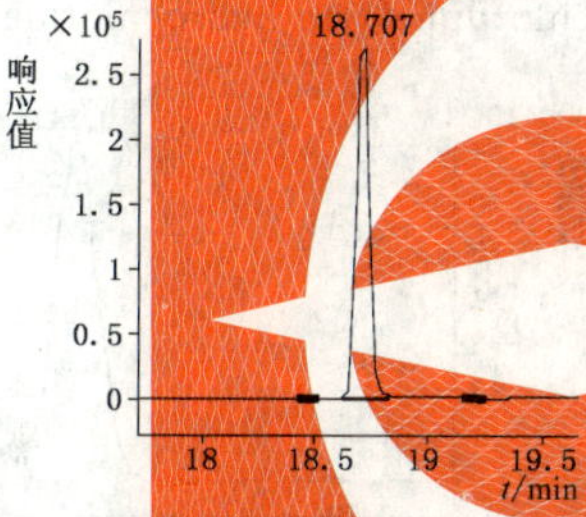

362. 呋线威
(furathiocarb)

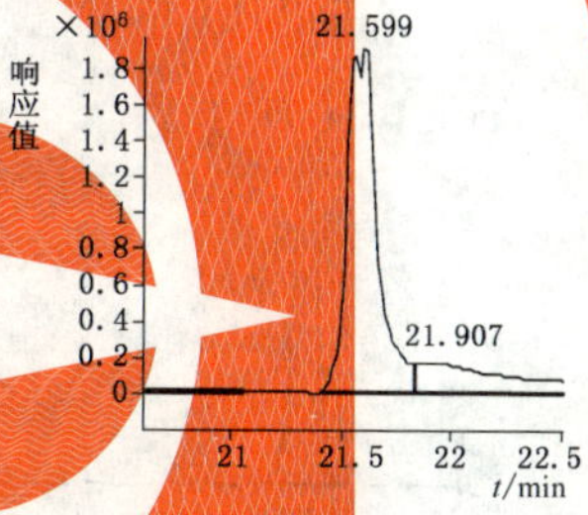

363. 反式氯菊酯
(*trans*-permethin)

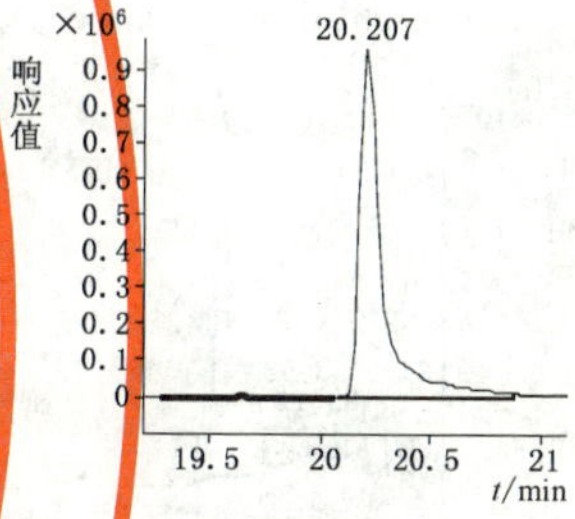

364. 醚菊酯
(etofenprox)

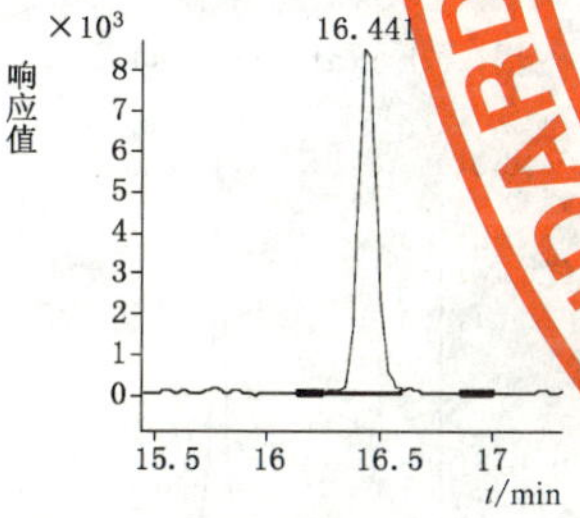

365. 苄草唑
(pyrazoxyfen)

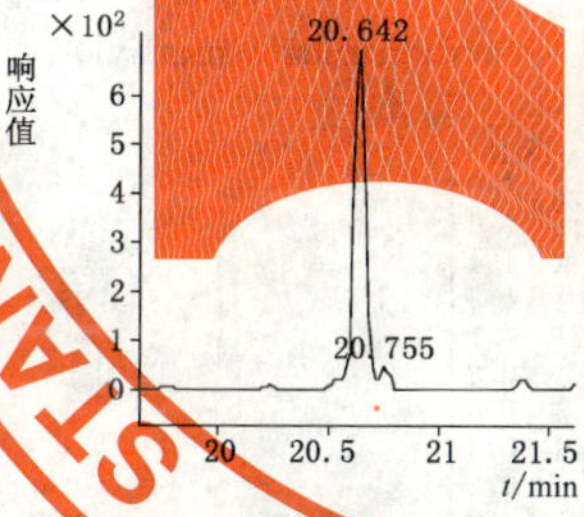

366. *Z*-氯氰菊酯
(*zeta* cypermethrin)

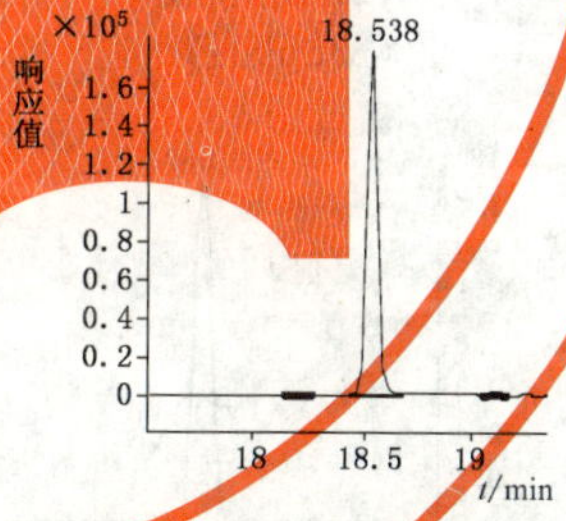

367. 精氟吡乙禾灵
(haloxyfop-2-ethoxyethyl)

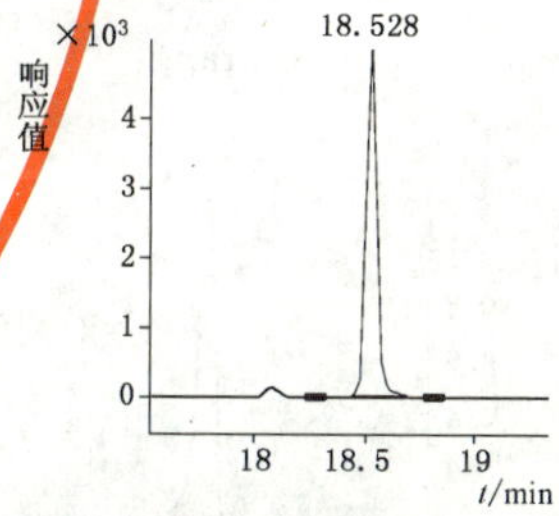

368. 乙羧氟草醚
(fluoroglycofen-ethyl)

F 组

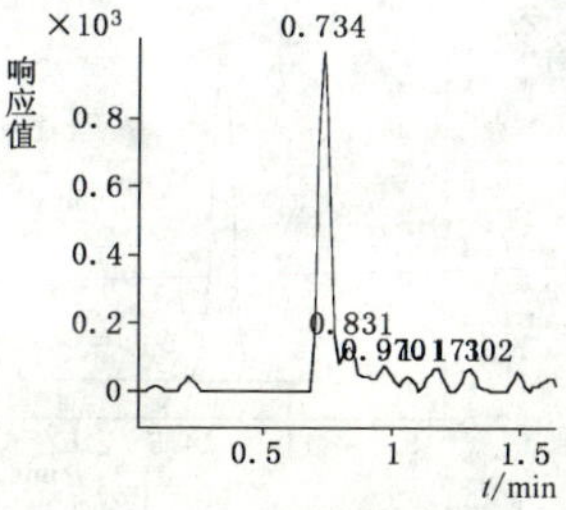

369. 丙烯酰胺
(acrylamide)

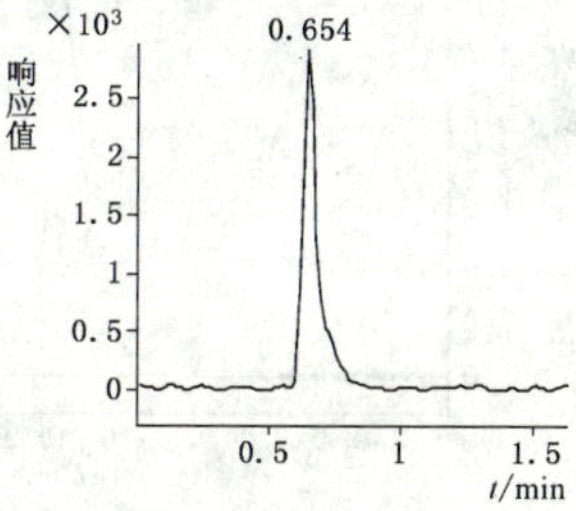

370. 叔丁基胺
(*tert*-butylamine)

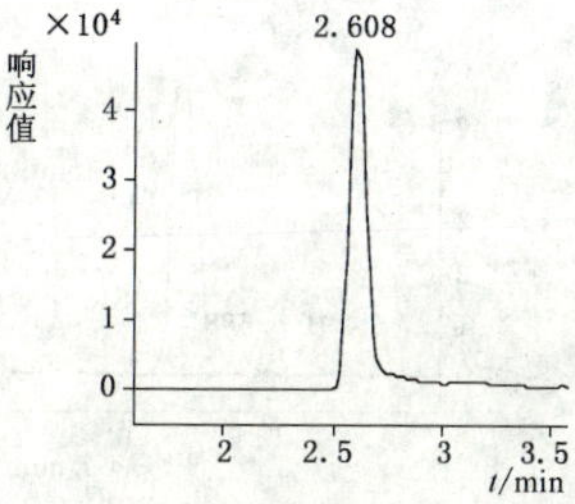

371. 噁霉灵
(hymexazol)

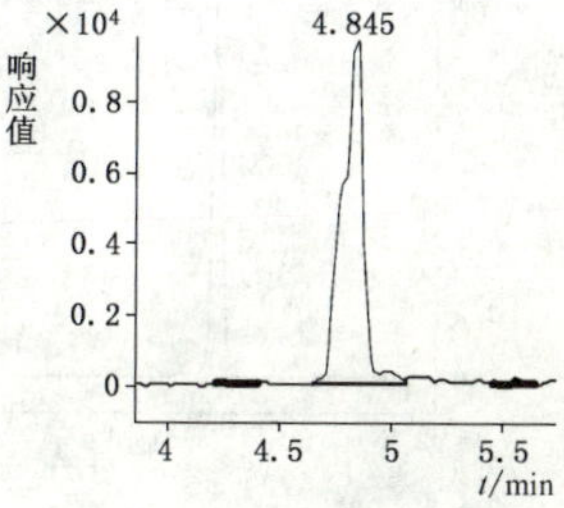

372. 邻苯二甲酰亚胺
(phthalimide)

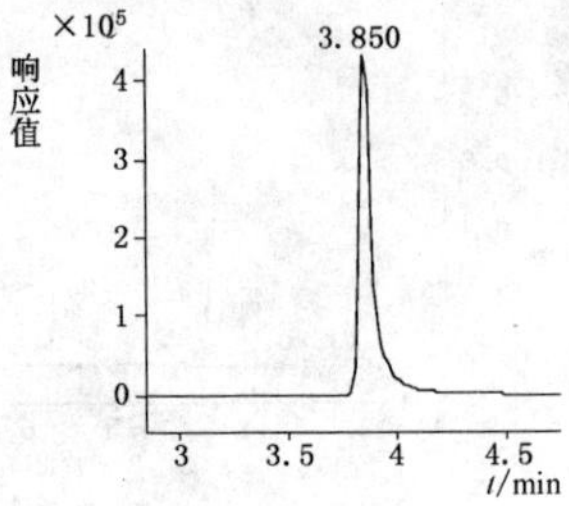

373. 甲氟磷
(dimefox)

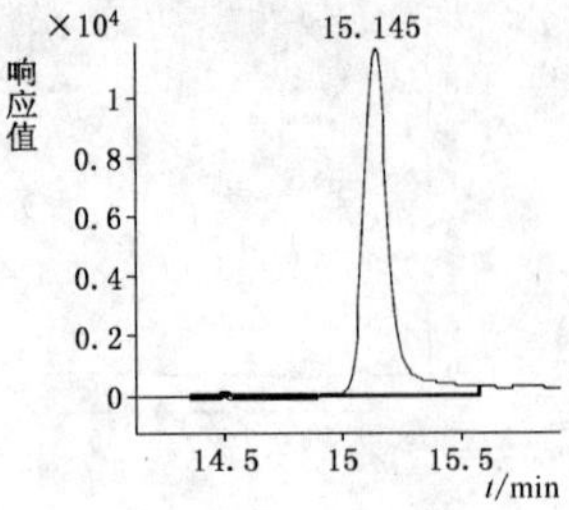

374. 二苯胺
(diphenylamin)

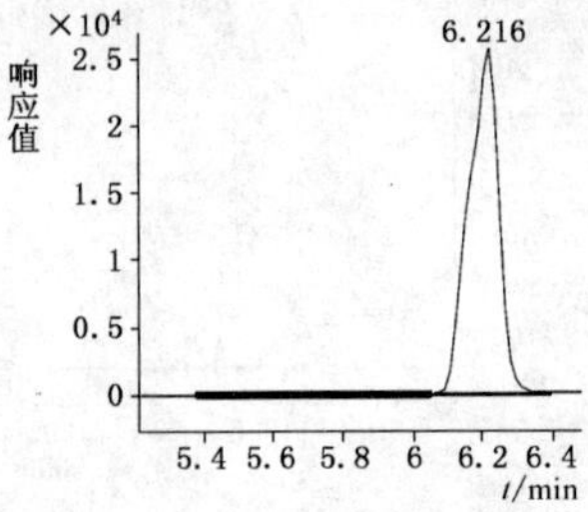

375. 萘乙酸基乙酰亚胺
(1-naphthyl acetamide)

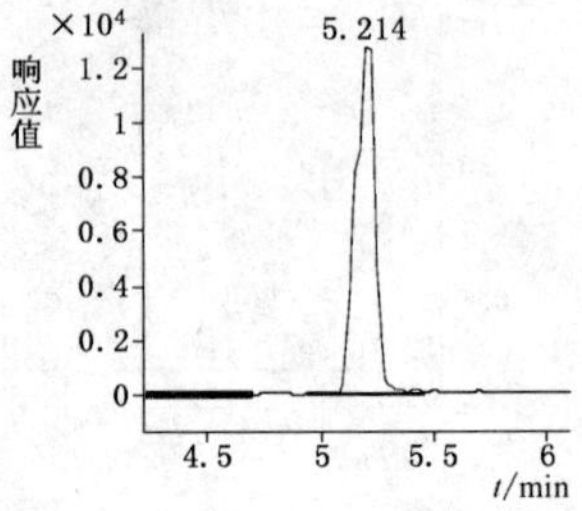

376. 乙基-莠去津
(atrazine-desethyl)

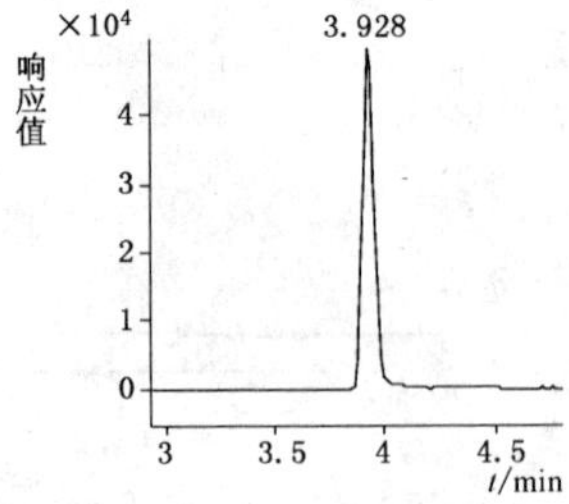

377. 2,6-二氯苯甲酰胺
(2,6-dichlorobenzamide)

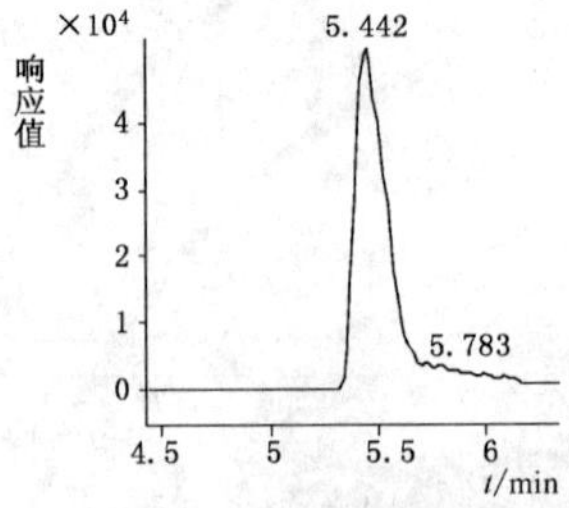

378. 涕灭威
(aldicarb)

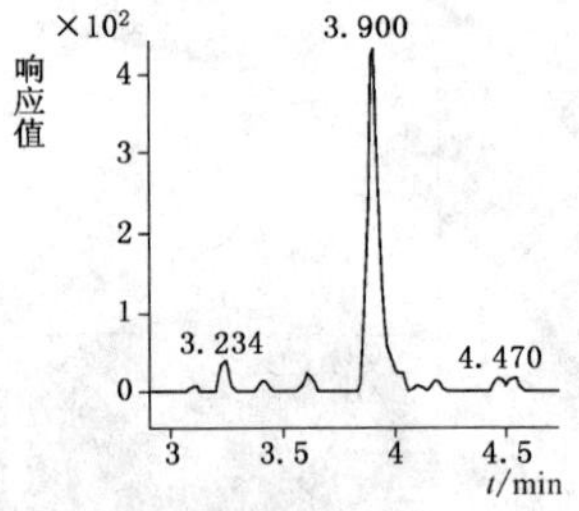

379. 杀虫脒盐酸盐
(chlordimeform hydrochloride)

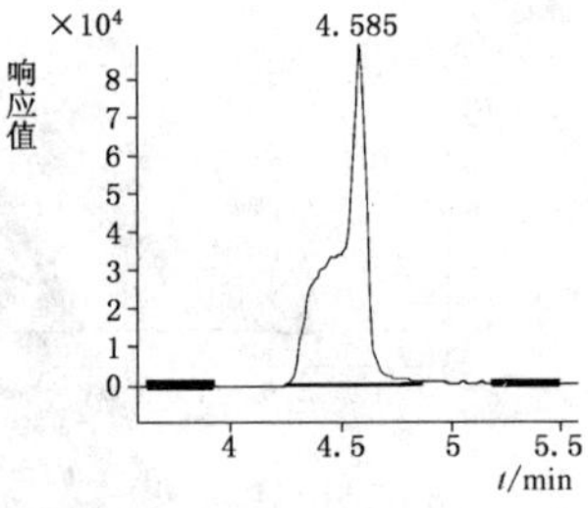

380. 西玛通
(simeton)

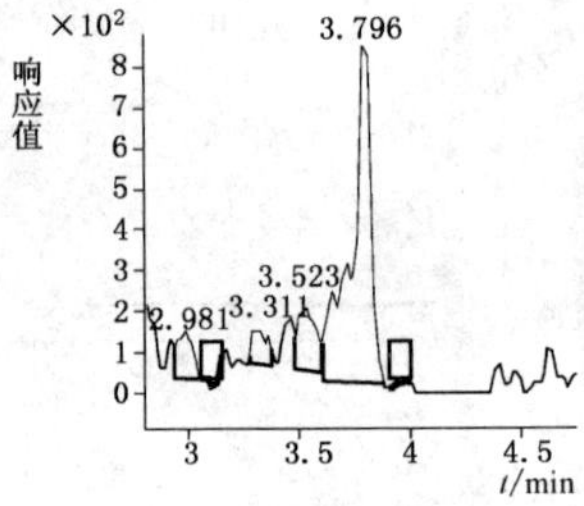

381. 呋草胺
(dinotefuran)

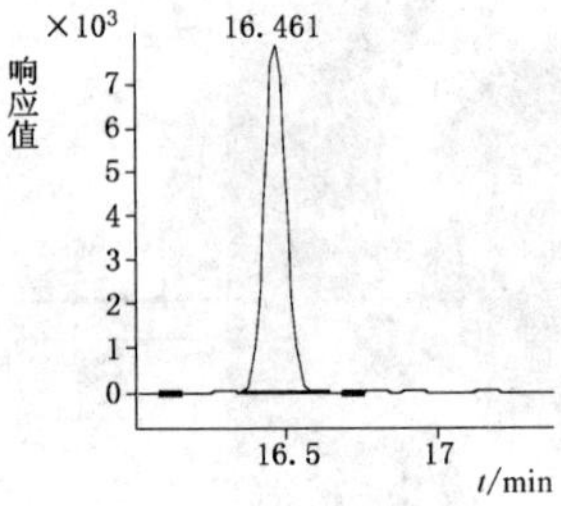

382. 克草敌
(pebulate)

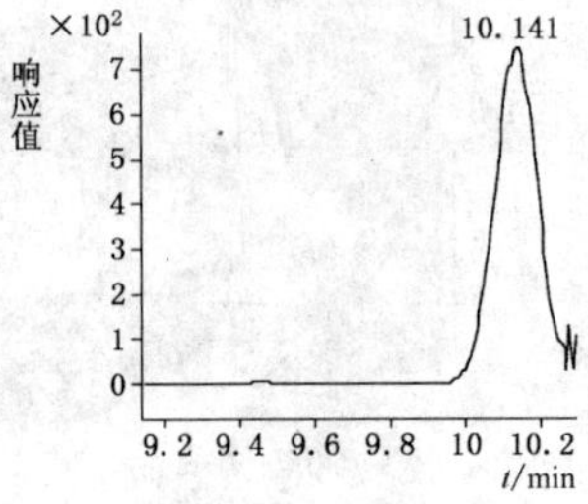

383. 活化酯
(acibenzolar-*s*-methyl)

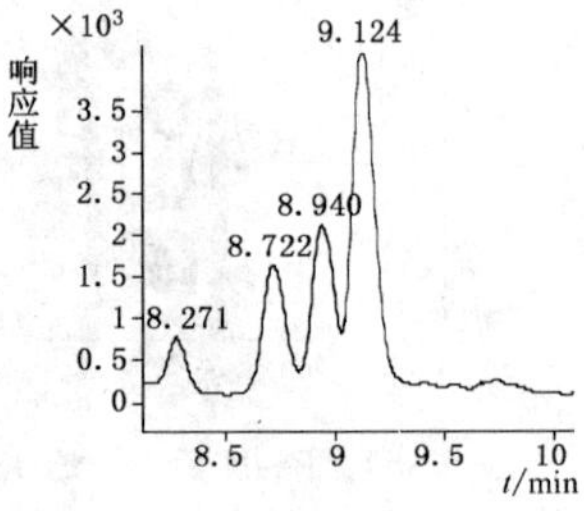

384. 蔬果磷
(dioxabenzofos)

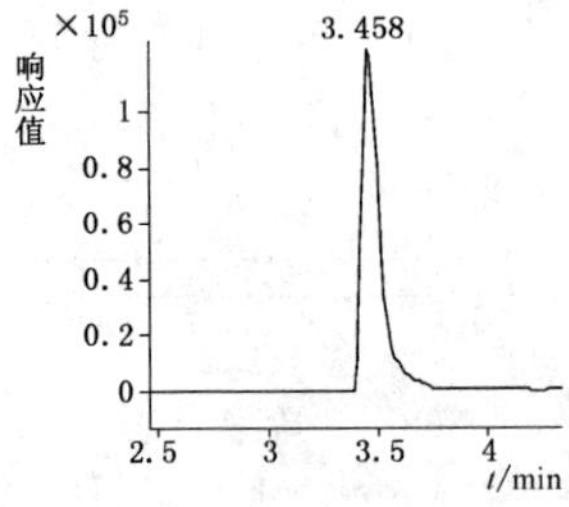

385. 杀线威
(oxamyl)

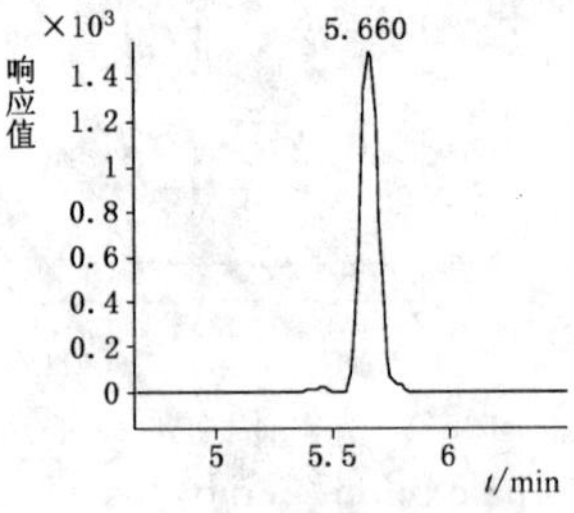

386. 赛苯隆
(thidiazuron)

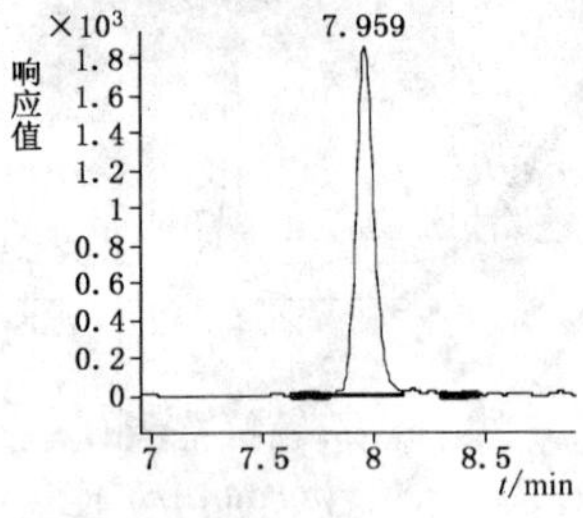

387. 甲基苯噻隆
(methabenzthiazuron)

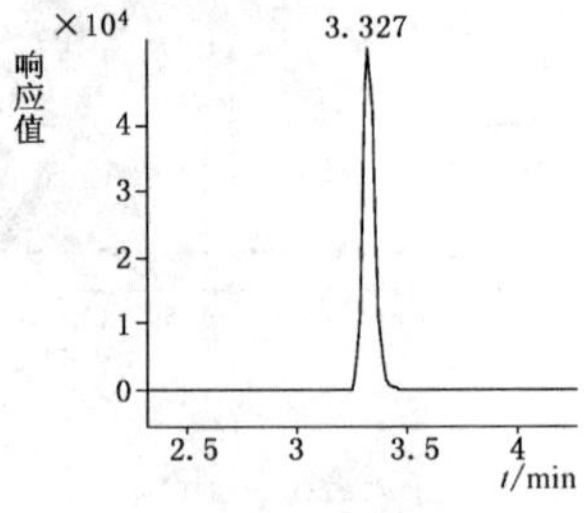

388. 丁酮砜威
(butoxycarboxim)

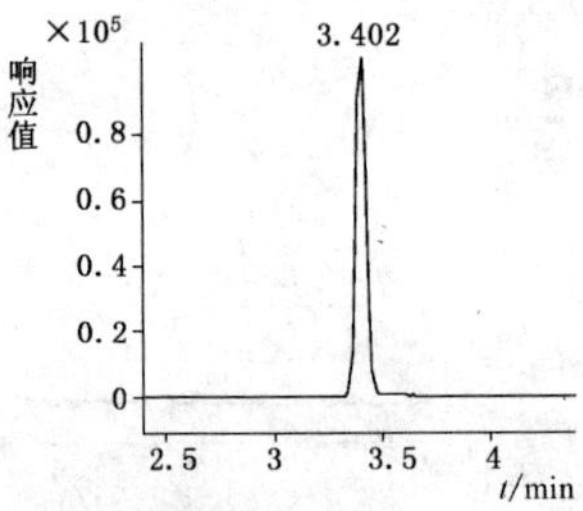

389. 砜吸磷
(demeton-*s*-methyl sulfoxide)

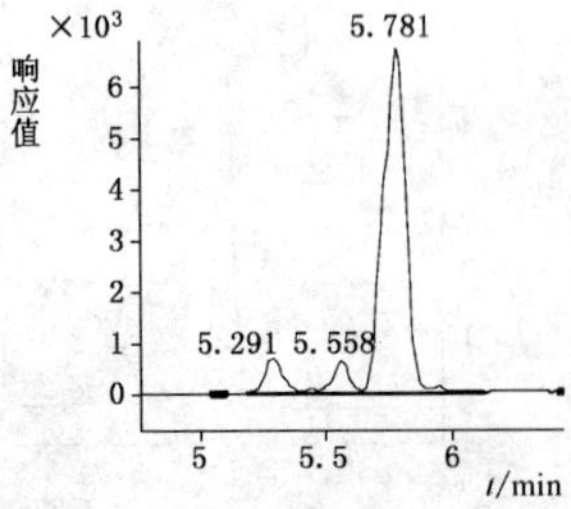

390. 硫环磷
(phosfolan)

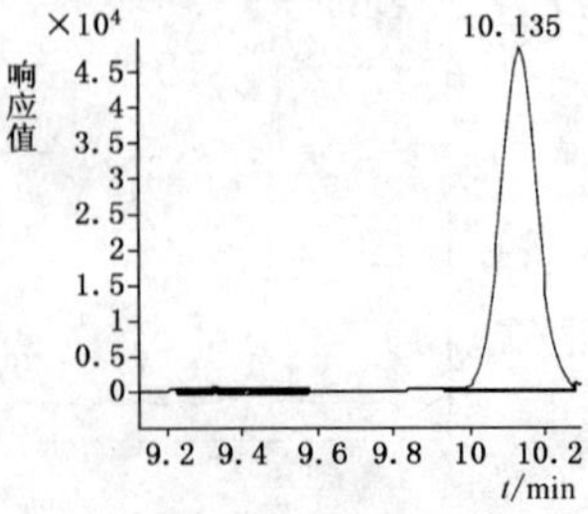

391. 氧倍硫磷
(fenthion oxon)

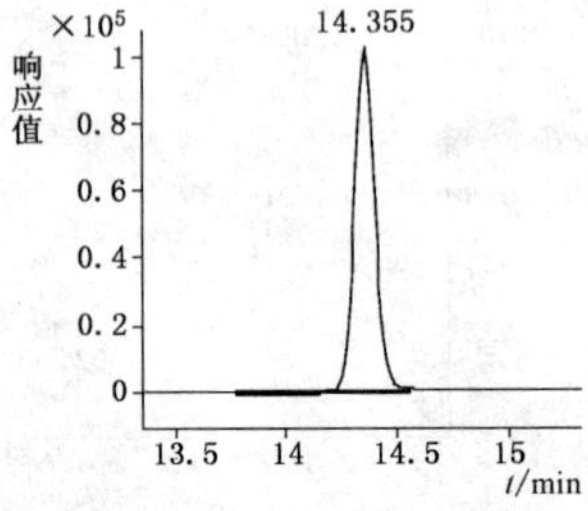

392. 萘丙胺
(napropamide)

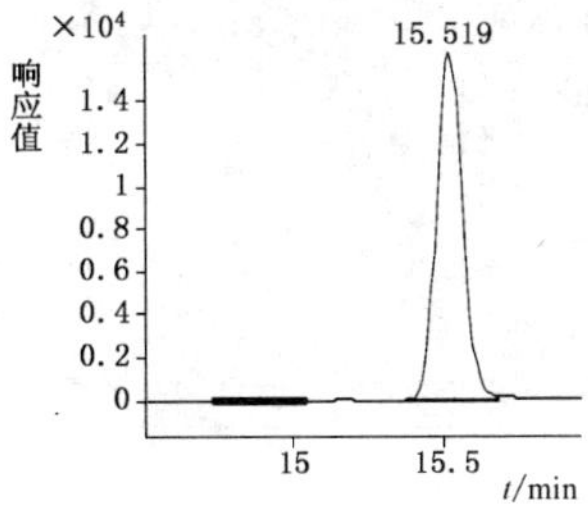

393. 杀螟硫磷
(fenitrothion)

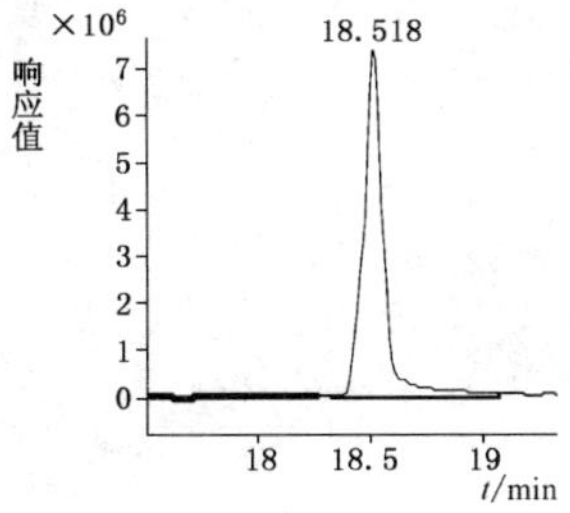

394. 酞酸二丁酯
(phthalic acid, dibutyl ester)

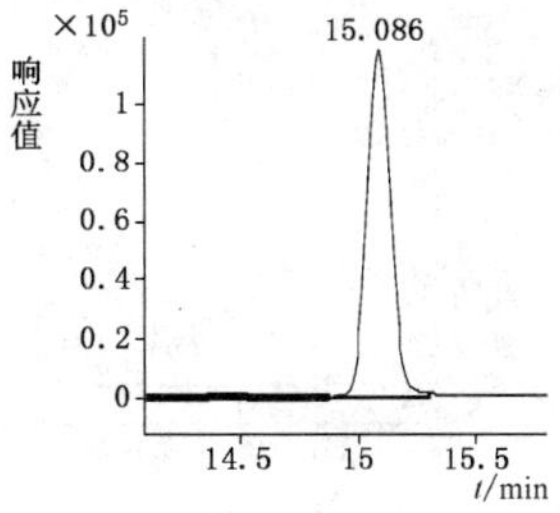

395. 丙草胺
(metolachlor)

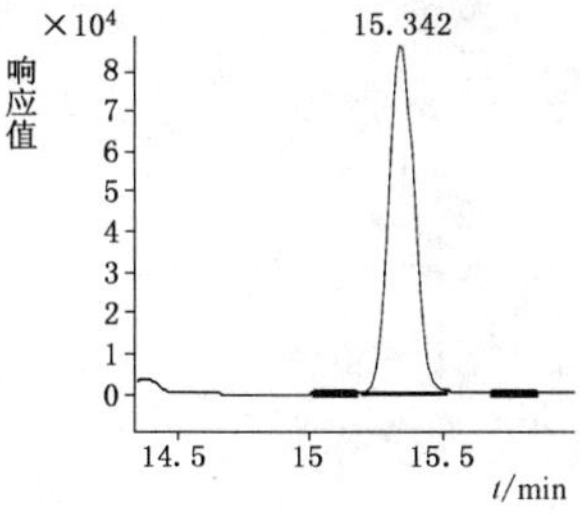

396. 腐霉利
(procymidone)

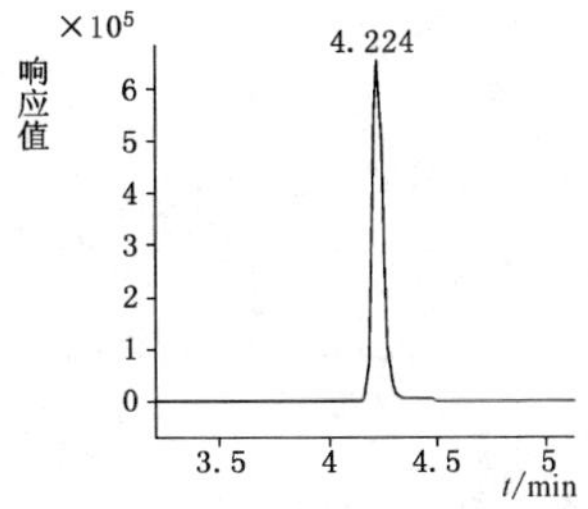

397. 蚜灭磷
(vamidothion)

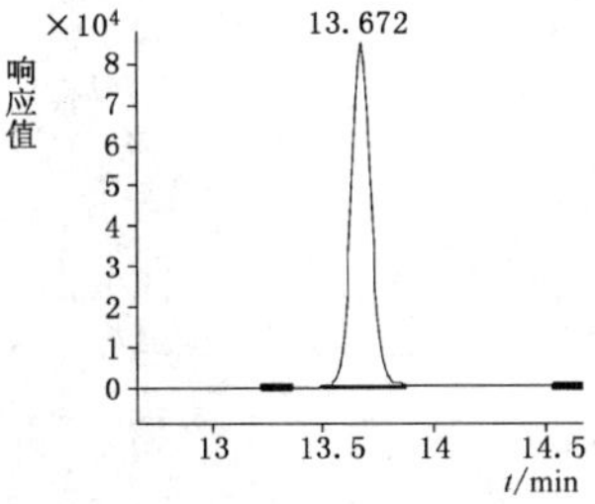

398. 苄草隆
(cumyluron)

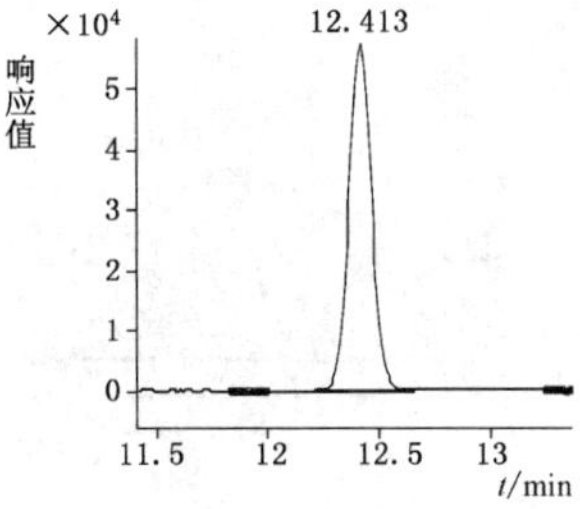

399. 杀鼠灵
(warfarin)

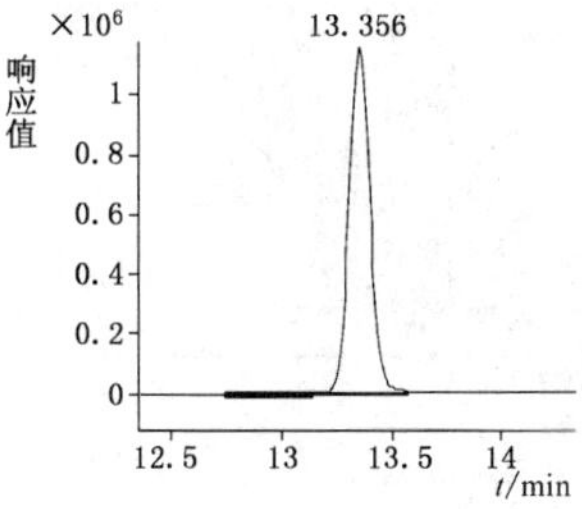

400. 亚胺硫磷
(phosmet)

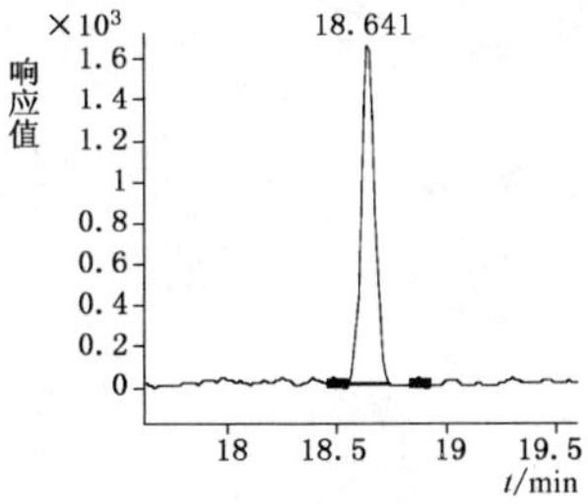

401. 皮蝇磷
(ronnel)

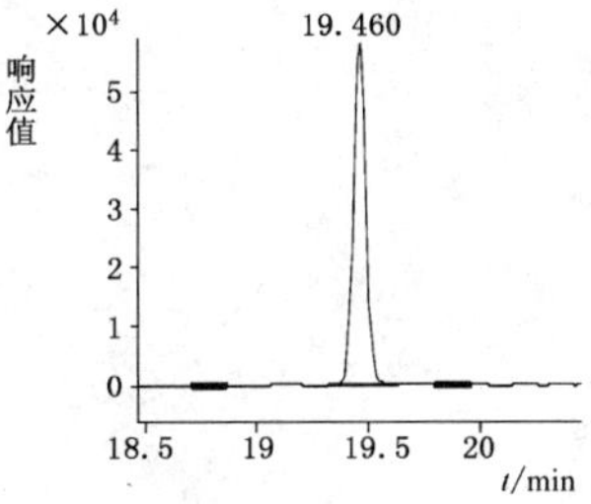

402. 除虫菊酯
(pyrethrins)

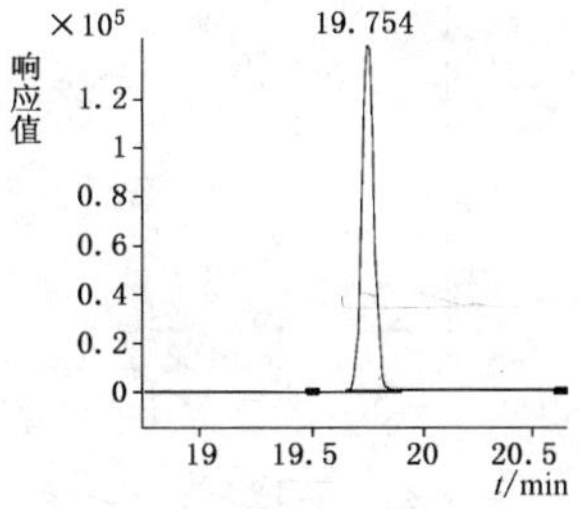

403. 酞酸二环己酯
(phthalic acid, biscyclohexyl ester)

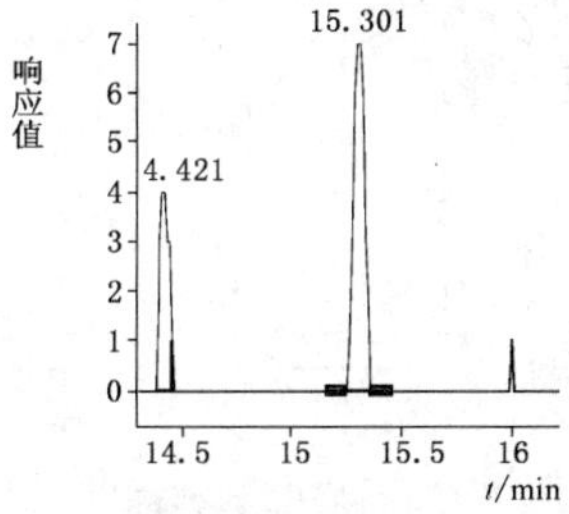

404. 环丙酰胺
(carpropamid)

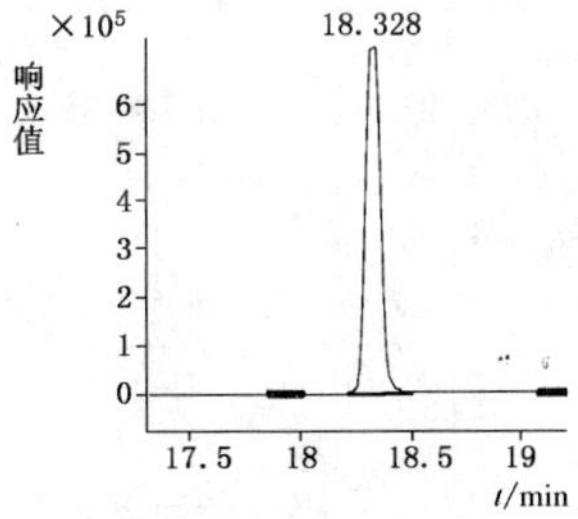

405. 吡螨胺
(tebufenpyrad)

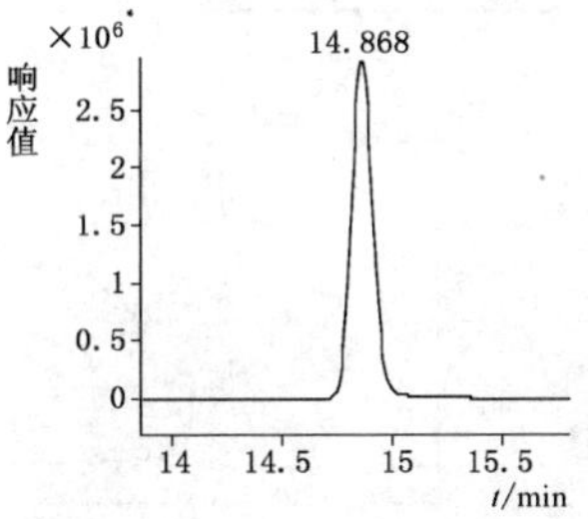

406. 虫酰肼
(tebufenozide)

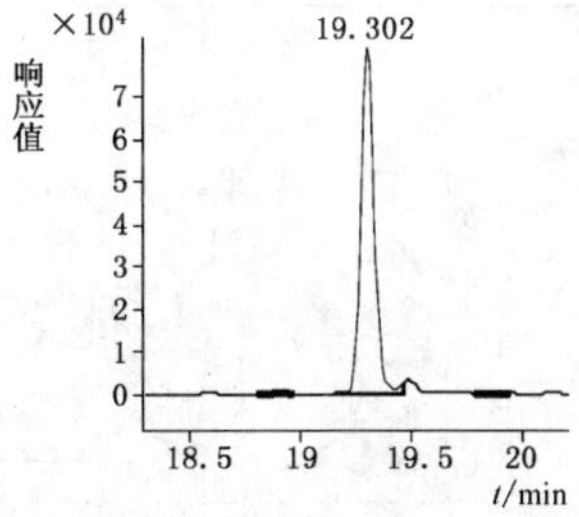

407. 虫螨磷
(chlorthiophos)

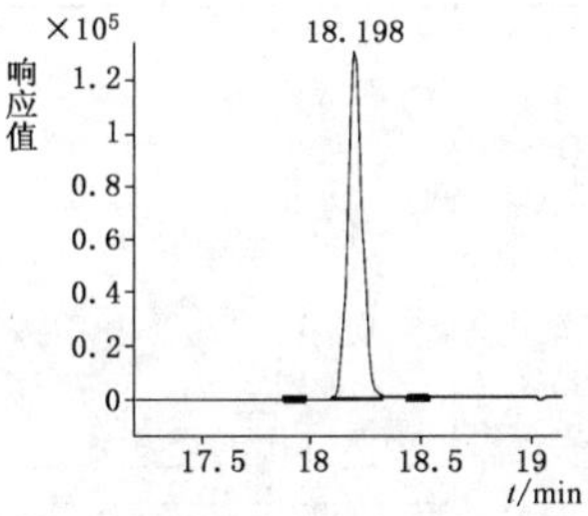

408. 氯亚磷
(dialifos)

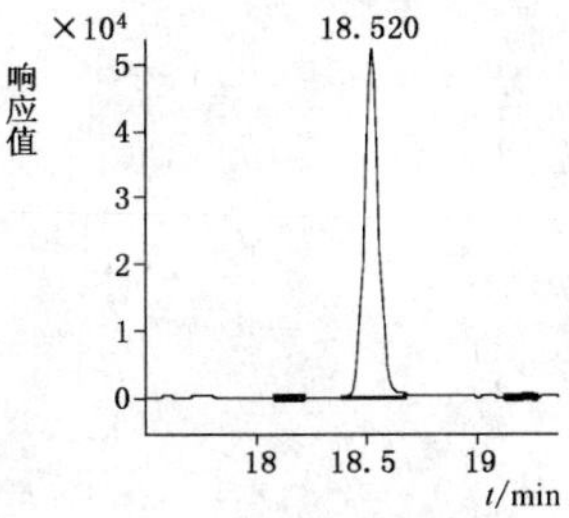

409. 吲哚酮草酯
(cinidon-ethyl)

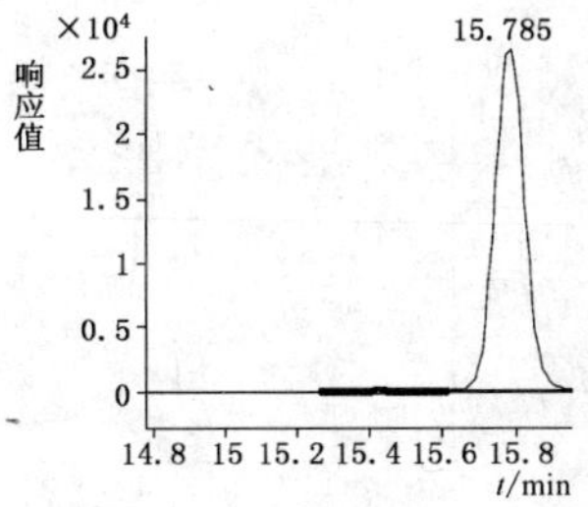

410. 鱼滕酮
(rotenone)

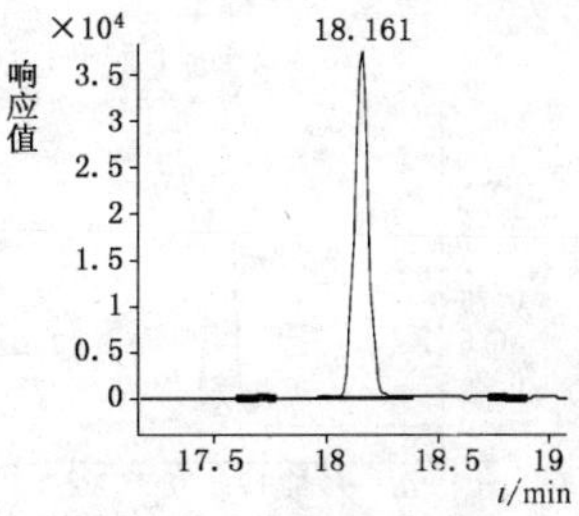

411. 亚胺唑
(imibenconazole)

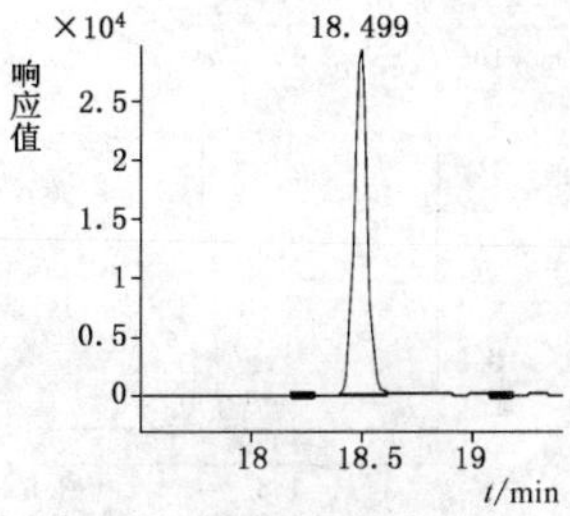

412. 噁草酸
(propaquizafop)

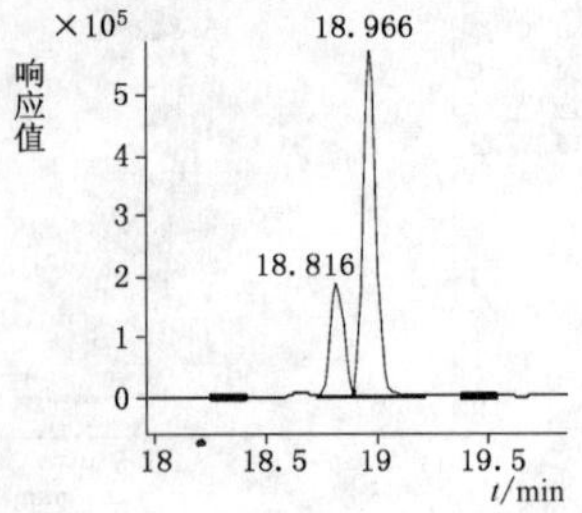

413. 乳氟禾草灵
(lactofen)

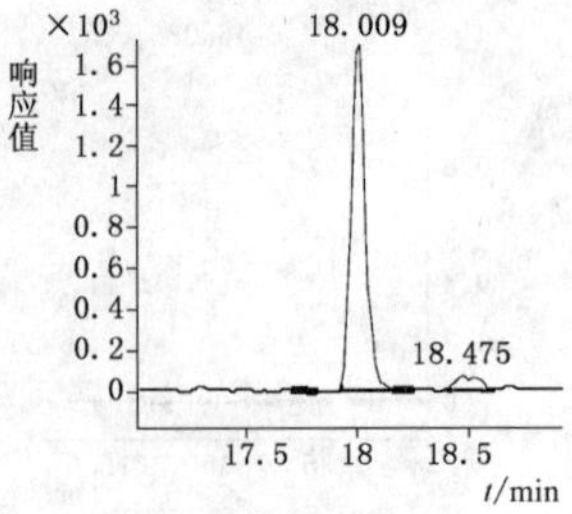

414. 吡草酮
(benzofenap)

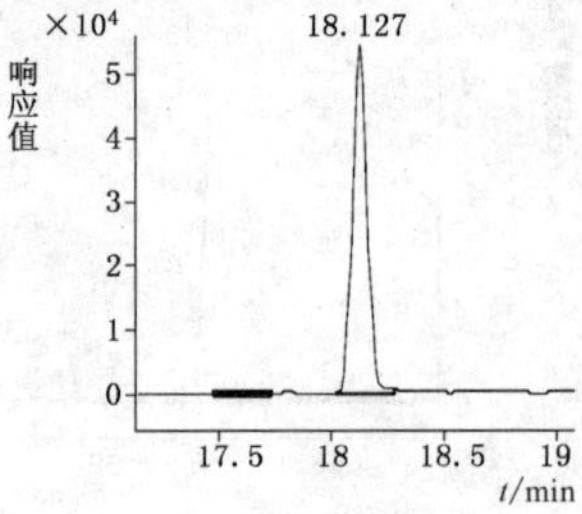

415. 苯螨特
(benzoximate)

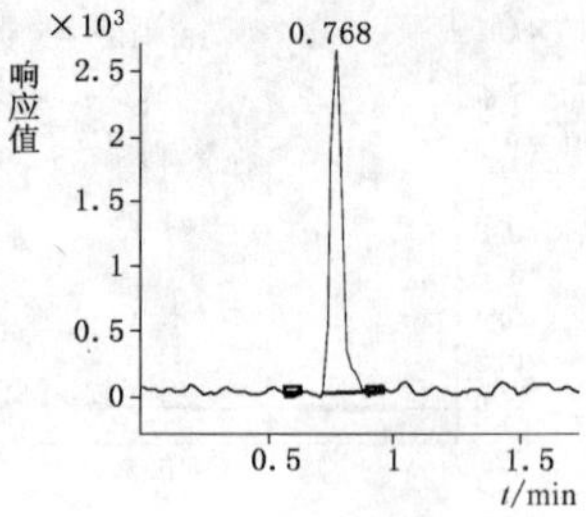

416. 地乐酯
(dinoseb acetate)

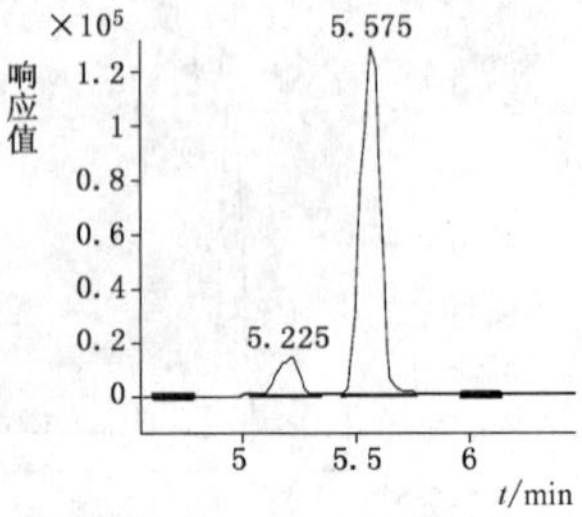

417. 甲咪唑烟酸
(imazapic)

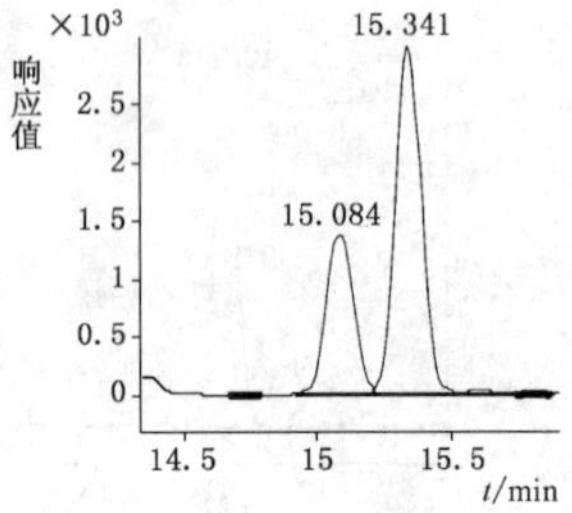

418. 异丙草胺
(propisochlor)

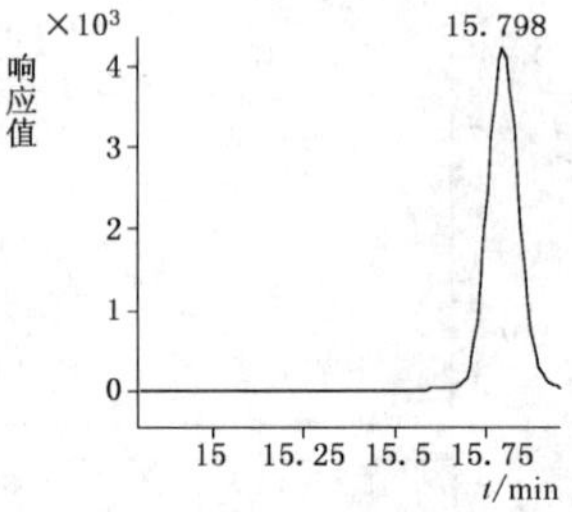

419. 乙氧苯草胺
(etobenzanid)

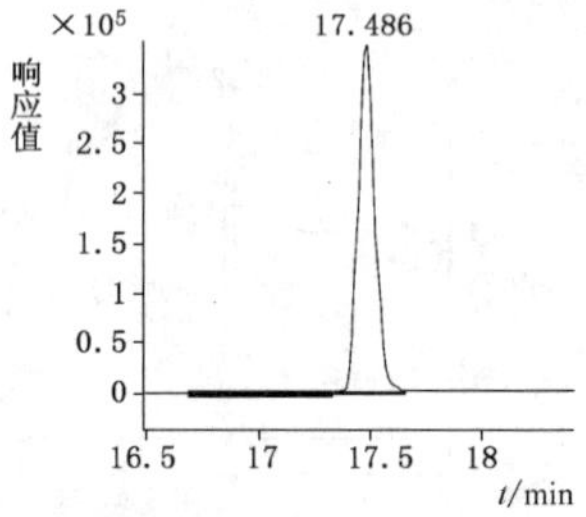

420. 四唑酰草胺
(fentrazamide)

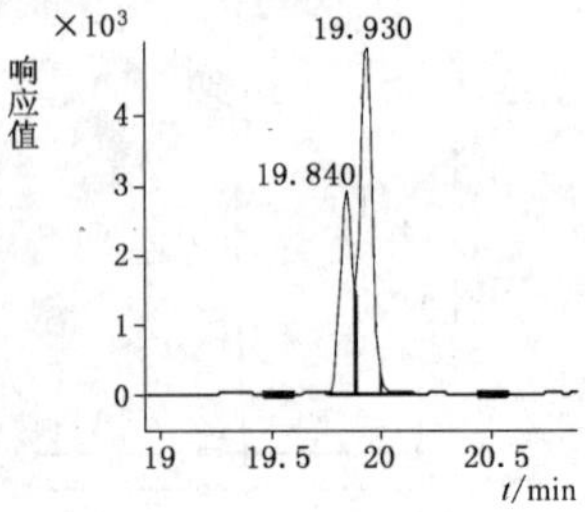

421. 苯醚氰菊酯
(cyphenothrin)

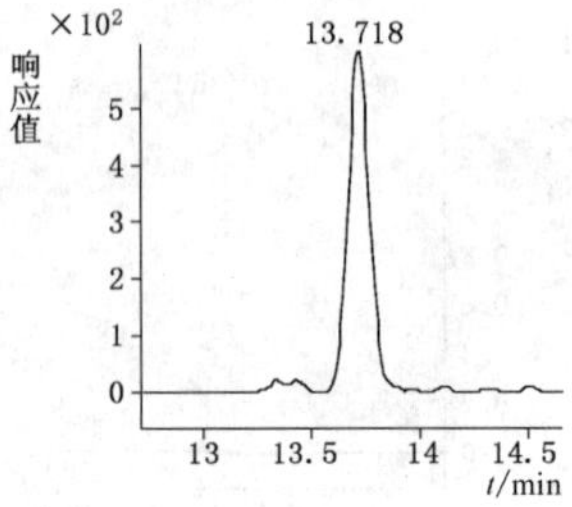

422. 马拉氧磷
(malaoxon)

G 组

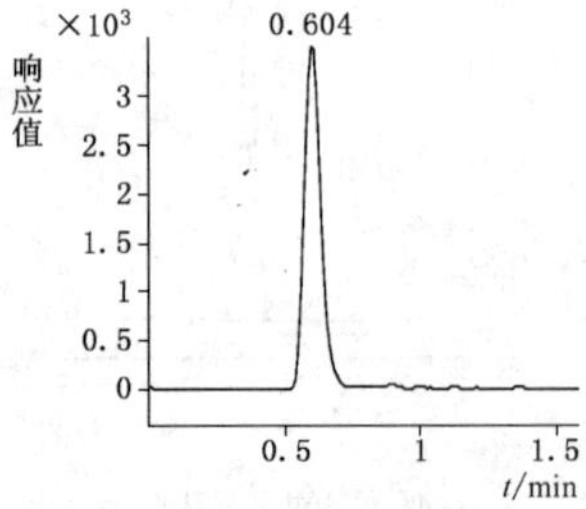

423. 茅草枯
(dalapon)

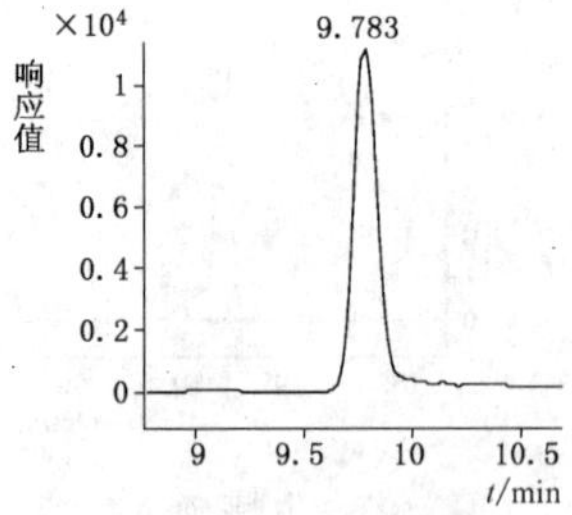

424. 2-苯基苯酚
(2-phenylphenol)

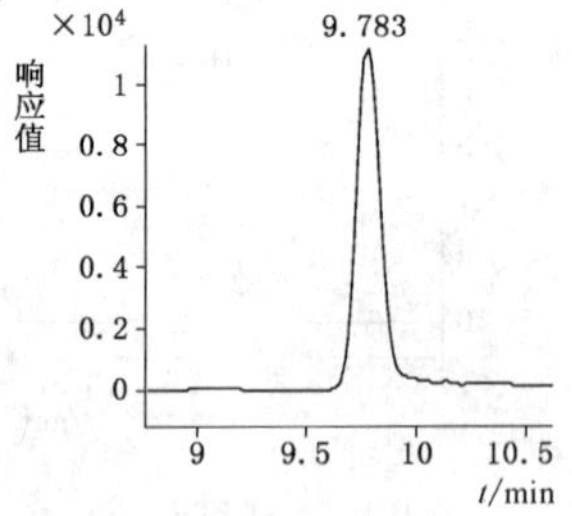

425. 3-苯基苯酚
(3-phenylphenol)

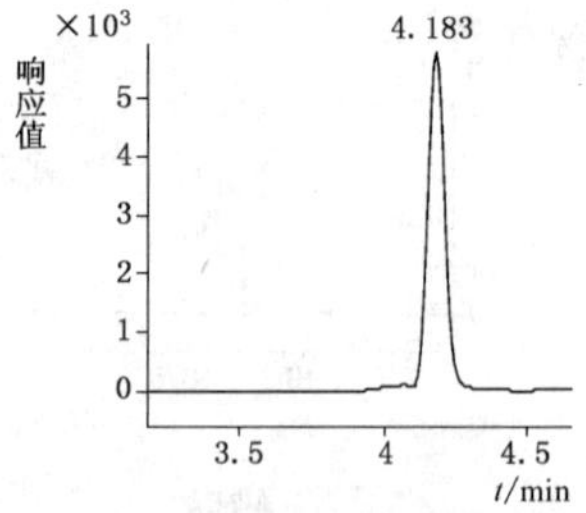

426. 4,6-二硝基邻甲酚
(DNOC)

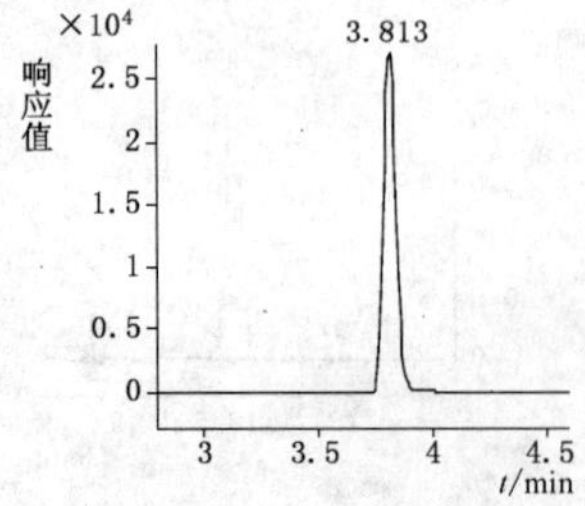

427. 调果酸
(cloprop)

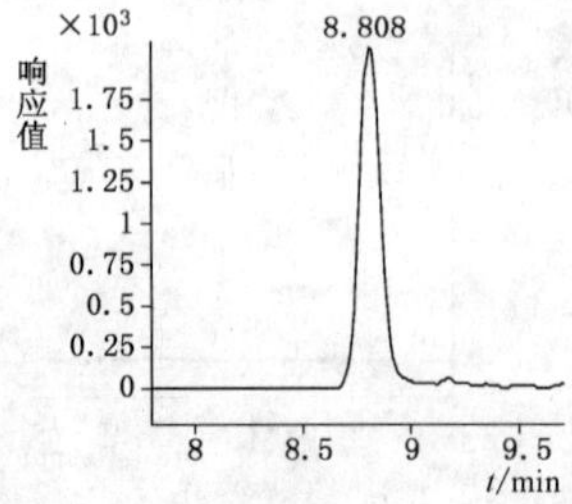

428. 氯硝胺
(dicloran)

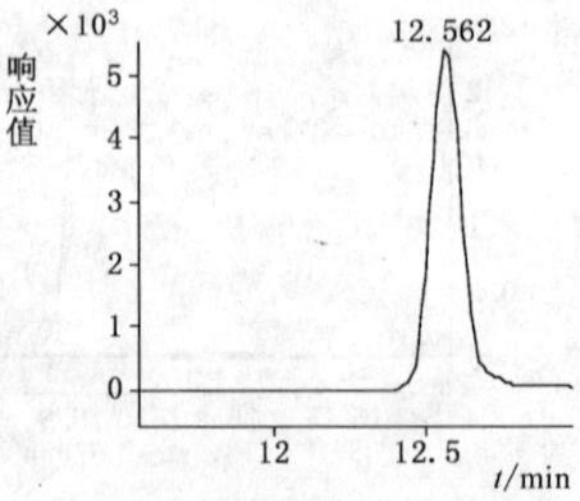

429. 氯苯胺灵
(chlorpropham)

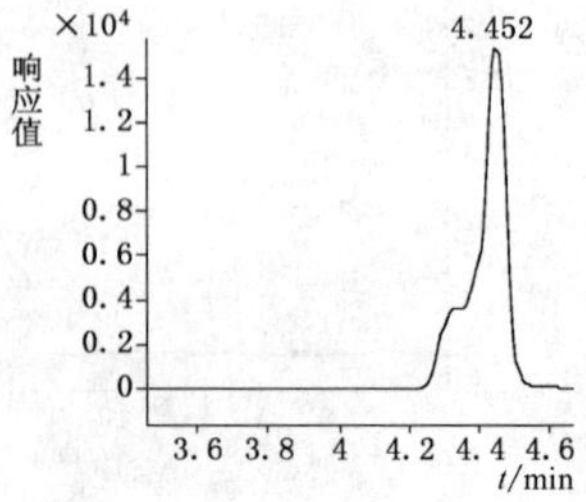

430. 2-甲-4-氯丙酸
(mecoprop)

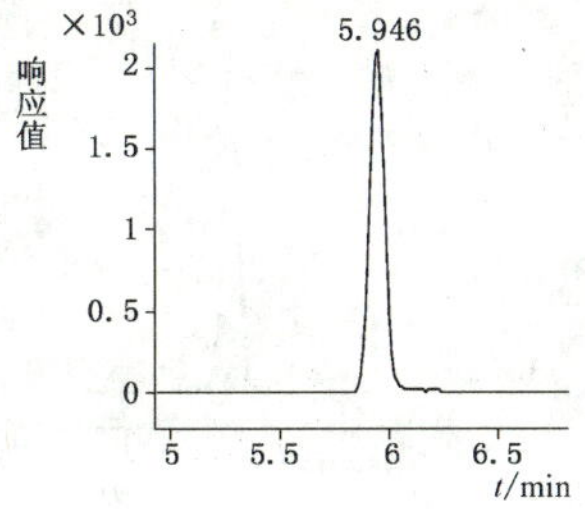

431. 特草定
(terbacil)

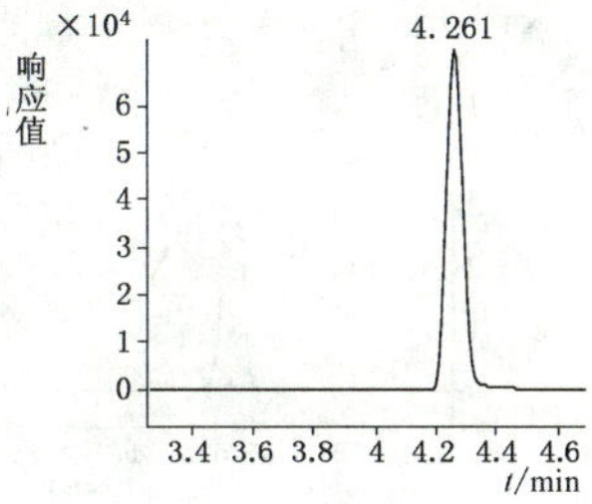

432. 2,4-滴
(2,4-D)

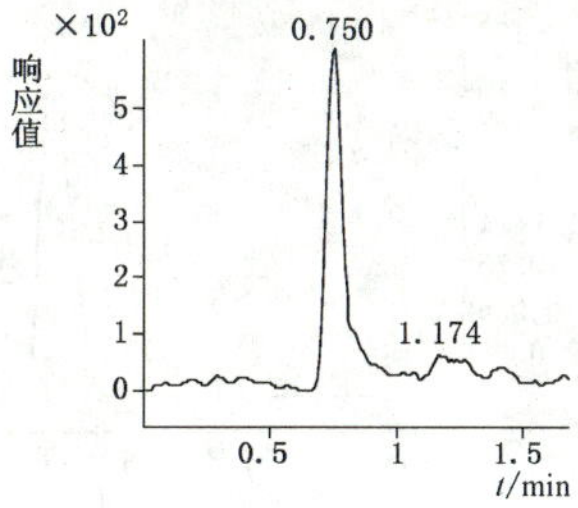

433. 麦草畏
(dicamba)

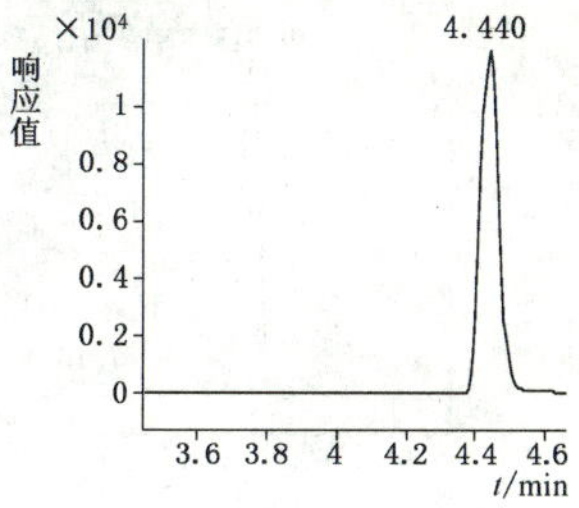

434. 二甲四氯丁酸
(MCPB)

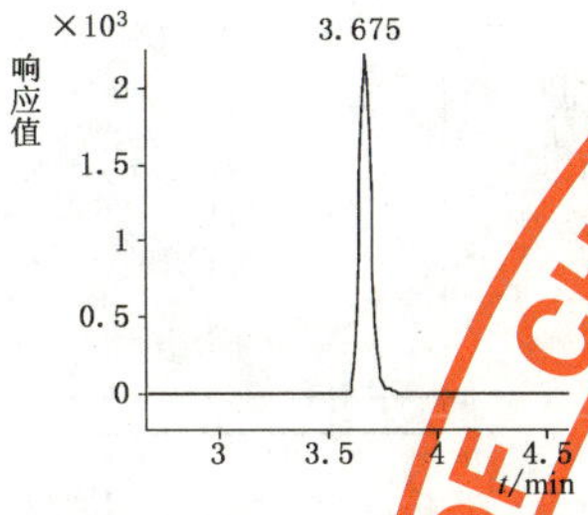

435. 灭草松
(bentazone)

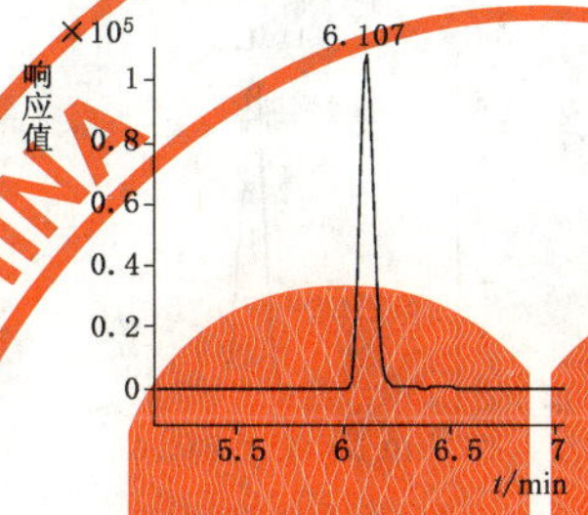

436. 地乐酚
(dinoseb)

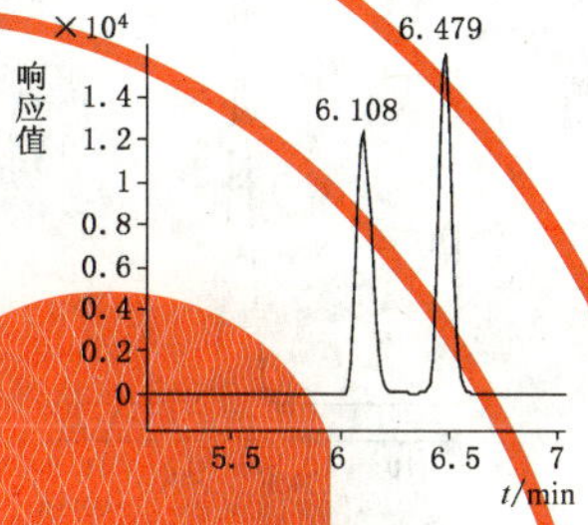

437. 草消酚
(dinoterb)

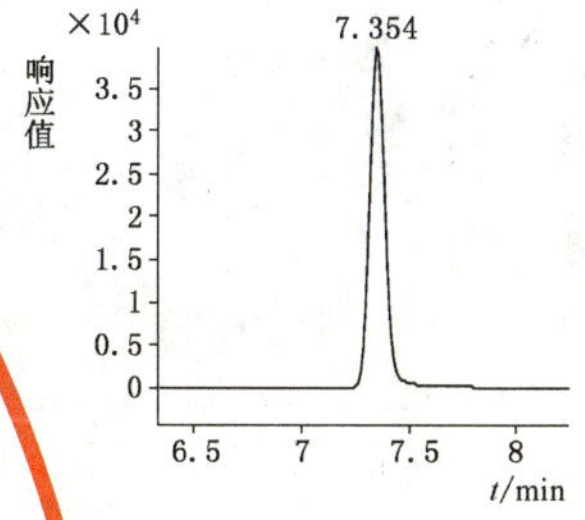

438. 氯吡脲
(forchlorfenuron)

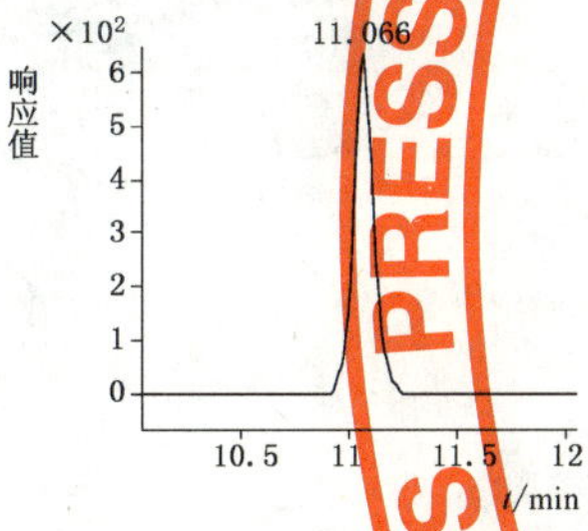

439. 咯菌腈
(fludioxonil)

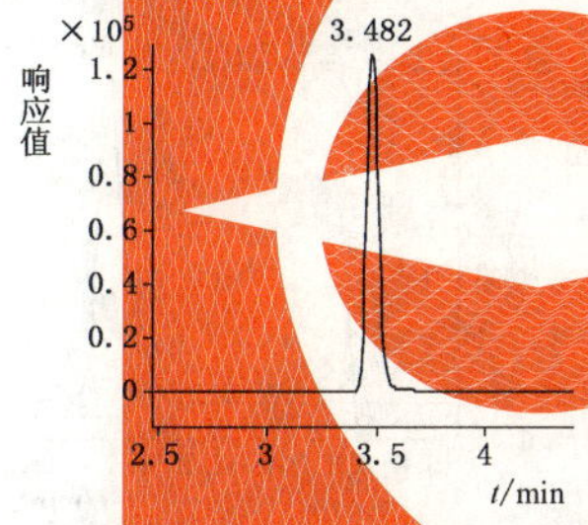

440. 2,4,5-涕
(2,4,5-T)

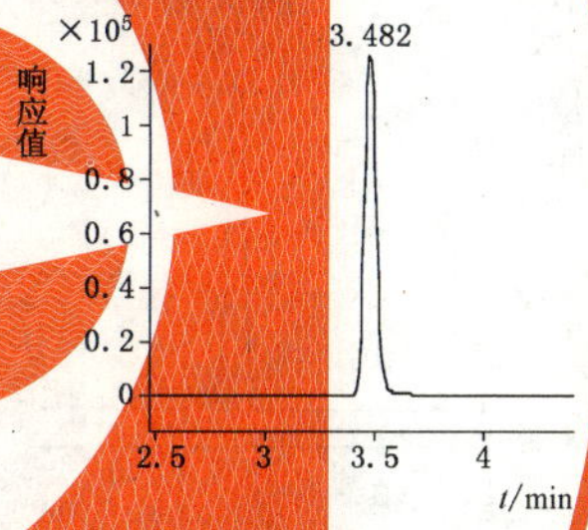

441. 氟草烟
(fluroxypyr)

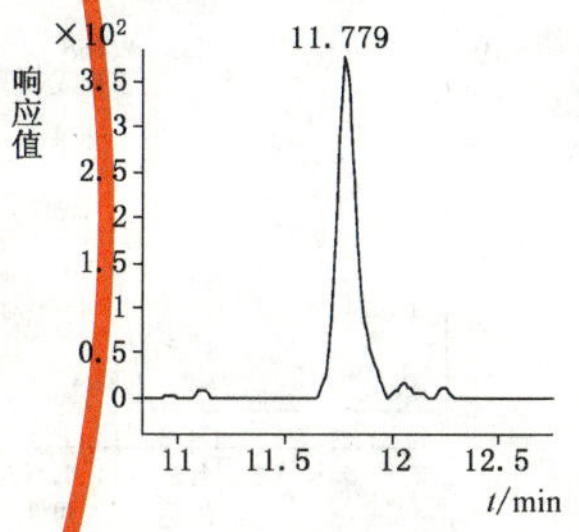

442. 杀螨醇
(chlorfenethol)

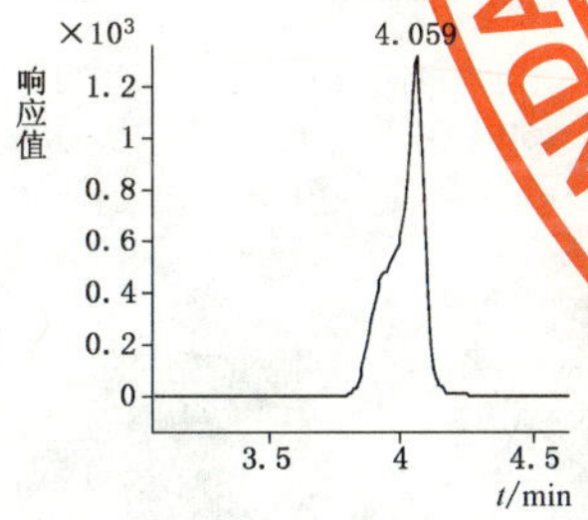

443. 溴苯腈
(bromoxynil)

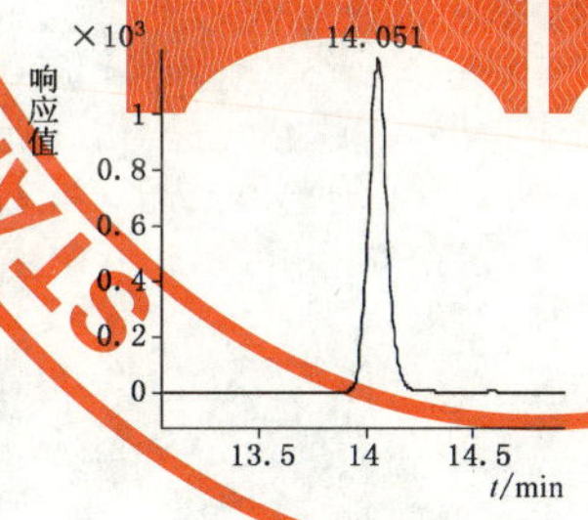

444. 灭幼脲
(chlorobenzuron)

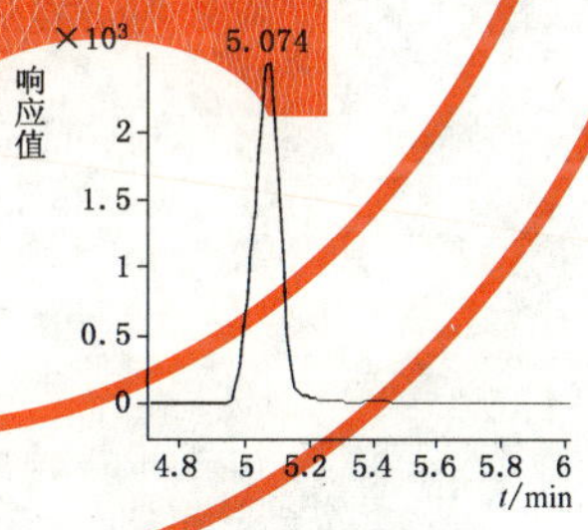

445. 氯霉素
(chloramphenicolum)

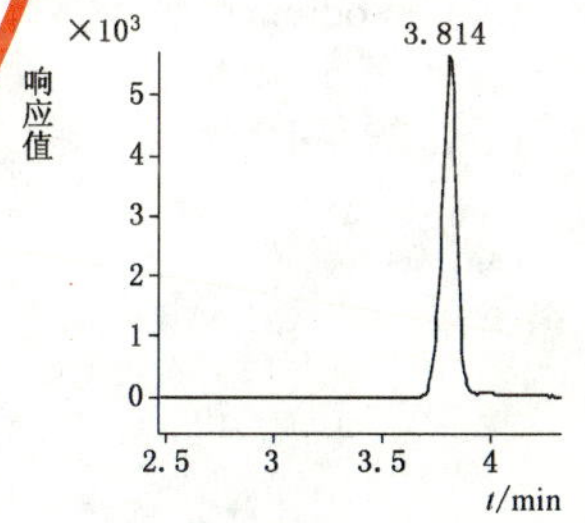

446. 禾草灭
(alloxydim-sodium)

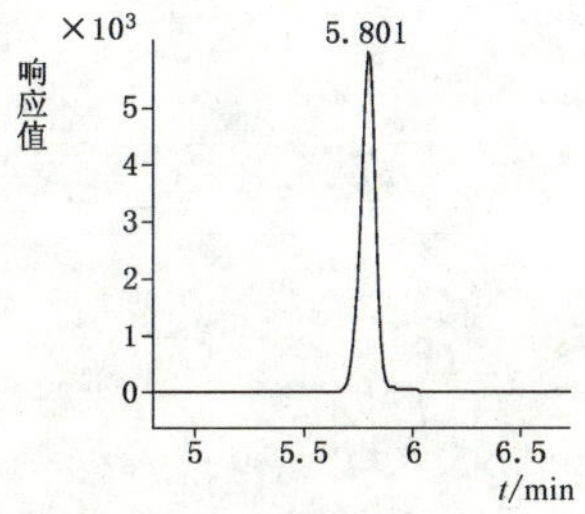

447. 噁唑禾草灵
(fempxaprop-ethyl)

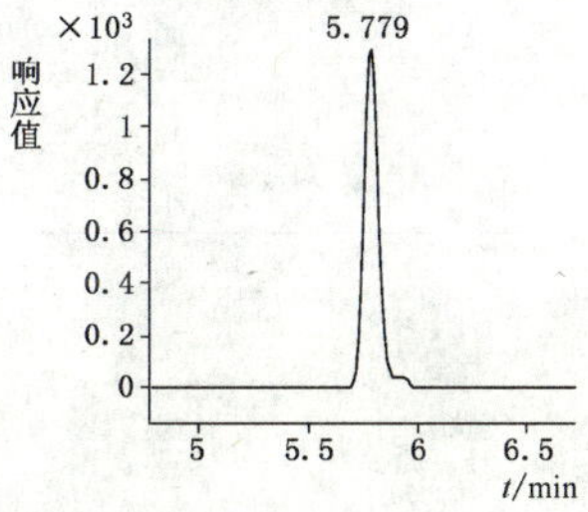

448. 乙酰磺胺对硝基苯
(sulfanitran)

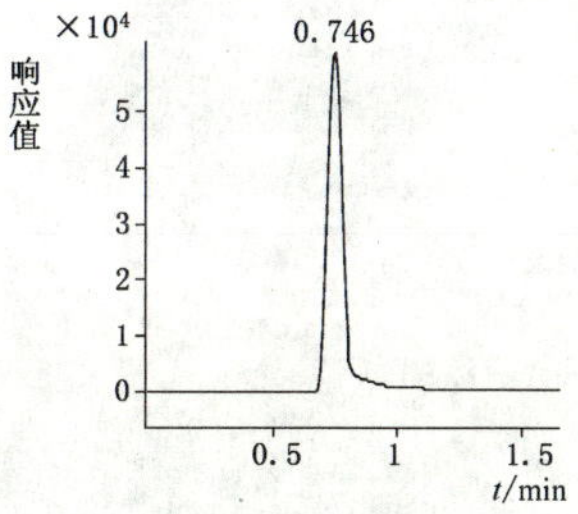

449. 甲基磺草酮
(mesotrion)

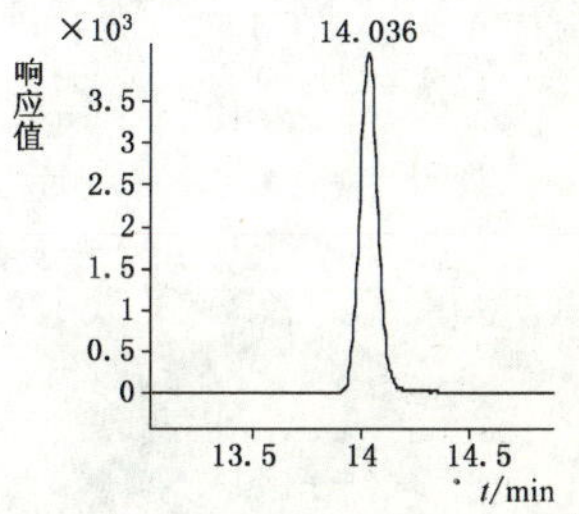

450. 安磺灵
(oryzalin)

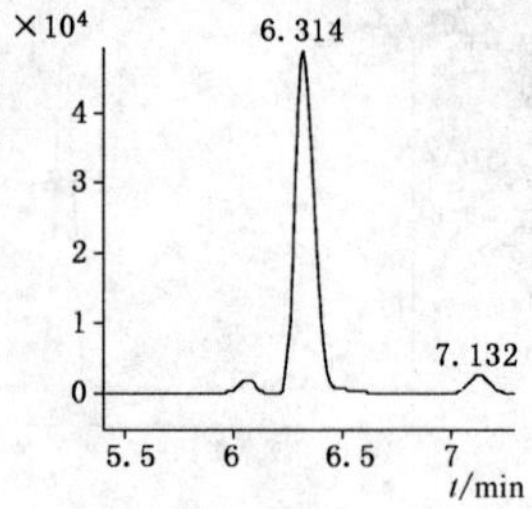

451. 三氟羧草醚
(acifluorfen)

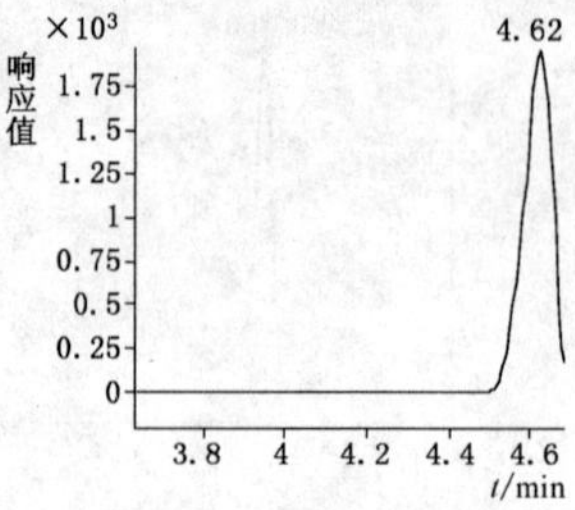

452. 碘苯腈
(ioxynil)

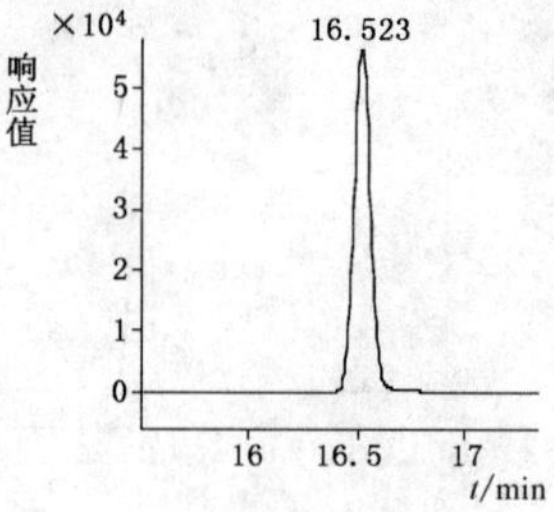

453. 噁唑菌酮
(famoxadone)

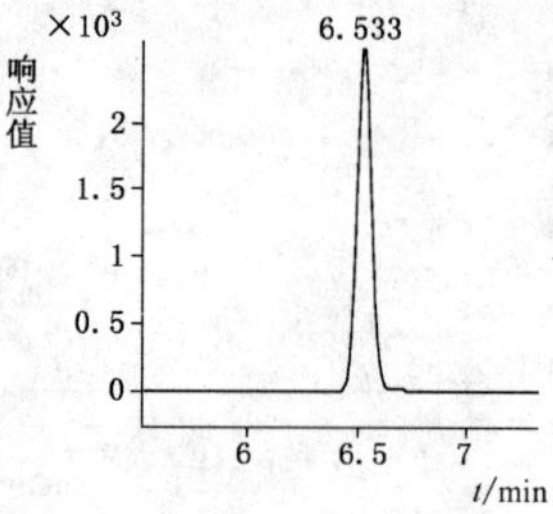

454. 磺酰唑草酮
(sulfentrazone)

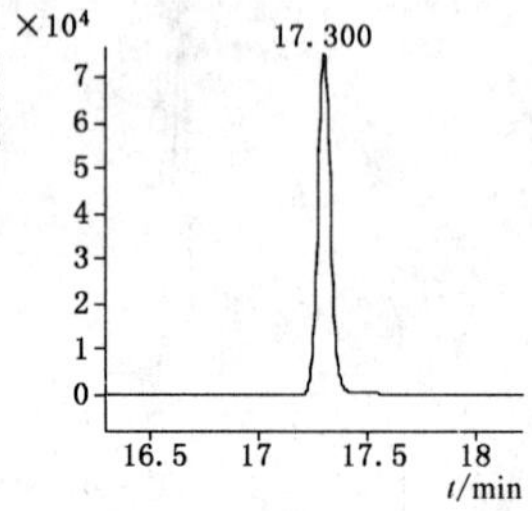

455. 吡氟酰草胺
(diflufenican)

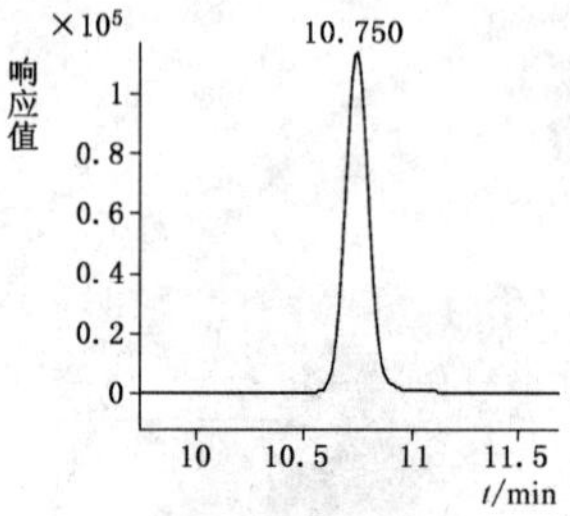

456. 乙虫清
(ethiprole)

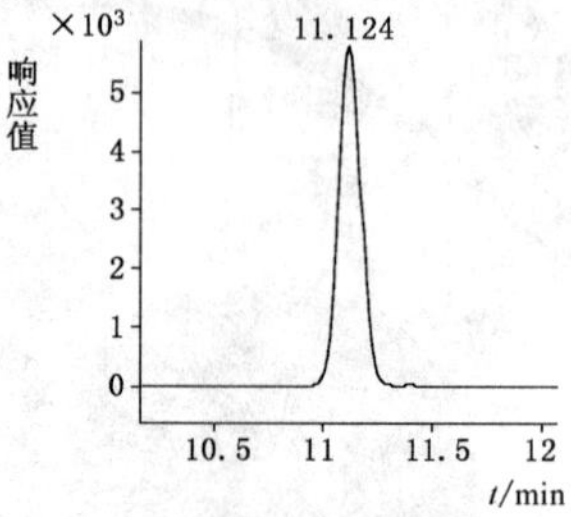

457. 磺菌胺
(flusulfamide)

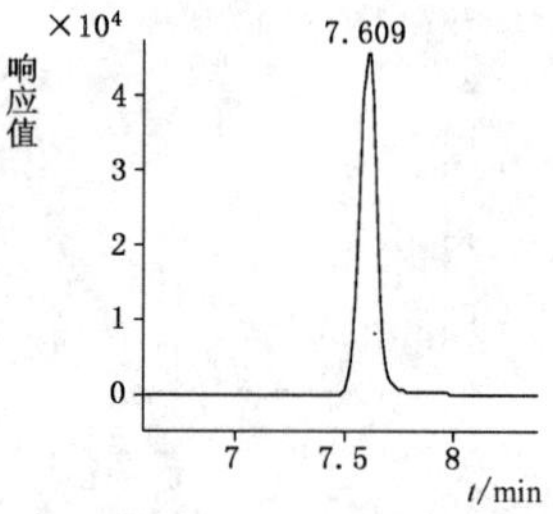

458. 环丙嘧磺隆
(cyclosulfamuron)

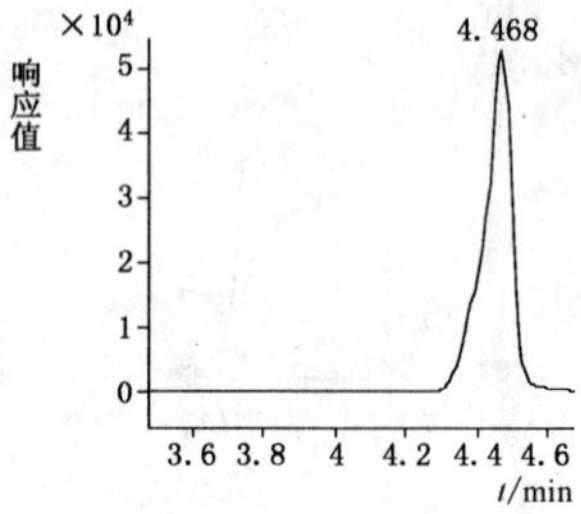

459. 碘甲磺隆钠
(iodosulfuron-methyl sodium)

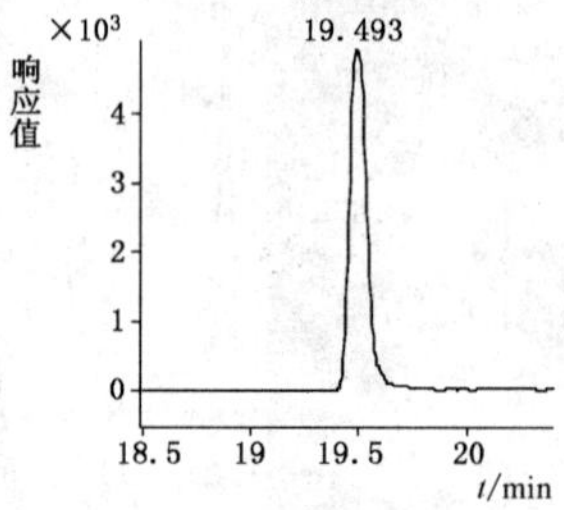

460. 克来范
(kelevan)

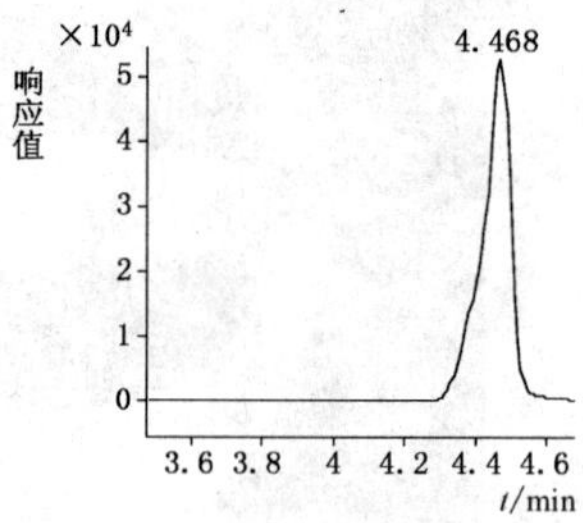

461. 甲基碘磺隆
(iodosulfuron-methyl)

附 录 D
（资料性附录）
461种农药及相关化学品精密度数据表

461种农药及相关化学品精密度数据表见表D.1。

表D.1 461种农药及相关化学品精密度数据表

序号	名 称	含量/(μg/kg)	重复性限 r	再现性限 R	含量/(μg/kg)	重复性限 r	再现性限 R
A组							
1	苯胺灵	40.00	6.24	24.19	200.00	88.09	141.41
2	异丙威	4.00	0.88	2.40	20.00	3.45	13.42
3	3,4,5-混杀威	0.20	0.06	0.12	1.00	0.12	0.43
4	环莠隆	0.40	0.12	0.23	2.00	0.26	1.56
5	甲萘威	2.00	0.58	0.92	10.00	1.21	5.37
6	毒草胺	0.40	0.11	0.19	2.00	0.29	1.21
7	吡咪唑	0.20	0.05	0.08	1.00	0.29	0.65
8	西草净	0.40	0.15	0.15	2.00	0.39	1.04
9	绿谷隆	8.00	1.75	6.62	40.00	12.51	19.55
10	速灭磷	8.00	2.43	5.22	40.00	3.90	29.21
11	叠氮津	0.40	0.05	0.29	2.00	0.43	1.26
12	密草通	0.20	0.10	0.13	1.00	0.26	0.57
13	嘧菌磺胺	0.40	0.12	0.22	2.00	0.24	0.80
14	播土隆	1.20	0.29	0.59	6.00	0.74	2.85
15	双酰草胺	1.60	0.46	1.02	8.00	1.33	2.90
16	抗蚜威	0.40	0.10	0.20	2.00	0.54	1.61
17	异噁草松	1.20	0.37	0.59	6.00	1.25	2.98
18	氰草津	1.20	0.37	0.70	6.00	1.32	3.39
19	扑草净	0.20	0.05	0.12	1.00	0.27	0.79
20	甲基对氧磷	2.00	0.29	1.06	10.00	3.78	8.62
21	噻虫啉	0.80	0.17	0.41	4.00	0.51	2.97
22	吡虫啉	40.00	8.50	15.60	200.00	41.90	124.66
23	磺噻隆	8.00	1.30	4.80	40.00	4.56	25.33
24	丁嗪草酮	0.24	0.08	0.11	1.20	0.11	0.40
25	燕麦敌	24.00	11.03	12.23	120.00	22.43	51.31
26	乙草胺	40.00	8.48	11.43	200.00	18.63	93.02
27	烯啶虫胺	8.00	1.22	3.58	40.00	2.46	10.89
28	盖草津	4.00	0.90	1.40	20.00	2.16	12.43
29	二甲酚草胺	0.40	0.05	0.18	2.00	0.62	1.25

表 D.1（续）

序号	名　　称	含量/(μg/kg)	重复性限 r	再现性限 R	含量/(μg/kg)	重复性限 r	再现性限 R
30	特草灵	4.00	0.76	1.92	20.00	7.13	9.57
31	戊菌唑	0.24	0.11	0.17	1.20	0.24	0.47
32	腈菌唑	1.20	0.46	0.70	6.00	1.17	3.38
33	咪唑乙烟酸	480.00	76.10	205.33	2 400.00	482.54	1 388.27
34	多效唑	0.20	0.04	0.11	1.00	0.24	0.74
35	倍硫磷亚砜	0.40	0.09	0.23	2.00	0.45	1.31
36	三唑醇	4.00	1.01	1.88	20.00	4.91	8.27
37	仲丁灵	0.40	0.11	0.30	2.00	0.51	1.22
38	螺噁茂胺	0.08	0.02	0.03	0.40	0.05	0.18
39	甲基立枯磷	120.00	21.11	48.33	600.00	50.13	283.22
40	甜菜胺	2.00	0.39	0.96	10.00	2.04	5.28
41	杀扑磷	6.00	0.87	2.95	30.00	4.93	5.27
42	烯丙菊酯	12.00	2.57	3.90	60.00	12.01	24.33
43	二嗪磷	0.24	0.05	0.21	1.20	0.27	0.84
44	敌瘟磷	0.80	0.16	0.18	4.00	0.46	2.33
45	丙草胺	0.80	0.13	0.46	4.00	0.59	1.95
46	氟硅唑	0.40	0.08	0.22	2.00	0.55	1.07
47	丙森锌	0.80	0.06	0.18	4.00	0.48	1.38
48	麦锈灵	0.40	0.06	0.29	2.00	0.26	0.66
49	氟酰胺	0.40	0.16	0.18	2.00	0.37	1.24
50	氨磺磷	2.40	0.48	0.83	12.00	2.50	5.53
51	苯霜灵	0.24	0.08	0.18	1.20	0.13	0.45
52	苄氯三唑醇	0.24	0.06	0.11	1.20	0.25	0.67
53	乙环唑	0.40	0.13	0.16	2.00	0.50	0.97
54	氯苯嘧啶醇	2.40	0.69	1.31	12.00	4.45	5.07
55	酞酸二环己基酯	2.40	0.53	1.03	12.00	2.16	8.73
56	胺菊酯	2.40	0.60	0.75	12.00	3.09	3.94
57	解草酯	0.24	0.06	0.10	1.20	0.24	0.63
58	联苯三唑醇	4.00	2.02	2.03	20.00	6.90	9.96
59	甲基毒死蜱	16.00	16.05	21.01	64.00	32.47	38.02
60	吡喃草酮	32.00	13.96	15.30	160.00	27.22	53.66
61	益棉磷	40.00	18.80	24.99	200.00	35.78	68.32
62	杀铃脲	2.40	0.52	1.30	12.00	3.65	7.76
63	异噁氟草	40.00	5.05	13.35	200.00	24.77	78.34
64	莎稗磷	0.40	0.16	0.19	2.00	0.26	1.13

表 D.1（续）

序号	名　　称	含量/(μg/kg)	重复性限 r	再现性限 R	含量/(μg/kg)	重复性限 r	再现性限 R
65	喹禾灵	1.20	0.59	0.66	6.00	1.60	2.70
66	精氟吡甲禾灵	0.12	0.06	0.06	0.60	0.11	0.32
67	吡氟禾草灵	0.40	0.11	0.27	2.00	0.61	1.04
68	乙基溴硫磷	10.00	2.12	4.90	50.00	15.60	24.99
69	地散磷	10.00	1.30	5.56	50.00	16.09	20.40
70	醚苯磺隆	1 200.00	285.41	533.13	6 000.00	1 506.32	3 279.02
71	溴苯烯磷	1.60	0.38	0.55	8.00	0.41	4.16
72	嘧菌酯	0.20	0.10	0.08	1.00	0.15	0.43
73	吡菌磷	0.16	0.06	0.07	0.80	0.19	0.48
74	茚虫威	2.40	0.92	0.62	12.00	2.77	3.08
	B组						
75	棉隆	160.00	82.56	60.71	800.00	93.01	195.73
76	烟碱	8.00	4.72	6.18	40.00	22.04	33.92
77	非草隆	4.00	0.74	2.29	20.00	3.80	12.30
78	灭蝇胺	40.00	3.44	9.97	200.00	11.96	18.05
79	鼠立克	1.20	0.22	0.68	6.00	1.45	3.15
80	乙酰甲胺磷	8.00	2.27	3.81	40.00	8.50	13.67
81	禾草敌	2.00	0.68	1.27	10.00	1.56	3.04
82	多菌灵	0.20	0.05	0.12	1.00	0.16	0.50
83	6-氯-4-羟基-3-苯基哒嗪	1.20	0.14	0.42	6.00	1.11	2.37
84	残杀威	4.00	0.78	1.90	20.00	6.14	10.41
85	异唑隆	0.40	0.10	0.22	2.00	0.41	1.27
86	绿麦隆	0.40	0.05	0.26	2.00	0.21	0.84
87	久效威	157.00	34.67	36.18	628.00	27.79	20.70
88	氯草灵	80.00	35.72	48.72	400.00	87.28	229.83
89	噁虫威	0.80	0.38	0.47	4.00	1.28	1.60
90	扑灭津	0.40	0.10	0.16	2.00	0.36	1.18
91	特丁津	0.20	0.05	0.11	1.00	0.09	0.48
92	敌草隆	0.20	0.07	0.12	1.00	0.23	0.53
93	氯甲硫磷	1 200.00	204.30	618.30	6 000.00	536.72	3 789.13
94	萎锈灵	0.40	0.06	0.21	2.00	0.19	0.62
95	噻虫胺	24.00	6.82	13.19	120.00	9.06	51.82
96	拿草特	1.20	0.32	0.83	6.00	1.90	3.40
97	二甲草胺	0.40	0.05	0.22	2.00	0.26	1.22

表 D.1（续）

序号	名　称	含量/(μg/kg)	重复性限 r	再现性限 R	含量/(μg/kg)	重复性限 r	再现性限 R
98	溴谷隆	1.60	0.52	0.88	8.00	1.46	4.85
99	甲拌磷	314.00	25.78	30.31	1 256.00	4.28	20.10
100	苯草醚	4.00	0.70	1.83	20.00	2.25	11.75
101	地安磷	0.40	0.06	0.26	2.00	0.39	1.23
102	脱苯甲基亚胺唑	2.00	0.51	1.09	10.00	1.97	5.48
103	草不隆	1.20	0.22	0.78	6.00	0.51	3.44
104	精甲霜灵	0.20	0.08	0.14	1.00	0.27	0.63
105	乙氧呋草黄	320.00	39.48	153.26	1 600.00	349.10	821.48
106	异稻瘟净	2.00	0.44	1.32	10.00	1.59	5.09
107	特普	4.00	0.64	1.09	20.00	3.17	7.96
108	环丙唑醇	0.32	0.07	0.29	1.60	0.57	0.66
109	噻虫嗪	40.00	7.63	18.07	200.00	47.52	129.34
110	育畜磷	32.00	5.60	18.56	160.00	9.07	57.09
111	赛灭磷	24.00	9.41	12.72	120.00	13.52	69.50
112	磷胺	1.20	0.44	0.47	6.00	2.46	3.86
113	甜菜宁	2.00	1.13	1.37	10.00	1.99	4.86
114	联苯井酯	6.00	3.38	3.84	30.00	6.10	19.53
115	环酰菌胺	0.40	0.05	0.18	2.00	0.42	1.15
116	粉唑醇	1.20	0.26	0.60	6.00	1.20	3.85
117	抑菌丙胺酯	0.40	0.11	0.18	2.00	0.29	1.27
118	生物丙烯菊酯	4.00	5.80	10.48	20.00	18.85	28.66
119	苯腈磷	2.00	0.36	1.20	10.00	2.17	4.98
120	甲基嘧啶磷	0.20	0.03	0.13	1.00	0.12	0.50
121	噻嗪酮	0.20	0.17	0.22	1.00	0.18	0.40
122	乙拌磷砜	1.20	0.23	0.64	6.00	1.40	3.73
123	喹螨醚	0.20	0.04	0.09	1.00	0.15	0.54
124	三唑磷	0.20	0.03	0.10	1.00	0.16	0.55
125	脱叶磷	0.40	0.10	0.20	2.00	0.43	1.25
126	环酯草醚	0.20	0.06	0.10	1.00	0.24	0.38
127	叶菌唑	0.40	0.15	0.18	2.00	0.21	1.32
128	蚊蝇醚	0.20	0.03	0.11	1.00	0.24	0.51
129	噻草酮	2.50	20.92	18.91	10.16	18.14	17.93
130	异噁酰草胺	0.20	0.08	0.27	1.00	0.13	0.65
131	呋草酮	0.40	0.13	0.22	2.00	0.28	1.19
132	氟乐灵	334.80	32.10	32.14	1 339.20	39.45	24.33

表 D.1（续）

序号	名　　称	含量/(μg/kg)	重复性限 r	再现性限 R	含量/(μg/kg)	重复性限 r	再现性限 R
133	甲基麦草氟异丙酯	2.00	0.47	1.21	10.00	2.03	4.59
134	生物苄呋菊酯	4.00	0.95	2.50	20.00	5.23	6.97
135	丙环唑	0.40	0.12	0.27	2.00	0.36	1.22
136	毒死蜱	1.20	0.29	0.80	6.00	1.68	2.35
137	氯乙氟灵	80.00	55.96	41.62	400.00	99.46	132.98
138	氯磺隆	0.80	0.21	0.21	4.00	0.44	2.35
139	烯草酮	2.10	28.11	24.29	8.32	16.63	36.03
140	麦草氟异丙酯	0.40	0.28	0.40	2.00	0.35	1.05
141	杀虫畏	1.20	0.27	0.66	6.00	0.65	3.64
142	炔螨特	8.00	2.12	4.63	40.00	11.66	20.69
143	糠菌唑	0.80	0.24	0.53	4.00	0.69	2.18
144	氟吡酰草胺	0.40	0.07	0.20	2.00	0.13	0.93
145	氟噻乙草酯	1.20	0.19	0.56	6.00	1.14	3.04
146	肟菌酯	0.20	0.08	0.12	1.00	0.11	0.36
147	氯嘧磺隆	4.00	0.51	2.06	20.00	2.06	8.80
148	伏蚁腙	2.00	0.09	0.23	10.00	0.79	2.96
C组							
149	甲胺磷	20.00	1.52	4.22	100.00	1.05	31.82
150	茵草敌	120.00	16.02	62.06	600.00	90.20	315.88
151	避蚊胺	0.20	0.04	0.11	1.00	0.06	0.30
152	灭草隆	8.00	0.47	5.02	40.00	1.62	19.35
153	嘧霉胺	0.80	0.19	0.39	4.00	0.16	1.76
154	黑穗胺	0.40	0.03	0.25	2.00	0.52	0.87
155	灭藻醌	4.00	0.61	1.71	20.00	0.63	8.97
156	仲丁威	0.80	0.18	0.40	4.00	0.42	1.92
157	乙菌定	0.80	0.59	1.73	4.00	0.89	2.76
158	敌稗	1.60	0.65	1.05	8.00	0.32	5.90
159	克百威	13.10	15.15	16.73	52.24	11.37	10.95
160	啶虫清	1.20	0.34	0.63	6.00	0.19	2.90
161	嘧菌胺	0.40	0.05	0.26	2.00	0.13	1.25
162	扑灭通	0.20	0.06	0.08	1.00	0.04	0.48
163	甲氧隆	0.80	0.14	0.42	4.00	0.20	1.93
164	乐果	1.60	0.21	1.01	8.00	1.20	2.40
165	呋菌胺	8.00	1.03	3.25	40.00	1.08	16.46
166	伏草隆	6.00	0.84	2.16	30.00	2.58	11.09

表 D.1（续）

序号	名　　称	含量/(μg/kg)	重复性限 r	再现性限 R	含量/(μg/kg)	重复性限 r	再现性限 R
167	百治磷	5.60	1.00	3.47	28.00	5.07	15.47
168	庚酰草胺	0.40	0.06	0.30	2.00	0.35	1.11
169	双苯酰草胺	0.20	0.03	0.09	1.00	0.07	0.39
170	灭线磷	0.80	0.08	0.49	4.00	0.45	1.48
171	地虫硫磷	7.50	25.82	34.12	29.83	25.21	26.28
172	土菌灵	160.00	28.69	46.45	800.00	536.45	460.41
173	拌种胺	40.00	7.50	17.13	200.00	7.31	94.24
174	环嗪酮	0.40	0.08	0.16	2.00	0.33	0.82
175	阔草净	0.20	0.04	0.07	1.00	0.04	0.40
176	敌百虫	12.00	2.32	5.89	60.00	1.95	25.46
177	内吸磷	6.80	20.47	19.54	27.08	19.75	29.25
178	解草酮	2.00	0.25	0.98	10.00	0.72	5.87
179	除草定	2.00	0.58	0.88	10.00	0.32	5.60
180	甲拌磷亚砜	120.00	371.27	328.16	600.00	41.57	2 664.46
181	溴莠敏	6.00	1.16	2.20	30.00	0.93	16.51
182	氧化萎锈灵	0.80	0.24	0.44	4.00	0.14	1.30
183	灭锈胺	0.40	0.10	0.18	2.00	0.07	1.10
184	乙拌磷	469.70	80.33	80.65	1 878.78	7.51	6.03
185	倍硫磷	52.00	25.36	20.11	208.00	20.77	33.54
186	甲霜灵	0.40	0.11	0.16	2.00	0.09	1.06
187	甲呋酰胺	1.20	0.18	0.84	6.00	0.20	4.28
188	吗菌灵	0.20	0.04	0.13	1.00	0.32	0.46
189	甲基咪草酯	1.20	0.44	0.53	6.00	0.25	3.02
190	乙拌磷亚砜	0.80	0.32	0.45	4.00	0.13	2.07
191	稻瘟灵	0.40	0.09	0.25	2.00	0.43	0.95
192	抑霉唑	1.20	0.31	0.73	6.00	0.85	2.19
193	辛硫磷	8.00	1.00	5.49	40.00	1.65	17.98
194	喹硫磷	0.80	0.19	0.47	4.00	0.16	1.88
195	灭菌磷	40.00	10.76	12.13	200.00	5.50	56.79
196	苯氧威	0.80	0.21	0.22	4.00	0.12	2.52
197	嘧啶磷	0.20	0.06	0.09	1.00	0.03	0.55
198	丰索磷	0.80	0.31	0.30	4.00	0.15	2.47
199	氯咯草酮	2.40	0.40	1.42	12.00	0.37	5.49
200	丁草胺	4.00	1.25	0.93	20.00	12.20	15.99
201	咪唑喹啉酸	40.00	2.56	3.52	200.00	2.01	45.43

表 D.1（续）

序号	名　　称	含量/(μg/kg)	重复性限 r	再现性限 R	含量/(μg/kg)	重复性限 r	再现性限 R
202	亚胺菌	40.00	11.24	25.79	200.00	6.94	103.13
203	戊叉菌唑	0.80	0.33	0.42	4.00	0.15	2.86
204	苯线磷亚砜	0.80	0.24	0.30	4.00	0.13	1.62
205	噻吩草胺	1.60	0.52	0.84	8.00	0.16	4.06
206	氰菌胺	1.20	0.49	0.51	6.00	0.31	3.14
207	杀草吡啶	0.40	0.09	0.28	2.00	2.31	2.16
208	氟环唑	40.00	4.77	19.24	200.00	14.03	100.43
209	氯辛硫磷	40.00	7.83	17.30	200.00	7.90	67.40
210	苯线磷砜	0.40	0.11	0.19	2.00	0.09	1.28
211	腈苯唑	1.60	21.72	26.46	6.60	17.76	23.21
212	异柳磷	80.00	35.93	61.11	400.00	125.80	244.29
213	苯醚菊酯	40.00	20.04	26.02	200.00	15.85	125.81
214	哌草磷	0.20	0.06	0.05	1.00	0.06	0.62
215	增效醚	0.40	0.13	0.15	2.00	0.06	1.43
216	乙氧氟草醚	8.00	1.81	6.17	40.00	1.36	22.71
217	蝇毒磷	0.40	0.15	0.24	2.00	0.05	0.77
218	氟噻草胺	0.40	0.29	0.35	2.00	0.69	1.11
219	伏杀硫磷	8.00	1.59	3.33	40.00	1.46	17.86
220	甲氧虫酰肼	8.00	2.88	3.40	40.00	1.40	23.03
221	咪鲜胺	0.80	0.09	0.42	4.00	0.10	1.84
222	丙硫特普	0.80	0.07	0.20	4.00	0.15	2.75
223	乙硫磷	1.60	0.58	1.07	8.00	1.51	3.81
224	噻吩磺隆	2.00	0.21	0.42	10.00	0.11	3.82
225	乙氧嘧磺隆	16.00	1.10	1.60	80.00	0.87	18.19
226	氟硫草定	1.20	0.78	0.52	6.00	0.20	2.98
227	螺螨酯	4.00	1.18	2.32	20.00	0.87	7.52
228	唑螨酯	0.40	0.11	0.21	2.00	0.13	1.03
229	胺氟草酯	2.00	0.44	0.83	10.00	0.36	3.16
230	双硫磷	4.00	1.45	1.50	20.00	0.32	37.18
231	氟丙嘧草酯	2.00	0.19	0.59	10.00	0.27	5.25
232	多杀菌素	0.20	0.01	0.01	1.00	0.03	3.88
D组							
233	二丙烯草胺	40.00	5.87	10.04	200.00	37.56	123.07
234	霜霉威	2.00	0.39	1.69	10.00	0.64	1.36
235	噻菌灵	0.50	24.42	30.20	1.95	13.10	26.49

表 D.1（续）

序号	名　　称	含量/(μg/kg)	重复性限 r	再现性限 R	含量/(μg/kg)	重复性限 r	再现性限 R
236	苯噻草酮	0.40	0.08	0.23	2.00	0.25	0.92
237	异丙隆	0.40	0.11	0.18	2.00	0.12	0.75
238	莠去通	0.20	0.06	0.14	1.00	0.08	0.52
239	敌草净	0.20	0.05	0.10	1.00	0.13	0.37
240	赛克津	1.20	0.41	0.77	6.00	1.05	3.76
241	DMST	2.40	0.58	1.13	12.00	0.36	7.57
242	环草敌	2.00	0.24	0.58	10.00	1.50	5.04
243	莠去津	0.12	0.06	0.07	0.60	0.08	0.37
244	丁草敌	240.00	26.78	76.03	1 200.00	430.84	687.51
245	吡蚜酮	20.00	2.24	5.32	100.00	8.08	32.34
246	氯草敏	40.00	7.01	16.04	200.00	29.22	131.54
247	莱草畏	24.00	7.00	13.89	120.00	9.53	44.67
248	乙硫苯威	4.90	18.26	16.06	19.68	20.89	46.18
249	特丁通	0.20	0.12	0.14	1.00	0.09	0.39
250	环丙津	0.40	0.13	0.23	2.00	0.19	1.36
251	阔草净	0.20	0.06	0.11	1.00	0.08	0.38
252	木草隆	0.20	20.42	24.91	0.87	33.97	24.87
253	草达津	0.40	0.09	0.16	2.00	0.39	0.79
254	另丁津	40.00	7.01	15.34	200.00	20.84	58.81
255	畜虫避	40.00	12.86	17.99	200.00	59.14	90.10
256	牧草胺	0.20	0.05	0.08	1.00	0.11	0.40
257	久效威亚砜	24.00	8.68	27.62	120.00	79.51	197.01
258	杀螟丹	4.00	0.95	1.67	20.00	4.49	6.65
259	虫螨畏	40.00	7.20	23.38	200.00	37.19	90.19
260	特丁净	0.16	0.02	0.07	0.80	0.11	0.48
261	咪唑嗪	28.00	6.83	9.74	140.00	23.45	73.61
262	虫线磷	4.00	0.48	1.75	20.00	2.22	7.76
263	利谷隆	4.00	1.11	2.32	20.00	1.51	15.08
264	庚虫磷	4.00	1.14	1.13	20.00	2.44	9.50
265	苄草丹	0.20	0.05	0.09	1.00	0.16	0.51
266	杀草净	0.12	0.39	0.33	0.60	0.03	0.39
267	禾草丹	0.40	0.07	0.25	2.00	0.29	0.92
268	三正丁基磷酸盐	0.20	0.05	0.08	1.00	0.29	0.60
269	乙霉威	1.60	0.59	0.83	8.00	1.29	3.97
270	甲草胺	8.00	1.86	4.92	40.00	13.98	21.01

表 D.1（续）

序号	名　　称	含量/(μg/kg)	重复性限 r	再现性限 R	含量/(μg/kg)	重复性限 r	再现性限 R
271	硫线磷	0.80	0.31	0.48	4.00	0.55	2.05
272	吡唑草胺	0.40	0.15	0.31	2.00	0.62	1.49
273	胺丙畏	32.00	8.26	16.22	160.00	21.85	65.42
274	特丁硫磷	72.00	25.23	40.73	360.00	35.17	144.35
275	硅氟唑	0.40	0.16	0.22	2.00	0.23	0.68
276	三唑酮	2.00	0.32	0.84	10.00	0.93	3.35
277	甲拌磷砜	1.60	0.32	0.53	8.00	1.58	6.57
278	十三吗啉	2.60	3.16	6.93	10.42	8.97	35.61
279	苯噻酰草胺	0.40	0.17	0.14	2.00	0.26	1.01
280	丁苯吗啉	0.08	16.66	25.40	0.40	44.11	131.28
281	戊唑醇	0.20	0.06	0.10	1.00	0.11	0.49
282	异丙乐灵	4.00	2.24	2.05	20.00	5.03	9.87
283	氟苯嘧啶醇	2.00	0.65	0.90	10.00	1.25	4.55
284	乙嘧酚磺酸酯	0.40	0.12	0.15	2.00	0.12	0.98
285	保棉磷	40.00	6.03	24.34	200.00	114.21	114.36
286	丁基嘧啶磷	40.00	5.54	17.54	200.00	18.75	64.40
287	稻丰散	4.00	1.37	1.34	20.00	1.49	6.94
288	治螟磷	0.80	0.36	0.49	4.00	0.83	1.82
289	硫丙磷	1.60	0.76	1.16	8.00	0.52	3.23
290	苯硫磷	2.00	0.62	0.86	10.00	1.58	4.37
291	烯唑醇	0.40	0.17	0.12	2.00	0.15	0.63
292	唑嘧磺草胺	0.40	0.39	2.81	2.00	4.62	8.66
293	纹枯脲	0.20	0.08	0.15	1.00	0.29	0.59
294	灭蚜磷	4.00	1.35	2.47	20.00	3.31	7.50
295	苯草酮	0.30	18.92	24.99	1.28	31.45	42.12
296	马拉硫磷	1.20	0.46	0.44	6.00	1.03	3.47
297	稗草畏	0.30	31.58	30.02	1.36	42.55	51.76
298	呋嗪硫磷	0.80	0.15	0.41	4.00	0.25	1.54
299	嘧啶磷	0.12	0.03	0.05	0.60	0.08	0.15
300	吡唑硫磷	1.20	0.57	1.27	6.00	1.79	3.77
301	啶氧菌酯	40.00	8.34	20.60	200.00	36.01	83.27
302	四氟醚唑	0.40	0.09	0.15	2.00	0.19	0.81
303	吡唑解草酯	1.50	0.44	1.21	7.50	1.62	2.97
304	丙溴磷	0.80	0.15	0.51	4.00	0.98	1.48
305	百克敏	0.80	1.37	4.77	4.00	0.88	1.55

表 D.1（续）

序号	名　称	含量/(μg/kg)	重复性限 r	再现性限 R	含量/(μg/kg)	重复性限 r	再现性限 R
306	烯酰吗啉	0.40	0.05	0.26	2.00	0.68	1.46
307	噻嗯菊酯	0.80	0.24	0.58	4.00	0.68	1.59
308	噻唑烟酸	1.20	0.35	0.56	6.00	0.97	2.88
309	甲基丙硫克百威	16.40	42.65	68.14	65.50	37.95	19.30
310	醚黄隆	0.80	0.21	0.21	4.00	0.44	2.35
311	吡嘧磺隆	0.40	1.31	5.31	2.00	2.42	4.08
312	磺草胺唑	2.00	0.89	5.77	10.00	0.58	2.29
	E组						
313	4-氨基吡啶	0.87	0.13	0.24	3.47	0.83	1.45
314	灭多威	9.56	1.59	2.14	38.24	3.20	6.61
315	咯喹酮	3.48	0.53	0.94	13.92	1.40	1.45
316	麦穗灵	1.89	0.44	0.42	7.56	2.17	3.07
317	丁脒酰胺	1.70	0.16	0.33	6.79	0.85	0.95
318	丁酮威	1.57	0.35	0.52	6.28	2.25	7.19
319	杀虫脒	1.33	0.34	0.64	5.33	0.85	2.90
320	霜脲氰	55.60	5.99	14.93	222.40	19.09	67.39
321	氯硫酰草胺	8.82	—	—	35.28	2.11	2.46
322	灭害威	16.42	1.69	3.92	65.68	8.02	13.89
323	甲菌定	0.12	0.49	0.48	0.50	0.10	0.20
324	氧乐果	9.65	1.29	2.30	38.60	4.72	12.45
325	乙氧呋啉	3.52	0.18	0.10	14.08	0.71	0.39
326	敌敌畏	0.55	0.09	0.19	2.19	0.22	0.43
327	涕灭威砜	21.40	1.75	2.62	85.60	17.69	35.23
328	二氧威	3.36	0.50	0.79	13.44	1.22	3.21
329	苄腺嘌呤	70.80	10.46	19.41	283.20	46.01	85.42
330	甲基内吸磷	5.30	1.28	1.28	21.20	4.71	3.04
331	杀螟腈	10.12	5.79	5.87	40.48	2.10	2.40
332	甲基乙拌磷	578.00	82.51	82.12	2 312.00	1 192.39	1 653.50
333	磺吸磷	19.76	1.17	14.93	79.04	14.82	73.21
334	苯锈定	0.18	0.02	0.04	0.73	0.10	0.24
335	乙基对氧磷	0.47	0.10	0.33	1.90	0.15	0.54
336	4-十二烷基-2,6-二甲基吗啉	3.16	0.75	0.89	12.64	1.96	3.98
337	乙烯菌核利	2.54	0.32	0.82	10.16	2.16	3.36
338	烯效唑	2.40	0.14	0.20	9.60	0.69	2.08

表 D.1（续）

序号	名　　称	含量/(μg/kg)	重复性限 r	再现性限 R	含量/(μg/kg)	重复性限 r	再现性限 R
339	啶斑肟	0.27	0.04	0.07	1.06	0.14	0.24
340	氯硫磷	133.60	10.37	15.51	534.40	41.06	61.42
341	异氯磷	0.24	0.07	0.08	0.95	0.52	0.38
342	四螨嗪	0.76	0.21	0.29	3.06	0.35	1.36
343	氟草敏	0.26	0.05	0.08	1.03	0.17	0.03
344	野麦畏	46.20	7.16	6.10	184.80	12.59	26.75
345	苯氧喹啉	153.40	3.55	29.67	613.60	34.18	109.98
346	倍硫磷砜	17.46	1.81	1.68	69.84	7.00	11.97
347	氟咯草酮	1.29	0.27	0.38	5.16	0.55	1.44
348	酞酸苯甲基丁酯	632.00	107.28	116.41	2 528.00	154.39	489.86
349	氯唑磷	0.18	0.02	0.06	0.71	0.07	0.10
350	除线磷	30.20	4.56	4.90	120.80	20.08	25.26
351	蚜灭多砜	476.00	0.00	0.00	1 904.00	166.00	453.36
352	特丁硫磷砜	88.60	12.81	17.98	354.40	15.73	47.14
353	敌乐胺	1.79	0.20	0.12	7.17	0.79	0.49
354	毒壤磷	66.80	14.83	22.32	267.20	71.91	97.01
355	苄呋菊酯-2	0.30	0.05	0.12	1.20	0.11	0.23
356	啶酰菌胺	4.76	1.30	1.57	19.04	1.61	3.38
357	甲磺乐灵	34.40	2.07	2.74	137.60	16.27	16.71
358	噻螨酮	23.60	2.74	4.01	94.40	5.00	5.44
359	双氟磺草胺	17.40	2.51	3.42	69.60	7.35	16.37
360	新燕灵	308.00	12.68	28.35	1 232.00	44.90	140.49
361	嘧螨醚	14.00	1.63	2.17	56.00	9.38	34.10
362	呋线威	1.92	0.30	1.45	7.67	1.19	1.17
363	反式氯菊酯	4.80	0.59	1.31	19.20	1.99	6.01
364	醚菊酯	2 280.00	216.07	230.40	9 120.00	6 011.40	6 027.79
365	苄草唑	0.33			1.30	0.14	0.11
366	*Z*-氯氰菊酯	0.68			2.71	0.89	0.72
367	精氟吡乙禾灵	2.50	0.01	0.13	10.00	0.02	0.85
368	乙羧氟草醚	5.00	0.82	1.15	20.00	2.76	1.88
F组							
369	丙烯酰胺	17.80	17.31	17.00	71.20	11.77	30.44
370	叔丁基胺	38.95	0.88	3.56	155.80	20.33	11.30
371	噁霉灵	224.14	18.29	34.95	896.54	32.38	114.66
372	邻苯二甲酰亚胺	43.00	7.91	13.60	172.00	21.63	25.24

表 D.1（续）

序号	名　　称	含量/(μg/kg)	重复性限 r	再现性限 R	含量/(μg/kg)	重复性限 r	再现性限 R
373	甲氟磷	68.20	6.93	12.67	272.80	17.19	10.74
374	二苯胺	0.41	0.04	0.10	1.66	0.30	0.87
375	1-乙酸萘酯	0.81	0.12	0.47	3.24	0.29	0.57
376	乙基-莠去津	0.62	0.10	0.28	2.48	0.52	0.93
377	2,6-二氯苯甲酰胺	4.50	0.91	1.04	18.00	1.31	1.17
378	涕灭威	261.00	52.79	37.36	1 044.00	120.63	335.94
379	杀虫脒盐酸盐	2.64			10.56	3.53	3.99
380	西玛通	1.10	0.11	0.29	4.42	0.25	0.63
381	呋草胺	10.18	1.57	1.37	40.72	2.17	1.72
382	克草敌	3.40	0.40	1.12	13.60	2.84	1.69
383	活化酯	3.08	0.60	1.12	12.32	0.57	1.09
384	蔬果磷	13.84	1.83	3.92	55.36	13.88	9.82
385	杀线威	548.06	146.64	136.94	2 192.24	122.10	302.62
386	赛苯隆	0.29	0.04	0.05	1.18	0.31	0.34
387	甲基苯噻隆	0.07	0.01	0.05	0.29	0.01	0.07
388	丁酮砜威	26.60	6.91	4.29	106.40	6.97	14.65
389	砜吸磷	3.92	0.49	0.65	15.68	1.54	2.45
390	硫环磷	0.49	0.06	0.21	1.94	0.25	0.37
391	氧倍硫磷	1.19	0.15	0.64	4.75	0.24	0.52
392	萘丙胺	1.27	0.11	0.82	5.10	8.50	13.67
393	杀螟硫磷	26.80	5.21	6.67	107.20	0.16	0.50
394	酞酸二丁酯	39.60	10.30	20.89	158.40	53.59	93.90
395	丙草胺	0.39	0.04	0.11	1.56	11.31	11.81
396	腐霉利	86.60	8.53	33.32	346.40	18.98	64.22
397	蚜灭磷	4.56	1.48	1.00	18.24	1.14	3.29
398	苄草隆	1.32	0.11	0.71	5.27	0.27	0.31
399	杀鼠灵	2.68	0.16	0.38	10.72	6.96	6.41
400	亚胺硫磷	17.72	1.37	1.65	70.88	6.54	6.24
401	皮蝇磷	13.13	1.80	3.33	52.52	6.83	33.14
402	除虫菊酯	35.80	3.03	2.14	143.20	2.46	3.86
403	酞酸二环己酯	0.68	0.08	0.31	2.71	0.37	0.35
404	环丙酰胺	5.20	1.24	1.91	20.80	1.24	1.87
405	吡螨胺	0.25	0.05	0.09	1.02	0.13	0.17
406	虫酰肼	27.80	1.17	1.91	111.20	8.80	21.74
407	虫螨磷	0.68	0.27	1.08	2.72	0.42	0.57

表 D.1（续）

序号	名　　称	含量/(μg/kg)	重复性限 r	再现性限 R	含量/(μg/kg)	重复性限 r	再现性限 R
408	氯亚磷	157.00	13.75	26.10	628.00	68.23	104.29
409	吲哚酮草酯	14.58	2.24	2.86	58.32	11.76	11.42
410	鱼藤酮	2.32	0.63	0.88	9.28	0.98	0.54
411	亚胺唑	10.26	0.83	1.39	41.04	10.23	4.92
412	噁草酸	1.24	0.01	0.15	4.94	0.01	0.39
413	乳氟禾草灵	31.80	1.69	2.18	127.20	6.13	19.79
414	吡草酮	0.08	0.01	0.04	0.32	0.07	0.07
415	苯螨特	8.56	1.44	0.98	34.24	6.10	11.48
416	地乐酯	41.28	6.71	7.10	165.12	19.97	17.35
417	甲咪唑烟酸	1.68	0.30	0.85	6.72	0.27	0.83
418	异丙草胺	0.80	0.21	0.28	3.20	0.76	1.18
419	乙氧苯草胺	0.80	0.14	0.26	3.20	0.58	0.71
420	四唑酰草胺	12.40	1.48	4.22	49.60	3.24	7.37
421	苯醚氰菊酯	16.80	2.73	2.78	67.20	7.70	18.16
422	马拉氧磷	4.69			18.75	1.09	0.97
	G组						
423	茅草枯	230.74	60.70	26.48	922.96	140.01	281.71
424	2-苯基苯酚	169.88	49.45	33.43	679.52	63.09	98.19
425	3-苯基苯酚	4.00	1.17	0.79	16.01	1.49	2.31
426	4,6-二硝基邻甲酚	2.60	0.49	0.24	10.40	0.47	2.05
427	调果酸	31.40	4.58	3.26	125.60	3.65	4.29
428	氯硝胺	48.56	19.27	15.23	194.22	12.46	55.68
429	氯苯胺灵	15.77	2.68	1.21	63.07	4.87	6.71
430	2-甲-4-氯丙酸	4.90	1.12	1.01	19.58	0.85	2.55
431	特草定	0.88	0.45	0.41	3.51	0.66	0.63
432	2,4-滴	11.86	1.45	1.01	47.44	2.96	4.51
433	麦草畏	1 265.92	394.00	457.07	5 063.68	365.53	505.77
434	二甲四氯丁酸	14.18	4.95	1.58	56.72	3.56	11.54
435	灭草松	1.03	0.49	0.35	4.13	0.27	0.63
436	地乐酚	0.40	0.22	0.14	1.58	0.33	0.63
437	草消酚	0.24	0.22	0.12	0.96	0.19	0.29
438	氯吡脲	11.40	9.17	8.14	45.60	22.33	20.88
439	咯菌腈	62.16	1.12	1.07	248.64	28.83	94.28
440	2,4,5-涕	17.48	2.97	1.73	69.92	8.25	16.05
441	氟草烟	192.06	19.18	11.90	768.24	90.62	176.31

表 D.1（续）

序号	名　称	含量/(μg/kg)	重复性限 r	再现性限 R	含量/(μg/kg)	重复性限 r	再现性限 R
442	杀螨醇	164.30	31.27	14.34	657.20	36.41	70.26
443	溴苯腈	1.80	0.64	0.40	7.20	0.45	1.36
444	灭幼脲	20.40	9.18	9.24	81.60	10.20	14.29
445	氯霉素	23.88	7.50	4.57	95.52	3.20	8.57
446	禾草灭	0.20	0.06	0.04	0.80	0.07	0.09
447	噁唑禾草灵	4.90	0.79	0.61	19.58	2.51	4.17
448	乙酰磺胺对硝基苯	3.00			12.00	6.46	19.21
449	甲基磺草酮	2 300.56	1 262.74	662.12	9 202.24	3 251.96	5 732.99
450	安磺灵	4.91	0.33	0.63	19.66	1.52	2.11
451	三氟羧草醚	18.00	1.32	1.09	72.00	3.07	4.27
452	碘苯腈	0.62	0.26	0.22	2.46	0.21	0.41
453	噁唑菌酮	45.29	9.39	5.38	181.15	12.87	20.59
454	磺酰唑草酮	89.60	49.68	33.18	358.40	75.83	88.04
455	吡氟酰草胺	28.27	7.23	4.41	113.09	6.24	11.39
456	乙虫清	39.85	4.79	2.55	159.41	26.88	49.58
457	磺菌胺	20.41	6.93	7.52	81.66	4.83	6.09
458	环丙嘧磺隆	343.68	67.50	27.24	1374.72	74.25	122.53
459	碘甲磺隆钠	21.20	3.16	2.28	84.80	10.81	12.95
460	克来范	9 642.82	3 151.40	820.20	3 8571.28	3 282.74	4 192.23
461	甲基碘磺隆	66.60	9.94	7.16	266.40	33.97	40.70

附 录 E
（资料性附录）
461 种农药及相关化学品英文中文名称对照索引（按英文字母顺序）

461 种农药及相关化学品英文中文名称对照索引（按英文字母顺序）见表 E.1。

表 E.1 461 种农药及相关化学品英文中文名称对照索引（按英文字母顺序）

序号	英文名称	中文名称	附录 A 中序号	序号	英文名称	中文名称	附录 A 中序号
1	1-naphthyl acetamide	萘乙酸基乙酰胺	375	28	atratone	莠去通	238
2	2,4,5-T	2,4,5-涕	440	29	atrazine	莠去津	243
3	2,4-D	2,4-滴	432	30	atrazine-desethyl	乙基-莠去津	376
4	2,6-dichlorobenzamide	2,6-二氯苯甲酰胺	377	31	azinphos ethyl	益棉磷	61
5	2-phenylphenol	2-苯基苯酚	424	32	azinphos-methyl	保棉磷	285
6	3,4,5-trimethacarb	3,4,5-混杀威	3	33	aziprotryne	叠氮津	11
7	3-phenylphenol	3-苯基苯酚	425	34	azoxystrobin	嘧菌酯	72
8	4-aminopyridine	4-氨基吡啶	313	35	benalyxyl	苯霜灵	51
9	6-chloro-4-hydroxy-3-phenyl-pyridazin	6-氯-4-羟基-3-苯基哒嗪	83	36	bendiocarb	噁虫威	89
				37	benfuracarb-methyl	甲基丙硫克百威	309
10	acephate	乙酰甲胺磷	80	38	benodanil	麦锈灵	48
11	acetamiprid	啶虫清	160	39	benoxacor	解草酮	178
12	acetochlor	乙草胺	26	40	bensulide	地散磷	69
13	acibenzolar-s-methyl	活化酯	383	41	bentazone	灭草松	435
14	acifluorfen	三氟羧草醚	451	42	benzofenap	吡草酮	414
15	aclonifen	苯草醚	100	43	benzoximate	苯螨特	415
16	acrylamide	丙烯酰胺	369	44	benzoylprop-ethyl	新燕灵	360
17	alachlor	甲草胺	270	45	benzyladenine	苄腺嘌呤	329
18	aldicarb	涕灭威	378	46	bifenazate	联苯井酯	114
19	aldicarb sulfone	涕灭威砜	327	47	bioallethrin	生物丙烯菊酯	118
20	aldimorph	4-十二烷基-2,6-二甲基吗啉	336	48	bioresmethrin	生物苄呋菊酯	134
				49	bitertanol	联苯三唑醇	58
21	allethrin	烯丙菊酯	42	50	boscalid	啶酰菌胺	356
22	allidochlor	二丙烯草胺	233	51	bromacil	除草定	179
23	alloxydim-sodium	禾草灭	446	52	bromfenvinfos	溴苯烯磷	71
24	ametryn	阔草净	251	53	bromophos-ethyl	乙基溴硫磷	68
25	aminocarb	灭害威	322	54	bromoxynil	溴苯腈	443
26	anilofos	莎稗磷	64	55	brompyrazon	溴莠敏	181
27	aspon	丙硫特普	222	56	bromuconazole	糠菌唑	143

表 E.1（续）

序号	英文名称	中文名称	附录 A 中序号	序号	英文名称	中文名称	附录 A 中序号
57	bupirimate	乙嘧酚磺酸酯	284	90	chlorthion	氯硫磷	340
58	buprofezin	噻嗪酮	121	91	chlorthiophos	虫螨磷	407
59	butachlor	丁草胺	200	92	cinidon-ethyl	吲哚酮草酯	409
60	butafenacil	氟丙嘧草酯	231	93	cinosulfuron	醚黄隆	310
61	butocarboxim	丁酮威	318	94	diallate	燕麦敌	25
62	butoxycarboxim	丁酮砜威	388	95	clethodim	烯草酮	139
63	butralin	仲丁灵	37	96	clofentezine	四螨嗪	342
64	buturon	播土隆	14	97	clomazone	异噁草松	17
65	butylate	丁草敌	244	98	cloprop	调果酸	427
66	cadusafos	硫线磷	271	99	cloquintocet mexyl	解草酯	57
67	carbaryl	甲萘威	5	100	clothianidin	噻虫胺	95
68	carbendazim	多菌灵	82	101	coumaphos	蝇毒磷	217
69	carbetamide	双酰草胺	15	102	crimidine	鼠立克	79
70	carbofuran	克百威	159	103	crufomate	育畜磷	110
71	carboxin	萎锈灵	94	104	cumyluron	苄草隆	398
72	carpropamid	环丙酰胺	404	105	cyanazine	氰草津	18
73	cartap hydrochloride	杀螟丹	258	106	cyanofenphos	苯腈磷	119
74	chloramphenicolum	氯霉素	445	107	cyanophos	杀螟腈	331
75	chlorbufam	氯草灵	88	108	cycloate	环草敌	242
76	chlordimeform	杀虫脒	319	109	cyclosulfamuron	环丙嘧磺隆	458
77	chlordimeform hydrochloride	杀虫脒盐酸盐	379	110	cycloxydim	噻草酮	129
				111	cycluron	环莠隆	4
78	chlorfenethol	杀螨醇	442	112	cymoxanil	霜脲氰	320
79	chloridazon	氯草敏	246	113	cyphenothrin	苯醚氰菊酯	421
80	chlorimuron ethyl	氯嘧磺隆	147	114	cyprazine	环丙津	250
81	chlormephos	氯甲硫磷	93	115	cyproconazole	环丙唑醇	108
82	chlorobenzuron	灭幼脲	444	116	cyprodinil	嘧菌磺胺	13
83	chlorotoluron	绿麦隆	86	117	cyromazine	灭蝇胺	78
84	chlorphoxim	氯辛硫磷	209	118	cythioate	赛灭磷	111
85	chlorprifos methyl	甲基毒死蜱	59	119	dalapon	茅草枯	423
86	chlorpropham	氯苯胺灵	429	120	dazomet	棉隆	75
87	chlorpyrifos	毒死蜱	136	121	DEF	脱叶磷	125
88	chlorsulfuron	氯磺隆	138	122	demeton(*o*+*s*)	内吸磷	177
89	chlorthiamid	氯硫酰草胺	321	123	demeton-*s*-methyl	甲基内吸磷	330

表 E.1(续)

序号	英文名称	中文名称	附录 A 中序号	序号	英文名称	中文名称	附录 A 中序号
124	demeton-*s*-methyl sulfone	砜吸磷	333	156	diphenylamin	二苯胺	374
				157	dipropetryn	杀草净	266
125	demeton-*s*-methyl sulfoxide	砜吸磷	389	158	disulfoton	乙拌磷	184
				159	disulfoton sulfone	乙拌磷砜	122
126	desmedipham	甜菜胺	40	160	disulfoton-sulfoxide	乙拌磷亚砜	190
127	dialifos	氯亚磷	408	161	ditalimfos	灭菌磷	195
128	diazinon	二嗪磷	43	162	dithiopyr	氟硫草定	226
129	dibutyl succinate	畜虫避	255	163	diuron	敌草隆	92
130	dicamba	麦草畏	433	164	DMST	—	241
131	dicapthon	异氯磷	341	165	DNOC	4,6-二硝基邻甲酚	426
132	dichlofenthion	除线磷	350	166	dodemorph	吗菌灵	188
133	dichlorvos	敌敌畏	326	167	edifenphos	敌瘟磷	44
134	diclobutrazole	苄氯三唑醇	52	168	EPN	苯硫磷	290
135	dicloran	氯硝胺	428	169	epoxiconazole	氟环唑	208
136	dicrotophos	百治磷	167	170	EPTC	茵草敌	150
137	diethofencarb	乙霉威	269	171	etaconazole	乙环唑	53
138	diethyltoluamide	避蚊胺	151	172	ethidimuron	磺噻隆	23
139	diflufenican	吡氟酰草胺	455	173	ethiofencarb	乙硫苯威	248
140	dimefox	甲氟磷	373	174	ethion	乙硫磷	223
141	dimethachloro	二甲草胺	97	175	ethiprole	乙虫清	456
142	dimethametryn	阔草净	175	176	ethirimol	乙菌定	157
143	dimethenamid	二甲酚草胺	29	177	ethofume sate	乙氧呋草黄	105
144	dimethirimol	甲菌定	323	178	ethoprophos	灭线磷	170
145	dimethoate	乐果	164	179	ethoxyquin	乙氧呋啉	325
146	dimethomorph	烯酰吗啉	306	180	ethoxysulfuron	乙氧嘧磺隆	225
147	diniconazole	烯唑醇	291	181	etobenzanid	乙氧苯草胺	419
148	dinitramine	敌乐胺	353	182	etofenprox	醚菊酯	364
149	dinoseb	地乐酚	436	183	etridiazol	土菌灵	172
150	dinoseb acetate	地乐酯	416	184	famoxadone	噁唑菌酮	453
151	dinotefuran	呋草胺	381	185	famphur	氨磺磷	50
152	dinoterb	草消酚	437	186	fempxaprop-ethyl	噁唑禾草灵	447
153	dioxabenzofos	蔬果磷	384	187	fenamiphos sulfone	苯线磷砜	210
154	dioxacarb	二氧威	328	188	fenamiphos sulfoxide	苯线磷亚砜	204
155	diphenamid	双苯酰草胺	169	189	fenarimol	氯苯嘧啶醇	54

表 E.1（续）

序号	英文名称	中文名称	附录A中序号	序号	英文名称	中文名称	附录A中序号
190	fenazaquin	喹螨醚	123	224	flusilazole	氟硅唑	46
191	fenbuconazole	腈苯唑	211	225	flusulfamide	磺菌胺	457
192	fenfuram	黑穗胺	154	226	fluthiacet methyl	氟噻乙草酯	145
193	fenhexamid	环酰菌胺	115	227	flutolanil	氟酰胺	49
194	fenitrothion	杀螟硫磷	393	228	flutriafol	粉唑醇	116
195	fenobucarb	仲丁威	156	229	fonofos	地虫硫磷	171
196	fenoxanil	氰菌胺	206	230	forchlorfenuron	氯吡脲	438
197	fenoxycarb	苯氧威	196	231	fuberidazole	麦穗灵	316
198	fenpropidin	苯锈定	334	232	furalaxyl	抑菌丙胺酯	117
199	fenpropimorph	丁苯吗啉	280	233	furathiocarb	呋线威	362
200	fenpyroximate	唑螨酯	228	234	furmecyclox	拌种胺	173
201	fensulfothin	丰索磷	198	235	haloxyfop-2-ethoxy-ethyl	精氟吡乙禾灵	367
202	fenthion	倍硫磷	185				
203	fenthion oxon	氧倍硫磷	391	236	haloxyfop-methyl	精氟吡甲禾灵	66
204	fenthion sulfone	倍硫磷砜	346	237	heptanophos	庚虫磷	264
205	fenthion sulfoxide	倍硫磷亚砜	35	238	hexazinone	环嗪酮	174
206	fentrazamide	四唑酰草胺	420	239	hexythiazox	噻螨酮	358
207	fenuron	非草隆	77	240	hydramethylnon	伏蚁腙	148
208	flamprop isopropyl	麦草氟异丙酯	140	241	hymexazol	噁霉灵	371
209	flamprop methyl	甲基麦草氟异丙酯	133	242	imazalil	抑霉唑	192
210	florasulam	双氟磺草胺	359	243	imazamethabenz-methyl	甲基咪草酯	189
211	fluazifop butyl	吡氟禾草灵	67				
212	fluchloralin	氯乙氟灵	137	244	imazapic	甲咪唑烟酸	417
213	fludioxonil	咯菌腈	439	245	imazaquin	咪唑喹啉酸	201
214	flufenacet	氟噻草胺	218	246	imazethapyr	咪唑乙烟酸	33
215	flumetsulam	唑嘧磺草胺	292	247	imibenconazole	亚胺唑	411
216	flumiclorac-pentyl	胺氟草酯	229	248	imibenzonazole-des-benzyl	脱苯甲基亚胺唑	102
217	fluometuron	伏草隆	166				
218	fluorochloridone	氯咯草酮	199	249	imidacloprid	吡虫啉	22
219	fluoroglycofen-ethyl	乙羧氟草醚	368	250	indoxacarb	茚虫威	74
220	fluridone	杀草吡啶	207	251	iodosulfuron-methyl	甲基碘磺隆	461
221	flurochloridone	氟咯草酮	347	252	iodosulfuron-methyl sodium	碘甲磺隆钠	459
222	fluroxypyr	氟草烟	441				
223	flurtamone	呋草酮	131	253	ioxynil	碘苯腈	452

表 E.1（续）

序号	英文名称	中文名称	附录 A 中序号	序号	英文名称	中文名称	附录 A 中序号
254	iprobenfos	异稻瘟净	106	288	methabenzthiazuron	甲基苯噻隆	387
255	iprovalicarb	丙森锌	47	289	methacrifos	虫螨畏	259
256	isazofos	氯唑磷	349	290	methamidophos	甲胺磷	149
257	isocarbamid	丁脒酰胺	317	291	methfuroxam	呋菌胺	165
258	isofenphos	异柳磷	212	292	methidathion	杀扑磷	41
259	isomethiozin	丁嗪草酮	24	293	methobromuron	溴谷隆	98
260	isoprocarb	异丙威	2	294	methomyl	灭多威	314
261	isopropalin	异丙乐灵	282	295	methoprotryne	盖草津	28
262	isoprothiolane	稻瘟灵	191	296	methoxyfenozide	甲氧虫酰肼	220
263	isoproturon	异丙隆	237	297	metolachlor	丙草胺	395
264	isouron	异唑隆	85	298	metosulam	磺草胺唑	312
265	isoxaben	异噁酰草胺	130	299	metoxuron	甲氧隆	163
266	isoxaflutole	异噁氟草	63	300	metribuzin	赛克津	240
267	kadethrin	噻嗯菊酯	307	301	mevinphos	速灭磷	10
268	kelevan	克来范	460	302	molinate	禾草敌	81
269	kresoxim-methyl	亚胺菌	202	303	monalide	庚酰草胺	168
270	lactofen	乳氟禾草灵	413	304	monolinuron	绿谷隆	9
271	linuron	利谷隆	263	305	monuron	灭草隆	152
272	malaoxon	马拉氧磷	422	306	myclobutanil	腈菌唑	32
273	malathion	马拉硫磷	296	307	napropamide	萘丙胺	392
274	MCPB	二甲四氯丁酸	434	308	neburon	草不隆	103
275	mecarbam	灭蚜磷	294	309	nicotine	烟碱	76
276	mecoprop	2-甲-4-氯丙酸	430	310	nitenpyram	烯啶虫胺	27
277	mefenacet	苯噻酰草胺	279	311	nitralin	甲磺乐灵	357
278	mefenoxam	精甲霜灵	104	312	norflurazon	氟草敏	343
279	mefenpyr-diethyl	吡唑解草酯	303	313	nuarimol	氟苯嘧啶醇	283
280	mepanipyrim	嘧菌胺	161	314	oesmetryn	敌草净	239
281	mephosfolan	地安磷	101	315	ofurace	甲呋酰胺	187
282	mepronil	灭锈胺	183	316	omethoate	氧乐果	324
283	mesotrion	甲基磺草酮	449	317	oryzalin	安磺灵	450
284	metalaxyl	甲霜灵	186	318	oxamyl	杀线威	385
285	metamitron	苯嗪草酮	236	319	oxycarboxin	氧化萎锈灵	182
286	metazachlor	吡唑草胺	272	320	oxyflurofen	乙氧氟草醚	216
287	metconazole	叶菌唑	127	321	paclobutrazol	多效唑	34

表 E.1（续）

序号	英文名称	中文名称	附录A中序号	序号	英文名称	中文名称	附录A中序号
322	paraoxon methyl	甲基对氧磷	20	352	procymidone	腐霉利	396
323	paraoxon-ethyl	乙基对氧磷	335	353	profenefos	丙溴磷	304
324	pebulate	克草敌	382	354	prometon	扑灭通	162
325	penconazole	戊菌唑	31	355	prometryne	扑草净	19
326	pencycuron	纹枯脲	293	356	pronamide	拿草特	96
327	phenmedipham	甜菜宁	113	357	propachlor	毒草胺	6
328	phenothrin	苯醚菊酯	213	358	propamocarb	霜霉威	234
329	phenthoate	稻丰散	287	359	propanil	敌稗	158
330	phorate	甲拌磷	99	360	propaquizafop	噁草酸	412
331	phorate sulfone	甲拌磷砜	277	361	propargite	炔螨特	142
332	phorate sulfoxide	甲拌磷亚砜	180	362	propazine	扑灭津	90
333	phosalone	伏杀硫磷	219	363	propetamphos	胺丙畏	273
334	phosfolan	硫环磷	390	364	propham	苯胺灵	1
335	phosmet	亚胺硫磷	400	365	propiconazole	丙环唑	135
336	phosphamidon	磷胺	112	366	propisochlor	异丙草胺	418
337	phoxim	辛硫磷	193	367	propoxur	残杀威	84
338	phthalic acid，biscyclohexyl ester	酞酸二环已酯	403	368	prosulfocarb	苄草丹	265
				369	pymetrozin	吡蚜酮	245
339	phthalic acid，dibutyl ester	酞酸二丁酯	394	370	pyraclofos	吡唑硫磷	300
				371	pyraclostrobin	百克敏	305
340	phthalic acid，benzyl butyl ester	酞酸苯甲基丁酯	348	372	pyrazophos	吡菌磷	73
				373	pyrazosulfuron-ethyl	吡嘧磺隆	311
341	phthalic acid，dicyclobexyl ester	酞酸二环已基酯	55	374	pyrazoxyfen	苄草唑	365
				375	pyrethrins	除虫菊酯	402
342	phthalimide	邻苯二甲酰亚胺	372	376	pyributicarb	稗草畏	297
343	picolinafen	氟吡酰草胺	144	377	pyridaphenthion	哒嗪硫磷	298
344	picoxystrobin	啶氧菌酯	301	378	pyrifenox	啶斑肟	339
345	piperonyl butoxide	增效醚	215	379	pyriftalid	环酯草醚	126
346	piperophos	哌草磷	214	380	pyrimethanil	嘧霉胺	153
347	pirimicarb	抗蚜威	16	381	pyrimidifen	嘧螨醚	361
348	pirimiphos methyl	甲基嘧啶磷	120	382	pyrimitate	嘧啶磷	197
349	pirimiphos-ethyl	嘧啶磷	299	383	pyriproxyfen	蚊蝇醚	128
350	pretilachlor	丙草胺	45	384	pyroquilon	咯喹酮	315
351	prochloraz	咪鲜胺	221	385	quinalphos	喹硫磷	194

表 E.1(续)

序号	英文名称	中文名称	附录 A 中序号	序号	英文名称	中文名称	附录 A 中序号
386	quinoclamine	灭藻醌	155	420	terbutryn	特丁净	260
387	quinoxyphen	苯氧喹啉	345	421	terrbucarb	特草灵	30
388	quizalofop-ethyl	喹禾灵	65	422	*tert*-butylamine	叔丁基胺	370
389	rabenzazole	吡咪唑	7	423	tetrachlorvinphos	杀虫畏	141
390	resmethrin-2	苄呋菊酯-2	355	424	tetraconazole	四氟醚唑	302
391	ronnel	皮蝇磷	401	425	tetramethirn	胺菊酯	56
392	rotenone	鱼滕酮	410	426	thenylchlor	噻吩草胺	205
393	sebutylazine	另丁津	254	427	thiabendazole	噻菌灵	235
394	secbumeton	密草通	12	428	thiacloprid	噻虫啉	21
395	simeconazole	硅氟唑	275	429	thiamethoxam	噻虫嗪	109
396	simeton	西玛通	380	430	thiazopyr	噻唑烟酸	308
397	simetryn	西草净	8	431	thidiazuron	赛苯隆	386
398	spinosad	多杀菌素	232	432	thifensulfuron-methyl	噻吩磺隆	224
399	spirodiclofen	螺螨酯	227	433	thiobencarb	禾草丹	267
400	spiroxamine	螺噁茂胺	38	434	thiofanox	久效威	87
401	sulfallate	菜草畏	247	435	thiofanox-sulfoxide	久效威亚砜	257
402	sulfanitran	乙酰磺胺对硝基苯	448	436	thiometon	甲基乙拌磷	332
403	sulfentrazone	磺酰唑草酮	454	437	thionazin	虫线磷	262
404	sulfotep	治螟磷	288	438	tolclofos methyl	甲基立枯磷	39
405	sulprofos	硫丙磷	289	439	tralkoxydim	苯草酮	295
406	tebuconazole	戊唑醇	281	440	*trans*-permethin	反式氯菊酯	363
407	tebufenozide	虫酰肼	406	441	triadimefon	三唑酮	276
408	tebufenpyrad	吡螨胺	405	442	triadimenol	三唑醇	36
409	tebupirimfos	丁基嘧啶磷	286	443	triallate	野麦畏	344
410	tebutam	牧草胺	256	444	triasulfuron	醚苯磺隆	70
411	tebuthiuron	木草隆	252	445	triazophos	三唑磷	124
412	temephos	双硫磷	230	446	triazoxide	咪唑嗪	261
413	TEPP	特普	107	447	trichloronat	毒壤磷	354
414	tepraloxydim	吡喃草酮	60	448	trichlorphon	敌百虫	176
415	terbacil	特草定	431	449	tridemorph	十三吗啉	278
416	terbufos	特丁硫磷	274	450	trietazine	草达津	253
417	terbufos sulfone	特丁硫磷砜	352	451	trifloxystrobin	肟菌酯	146
418	terbumeton	特丁通	249	452	triflumuron	杀铃脲	62
419	terbuthylazine	特丁津	91	453	trifluralin	氟乐灵	132

表 E.1（续）

序号	英文名称	中文名称	附录 A 中序号	序号	英文名称	中文名称	附录 A 中序号
454	tri-*n*-butyl phosphate	三正丁基磷酸盐	268	458	vamidothion sulfone	蚜灭多砜	351
455	triticonazole	戊叉菌唑	203	459	vinclozolin	乙烯菌核利	337
456	uniconazole	烯效唑	338	460	warfarin	杀鼠灵	399
457	vamidothion	蚜灭磷	397	461	*zeta* cypermethrin	*Z*-氯氰菊酯	366

ICS 29.260.20
K 35

中华人民共和国国家标准

GB 20800.3—2008

爆炸性环境用往复式内燃机防爆技术通则　第3部分：存在甲烷和(或)可燃性粉尘的地下矿区巷道用Ⅰ类内燃机

General rules of explosion-protect techniques of reciprocating internal combustion engines for explosive atmospheres—Part 3: Group Ⅰ engines for use in underground workings susceptible to firedamp and/or combustible dust

2008-05-20 发布　　　　2009-04-01 实施

中华人民共和国国家质量监督检验检疫总局
中国国家标准化管理委员会　发布

前　言

本部分的全部技术内容为强制性的。

本部分在 GB 20800《爆炸性环境用往复式内燃机防爆技术通则》总标题下，包含以下部分：

第 1 部分：可燃性气体和蒸气环境用Ⅱ类内燃机；

第 2 部分：可燃性粉尘环境用Ⅱ类内燃机；

第 3 部分：存在甲烷和(或)可燃性粉尘的地下矿区巷道用Ⅰ类内燃机。

本部分是 GB 20800 的第 3 部分。

本部分是根据欧洲标准 EN 1834-2:2000《往复式内燃机　潜在爆炸性环境用内燃机设计制造安全要求　第 2 部分：存在甲烷和(或)可燃性粉尘的地下矿区巷道用Ⅰ类内燃机》(英文版)制定的，在技术内容上，修改采用 EN 1834-2:2000，在编写格式上，符合 GB/T 1.1—2000《标准化工作导则　第 1 部分：标准的结构和编写规则》和 GB/T 20000.2—2001《标准化工作指南　第 2 部分：采用国际标准的规则》的规定。

本部分在起草时，考虑到我国国情，删除了如下内容：前言、序言、附录 ZA；并将其“各种危险一览表”一章编辑为本部分的资料性附录 A。这样的删节和变更并不影响标准的使用。

本部分在起草时，根据我国防爆电气设备检验的具体情况，对 EN 1834-2:2000 的部分技术内容进行了调整；有关调整部分的技术性差异已编入本部分正文，并在它们所涉及的条款的页边空白处用垂直单线标识。

本部分在起草时，为方便比较，编写了附录 C(资料性附录)“本部分章条编号与 EN 1834-2:2000 章条编号对照一览表”和附录 D(资料性附录)“本部分与 EN 1834-2:2000 技术性差异及其原因”。

本部分中条款表述所用的助动词遵照 GB/T 1.1—2000 附录 E 的规定。

本部分的附录 A、附录 C、附录 D 是资料性附录，附录 B 是规范性附录。

本部分由中国电器工业协会提出。

本部分由全国防爆电气设备标准化技术委员会归口。

本部分主要起草单位：南阳防爆电气研究所。

本部分参加起草单位：国家防爆电气产品质量监督检验中心、上海内燃机研究所、平顶山煤业(集团)有限责任公司、衡阳电瓶车总厂。

本部分主要起草人：张显力、王军、瞿俊鸣、于励民、蒋建勋。

爆炸性环境用往复式内燃机防爆技术通则 第3部分:存在甲烷和(或)可燃性粉尘的地下矿区巷道用Ⅰ类内燃机

1 范围

GB 20800的本部分规定了存在甲烷和(或)可燃性粉尘的地下矿区巷道用Ⅰ类M2级往复压燃式发动机(以下简称内燃机)的安全要求和(或)安全措施,用于消除或限制内燃机可能产生的各种危险和危害。

本部分适用于内燃机的防爆结构设计、制造和检验[1)]。

本部分不适用于要求特殊条件的Ⅰ类M1级内燃机。

本部分不适用于加工、制造和储存炸药的场所中使用的内燃机。

本部分不适用于点燃式内燃机。

2 规范性引用文件

下列文件中的条款通过GB 20800的本部分的引用而成为本部分的条款。凡是注日期的引用文件,其随后所有的修改单(不包括勘误的内容)或修订版均不适用于本部分,然而,鼓励根据本部分达成协议的各方研究是否可使用这些文件的最新版本。凡是不注日期的引用文件,其最新版本适用于本部分。

GB/T 1883.1—2005 往复式内燃机 词汇 第1部分:发动机设计和运行术语(ISO 2710-1:2000,IDT)

GB 3836.1—2000 爆炸性气体环境用电气设备 第1部分:通用要求(eqv IEC 60079-0:1998)

GB 3836.2—2000 爆炸性气体环境用电气设备 第2部分:隔爆型"d"(eqv IEC 60079-1:1998)

GB 3836.3—2000 爆炸性气体环境用电气设备 第3部分:增安型"e"(eqv IEC 60079-7:1998)

GB 3836.4—2000 爆炸性气体环境用电气设备 第4部分:本质安全型"i"(eqv IEC 60079-11:1998)

GB 3836.5—2004 爆炸性气体环境用电气设备 第5部分:正压外壳型"p"(IEC 60079-2:2001,MOD)

GB 3836.6—2004 爆炸性气体环境用电气设备 第6部分:油浸型"o"(IEC 60079-6:1995,IDT)

GB 3836.7—2004 爆炸性气体环境用电气设备 第7部分:充砂型"q"(IEC 60079-5:1997,IDT)

GB 3836.9—1990 爆炸性环境用防爆电气设备 浇封型电气设备"m"

GB/T 6072.1—2000 往复式内燃机 性能 第1部分:标准基本状态,功率、燃料消耗和机油消耗的标定及试验方法

GB 6809.1—1986 往复式内燃机 内燃机零部件名词和定义 第一部分:固定件与外部罩壳

GB 6809.2—1988 往复式内燃机零部件术语和定义 气门组件、凸轮轴传动和气门驱动机构

GB 6809.3—1989 往复式内燃机零部件术语 主运动件(eqv ISO 7967.2:1987)

GB 6809.4—1989 往复式内燃机零部件术语 增压及进排气管系统(eqv ISO 7967.4:1988)

---

1) EN 1834-2:2000中无检验程序的具体规定。检验程序的具体规定见GB 3836.1—2000附录A。

GB 10715—1989 抗静电环形V带导电性规定值和试验方法(eqv ISO 1813:1979)

GB/T 15706.2—1995 机械安全 基本概念与设计通则 第2部分:技术原则与规范(eqv ISO/TR 12100-2:1992,eqv EN 292-2:1991)

GB/T 16856—1997 机械安全 风险评价的原则

GB 20800.1—2008 爆炸性环境用往复式内燃机防爆技术通则 第1部分:可燃性气体和蒸气环境用Ⅱ类内燃机(MOD. EN 1834-1:2000)

JB 8890—1999 往复式内燃机 安全要求

3 术语和定义

本部分采用 GB/T 1883.1—2005、GB 6809.1—1986、GB 6809.2—1988、GB 6809.3—1989、GB 6809.4—1989 中提出的以及下列术语和定义。

3.1

爆炸性环境 explosive atmosphere

在大气条件下,以甲烷和(或)可燃性粉尘形式存在的可燃性物质同空气形成的混合物,点燃后,燃烧能传遍全部未燃混合物的环境。

3.2

潜在爆炸性环境 potentially explosive atmosphere

由于场所条件和运行条件的影响可能引起爆炸的环境。

3.3 级别

3.3.1

Ⅰ类M1级内燃机 engines of category M1 of group Ⅰ

用于存在甲烷和(或)可燃性粉尘的矿山地下矿区巷道和矿山地上作业区的内燃机。

这种内燃机所具有的防爆措施,在爆炸性环境中即使本身发生可预见事故,仍能保持其安全功能,即在一种防爆措施失效时,至少还有一种独立的第二种防爆措施起作用,仍能保持所要求的防爆水平。

3.3.2

Ⅰ类M2级内燃机 engines of category M2 of group Ⅰ

用于可能存在甲烷和(或)可燃性粉尘的矿山地下矿区巷道和矿山地上作业区的内燃机。

这种内燃机所具有的防爆措施,在正常运行工况下以及在严酷的运行工况,特别是由于粗暴操作和环境改变引起的运行工况下,能保证必不可少的防爆水平。

3.4 温度

3.4.1

爆炸性环境的最低点燃温度 minimum ignition temperature of an explosive atmosphere

在规定的试验条件下,可燃性气体或可燃性液体的蒸气的最低点燃温度,或者,粉尘云的最低点燃温度。

3.4.2

最高表面温度 maximum surface temperature

在最不利的运行条件下,设备暴露于环境大气的外部表面所达到的最高温度。这包括内燃机、附件和辅助装置(例如,隔爆外壳、阻火器、火星熄灭器、管道等)的表面温度。

3.4.3

最高温度 maximum temperature

最高温度是在最不利的运行条件下下列温度的最大值:

a) 在3.4.2中定义的最高表面温度;

b) 下列气体的最高温度：

——通过阻火器直接排入大气中的排出气体；

——增压装置出口处的增压空气。

3.5

隔爆外壳 flameproof enclosure

一种气体能够进入，能够承受内部爆炸时产生的压力，并能防止点燃周围爆炸性混合物的外壳。

3.6

阻火器 flame arrester

安装在隔爆外壳开口处或与隔爆外壳系统连接管道相连接的一种装置，允许可燃性气体-空气混合物通过，但能防止火焰穿过。阻火器由阻火元件和阻火器外壳组成。

3.7 接合面

3.7.1

闭合式接合面 closed joint

一种由两个部件配合在一起，没有通向周围环境通道的组合单元。

3.7.2

开口式接合面 open joint

一种由两个部件配合在一起，具有连续通向周围环境通道的组合单元，但不包括阻火器的开口。

4 安全要求和安全措施

4.1 总则

Ⅰ类内燃机应符合 JB 8890—1999 的要求。

热表面、热气体、火焰、火星或电气设备不应点燃隔爆外壳外部的爆炸性环境。

如果地下矿区巷道中除甲烷外还存在其他的可燃性气体，内燃机还应符合 GB 20800.1—2008，4.1，4.2，4.3 和 4.14 的要求。

对于 M2 级内燃机，正常运行工况和可预见故障应予考虑，不常见故障和严重故障不予考虑(见附录 B.1.1，B.1.2，B.1.3，B.1.4)。

4.2 最高温度

在 3.4.3 中定义的最高温度，在所有运行工况下均不应超过 150℃。

对于没有可燃性粉尘的地下矿区巷道，这个最高温度不应超过 450℃。

4.3 内燃机标识

存在甲烷和(或)可燃性粉尘的地下矿区巷道用内燃机应标示：

——Ⅰ类内燃机；

——级别(M2)；

——在 4.2 中给出的最高温度。

注：除专门出口欧洲联盟(EU)的产品外，内燃机标识应按 7.2 的规定。

4.4 隔爆外壳

隔爆外壳应根据 GB 3836.2—2000 中定义的气体Ⅰ类要求来设计。

隔爆外壳应承受：

——当按 5.3.3 的规定进行试验时内部爆炸产生的压力；

——当按 5.3.4 的规定进行试验时出现的过压；和

预防：

——当按 5.3.5 的规定进行试验时从内部向外部传爆。

在隔爆外壳内，机械连接应尽可能减少。

在隔爆外壳内，机械部件的每一连接应是闭合式接合面，或开口式接合面。

隔爆外壳内通往周围环境的任一开口式接合面的隔爆接合面长度和间隙，应符合 GB 3836.2—2000 中气体Ⅰ类的规定值。

螺纹型闭合式接合面应按 GB 3836.2—2000，5.3 的规定进行设计。

4.5 进气系统

进气系统始终是从危险场所吸入空气(见图 1)。

每一进气管道都应安装符合 4.8 要求的阻火器和进气截止阀(见 4.15)。

进气系统在阻火器和内燃机之间的部分应符合 4.4 的要求。

4.6 排气系统

排气系统始终是向危险场所排出气体(见图 1)。

每一排气管道都应安装符合 4.8 要求的阻火器和符合 4.9 要求的火星熄灭器。

a) 排气系统在阻火器和内燃机之间的部分应符合 4.4 的要求。

b) 火星熄灭器应安装在阻火器和环境大气之间。

c) 如果使用已进行过型式试验的火星熄灭器的话，则使用这种火星熄灭器的内燃机的特性(气流量度，排量，排气温度)和安装方式，应与进行型式试验时的内燃机的特性和安装方式相一致。

4.7 其他装置

4.7.1 低温启动装置

如果内燃机配置低温启动装置的话，则该装置应永久安装在靠近气缸盖、阻火器出口处。进气口阻火器应按照所用液体的特性来选择。

喷液器的长度和孔径应按 4.4 的要求进行设计，且应与进气系统一起按 5.3 的要求进行试验。

喷射系统应有机械保护，以能承受 GB 3836.1—2000 中规定的冲击试验(机械危险程度：高)而无泄漏。

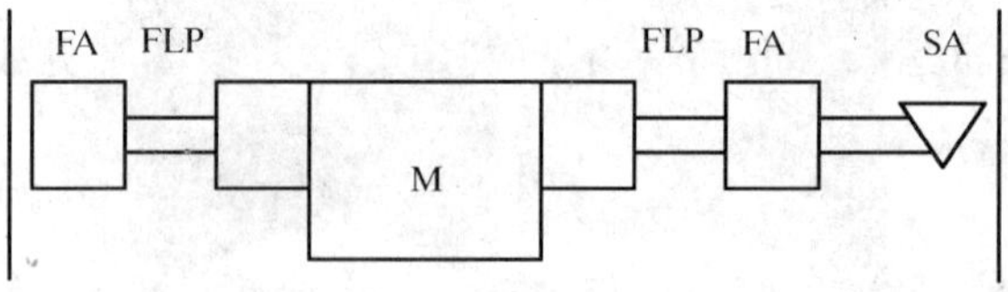

M——内燃机；

FLP——隔爆外壳；

SA——火花熄灭器；

FA——阻火器。

图 1

4.7.2 空气预热装置

如果内燃机配置空气预热装置(诸如预热塞，电热塞和辅助火焰加热器)，则该装置应永久安装在靠近进气阻火器出口处。

4.7.3 气阀和通气装置

直接接触周围环境的气阀和通气装置应符合下列要求：

从气阀和通气装置中排出的气体，应排入安装在进气口阻火器与内燃机之间或排气口阻火器与内燃机之间的隔爆外壳内，或者，气阀和通气装置应安装符合 4.8 要求的阻火器。

4.7.4 进气增压装置

当内燃机需要安装进气增压装置时，应选择其内部的温度和压力不能产生点燃条件的增压装置(见 4.4 和 4.9)，并安装空气滤清器，防止外物进入增压装置内。

或者，进气增压装置应是隔爆外壳的一部分，并按5.3的要求进行试验。

4.7.5 反转

除了可反转的内燃机外，内燃机应设计成不能反转的。

4.7.6 燃油系统

4.7.6.1 燃油系统的安装要求见6.5。

4.7.6.2 燃油箱应采用金属结构，应防止锈蚀，且应安装在不受机械损伤的地方。

燃油箱应通过压力至少为20 kPa的密封试验。

4.7.6.3 燃油箱的加油口应易于接近，结构和配置应能预防燃油溢出或漏泄。加油口的金属盖帽，在盖上时不应松动，在打开时不应丢失。

4.7.6.4 燃油箱应开设通气孔，以保持油箱内处于大气压力下，且不允许外物进入其内。

4.7.6.5 燃油箱应设置一个易于控制的截止阀。

4.7.6.6 燃油系统应设计成在燃油泵抽油侧任意燃油管道出现故障的情况下燃油不会从油箱中流出的结构。

4.7.6.7 燃油管路应：

a) 设计为金属管道或带有金属网编织层的软管；

b) 防止其内部和外部出现的化学、热和机械引起的伤害；

c) 敷设在能防止机械伤害的地方；

d) 是可以接触的。

4.7.6.8 燃油管路的连接应尽可能地短，应尽可地减少操作时的泄漏。

4.7.6.9 燃油箱应安装符合下列要求的排放装置：

排放装置应安装在油箱的最低点。

排放装置的塞盖应保证在塞紧时不得松动。在排油时，排出的燃油不能流到电气设备发热部件上及其附近。

4.7.6.10 燃油残物不允许排放在燃油系统外部装置的任一部件上。

4.8 阻火器

阻火器应按照在5.3.6.2规定的运行状态下所达到的最高温度来进行选择。

阻火器应按5.3的要求进行试验。

进气口阻火器和排气口阻火器不应互换，除非他们各方面完全相同。

进气口阻火器的结构材料的防腐蚀性能和耐磨损性能应适应内燃机的运行环境。

如果内燃机配置水基阻火器，则水基阻火器的结构材料应能承受密封液体、排出气体及其混合物的腐蚀作用。

水基阻火器应安装符合4.15要求的液位监控器。

排气口阻火器的结构材料的防腐蚀性能和耐磨损性能应相当于或优于1Cr18Ni9Ti号不锈钢。

4.9 火星熄灭器

4.9.1 材料

火星熄灭器的结构材料应具有相当于或优于1Cr18Ni9Ti号不锈钢的防腐蚀性能和耐磨损性能。

4.9.2 干式火星熄灭器

干式火星熄灭器可分为：

a) 捕集型；

b) 熄灭型。

捕集型火星熄灭器的工作原理是，通过涡流的作用从排出的气流中把热微粒排除掉。这种型号的火星熄灭器应按5.4.2和5.4.3规定的方法进行试验。

当使用5.4.2的方法时，试验结果应符合表1中规定的数值。

表 1 火星熄灭器的最小捕集效率

粒度/mm	捕集效率/%
0.1	85
0.2	99
0.5	100

熄灭型火星熄灭器的工作原理是，在涡流的作用下，把排出气流中的热微粒阻隔和熄灭，然后安全地排入大气中。这种型式的火星熄灭器只能按 5.4.3 的规定进行试验。

4.9.3 水基火星熄灭器

水基火星熄灭器所用材料应能承受密封液体、排出气体及其混合物的腐蚀作用。水基火星熄灭器应配置符合 4.15 规定的液位监控器。

另外，水基阻火器用作火星熄灭器时按 5.4.2 的要求进行试验时应符合表 1 的要求，或者，按照 5.4.3 的要求进行试验。试验应采用最低液位进行。如果水基火星熄灭器满足 4.8 对阻火器提出的要求，则它也满足本条对火星熄灭器提出的要求。

4.10 机械火花

4.10.1 金属材料

应尽量少用轻金属合金。

对于因碰撞或摩擦而引起点燃的外部可接触的构件，金属材料中所含铝、钛和镁的总重量不应大于 15%，且镁和钛的重量不应大于 6%。

如果这些构件用合适的保护层，例如，1 层 0.1 mm 厚的热喷镀锌层和 2 层锌硅酸盐涂料，隔离或保护起来，或者用其他等效的方法防止碰撞和摩擦火花，则铝、锌和镁的含量超过上述限值的构件应可使用。

在有合适的材料可供选用的地方，材料应按下列优先顺序进行组合选择：

a) 钢或铸铁对铜、黄铜或青铜；

b) 不锈钢对不锈钢。

4.10.2 涂料和涂层

涂料和涂层中所含铝、镁和钛的金属总量不应超过 15%，且镁和钛的总量不应超过 6%。

4.10.3 风扇和其他旋转部件

应把风扇和风扇罩用导体连接到内燃机上。

4.10.4 机械起动装置

内燃机应选用不能形成热表面、不产生火花，或者不能成为点燃源的，且应是预先啮合型的起动装置。

4.11 电气设备

内燃机电气系统的电压不应大于 24 V。

电气设备应满足 GB 3836.1—2000 的全部要求和 GB 3836.2—2000，GB 3836.3—2000，GB 3836.4—2000，GB 3836.5—2004，GB 3836.6—2004，GB 3836.7—2004，GB 3836.9—1990 中的一项或多项要求。

按照 GB 3836.6—2004 规定设计的电气设备，其内部不应包含可燃性油脂。

内燃机所用电气设备的安装应为双极式布线，如果在起动辅助线路运行阶段，预热塞的电气回路或其他电气起动辅助装置用内燃机气缸体作为接地回路的，则为例外；当没有使用起动辅助装置时，则正极接线和负极接线都应与内燃机气缸体绝缘。

对于移动式内燃机，如果电源与内燃机不在一起，且安装在起动器仅在非危险区中使用的地方，则电气起动器也可使用普通型的。

4.12 静电

4.12.1 塑料材料

如果没有可能发生静电放电点燃，则塑料材料只可应用于外部部件。

如果采用下列任一措施，则可防止静电放电点燃：

——表面电阻按 GB 3836.1—2000，23.4.7.8 的规定进行测量时不超过 $10^9\ \Omega$；

——静电放电表面积限制在 100 cm^2；

——在导电层或金属网上面非导电材料的厚度不大于 2 mm；当金属网被用作导电层时，网孔宽度不超过 100 mm。

4.12.2 电势平衡

所有外部可接触的部件都应用导体连接到内燃机气缸体上，以达到电势平衡。如果这些部件安装牢固，并同气缸体保持金属接触，则不必用单独的导体进行连接。

4.13 传动皮带

传动皮带应满足 GB 10715—1989 中对电阻提出的要求。

4.14 压缩空气系统

建议内燃机上不要安装压缩机。如果在特殊情况下内燃机配置了压缩机，则下列安全预防措施应予以考虑。

如果空气从危险场所进入，则选用的压缩机的内部温度和压力不应成为点燃源。

换句话说，压缩机应是防爆型的，且在进气口和排气口都应配置符合 4.8 要求的阻火器。压缩机排气口阻火器应在压缩机内部点火和出现最大释放温度及压力的条件下进行试验。

4.15 控制装置

4.15.1 概述

除符合 JB 8890—1999 的要求外，还应对内燃机故障的探测和响应提出如下要求。

4.15.2 报警装置和停机装置

内燃机应配置超速自动停机装置。

内燃机应配置自动报警装置。自动报警装置应在表 2 所列工况下给出报警。

自动报警装置应根据具体应用情况使内燃机停机，或者，报警并同时停机。

表 2 自动报警项目

自动报警项目	内燃机自动停机或其他的自动保护措施
液冷系统中冷却液超温	√
润滑油压力低	√
冷却系统中水位低	√
水基阻火器的水位低	√
排出气体超温(不得超过 70℃)	√
风冷型内燃机表面温度过高	√
内燃机油温过高	√
液压油油温过高	√

除非另有规定，应按照表 2 的规定对内燃机进行自动报警和(或)自动停机。

停机装置应是安全可靠的。

在停机装置人工复位前，应不可能重新启动内燃机。

4.15.3 内燃机停机系统

内燃机的正常停机装置和应急自动停机装置，应位于喷油泵的燃料关闭装置旁或直接靠近喷油泵。

所有内燃机都应配置进气截止阀。

超速保护装置动作时应自动地切断燃油供应和关闭进气截止阀。

进气截止阀应能手动操作。对于有人看管的内燃机,应在操作者的位置进行控制;对于无人看管的内燃机,应在内燃机外壳外部明显的、能接近的位置进行控制。

对于大型内燃机,应能在几个位置进行手动控制。

对于应急停机的情况,可以在操作空气截止阀的同时把惰性气体喷射入进气管道中。在进气管道中不允许有其他类型的灭火液体。

5 安全要求和安全措施的检验

5.1 文件编制

制造商应编制一些技术文件来规定内燃机(包括配件和附属装置)在爆炸安全方面的全部技术要求,以表明内燃机在设计时执行了本部分的要求。

5.2 试验要求

内燃机及其配件和附属装置(包括阻火器,火星熄灭器和管道)均应按5.3、5.4和5.5的要求进行型式试验。

5.3 隔爆外壳的型式试验

5.3.1 概述

隔爆外壳,即从(包括)进气口阻火器到(包括)排气口阻火器这一部分的外壳,应进行下列试验:

a) 按5.3.3的要求,最大爆炸压力测量试验;

b) 按5.3.4的要求,过压试验;

c) 按5.3.5的要求,内部点燃不传爆试验。

如果要求这些试验在内燃机上进行,则试验应按5.3.6规定的试验条件进行。

5.3.2 试验的基本要求

隔爆外壳的型式试验(爆炸压力试验和不传爆试验)应符合下列基本要求:

气体种类:甲烷/氢(按体积计,80%/20%)混合物;

在进气口隔爆外壳内的浓度为:11%±0.2%,12%±0.2%和13%±0.2%;

在排气口隔爆外壳内的浓度为:12%±0.2%;

初始压力:大气压力,或者,对于增压系统的增压部分:大气压力×压力比;

试验间隙:制造商规定的外壳的最大间隙;

试验次数:在测得最高压力的部分进行10次。

5.3.3 最大爆炸压力测定试验

5.3.3.1 概述

进行这项试验的目的是:在隔爆外壳(即进气系统或排气系统)内人为地产生可能出现的最严重的爆炸并测量之。

5.3.3.2 试验装置

a) 四冲程内燃机

试验时需用下列装置:

1) 模拟气缸体。它代替气缸体,用于安装配件。模拟气缸体应装有一个容积不大于气缸容积的模拟燃烧室。

如果证实气缸盖对试验结果没有影响,则可用相应的体积代替。

注:试验已表明气缸容积对试验结果没有影响。

2) 低能点燃源。它们安装在模拟燃烧室内的底板上。底板的设计应能使点燃源安装在模拟燃烧室的每个出入口处。

3） 进气阀。它安装在模拟燃烧室内的底板上。

4） 压力传感器和压力记录系统。至少有三个压力传感器，安装在底板上靠近点燃源或远离点燃源、阻火器内或靠近阻火器处。测量系统应采用 5 kHz±10％的频率限值，以便得到平滑的测量压力。

5） 供给相应试验气体混合物的装置。

6） 试验容器。它有下列单元组成：

（1） 容纳隔爆外壳[进气系统和（或）排气系统]用的气密试验罩，如透明塑料袋或钢制容器，或二者的组合；或者，

（2） 单独的透明塑料袋，用于封闭远离管道和各个接合面的系统端部。

试验容器的任何部分都不应在距隔爆外壳上任何排气口或接合面 300 mm 范围内。

b） 二冲程内燃机——排气系统

试验装置应符合 5.3.3.2 a）的规定。

c） 二冲程内燃机——进气系统

试验时需用下列装置：

1） 内燃机气缸内径上进气口用的密封装置。

2） 低能点燃源。试验装置的设计应能使点燃源依次安装在距各个气缸进气口 30 mm 范围内。

3） 试验气体混合物引入内燃机扫气箱的进气阀。

4） 压力传感器和压力记录系统。压力传感器至少安装两个，一个安装在扫气箱内，一个安装在紧靠进气口阻火器的内燃机侧。测量系统应采用 5 kHz±10％的频率限值，以便得到平滑的测量压力。

5） 供给相应试验气体混合物的装置。

6） 试验容器。它有下列单元组成：

（1） 容纳隔爆外壳[进气系统和（或）排气系统]用的气密试验罩，如透明塑料袋或钢制容器，或二者的组合；或者，

（2） 单独的透明塑料袋，用于封闭远离管道和各个接合面的系统端部。

试验容器的任何部分都不应在距隔爆外壳上任何排气口或接合面 300 mm 范围内。

d） 四冲程或两冲程内燃机的特殊情况

如果对于特殊内燃机进行试验时不能使用上述装置，应尽可能根据 5.3.3.2a），b）或 c）的要求来建造试验设备。设计制造试验设备时应遵循下列原则：试验气体的点燃点应在距正常运行条件下燃烧室的进气口或排气口 30 mm 范围内。

5.3.3.3 试验程序

a） 安装受试隔爆外壳，它包括气缸盖（如果采用的话）以及从内燃机气缸（燃烧室）的进气口或排气口到阻火器的所有内燃机系统部件（见图 1），也包括与阻火器紧邻的部件。有关的阀门应处于打开位置。

b） 安装并密封气密试验罩或透明塑料袋，作为容纳受试隔爆外壳和气体的试验容器。

c） 至少用 6 倍受试系统容积的试验气体混合物冲洗受试系统并确定试验气体混合物的状态：

——环境温度（0～40℃）；

——大气压力。

d） 冲洗之后用低能点燃源点火引爆，记录所得到的爆炸压力。

e） 重新充入符合要求的试验气体混合物，确认系统连接正确，再次引爆。

用每一个位于进、出口位置的点燃源分别对进气口处和排气口处进行多次试验。在形成最大压力的进出口处至少进行 5 次试验。

记录每次试验过程中显示的最大压力作为最大爆炸压力。

对水基阻火器进行试验时，试验前的液位应为制造商规定的最高液位，并且应在静态条件下（无气流）进行爆炸。

注：爆炸有危险，应采取预防保护措施。

5.3.4 过压试验

5.3.4.1 概述

进行这项试验的目的是，对隔爆外壳施加一个大于在最严重的爆炸条件下曾经出现过的最大爆炸压力的控制压力，用以表明在这种条件下隔爆外壳能保持其完整性。

5.3.4.2 静压试验装置

试验时需用下列装置：

a) 模拟气缸体。它代替气缸体，并密封通往周围环境的开口。

b) 增压装置。用于充水和增压。

c) 压力计。用于记录静压试验的压力。

5.3.4.3 静压试验的试验程序

a) 安装受试系统、底板和充水系统。

b) 把系统加压到试验压力，即1.5倍5.3.3.3测得的最大爆炸压力。

c) 断开增压系统。

5.3.4.4 合格判据

如果液压压力保持1 min以上没有减少，且隔爆外壳没有发生有损其完整性的可见的变形，则认为系统组件试验合格。

5.3.5 内部点燃不传爆试验

5.3.5.1 概述

进行这项试验的目的是，在进气系统或排气系统中制造一次可能出现的最严重的爆炸，并以此证明，在这些条件下隔爆外壳能够承受住爆炸，且爆炸不会传到周围环境中。

5.3.5.2 试验用气体混合物

隔爆外壳不传爆试验用气体混合物应符合5.3.2的规定。

5.3.5.3 试验装置

试验装置应符合5.3.3.2的规定。

5.3.5.4 试验程序

试验程序应符合5.3.3.3的规定，但隔爆外壳内、外都应充入爆炸性气体混合物。隔爆外壳应放置在试验容器内。

在出现最大爆炸压力的进（出）口处至少应进行10次爆炸。

对于水基阻火器，不传爆试验应在下列条件下进行：

——试验前阻火器的液位应为制造商规定的最小值；

——阻火器的横向和纵向倾角应为制造商规定的最大值；

——在试验过程中，应用等于排出气体最大流量的流量把试验气体混合物充入系统中。最大流量应由制造商规定。

5.3.5.5 合格判据

如果每一次试验时隔爆外壳外部的试验气体混合物都没有被点燃，则认为系统试验合格。

5.3.6 内燃机整套装置及附属配件的型式试验

5.3.6.1 概述

进行这些试验的目的是，证实本部分所列的安全要求是正确的。试验既可以在试验台上进行，也可以在现场进行。

5.3.6.2　**内燃机运行**

内燃机应在其最高表面温度状态下运行，或者，按内燃机及其用途的特定工作循环运行。如果机壳和通风装置的安装能准确地代表使用的实际状态，则可通过连接普通的驱动设备、测功机或采取其他适当的措施来施加负载。

5.3.6.3　**测量仪器**

试验用设备和仪器应符合 GB/T 6072.1—2000 规定的精度要求。试验应按照制造商的说明进行，使内燃机按照规定的速度和工况运行足够长的时间，直至温度稳定之后，方可读取数据。

5.3.6.4　**试验数据**

在内燃机运行并吸入环境气体时，测量并记录下列数据：

a）环境空气温度。

b）最高表面温度。在内燃机上可能是最热的点处测量温度，并验证这个温度已达到最大值。用这种方法确定最高表面温度。在内燃机停机之后还应继续测量温度，直至温度记录显示温度下降时停止测量。

c）对于每个表面，所测得的温度都应加上实际环境温度与最大环境温度之差值进行修正。

d）按 4.15.2 要求安装的安全装置和报警装置的运行状况。

e）水基火星熄灭器或冷却系统中液体的消耗率。

f）当采用单独冷却系统时，内燃机冷却系统冷却液的最高温度和隔爆单元冷却系统冷却液的最高温度。冷却系统中温度自动调节器的功能应符合制造商规定的技术要求。

g）用低惯性测温装置(例如裸露的热电偶)，直接在排气口阻火器的出口处测量排出气体的最高温度。

h）在内燃机空载情况下，增大内燃机转速，直至进气截止阀或燃料关闭阀关闭。记录内燃机最大转速。进行该试验时，可能需要使内燃机调速器超限。

5.4　**火星熄灭器试验**

5.4.1　**概述**

火星熄灭器应按 5.4.2 或 5.4.3 的规定进行试验。

5.4.2　**捕集效率试验**

火星熄灭器捕集效率试验应使用包含下列装置的试验设备：

——鼓风机；

——微粒喷射器；

——试验用火星熄灭器；

——捕集通过火星熄灭器的微粒的过滤器；

——测量通过火星熄灭器的气体流量的测量装置。

当火星熄灭器在内燃机上进行试验时，应使用内燃机排出的气体来代替鼓风机的吹气。此时，不需要对排出气体流量进行测量。

为了确定捕集效率，应把试验用微粒喷入鼓风机鼓吹的空气中或内燃机排出的气流中。捕集效率为过滤器中捕集的微粒的质量与喷入的微粒的质量之比。

试验用微粒应是不燃的，视密度应小于 0.9 g/cm³。试验用微粒的规格等级为 0.1 mm、0.2 mm 和 0.5 mm。应以代表火星熄灭器设计的排气流量范围内的中间值进行试验。

当火星熄灭器在内燃机上进行试验时，应至少分别以无载和怠速、50%的额定功率和额定转速，以及 100%的额定功率和额定转速进行试验。

在每种流量和每种微粒规格等级情况下，至少进行一次测量来确定火星熄灭器的捕集效率。微粒对空气或微粒对排出气体的质量比应约为 1/100。

试验用微粒应以均匀的比率喷入鼓风机鼓吹的空气中或内燃机排出的气流中，喷入时间大约 1 min

(误差为±5%)。

注：在内燃机上进行该试验时，应注意对水、燃烧过的和未燃烧过的微粒进行调整。

5.4.3 目测检查

火星熄灭器可安装在受试内燃机上进行型式试验，或者，安装在有类似排气流量的内燃机上进行型式试验。在进行型式试验时，火星熄灭器应尽可能安装在靠近内燃机排气管道的位置。

试验应使用新研磨的炭，粒度在 0.5 mm 和 1 mm 之间。

内燃机应在去掉空气滤清器和进气口阻火器的情况下达到运行稳定温度。

在内燃机进气口以均匀的速率($L/4$)g/s 喷入粉末状炭，喷入时间为 30 s，误差为±5%(L——内燃机排量，单位为 L)。

试验应在暗室条件下进行，观察试验情况，并用摄像方法记录试验结果。

试验应在内燃机下列工况下进行：

1） 最大功率；

2） 空载且高怠速；

3） 在 30 s 的时间内，从低怠速加速到高怠速。

如果看到从火星熄灭器内喷出火星，则认为火星熄灭器没有通过试验。

5.5 型式试验报告

型式试验报告应包括以下综合资料：

a） 内燃机型号(包括出厂编号)；

b） 内燃机排量；

c） 内燃机制造商提出的全部制造技术要求，包括被审查认可的功率和速度设定；

d） 防爆设备制造商对安装在内燃机上的设备规定的全部技术性能；

e） 被审查认可的试验条件(例如，是全负荷全速度试验台，或是特定应用特定试验循环)；

f） 规定的温度；

g） 限定的环境温度条件；

h） 试验室标识；

i） 参考本部分的内容。

6 制造商向用户提供的资料

6.1 总则

制造商向用户提供的资料，除符合 GB/T 15706.2—1995 第 5 章中规定的技术要求外，还应满足以下要求。

6.2 随机文件

制造商应提供一些随机文件，详细说明本部分所包括的内燃机的全部维护要求，并指明内燃机限制使用的条件。

由于使用条件的不同，可能会出现后续危险，这可能需要一些附加安全措施。内燃机安装设计者应考虑这些情况。

特别是，随机文件应指出，4.2 规定的热表面和热气体的温度不应超过爆炸性环境的点燃温度，以及有碰撞或摩擦危险的外部可接触部件应符合 GB 3836.1—2000 中 8.1 的要求。

6.3 检查项目

随机文件应根据内燃机的使用情况和工作制规定下列项目的检查周期：

a） 内燃机的一般维护和外部清洁；

b） 阻火器的清洁状况、尺寸和工况，还有进气口阻火器的腐蚀损坏程度；

c） 安装火星熄灭器的排气系统：积炭、腐蚀损坏程度；

d) 旋转机械部件：牢固性，和静止部件无接触；

e) 风扇皮带：工况和松紧度；

f) 电气设备：损坏和老化程度；

g) 停机系统传感器：设定限值的功能状态；

h) 进气截止阀和超速燃料关闭阀：设置和动作可靠性；

i) 通气阀和呼吸器：清洁状态和设置；

j) 紧固件和结合面：紧固性；

k) 起动器和蓄电池的电气连接：紧固性；

l) 挠性管：损坏情况。

注：建议用户使用维护日志来记录这些检查的具体情况。

6.4 特殊说明

制造商应在随机文件中说明对固定连接和隔爆结合面的限制条件，详细说明各个使用阶段或接合面有故障时连接或接合面的维修方法。制造商还应详细说明如何拆卸、安装及固定接合面。

6.5 燃油系统安装说明

制造商应在结构说明书中说明内燃机（燃油系统）安装的设计依据（见4.7.6）。

7 标志与铭牌

7.1 标志

在内燃机的明显部位应设置和内燃机体积大小相适合的永久性的“Ex”标志，表示内燃机为防爆型的。

7.2 铭牌

每台内燃机都应设置清晰的永久性铭牌。铭牌应包含下列内容：

——制造商的名称或商标；

——国家授权的质量监督检验机构的名称或标志；

——产品名称；

——产品型号；

——表示防爆的专用标志“Ex”符号；

——温度；

注：铭牌上可标志“防爆标志”，以代表上述相关内容。防爆标志的标示方法见GB 3836.1—2000。

——防爆合格证编号；

——内燃机应用区域；

——制造日期；

——本部分的标准编号。

附 录 A
（资料性附录）
各种危险一览表

本部分根据 GB/T 16856—1997 的规定对使用在潜在爆炸性环境的内燃机所具有的各种危险列举如下。

——由机械加工、使用、排出或喷射出的物料产生的危险，包括火灾和爆炸（见 4.4，4.10，4.11）；

——由控制系统出现故障或失灵产生的各种危险（见 4.15）；

——由防护装置或安全装置（包括起动装置和停机装置，也包括安全信号和安全标志，警告装置或信息）的位置不正确或没有而引起的各种危险（见 4.5，4.6，4.7，4.8，4.9）。

主要点燃源是：

——热表面；

——火焰（火星）和热气体；

——机械火花；

——电气设备和系统；

——静电。

可能点燃周围爆炸性环境的潜在点燃源列于附录 B.2 中。

内燃机的设计技术条件，应根据内燃机的运行环境尽可能地减小点燃的可能性，并规定：

——温度组别；

——存在可燃性粉尘；

——存在除甲烷以外的其他可燃性气体。

附 录 B
（规范性附录）
内燃机的工况和点燃源

B.1 内燃机的工况

B.1.1 正常运行工况

正常运行工况包括：

——内燃机运行的最大持续负载和速度工况；
——环境温度范围为－20℃～＋40℃；
——当吸入危险气体时火焰长度会增加，从排气支管中排出；
——从排出的气体中喷出火花（例如，由于负载变化引起的）；
——当吸入危险气体时进气口排出火焰；
——静电位的产生；
——由于各种原因形成的电火花和电弧；
——由于辅助设备的压缩温度引起的点燃；
——由于吸入危险气体引起超速。

B.1.2 可预见故障

可预见故障包括：

——可导致排气口火焰增长和出现火花的内部故障；
——由外物碰撞或运动部件和静止部件之间的摩擦而产生的机械火花；
——进气阀或排气阀的故障；
——冷却系统的故障；
——进气管中可能产生回火。

B.1.3 不常见故障

不常见故障包括：

——增压装置的故障；
——润滑失效导致内燃机卡住；
——连杆大头和连杆小头轴承的故障；
——凸轮轴传动机构的故障；
——活塞环的故障，造成燃烧气体大量泄漏到曲轴箱内；
——气缸盖密封垫的故障，造成燃烧室中进水和（或）冷却水回路中进入废气；
——由于调速器出现故障引起超速。

B.1.4 严重故障

严重故障包括：

——曲轴断裂；
——曲轴箱爆裂。

B.2 点燃源

B.2.1 热表面

能够接触爆炸性气体—空气混合物的热表面包括：

——仅接触进入气体的燃烧室的内表面；

——温度，特别是排气阀的温度，在正常运行工况下可能超过所有可燃性气体的点燃温度；

——能够接触周围大气的排气系统的外部表面，在满载工况下、可预见故障和不常见故障情况下测得的温度；

——能够接触周围大气的涡轮增压器的外部表面，在满载工况下、可预见故障和不常见故障情况下测得的温度；

——永久地固定在内燃机上的辅助设备的(诸如泵和压缩机)外部表面，在满载工况下、可预见故障和不常见故障情况下测得的温度；

B.2.2 火焰和热气体

a) 热废气的排出

在满载工况下、可预见故障和不常见故障情况下测得的温度。

b) 排气口火焰的喷出

任何火焰都能点燃任意爆炸性混合物。这一点被认为是可预见故障或不常见故障。

B.2.3 火星(火花)

由排气管中喷出的火星能够点燃可燃性混合物，是一种可预见故障或不常见故障。应考虑到这种情况，应注意相关的可燃性混合物的特征。

当外物冲击或落到内燃机的静止部件时，或者，当外物被风机吸入其内时，可能会产生机械火花。应把这种情况看作是可预见故障或不常见故障。

B.2.4 电气设备

B.2.5 静电

B.2.6 绝热压缩

由内燃机驱动的作为附属配件的增压装置和压缩机可能会出现绝热压缩。

这种情况应在运行条件下根据有关的可燃性混合物的点燃特性予以考虑。

附　录　C
（资料性附录）
本部分章条编号与 EN 1834-2:2000 章条编号对照一览表

本部分章条编号与 EN 1834-2:2000 章条编号对照见表 C.1。

表 C.1　本部分章条编号与 EN 1834-2:2000 章条编号对照一览表

本部分章条编号	EN 1834-2:2000 章条编号
1	1
2	2
3	3
3.1	3.1
3.2	3.2
3.3	3.3
3.4	3.4
3.4.1	3.4.1
3.4.2	3.4.2
3.4.3	3.4.3
3.5	3.5
3.6	3.6
3.7	3.7
3.7.1	3.7.1
3.7.2	3.7.2
4	5
4.1	5.1
4.2	5.2
4.3	5.3
4.4	5.4
4.5	5.5
4.6	5.6
4.7	5.7
4.7.1	5.7.1
4.7.2	5.7.2
4.7.3	5.7.3
4.7.4	5.7.4
4.7.5	5.7.5
4.7.6	5.7.6
4.8	5.8

表 C.1（续）

本部分章条编号	EN 1834-2:2000 章条编号
4.9	5.9
4.9.1	5.9.1
4.9.2	5.9.2
4.9.3	5.9.3
4.10	5.10
4.10.1	5.10.1
4.10.2	5.10.2
4.10.3	5.10.3
4.10.4	5.10.4
4.11	5.11
4.12	5.12
4.12.1	5.12.1
4.12.2	5.12.2
4.13	5.13
4.14	5.14
4.15	5.15
4.15.1	—
4.15.2	5.15.1
4.15.3	5.15.2
5	6
5.1	6.1
5.2	6.2
5.3	6.3
5.3.1	—
5.3.2	6.3.1
5.3.3	6.3.2
5.3.4	6.3.3
5.3.5	6.3.4
5.3.6	6.3.5
5.4	6.4
5.4.1	—
5.4.2	6.4.1
5.4.3	6.4.2
5.5	6.5
6	7

表 C.1（续）

本部分章条编号	EN 1834-2:2000 章条编号
6.1	—
6.2	7.1
6.3	7.2
6.4	7.3
6.5	7.4
7	8
7.1	—
7.2	8
附录 A	4
附录 B	附录 A
附录 C	—
附录 D	—
—	附录 ZA

附　录　D
（资料性附录）
本部分与 EN 1834-2:2000 技术性差异及其原因

本部分与 EN 1834-2:2000 技术性差异及其原因见表 D.1。

表 D.1　本部分与 EN 1834-2:2000 技术性差异及其原因一览表

本部分章条编号	技术性差异	原　因
1	删除 EN 1834-2:2000 第 1 章“范围”中第 2、5、6、8、9 和 10 段。 增加“本部分适用于内燃机的防爆结构设计、制造和检验”	遵照 GB/T 1.1—2000 的规定
3	增加往复式内燃机术语和定义的国家标准的标准编号：GB/T 1883.1—2005、GB 6809.1—1986、GB 6809.2—1988、GB 6809.3—1989、GB 6809.4—1989。 增加“Ⅰ类 M1 级内燃机”、“Ⅰ类 M2 级内燃机”的级别定义	往复式内燃机的术语和定义应按国家标准：GB/T 1883.1—2005、GB 6809.1—1986、GB 6809.2—1988、GB 6809.3—1989、GB 6809.4—1989 执行。 根据 ATEX 指令[a]（94/9/EC）附录Ⅰ的规定予以明确定义
4.3	增加“注”	遵照 GB 3836.1—2000 的规定
7.1	增加内燃机外部明显部位标示“Ex”符号的规定	参照 GB 3836.1—2000 的规定
7.2	增加“防爆标志”的内容	参照 GB 3836.1—2000 的规定
附录 A	代替 EN 1834-2:2000 第 4 章	遵照 GB/T 1.1—2000 的规定
附录 C	增加“本部分章条编号与 EN 1834-2:2000 章条编号对照一览表”	遵照 GB/T 20000.2—2001 的规定
附录 D	增加“本部分与 EN 1834-2:2000 技术性差异及其原因”	遵照 GB/T 20000.2—2001 的规定
—	删去 EN 1834-2:2000 附录 ZA	不符合我国国情

[a] 欧洲议会和欧盟理事会 94/9/EC 号指令：《关于各成员国有关潜在爆炸性环境用设备和保护系统的法律的一致性（1994.5.23）》（英文版），简称“ATEX 指令”。

ICS 29.260.20
K 35

中华人民共和国国家标准

GB 20936.4—2008/IEC 61779-4:1998

可燃性气体探测用电气设备 第4部分:显示气体体积含量至100%的Ⅱ类探测器的性能要求

Electrical apparatus for the detection and measurement of flammable gases—Part 4:Performance requirements for group Ⅱ apparatus indicating a volume fraction up to 100% gas

(IEC 61779-4:1998,IDT)

2008-12-30 发布　　2010-02-01 实施

中华人民共和国国家质量监督检验检疫总局
中国国家标准化管理委员会　发布

前　言

本部分的全部技术内容为强制性。

GB 20936《可燃性气体探测用电气设备》分为若干部分：

——第 1 部分：通用要求和试验方法；

——第 2 部分：显示空气中甲烷体积含量至 5%的Ⅰ类探测器的性能要求；

——第 3 部分：显示空气中甲烷体积含量至 100%的Ⅰ类设备的性能要求；

——第 4 部分：显示气体体积含量至 100%的Ⅱ类探测器的性能要求；

…………。

本部分是 GB 20936 的第 4 部分。

本部分等同采用 IEC 61779-4:1998《可燃性气体探测用电气设备　第 4 部分：显示气体体积含量至 100%的Ⅱ类设备的性能要求》。

本部分对 IEC 61779-4:1998 做了一些编辑性修改。

本部分由中国电器工业协会提出。

本部分由全国防爆电气设备标准化技术委员会(SAC/TC 9)归口。

本部分主要起草单位：南阳防爆电气研究所。

本部分主要参加单位：国家防爆电气产品质量监督检验中心、国家消防电子产品质量监督检验中心、深圳特安电子有限公司、天津市浦海新技术有限公司、济南市长清计算机应用公司、海湾安全技术有限公司、河南汉威电子有限公司。

本部分主要起草人：张刚、丁宏军、陈士学、王吉同、王爱中、牛军、李书朝、陈彬。

可燃性气体探测用电气设备 第4部分:显示气体体积含量至100%的Ⅱ类探测器的性能要求

1 范围

1.1 GB 20936的本部分规定了探测空气中可燃性气体或蒸汽浓度用便携式、可移动式和固定式Ⅱ类(见第1部分定义)探测器的要求。因此,这些探测器或其部件可以安装或使用在潜在爆炸性环境中,易于产生瓦斯的矿井(即Ⅰ类设备)除外。适用于本部分所包含探测器的要求和试验方法见第1部分的规定。

1.2 本部分仅限用于探测可燃性气体或蒸汽浓度与空气的体积比从0%到100%的探测器。

注1:本部分涉及的探测器通常用于探测体积比大于爆炸下限100%LEL的气体。

注2:尽管本部分涉及的探测器类型可适用于探测宽范围的可燃性气体,尤其是第1部分规定的气体(例如甲烷或丙烷),但为方便操作起见,可将这些气体作为试验气体。当设备用于探测其他可燃性气体时宜考虑本部分规定的性能要求,某些参数会被修改,例如:响应时间。

2 术语和定义

对于GB 20936的本部分使用第1部分所给出的定义。

3 通用要求

探测器应符合第1部分规定的通用要求和本部分第4章规定的性能要求。

探测器是否合格应按第1部分规定的相关试验要求和方法确定,包括初始校准。

制造厂的使用说明书的内容应按第1部分的规定进行审查。

4 性能要求

4.1 性能要求

第1部分5.3规定了试验的正常条件,是否合格应按第1部分5.4规定的试验方法确定。

4.2 不通电贮存

在承受第1部分5.4.2规定条件试验之后,探测器应符合本部分4.3~第5章规定。

4.3 校准曲线(不适用于独立式探测器)

4.3.1 校准曲线

用标准试验气体进行初始校准后,对四种体积比的气体各测得三组显示值(如有必要,采用制造厂的校准曲线修正后),每一显示值与原气体体积比的偏差应不大于±5%的测量范围或显示值的±10%,两者取较大值。

4.3.2 除试验气体外的气体响应

通过探测器显示(如有必要,用制造厂校准曲线修正后)的每一被试气体的三组气体体积比,与原气体体积比的偏差应不大于±7%的测量范围或显示值的±15%,两者取较大值。

4.4 稳定性(持续工作式探测器)

持续工作式探测器应符合下列要求:

a) 短期稳定性

短期变化不应超过测量范围的±3%或显示值的±10%,两者取较大值。

b) 长期稳定性(固定式和可移动式探测器)

长期变化不应超过测量范围的±7%或显示值的±15%,两者取较大值。

c) 长期稳定性(便携式探测器)

长期变化不应超过测量范围的±5%或显示值的±10%,两者取较大值。

4.5 稳定性(点读式探测器)

显示值的变化不应超过测量范围的±3%或显示值的±10%,两者取较大值。

4.6 报警

应在每一个试验周期内报警。如果装有报警保持装置,应当检查手动复位动作。

4.7 温度

4.7.1 在相同环境中使用控制单元和传感器的探测器

温度以 20 ℃为基础,显示值的变化不应超过下列的规定:

a) 在温度为-10 ℃时不应超过测量范围的±7%或显示值的±10%,两者取较大值;

b) 在温度为+40 ℃时不应超过测量范围的±5%或显示值的±10%,两者取较大值。

4.7.2 控制单元和传感器不在相同环境中使用的探测器的远程传感器

温度以 20 ℃为基础,显示值的变化在超出-25 ℃~+55 ℃温度范围时应不超过测量范围的±2%或每 10 ℃显示值的变化不超过±3.5%,两者取较大值。

注:控制单元应在环境温度条件下。

4.7.3 控制单元和传感器不在相同环境中使用的探测器的控制单元

温度以 20 ℃为基础,显示数值的变化在温度+5 ℃~+55 ℃范围内应不超过测量范围的±3%或显示值的 10%,两者取较大值。

4.8 压力

显示值的变化以 100 kPa 时为基础,在 80 kPa 和 110 kPa 压力值时应不超过测量范围的±7.5%或显示值的±30%,两者取较大值。

4.9 湿度

在温度为+40 ℃时,显示值的变化以 50%RH 时为基础,在 20%RH 和 90%RH 时应不超过测量范围的±5%或显示值的±10%,两者取较大值。

4.10 空气流速

显示值的变化不应超过测量范围的±5%或显示值的±10%,两者取较大值。

4.11 流量

显示值的变化不应超过测量范围的±5%或显示值的±10%,两者取较大值。

4.12 方位

显示值的变化不应超过测量范围的±5%或显示值的±10%,两者取较大值。

4.13 振动

振动试验过程中,探测器不应产生功能丧失,不应出现误报警或故障信号。探测器不应产生导致危险的损坏或功能丧失。

在振动试验结束,传感器暴露在洁净空气之后,接着用标准的试验气体试验,与试验前相比显示值的变化应不超过测量范围的±5%或显示值的±15%,两者取较大值。

4.14 跌落试验(适用于便携式探测器和远程传感器)

设备不应产生导致危险的损坏或功能丧失。

显示值的变化不应超过测量范围的±5%或显示值的±15%,两者取较大值。

4.15 预热时间(不适用于点读式探测器)

4.15.1 固定式或可移动式探测器

探测器应放在洁净空气中预热,直到显示为零,达到±5%测量范围内的时间不超过制造厂规定的时间,并且不应出现误报警。

4.15.2 持续工作式便携式探测器

探测器应在洁净空气中预热,直到显示为零,达到±5%测量范围内的时间不超过2 min,并且不应出现误报警。

4.16 响应时间(不适用于点读式探测器)

在$t(50)$时的响应时间应不大于20 s,$t(90)$时应不大于60 s。

4.17 最短操作时间(点读式探测器)

对于没有探头或试样管线的探测器,显示值在15 s时间内应达到最终显示值的90%。

对于采用一个探头或试样管线的吸气式探测器,允许每米附加3 s。

4.18 超过测量范围的高气体浓度

不适用。

4.19 蓄电池容量

4.19.1 蓄电池供电的便携式持续工作式探测器

如果适用,在8 h或10 h周期结束时,显示值的变化不应超过测量范围的±3%或显示值的±10%,两者取较大值。

显示电量不足后,继续工作10 min结束时,显示值的变化不应超过测量范围的±6%,或显示数值的±20%,两者取较大值。

4.19.2 蓄电池供电的便携式点读式探测器

在操作200次结束时,显示值的变化不应超过测量范围的±3%或显示值的±10%,两者取较大值。

显示电量不足后,继续操作10次结束时,显示值的变化不应超过测量范围的±6%或显示值的±20%,两者取较大值。

4.20 电源波动

4.20.1 概述

无要求。

4.20.2 交流供电的探测器

显示值的变化不应超过测量范围的±3%或显示值的±10%,两者取较大值。

4.20.3 外部直流供电的探测器

显示值的变化不应超过测量范围的±3%或显示值的±10%,两者取较大值。

4.20.4 其他供电方式

显示值的变化不应超过测量范围的±3%或显示值的±10%,两者取较大值。

4.20.5 蓄电池供电的探测器

显示值的变化不应超过测量范围的±3%或显示值的±10%,两者取较大值。

对于点读式探测器,从最低工作电压开始应当能够进行至少10次测量,公差在上述范围之内。

4.21 电源中断、电压瞬变和电压跌落

当发生规定的中断、电压瞬变或出现电压跌落时,探测器不应产生误报警。

4.22 附加取样探头

显示值的变化不应超过测量范围的±2%或显示值的±5%,两者取较大值。

4.23 粉尘

$t(90)$时的增加量应不超过10 s。

4.24 中毒剂和其他气体

不适用。

4.24.1 中毒剂

不适用。

4.24.2 其他气体

不适用。

4.25 电磁兼容

当进行电磁兼容性试验时，显示值的变化不应超过测量范围的±3%。探测器应不出现功能丧失或误报警。

5 现场校准工具

在使用现场校准工具观察到的输出显示值与规定浓度的差值不应大于±5%的幅度或显示值的±10%，两者取较大值。

ICS 59.080.01
W 04

中华人民共和国国家标准

GB/T 20944.3—2008

纺织品 抗菌性能的评价 第3部分:振荡法

Textiles—Evaluation for antibacterial activity—Part 3: Shake flask method

2008-04-29 发布　　　　2008-12-01 实施

中华人民共和国国家质量监督检验检疫总局
中国国家标准化管理委员会　发布

前　言

GB/T 20944《纺织品　抗菌性能的评价》分为三个部分：

——第1部分：琼脂平皿扩散法；

——第2部分：吸收法；

——第3部分：振荡法。

本部分为GB/T 20944的第3部分。

本部分由中国纺织工业协会提出。

本部分由全国纺织品标准化技术委员会基础分委会(SAC/TC 209/SC 1)归口。

本部分主要起草单位：深圳市北岳海威化工有限公司、国家纺织制品质量监督检验中心、上海市纺织科学研究院南方测试中心、中国人民解放军特种防护服装质量检测中心、杭州新华诺芙特卫生材料有限公司、浙江笑雪服饰有限公司、浙江浪莎袜业有限公司、中国针织工业协会。

本部分主要起草人：邹海清、王俊起、王友斌、刘晨、张华、倪济云、李洪、盛军棋、刘爱莲、王智。

本部分首次发布。

纺织品　抗菌性能的评价
第3部分：振荡法

1　范围

GB/T 20944的本部分规定了采用振荡法测定纺织品抗菌性能的定量试验和评价方法。

本部分适用于羽绒、纤维、纱线、织物，以及特殊形状的制品等各类纺织产品，尤其适用于非溶出型抗菌纺织产品。

本部分不涉及抗菌产品安全性的评价。

2　规范性引用文件

下列文件中的条款通过GB/T 20944的本部分的引用而成为本部分的条款。凡是注日期的引用文件，其随后所有的修改单（不包括勘误的内容）或修订版均不适用于本部分，然而，鼓励根据本部分达成协议的各方研究是否可使用这些文件的最新版本。凡是不注日期的引用文件，其最新版本适用于本部分。

GB/T 12490　纺织品　色牢度试验　耐家庭和商业洗涤色牢度（GB/T 12490—2007，ISO 105-C06：1994，MOD）

3　术语和定义

下列术语和定义适用于GB/T 20944的本部分。

3.1

抗菌性能　antibacterial activity

纺织品所具有的能抑制织物上的细菌生长繁殖的性能。

3.2

对照样　control fabric

用于验证试验微生物生长条件的、不经任何处理的100%棉织物。

注：已被证明采用色牢度试验用的棉标准贴衬织物，经高温蒸煮和蒸馏水洗涤后作为对照样是合适的。

4　安全预防措施

安全须知：本试验所采用的试验菌能使人感染致病，应采取一切必要的预防措施，免除对人员和环境的危害，试验应由经过培训的人员进行。

5　原理

将试样与对照样分别装入一定浓度的试验菌液的三角烧瓶中，在规定的温度下振荡一定时间，测定三角烧瓶内菌液在振荡前及振荡一定时间后的活菌浓度，计算抑菌率，以此评价试样的抗菌效果。

6　试验器具

6.1　分光光度计：检测波长475 nm或660 nm适合于测试试验菌液的浓度。

6.2　恒温培养箱：温控精度为±1℃。

6.3　水浴锅：温度能保持在46℃±2℃。

6.4　恒温振荡器（摇床）：温度精度为±1℃。

6.5 冰箱：温度能保持在5℃～10℃。

6.6 玻璃门冷藏箱：温度能保持在5℃～10℃。

6.7 高压灭菌锅：温度能保持在121℃，压力能保持在103 kPa。

6.8 带塞三角烧瓶：容量为250 mL。

6.9 培养皿：直径90 mm。

6.10 旋涡式振动器。

6.11 二级生物安全柜。

6.12 试管、吸管、烧瓶等实验室常用器具。

7 培养基和试剂

试验所用试剂应是分析纯的或适合于微生物试验用的。试验用水应是纯水，如蒸馏水。

注：建议使用现有商业化的脱水原料制备培养基，并严格按照相关产品制造商的使用说明操作。

7.1 营养肉汤

牛肉膏	3 g
蛋白胨	5 g
蒸馏水	（最终定容至）1 000 mL

灭菌后，pH值为6.8±0.2。

7.2 营养琼脂培养基

牛肉膏	3 g
蛋白胨	5 g
琼脂粉	15 g
蒸馏水	（最终定容至）1 000 mL

灭菌后，pH值为6.8±0.2。

7.3 沙氏琼脂培养基

葡萄糖	40 g
蛋白胨	10 g
琼脂粉	20 g
蒸馏水	（最终定容至）1 000 mL

灭菌后，pH值为5.6±0.2。

7.4 0.03 mol/L PBS（磷酸盐）缓冲液

磷酸氢二钠	2.84 g
磷酸二氢钾	1.36 g
蒸馏水	（最终定容至）1 000 mL

灭菌后，pH值为7.2～7.4，5℃～10℃保存备用。

8 试验菌种

8.1 菌种

革兰氏阳性细菌：金黄色葡萄球菌 *Staphylococcus aureus*（ATCC 6538）；

革兰氏阴性细菌：大肠杆菌 *Escherichia coli*（8099或ATCC 11229、ATCC 8739、ATCC 29522三者中的一种），或肺炎克雷白氏菌 *Klebsiella pneumoniae*（ATCC 4352），根据需要选一种；

白色念珠菌 *Candida albicans*（ATCC 10231）。

注1：可使用加入世界菌种保藏联合会（WFCC）的菌种保藏机构提供的、与上述菌种等效的试验菌。

注2：如果需要，可采用其他的试验菌种，培养基成分、培养温度和培养方法应根据要求调整。

8.2 菌种转种及保存

冻干菌激活后接种斜面试管培养，然后贮存于冰箱（5℃～10℃），作为保存菌。每一个月应转种一次，转种后放于冰箱(5℃～10℃)保存，转种次数不应超过10代。若转种后保存时间超过一个月，不能用于下一次转种。

8.3 标识

对每个菌种应标注如下信息：

a) 供应冻干菌的菌种保藏机构名称；

b) 冻干菌的名称和编号；

c) 冻干菌的批号；

d) 冻干菌激活日期；

e) 保存菌的贮藏日期；

f) 保存菌的实验室编号。

9 试验菌液的准备

9.1 细菌菌液的培养和准备

9.1.1 两步预培养程序制备细菌接种菌悬液

从3代～10代的细菌保存菌种(8.2)试管斜面中取一接种环细菌，在营养琼脂平板(7.2)上划线。于37℃±1℃，培养18 h～24 h。用接种环从平板中挑出一个典型菌落，接种于20 mL营养肉汤(7.1)中。37℃±1℃，130 r/min，振荡培养18 h～20 h，即制成了接种菌悬液。菌液含量采用分光光度计法或稀释法测定，活菌数应达到1×10^{9} CFU/mL～5×10^{9} CFU/mL。此新鲜菌液应在4 h内尽快使用，以保证接种菌的活性。

9.1.2 细菌接种菌液的准备

用吸管从细菌悬液(9.1.1)中吸取2 mL～3 mL(参考数值。由此步骤调整接种活菌数目，大肠杆菌取下限，金黄色葡萄球菌取上限)，移入装有9 mL营养肉汤(7.1)的试管中，充分混匀。吸取1 mL移入另一支装有9 mL营养肉汤(7.1)的试管中，充分混匀。吸取1 mL移入装有9 mL 0.03 mol/L PBS缓冲液(7.4)的试管中，充分混匀。吸取5 mL移入装有45 mL 0.03 mol/L PBS缓冲液(7.4)的三角烧瓶中。充分混匀，稀释至含活菌数目3×10^{5} CFU/mL～4×10^{5} CFU/mL(由此固定的4次稀释程序，此接种菌液中含有微量的营养肉汤)，用来对试样接种。此接种菌液应在4 h内尽快使用，以保持接种菌的活性。

9.2 白色念珠菌菌液的培养和准备

9.2.1 两步预培养程序制备白色念珠菌接种菌悬液

从3代～10代的白色念珠菌保存菌种(8.2)试管斜面中取一接种环，在沙氏琼脂平板(7.3)上划线，于37℃±1℃，培养18 h～24 h。用接种环从平板中挑出典型的菌落，接种于沙氏琼脂培养基(7.3)试管斜面，37℃±1℃，培养18 h～24 h，得新鲜培养物，再往此试管中加入5 mL 0.03 mol/L PBS缓冲液(7.4)。反复吹吸，洗下新鲜菌苔。然后用5 mL吸管将洗脱液移至另一支无菌试管中，用旋涡式振动器混合20 s或在手上振摇80次，使其充分混匀，即制成了接种菌悬液。此菌悬液含量采用分光光度计法或稀释法测定，活菌数应达到1×10^{8} CFU/mL～5×10^{8} CFU/mL。此新鲜菌液应在4 h内尽快使用，以保证接种菌的活性。

9.2.2 白色念珠菌接种菌液的准备

用吸管从白色念珠菌悬液(9.2.1)中吸取2 mL～4 mL，移入装有9 mL 0.03 mol/L PBS缓冲液(7.4)的试管中，进行10倍系列稀释操作，充分混匀。吸取5 mL移入装有45 mL 0.03 mol/L PBS缓冲液(7.4)的三角烧瓶中,充分混匀。稀释至含活菌数 2.5×10^5 CFU/mL～3×10^5 CFU/mL,用来对试样接种(可在此三角烧瓶中适量加入直径 2 mm～3 mm 的小玻璃球振摇,以利撞碎结块的菌团,使接种菌液更均匀)。此接种菌液应在 4 h 内尽快使用,以保持接种菌的活性。

10 试样的准备

10.1 样品洗涤

试样如需洗涤,应选用 10.1.1 或 10.1.2 的洗涤方法的一种进行操作,并在试验报告中注明采用的洗涤方法。

10.1.1 耐洗色牢度试验机洗涤方法

从抗菌织物大样中取 3 个小样(每个尺寸 10 cm×10 cm,剪成 2 块),按 GB/T 12490 中的试验条件 A1M 进行洗涤,采用 ECE 无磷标准洗涤剂。下述程序相当于 5 次洗涤:水温 40℃±3℃,洗涤剂浓度 0.2%,150 mL 溶液,钢珠 10 粒,洗 45 min。洗涤后取出试样,在 40℃±3℃和 100 mL 的水中清洗两次,每次 1 min。重复此程序,直至规定的洗涤次数。为防止残留的洗涤剂干扰抗菌性能测试,最后一个程序结束时充分清洗样品,然后晾干或烘干。

10.1.2 家用双桶洗衣机洗涤方法

从抗菌织物大样中取 20 g 以上的小样,试验条件为 40℃±3℃,浴比 1∶30,AATCC 1993 WOB 无磷标准洗涤剂浓度 0.2%。下述程序相当于 5 次洗涤(以 20 g 布样为例,实际试验应根据试样按比例增加水量及洗涤剂):在洗衣机中加入 40℃±3℃热水 6 L,试样 20 g 及陪洗织物 180 g,洗涤剂 12 g,开机洗涤 25 min。排水,6 L 自来水注洗 2 min。取出织物,离心脱水 1 min。再用 6 L 自来水注洗 2 min,取出织物,离心脱水 1 min。重复此程序,直至规定的洗涤次数。为防止残留的洗涤剂干扰抗菌性能测试,最后一个程序结束时应充分清洗样品,然后晾干或烘干。

10.2 试样

将抗菌织物样及对照样分别剪成约 5 mm×5 mm 大小的碎片,称取 0.75 g±0.05 g 作为一份试样,用小纸片包好。根据试验需要称取多份试样,每份试样均用小纸片包好。

未经抗菌处理织物样若需检测也按此规定剪碎、称量并用小纸片包好。

10.3 试样灭菌

将装有试样的小纸包放入高压灭菌锅,于 121℃、103 kPa 灭菌 15 min。备用。

若试样不宜采用高压蒸汽灭菌,可采用其他方法灭菌,但所用的灭菌方法不应影响抗菌性能和检测结果;对同一个检测样本的试样、对照样应采用同一种灭菌方法。

11 试验操作

11.1 试样及试剂装瓶

准备 9 个 250 mL 三角烧瓶。在其中 3 个烧瓶中各加入对照样 0.75 g±0.05 g,3 个烧瓶中各加入抗菌织物试样 0.75 g±0.05 g,另 3 个烧瓶不加试样作为空白对照。然后在每个烧瓶中各加入 70 mL±0.1 mL 0.03 mol/L PBS 缓冲液(7.4)。

若需要,可另增加 3 个三角烧瓶,各装入 0.75 g±0.05 g 未经抗菌处理织物试样,并各加入 70 mL±0.1 mL 0.03 mol/L PBS 缓冲液(7.4),以考察未经抗菌处理织物试样的相关性能。

注:空白对照用于观察试验菌的接种浓度,并观察试验菌在试验期内的活性,防止因其自身的衰减获得虚高的试验结果。

11.2 “0”接触时间制样

用吸管往 3 个对照样烧瓶和 3 个对照烧瓶中各加入 5 mL 接种菌液(9.1.2 或 9.2.2)。盖好瓶塞,放在恒温振荡器上，在 24℃±1℃，以 250 r/min～300 r/min，振荡 1 min ± 5 s，然后进行下一步“0”接触时间取样。

11.3 “0”接触时间取样

用吸管在“0”接触时间制样的 6 个烧瓶中各吸取 1 mL±0.1 mL 溶液，移入装有 9 mL±0.1 mL 0.03 mol/L PBS 缓冲液(7.4)的试管中，充分混匀。用 10 倍稀释法再进行 1 次稀释，充分混匀。吸取 1 mL±0.1 mL移入灭菌的平皿，倾注营养琼脂培养基(7.2)或沙氏琼脂培养基(7.3)约 15 mL。每个 10^2 稀释倍数的试管分别吸液制作两个平板作平行样。室温凝固，倒置平板，37℃±1℃培养 24 h～48 h（白色念珠菌 48 h ～72 h）。记录每个平板中的菌落数。

注：对照样接种“0”接触时间取样并倾注平板培养后，在此 10^2 稀释倍数平板中，金黄色葡萄球菌及大肠杆菌的平均菌落数宜控制在 200 CFU ～250 CFU 的范围，白色念珠菌的平均菌落数宜控制在 150 CFU ～200 CFU 的范围，否则影响试验精确度。

11.4 定时振荡接触

用吸管往 3 个抗菌织物试样烧瓶中各加入 5 mL 接种菌液(9.1.2 或 9.2.2)，盖好瓶塞。已完成“0”接触时间取样且盖好瓶塞的另 6 个烧瓶不需再加接种液。再将此 9 个试样的烧瓶置于恒温振荡器上，在 24℃±1℃，以 150 r/min，振荡 18 h。

注：若另增加了 3 个未经抗菌处理织物试样，则在此试样烧瓶中也各加入 5 mL 接种菌液(9.1.2 或 9.2.2)，并盖好瓶塞。与其他试样在相同条件振荡 18 h。

11.5 稀释培养及菌落数的测定

到规定时间后，从每个烧瓶中吸取 1 mL±0.1 mL 试液，移入装有 9 mL±0.1 mL 0.03 mol/L PBS 缓冲液(7.4)的试管中，充分混匀。用 10 倍稀释法系列稀释至合适稀释倍数。用吸管从每个稀释倍数的试管中分别吸取 1 mL±0.1 mL 移入灭菌的平皿，倾注营养琼脂培养基(7.2)或沙氏琼脂培养基(7.3)约 15 mL。每个稀释倍数的试管分别吸液制作两个平板作平行样。室温凝固，倒置平板，37℃±1℃培养 24 h ～48 h(白色念珠菌 48 h ～72 h)。

选择菌落数在 30 CFU ～300 CFU 之间的合适稀释倍数的平板进行计数。若最小稀释倍数平板中的菌落数＜30，则按实际数量记录；若无菌落生长，则菌落数记为“＜1”。

两个平行平板的菌落数相差应在 15％以内，否则此数据无效，应重作试验。

12 结果的计算及评价

12.1 活菌浓度的计算

根据两个平板得到的菌落数，按式(1)计算每个试样烧瓶内的活菌浓度(保留两位有效数)。

$$K = Z \times R \qquad (1)$$

式中：

K——每个试样烧瓶内的活菌浓度(CFU/mL)；

Z——两个平板菌落数的平均值；

R——稀释倍数。

12.2 试验有效性的判断

根据式(2)计算试验菌的增长值 F。对金黄色葡萄球菌及大肠杆菌等细菌，当 F 大于或等于 1.5；对白色念珠菌，当 F 大于或等于 0.7，且对照烧瓶中的活菌浓度比接种时的活菌浓度增加时，试验判定为有效。否则试验无效，需重新进行试验。

$$F = \lg W_t - \lg W_0 \qquad (2)$$

式中：

F——对照样的试验菌增长值；

W_t——3 个 对照样 18 h 振荡接触后烧瓶内的活菌浓度的平均值(CFU/mL)；

W_0——3 个对照样“0”接触时间烧瓶内的活菌浓度的平均值(CFU/mL)。

12.3 抑菌率的计算

振荡接触 18 h 后,比较对照样与抗菌织物(或未抗菌处理织物)试样烧瓶内的活菌浓度,按式(3)计算抑菌率(保留两位有效数)。

$$Y = \frac{W_t - Q_t}{W_t} \times 100\% \qquad \cdots\cdots(3)$$

式中:

Y——试样的抑菌率;

W_t——3 个 对照样 18 h 振荡接触后烧瓶内的活菌浓度的平均值(CFU/mL);

Q_t——3 个抗菌织物(或 3 个未抗菌处理织物)试样 18 h 振荡接触后烧瓶内的活菌浓度的平均值(CFU/mL)。

12.4 结果的表达

以抑菌率的计算值作为结果。当抑菌率计算值为负数时,表示为“0”;当抑菌率计算值≥0 时,表示为“≥0”。

12.5 抗菌效果的评价

对金黄色葡萄球菌及大肠杆菌的抑菌率≥70%,或对白色念珠菌的抑菌率≥60%,样品具有抗菌效果。

13 试验报告

试验报告应包括下列内容:

a) 试验是按本部分进行的;

b) 样品和对照样的描述;

c) 样品的预处理(例如,消毒、洗涤次数);

d) 试验菌种名称、编号及接种浓度;

e) 对照样的增长值 F,包括 W_t 和 W_0;

f) 试样的 Q_t;

g) 抑菌率;

h) 抗菌效果的评价;

i) 试验人员和试验日期;

j) 试样的洗涤方法;

k) 任何偏离本部分的情况。

ICS 53.100
P 97

中华人民共和国国家标准

GB/T 20969.4—2008

特殊环境条件 高原机械 第4部分：高原自然环境试验导则 内燃动力机械

Special environmental condition—Machinery for plateau—
Part 4: Guide rule of test for plateau natural environment—
Internal combustion engines

2008-02-03 发布 2008-07-01 实施

中华人民共和国国家质量监督检验检疫总局
中国国家标准化管理委员会 发布

前　　言

GB/T 20969《特殊环境条件　高原机械》为系列标准，该系列标准包括：

——第1部分：高原对内燃动力机械的要求；

——第2部分：高原对工程机械的要求；

——第3部分：高原型工程机械选型、验收规范；

——第4部分：高原自然环境试验导则　内燃动力机械；

——第5部分：高原自然环境试验导则　工程机械。

本部分为GB/T 20969的第4部分。

本部分由中国机械工业联合会提出并归口。

本部分负责起草单位：机械工业西宁高原工程机械研究所。

本部分参加起草单位：机械工业北京电工技术经济研究所、机械工业高原工程机械产品质量监督检测中心等。

本部分主要起草人：冯辉生、张明、方晓燕、宋奇才、祝红英、王学智、李青。

引　　言

在高原自然环境条件下，内燃动力机械的试验检测与其在低海拔地区相比有较大的不同，内燃动力机械能否满足高原要求，严格规范内燃动力机械高原自然环境性能试验检测行为，对获取准确的数据和结果是十分重要的。

本部分的制定，目的在于规范内燃动力机械在高原自然环境条件下的检测条件、检测内容和检测方法，为正确检验和评价产品高原性能提供规范的试验过程和结果要求。

特殊环境条件　高原机械　第4部分：高原自然环境试验导则　内燃动力机械

1　范围

GB/T 20969 的本部分规定了内燃动力机械在海拔 2 000 m～5 000 m 高原自然环境条件下的试验导则。

本部分适用于工程建筑机械、起重运输机械配套用内燃动力机械在高原自然环境条件下的性能试验和可靠性试验。

2　规范性引用文件

下列文件中的条款通过 GB/T 20969 的本部分的引用而成为本部分的条款。凡是注日期的引用文件，其随后所有的修改单(不包括勘误的内容)或修订版均不适用于本部分，然而，鼓励根据本部分达成协议的各方研究是否可使用这些文件的最新版本。凡是不注日期的引用文件，其最新版本适用于本部分。

GB/T 6072.1　往复式内燃机　性能　第1部分：标准基准状况，功率、燃料消耗和机油消耗的标定及试验方法(GB/T 6072.1—2000，idt ISO 3046-1：1995)

GB/T 20969.1—2007　特殊环境条件　高原机械　第1部分：高原对内燃动力机械的要求

JB/T 4198.1—2001　工程机械用柴油机　技术条件

JB/T 4198.2—1999　工程机械用柴油机　性能试验方法

JB/T 50188　工程机械用柴油机　可靠性、耐久性试验方法

3　术语和定义

GB/T 6072.1、GB/T 20969.1、JB/T 4198.2 中确定的术语和定义适用于本部分。

4　导则

4.1　试验样机的准备

4.1.1　样机的要求

4.1.1.1　基本要求

提供试验样机 1 台～2 台，基本型被测样机应符合 GB/T 6072.1 和 JB/T 4198.1 的规定，高原型被测样机应符合 GB/T 20969.1—2007 中 4.1 的规定。

4.1.1.2　水冷却系统

水冷却系统防冻指标应满足高原环境温度＋20℃～－40℃的要求。

4.1.1.3　润滑油

应符合 GB/T 20969.1—2007 中 4.7.2 的规定。

4.1.1.4　水冷却系统预压力

闭式循环系统应检查水冷却系统预压力，预压力应符合 GB/T 20969.1—2007 中 4.5 的规定。

4.1.1.5　试验前的磨合、维护、保养

样机应按基本型相应产品标准规定和产品使用说明书的要求进行磨合试验，并在磨合试验完成后按规定进行维护、保养。

4.1.1.6 样机交付时的检验

试验样机交付时应做以下检验,并予以记录:

——随机备件及随机工具;

——外观质量(含密封性检查);

——低温启动装置;

——橡胶管件及涂漆防护。

以上检验项目的检验结果应分别符合基本型相应产品标准中出厂检验的规定或产品使用说明书的声明。

4.2 随机资料的要求

样机应至少具备下列技术文件:

——出厂合格证;

——装箱单;

——产品使用说明书(含高原补充使用说明书);

——随机备件及随机工具清单;

——标准环境条件下的性能检测报告。

4.3 检测仪器设备的要求

4.3.1 仪器设备的精度

仪器仪表、量具、传感器等及其组成的系统测量精度应满足表1~表8的规定。

4.3.2 仪器设备的防护要求

检测仪器设备及其组成系统应满足高原自然环境条件下的正常工作要求,并具有防振动、防沙尘、防静电、耐低温等防护措施。

4.4 试验条件

4.4.1 高原自然环境温度

低温起动试验时,环境温度应符合JB/T 4198.2—1999中6.1.1的规定。

其他性能试验时,环境温度应在15℃以上。

4.4.2 试验场地

普通增压型内燃动力机械试验,台架应设定在海拔3 000 m±100 m自然环境的场地。

高原型内燃动力机械试验,台架应设定在海拔4 500 m±200 m自然环境的场地。

试验场地应开阔平坦,并具有稳定的水电供给系统。

4.4.3 试验台架的水平度要求

试验台架在纵、横向的水平度误差均应小于2%。

4.5 试验方法

4.5.1 性能试验

在设定高原环境条件下,按GB/T 6072.1或JB/T 4198.2的规定进行。

4.6 可靠性和耐久性试验

4.6.1 试验场地

高原自然环境条件下,试验场地根据产品试验要求设置在海拔3 000 m~5 000 m的高原上。

4.6.2 试验方法

在高原自然环境条件下,按JB/T 50188的规定。

4.7 试验项目、测量参数及精度

4.7.1 主要试验项目

主要试验项目有:

——万有特性试验;

——全负荷速度特性试验；
——负荷特性试验；
——低温起动性能试验；
——可靠性和耐久性试验。

4.7.2 主要测量参数及精度

高原自然环境条件下，内燃动力机械主要测量参数及精度见表1～表8。

表1 高原自然环境条件参数和精度

序号	参 数	说 明	符号	单位	允许偏差
1	环境温度	试验台架位置处的大气温度	T_x	K	±1
2	大气压力	试验台架位置处的大气压力	p_x	kPa	±0.35
3	海拔高度	试验台架位置处的海拔高度	H_x	m	±0.5%
4	相对湿度	试验台架位置处的相对湿度	ϕ_x	%	±1

表2 基本参数和精度

序号	参 数	说 明	符号	单位	允许偏差
1	有效扭矩	飞轮输出的平均扭矩	T_{tq}	kN·m	±2%
2	转速	飞轮在规定时间内输出的转数	n	r/min	±2%
3	涡轮增压器转速	增压器转轴在某一规定时间内的转数	n_t	r/min	±2%
4	有效功率	飞轮输出的转速或扭矩的换算值	P^d	kW	±3%

注1：有效扭矩用水力、电力测功器或其他类似装置测量。
注2：转速用测速仪、计数器、转速表或类似方法测量。
注3：有效功率按所测的飞轮输出扭矩和转速值计算。

表3 压力参数和精度

序号	参 数	说 明	符号	单位	允许偏差
1	进气阻力	增压器进口处的算术平均进气压力降	Δp_d	kPa	±5%
2	进气压力	增压器进口处的算术平均进气绝对压力	p_d		±1%
3	增压压力	增压器后的算术平均充气压力	p_b		±2%
4	气缸进口前的增压压力	气缸进口前的算术平均空气压力	p_{ba}		±2%
5	中冷器压力损失	中冷器进出口处的压力差	Δp_{ba}		±10%
6	涡轮进口处的排气压力	涡轮前排气管内的算术平均压力	p_{g1}		±5%
7	排气背压	排气歧管内或涡轮后的算术平均压力	p_{g2}		±5%
8	冷却介质压力	在液冷系统中规定点的压力	p_{c1}		±5%
9	机油压力	润滑系统中（在滤清器、冷却器等前、后各油路内）规定点的润滑油压力	p_o		±5%
10	燃油供给压力	喷油泵进口处燃油的算术平均压力	p_f		±10%

注1：各种压力的允许偏差以表压的百分数给出。
注2：压力可用单位bar代替kPa或MPa。

表 4 温度参数和精度

序号	参 数	说 明	符号	单位	允许偏差
1	进气温度	增压器压气机进口温度	T_d	K	±2
2	增压器压气温度	增压器压气机出口温度	T_b		±4
3	中冷器出口温度	气缸进口前的空气温度	T_{ba}		±4
4	增压涡轮进口处的排气温度	涡轮前测得的排气平均温度	T_{g1}		±3
5	增压涡轮出口排气温度	涡轮后测得的排气平均温度	T_{g2}		±3
6	冷却介质温度	在液冷系统中规定点的温度	T_{cl}		±2
7	机油温度	在润滑系统中规定点的机油温度	T_o		±2
8	燃油温度	在燃油系统中某一规定点的燃油温度	T_f		±5

注 1:温度用电测法或液体温度计测量。

注 2:温度单位可用℃代替 K。

表 5 消耗量参数和精度

序号	参 数	说 明	符号	单位	允许偏差
1	燃油消耗量	单位时间内所消耗的燃油质量	B	g/s kg/s kg/h	±3%
2	燃油消耗率	单位小时功率的燃油消耗量	b	g/(kW·h) g/MJ	±3%
3	空气消耗量	单位时间内从大气吸入的空气质量	A	kg/s kg/h	±5%

注:消耗量用质量法或容积法,测出消耗一定量液体所需的时间,或用标准压差计或其他型式的流量计测定。

表 6 流量参数和精度

序号	参 数	说 明	符号	单位	允许偏差
1	冷却液流量	单位时间内流过冷却系统的液体质量	m_{cl}	kg/s kg/h	±10%
2	机油流量	单位时间内流过润滑系统的机油质量	m_o	kg/s kg/h	±10%

表 7 排气排放特性参数和精度

序号	参 数	说 明	符号	单位	允许偏差
1	烟度	滤纸排气染黑的程度	r	烟度	±0.3 满程量为 10 单位时
2	消光度	a) 被未稀释排气遮挡的光线 b) 光吸收系数	N k	% m^{-1}	±5 ±5%
3	碳烟	碳的质量密度	ρ_c	g/m³	±10%
4	气体排放组分	各气体组分的体积浓度	$c_B{}^s$	%或×10⁻⁶	AMC
5	比排放量	单位小时功率的排放量	$e_B{}^s$	g/(kW·h)	AMC

注 1:排气通过规定面积的(白色)滤纸,测定光线经滤纸反射后衰减的程度。

注 2:测量未稀释排气修正到标准基准温度和压力下使滤纸增加的质量。

注 3:气体排放组分用适于每种组分(和/或其浓度)的化学或物理方法测量。

注 4:AMC 由制造厂与客户共同确定。

表 8 低温起动性能试验的其他参数和精度

序号	参数	说明	符号	单位	允许偏差
1	电解液温度	蓄电池电解液温度	T_{c2}	K	±2
2	电解液密度	蓄电池电解液密度	m_{o1}	g/cm^3	±10%
3	起动电压	蓄电池起动电压	U	V	±1%
4	起动电流	蓄电池起动电流	I	A	±1%
5	起动转速	启动电机起动过程转速	n_1	r/min	±1%
6	拖动时间	启动电机拖动过程时间	t	s	±1%
注：要注明相应的低温起动措施。					

4.8 试验报告

4.8.1 性能试验报告

内容应包括：

a) 序言；

b) 性能试验的条件和结果；

c) 低温起动性能试验的条件和结果；

d) 技术评价含主要动力性能、经济性能、热平衡性能、排温性能、低温起动性能在高原自然环境下条件的适应性评价；

e) 结论；

f) 附录。

4.8.2 可靠性、耐久性试验报告

内容应包括：

a) 序言。

b) 高原自然环境条件下可靠性试验的试验条件、试验过程和试验记录。

c) 技术评价：

——主要动力性能、经济性能、热平衡性能、排温性能、低温起动性能；

——试验样机的可靠性；

——高原技术状态。

d) 结论。

e) 附录。

ICS 53.100
P 97

中华人民共和国国家标准

GB/T 20969.5—2008

特殊环境条件　高原机械
第5部分：高原自然环境试验导则
工程机械

Special environmental condition—Machinery for plateau—
Part 5: Guide rule of test for plateau natural environment—Construction machinery

2008-02-03 发布　　　　2008-07-01 实施

中华人民共和国国家质量监督检验检疫总局
中国国家标准化管理委员会　发布

前　言

GB/T 20969《特殊环境条件　高原机械》为系列标准，该系列标准包括：

——第1部分：高原对内燃动力机械的要求；

——第2部分：高原对工程机械的要求；

——第3部分：高原型工程机械选型、验收规范；

——第4部分：高原自然环境试验导则　内燃动力机械；

——第5部分：高原自然环境试验导则　工程机械。

本部分为GB/T 20969的第5部分。

本部分由中国机械工业联合会提出并归口。

本部分负责起草单位：机械工业西宁高原工程机械研究所。

本部分参加起草单位：天津工程机械研究院、机械工业北京电工技术经济研究所、机械工业高原工程机械产品质量监督检测中心等。

本部分主要起草人：冯辉生、郭丽平、吴润才、程晓青、王学智、祝红英、李青。

引　言

在高原自然环境条件下，工程机械的试验检测与其在低海拔地区相比有较大的不同，工程机械能否满足高原要求，严格规范工程机械高原自然环境试验检测行为，对获取准确的数据和结果是十分重要的。

本部分的制定，目的在于规范工程机械在高原自然环境条件下的检测条件、检测内容和检测方法，为正确检验和评价产品高原性能提供规范的试验过程和结果要求。

特殊环境条件　高原机械
第5部分:高原自然环境试验导则
工程机械

1　范围

GB/T 20969的本部分规定了工程机械性能试验、型式试验和高原型工程机械定型试验在海拔2 000 m～5 000 m高原自然环境条件下的试验导则。

本部分适用于以内燃动力机械配套的工程建筑机械、起重运输机械在高原自然环境条件下的试验检测。

2　规范性引用文件

下列文件中的条款通过GB/T 20969的本部分的引用而成为本部分的条款。凡是注日期的引用文件,其随后所有的修改单(不包括勘误的内容)或修订版均不适用于本部分,然而,鼓励根据本部分达成协议的各方研究是否可使用这些文件的最新版本。凡是不注日期的引用文件,其最新版本适用于本部分。

GB/T 6375　土方机械　牵引力测试方法(GB/T 6375—1986,eqv ISO 7464:1983)

GB/T 8190.4　往复式内燃机　排放测量　第4部分:不同用途发动机的试验循环(GB/T 8190.4—1999,idt ISO 8178-4:1996)

GB/T 10913　土方机械　行驶速度测定(GB/T 10913—2005,ISO 6014:1986,MOD)

GB/T 18576　建筑施工机械与设备　术语和定义

GB/T 20969.1—2007　特殊环境条件　高原机械　第1部分:高原对内燃动力机械的要求

GB/T 20969.2—2007　特殊环境条件　高原机械　第2部分:高原对工程机械的要求

JB/T 4198.2—1999　工程机械用柴油机　性能试验方法

3　术语和定义

GB/T 18576、GB/T 20969.2—2007中3.3、3.4确定的术语和定义适用于本部分。

4　导则

4.1　试验准备

4.1.1　样机的准备

提供型式试验的样机1台～2台,一台可直接进入高原工业性试验,另一台在结束整机性能试验后再投入高原工业性试验,也可用一台样机先后进行。

4.1.2　样机的要求

4.1.2.1　基本要求

高原型被测样机应符合GB/T 20969.2—2007中4.1的规定。

4.1.2.2　水冷却系统

水冷却系统防冻指标应满足高原环境温度+20 ℃～−40 ℃的要求。

4.1.2.3 润滑油

应符合 GB/T 20969.1—2007 中 4.7.2 的规定。

4.1.2.4 水冷却系统预压力

闭式循环系统应检查水冷却系统预压力，预压力应符合 GB/T 20969.1—2007 中 4.5 的规定。

4.1.2.5 转速、气压或油压的校验

试验样机应按产品使用说明书和产品标准核定校验内燃机最高空载转速、液压系统安全阀标定压力、制动系统的操纵油压、气压和轮胎气压。

4.1.2.6 试验前的磨合、维护、保养

样机应按基本型相应产品标准规定和产品使用说明书的要求进行磨合试验，并在磨合试验完成后按规定进行维护、保养。

4.1.2.7 样机交付时的检验

样机交付时应做以下检验，并予以记录：

——随机备件及随机工具；

——外观质量(含密封性检查)；

——动力配置；

——低温启动装置；

——低温蓄电池配置；

——司机室空调性、密封性和防护；

——橡胶管件及涂漆防护。

以上检验项目应分别符合基本型相应产品标准中出厂检验的规定或产品使用说明书的声明。

4.1.3 资料的准备

样机试验前至少应具备下列技术文件：

——出厂合格证；

——装箱单；

——产品使用说明书(含高原补充使用说明书)；

——随机备件及随机工具清单；

——标准环境条件下性能检验报告。

4.2 检测仪器设备的要求

4.2.1 仪器设备的精度

仪器仪表、量具、传感器等及其组成的系统测量精度应满足表 1～表 6 的规定。

4.2.2 仪器设备的防护要求

检测仪器设备及其组成系统应满足高原自然环境条件下的正常工作要求，并具有防振动、防沙尘、防静电、耐低温等防护措施。

4.3 试验条件

4.3.1 高原自然环境温度

低温起动试验时，环境温度应符合 JB/T 4198.2—1999 中 6.1.1 的规定。

其他性能试验时，环境温度应在 15 ℃以上。

4.3.2 试验场地

普通增压型工程机械试验，试验场地应设定在海拔 3 000 m±100 m 自然环境的场地；

高原型工程机械试验，试验场地应设定在海拔 4 500 m±200 m 自然环境的场地。

试验场地的最小直线长度为 100 m，路面纵向坡度应不大于 1%，横向坡度应不大于 3%。

试验选择无雨天气，风速不超过 6 m/s。

4.4 性能试验

4.4.1 试验方法

在设定高原环境条件下，按基本型相应产品标准规定的方法进行，其中可只检验与高原环境条件相关的项目，与高原环境条件不相关的项目以基本型检验数据为准。

可以根据供需双方的共同约定，在与高原环境条件相关的项目中选择具有代表性的点、线及参数进行多项或专项试验。

在现场不具备条件的情况下，试验方法可以以供需双方共同认可的、经技术判断理论上成立的方法替代。

4.4.2 主要试验项目

主要试验项目有：

——牵引性能；

——速度性能；

——加速性能；

——爬坡性能

——低温起动性能；

——可靠性。

4.4.3 主要试验参数及精度

高原自然环境条件下，工程机械主要试验参数及精度见表 1～表 6。

表 1 高原自然环境条件参数和精度

序号	参数	说明	符号	单位	允许偏差
1	环境温度	试验场地大气温度	T_x	℃	±1
2	大气压力	试验场地大气压力	P_x	kPa	±0.35
3	海拔高度	试验场地海拔高度	H_x	m	±0.5%
4	相对湿度	试验场地相对湿度	ϕ_x	%	±1

表 2 动力参数和精度

序号	参数	类别	说明	符号	单位	允许偏差
1	牵引力 回转力	最大牵引力 提升力 挖掘力 回转力	最大直线或回转的驱动力	F	kN	±1%
2	速度	各挡最高车速 装置动作速度	各挡直线速度	v_s	m/s cm/s km/h	±2%
		回转速度 工作振动频率 增压器转速	装置的转速 由转速转换成的单位时间振动次数 增压器在规定时间内的转数	n f n	r/min Hz r/min	±2% ±1% ±2%
注：测量方法按 GB/T 6375、GB/T 10913 及相应产品标准的规定。						

表3 温度参数和精度

序号	参数	说明	符号	单位	允许偏差
1	冷却水温	水冷却系统中规定点的温度	T_w	℃	±1
2	液压油温度	液压系统中规定点的温度	T_{yy}		±1
3	液力油温度	液力系统中规定点的机油温度	T_{yl}		±1
4	机油温度	润滑系统中规定点的机油温度	T_o		±1
5	燃油温度	燃油系统中规定点的燃油温度	T_f		±2
6	增压器涡轮进口处的排气温度	涡轮前测得的排气平均温度	T_{g1}		±3
7	增压器涡轮出口排气温度	涡轮后测得的排气平均温度	T_{g2}		±3
注：温度用电测法或液体温度计测量。					

表4 消耗量参数和精度

序号	参数	说明	符号	单位	允许偏差
1	燃油消耗量	单位时间内所消耗的燃油质量	B	g/s kg/s kg/h	±3%
2	燃油消耗率	单位小时功率的燃油消耗量	b	g/(kW·h) g/MJ	±3%
注：消耗量用质量法或容积法，测出消耗一定量液体所需的时间，或用标准压差计或流量计测定。					

表5 排气排放特性参数和精度

序号	参数	说明	符号	单位	允许偏差
1	烟度	滤纸排气染黑的程度	r	烟度	±0.3 满程量为10单位时
2	气体排放组分	各气体组分的体积浓度	$c_B{}^s$	%或$\times10^{-6}$	AMC
3	比排放量	单位小时功率的排放量	$e_B{}^s$	g/(kW·h)	AMC

注1：测量通过规定面积的(白色)滤纸，测定光线经滤纸反射后衰减的程度、未稀释排气修正到标准基准温度和压力下使滤纸增加的质量、以测内燃机标定功率和最大负荷时为主。

注2：AMC由制造厂与客户共同确定。

注3：测量方法按GB/T 8190.4的规定。

表6 低温起动性能试验的其他参数和精度

序号	参数	说明	符号	单位	允许偏差
1	电解液温度	蓄电池电解液温度	T_{el}	K	±2
2	电解液比重	蓄电池电解液比重	m_o	g/cm^3	±10%
3	起动电压	蓄电池起动电压	U	V	±1%
4	起动电流	蓄电池起动电流	I	A	±1%
5	起动转速	启动电机起动过程转速	N_1	r/min	±1%
6	拖动时间	启动电机拖动过程时间	t	s	±0.5
注：要注明相应的低温起动措施。					

4.5 可靠性试验

4.5.1 试验场地

高原自然环境条件下,试验场地根据产品试验要求设置在海拔 3 000 m～5 000 m 的高原上。

4.5.2 试验方法

在高原自然环境条件下,按相应产品标准规定的试验方法进行。

4.5.3 试验内容、作业方式

按基本型相应产品标准的规定进行。

4.5.4 试验时间及相应要求

连续试验时间应不少于 600 h,其中海拔 4 000 m 以上作业时间应不少于 300 h,应有 100 h 处于冬季作业,可以在用户使用的条件下进行试验。

4.6 试验报告

4.6.1 性能试验报告

内容应包括:

a) 序言;

b) 性能试验的条件和结果;

c) 低温起动性能试验的条件和结果;

d) 技术评价含主要动力性、经济性、生产率、热平衡性能、排温性能、低温起动性能在高原自然环境条件下的适应性评价;

e) 结论;

f) 附录。

4.6.2 可靠性试验报告

内容应包括:

a) 序言。

b) 高原自然环境条件下可靠性试验的试验条件、试验过程和试验记录。

c) 技术评价:

——主要动力性能、经济性能、生产率、热平衡性能、排温性能、低温起动性能;

——试验样机可靠性;

——高原技术状态:

1) 增压器、中间冷却器的正常状态;

2) 空滤器性能;

3) 低温起动装置的实用、可靠及灵敏性;

4) 水、油冷却器的适用、可靠性;

5) 司机室保温、采暖、除霜、换气、供氧、紫外线防护系统的可靠性;

6) 液压油、液力传动油的使用适应性;

7) 润滑油、润滑脂的适用性和可靠性;

8) 密封件、橡胶件的可靠性;

9) 焊接零部件的可靠性;

10) 高原装置的保养、维修性评价;

11) 蓄电池的适应性;

12) 专用工具、备件及技术文件的配备合理性。

d） 结论。

e） 附录。

4.6.3 标准环境条件产品参数的沿用

报告中与高原大气环境条件无关的项目可沿用样机标准环境条件下的相应参数值。

ICS 75.180.01
E 10

中华人民共和国国家标准

GB/T 20972.2—2008

石油天然气工业 油气开采中用于含硫化氢环境的材料 第2部分：抗开裂碳钢、低合金钢和铸铁

Petroleum and natural gas industries—Materials for use in H_2S-containing environments in oil and gas production—
Part 2: Cracking-resistant carbon and low alloy steels, and the use of cast irons

(ISO 15156-2:2003, MOD)

2008-08-28 发布 2009-03-01 实施

中华人民共和国国家质量监督检验检疫总局
中国国家标准化管理委员会 发布

前言

GB/T 20972《石油天然气工业 油气开采中用于含硫化氢环境的材料》分为如下三个部分：

——第1部分：选择抗裂纹材料的一般原则；

——第2部分：抗开裂碳钢、低合金钢和铸铁；

——第3部分：抗开裂耐蚀合金和其他合金。

本部分为GB/T 20972的第2部分。

GB/T 20972是油气开采中用于含硫化氢环境的材料的分部分出版的国家标准。下面列出本国家标准的结构及对应的ISO标准。

第1部分：选择抗裂纹材料的一般原则，对应于 ISO 15156-1:2001；

第2部分：抗开裂碳钢、低合金钢和铸铁，对应于 ISO 15156-2:2003；

第3部分：抗开裂耐蚀合金和其他合金，对应于 ISO 15156-3:2003。

本部分修改采用ISO 15156-2:2003《石油天然气工业 油气开采中用于含硫化氢环境的材料 第2部分：抗开裂碳钢、低合金钢和铸铁》(英文版)。

本部分根据ISO 15156-2:2003重新起草。考虑到我国国情，在采用ISO 15156-2:2003时，本部分做了一些修改。有关技术性差异已编入正文中并在它们所涉及的条款的页边空白处用垂直单线标识，在附录G中给出了这些技术性差异及其原因的一览表以供参考。

为便于使用，本部分还做了下列编辑性修改：

a) “ISO 15156的本部分”一词改为“本部分”；

b) 删除了ISO 15156-2:2003的前言和引言。

本部分的附录A、附录B、附录F为规范性附录，附录C、附录D、附录E、附录G为资料性附录。

本部分由全国石油钻采设备和工具标准化技术委员会(SAC/TC 96)提出并归口。

本部分负责起草单位：中国石油集团工程设计有限责任公司西南分公司。

本部分参加起草单位：中国石油天然气股份有限公司西南油气田分公司，中国石油天然气集团公司管材研究所。

本部分主要起草人：施岱艳、向波、戴海黔、姜放、刘勇明、白真权、傅贺平、夏青、王秦晋、林雪梅、何敏、李天雷。

本部分为首次发布。

石油天然气工业　油气开采中
用于含硫化氢环境的材料
第2部分:抗开裂碳钢、低合金钢和铸铁

注意:按本部分选择的碳钢、低合金钢和铸铁,在油气开采中规定的含硫化氢环境里是抗开裂的,但并不一定在所有的使用环境下都可避免开裂。为预期的使用环境选择合适的碳钢、低合金钢及铸铁是设备使用者的责任。

1　范围

GB/T 20972 的本部分给出了在油气开采及天然气处理厂含硫化氢(H_2S)环境中,设备用碳钢和低合金钢的选择及评定的要求和推荐做法,这些设备的失效会对公众、个人健康和安全或环境造成危害。使用本部分有助于避免发生这种代价高昂的腐蚀破坏。本部分是对那些合适的设计规范、标准和准则的补充,但不能代替它们对材料的要求。

本部分叙述了钢抗由硫化物应力开裂(SSC)引起的破坏的性能以及应力定向氢致开裂(SOHIC)和软区开裂(SZC)的有关现象。

本部分还叙述了钢抗氢致开裂(HIC)和可能发展成的阶梯裂纹(SWC)的性能。

本部分只涉及开裂,不涉及均匀腐蚀(质量减少)或局部腐蚀造成的材料损失。

表1列出了适用于本部分的不详尽的设备清单,包括了允许的例外。

表1　设备表

本部分适用于下列设备用材料	允许的例外设备
钻井、完井和修井设备	仅暴露在成分受控的钻井液中的设备[a] 钻头 防喷器剪切闸板[b] 钻井隔水导管装置 作业管柱 钢丝绳和绳索起下的设备[c] 表层套管和技术套管
油气井,包括地下设备、气举设备、 井口和采油树	抽油泵和抽油杆 电动潜油泵 其他人工举升设备 卡瓦
(出油)采气管道、集气(油)管道、 矿场设备和矿场处理装置	在总压(绝)低于0.45 MPa(65 psi) 工作的原油储存和处理设备
水处理设备	在总压(绝)低于0.45 MPa(65 psi)工作的水处理设备 注水和水处理设备[e]
天然气处理装置	
液体、气体和多相流体输送管道	商业和民用处理气输送管道
对于以上所有设备	只承受压缩载荷的部件

a　见 A.2.3.2.3。
b　见 A.2.3.2.1。
c　绳索润滑器和润滑器连接装置不允许例外。
d　对于抽油泵和抽油杆,见 NACE MR0176。
e　对于注水和水处理设备,见 NACE RP0475。

本部分适用于按常规弹性准则设计和制造设备所用材料的选择和评定。对于使用塑性准则的设计(例如基于应变和极限状态设计)，按 GB/T 20972.1—2007 第 5 章的要求。

附录 A 列出了抗 SSC 的碳钢和低合金钢材料，A.2.4 包括了铸铁的使用要求。

本部分不一定适用于炼油或下游的加工设备。

2 规范性引用文件

下列文件中的条款通过 GB/T 20972 的本部分的引用而成为本部分的条款。凡是注明日期的引用文件，其随后所有的修改单(不包括勘误的内容)或修订版均不适用于本部分，然而，鼓励根据本部分达成协议的各方研究是否可使用这些文件的最新版本。凡是不注明日期的引用文件，其最新版本适用于本部分。

GB/T 228 金属材料 室温拉伸试验方法(GB/T 228—2002，eqv ISO 6892:1998)

GB/T 230.1 金属洛氏硬度试验 第 1 部分：试验方法(A、B、C、D、E、F、G、H、K、N、T 标尺)(GB/T 230.1—2004，ISO 6508-1:1999，Metallic materials-Rockwell hardness test-Part 1：Test method(scales A，B，C，D，E，F，G，H，K，N，T)，MOD)

GB/T 231.1 金属布氏硬度试验 第 1 部分：试验方法(GB/T 231.1—2002，eqv ISO 6506-1:1999)

GB/T 699 优质碳素结构钢

GB/T 700 碳素结构钢(GB/T 700—2006，ISO 630:1995，NEQ)

GB/T 710 优质碳素结构钢热轧薄钢板和钢带

GB/T 711 优质碳素结构钢热轧厚钢板和宽钢带

GB/T 3077 合金结构钢

GB 3087 低中压锅炉用无缝钢管(GB 3087—1999，neq ISO 9329-1:1989)

GB/T 4157—2006 金属在硫化氢环境中抗特殊形式环境开裂实验室试验

GB/T 4340.1 金属维氏硬度试验 第 1 部分：试验方法(GB/T 4340.1—1999，eqv ISO 6507-1:1997，Metallic materials-Vickers hardness test-Part 1：Test method)

GB 5310 高压锅炉用无缝钢管

GB 6479 高压化肥设备用无缝钢管

GB 6654 压力容器用钢板

GB/T 8650 管线钢和压力容器钢抗氢致开裂评定方法

GB/T 9711.3 石油天然气工业 输送钢管交货技术条件 第 3 部分：C 级钢管(GB/T 9711.3—2005，ISO 3183-3:1999，IDT)

GB/T 12229 通用阀门 碳素钢铸件技术条件

GB/T 15970.2 金属和合金的腐蚀 应力腐蚀试验 第 2 部分：弯梁试样的制备和应用(GB/T 15970.2—2000，idt ISO 7539-2:1989)

GB/T 19830—2005 石油天然气工业 油气井套管或油管用钢管(ISO 11960:2001，IDT)

GB/T 20972.1—2007 石油天然气工业 油气开采中用于含硫化氢环境的材料 第 1 部分：选择抗裂纹材料的一般原则(ISO 15156-1:2001，IDT)

GB/T 20972.3—2008 石油天然气工业 油气开采中用于含硫化氢环境的材料 第 3 部分：抗开裂耐蚀合金和其他合金(ISO 15156-3:2003，MOD)

JB 4726 压力容器用碳素钢和低合金钢锻件

ISO 10423 石油和天然气工业——钻井和生产设备——井口和采油树设备

API Spec 5CT 套管和油管规范

API Spec 5L 管线管规范

ASME[1] 锅炉及压力容器规范，第 IX 卷 2)—焊接和钎焊评定标准

ASTM[2] A 48/A 48M 灰铸铁规范

1) 美国机械工程师学会(ASME)，国际性组织，Three Park Avenue，New York，NY 10016-5990，USA

2) 美国材料试验学会(ASTM)，国际性组织，100 Barr Harbor Drive，PO Box C700，West Conshohocken，PA 19428-2959，USA

ASTM A 53/A 53M 无镀层和热浸镀锌焊接及无缝钢管

ASTM A 105/A 105M 管道用碳素钢锻件

ASTM A 106 高温用无缝碳钢公称管

ASTM A 193/A 193M 高温用合金钢和不锈钢螺栓材料

ASTM A 194/A 194M 高温高压螺栓用碳钢和合金钢螺母

ASTM A 220/A 220M 珠光体可锻铸铁

ASTM A 234/A 234M 中、高温设备用锻制碳素钢及合金钢管配件

ASTM A 278/A 278M 650 ℉(350 ℃)以下的承压零件用灰铁铸件

ASTM A 320/A 320M 低温用合金钢螺栓材料

ASTM A 333/A 333M 低温用无缝和焊接公称钢管

ASTM A 381 高压输送用金属弧焊钢管

ASTM A 395/A 395M 高温用铁素体球墨铸铁承压铸件

ASTM A 524 常温和较低温度用无缝碳钢公称管

ASTM A 536 球墨铸铁件

ASTM A 571/A 571 适用于低温设备的承压零部件用奥氏体球墨铸铁件

ASTM A 602 汽车用可锻铸铁件

ASTM E 140 布氏硬度、维氏硬度、洛氏硬度、洛氏表面硬度、努普硬度和肖式硬度金属硬度换算表

BS 860[1)] 硬度标尺比较表

EFC[2)] 出版物 16 号 油气生产中用于含硫化氢环境中碳钢和低合金钢材料要求指南

NACE MR0175[3)] 油田设备用抗硫化物应力开裂金属材料

NACE MR0176 腐蚀性油田环境中杆式泵用的金属材料

NACE Standard RP0475 用于含油地层注水处理所有过程的材料选择

NACE 腐蚀 2000 论文 128,用于焊缝管侧弯试验的一种新装置

SAE[4)]-ASTM 统一编号系统中的金属和合金,ISBN 0-7680-0407

SAE AMS-S-13165 金属零件的喷丸硬化

3 术语和定义

GB/T 20972.1—2007 中确立的以及下列术语和定义适用于本部分。

3.1

布氏硬度 Brinell hardness

根据 GB/T 231.1 进行测量的硬度值,通常采用直径为 10 mm 的硬质合金球并且加载 29.42 kN 的力。

3.2

泡点压力 bubble-point pressure

在一定的工作温度下,开始有气泡在液体中形成时的压力。

注:见 C.2。

3.3

抛光 burnish

在器件(材料)与一些硬质物料(例如硬化钢球)之间以摩擦接触的方式,使该器件表面光滑的过程。

1) 英国标准协会,389 Chiswick High Road,London W4 4AL,UK

2) 欧洲腐蚀联合会,属于材料腐蚀协会,1 Carlton House Terrace,London SW1Y 5DB,UK[ISBN 0-901716-95-2]

3) 美国腐蚀工程师协会(NACE),国际性组织,1440 South Creek Dr. ,Houston,Texas 77084-4906,USA

4) 机动工程师协会 (SAE),400 Commonwealth Drive,Warrendale,PA 15096-0001 USA

3.4

铸造　casting

将熔融金属注入模具中，通过使熔融金属在模具中凝固来获得最终形状或接近最终形状的金属件。

3.5

铸铁　cast iron

含碳量大约在2%～4%之间的铁碳合金。

3.5.1

灰铸铁　grey cast iron

以片状石墨存在，断口表面呈灰色的铸铁。

3.5.2

白口铸铁　white cast iron

由于有渗碳体存在，断口表面呈白色的铸铁。

3.5.3

可锻铸铁　malleable cast iron

白口铸铁经热处理后，大部分或所有的渗碳体转化成石墨（回火碳）的铸铁。

3.5.4

球墨铸铁　ductile cast iron; nodular cast iron

在熔融状态下用一种元素（通常是镁或铈）进行过石墨球处理形化处理的铸铁。

3.6

渗碳体　cementite

钢的微观结构组织，主要由碳化铁（Fe_3C）组成。

3.7

冷加工　cold working

冷变形　cold deforming

冷锻　cold forging

冷成形　cold forming

金属在一定温度和应变率下发生塑性变形，从而导致形变硬化，通常但不一定是在室温下进行。

3.8

适用性　fitness-for-purpose

在预期使用条件下使用的适宜性。

3.9

易切削钢　free-machining steel

有意加入如硫、硒和铅等元素以提高切削加工性能的钢。

3.10

下临界温度　lower critical temperatures

铁基金属在加热过程中开始形成奥氏体或在冷却过程中完成奥氏体转变的温度。

3.11

渗氮　nitriding

氮被渗入到金属材料（最普遍的是铁基合金）表面的表面硬化工艺。

如液体渗氮、气体渗氮、离子渗氮和等离子渗氮。

3.12

正火　normalizing

把铁基合金加热到相变区间（奥氏体化）以上某一温度，并保持一定时间，然后在静止的空气中（或保护气体中)冷却到相变区间以下某一温度。

3.13

塑性变形　plastically deformed

在超过弹性极限即应力与应变成比例的极限的应力作用下发生的永久性变形。

3.14

承压部件　pressure-containing parts

预期功能失效时将导致其中的流体释放到环境中的部件。

注:例如阀体、阀盖和阀杆。

3.15

淬火加回火　quenched and tempered

淬火硬化然后回火。

注1:淬火硬化是先奥氏体化,然后进行冷却,使得奥氏体或多或少完全转变为马氏体,也可能转变为贝氏体。

注2:回火是一次或多次加热至规定的、低于下转变点(A_{c1})的温度或保持在这一温度,然后以适当的速率冷却,使得组织结构有所改善并获得规定的性能。

3.16

C标尺洛氏硬度　Rockwell C hardness

根据GB/T 230.1进行测量,采用圆锥形金刚石压头施加一个1471 N载荷而获得的硬度值。

3.17

喷丸硬化　shot peening

在可控制条件下选择一种介质(通常为圆形钢丸)轰击材料表层,导致材料表层产生压应力。

3.18

消除应力　stress relieving

把金属加热到合适的温度,并且在这一温度下保持足够长的时间以减少残余应力,然后缓慢冷却尽量使新产生的残余应力降到最小。

3.19

回火　tempering

把金属加热到低于下临界温度以降低硬度并提高其韧性的热处理。这一工艺适用于淬火钢、淬火铸铁,有时也适用于正火钢。

3.20

抗拉强度　tensile strength

极限强度　ultimate strength

最大载荷和原始横截面积之比。

注:见GB/T 228。

3.21

试验批　test batch

代表同一批次产品的样本组,按照特定的程序对代表性样品进行试验能确定其符合规定要求。

3.22

管件　tubular component

有一个轴向孔洞的圆筒形构件(管),用于钻井和生产作业中输送流体。

3.23

维氏硬度　Vickers hardness

根据GB/T 4340.1进行测量,采用正四棱锥体金刚石压头并且加载一个适用的载荷而获得的硬度值。

3.24

焊件 weldment

在一个组件上已经进行过焊接的部分，包括焊缝金属、热影响区(HAZ)以及邻近的母材。

3.25

焊缝金属 weld metal

在焊接过程中焊件上已熔化的部分。

4 符号和缩略语

GB/T 20972.1—2007 中的和以下的缩略语可以在本部分中应用。

AYS 实际屈服强度

CLR 裂纹长度率

CR C 环(试验)

CSR 裂纹敏感率

CTR 裂纹厚度率

DCB 双悬臂梁(试验)

FPB 四点弯曲(试验)

HBW 布氏硬度

HIC 氢致开裂

HRC C 标尺洛氏硬度

HSC 氢应力开裂

HV 维氏硬度

OCTG 石油专用管，如套管、油管和钻杆

p_{H_2S} H_2S 分压

p_{CO_2} CO_2 分压

$R_{p0.2}$ 根据 GB/T 228 确定的 0.2%的屈服应力

SMYS 规定的最小屈服强度

SOHIC 应力定向氢致开裂

SSC 硫化物应力开裂

SWC 阶梯裂纹

SZC 软区开裂

T 温度

UNS 统一编号系统(按 SAE-ASTM 统一编号系统中的金属和合金)

UT 单轴拉伸(试验)

5 采购信息

5.1 准备材料购买技术规格书时可能需要设备使用者、设备供应商和材料生产商之间进行合作和资料交流，以确保购买的材料符合 GB/T 20972.1—2007 和本部分的要求。

5.2 应提供下列信息：

——首选的材料类型和(或)钢级(如果知道)；

——设备类型(如果知道)；

——本部分的引用条款；

——抗 SSC 材料选择的验收根据(见第 7 章)；

——抗 HIC 的要求(见第 8 章)。

5.3 设备使用者和设备供应商或材料制造商可以商定按附录B和GB/T 20972.1—2007采用适当的评定试验来选择未在附录A中说明和(或)列出的碳钢或低合金钢。评定要求可以扩展到包括抗SO-HIC和SZC。

如果购买方打算使用这些协议、扩展部分和评定方法,在材料购买技术规格书中应清楚说明相关的附加信息。这些信息可以包括:

——SSC试验的要求(见7.1、7.2);

——特定酸性环境使用的工作条件;

——其他特殊要求。

5.4 附录C说明了怎样计算硫化氢分压,附录D给出了怎样确定流体pH值的指导。

5.5 购买材料所需的信息应填入适当的数据表中。推荐的格式参见附录E。

6 含硫化氢环境中影响碳钢和低合金钢性能的因素

在含硫化氢环境中碳钢和低合金钢性能受复杂的相互作用的参数影响,这些参数包括:

a) 化学成分、制造方法、成形方式、强度、材料的硬度和局部变化的程度、冷加工量、热处理条件、材料微观结构、微观结构的均一性、晶粒大小和材料的纯净度;

b) 硫化氢分压或在水相中的当量浓度;

c) 水相中的Cl^-浓度;

d) 水相的酸度值(pH值);

e) 硫或其他氧化剂的存在;

f) 暴露于非生产流体中;

g) 暴露温度;

h) 总的拉伸应力(施加的应力加残余应力);

i) 暴露时间。

当使用本部分在含硫化氢环境油气工业生产系统中选择适当的材料时,应考虑这些因素。

7 抗SSC、SOHIC和SZC碳钢和低合金钢的评价和选择

7.1 选项1:按A.2选择抗SSC的钢(及铸铁)

7.1.1 p_{H_2S}<0.000 3 MPa(0.05 psi)

对p_{H_2S}低于0.000 3 MPa(0.05 psi)时的抗SSC材料的选择,在本部分没有详细地考虑。通常,在这些条件下不需要专门的预防措施来选择使用的钢材,但是,高敏感性钢可能会开裂。影响钢敏感性的因素的进一步信息以及SSC以外的开裂机理引起的破坏见7.2.1。

7.1.2 p_{H_2S}≥0.000 3 MPa(0.05 psi)

如果气体中的硫化氢分压大于或等于0.000 3 MPa(0.05 psi),抗SSC钢材应按A.2进行选择。

注1:A.2中述及或列出的钢材被认为在油气开采和天然气处理厂中抗SSC。

注2:有关SOHIC和(或)SZC的发生使用者可按选项2(见7.2.2)。

注3:对于HIC和SWC,见第8章。

7.2 选项2:对在特殊酸性环境应用的或按酸性使用环境区域进行的钢材选择

7.2.1 硫化物应力开裂(SSC)

7.2.1.1 总则

选项2允许用户评定和选择在特定酸性环境或各级酸性使用区应用的抗SSC材料。

使用选项2时可要求有原位pH值和硫化氢分压及其随时间变化情况的资料(见GB/T 20972.1—2007)。

选项2用来帮助购买大宗材料,例如石油专用管或管线钢管,在这些领域,使用在附录A中未说明或未列出的材料的经济利益超过了增加的评定及可能引发的其他投入。用于其他设备的钢材也可以进行评定。

在一些情况下，这将要求设备供应商和设备使用者之间商定有关试验和验收要求。这些协议应有书面文件。

选项 2 还有利于对暴露于比设计预期的使用环境更苛刻的酸性环境中的现有碳钢或低合金钢设备的适用性评价。

7.2.1.2 SSC 环境严重程度区域

酸性环境的严重程度，根据 GB/T 20972.1—2007 的规定，关于碳钢和低合金钢的 SSC 应使用图 1 评定。

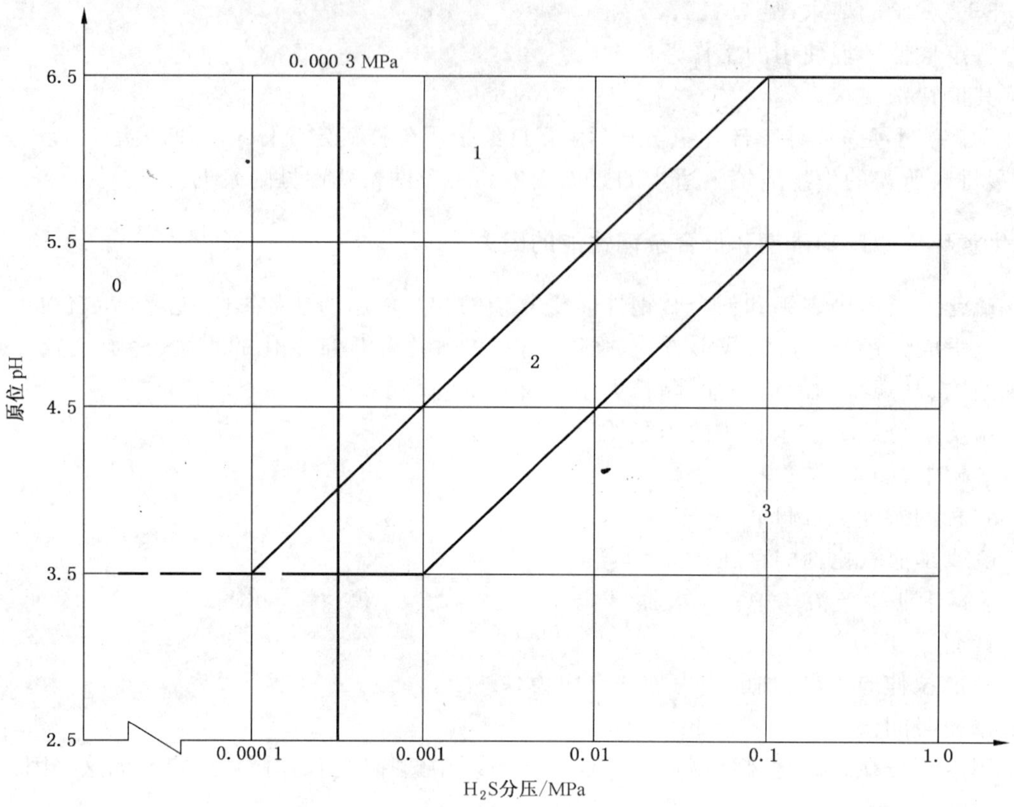

0——0 区；

1——SSC 1 区；

2——SSC 2 区；

3——SSC 3 区。

图 1 碳钢和低合金钢 SSC 的环境严重程度的区域

在确定硫化氢环境的严重程度时，宜考虑不正常使用条件或停工时暴露于未缓冲的低 pH 值凝析水相，或者酸化增产和（或）反应后反排增产用酸液的可能性。

注 1：图中硫化氢分压低于 0.000 3 MPa（0.05 psi）和高于 1 MPa（150 psi）的不连续性反映了测量低硫化氢分压时的不确定性和超出硫化氢分压范围（包括低和高硫化氢）时钢材性能的不确定性。

注 2：硫化氢分压的计算参见附录 C。

注 3：pH 值的计算参见附录 D。

7.2.1.3 0 区，p_{H_2S}<0.000 3 MPa（0.05 psi）

通常情况下，在这些条件下选择使用的钢材不需要预防措施。但是，在此区域中很多因素能够影响钢材的性能，因此宜考虑以下这些因素：

——对 SSC 和 HSC 高度敏感的钢材可能开裂；

——钢材的物理性能和冶金性能影响它固有的抗 SSC 和 HSC 性能，见第 6 章；

——在没有硫化氢的液相环境中，非常高强度的钢材可能发生 HSC。屈服强度在 965 MPa 以上时，可能需要注意要求钢材的化学成分和处理以保证在 0 区环境不出现 SSC 或 HSC；

——应力集中增加开裂的风险。

7.2.1.4 **SSC 1、2 和 3 区**

根据图 1 中定义的暴露环境的严重程度，对于用于 1 区的钢材可按 A.2 、A.3 或 A.4 进行选择；用于 2 区的钢材可按 A.2 或 A.3 进行选择；用于 3 区的钢材可按 A.2 进行选择。

如果在附录 A 没有合适的选择，碳钢和低合金钢可以在特定的酸性使用环境或在已给出的某个 SSC 区域进行试验和评定。试验和评定应按 GB/T 20972.1—2007 和附录 B 进行。

有文件记载的现场经验也可以用来作为在特定酸性使用环境应用的材料的选择依据（见 GB/T 20972.1—2007）。

7.2.2 **SOHIC 和 SZC**

当评价在含硫化氢的酸性环境中的碳钢钢板及其焊接产品时，使用者宜考虑在 GB/T 20972.1—2007 中定义的 SOHIC 和 SZC。

B.4 提供了评价抗 SOHIC 和 SZC 的试验方法和验收准则。

注：这些现象很少发生，并且它们未被充分了解。它们引起母材（SOHIC）和焊缝 HAZ（SOHIC 和 SZC）的突然失效。它们的发生被认为只限于碳钢。当使用环境中有硫或氧存在时认为这种机理引起的破坏可能性增大。

7.3 硬度要求

7.3.1 总则

母材、焊缝和热影响区的硬度在决定碳钢和低合金钢抗 SSC 性能方面有重要的作用。控制硬度来获得抗 SSC 性能是一种可接受的方法。

7.3.2 母材

如果规定做母材的硬度测试，应做足够的硬度测试才能确定被测钢材的真实硬度。如果邻近位置的几个读数的平均值没有超过本部分规定的允许值，同时单个读数不大于规定硬度值 2 个 HRC，则单个的 HRC 读数允许大于本部分的规定，同样的要求也适用于其他的按本部分所规定的硬度测试方法或厂家规范中引用的硬度测试方法。

注：母材上硬度试验的点数和位置在本部分中没有规定。

对于铁素体钢，EFC 出版物 16 号给出了从 ASTM E 140 和 BS 860 的表得来的从维氏硬度（HV）到洛氏硬度（HRC）以及从维氏硬度（HV）到布氏硬度（HBW）硬度读数的转换图表。还有其他的转换表存在。用户可以确定特殊材料的相互关系。

7.3.3 焊缝

7.3.3.1 总则

碳钢和低合金钢在焊接时发生的冶金变化会影响它们对 SSC、SOHIC 和 SZC 的敏感性。

宜按好的实际经验选择工艺和焊接材料，达到抗开裂的要求。

焊接应按供应商和购买方之间同意的适当的规则和标准执行。焊接工艺规程（WPS）和工艺评定报告（PQR）应易于设备使用者检查。

对于酸性环境的焊接工艺评定应包括根据 7.3.3.2、7.3.3.3 和 7.3.3.4 进行的硬度试验。

7.3.3.2 焊接工艺评定的硬度试验方法

通常，焊接工艺评定中的硬度试验方法应按 GB/T 4340.1 规定的维氏 HV10 或 HV5 进行，或按照 GB/T 230.1 用 15N 标尺的洛氏方法进行。如果设计应力不超过 SMYS 的 2/3，并且焊接工艺评定包括焊后热处理，HRC 方法可用于焊接工艺评定。在其他情况下焊接工艺评定使用 HRC 方法应经设备使用者的同意。

注：使用维氏或 15N 标尺洛氏硬度试验方法要提出焊缝硬度检测详细分布及其变化图。用 HRC 试验方法可能检测不到焊缝或热影响区的微小区域，在这些区域的硬度值超过了用维氏或 15N 标尺洛氏硬度试验方法检测的验收准则。这些微小硬区域的意义还没有完全清楚。

使用其他硬度检测方法应经设备使用者的同意。

应使用维氏或 15N 标尺洛氏硬度试验方法评定 7.3.3.4 允许的可选择的焊缝硬度验收准则。

7.3.3.3 焊接工艺评定的硬度测试

维氏硬度检查应按图 2 对接焊缝、图 3 角焊缝、图 4 修补和部分熔透焊缝的图示进行。对接焊缝的 HRC 测试应按图 5 进行。其他连接结构的检查应按这些图演变而来。

堆焊焊接工艺评定的硬度检查应按图 6 进行。

单位为毫米

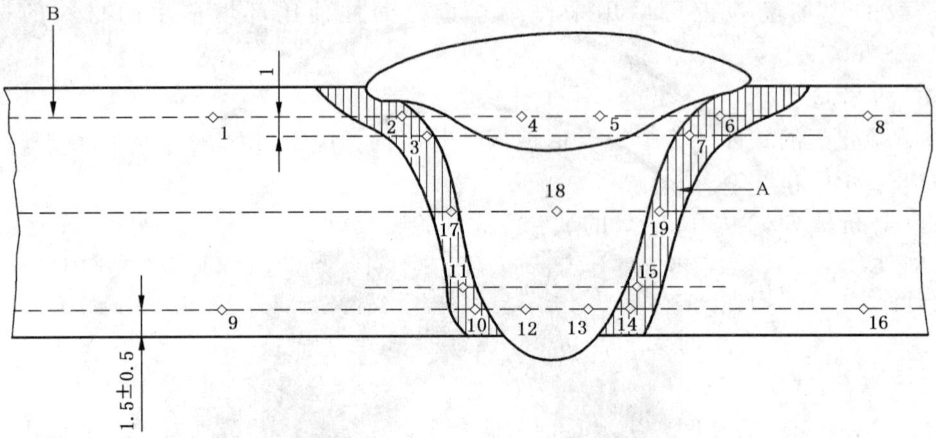

A——焊接热影响区(浸蚀后可见);

B—— ----- 测量线。

2、3、6、7、10、11、14、15、17 和 19 的硬度压痕宜完全在热影响区内,并且尽量靠近焊缝金属与热影响区之间的熔合线。

顶部的测量线宜位于适当位置,使得 2 和 6 压痕与最后焊道的热影响区或与最后焊道的熔合线的轮廓变化一致。

图 2 对接焊缝维氏硬度测试查方法

单位为毫米

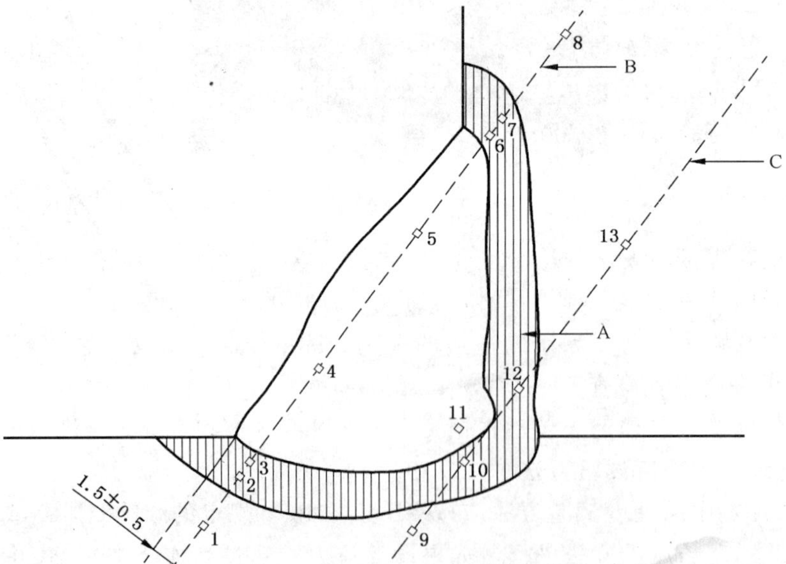

A——焊接热影响区(浸蚀后可见);

B—— ----- 测量线;

C—— ----- 测量线,平行于测量线 B 并通过焊缝金属和焊接热影响区之间的熔合边界。

3、6、10 和 12 的硬度压痕宜完全在热影响区内,并且尽可能靠近焊缝金属与热影响区之间的熔合线。

图 3 角焊缝

单位为毫米

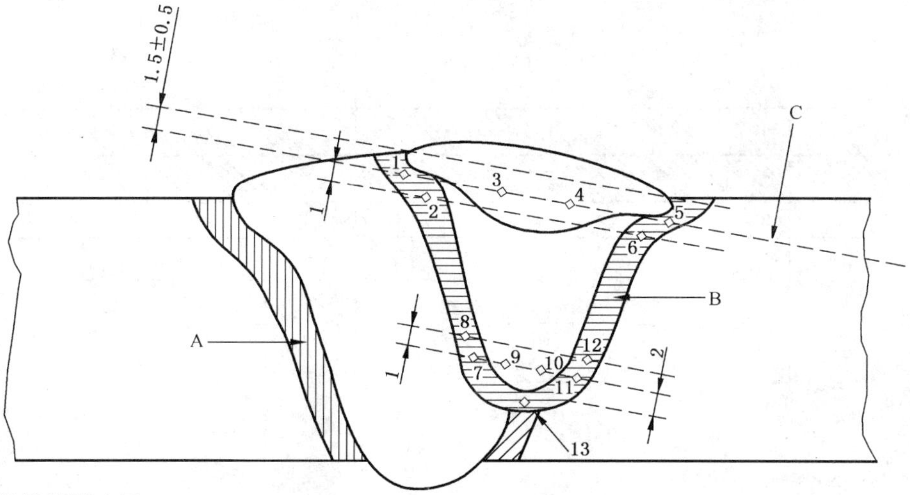

A——原始焊接热影响区；

B——补焊热影响区；

C—— ———— 测量线的平行线。

顶部的测量线宜位于适当位置，以使热影响区的压痕与最后焊道的热影响区或最后焊道的盖面焊熔合线的轮廓变化一致。

图 4　补焊和部分熔透焊缝

单位为毫米

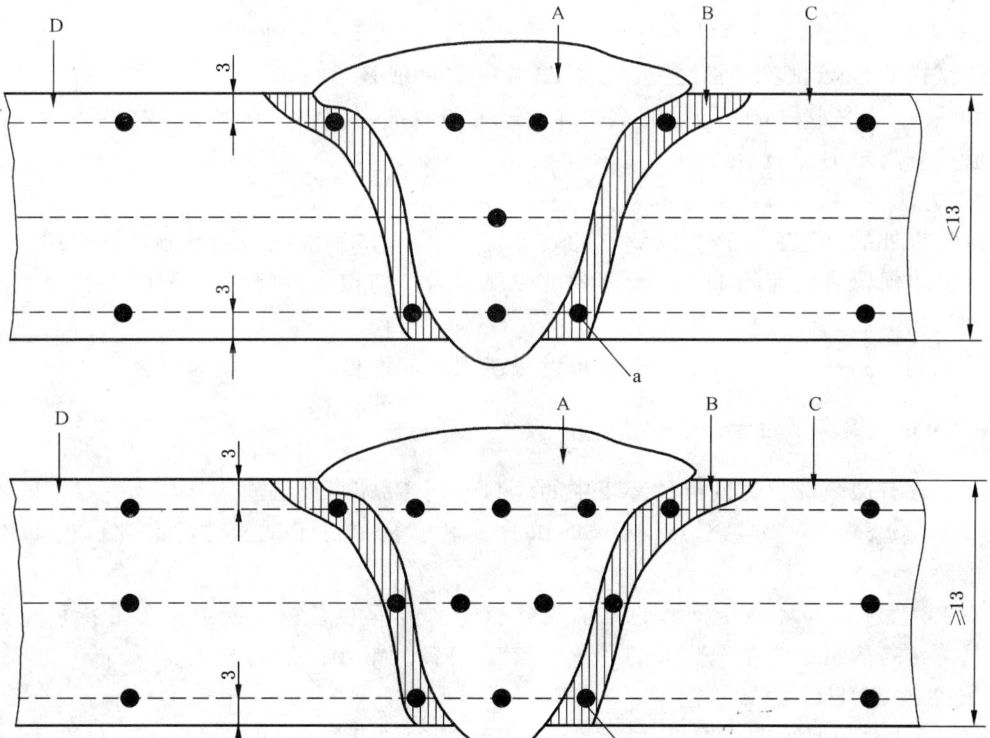

A——焊缝；

B——焊接热影响区(浸蚀后可见)；

C——母材；

D—— ———— 测量线。

焊接热影响区的硬度压痕宜在熔合线边界 2 mm 内。

图 5　对接焊缝(洛氏硬度测试方法)

单位为毫米

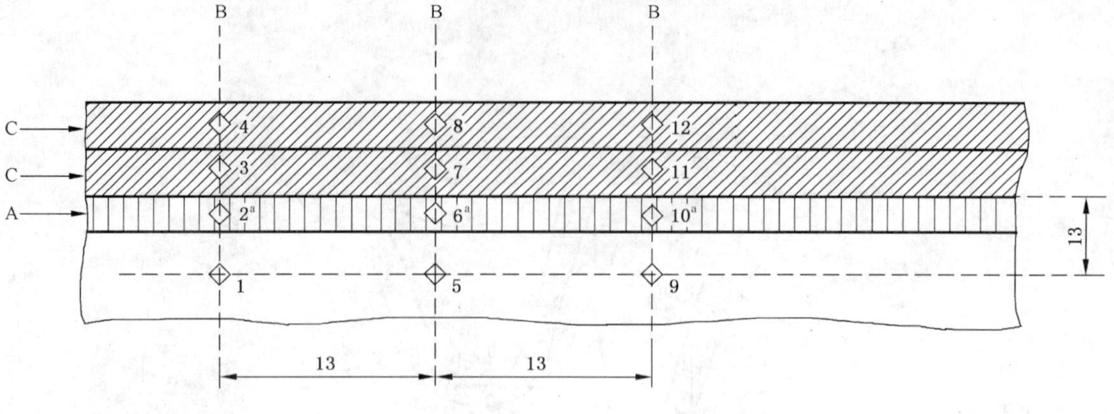

A——焊接热影响区(浸蚀后可见)；

B—— ----- 为1到12硬度测量压痕排列线；

C——堆焊层(浸蚀后可见)。

[a] 用维氏或洛氏15N测量方法，2、6和10的硬度压痕宜完全在热影响区内，并且尽量靠近堆焊层与热影响区之间的熔合线边界不超过1 mm。

在热影响区可以按照7.3.3.2对HRC硬度压痕的要求采用洛氏C硬度测量方法，压痕应在距离熔合线边界2 mm内。

图6 堆焊层

7.3.3.4 焊缝硬度验收准则

用选项1(见7.1)选择的钢的焊缝硬度验收准则应按A.2.1.4的规定。替代的焊缝硬度验收准则应建立在焊缝试样的SSC试验合格之上。SSC试验应按附录B进行。

用选项2(见7.2)评定和(或)选择的钢的焊缝硬度验收准则应建立在焊缝试样的SCC试验合格之上。SSC试验应按附录B进行。

7.4 其他制造方法

对于由焊接以外的制造工艺产生的钢材的硬度变化，应规定硬度试验为其制造过程评定的一部分。如果在最终产品中保留有任何的HAZ，硬度测试应规定为气割和(或)切割过程评定的一部分。需要说明制造方法并采用7.3的硬度验收准则。

用于评价和测试的样品形状和部位应获得设备使用者的许可。

8 抗HIC和SWC碳钢和低合金钢的评价

当评价用于含有微量硫化氢的酸性环境中的轧制碳钢产品时，设备使用者应考虑GB/T 20972.1—2007定义的HIC或SWC以及HIC或SWC的试验。附录B提供了试验方法和评价抗HIC和SWC验收准则的指导。

HIC或SWC发生的可能性受钢材的化学成分和生产流程的影响。钢中硫含量特别重要，通常轧制和无缝产品可接受的最大含量分别是0.003%和0.01%。常用的锻件硫含量小于0.025%，一般不考虑铸钢对HIC或SOHIC的敏感性。

注1：导致失去密封性的HIC或SWC很少发生在无缝钢管和其他非轧制产品中。而且，用现代技术生产的无缝钢管比以前的产品对HIC或SWC敏感性低的多。因此，当无缝钢管用于有潜在的失效后果的场合时，评价抗HIC或SWC性能是有益的。

注2：当使用环境中有铁锈、硫或氧，特别是还有氯化物同时存在时，增加了破坏的可能性。

9 标记

符合本部分的材料应具有可追溯性，最好在交货前做标记。适当的标签和文字资料也是可以接受的方式。

对按附录B评定合格和选择的特定应用的材料，其可追溯性应包括特定应用的相关环境条件。

设备使用者可以要求设备或材料供应商提供文件，文件包括设备或元件使用的材料及本部分规定的对这些材料使用环境的限定。

附录E两个表提供了鉴别材料的标记方法。

附 录 A
（规范性附录）
抗SSC碳钢和低合金钢（以及铸铁的使用要求和建议）

A.1 总则

本附录叙述并列出了抗SSC的碳钢和低合金钢。A.2.4给出了铸铁的使用要求。

在没有附加要求的规定时（见7.2.2和/或第8章），符合本附录的钢材可能不抗SOHIC、SZC、HIC或SWC。

注：A.2和以前NACE MR0175所制定的要求是一致的。

本部分出版时，没有列出可用于SSC 2区（A.3）或SSC 1区（A.4）的钢材。因此A.3和A.4只简要地说明了预期适用于所定义条件下的典型钢材的特性。

A.2 抗SSC碳钢和低合金钢以及铸铁的使用

A.2.1 碳钢和低合金钢的一般要求

A.2.1.1 总则

碳钢和低合金钢应符合A.2.1.2到A.2.1.9的要求。

符合A.2的碳钢和低合金钢产品和部件，除了规定的例外情况，根据本部分评定合格的不用进行进一步的SSC试验。但任何在材料生产规范中规定的SSC试验应进行并合格，同时报告结果。

符合A.2一般要求的大部分钢材没有一一单独列出；然而，为了方便使用，一些钢材的例子列于表A.2、表A.3和表A.4中。

注：在以前的NACE MR0175（所有版本）中述及和列出的碳钢和低合金钢已通过了大量相关的现场成功或失败以及实验室数据的鉴定。硬度22 HRC的限制适用于大多数碳钢和低合金钢，这是基于热处理、化学成分、硬度和失败经验之间的相互关系。对于铬钼合金钢可有较高的硬度限制，也是基于类似的考虑。

A.2.1.2 母材金属成分、热处理和硬度

最大硬度为22 HRC，其中镍含量少于1%，不是易切削钢，并且采用下列其中一种热处理状态的碳钢和低合金钢是可以接受的：

a) 热轧（仅限于碳钢）；

b) 退火；

c) 正火；

d) 正火加回火；

e) 正火、奥氏体化、淬火加回火；

f) 奥氏体化、淬火加回火。

A.2.1.3 在有修订和附加限制时可接受的碳钢

除A.2.1.2限制外，对一些经以下修订和限制的碳钢可以接受：

a) 根据ASTM A 105生产的锻件如果硬度不大于187 HBW可以接受；

b) ASTM A 234的WPB级别和WPC级别硬度不大于197 HBW的锻压管件可以接受。

A.2.1.4 焊接

焊接和焊缝硬度测量应按7.3.3进行。

表A.1给出了碳钢、碳锰钢和低合金钢焊缝可接受的最大硬度值。

焊后状态的碳钢、碳锰钢和低合金钢其硬度符合表A.1的要求，使用条件不苛刻且用户同意时不需要焊后热处理。

表 A.2 中列出的 SMYS 不超过 360 MPa(52 ksi)的钢管，对于这些产品，使用条件不苛刻且用户同意时，在焊后状态条件下可以接受，宜进行焊接工艺的硬度试验。

一些 SMYS 超过 360 MPa(52 ksi)的钢管(见 A.2.2.2)，如果使用合适的评定合格的焊接工艺，使用条件不苛刻且用户同意时，在焊后状态条件下可以接受。但应满足表 A.1。

表 A.1 碳钢、碳锰钢和低合金钢焊缝的最大允许硬度值

硬度测试方法	焊接工艺评定硬度测试位置	最大允许硬度
维氏硬度 HV 10 或 HV 5 或 洛氏硬度 HR 15 N	焊根： 母材、HAZ 和焊根金属，如图 2、图 3 或图 4	250 HV 70.6 HR 15 N
	堆焊的母材和 HAZ，如图 6，也可见 A.2.1.5 b)	250 HV 70.6 HR 15 N
	焊缝盖面： 母材、HAZ 和未暴露的焊缝盖面，如图 2 或图 4	275 HV[a] 73.0 HR 15 N
洛氏硬度 HRC(见 7.3.3.2)	如图 5	22 HRC
	堆焊的母材和 HAZ，如图 6，也可见 A.2.1.5 b)	22 HRC

[a] 最大值应为 250 HV 或 70.6 HR 15N 除非符合下列所有要求：
——设备使用者同意采用可替代的焊缝盖面硬度限制；
——母材厚度超过 9 mm；
——焊缝盖面没有直接暴露于酸性环境。

不符合本条其他段落要求的碳钢和低合金钢焊件应在不低于温度 620℃ 下进行焊后消除应力处理。按 7.3 进行测定的最大的焊接区域硬度应为 250 HV(或如 7.3.3 所述及的限定为 22 HRC)。

根据附录 B 进行焊缝 SSC 评定试验合格之后，可以采用可能使焊缝金属中镍含量大于 1%的焊材和工艺。

A.2.1.5 表面处理、覆盖层、镀层、涂层、衬里等等

覆盖层的成分和抗开裂性能在 GB/T 20972.3—2008 中说明。

金属涂层(电镀和非电镀)、转化型涂层、塑料涂层和衬里不允许用来防止 SSC。

如果覆盖层满足下列任一要求，则覆盖层可采用如焊接、银钎焊或喷涂金属等热加工：

a) 基体金属的热处理状态不能改变，例如，在覆盖层操作过程不超过下临界温度。

b) 最大硬度值和基体金属的最终热处理状态符合 A.2.1.2，如果是堆焊层，还应符合 A.2.1.4。根据 GB/T 20972.3—2008 的 A.13.1 可以免除这一要求。堆焊层的最大硬度和(或)其他特性应满足 GB/T 20972.3—2008 或本部分的适当要求。

允许不同材料的连接，如钢与硬质合金的银钎焊接。钎焊后基体金属应符合 A.2.1.2。

如果温度低于被处理合金的下临界温度，允许最大深度为 0.15 mm 的渗氮表面处理。

A.2.1.6 冷变形和消除应力热处理

碳钢和低合金钢经冷轧、冷锻或其他制造工艺进行任何冷变形，导致表面纤维性永久变形量大于 5%时，应进行消除应力热处理。消除应力热处理应按适当的规范和标准进行。消除应力热处理的最低温度应为 595℃。最终的最大硬度应为 22 HRC，按 ASTM A 234 的 WPB 级别和 WPC 级别制造的管件例外，其最终硬度不应超过 197 HBW。

以上的要求不适用于经用户同意后根据适用的规范和标准进行的压力试验所造成的冷变形。

只有在适当的产品标准许可的情况下，才允许冷旋转矫直钢管，见 A.2.2.3.4。

ASTM A53 B 级、ASTM A106 B 级、API 5L X-42、GB/T 9711.3—2005/ISO 3183.3 的 L290 或化学成分类似的较低屈服强度钢级的冷成形管件，若变形区域的硬度不超过 190 HBW，允许冷变形量小于或等于15%。

根据附录B进行的SSC试验和评定可用于判定其他冷变形限制量。

A.2.1.7 螺纹加工

允许使用机械切削加工的螺纹。

允许钢材冷成型(滚压)的螺纹,并应符合A.2.1.2的热处理和硬度要求。

A.2.1.8 表面冷变形

如果由诸如抛光等表面冷变形过程造成的冷加工小于正常机械加工(如车削、镗孔、滚压、螺纹加工、钻孔等)所引起的冷变形时是可接受的。

如果母材符合本部分的要求,喷丸最大尺寸为2.0 mm并且Almen喷丸强度不超过10C,由可控喷丸硬化造成的冷变形是允许的。此工艺应按SAE AMS-S-13165标准进行控制。

A.2.1.9 识别印记

允许使用低应力的模压印(点、波纹线和圆滑的V型)作识别印记。

在部件低应力区,如法兰外缘上可以模压印常用的尖锐的V形标志。

在高应力区一般不应模压印尖锐的标志,否则模压印后应在不低于595 ℃(1 000 ℉)温度下进行消除应力热处理。

A.2.2 产品形式的应用

A.2.2.1 总则

除了以下的变化,A.2.1的一般要求应适用于所有产品形式。

A.2.2.2 钢管、板材和管件

符合A.2.1要求的管子示例如表A.2所示。附录F还列出了其他一些符合A.2.1要求的管子和压力容器用钢示例。

表A.2 符合A.2.1要求的管子产品示例

国家标准和级别	其他设计规范
GB/T 9711.3级别:L245到L450	API Spec 5L级别: A和B以及X-42到X-65
	ASTM A 53
	ASTM A 106级别A、B和C
	ASTM A 333级别1和6
	ASTM A 524级别1和2
	ASTM A 381类别1,Y35到Y65

允许采用按ASME锅炉和压力容器标准第9篇划分的P-No 1,第1组或第2组的压力容器钢。

由轧制钢板制成的产品在微量硫化氢环境下可能对HIC或SWC敏感而产生破坏(如即使是在p_{H_2S}低于0.000 3 MPa(0.05 psi))。

钢管的焊缝应符合A.2.1。

A.2.2.3 井下套管、油管和管件

A.2.2.3.1 ISO和API石油用钢级的套管和油管均应在符合表A.3所给出的温度范围内使用。

A.2.2.3.2 如果其硬度不超过30 HRC,屈服强度为690 MPa(100 ksi)、720 MPa(105 ksi)和760 MPa(110 ksi),Cr-Mo低合金钢(UNS G41XX0、AISI以前的41XX及其改进的钢种)制成的经淬火加回火的管子和管件允许使用。每个钢级的最大屈服强度不应比SMYS大103MPa(15 ksi)。抗SSC性能应通过每个试验批的试验来论证,并按B.1要求采用UT试验。

A.2.2.3.3 如果其硬度不超过26 HRC,屈服强度为690 MPa(100 ksi)、720 MPa(105 ksi)和760 MPa(110 ksi),Cr-Mo低合金钢(UNS G41XX0、AISI以前的41XX及其改进的钢种)制成的淬火加回火的

管子和管件允许使用。这些产品宜按 B.1 要求进行 UT 试验评定。

表 A.3 可接受的套管和油管钢级适用的环境条件

在所有温度下	≥65 ℃(150 ℉)	≥80 ℃(175 ℉)	≥107 ℃(225 ℉)
GB/T 19830[a] 钢级： H40 J55 K55 M65 L80 1 型 C90 1 型 T95 1 型	GB/T 19830[a] 钢级： N80 Q 型 C95	GB/T 19830[a] 钢级： N80 P110	GB/T 19830[a] 钢级： Q125[b]
A.2.2.3.3 述及的专用钢级	最大屈服强度小于或等于 760 MPa 的专用 Q&T 级 A.2.2.3.2 述及的 Cr-Mo 低合金钢制成的套管和油管	最大屈服强度小于或等于 965 MPa 的专用 Q&T 级	

给出的温度是就 SSC 而言的最低允许使用温度。

未考虑低温韧性(抗冲击)，设备使用者应单独提出要求。

[a] 对本条款而言，API Spec 5CT 和 ISO 11960 等同于 GB/T 19830—2005。

[b] 1 类和 2 类是基于最大屈服强度 1 036 MPa，化学成分为 Cr-Mo 的 Q&T 级。不接受碳锰钢。

A.2.2.3.4 如果管子及其管件在小于或等于 510 ℃(950 ℉)温度下进行冷矫直，应在最低 480 ℃(900 ℉)温度时进行应力消除。如果管子及其管件是冷压成形(公扣缩径和、或母扣扩径)，并且表面纤维最终的永久变形量大于 5%，冷压成形区域应在不低于 595 ℃(1 000 ℉)的温度下进行消除应力热处理。

如果硬度超过 22 HRC 的高强度管子连接件是冷压成形的，连接件应在不低于 595 ℃(1 000 ℉)的温度下进行消除应力热处理。

A.2.2.4 螺栓和紧固件

可能直接暴露于酸性环境的螺栓，或将被掩埋、隔离、配备于法兰保护装置上的，或其他不允许直接暴露于大气环境中的螺栓，应符合 A.2.1 的一般要求。

设计者和使用者宜明白，使用抗 SSC 的螺栓和紧固件可能有必要降低设备额定压力。对于 API 法兰所用的抗 SSC 螺栓和紧固件应按 ISO 10423 的规定。可接受的螺栓材料示例如表 A.4，其他可接受的螺栓材料列于附录 F 中。

表 A.4 可接受的螺栓材料

螺 栓	螺 母
ASTM A 193 钢级 B7M ASTM A 320 钢级 L7M	ASTM A 194 钢级 2HM、7M

A.2.3 适用的设备

A.2.3.1 总则

符合 A.2.1 的一般要求及下列变化。

A.2.3.2 钻井防喷器(BOP)

A.2.3.2.1 剪切刀片

用于防喷器剪切刀片的高强度钢对 SSC 敏感。配用不符合本附录的剪切刀片由设备使用者负责。

A.2.3.2.2 剪切闸板

如果最大硬度值不超过 26 HRC，可接受经淬火加回火制造的 Cr-Mo 低合金钢(UNS G41XX0、

AISI 以前的 41XX 及其改性钢种)剪切闸板。如果这些合金的硬度超过 22 HRC,应注意化学成分和热处理以保证它们的抗 SSC 性能。经设备使用者的同意,SSC 试验应证明该合金达到或超过在油田验证过的材料。

A.2.3.2.3 仅暴露于成分可控钻井液中的钻井、完井和修井设备

通常在需要高强度的场合,钻井设备可能不符合 GB/T 20972 的要求。在这种情况下,避免 SSC 的主要方式是控制钻井或修井的环境。当使用应力和材料硬度增加时,控制钻井液变得非常重要。应注意通过保持钻井液静水压头和流体密度以便减少地层流体的侵入来控制钻井环境,以及使用下列一项或多项措施控制钻井环境:

a) 保持 pH 值在 10 或以上以便中和在被钻出岩石中所含的硫化氢;

b) 使用除硫剂;

c) 使用油基钻井液。

A.2.3.3 压缩机和泵

A.2.3.3.1 压缩机叶轮

可以接受含碳量在 0.28%～0.33%之间、最大屈服强度为 620 MPa 的 UNS G43200(以前的 AISI 4320)和改进的 UNS G43200 钢材用作压缩机叶轮,并按下列三个步骤进行热处理:

a) 奥氏体化加淬火;

b) 在不低于 620 ℃(1 150 ℉),但低于下临界温度条件下回火。在第二次回火之前冷却至室温;

c) 在不低于 620 ℃(1 150 ℉),但低于第一次回火温度条件下回火。冷却至室温。

A.2.3.3.2 对压缩机和泵的专门规定

软碳钢、软铁和软低碳钢可用来制造密封垫。

允许使用按 A.2.4 规定的铸铁。

A.2.4 使用铸铁的技术要求

A.2.4.1 总则

灰铸铁、奥氏体铸铁和白口铸铁不应用作承压部件。如果设备标准允许使用这些铸铁,并已为该设备的使用者同意,这些材料可用作内部构件。

除非设备标准另有专门规定,符合 ASTM A 395 标准的铁素体球墨铸铁可用于制造设备。

A.2.4.2 封隔器和井下设备

铸铁允许用于表 A.5 所列零部件。

表 A.5 可用于封隔器和其他井下设备的铸铁

元件	铸铁
可钻式封隔器元件	球墨铸铁(ASTM A 536,ASTM A 571) 可锻铸铁(ASTM A 220,ASTM A 602)
受压应力的压缩构件	灰铸铁(ASTM A 48,ASTM A 278)

A.2.4.3 压缩机和泵

灰铸铁(ASTM A 278 的 35 级或 40 级)和球墨铸铁(ASTM A 395)可用来制造压缩机汽缸、缸套、活塞和阀件。

A.3 用于整个 SSC 2 区的抗 SSC 钢

A.3.1 总则

可接受 A.2 中所列的钢。

满足整个 SSC 2 区酸性环境要求的典型钢的性能述及如下。不符合 A.2 的钢应按附录 B 进行评定。

A.3.2 井下套管、油管和管件

由 Cr-Mo 低合金钢(UNS G41XX0、以前的 AISI 41XX 及其改进钢种)制成的套管、油管和管件已经证明在淬火加回火状态下可以使用。典型的材料实际屈服强度不超过 760 MPa(110 ksi)(SMYS 大约是 550 MPa(80 ksi))并且硬度不超过 27 HRC。其他的要求应符合适当的生产工艺规范。

A.3.3 管线钢

管线钢要求适当限制化学成分以保证良好的可焊性。已证明典型的 SMYS 达 450 MPa(65 ksi)的管线钢可以接受。典型的制造和现场焊缝的硬度不宜超过 280 HV。其他的要求应符合适当的生产规范。

A.4 用于整个 SSC 1 区的抗 SSC 钢

A.4.1 总则

允许使用 A.2 和 A.3 中所列的钢材。

满足整个 SSC 1 区酸性环境要求的典型钢材性能述及如下。不符合 A.2 或 A.3 的钢材应按附录 B 进行评定。

A.4.2 井下套管、油管和管件

由 Cr-Mo 低合金钢(UNS G41XX0、以前的 AISI 41XX 及其改进钢种)制成的套管、油管和管件已证实在淬火加回火状态下可以使用。典型的材料实际屈服强度不超过 896 MPa(130 ksi)(SMYS 大约是 760 MPa(110 ksi)),并且硬度不超过 30 HRC。其他的技术要求应符合适当的生产规范。

A.4.3 管线钢

管线钢要求适当限制化学成分以保证良好的可焊性。已证明典型的 SMYS 达 550 MPa(80 ksi)的管线钢可以接受。典型的制造和现场焊缝的硬度不宜超过 300 HV。其他的技术要求应符合适当的生产规范。

附 录 B
(规范性附录)
用于硫化氢环境的碳钢和低合金钢的实验室试验评定

B.1 要求

本附录规定了用于硫化氢环境的碳钢和低合金钢的实验室试验评定的要求。这些要求用于评定抗下列开裂机理:

a) SSC

实验室的 SSC 评定试验应要求进行以下一项或多项试验:

——根据材料制造规范(见 A.2.1.1)进行 SSC 试验;

——根据 B.3 对特定酸性环境应用进行试验;

——根据 B.3 和表 B.1 的注 g 对图 1 的 SSC 1 区或 2 区进行试验;

——根据 B.3 对图 1 所有 SSC 区域酸性环境进行试验。

评定试验论证说明了在酸性环境下不同的抗 SSC 水平。在 A.2 中说明或列出的一些碳钢和低合金钢可能不能满足以上所列的一些实验室试验要求,见 A.2.1。

b) SZC 和 SOHIC

采用适当的那些用于所规定的 SSC 评定的环境条件,并应按 B.4 的试验要求进行评定。

c) HIC 和 SWC

——在任何使用环境中(见 B.5 和表 B.3);

——在特定的酸性环境中应用(见 B.5 和表 B.3)。

在所有情况下,设备使用者应保证所选的试验应与预期的使用环境相适宜。选择可接受的试验应有文字资料。

B.2 实验室评定的应用

B.2.1 总则

图 B.1 给出了应用实验室评定的框图。

B.2.2 产品的评定

本部分的使用者应按 GB/T 20972.1—2007 和本附录确定材料的评定要求。

确定的要求应包括以下内容:

a) 一般要求(见 GB/T 20972.1—2007 第 5 章);

b) 使用环境的评价和定义(见 GB/T 20972.1—2007 第 6 章);

c) 材料说明和证明文件(见 GB/T 20972.1—2007,8.1);

d) 以实验室试验为根据的评定要求(见 GB/T 20972.1—2007,8.3);

e) 评定方法的报告(见 GB/T 20972.1—2007 第 9 章)。

在确定适当的试验批和取样要求时,应考虑产品特性、制造方法和制造规范要求进行的试验和评定项目(SSC、SOHIC、SZC、HIC 或 SWC)。

样品应按附录 B 对每一种开裂机理进行试验以便确定合格。每一试验批至少应有三个试样。如果所有试样满足试验的验收准则,该试验批应被认为合格。

在下列情况下,允许进行重复试验:如果一个样品不满足验收准则,应查明原因。如果原材料满足生产规范,可另外取两个样品再试验。这些样品应从与已失败样品相同的原材料上取得。如果这两个样品都满足验收准则,该试验批应认为合格。更多的重复试验应经过购买方的同意。

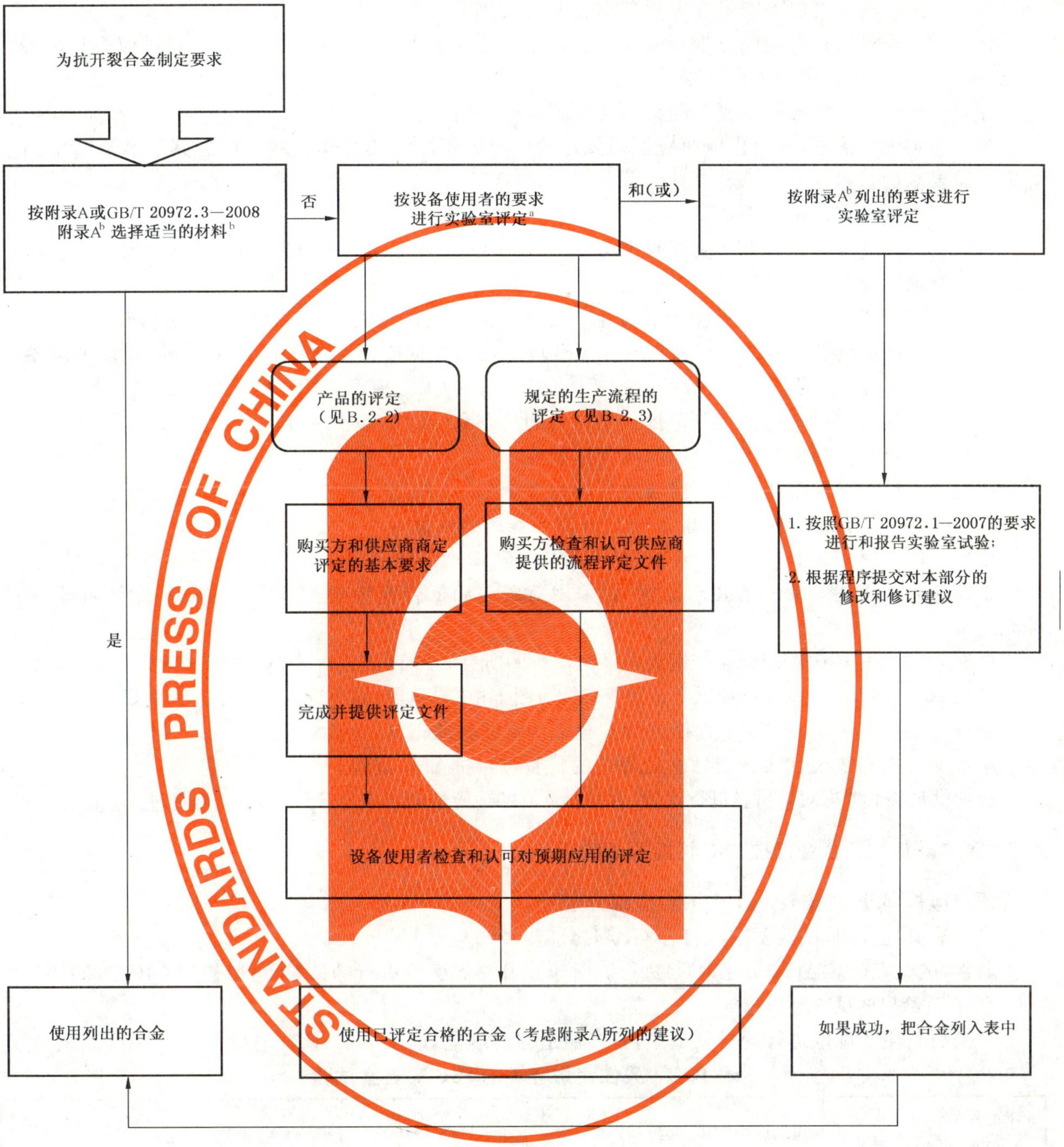

[a] 本部分针对碳钢和低合金钢的 SSC、HIC、SOHIC 和 SZC。GB/T 20972.3—2008 针对耐蚀合金(CRAs)及其他合金的 SSC、SCC 和电偶诱导氢应力开裂(GHSC)。

[b] 附录 A 针对碳钢和低合金钢的 SSC。GB/T 20972.3—2008 的附录 A 针对耐蚀合金及其他合金的 SSC、SCC 和 GHSC。

注:流程框图省略 GB/T 20972.1—2007 中所述的用现场经验来评定的过程。

图 B.1 合金选用和实验室评定的选择

产品的试验可以在生产之后和暴露于硫化氢使用环境之前的任何时间进行。

在产品应用于硫化氢环境之前,设备使用者应检查产品合格证书并核实其是否满足规定的评定要求。经过设备使用者已核实的合格产品可用于硫化氢环境。

B.2.3 生产原料和流程评定

可通过合格材料的生产证明来评定规定的生产流程。

合格的生产流程可以不需要在发货单中注明抗硫化氢开裂试验。

材料供应商可向材料购买方推荐采用一合格生产流程来生产合格材料。如果材料供应商和购买方同意,可以采用评定合格的生产流程。

评定合格的生产流程可为更多的材料使用者生产合格的材料。

为了评定生产流程,材料供应商应证明规定的生产流程能够始终如一地生产出满足附录 B 中相应评定试验要求的材料。

生产流程的所有评定要求如下:

a) 在书面质量计划对生产流程的规定中,确定了制造场所,以及所有的制造工序和为保持质量所要求的制造控制措施;
b) 根据 B.2.2 对按规定的生产流程生产出的产品首先进行试验并核实它们满足验收准则;
c) 周期性试验进一步证实产品在硫化氢环境下仍旧具有抗开裂的性能。"周期性"试验的频率应在质量计划中规定,并且应经过购买方的认可。购买方应可采用这些试验的记录;
d) 保留和整理这些试验报告并提供给材料购买方和(或)设备使用者。

材料购买方可以和生产商定附加的质量控制要求。

质量计划的准确性可由有关部门通过现场检查确定。

B.2.4 采用实验室试验作为对附录 A 提出补充和修改的依据

根据 GB/T 20972.1—2007 的要求,提出的补充和修改应有记录。并且应符合下列附加要求。

不符合 A.2.1 述及的一般要求的钢材,采用对碳钢和低合金钢的实验室评价试验作为附录 A 的补充。

补充到 A.2 中的碳钢或低合金钢要求针对图 1 的所有 SSC 区域进行表 B.1 中述及的试验(见 7.2)。

补充到 A.3 或 A.4 的碳钢或低合金钢要求针对图 1 相应 SSC 区域进行表 B.1 中述及的试验(见 7.2)。

应按 GB/T 20972.1—2007 选择进行实验室评定试验的钢材。

应按 B.3 对至少能代表三个独立处理炉的材料进行抗 SSC 试验。

应提供足够的数据对该材料进行评价,对材料具有的适应性做出决定,通过修改或修订进入本部分。

B.3 评定碳钢和低合金钢抗 SSC 性能的试验程序

评定应按 B.1,并按表 B.1 中的合适部分进行。

除非有其他说明,试验要求应符合 GB/T 4157—2006。

通常,试验应在室温(24 ℃±3 ℃)进行。对于在升高温度下进行的试验,可以使用 GB/T 20972.3—2008 附录 B 给出的试验环境指导。

对按材料生产规范进行的材料试验,宜参照适当的规范,以及 A.1、B.1 进行。

表 B.1 酸性使用环境的 SSC 实验室试验

评定有效范围[f]	试验类型[a,b,i]	施加应力[c,d]	环境	H_2S 分压	验收准则	备注
特定的应用或图 1 的 SSC 1 区或 2 区	UT	≥90%AYS	质量分数为 5% 的 NaCl+质量分数为 0.4% 的 CH_3COONa,用 HCl 或 NaOH 把 pH 值调至预期值[e]	适合于预期的应用或 SSC 区域	按 GB/T 4157—2006 评价方法,无 SSC 开裂	特定的应用或不太苛刻的环境。评价区域以满足要求的涉及范围为条件[g]
	FPB[j] 或 CR	≥90%AYS			按 GB/T 4157—2006 评价方法,无 SSC 开裂	特定的应用或不太苛刻的环境。评价区域以满足要求的涉及范围为条件[g]
	DCB[h]	不适用			应按 GB/T 4157—2006 评价。验收准则应经过协商一致的文件证明[K]	用于评价设备由使用者决定并提供有正当理由的证明文件

表 B.1（续）

评定有效范围[f]	试验类型[a,b,i]	施加应力[c,d]	环境	H_2S 分压	验收准则	备注
图 1 所有 SSC 区域	UT	≥80% AYS	GB/T 4157—2006A 溶液环境（质量分数为 5% 的 NaCl + 质量分数为 0.5 % 的 CH_3COOH）	根据 GB/T 4157—2006 为 0.1 MPa	按 GB/T 4157—2006 评价方法，无 SSC 开裂	用于评价设备由使用者决定并提供有正当理由的证明文件
	FPB[j] 或 CR					
	DCB[h]	不适用			按 GB/T 4157—2006 评价。验收准则应经过协商一致的文件证明[K]	

a 试验类型如下：

——根据 GB/T 4157—2006 A 法的单轴拉伸(UT)试验；

——根据 EFC 出版物 16 号的附录 2 或 GB/T 15970.2 的四点弯曲(FPB)试验；

——根据 GB/T 4157—2006 C 法的 C 型环(CR)试验；

——根据 GB/T 4157—2006 D 法的双悬臂梁(DCB)试验；

——适当时可以使用其他试样，包括全尺寸构件的试样，需经购买方和供应商协商。

b FPB、CR 或 UT 试验最好用于对焊接接头的工艺评定。焊接试样一般应垂直焊缝取样；试验应以屈服强度最低的母材的实际屈服强度为基础。经设备使用者的同意，可采用侧弯 4 点弯曲试验。对于侧弯试验的详情参见 NACE 腐蚀 2000 论文 128。

c 对于能确保在低使用应力水平下进行操作时，如该低使用应力水平按屈服强度的百分比进行控制，试验应力可以减小到最大使用应力。在这些情况下，试验以及验收准则应与设备使用者协商，协商应有证明文件。

d AYS 为试验温度下材料最终状态的实际屈服强度。AYS 应在产品规范中规定或为按 GB/T 228 测得“规定非比例延伸率”为 0.2%($R_{p0.2}$)时的弹性极限应力。

e 对于 SSC 试验的 pH 控制，在试验过程中 pH 值宜小于或等于预期值。实际上 pH 值可以控制在 0.1 个 pH 值单位范围内。

f 关于使用塑性设计准则的更多信息见 GB/T 20972.1—2007 第 5 章。

g 在表 B.2 中所列条件下进行的试验提供了对于整个区域的评定。

h 在特殊情况下，包括厚壁或复杂形状的构件，DCB 试验可用于支持以断裂力学为基础的设计。

i 试验类型不必相同并且结果可能无直接可比性。

j 在进行试样的 SOHIC 和(或)SZC 评定时，应满足本表和 B.4 的要求。

k 见 GB/T 19830 有关 C90 和 T95 油套管的信息。

表 B.2 试验条件

pH	试验要求的 H_2S 分压/MPa	
	SSC 1 区的条件组合	SSC 2 区的条件组合
3.5	—	0.001
4.0	0.000 3	—
4.5	0.001	0.01
5.5	0.01	0.1
6.5	0.1	—

B.4 评价碳钢和低合金钢抗SOHIC和SZC性能的试验程序

B.4.1 总则

本附录给出的试验方法已成功地用来证明了SOHIC或SZC的敏感性。

在SOHIC或SZC评价之前材料应进行在设计条件下的抗SSC评定并合格。

评价焊缝时也应按7.3.3执行。

不符合这些评价条件的试验结果的确认按GB/T 20972.1—2007的规定执行。

对于SOHIC和SZC的试验方法还没有标准化。可替代的方法正在研究中。

设备使用者可以根据自己的判断选择其他试验。对采用这些试验的理由应有证明文件。

B.4.2 小尺寸试样试验

B.4.2.1 试样选择

确定SOHIC或SZC敏感性的试样应采用SSC评定试验合格的没有失效的UT或FPB试样。按A.2选择的钢材在进行SOHIC或SZC评估之前,应按B.1进行SSC评定并合格。

对于小尺寸焊缝试验,试样应垂直于焊缝取样。

B.4.2.2 UT试验试样的评定和验收准则

应采用下列任一项UT试样的评定和验收准则:

a) 试样加热到150 ℃并保温两个小时,以除去吸收的氢。测量试样的抗拉强度。试样抗拉强度应不小于用先前未用的完全相同的试样测定的材料实际抗拉强度的80%;

b) 加工至少两个平行于试样轴线的金相截面。检查这些截面可能存在的阶梯状HIC特征和其他与SOHIC或焊缝软区开裂(SZC)有关的裂纹。既没有阶梯状HIC迹象,也没有沿厚度方向长度超过0.5 mm的裂纹是允许的。

B.4.2.3 FPB试验试样的评定和验收准则

FPB试样应在试样与硫化氢接触的受拉应力面进行湿磁粉检验。

在任何磁粉指示器垂直于应力轴移动的情况下,制作的金相截面应垂直于磁粉指示器,或在没有磁粉指示器的情况下,至少应制作两个平行于试样应力轴的金相截面。

用这些方法制成的截面应检测可能存在的阶梯状HIC特征和其他与SOHIC或焊缝软区开裂(SZC)有关的裂纹。既没有HIC特征,也没有沿厚度方向长度超过0.5 mm的裂纹是允许的。

为了有助于对试样破坏情况进行检测,在制取金相试片之前试样可以在先前的弯曲方向上塑性变形5%。在变形之前,试样应加热到150 ℃并保温2 h,以除去吸收的氢。

在试样的受拉力面形成的鼓泡破坏在表面下深度小于1 mm的情况,或在压缩面形成的鼓泡不管深度多少,作为抗SOHIC或SZC评价可以忽略,但应进行报告。

B.4.3 全管环试验

可以采用全管环试验。文献HSE OT1-95-635提供了试验方法和验收准则。

注:残余应力对SOHIC或SZC的发生起着重要的作用。这种应力在油气田中用大尺寸试样更具代表性。

B.5 评定碳钢和低合金钢抗HIC或SWC的试验程序和验收准则

试验程序和验收准则应按表B.3进行。

试验应在室温下进行(25 ℃±3℃(77 ℉±5 ℉))。

除非有其他说明,试验要求应按GB/T 8650。

表 B.3 HIC 或 SWC 试验程序和验收准则

产品类型	施加应力	环境	H_2S 分压	验收准则[e]	评定有效范围
轧制钢板或其产品[a,b]	无施加应力	GB/T 4157—2006 A 溶液环境(质量分数为 5%的 NaCl+质量分数为 0.5%的 CH_3COOH)[c]	0.1 MPa(15 psi)[c]	CLR<15% CTR<5% CSR<2%	任何酸性环境
		质量分数为 5%的 NaCl+质量分数为 0.4%的 CH_3COONa,用 HCl 或 NaOH 调节到预期的 pH 值[d]	适合于预期的应用[d]	无裂纹[g]	特定的,或不太苛刻的环境[f]

a 也适用于无缝管产品的评定,见第 8 章。

b 所取的代表合同规定的一般性能的样品应由生产者与设备使用者商定。试验材料的取样应符合 GB/T 20972.1—2007 的要求。

c 用户有责任确定这一试验环境是否能充分代表预期使用环境的苛刻程度。

d 新的或已在用的钢可以进行特殊应用试验。在这种情况下,可以按用户的意见采用比标准的 96 h(见 GB/T 8650)更长的试验时间,这些试验对提高试验结果的可信度可能是必要的。

e 根据设备使用者的要求,在金相切片部位选择之前,试样可以用超声波检测发现和评价裂纹区域。见 FEC 出版物 16 号的 B7 部分。其他验收准则需供应商和设备使用者协商。协商应有文字记录。

f 有关使用塑性设计准则的更多信息见 GB/T 20972.1—2007 第 5 章。

g 其他验收准则也可使用,应得到设备使用者提供的正式批准文件。

附 录 C
（资料性附录）
硫化氢分压的确定

C.1 计算气相系统的硫化氢分压

硫化氢分压可用系统总压乘以硫化氢在气相中的摩尔分数进行计算见式(C.1)：

$$p_{H_2S} = p \times \frac{x_{H_2S}}{100} \qquad \cdots\cdots(C.1)$$

式中：

p_{H_2S}——H_2S 分压，单位为兆帕(MPa)；

p——系统总压(绝)，单位为兆帕(MPa)；

x_{H_2S}——H_2S 在气体中的摩尔分数，%。

例如，气体总压为 70 MPa(10 153 psi)，气体中硫化氢摩尔分数为 10%时，硫化氢分压为 7 MPa(1 015 psi)。

如果系统中的总压和硫化氢的浓度是已知的，硫化氢分压也能用图 C.1 来估算。

C.2 计算不含气的液体系统的有效硫化氢分压

对于液体系统(不存在平衡气体组成)，有效的硫化氢热力学活度可用下列方法测定的硫化氢真实分压确定：

a) 用任何适当的方法测定液体在操作温度下的泡点压力(p_B)；

注：对气体分离单元下游的充满液体的管道，最后一个分离器的总压可以作为泡点压力的一个好的近似值。

b) 用适当的方法测定泡点条件下气相中硫化氢的摩尔分数；

c) 按式(C.2)计算泡点气相中的硫化氢分压：

$$p_{H_2S} = p_B \times \frac{x_{H_2S}}{100} \qquad \cdots\cdots(C.2)$$

式中：

p_{H_2S}——H_2S 分压，单位为兆帕(MPa)；

p_B——泡点压力，单位为兆帕(MPa)；

x_{H_2S}——H_2S 在气体中的摩尔分数，%。

d) 用此方法测定液体系统中的硫化氢分压。可用此值确定系统是否符合由选项 1(见 7.1)规定的酸性环境，或者确定由选项 2(见 7.2)规定的酸性程度。

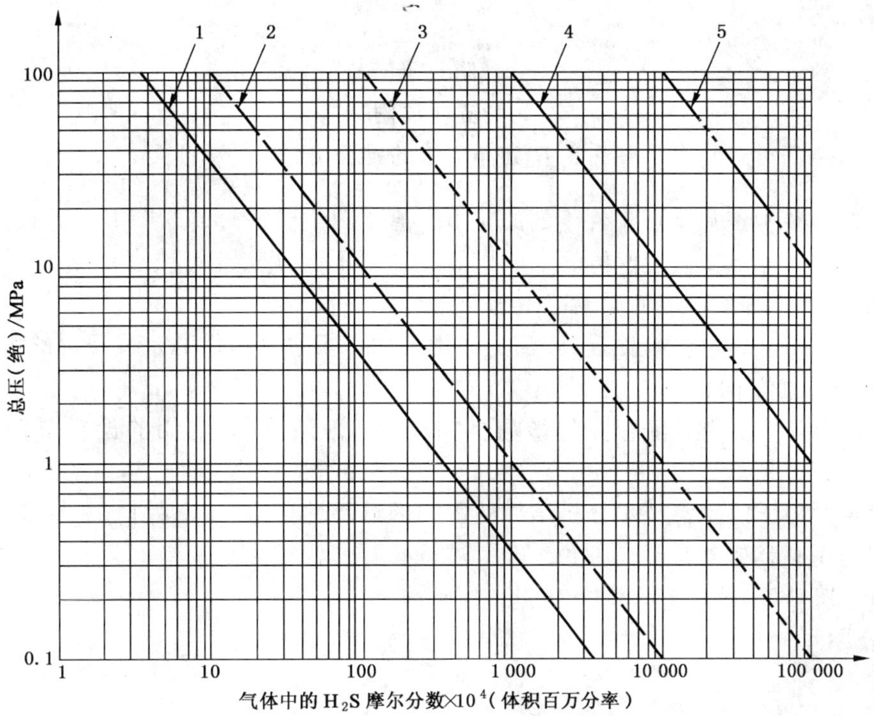

1——p_{H_2S}=0.000 3 MPa;

2——p_{H_2S}=0.001 MPa;

3——p_{H_2S}=0.01 MPa;

4——p_{H_2S}=0.1 MPa;

5——p_{H_2S}=1 MPa。

图 C.1　酸性气体系统:硫化氢分压等压线

附 录 D
（资料性附录）
确定 pH 值的推荐方法

使用图 1 时需要确定在生产条件下的原位 pH 值。图 D.1、图 D.2、图 D.3、图 D.4 和图 D.5 给出了不同条件下确定水相 pH 值近似值的一般指导。如果不能证实计算或者现场测量技术的可靠性，可用这种方法来确定 pH 值，可能的误差范围为 0.0 pH～+0.5 pH。

图 D.1 到图 D.5，纵坐标为原位 pH 值。通常在例行报告中提供的是减压后的水样的 pH 值，不宜被误认为是有效的原位 pH 值。

原位 pH 值也可能受有机酸存在的影响，例如乙酸、丙酸等（和它们的盐），图 D.1 到图 D.5 未予考虑。

这些酸对原位 pH 值和常规水分析结果的影响的重要性在 EFC 出版物 17 号附录 2 上有说明。对这些组分宜进行分析用来对计算的原位 pH 值进行必要的调整。

注：图 D.1 到图 D.5 是从参考文献[1]中引用。

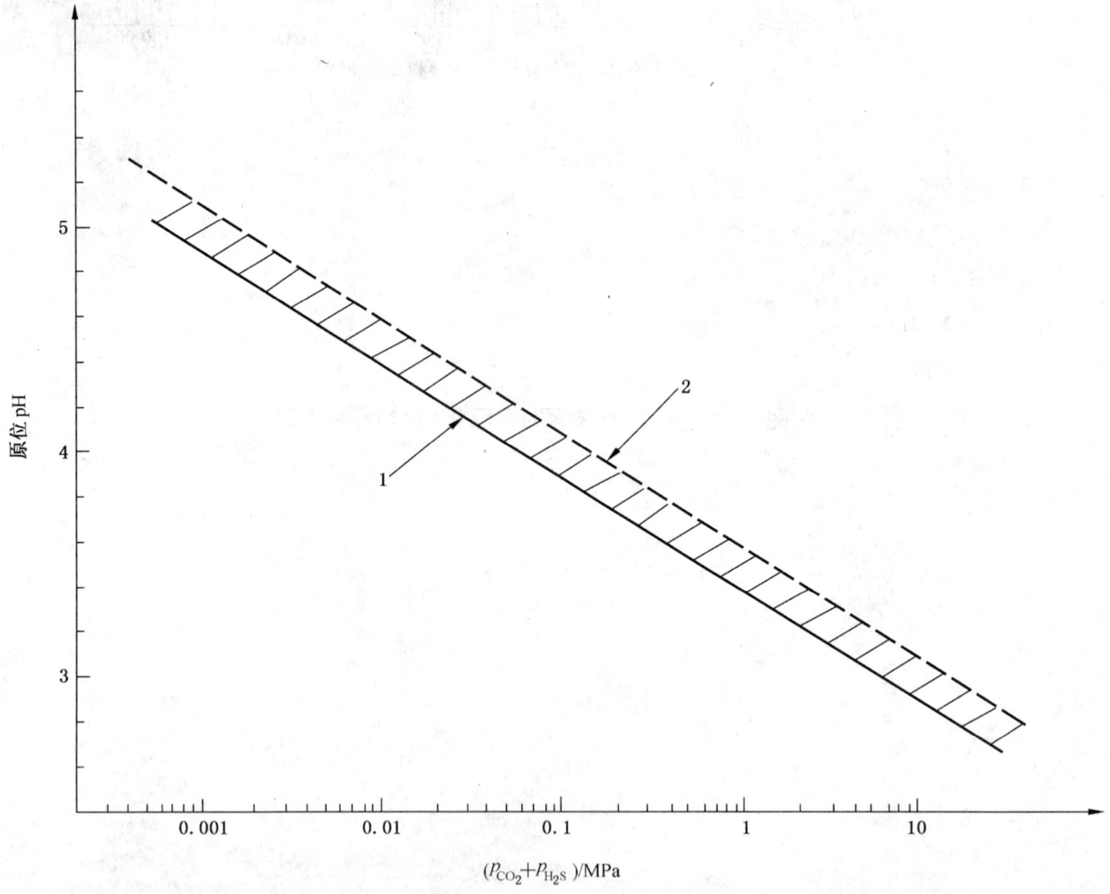

1——温度为 20 ℃；

2——温度为 100 ℃。

图 D.1 在 CO_2 和 H_2S 压力下凝析水中的 pH 值

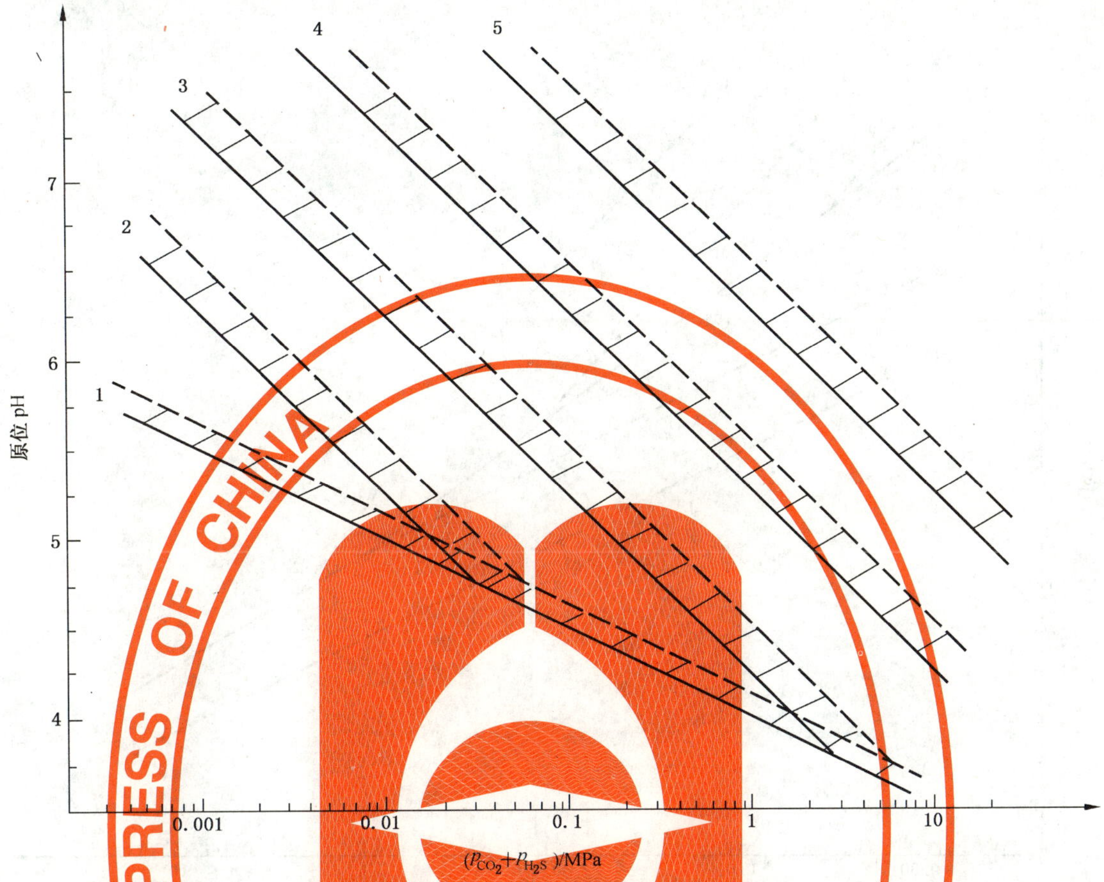

1——$c(HCO_3^-)$=0 mmol/L；

2——$c(HCO_3^-)$=0.1 mmol/L；

3——$c(HCO_3^-)$=1 mmol/L；

4——$c(HCO_3^-)$=10 mmol/L；

5——$c(HCO_3^-)$=100 mmol/L。

－－－－ 温度＝100 ℃

——— 温度＝20 ℃

图 D.2 在 CO_2 和 H_2S 压力下的凝析水(湿气)或含有碳酸氢盐(不饱和 $CaCO_3$)地层水的 pH 值

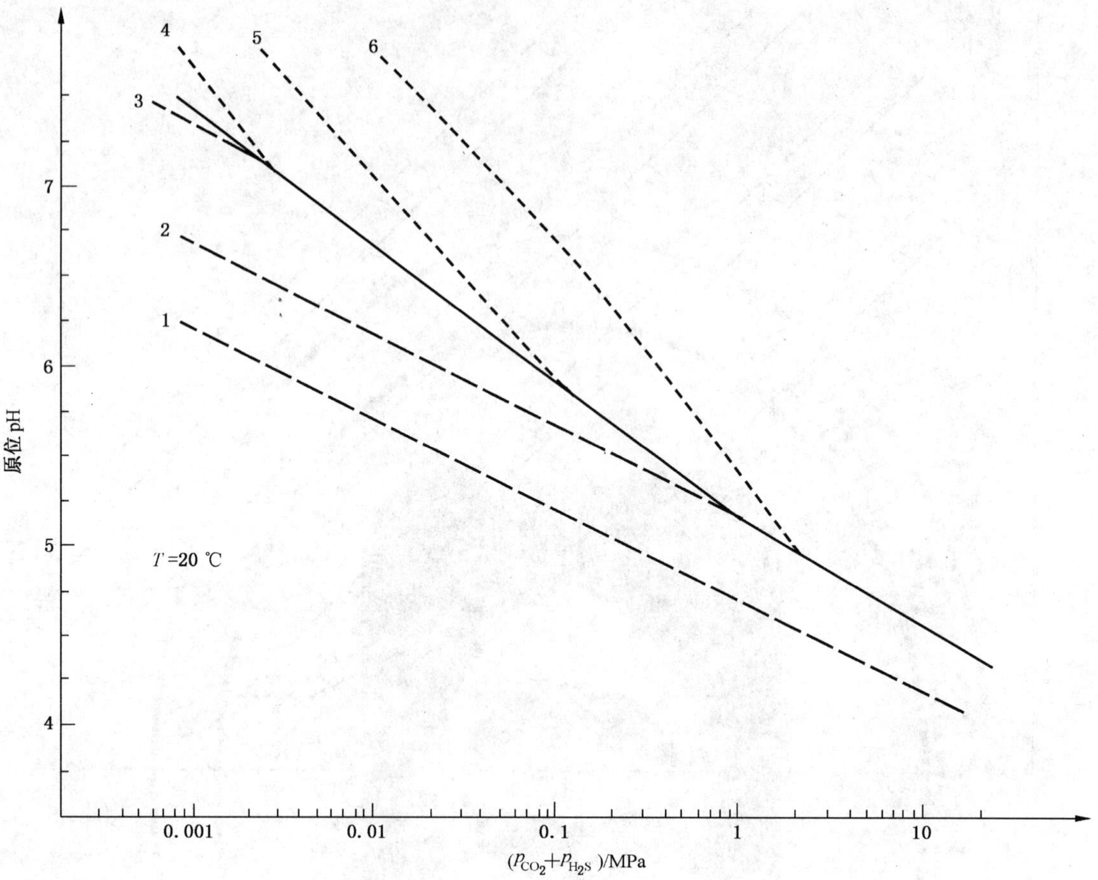

1——$c(Ca^{2+})$=500 mmol/L；

2——$c(Ca^{2+})$=50 mmol/L；

3——$c(Ca^{2+})$=5 mmol/L；

4——$c(HCO_3^-)$=10 mmol/L；

5——$c(HCO_3^-)$=30 mmol/L；

6——$c(HCO_3^-)$=100 mmol/L。

-------- $c(Ca^{2+}) < c(HCO_3^-)$

———— $c(Ca^{2+}) = c(HCO_3^-)$

– – – – – $c(Ca^{2+}) > c(HCO_3^-)$

图 D.3　20 ℃时在 CO_2 和 H_2S 压力下的(过)饱和 $CaCO_3$ (化学当量的或非化学当量的)地层水的 pH 值

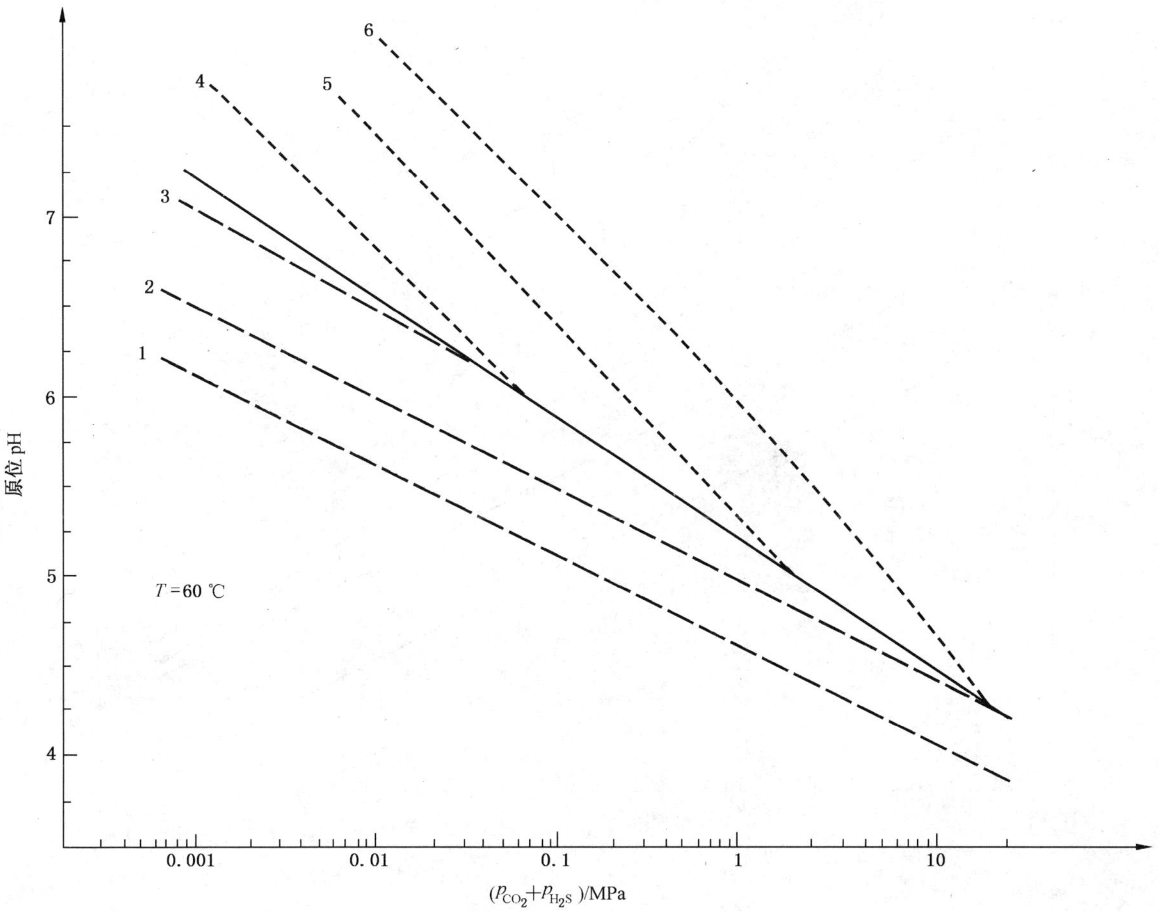

1——$c(Ca^{2+})$=500 mmol/L；

2——$c(Ca^{2+})$=50 mmol/L；

3——$c(Ca^{2+})$=5 mmol/L；

4——$c(HCO_3^-)$=10 mmol/L；

5——$c(HCO_3^-)$=30 mmol/L；

6——$c(HCO_3^-)$=100 mmol/L。

-------- $c(Ca^{2+}) < c(HCO_3^-)$

———— $c(Ca^{2+}) = c(HCO_3^-)$

– – – – – $c(Ca^{2+}) > c(HCO_3^-)$

图 D.4 60 ℃时在 CO_2 和 H_2S 压力下的(过)饱和 $CaCO_3$ (化学当量的或非化学当量的)地层水的 pH 值

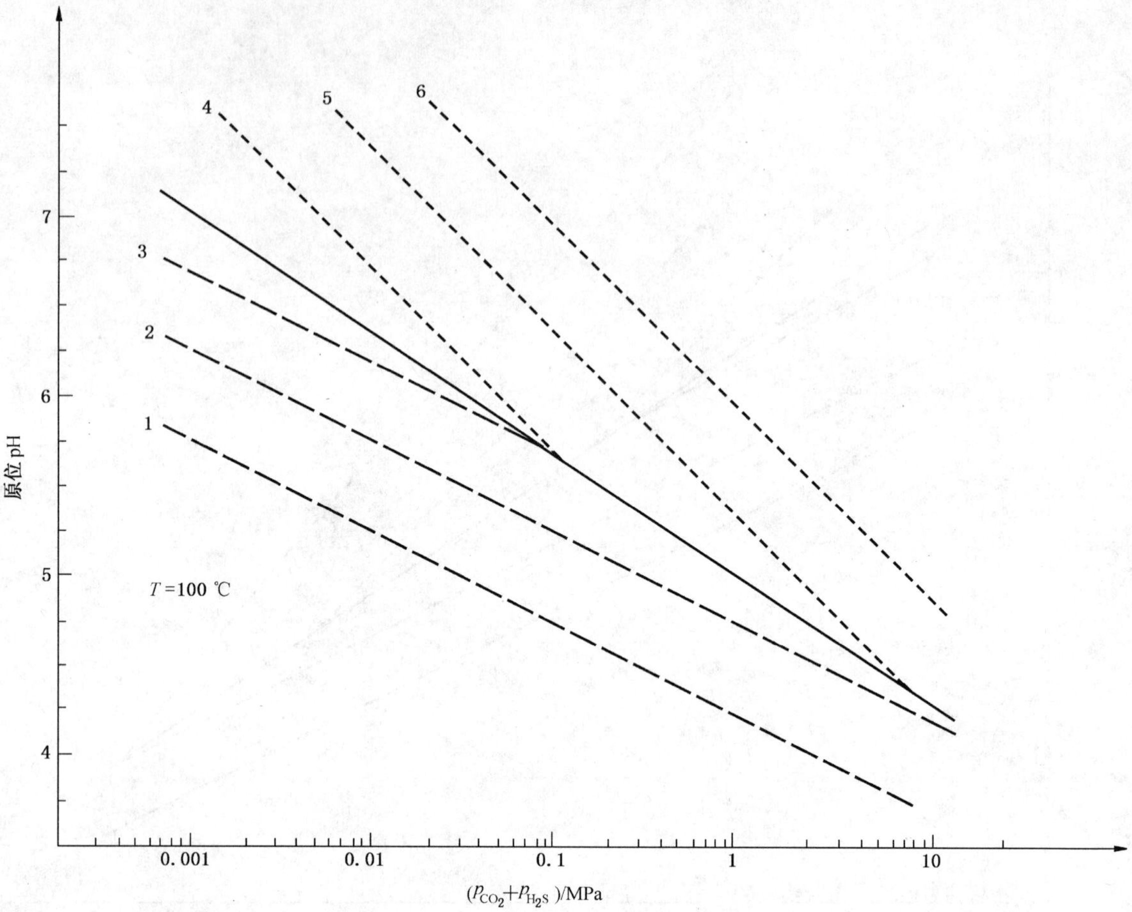

1——$c(Ca^{2+})$=500 mmol/L；

2——$c(Ca^{2+})$=50 mmol/L；

3——$c(Ca^{2+})$=5 mmol/L；

4——$c(HCO_3^-)$=10 mmol/L；

5——$c(HCO_3^-)$=30 mmol/L；

6——$c(HCO_3^-)$=100 mmol/L。

-------- $c(Ca^{2+})<c(HCO_3^-)$

———— $c(Ca^{2+})=c(HCO_3^-)$

– – – – – $c(Ca^{2+})>c(HCO_3^-)$

图 D.5　100 ℃时在 CO_2 和 H_2S 压力下的(过)饱和 $CaCO_3$（化学当量的或非化学当量的）地层水的 pH 值

附 录 E
（资料性附录）
购买材料应提供的信息

表 E.1 和表 E.2 的第 2 列宜由购买材料方完成。宜指明可接受的或要求的选项。

注：第 5 列中 GB/T 20972.2A 的标识，通常相当于以前 NACE MR0175 对碳钢、低合金钢或铸铁的要求。

表 E.1 购买材料的最少信息

购买方的参考资料				
设备类型				
首选的钢(或铸铁)的类型和(或)钢级				
酸性环境的指导规范：GB/T 20972 采购合同中对材料的要求		本部分的相关条款	备注	酸性环境标识 GB/T 20972(可要求采用多个符号)
抗 SSC 选项 1：从 A.2 中选择酸性环境使用的碳钢、低合金钢或铸铁	是/否	7.1		2A
抗 SSC 选项 2：特定酸性环境使用或用于一定酸性范围的碳钢、低合金钢	是/否	7.2	如果选择是，见 5.3 和表 E.2	
抗 HIC： (a) 材料是否适合于任何酸性环境 (b) 材料是否适用于特定酸性环境或一定酸性范围	是/否 是/否	第 8 章和 B.5	如果选则是，见 5.3 和表 E.2	2H

表 E.2 SSC 试验和其他特殊情况的附加信息

购买方的参考资料				
购买合同中的材料要求		GB/T 20972.2 的相关条款	说明	酸性环境标识 GB/T 20972—XXX (可要求采用多个符号)
抗 SSC 选项 2	指明首选项	7.2		
a)是否任何 SSC 区域的酸性环境？试样类型	是或否	7.2.1.4、图 1、表 B.1 及其注	缺省为 UT 试验试样	2R3
b)是否 SSC 2 区和 1 区的酸性环境？试样类型	是或否	7.2.1.4、图 1、表 B.1 及其注	缺省为 UT 试验试样	2R2
c)是否 SSC 1 区的酸性环境？试样类型	是或否	7.2.1.4、图 1、表 B.1 及其注	缺省为 UT 试验试样	2R1
d)是否要求在特定 SSC 酸性环境使用？试样类型	是或否	7.2.1.4、表 B.1 及其注	低于要求的试验条件数据。缺省为 UT 试验试样	2S
是否在特定酸性环境下抗 HIC	是或否	第 8 章和表 B.3	低于要求的试验条件数据	2HS

表 E.2（续）

购买方的参考资料				
购买合同中的材料要求		GB/T 20972.2 的相关条款	说明	酸性环境标识 GB/T 20972—XXX (可要求采用多个符号)
试验条件述及		表 B.1 和(或)表 B.3	按表 B.1 中的缺省值，其他值要求根据 GB/T 20972.1 提供正当理由的资料	
SSC 试验的试验应力			%AYS(或按比例)	
CO_2			MPa	
H_2S			MPa	
温度			℃	
原位 pH			pH 计算见附录 D	
Cl^- 或其他卤化物			mg/L	
元素硫(S^0)			有或没有	
特殊要求				
抗 SOHIC 和 SZC 要求	是或否	7.2.2 和 B.4	在 SOHIC 或 SZC 试验之前要求进行 SSC 试验	2Z 加上以上的 SSC 标识

附　录　F
（规范性附录）
抗 SSC 的碳钢、低合金钢和铸钢

F.1　表 F.1 和表 F.2 列出了抗 SSC 的我国牌号的碳钢、低合金钢和铸钢材料示例。

F.2　以下材料应符合本部分的材料要求。在没有附加要求的规定时（见 7.2.2 和/或第 8 章），符合本附录的钢材可能不抗 SOHIC、SZC、HIC 或 SWC。

表 F.1　抗 SSC 的碳钢、低合金钢和铸钢

材料类别	标　　准	牌　　号	用　　途
碳钢	GB/T 699	20	含 H_2S 油气田各类管件
	GB/T 711	20	
	GB/T 710	20	
	GB/T 699	25、30、35	阀体、阀盖、法兰等承压部件
	JB 4726	20、35	
	GB/T 12229	WCA、WCB	阀体
	GB/T 699	25、30、35	螺栓
	GB 6654	20R	设备及容器壳体等
	GB/T 700	Q235—B	设备及容器壳体等 设计压力≤1.6 MPa
		Q235—C	设备及容器壳体等 设计压力≤2.5 MPa
低合金钢	JB 4726	16Mn	承压元件
	GB 6654	16MnR	容器壳体等
	GB/T 3077	35CrMo	阀体、阀盖、法兰、螺栓等

表 F.2　抗 SSC 的管材

材料类别	标　　准	牌　　号	用　　途
碳钢	GB 3087	20	设备接管，采集气管道、管件等
	GB 6479	20	
	GB 5310	20G	
碳钢和低合金钢	GB/T 9711.3	L245CS 到 L450CS	设备接管，采集气管道、管件等

附 录 G
（资料性附录）
本部分与 ISO 15156-2:2003 技术性差异及其原因

表 G.1 给出了本部分与 ISO 15156-2:2003 的技术性差异及其原因的一览表。

表 G.1 本部分与 ISO 15156-2:2003 技术性差异及其原因

本部分的章条编号	技术性差异	原 因
2	引用了采用国际标准的我国标准，而非国际标准。增加了条文要求所涉及的引用标准	适合我国国情，按我国的标准编写中对引用标准的规定
4	增加了条文要求所涉及的符号和缩略语	按我国的标准编写中对符号或缩略语的规定
A.2.1.4	将原标准中的“焊后状态的碳钢、碳锰钢和低合金钢其硬度符合表 A.1 的要求时不需要焊后热处理。表 A.2 中列出的 SMYS 不超过 360MPa 的钢管，在焊后状态条件下可以接受。对于这些产品，如果设备使用者同意，可以免除焊接工艺的硬度试验。一些 SMYS 超过 360MPa 的钢管(见 A.2.2.2)，如果使用合适的评定合格的焊接工艺，在焊后状态条件下可以接受。但应满足表 A.1。”修改为“焊后状态的碳钢、碳锰钢和低合金钢其硬度符合表 A.1 的要求，使用条件不苛刻且用户同意时不需要焊后热处理。表 A.2 中列出的 SMYS 不超过 360MPa 的钢管，对于这些产品，如果设备使用者同意，在焊后状态条件下可以接受，可以免除焊接工艺的硬度试验。一些 SMYS 超过 360MPa 的钢管(见 A.2.2.2)，如果使用合适的评定合格的焊接工艺，设备使用者同意时，在焊后状态条件下可以接受。但应满足表 A.1。”	在我国含硫化氢气田，焊后状态的碳钢、碳锰钢和低合金钢一般都要求进行焊后热处理
B.2.1	将图 B.1 中的“按照 ISO 程序提交对 ISO 15156-3 的修改或修订建议”修改为“按照程序提交对本部分的修改或修订建议”。 删除了图 B.1 中的脚注 c：见“引言”的最后一段可获得更多的有关文献信息	适合我国国情。 本部分删除了引言部分。引言的最后一段话为“根据由 ISO/TC 67/WG7 提出的对 ISO 15156 的解释和主张，ISO 15156-3 在修订和再版时包含一些改变，其拷贝可从 ISO/TC 67 秘书处获得。来自 NACE 和 EFC 的专家都是 ISO/TC 67/WG7 的成员”。此条是从国际标准角度表述的
表 B.1	增加试验标准“GB/T 15970.2 的四点弯曲(FPB)试验”	GB/T 15970.2—2000 等同于 ISO 7539-2:1989，与原标准中 EFC 出版物 16 的要求一致，增加此标准适合我国国情
B.2.4	将原标准中的“应提供足够的数据以便让 ISO/TC 67 的成员对该材料进行评价并按照 ISO/IEC 导则的第 1 部分”修改为“应提供足够的数据对该材料进行评价”	此条是从国际标准角度表述的
附录 F	增加了抗 SSC 的我国牌号的碳钢、低合金钢和铸钢材料示例	在附录 F 中列出的材料，是基于现场经验的判别或基于实验室评价试验的结果所表现出来的抗 SSC 的性能。增加这些材料以适合我国国情

参 考 文 献

[1] BONIS M. and CROLET J-L. 在硫化氢致开裂中影响原位 pH 值的实际情况 Corrosion Science 1987 27 pp. 1059-70

[2] HSE OTI-95-635[1] 确定酸性环境中管线钢开裂敏感性的试验方法

1) 英国健康与安全部门，HSE Books，PO Box 1999，Sudbury，Suffolk CO10 2WA，UK [ISBN 0-7176-1216-3]

ICS 75.180.01
E 10

中华人民共和国国家标准

GB/T 20972.3—2008

石油天然气工业 油气开采中用于含硫化氢环境的材料 第3部分：抗开裂耐蚀合金和其他合金

Petroleum and natural gas industries—Material for use in H_2S-containing environments in oil and gas production—Part 3: Cracking-resistant CRAs(corrosion-resistant alloys) and other alloys

(ISO 15156-3:2003,MOD)

2008-08-28 发布 2009-03-01 实施

中华人民共和国国家质量监督检验检疫总局
中国国家标准化管理委员会 发布

前　言

GB/T 20972《石油天然气工业　油气开采中用于含硫化氢环境的材料》分为如下三个部分：

——第 1 部分：选择抗裂纹材料的一般原则；

——第 2 部分：抗开裂碳钢、低合金钢和铸铁；

——第 3 部分：抗开裂耐蚀合金和其他合金。

本部分为 GB/T 20972 的第 3 部分。

GB/T 20972 是油气开采中用于含硫化氢环境的材料的分部分出版的国家标准。下面列出本国家标准的结构及对应的 ISO 标准。

第 1 部分：选择抗裂纹材料的一般原则　对应于 ISO 15156-1：2001；

第 2 部分：抗开裂碳钢、低合金钢和铸铁　对应于 ISO 15156-2：2003；

第 3 部分：抗开裂耐蚀合金和其他合金　对应于 ISO 15156-3：2003。

本部分修改采用 ISO 15156-3：2003《石油天然气工业　油气开采中用于含硫化氢环境的材料　第 3 部分：抗开裂耐蚀合金和其他合金》（英文版），包括其技术勘误 ISO 15156-3：2003/Cor. 1：2005、ISO 15156-3：2003/Cor. 2：2005 和 ISO 15156-3：2003/Cor. 1：2007。

本部分根据 ISO 15156-3：2003 重新起草。考虑到我国国情，在采用 ISO 15156-3：2003 时，本部分做了一些修改。有关技术性差异已编入正文中并在它们所涉及的条款的页边空白处用垂直单线标识。在附录 F 中给出了这些技术性差异及其原因的一览表以供参考。

为便于使用，本部分还做了下列编辑性修改：

——“ISO 15156 的本部分”一词改为“本部分”；

——用小数点“. ”代替作为小数点的逗号“，”；

——删除了 ISO 15156-3：2003 的前言和引言。

本部分的附录 A、附录 B 为规范性附录，附录 C、附录 D、附录 E、附录 F 为资料性附录。

本部分由全国石油钻采设备和工具标准化技术委员会（SAC/TC 96）提出并归口。

本部分负责起草单位：中国石油集团工程设计有限责任公司西南分公司。

本部分参加起草单位：中国石油天然气股份有限公司西南油气田分公司，中国石油天然气集团公司管材研究所。

本部分主要起草人：曹晓燕、郭成华、姜放、杜毅、王晖、刘勇明、白真权、陈运强、夏青、林雪梅、王秦晋、王治。

本部分为首次发布。

石油天然气工业
油气开采中用于含硫化氢环境的材料
第3部分：抗开裂耐蚀合金和其他合金

注意：按本部分选择的耐蚀合金和其他合金，在油气开采中规定的含硫化氢环境里是抗开裂的，但并不一定在所有的使用环境下都可避免开裂。为预期的使用环境选择合适的耐蚀合金和其他合金是设备使用者的责任。

1 范围

GB/T 20972的本部分给出了在油气开采及天然气处理厂含硫化氢(H_2S)环境中，设备用耐蚀合金(CRA)和其他合金的选择及评定的要求和推荐作法，这些设备的失效会对公众、个人健康和安全或环境造成危害。使用本部分有助于避免设备发生这种代价高昂的腐蚀破坏。本部分是对那些合适的设计规范、标准和准则的补充，但不能代替它们对材料的要求。

本部分叙述了这些材料抗由硫化物应力开裂(SSC)、应力腐蚀开裂(SCC)和电偶诱发的氢应力开裂(GHSC)引起的破坏的性能。

本部分只涉及开裂，不涉及均匀腐蚀(质量减少)或局部腐蚀造成的材料损失。

表1列出了适用于本部分的不详尽的设备清单以及允许的例外设备。

本部分适用于按常规弹性准则设计和制造设备所用材料的选择和评定。对于使用塑性准则的设计(例如基于应变和极限状态设计)，按GB/T 20972.1—2007第5章的要求。

本部分不一定适用于炼油或下游的加工设备。

表1 设备表

本部分适用于下列设备用材料	允许的例外设备
钻井、完井和修井设备	仅暴露在成分受控的钻井液中的设备[a] 钻头 防喷器剪切闸板[b] 钻井隔水导管装置 作业管柱 钢丝绳和绳索起下的设备[c] 表层套管和技术套管
油气井，包括地下设备、气举设备、井口和采油树	抽油泵和抽油杆[d] 电动潜油泵 其他人工举升设备 卡瓦
出油(采气)管道、集气(油)管道、矿场设备和矿场处理装置	在总压(绝)低于0.45 MPa(65 psi)工作的原油储存和处理设备
水处理设备	在总压(绝)低于0.45 MPa(65 psi)工作的水处理设备 注水和水处理设备[e]
天然气处理装置	
液体、气体和多相流体输送管道	商业和民用处理气输送管道

表 1（续）

本部分适用于下列设备用材料	允许的例外设备
对于以上所有设备	只承受压缩载荷的部件

[a] 见 GB/T 20972.2—2008 中 A.2.3.2.3。

[b] 见 GB/T 20972.2—2008 中 A.2.3.2.1。

[c] 绳索润滑器和润滑器连接装置不允许例外。

[d] 对于抽油泵和抽油杆，见 NACE MR0176。

[e] 对于注水和水处理设备，见 NACE RP0475。

2 规范性引用文件

下列文件中的条款通过 GB/T 20972 的本部分的引用而成为本部分的条款。凡是注日期的引用文件，其随后所有的修改单(不包括勘误的内容)或修订版均不适用于本部分，然而，鼓励根据本部分达成协议的各方研究是否可使用这些文件的最新版本。凡是不注日期的引用文件，其最新版本适用于本部分。

GB/T 228 金属材料 室温拉伸试验方法(GB/T 228—2002,eqv ISO 6892:1998)

GB/T 230.1 金属洛氏硬度试验 第1部分：试验方法(A、B、C、D、E、F、G、H、K、N、T 标尺)(GB/T 230.1—2004,ISO 6508-1:1999, Metallic materials—Rockwell hardness test—Part 1: Test method (scales A,B,C,D,E,F,G,H,K,N,T),MOD)

GB/T 4157—2006 金属在硫化氢环境中抗特殊形式环境开裂实验室试验

GB/T 4340.1 金属维氏硬度试验 第1部分：试验方法(GB/T 4340.1—1999,eqv ISO 6507-1:1997,Metallic materials—Vickers hardness test—Part 1:Test method)

GB/T 15970.7—2000 金属和合金的腐蚀 应力腐蚀试验 第7部分：慢应变速率试验(idt ISO 7539-7:1989)

GB/T 19830—2005 石油天然气工业 油气井套管或油管用钢管(ISO 11960:2001,IDT)

GB/T 20972.1—2007 石油天然气工业 油气开采中用于含硫化氢环境的材料 第1部分：选择抗开裂材料的一般原则(ISO 15156-1:2001,IDT)

GB/T 20972.2—2008 石油天然气工业 油气开采中用于含硫化氢环境的材料 第2部分：抗开裂碳钢、低合金钢和铸铁(ISO 15156-2:2003,MOD)

ISO 10423 石油天然气工业 钻井和开采设备 井口和采油树设备

ASTM A 182/A 182M[1] 高温用锻制或轧制合金钢管道法兰、锻制管配件、阀门和零件

ASTM A 213/A 213M 锅炉、过热器和换热器用无缝铁素体和奥氏体合金钢管子

ASTM A 276 不锈钢棒材和型材

ASTM A 351/A 351M 承压元件用奥氏体、奥氏体-铁素体(双相)铸件

ASTM A 743/A 743M 一般用耐腐蚀铁-铬、铁-铬-镍铸件

ASTM A 744/A 744M 苛刻条件下使用的耐腐蚀铁-铬-镍铸件

ASTM A 747/A 747M 沉淀硬化不锈钢铸件

BS HR.3[2] 镍-钴-铬-钼-铝-钛高温合金坯料、棒、锻件和部件(镍基合金,Co 20,Cr 14.8,Mo 5,Al 4.7,Ti 1.2)

1) 美国材料试验学会(ASTM)，国际性组织，100 Barr Harbor Drive, PO Box C700, West Conshohocken, PA 19428-2959, USA

2) 英国标准学会，389 Chiswick High Road, London W4 4AL, UK

EFC 出版物 17 号[3] 油气生产用耐蚀合金:用于硫化氢环境的一般要求和试验方法指南

NACE MR 0175[4] 油田设备抗硫化物应力开裂的金属材料

NACE MR 0176 油田腐蚀环境中用于抽油泵的材料

NACE TM 0198 酸性油田中筛选抗应力腐蚀开裂的耐蚀合金的慢应变速率试验方法

NACE RP 0475 用于含油地层注水处理所有过程的金属材料的选择

NACE 腐蚀 97 论文 58 用于酸性环境中耐蚀合金材料选择的波动应变速率试验

SAE-ASTM[5] 统一编号系统中的金属和合金 ISBN 0-7680-04074

3 术语和定义

GB/T 20972.1—2007 和 GB/T 20972.2—2008 中确立的以及下列术语和定义适用于本部分。

3.1

时效 ageing

在冶金性能方面发生变化,一般在室温(自然时效)下进行得缓慢,而在较高温度下(人工时效)进行得较快。

3.2

退火 anneal

将特定材料加热到适当的温度,并在该温度下保持一定时间,然后以适当的速度冷却。其目的是降低硬度,改善机械加工性能或获得想要的性能。

3.3

奥氏体 austenite

铁基合金的面心立方晶相。

3.4

双相不锈钢 duplex stainless steel

奥氏体-铁素体不锈钢。

室温下显微组织主要由奥氏体和铁素体混合组成的不锈钢。

3.5

铁素体 ferrite

铁基合金中的一种体心立方晶体。

3.6

铁素体不锈钢 ferritic stainless steel

在室温下,显微组织主要是铁素体的不锈钢。

3.7

电偶诱发的氢应力开裂 galvanically-induced hydrogen stress-cracking

开裂的形成是由于金属中存在着由电偶的阴极诱发的氢和拉伸应力(残余的和外加的)。

3.8

马氏体 martensite

碳在铁中过饱和的硬固溶体,具有针状的显微组织特征。

3.9

马氏体钢 martensitic steel

为避免形成其他显微组织而以快速冷却速率进行淬火才能获得的显微组织为马氏体的钢。

---

3) 欧洲腐蚀联合会(EFC),属于材料学会,1 Carlton House Terrace,London SW1Y 5DB,UK[ISBN 0-901716-95-2]

4) 美国腐蚀工程师协会(NACE),国际性组织,1440 South Creek Dr.,Houston,TX 77084-4906,USA

5) 机动工程师协会(SAE),400 Commonwealth Drive,Warrendale,PA 15096-0001 USA

3.10

抗点蚀当量数 pitting resistance equivalent number

F_{PREN}数值是用来反映和预示耐蚀合金的抗点蚀能力，它是依据合金化学成分中 Cr、Mo、W 和 N 的配比来定。

注：详见 6.3。

3.11

固溶体 solid solution

含两种或两种以上元素的单一结晶相。

3.12

不锈钢 stainless steel

含铬 10.5%以上的钢。可能添加其他元素以保证获得特殊的性能。

4 符号和缩略语

GB/T 20972.1—2007 和 GB/T 20972.2—2008 中确立的以及下列符号和缩略语适用于本部分。

AYS 实际屈服强度

Cl^- 氯离子

CRA 耐蚀合金

GHSC 电偶诱发的氢应力开裂

HBW 布氏硬度

HRB B标尺洛氏硬度

HRC C标尺洛氏硬度

HSC 氢应力开裂

PREN 抗点蚀当量数

PWHT 焊后热处理

p_{CO_2} CO_2 分压

p_{H_2S} H_2S 分压

RSRT 波动应变速率试验

S^0 元素硫

SSRT 慢应变速率试验

UNS 统一编号系统

5 含硫化氢环境中影响耐蚀合金和其他合金抗开裂性能的因素

耐蚀合金和其他合金在含硫化氢环境中的开裂行为受下列因素相互作用的综合影响，这些因素包括：

——材料的化学成分、强度、热处理、显微组织、制造方法和材料的最终状态；

——硫化氢分压或其在水相中的当量溶解浓度；

——水相的酸度(原位 pH)；

——氯离子或其他卤离子浓度；

——氧、硫或其他氧化剂的存在；

——暴露温度；

—— 材料在使用环境中的抗点蚀性能；

——电偶的影响；

——总拉伸应力(外加应力加残余应力)；

——暴露时间。

当使用本部分来选择含硫化氢环境中油气开采系统的适当材料时，应考虑这些因素。

6 含硫化氢环境中耐蚀合金和其他合金抗 SSC、SCC 和 GHSC 的评定和选择

6.1 总则

应按照预期使用环境的要求来选择抗 SSC、SCC 和 GHSC 的耐蚀合金和其他合金。

符合本部分要求的耐蚀合金或其他合金在规定的环境使用限制内是抗开裂的。这些限制取决于材料类型或具体的单一合金。

为了能评定和(或)选择耐蚀合金和其他合金，可要求设备购买方向设备供应商提供设备计划暴露条件的相关资料。

在确定含硫化氢环境的苛刻程度时，还应考虑在系统运行失常或停工等期间可能发生的暴露条件。该暴露条件可能包括非缓冲的低 pH 冷凝水和用于生产井增产的酸液。在有增产酸液情况下，应考虑返排期间出现的环境条件。

应使用附录 A 或按附录 B 通过成功的实验室试验评定来选择耐蚀合金和其他合金。基于满意的现场使用经验的评定也是允许的。该评定应遵循 GB/T 20972.1—2007 的规定。

在附录 A 中，用材料类别来表示材料。用材料类型(在成分的限制范围内)或单一合金来表示每一类别内的合金。附录 A 给出了抗开裂合金允许的冶金状态和有关硫化氢分压、温度、氯离子浓度和元素硫的环境限制。

对于在比附录 A 给出的环境限制更苛刻的操作条件下使用的耐蚀合金或其他合金，可通过试验进行评定。对于在不同于附录 A 所给出的冶金状态(较高的强度，变换了热处理等)下使用的耐蚀合金或其他合金，同样地也可以通过试验进行评定。

按附录 B 进行的评定文件应符合 GB/T 20972.1—2007 第 9 章的要求。

设备使用者应对评定(见 B.2.2)进行核实并保留材料选择的支持性文件。

6.2 材料性能的评定

6.2.1 母材的硬度

如果规定做母材的硬度测试，应做足够的硬度测试才能确定被测耐蚀合金或其他合金的真实硬度。如果邻近位置的几个读数的平均值没有超过本部分规定的允许值，同时单个读数不大于规定硬度值 2 个 HRC，则单个的 HRC 读数允许大于本部分的规定。该要求同样适用于本部分规定的其他硬度测试方法或制造规范中参照的其他硬度测试方法。

对取决于材料的其他标尺的硬度读数转换，使用者可以建立所需要的转换表。

注：GB/T 20972 中没有规定母材硬度试验的数量和位置。

6.2.2 焊缝的抗开裂性能

6.2.2.1 总则

耐蚀合金和其他合金在焊接时发生的冶金变化会影响它们对 SSC、SCC 和(或)GHSC 的敏感性。焊接接头可能比其相连的母材具有更大的开裂敏感性。

设备使用者可允许焊件的开裂敏感性控制在生产系统安全使用条件的限制范围内。

为获得满足要求的抗腐蚀性和抗开裂性，宜按照成功的实践经验来选择焊接工艺和焊接材料。

焊接应按供应商和购买方都同意的适当规范和标准进行。焊接工艺规程(WPS)和焊接工艺评定报告(PQR)应易于设备使用者检查。

焊接 PQR 应包括文件形式的证据，证明至少在和建议使用环境一样苛刻的条件中具有令人满意的抗开裂性能。这些证据应以下列一条或多条为基础：

——符合附录 A 对具体材料类别的要求和建议(6.2.2.2 和 6.2.2.3)；

——按照附录 B 进行焊缝抗开裂评定试验；

——现场实践的证明文件,可仿效GB/T 20972.1—2007中对母材的规定。

附录A中给出的要求和建议可能不适合设备和部件制造中母材和焊接金属的所有组合,为确保焊件在应用时能具有足够的抗SSC、SCC和GHSC性能,设备使用者可要求成功的抗开裂试验的证据来作为焊接工艺评定的一部分。

6.2.2.2 按照附录A,基于硬度的焊接工艺评定

6.2.2.2.1 总则

如果在附录A中有规定,对于酸性环境的焊接工艺评定应包括按照6.2.2.2.2、6.2.2.2.3和6.2.2.2.4进行的硬度试验。

6.2.2.2.2 焊接工艺评定中的硬度试验方法

焊接工艺评定中的硬度试验方法应按GB/T 4340.1规定的维氏HV10或HV5进行,或按照GB/T 230.1用15 N标尺的洛氏方法进行。

使用其他硬度检测方法应经设备使用者的同意。

6.2.2.2.3 焊接工艺评定中的硬度测试

对接焊缝、角焊缝、修补和部分熔透焊缝及覆盖层焊缝的硬度测试应按GB/T 20972.2—2008的7.3.3.3进行。

6.2.2.2.4 焊缝硬度的验收准则

附录A中给出的耐蚀合金或其他合金的焊缝硬度验收准则适用于按附录A选用的所有合金。

也可通过焊接试样成功的抗开裂试验来建立硬度验收准则,试验应按照附录B进行。

6.2.2.3 按照附录A,采用其他试验方法的焊接工艺评定

为确保焊缝具有足够的抗开裂性能,附录A的材料类别中提供了采用其他试验方法的要求和建议。

6.2.3 与其他制造方法相关的抗开裂性能

除焊接外,对于由焊接以外其他制造方法引起冶金变化的耐蚀合金和其他合金,应把受制造影响的材料的抗开裂性能评定试验规定为制造工艺评定的一部分。

如果在成品中有任何热影响区(HAZ)残存,应规定评定试验作为气割和(或)切割工艺评定的一部分。

6.2.2中的要求和验收准则应既适用于制造方法又适用于气割和(或)切割工艺的评定试验,6.2.2.2.3提供了对制造方法或气割和(或)切割工艺的硬度测试要求的相应说明。

用于评价和试验的试样,其形状和取样位置应得到设备使用者的同意。

6.3 PREN

PREN(F_{PREN})应按下列公式计算:

$$F_{\mathrm{PREN}} = w_{\mathrm{Cr}} + 3.3(w_{\mathrm{Mo}} + 0.5w_{\mathrm{W}}) + 16w_{\mathrm{N}}$$

式中:

w_{Cr}——合金中铬的质量分数,用全量组成的百分数表示;

w_{Mo}——合金中钼的质量分数,用全量组成的百分数表示;

w_{W}——合金中钨的质量分数,用全量组成的百分数表示;

w_{N}——合金中氮的质量分数,用全量组成的百分数表示。

注:PREN有若干变量。它的提出完全是为了反映和预测铁-镍-铬-钼耐蚀合金在溶解有氯化物和氧的环境中(如在海水中)的抗点蚀性能。该数值虽然有用,但不能直接表示出在含硫化氢油田环境中的抗腐蚀性能。

7 购买信息和标记

7.1 购买材料应提供的信息

7.1.1 制定购买材料的技术规格书时可能需要设备使用者、设备供应商和材料供应商之间进行合作和资料交流，以确保购买的材料符合 GB/T 20972.1—2007 和本部分的要求。

7.1.2 应提供下列信息：

——首选的材料类型和(或)级别(如果已知)；

——设备类型(如果已知)；

——参考本部分的条款；

——选择抗开裂材料的验收根据(见第 6 章)。

7.1.3 设备使用者和设备供应商或材料供应商可以商定，采用适当的评定试验来选择未在附录 A 中说明和(或)列出的耐蚀合金和其他合金。

如果购买方打算使用这些协议，在购买材料的技术规格书中应清楚地说明与扩充范围和评定方法相关的附加信息。这些信息包括：

——SSC、SCC 和(或)GHSC 试验的要求(见第 6 章和附录 B)；

——特定酸性环境使用的工作条件。

7.1.4 购买材料所需的信息应填入适当的数据表中。推荐的格式参见附录 C。

7.2 标记

符合本部分的材料应具有可追溯性，最好在交货前作标记。适当的标签或文字资料也是可以接受的方式。

对按照附录 B 评定合格和选择的特定应用的材料，其可追溯性还应包括特定应用的相关环境条件。

设备使用者可以要求设备或材料供应商提供文件，文件包括设备或部件使用的材料以及本部分规定的对材料使用环境的限制。

附录 C 中的表格提供了可用于材料识别的标识。

附 录 A
（规范性附录）
抗环境开裂的耐蚀合金和其他合金
（包括表 A.1 附录 A 的材料选择表使用指南）

A.1 总则

A.1.1 材料类别

耐蚀合金或其他合金（见 6.1）的材料类别如下：

——奥氏体不锈钢（材料类型和单一合金）（见 A.2）；

——高合金奥氏体不锈钢（材料类型和单一合金）（见 A.3）；

——固溶镍基合金（材料类型和单一合金）（见 A.4）；

——铁素体不锈钢（材料类型）（见 A.5）；

——马氏体不锈钢（单一合金）（见 A.6）；

——双相不锈钢（材料类型）（见 A.7）；

——沉淀硬化不锈钢（单一合金）（见 A.8）；

——沉淀硬化镍基合金（单一合金）（见 A.9）；

——钴基合金（单一合金）（见 A.10）；

——钛合金和钽合金（单一合金）（见 A.11）；

——铜基和铝基合金（材料类型）（见 A.12）。

只要满足 A.1.2、A.1.3、A.1.4 和 A.1.5 的要求，表 A.1 到表 A.42 中列出的耐蚀合金和其他合金可在表中给出的的环境限制内使用，而不用再进行抗 SSC、SCC 和 GHSC 开裂试验。

A.12 包含了铜和铝合金的使用信息。

A.13 包含了镀层、覆盖层和耐磨合金的使用建议。

注：列出的材料和给出的环境限制最初列于 NACE MR 0175—2003 中。

A.1.2 化学成分的限制

耐蚀合金或其他合金的使用者应确保所用材料的化学分析满足 SAE-ASTM《统一编号系统中的金属和合金》中的材料分析要求（见附录 D）。

为遵照本部分的要求，材料还应符合正文和（或）所属材料类别表中的所有规定。

A.1.3 抗开裂的环境和冶金限制

A.2.2 到 A.11.2 包含了材料用做任何设备或部件时所受环境限制的材料选择表，通常也包含了材料用做指定设备或部件时所受较少环境限制的材料选择表。

材料选择表列出了关于温度、p_{H_2S}、Cl^-、pH、S^0 的应用限制，这些限制都共同应用。表中所用的 pH 相当于最小原位 pH。

注 1：本附录表中，用于质量浓度的国际单位制单位为毫克每升；通常在美国习惯使用的单位是用百万分之一（ppm）来表示。

注 2：GB/T 20972.2—2008 附录 C 给出了 p_{H_2S} 的计算。

注 3：GB/T 20972.2—2008 附录 D 给出了 pH 的计算。

注 4：材料选择表是在假设使用环境中无氧存在的条件下制定的。

在表中不能对变量的具体限制做规定，但在表中包括了反映目前认识程度的解释性备注。

一种合金的环境限制只有在同一表的正文中给出的任何附加冶金限制内才有效。当材料需回火时，回火时间应充足，以确保整个壁厚的硬度都满足要求。

购买材料时，除了本附录中列出的具体要求外，还宜考虑已知的冶金性能对材料在含硫化氢的油气环境中行为的影响。GB/T 20972.1—2007 的 8.1 列出了这些性能。

A.1.4　焊接的要求和建议

为了使生产的焊件能获得满意的抗开裂性能，材料类别的条款中包含了对该类别焊接材料的要求和建议。

A.1.5　耐蚀合金和其他合金的其他要求和建议

A.1.5.1　覆盖层、表面处理、镀层、涂层、内衬等的要求

覆盖层的成分、抗开裂性能和使用要求见 A.13。

可采用金属涂层（电镀的和非电镀的）、转化涂层、塑料覆盖层或衬里，但不允许用于防止开裂。

应考虑它们的应用对基层材料抗开裂性能的影响。

如果温度低于被处理合金的下临界温度，允许最大深度为 0.15 mm 的渗氮表面处理。不允许采用渗氮处理的方法来防止酸性环境中的开裂。

A.1.5.2　螺纹加工

允许使用机械切削加工的螺纹。

如果材料和它在其他方面的应用限制都遵照本部分的要求，允许耐蚀合金和其他合金冷成型（滚压）的螺纹。

A.1.5.3　表面冷变形

如果由诸如抛光等表面冷变形过程造成的冷加工小于正常机械加工（如车削、镗孔、滚压、螺纹加工、钻孔等）所引起的冷变形时是可接受的。

如果基体材料符合本部分的要求，喷丸最大尺寸为 2.0 mm（0.080 in）并且 Almen 喷丸强度不超过 10 C，由可控的喷丸硬化处理造成的冷变形是允许的。该工艺应按 SAE AMS-S-13165 进行控制。

A.1.5.4　识别印记

允许使用低应力的模压印（点、波纹线和圆滑的 V 型）作识别印记。

在部件低应力区，如法兰外缘上允许采用模压印常用的尖锐 V 形印记。在部件高应力区不允许采用常用的尖锐 V 形印记，除非设备使用者同意。

A.1.6　在材料选择表中按部位命名的设备或部件

表 A.1 为任何设备或部件提供了材料选择表的使用指南。该表也为用于其他限制性较少的环境或冶金限制的有具体名称的设备或部件提供了附加的材料选择表的使用指南。

表 A.1　附录 A 的材料选择表使用指南

设备或部件	各种材料类别的材料选择表编号									
	奥氏体不锈钢（见 A.2）	高合金奥氏体不锈钢（见 A.3）	固溶镍基合金（见 A.4）	铁素体不锈钢（见 A.5）	马氏体不锈钢（见 A.6）	双相不锈钢（见 A.7）	沉淀硬化不锈钢（见 A.8）	沉淀硬化镍基合金（见 A.9）	钴基合金（见 A.10）	钛合金和钽合金（见 A.11）
任何设备或部件	A.2	A.8	A.13 A.14	A.17	A.18	A.24	A.26	A.31 A.32 A.33	A.38	A.41 A.42
附加的套管、油管和井下装置的材料选择表										
井下管件		A.9			A.19	A.25				
封隔器和其他井下装置		A.9			A.20 A.21	A.25	A.27			
气举设备	A.7	A.10	A.16					A.37		

表 A.1（续）

设备或部件	各种材料类别的材料选择表编号									
	奥氏体不锈钢（见 A.2）	高合金奥氏体不锈钢（见 A.3）	固溶镍基合金（见 A.4）	铁素体不锈钢（见 A.5）	马氏体不锈钢（见 A.6）	双相不锈钢（见 A.7）	沉淀硬化不锈钢（见 A.8）	沉淀硬化镍基合金（见 A.9）	钴基合金（见 A.10）	钛合金和钽合金（见 A.11）
注入管和设备	A.7									
井下控制管线和井下筛管	A.7	A.11								
附加的井口、采油树、阀门、节流器和液面控制器的材料选择表										
井口和采油树部件（个别的可以例外）			A.13		A.23		A.27	A.34		
阀门和节流器部件（个别的可以例外）					A.23		A.27	A.34		
轴，杆和销	A.3									
不承压的内阀、压力调节器和液面控制器部件							A.28	A.35		
附加的处理厂材料选择表										
压缩机部件	A.6				A.22		A.30			
附加的其他设备材料选择表										
仪表和控制装置	A.6									
仪表管材和连接压紧管件装置，地面控制管线和地面筛网	A.4	A.11								
弹簧								A.36	A.39	
膜片，压力测量设备和压力密封件									A.40	
密封环和垫片	A.5									
开口环							A.29			
轴承柱			A.15							
表中指定的其他设备［包括金属构件（如定位螺钉等）、井下和地面临时维修工具］	A.7		A.16				A.28	A.35		

A.2 奥氏体不锈钢(材料类型和单一合金)

A.2.1 材料分析

本材料类型的奥氏体不锈钢应含有用质量分数表示的下列元素:C 最大含量为 0.08%,Cr 最小含量为 16%,Ni 最小含量为 8%,P 最大含量为 0.045%,S 最大含量为 0.04%,Mn 最大含量为 2.0%,Si 最大含量为 2.0%,允许含有其他合金元素。

对碳含量较高的 UNS S30900 和 S31000,其碳含量在相应的技术要求的限制内是允许的。

列于表 D.1 中的合金能但不是必须要满足以上要求。在某些情况下为了遵照本材料类别的要求,对化学成分的限制将更加严格,见 A.3.1。

不应采用易切削奥氏体不锈钢。

A.2.2 奥氏体不锈钢使用的环境和材料限制

见表 A.2~表 A.7。

表 A.2 奥氏体不锈钢用作任何设备或部件的环境和材料限制

材料类型和单一合金 UNS 编号	最高温度/℃(℉)	最大 H_2S 分压 p_{H_2S}/kPa(psi)	最大氯离子浓度/(mg/L)	pH	是否抗元素硫?	备注
A.2 中所述材料类型的奥氏体不锈钢	60(140)	100(15)	见备注	见备注	否	开采环境中的氯离子浓度和原位 pH 的任何组合都是允许的
	见备注	见备注	50	见备注	否	这些材料已在开采环境中使用,无温度、p_{H_2S} 或原位 pH 的限制。虽然对单个参数没有限制,但这些参数的某些数值的组合是不被允许的
S31600 S31603	93(200)	10.2(1.5)	5 000	≥5.0	否	
	149(300)	10.2(1.5)	1 000	≥4.0	否	
S20910	66(150)	100(15)	见备注	见备注	否	开采环境中的氯离子浓度和原位 pH 的任何组合都是允许的

这些材料还应:
——固溶退火加淬火,或退火加热稳定化热处理状态;
——不允许通过冷加工来提高机械性能;
——最大硬度为 22 HRC。
S20910 在退火或热轧(热或冷加工)状态下,最大硬度为 35 HRC。
宜考虑限制这些奥氏体不锈钢中的马氏体含量。

表 A.3 奥氏体不锈钢用作阀杆、销和轴的环境和材料限制

单一合金 UNS 编号	最高温度/℃(℉)	最大 H_2S 分压 p_{H_2S}/kPa(psi)	最大氯离子浓度/(mg/L)	pH	是否抗元素硫?	备注
S20910	见备注	见备注	见备注	见备注	NDS[a]	开采环境中的温度、p_{H_2S}、氯离子浓度和原位 pH 的任何组合都是允许的

对于这些应用,还应采用下列的材料限制:
——只要冷加工之前进行了固溶退火,最大硬度为 35 HRC,UNS S20910 可用于冷加工状态。

[a] 无提交的资料(NDS)来确定这些材料是否可用于有元素硫存在的环境。

表 A.4 奥氏体不锈钢用作地面用的特殊部件(如仪表管子和压紧连接管件、地面控制管线和地面筛网)的环境和材料限制

单一合金 UNS 编号	最高温度/℃(℉)	最大 H_2S 分压 p_{H_2S}/kPa(psi)	最大氯离子浓度/(mg/L)	pH	是否抗元素硫?	备注
S31600	见备注	见备注	见备注	见备注	NDS[a]	用作这些部件的材料已在开采环境中使用,无温度、p_{H_2S}、Cl^- 或原位 pH 的限制。虽然对单个参数没有限制,但这些参数的某些数值的组合是不被允许的
UNS S31600 不锈钢即使没有满足表 A.2 中对任何设备或部件规定的要求,也可用作压紧连接管件和仪表管子。						
[a] 无提交的资料(NDS)来确定这些材料是否可用于有元素硫存在的环境。						

表 A.5 奥氏体不锈钢用作密封环和垫片的环境和材料限制

单一合金 UNS 编号	最高温度/℃(℉)	最大 H_2S 分压 p_{H_2S}/kPa(psi)	最大氯离子浓度/(mg/L)	pH	是否抗元素硫?	备注
J92600 J92900 S30400 S30403 S31600 S31603	见备注	见备注	见备注	见备注	NDS[a]	开采环境中的温度、p_{H_2S}、氯离子浓度和原位 pH 的任何组合都是允许的
对于这些应用,还应采用下列的材料限制: ——用离心浇铸的 J92600 或 J92900 材料制造的 API 压缩密封环和垫片,在铸造或固溶退火状态下,最大硬度应为 160 HBW(83 HRB); ——用锻造的 S30400、S30403、S31600 或 S31603 材料制造的 API 压缩密封环和垫片,在铸造或固溶退火状态下,最大硬度应为 160 HBW(83 HRB)。						
[a] 无提交的资料(NDS)来确定这些材料是否可用于有元素硫存在的环境。						

表 A.6 奥氏体不锈钢用作压缩机及仪表和控制装置的环境和材料限制

材料类型	最高温度/℃(℉)	最大 H_2S 分压 p_{H_2S}/kPa(psi)	最大氯离子浓度/(mg/L)	pH	是否抗元素硫?	备注
压缩机						
A.2 中所述材料类型的奥氏体不锈钢	见备注	见备注	见备注	见备注	NDS[a]	开采环境中的温度、p_{H_2S},氯离子浓度和原位 pH 的任何组合都是允许的
仪表和控制装置[b]						
A.2 中所述材料类型的奥氏体不锈钢	见备注	见备注	见备注	见备注	NDS[a]	用作这些部件的材料已在开采环境中使用,无温度、p_{H_2S}、Cl^- 或原位 pH 的限制。虽然对单个参数没有限制,但这些参数的某些数值的组合是不被允许的

表 A.6（续）

材料类型	最高温度/℃(℉)	最大 H_2S 分压 p_{H_2S}/kPa(psi)	最大氯离子浓度/(mg/L)	pH	是否抗元素硫?	备　注
对于这些应用，这些材料还应： ——固溶退火加淬火，或退火加热稳定化热处理状态； ——不允许通过冷加工来提高机械性能； ——最大硬度为 22 HRC。 宜考虑限制这些奥氏体不锈钢中的马氏体含量。						
[a] 无提交的资料(NDS)来确定这些材料是否可用于有元素硫存在的环境。 [b] 仪表和控制装置包括但不限于膜片、压力测量设备和压力密封件。						

表 A.7　奥氏体不锈钢用作气举设备和地下用特殊部件(如井下筛管、控制管线、金属构件(如定位螺钉等)、注入管和注入设备)的环境和材料限制

材料类型	最高温度/℃(℉)	最大 H_2S 分压 p_{H_2S}/kPa(psi)	最大氯离子浓度/(mg/L)	pH	是否抗元素硫?	备　注
A.2 中所述材料类型的奥氏体不锈钢	见备注	见备注	见备注	见备注	NDS[a]	用作这些部件的材料已在开采环境中使用，无温度、p_{H_2S}、Cl^- 或原位 pH 的限制。虽然对单个参数没有限制，但这些参数的某些数值的组合是不被允许的
[a] 无提交的资料(NDS)来确定这些材料是否可用于有元素硫存在的环境。						

A.2.3　本材料类别奥氏体不锈钢的焊接

焊缝的抗开裂性能应符合有关要求(见 6.2.2)。

焊后 HAZ 的硬度应不超过母材允许的最大硬度，焊缝金属的硬度应不超过用作焊接材料的相应合金的最大硬度限制。

奥氏体不锈钢"L"形填充金属的最大碳含量(质量分数)应为 0.03%。

如果符合焊接工艺要求，焊件可以进行修补焊。

A.3　高合金奥氏体不锈钢(材料类型和单一合金)

A.3.1　材料的化学成分

表 D.2 列出了本类型中某些合金的化学成分，这些合金的化学成分能满足表 A.8 和表 A.9 中给出的有关分析的要求。在某些情况下，对产品化学分析的限制比表 D.2 中的规定更加严格。

表 D.2 中包括了不能满足表 A.8 和表 A.9 中化学分析限制范围要求的奥氏体不锈钢，但它们满足 A.2.1 的要求，可考虑作为材料类别 A.2 的一部分。

不应采用易切削高合金奥氏体不锈钢。

A.3.2　高合金奥氏体不锈钢使用的环境和材料限制

见表 A.8～表 A.11。

表 A.8 高合金奥氏体不锈钢用作任何设备或部件的环境和材料限制

材料类型和单一合金UNS编号	最高温度/℃(℉)	最大 H_2S 分压 p_{H_2S}/kPa(psi)	最大氯离子浓度/(mg/L)	pH	是否抗元素硫?	备注
材料类型 3a、3b 和 J93254	60(140)	100(15)	见备注	见备注	否	开采环境中的氯离子浓度和原位 pH 的任何组合都是允许的
材料类型 3a、3b 和 J93254	见备注	见备注	50	见备注	否	这些材料已在开采环境中使用，无温度、p_{H_2S} 或原位 pH 的限制。虽然对单个参数没有限制，但这些参数的某些数值的组合是不被允许的
材料类型 3b	121(250)	700(100)	5 000	见备注	否	开采环境中的任何原位 pH 值都是允许的
	149(300)	310(45)	5 000	见备注	否	
	171(340)	100(15)	5 000	见备注	否	
N08926	121(250)	700(100)	60 700	≥3.5 见备注	否	实验室试验条件下测定的 pH。UNS N08926 是材料类型 3b，其试验用的氯离子浓度比整个材料类型限制的浓度都高
J95370	150(302)	700	90 000	见备注	否	开采环境中的任何原位 pH 值都是允许的

这些材料还应遵照下列要求：

——材料类型 3a 应为(Ni+2Mo)>30(此处 Mo 的最小含量为 2%)的高合金奥氏体不锈钢；

——材料类型 3b 应为 F_{PREN}>40 的高合金奥氏体不锈钢；

——材料类型 3a 和 3b(包括 N08926)应为固溶退火态；

——按照 ASTM A 351、A 743 或 A 744 要求的 UNS J93254(Ck3MCuN，254SMo 铸件)应为铸造、固溶热处理加水淬状态和最大硬度应为 100 HRB；

——UNS J95370 应为固溶热处理加水淬状态，最大硬度应为 94HRB。

表 A.9 高合金奥氏体不锈钢用作井下管件、封隔器和其他井下装置的环境和材料限制

材料类型和单一合金UNS编号	最高温度/℃(℉)	最大 H_2S 分压 p_{H_2S}/kPa(psi)	最大氯离子浓度/(mg/L)	pH	是否抗元素硫?	备注
材料类型 3a 和 3b	60(140)	100(15)	见备注	见备注	否	开采环境中的氯离子浓度和原位 pH 的任何组合都是允许的
材料类型 3a	60(140)	350(50)	50	见备注	否	开采环境中的任何原位 pH 值都是允许的
材料类型 3b	121(250)	700(100)	5 000	见备注	否	
	149(300)	310(45)	5 000	见备注	否	
	171(340)	100(15)	5 000	见备注	否	

表 A.9(续)

材料类型和单一合金 UNS 编号	最高温度/℃(℉)	最大 H_2S 分压 p_{H_2S}/kPa(psi)	最大氯离子浓度/(mg/L)	pH	是否抗元素硫?	备注
N08926	121(250)	700(100)	60 700	≥3.5,见备注	否	通过实验室试验条件测定 pH。UNS N08926 是材料类型 3b,其试验用的氯离子浓度比整个材料类型限制的浓度都高
对于这些应用,这些材料还应遵照下列要求: ——用作井下管件的高合金奥氏体不锈钢至少应含有用质量分数表示的下列元素:C 最大含量为 0.08%,Cr 最小含量为 16%,Ni 最小含量为 8%,P 最大含量为 0.03%,S 最大含量为 0.030%,Mn 最大含量为 2%,Si 最大含量为 0.5%,允许含有其他合金元素; ——材料类型 3a 应为(Ni+2Mo)>30(此处 Mo 的最小值为 2%)的高合金奥氏体不锈钢; ——材料类型 3b 应为 F_{PREN}>40 的高合金奥氏体不锈钢。 所有上述合金应为固溶退火加冷加工状态,最大硬度为 35HRC。						

表 A.10 高合金奥氏体不锈钢用作气举设备的环境和材料限制

材料类型	最高温度/℃(℉)	最大 H_2S 分压 p_{H_2S}/kPa(psi)	最大氯离子浓度/(mg/L)	pH	是否抗元素硫?	备注
A.3 中所述材料类别的高合金奥氏体不锈钢	见备注	见备注	见备注	见备注	NDS[a]	用作这些部件的材料已在开采环境中使用,无温度、p_{H_2S}、Cl^- 或原位 pH 的限制。虽然对单个参数没有限制,但这些参数的某些数值的组合是不被允许的
[a] 无提交的资料(NDS)来确定这些材料是否可用于有元素硫存在的环境。						

表 A.11 高合金奥氏体不锈钢用作仪表管子、控制管线、连接压紧管件和地面及井下过滤设备的环境和材料限制

单一合金 UNS 编号	最高温度/℃(℉)	最大 H_2S 分压 p_{H_2S}/kPa(psi)	最大氯离子浓度/(mg/L)	pH	是否抗元素硫?	备注
材料类型 3a 和 3b	见备注	见备注	见备注	见备注	NDS[a]	用作这些部件的材料已在开采环境中使用,无温度、p_{H_2S}、Cl^- 或原位 pH 的限制。虽然对单个参数没有限制,但这些参数的某些数值的组合是不被允许的
N08904	见备注	见备注	见备注	见备注	NDS[a]	开采环境中的温度、p_{H_2S},氯离子浓度和原位 pH 的任何组合都是允许的
材料类型 3a 应为(Ni+2Mo)>30(此处 Mo 的最小含量为 2%)的高合金奥氏体不锈钢。 材料类型 3b 应为 F_{PREN}>40 的高合金奥氏体不锈钢。 用于仪表管子的 N08904 锻件应为退火状态,最大硬度为 180 HV10。						
[a] 无提交的资料(NDS)来确定这些材料是否可用于有元素硫存在的环境。						

A.3.3 本材料类别高合金奥氏体不锈钢的焊接

焊缝的抗开裂性能应符合有关要求(见6.2.2)。

焊后HAZ的硬度应不超过母材允许的最大硬度,并且焊缝金属的硬度应不超过用作焊接材料的相应合金的最大硬度限制。

如果符合焊接工艺要求,焊件可以进行修补焊。

A.4 固溶镍基合金(材料类型和单一合金)

A.4.1 材料的化学成分

表A.12列出了本材料类别的分类,共分为4a、4b、4c、4d、4e类型,其使用情况见表A.13和表A.14。

表D.4包含了本类别中某些铜-镍合金的化学成分。

表A.12 固溶镍基合金的材料类型

材料类型	Cr最小含量(质量分数)/%	Ni+Co最小含量(质量分数)/%	Mo最小含量(质量分数)/%	Mo+W最小含量(质量分数)%	冶金状态
4a类型	19.0	29.5	2.5		固溶退火或退火
4b类型	14.5	52	12		固溶退火或退火
4c类型	19.5	29.5	2.5		固溶退火或退火加冷加工
4d类型	19.0	45		6	固溶退火或退火加冷加工
4e类型	14.5	52	12		固溶退火或退火加冷加工
表D.3列出了某些合金的化学成分,这些合金的化学成分能满足但不是必需满足这些类型中的一种或多种限制。在某些情况下,对化学成分的限制将比表D.3中列出的限制更加严格。					

A.4.2 固溶镍基合金使用的环境和材料限制

见表A.13～表A.16。

表A.13 退火态固溶镍基合金用作任何设备或部件的环境和材料限制

材料类型	最高温度/℃(℉)	最大H_2S分压p_{H_2S}/kPa(psi)	最大氯离子浓度/(mg/L)	pH	是否抗元素硫?	备　注
4a和4b类型的退火态合金	见备注	见备注	见备注	见备注	是	开采环境中的温度、p_{H_2S}、氯离子浓度和原位pH的任何组合都是允许的
N04400 N04405	见备注	见备注	见备注	见备注	NDS[a]	
由4a和4b类型的合金锻造或铸造的固溶镍基产品应为固溶退火或退火状态。 UNS N04400和UNS N04405最大硬度应为35 HRC。 井口和采油树部件还应遵照ISO 10423的规定。						
[a] 无提交的资料(NDS)来确定这些材料是否可用于有元素硫存在的环境。						

表 A.14　退火加冷加工的固溶镍基合金用作任何设备或部件的环境和材料限制

材料类型	最高温度/℃(℉)	最大 H_2S 分压 p_{H_2S}/kPa(psi)	最大氯离子浓度/(mg/L)	pH	是否抗元素硫?	备　注
4c、4d 和 4e 类型的冷加工合金	232(450)	200(30)	见备注	见备注	否	开采环境中的氯离子浓度和原位 pH 的任何组合都是允许的
	218(425)	700(100)	见备注	见备注	否	
	204(400)	1 000(150)	见备注	见备注	否	
	177(350)	1 400(200)	见备注	见备注	否	
	132(270)	见备注	见备注	见备注	是	开采环境中的硫化氢、氯离子浓度和原位 pH 的任何组合都是允许的
4d 和 4e 类型的冷加工合金	218(425)	2 000(300)	见备注	见备注	否	开采环境中的氯离子浓度和原位 pH 的任何组合都是允许的
	149(300)	见备注	见备注	见备注	是	开采环境中的硫化氢、氯离子浓度和原位 pH 的任何组合都是允许的
4e 类型的冷加工合金	232(450)	7 000(1 000)	见备注	见备注	是	开采环境中的氯离子浓度和原位 pH 的任何组合都是允许的
	204(400)	见备注	见备注	见备注	是	开采环境中的硫化氢、氯离子浓度和原位 pH 的任何组合都是允许的

在这些应用中，经锻造或铸造的固溶镍基产品应为退火加冷加工状态，并且应满足下列所有要求：

a)　这些应用中，合金的最大硬度值应为 40 HRC；

b)　合金经冷加工后获得的最大屈服强度应为：

——4c 类型：1 034 MPa(150 ksi)；

——4d 类型：1 034 MPa(150 ksi)；

——4e 类型：1 240 MPa(180 ksi)。

c)　当在最低温度 121 ℃(250 ℉)使用时，UNS N10276(4e 类型)的最大硬度应为 45 HRC。

注：本表中的材料类型 4c、4d 和 4e 的应用限制是重叠的。

表 A.15　镍基合金用作轴承柱的环境和材料限制

单一合金 UNS 编号	最高温度/℃(℉)	最大 H_2S 分压 p_{H_2S}/kPa(psi)	最大氯离子浓度/(mg/L)	pH	是否抗元素硫?	备　注
N10276	见备注	见备注	见备注	见备注	NDS[a]	开采环境中的温度、p_{H_2S}，氯离子浓度和原位 pH 的任何组合都是允许的

N10276 轴承柱，如芯部滚柱应为冷加工状态，最大硬度为 45 HRC。

[a] 无提交的资料(NDS)来确定这些材料是否可用于有元素硫存在的环境。

表 A.16 镍基合金用作气举设备和用于临时维修的井下起下、座封和维修工具的环境和材料限制

单一合金 UNS 编号	最高温度/℃(℉)	最大 H_2S 分压 p_{H_2S}/kPa(psi)	最大氯离子浓度/(mg/L)	pH	是否抗元素硫?	备注
N04400 N04405	见备注	见备注	见备注	见备注	NDS[a]	用作这些部件的材料已在开采环境中使用,无温度、p_{H_2S}、Cl^- 或原位 pH 的限制。虽然对单个参数没有限制,但这些参数的某些数值的组合是不被允许的

[a] 无提交的资料(NDS)来确定这些材料是否可用于有元素硫存在的环境。

A.4.3　本材料类别的固溶镍基合金的焊接

焊缝的抗开裂性能应符合有关要求(见 6.2.2)。

焊后 HAZ 的硬度应不超过母材允许的最大硬度,焊缝金属的硬度应不超过用作焊接材料的相应合金的最大硬度限制。

用固溶镍基焊接材料焊接固溶镍基合金时,无硬度要求。

A.5　铁素体不锈钢(材料类型)

A.5.1　材料的化学成分

表 D.5 列出了本类型的某些合金的化学成分。

A.5.2　铁素体不锈钢使用的环境和材料限制

见表 A.17。

表 A.17　铁素体不锈钢用作任何设备或部件的环境和材料限制

材料类型	最高温度/℃(℉)	最大 H_2S 分压 p_{H_2S}/kPa(psi)	最大氯离子浓度/(mg/L)	pH	是否抗元素硫?	备注
A.5 中所述材料类型的铁素体不锈钢	见备注	10(1.5)	见备注	≥3.5	NDS[a]	开采环境中的温度和氯离子浓度的任何组合都是允许的
这些材料应为退火状态且最大硬度为 22 HRC。						

[a] 无提交的资料(NDS)来确定这些材料是否可用于有元素硫存在的环境。

A.5.3　本材料类别铁素体不锈钢的焊接

焊缝的抗开裂性能应符合有关要求(见 6.2.2)。

应进行焊接评定中的硬度试验,最大硬度应为 250 HV 或允许采用的不同硬度试验方法的等效值。

A.6　马氏体(不锈)钢(单一合金)

A.6.1　材料的化学成分

表 D.6 列出了 A.6.2 各表中所示的马氏体钢合金的化学成分。

不应采用易切削马氏体不锈钢。

A.6.2　马氏体不锈钢使用的环境和材料限制

见表 A.18~表 A.23。

表 A.18 马氏体不锈钢用作任何设备或部件的环境和材料限制

单一合金 UNS 编号	最高温度/ ℃(℉)	最大 H_2S 分压 p_{H_2S}/ kPa(psi)	最大氯离子 浓度/ (mg/L)	pH	是否抗 元素硫?	备　　注
S41000 S41500 S42000 J91150 J91151 J91540 S42400	见备注	10(1.5)	见备注	≥3.5	NDS[a]	开采环境中的温度和氯离子浓度的任何组合都是允许的
S41425	见备注	10(1.5)	见备注	≥3.5	否	

这些材料还应遵照下列要求:

a) 合金 UNS S41000、J91150(CA15)和 J91151(CA15M)的铸件或锻件,最大硬度应为 22 HRC,并且应:
   1) 奥氏体化加淬火或空冷;
   2) 在不低于 621 ℃(1 150 ℉)下回火,随后冷却到环境温度;
   3) 在不低于 621 ℃(1 150 ℉)下回火,但回火温度比第一次回火温度低,随后冷却到环境温度。

b) 低碳马氏体不锈钢 UNS J91540(CA6NM)铸件、S42400 锻件或 S41500(F6NM),最大硬度应为 23 HRC,并且应:
   1) 在不低于 1 010 ℃(1 850 ℉)下奥氏体化,随后空冷或油淬至环境温度;
   2) 在 649 ℃~691 ℃(1 200 ℉~1 275 ℉)下回火,随后空冷至环境温度;
   3) 在 593 ℃~621 ℃(1 100 ℉~1 150 ℉)下回火,随后空冷至环境温度。

c) 合金 UNS S42000 铸件或锻件最大硬度应为 22 HRC,且应为淬火加回火热处理状态;

d) 低碳马氏体不锈钢 UNS S41425 锻件在奥氏体化、淬火加回火状态下,最大硬度应为 28 HRC。

[a] 无提交的资料(NDS)来确定这些材料是否可用于有元素硫存在的环境。

表 A.19 马氏体不锈钢用作井下管件、封隔器和其他井下装置的环境和材料限制

规格或单一合金 UNS 编号	最高温度/ ℃(℉)	最大 H_2S 分压 p_{H_2S}/ kPa(psi)	最大氯离子 浓度/ (mg/L)	pH	是否抗 元素硫?	备　　注
GB/T 19830—2005/ISO 11960:2001 L-80 钢级 13Cr 类 S41426 S42500	见备注	10(1.5)	见备注	≥3.5	NDS[a]	开采环境中的温度和氯离子浓度的任何组合都是允许的
S41429	见备注	10(1.5)	见备注	≥4.5	NDS[a]	

对于这些应用,这些材料还应遵照下列要求:

a) UNS S41426 管件应经淬火加回火至最大硬度 27 HRC 和最大屈服强度 724 MPa(105 ksi);

b) UNS S42500(15Cr)在淬火加二次回火状态下,最大硬度为 22 HRC 时,允许作为 80 钢级油管和套管[SMYS 556 MPa(80 ksi)]使用。淬火加二次回火工艺应为:
   1) 在不低于 900 ℃(1 652 ℉)下奥氏体化,然后空冷或油淬;
   2) 在不低于 730 ℃(1 346 ℉)下第一次回火,随后冷却至环境温度;
   3) 在不低于 620 ℃(1 148 ℉)下第二次回火,随后冷却至环境温度。

c) UNS S41429 管件应经淬火加回火或正常化加回火至最大硬度 27 HRC 和最大屈服强度 827 MPa(120 ksi)。

[a] 无提交的资料(NDS)来确定这些材料是否可用于有元素硫存在的环境。

表 A.20　马氏体合金钢用作井下装置的环境和材料限制

单一合金 UNS 编号	最高温度/℃(℉)	最大 H_2S 分压 p_{H_2S}/kPa(psi)	最大氯离子浓度/(mg/L)	pH	是否抗元素硫?	备　注
K90941	见备注	见备注	见备注	见备注	NDS[a]	开采环境中的温度、p_{H_2S}、氯离子浓度和原位 pH 的任何组合都是允许的

对于这些应用,UNS K90941(符合 ASTM A 276 9 类、ASTM A 182/A 182M F9 级或 ASTM A 213/A 213M T9 级的马氏体 9Cr1Mo)最大硬度应为 22 HRC。

[a] 无提交的资料(NDS)来确定这些材料是否可用于有元素硫存在的环境。

表 A.21　马氏体合金钢用作封隔器和井下装置的环境和材料限制

合金规格	最高温度/℃(℉)	最大 H_2S 分压 p_{H_2S}/kPa(psi)	最大氯离子浓度/(mg/L)	pH	是否抗元素硫?	备　注
AISI 420(改进的)	见备注	10(1.5)	见备注	≥3.5	NDS[a]	开采环境中的温度和氯离子浓度的任何组合都是允许的
S41427	见备注	10(1.5)	6 000	≥3.5	NDS[a]	开采环境中的任何温度都是允许的

对于这些应用,AISI 420(改进的)化学成分应按 GB/T 19830—2005/ISO 11960:2001 L-80 钢级 13Cr 类的要求,且应淬火加回火至最大硬度 22 HRC。

UNS S41427 最大硬度应为 29 HRC,并且应按下列三步骤工艺进行热处理:

a)　在 900 ℃～980 ℃(1 652 ℉～1 796 ℉)奥氏体化,随后空冷或油淬至环境温度;
b)　在 600 ℃～700 ℃(1 112 ℉～1 292 ℉)下回火,随后空冷至环境温度;
c)　在 540 ℃～620 ℃(1 004 ℉～1 148 ℉)下回火,随后空冷至环境温度。

[a] 无提交的资料(NDS)来确定这些材料是否可用于有元素硫存在的环境。

表 A.22　马氏体不锈钢用作压缩机部件的环境和材料限制

单一合金 UNS 编号	最高温度/℃(℉)	最大 H_2S 分压 p_{H_2S}/kPa(psi)	最大氯离子浓度/(mg/L)	pH	是否抗元素硫?	备　注
S41000 S41500 S42400 J91150 J91151 J91540	见备注	见备注	见备注	见备注	NDS[a]	开采环境中的温度、p_{H_2S}、氯离子浓度和原位 pH 的任何组合都是允许的

对于这些应用,这些材料还应遵照下列要求:

a)　如果用作压缩机部件,合金 UNS S41000、J91150(CA15)和 J91151(CA15M)的铸件或锻件,最大硬度应为 22 HRC,并且应:
   1)　奥氏体化加淬火或空冷;
   2)　在不低于 621 ℃(1 150 ℉)下回火,随后冷却到环境温度;
   3)　在不低于 621 ℃(1 150 ℉)下回火,但回火温度比第一次回火温度低,随后冷却到环境温度。
b)　低碳马氏体不锈钢 J91540(CA6NM)铸件、S42400 锻件或 S41500(F6NM)的最大硬度应为 23HRC,且应:
   1)　在不低于 1 010 ℃(1 850 ℉)下奥氏体化,随后空冷或油淬至环境温度;
   2)　在 649 ℃～691 ℃(1 200 ℉～1 275 ℉)下回火,随后空冷至环境温度;
   3)　在 593 ℃～621 ℃(1 100 ℉～1 150 ℉)下回火,随后空冷至环境温度。
c)　如果用于叶轮,合金 UNS S41000、J91150(CA15)和 J91151(CA15M)的铸件或锻件、J91540(CA6NM)铸件和 S42400 锻件或 S41500(F6NM)在预期使用环境中,应显示出门限应力≥95%实际屈服强度。

[a] 无提交的资料(NDS)来确定这些材料是否可用于有元素硫存在的环境。

表 A.23　马氏体不锈钢用作井口和采油树部件、阀门和节流器部件（不包括油管和套管悬挂器和阀杆）的环境和材料限制

单一合金 UNS 编号	最高温度/℃(℉)	最大 H_2S 分压 p_{H_2S}/kPa(psi)	最大氯离子浓度/(mg/L)	pH	是否抗元素硫?	备　注
S41000 S41500 S42000 J91150 J91151 J91540 S42400	见备注	见备注	见备注	≥3.5	NDS[a]	开采环境中的温度、p_{H_2S}、氯离子浓度的任何组合都是允许的

对于这些应用，这些材料还应遵照下列要求：

a) 合金 UNS S41000、J91150(CA15)和 J91151(CA15M)的铸件或锻件最大硬度应为 22 HRC，并且应：
   1) 奥氏体化加淬火或空冷；
   2) 在不低于 620 ℃(1 150 ℉)下回火，随后冷却到环境温度；
   3) 在不低于 620 ℃(1 150 ℉)下回火，但回火温度比第一次回火温度低，随后冷却到环境温度。

b) 低碳马氏体不锈钢，UNS J91540(CA6NM)铸件、S42400 锻件或 S41500(F6NM)应最大硬度为 23 HRC，并且应：
   1) 在不低于 1 010 ℃(1 850 ℉)下奥氏体化，随后空冷或油淬至环境温度；
   2) 在 648 ℃～690 ℃(1 200 ℉～1 275 ℉)下回火，随后空冷至环境温度；
   3) 在 593 ℃～620 ℃(1 100 ℉～1 150 ℉)下回火，随后空冷至环境温度。

c) 合金 UNS S42000 铸件或锻件最大硬度应为 22 HRC，且应为淬火加回火热处理状态。

[a] 无提交的资料(NDS)来确定这些材料是否可用于有元素硫存在的环境。

A.6.3　本材料类别马氏体不锈钢的焊接

焊缝的抗开裂性能应符合有关要求(见 6.2.2)。

焊后 HAZ 的硬度应不超过母材允许的最大硬度，并且焊缝金属的硬度应不超过用作焊接材料的相应合金的最大硬度限制。

用标称匹配的焊接材料焊接的马氏体不锈钢应满足下列要求。

马氏体不锈钢焊件应在不低于 621 ℃(1 150 ℉)进行 PWHT，且应遵照 6.2.2.2 的要求。

低碳马氏体不锈钢焊件[J91540(CA6NM)铸件、S42400 锻件或 S41500(F6NM)]应先冷却到 25 ℃(77 ℉)后，再按下面所述进行单或双循环 PWHT：

——单循环 PWHT 应在 580 ℃～621 ℃(1 075 ℉～1 150 ℉)下进行；

——双循环 PWHT 应在 671 ℃～691 ℃(1 240 ℉～1 275 ℉)下进行，然后冷却到 25 ℃(77 ℉)或更低温度，再加热到 580 ℃～621 ℃(1 075 ℉～1 150 ℉)。

A.7　双相不锈钢(材料类型)

A.7.1　材料的化学成分

表 D.7 列出了某些双相不锈钢合金的化学成分，这些合金的化学成分能满足但不是必需满足本材料类别对化学成分的限制。在某些情况下，对化学成分的限制将比表 D.7 列出的限制更加严格。

A.7.2　双相不锈钢使用的环境和材料限制

见表 A.24～表 A.25。

表 A.24 双相不锈钢用作任何设备或部件的环境和材料限制

材料类型和单一合金 UNS 编号	最高温度/℃(℉)	最大 H_2S 分压 p_{H_2S}/kPa(psi)	最大氯离子浓度/(mg/L)	pH	是否抗元素硫?	备　注
任何设备或部件						
$30 \leqslant F_{PREN} \leqslant 40$，$Mo \geqslant 1.5\%$	232(450)	10(1.5)	见备注	见备注	NDS[a]	开采环境中的氯离子浓度和原位 pH 的任何组合都是允许的
S31803(HIP)	232(450)	10(1.5)	见备注	见备注	否	
$40 < F_{PREN} \leqslant 45$	232(450)	20(3)	见备注	见备注	NDS[a]	
分离后处于运行状态的油气处理和注入装置中的任何设备或部件						
$30 \leqslant F_{PREN} \leqslant 40$，$Mo \geqslant 1.5\%$	见备注	见备注	50	见备注	NDS[a]	这些材料已在开采环境中使用，无温度、p_{H_2S} 或原位 pH 的限制。虽然对单个参数没有限制，但这些参数的某些数值的组合是不被允许的
$40 < F_{PREN} \leqslant 45$	见备注	见备注		见备注	NDS[a]	

双相不锈钢的锻件和铸件应：

——固溶退火加液体淬火；

——铁素体含量(体积分数)在 35%～65%之间；

——不进行时效热处理。

热等静压生产(HIP)的双相不锈钢 UNS S31803($30 \leqslant F_{PREN} \leqslant 40$，$Mo \geqslant 1.5\%$)最大硬度应为 25 HRC 且应：

——固溶退火加水淬状态；

——铁素体含量(体积分数)在 35%～65%之间；

——不进行时效热处理。

注：F_{PREN} 值越高，抗蚀能力就越高，但在制造期间 F_{PREN} 也会导致材料铁素体相中形成 σ 和 α 基本相的危险增加，这取决于产品厚度和可达到的淬火速率。给出的 F_{PREN} 范围是发现 σ 和 α 基本相形成的最低典型范围。

[a] 无提交的资料(NDS)来确定这些材料是否可用于有元素硫存在的环境。

表 A.25 双相不锈钢用作井下管件、封隔器和其他井下装置的环境和材料限制

材料类型	最高温度/℃(℉)	最大 H_2S 分压 p_{H_2S}/kPa(psi)	最大氯离子浓度/(mg/L)	pH	是否抗元素硫?	备　注
$30 \leqslant F_{PREN} \leqslant 40$，$Mo \geqslant 1.5\%$	见备注	2(0.3)	见备注	见备注	NDS[a]	开采环境中的温度、氯离子浓度和原位 pH 的任何组合都是允许的
$40 < F_{PREN} \leqslant 45$	见备注	20(3)	120 000	见备注	NDS[a]	开采环境中的温度和原位 pH 的任何组合都是允许的。已发现对氯离子浓度的限制强烈取决于屈服强度和冷加工水平

对于这些应用，这些材料应：

——固溶退火、液体淬火和冷加工状态；

——铁素体含量(体积分数)在 35%～65%之间；

——最大硬度为 36 HRC。

注：F_{PREN} 值越高，抗蚀能力就越高，但在制造期间 F_{PREN} 也会导致材料铁素体相中形成 σ 和 α 基本相的危险增加，这取决于产品厚度和可达到的淬火速率。给出的 F_{PREN} 范围是发现 σ 和 α 基本相形成的最低典型范围。

[a] 无提交的资料(NDS)来确定这些材料是否可用于有元素硫存在的环境。

A.7.3 本材料类别双相不锈钢的焊接

焊缝的抗开裂性能应符合有关要求(见6.2.2)。

焊后HAZ的硬度应不超过母材允许的最大硬度,并且焊缝金属的硬度应不超过用作焊接材料的相应合金的最大硬度限制。

焊缝金属、HAZ和母材的横截面应作为焊接工艺评定中的一部分进行检测。显微组织应经适当浸蚀并放大400倍进行检测,并且在晶粒边界应没有连续的析出物。金属相间的氮化物和碳化物应不超过总量的1.0%,σ相不应超过0.5%。应按ASTM E 562的要求测定焊缝金属根焊面和不再加热的盖面焊的铁素体含量,铁素体体积含量应在30%~70%范围内。

A.8 沉淀硬化不锈钢(单一合金)

A.8.1 材料的化学成分

表D.8列出了A.8.2各表中所示的沉淀硬化不锈钢的化学成分。奥氏体沉淀硬化不锈钢列于表A.26。马氏体沉淀硬化不锈钢列于表A.27~A.30。

A.8.2 沉淀硬化不锈钢使用的环境和材料限制

见表A.27~表A.30。

表A.26 奥氏体沉淀硬化不锈钢用作任何设备或部件的环境和材料限制

单一合金 UNS编号	最高温度/ ℃(℉)	最大 H_2S 分压 p_{H_2S}/ kPa(psi)	最大氯离子浓度/ (mg/L)	pH	是否抗元素硫?	备注
S66286	65(150)	100(15)	见备注	见备注	否	开采环境中的氯离子浓度和原位pH的任何组合都是允许的
UNS S66286 最大硬度应为35 HRC且应为固溶退火加时效状态或固溶退火加双时效状态。						

表A.27 马氏体沉淀硬化不锈钢用作井口和采油树部件(壳体和阀盖除外)、阀门和节流器(壳体和阀盖除外)、封隔器和其他井下装置的环境和材料限制

单一合金 UNS编号	最高温度 ℃(℉)	最大 H_2S 分压 p_{H_2S}/ kPa(psi)	最大氯离子浓度/ (mg/L)	pH	是否抗元素硫?	备注
UNS S17400	见备注	3.4(0.5)	见备注	≥4.5	NDS[a]	开采环境中的温度和氯离子浓度的任何组合都是允许的
UNS S45000	见备注	10(1.5)	见备注	≥3.5	NDS[a]	

对于这些应用,这些材料还应遵照下列要求:

a) UNS S17400沉淀硬化马氏体不锈钢锻件最大硬度应为33 HRC,且应按照下列的1)或2)进行热处理:

1) 在620 ℃(1 150 ℉)下的双时效硬化工艺:
——在(1 040℃±14)℃[(1 900±25)℉]下固溶退火加空冷或液体淬火至32 ℃(90 ℉)以下;
——在(620±14)℃[(1 150±25)℉]下第一次沉淀硬化循环,保温至少4 h,随后空冷或液体淬火至32 ℃(90 ℉)以下;
——在(620±14)℃[(1 150±25)℉]下第二次沉淀硬化循环,保温至少4 h,随后空冷或液体淬火至32 ℃(90 ℉)以下。

2) 改进的双时效硬化工艺:
——在(1 040 ℃±14)℃[(1 900±25)℉]下固溶退火,随后空冷或液体淬火至32 ℃(90 ℉)以下;
——在(760±14)℃[(1 400±25)℉]下第一次沉淀硬化循环,保温至少2 h,随后空冷或液体淬火至32 ℃(90 ℉)以下;且
——在(620±14)℃[(1 150±25)℉]下第二次沉淀硬化循环,保温至少4 h,随后空冷或液体淬火至32 ℃(90 ℉)以下。

b) UNS S45000钼改进马氏体沉淀硬化不锈钢锻件最大硬度应为31 HRC(相当于该合金的306 HBW),且应按下列二步热处理工艺进行热处理:
——固溶退火;
——在(620±8)℃[(1 150±15)℉]沉淀硬化,并保温至少4 h。

[a] 无提交的资料(NDS)来确定这些材料是否可用于有元素硫存在的环境。

表 A.28 马氏体沉淀硬化不锈钢用作不承压的内阀、压力调节器和液面控制器部件和其他设备的环境和材料限制

单一合金 UNS 编号	最高温度/℃(℉)	最大 H_2S 分压 p_{H_2S}/kPa(psi)	最大氯离子浓度/(mg/L)	pH	是否抗元素硫?	备注
不承压的内阀,压力调节器和液面控制器部件						
CB7Cu-1 CB7Cu-2	见备注	见备注	见备注	见备注	NDS[a]	用作这些部件的材料已在开采环境中使用,无温度、p_{H_2S}、Cl^- 或原位 pH 的限制。虽然对单个参数没有限制,但这些参数的某些数值的组合是不被允许的
S17400 S15500	见备注	见备注	见备注	见备注	NDS[a]	
S45000	见备注	见备注	见备注	见备注	NDS[a]	开采环境中的温度、p_{H_2S}、氯离子浓度和原位 pH 的任何组合都是允许的
其他设备						
S17400	见备注	见备注	见备注	见备注	NDS[a]	在工作状态下所受应力低于 60% 最小规定屈服强度时,该合金已在地面维修工具、临时钻井及井下维修设备上使用。尚未建立该合金在这方面应用的环境限制

对于这些应用,这些材料还应遵照下列要求:

a) CB7Cu-1 和 CB7Cu-2 铸件应按照 ASTM A 747/A 747M,为 H1150DBL 热处理条件且最大硬度应为 30 HRC;

b) UNS S17400 和 S15500 沉淀硬化马氏体不锈钢锻件最大硬度应为 33 HRC,且应按照下列 1)或 2)进行热处理:

1) 在 620 ℃(1 150 ℉)下的双时效硬化工艺:

——在(1 040 ℃±14)℃[(1 900±25)℉]下固溶退火,随后空冷或液体淬火至 32 ℃(90 ℉)以下;

——在(620±14)℃[(1 150±25)℉]下第一次沉淀硬化循环,保温至少 4 h,随后空冷或液体淬火至 32 ℃(90 ℉)以下;

——在(620±14)℃[(1 150±25)℉]下第二次沉淀硬化循环,保温至少 4 h,随后空冷或液体淬火至 32 ℃(90 ℉)以下。

2) 改进的双时效硬化工艺:

——在(1 040 ℃±14)℃[(1 900±25)℉]下固溶退火,随后空冷或液体淬火至 32 ℃(90 ℉)以下;

——在(760±14)℃[(1 400±25)℉]下第一次沉淀硬化循环,保温至少 2 h,随后空冷或液体淬火至 32 ℃(90 ℉)以下;

——在(620±14)℃[(1 150±25)℉]下第二次沉淀硬化循环,保温至少 4 h,随后空冷或液体淬火至 32 ℃(90 ℉)以下。

c) 对于 UNS S 17400,宜考虑限制铁素体含量;

d) UNS S45000 沉淀硬化马氏体不锈钢锻件最大硬度应为 31 HRC(相当于该合金的 306 HBW)且应按下列二步热处理工艺进行热处理:

——固溶退火;

——在(621±8)℃[(1 150±15)℉]沉淀硬化,并保温至少 4 h。

[a] 无提交的资料(NDS)来确定这些材料是否可用于有元素硫存在的环境。

表 A.29　马氏体沉淀硬化不锈钢用作开口环的环境和材料限制

单一合金 UNS 编号	最高温度/℃(℉)	最大 H_2S 分压 p_{H_2S}/kPa(psi)	最大氯离子浓度/(mg/L)	pH	是否抗元素硫?	备　注
S15700	见备注	见备注	见备注	见备注	NDS[a]	开采环境中的温度、p_{H_2S}，氯离子浓度和原位 pH 的任何组合都是允许的

对于这些应用，对原本为 RH950 固溶退火加时效状态的 UNS S15700 开口环，还应采用下列三步工艺进行进一步热处理，使其硬度在 30 HRC 至 32 HRC 之间：

a)　在 620 ℃(1 150 ℉)下回火，保温 4 h 15 min，随后在静止的空气中冷却到室温；

b)　在 620 ℃(1 150 ℉)下再次回火，保温 4 h 15 min，随后在静止的空气中冷却到室温；

c)　在 560 ℃(1 050 ℉)下回火，保温 4 h 15 min，随后在静止的空气中冷却到室温。

[a] 无提交的资料(NDS)来确定这些材料是否可用于有元素硫存在的环境。

表 A.30　马氏体沉淀硬化不锈钢用作压缩机部件的环境和材料限制

单一合金 UNS 编号	最高温度/℃(℉)	最大 H_2S 分压 p_{H_2S}/kPa(psi)	最大氯离子浓度/(mg/L)	pH	是否抗元素硫?	备　注
S17400 S15500	见备注	见备注	见备注	见备注	NDS[a]	开采环境中的温度、p_{H_2S}、氯离子浓度和原位 pH 的任何组合都是允许的
S45000	见备注	见备注	见备注	见备注	NDS[a]	开采环境中的温度、p_{H_2S}、氯离子浓度和原位 pH 的任何组合都是允许的

对于这些应用，这些材料还应遵照下列要求：

a)　UNS S17400 和 S15500 沉淀硬化马氏体不锈钢锻件最大硬度应为 33 HRC，且应按照下列 1)或 2)进行热处理：

　1)　在 620 ℃(1 150 ℉)下的双时效硬化工艺：

　　——在(1 040 ℃±14)℃[(1 900±25)℉]下固溶退火，随后空冷或液体淬火至 32 ℃(90 ℉)以下；

　　——在(620±14)℃[(1 150±25)℉]下第一次沉淀硬化循环，保温至少 4 h，随后空冷或液体淬火至 32 ℃(90 ℉)以下；

　　——在(620±14)℃[(1 150±25)℉]下第二次沉淀硬化循环，保温至少 4 h，随后空冷或液体淬火至 32 ℃(90 ℉)以下。

　2)　改进的双时效硬化工艺：

　　——在(1 040 ℃±14)℃[(1 900±25)℉]下固溶退火，随后空冷或液体淬火至 32 ℃(90 ℉)以下；

　　——在(760±14)℃[(1 400±25)℉]下第一次沉淀硬化循环，保温至少 2 h，随后空冷或液体淬火至 32 ℃(90 ℉)以下；

　　——在(620±14)℃[(1 150±25)℉]下第二次沉淀硬化循环，保温至少 4 h，随后空冷或液体淬火至 32 ℃(90 ℉)以下。

b)　对于 UNS S17400，宜考虑限制铁素体含量；

c)　在较高硬度(强度)水平时，用作叶轮的这些合金应按照附录 B 进行至少 95%AYS 的应力等级试验；

d)　UNS S45000 钼改进的沉淀硬化马氏体不锈钢锻件最大硬度应为 31 HRC(相当于该合金的 306 HBW)且应按下列二步热处理工艺进行热处理：

　——固溶退火；

　——在(620±8)℃[(1 150±15)℉]沉淀硬化，并保温至少 4 h。

e)　用作叶轮的 UNS S17400 或 S15500 在硬度大于 33 HRC 时，在预期使用环境中显示出的门限应力应≥95% AYS，见 B.3.4。

[a] 无提交的资料(NDS)来确定这些材料是否可用于有元素硫存在的环境。

A.8.3　本材料类别沉淀硬化不锈钢的焊接

焊缝的抗开裂性能应符合有关要求(见6.2.2)。

焊后母材的硬度应不超过母材允许的最大硬度,并且焊缝金属的硬度应不超过用作焊接合金的相应金属的最大硬度限制。

A.9　沉淀硬化镍基合金(单一合金)

A.9.1　材料的化学成分

表D.9列出了A.9.2各表中所示的沉淀硬化镍基合金的化学成分。

A.9.2　沉淀硬化镍基合金使用的环境和材料限制

表A.31～表A.33给出了供任何设备或部件使用的环境和材料的限制,并按沉淀硬化镍基合金的应用将其分成相应的Ⅰ、Ⅱ和Ⅲ组。表A.34～表A.37给出了供其他设备或部件使用的环境和材料的限制。

表A.31　沉淀硬化镍基合金(Ⅰ)用作任何设备或部件的环境和材料限制

<table>
<tr><th>单一合金
UNS编号</th><th>最高温度/
℃(℉)</th><th>最大 H_2S 分压 p_{H_2S}/
kPa(psi)</th><th>最大氯离子
浓度/
(mg/L)</th><th>pH</th><th>是否抗
元素硫?</th><th>备　注</th></tr>
<tr><td rowspan="3">N07031、N07048、N07773和N09777(锻件)
N07718(铸件)
N09925(铸件)</td><td>232(450)</td><td>200(30)</td><td>见备注</td><td>见备注</td><td>否</td><td rowspan="3">开采环境中的氯离子浓度和原位pH的任何组合都是允许的</td></tr>
<tr><td>204(400)</td><td>1 400(200)</td><td>见备注</td><td>见备注</td><td>否</td></tr>
<tr><td>149(300)</td><td>2 700(400)</td><td>见备注</td><td>见备注</td><td>否</td></tr>
<tr><td>N07031、N07048、N07773和N09777(锻件)</td><td>135(275)</td><td>见备注</td><td>见备注</td><td>见备注</td><td>是</td><td rowspan="3">开采环境中的 p_{H_2S}、氯离子浓度和原位pH的任何组合都是允许的</td></tr>
<tr><td>N09925(铸件)</td><td>135(275)</td><td>见备注</td><td>见备注</td><td>见备注</td><td>NDS[a]</td></tr>
<tr><td>N07718(铸件)</td><td>135(275)</td><td>见备注</td><td>见备注</td><td>见备注</td><td>NDS[a]</td></tr>
<tr><td>N07924(锻件)</td><td>175(347)</td><td>3 500(500)</td><td>121 300</td><td>≥3.5,
也见备注</td><td>否</td><td>实验室试验条件下测定的pH</td></tr>
<tr><td colspan="7">这些材料还应遵照下列要求:
a)　UNS N07031锻件应为下列状态中的任一种:
1)　固溶退火至最大硬度为35 HRC;
2)　固溶退火和760 ℃～871 ℃(1 400 ℉～1 600 ℉)温度下时效不超过4 h,最大硬度为40 HRC。
b)　UNS 07048锻件、UNS N07773锻件和UNS N09777锻件应为固溶退火加时效状态,最大硬度应为40 HRC;
c)　UNS N07924锻件应为固溶退火加时效状态,最大硬度为35 HRC;
d)　UNS N09925铸件应为固溶退火加时效状态,最大硬度为35 HRC;
e)　UNS N07718铸件应为固溶退火加时效状态,最大硬度为40 HRC。</td></tr>
<tr><td colspan="7">[a] 无提交的资料(NDS)来确定这些材料是否可用于有元素硫存在的环境。</td></tr>
</table>

表 A.32　沉淀硬化镍基合金(Ⅱ)用作任何设备或部件的环境和材料限制

单一合金 UNS 编号	最高温度/℃(℉)	最大 H_2S 分压 p_{H_2S}/kPa(psi)	最大氯离子浓度/(mg/L)	pH	是否抗元素硫?	备　注
N07718 N09925	232(450)	200(30)	见备注	见备注	否	开采环境中的氯离子浓度和原位 pH 的任何组合都是允许的
	204(400)	1 400(200)	见备注	见备注	否	
	199(390)	2 300(330)	见备注	见备注	否	
	191(375)	2 500(360)	见备注	见备注	否	
	149(300)	2 800(400)	见备注	见备注	否	
	135(275)	见备注	见备注	见备注	是	开采环境中的硫化氢、氯离子浓度和原位 pH 的任何组合都是允许的
N09935	232(450)	2 800(400)	150 000	见备注	否	开采环境的 pH 不应低于试验环境的 pH。试验环境含氯化物，如 NaCl，5 500 kPa(800 psi) CO_2，2 800 kPa(400 psi) H_2S，温度 232 ℃(450 ℉)

这些材料还应遵照下列要求：

a) UNS N07718 锻件应为下列状态中的任一种：
   1) 固溶退火，最大硬度为 35 HRC；
   2) 热加工，最大硬度为 35 HRC；
   3) 热加工加时效，最大硬度为 35 HRC；
   4) 固溶退火加时效，最大硬度为 40 HRC。

b) UNS N09925 锻件应为下列状态中的任一种：
   1) 冷加工，最大硬度为 35 HRC；
   2) 固溶退火，最大硬度为 35 HRC；
   3) 固溶退火加时效，最大硬度为 38 HRC；
   4) 冷加工加时效，最大硬度为 40 HRC；
   5) 热精整加时效，最大硬度为 40 HRC。

c) UNS N09935 锻件应为下列状态：
   1) 固溶退火加时效，最大硬度为 34 HRC。

表 A.33　沉淀硬化镍基合金(Ⅲ)用作任何设备或部件的环境和材料限制

单一合金 UNS 编号	最高温度/℃(℉)	最大 H_2S 分压 p_{H_2S}/kPa(psi)	最大氯离子浓度/(mg/L)	pH	是否抗元素硫?	备　注
N07626(粉末金属)	232(450)	1 000(150)	见备注	见备注	否	开采环境中的氯离子浓度和原位 pH 的任何组合都是允许的
N07716、N07725(锻件)	220(425)	2 000(300)	见备注	见备注	是	
N07626(粉末金属)	204(400)	4 100(600)	见备注	见备注	否	
N07716、N07725(锻件)	204(400)	4 100(600)	见备注	见备注	是	

表 A.33（续）

单一合金 UNS 编号	最高温度/℃(℉)	最大 H_2S 分压 p_{H_2S}/kPa(psi)	最大氯离子浓度/(mg/L)	pH	是否抗元素硫?	备注
N07626(粉末金属) N07716、N07725 (锻件)		见备注	见备注	见备注	是	开采环境中的硫化氢、氯离子浓度和原位 pH 的任何组合都是允许的
这些材料还应遵照下列要求： a) 用粉末冶金工艺热压成形的完全致密的 UNS N07626，最大硬度应为 40 HRC，最大抗拉强度应为1 380 MPa (200 ksi)且应是下列状态中的任一种： ——固溶退火[不低于 927 ℃(1 700 ℉)]加时效[538 ℃～816 ℃(1 000 ℉～1 500 ℉)]； ——直接时效[538 ℃～816 ℃(1 000 ℉～1 500 ℉)]。 b) UNS N07716 锻件和 UNS N07725 锻件应是固溶退火加时效状态，最大硬度应为 43 HRC； c) UNS N07716 锻件和 UNS N07725 锻件在固溶退火加时效状态、最大硬度为 44 HRC 时，也可用于无元素硫，最高温度 204 ℃(400 ℉)所列的其他环境限制的环境中。						

表 A.34 沉淀硬化镍基合金用作井口和采气树部件(壳体和阀盖除外)、阀门和节流器(壳体和阀盖除外)的环境和材料限制

单一合金 UNS 编号	最高温度/℃(℉)	最大 H_2S 分压 p_{H_2S}/kPa(psi)	最大氯离子浓度/(mg/L)	pH	是否抗元素硫?	备注
N05500	见备注	3.4(0.5)	见备注	≥4.5	NDS[a]	开采环境中的温度和氯离子浓度的任何组合都是允许的
对于这些应用，该材料还应遵照下列要求： UNS N05500 最大硬度应为 35 HRC 且应是下列状态中的任一种： a) 热加工加时效硬化； b) 固溶退火； c) 固溶退火加时效硬化。						
[a] 无提交的资料(NDS)来确定这些材料是否可用于有元素硫存在的环境。						

表 A.35 沉淀硬化镍基合金用作不承压的内阀、压力调节器和液面控制器部件和其他设备的环境和材料限制

单一合金 UNS 编号	最高温度/℃(℉)	最大 H_2S 分压 p_{H_2S}/kPa(psi)	最大氯离子浓度/(mg/L)	pH	是否抗元素硫?	备注
不承压的内阀、压力调节器和液面控制器部件						
N07750 N05500	见备注	见备注	见备注	见备注	NDS[a]	开采环境中的温度、p_{H_2S}，氯离子浓度和原位 pH 的任何组合都是允许的
其他设备						
N05500	见备注	见备注	见备注	见备注	NDS[a]	该合金已在临时维修的井下起下、座封和维修工具以及地面临时维修工具上使用，但壳体和阀盖除外。尚未建立该合金在这些方面应用的环境限制

表 A.35（续）

单一合金 UNS 编号	最高温度/℃(℉)	最大 H_2S 分压 p_{H_2S}/kPa(psi)	最大氯离子浓度/(mg/L)	pH	是否抗元素硫?	备　注
对于这些应用，这些材料还应遵照下列要求： a）UNS N07750 锻件最大硬度应为 35 HRC 且应是下列状态中的任一种： ——固溶退火加时效； ——固溶退火； ——热加工； ——热加工加时效。 b）UNS N05500 锻件最大硬度应为 35 HRC 且应是下列状态中的任一种： ——热加工加时效硬化； ——固溶退火； ——固溶退火加时效硬化。						
[a] 无提交的资料(NDS)来确定这些材料是否可用于有元素硫存在的环境。						

表 A.36　沉淀硬化镍基合金用作弹簧的环境和材料限制

单一合金 UNS 编号	最高温度/℃(℉)	最大 H_2S 分压 p_{H_2S}/kPa(psi)	最大氯离子浓度/(mg/L)	pH	是否抗元素硫?	备　注
N07750	见备注	见备注	见备注	见备注	NDS[a]	用作这些部件的材料已在开采环境中使用，无温度、p_{H_2S}、Cl^- 或原位 pH 的限制。虽然对单个参数没有限制，但这些参数的某些数值的组合会导致材料现场失效
N07090	见备注	见备注	见备注	见备注	NDS[a]	用作这些部件的材料已在开采环境中使用，无温度、p_{H_2S}、Cl^- 或原位 pH 的限制。虽然对单个参数没有限制，但这些参数的某些数值的组合是不被允许的
对于这些应用，这些材料还应遵照下列要求： a）UNS N07750 弹簧应为冷加工加时效硬化状态，最大硬度为 50 HRC； b）UNS N07090 在冷加工加时效硬化状态，最大硬度为 50 HRC 时，可用作压缩机气阀弹簧。						
[a] 无提交的资料(NDS)来确定这些材料是否可用于有元素硫存在的环境。						

表 A.37　沉淀硬化镍基合金用作气举设备的环境和材料限制

单一合金 UNS 编号	最高温度/℃(℉)	最大 H_2S 分压 p_{H_2S}/kPa(psi)	最大氯离子浓度/(mg/L)	pH	是否抗元素硫?	备　注
N05500	见备注	见备注	见备注	见备注	NDS[a]	用作这些部件的材料已在开采环境中使用，无温度、p_{H_2S}、Cl^- 或原位 pH 的限制。虽然对单个参数没有限制，但这些参数的某些数值的组合是不被允许的
[a] 无提交的资料(NDS)来确定这些材料是否可用于有元素硫存在的环境。						

A.9.3 本材料类别沉淀硬化镍基合金的焊接

焊缝的抗开裂性能应符合有关要求(见6.2.2)。

焊后母材的硬度应不超过母材允许的最大硬度,并且焊缝金属的硬度应不超过用作焊接合金的相应金属的最大硬度限制。

A.10 钴基合金(单一合金)

A.10.1 材料的化学成分

表D.10列出了A.10.2各表中所示的钴基合金的化学成分。

A.10.2 钴基合金使用的环境和材料限制

见表A.38～表A.40。

表A.38 钴基合金用作任何设备或部件的环境和材料限制

单一合金 UNS编号	最高温度/ ℃(℉)	最大H_2S 分压p_{H_2S}/ kPa(psi)	最大氯离子 浓度/ (mg/L)	pH	是否抗 元素硫?	备注
R30003 R30004 R30035 BS HR.3 R30605 R31233	见备注	见备注	见备注	见备注	是	开采环境中的温度、p_{H_2S}、氯离子浓度和原位pH的任何组合都是允许的
这些材料还应遵照下列要求: a) UNS R30003、UNS R30004和BS HR.3合金的最大硬度应为35 HRC; b) UNS R30035最大硬度应为35 HRC,如果在冷轧和按下列时效处理中的任一种高温时效热处理状态下,它的最大硬度可以为51 HRC: 最短时间(h)　温度 4　704 ℃(1 300 ℉) 4　732 ℃(1 350 ℉) 6　774 ℃(1 425 ℉) 4　788 ℃(1 450 ℉) 2　802 ℃(1 475 ℉) 1　816 ℃(1 500 ℉) c) UNS R31233锻件应为固溶退火状态,且最大硬度应为22 HRC; d) UNS R30605最大硬度应为35 HRC。						

表A.39 钴基合金用作弹簧的环境和材料限制

单一合金 UNS编号	最高温度/ ℃(℉)	最大H_2S 分压p_{H_2S}/ kPa(psi)	最大氯离子 浓度/(mg/L)	pH	是否抗 元素硫?	备注
R30003 R30035	见备注	见备注	见备注	见备注	NDS[a]	用作这些部件的材料已在开采环境中使用,无温度、p_{H_2S}、Cl^-或原位pH的限制。虽然对单个参数没有限制,但这些参数的某些数值的组合是不被允许的
对于这些应用,这些材料还应遵照下列要求: a) UNS R30003应为冷加工加时效硬化状态,最大硬度为60 HRC; b) UNS R30035应为冷加工加时效硬化状态,最大硬度为55 HRC,该时效处理在温度不低于649 ℃(1 200 ℉)下至少进行4 h。						
[a] 无提交的资料(NDS)来确定这些材料是否可用于有元素硫存在的环境。						

表 A.40 钴基合金用作膜片、压力测量装置和压力密封件的环境和材料限制

单一合金 UNS 编号	最高温度/℃(℉)	最大 H_2S 分压 p_{H_2S}/kPa(psi)	最大氯离子浓度/(mg/L)	pH	是否抗元素硫?	备注
R30003 R30004 R30260	见备注	见备注	见备注	见备注	NDS[a]	开采环境中的温度、p_{H_2S}、氯离子浓度和原位 pH 的任何组合都是允许的
R30159	见备注	见备注	见备注	见备注	NDS[a]	用作这些部件的材料已在开采环境中使用,无温度、p_{H_2S}、Cl^- 或原位 pH 的限制。虽然对单个参数没有限制,但这些参数的某些数值的组合是不被允许的
对于这些应用,这些材料还应遵照下列要求: a) UNS R30003 和 UNS R30004 的最大硬度应为 60 HRC; b) UNS R30260 的最大硬度应为 52 HRC; c) 用作压力密封件的 UNS R30159 锻件的最大硬度应为 53 HRC,且最初承载或受压的方向应平行于锻件产品的轴向或轧制方向。						
[a] 无提交的资料(NDS)来确定这些材料是否可用于有元素硫存在的环境。						

A.10.3 本材料类别钴基合金的焊接

焊缝的抗开裂性能应符合有关要求(见 6.2.2)。

焊后母材的硬度应不超过母材允许的最大硬度,并且焊缝金属的硬度应不超过用作焊接合金的相应金属的最大硬度限制。

A.11 钛合金和钽合金(单一合金)

A.11.1 材料的化学成分

A.11.1.1 钛合金

表 D.11 列出了表 A.41 中所示的钛合金的化学成分。

A.11.1.2 钽合金

表 D.12 列出了表 A.42 中所示的钽合金的化学成分。

A.11.2 钛合金和钽合金使用的环境和材料限制

见表 A.41 和表 A.42。

表 A.41 钛合金用作任何设备或部件的环境和材料限制

单一合金 UNS 编号	最高温度/℃(℉)	最大 H_2S 分压 p_{H_2S}/kPa(psi)	最大氯离子浓度/(mg/L)	pH	是否抗元素硫?	备注
R50400 R56260 R53400 R56323 R56403 R56404 R58640	见备注	见备注	见备注	见备注	是	开采环境中的温度、p_{H_2S}、氯离子浓度和原位 pH 的任何组合都是允许的

表 A.41（续）

单一合金 UNS 编号	最高温度/℃(℉)	最大 H_2S 分压 p_{H_2S}/kPa(psi)	最大氯离子浓度/(mg/L)	pH	是否抗元素硫?	备注
这些材料还应遵照下列要求： a) UNS R50400 的最大硬度应为 100 HRB； b) UNS R56260 最大硬度应为 45 HRC 且应是下列三种状态中的一种： ——退火； ——固溶退火； ——固溶退火加时效。 c) UNS R53400 应为退火状态。退火热处理应在(774±14)℃[(1 425±25)℉]下保温 2 h，随后空冷。最大硬度应为 92 HRB； d) UNS R56323 应为退火状态且最大硬度应为 32 HRC； e) UNS R56403 锻件应为退火状态且最大硬度应为 36 HRC； f) UNS R564043 应为退火状态且最大硬度应为 35 HRC； g) UNS R58640 最大硬度应为 42 HRC。 为了成功地应用本部分规定的每一种钛合金，应遵照特定的准则。例如，在温度高于 80 ℃(176 ℉)含 H_2S 的水介质中，钛合金若与某些活泼金属(如碳钢)形成电偶就可能发生氢脆。某些钛合金在氯化物环境中可能对缝隙腐蚀和(或)SSC 敏感。虽然没有硬度与 SSC 和(或)SCC 敏感性有关的显示，但高强度合金所具有的硬度可显示出不发生失效的最大试验等级。						

表 A.42　钽合金用作任何设备或部件的环境和材料限制

单一合金 UNS 编号	最高温度/℃(℉)	最大 H_2S 分压 p_{H_2S}/kPa(psi)	最大氯离子浓度/(mg/L)	pH	是否抗元素硫?	备注
R05200	见备注	见备注	见备注	见备注	NDS[a]	开采环境中的温度、p_{H_2S}、氯离子浓度和原位 pH 的任何组合都是允许的
UNS R05200 最大硬度为 55 HRB 且应为下列两种状态中的一种： ——退火； ——气体保护钨极电弧焊加退火。						
[a] 无提交的资料(NDS)来确定这些材料是否可用于有元素硫存在的环境。						

A.11.3　本材料类别钛合金和钽合金的焊接

焊缝的抗开裂性能应符合有关要求(见 6.2.2)。

焊后母材的硬度应不超过母材允许的最大硬度，并且焊缝金属的硬度应不超过用作焊接合金的相应金属的最大硬度限制。

A.12　铜基和铝基合金(材料类型)

A.12.1　铜基合金

铜基合金已被用于不受温度、p_{H_2S}、Cl^- 或原位 pH 限制的开采环境中。

注 1：铜基合金在酸性油田环境中可能会加速失重腐蚀，尤其有氧存在时。

注 2：某些铜基合金对 GHSC 敏感。

A.12.2 铝基合金

这些材料已被用于不受温度、p_{H_2S}、Cl^-或原位 pH 限制的开采环境中。

使用者宜明白，铝基合金的失重腐蚀强烈取决于环境的 pH。

A.13 镀层、覆盖层和耐磨合金

A.13.1 耐蚀镀层，衬里和覆盖层

A.2 至 A.11 中列出和规定的材料可用作耐蚀覆盖层、衬里或焊接堆焊层材料。

使用镀层或覆盖层后的母材仍应符合 GB/T 20972.2—2008 或本部分的要求，才可使用。除非使用者能证明作为保护层的镀层或覆盖层在长期使用中仍能保持其完整性。

涉及到热处理或消除应力处理时，可能会影响镀层、衬里或覆盖层的性能。

影响镀层、衬里或覆盖层长期使用完整性的因素包括在预期使用条件下的环境开裂、其他腐蚀机理的影响和机械损伤。

宜考虑使用期间覆盖层的变化可能影响其耐蚀性能或机械性能。

A.13.2 耐磨合金

A.13.2.1 用作烧结件、铸件或锻件的耐磨合金

GB/T 20972 中没有对专门用来提供耐磨部件的合金的抗环境开裂性能作规定。尚未建立耐磨合金对于温度、p_{H_2S}、Cl^-和原位 pH 的环境限制。

用于耐磨使用的某些材料是脆性的。若这些材料受到拉伸，会发生环境开裂。用这些材料制造的部件通常只在受压时才承受载荷。

A.13.2.2 表面硬化材料

可以采用表面硬化工艺。

GB/T 20972 中没有对专门用来提供表面硬化的合金的抗环境开裂性能作规定。尚未建立表面硬化材料对于温度、p_{H_2S}、Cl^-和原位 pH 的环境限制。

用于表面硬化使用的某些材料是脆性的。若这些材料受到拉伸，会发生表面硬化的环境开裂。

使用表面硬化材料后的基层仍应符合 GB/T 20972.2—2008 或本部分的要求，才可使用。除非使用者能证明表面硬化材料在长期使用中仍能保持其完整性。

附　录　B
（规范性附录）
用于硫化氢环境的耐蚀合金的实验室试验评定

B.1　总则

本附录规定了用于硫化氢环境的耐蚀合金的实验室试验评定的最低要求。这些要求用于评定抗下列开裂机理：

——在室温下的 SSC；

——无元素硫的条件下，在最高使用温度下的 SCC；

——当耐蚀合金与碳钢或低合金钢形成电偶时诱发的氢应力开裂（HSC），即 GHSC。

与上述开裂机理有关的附加要求：

——当 SSC 和 SCC 之间的差别不清楚时，在中间温度下的试验；

——在有元素硫情况下的 SCC 试验。

表 B.1 给出了耐蚀合金因腐蚀引起的潜在开裂机理的指南。该合金类别和附录 A 中用的合金类别是相同的。

本附录的试验要求没有涉及依序连续暴露在不同的环境中可能出现的结果。例如，不评价在较高温度下吸氢后又冷却的结果。

表 B.1　对耐蚀合金和其他合金类别应考虑的开裂机理

附录 A 中的材料类别	在硫化氢环境中潜在的开裂机理[a,b]			备　注
	SSC	SCC	GHSC	
奥氏体不锈钢（见 A.2）	S	P	S	某些冷加工的合金，因含有马氏体所以对 SSC 和（或）HSC 敏感
高合金奥氏体不锈钢（见 A.3）		P		这些合金通常不受 SSC 和 HSC 影响。通常不要求进行低温开裂试验
固溶镍基合金（见 A.4）	S	P	S	冷加工状态和（或）时效状态的某些镍基合金含有二次相，当与钢形成电偶时，对 HSC 敏感。 这些合金在很强的冷加工加充分时效的状态下，与钢耦合时，会发生 HSC
铁素体不锈钢（见 A.5）	P		P	
马氏体不锈钢（见 A.6）	P	S	P	不管是否含有残余的奥氏体，含 Ni 和 Mo 的合金都能遭受 SCC
双相不锈钢（见 A.7）	S	P	S	当温度低于最高使用温度时，开裂敏感性可能最高，应考虑超出温度范围的试验
沉淀硬化不锈钢（见 A.8）	P	P	P	
沉淀硬化镍基合金（见 A.9）	S	P	P	冷加工状态和（或）时效状态的某些镍基合金含有二生相，当与钢形成电偶时，对 HSC 敏感
钴基合金（见 A.10）	S	P	P	
钛合金和钽合金（见 A.11）	见备注			开裂机理取决于具体的合金。设备使用者应确保进行适当的试验和评定
铜基和铝基合金（见 A.12）	见备注			不清楚这些合金是否受这些开裂机理的影响

[a] P 指主要的开裂机理。

[b] S 指次要的，可能发生的开裂机理。

B.2 实验室评定的应用

B.2.1 总则

图 B.1 给出了供实验室评定选用的框图。

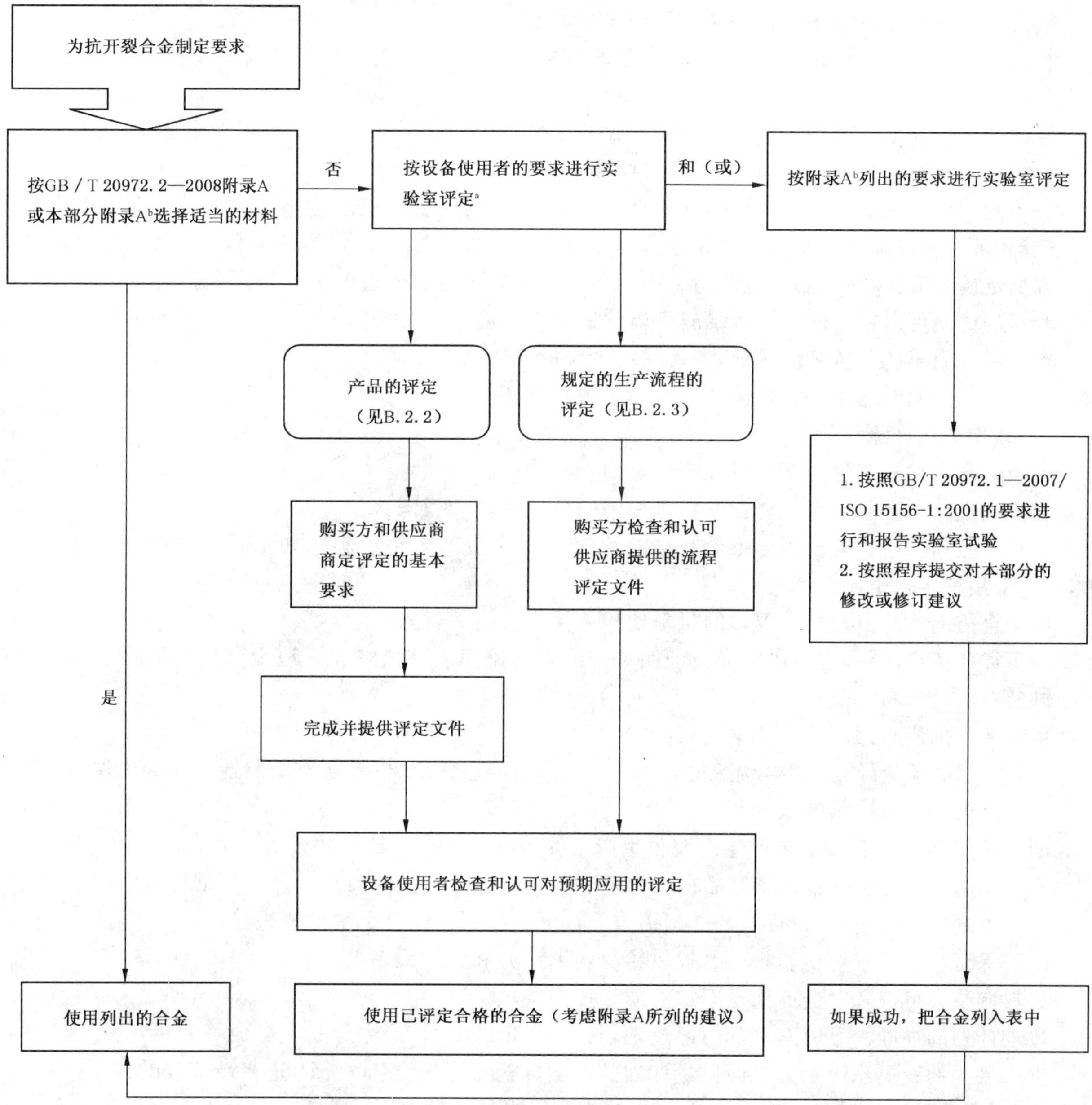

注：流程框图省略了 GB/T 20972.1—2007 中所述的用现场经验进行评定的过程。

[a] 本部分针对耐蚀合金和其他合金的 SSC、SCC 和 GHSC，GB/T 20972.2—2008 针对碳钢和低合金钢的 SSC、HIC、SOHIC 和 SZC。

[b] 附录 A 针对耐蚀合金和其他合金的 SSC、SCC 和 GHSC。GB/T 20972.2—2008 附录 A 针对碳钢和低合金钢的 SSC。

图 B.1 合金选用和实验室评定的选择

B.2.2 产品的评定

本部分的使用者应根据 GB/T 20972.1—2007 和本附录确定材料的评定要求。

确定的评定要求应包括下列内容：

a) 一般要求(见 GB/T 20972.1—2007 的第 5 章)；

b) 使用环境的评价和定义(见 GB/T 20972.1—2007 的第 6 章)；

c) 材料说明和证明文件(见 GB/T 20972.1—2007 的 8.1)；

d) 以实验室试验为根据的评定要求(见 GB/T 20972.1—2007 的 8.3)；

e) 评定方法的报告(见 GB/T 20972.1—2007 的第 9 章)。

在确定适当的试验批和取样要求时，应考虑产品特性、制造方法和制造规范要求进行的试验和评定(见表 B.1)。

样品应按附录 B 对每一种开裂机理进行试验以便确定合格。每一试验批至少应有三个试样，如果所有试样都满足试验的验收准则，该试验批应被认为合格。

在下列情况下，允许进行重复试验：如果一个样品不满足验收准则，应查明原因。如果原材料符合生产规范，可另外取两个样品再试验。这些样品应从与已失败样品相同的原材料上取得。如果这两个样品都满足验收准则，该试验批应认为合格。更多的重复试验应经过购买方的同意。

产品的试验可以在生产之后和暴露于硫化氢工作环境之前的任何时间进行。

在产品应用于硫化氢环境之前，设备使用者应检查产品合格证书并核实其是否满足规定的评定要求。经过设备使用者已核实的合格产品可用于硫化氢环境。

B.2.3 规定的生产流程的评定

可通过合格材料的生产证明来评定规定的生产流程。

合格的生产流程可以不需要在发货单中注明抗硫化氢开裂试验。

材料供应商可向材料购买方推荐一合格生产流程来生产合格材料。如果材料供应商和购买方同意，可以采用评定合格的生产流程。

评定合格的生产流程可为更多的材料使用者生产合格的材料。

为了评定生产流程，材料供应商应证明规定的生产流程能够始终如一地生产出满足附录 B 中相应评定试验要求的材料。

生产流程的所有评定要求如下：

a) 在书面质量计划对生产流程的规定中，确定了制造场所、以及所有的制造工序和为保持质量所要求的制造控制措施。

b) 按照 B.2.2 对按规定的生产流程生产出的产品首先进行试验并核实它们满足验收准则。

c) 周期性试验进一步证实产品在硫化氢环境中仍旧具有抗开裂的性能。周期性试验的频率应在质量计划中规定，并且应经过购买方的认可。购买方应可采用这些试验记录。

d) 保留和整理这些试验报告并提供给材料购买方和(或)设备使用者。

材料购买方可以和制造商商定附加的质量控制要求。

质量计划的准确性可由有关部门通过现场检查确定。

生产流程的变更超出了其书面质量计划的范围，需要按照上述 a)～d) 进行新流程的评定。

B.2.4 采用实验室试验作为对附录 A 提出补充和变更的依据

可对附录 A 提出变更。按照 GB/T 20972.1—2007 的要求，变更的提出应有资料并且还应符合下列附加要求：

——应按 GB/T 20972.1—2007 选择进行实验室评定试验的耐蚀合金和其他合金的代表性的样品。

——应按 B.3 对至少能代表 3 个独立处理炉的材料进行抗开裂试验。应参考表 B.1 中适当的材料类别来确定试验要求。

——应对表 B.1 中列出的主要开裂机理进行试验。

——还应对表 B.1 中列出的次要开裂机理进行试验，否则应在试验报告中给出它们被省略的理由。

——对没有包括在表 B.1 中的其他合金,应证明所选用的评定试验是正确的并有证明文件。

——应提供足够的数据对该材料进行评价,对材料具有的适应性做出决定,通过修改或修订进入本部分。

B.3 试验的一般要求

B.3.1 试验方法描述

试验要求以 GB/T 4157—2006 和 EFC 出版物 17 号为基础。试验程序的细节应参考这些资料。当需要变动这些程序时,供应商,购买方和设备使用者可以共同商定。这些变动应以文件的形式提出。

B.3.2 材料

应按照 GB/T 20972.1—2007 的 8.3.2 中规定的要求选择试验材料。

另外,应考虑以下事项:

a) 要求进行哪一种开裂机理的试验(见表 B.1)。

b) 对在使用中时效的合金的样品进行适当的时效,特别是在使用中可能发生时效(井下时效)的井下材料的 HSC 试验。

c) 因为冷加工合金的屈服强度可能是各向异性的,所以合金的性能有方向性。某些合金和产品的开裂敏感性会随着外加拉伸应力的方向及随后引起的开裂面的方位而改变。

B.3.3 试验方法和试样

基本的试验方法采用在光滑试样上加载的恒定载荷、持续载荷(试验环)或恒定总应变(恒定位移)的方法。

可采用上述加载方式进行单一轴向拉伸(UT)试验、四点弯曲(FPB)试验和 C 环(CR)试验。

通常,采用 UT 试样的恒载荷试验是试验均质材料的首选方法。

应按照被试验产品的形状和要求外加应力的方向选择试样。从每个被试验的部件上至少应取 3 个试样。

UT 试样可按照 EFC 出版物 17 号图 8.1,从焊接接头上取样。当计划对焊接纵断面进行试验时,可以从焊接接头上截取其他类型的试样。

当采用双(背对背)FPB 试样时(按照 EFC 出版物 17 号图 8.2a 或类似的图),如果相对的试样开裂,那么另一个未开裂试样应作为无效被判为不合格。

适当时也可采用其他试验方法或试样。但这些试验的根据和应用应有证明文件,且应取得设备使用者的同意。

可考虑的其他试验方法如下:

——断裂机理的试验,例如双悬臂梁(DCB)试验,如果开裂不受分支影响且保持在要求的平面上就可采用;

——涉及慢应变速率应用的试验,例如按照 NACE TM 0198-98 的 SSRT、按照 GB/T 15970.7—2000 的间歇 SSRT 或按照发表在 NACE 97 年腐蚀文集第 58 篇论文中的方法进行的 RSRT。

适当时,试验可采用全尺寸或模拟部件的试验。

B.3.4 对光滑试样外加的试验应力和载荷

用来计算试验应力的耐蚀合金的屈服强度,应按照适当的制造规范规定的试验温度进行测定。在制造规范中没有对屈服强度作适当规定的情况下,屈服强度应该是在试验温度下非比例延伸率为0.2%时的试验应力($R_{p0.2}$,如 GB/T 228 中的规定)。

当选择试样和确定试验应力时,应考虑材料性能的方向性。

对于焊接试样,通常应用母材的屈服强度来确定试验应力。对不同材料的焊接接头,通常应采用较低的母材的屈服强度。当设计应力是基于焊缝区的屈服强度,而该屈服强度又低于任一对接的母材屈服强度时，应采用焊接区的屈服强度来确定试验应力。

对于恒载荷试验和持续载荷(试验环)试验，试样应承受试验温度下试验材料的90%AYS的载荷。

对于恒定总应变(挠度)试验，试样应承受试验温度下试验材料的100%AYS的载荷。

注：恒定总应变(挠度)试验可能不适合在负载下因蠕变而发生松弛的材料。

较低的外加应力可以适合于评定特定应用的材料。这些试验的应用和根据应经购买方同意并应有证明文件。

B.3.5 SSC和SCC试验环境

B.3.5.1 总则

应控制和记录下列环境试验的变量：

——p_{H_2S}；

——p_{CO_2}；

——温度；

——试验溶液的pH、酸化方法和pH控制(应记录所有pH的测量结果)；

——试验溶液的组成或分析；

——添加元素硫；

——不同金属的电耦合(应记录面积比和耦合合金类型)。

在所有情况下，p_{H_2S}、氯离子浓度和元素硫浓度至少应与预期使用环境一样苛刻。试验期间所达到的最大pH应不超过预期使用的pH。

为完成对特定应用的评定，可能有必要采用多种试验环境。

当预期使用环境不够明确时，可采用下面的试验环境来模拟预期使用环境或模拟一种指定的环境。

如果无法预知特定应用环境，采用指定的试验环境能提供有关耐蚀合金或其他合金抗开裂的环境限制的信息。

可用附录E中表E.1来确定SSC和GHSC标准试验的试验环境(分别定为等级Ⅱ和等级Ⅲ)。对于1类环境(B.3.5.2)，表E.1还提供了被认为是若干个指定条件(关于温度、p_{CO_2}、p_{H_2S}和氯离子浓度)的组合；这些组合定为等级Ⅳ、Ⅴ、Ⅵ和Ⅶ。

当采用指定的试验环境时，应满足该附录的所有其他要求。

设备使用者宜明白，使用环境中氧的存在能影响合金的抗开裂性能。当选择试验环境时，宜考虑这点。

注1：指定条件的组合并不限制本部分的使用者采用他们选择的其他试验条件进行试验的自由。

注2：在参考文献中给出了高压釜加液进气的相关信息。

B.3.5.2 在实际H_2S和CO_2分压下的模拟使用环境(1类环境)

在这些试验环境中，通过控制油田环境中决定pH的参数来重现使用环境的(原位)pH。应按照下列要求制定试验环境：

a) 试验限制：压力应为环境压力或高于环境压力。

b) 试验溶液：人工合成采出水，即模拟预期使用环境的氯化物和碳酸氢盐的浓度。可选择性地加入含有的其他离子。

c) 试验气体：分压与预期使用环境一样的H_2S和CO_2。

d) pH测量：通过重现预期的使用环境来决定pH。应在环境温度和压力下，充入试验气体或纯CO_2，在试验前和试验后应立即测定溶液的pH。这是为了鉴别影响试验pH的溶液中的变化。在环境温度和压力下检测到的pH的任何变化将显示出试验温度和压力的变化。

B.3.5.3 在环境压力下用自然缓冲剂模拟使用环境(2类环境)

在该试验环境中，通过调节试验溶液的缓冲能力来重现使用环境(原位)pH，采用自然缓冲是为了对试验过程中酸性气体压力的降低进行补偿。应按照下列要求制定试验环境：

a） 试验限制：压力应为环境压力，最高温度应为 60 ℃，pH 应为 4.5 或更高。

b） 试验溶液：在蒸馏水或去离子水中添加碳酸氢钠（$NaHCO_3$）以达到所要求的 pH。并应按预期使用环境的氯离子浓度添加氯化物。如果需要，应设置液体回流装置以防止溶液中水的损耗。

c） 试验气体：预期使用环境分压的 H_2S 和用作平衡的试验气体 CO_2。试验气体应连续鼓泡通过试验溶液。

d） pH 控制：在试验开始和试验结束时应测量溶液的 pH。试验期间应定期测量溶液的 pH。如果需要，通过添加 HCl 或 NaOH 来调节 pH。试验 pH 的变化应不超过±0.2 pH 单位。

B.3.5.4 在环境压力下用乙酸缓冲剂模拟使用环境（3a 和 3b 类环境）

在该试验环境中，通过调节试验溶液的缓冲能力来重现使用环境（原位）pH，采用人工缓冲且添加 HCl 是为了对试验过程中酸性气体压力的降低进行补偿。应按照下列要求制定试验环境：

a） 试验限制：压力应为环境压力，温度应为（24±3）℃。

b） 试验溶液：试验溶液应采用下列中的一种：

1） 对于一般应用（3a 类环境），蒸馏水或去离子水中含有 4 g/L 乙酸钠和与预期使用环境浓度相同的氯化物。

2） 对于在 3a 类环境溶液中有腐蚀倾向的超级马氏体不锈钢（3b 类环境），去离子水中含有 0.4 g/L 乙酸钠和与预期使用环境浓度相同的氯化物。

这两种溶液都应添加 HCl 以达到要求的 pH。

c） 试验气体：预期使用环境分压的 H_2S 和用作平衡的试验气体 CO_2。试验气体应连续鼓泡通过试验溶液。

d） pH 控制：在试验开始和试验结束时应测量溶液的 pH。试验期间应定期测量溶液的 pH。如果需要，通过添加 HCl 或 NaOH 来调节 pH。试验 pH 的变化应不超过±0.2 pH 单位。

B.3.6 试验周期

恒定载荷、持续载荷和恒定总应变试验的最短周期应为 720 h。试验期间不应中断试验。

B.3.7 验收准则和试验报告

暴露在恒定载荷、持续载荷和恒定总应变试验中的试样应按照 GB/T 4157—2006（试验方法 A 和 C）进行评定。不开裂为合格。

暴露在断裂机理和慢应变速率试验中的试样应按照试验方法的要求进行评定。断裂韧性值应只对实质上无分叉的开裂有效。断裂韧性试验的验收准则应由设备使用者规定。

在所有情况下，应报告导致金属损失的任何腐蚀迹象，包括点蚀或缝隙腐蚀。

注：在试样受力区之外发生的点蚀或缝隙腐蚀可能会抑制试样的 SCC。

应完成和保留符合 GB/T 20972.1—2007 的第 9 章要求的书面试验报告。

B.3.8 试验的有效性

对使用环境不如试验环境苛刻的材料，满意的试验结果可证明该材料是合格的。对特殊应用，试验的有效性应由使用者确定。在任何给出的温度下，采用下列方法降低环境的苛刻性：

——较低的 p_{H_2S}；

——较低的氯离子浓度；

——较高的 pH；

——无 S^0。

B.4 SSC 试验

试验应按照 B.3 中给出的试验的一般要求进行。

按照 GB/T 4157—2006 和（或）EFC 出版物 17 号的规定，试验通常应在（24±3）℃[（75±5）℉]下进行。

如果使用环境的温度高于 24 ℃(75 ℉),试验温度可取最低的使用环境温度。在试验报告中应证明采用高于 24 ℃的试验温度是合理的。

B.5 无元素硫的 SCC 试验

试验应按照 B.3 的一般要求进行。

SCC 试验步骤应以 GB/T 4157—2006 和(或)EFC 出版物 17 号为基础,并满足下列附加的要求、选项和说明:

a) 试验温度应不低于预期使用环境的最高温度,这可能需要使用可增压的试验装置;

b) 在确定气相分压时,应考虑水的蒸汽压;

c) 不应用乙酸和乙酸盐控制 pH,应按 B.3.5.2 规定控制溶液的 pH;

d) 当试样一开始暴露在试验环境中,就应对施加载荷和环境条件进行控制,以便一达到试验温度时所有的试验条件都已经建立起来;

e) 对恒定总应变试验,加载应力应通过测量来确定;

注:在许多耐蚀合金材料规范中,核实挠度计算是一个好的作法。

f) 对恒定总应变试验,应证明采用的加载步骤使试样在暴露于试验环境之前获得一个稳定的应力。

B.6 中间温度的 SSC 和 SCC 试验

中间温度的试验,即在(24±3)℃[(75±5)℉]和预期使用环境的最高温度之间的试验,应满足设备使用者的要求。按照上述 SCC 试验的要求,试验应在规定的温度下进行。

对 A.7 中双相不锈钢的评定试验,应在(24±3)℃[(75±5)℉]、(90±3)℃[(194±5)℉]和该合金预期使用环境的最高温度下进行。

B.7 有元素硫情况下的 SCC 试验

试验应按照上述的 SCC 试验要求进行,添加元素硫,应按 EFC 出版物 17 号附录 S1 中的添加程序执行。

B.8 与碳钢耦合的 GHSC 试验

GHSC 试验应按照上述对 SSC 试验规定的要求进行。并满足下列附加的要求、选项和说明:

a) 耐蚀合金试样应与完全浸入试验溶液的非合金钢(即碳钢)形成电偶。按照 GB/T 4157—2006 的要求,非合金钢与浸湿的耐蚀合金试样的面积比应在 0.5~1 之间。加载夹具、试样和耦合的碳钢之间应电绝缘。对特定应用的评定,耐蚀合金可以与使用中将与之耦合的,低合金材料的样品耦合;

b) 试验环境应为 GB/T 4157—2006 的 A 溶液,H_2S 分压为 100 kPa,温度为(24±3)℃[(75±5)℉]。对于特定应用的评定,可采用 B.3.5 中所述的 SSC 试验环境。

附 录 C
（资料性附录）
购买材料应提供的信息

GB/T 20972.1—2007 指出，本部分的各种使用者，如设备使用者、设备购买方及设备制造商和材料购买方、材料制造厂及材料供应商之间的信息合作和交流是必要的。使用下表可有助于这方面的合作。

材料购买方宜指出表 C.1 和表 C.2 中要求的选项。

表 C.1 和表 C.2 还建议了可在材料标记中使用的标识，以显示单一耐蚀合金或其他合金与本部分的一致性。

采购订单的细目宜成为材料的文件资料的一部分，以确保其具有可追溯性。对按照附录 B 基于实验室试验选择的材料，其可追溯的文件还宜包括试验期间源自表 C.2 的试验条件的说明。

表 C.1 购买材料的信息和标记

材料选择和其他信息		材料购买方的要求	本部分中的参照条款	备 注	酸性环境标识[e]
首选的耐蚀合金或其他合金及状态[a]		[b]			
设备类型		[c]			
选择或评定方法	从附录 A 选择耐蚀合金或其他合金？	选项 A[d]	6.1	如表 C.2 中所示的环境暴露条件(可选的)	A. nn[e]
	按照附录 B 评定合格的耐蚀合金或其他合金？	选项 B[d]	6.1,附录 B	见表 C.2	B、B1、B2 等[e]
	以上任何一个选择或评定方法	选项 C[d]	(见选项 A 和选项 B)	(见选项 A 和选项 B)	(见选项 A 和选项 B)

a 当购买方要求使用一种列于附录 A 中的或按照附录 B 评定合格的已知材料时，购买方宜指出下面的评定方法。

b 使用者可填入材料类型和状态。

c 使用者可填入对材料有要求的设备类型。

d 指出要求的选项。

e 对于所列的耐蚀合金，在材料标记中建议采用的标识是材料类别的的条款号，通过参考材料类别的条款号，如 A.2，为制造商或供应商指出了符合要求的单一耐蚀合金或其他合金。对于按附录 B 评定合格的材料，建议采用的标识是 B、B1、B2、B3(见表 C.2)。

表 C.2 SSC、SCC 和 GHSC 试验的附加信息和建议的标记

开裂评定试验	材料购买方对抗开裂性能和暴露环境的要求	本部分中的参照条款	备 注	酸性环境标识[b]
抗 SSC	选项 1[a,c]	B.4		B1
抗 SCC	选项 2[a,c]	B.5～B.7		B2
抗 GHSC	选项 3[a,c]	B.8		B3
抗 SSC、SCC 和 GHSC	选项 4[a,c]	B.4～B.8		B

表 C.2（续）

开裂评定试验		材料购买方对抗开裂性能和暴露环境的要求	本部分中的参照条款	备　注	酸性环境标识[b]
按照 GB/T 20972.1—2007/ISO 15156-1:2001 对使用环境的文字描述	CO_2 压力/kPa		B.3		
	H_2S 压力/kPa				
	温度/℃				
	原位 pH				
	Cl^- 或其他卤离子浓度/(mg/L)				
	S^0	有或无[a]			
实验室试验要求			B.3		
非标准试验应力 %AYS					
试样类型					

[a] 指出要求的选项。

[b] 对按附录 B 评定合格的材料，建议用于标记的标识是 B、B1、B2、B3，B1 是抗 SSC 的材料，B2 是抗 SCC 的材料，B3 是抗 GHSC 的材料，B 指的是抗所有这三种开裂机理的材料。

[c] 试验条件应与该表中列出的环境条件相当，见 B.2 和 B.3。

附　录　D
（资料性附录）
材料的化学成分和其他信息

D.1　为方便本部分使用，本附录提供了以SAE-ASTM《统一编号系统中的金属和合金》为基础的下列各表。鼓励使用者采用最新版本的SAE-ASTM标准来确认所示信息的准确性。

D.2　这些表提供了附录A表中所用的UNS编号的合金的化学成分。鼓励使用者参阅SAE-ASTM《统一编号系统中的金属和合金》，在SAE-ASTM中有每种合金的书面描述，包括化学成分、通用商品名称和与其他工业规范的相互参照。

D.3　可接受的合金取决于在所示范围内的实际化学成分和附录A中所列出的对合金附加的任何化学成分、热处理状态和硬度要求。某些合金的化学成分符合这些表的规定但不满足这些附加的评定要求。

注1：ISO/TR 15510有助于某些UNS编号与其他标准之间的相互参照。ISO 13680提供了关于材料、材料的化学成分和用做套管、油管和接箍材料的可用性的信息。

注2：在美国习惯单位中通常用质量的百万分之一表示质量分数（w），在国际单位制中用毫克每千克（mg/kg）表示。本附录表中给出的质量分数用百分数（百分之一等于每100 g中1 g）表示。

注3：对于表D.1、D.2、D.5、D.6、D.7和D.8，成分等于100%时的余额组分是Fe。

表D.1　某些奥氏体不锈钢（见A.2和D.3）的化学成分

UNS	通用名称	C最大含量[a] w_C/%	Cr含量 w_{Cr}/%	Ni含量 w_{Ni}/%	Mn最大含量[a] w_{Mn}/%	Si最大含量[a] w_{Si}/%	P最大含量 w_P/%	S最大含量 w_S/%	Mo含量 w_{Mo}/%	N最大含量 w_N/%	其他	F_{PREN}	Ni+2Mo
J92500	CF-3	0.03	17.0～21.0	8.0～12.0	1.50	2.00	0.04	0.04				17～21	8～12
J92600	CF-8	0.08	18.0～21.0	8.0～11.0	1.50	2.00	0.04	0.04				18～21	8～11
J92800	CF-3M	0.03	17.0～21.0	9.0～13.0	1.50	1.50	0.04	0.04	2.0～3.0			24～31	11～16.5
J92843		0.28～0.35	18.0～21.0	8.0～11.0	0.75～1.50	1.00	0.04	0.04	1.00～1.75		其他[b]	23～30	14～19
J92900	CF-8M	0.08	18.0～21.0	9.0～12.0	1.50	2.00	0.04	0.04	2.0～3.0			24～31	13～18
S20100	201SS	0.15	16.0～18.0	3.5～5.5	5.5～7.5	1.00	0.060	0.030		0.25		20～22	3.5～5.5
S20200	202SS	0.15	17.0～19.0	4.0～6.0	7.5～10.0	1.00	0.060	0.030				17～19	4～6
S20500	205SS	0.12～0.25	16.0～18.0	1.00～1.75	14.0～15.5	1.00	0.060	0.030				16～18	1～1.75
S20910	22-13-5	0.06	20.5～23.5	11.5～13.5	4.0～6.0	1.00	0.040	0.030	1.5～3.0	0.20～0.40	其他[c]	29～38	14～20

表 D.1（续）

UNS	通用名称	C 最大含量[a] w_C/%	Cr 含量 w_{Cr}/%	Ni 含量 w_{Ni}/%	Mn 最大含量[a] w_{Mn}/%	Si 最大含量[a] w_{Si}/%	P 最大含量 w_P/%	S 最大含量 w_S/%	Mo 含量 w_{Mo}/%	N 最大含量 w_N/%	其他	F_{PREN}	Ni+2Mo
S30200	302SS	0.15	17.0～19.0	8.0～10.0	2.00	1.00	0.045	0.030				17～19	8～10
S30400	304SS	0.08	18.0～20.0	8.0～10.5	2.00	1.00	0.045	0.030				18～20	8～10.5
S30403	304L SS	0.03	18.0～20.0	8.0～12.0	2.00	1.00	0.045	0.030				17～19	10～13
S30500	305SS	0.12	17.0～19.0	10.0～13.0	2.00	1.00	0.045	0.030				17～19	10～13
S30800	308SS	0.08	19.0～21.0	10.0～12.0	2.00	1.00	0.045	0.030				19～21	10～12
S30900	309SS	0.20	22.0～24.0	12.0～15.0	2.00	1.00	0.045	0.030				22～24	12～15
S31000	310SS	0.25	24.0～26.0	19.0～22.0	2.00	1.50	0.045	0.030				24～26	19～22
S31600	316SS	0.08	16.0～18.0	10.0～14.0	2.00	1.00	0.045	0.030	2.0～3.0			23～28	14～20
S31603	316L SS	0.030	16.0～18.0	10.0～14.0	2.00	1.00	0.045	0.030	2.0～3.0			23～28	14～20
S31635	316Ti SS	0.08	16～18	10～14	2.00	1.0	0.045	0.030	2～3	0.10	其他[d]	23～30	14～20
S31700	317SS	0.08	18.0～20.0	11.0～15.0	2.00	1.00	0.045	0.030	3.0～4.0			28～33	16～20
S32100	321SS	0.08	17.0～19.0	9.0～12.0	2.00	1.00	0.045	0.030			其他[d]	17～19	9～12
S34700	347SS	0.08	17.0～19.0	9.0～13.0	2.00	1.00	0.045	0.030			其他[e]	17～19	13～19
S38100	18-18-2	0.08	17.0～19.0	17.5～18.5	2.00	1.50～2.50	0.03	0.030				17～19	17～19

[a] 此处显示的是一个范围，指最小质量分数到最大质量分数。

[b] Cu 最大含量为 0.50%；Ti 含量为 0.15～0.50%；W 含量为 1.00%～1.75%；Nb+Ta 含量为 0.30%～0.70%。

[c] Nb 含量为 0.10～0.30%；V 含量为 0.10～0.30%。

[d] Ti 的最小含量应为碳的质量分数(%)的 5 倍。

[e] Nb 的最小含量应为碳的质量分数(%)的 10 倍。

表 D.2 某些高合金奥氏体不锈钢(见 A.3 和 D.3)的化学成分

UNS	通用名称	C 最大含量 w_C/%	Cr 含量 w_{Cr}/%	Ni 含量 w_{Ni}/%	Mn 最大含量[a] w_{Mn}/%	Si 最大含量 w_{Si}/%	P 最大含量 w_P/%	S 最大含量 w_S/%	Mo 含量 w_{Mo}/%	N 含量 w_N/%	Cu 含量 w_C/%	W 含量 w_W/%	F_{PREN}	Ni+2Mo
S31254	254SMo	0.020	19.5～20.5	17.5～18.5	1.00	0.80	0.030	0.010	6.0～6.5	0.18～0.22	0.50～1.00		42～45	29.5～31.5
J93254	254SMo 铸件	0.025	19.5～20.5	17.5～19.7	1.20	1.0	0.45	0.010	6.0～7.0	0.18～0.24	0.50～1.00		42～47	29.5～33.7
J95370[b]		0.03	24～25	17～18	8～9	0.50	0.030	0.010	4～5	0.7～0.8	0～0.50	0～0.10	48～54	25～28
S31266	B66	0.030	23.0～25.0	21.0～24.0	2.0	1.00	0.035	0.020	5.0～7.0	0.35～0.60	0.50～3.00	1.00～3.00	46～62	31～38
S32200	NIC25	0.03	20.0～23.0	23.0～27.0	1.0	0.5	0.03	0.005	2.5～3.5				29～40	26～33
S32654	654SMo	0.02	24.0～25.0	21.0～23.0	2.00～4.00	0.50	0.03	0.005	7.00～8.00	0.45～0.55	0.30～0.6		54～60	35～39
N08007	CN-7M	0.07	19.0～22.0	27.5～30.5	1.50	1.5			2.00～3.00		3.00～4.000		25～32	31.5～36.5
N08020[c]	20Cb3	0.07	19.0～21.0	32.0～38.0	2.00	1.00	0.045	0.035	2.0～3.0		3.00～4.00		29～40	36～44
N08320	20Mod	0.05	21.0～23.0	25.0～27.0	2.5	1.0	0.04	0.03	4.0～6.0				34～43	33～39
N08367	AL6XN	0.030	20.0～22.0	23.5～25.5	2.00	1.00	0.04	0.04	6.00～7.00				20～23	45～52
N08904	904L	0.02	19.0～23.0	23.0～28.0	2.00	1.00	0.045	0.035	4.00～5.00		1～2		32～40	31～38
N08925	25-6Mo	0.02	19.0～21.0	24.0～26.0	1.00	0.50	0.045	0.030	6.0～7.0	0.10～0.20	0.50～1.50		40～47	36～40
N08926	1925hMo	0.020	19.0～21.0	24.0～26.0	2.0	0.5	0.03	0.01	6.0～7.0	0.15～0.25	0.5～1.5		41～48	36～40

[a] 此处显示的是一个范围,指最小质量分数到最大质量分数。

[b] 用质量分数表示的其他元素:Al 最大含量为 0.01%,As 最大含量为 0.01%,B 含量为 0.003%～0.007%,Co 最大含量为 0.25%,Nb 最大含量为 0.10%,Pb 最大含量为 0.01%,Sn 最大含量为 0.010%,Ti 最大含量为 0.10%,V 最大含量为 0.10%。

[c] w_{Nb}应为 8 倍 w_C(%),最大含量为 1%。

表 D.3 某些固溶镍基合金(见 A.4 和 D.3)的化学成分

UNS	通用名称	C 最大含量[a] w_C/%	Cr 含量 w_{Cr}/%	Ni 含量 w_{Ni}/%	Fe 最大含量[a] w_{Fe}/%	Mn 最大含量[a] w_{Mn}/%	Si 最大含量[a] w_{Si}/%	Mo 含量 w_{Mo}/%	Co 最大含量[a] w_{Co}/%	Cu 最大含量[a] w_{Cu}/%	P 最大含量[a] w_P/%	S 最大含量[a] w_S/%	Ti 最大含量[a] w_{Ti}/%	Nb+Ta 最大含量[a] w_{Nb+Ta}/%	Nb 最大含量[a] w_{Nb}/%	V 最大含量[a] w_V/%	W 最大含量[a] w_W/%	N 含量 w_N/%	Al 最大含量[a] w_{Al}/%
N06002	X	0.05～0.15	20.5～23.0	bal.[b]	17.0～20.0	1.00	1.00	8.0～10.0	0.5～2.5		0.04	0.030					0.2～1.0		
N06007	G	0.05	21.0～23.5	bal.[b]	18.0～21.0	1.0～2.0	1.00	5.5～7.5	2.5	1.5～2.5	0.04	0.03			1.75～2.5		1.00		
N06022	C-22	0.015	20.0～22.5	bal.[b]	2.0～6.0	0.50	0.08	12.5～14.5	2.5		0.02	0.02				0.35	2.5～3.5		
N06030	G-30	0.03	28.0～31.5	bal.[b]	13.0～17.0	1.5	0.8	4.0～6.0	5.0	1.0～2.4	0.04	0.02		0.3～1.5	0.30～1.50	0.04	1.5～4.0		
N06059	59	0.010	22.0～24.0	bal.[b]	1.5	0.5	0.10	15.0～16.5	0.3		0.015	0.005							0.1～0.4
N06060	SM 2060 Mo	0.03	19.0～22.0	54.0～60.0	bal.[b]	1.50	0.50	12.0～14.0		1.00	0.030	0.005			1.25		1.25		
N06110	Allcorr	0.15	27.0～33.0	bal.[b]				8.00～12.0	12.0				1.50		2.00		4.00		1.50
N06250	SM 2050	0.02	20.0～23.0	50.0～53.0	bal.[b]	1.0	0.09	10.1～12.0		1.00	0.030	0.005					1.00		
N06255	SM 2550	0.03	23.0～26.0	47.0～52.0	bal.[b]	1.00	0.03	6.0～9.0		1.20	0.03	0.03	0.69				3.0		
N06625	625	0.10	20.0～23.0	bal.[b]	5.0	0.50	0.50	8.0～10.0			0.015	0.015	0.40		3.15～4.15				0.40
N06686	686	0.010	19.0～23.0	bal.[b]	5.0	0.75	0.08	15.0～17.0			0.04	0.02	0.02～0.25				3.0～4.4		
N06950	G-50	0.015	19.0～21.0	50.0 min	15.0～20.0	1.00	1.00	8.0～10.0	2.5	0.5	0.04	0.015		0.50		0.04	1.0		

表 D.3（续）

UNS	通用名称	C 最大含量[a] w_C/%	Cr 含量 w_{Cr}/%	Ni 含量 w_{Ni}/%	Fe 最大含量[a] w_{Fe}/%	Mn 最大含量[a] w_{Mn}/%	Si 最大含量[a] w_{Si}/%	Mo 含量 w_{Mo}/%	Co 最大含量[a] w_{Co}/%	Cu 最大含量[a] w_{Cu}/%	P 最大含量[a] w_P/%	S 最大含量[a] w_S/%	Ti 最大含量[a] w_{Ti}/%	Nb+Ta 最大含量[a] w_{Nb+Ta}/%	Nb 最大含量[a] w_{Nb}/%	V 最大含量[a] w_V/%	W 最大含量[a] w_W/%	N 含量 w_N/%	Al 最大含量[a] w_{Al}/%
N06952	52	0.03	23～27	48～56	bal.[b]	1.0	1.0	6～8		0.5～1.5	0.03	0.003	0.6～1.5						
N06975	G-2	0.03	23.0～26.0	47.0～52.0	bal.[b]	1.00	1.00	5.0～7.0		0.70～1.20	0.03	0.03	0.70～1.50						
N06985	G-3	0.015	21.0～23.5	bal.[b]	18.0～21.0	1.00	1.00	6.0～8.0	5.0	1.5～2.5	0.04	0.03		0.50			1.5		
N08007	CN-7M	0.07	19.0～22.0	27.5～30.5	bal.[b]	1.50	1.50	2.00～3.00		3.00～4.00									
N08020	20Cb3	0.07	19.0～21.0	32.0～38.0	bal.[b]	2.00	1.00	2.0～3.0		3.00～4.00	0.045	0.035			8×C～1.00[c]				
N08024	20Mo-4	0.03	22.5～25.0	35.0～40.0	bal.[b]	1.00	0.50	3.5～5.0		0.50～1.50	0.035	0.035			0.15～0.35				
N08026	20Mo-6	0.03	22.0～26.0	33.0～37.2	bal.[b]	1.00	0.50	5.00～6.70		2.00～4.00	0.03	0.03							
N08028	28	0.03	26.0～28.0	29.5～32.5	bal.[b]	2.50	1.00	3.0～4.0		0.6～1.4	0.030	0.030							
N08032	32	0.01	22	32	bal.[b]	0.4	0.3	4.3			0.015	0.002							
N08042	42	0.03	20～23.0	40.0～44.0	bal.[b]	1.0	0.5	5.0～7.0		1.5～3.0	0.03	0.003	0.6～1.2						
N08135	SM 2035	0.03	20.5～23.5	33.0～38.0	bal.[b]	1.00	0.75	4.0～5.0		0.70	0.03	0.03					0.2～0.8		
N08535	SM 2535	0.030	24.0～27.0	29.0～36.5	bal.[b]	1.00	0.50	2.5～4.0		1.50	0.03	0.03							

表 D.3(续)

UNS	通用名称	C最大含量[a] w_C/%	Cr含量 w_{Cr}/%	Ni含量 w_{Ni}/%	Fe最大含量[a] w_{Fe}/%	Mn最大含量[a] w_{Mn}/%	Si最大含量[a] w_{Si}/%	Mo含量 w_{Mo}/%	Co最大含量[a] w_{Co}/%	Cu最大含量[a] w_{Cu}/%	P最大含量[a] w_P/%	S最大含量[a] w_S/%	Ti最大含量[a] w_{Ti}/%	Nb+Ta最大含量[a] w_{Nb+Ta}/%	Nb最大含量[a] w_{Nb}/%	V最大含量[a] w_V/%	W最大含量[a] w_W/%	N含量 w_N/%	Al最大含量[a] w_{Al}/%
N08825	825	0.05	19.5～23.5	38.0～46.0	bal.[b]	1.00	0.5	2.5～3.5		1.5～3.0		0.03	0.6～1.2						0.2
N08826	825铸件	0.05	19.5～23.5	38.0～46.0	22.0	1.00	1.00	2.5～3.5		1.5～3.0	0.030	0.030			0.60～1.20				
N08932	URSB 8	0.020	24.0～26.0	24.0～26.0	bal.[b]	最大2.0	0.50	4.7～5.7		1.0～2.0	0.025	0.010						0.17～0.25	
N10002	C	0.08	14.5～16.5	bal.[b]	4.0～7.0	1.00	1.00	15.0～17.0	2.5		0.040	0.030				0.35	3.0～4.5		
N10276	C-276	0.02	14.5～16.5	bal.[b]	4.0～7.0	1.00	0.08	15.0～17.0	2.5		0.030	0.030				0.35	3.0～4.5		
CW12MW	C-276铸件	0.12	15.5～17.5	bal.[b]	4.5～7.5	1.0	1.0	16.0～18.0			0.040	0.030				0.20～0.4	3.75～5.25		
CW6MC	625铸件	0.06	20.0～23.0	bal.[b]	5.0	1.0	1.0	8.0～10.0			0.015	0.015			3.15～4.5	1.0			

[a] 此处显示的是一个范围，指最小质量分数到最大质量分数。

[b] Bal.是成分等于100%时的余额。

[c] w_{Nb}应为8倍w_C(%)，最大含量为1%。

表 D.4 某些铜镍合金(见 A.4)的化学成分

UNS	通用名称	C最大含量 w_C/%	Cu最大含量 w_{Cu}/%	Ni含量[a] w_{Ni}/%	Fe最大含量 w_{Fe}/%	Mn最大含量 w_{Mn}/%	Si最大含量 w_{Si}/%	S最大含量[a] w_S/%
N04400	400	0.3	bal.[b]	63.0～70.0	2.50	2.00	0.50	0.024
N04455	405	0.30	bal.[b]	63.0～70.0	2.5	2.0	0.50	0.025～0.060

[a] 此处显示的是一个范围，指最小质量分数到最大质量分数。

[b] Bal.是成分等于100%时的余额。

表 D.5 某些铁素体不锈钢(见 A.5)的化学成分

UNS	通用名称	C 最大含量 w_C/%	Cr 含量 w_{Cr}/%	Ni 最大含量[a] w_{Ni}/%	Mn 最大含量 w_{Mn}/%	Si 最大含量 w_{Si}/%	Mo 含量 w_{Mo}/%	N 最大含量 w_N/%	P 最大含量 w_P/%	S 最大含量 w_S/%	其他最大含量[a] w %
S40500	405SS	0.08	11.5～14.5		1.00	1.00			0.040	0.030	Al 0.10～0.30
S40900	409SS	0.08	10.5～11.75	0.50	1.00	1.00			0.045	0.045	6×C～0.75[b]
S43000	430SS	0.12	16.0～18.0		1.00	1.00			0.040	0.030	
S43400	434SS	0.12	16.0～18.0		1.00	1.00	0.75～1.25		0.040	0.030	
S43600	436SS	0.12	16.0～18.0		1.00	1.00	0.75～1.25		0.040	0.030	(Nb+Ta) 5×C～0.70[b]
S44200	442SS	0.20	18.0～23.0		1.00	1.00			0.040	0.030	
S44400	18-2	0.025	17.5～19.5	1.00	1.00	1.00	1.75～2.50	0.025	0.040	0.030	[Nb+0.2×Ti+4(C+N)] 0.8max.[b]
S44500		0.02	19.0～21.0	0.60	1.00	1.00		0.03	0.040	0.012	Nb 10(C+N) ～0.8[b]; Cu 0.30～0.60
S44600	446SS	0.20	23.0～27.0		1.50	1.00		0.25	0.040	0.030	
S44626	26-1Ti	0.06	25.0～27.0	0.50	0.75	0.75	0.75～1.50	0.04	0.040	0.020	Ti 7×(C+N) min.[b] 且 0.20～1.00,Cu 0.20max.
S44627	26-1Cb	0.010	25.0～27.0	0.50	0.40	0.40	0.75～1.50	0.015	0.015	0.020	Nb 0.05～0.20, Cu 0.20max.
S44635	26-4-4	0.025	24.5～26.0	3.50～4.50	1.00	0.75	3.50～4.50	0.035	0.035	0.030	[Nb+0.2×Ti+4(C+N)] 0.8max.[b]
S44660	SC-1	0.025	25.0～27.0	1.50～3.50	1.00	1.00	2.50～3.50	0.035	0.035	0.030	[Nb+0.2×Ti+4(C+N)] 0.8max.[b]
S44700	29-4	0.010	28.0～30.0	0.15	0.30	0.20	3.5～4.2	0.020	0.020	0.020	(C+N) 0.025 max.; Cu 0.15max.
S44735	29-4C	0.030	28.0～30.0	1.00	1.00	1.00	3.60～4.20	0.045	0.045	0.030	[Nb+Ta−6 (C+N)] 0.20～1.00[b]
S44800	29-4-2	0.010	28.0～30.0	2.0～2.5	0.30	0.20	3.5～4.2	0.020	0.020	0.020	(C+N) 0.025 max.[b]; Cu 0.15max.

[a] 此处显示的是一个范围,指最小质量分数到最大质量分数。

[b] 用其他元素的质量分数为基数来表示元素的值,例如,Ti 6×C～0.75 指 Ti 的值在 6 倍 w_C(%)和 0.75%之间。

表 D.6 某些马氏体不锈钢(见 A.6)的化学成分

UNS	通用名称	C最大含量[a] w_C/%	Cr最大含量[a] w_{Cr}/%	Ni最大含量[a] w_{Ni}/%	Mo最大含量[a] w_{Mo}/%	Si最大含量[a] w_{Si}/%	P最大含量[a] w_P/%	S最大含量[a] w_S/%	Mn最大含量[a] w_{Mn}/%	N含量 w_N/%	其他最大含量[a] w/%
S41000	410	0.15	11.5～13.5			1	0.04	0.03	1		
S41425	S/W 13Cr	0.05	12～15	4～7	1.5～2	0.5	0.02	0.005	0.5～1.0	0.06～0.12	Cu 0.3
S41426	13CrS	0.03	11.5～13.5	4.5～6.5	1.5～3	0.5	0.02	0.005	0.5		Ti 0.01～0.5；V 0.5
S41427		0.03	11.5～13.5	4.5～6.0	1.5～2.5	0.50	0.02	0.005	1.0		Ti 0.01；V 0.01～0.50
S42000	420	0.15min.[a]	12～14			1	0.04	0.03	1		
S42400	F6NM	0.06	11.5～14	3.5～4.5	0.3～0.7	1	0.03	0.03	0.5～1		
S42500	15Cr	0.08～0.2	14～16	1～2	0.3～0.7	1	0.02	0.01	1	0.2	
J91150	CA15	0.15	11.5～14	1	0.5	1.5	0.04	0.04	1		
J91151	CA15M	0.15	11.5～14	1	0.15～1	1	0.04	0.04	1		
J91540	CA6NM	0.06	11.5～14	3.5～4.5	0.4～1	1	0.04	0.03	1		
	420M	0.15～0.22	12～14	0.5		1	0.02	0.01	0.25～1		Cu 0.25
K90941	9Cr1Mo	0.15	8～10		0.9～1.1	0.5～1	0.03	0.03	0.3～0.6		
	L80 13Cr	0.15～0.22	12～14	0.5		1	0.02	0.01	0.25～1		Cu 0.25

[a] min.指最小质量分数。此处显示的是一个范围，指最小质量分数到最大质量分数。

表 D.7 某些双相不锈钢(见 A.7 和 D.3)的化学成分

UNS	通用名称	C最大含量[a] w_C/%	Cr最大含量[a] w_{Cr}/%	Ni最大含量[a] w_{Ni}/%	Mn最大含量[a] w_{Mn}/%	Si最大含量[a] w_{Si}/%	Mo最大含量[a] w_{Mo}/%	N最大含量[a] w_N/%	Cu最大含量[a] w_{Cu}/%	W最大含量[a] w_W/%	P最大含量[a] w_P/%	S最大含量[a] w_S/%	F_{PREN}
S31200	44LN	0.03	24.0～26.0	5.5～6.5	2	1	1.2～2.0	0.14～0.20			0.045	0.03	30～36

表 D.7（续）

UNS	通用名称	C 最大含量[a] w_{C}/%	Cr 最大含量[a] w_{Cr}/%	Ni 最大含量[a] w_{Ni}/%	Mn 最大含量[a] w_{Mn}/%	Si 最大含量[a] w_{Si}/%	Mo 最大含量[a] w_{Mo}/%	N 最大含量[a] w_{N}/%	Cu 最大含量[a] w_{Cu}/%	W 最大含量[a] w_{W}/%	P 最大含量[a] w_{P}/%	S 最大含量[a] w_{S}/%	F_{PREN}
S31260	DP-3	0.03	24.0～26.0	5.5～7.5	1	0.75	2.5～3.5	0.10～0.30	0.20～0.80	0.10～0.50	0.03	0.03	34～43
S31803	2205	0.03	21.0～23.0	4.5～6.5	2	1	2.50～3.50	0.08～0.20			0.03	0.02	31～38
S32404	U50	0.04	20.5～22.5	5.5～8.5	2	1	2.0～3.0	0.20 max	1.0～2.0	0.030 max	0.03	0.01	27～32
S32520	52N+	0.03	24.0～26.0	5.5～8.0	1.5	0.8	3.0～5.0	0.20～0.35	0.50～3.00		0.035	0.02	37～48
S32550	255	0.04	24.0～27.0	4.5～6.5	1.5	1	2.00～4.00	0.10～0.25	1.5～2.5		0.04	0.03	32～44
S32750	2507	0.03	24.0～26.0	6.0～8.0	1.2	0.8	3.0～4.0	0.24～0.32			0.035	0.02	38～44
S32760a[b]	Z100	0.03	24.0～26.0	6.0～8.0	1	1	3.0～4.0	0.2～0.3	0.5～1.0	0.5～1.0	0.03	0.01	40～46
S32803b[c]	2803Mo	0.01	28.0～29.0	3.0～4.0	0.5	0.5	1.8～2.5	0.025			0.02	0.005	33～41
S32900	329SS	0.2	23.0～28.0	2.5～5.0	1	0.75	1.00～2.00				0.04	0.03	26～35
S32950	7Mo Plus	0.03	26.0～29.0	3.50～5.20	2	0.6	1.00～2.50	0.15～0.35			0.035	0.01	32～43
S39274	DP3W	0.03	24.0～26.0	6.0～8.0	1	0.8	2.50～3.50	0.24～0.32	0.2～0.8	1.5～2.5	0.03	0.02	39～47
S39277	AF918	0.025	24.0～26.0	6.5～8.0		0.8	3.0～4.0	0.23～0.33	1.2～2.0	0.80～1.20	0.025	0.002	39～46
J93370	CD4MCu	0.04	24.5～26.5	4.75～6.0	1	1	1.75～2.25		2.75～3.25		0.04	0.04	30～34
J93345	Escoloy	0.08	20.0～27.0	8.9～11.0	1		3.0～4.5	0.10～0.30			0.04	0.025	31～47
J93380	Z100	0.03	24.0～26.0	6.0～8.5	1	1	3.0～4.0	0.2～0.3	0.5～1.0	0.5～1.0	0.03	0.025	38～46
J93404	958	0.03	24.0～26.0	6.0～8.0	1.5	1	4.0～5.0	0.10～0.30					39～47

[a] 此处显示的是一个范围，指最小质量分数到最大质量分数。

[b] $w_{Cr}+3.3w_{Mo}+16w_{N}$ 最小值为 40，式中：

w_{Cr} 是合金中铬的质量分数，用全量组成的百分数表示；

w_{Mo} 是合金中钼的质量分数，用全量组成的百分数表示；

w_{N} 是合金中氮的质量分数，用全量组成的百分数表示。

[c] Nb/(C+N) 最小比值为 12；(C+N) 最大含量为 0.030%；Nb 含量为 0.15%～0.50%。

表 D.8　某些沉淀硬化不锈钢(见 A.8)的化学成分

UNS	通用名称	C 最大含量 w_C/%	Cr 含量 w_{Cr}/%	Ni 含量 w_{Ni}/%	Mn 最大含量 w_{Mn}/%	Si 最大含量 w_{Si}/%	Mo 含量 w_{Mo}/%	Nb 含量 w_{Nb}/%	Ti 含量 w_{Ti}/%	Cu 含量 w_{Cu}/%	Al 最大含量[a] w_{Al}/%	P 最大含量 w_P/%	S 最大含量 w_S/%	B 含量 w_B/%	V 含量 w_V/%
S66286	A286	0.08	13.5～16.0	24.0～27.0	2.00	1.00	1.00～1.50		1.90～2.35		0.35	0.040	0.030	0.001～0.01	0.10～0.50
S15500	15-5PH	0.07	14.0～15.5	3.50～5.50	1.00	1.00		0.15～0.45		2.50～4.50		0.040	0.030		
S15700	PH15-7Mo	0.09	14.0～16.0	6.50～7.75	1.00	1.00	2.00～3.00				0.75～1.50	0.04	0.03		
S17400	17-4PH	0.07	15.0～17.5	3.00～5.00	1.00	1.00		0.15～0.45		3.00～5.00		0.04	0.03		
S45000	450	0.05	14.0～16.0	5.00～7.00	1.00	1.00	0.50～1.00	8×C min.[b]		1.25～1.75		0.030	0.030		

[a] 此处显示的是一个范围，指最小质量分数到最大质量分数。

[b] 指 Nb 的最小含量为 8 倍 w_C(%)。

表 D.9　某些沉淀硬化镍基合金(见 A.9)的化学成分

UNS	通用名称	C 最大含量[a] w_C/%	Cr 含量 w_{Cr}/%	Ni 含量 w_{Ni}/%	Fe 最大含量[a] w_{Fe}/%	Mn 最大含量[a] w_{Mn}/%	Mo 含量 w_{Mo}/%	Si 最大含量[a] w_{Si}/%	Nb 最大含量[a] w_{Nb}/%	Ti 最大含量[a] w_{Ti}/%	Cu 最大含量[a] w_{Cu}/%	Al 最大含量[a] w_{Al}/%	Co 最大含量[a] w_{Co}/%	N 最大含量[a] w_N/%	B 最大含量[a] w_B/%	P 最大含量[a] w_P/%	S 最大含量[a] w_S/%
N06625	625	0.10	20.0～23.0	bal.[b]	5.0	0.50	8.0～10.0	0.50	3.15～4.15	0.40		0.40				0.015	0.015
N07031	31	0.03～0.06	22.0～23.0	55.0～58.0	bal.[b]	0.20	1.7～2.3	0.20		2.10～2.60	0.60～1.20	1.00～1.70			0.003～0.007	0.015	0.015
N07048	48	0.015	21.0～23.5	bal.[b]	18.0～21.0	1.0	5.0～7.0	0.10	0.5	1.5～2.0	1.5～2.2	0.4～0.9	2.0			0.02	0.01
N07090	90	0.13	18.0～21.0	bal.[b]	3.0	1.0			15.0～21.0	1.8～3.0		0.8～2.0					

表 D.9（续）

UNS	通用名称	C 最大含量[a] w_C/%	Cr 含量 w_{Cr}/%	Ni 含量 w_{Ni}/%	Fe 最大含量[a] w_{Fe}/%	Mn 最大含量[a] w_{Mn}/%	Mo 含量 w_{Mo}/%	Si 最大含量[a] w_{Si}/%	Nb 最大含量[a] w_{Nb}/%	Ti 最大含量[a] w_{Ti}/%	Cu 最大含量[a] w_{Cu}/%	Al 最大含量[a] w_{Al}/%	Co 最大含量[a] w_{Co}/%	N 最大含量[a] w_N/%	B 最大含量[a] w_B/%	P 最大含量[a] w_P/%	S 最大含量[a] w_S/%
N07626		0.05	20.0～23.0	bal.[b]	6.0	0.50	8.0～10.0	0.50	4.50～5.50	0.60	0.50	0.40～0.80	1.00	0.05		0.02	0.015
N07716	625plus	0.03	19.0～22.0	57.0～63.0	bal.[b]	0.20	7.0～9.5	0.20	2.75～4.00	1.00～1.60		0.35				0.015	0.01
N07718	718	0.08	17.0～21.0	50.0～55.0	bal.[b]	0.35	2.8～3.3	0.35	4.75～5.50	0.65～1.15	0.30	0.20～0.80	1.00		0.006	0.015	0.015
N07725	725	0.03	19.0～22.5	55.0～59.0	bal.[b]	0.35	7.00～9.50	0.20	2.75～4.00	1.00～1.70		0.35				0.015	0.01
N07773	PH3	0.03	18.0～27.0	45.0～60.0	bal.[b]	1.00	2.5～5.5	0.50	2.5～6.0	2.0		2.0				0.03	0.01
N07924[c]		0.020	20.5～22.5	52.0 min.	7.0～13.0	0.20	5.5～7.0	0.20	2.75～3.5	1.0～2.0	1.0～4.0	0.75	3.0	0.20		0.030	0.005
N09777	PH7	0.03	14.0～19.0	34.0～42.0	bal.[b]	1.00	2.5～5.5	0.50	0.1			0.35				0.03	0.01
N09925	925	0.03	19.5～23.5	38.0～46.0	22.0 min.	1.00	2.50～3.50	0.50	0.50	1.90～2.40	1.50～3.00	0.10～0.50					0.03
N05500	K-500	0.25		63.0～70.0	2.00	1.50		0.50		0.35～0.85	bal.[b]	2.30～3.15					
N07750	X-750	0.08	14.0～17.0	70.0 min.	5.0～9.0	1.00		0.50	0.70～1.20	2.25～2.75	0.5	0.40～1.00					0.01

[a] min. 指最小质量分数。此处显示的是一个范围，指最小质量分数到最大质量分数。

[b] Bal. 是成分等于 100%时的余额。

[c] 其他元素的质量分数：W 最大含量为 0.5%且 Mg 最大含量为 0.005 0%。

表 D.10 某些钴基合金(见 A.10)的化学成分

UNS	通用名称	C 最大含量[a] w_C/%	Cr 含量 w_{Cr}/%	Ni 含量 w_{Ni}/%	Co 含量 w_{Co}/%	Fe 最大含量[a] w_{Fe}/%	Mn 最大含量[a] w_{Mn}/%	Si 最大含量[a] w_{Si}/%	Mo 含量 w_{Mo}/%	B 最大含量 w_B/%	P 最大含量[a] w_P/%	S 最大含量 w_S/%	Be 最大含量 w_{Be}/%	Ti 最大含量[a] w_{Ti}/%	W 含量 w_W/%	N 含量 w_N/%
R30003	Elgiloy	0.15	19.0～21.0	15.0～16.0	39.0～41.0	bal.[b]	1.5～2.5		6.0～8.0				1.00			
R30004	Havar	0.17～0.23	19.0～21.0	12.0～14.0	41.0～44.0	bal.[b]	1.35～1.80		2.0～2.8				0.06		2.3～3.3	
R30035	MP-35N	0.025	19.0～21.0	33.0～37.0	bal.[b]	1.0	0.15	0.15	9.0～10.5		0.015	0.01		1.00		
R30159	MP-159	0.04	18.0～20.0	bal.[b]	34.0～38.0	8.00～10.00	0.20	0.20	6.00～8.00	0.03	0.02	0.01		2.50～3.25		
R30260[c]	Durathem 2602	0.05	11.7～12.3	bal.[b]	41.0～42.0	9.8～10.4	0.4～1.1	0.2～0.60	3.7～4.3		0.20～0.30	0.1	0.30			
R31233	Ultimet	0.02～0.10	23.5～27.5	7.0～11.0	bal.[b]	1.0～5.0	0.1～1.5	0.05～1.00	4.0～6.0		0.03	0.02			1.0～3.0	0.03～0.12
R30605	L-605	0.05～0.15	19.0～21.0	9.0～11.0	bal.[b]	3.0	2.0	1.00							13.0 nom.	

[a] 此处显示的是一个范围，指最小质量分数到最大质量分数。

[b] Bal. 是成分等于 100%时的余额。

[c] Nb 最大质量分数 0.1%。

表 D.11 某些钛合金(见 A.11)的化学成分

UNS	通用名称	Al 最大含量[a] w_{Al}/%	V 最大含量[a] w_V/%	C 最大含量[a] w_C/%	Cr 最大含量[a] w_{Cr}/%	Fe 最大含量[a] w_{Fe}/%	H 最大含量[a] w_H/%	Mo 最大含量[a] w_{Mo}/%	N 最大含量[a] w_N/%	Ni 含量 w_{Ni}/%	Sn 最大含量[a] w_{Sn}/%	Zr 最大含量[a] w_{Zr}/%	其他最大含量[a] w/%	Ti
R50400	Grade 2			0.10		0.30	0.015		0.03				O 0.25 max.	bal.[b]
R56260	Ti-6246	6						6			2	4		bal.[b]

表 D.11(续)

UNS	通用名称	Al 最大含量[a] w_{Al}/%	V 最大含量[a] w_{V}/%	C 最大含量[a] w_{C}/%	Cr 最大含量[a] w_{Cr}/%	Fe 最大含量[a] w_{Fe}/%	H 最大含量[a] w_{H}/%	Mo 最大含量[a] w_{Mo}/%	N 最大含量[a] w_{N}/%	Ni 含量 w_{Ni}/%	Sn 最大含量[a] w_{Sn}/%	Zr 最大含量[a] w_{Zr}/%	其他最大含量[a] w/%	Ti
R53400	Grade 12			0.08		0.30	0.015	0.2～0.4	0.03	0.6～0.9			O 0.25 max.	bal.[b]
R56323	Grade 28	2.5～3.5	2.0～3.0	0.08		0.25	0.015		0.03				O 0.15 max. Ru 0.08～0.14	bal.[b]
R56403	Grade 25	5.5～6.75	3.5～4.5	0.10		0.40	0.0125		0.05	0.3～0.8			O 0.20 max. Pd 0.04～0.08 残留的[c]	bal.[b]
R56404	Grade 29	5.5～6.5	3.5～4.5	0.08		0.25	0.015		0.03				O 0.13 max. Ru 0.08～0.14	bal.[b]
R58640	Beta-C	3	8		6			4				4		bal.[b]

[a] 此处显示的是一个范围,指最小质量分数到最大质量分数。

[b] Bal.是成分等于100%时的余额。

[c] 每个残留元素的质量分数最大含量为0.1%,总计最大含量为0.4%。

表 D.12 R05200 钽合金(见 A.11)的化学成分

UNS	通用名称	C 最大含量 w_{C}/%	Co 最大含量 w_{Co}/%	Fe 最大含量 w_{Fe}/%	Si 最大含量 w_{Si}/%	Mo 最大含量 w_{Mo}/%	W 最大含量 w_{W}/%	Ni 最大含量 w_{Ni}/%	Ti 最大含量 w_{Ti}/%	其他最大含量[a] w/%	Ta
R05200		0.01	0.05	0.01	0.005	0.01	0.03	0.01	0.01	0.015	bal.[a]

[a] Bal.是成分等于100%时的余额。

附 录 E
（资料性附录）
试验条件的推荐组合

采用表 E.1 中所列的试验条件的推荐组合可有助于确定耐蚀合金和其他合金允许的应用范围。

表中所示的“等级”最初用在 NACE MR0175 中。该“等级”被保留下来是为了维持术语的连贯性，这些用数据组合的“等级”是以附录 A 表中所列的材料类型和单一合金的许多环境限制为基础的。

表 E.1 试验条件

<table>
<tr><th rowspan="2">环境因素</th><th colspan="7">特定的试验条件</th></tr>
<tr><th>等级Ⅰ</th><th>等级Ⅱ</th><th>等级Ⅲ</th><th>等级Ⅳ</th><th>等级Ⅴ</th><th>等级Ⅵ</th><th>等级Ⅶ</th></tr>
<tr><td>温度</td><td>25 ℃±3 ℃
(77 ℉±5 ℉)</td><td rowspan="8">按 B.4 进行试验</td><td rowspan="8">按 B.4 和 B.8 进行试验</td><td>90 ℃±5 ℃
(194 ℉±9 ℉)</td><td>150 ℃±5 ℃
(302 ℉±9 ℉)</td><td>175 ℃±5 ℃
(347 ℉±9 ℉)</td><td>205 ℃±5 ℃
(401 ℉±9 ℉)</td></tr>
<tr><td>p_{H_2S}</td><td rowspan="7">由使用者规定试验条件并提供文字资料</td><td>0.7 MPa
(100 psi)</td><td>1.4 MPa
(200 psi)</td><td>3.5 MPa
(500 psi)</td><td>3.5 MPa
(500 psi)</td></tr>
<tr><td>p_{CO_2}</td><td>0.003 MPa
(0.4 psi)</td><td>0.7 MPa
(100 psi)</td><td>3.5 MPa
(500 psi)</td><td>3.5 MPa
(500 psi)</td></tr>
<tr><td>Cl^- 最小浓度</td><td>91 000 mg/L</td><td>91 000 mg/L</td><td>121 300 mg/L</td><td>151 700 mg/L</td></tr>
<tr><td>pH</td><td colspan="4">见 B.3.5.1 和 B.3.5.2</td></tr>
<tr><td>S^0</td><td colspan="4">可选项，见 B.7</td></tr>
<tr><td>与钢耦合</td><td colspan="4">可选项，见 B.8</td></tr>
<tr><td>其他</td><td colspan="4">见 B.3.5.1</td></tr>
</table>

附　录　F
（资料性附录）
本部分与 ISO 15156-3:2003 技术性差异及其原因

表 F.1 给出了本部分与 ISO 15156-3:2003 的技术性差异及其原因一览表。

表 F.1　本部分与 ISO 15156-3:2003 技术性差异及其原因

本部分的章条编号	技术性差异	原　　因
2	引用了采用国际标准的我国标准，而非国际标准。 增加了条文要求所涉及的引用标准。	适合我国国情，按我国的标准编写中对引用标准的规定。
4	增加了条文要求所涉及的符号和缩略语。	按我国的标准编写中对符号和缩略语的规定。
B.2.1	将图 B.1 中的“按照 ISO 程序提交对 ISO 15156-3 的修改或修订建议”修改为“按照程序提交对本部分的修改或修订建议”。 删除了图 B.1 中的脚注 c：见“引言”的最后一段可获得更多的有关文献信息。	适合我国国情。 本部分删除了引言部分。引言的最后一段话为“根据由 ISO/TC 67/WG7 提出的对 ISO 15156 的解释和主张，ISO 15156-3 在修订和再版时包含一些改变，其拷贝可从 ISO/TC 67 秘书处获得。来自 NACE 和 EFC 的专家都是 ISO/TC 67/WG7 的成员”。此条是从国际标准角度表述的。
B.2.4	将原标准中的“应提供足够的数据以便让 ISO/TC 67 的成员对该材料进行评价，并按照 ISO/IEC 导则的第 1 部分对材料具有的适应性做出决定，通过修改或修订进入本部分中”修改为“应提供足够的数据对该材料进行评价，对材料具有的适应性做出决定，通过修改或修订进入本部分中”。	此条是从国际标准角度表述的。
B.7	将原标准中的“试验应按照上述的 SCC 试验要求进行，添加元素硫，应按发表在 NACE 1995 年腐蚀文集第 47 篇论文中的添加程序执行。在 EFC 出版物 17 号附录 S1 中，该程序已被纳入 CRA 试验方法中”修改为“试验应按照上述的 SCC 试验要求进行，添加元素硫，应按 EFC 出版物 17 号附录 S1 中的添加程序执行”。	EFC 出版物 17 号附录 S1 已将 NACE 1995 年腐蚀文集第 47 篇论文中元素硫的三种添加程序完全引用并纳入 CRA 试验方法中。

参考文献

[1] GB/T 8650—2006 管线钢和压力容器钢抗氢致开裂评定方法(NACE TM0284—2003,MOD)

[2] ISO 13680:2000 石油和天然气工业 用作套管、油管和接箍的耐蚀合金无缝钢管交货技术条件

[3] ISO/TR 15510:1997 不锈钢 化学成分

[4] 腐蚀,56,2000,No.2,pp 167-182 怎样对 CO_2 和 H_2S 压力下的腐蚀试验进行高压釜加压

[5] ASM AMS 材料工程字典

[6] ASTM E18 金属材料洛氏硬度和表面洛氏硬度的试验方法

[7] ASTM E92 金属材料维氏硬度的试验方法

[8] EFC 出版物 16 号 油气生产中用于含硫化氢环境的碳钢和低合金钢的材料要求指南

[9] NACE 腐蚀 95 论文 47 用于油气矿场设备的抗元素硫的新型材料的试验分类研究法

ICS 77.120.10
H 12

中华人民共和国国家标准

GB/T 20975.3—2008
代替 GB/T 6987.3—2001,GB/T 6987.29—2001

铝及铝合金化学分析方法 第3部分:铜含量的测定

Methods for chemical analysis of aluminium and aluminium alloys —Part 3:Determination of copper content

2008-03-31 发布　　2008-09-01 实施

中华人民共和国国家质量监督检验检疫总局
中国国家标准化管理委员会　发布

前　言

GB/T 20975《铝及铝合金化学分析方法》是对 GB/T 6987—2001《铝及铝合金化学分析方法》的修订，本次修订将原标准号 GB/T 6987 改为 GB/T 20975。

GB/T 20975《铝及铝合金化学分析方法》分为 25 个部分：

——第 1 部分：汞含量的测定　冷原子吸收光谱法

——第 2 部分：砷含量的测定　钼蓝分光光度法

——第 3 部分：铜含量的测定

——第 4 部分：铁含量的测定　邻二氮杂菲分光光度法

——第 5 部分：硅含量的测定

——第 6 部分：镉含量的测定　火焰原子吸收光谱法

——第 7 部分：锰含量的测定　高碘酸钾分光光度法

——第 8 部分：锌含量的测定

——第 9 部分：锂含量的测定　火焰原子吸收光谱法

——第 10 部分：锡含量的测定

——第 11 部分：铅含量的测定　火焰原子吸收光谱法

——第 12 部分：钛含量的测定

——第 13 部分：钒含量的测定　苯甲酰苯胺分光光度法

——第 14 部分：镍含量的测定

——第 15 部分：硼含量的测定

——第 16 部分：镁含量的测定

——第 17 部分：锶含量的测定　火焰原子吸收光谱法

——第 18 部分：铬含量的测定

——第 19 部分：锆含量的测定

——第 20 部分：镓含量的测定　丁基罗丹明 B 分光光度法

——第 21 部分：钙含量的测定　火焰原子吸收光谱法

——第 22 部分：铍含量的测定　依莱铬氰兰 R 分光光度法

——第 23 部分：锑含量的测定　碘化钾分光光度法

——第 24 部分：稀土总含量的测定

——第 25 部分：电感耦合等离子体原子发射光谱法

本部分为第 3 部分。对应于 ISO 3980:1977《铝及铝合金　铜的测定　原子吸收分光光度法》、ISO 796:1973《铝及铝合金　铜的测定　电解法》和 ISO 795:1976《铝及铝合金　铜的测定　草酰二酰肼光度法》，一致性程度分别为修改采用、等同采用和等同采用。附录 A 中列出了本部分"方法一"的章条和对应的国际标准章条的对照一览表，附录 B 中列出了本部分"方法一"和对应的国际标准技术性差异。

本部分代替 GB/T 6987.3—2001《铝及铝合金化学分析方法　火焰原子吸收光谱法测定铜量》和 GB/T 6987.29—2001《铝及铝合金化学分析方法　新亚铜灵分光光度法测定铜量》。本次修订将 GB/T 6987.29—2001 的相关内容纳入本部分。

本部分与 GB/T 6987.3 相比主要变化如下：

——将分析范围的上限由原来的 5%扩展为 8%；

——增加了“重复性”和“质量保证与控制”条款；

——将 GB/T 6987.29—2001 的内容作为本部分的“方法一：新亚铜灵分光光度法”，并在工作曲线上增加 0.50 mL 一个点；

——将原标准中内容作为“方法二：火焰原子吸收光谱法”；

——增加了“方法三：电解重量法”和“方法四：草酰二酰肼分光光度法”。

本部分附录 C、附录 D 和附录 E 为规范性附录，附录 A、附录 B 为资料性附录。

本部分的“方法一：新亚铜灵分光光度法”为铜含量在 0.000 5%～0.012%(含 0.012%)的铝及铝合金仲裁方法，“方法二：火焰原子吸收光谱法”为铜含量在 0.012%～8.0%(不含 0.012%)的铝及铝合金仲裁方法。

本部分由中国有色金属工业协会提出。

本部分由全国有色金属标准化技术委员会归口。

本部分由东北轻合金有限责任公司、中国有色金属工业标准计量质量研究所负责起草。

本部分起草单位：抚顺铝业有限公司、霍煤鸿骏铝电有限公司。

本部分方法一主要起草人：刘丽、张颖、杨宇宏、席欢、葛立新、范顺科。

本部分方法二主要起草人：李志辉、刘淑兰、姚永峰、席欢、马存真、朱玉华。

本部分方法三主要起草人：计春雷、徐铁玲、席欢。

本部分方法四主要起草人：杨宇宏、计春雷、席欢。

本部分所代替标准的历次版本发布情况为：

——GB/T 6987.3—1986、GB/T 6987.3—2001；

——GB/T 6987.29—2001。

铝及铝合金化学分析方法
第3部分：铜含量的测定

方法一：新亚铜灵分光光度法

1　范围

本方法规定了铝及铝合金中铜含量的测定方法。

本方法适用于铝及铝合金中铜含量的测定。测定范围：0.000 5%～0.012%。

2　方法提要

试料用盐酸、硝酸溶解，用盐酸羟胺将二价铜离子还原为一价铜离子，于pH值约4.5用三氯甲烷萃取新亚铜灵与一价铜离子形成的有色络合物，于分光光度计波长460 nm处测量其吸光度。

3　试剂

3.1　氢氟酸（ρ1.14 g/L）。

3.2　盐酸（1+1）。

3.3　硝酸（1+1）。

3.4　硫酸（1+1）。

3.5　氨水（1+1）。

3.6　刚果红试纸。

3.7　盐酸羟胺溶液（100 g/L）。

3.8　柠檬酸铵溶液（500 g/L）。

3.9　新亚铜灵乙醇溶液（1 g/L）：称取0.1 g 2,9-二甲基-1,10-菲啰啉于烧杯中，用无水乙醇稀释至100 mL（放置过夜）。

3.10　三氯甲烷。

3.11　铜标准贮存溶液：称取1.000 0 g电解铜（纯度>99.95%），置于预先盛有20 mL水和10 mL硝酸（3.3）的400 mL烧杯中，盖上表面皿，待溶解完全后，置于水浴上蒸发至结晶开始析出，用水溶解，移入1 000 mL容量瓶中，混匀。此溶液1 mL含1 mg铜。

3.12　铜标准溶液：移取50.00 mL铜标准贮存溶液（3.11）置于500 mL容量瓶中，用水稀释至刻度，混匀。此溶液1 mL含0.1 mg铜。

3.13　铜标准溶液：移取50.00 mL铜标准溶液（3.12）置于500 mL容量瓶中，用水稀释至刻度，混匀。此溶液1 mL含0.01 mg铜。

4　仪器

分光光度计。

5　试样

将试样加工成厚度不大于1 mm的碎屑。

6 分析步骤

6.1 试料

称取 0.50 g 试样(5),精确至 0.000 1 g。

6.2 测定次数

独立地进行两次测定,取其平均值。

6.3 空白试验

随同试料做空白试验。

6.4 测定

6.4.1 将试料(6.1)置于 250 mL 烧杯中,加入 5 mL 水,15 mL 盐酸(3.2)。待试料溶解完全后加入 2 mL硝酸(3.3),加热煮沸 2 min～3 min,驱除氮的氧化物(空白蒸发至 2 mL 左右),用少量水洗杯壁,冷却至室温。以慢速滤纸过滤(如清亮可不过滤)。用热盐酸(3.2)洗涤滤纸和残渣 8 次～10 次。收集滤液和洗液于 400 mL 烧杯中,如有大量残渣,将滤纸连同残渣置于铂坩埚中,烘干后于 550℃灰化完全(不要燃烧),冷却。加入 2 mL 硫酸(3.4),5mL 氢氟酸(3.1),逐滴滴入硝酸(3.3)至溶液清亮。加热蒸发至冒硫酸烟,于 700℃灼烧 10 min(不超过 700℃),冷却。加入 1 mL～2 mL 盐酸(3.2)和数毫升水,加热使沉淀完全溶解(如浑浊需过滤),将此溶液合并于主试液中。

6.4.2 在试液中加入 8 mL 柠檬酸铵溶液(3.8),5 mL 盐酸羟胺溶液(3.7),混匀,加入 5 mL 新亚铜灵乙醇溶液(3.9),投入一小块刚果红试纸,用氨水(3.5),调到刚果红试纸变红色后,改用 pH 试纸再继续小心调至 pH 值约 4.5,将试液移入分液漏斗中,使体积约 60 mL～70 mL,加入 10.00 mL 三氯甲烷(3.10)萃取 2 min。

6.4.3 将有机相的部分试液移入 1 cm 吸收池中,以三氯甲烷(3.10)作参比,于分光光度计波长 460 nm处测量其吸光度,将所测得吸光度减去空白试验溶液的吸光度后,从工作曲线上查得相应的铜量。

6.5 工作曲线的绘制

移取 0、0.50、1.00、2.00、3.00、4.00、5.00、6.00 mL 铜标准溶液(3.13)于一组 250 mL 烧杯中,各加入 20 mL 水和 3 mL 盐酸(3.2),混匀。以下按 6.4.2 进行,无需调整 pH 值,以试剂空白溶液(未加铜标准溶液者)为参比,于分光光度计在波长 460 nm 处测量其吸光度。以铜量为横坐标,吸光度为纵坐标,绘制工作曲线。

7 分析结果的计算

按公式(1)计算铜的质量分数 $w(\mathrm{Cu})$(%):

$$w(\mathrm{Cu}) = \frac{m_1 \times 10^{-3}}{m_0} \times 100 \qquad (1)$$

式中:

m_1——自工作曲线上查得的铜量,单位为毫克(mg);

m_0——试料的质量,单位为克(g)。

8 精密度

8.1 重复性

在重复性条件下获得的两个独立测试结果的测定值,在以下给出的平均值范围内,这两个测试结果的绝对差值不超过重复性限(r),超过重复性限(r)的情况不超过 5%,重复性限(r)按以下数据采用线性内插法求得。

铜的质量分数/%：　　0.001 7　　0.006 1　　0.012

重复性限 r/%：　　0.000 2　　0.000 3　　0.002

8.2　**允许差**

实验室之间分析结果的差值应不大于表 1 所列允许差。

表 1

铜的质量分数/%	允许差/%
0.000 5～0.001 0	0.000 2
>0.001 0～0.002 5	0.000 4
>0.002 5～0.005 0	0.000 7
>0.005 0～0.008 0	0.001 0
>0.008 0～0.012	0.001 5

9　质量控制与保证

分析时，用标准样品或控制样品进行校核，或每年至少用标准样品或控制样品对分析方法校核一次。当过程失控时，应找出原因。纠正错误后，重新进行校核。

方法二：火焰原子吸收光谱法

10　范围

本方法规定了铝和铝合金中铜含量的测定方法。

本方法适用于铝和铝合金中铜含量的测定。测定范围：0.005 0%～8.00%。

11　方法提要

试料用盐酸和过氧化氢溶解，于原子吸收光谱仪波长 324.7 nm 处，用空气-乙炔（或一氧化二氮-乙炔）贫燃性火焰进行铜量测定。

12　试剂

12.1　铝（≥99.99%，不含铜）。

12.2　氢氟酸（ρ1.14 g/mL）。

12.3　硝酸（ρ1.42 g/mL）。

12.4　过氧化氢（ρ1.10 g/mL）。

12.5　盐酸（1+1）。

12.6　硫酸（1+1）。

12.7　铝溶液（20 mg/mL）：称取 20.00 g 经酸洗的铝（12.1）置于 1 000 mL 烧杯中，盖上表皿，分次加入总量为 600 mL 的盐酸（12.5）。待剧烈反应停止后，缓慢加热至完全溶解，然后加入数滴过氧化氢（12.4），煮沸数分钟以分解过量的过氧化氢，冷却。将溶液移入 1 000 mL 容量瓶中，以水稀释至刻度，混匀。

12.8　铜标准贮存溶液：称取 1.000 g 电解铜（纯度>99.95%），置于 250 mL 烧杯中，盖上表皿，加入 5 mL硝酸（12.3），缓慢加热至完全溶解，冷却。将溶液移入 1 000 mL 容量瓶中，以水稀释至刻度，混匀。此溶液 1 mL 含 1.0 mg 铜。

12.9　铜标准溶液（用时现配）：移取 100.00 mL 铜标准贮存溶液（12.8）置于 1 000 mL 容量瓶中，以水稀释至刻度，混匀。此溶液 1 mL 含 0.1 mg 铜。

12.10 铜标准溶液(用时现配):移取 50.00 mL 铜标准贮存溶液(12.8)置于 1 000 mL 容量瓶中,以水稀释至刻度,混匀。此溶液 1 mL 含 0.05 mg 铜。

13 仪器

原子吸收光谱仪,附铜空心阴极灯。

在仪器最佳工作条件下,凡能达到下列指标者均可使用:

——灵敏度:在与测量试料溶液的基体相一致的溶液中,铜的特征浓度应不大于 0.033 mg/mL。

——精密度:用最高浓度的标准溶液测量 10 次吸光度,其标准偏差应不超过平均吸光度的 1.0%;用最低浓度的标准溶液(不是"零浓度"溶液)测量 10 次吸光度,其标准偏差应不超过最高浓度标准溶液平均吸光度的 0.5%。

——工作曲线线性:将工作曲线按浓度等分五段,最高段的吸光度差值与最低的吸光度差值之比,应不小于 0.7。

14 试样

将试样加工成厚度不大于 1 mm 的碎屑。

15 分析步骤

15.1 试料

称取 1.00 g 试样(14),精确至 0.000 1 g。

15.2 测定次数

独立地进行两次测定,取其平均值。

15.3 空白试验

称取 1.00 g 铝(12.1),精确至 0.000 1 g,随同试料做空白试验。

15.4 测定

15.4.1 将试料(15.1)置于 250 mL 烧杯中,盖上表皿,加入 30 mL~40 mL 水,分次加入总量为 30 mL 盐酸(12.5),待剧烈反应停止后,缓慢加热至试料完全溶解。滴加适量的过氧化氢(12.4),加热煮沸 10 min,以除去过量的过氧化氢,冷却。

15.4.2 如有不溶物需过滤、洗涤,保留此溶液为主滤液,将残渣连同滤纸置于铂坩埚中,灰化(勿使滤纸燃着),在约 550℃ 灼烧,冷却。加入 2 mL 硫酸(12.6)和 5 mL 氢氟酸(12.2),并逐滴加入硝酸(12.3)至溶液清亮(约 1 mL),加热蒸发至干。在约 700℃ 下灼烧 10 min,冷却。用尽量少的盐酸(12.5)溶解残渣(必要时过滤),将此溶液合并于主滤液中。

15.4.3 根据试料中铜含量按下述操作:

铜的质量分数在 0.005%~0.05%时,将溶液(15.4.1)或处理不溶物后合并的溶液(15.4.2)移入 100 mL容量瓶中,以水稀释至刻度,混匀。

铜的质量分数在>0.05%~0.50%时,将溶液(15.4.1)或处理不溶物后合并的溶液(15.4.2)移入 1 000 mL 容量瓶中,以水稀释至刻度,混匀。

铜的质量分数在>0.50%~5.00%时,将溶液(15.4.1)或处理不溶物后合并的溶液(15.4.2)移入 500 mL 容量瓶中,以水稀释至刻度,混匀。再移取 20.00 mL 此溶液于 100 mL 容量瓶中,以水稀释至刻度,混匀。

铜的质量分数在>5.00%~8.00%时,将溶液(15.4.1)或处理不溶物后合并的溶液(15.4.2)移入 1 000 mL 容量瓶中,以水稀释至刻度,混匀。再移取 10.00 mL 此溶液于 250 mL 容量瓶中,以水稀释至刻度,混匀。

15.4.4 将随同试料所作的空白试验溶液(15.3)及根据试料中铜含量而制备的试液(15.4.3)于原子吸

收光谱仪波长 324.7 nm 处，用空气-乙炔（或一氧化二氮-乙炔）贫燃性火焰，以水调零，测量试液的吸光度，从工作曲线上查得相应的铜量。

15.5 工作曲线的绘制

15.5.1 铜的质量分数为 0.005%～0.05%时，移取 0、1.00、2.00、4.00、6.00、8.00、10.00 mL 铜标准溶液（12.10），分别置于一组 100 mL 容量瓶中，加入 50.0 mL 铝溶液（12.7），以水稀释至刻度，混匀。

15.5.2 铜的质量分数为＞0.05%～0.5%时，移取 0、1.00、2.00、4.00、6.00、8.00、10.00 mL 铜标准溶液（12.10），分别置于一组 100 mL 容量瓶中，加入 5.0 mL 铝溶液（12.7），以水稀释至刻度，混匀。

15.5.3 铜的质量分数为＞0.5%～5.00%时，移取 0、2.00、4.00、8.00、12.00、16.00、20.00 mL 铜标准溶液（12.9），分别置于一组 100 mL 容量瓶中，加入 2.0 mL 铝溶液（12.7），以水稀释至刻度，混匀。

15.5.4 铜的质量分数为＞5.00%～8.00%时，移取 0、4.00、5.00、6.00、7.00、8.00 mL 铜标准溶液（12.9），分别置于一组 250 mL 容量瓶中，加入 0.5 mL 铝溶液（12.7），以水稀释至刻度，混匀。

15.6 测量

将系列标准溶液（15.5.1），（15.5.2），（15.5.3）和（15.5.4）于原子吸收光谱仪波长 324.7 nm 处，用空气-乙炔（或一氧化二氮-乙炔）贫燃性火焰，以水调零，测量系列标准溶液和"零浓度"溶液（不加铜标准溶液者）的吸光度，以铜量为横坐标，吸光度（减去"零浓度"溶液吸光度）为纵坐标，绘制工作曲线。

16 分析结果的计算

按公式（2）计算铜的质量分数 $w(\mathrm{Cu})$（%）：

$$w(\mathrm{Cu}) = \frac{(m_2 - m_1) \times 10^{-3} \times R}{m_0} \times 100 \qquad \cdots\cdots(2)$$

式中：

m_1——自工作曲线上查得的随同试料所作的空白试验溶液的铜量，单位为毫克（mg）；

m_2——自工作曲线上查得的试液的铜量，单位为毫克（mg）；

m_0——试料的质量，单位为克（g）；

R——稀释系数，15.4.3 中四种情况的 R 值分别为 1、10、25 和 100。

17 精密度

17.1 重复性

在重复性条件下获得的两个独立测试结果的测定值，在以下给出的平均值范围内，这两个测试结果的绝对差值不超过重复性限（r），超过重复性限（r）的情况不超过 5%，重复性限（r）按以下数据采用线性内插法求得。

铜的质量分数/%：	0.005 9	0.096	1.66	5.27	7.28
重复性限 r/%：	0.000 9	0.006	0.06	0.09	0.06

17.2 允许差

实验室之间分析结果的差值应不大于表 2 所列允许差。

表 2

铜的质量分数/%	允许差/%
0.005 0～0.007 5	0.001 0
＞0.007 5～0.010	0.001 5
＞0.010～0.025	0.002
＞0.025～0.050	0.003
＞0.050～0.075	0.006

表 2（续）

铜的质量分数/%	允许差/%
>0.075～0.100	0.010
>0.100～0.25	0.015
>0.25～0.50	0.02
>0.50～0.75	0.03
>0.75～1.00	0.04
>1.00～2.00	0.05
>2.00～3.00	0.07
>3.00～4.00	0.10
>4.00～5.00	0.13
>5.00～6.00	0.16
>6.00～7.00	0.18
>7.00～8.00	0.20

18 质量控制与保证

分析时，用标准样品或控制样品进行校核，或每年至少用标准样品或控制样品对分析方法校核一次。当过程失控时，应找出原因。纠正错误后，重新进行校核。

方法三：电解重量法

19 适用范围

本方法规定了铝和铝合金中铜含量的测定方法。

本方法适用于铝和铝合金中铜含量的测定。测定范围：≥0.50%。

本方法不适用于下列的特殊情况，下列情况应按附录 C 或附录 D 加以修正。

a) 含锡或锑的合金(见附录 C)。

b) 含铋的合金(见附录 D)。

20 方法提要

试料以高氯酸、硝酸混合酸溶解。硅用高氯酸脱水，过滤。挥发含硅残渣并从中回收铜，加入硝酸后电解，称量电极上的铜量。

21 试剂

21.1 乙醇 ρ 约 0.816 g/mL，95%(体积分数)溶液。

21.2 氨基磺酸(NH_2SOH_3)。

21.3 氢溴酸 ρ 约 1.49 g/mL，48%(体积分数)溶液。

21.4 盐酸 ρ1.1 g/mL。

取 500 mL 盐酸(ρ1.19 g/mL)用水稀释到 1 000 mL。

21.5 氢氟酸 ρ 约 1.14 g/mL，40%(质量分数)溶液。

21.6 硝酸约 ρ 约 1.40 g/mL。

21.7 硝酸 ρ1.23 g/mL。

取 500 硝酸(3.6)，用水稀释到 1 000 mL。

21.8 高氯酸 ρ1.67 g/mL。

[高氯酸，ρ1.54 g/mL 一样可用。1 000 mL 高氯酸(ρ1.67 g/mL)等于 1 270 mL 高氯酸(ρ1.54 g/mL)]

21.9 高氯酸 ρ1.33 g/mL。

取 500 mL 高氯酸(21.8)，用水稀释到 1 000 mL。

21.10 硫酸 ρ1.33 g/mL。

小心加 35 mL 硫酸(ρ1.84 g/mL)于水中，冷却后用水稀释到 100 mL。

21.11 酒石酸溶液 300 g/L

溶解 300 mL 的酒石酸($C_4H_6O_6$)在少量水中，然后用水稀释到 100 mL。

21.12 氨水 ρ0.95 g/mL 溶液

取 500 mL 氨水溶液，ρ0.90 g/mL，用水稀释到 1 000 mL。

21.13 溴水饱和溶液。

21.14 甲酸混合剂

用水约 50 mL 稀释 20 mL 甲酸(HCOOH，ρ1.20 g/mL)，后加 3 mL 氨水溶液(ρ0.90 g/mL)并用水稀释到 100 mL。

21.15 甲酸混合洗液

用水稀释 25 mL 甲酸混合剂(21.14)至 1 000 mL，加热到 50℃～60℃，用硫化氢饱和，使用前配制。

21.16 甲基红溶液

溶解 0.1 g 甲基红在 100 mL95%乙醇(体积分数)(3.1)中。

22 仪器

22.1 普通实验室装置。

22.2 实验室电解仪带有搅拌电解液的装置(如旋转阳极或磁性搅拌器)。

22.3 圆柱形铂-铱丝网状阴极(文克勒电极)。

22.4 铂-铱阳极(螺旋状或网状等)。

23 试样

将试样加工成厚度不大于 1 mm 的碎屑。

24 分析步骤

24.1 称样

称样量按表 3 所示的量，称准到±0.001 g。

24.2 测定

24.2.1 试样的溶解

根据含铜量取表 3 所示的试样量和相应的试剂量。

表 3

含铜量(质量分数)/%	试样量/g	高氯酸体积/mL(21.9)	硝酸体积/mL(21.6)
0.50～2	5	180	5
≥2～5	2	75	5
>5	1	40	5

把试样置于适当的容器中(瓷皿或烧杯)，使用前混合适量的高氯酸(21.9)和硝酸(21.6)，加少量此

种高氯酸硝酸混合剂到试样中去，用玻璃表皿盖住容器，适当加热使反应开始后，立即停止加热，小心加入剩余的那部分高氯酸硝酸混合剂，必要时进行冷却。

如果试样溶解有困难，可滴加数滴盐酸（21.4），当试样完全溶解，蒸发至冒高氯酸白烟，注意避免飞溅，继续蒸发并冒烟 15 min～20 min，让其冷却，根据试样量的多少，加沸水约 200 mL～400 mL，搅拌并煮沸约 5 min。

24.2.2 过滤和洗涤

放在温处（40℃～60℃）使残渣下沉，然后用含有少量纸浆的中滤纸过滤，用沸水小心洗涤容器，沉淀和滤纸，收集滤液和洗液在一适当的容器中（如 400 mL～1000 mL 烧杯）。

注：必须充分洗涤，因为二氧化硅沉淀中有高氯酸，滤纸灰化时，可能导致飞溅。

24.2.3 残渣中铜的回收

将滤纸和残渣放在一个铂容器中，在 110℃～120℃的烘箱中烤干，然后小心在 500℃～600℃使滤纸灼烧完全，注意不要使滤纸突然着火（避免铜的损失），冷却，加 1 mL 硫酸（21.10）、2 mL～5 mL 氢氟酸（21.5），滴加硝酸（21.7）一直到溶液完全清彻，蒸发至干，不用灼烧，用少量热水和约 1 mL 高氯酸（21.9）浸取残渣，加热溶解，需要时过滤，将所得溶液加到主溶液中。

24.2.4 电解

调整溶液体积约为 200 mL～300 mL，加 6 mL～10 mL 硝酸（21.7）和约 1 g 氨基磺酸（21.2），装上电极，盖上烧杯并连结电极于电解仪上，溶液在室温下电解（或在 40℃～50℃），用电流密度为每平方分米阴极表面 0.5 A～1 A，同时搅拌电解液。

注：电解前，将网状阴极在 600℃～900℃灼烧，然后冷却，浸阴极于乙醇（21.1），在烘箱中（温度在 100℃～110℃）烘至乙醇挥发尽（约 10 min），放在干燥器中，冷却后称重。

为了检查铜在阴极上沉析是否完全，加水提高电解液的液面约 1 cm，加约 1 g 氨基磺酸（21.2），继续电解 15 min～30 min。如果电解完全则在新的浸入电极部分，便不再有铜析出，如果发现析出继续电解数分钟，再加水后，再电解直到不再有析出，此时不要中断电流，将存有电解液的容器移开，并立即换上一存有足量水的大烧杯使电极全部浸入水中。

几秒钟后，移开烧杯，切断电流，折下电解仪上的电极，将阴极很快浸入乙醇（21.1），洗涤，在烘箱中（100℃～110℃）将阴极干燥到乙醇挥发尽（约 10 min），取出放在干燥器中冷却并称重。

当电解完毕时，电解液和洗涤液用对铜很灵敏的试剂检查不能有明显的反应。

注：为了进一步检查阴极的重量，可将沉析出的铜溶解于硝酸中，经小心洗涤阴极，然后在 800℃～900℃灼烧，并按 24.2.4 注中所述方法再检查它的重量。

25 分析结果的计算

按公式（3）计算铜的质量分数 $w(\mathrm{Cu})$（%）：

$$w(\mathrm{Cu}) = \frac{m_2 - m_1}{m_0} \times 100 \quad \cdots\cdots(3)$$

式中：

m_0——称样量，单位为克（g）；

m_1——电解前阴极的质量，单位为克（g）；

m_2——阴极和铜沉淀的质量，单位为克（g）。

26 试验报告

试验报告应包括下列内容：

a) 使用方法的参考文献；

b) 结果和所用的计算方法；

c) 测定中注意的任何异常现象；

d) 在本部分中不包括的操作或自己选择方法的。

方法四：草酰二酰肼分光光度法

27 适用范围

本方法规定了铝和铝合金中铜含量的测定方法。

本方法适用于铝和铝合金中铜含量的测定。测定范围：0.002%～0.8%。

本方法不适用于合金中硅含量高于1%的特殊情况，对此应照附录E所述加以修改。

28 方法提要

试样用盐酸溶解。在乙醛存在下，以一定量氨溶液调节溶液至pH值9.1～9.5之间，铜与草酰二酰肼形成紫色络合物。

于波长约540 nm处进行光度测量。

29 试剂

分析中所用试剂均为分析纯，水均用蒸馏水或同等纯度的水。

29.1 盐酸（ρ1.19 g/mL）。

29.2 氢氟酸（约ρ1.15g/mL）。

29.3 硝酸（1+1）。

29.4 硫酸（1+19）。

29.5 过氧化氢（ρ1.12 g/mL）。

29.6 氨水（ρ0.90 g/mL）。

29.7 柠檬酸溶液（500 g/L）。

29.8 乙醛溶液（400 g/L）。

将400 g乙醛（CH_3CHO）置于1 000 mL的容量瓶中冷却至约5℃。慢慢地加入冷却的蒸馏水（约5℃），稀释至1 000 mL，摇匀。贮存于温度约15℃处。由于乙醛同水混合时产生热，并且乙醛（沸点21℃）很容易挥发，建议混合时将容器放在冷水中冷却。

29.9 草酰二酰肼溶液（2.5 g/L）。

将2.5 g草酰二酰肼（$C_2H_6N_4O_2$）溶于温水（40℃～50℃）中，冷却至20℃后，稀释至1 000 mL，如需要，过滤。

29.10 铜标准溶液

29.10.1 在一个适当容积（如400 mL）的高型烧杯中，将1.000 g电解铜（纯度≥99.95%）溶于20 mL水和10 mL硝酸（29.3）的混合溶液中，盖上表皿。待溶解完全后，置于水浴上蒸发至开始结晶，用水稀释，移入于1 000 mL容量瓶中，冲洗烧杯，冷却后，用水稀至刻度，混匀。此溶液1 mL含1 mg铜。

29.10.2 溶解3.929 6 g含五个结晶水的硫酸铜（Ⅱ）（$CuSO_4 \cdot 5H_2O$）于水中，稀释至1 000 mL，混匀。此溶液1 mL含1 mg铜。

29.11 铜标准溶液，移取50.0 mL铜标准溶液（29.10）于1 000 mL容量瓶中，用水稀释至刻度，混匀。此溶液1 mL含0.05 mg铜。

29.12 铜标准溶液，移取50.0 mL铜标准溶液（29.11）于500 mL容量瓶中，用水稀释至刻度，混匀。此溶液1 mL含5 μg铜。用时配制。

29.13 铜标准溶液，移取50.0 mL铜标准溶液（29.12）于1 000 mL容量瓶中，用水稀释至刻度，混匀。此溶液1 mL含2.5 μg铜。用时配制。

30 仪器

光电光度计或分光光度计(波长约540 nm)

31 试样

将试样加工成厚度不大于1 mm的碎屑。

32 分析步骤

32.1 校准曲线

32.1.1 盐酸溶解液

于250 mL烧杯中,加30 mL盐酸(29.1)和1 mL过氧化氢(29.5),然后蒸发溶液至近干,加50 mL水,加热煮沸,并保持煮沸5 min,冷却,移入200 mL容量瓶中,用水稀至刻度,混匀。

32.1.2 调节pH值的预备试验

于适当容积(如20 mL或100 mL)的烧杯中,加入10 mL盐酸溶液(29.1),10 mL铜标准溶液(29.12)和2 mL柠檬酸溶液(29.7),混匀,并加10 mL乙醛溶液(29.8)。

一边搅拌,一边用带刻度的移液管或滴定管加入足够的氨溶液(29.6),使溶液pH值约为9.3(在pH9.1～pH9.5的范围内)。

记下调节pH值所用氨溶液的体积(大约7 mL～9 mL),弃去此试液。

32.1.3 校准曲线的绘制

于9个50 mL容量瓶中各加10 mL盐酸溶液(29.1),然后分别加0(补偿溶液)、2.0、4.0、6.0、8.0和10.0 mL铜标准溶液(29.13)。在剩下的容量瓶中,分别加入6.0、8.0和10.0 mL铜标准溶液(29.12)。再于每个容量瓶中各加2 mL柠檬酸溶液(29.7),混匀,然后加入预备试验(见32.1.2)所确定的氨溶液(29.6)量和10 mL乙醛溶液(29.8),冷却至约20℃,最后加10 mL草酰二酰肼溶液(29.9)。

用水稀释至50 mL,混匀,30 min后,以补偿溶液为参比调节仪器至零吸光度于吸收曲线最高峰(波长约540 nm)处进行光度测定。

绘制曲线:以50 mL溶液中所含铜量为横坐标,以相应的吸光度值为纵坐标作图。

32.2 称样

称样量(精确±0.001 g)如表4。

表4

估计的铜含量(质量分数)/%	试样称取量/g	主液的体积/mL	分取液的体积/mL	分液中铜含量/μg
0.002～0.02	2	100	10.0	4～40
>0.02～0.08	1	200	10.0	10～40
>0.08～0.2	1	500	10.0	16～40
>0.2～0.4	1	500	5.0	20～40
>0.4～0.8	0.5	500	5.0	20～40

32.3 测定

32.3.1 试样的溶解

根据估计的铜含量,试样的称取量、主液的体积和分取液的体积如表4所示。

将试样置于适当容积(如250 mL)的高型烧杯中,加约20 mL水,然后慢慢加入30 mL盐酸(29.1),盖上表皿,如果需要,徐徐加热加速溶解,滴加1 mL过氧化氢(29.5),然后煮沸,蒸发至糖浆状。

加约 50 mL 热水，加热使盐类溶解完全，冷却，需要时以中速滤纸过滤，收集滤液于适当体积的容量瓶(见表 4 中主液体积一栏)中，用温水洗烧杯及滤纸，并把洗液合并于主溶液中。

冷却至室温，用水稀至刻度，混匀。

32.3.2 调节 pH 值的预备试验

按表规定分取部分溶液于适当容积(如 50 mL 或 100 mL)烧杯中，加约 10 mL 水，如 2 g 试样加 3 mL 柠檬酸溶液(29.7)，1 g 或 0.5 g 试样加 2 mL 柠檬溶液(29.7)，混匀，然后加 10 mL 乙醛溶液(29.8)。

一边搅拌，一边用带刻度的移液管或滴定管加入足够的氨溶液(29.6)，使溶液 pH 值约为 9.3(在 pH9.1～pH9.5 的范围内)。

记下调节 pH 值所用氨溶液的体积(大约 7 mL～9 mL)，弃去该试液。

32.3.3 显色

分取同调节 pH 值的预备试验同样量的主溶液，置于 50 mL 容量瓶中，加 2 g 试样加 3 mL 柠檬酸(29.7)，1 g 或 0.5 g 试样加 2 mL 柠檬酸(29.7)，混匀。加入预备试验(见 32.3.2)所确定的氨溶液(29.6)量。然后加 10 mL 乙醛溶液(29.8)和 10 mL 草酰二酰肼溶液(29.9)，冷却至约 20℃，用水稀至刻度，混匀。

32.3.4 空白试验

于适当容积(如 250 mL)的高型烧杯中，加 30 mL 盐酸(29.1)和 1 mL 过氧化氢(29.5)，盖上表皿，蒸发至近干，用水稀释，将溶液转移到容积所用同试样主溶液相同的容量瓶中，冷至室温，稀释至刻度。

分取同显色反应用量相同的溶液，按 32.3.2 操作调节 pH 值。

然后分取第二份空白溶液，按 32.3.3 操作进行。

32.3.5 吸光度测定

30 min 后，以空白溶液为参比调节仪器至零吸光度，于吸收曲线最高峰(波长约 540 nm)处进行显色溶液的光度测定。

33 分析结果的计算

由校准的曲线确定相当于主液分取液的光度测定值的铜量(mg)。

由公式(4)计算铜的质量分数 $w(\mathrm{Cu})$(%)：

$$w(\mathrm{Cu}) = \frac{m_1 \times D}{10m_0} \qquad \cdots\cdots(4)$$

式中：

m_0——试样的称取量，单位为克(g)；

m_1——主液分取中测得的铜量，单位为毫克(mg)；

D——主液与分取液之体积比。

34 试验报告

试验报告应包括如下细则：

a) 所用方法的参考资料；

b) 结果及所用的计算方法；

c) 测定中注意到的任何不正常现象；

d) 在本部分中未包括的任何操作或者任意选取的操作。

附 录 A
（资料性附录）
本部分章条编号与 ISO 3980:1977 章条编号对照

表 A.1 给出了本部分章条编号与 ISO 3980:1977 章条编号对照一览表。

表 A.1 本部分章条编号与 ISO 3980:1977 章条编号对照表

本部分章条编号	对应的国际标准章条编号
10	1 和 2 部分内容
11	3
12.1 和 12.7	4.6
12.2	4.4
12.3	4.5
12.4	4.2
12.5	4.1
12.6	4.3
12.8～12.10	4.7～4.8
13	5
14	6.2
15.1	7.1
15.2～15.3	—
15.4.1～15.4.2	7.3.1
15.4.3	7.3.1.1～7.3.1.3
15.4.4	—
15.5.1～15.5.3	7.2.1.1～7.2.1.3
15.5.4	—
15.6	7.2.2
16	8
17	9
18	—
—	10

附 录 B
（资料性附录）
本部分的方法二与 ISO 3980:1977 技术性差异及其原因

表 B.1 给出了本部分与 ISO 3980:1977 的技术性差异及其原因的一览表。

表 B.1 本部分的方法二与 ISO 3980:1977 技术性差异及其原因表

本部分的章条编号	技术性差异	原 因
10	删除 ISO 3980:1977 中的 1 章的“原子吸收分光光度法”。 将 ISO 3980:1977 中的 2 章的分析上限“5%”扩展为“8.00%”	适应我国标准版式。 适应我国铝行业发展的需求
12.7	删除 ISO 3980:1977 国际标准 4.8 中的“加一滴金属汞促进分解”	满足我国环保要求。以适合我国国情
12.10	将 ISO 3980:1977 国际标准 4.8 中的铜标准溶液浓度“1 mL 含 0.01 mg 铜”改为“1 mL 含 0.05 mg 铜”	适应我国实际操作习惯
13	删除 ISO 3980:1977 中的 5.1 和 5.2	术语和定义 5.1 和 5.2 广为人知，我国实验室均能满足，在本方法中不再重复
14	删除 ISO 3980:1977 国际标准 6.1	我国铝产品标准中已另有规定
15.1	与 ISO 3980:1977 国际标准 7.1 相比，提高了称量精度，规定了有效数字位数	适应我国标准版式
15.2、15.3	与 ISO 3980:1977 国际标准第 7 章相比，增加了“测定次数”和“空白试验”	适应我国质量管理
15.4	将 ISO 3980:1977 标准 7.3 中的“铜含量”改为“铜的质量分数”，只表述不同。 与 ISO 3980:1977 标准比增加了 15.4.4 试液测试的条件。 与 ISO 3980:1977 标准比增加了分析上限部分试样溶液的制备	适应我国标准版式。 适应我国标准体制和操作习惯。 分析上限扩展的需要
15.5	与 ISO 3980:1977 标准 7.2.1 比增加了分析上限部分标准曲线的绘制	分析上限扩展的需要
16	与 ISO 3980:1977 标准第 8 章相比，只是稀释系数 R 表述不同	适应我国标准版式
17	将 ISO 3980:1977 标准的第 9 章补充完整	ISO 3980:1977 标准的第 9 章只有标题，无实际内容，将其补充完整，适应我国标准体制
18	与 ISO 3980:1977 标准相比增加了“质量控制与保证”	满足我国质量管理，适应我国标准版式

附 录 C
（规范性附录）
含锡或锑铝合金的特殊情况

C.1 使用特殊方法的原理

锡和锑干扰用电解法测定铜，需从高氯酸溶液中以溴化物形式挥除。

C.2 普通方法的改进

第 24 条中，以表 D.1 代替表 3。

按下列所述代替 24.2.1。

根据铜、锡或锑的含量，按表 D.1 中所示称样量，并用相应量的试剂溶样。

将试样置于适当的容中器中（如约 600 mL～1 000 mL 的瓷皿），加适量的高氯酸（21.9），盖上表皿，小心加入少量用前混合好的氢溴酸（21.3）和溴水（21.13），这个操作应在通风橱中进行，需要时，容器可以适当加热，当完全溶解时，用水洗涤表皿并移去，然后逐渐升高温度，将溶液浓缩直到冒浓的高氯酸白烟，继续冒烟蒸发 5 min，然后盖上表皿，继续加热约 20 min，取下冷却，根据试样的多少，加入沸水 200 mL～400 mL，搅拌并煮沸约 5 min。

附 录 D
（规范性附录）
含铋铝合金的特殊情况

D.1 原理

在甲酸介质的缓冲液中以硫化氢沉淀铜和第二组金属。

在硝酸中溶解硫化物。

在稀盐酸中以氯氧化物除去铋。

用高氯酸代替其他酸。

按普通方法电解。

D.2 普通方法的改进

在24.2.3后面增加以下操作：

24.2.3.1 第二组金属的沉淀

将溶液浓缩至约200 mL，然后把它注入到500 mL容积的锥形瓶中，用尽可能少的水洗涤烧杯，将洗涤液并入溶液中。

表 D.1

含铜量(质量分数)/%	含锡或含锑量(质量分数)/%	试样量/g	高氯酸体积(21.9)/mL	48%氢溴酸体积(21.3)/mL	溴水体积(21.13)/mL
0.20～2	≤6	5	250	30	20
	6～20	5	250	70	20
>2～5	≤6	2	110	15	10
	6～20	2	110	30	10
<5	≤6	1	70	10	10
	6～20	1	70	20	10

每克试样加25 mL酒石酸溶液(21.11)，以甲基红溶液(21.16)为指示剂，用氨水(21.12)溶液中和，加25 mL甲酸混合剂(21.14)浓缩溶液至约200 mL或250 mL，加热至沸，溶液通入硫化氢气体，先快后慢(每分钟约100～120个气泡)直到饱和(约15 min～30 min)。

在40℃～50℃静置(约30 min～40 min)，用含有少量纸浆的中速滤纸过滤，用热的甲酸混合洗涤液(21.15)洗涤6次～8次，注意不要使滤纸干涸。

24.2.3.2 硫化物的溶解

将滤纸和沉淀收入原沉淀硫化物的容器中，加约30 mL～40 mL热硝酸(21.7)和等体积的热水，用玻璃表皿盖住容器，并逐渐加热，摇动到滤纸碎，浓缩溶液至黄色亚硝烟出现，然后加10 mL高氯酸(21.8)并蒸发至白色高氯酸烟几乎完全除去。

24.2.3.3 铋的除去

冷却后，用约20 mL的热水加热到盐类溶解，加2或3滴甲基红溶液(21.16)，最后滴加氨水溶液直到指示剂变黄。

注：当含铜量高时(4%～5%)，看不出指示剂的转变点，此时可不用指示剂，中和溶液用氨水溶液(21.12)滴加到特殊的蓝色铜氨络合物出现，然后用盐酸(21.4)小心酸化，逐滴加入到铜氨络合物分解。颜色转为淡蓝色，然后加盐酸(21.4)过量2 mL(溶液的pH值为0.7)，用沸水稀释至300 mL(溶液的pH值为1.3～1.6)。

加 2 mL 盐酸(21.4)(溶液的 pH 值约为 0.7),用沸水稀释到 300 mL(溶液的 pH 值为 1.3～1.6),搅拌,保温(60℃～70℃)至全部沉淀(约 4 h),然后冷却至室温,过滤,通过一烧结玻璃坩埚,孔隙率 3 μm～15 μm,每次用 20 mL～25 mL 沸水洗涤 4 或 5 次,收集滤液和洗涤液放入一个适当容量的高型烧杯中(如约 500 mL)。

24.2.4 电解

加 10 mL 高氯酸溶液(21.8)并蒸发至冒浓的高氯酸白烟,继续蒸发约 10 min,放冷,然后加沸水约 200 mL,搅拌到盐类全部溶解,加 6 mL～10 mL 硝酸(21.7)……[以下按普通方法 24.2.4 第二行所述继续进行]。

附 录 E
（规范性附录）
铝合金中硅质量分数高于1%的特殊情况

E.1 所用特殊方法的原理

试样经溶解之后，不溶渣中之石墨硅含有不可忽略的微量铜，因此必需过滤、洗涤，用盐酸蒸发，回收其中之铜量。

E.2 普通方法的修正

32.3.1条中"……煮沸"后按下列步骤：

用水稀释至70 mL～80 mL，冷却，以双层中速滤纸过滤以沸水洗烧杯和滤纸，收集滤液和洗液于适当容积（主液）的高型烧杯中，把滤纸和残渣置于铂金坩埚中，于110℃～120℃的热空气烘箱中干燥，然后小心灼烧使温度不超过600℃注意不要突然燃烧（以防止铜的损失）直至滤纸燃烧完全。冷却后，于坩埚中加入5 mL氢氟酸（29.2），1 mL硫酸（29.4），最后逐滴加硝酸（29.3），直至溶液完全清晰后，蒸发至冒尽硫酸白烟，冷却，加几毫升热水和1～2滴盐酸（29.1）。徐徐加热溶解，需要时过滤，合并于主液中，蒸发至糖浆状。

加约50 mL热水……以下仍照32.3.1条操作进行。

ICS 77.120.10
H 12

中华人民共和国国家标准

GB/T 20975.4—2008
代替 GB/T 6987.4—2001

铝及铝合金化学分析方法 第4部分:铁含量的测定 邻二氮杂菲分光光度法

Methods for chemical analysis of aluminium and aluminium alloys—Part 4:Determination of iron content—Orthopenanthroline photometric method

(ISO 793:1973,Aluminium and aluminium alloys—Determination of iron—Orthophenanthroline photometric method,MOD)

2008-03-31 发布　　2008-09-01 实施

中华人民共和国国家质量监督检验检疫总局
中国国家标准化管理委员会　发布

前　言

GB/T 20975《铝及铝合金化学分析方法》是对 GB/T 6987—2001《铝及铝合金化学分析方法》的修订，本次修订将原标准号 GB/T 6987 改为 GB/T 20975。

GB/T 20975《铝及铝合金化学分析方法》分为 25 个部分：

——第 1 部分：汞含量的测定　冷原子吸收光谱法

——第 2 部分：砷含量的测定　钼蓝分光光度法

——第 3 部分：铜含量的测定

——第 4 部分：铁含量的测定　邻二氮杂菲分光光度法

——第 5 部分：硅含量的测定

——第 6 部分：镉含量的测定　火焰原子吸收光谱法

——第 7 部分：锰含量的测定　高碘酸钾分光光度法

——第 8 部分：锌含量的测定

——第 9 部分：锂含量的测定　火焰原子吸收光谱法

——第 10 部分：锡含量的测定

——第 11 部分：铅含量的测定　火焰原子吸收光谱法

——第 12 部分：钛含量的测定

——第 13 部分：钒含量的测定　苯甲酰苯胲分光光度法

——第 14 部分：镍含量的测定

——第 15 部分：硼含量的测定

——第 16 部分：镁含量的测定

——第 17 部分：锶含量的测定　火焰原子吸收光谱法

——第 18 部分：铬含量的测定

——第 19 部分：锆含量的测定

——第 20 部分：镓含量的测定　丁基罗丹明 B 分光光度法

——第 21 部分：钙含量的测定　火焰原子吸收光谱法

——第 22 部分：铍含量的测定　依莱铬氰兰 R 分光光度法

——第 23 部分：锑含量的测定　碘化钾分光光度法

——第 24 部分：稀土总含量的测定

——第 25 部分：电感耦合等离子体原子发射光谱法

本部分为第 4 部分。对应于 ISO 793:1973《铝及铝合金　铁的测定　邻菲咯啉光度法》，一致性程度为修改采用。附录 A 中列出了本部分章条和对应的国际标准章条的对照一览表；附录 B 中列出了本部分章条与 ISO 793:1973 的技术性差异及其原因对照一览表。

本部分代替 GB/T 6987.4—2001《铝及铝合金化学分析方法　邻二氮杂菲分光光度法测定铁量》。

本部分与 GB/T 6987.4—2001 相比主要变化如下：

——增加了“重复性”和“质量保证与控制”条款；

——根据重复性限试验的结果将＞0.005 0%～0.007 5%的允许差由 0.000 7%调整为 0.001 0%；将＞0.007 5%～0.010 0%的允许差由 0.001 0%调整为 0.001 5%。

本部分附录 A 和附录 B 为资料性附录。

本部分由中国有色金属工业协会提出。

本部分由全国有色金属标准化技术委员会归口。

本部分由东北轻合金有限责任公司、中国有色金属工业标准计量质量研究所负责起草。

本部分起草单位:抚顺铝业有限公司。

本部分主要起草人：原建昌、计春雷、杨宇宏、席欢、葛立新、范顺科。

本部分所代替标准的历次版本发布情况为：

——GB/T 6987.4—1986、GB/T 6987.4—2001。

铝及铝合金化学分析方法 第4部分:铁含量的测定 邻二氮杂菲分光光度法

1 范围

本部分规定了铝及铝合金中铁含量的测定方法。

本部分适用于铝及铝合金中铁含量的测定。测定范围:0.001%～3.50%。

2 方法提要

试料以盐酸溶解,用盐酸羟胺还原铁,控制试液 pH3.5～pH4.5,二价铁离子与邻二氮杂菲显色,于分光光度计波长 510 nm 处测定其吸光度。

3 试剂

3.1 盐酸(5+1)。

3.2 盐酸(1+1)。

3.3 氢氧化钠溶液(200 g/L,贮存于塑料瓶中)。

3.4 氯化镍($NiCl_2 \cdot 6H_2O$)溶液(1 g/L)。

3.5 过氧化氢(ρ1.11 g/mL。)。

3.6 盐酸羟胺溶液(10 g/L)。

3.7 邻二氮杂菲溶液(2.5 g/L):称取 2.5 g 邻二氮杂菲($C_{12}H_8N_2 \cdot H_2O$)或 3 g 盐酸邻二氮杂菲($C_{12}H_8N_2 \cdot HCl \cdot H_2O$)溶解于温水中,冷却。以水稀释至 1 000 mL,混匀。

3.8 缓冲溶液:称取 272 g 乙酸钠($CH_3COONa \cdot 3H_2O$)以 500 mL 水溶解,过滤后,加入 240 mL 冰乙酸(ρ1.05 g/mL),以水稀释至 1 000 mL,混匀。

3.9 混合溶液:将盐酸羟胺溶液(3.6),邻二氮杂菲溶液(3.7)和缓冲溶液(3.8)以(1+1+3)的体积相混合,贮存于棕色瓶中。贮存期不超过四周。

3.10 铁标准贮存溶液

3.10.1 称取 1.404 5 g 硫酸亚铁铵[$(NH_4)_2Fe(SO_4)_2 \cdot 6H_2O$]于 100 mL 烧杯中,加入少量水和 20 mL 盐酸(3.2),待溶解后,将溶液移入 1 000 mL 容量瓶中。以水稀释至刻度,混匀。此溶液 1 mL 含 0.2 mg 铁。

3.10.2 称取 0.286 0 g 预先在 600℃灼烧过的光谱纯三氧化二铁,置于 100 mL 烧杯中,加入 30 mL 盐酸(3.2),加热至完全溶解,冷却,移入 1 000 mL 容量瓶中,以水稀释至刻度,混匀。此溶液 1 mL 含 0.2 mg 铁。

3.11 铁标准溶液:移取 50.00 mL 铁标准贮存溶液(3.10.1 或 3.10.2)于 1 000 mL 容量瓶中,以水稀释至刻度,混匀。此溶液 1 mL 含 0.01 mg 铁(用时现配)。

4 仪器

分光光度计。

5 试样

将试样加工成厚度不大于 1 mm 碎屑。

6 分析步骤

6.1 试料

称取0.50 g试样(5),精确至0.000 1 g。

6.2 测定次数

独立地进行两次测定,取其平均值。

6.3 空白试验

随同试料做空白试验。

6.4 测定

6.4.1 将试料(6.1)置于250 mL烧杯中,盖上表皿,分次加入总量为15 mL的盐酸(3.2),待剧烈反应后,缓慢加热至完全溶解,滴加7滴～8滴过氧化氢(3.5),加热驱除过剩的过氧化氢[当铁的质量分数小于0.01%时,加入7滴～8滴氯化镍溶液(3.4)助溶,继续加热至糊状,加入20 mL水微热溶解盐类],冷却。如有不溶物时应用中速定量滤纸过滤,用热水洗涤。滤液及洗涤液收集于250 mL烧杯中。

注:对于不易被盐酸溶解的铝及铝合金试料,用以下方法代替6.4.1进行:

将试料(6.1)置于100 mL的银皿(或银杯)中,小心地加入20 mL氢氧化钠溶液(3.3),盖上银表皿。加热至试样完全溶解,煮沸2 min～3 min。若试样中硅的质量分数大于4%时,将试液在稍低于沸点的温度下保持20 min,小心补加因蒸发而损失的水量,煮沸2 min～3 min。以水洗皿壁及表皿并将试液稀释至25 mL,加入20 mL盐酸(3.1),微沸至溶液清亮,冷却。如有不溶物用中速定量滤纸过滤,用热水洗涤滤纸和残渣。滤液及洗涤液收集于250 mL烧杯中,冷却。

6.4.2 根据试样中铁含量分别按下述操作:

铁的质量分数在0.001%～0.006%时,将试液(6.4.1)全部移入50 mL容量瓶中。

铁的质量分数在>0.006%～0.025%时,将试液(6.4.1)全部移入100 mL容量瓶中。

铁的质量分数在>0.025%～0.150%时,将试液(6.4.1)全部移入250 mL容量瓶中,以水稀释至刻度,混匀。按表1移取此溶液于100 mL容量瓶中。

铁的质量分数在>0.150%～3.50%时,将试液(6.4.1)全部移入500 mL容量瓶中,以水稀释至刻度,混匀。按表1移取此溶液于100 mL容量瓶中。

表1

铁的质量分数/%	试液总体积/mL	移取试液体积/mL	吸收池厚度/cm
0.001～0.006	全部		5
>0.006～0.025	全部		2
>0.025～0.15	250	50	2
>0.15～0.5	500	25	2
>0.5～1.0	500	20	2
>1.0～2.0	500	10	2
>2.0～3.5	500	10	1

6.4.3 加入25 mL混合溶液(3.9),以水稀释至刻度,混匀。放置30 min。

注:当试液中有大量的铜、锌、镍存在时,在给定的酸度下加入过量的邻二氮杂菲溶液,使之形成可溶性的无色络合物,以消除干扰。对于铜的质量分数5%～11%,锌的质量分数4%～13%或镍的质量分数2%～3%的铝合金;铜、锌、镍总量20%以内的铝合金,用以下方法代替6.4.3进行:

按表1移取试液于100 mL容量瓶中,加入25 mL混合溶液(3.9)和20 mL邻二氮杂菲溶液(3.7)(在绘制工作曲线时,也要加入相应量的邻二氮杂菲溶液。),以水稀释至刻度,混匀。放置30 min。

6.4.4 将部分试液(6.4.3)移入相应的吸收池(见表1)中，以随同试料所做的空白试验溶液(6.3)为参比。于分光光度计波长 510 nm 处测量其吸光度。从工作曲线上查出相应的铁量。

6.5 工作曲线的绘制

6.5.1 系列标准溶液的制备

6.5.1.1 适用于质量分数为 0.001%～0.006%的铁含量

移取 0、0.50、1.00、2.00、3.00、4.00 mL 铁标准溶液(3.11)，分别置于一组 50 mL 容量瓶中。

6.5.1.2 适用于质量分数为＞0.006%～0.025%的铁含量

移取 0、3.00、6.00、9.00、12.00、15.00 mL 铁标准溶液(3.11)，分别置于一组 100 mL 容量瓶中。

6.5.1.3 适用于质量分数＞0.025%～2.00%的铁含量

移取 0、2.50、5.00、10.00、15.00、20.00、25.00 mL 的铁标准溶液(3.11)，分别置于一组 100 mL 容量瓶中。

6.5.1.4 适用于质量分数为＞2.00%～3.50%铁含量

移取 0、15.00、20.00、25.00、30.00、40.00 mL 铁标准溶液(3.11)，分别置于一组 100 mL 容量瓶中。

6.5.2 显色

将制备的标准溶液[(6.5.1.1)、(6.5.1.2)、(6.5.1.3)和(6.5.1.4)]稀释至 50 mL 左右，加入 25 mL 混合溶液(3.9)，以水稀释至刻度，混匀。放置 30 min。

6.5.3 测量

将部分系列标准溶液(6.5.2)移入相应的吸收池(见表1)中，以试剂空白溶液(未加铁标准溶液者)为参比，于分光光度计波长 510 nm 处测量其吸光度。以铁量为横坐标，吸光度为纵坐标，绘制工作曲线。

7 分析结果的计算

按式(1)计算铁的质量分数 $w(\mathrm{Fe})$(%)：

$$w(\mathrm{Fe})=\frac{m_1\times 10^{-3}}{m_0\times \dfrac{V_1}{V_0}}\times 100 \qquad \cdots\cdots(1)$$

式中：

m_1——从工作曲线上查得的铁量，单位为毫克(mg)；

V_1——移取试液的体积，单位为毫升(mL)；

V_0——试液总体积，单位为毫升(mL)；

m_0——试料的质量，单位为克(g)。

8 精密度

8.1 重复性

在重复性条件下获得的两个独立测试结果的测定值，在以下给出的平均值范围内，这两个测试结果的绝对值不超过重复性限(r)，超过重复性限(r)的情况不超过5%。重复性限(r)按以下数据采用线性内插法求得。

铁的质量分数/%：	0.007 1	0.088	0.249	1.059	2.963
重复性限 r/%：	0.000 9	0.006	0.012	0.014	0.051

8.2 允许差

实验室之间分析结果的差值应不大于表2所列允许差。

表 2

铁的质量分数/%	允许差/%
0.001 0～0.002 5	0.000 4
>0.002 5～0.005 0	0.000 5
>0.005 0～0.007 5	0.001 0
>0.007 5～0.010 0	0.001 5
>0.010 0～0.025	0.002 5
>0.025～0.050	0.005
>0.050～0.075	0.008
>0.075～0.100	0.010
>0.100～0.25	0.015
>0.25～0.50	0.03
>0.50～0.75	0.04
>0.75～1.00	0.05
>1.00～2.00	0.08
>2.00～3.50	0.10

9 质量保证与控制

分析时，用标准样品或控制样品进行校核，或每半年至少用标准样品或控制样品对分析方法校核一次。当过程失控时，应找出原因。纠正错误后，重新进行校核。

附　录　A
（资料性附录）
本部分章条编号与 ISO 793:1973 章条编号对照

表 A.1 给出了本部分章条编号与 ISO 793:1973 章条编号对照一览表。

表 A.1　本部分章条编号与 ISO 793:1973 章条编号对照表

本部分章条编号	对应的国际标准章条编号
1	1
2	2
3	3
4	4
5	5
6.1	6.1
6.2	—
6.3	6.3
6.4.1～6.4.2	6.4.1、附录 A
6.4.3～6.4.4	6.4.2、6.4.3、附录 B
6.5	6.2
7	7
8	—
—	8
9	—
—	9

附　录　B
（资料性附录）
本部分与 ISO 793:1973 技术性差异及其原因

表 B.1 给出了本部分与 ISO 793:1973 的技术性差异及其原因的一览表。

表 B.1　本部分与 ISO 793:1973 技术性差异及其原因表

本部分的章条编号	技术性差异	原　因
1	将 ISO 793:1973 中的分析限“0.05%～2.5%”扩展为“0.001%～3.5%”。 删除 ISO 793:1973 第 1 章中特殊情况 a)和 b)处理方法，将其加入到相应的分析章节	适应我国铝行业发展的需求。 适应我国标准版式
3	删除 ISO 793:1973 国际标准第 3 章中的对水的要求	因根据中国国情，分析用水均为去离子水或蒸馏水
3.1	将 ISO 793:1973 国际标准 3.2 中的 10 N 盐酸的配制方法省略	适应我国标准版式及实际操作习惯
3.3	将 ISO 793:1973 国际标准 3.3 中的 5 N 氢氧化钠的配制方法省略	适应我国标准版式及实际操作习惯
3.6	将 ISO 793:1973 国际标准 3.4.1 中的盐酸羟氨的配制方法省略	适应我国标准版式及实际操作习惯
3.10.2	将 ISO 793:1973 国际标准 3.5.2 中的纯净的三氧化二铁，修改为光谱纯三氧化二铁	将纯净量化，适应中国试剂纯度的分类
4	将 ISO 793:1973 国际标准的 3 个分项仅保留分光光度计	适应我国标准版式习惯
5	将 ISO 793:1973 国际标准的内容简化为“将试样加工成厚度不大于 1 mm 碎屑”	适应我国标准版式习惯
6.1	与 ISO 793:1973 国际标准 6.1 相比，提高了称量精度	适应我国标准版式
6.2	与 ISO 793:1973 国际标准第 6 章相比，增加了“测定次数”	适应我国质量管理
6.4	将 ISO 793:1973 标准中的附录 A 作为注加入到 6.4.1 中。 在 6.4.2 中与 ISO 793:1973 标准的 6.4.1 比增加了低含量点的称样量和改变了含量段。 将 ISO 793:1973 标准中的附录 B 作为注加入到 6.4.3 中	适应我国标准版式。 适应我国标准具体分析限情况。 适应我国标准版式

表 B.1（续）

本部分的章条编号	技术性差异	原　　因
6.5	与 ISO 793:1973 标准 6.2 比增加了下分析限部分标准曲线的绘制，将曲线分解为响应的 4 段	方便操作
7	与 ISO 793:1973 标准第 7 章相比，体积比的表述不同	适应我国标准版式
8	将 ISO 793:1973 标准的第 8 章为注，本部分为精密度。增设允许差一节	适应我国标准体制
9	与 ISO 793:1973 标准相比将试验报告去掉，增加了“质量控制与保证”	满足我国质量管理，适应我国标准版式

ICS 77.120.10
H 12

中华人民共和国国家标准

GB/T 20975.5—2008
代替 GB/T 6987.5—2001,GB/T 6987.6—2001

铝及铝合金化学分析方法 第5部分:硅含量的测定

Methods for chemical analysis of aluminium and aluminium alloys —Part 5:Determination of silicon content

2008-03-31 发布　　　　2008-09-01 实施

中华人民共和国国家质量监督检验检疫总局
中国国家标准化管理委员会　发布

前　言

GB/T 20975《铝及铝合金化学分析方法》是对 GB/T 6987—2001《铝及铝合金化学分析方法》的修订，本次修订将原标准号 GB/T 6987 改为 GB/T 20975。

GB/T 20975《铝及铝合金化学分析方法》分为 25 个部分：

——第 1 部分：汞含量的测定冷原子吸收光谱法

——第 2 部分：砷含量的测定钼蓝分光光度法

——第 3 部分：铜含量的测定

——第 4 部分：铁含量的测定邻二氮杂菲分光光度法

——第 5 部分：硅含量的测定

——第 6 部分：镉含量的测定火焰原子吸收光谱法

——第 7 部分：锰含量的测定高碘酸钾分光光度法

——第 8 部分：锌含量的测定

——第 9 部分：锂含量的测定火焰原子吸收光谱法

——第 10 部分：锡含量的测定

——第 11 部分：铅含量的测定火焰原子吸收光谱法

——第 12 部分：钛含量的测定

——第 13 部分：钒含量的测定苯甲酰苯胲分光光度法

——第 14 部分：镍含量的测定

——第 15 部分：硼含量的测定

——第 16 部分：镁含量的测定

——第 17 部分：锶含量的测定火焰原子吸收光谱法

——第 18 部分：铬含量的测定

——第 19 部分：锆含量的测定

——第 20 部分：镓含量的测定丁基罗丹明 B 分光光度法

——第 21 部分：钙含量的测定火焰原子吸收光谱法

——第 22 部分：铍含量的测定依莱铬氰兰 R 分光光度法

——第 23 部分：锑含量的测定碘化钾分光光度法

——第 24 部分：稀土总含量的测定

——第 25 部分：电感耦合等离子体原子发射光谱法

本部分为第 5 部分。对应于 ISO 808:1973《铝及铝合金　硅量的测定　钼蓝光度法》和 ISO 797:1973《铝和铝合金　硅量的测定　重量法》，一致性程度为修改采用。附录 A 中列出了本部分章条和对应的国际标准章条的对照一览表；附录 B 中列出了本部分章条与 ISO 808:1973 和 ISO 793:1973 的技术性差异及其原因对照一览表。

本部分代替 GB/T 6987.5—2001《铝及铝合金化学分析方法　重量法测定硅量》和 GB/T 6987.6—2001《铝及铝合金化学分析方法　钼蓝分光光度法测定硅量》。本次修订将 GB/T 6987.6—2001 的相关内容纳入本部分。

本部分与 GB/T 6987.5—2001 相比主要变化如下：

——增加了“方法二：钼蓝分光光度法”，原标准内容作为“方法一：重量法”；

——增加了“重复性”和“质量保证与控制”条款。

本部分的附录A和附录B为资料性附录。

本部分由中国有色金属工业协会提出。

本部分由全国有色金属标准化技术委员会归口。

本部分由东北轻合金有限责任公司、中国有色金属工业标准计量质量研究所负责起草。

本部分起草单位：抚顺铝业有限公司。

本部分方法一主要起草人：徐铁玲、田光、计春雷、席欢、马存真、范顺科。

本部分方法二主要起草人：杨丽梅、杨宇宏、田光、席欢、葛立新、朱玉华。

本部分所代替标准的历次版本发布情况为：

——GB/T 6987.5—1986、GB/T 6987.5—2001；

——GB/T 6987.6—1986、GB/T 6987.6—2001。

铝及铝合金化学分析方法
第5部分:硅含量的测定

方法一:钼蓝分光光度法

1 范围

本方法规定了铝及铝合金中硅含量的测定方法。

本方法适用于铝及铝合金中硅含量的测定。测定范围:0.001 0%~0.40%。

本方法不适用于含锡的铝合金。

2 方法提要

试料以氢氧化钠和过氧化氢溶解,用硝酸和盐酸酸化。用钼酸盐使硅形成硅钼黄络合物(pH 值约0.9)用硫酸提高酸度,以1-氨基-2-萘酚-4-磺酸或抗坏血酸为还原剂,使硅形成硅钼蓝络合物。于分光光度计波长810 nm处测定其吸光度。

3 试剂

制备溶液和分析用水均为二次去离子水。

3.1 硝酸[$c(HNO_3)$=8.0 mol/L]:移取540 mL硝酸(ρ1.42 g/mL,优级纯),以水稀释至1 000 mL,混匀。以预先在约110℃干燥过的10.600 g无水碳酸钠进行标定,以甲基红溶液(3.14)为指示剂。理论上应消耗25 mL硝酸。必要时加水或酸调成8 mol/L。

3.2 盐酸[$c(HCl)$=4.4 mol/L]:移取352 mL盐酸(ρ1.19 g/mL,优级纯),以水稀释1 000 mL,混匀。以氢氧化钠溶液(3.4)进行标定。必要时,调整溶液浓度使20.0 mL盐酸溶液相当于(10.0±0.1)mL氢氧化钠溶液(3.4)。

3.3 硫酸(9+31)。

3.4 氢氧化钠溶液[$c(NaOH)$=8.0 mol/L,优级纯]:溶解320 g氢氧化钠(塑料瓶装)于水中,冷却后,再以水稀释至1 000 mL,混匀。贮存于聚乙烯瓶中。用硝酸(3.1)进行标定。以甲基红溶液(3.14)为指示剂。

3.5 酒石酸溶液(200 g/L)。

3.6 还原溶液。

3.6.1 1-氨基-2-萘酚-4-磺酸(1.5 g/L):用100 mL水溶解7 g无水亚硫酸钠,加入1.5 g1-氨基-2-萘酚-4-磺酸,搅拌至完全溶解。另外用800 mL水溶解90 g偏二亚硫酸钠($Na_2S_2O_5$)。将此两种溶液混合,用中速定量滤纸滤于1 000 mL容量瓶中,以水稀释至刻度,混匀。移入棕色瓶中,使用期不得超过一个月。

3.6.2 抗坏血酸溶液(20 g/L,用时现配)。

3.7 钼酸铵溶液(106 g/L):将53 g钼酸铵[$(NH_4)_6Mo_7O_{24}\cdot 4H_2O$]溶解于250 mL水中,加入30 mL氢氧化钠溶液(3.4)混匀,冷却。以水稀释至350 mL,在不断搅拌下滴加氢氧化钠溶液(3.4)调节溶液至pH值约7.2[用酸度计(4.2)检查];过滤于500 mL容量瓶中,以水洗涤并稀释至刻度,混匀。贮存于聚乙烯瓶中。

3.8 过氧化氢(ρ1.10 g/L)。

3.9 亚硫酸钠溶液(100 g/L)。

3.10　基体溶液：于 400 mL 聚乙烯瓶中，加入 40.0 mL 氢氧化钠溶液(3.4)，加入 200 mL 水，用 54.0 mL 硝酸(3.1)和 40.0 mL 盐酸(3.2)酸化，冷却。移入 500 mL 容量瓶中，以水稀释至刻度，混匀。贮存于聚乙烯瓶中。

3.11　硅标准贮存溶液

3.11.1　称取 0.214 0 g 预先在 1 000℃灼烧至恒重的二氧化硅(光谱纯)于铂坩埚中，盖上铂表皿，加入 2 g 碳酸钠和碳酸钾的混合物(1+1)，熔融至透明，冷却。用温水溶解熔块，移入聚乙烯杯中，用水稀释至 700 mL，移入 1 000 mL 容量瓶中定容。贮存于聚乙烯瓶中。此溶液 1 mL 含 0.1 mg 硅。

3.11.2　称取 0.670 2 g 氟硅酸钠(优级纯)于 500 mL 聚乙烯烧杯中，加入 400 mL 温水，盖上塑料盖。在水浴中加热至完全溶解，继续加热 30 min，随时用聚乙烯棒搅拌，冷却。移入 1 000 mL 容量瓶中。以水稀释至刻度，混匀。贮存于聚乙烯瓶中。此溶液 1 mL 含 0.1 mg 硅。

3.12　硅标准溶液(用时现配)：移取 50.00 mL 硅标准贮存溶液(3.11.1 或 3.11.2)于 500 mL 容量瓶中，以水稀释至刻度，混匀。贮存于聚乙烯瓶中。此溶液 1 mL 含 0.01 mg 硅。

3.13　硅标准溶液(用时现配)：移取 100.0 mL 硅标准溶液(3.12)于 500 mL 容量瓶中，以水稀释至刻度，混匀。贮存于聚乙烯瓶中。此溶液 1 mL 含 0.002 mg 硅。

3.14　甲基红溶液(0.2 g/L)：溶解 0.02 g 甲基红于 60 mL 乙醇溶液(95+5)中，以水稀释至 100 mL，混匀。

4　仪器

4.1　分光光度计。

4.2　酸度计。

5　试样

将试样加工成厚度不大于 1 mm 的碎屑。

6　分析步骤

6.1　试料

按表 1 称取试样，精确至 0.000 1 g。

表 1

硅的质量分数/%	试料/g	酸化用酸体积/mL		移取试液(6.4.2)体积/mL	补加空白试验溶液(6.3)/mL	吸收池厚度/cm
		硝酸(3.1)	盐酸(3.2)			
0.001～0.02	1.00	27.5	10.0	50.00	—	5
>0.02～0.20	0.25	17.0	10.0	50.00	—	1～3
>0.20～0.40	0.25	17.0	10.0	25.00	25.00	1

6.2　测定次数

独立地进行两次测定，取其平均值。

6.3　空白试验

随同试料做空白试验，酸化碱性溶液时用 13.5 mL 硝酸(3.1)和 10.0 mL 盐酸(3.2)。

注：空白试验的吸光度很低，例如不超过在相同条件下测量试样溶液所得吸光度的五分之一。

6.4　测定

6.4.1　将试料(6.1)置于 100 mL 银皿(或银坩埚)中，加 10.0 mL 氢氧化钠溶液(3.4)，盖上银表皿，缓慢加热(不要煮沸)至完全溶解。加入 2 mL 过氧化氢(3.8)，加热蒸发至糊状，冷却。用约 30 mL 温水冲洗银表皿和银皿(或坩埚)壁。缓慢加热(不要煮沸)至盐类溶解。用温水稀释至 70 mL～80 mL,加热 15 min～20 min(不要煮沸)。

6.4.2 冷却,用聚乙烯棒边搅拌边将碱性试液(6.4.1)移入盛有酸化用酸(见表 1)和 50 mL 温水的 400 mL 烧杯中[勿使碱性试液(6.4.1)接触杯壁]。用温水洗涤银表皿和银皿(或坩埚)壁[如有氢氧化锰析出粘附在银皿(或坩埚)壁上,可加入少量盐酸(3.2)和数滴亚硫酸钠溶液(3.9)使其溶解,用温水洗入烧杯中]。将试液稀释至约 180 mL,加热至近沸,必要时加数滴亚硫酸钠溶液(3.9)使氢氧化锰完全溶解。缓慢煮沸 10 s～15 s,冷却。移入 250 mL 容量瓶中,以水稀释至刻度,混匀。

注:钛含量高时,试液浑浊,用慢速定量滤纸过滤于 250 mL 容量瓶中。用热水洗滤纸,洗液并入容量瓶中。

6.4.3 按表 1 移取试液(6.4.2)和补加的随同试料所做的空白试验溶液(6.3)于 100 mL 容量瓶中,加入 15 mL 水,加入 5 mL 钼酸铵溶液(3.7),混匀。于 20℃～30℃放置 10 min。

6.4.4 加入 5 mL 酒石酸溶液(3.5),15.0 mL 硫酸(3.3),5 mL 还原溶液(3.6),混匀。以水稀释至刻度,混匀。放置 10 min。

6.4.5 将部分试液(6.4.4)和随同试料所做的空白试验溶液(6.3)移入吸收池(见表 1)中,以水为参比,于分光光度计波长 810 nm 处测量其吸光度(在 30 min 内测定完毕)。以试液(6.4.4)的吸光度减去随同试料所做空白试验溶液(6.3)的吸光度。从工作曲线上查出相应的硅量。

6.5 工作曲线的绘制

6.5.1 根据试料中硅的质量分数的不同,移取 0、2.50、5.00、10.00、15.00、20.00 mL 硅标准溶液(3.13)或 0、5.00、10.00、15.00、20.00 mL 硅标准溶液(3.12)于一组 100 mL 容量瓶中,各加入 25.0 mL 基体溶液(3.10),以水稀释至约 65 mL 加入 5 mL 钼酸铵溶液(3.7),混匀。于 20℃～30℃放置 10 min。以下按 6.4.4 进行。

6.5.2 将部分系列标准溶液(6.5.1)移入吸收池(见表 1)中,以试剂空白溶液(含基体溶液但不加硅标准溶液者)为参比,于分光光度计波长 810 nm 处测量其吸光度(在 30 min 内测定完毕),以硅含量为横坐标,吸光度为纵坐标,绘制工作曲线。

7 分析结果的计算

按式(1)计算硅的质量分数 $w(\mathrm{Si})$(%):

$$w(\mathrm{Si}) = \frac{m_1 \times 10^{-3}}{\frac{V_1}{V} \times m_0} \times 100 \qquad \cdots\cdots(1)$$

式中:

m_1——自工作曲线上查得的硅量,单位为毫克(mg);

V_1——移取试液的体积,单位为毫升(mL);

V——试液总体积,单位为毫升(mL);

m_0——试料的质量,单位为克(g)。

8 精密度

8.1 重复性

在重复性条件下获得的两个独立测试结果的测定值,在以下给出的平均值范围内,这两个测试结果的绝对差值不超过重复性限(r),超过重复性限(r)的情况不超过 5%,重复性限(r)按以下数据采用线性内插法求得。

硅的质量分数/%:	0.004 6	0.085	0.28
重复性限 r/%:	0.000 1	0.003	0.02

8.2 允许差

实验室之间分析结果的差值应不大于表 2 所列允许差。

表 2

硅的质量分数/%	允许差/%
0.001 0～0.002 5	0.000 4
>0.002 5～0.005 0	0.000 7
>0.005 0～0.007 5	0.001 1
>0.007 5～0.010 0	0.001 5
>0.010 0～0.025	0.002 5
>0.025～0.050	0.005
>0.050～0.075	0.007
>0.075～0.100	0.010
>0.100～0.25	0.015
>0.25～0.40	0.03

9 质量控制与保证

分析时，用标准样品或控制样品进行校核，或每年至少用标准样品或控制样品对分析方法校核一次。当过程失控时，应找出原因。纠正错误后，重新进行校核。

方法二：重量法

10 范围

本方法规定了铝及铝合金中硅含量的测定方法。

本方法适用于铝及铝合金中硅含量的测定。测定范围：0.30%～25.00%。

11 方法提要

试料以氢氧化钠溶解，用高氯酸酸化并脱水。过滤、烘干、灼烧并称量二氧化硅。用氢氟酸挥发硅，称量残渣。根据两者称量之差测定硅量。

12 试剂

12.1 氢氧化钠（聚乙烯瓶装）。

12.2 高氯酸（ρ1.67 g/mL）。

12.3 氢溴酸（ρ1.49 g/mL）。

12.4 硝酸（ρ1.42 g/mL）。

12.5 氢氟酸（ρ1.14 g/mL）。

12.6 高氯酸（1+2）。

12.7 盐酸（1+19）。

12.8 硫酸（1+1）。

12.9 氢氧化钠溶液（50 g/L，存贮于聚乙烯瓶中）。

12.10 过氧化氢溶液（6%）。

12.11 溴水（饱和溶液）。

13 仪器

高温炉。

14 试样

将试样加工成厚度不大于 1 mm 的碎屑。

15 分析步骤

15.1 试料

15.1.1 按表 3 称取试样，精确至 0.000 1 g。对于过共晶的铝-硅合金应按粗细颗粒的比例称取试样。

表 3

硅的质量分数/%	试料/g	氢氧化钠(12.1)量/g	溶解试料加入水的体积/mL	硝酸(12.4)体积/mL	高氯酸(12.2)体积/mL	加入水体积/mL
0.30～3.00	2.00	8	15	5	60	30
>3.00～7.00	1.00	6	10	5	45	20
>7.00	0.50～1.00	10	20	5	60	30

15.1.2 对于硅的质量分数大于 3% 或镁的质量分数大于 2% 的铝合金，按表 4 称取试样，精确至 0.000 1 g。

表 4

硅的质量分数/%	试料/g	氢氧化钠溶液(12.9)体积/mL	氢氧化钠(12.1)量/g	硝酸(12.4)体积/mL	高氯酸(12.2)体积/mL	加入水体积/mL
3.00～7.00	1.00	30	4.5	5	45	20
>7.00	0.50～1.00	30	8.5	5	60	30

15.1.3 对于含锡或锑的铝合金，按表 5 称取试样，精确至 0.000 1 g。

表 5

硅的质量分数/%	锡或锑的质量分数/%	试料/g	溶解试料		高氯酸(12.2)体积/mL	水体积/mL	氢溴酸(12.3)体积/mL	溴水(12.11)体积/mL
			氢氧化钠(12.1)量/g	加水体积/mL				
0.30～3.00	<6.00	2.00	8	15	80	30	15	10
	6.00～20.0	2.00	8	15	80	30	30	10
>3.00～7.00	≤6.00	1.00	6	10	80	30	10	10
>7.00	≤1.00	0.50～1.00	10	20	80	30	10	10

15.2 测定次数

独立地进行两次测定，取其平均值。

15.3 空白试验

随同试料(15.1)做空白试验。

15.4 测定

15.4.1 将试料(15.1)置于 250 mL 镍或银皿中，盖上镍或银表皿，按表 3 加入氢氧化钠(3.1)和水(小心分次加入)。待试料完全溶解，用尽量少的水洗涤皿盖和皿壁，蒸发至糊状(防止溅出)，冷却。滴加 5 mL～6 mL过氧化氢(12.10)，并蒸发至糊状，如有必要，可用过氧化氢(12.10)进行重复处理，稍冷却。

注：对于硅的质量分数大于3%或镁的质量分数大于2%的铝合金，用以下方法代替15.4.1进行：

将试料(15.1.2)置于250 mL镍或银皿中，盖上镍或银表皿。按表4加入氢氧化钠溶液(12.9)，待剧烈反应后，按表4加入氢氧化钠(12.1)，加热至完全溶解。用尽量少的热水洗涤表皿和皿壁，蒸发至糊状(防止溅出)，冷却。滴加5 mL～6 mL过氧化氢(12.10)，并蒸发至糊状，如有必要，可用过氧化氢(12.10)进行重复处理。稍冷却。

15.4.2 加入100 mL热水并冲洗皿壁，煮沸至盐类溶解，冷却。移入表3盛有硝酸(12.4)、高氯酸(12.2)和水的瓷蒸发皿中，仔细用热水洗涤皿和皿盖，用总量约10 mL高氯酸(12.6)分次淋洗粘附于皿和皿盖上的微粒(必要时可用带橡皮头的玻璃棒擦下)。用热水洗涤，将洗涤液合并于主液中。

15.4.3 用玻璃棒搅拌，若试液呈棕色，可加入数滴过氧化氢(12.10)。加热蒸发至有大量高氯酸烟冒出。溶液开始有结晶析出(约当冒高氯酸烟15 min～20 min时)，冷却。用热水溶解，按试料量将试液的体积稀释约为200 mL(0.5 g～1 g试料)或400 mL(2 g试料)。用玻璃棒仔细搅拌，加热使盐类完全溶解，加数滴过氧化氢(12.10)使已析出的二氧化锰溶解。

注：对于含锡和锑的铝合金，以下述方法代替15.4.1、15.4.2、15.4.3进行：

根据硅、锡(或锑)的含量将试料(15.1.3)置于250 mL镍或银皿中，盖上镍或银表皿。按表3加入氢氧化钠(12.1)和水(小心分次加入)，待剧烈反应后，加热至完全溶解。用尽量少的热水洗涤表皿和皿壁，蒸发至糊状(防止溅出)，冷却。滴加5 mL～6 mL过氧化氢(12.10)，并再加热蒸发至糊状；如有必要，可用过氧化氢(12.10)进行重复处理，稍冷却。

加入100 mL热水并洗涤皿壁，煮沸至盐类溶解，冷却。移入按表5中盛有高氯酸(12.2)和水的瓷蒸发皿中，仔细用热水洗涤皿和皿盖，用总量约10 mL高氯酸(12.6)分次淋洗粘附于皿和皿盖上的微粒(必要时，可用带橡皮头的玻璃棒擦下)，用热水洗涤，将洗涤液合并于主试液中。用玻璃棒进行搅拌，若试液呈棕色，可加入数滴过氧化氢(12.10)。煮沸数分钟，然后于通风橱内，按表5中的试料量及锡(或锑)的质量分数，小心地分次少量加入溴水(12.11)和氢溴酸(12.3)(见表5)。逐渐升高温度将试液浓缩至有大量高氯酸白烟冒出。再继续冒烟5 min盖上表皿继续加热20 min，冷却。用热水溶解并稀释体积为200 mL(0.5 g～1 g试料)或400 mL(2 g试料)。用玻璃棒小心搅拌，加热使盐类完全溶解，若有二氧化锰析出，可加数滴过氧化氢(12.10)溶解。

15.4.4 用玻璃棒搅拌，使硅酸的微粒成悬浮状态。用中速定量滤纸过滤，用热盐酸(12.7)洗涤滤纸5次～6次，再以沸水充分洗涤至无高氯酸。将滤液和洗涤液收集于烧杯中。

15.4.5 将收集的滤液和洗涤液移入原瓷蒸发皿中，加热蒸发至有大量高氯酸烟冒出，继续冒烟15 min～20 min，冷却。用热水溶解，将试液的体积稀释约为200 mL，用另一张中速定量滤纸过滤，用热盐酸(12.7)洗涤滤纸5次～6次，再以沸水洗涤至中性。回收粘附于瓷蒸发皿壁上的少量硅酸。

15.4.6 将两张滤纸连同沉淀置于已恒量的铂坩埚中。于500℃～600℃小心灰化完全(勿使滤纸燃着)。在高温炉中于1 000℃灼烧1 h置于干燥器中冷却，称重。重复灼烧至恒量。

15.4.7 于铂坩埚(15.4.6)中，加入1 m～2 mL硫酸(12.8)和3 mL～5 mL氢氟酸(12.5)，蒸发至干[必要时重复用氢氟酸(12.5)处理]，在高温炉中于1 000℃灼烧至恒量，冷却，称重。

注：加入足量的硫酸(12.8)是必要的，因为可防止钛、锆存在时的部分挥发。

16 分析结果的计算

按式(2)计算硅的质量分数$w(\mathrm{Si})$(%)：

$$w(\mathrm{Si})=\frac{[(m_1-m_2)-(m_3-m_4)]\times 0.467\,5}{m_0}\times 100 \qquad \cdots\cdots(2)$$

式中：

m_1——挥发二氧化硅前铂坩埚和试料中二氧化硅的质量，单位为克(g)；

m_2——挥发二氧化硅后铂坩埚和残渣的质量，单位为克(g)；

m_3——挥发二氧化硅前铂坩埚和空白试验中二氧化硅的质量，单位为克(g)；

m_4——挥发二氧化硅后铂坩埚和空白试验中残渣的质量，单位为克(g)；

m_0——试料的质量，单位为克(g)；

0.467 5——二氧化硅换算为硅的系数。

17 精密度

17.1 重复性

在重复性条件下获得的两个独立测试结果的测定值，在以下给出的平均值范围内，这两个测试结果的绝对差值不超过重复性限(r)，超过重复性限(r)的情况不超过5%，重复性限(r)按以下数据采用线性内插法求得。

硅的质量分数/%：	0.781	2.894	11.09	23.66
重复性限 r/%：	0.039	0.085	0.20	0.19

17.2 允许差

实验室之间分析结果的差值应不大于表6所列允许差。

表 6

硅的质量分数/%	允许差/%
0.30～0.50	0.03
>0.50～0.75	0.04
>0.75～1.00	0.05
>1.00～2.00	0.10
>2.00～3.00	0.15
>3.00～4.00	0.20
>4.00～5.00	0.25
>5.00～7.50	0.30
>7.50～10.00	0.35
>10.00～15.00	0.40
>15.00～25.00	0.50

18 质量控制与保证

分析时，用标准样品或控制样品进行校核，或每年至少用标准样品或控制样品对分析方法校核一次。当过程失控时，应找出原因。纠正错误后，重新进行校核。

附 录 A
（资料性附录）
本部分章条编号与 ISO 808:1973 和 ISO 797:1973 章条编号对照

表 A.1 给出了本部分章条编号与 ISO 808:1973 和 797:1973 章条编号对照一览表。

表 A.1 本部分章条编号与 ISO 808:1973 和 ISO 797:1973 章条编号对照表

本部分章条编号	对应的国际标准章条编号
	ISO 808:1973 的条款
1	1
2	2
3	3
4	4
5	5
6.1	6.1
6.2	—
6.3	6.3
6.4.1～6.4.2	6.4.1、附录 A
6.4.3～6.4.4	6.4.2、6.4.3、附录 B
6.5	6.2
7	7
8	—
—	8
9	—
—	9
	ISO 797:1973 的条款
10	1
11	2
12	3
13	4
14	5
15	6
15.1	6.2、附录 A、附录 B 的表格
15.2	—
15.3	6.2
15.4	6.3、附录 A、附录 B
16	7
17	—
—	8
18	—

附 录 B
（资料性附录）
本部分与 ISO 808:1973 和 ISO 797:1973 技术性差异及其原因

表 B.1 给出了本部分与 ISO 808:1973 和 ISO 797:1973 的技术性差异及其原因的一览表。

表 B.1 本部分与 ISO 808:1973 和 ISO 797:1973 技术性差异及其原因表

本部分的章条编号	技术性差异	原 因
1	将 ISO 808:1973 中的的分析限“0.02%～0.4%”扩展为“0.001%～0.40%”。 将 ISO 808:1973 第 1 章中“本方法不适于……”修改为“本方法不适用于含锡的铝合金”	适应我国铝行业发展的需求。 适应我国标准版式
2	基本原理未修改，按我国标准习惯表述	适应我国标准习惯
3.3	ISO 808:1973 国际标准 3.10 为 8 N，本部分的 3.3 为(9+31)	适应我国标准习惯
3.1	将 ISO 808:1973 国际标准 3.2 中的 10 N 盐酸的配制方法省略	适应我国标准版式及实际操作习惯
3.3	将 ISO 808:1973 国际标准 3.3 中的 5 N 氢氧化钠的配制方法省略	适应我国标准版式及实际操作习惯
3.7	将 ISO 808:1973 国际标准 3.4 中的钼酸钠的配制方法省略	适应我国普遍使用钼酸铵的习惯
3.9	将 ISO 808:1973 国际标准 3.2 中的饱和亚硫酸溶液，修改为亚硫酸钠溶液	更便于操作与保存
4	将 ISO 808:1973 国际标准的 2 个分项修改为分光光度计和酸度计	适应我国标准习惯
5	将 ISO 808:1973 国际标准的内容简化为“将试样加工成厚度不大于 1 mm 碎屑”	适应我国标准版式习惯
6.1	与 ISO 808:1973 国际标准 6.1 相比，提高了称量精度。按样品中硅含量分段称样	适和我国标准分析限的实际情况
6.2	与 ISO 808:1973 国际标准第 6 章相比，增加了“测定次数”	适应我国质量管理
6.4	将 ISO 808:1973 标准中 6.4.2 的注直接加到 6.4.2 中。 在 ISO 808:1973 标准的 6.4.4 为验证试验，删除	适应我国标准版式 适应我国标准具体分析限情况
6.5	比 ISO 808:1973 标准 6.2 增加了下分析限部分标准曲线的点	方便操作
7	与 ISO 808:1973 标准第 7 章相比，体积比的表述不同	适应我国标准版式
8	将 ISO 808:1973 标准的第 8 章为试验报告删掉，本标准为精密度。增设允许差一节	适应我国标准体制
9	ISO 808:1973 标准无第 9 章，本标准增加了“质量控制与保证”	满足我国质量管理，适应我国标准版式

表 B.1（续）

本部分的章条编号	技术性差异	原　因
10	将 ISO 797:1973 中的的分析限“大于或等于 0.3%”修改为“0.3%～25.00%”。 将 ISO 797:1973 第 1 章中“本方法对下列特殊情况不完全适用……”去掉	适应我国标准版式
12	将 ISO 797:1973 中第 3 章试剂的当量浓度表示全部去掉	不再使用当量浓度
13	将 ISO 797:1973 中的一般实验设备修改为高温炉	适应我国标准版式
14	将 ISO 797:1973 国际标准的内容简化为“将试样加工成厚度不大于 1 mm 碎屑”	适应我国标准版式习惯
15	将 ISO 797:1973 的附录 A 和 B 的情况用表格的形式列为 15.1 试料	适应我国标准版式习惯
15.2	与 ISO 797:1973 国际标准第 6 章相比，增加了“测定次数”	适应我国标准版式习惯
15.4.1	将 ISO 797:1973 的附录 A 的情况作为 15.4.1的注	适应我国标准版式习惯
15.4.3	将 ISO 797:1973 的附录 B 的情况作为 15.4.3的注	适应我国标准版式习惯
15.4.6	将 ISO 797:1973 的“1 100℃～1 150℃”修改为 1 000℃	防止铂皿过软
17	将 ISO 797:1973 标准的第 8 章为试验报告删掉，本标准为精密度。增设允许差一节	适应我国标准体制
18	ISO 797:1973 标准无此章，本标准增加了“质量控制与保证”	满足我国质量管理，适应我国标准版式

ICS 77.120.10
H 12

中华人民共和国国家标准

GB/T 20975.6—2008
代替 GB/T 6987.25—2001

铝及铝合金化学分析方法 第6部分:镉含量的测定 火焰原子吸收光谱法

Methods for chemical analysis of aluminium and aluminium alloys—Part 6:Determination of cadmium content—Flame atomic absorption spectrometric method

2008-03-31 发布　　2008-09-01 实施

中华人民共和国国家质量监督检验检疫总局
中国国家标准化管理委员会　发布

前　言

GB/T 20975《铝及铝合金化学分析方法》是对 GB/T 6987—2001《铝及铝合金化学分析方法》的修订，本次修订将原标准号 GB/T 6987 改为 GB/T 20975。

GB/T 20975《铝及铝合金化学分析方法》分为 25 个部分：

——第 1 部分：汞含量的测定　冷原子吸收光谱法

——第 2 部分：砷含量的测定　钼蓝分光光度法

——第 3 部分：铜含量的测定

——第 4 部分：铁含量的测定　邻二氮杂菲分光光度法

——第 5 部分：硅含量的测定

——第 6 部分：镉含量的测定　火焰原子吸收光谱法

——第 7 部分：锰含量的测定　高碘酸钾分光光度法

——第 8 部分：锌含量的测定

——第 9 部分：锂含量的测定　火焰原子吸收光谱法

——第 10 部分：锡含量的测定

——第 11 部分：铅含量的测定　火焰原子吸收光谱法

——第 12 部分：钛含量的测定

——第 13 部分：钒含量的测定　苯甲酰苯胲分光光度法

——第 14 部分：镍含量的测定

——第 15 部分：硼含量的测定

——第 16 部分：镁含量的测定

——第 17 部分：锶含量的测定　火焰原子吸收光谱法

——第 18 部分：铬含量的测定

——第 19 部分：锆含量的测定

——第 20 部分：镓含量的测定　丁基罗丹明 B 分光光度法

——第 21 部分：钙含量的测定　火焰原子吸收光谱法

——第 22 部分：铍含量的测定　依莱铬氰兰 R 分光光度法

——第 23 部分：锑含量的测定　碘化钾分光光度法

——第 24 部分：稀土总含量的测定

——第 25 部分：电感耦合等离子体原子发射光谱法

本部分为第 6 部分。对应于 ASTM E34—2002《铝及铝合金化学分析方法》中镉含量测定的部分，一致性程度为修改采用。

本部分代替 GB/T 6987.25—2001《铝及铝合金化学分析方法　火焰原子吸收光谱法测定镉量》。

本部分与 GB/T 6987.25—2001 相比主要变化如下：

——增加了“8.1　重复性”条款；

——增加了“9 质量保证与控制”条款。

本部分由中国有色金属工业协会提出。

本部分由全国有色金属标准化技术委员会归口。

本部分由东北轻合金有限责任公司、中国有色金属工业标准计量质量研究所负责起草。

本部分起草单位：北京有色金属研究总院。

本部分主要起草人：刘英、臧慕文、张英新、席欢、葛立新、范顺科。

本部分所代替标准的历次版本发布情况为：

——GB/T 6987.25—2001。

铝及铝合金化学分析方法
第6部分:镉含量的测定
火焰原子吸收光谱法

1 范围

本部分规定了铝及铝合金中镉含量的测定方法。

本部分适用于铝及铝合金中镉含量的测定。测定范围:0.01%~1.00%。

2 方法提要

试料用盐酸和过氧化氢溶解,于火焰原子吸收光谱仪波长228.8 nm处,以空气-乙炔贫燃火焰进行镉量的测定。

3 试剂

3.1 铝(≥99.99%,不含镉)。

3.2 过氧化氢(ρ1.10 g/mL)。

3.3 氢氟酸(ρ1.14 g/mL)。

3.4 盐酸(1+1)。

3.5 硝酸(1+1)。

3.6 硫酸(1+1)。

3.7 铝溶液(20 mg/mL):称取20.00 g经酸洗的铝(3.1)置于烧杯中,盖上表面皿,分次加入总量为200 mL盐酸(3.4),待剧烈反应停止后,缓慢加热至完全溶解,将溶液蒸发至约100 mL,冷却。将溶液移入1 000 mL容量瓶中,用水稀释至刻度,混匀。

3.8 镉标准贮存溶液:称取1.000 0 g镉(≥99.99%),置于烧杯中,盖上表面皿,加入10 mL的盐酸(3.4),缓慢加热至完全溶解,煮沸数分钟,冷却。将溶液移入1 000 mL容量瓶中,用水稀释至刻度,混匀,此溶液1 mL含1 mg镉。

3.9 镉标准溶液:移取50.00 mL镉标准贮存溶液(3.8)于500 mL容量瓶中,用水稀释至刻度,混匀。此溶液1 mL含0.1 mg镉。

4 仪器

原子吸收光谱仪,附镉空心阴极灯。

在仪器最佳工作条件下,凡能达到下列指示者均可使用:

——灵敏度:在与测量试料溶液的基体一致的溶液中,镉的特征浓度应不大于0.028 μg/mL。

——精密度:用最高浓度的标准溶液测量10次吸光度,其标准偏差应不超过平均吸光度的1.0%;用最低浓度的标准溶液(不是零浓度溶液)测量10次吸光度,其标准偏差应不超过最高浓度标准溶液平均吸光度的0.5%。

——工作曲线线性:将工作曲线按浓度等分成五段,最高段的吸光度差值与最低段的吸光度差值之比应不小于0.7。

5 试样

将试样加工成厚度不大于1 mm的碎屑。

6 分析步骤

6.1 试料

称取0.50 g试样，精确至0.000 1 g。

6.2 测定次数

独立地进行两次测定，取其平均值。

6.3 空白试验

称取与试料相同量的铝(3.1)代替试料(6.1)，随同试料做空白试验。

6.4 测定

6.4.1 将试料(6.1)置于200 mL烧杯中，加入15 mL盐酸(3.4)，待剧烈反应停止后，加入10滴过氧化氢(3.2)，缓慢加热至试料完全溶解，煮沸至过氧化氢完全分解，冷却。

6.4.2 如有不溶物，过滤，洗涤。将残渣连同滤纸置于铂坩埚中，灰化。于550℃灼烧，冷却。加入2 mL硫酸(3.6)，5 mL氢氟酸(3.3)，并逐滴加入硝酸(3.5)至溶液清亮。加热蒸发至干，于700℃灼烧10 min，冷却，用1 mL盐酸(3.4)溶解残渣(必要时过滤)，将此溶液合并于主滤液中。

6.4.3 根据试料中镉量按表1处理后，于原子吸收光谱仪228.8 nm处，以空气-乙炔贫燃火焰测定。

表 1

镉质量分数/%	试液总体积 V_0/mL	分取体积 V_1/mL	稀释体积 V_2/mL	补加盐酸(3.2)量 V/mL
0.01～0.05	100	—	—	—
>0.05～0.2	200	—	—	15
>0.2～1.0	250	25	100	13.5

6.5 工作曲线的绘制

6.5.1 系列标准溶液的制备

6.5.1.1 适用于质量分数0.010%～0.05%镉量

移取0、0.50、1.00、1.50、2.00、2.50 mL镉标准溶液(3.9)，分别置于100 mL容量瓶中，各加入25 mL铝溶液(3.7)和15 mL盐酸(3.4)用水稀释至刻度，摇匀。

6.5.1.2 适用于质量分数>0.05%～0.2%镉量

移取0、1.00、2.00、3.00、4.00、5.00 mL镉标准溶液(3.9)，分别置于100 mL容量瓶中，各加入12.50 mL铝溶液(3.7)和15 mL盐酸(3.4)用水稀释至刻度，摇匀。

6.5.1.3 适用于质量分数>0.2%～1.0%镉量

移取0、1.00、2.00、3.00、4.00、5.00 mL镉标准溶液(3.9)，分别置于100 mL容量瓶中，各加入2.50 mL铝溶液(3.7)和15 mL盐酸(3.4)用水稀释至刻度，摇匀。

6.5.2 测量

将溶液(6.5.1.1)、(6.5.1.2)和(6.5.1.3)置于原子吸收光谱仪波长228.8 nm处，用空气-乙炔贫燃火焰，以水调零，测量试液和补偿溶液(不加镉标准溶液者)的吸光度。以镉量为横坐标，以对应的吸光度(减去补偿溶液的吸光度)为纵坐标，绘制工作曲线。

7 分析结果的计算

按式(1)计算镉的质量分数 $w(\mathrm{Cd})$(%)：

$$w(\mathrm{Cd}) = \frac{(\rho_2 - \rho_1) \times V_0 \times V_2}{V_1 \times m_0} \times 100 \qquad \cdots\cdots (1)$$

式中：

ρ_2——自工作曲线上查得的试样溶液的镉量，单位为克每毫升(g/mL)；

ρ_1——自工作曲线上查得随同试样所做的空白试验溶液的镉量，单位为克每毫升(g/mL)；

m_0——试料量，单位为克(g)；

V_0——试液定容体积，单位为毫升(mL)；

V_1——试液分取体积，单位为毫升(mL)；

V_2——稀释体积，单位为毫升(mL)。

8 精密度

8.1 重复性

在重复性条件下获得的两个独立测试结果的测定值，在以下给出的平均值范围内，这两个测试结果的绝对差值不超过重复性限(r)，超过重复性限(r)的情况不超过5%，重复性限(r)按以下数据采用线性内插法求得。

镉的质量分数/%：	0.010	0.097	1.01
重复性限 r/%：	0.002	0.009	0.05

8.2 允许差

实验室之间分析结果的差值应不大于表2所列允许差。

表 2

镉质量分数/%	允许差/%
0.010～0.025	0.003
>0.025～0.050	0.005
>0.050～0.100	0.010
>0.100～0.250	0.015
>0.25～0.50	0.02
>0.50～1.00	0.05

9 质量控制与保证

分析时，用标准样品或控制样品进行校核，或每年至少用标准样品或控制样品对分析方法校核一次。当过程失控时，应找出原因。纠正错误后，重新进行校核。

ICS 77.120.10
H 12

中华人民共和国国家标准

GB/T 20975.7—2008
代替 GB/T 6987.7—2001

铝及铝合金化学分析方法 第7部分:锰含量的测定 高碘酸钾分光光度法

Methods for chemical analysis of aluminium and aluminium alloys—Part 7:Determination of manganese content—Potassium periodate spectrophotometric method

(ISO 886:1973,Aluminium and aluminium alloys—Determination of manganese—Photometric method (Manganese content between 0.005 and 1.5%),MOD)

2008-03-31 发布 2008-09-01 实施

中华人民共和国国家质量监督检验检疫总局
中国国家标准化管理委员会 发布

前　言

GB/T 20975《铝及铝合金化学分析方法》是对 GB/T 6987—2001《铝及铝合金化学分析方法》的修订，本次修订将原标准号 GB/T 6987 改为 GB/T 20975。

GB/T 20975《铝及铝合金化学分析方法》分为 25 个部分：

——第 1 部分：汞含量的测定　冷原子吸收光谱法
——第 2 部分：砷含量的测定　钼蓝分光光度法
——第 3 部分：铜含量的测定
——第 4 部分：铁含量的测定　邻二氮杂菲分光光度法
——第 5 部分：硅含量的测定
——第 6 部分：镉含量的测定　火焰原子吸收光谱法
——第 7 部分：锰含量的测定　高碘酸钾分光光度法
——第 8 部分：锌含量的测定
——第 9 部分：锂含量的测定　火焰原子吸收光谱法
——第 10 部分：锡含量的测定
——第 11 部分：铅含量的测定　火焰原子吸收光谱法
——第 12 部分：钛含量的测定
——第 13 部分：钒含量的测定　苯甲酰苯胲分光光度法
——第 14 部分：镍含量的测定
——第 15 部分：硼含量的测定
——第 16 部分：镁含量的测定
——第 17 部分：锶含量的测定　火焰原子吸收光谱法
——第 18 部分：铬含量的测定
——第 19 部分：锆含量的测定
——第 20 部分：镓含量的测定　丁基罗丹明 B 分光光度法
——第 21 部分：钙含量的测定　火焰原子吸收光谱法
——第 22 部分：铍含量的测定　依莱铬氰兰 R 分光光度法
——第 23 部分：锑含量的测定　碘化钾分光光度法
——第 24 部分：稀土总含量的测定
——第 25 部分：电感耦合等离子体原子发射光谱法

本部分为第 7 部分。对应于 ISO 886：1973《铝及铝合金　锰量的测定　光度法（锰量 0.005％～1.5％）》，一致性程度为修改采用。附录 A 中列出了本部分章条和对应的国际标准章条的对照一览表；附录 B 中列出了本部分和对应的国际标准技术性差异。

本部分代替 GB/T 6987.7—2001《铝及铝合金化学分析方法　高碘酸钾光度法测定锰量》。

本部分与 GB/T 6987.7—2001 相比主要变化如下：

——增加了“8.1　重复性”；
——增加了“9　质量保证与控制”条款。

本部分附录 A 和附录 B 是资料性附录。

本部分由中国有色金属工业协会提出。

本部分由全国有色金属标准化技术委员会归口。

本部分由东北轻合金有限责任公司、中国有色金属工业标准计量质量研究所负责起草。
本部分起草单位：东北轻合金有限责任公司。
本部分主要起草人：刘双庆、周兵、孙景林、王涛、胡智敏、席欢、马存真、朱玉华。
本部分所代替标准的历次版本发布情况为：
——GB/T 6987.7—1986、GB/T 6987.7—2001。

铝及铝合金化学分析方法
第7部分：锰含量的测定
高碘酸钾分光光度法

1 范围

本部分规定了铝及铝合金中锰含量的测定方法。

本部分适用于铝及铝合金中锰含量的测定。测定范围：0.004%～1.80%。

2 方法提要

试料以氢氧化钠溶解，用硫酸、硝酸酸化，在磷酸存在下，用高碘酸钾氧化显色。于分光光度计波长525 nm处测量其吸光度。

3 试剂

3.1 硫酸（ρ1.84 g/mL）。

3.2 硝酸（ρ1.42 g/mL）。

3.3 磷酸（ρ1.69 g/mL）。

3.4 氢氟酸（ρ1.14 g/mL）。

3.5 硫酸（1+1）。

3.6 氢氧化钠溶液（200 g/L）。

3.7 氟硼混合酸：将800 mL在20℃下饱和的硼酸溶液与200 mL氢氟酸（3.4）置于塑料瓶中混匀。

3.8 高碘酸钾溶液（50 g/L）：称取5 g高碘酸钾溶于水中，加入20 mL硝酸（3.2），以水稀释至100 mL，混匀。

3.9 亚硝酸钠溶液（20 g/L）。

3.10 亚硫酸钠溶液（10 g/L）：将1 g亚硫酸钠溶于100 mL硫酸（1+20）中，混匀。

3.11 无还原剂的水：于每升水中，加入10 mL硫酸（3.5）酸化并煮沸，加入少量高碘酸钾，继续煮沸约10 min，冷却后备用。

3.12 锰标准贮存溶液：称取1.000 g锰于烧杯中，加入20 mL硫酸（3.5）和约80 mL水，溶解后煮沸3 min，冷却。移入1 000 mL容量瓶中，以水稀释至刻度，混匀。此溶液1 mL含1 mg锰。

3.13 锰标准溶液：移取50.00 mL锰标准贮存溶液（3.12）于1 000 mL容量瓶中，以水稀释至刻度，混匀。此溶液1 mL含0.05 mg锰。

4 仪器

分光光度计。

5 试样

将试样加工成厚度不大于1 mm碎屑。

6 分析步骤

6.1 试料

按表1称取试样，精确至0.000 1 g。

表 1

锰的质量分数/%	试料/g	试液总体积	分取试液体积	补加酸体积/mL	
		mL		硝酸(3.2)	硫酸(3.5)
0.004～0.100	1.00	100	全部	0	3.0
＞0.100～0.400	0.50	100	20.00	8.0	12.0
＞0.400～1.000			10.00	9.0	14.0
＞1.000～1.800		250		10.0	14.5

6.2 测定次数

独立地进行两次测定，取其平均值。

6.3 空白试验

随同试料做空白试验，按如下步骤进行：于 250 mL 烧杯中，加入 8 mL 硝酸(3.2)，12 mL 硫酸(3.5)，蒸发至干(注意不要烧焦)。用少量温水溶解残渣，加入 2 mL 硝酸(3.2)，18 mL 硫酸(3.5)，40 mL 氢氧化钠溶液(3.6)，混匀。加热至溶液清亮，冷却。加 5 mL 磷酸(3.3)，用水稀释至约 70 mL，以下按 6.4.3 和 6.4.4 进行。

注：对于试样中硅的质量分数大于 10% 和锰的质量分数小于 0.1% 的铝合金试样，用下述操作代替 6.3 进行：于 250 mL 烧杯中，加入 8 mL 硝酸(3.2)，12 mL 硫酸(3.5)，蒸发至干(注意不要烧焦)，用少量温水溶解残渣。加入 2 mL 硝酸(3.2)，8 mL 硫酸(3.5)，用水(3.11)稀释至约 60 mL，加入 2 mL 氟硼混合酸(3.7)，用水(3.11)稀释至约 65 mL，以下按 6.4.3 和 6.4.4 进行。

6.4 测定

6.4.1 将试料(6.1)置于铂(或镍)皿中，盖上铂(或镍)表皿，分次加入总量为 40 mL 氢氧化钠溶液(3.6)，加热溶解后蒸发至糊状，稍冷。用尽量少的温水洗涤皿壁及皿盖，微热，使盐类溶解。将溶液小心移入预先盛有 30 mL 硫酸(3.5)和 10 mL 硝酸(3.2)的 250 mL 烧杯中。粘附在铂(或镍)皿壁上的氢氧化锰沉淀用少量微沸的亚硫酸钠溶液(3.10)溶解，将溶液合并于原试液中，用温水洗涤铂(或镍)皿，将试液加热至清亮。

6.4.2 按表 1 将试液移入容量瓶中，以水稀释至刻度，混匀并按表 1 分取相应量试液于 250 mL 烧杯中，按表 1 补加相应量的酸，以水稀释至约 65 mL。

注：对于试样中硅的质量分数大于 10% 和锰的质量分数小于 0.1% 的铝合金试样，用下述操作代替 6.4.1 和 6.4.2 进行：将试料(6.1)置于 250 mL 烧杯中，盖上表皿。加入 20 mL 硫酸(3.5)，10 mL 硝酸(3.2)，2 mL 氟硼混合酸(3.7)，微热至试料完全溶解，加热至沸，除尽氮氧化物。用温水稀释至约 50 mL，加入少量滤纸浆，加热数分钟，用慢速滤纸过滤，用温水洗涤，收集滤液于 250 mL 烧杯中。将残渣连同滤纸置于铂坩埚中，于 500℃～600℃灰化完全(勿使滤纸燃着)，冷却。加入数滴硫酸(3.1)，2 mL～5 mL 氢氟酸(3.4)，滴加硝酸(3.2)至溶液清亮。蒸发至干，于 700℃灼烧数分钟，冷却。用加有数滴硫酸(3.5)的少量温水溶解残渣，加热至完全溶解(必要时过滤)。将此溶液并入主试液中，浓缩至约 65 mL。以下按 6.4.3 进行。

6.4.3 加入 5 mL 磷酸(3.3)，将溶液加热至沸，加入 10 mL 高碘酸钾溶液(3.8)，继续煮沸至红色出现后，在不断补加水(3.11)保持体积不变的情况下，再煮沸 5 min(显色液中锰量小于或等于 0.2 mg，煮沸 15 min～30min)，保温 15 min～20 min，冷却。将试液移入预先用水(3.11)冲洗过的 100 mL 容量瓶中，以水(3.11)稀释至刻度，混匀。

6.4.4 将部分试液(6.4.3)和随同试料所做的空白试验溶液(6.3)，分别移入 3 cm 吸收池中，以水(3.11)为参比，于分光光度计波长 525 nm 处测量其吸光度。将容量瓶中剩余的试液加入 2 滴亚硝酸钠溶液(3.9)使高锰酸退色，重新测量其吸光度。

6.4.5 按式(1)计算试液中锰的吸光度：

$$A = (A_1 - A_2) - (A_3 - A_4) \qquad \cdots\cdots(1)$$

式中：

A_1——显色试液的吸光度；

A_2——退色试液的吸光度；

A_3——显色空白试验溶液的吸光度；

A_4——退色空白试验溶液的吸光度。

从工作曲线上查出相应的锰量。

6.5 工作曲线的绘制

6.5.1 移取 0、0.80、2.00、4.00、6.00、8.00、10.00 mL 锰标准溶液(3.13)于一组 250 mL 烧杯中，依次分别加入 15 mL 硫酸(3.5)，10 mL 硝酸(3.2)，5 mL 磷酸(3.3)，以水(3.11)稀释至约 70 mL，加热至沸。加入 10 mL 高碘酸钾溶液(3.8)，继续煮沸至红色出现后，在不断补加水(3.11)保持体积不变的情况下，继续煮沸 15 min～30 min，保温 15 min～20 min，冷却。将溶液移入预先用水(3.11)冲洗过的一组 100 mL 容量瓶中，以水(3.11)稀释至刻度，混匀。

6.5.2 将部分系列标准溶液(6.5.1)分别于 3cm 吸收池中，以水(3.11)为参比。于分光光度计波长 525 nm 处测量其吸光度。将容量瓶中剩余试液加入 2 滴亚硝酸钠溶液(3.9)使高锰酸退色，重新测量其吸光度。

6.5.3 按式(2)计算溶液中锰的吸光度：

$$A = (A_1 - A_2) - (A_3 - A_4) \qquad \cdots\cdots(2)$$

式中：

A_1——显色标准溶液的吸光度；

A_2——退色标准溶液的吸光度；

A_3——显色试剂空白溶液(不加锰标准溶液者)的吸光度；

A_4——退色试剂空白溶液(不加锰标准溶液者)的吸光度。

以锰量为横坐标，吸光度为纵坐标，绘制工作曲线。

7 分析结果的计算

按式(3)计算锰的质量分数 $w(\text{Mn})$(%)：

$$w(\text{Mn}) = \frac{m_1}{m_0 \times \frac{V_1}{V_0}} \times 100 \qquad \cdots\cdots(3)$$

式中：

m_1——自工作曲线上查得的锰量，单位为克(g)；

m_0——称取试料的质量，单位为克(g)；

V_1——移取试液的体积，单位为毫升(mL)；

V_0——试液的总体积，单位为毫升(mL)。

8 精密度

8.1 重复性

在重复性条件下获得的两次独立测试结果的测定值，在以下给出的平均值范围内，这两个测试结果的绝对差值不超过重复性限(r)，超过重复性限(r)的情况不超过 5%，重复性限(r)按以下数据采用线性内插法求得。

锰的质量分数/%：	0.008 5	0.060	0.353	1.00	1.82
重复性限 r/%：	0.000 90	0.002 1	0.012	0.018	0.056

8.2 允许差

实验室之间的分析结果的差值应不大于表 2 所列允许差。

表 2

锰的质量分数/%	允许差/%
0.004 0～0.010 0	0.001 5
>0.010 0～0.025	0.002 5
>0.025～0.05	0.005
>0.05～0.10	0.01
>0.10～0.25	0.02
>0.25～0.50	0.03
>0.50～1.00	0.04
>1.00～1.80	0.06

9 质量保证与控制

分析时，用标准样品或控制样品进行校核，或每年至少用标准样品或控制样品对分析方法校核一次。当过程失控时，应找出原因。纠正错误后，重新进行校核。

附 录 A
（资料性附录）
本部分章条编号与 ISO 886:1973 章条编号对照

表 A.1 给出了本部分章条编号与 ISO 886:1973 章条编号对照一览表。

表 A.1 本部分章条编号与 ISO 886:1973 章条编号对照

本部分章条编号	对应的国际标准章条编号
1	1 的第一句
2	2
3.1	3.5
3.2	3.6
3.3	3.9
3.4	3.7
3.5	3.4
3.6	3.2
3.7	3.8
3.8	3.10
3.9	3.11
3.10	—
3.11	3.1
3.12	3.12
3.13	—
4	4.3
5	5.2
6.1	—
6.2	—
6.3	7.3
6.4.1	6.4.1 的第一、二段
6.4.2	—
6.4.3	6.4.2 的第一、二段
6.4.4、6.4.5	6.4.3
6.5	6.2.2～6.2.5
7	7
8	—
9	—

附 录 B
（资料性附录）
本部分与 ISO 886:1973 技术性差异及其原因

表 B.1 给出了本部分与 ISO 886:1973 的技术性差异及其原因的一览表。

表 B.1 本部分与 ISO 886:1973 技术性差异及其原因

本部分的章条编号	技术性差异	原因
1	本部分将 ISO 886:1973 的测定范围由 0.005%～1.50%扩至 0.004%～1.80%。 删除 a)硅含量高于 10%和锰含量小于0.1%的合金(见附录)及附录中内容。 删除 b)含锡、锑、铋和锆等铝合金这些特殊情况在本国际标准中未作处理	根据我国产品标准中锰含量的范围，通过实验扩展测定范围。 将 ISO 中的内容修改编辑到正文中，以适合国标编写规范。 干扰试验证明：这些元素对锰的测定无干扰
3	删除亚硫酸溶液，改用亚硫酸钠溶液。 删除锰标准溶液(1 mL 含 0.1 mg)，改用锰标准溶液(1 mL 含 0.05 mg)	亚硫酸钠溶液较亚硫酸易于配制，并且所起的作用是相同的。 便于绘制锰含量低的工作曲线时，锰标准溶液的分取
6.1	将 ISO 中称样量及 ISO 中 6.4.1 中表的内容修改为本部分表 1，并删除 ISO 中 6.4.1 中的表	以便符合国家标准编写规范
6.3	将 ISO 附录中相关内容移到本条款中	以便符合国家标准编写规范
6.4.2	将 ISO 附录中关于“硅的质量分数大于 10%和锰量小于 0.1%的试样处理”的内容移入本条款中	以便符合国家标准编写规范
6.5	将 ISO 中 6.2.1 条款“0 溶液”内容编辑合并移入本条款中	以便符合国家标准编写规范
8	删除 ISO 中第 8 条款内容，改为“精密度”	以便符合国家标准编写规范
9	增加“质量保证与控制”条款	以便符合国家标准编写规范

ICS 77.120.10
H 12

中华人民共和国国家标准

GB/T 20975.8—2008
代替 GB/T 6987.8—2001,GB/T 6987.9—2001

铝及铝合金化学分析方法 第8部分:锌含量的测定

Methods for chemical analysis of aluminium and aluminium alloys—
Part 8:Determination of zinc content

2008-03-31 发布 2008-09-01 实施

中华人民共和国国家质量监督检验检疫总局
中国国家标准化管理委员会 发布

前 言

GB/T 20975《铝及铝合金化学分析方法》是对 GB/T 6987—2001《铝及铝合金化学分析方法》的修订，本次修订将原标准号 GB/T 6987 改为 GB/T 20975。

GB/T 20975《铝及铝合金化学分析方法》分为 25 个部分：

——第 1 部分：汞含量的测定　冷原子吸收光谱法

——第 2 部分：砷含量的测定　钼蓝分光光度法

——第 3 部分：铜含量的测定

——第 4 部分：铁含量的测定　邻二氮杂菲分光光度法

——第 5 部分：硅含量的测定

——第 6 部分：镉含量的测定　火焰原子吸收光谱法

——第 7 部分：锰含量的测定　高碘酸钾分光光度法

——第 8 部分：锌含量的测定

——第 9 部分：锂含量的测定　火焰原子吸收光谱法

——第 10 部分：锡含量的测定

——第 11 部分：铅含量的测定　火焰原子吸收光谱法

——第 12 部分：钛含量的测定

——第 13 部分：钒含量的测定　苯甲酰苯胲分光光度法

——第 14 部分：镍含量的测定

——第 15 部分：硼含量的测定

——第 16 部分：镁含量的测定

——第 17 部分：锶含量的测定　火焰原子吸收光谱法

——第 18 部分：铬含量的测定

——第 19 部分：锆含量的测定

——第 20 部分：镓含量的测定　丁基罗丹明 B 分光光度法

——第 21 部分：钙含量的测定　火焰原子吸收光谱法

——第 22 部分：铍含量的测定　依莱铬氰兰 R 分光光度法

——第 23 部分：锑含量的测定　碘化钾分光光度法

——第 24 部分：稀土总含量的测定

——第 25 部分：电感耦合等离子体原子发射光谱法

本部分为第 8 部分。对应于 ISO 1784:1976《铝合金　锌的测定　EDTA 滴定法》和 ISO 5194:1981《铝及铝合金——锌含量的测定——火焰原子吸收光谱法》，一致性程度为修改采用。

本部分“方法一”修改采用 ISO 1784:1976，主要差异如下：

——“测定范围：0.1%～12%”修改为“测定范围：0.10%～14.00%”；

——“6.2　测定次数　独立地进行两次测定，取其平均值。”

本部分“方法二”修改采用 ISO 5194:1981，主要差异如下：

——“测定范围：0.002%～6%”修改为“测定范围：0.001%～6.00%”；

——“15.2　测定次数　独立地进行两次测定，取其平均值。”

附录 A 中表 A.1 列出了本部分“方法一”章条和 ISO 1784:1976 章条的对照表，附录 A 中表 A.2 列出了本部分“方法二”章条和 ISO 5194:1981 章条的对照表。

本部分代替 GB/T 6987.8—2001《铝及铝合金化学分析方法 EDTA 滴定法测定锌量》和 GB/T 6987.9—2001《铝及铝合金化学分析方法 火焰原子吸收光谱法测定锌量》。

本部分与 GB/T 6987.8—2001 相比主要变化如下：

——将 GB/T 6987.9—2001 的内容作为本部的"方法二：火焰原子吸收光谱法"，原标准内容作为"方法一：EDTA 滴定法"；

——两个方法中均增加了"重复性"和"质量保证与控制"条款。

本部分的附录 A 为资料性附录。

本部分的"方法一：EDTA 滴定法"为锌含量在 6.0%～14.0%（含 6.0%）的铝及铝合金仲裁方法，"方法二：火焰原子吸收光谱法"为锌含量在 0.001%～6.0%（不含 6.0%）的铝及铝合金仲裁方法。

本部分由中国有色金属工业协会提出。

本部分由全国有色金属标准化技术委员会归口。

本部分由东北轻合金有限责任公司、中国有色金属工业标准计量质量研究所负责起草。

本部分起草单位：中国铝业股份有限公司郑州研究院。

本部分方法一主要起草人：冯敬东、张爱芬、路霞、张树朝、席欢、马存真、朱玉华。

本部分方法二主要起草人：张炜华、陈静、王淑华、薛宁、席欢、葛立新、范顺科。

本部分所代替标准的历次版本发布情况为：

——GB/T 6987.8—1986、GB/T 6987.8—2001；

——GB/T 6987.9—1986、GB/T 6987.9—2001。

铝及铝合金化学分析方法
第8部分:锌含量的测定

方法一:EDTA 滴定法

1 范围

本方法规定了铝及铝合金中锌含量的测定方法。

本方法适用于铝及铝合金中锌含量的测定。测定范围:0.10%～14.00%。

2 方法提要

试样用盐酸溶解,蒸发除去过量的酸,用 2 mol/L 盐酸溶解盐类,过滤除去不溶物。将滤液通过强碱性阴离子交换树脂。用 0.005 mol/L 盐酸洗脱树脂上的锌。以双硫腙为指示剂,用 EDTA 标准溶液滴定锌。

3 试剂

3.1 强碱性阴离子交换树脂:季胺基聚苯乙烯型(二乙烯基苯的质量分数为 2%～3%)。粒度为 154 μm～355 μm(+100 目～−50 目)。

3.2 硝酸(ρ1.42 g/mL)。

3.3 过氧化氢(ρ1.10 g/mL)。

3.4 氨水(ρ0.90 g/mL)。

3.5 盐酸(1+1)。

3.6 盐酸[c(HCl)=2 mol/L]:移取 167 mL 盐酸(ρ1.19 g/mL)用水稀释至 1 000 mL,混匀。

3.7 盐酸[c(HCl)=1 mol/L]:移取 84 mL 盐酸(ρ1.19 g/mL)用水稀释至 1 000 mL,混匀。

3.8 盐酸[c(HCl)=0.005 mol/L]:移取 5 mL 盐酸(3.7)用水稀释至 1 000 mL,混匀。

3.9 乙酸[c(CH_3COOH)=1 mol/L]:移取 58 mL 冰乙酸(ρ1.05 g/mL)用水稀释至 1 000 mL,混匀。

3.10 乙酸铵溶液(500 g/L)。

3.11 丙酮。

3.12 石蕊试纸。

3.13 精密 pH 试纸(pH=5～6,间隔 0.2 单位)。

3.14 双硫腙乙醇溶液(0.25 g/L,用时现配)。

3.15 锌标准溶液(0.03 mol/L):称取 1.961 7 g 锌于 500 mL 烧杯中,盖上表皿,加入 50 mL 水和 50 mL 盐酸(3.5),待完全溶解后,将溶液移入 1 000 mL 容量瓶中。以水稀释至刻度,混匀。

3.16 乙二胺四乙酸二钠(EDTA)标准滴定溶液。

3.16.1 制备:称取 7.5 g EDTA 置于 500 mL 烧杯中,加入 200 mL 热水溶解,冷却后,移入 1 000 mL 容量瓶中,以水稀释至刻度,混匀。贮于聚乙烯瓶中。

3.16.2 标定:移取 25.00 mL 锌标准溶液(3.15)于 300 mL 烧杯中,加入 50 mL 盐酸(3.5)和 0.5 mL 硝酸(3.2),加水使溶液体积约 150 mL,混匀。以下按 6.4.4～6.4.5 操作步骤进行。

3.16.3 按式(1)计算 EDTA 标准滴定溶液的浓度:

$$c = \frac{c_0 \times V_1}{V_2} \quad \cdots\cdots(1)$$

式中：

c——EDTA标准滴定溶液的浓度，单位为摩尔每升(mol/L)；

c_0——锌标准溶液的浓度，单位为摩尔每升(mol/L)；

V_1——移取锌标准溶液的体积，单位为毫升(mL)；

V_2——滴定锌标准溶液所消耗的EDTA标准滴定溶液的体积，单位为毫升(mL)。

4 装置

离子交换柱，用直径为20 mm，高约400 mm并配有活塞的玻璃管，按如下方法制备离子交换柱：用盐酸(3.8)连续洗涤阴离子树脂(3.1)直至洗出液清亮为止，以除去细小颗粒，将树脂浸入盐酸(3.8)中过夜，在玻璃管底部的活塞上放入玻璃纤维以托住树脂。边摇边将树脂悬浮液倒入管中(注意避免形成气泡和沟道)，使树脂柱高约150 mm，用约100 mL盐酸(3.8)以5 mL/min～7 mL/min速度洗涤交换柱。用预先已加入0.5 mL硝酸(3.2)的200 mL盐酸(3.6)以同样的速度通过交换柱，使之达到需要的状态。

注：1. 制备交换柱和分析时，柱中树脂需用液体覆盖。

2. 不使用时，交换柱中树脂始终要用盐酸(3.8)覆盖。

3. 交换柱重复使用前，仍需用预先加入0.5 mL硝酸的200 mL盐酸(3.6)以5 mL/min～7 mL/min的速度通过。

5 试样

将试样加工成厚度不大于1 mm的碎屑。

6 分析步骤

6.1 试料

称取2.00 g试样，精确至0.000 1 g。

6.2 测定次数

独立地进行两次测定，取其平均值。

6.3 空白试验

随同试料做试剂空白。

6.4 测定

6.4.1 将试料(6.1)置于400 mL烧杯中，盖上表皿，分次加入总量为50 mL的盐酸(3.5)，待剧烈反应停止后，滴加过氧化氢(3.3)，缓慢加热至试样完全分解，蒸发试液至结晶析出。冷却后加入约100 mL盐酸(3.6)，加热使盐类溶解。

用预先以热盐酸(3.5)和热水淋洗的慢速滤纸过滤。用40 mL热盐酸(3.6)分次淋洗烧杯及滤纸，根据锌量按6.4.2或6.4.3进行。

6.4.2 锌的质量分数在0.10%～1.50%时，将滤液和洗涤液收集于300 mL烧杯中，冷却，用盐酸(3.6)调整试液体积约150 mL，加入0.5 mL硝酸(3.2)。

6.4.3 锌的质量分数大于1.50%时，将滤液和洗涤液收集于200 mL容量瓶中，冷却，用盐酸(3.6)稀释至刻度，混匀。

按表1移取试液于300 mL烧杯中，用盐酸(3.6)调整试液体积约150 mL，加入0.5 mL硝酸(3.2)。

表 1

锌的质量分数/%	移取试液体积/mL	相当于试样的质量/g
1.50～3.00	100.0	1.000 0
>3.00～6.00	50.00	0.500 0
>6.00～14.00	25.00	0.250 0

6.4.4　将试液(6.4.2或6.4.3)以5 mL/min～7 mL/min速度通过交换柱,用四份25 mL盐酸(3.6)连续洗涤烧杯和交换柱,再用100 mL盐酸(3.7)以5 mL/min～7 mL/min速度洗涤树脂,弃去洗涤液。

注:如合金中含有铅,盐酸(3.7)用量增加至200 mL。

用250 mL盐酸(3.8)以同样的速度通过交换柱,洗脱被树脂吸着的锌。洗脱液收集于400 mL烧杯中,浓缩至体积为100 mL。

6.4.5　将石蕊试纸(3.12)放入洗液中,边搅拌边滴加氨水(3.4),直至试纸变色。取出石蕊试纸,用水淋洗一下,加入20 mL乙酸(3.9)和10 mL乙酸铵溶液(3.10)。用精密pH试纸(3.13)检查溶液是否为pH5.0～pH5.5,若不在此范围内,可滴加乙酸(3.9)调整,冷却至室温。加入50 mL丙酮(3.11),加入2 mL双硫腙乙醇溶液(3.14),用EDTA标准滴定溶液(3.16)滴定至试液从红色变为橙黄色为止。此颜色在过量2滴EDTA标准滴定溶液下应不变。

7　分析结果的计算

按式(2)计算锌的质量分数$w(Zn)$(%):

$$w(Zn)=\frac{c\times(V_1-V_2)\times 65.39\times 10^{-3}}{m_0\times\frac{V_3}{V_4}}\times 100 \qquad\cdots\cdots(2)$$

式中:

c——EDTA标准滴定溶液的实际浓度,单位为摩尔每升(mol/L);

V_1——滴定时所消耗的EDTA标准滴定溶液的体积,单位为毫升(mL);

V_2——滴定空白试验溶液所消耗的EDTA标准滴定溶液体积,单位为毫升(mL);

V_3——移取试液的体积,单位为毫升(mL);

V_4——试液总体积,单位为毫升(mL);

65.39——锌的摩尔质量,单位为克每摩尔(g/mol);

m_0——试样的质量,单位为克(g)。

8　精密度

8.1　重复性

在重复性条件下获得的两个独立测试结果的测定值,在以下给出的平均值范围内,这两个测试结果的绝对差值不超过重复性限(r),超过重复性限(r)的情况不超过5%,重复性限(r)按以下数据采用线性内插法求得。

锌的质量分数/%:	0.356	1.475	6.16	12.40
重复性限 r/%:	0.022	0.051	0.12	0.20

8.2　允许差

实验室之间分析结果的差值应不大于表2所列允许差。

表 2

锌的质量分数/%	允许差/%
0.10～0.50	0.04
>0.50～1.50	0.07
>1.50～3.00	0.10
>3.00～6.00	0.15
>6.00～10.00	0.20
>10.00～14.00	0.30

9　质量控制与保证

分析时，用标准样品或控制样品进行校核，或每年至少用标准样品或控制样品对分析方法校核一次。当过程失控时，应找出原因。纠正错误后，重新进行校核。

方法二：火焰原子吸收光谱法

10　范围

本方法规定了铝及铝合金中锌含量的测定方法。

本方法适用于铝及铝合金中锌含量的测定。测定范围：0.001%～6.00%。

11　方法提要

试样用盐酸和过氧化氢溶解，于原子吸收光谱仪波长 213.9 nm 处，用空气-乙炔贫燃性火焰测量锌的吸光度。

12　试剂

12.1　铝(99.99%，不含锌)。

12.2　硝酸(ρ1.42 g/mL)。

12.3　氢氟酸(ρ1.14 g/mL)。

12.4　过氧化氢(ρ1.10 g/mL)。

12.5　盐酸(1+1)。

12.6　硫酸(1+1)。

12.7　铝溶液(20 mg/mL)：称取 20.00 g 经酸洗的铝(12.1)置于 1 000 mL 烧杯中，盖上表皿，分次加入总量为 600 mL 盐酸(12.5)，待剧烈反应停止后，缓慢加热至完全溶解，然后加入数滴过氧化氢(12.4)，煮沸数分钟，分解过量的过氧化氢，冷却，将溶液移入 1 000 mL 容量瓶中，用水稀释至刻度，混匀。

12.8　铝溶液(2 mg/mL)：移取 50.00 mL 铝溶液(12.7)于 500 mL 容量瓶中，加入 270 mL 盐酸(12.5)，用水稀释至刻度，混匀。

12.9　锌标准贮存溶液：称取 1.000 0 g 锌(≥99.99%)，置于 400 mL 烧杯中，盖上表皿，分次加入总量为 50 mL 的盐酸(12.5)，缓慢加热至完全溶解，冷却。将溶液移入 1 000 mL 容量瓶中，用水稀释至刻度，混匀。此溶液 1 mL 含 1.0 mg 锌。

12.10　锌标准溶液：移取 50.00 mL 锌标准贮存溶液(12.9)于 1 000 mL 容量瓶中，用水稀释至刻度，混匀。此溶液 1 mL 含 0.050 mg 锌。

12.11 锌标准溶液：移取 10.00 mL 锌标准贮存溶液(12.9)于 1 000 mL 容量瓶中，用水稀释至刻度，混匀。此溶液 1 mL 含 0.010 mg 锌。

13 仪器

原子吸收光谱仪，附锌空心阴极灯。

在仪器最佳工作条件处，凡能达到下列指标者均可使用：

灵敏度：在与测量试料溶液的基体一致的溶液中，锌的特征浓度应不大于 0.02 μg/mL。

精密度：用最高浓度的标准溶液测量 10 次吸光度，其标准偏差应不超过平均吸光度的 1.0%；用最低浓度的标准溶液(不是零浓度溶液)测量 10 次吸光度，其标准偏差应不超过最高浓度标准溶液平均吸光度的 0.5%。

工作曲线线性：将工作曲线按浓度等分成五段，最高段的吸光度差值与最低段的吸光度差值之比应不小于 0.70。

14 试样

将试样加工成厚度不大于 1 mm 的碎屑。

15 分析步骤

15.1 试料

称取 1.00 g 试样，精确至 0.000 1 g。

15.2 测定次数

独立地进行两次测定，取其平均值。

15.3 空白试验

称取 1.00 g 铝(12.1)代替试料(15.1)，随同试料做空白试验。

15.4 测定

15.4.1 将试料(15.1)置于 250 mL 烧杯中，盖上表皿，加入 30 mL～40 mL 水，分次加入总量为 30 mL 的盐酸(12.5)，待剧烈反应停止后，缓慢加热至试料完全溶解，滴加数滴过氧化氢(12.4)，煮沸数分钟，分解过量的过氧化氢，冷却。

15.4.2 如有不溶物，过滤，洗涤。将残渣连同滤纸置于铂坩埚中，灰化(勿使滤纸燃烧)，在约 550℃ 灼烧，冷却。加入 2 mL 硫酸(12.6)，5 mL 氢氟酸(12.3)，并逐滴加入硝酸(12.2)至溶液清亮(约 1 mL)，加热蒸发至干，在 700℃ 灼烧数分钟，冷却。用尽量少的盐酸(12.5)溶解残渣(必要时过滤)。将此试液合并于原滤液中。

15.4.3 根据试样中锌的质量分数分别按下述方法处理：

锌的质量分数在 0.001%～0.030% 时，将试液(15.4.1)或处理不溶物后合并的试液移入 100 mL 容量瓶中，用水稀释至刻度，混匀。

锌的质量分数在 0.02%～0.30% 时，将试液(15.4.1)或处理不溶物后合并的试液移入 1 000 mL 容量瓶中，用水稀释至刻度，混匀。

锌的质量分数在 0.20%～3.00% 时，将试液(15.4.1)或处理不溶物后合并的试液移入 500 mL 容量瓶中，用水稀释至刻度，混匀。移取 50.00 mL 此试液于 1 000 mL 容量瓶中，加入 27.0 mL 盐酸(12.5)，用水稀释至刻度，混匀。

锌的质量分数在 3.00%～6.00% 时，将试液(15.4.1)或处理不溶物后合并的试液移入 1 000 mL 容量瓶中，用水稀释至刻度，混匀。移取 50.00 mL 此试液于 1 000 mL 容量瓶中，加入 13.5 mL 盐酸(12.5)，用水稀释至刻度，混匀。

15.4.4 将随同试料所作的空白试验溶液(15.3)及根据试料中锌的质量分数而制备的试液(15.4.3)于原子吸光谱仪波长 213.9 nm 处，以空气-乙炔贫燃性火焰，以水调零，测量锌的吸光度。从工作曲线上查出相应的锌量。

15.5 工作曲线的绘制

15.5.1 系列标准溶液的制备

锌的质量分数为 0.001%～0.030%时：移取 0、1.00、3.00、5.00、10.00 mL 锌标准溶液(12.11)及 3.00、4.00、5.00、6.00 mL 锌标准溶液(12.10)分别置于一组 100 mL 容量瓶中，各加入 50.00 mL 铝溶液(12.7)，用水稀释至刻度，混匀。

锌的质量分数为 0.030%～0.30%时：移取 0、1.00、3.00、5.00、10.00 mL 锌标准溶液(12.11)及 3.00、4.00、5.00、6.00 mL 锌标准溶液(12.10)分别置于一组 100 mL 容量瓶中，各加入 5.00 mL 铝溶液(12.7)，用水稀释至刻度，混匀。

锌的质量分数为 0.30%～3.00%时：移取 0、1.00、3.00、5.00、10.00 mL 锌标准溶液(12.11)及 3.00、4.00、5.00、6.00 mL 锌标准溶液(12.10)分别置于一组 100 mL 容量瓶中，各加入 5.00 mL 铝溶液(12.8)，用水稀释至刻度，混匀。

锌的质量分数为 3.00%～6.00%时：移取 0、2.00、3.00、4.00、5.00、6.00 mL 锌标准溶液(12.10)分别置于一组 100 mL 容量瓶中，各加入 2.5 mL 铝溶液(12.8)，用水稀释至刻度，混匀。

15.5.2 测量

将系列标准溶液(15.5.1)于原子吸收光谱仪波长 213.9 nm 处，用空气-乙炔贫燃性火焰，以水调零，测量系列标准溶液的吸光度。以锌量为横坐标，吸光度(减去“零浓度”标准溶液的吸光度)为纵坐标，绘制工作曲线。

16 分析结果的计算

按式(3)计算锌的质量分数 $w(\mathrm{Zn})$(%)：

$$w(\mathrm{Zn}) = \frac{(m_1 - m_2) \times R}{m_0 \times 10^3} \times 100 \qquad (3)$$

式中：

m_1——自工作曲线上查得的试样溶液的锌量，单位为毫克(mg)；

m_2——自工作曲线上查得的随同试样所作的空白试验溶液的锌量，单位为毫克(mg)；

m_0——试样的质量，单位为克(g)；

R——稀释系数，15.4.3 中四种情况的 R 值分别为 1、10、100 和 200。

17 精密度

17.1 重复性

在重复性条件下获得的两个独立测试结果的测定值，在以下给出的平均值范围内，这两个测试结果的绝对差值不超过重复性限(r)，超过重复性限(r)的情况不超过 5%，重复性限(r)按以下数据采用线性内插法求得。

锌的质量分数/%：	0.003 2	0.056 7	0.194	1.055	6.174
重复性限 r/%：	0.000 20	0.002 5	0.006 0	0.032	0.075

17.2 允许差

实验室之间分析结果的差值应不大于表 3 所列允许差。

表 3

锌的质量分数/%	允许差/%
0.001～0.003 0	0.000 5
>0.003 0～0.005 0	0.000 6
>0.005～0.007 5	0.001 0

表 3（续）

锌的质量分数/%	允许差/%
>0.007 5~0.010 0	0.001 5
>0.010~0.025	0.003
>0.025~0.05	0.005
>0.05~0.100	0.010
>0.10~0.50	0.02
>0.50~1.00	0.03
>1.00~3.00	0.06
>3.00~6.00	0.12

18 质量控制与保证

分析时，用标准样品或控制样品进行校核，或每年至少用标准样品或控制样品对分析方法校核一次。当过程失控时，应找出原因。纠正错误后，重新进行校核。

附 录 A
（资料性附录）
本部分章条编号与 ISO 1784:1976 和 ISO 5194:1981 章条编号对照

表 A.1 本部分“方法一”章条编号和 ISO 1784:1976 章条编号对照

本部分“方法一”章条编号	对应的国际标准章条编号
1	1
2	2
3	3
3.1	3.1
3.2	3.7
3.3	3.8
3.4	3.9
3.5	3.3
3.6	3.4
3.7	3.5
3.8	3.6
3.9	3.10
3.10	3.11
3.11	3.2
3.12	3.14
3.13	3.15
3.14	3.16
3.15	3.12
3.16	3.13
3.16.1	3.13.1
3.16.2	3.13.2
3.16.3	3.13.3
4	4 和 6.1
5	5.2
6	6
6.1	6.2
6.2	—
6.3	6.3
6.4 和 6.4.1	6.4
6.4.2 和 6.4.3	6.4.1
6.4.4	6.5
6.4.5	6.6
7	7
8	—
8.1 和 8.2	—
9	—

表 A.2　本部分“方法二”章条编号和 ISO 5194:1981 章条编号对照

本部分“方法二”章条编号	对应的国际标准章条编号
10	1
11	2
12	3
12.1	3.1
12.2	3.6
12.3	3.5
12.4	3.3
12.5	3.2
12.6	3.4
12.7	3.7
12.8	3.8
12.9	3.9
12.10	3.10
12.11	3.11
13	4.2 和 4.5
14	5.2
15	6
15.1	6.1
15.2	—
15.3	6.3.2
15.4	6.3
15.4.1 和 15.4.2	6.3.1
15.4.3	6.3.1.1 和 6.3.1.2、6.3.1.3、6.3.1.4
15.4.4	6.3.3
15.5	6.2
15.5.1	6.2.1
15.5.2	6.2.2 和 6.2.3
16	7
17	—
17.1 和 17.2	—
18	—

ICS 77.120.10
H 12

中华人民共和国国家标准

GB/T 20975.9—2008
代替 GB/T 6987.26—2001

铝及铝合金化学分析方法 第9部分:锂含量的测定 火焰原子吸收光谱法

Methods for chemical analysis of aluminium and aluminium alloys—Part 9:Determination of lithium content—Flame atomic absorption spectrometric method

2008-03-31 发布

2008-09-01 实施

中华人民共和国国家质量监督检验检疫总局
中国国家标准化管理委员会 发布

前　言

GB/T 20975《铝及铝合金化学分析方法》是对 GB/T 6987—2001《铝及铝合金化学分析方法》的修订，本次修订将原标准号 GB/T 6987 改为 GB/T 20975。

GB/T 6987《铝及铝合金化学分析方法》分为 25 个部分：

——第 1 部分：汞含量的测定　冷原子吸收光谱法

——第 2 部分：砷含量的测定　钼蓝分光光度法

——第 3 部分：铜含量的测定

——第 4 部分：铁含量的测定　邻二氮杂菲分光光度法

——第 5 部分：硅含量的测定

——第 6 部分：镉含量的测定　火焰原子吸收光谱法

——第 7 部分：锰含量的测定　高碘酸钾分光光度法

——第 8 部分：锌含量的测定

——第 9 部分：锂含量的测定　火焰原子吸收光谱法

——第 10 部分：锡含量的测定

——第 11 部分：铅含量的测定　火焰原子吸收光谱法

——第 12 部分：钛含量的测定

——第 13 部分：钒含量的测定　苯甲酰苯胲分光光度法

——第 14 部分：镍含量的测定

——第 15 部分：硼含量的测定

——第 16 部分：镁含量的测定

——第 17 部分：锶含量的测定　火焰原子吸收光谱法

——第 18 部分：铬含量的测定

——第 19 部分：锆含量的测定

——第 20 部分：镓含量的测定　丁基罗丹明 B 分光光度法

——第 21 部分：钙含量的测定　火焰原子吸收光谱法

——第 22 部分：铍含量的测定　依莱铬氰兰 R 分光光度法

——第 23 部分：锑含量的测定　碘化钾分光光度法

——第 24 部分：稀土总含量的测定

——第 25 部分：电感耦合等离子体原子发射光谱法

本部分为第 9 部分。对应于 ASTM E34—2002《铝及铝合金化学分析方法》中锂含量测定的部分。一致性程度为修改采用。

本部分代替 GB/T 6987.26—2001《铝及铝合金化学分析方法　火焰原子吸收光谱法测定锂量》。

本部分与 GB/T 6987.26—2001 相比主要变化如下：

——增加了"8.1 重复性"条款；

——增加了"9 质量保证与控制"条款。

本部分由中国有色金属工业协会提出。

本部分由全国有色金属标准化技术委员会归口。

本部分由东北轻合金有限责任公司、中国有色金属工业标准计量质量研究所负责起草。

本部分起草单位：西南铝业(集团)有限责任公司。

本部分主要起草人：陈雄立、邓兰洪、谭海燕、谭家英、席欢、葛立新、范顺科。

本部分所代替标准的历次版本发布情况为：

——GB/T 6987.26—2001。

铝及铝合金化学分析方法 第9部分:锂含量的测定 火焰原子吸收光谱法

1 范围

本部分规定了铝及铝合金中锂含量的测定方法。

本部分适用于铝及铝合金中锂含量的测定。测定范围:0.002%~3.00%。

2 方法提要

试料以盐酸、过氧化氢及硝酸溶解,于原子吸收光谱仪波长670.8 nm处,以空气-乙炔贫燃性火焰进行锂含量的测定。

3 试剂

3.1 铝(≥99.99%,不含锂)。

3.2 氢氟酸(ρ1.14 g/mL)。

3.3 硝酸(ρ1.42 g/mL)。

3.4 过氧化氢(ρ1.10 g/mL)。

3.5 盐酸(1+1)。

3.6 硝酸(1+9)。

3.7 硫酸(1+1)。

3.8 铝溶液(20 mg/mL):称取20.00 g经酸洗过的铝(3.1)置于1 000 mL烧杯中,盖上表皿,分次加入总量为600 mL盐酸(3.5),待剧烈反应停止后,缓慢加热至完全溶解,然后加入数滴过氧化氢(3.4),蒸至盐类出现,稍冷,加入600 mL硝酸(3.6),加热至盐类溶解,冷却至室温。将溶液移入1 000 mL容量瓶中,用水稀释至刻度,混匀。

3.9 铝溶液(1 mg/mL):移取25.0 mL铝溶液(3.8)于500 mL容量瓶中,用水稀释至刻度,混匀。

3.10 锂标准贮存溶液:称取5.322 8 g碳酸锂(光谱纯)于500 mL烧杯中,盖上表皿,缓慢加入125 mL硝酸(3.6),加热至完全溶解,煮沸数分钟,赶尽二氧化碳,冷却至室温。将溶液移入1 000 mL容量瓶中,用水稀释至刻度,混匀。此溶液1 mL含1.0 mg锂。

3.11 锂标准溶液:移取10.00 mL锂标准贮存溶液(3.10)于1 000 mL容量瓶中,用水稀释至刻度,混匀。此溶液1 mL含0.01 mg锂。

4 仪器

原子吸收光谱仪;附锂空心阴极灯。

在仪器最佳工作条件下,凡能达到下列指标者均可使用:

——灵敏度:在与测量试料溶液的基体相一致的溶液中,锂的特征浓度应不大于0.018 μg/mL。

——精密度:用最高浓度的标准溶液测量10次吸光度,其标准偏差应不超过平均吸光度的1.0%;用最低浓度的标准溶液(不是零浓度溶液)测量10次吸光度,其标准偏差应不超过最高浓度标准溶液平均吸光度的0.5%。

——工作曲线线性:将工作曲线按浓度等分成五段,最高段的吸光度差值与最低段的吸光度差值之比应不小于0.7。

5 试样

将试样加工成厚度不大于1 mm的碎屑。

6 分析步骤

6.1 试料

称取0.50 g试样(5),精确至0.000 1 g。

6.2 测定次数

独立地进行两次测定,取其平均值。

6.3 空白试验

称取0.50 g铝(3.1)代替试料(6.1),随同试料做空白试验。

6.4 测定

6.4.1 将试料(6.1)置于250 mL烧杯中,盖上表皿,分次加入15 mL盐酸(3.5),待剧烈反应停止后,缓慢加热至试料完全溶解,滴加数滴过氧化氢(3.4),蒸至盐类出现,稍冷,加入15 mL硝酸(3.6),加热至完全溶解,冷却。

6.4.2 如有不溶物,过滤,洗涤。将残渣同滤纸置于铂坩埚中,灰化(勿使滤纸燃烧),在约550℃灼烧,冷却,加入2 mL硫酸(3.7),5 mL氢氟酸(3.2),并逐滴加入硝酸(3.3)至溶液清亮,加热蒸发至干,在700℃灼烧数分钟,冷却,用尽量少的硝酸(3.6)溶解残渣(必要时过滤)。将此溶液合并于原溶液中。

6.4.3 根据试料中锂含量分别按下述方法进行:

锂的质量分数在0.002%~0.02%时,将试液(6.4.1)或处理不溶物后合并后的试液(6.4.2)移入100 mL容量瓶中,用水稀释至刻度,混匀。

锂的质量分数在>0.02%~0.10%时,将试液(6.4.1)或处理不溶物后合并后的试液(6.4.2)移入500 mL容量瓶中,用水稀释至刻度,混匀。

锂的质量分数在>0.10%~0.50%时,将试液(6.4.1)或处理不溶物后合并后的试液(6.4.2)移入250 mL容量瓶中,用水稀释至刻度,混匀。移取10.00 mL此试液于100 mL容量瓶中,用水稀释至刻度,混匀。

锂的质量分数在>0.50%~3.00%时,将试液(6.4.1)或处理不溶物后合并后的试液(6.4.2)移入500 mL容量瓶中,用水稀释至刻度,混匀。移取15.00 mL此试液于500 mL容量瓶中,用水稀释至刻度,混匀。

6.4.4 将随同试料所作的空白试验溶液(6.3)及根据试料中锂含量而制备的试液(6.4.3)于原子吸收光谱仪波长670.8 nm处,用空气-乙炔贫燃性火焰,以水调零,测量锂的吸光度。从工作曲线上查出相对应的锂量。

6.5 工作曲线的绘制

6.5.1 系列标准曲线的绘制

适用于质量分数为0.002%~0.02%锂含量:

移取0、1.00、2.00、4.00、6.00、8.00、10.00 mL锂标准溶液(3.11),分别置于一组100 mL容量瓶中,各加入25 mL铝溶液(3.8),用水稀释至刻度,混匀。

适用于质量分数为>0.02%~0.10%锂含量:

移取0、2.00、4.00、6.00、8.00、10.00 mL锂标准溶液(3.11),分别置于一组100 mL容量瓶中,各加入5 mL铝溶液(3.8),用水稀释至刻度,混匀。

适用于质量分数为>0.10%~0.50%锂含量:

移取0、2.00、4.00、6.00、8.00、10.00 mL锂标准溶液(3.11),分别置于一组100 mL容量瓶中,各加入1 mL铝溶液(3.8),用水稀释至刻度,混匀。

适用于质量分数为>0.50%～3.00%锂含量：

移取0、1.00、2.00、4.00、6.00、8.00、10.00 mL锂标准溶液(3.11)，分别置于一组100 mL容量瓶中，各加入3 mL铝溶液(3.9)，用水稀释至刻度，混匀。

6.5.2 测量

将系列标准溶液(6.5.1)于原子吸收光谱仪波长670.8 nm处，用空气-乙炔贫燃性火焰，以水调零，测量系列标准溶液和“零浓度”溶液(不加锂标准溶液者)的吸光度。以锂量为横坐标，对应的吸光度(减去“零浓度”溶液的吸光度)为纵坐标，绘制工作曲线。

7 分析结果的计算

按式(1)计算锂的质量分数 $w(\mathrm{Li})$(%)：

$$w(\mathrm{Li}) = \frac{(m_1 - m_2) \times R}{m_0} \times 100 \quad \cdots\cdots(1)$$

式中：

m_1——从工作曲线上查得试料溶液的锂量，单位为克(g)；

m_2——从工作曲线上查得随同试料所作空白试验溶液的锂量，单位为克(g)；

m_0——试料的质量，单位为克(g)；

R——稀释系数。6.4.3中四种情况的 R 值分别为1、5、25、166.7。

8 精密度

8.1 重复性

在重复性条件下获得的两个独立测试结果的测定值，在以下给出的平均值范围内，这两个测试结果的绝对差值不超过重复性限(r)，超过重复性限(r)的情况不超过5%，重复性限(r)按以下数据采用线性内插法求得。

锂的质量分数/%：	0.005	0.050	0.25	2.55
重复性限 r/%：	0.000 6	0.002 8	0.011	0.045

8.2 允许差

实验室之间分析结果的差值应不大于表1所列允许差。

表 1

锂的质量分数/%	允许差/%
0.002 0～0.005 0	0.000 6
>0.005 0～0.007 5	0.000 8
>0.007 5～0.010	0.001 0
>0.010～0.025	0.002
>0.025～0.050	0.004
>0.050～0.075	0.006
>0.075～0.100	0.008
>0.100～0.50	0.015
>0.50～1.00	0.03
>1.00～2.00	0.06
>2.00～3.00	0.08

9 质量控制与保证

分析时，用标准样品或控制样品进行校核，或每年至少用标准样品或控制样品对分析方法校核一次。当过程失控时，应找出原因。纠正错误后，重新进行校核。

ICS 77.120.10
H 12

中华人民共和国国家标准

GB/T 20975.10—2008
代替 GB/T 6987.10—2001

铝及铝合金化学分析方法 第10部分:锡含量的测定

Methods for chemical analysis of aluminium and aluminium alloys —Part 10: Determination of tin content

2008-03-31 发布　　2008-09-01 实施

中华人民共和国国家质量监督检验检疫总局
中国国家标准化管理委员会　发布

前　言

GB/T 20975《铝及铝合金化学分析方法》是对 GB/T 6987—2001《铝及铝合金化学分析方法》的修订，本次修订将原标准号 GB/T 6987 改为 GB/T 20975。

GB/T 6987《铝及铝合金化学分析方法》分为 25 个部分：

——第 1 部分：汞含量的测定　冷原子吸收光谱法
——第 2 部分：砷含量的测定　钼蓝分光光度法
——第 3 部分：铜含量的测定
——第 4 部分：铁含量的测定　邻二氮杂菲分光光度法
——第 5 部分：硅含量的测定
——第 6 部分：镉含量的测定　火焰原子吸收光谱法
——第 7 部分：锰含量的测定　高碘酸钾分光光度法
——第 8 部分：锌含量的测定
——第 9 部分：锂含量的测定　火焰原子吸收光谱法
——第 10 部分：锡含量的测定
——第 11 部分：铅含量的测定　火焰原子吸收光谱法
——第 12 部分：钛含量的测定
——第 13 部分：钒含量的测定　苯甲酰苯胲分光光度法
——第 14 部分：镍含量的测定
——第 15 部分：硼含量的测定
——第 16 部分：镁含量的测定
——第 17 部分：锶含量的测定　火焰原子吸收光谱法
——第 18 部分：铬含量的测定
——第 19 部分：锆含量的测定
——第 20 部分：镓含量的测定　丁基罗丹明 B 分光光度法
——第 21 部分：钙含量的测定　火焰原子吸收光谱法
——第 22 部分：铍含量的测定　依莱铬氰兰 R 分光光度法
——第 23 部分：锑含量的测定　碘化钾分光光度法
——第 24 部分：稀土总含量的测定
——第 25 部分：电感耦合等离子体原子发射光谱法

本部分为第 10 部分。对应于 ASTM E34：2002《铝及铝合金化学分析方法》中锡含量测定的部分，一致性程度为修改采用。

本部分代替 GB/T 6987.10—2001《铝及铝合金化学分析方法　苯基荧光酮分光光度法测定锡量》。

本部分与 GB/T 6987.10—2001 相比主要变化如下：

——增加了“8.1　重复性”条款；
——增加了“9　质量保证与控制”条款；
——增加了“方法二：碘酸盐（滴定）法”。

本部分的“方法一：苯基荧光酮分光光度法”为锡含量在 0.005%～0.35%（含 0.35%）的铝及铝合金仲裁方法，“方法二：碘酸盐（滴定）法”为锡含量在 0.35%～1.0%（不含 0.35%）的铝及铝合金仲裁方法。

本部分由中国有色金属工业协会提出。

本部分由全国有色金属标准化技术委员会归口。

本部分由东北轻合金有限责任公司、中国有色金属工业标准计量质量研究所负责起草。

本部分起草单位:东北轻合金有限责任公司。

本部分方法一主要起草人:李文志、刘双庆、高振中、王涛、席欢、葛立新、范顺科。

本部分方法二主要起草人:刘双庆、周兵、席欢、马存真、朱玉华。

本部分所代替标准的历次版本发布情况为:

——GB/T 6987.10—1986、GB/T 6987.10—2001。

铝及铝合金化学分析方法
第10部分:锡含量的测定

方法一 苯基荧光酮分光光度法

1 范围

本方法规定了铝及铝合金中锡含量的测定方法。

本方法适用于铝及铝合金中锡含量的测定。测定范围:0.005%～0.35%。

2 方法提要

试料以硫酸溶解,过滤回收残渣中锡。在硫酸介质中,用抗坏血酸还原铁,动物胶为分散剂,以苯基荧光酮显色。当钛的质量分数大于0.015%时,空白中加入与试料等量钛抵消其影响。当锆的质量分数大于0.015%时,空白中加入与试料等量锆抵消其影响。于分光光度计波长510 nm处测量其吸光度。

3 试剂

3.1 铝(≥99.99%,不含锡、钛和锆)。

3.2 硫酸(ρ1.84 g/mL)。

3.3 氢氟酸(ρ1.14 g/mL)。

3.4 过氧化氢(ρ1.10 g/mL)。

3.5 硫酸[$c(H_2SO_4)=4.0$ moL/L]:取225 mL硫酸(3.2)于水中,冷却并稀释至1 000 mL,用氢氧化钠溶液(4.0 moL/L)标定。

3.6 硫酸(1+9)。

3.7 硝酸(1+1)。

3.8 酒石酸溶液(50 g/L)。

3.9 抗坏血酸溶液(20 g/L,用时现配)。

3.10 动物胶溶液(2.5 g/L,用时现配)。

3.11 苯基荧光酮溶液(0.3 g/L):称取0.300 g苯基荧光酮溶于500 mL无水乙醇中,加入30 mL硫酸(3.5),20 mL水,放置一天,过滤于1 000 mL容量瓶中,用无水乙醇稀释至刻度,混匀。

3.12 铝溶液(2.5 mg/mL):称取0.625 0 g预先酸洗的铝(3.1),置于400 mL烧杯中,盖上表皿,分次加入总量为24.5 mL的硫酸(3.5),加热至完全溶解,冷却。移入250 mL容量瓶中,以水稀释至刻度,混匀。

3.13 锡标准贮存溶液:称取0.200 0 g锡,置于100 mL烧杯中,加入10.0 mL硫酸(3.2),加热至完全溶解,继续加热至冒白烟,冷却。加入25.0 mL硫酸(3.2),以硫酸(3.6)洗入1 000 mL容量瓶中,用硫酸(3.6)稀释至刻度,混匀,此溶液1 mL含0.2 mg锡。

3.14 锡标准溶液(0.005 mg/mL):移取12.50 mL锡标准贮存溶液(3.13)于500 mL容量瓶中,用硫酸(3.6)稀释至刻度,混匀。此溶液1 mL含0.005 mg锡。

3.15 钛溶液(0.1 mg/mL):称取0.100 0 g钛,置于250 mL烧杯中,加入50 mL硫酸(3.2)加热至完全溶解,冷却。移入含有200 mL水的400 mL烧杯中,冷却后移入1 000 mL容量瓶中,以水稀释至刻度，混匀。此溶液1 mL含0.1 mg钛。

3.16 锆溶液(0.1 mg/mL)：称取0.100 0 g锆，置于250 mL烧杯中，加入50 mL硫酸(3.2)加热至完全溶解，冷却。移入含有200 mL水的400 mL烧杯中，冷却后移入1 000 mL容量瓶中，以水稀释至刻度，混匀。此溶液1 mL含0.1 mg锆。

4 仪器

分光光度计。

5 试样

将试样加工成厚度不大于1 mm的碎屑。

6 分析步骤

6.1 试料

按表1称取试样，精确至0.000 1 g。

表1

锡 量/%	试料量/g	溶解试样用硫酸(3.5)体积	试液总体积	移取体积	补加硫酸(3.5)体积
		mL			
0.005～0.040	0.25	19.0	100	20.00	—
＞0.04～0.10				5.00	2.40
＞0.10～0.35	0.20	42.0	250	5.00	2.40

6.2 测定次数

独立地进行两次测定，取其平均值。

6.3 空白试验

按表1随同试料称取纯铝(3.1)做空白试验。当试料中钛的质量分数大于0.015%时，加入与试料等量的钛。当试料中锆的质量分数大于0.015%时，加入与试料等量的锆。

6.4 测定

6.4.1 将试料(6.1)置于100 mL烧杯中，盖上表皿。按表1加入硫酸(3.5)，待剧烈反应停止后，加入数滴过氧化氢(3.4)，缓慢加热至完全溶解。用慢性定量滤纸过滤于适当的容量瓶中(见表1"试液总体积")，用水洗涤烧杯和沉淀8次～10次。

将残渣连同滤纸置于铂坩锅中，烘干后于500℃～600℃灰化完全(勿使滤纸燃着)，冷却。加入5滴～6滴硫酸(3.5)，2 mL氢氟酸(3.3)，滴加硝酸(3.7)至溶液清亮，加热蒸发至无白烟，于700℃灼烧数分钟，冷却。加入数滴硫酸(3.5)，洗入少量水，加热至残渣完全溶解(必要时过滤)，将此溶液合并于主滤液中，以水稀释至刻度，混匀。

6.4.2 按表1移取试液(6.4.1)于50 mL容量瓶中并补加硫酸(3.5)。加入2 mL酒石酸溶液(3.8)，5 mL抗坏血酸溶液(3.9)，2 mL动物胶溶液(3.10)，2.5 mL苯基荧光酮溶液(3.11)。以水稀释至刻度，混匀。放置40 min。

6.4.3 将部分试液(6.4.2)移入2 cm吸收池中，以随同试料所做的空白试验溶液(6.3)为参比，于分光光度计波长510 nm处测量其吸光度。从工作曲线上查出相应的锡量。

6.5 工作曲线的绘制

6.5.1 移取0、0.50、1.00、2.00、3.00、4.00 mL锡标准溶液(3.14)于一组50 mL容量瓶中，加入20.0 mL铝溶液(3.12)，依次补加1.90、1.60、1.40、1.00、0.50和0 mL硫酸(3.5)。加入2 mL酒石酸

溶液(3.8)、5 mL 抗坏血酸溶液(3.9)、2 mL 动物胶溶液(3.10)、2.5 mL 苯基荧光酮溶液(3.11)。以水稀释至刻度,混匀。放置 40 min。

6.5.2 将部分标准系列溶液(6.5.1)移入 2 cm 吸收池中,以试剂空白溶液(不加锡标准溶液者)为参比,于分光光度计波长 510 nm 处测量其吸光度。以锡量为横坐标,吸光度为纵坐标,绘制工作曲线。

7 分析结果的计算

按式(1)计算锡的质量分数 $w(Sn)$(%):

$$w(\mathrm{Sn}) = \frac{m_1}{m_0 \times \frac{V_1}{V_0}} \times 100 \qquad \cdots\cdots(1)$$

式中:

m_1——自工作曲线上查得的锡量,单位为克(g);

m_0——称取试料的质量,单位为克(g);

V_1——移取试液的体积,单位为毫升(mL);

V_0——试液的总体积,单位为毫升(mL)。

8 精密度

8.1 重复性

在重复性条件下获得的两个独立测试结果的测定值,在以下给出的平均值范围内,这两个测试结果的绝对差值不超过重复性限(r),超过重复性限(r)的情况不超过5%,重复性限(r)按以下数据采用线性内插法求得。

锡的质量分数/%:	0.007 0	0.073	0.116	0.30
重复性限 r/%:	0.000 60	0.004 0	0.011	0.026

8.2 允许差

实验室之间分析结果的差值应不大于表 2 所列允许差。

表 2

锡的质量分数/%	允许差/%
0.005~0.010	0.001
>0.010~0.025	0.002
>0.025~0.050	0.005
>0.050~0.10	0.01
>0.10~0.25	0.02
>0.25~0.35	0.03

9 质量控制与保证

分析时,用标准样品或控制样品进行校核,或每年至少用标准样品或控制样品对分析方法校核一次。当过程失控时,应找出原因。纠正错误后,重新进行校核。

方法二 碘酸盐(滴定)法

10 适用范围

本方法适用于测定含量在 0.03%~1.0%的锡。

11 方法提要

样品用盐酸溶解而与其他不溶物分离。在惰性气体保护下和锑存在时锡被铝还原。以淀粉做指示剂，二价锡用碘酸盐滴定。

12 干扰

12.1 通常铝及铝合金中存在的元素，其含量在表3规定的最大含量范围内不干扰测定。

表 3

元素	含量范围(质量分数)/%
Be	0.000 03～0.01
Bi	0.02～1.0
B	0.005～0.060
Cd	0.001～0.50
Cr	0.01～1.0
Cu	0.01～20.0
Ga	0.001～0.05
Fe	0.01～3.0
Pb	0.01～1.0
Li	0.001～4.0
Mg	0.002～12.0
Mn	0.005～2.0
Ni	0.01～4.0
Si	0.05～20.0
Ti	0.002～0.30
V	0.002～0.16
Zn	0.003～12.0
Zr	0.01～0.30

13 装置

锡还原装置。

14 试剂

14.1 铝：片状或箔状。

14.2 锑：粉末状。

14.3 碘酸钾标准溶液：按试剂№.12的要求配制。用0.594 5 g试剂代替原来规定的量。取与待测试样含锡量相当的标准溶液(0.001 g/mL锡)量进行标定。按分析步骤15.1.2、15.1.3和15.2的要求测出消耗的碘酸钾标准溶液的量。按下式计算碘酸钾溶液对锡的滴定度。

锡的滴定度(g/mL)＝A/B

式中：

A——所用锡标准溶液含锡的质量，单位为克(g)；

B——滴定锡所消耗碘酸钾标准溶液的体积，单位为毫升(mL)。

14.4 碳酸氢钠溶液(100 g/L)：称取 100 g 碳酸氢钠($NaHCO_3$)溶解于水中，稀释至 1 L。

14.5 碳酸氢钠片(10 粒)。

14.6 淀粉-碘化钾溶液：按试剂№.110 的要求配制。用 40 g 碘化钾代替原来的量。

14.7 锡标准溶液(0.001 g/mL)：按试剂№.19 的要求配制。

15 分析步骤

15.1 试液

15.1.1 称取 1.0 g～3.0 g 的试样，准至 1 mg，置于 500 mL 烧瓶，加入 0.25 g 锑及 150 mL 盐酸(1+2)，反应平稳后，加热溶液至沸约 10 min，使锡完全溶解，用中速滤纸过滤，用盐酸(1+2)洗涤。

注：如果试样在用盐酸溶解时无明显不溶解残渣，可不必过滤。

15.1.2 将母液返回原烧瓶，加入 0.25 g 锑、0.5 g 铝，用特制的塞子及虹吸管塞紧烧瓶，按装置№.7A 的要求。

15.1.3 轻微煮沸 10 min～15 min(至金属锑、金属铝溶解)，将烧瓶放在冷水浴中，虹吸管出口插入碳酸氢钠溶液中，溶液冷却后，拔掉塞子，立即加入 4 片碳酸氢钠和 5 mL 新配的淀粉-碘化钾溶液，用碘酸钾标准溶液快速滴定至稳定的蓝色为终点。

15.1.4 试剂空白

使用相同量的试剂与样品测定同步进行试剂空白测定。

16 分析结果的计算

按公式(2)计算锡的质量分数 $w(\mathrm{Sn})$(%)：

$$w(\mathrm{Sn}) = [(V_1 - V_0) \times C/m] \times 100 \qquad \cdots\cdots(2)$$

式中：

V_1——滴定试液所消耗碘酸钾标准溶液的体积，单位为毫升(mL)；

V_0——滴定空白溶液消耗碘酸钾标准溶液的体积，单位为毫升(mL)；

C——碘酸钾溶液对锡的滴定度，单位为克每毫升(g/mL)；

m——试样的质量，单位为克(g)。